Günter Baars, Hans Rudolf Christen **Allgemeine Chemie**

GÜNTER BAARS, HANS RUDOLF CHRISTEN

Allgemeine Chemie

Theorie und Praxis

hep der bildungsverlag

h
e
p der bildungsverlag
www.hep-verlag.ch

Günter Baars, Hans Rudolf Christen
Allgemeine Chemie
Theorie und Praxis
ISBN 978-3-03905-394-0

Internet: Zusatzmaterialien und Folienvorlagen unter:
www.hep-verlag.ch

Korrektorat: Dina Baars, Bern
Illustrationen: Christoph Frei, Bern
Gestaltung: Atelier Kurt Bläuer, Bern

Bibliografische Information der Deutschen Bibliothek:
Die Deutsche Bibliothek verzeichnet diese Publikation
in der Deutschen Nationalbibliografie; detaillierte
bibliografische Angaben sind im Internet unter
http://dnb.ddb.de abrufbar.

1. Auflage 2008

hep verlag ag
Brunngasse 36
CH-3011 Bern

www.hep-verlag.ch

VORWORT

Die «Allgemeine Chemie, Theorie und Praxis» erschien 1995 zum ersten Mal. In den seither publizierten Auflagen kam es jeweils zu kleinen Änderungen und Ergänzungen.
Für das nun vorliegende Werk wurde der gesamte Text gründlich überarbeitet, das Layout modern gestaltet sowie zahlreiche neue Inhalte integriert. Dazu gehören u.a. die quantitative Beschreibung der Stärke von Redoxpaaren (Standardpotentiale), eine ausführliche Darstellung moderner Batterien und Akkumulatoren, ein umfassender Abschnitt über Enzyme und Proteide sowie ein Kapitel über den Katabolismus (Abbau) der Nahrungsmittel im menschlichen Organismus. Kleinere Abschnitte behandeln Themen wie die Radioaktivität, die Gasgesetze, die Benennung binärer Verbindungen, die Mischbarkeit molekularer Stoffe oder die Zweitsubstitution am Benzolring.
Das hier vorliegende Buch führt in die Grundlagen der Chemie ein. Der Text soll jedoch auch Interesse und Freude daran wecken, sich mit Chemie und ihren Anwendungen im Alltag vertieft auseinanderzusetzen. Die beiden Autoren haben versucht, dies mit einem Ansatz zu erreichen, der sich an zahlreichen Schulen im Verlauf der letzten Jahre bewährt hat.
Im Gegensatz zu vielen anderen Lehrbüchern erscheint die Chemie der Kohlenstoff-Verbindungen (Organische Chemie) sehr früh. Grundlegende Begriffe, wie z.B. die Erweiterung der Ausdrücke Oxidation und Reduktion, die Einführung der Säure/Base-Reaktionen, die Erarbeitung des Konzepts polarer Bindungen u.a., werden am Beispiel organischer Stoffe eingeführt. Damit ist eine frühe Zusammenarbeit zwischen den Fächern Chemie und Biologie möglich. Der Bezug zu Alltag und Umwelt nimmt eine bevorzugte Stellung im gesamten Text ein. Zahlreiche «Kästen» enthalten zusätzliche Informationen, z.B. über die Wirkungsweise von Sulfonamiden, das «Molekül des Jahres 1992» (Stickstoffmonoxid), metallische Gläser usw. Auch moderne Entwicklungen der Wissenschaft Chemie sind berücksichtigt: Fullerene, das «Jahrhundert-Pharmakon» (Aspirin), die wellenmechanische Behandlung des Wasserstoff-Atoms im Grundzustand, die Anwendung des «Kastenmodells» auf farbige Stoffe und instrumentelle Analysenmethoden. Auf Experimentiervorschriften wurde bewusst verzichtet, um das Buch nicht zu überladen. Die als Grundlage theoretischer Vorstellungen behandelten Phänomene liefern jedoch stets Hinweise auf entsprechende Experimente. Zahlreiche Übungsaufgaben mit den dazu gehörenden Lösungen ermöglichen eine Kontrolle des Verständnisses. Viele Abbildungen und grafische Darstellungen verdeutlichen und ergänzen den Text.
Wie lässt sich dieses Buch verwenden? Die ersten 22 Kapitel stellen einen Lehrgang dar, in dem ein Kapitel auf dem anderen aufbaut, wobei auch in diesem Rahmen nicht alle Themen unbedingt behandelt werden müssen. Je nach Interesse lassen sich Stoffgebiete aus den restlichen Kapiteln frei wählen, ohne die in diesem Buch eingehaltene Reihenfolge zu beachten.

Bern und Winterthur, im Mai 2008

Günter Baars und Hans Rudolf Christen

INHALTSVERZEICHNIS

Grundlagen

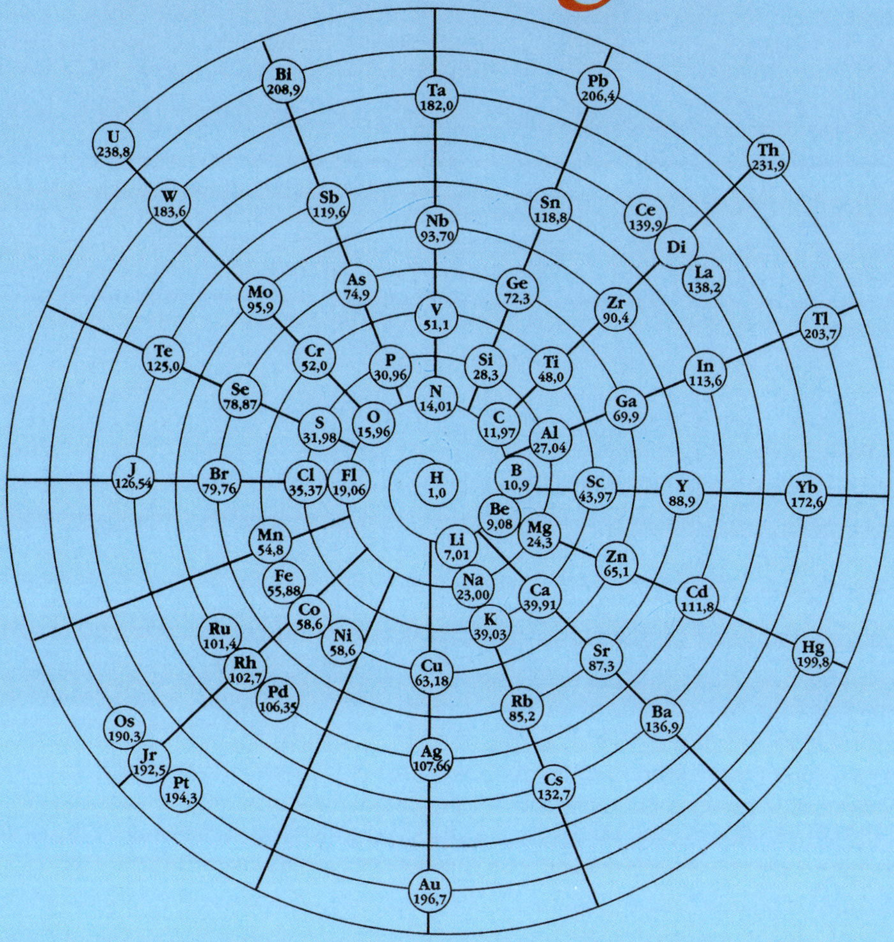

1 STOFFE BESTEHEN AUS KLEINSTEN TEILCHEN

2 ARTEN VON STOFFEN

3 ATOME, FORMELN UND GLEICHUNGEN

4 MODELLE DER ATOME

5 ORDNUNG IN DER VIELFALT DER ELEMENTE: DAS PERIODENSYSTEM

6 MOLEKÜLE, MOLEKULARE STOFFE

1 STOFFE BESTEHEN AUS KLEINSTEN TEILCHEN

1.1 Chemische Reaktionen

Stoff – der Gegenstand der Chemie
Womit beschäftigt sich eigentlich «die Chemie»? Welches sind ihre Aufgaben und Ziele? Kurz und etwas vereinfacht kann man sagen:

- Die Chemie untersucht Zusammensetzung, Aufbau und Veränderungen von Stoffen.
- Die Chemie ist die Wissenschaft von den Stoffen und ihren Veränderungen.

Zu den wichtigsten Aufgaben der Chemie gehört auch die Herstellung neuer Stoffe mit bestimmten erwünschten Eigenschaften: Autoreifen, Computerchips, Kunststoffbecher, Schmerztabletten, Glasscheiben, Waschmittel, Eisenbahnschienen, Farben, Düngemittel, fotografische Filme, Klebstoffe, Kochtöpfe, Baustoffe, Tinten aller Art, Duftstoffe, Brausepulver und noch vieles mehr.

Die Wissenschaft «Chemie» ist eine der jüngsten Naturwissenschaften. Ihr Name stammt aus dem Altertum und hängt wahrscheinlich mit dem ägyptischen Wort chame, «schwarz», zusammen. Man verfügte damals schon über gewisse chemische Kenntnisse, Ergebnisse handwerklicher Tätigkeiten. So kannten z.B. die Ägypter die Gewinnung von Farbstoffen aus Pflanzen und Tieren, die Bereitung von Bier und Essig, die Glasherstellung und auch die Verwendung von Heilmitteln und Schminken. Gold, Silber und Kupfer wurden gewonnen und Bronze hergestellt (Bronzezeit, 2500 bis 1500 v. Chr.). Die Griechen trugen nur wenig zur Erweiterung chemischer Kenntnisse bei. Die griechische Naturwissenschaft beschränkte sich vor allem auf das Spekulieren und Philosophieren, denn für die Griechen galt das Wort von Aristoteles: «Gewerbliches, auf den Verdienst ausgerichtetes Schaffen führt zu niederer Sinnesart.»

Erst im Früh- und Hochmittelalter, bei den Arabern, entwickelte sich eine eigentliche chemische Technik. Die Araber entdeckten wichtige Stoffe, wie z.B. den Alkohol (al kuhl arab. = das Feine). Mit der Verbreitung arabischer Erkenntnisse in Europa entstanden auch in Deutschland, Frankreich und Italien die ersten chemischen «Laboratorien».

Schon damals machte man sich konkrete (wie es sich später zeigte allerdings unzutreffende) Vorstellungen über die Zusammensetzung von Stoffen. Man strebte aufgrund dieser Ideen vor allem danach, Gold aus anderen Metallen herzustellen. Geglückt ist dieses Vorhaben jedoch niemals! Wegen ihres geheimnisvollen, nicht selten auch betrügerischen Gebarens gerieten die «Alchemisten» (al chemi arab. = die Chemie) immer mehr in Verruf. Erst in der Neuzeit – etwa seit 1650 – entwickelte sich die eigentliche wissenschaftliche Chemie.

Abb. 1.1 Gleicher Stoff – verschiedene Gegenstände

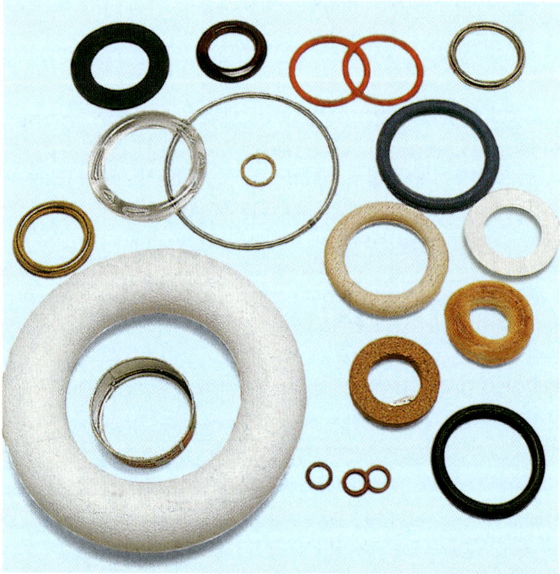

Abb. 1.2 Gleichartige Gegenstände – verschiedene Stoffe

Um die Zusammensetzung und die Eigenschaften von Stoffen zu ergründen oder um gezielt neue Stoffe herzustellen, geht der Chemiker in gleicher Weise vor wie andere Naturwissenschaftler auch: Er führt Experimente durch. Er beobachtet oder misst dabei Eigenschaften, Erscheinungen oder Veränderungen und zwar unter ganz bestimmten, festgelegten Bedingungen.
Dazu einige Beispiele! Hält man einen Platindraht in eine Gasflamme, so beginnt er zu glühen. Nimmt man ihn aus der Flamme, so kühlt er sich ab und zeigt in seinen Eigenschaften keine Änderungen gegenüber dem Ausgangszustand. Hält man dagegen ein Stück Magnesiumband in die Flamme (Magnesium ist ein silberweisses, leichtes, gut biegbares Metall), so verbrennt es unter intensiver, blendend weisser Flamme. Aus dem Metall ist ein spröder, weisser Stoff entstanden. Während das Platin beim Erhitzen als Stoff unverändert blieb, hat sich aus dem Magnesium ein neuer Stoff gebildet. Eine solche Stoffumwandlung wird als chemischer Vorgang bezeichnet.

Auch beim Erhitzen verschiedener Stoffe aus unserem Alltag treten chemische Vorgänge ein. Beispiele sind Zucker, Olivenöl, Fett, Bakelit, Holz, eine Aspirintablette, Papier, Weissmehl, Baumwolle u.a. Alle diese Stoffe verändern sich beim Erhitzen, manche rasch, andere langsamer. Einige verflüssigen sich zuerst, andere zersetzen sich sofort, Gase oder Flüssigkeiten werden frei. Bei allen bleibt schliesslich eine braunschwarze Masse zurück: Kohlenstoff. Aus allen Proben sind andere Stoffe (Gase, Flüssigkeiten, schliesslich Kohlenstoff) entstanden, d.h. überall sind chemische Vorgänge eingetreten.

- Bei einem chemischen Vorgang, einer «chemischen Reaktion», erfolgt eine Stoffumwandlung.
- Aus den Ausgangsstoffen, den Edukten (Reaktanten), entstehen neue Stoffe mit anderen Eigenschaften, die Produkte.

Um Stoffumwandlungen erkennen zu können, müssen die Eigenschaften der Ausgangs- und Endstoffe bekannt sein. Häufig unterscheidet man dabei zwischen «physikalischen»[1] und «chemischen» Eigenschaften. Die letzteren beziehen sich auf das Verhalten eines Stoffs bei chemischen Reaktionen (z.B. Brennbarkeit). Physikalische Eigenschaften sind z.B. Schmelz- und Siedetemperatur, Dichte, Brechungsindex, Farbe, Härte, Kristallform, elektrische und thermische Leitfähigkeit usw. Stimmen zwei Körper in ihren physikalischen und chemischen Eigenschaften überein, so bestehen sie aus demselben Stoff (derselben Substanz).

[1] Da die meisten physikalischen Eigenschaften stark von den äusseren Bedingungen (Temperatur, Druck) abhängen, müssen stets auch die Bedingungen angegeben werden, unter denen eine bestimmte Eigenschaft gemessen worden ist.

Abb. 1.3 Blick in ein Labor des Mittelalters. Das Gemälde «Der Alchemist» stammt von Jan Steen (1626–1679)

Woran erkennt man Stoffumwandlungen?
Stoffumwandlungen, chemische Reaktionen, bilden das Arbeitsgebiet der Chemie. Oft ist es aber gar nicht leicht, mit einfachen Mitteln zu erkennen, ob im konkreten Fall tatsächlich eine chemische Reaktion abgelaufen ist, oder ob sich nur der Zustand eines Stoffs verändert hat. Erhitzt man beispielsweise Wasser, so siedet es, wenn die Siedetemperatur erreicht ist. Der entstehende Dampf hat eine andere Dichte als das flüssige Wasser und verteilt sich – wiederum im Gegensatz zur Flüssigkeit – gleichmässig in einem Raum. Trotzdem betrachtet man den Dampf nicht als einen neuen Stoff. Er entspricht vielmehr einem anderen «Zustand» (genauer: Aggregatzustand) des Stoffs «Wasser». Das Verdampfen ist also kein chemischer Vorgang. Gibt man aber etwas Kochsalz in Wasser, so löst es sich. Die Lösung sieht aus wie Wasser, besitzt den typischen Salzgeschmack, leitet aber den elektrischen Strom viel besser und siedet bei einer höheren Temperatur als Wasser. Ist Salzwasser ein anderer Stoff als Wasser oder Salz?

Um solche Fragen entscheiden zu können, benötigen wir weitere Merkmale. Dies sollen einige Versuche zeigen.
Erhitzt man blaues Kupfersulfat in einem Reagenzglas, so bildet sich allmählich ein weissgraues Pulver (weisses Kupfersulfat). Im oberen Teil des Glases schlägt sich Wasser nieder. Umgekehrt lässt sich durch Zutropfen von Wasser aus der weissgrauen Substanz unter starker Wärmeentwicklung wieder blaues Kupfersulfat herstellen. Die beiden Versuche zeigen, dass diese Vorgänge von einem Energieumsatz begleitet sind und sich umkehren lassen. Diese Feststellung lässt sich verallgemeinern:

Chemische Reaktionen erkennt man
- an einer Stoffumwandlung: aus den Ausgangsstoffen (Edukte) entstehen Endstoffe (Produkte) mit neuen Eigenschaften,
- am Energieumsatz,
- an der Umkehrbarkeit.

Entweder wird bei einem chemischen Vorgang Energie (Wärme, Licht, mechanische oder elektrische Energie) frei, oder es wird Energie verbraucht. Im ersten Fall spricht man von exothermen Vorgängen. Die Endstoffe (Produkte) sind energieärmer als die Ausgangsstoffe (Edukte). Die bei der Reaktion frei gewordene Energie war vorher als «chemische Energie» in den Edukten gespeichert. Umgekehrt sind die Produkte energiereicher als die Ausgangsstoffe, wenn man während der Reaktion dauernd Energie zuführen muss (endotherme Reaktion). Die zugeführte Energie wird diesmal von den Endstoffen aufgenommen.

Da es sich beim Energieumsatz um eine Differenz handelt, wird die Reaktionsenthalpie[2] (Reaktionswärme) mit ΔH symbolisiert. Dabei steht das Δ (Delta) für Differenz und H für heat engl. = Wärme. Die Reaktionsenthalpie, die man experimentell ermittelt, wird in Kilojoule (kJ) angegeben. Bei exothermen Reaktionen erhält der gemessene Zahlenwert ein negatives ($\Delta H < 0$, die Stoffe verlieren Energie), bei endothermen Vorgängen ein positives Vorzeichen ($\Delta H > 0$, die neu gebildeten Stoffe haben Energie aufgenommen).

[2] Energien, die sich auf Messungen unter konstantem Druck beziehen, werden Enthalpien genannt. Die Reaktionswärme bezeichnet man deshalb als Reaktionsenthalpie.

- Das Symbol für den Energieumsatz einer chemischen Reaktion, die Reaktionsenthalpie, ist ΔH.
- Bei einer exothermen Reaktion wird Energie frei, die Produkte sind energieärmer als die Edukte (die innere Energie nimmt ab); $\Delta H < 0$.
- Bei einem endothermen Vorgang muss dauernd Energie zugeführt werden. Die Produkte sind energiereicher als die Edukte (die innere Energie nimmt zu); $\Delta H > 0$.

Obschon theoretisch alle chemischen Reaktionen umkehrbar sind, lässt sich ihre Umkehrung in der Praxis oft nicht leicht oder überhaupt nicht verwirklichen, da die dazu erforderlichen Bedingungen (hohe Temperatur oder Druck) nicht erreichbar sind. Die Natur zeigt uns jedoch, dass auch komplizierte Vorgänge in beiden Richtungen ablaufen können. Ein Beispiel ist die Fotosynthese bzw. die Atmung. Kohlenstoffdioxid («Kohlendioxid») und Wasser werden von der grünen Pflanze mithilfe der Sonnenenergie in Traubenzucker («Glucose») und Sauerstoff überführt. Durch komplizierte Vorgänge bilden sich aus dem Traubenzucker schliesslich unsere Nahrungsmittel: Kohlenhydrate, Eiweisse und Fette. Bei der Atmung entstehen aus diesen Stoffen durch Reaktion mit dem Luftsauerstoff wiederum Kohlenstoffdioxid und Wasser, wobei Wärme frei wird.
Viele chemische Reaktionen laufen aber erst dann ab, wenn die Ausgangsstoffe (oder ein Ausgangsstoff) auf eine bestimmte Temperatur erwärmt werden (Beispiel: Verbrennen einer Kerze). Man sagt, dass die Edukte in diesem Fall zuerst «aktiviert» werden müssen; mit anderen Worten, es wird ihnen Aktivierungsenthalpie zugeführt. Die Aktivierungsenthalpie dient nur zum

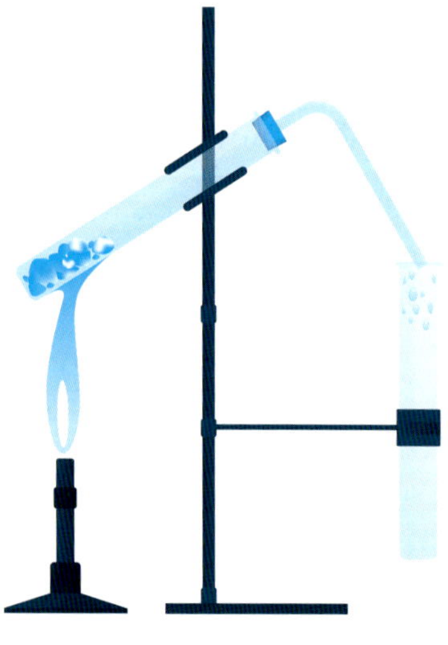

Abb. 1.4 Blaues Kupfersulfat wird beim Erhitzen weiss – oberes Ende des Reagenzglases; im gekühlten unteren Reagenzglas sammeln sich im Ableitungsrohr Wassertropfen

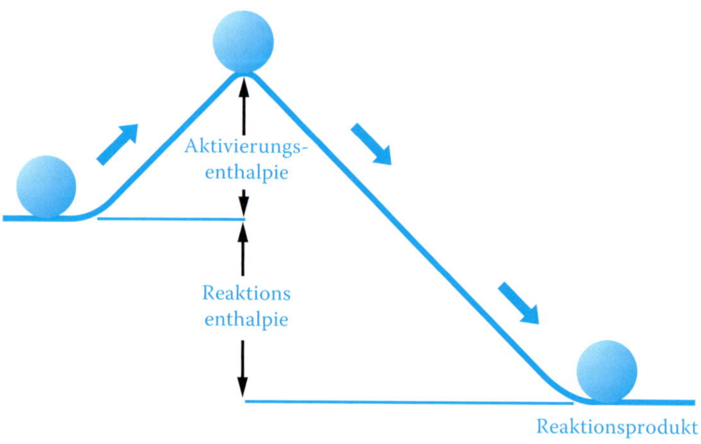

Abb. 1.5 Energieschema einer exothermen Reaktion. Die Aktivierungsenthalpie erscheint als «Berg»

Auslösen eines Vorgangs. Man kann sich vorstellen, dass die Aktivierungsenthalpie zur Beseitigung von «Hemmungen» notwendig ist, ähnlich etwa dem Lösen der Bremse eines Wagens, der auf einer abschüssigen Strasse steht.
Schliesslich ist es interessant, die Mengenverhältnisse zu studieren, in denen Stoffe an einer chemischen Reaktion teilnehmen. Lässt man z.B. verdünnte Salzsäure zu Natronlauge fliessen, die mit etwas Phenolphthalein versetzt worden ist, so tritt nach Zusatz einer ganz bestimmten Menge Salzsäure ein plötzlicher Farbumschlag ein. Verdoppelt man die Menge der eingesetzten Natronlauge, so ist auch die doppelte Menge Salzsäure nötig. Setzt man die Ausgangsstoffe nicht in den «richtigen» Mengenverhältnissen ein, so erfolgt kein vollständiger Umsatz, und es bleiben bestimmte Mengen der Ausgangsstoffe übrig. Da die Reaktion von Salzsäure mit Natronlauge eine chemische Reaktion ist, und da weiter die Ausgangsstoffe in ganz bestimmten Mengenverhältnissen miteinander reagieren, gilt die Aussage:

An chemischen Reaktionen nehmen die beteiligten Stoffe in ganz bestimmten Mengenverhältnissen teil.

Chemische Reaktionen lassen sich durch eine Wortgleichung beschreiben. Links eines Reaktionspfeils stehen die Ausgangsstoffe (Edukte) und rechts davon die Endstoffe (Produkte). Zwei oder mehr Edukte bzw. Produkte werden durch ein Pluszeichen verbunden:

Kupfersulfat (blau) → Kupfersulfat (weiss) + Wasser $\Delta H > 0$

Kupfersulfat (weiss) + Wasser → Kupfersulfat (blau) $\Delta H < 0$

1.2 Teilchen und Aggregatzustände

Stoffumwandlung, Energieumsatz und Umkehrbarkeit sind die wesentlichen Merkmale chemischer Reaktionen. Um dies zu verstehen, wollen wir zuerst zeigen, wie sich die Eigenschaften der verschiedenen Aggregatzustände eines Stoffs auf seinen Aufbau aus «kleinsten Teilchen» zurückführen lassen. In einem späteren Abschnitt (1.4) können wir uns dann der Frage zuwenden, worin das eigentliche Wesen einer chemischen Reaktion besteht.

Elemente und Atome, zwei uralte Ideen

Bereits im Altertum machte man sich Gedanken über den Aufbau der Materie. Aristoteles (384–322 v. Chr.), der Lehrer Alexanders des Grossen, lehrte, dass alle Stoffe aus vier «Grundstoffen» oder «Elementen» aufgebaut sind: Erde, Wasser, Feuer und Luft. Diese Elemente bedeuteten für ihn weniger etwas Stoffliches, sondern eher gewisse Eigenschaften. So galt Erde als Träger der Eigenschaften «kalt» und «trocken». Ein fester, trockener und kalter Körper musste demnach Erde enthalten. Ähnlich drückte das Wasser die Eigenschaften «kalt» und «feucht», das Feuer und die Luft die Eigenschaften «warm» und «trocken» bzw. «warm» und «feucht» aus. Nach Aristoteles entstehen die verschiedenartigen Stoffe durch Kombination der vier Elemente. Aristoteles war auch der Meinung, dass sich Elemente ineinander umwandeln lassen: Aus dem kalt-feuchten Wasser wird beim Verdunsten warm-feuchte Luft.
Die Elementenlehre von Aristoteles wurde während des ganzen Mittelalters akzeptiert und bildete die Grundlage für das Bestreben der Alchemisten, Metalle in Gold umzuwandeln. Erst zur Zeit von A. L. Lavoisier (1743–1794) wurde ein Element – wie wir es noch

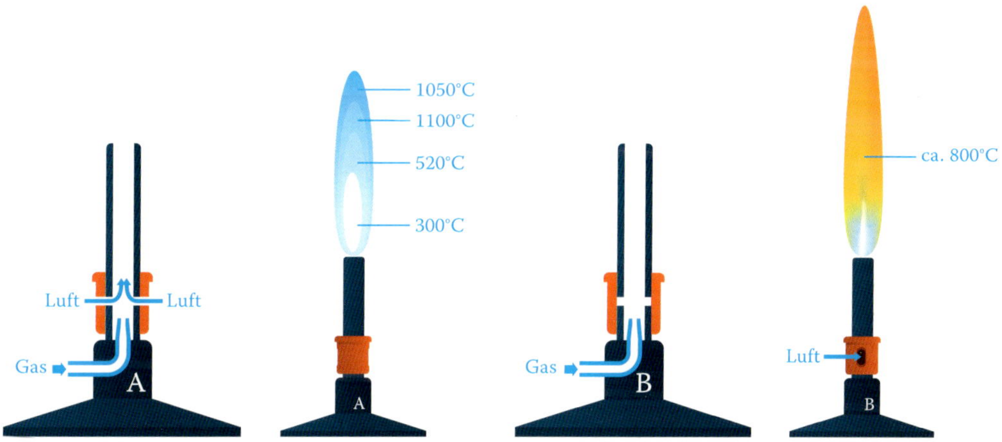

Abb. 1.6 Der Gasbrenner. Die Flamme wird bei geschlossener Luftzufuhr entzündet. Es entsteht eine leuchtende, flackernde Flamme. Das Gas verbrennt dabei unvollständig; kleinste Kohlenstoff-Teilchen glühen auf und verursachen das Leuchten (B). Durch Regulierung der Luftzufuhr kann die Flamme entleuchtet werden. Die Verbrennung verläuft dann vollständig und liefert eine heissere Flamme (A)

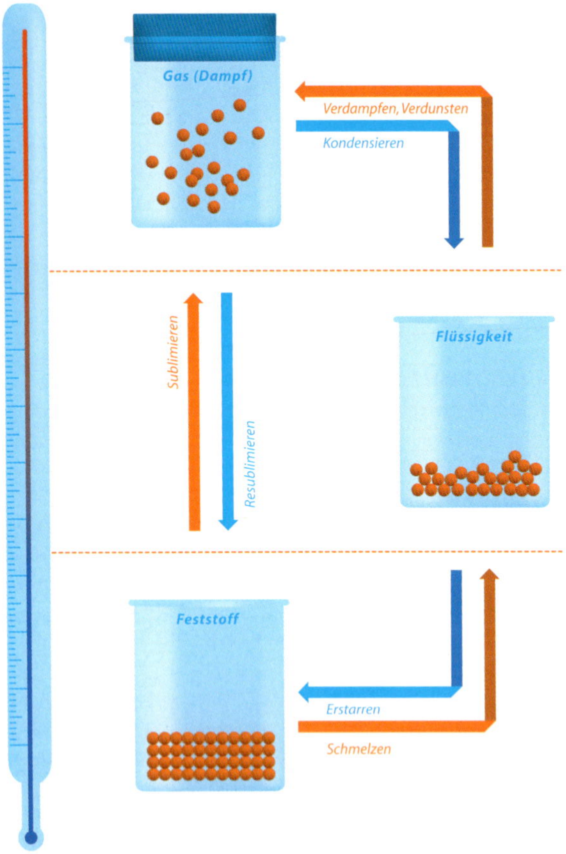

Abb. 1.7 Veranschaulichung der Aggregatzustände durch das Teilchenmodell

heute tun – als ein Stoff bezeichnet, den man durch chemische Vorgänge nicht mehr in andere Stoffe auftrennen kann. Kohlenstoff ist ein solches Element, eine «Elementarsubstanz», wie man oft auch sagt.

Ein Element kann durch chemische Vorgänge nicht mehr in andere Stoffe aufgetrennt werden.

Im Gegensatz zur Elementenlehre von Aristoteles vertraten Leukipp und vor allem sein Schüler Demokrit (460–371 v. Chr.) die Auffassung, dass alle Stoffe aus kleinsten, nicht mehr weiter teilbaren Teilchen, den «Atomen», aufgebaut sind, wobei sie aber alle aus derselben «Urmaterie» bestehen. Atome verschiedener Stoffe unterscheiden sich voneinander durch ihre Grösse und Gestalt. Nach Demokrit existieren nur Atome und leerer Raum. Die verschiedenen Körper bilden sich dadurch, dass Atome in verschiedener Zahl und Lage zu grossen Verbänden zusammentreten. Die Materie baut sich nach Demokrit letztlich aus einer «Urmaterie» auf, nach Aristoteles jedoch aus vier «Elementen».

Beide Vorstellungen enthalten einen wahren Kern. Wie sie sich miteinander vereinbaren lassen, werden wir im Kapitel 2 zeigen. Zunächst benützen wir die Vorstellung vom Aufbau der Stoffe aus «kleinsten Teilchen» zur Deutung des Verhaltens eines Stoffs in seinen drei Aggregatzuständen.

Ein Modell der Aggregatzustände

Ein fester Stoff hat eine ganz bestimmte Form und damit auch ein bestimmtes Volumen. Um ihn zu zerbrechen oder zu zerschneiden, muss Energie aufgewendet werden, z.B. durch Muskelkraft oder eine Maschine, wie etwa eine elektrische Säge. Wir müssen deshalb annehmen, dass sich die kleinsten Teilchen im festen Zustand relativ stark anziehen und zwar umso mehr, je härter der betreffende Stoff ist.

Diese Anziehungskräfte bewirken, dass sich die Teilchen regelmässig anordnen und einen festumgrenzten Raum (das Volumen) einnehmen. Im sichtbaren Bereich widerspiegelt sich die Teilchenanordnung z.B. in der geometrisch regelmässigen Form von Kristallen (Abb. 1.8) und in der Tatsache, dass sich viele Kristalle oft entlang bestimmter Flächen spalten lassen: Spaltflächen sind Ebenen mit besonders grossem Zusammenhalt, die dicht mit Teilchen besetzt sein müssen.

Abb. 1.8 Schöne, regelmässige Kristalle von Granat (links) und Pyrit (rechts)

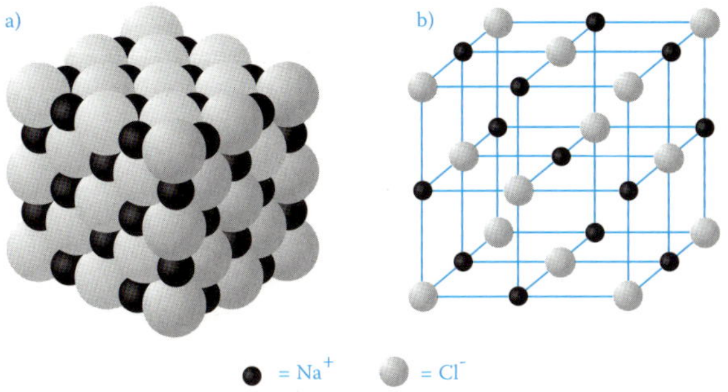

Abb. 1.9 Anordnung der Teilchen im Gitter von Kochsalz
a) zeigt die Packung der Teilchen, b) zeigt ihre geometrische Anordnung

Eine solche bestimmte, regelmässige räumliche Anordnung von Teilchen bezeichnet man als Kristallgitter oder kurz als Gitter (Abb. 1.9). Die Anziehungskräfte zwischen den Teilchen nennt man Gitterkräfte.
In einem Idealkristall ist die geometrische Ordnung der Teilchen völlig regelmässig. Die regelmässige Ordnung ist das typische Merkmal eines kristallinen Stoffs. In einem «amorphen», d.h. nicht-kristallinen Stoff, sind zwar die Teilchen auch fest aneinander gebunden, doch ist ihre Ordnung nicht regelmässig (Beispiel: Glas, Abschnitt 25.3).

Im flüssigen Zustand nimmt eine bestimmte Stoffmenge zwar noch ein bestimmtes Volumen ein. Ihr Zusammenhalt ist jedoch geringer und eine feste Form fehlt. Die Anziehungskräfte zwischen den Teilchen sind noch wirksam. Sie sind aber schwächer als die Gitterkräfte im festen Zustand. Eine regelmässige Ordnung der Teilchen besteht höchstens im «Nahbereich».

Im Gaszustand schliesslich besteht überhaupt kein Zusammenhalt. Zwischen den Gasteilchen wirken keine Kräfte. Eine bestimmte Gasmenge kann jedes beliebige Volumen einnehmen. Setzt man das Gas aber unter hohen Druck, so nähern sich die Teilchen einander immer mehr, bis die Anziehungskräfte zwischen ihnen wirksam werden: das Gas verflüssigt sich[3].

Fester Zustand:
- Starke Anziehungskräfte zwischen den Teilchen (Gitterkräfte).
- Teilchen zu regelmässigen Gittern geordnet, ausser bei amorphen Stoffen.

Flüssiger Zustand:
- Anziehungskräfte zwischen den Teilchen schwächer.
- Im Nahbereich eine gewisse, wechselnde Ordnung.

Gaszustand:
- Keine Kräfte zwischen den Teilchen wirksam, keine Ordnung.

[3] *Was hier beschrieben wird, ist ein ideales Gas. Bei realen Gasen wirken zwischen den Teilchen schwache Anziehungskräfte, die für genauere Betrachtungen nicht vernachlässigt werden dürfen.*

Wie untersucht man die Struktur von Kristallen?
Von den weitaus meisten festen Stoffen ist der Kristallaufbau – die geometrische Anordnung der Teilchen im Gitter – heute genau bekannt. Wie konnte man dies herausfinden, da sich die kleinsten Teilchen erst seit kurzer Zeit mit dem «Raster-Tunnel-Mikroskop» sichtbar machen lassen?

Zu diesem Zweck musste man einen Effekt benützen, der durch die Anordnung der Teilchen im Gitter verursacht wird: die Beugung von Röntgenstrahlen. Schickt man Licht durch ein enges Gitter, so lassen sich hinter dem Gitter Beugungsfiguren beobachten: ganz bestimmte Muster von hellen und dunklen Zonen. Dieses Ergebnis beruht darauf, dass die am Gitter gebeugten Lichtwellen sich auslöschen, wenn «Wellenberge» auf «Wellentäler» treffen bzw. sich verstärken, wenn es zu einer Addition von «Wellenbergen» kommt. Voraussetzung für das Zustandekommen eines solchen Beugungsbilds ist, dass die Wellenlänge des Lichts von ähnlicher Grösse ist wie die «Maschen» des Gitters.

Röntgenstrahlen sind nun nichts anderes als Licht von sehr kurzer Wellenlänge. Da die Teilchenabstände im Gitter eines festen Stoffs von ähnlicher Grösse sind wie die Wellenlängen der Röntgenstrahlen, wirkt ein Kristallgitter wie ein (dreidimensionales) Beugungsgitter. Man erhält somit Beugungsfiguren, wenn man einen Kristall mit Röntgenlicht durchstrahlt. Durch Ausmessen dieser Beugungsfiguren, der Abstände zwischen den Flecken oder Linien sowie ihrer Intensität, lässt sich die räumliche Struktur des Gitters erschliessen.

Eine Erweiterung der Teilchenvorstellung
Gibt man in einen Standzylinder einige Tropfen Brom (eine schwarzbraune Flüssigkeit mit der Siedetemperatur t_b = 58 °C) und bedeckt den Zylinder mit einer Glasplatte, so sieht man, wie die Flüssigkeit verdunstet. Der braune Dampf[4] erfüllt den Behälter nach einiger Zeit völlig gleichmässig, obschon er schwerer ist als Luft (Abb. 1.10). Ein Gas verteilt sich also gleichmässig im Raum, wenn keine äusseren Einwirkungen (Strömungen) wirksam sind.
Einen ganz ähnlichen Effekt kann man beobachten, wenn einige Tropfen einer intensiv riechenden Flüssigkeit (Ether, Parfum) auf einen Tisch gegossen werden: Nach kurzer Zeit ist der Geruch im ganzen Raum feststellbar.

[4] *Man spricht von «Dampf», wenn ein Stoff, der bei Raumtemperatur fest oder flüssig ist, in den Gaszustand übergeht: Wasserdampf, Schwefeldampf, Quecksilberdampf usw. Ein «echtes» Gas ist bei Raumtemperatur bereits gasförmig. Dämpfe und Gase unterscheiden sich jedoch in ihrem Verhalten nicht.*

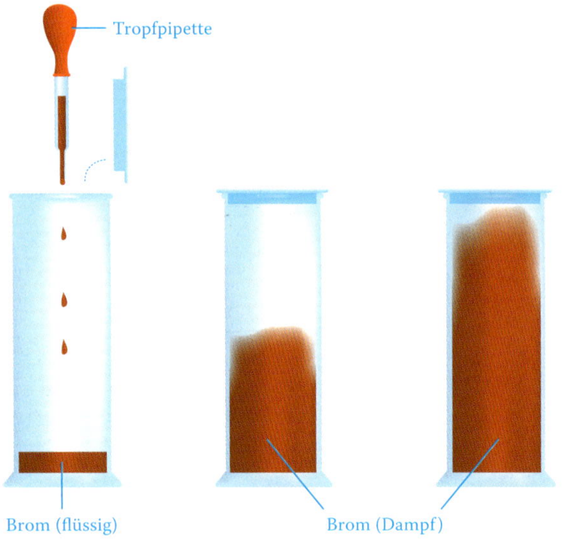

Abb. 1.10 Verdampfendes Brom füllt nach und nach den gesamten Zylinder, eine Folge der Diffusion

Zur Erklärung dieser Beobachtung müssen wir annehmen, dass sich die Teilchen eines Gases in ständiger, regelloser und ungeordneter Bewegung befinden. Ein einzelnes Teilchen bewegt sich dabei geradlinig und ändert seine Richtung nur beim Zusammenstoss mit einem anderen Teilchen. Versuche zeigen weiter, dass die Ausbreitung eines Gases (seine «Diffusion») umso rascher erfolgt, je höher die Temperatur ist. Mit anderen Worten, die Teilchen bewegen sich bei höheren Temperaturen schneller. Zuführen von Wärme bewirkt also eine Erhöhung der Teilchengeschwindigkeit: die Teilchen erhalten mehr Bewegungsenergie. Was wir als Wärme empfinden, ist nichts anderes als Bewegungsenergie (kinetische Energie; E_k) kleinster Teilchen.

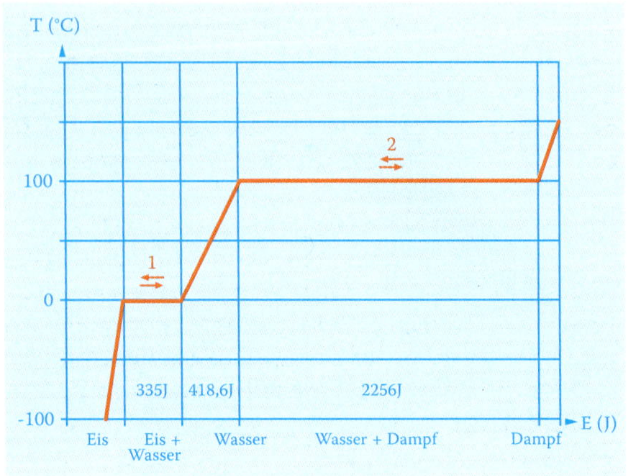

Abb. 1.11 Temperaturkurve und Energieverbrauch (pro Gramm) beim Erwärmen von Wasser (1 Schmelztemperatur, 2 Siedetemperatur). Das Verdampfen von Wasser braucht rund 7 mal mehr Energie als das Schmelzen von Eis

Viele Stoffe lösen sich in Flüssigkeiten und verteilen sich gleichmässig darin. Offenbar bewegen sich auch die Teilchen einer Flüssigkeit, allerdings langsamer als im Gaszustand, da sie stärker aneinander gebunden sind. Diese Eigenbewegung der Flüssigkeitsteilchen ist für die Verteilung des gelösten Stoffs verantwortlich. Sogar im festen Zustand treten Pendelbewegungen oder Schwingungen der Teilchen um eine Ruhelage auf.

Aggregatzustandsänderungen

Erwärmt man einen festen Stoff, so wächst die Bewegungsenergie der Teilchen. Sie bewegen sich stärker um ihre Ruhelage, ihr Platzbedarf wird grösser: der Stoff dehnt sich aus. Weiteres Erwärmen bewirkt eine immer raschere Teilchenbewegung, bis beim Erreichen der Schmelztemperatur (t_m) die Gitterordnung zusammenbricht. Die Teilchen selbst verändern sich dabei nicht. Auch eine Flüssigkeit dehnt sich bei weiterem Erwärmen aus, bis schliesslich die Teilchenbewegung so heftig wird, dass sich die Teilchen völlig voneinander lösen: der Stoff siedet. Je grösser die zwischen den Teilchen wirkenden Kräfte sind, desto mehr Energie ist nötig, um die Gitterordnung zu zerstören bzw. um die Teilchen voneinander zu trennen. Umgekehrt gesagt: Je höher Schmelz- und Siedetemperatur einer Substanz liegen, desto stärker sind die zwischen ihren kleinsten Teilchen wirkenden Kräfte.

Zur Zerstörung der festen Gitterordnung muss beim Schmelzen ein bestimmter Wärmebetrag aufgewendet werden, die sogenannte Schmelzwärme. Ebenso ist zur Überwindung der Anziehungskräfte beim Sieden eine bestimmte Wärmemenge nötig, die Verdampfungswärme. Trotz weiterem Erhitzen (weiterer Wärmezufuhr) steigt daher während des Schmelzens und Siedens die Temperatur so lange nicht weiter an, bis die gesamte Substanz geschmolzen bzw. verdampft ist (Abb. 1.11). Umgekehrt wird während der Kondensation eines Gases zur Flüssigkeit und beim Erstarren («Gefrieren») einer Flüssigkeit jeweils wieder die entsprechende Wärmemenge frei. Tatsächlich beobachtet man einen

Die Brownsche Bewegung

Ein Phänomen, das die Auswirkung der Teilchenbewegung sozusagen direkt sichtbar macht, ist die sogenannte Brownsche Bewegung von kleinen, in einem Gas oder einer Flüssigkeit suspendierten Teilchen wie z.B. Rauchteilchen oder Bakterien. Betrachtet man z.B. Tabakrauch unter dem Mikroskop bei Dunkelfeldbeleuchtung, so beobachtet man, wie sich die kleinen Rauchteilchen in andauernder, zitternder Bewegung befinden. Da die Stösse der Gasteilchen auf ein Rauchteilchen bald von der einen, bald von der anderen Seite zahlreicher sind, wird es dauernd «herumgestossen» und bewegt sich.

Temperaturanstieg, wenn eine unterkühlte Flüssigkeit in einem wärmeisolierten Gefäss erstarrt.
Nun verdunstet eine Flüssigkeit in einem offenen Gefäss bekanntlich schon vor dem Erreichen der Siedetemperatur. Dies rührt davon her, dass bei ein und derselben Temperatur niemals alle Teilchen die genau gleiche Bewegungsenergie besitzen. Es gibt immer energieärmere und energiereichere Teilchen. Ihre durchschnittliche Bewegungsenergie entspricht einer bestimmten Temperatur. Gelangt nun ein energiereicheres Teilchen an die Oberfläche der Flüssigkeit, so kann es sich aus seiner Umgebung losreissen und in den Gaszustand übergehen: die Flüssigkeit verdunstet.

In einem geschlossenen Gefäss können sich die Teilchen im Gasraum nicht beliebig weit voneinander entfernen. Ein Gasteilchen, das sich der Flüssigkeitsoberfläche nähert, kann von den Flüssigkeitsteilchen auch wieder «eingefangen» werden. Wir haben dann an der Flüssigkeitsoberfläche eine Art «Gleichgewicht»: Ständig verlassen Teilchen die Flüssigkeit, und ständig gehen andere Teilchen wieder in die Flüssigkeit über (Abb. 1.12).

Eine überraschende Folgerung aus der Teilchenvorstellung

Die Teilchen eines Gases bewegen sich regellos im Raum, wobei sie häufig zusammenstossen oder auf die Gefässwand prallen. Diese erfährt dadurch eine Kraft, d.h. das Gas übt auf die Wand einen Druck aus. Die mittlere Bewegungsenergie der Gasteilchen ist dabei der (absoluten) Temperatur[5] proportional. Bei gleicher Temperatur besitzen die Teilchen verschiedener Gase im Mittel also dieselbe kinetische Energie $m \cdot v^2/2$. Teilchen von geringerer Masse bewegen sich rascher als schwere Teilchen. Die Ausbreitung eines Gases bzw. die Diffusion eines Gases durch poröse Wände erfolgt deshalb umso schneller, je geringer die Masse der Gasteilchen ist.

Der Gasdruck ist umso grösser, je mehr Teilchen im Mittel gleichzeitig auf die Wände prallen und je grösser ihre kinetische Energie ist. Er steigt deshalb mit zunehmender Teilchenzahl im gegebenen Volumen (mit zunehmender «Teilchenkonzentration») und mit zunehmender Temperatur.

Betrachten wir nun zwei Behälter von gleichem Volumen, die mit verschiedenen Gasen gefüllt sind. Beide Gase stehen unter demselben Druck und besitzen dieselbe Temperatur. Da der Gasdruck nur von der durchschnittlichen Bewegungsenergie der Teilchen (die in beiden Fällen gleich ist) und von der Teilchenzahl pro Volumen abhängt, muss die Anzahl der Teilchen in den beiden (gleich grossen) Behältern gleich sein.

[5] Die absolute Temperatur wird in Kelvin (K) gemessen. 0 °C entspricht einer absoluten Temperatur von 273 K, 100 °C entsprechen 273 + 100 = 373 K (vgl. Abschnitt 3.7).

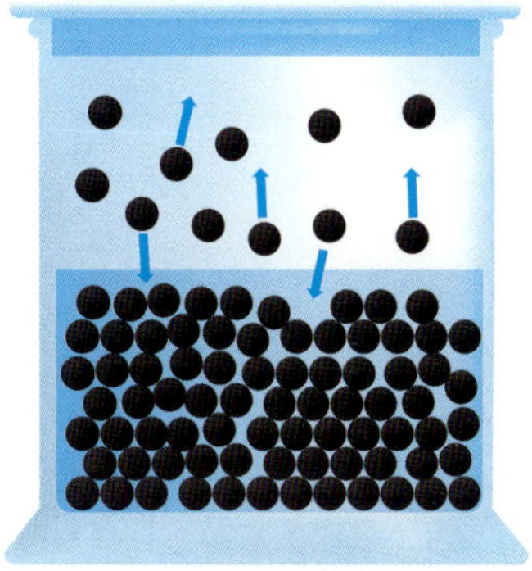

Abb. 1.12 Gleichgewichtszustand beim Verdunsten. In einem abgeschlossenen Gefäss stellt sich bei jeder Temperatur ein bestimmtes Mengenverhältnis zwischen dem Stoff in flüssiger und gasförmiger Form ein

Wir gelangen somit zu dem auf den ersten Blick überraschenden Ergebnis:

> Gleiche Raumteile verschiedener Gase enthalten bei gleichen Bedingungen gleich viele Teilchen.

Diese Aussage wurde bereits 1811 von A. Avogadro als Hypothese (Annahme) formuliert. Sie ist aber, wie wir gezeigt haben, nichts anderes als die logische Folge aus der Teilchenvorstellung, angewendet auf die Gase (vgl. Abschnitt 3.7).

Der Lösevorgang

Das Lösen eines Feststoffs in einer Flüssigkeit kann man sich ganz ähnlich vorstellen wie das Verdunsten einer Flüssigkeit. Allerdings müssen dabei die Gitterkräfte im festen Stoff überwunden werden. Dazu ist gewöhnlich eine bestimmte Energiezufuhr nötig. Wenn aber zwischen den Teilchen des Lösemittels und den zu lösenden Teilchen des Festkörpers Kräfte von ähnlicher Art und Stärke wirken wie die Gitterkräfte, so löst sich der Feststoff auch ohne Energiezufuhr. Ziehen sich die Lösemittelteilchen und die zu lösenden Teilchen wenig an, so erfolgt praktisch kein Lösen. Dies gilt z.B. für Zucker und Benzin: Zucker löst sich in Benzin kaum.

An den Ecken und Kanten eines Feststoffs ist die Zahl der um ein bestimmtes Teilchen angeordneten Nachbarteilchen kleiner als z.B. auf einer Fläche. Die an den Ecken und Kanten sitzenden Teilchen werden deshalb weniger stark gebunden: Das Lösen beginnt immer zuerst an den Ecken und Kanten. Der Lösevorgang wird beschleunigt durch:
Zerkleinern des zu lösenden Stoffs: Die Anzahl der Ecken und Kanten wird dadurch vergrössert.
Schütteln: Die Abwanderung der gelösten Teilchen wird erleichtert.
Erwärmen: Die Teilchen des Gitters bewegen sich rascher, sodass sich ein Teilchen leichter losreissen kann.

Abb. 1.13 Lösevorgang im Modell. Die zu lösenden Teilchen werden von Lösemittelteilchen umlagert und verteilen sich in der Lösung

Eine bestimmte Menge Lösemittel kann aber nicht beliebig viel festen Stoff lösen. Die Lösung ist gesättigt, wenn sie bei der betreffenden Temperatur die maximal mögliche Menge des gelösten Stoffs enthält. Bringt man in eine gesättigte Lösung noch mehr des gelösten Stoffs, so bleibt der Überschuss ungelöst. An der Oberfläche des festen Stoffs stellt sich dann ein ähnlicher Zustand ein, wie wir ihn für das Verdunsten einer Flüssigkeit in einem geschlossenen Gefäss kennengelernt haben. Durchschnittlich gehen gleich viele Teilchen vom festen Stoff in die Flüssigkeit über wie umgekehrt aus der Flüssigkeit in den festen Stoff.

1.3 Naturwissenschaftliches «Erklären»; das allgemeine Teilchenmodell

Die Naturwissenschaften haben die Aufgabe, die gesamte uns umgebende belebte und unbelebte Natur zu beschreiben (ihre Erscheinungen zu ordnen und zu klassifizieren) und die Naturvorgänge verständlich zu machen, d.h. sie zu «erklären». Zu diesem Zweck werden Naturerscheinungen beobachtet, untersucht und beschrieben. Sehr häufig werden auch Beobachtungen an ausgewählten Objekten unter bestimmten, willkürlich festgelegten und wiederholbaren Bedingungen angestellt, d.h. es werden Experimente ausgeführt.
Oft ist die Untersuchung der interessierenden Gegenstände selbst unmöglich, weil sie zu weit entfernt oder für eine direkte Untersuchung zu klein sind (Himmelskörper; kleinste Teilchen der Stoffe). In allen solchen Fällen muss die Wissenschaft Wege finden, die indirekt zum Ziel führen. Anders gesagt, es muss versucht werden, das uns Unzugängliche in eine logische Abhängigkeit von etwas Zugänglichem zu bringen, welches beobachtet oder gemessen wird, sodass das darin verborgene, gesuchte Ergebnis gewissermassen rückwärts erschlossen werden kann. Dies ist in der Praxis ein oft mühseliges, die Geduld und die Denkfähigkeit hart beanspruchendes Unterfangen. Ein auf solchen Umwegen erhaltenes Resultat kann aber genauso zuverlässig sein wie ein unmittelbar auf direktem Weg gewonnenes Ergebnis.

Experimente führen zu einer Anhäufung von Beobachtungsmaterial, von Daten und Zahlen. Allgemeine Feststellungen, die darauf gegründet sind, nennt man ein Gesetz (z.B. Fallgesetz, Ohmsches Gesetz usw.). Ein Gesetz gibt nur eine Beschreibung von Erscheinungen, kann sie jedoch nicht deuten. Die Wissenschaft darf dabei aber nicht stehen bleiben. Ihr Ziel ist es, möglichst viele Erscheinungen miteinander logisch zu verknüpfen, d.h. sie zu erklären. Zu diesem Zweck muss man eine Hypothese (Annahme) einführen (ersinnen). Verwendet man dabei Begriffe oder Vorstellungen aus anderen Erfahrungsbereichen (z.B. aus dem Alltag), so entwickelt man ein Modell und benützt dieses, um bestimmte Phänomene oder Gesetze auf anschauliche Weise beschreiben zu können. In der Regel lassen sich aus solchen Modellen gedankliche Folgerungen ziehen und durch weitere, neue Experimente nachprüfen. Vielleicht wird damit die Folgerung bestätigt, vielleicht muss aber das Modell verbessert oder sogar völlig aufgegeben werden. Bei Modellvorstellungen kann es sich also niemals um «ewig gültige Wahrheiten» handeln. Sie unterliegen Wandlungen entsprechend dem Fortschreiten der Erkenntnis. «Wahrheit» liegt einzig in den Aussagen sorgfältig und exakt durchgeführter Experimente. «Nur das Experiment ist schlüssig, niemals die unbewiesene Behauptung» (R. Boyle, 1627–1691).

Im vorhergehenden Abschnitt wurde an einfachen Beispielen der Weg aufgezeigt, den der Chemiker beschreitet, wenn er zu allgemeinen Aussagen über die Materie kommen will. Charakteristisch ist dabei der dauernde Wechsel zwischen der stofflichen Ebene (Experiment; Sinneswahrnehmung) und der submikroskopischen Ebene (Gedankentätigkeit; Modelle). Die Annahme kleinster Teilchen lieferte eine modellhafte Vorstellung der Aggregatzustände und des Lösevorgangs. Damit ist ein besseres Verstehen der beobachteten Phänomene möglich geworden. In diesem Zusammenhang spricht man vom allgemeinen Teilchenmodell.

1.4 Chemische Reaktionen und allgemeines Teilchenmodell

Ein seit den Anfängen der Chemie schwer zu lösendes Problem bestand darin, dass in den aus mehreren Elementen bestehenden Stoffen («Verbindungen»; siehe Abschnitt 2.1) die Teilchen der Elemente noch irgendwie enthalten sein müssen, dass aber die Produkte ganz andere Eigenschaften als die Elemente besitzen. Um diese Schwierigkeit verstehen zu können, wollen wir zuerst das Element Kohlenstoff betrachten.

Die Erscheinungsformen von Kohlenstoff
Kohlenstoff existiert in drei Formen (Modifikationen), die sich in ihren Eigenschaften sehr stark voneinander unterscheiden: Grafit, Diamant und die erst vor wenigen Jahren bekannt gewordenen Fullerene.

Grafit (Abb. 1.15) ist schwarz, metallähnlich glänzend und weich; er leitet den elektrischen Strom. Grafitkristalle sind ausgesprochen blättrig spaltbar. Grafit wird in der Technik als sehr wärmebeständiges Schmiermittel, für gewisse elektrische Leiter und – mit Ton zusammen gebrannt – für Bleistiftminen benützt. Letztere Verwendung hat ihm den Namen gegeben (graphein gr. = schreiben). Diamant (Abb. 1.14) dagegen, der härteste natürliche Stoff, ist farblos und durchsichtig, glänzt wie Glas und leitet den elektrischen Strom nicht. Seine Kristalle lassen sich nur mässig leicht spalten. Durch das Schleifen von Diamanten erhalten diese einen sehr starken Glanz («Brillant») und zählen deshalb und aufgrund ihrer Seltenheit zu den kostbarsten Edelsteinen. Sowohl Grafit wie Diamant lassen sich nur bei extrem hohen Temperaturen schmelzen. Die Fullerene schliesslich sind farblose, weiche, feste Stoffe, die den elektrischen Strom ebenfalls nicht leiten, aber schon unterhalb von 100 °C schmelzen.
Dass es sich bei diesen so ganz verschiedenen Stoffen um Kohlenstoff handelt, lässt sich durch die gegenseitige Umwandlung zeigen, bei der kein weiterer Stoff hinzutritt oder entweicht. Diamant geht langsam in schwarzes Grafitpulver über, wenn man ihn unter Luftabschluss[6] auf etwa 1500 °C erhitzt. Die Umwandlung von Grafit in Diamant hingegen ist bedeutend schwieriger. Sie ist erstmals 1953 in den USA gelungen und wird heute zur Herstellung von Industriediamanten (für Bohrer, Schneidewerkzeuge, Nagelfeilen usw.) verwendet. Man setzt dabei Grafitpulver bei 1500 °C unter sehr hohen Druck (50 000-100 000 bar). Bei diesen Bedingungen wandelt sich Grafit langsam in Diamant um, wobei kleine Diamantkristalle wachsen. Fullerene wurden beim Verdampfen von Grafit im Laserstrahl im dabei entstehenden Russ gefunden. Nach verschiedenen Meldungen lassen sich einzelne von ihnen bei Raumtemperatur und mässig hohem Druck in Diamant umwandeln.

Die auffallenden Unterschiede der Kohlenstoff-Modifikationen lassen sich durch ihre unterschiedliche Struktur erklären. So bilden die Kohlenstoff-Teilchen (Kohlenstoff-Atome) im Grafit ebene Schichten, wobei jeweils sechs Teilchen ein regelmässiges Sechseck formen oder, anders ausgedrückt, ein Kohlenstoff-Atom von drei anderen umgeben ist (Abb. 1.16). Viele solche Schichten sind in relativ grossen Abständen übereinander gelagert. Weil wegen der grossen Abstände die anziehenden Kräfte nur klein sind, sind diese Schichten relativ leicht zueinander verschiebbar (Bleistift!).

Im Diamant dagegen ist jedes Kohlenstoff-Atom tetraedrisch von vier anderen umgeben (Abb. 1.16). Ihre Abstände sind klein, die Anziehungskräfte entsprechend gross. Die hohe Schmelztemperatur von Diamant (etwa

[6] *An der Luft würde Diamant bei einer Temperatur von etwa 1500 °C langsam verglühen.*

Abb. 1.14 Ein Rohdiamant ist noch recht unscheinbar und muss erst geschliffen werden, damit er als Brillant Verwendung findet

Abb. 1.15 Grafit wird als grauschwarzer Klumpen z.B. im Bayerischen Wald gefunden

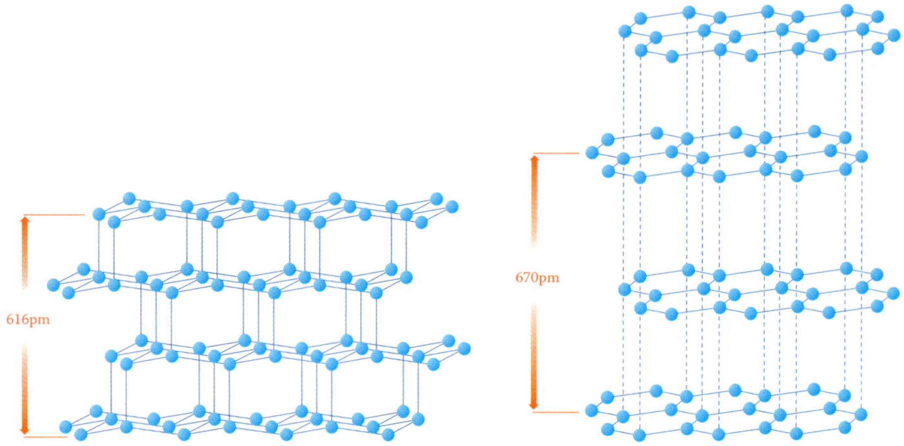

Abb. 1.16 Im Grafit (rechts) bilden die Kohlenstoff-Atome ebene Schichten. Zwischen den Schichten wirken nur schwache Kräfte. Im Diamant (links) ist jedes Kohlenstoff-Atom mit vier anderen Atomen verbunden. Die Atome bilden gewellte Schichten. Auch zwischen den Schichten wirken starke Kräfte

3500 °C) deutet auf die starken anziehenden Kräfte hin, ebenso die hohe Härte.

In den Fullerenen schliesslich bilden die Kohlenstoff-Atome in sich abgeschlossene Teilchen aus einer beschränkten, aber bestimmten Zahl von Atomen («Moleküle»), die auch im Gitter des festen Zustands vorhanden sind und dann die «Gitterteilchen» bilden. Das bestuntersuchte Fulleren besteht aus 60 Kohlenstoff-Atomen und gleicht in seinem Aufbau einem Fussball (Abb. 1.17). Es gibt aber noch eine Reihe weiterer, ähnlicher Moleküle, von denen dasjenige mit 70 Kohlenstoff-Atomen als «Rugbyball» bezeichnet wird.

Die Erscheinungsformen von Kohlenstoff geben uns einen wichtigen Hinweis, welche Veränderungen im Verlaufe einer chemischen Reaktion «auf der Teilchenebene» auftreten. Es ist müssig zu fragen, wie kleinste Kohlenstoff-Teilchen aussehen und welche spezifischen Eigenschaften sie besitzen. Erst ein Kollektiv dieser Teilchen führt zu messbaren Eigenschaften wie Schmelztemperatur, Siedetemperatur, Härte usw. Die Stoffeigenschaften sind damit weitgehend abhängig von der räumlichen Anordnung der Stoffbausteine. Die gegenseitige Umwandlung der Kohlenstoff-Modifikationen zeigt uns ausserdem, dass im Verlauf dieses Vorgangs anziehende Kräfte verändert werden. Dies erklärt den Energieumsatz, der für jede chemische Reaktion charakteristisch ist.

Grafit, Diamant und die Fullerene sind aus den gleichen Teilchen (Kohlenstoff-Atomen) aufgebaut, die in den drei Stoffen unterschiedlich angeordnet sind. Solche Beispiele sind jedoch selten. Die Eigenschaften vieler Stoffe weisen nämlich darauf hin, dass sich bei chemischen Reaktionen die kleinsten Teilchen der Ausgangsstoffe irgendwie «verändert» haben müssen. Insbesondere gilt dies bei der Bildung von Verbindungen aus Elementen (s.u.). Diese Veränderungen, die wir später ausführlich erläutern, werden bei der Umkehrung der betreffenden Reaktion rückgängig gemacht.

Das allgemeine Teilchenmodell führt uns somit zu einem tieferen Verständnis chemischer Reaktionen:

Das eigentliche Wesen eines chemischen Vorgangs besteht darin, dass sich die kleinsten Teilchen verändern und umgruppieren. Anziehende Kräfte werden dabei überwunden und neue werden wirksam.

Abb. 1.17 Zwei Fulleren-Moleküle: C_{60} und C_{70}: Fussball aus Fünf- und Sechsecken

ÜBUNGEN ZUM KAPITEL 1

1.1 Woran lassen sich chemische Reaktionen erkennen?

1.2 Nennen Sie einige Ihnen aus dem Alltag bekannte chemische Reaktionen.

1.3 Welche Reaktionen von Übung 1.2 sind exotherm, welche endotherm?

1.4 Beschreiben Sie die Fotosynthese (Assimilation der grünen Pflanze) mit einer Wortgleichung.

1.5 Wie lässt sich die Struktur von Kristallen ermitteln?

1.6 Wie kann man die Teilchenbewegung sozusagen «direkt sichtbar» machen?

1.7 Begründen Sie, weshalb der Druck in einem Fahrradschlauch steigt, wenn dieser der Sonnenhitze ausgesetzt wird.

1.8 Gibt man einige Kristalle der violettschwarzen Substanz Kaliumpermanganat in einen mit Wasser gefüllten Standzylinder und lässt diesen einige Tage ruhig stehen, so hat sich die Flüssigkeit gleichmässig violett gefärbt. Geben Sie dafür eine Erklärung.

1.9 Betritt ein Brillenträger im Winter einen warmen Raum, so beschlagen sich die Brillengläser. Erklären Sie diese Erscheinung.

1.10 Wie ist es zu erklären, dass sich Gase durch hohe Drucke verflüssigen lassen?

1.11 Welche Phänomene weisen darauf hin, dass die kleinsten Teilchen einer Flüssigkeit bzw. eines Gases in dauernder Bewegung sind?

1.12 Erklären Sie die unterschiedliche Härte von Grafit und Diamant aufgrund der Anordnung der Kohlenstoff-Atome.

1.13 Grafit lässt sich zum Schreiben und als Schmiermittel verwenden. Erklären Sie diese Beobachtung mithilfe des Teilchenmodells.

2 ARTEN VON STOFFEN

2.1 Gemisch, reiner Stoff; Verbindung und Element

Bringt man Salzwasser zum Sieden, so verdampft das Wasser allmählich und das Salz bleibt zurück. Die Konzentration der Lösung, d.h. die Menge des gelösten Salzes pro 100 g Lösung, nimmt dadurch zu. Dieser Zunahme entsprechend steigt die Siedetemperatur (Abb. 2.1). Salzwasser hat keine konstante Siedetemperatur, im Gegensatz zu reinem Wasser. Auch andere Eigenschaften der Salzlösung, wie z.B. ihre elektrische Leitfähigkeit, hängen von ihrer Konzentration ab, sind also nicht konstant. Gleiches gilt für viele andere Stoffe. Ihre Eigenschaften hängen ebenfalls von den äusseren Bedingungen ab, sind also nicht konstant.

Aufgrund dieser Tatsache können wir die Stoffe in zwei grosse Gruppen einteilen:

- Stoffe mit bestimmten und bei gegebenen Bedingungen (Temperatur und Druck) auch konstanten Eigenschaften heissen reine Stoffe.
- In allen anderen Fällen spricht man von Gemischen oder Mischungen.

Das Mengenverhältnis der Komponenten eines Gemischs lässt sich im Allgemeinen beliebig wählen. Bei Lösungen ist dies allerdings nur innerhalb gewisser Grenzen möglich, nämlich bis zur Erreichung des Sättigungsgrads.

Die Trennung von Gemischen in ihre Bestandteile ergibt schliesslich reine Stoffe. Gelegentlich ist bei solchen Vorgängen eine Änderung von Stoffeigenschaften zu beobachten. So leitet Salzwasser den elektrischen Strom viel besser als Wasser, siedet bei einer höheren Temperatur und hat eine grössere Dichte als Wasser. Kochsalz zeigt ausserdem im festen Zustand keine elektrische Leitfähigkeit. Die Trennung von Salzwasser in seine Bestandteile ist also ein chemischer Vorgang. Anders verhält es sich z.B. bei einem Gemisch aus Sand und grobem Eisenpulver. Bei der Trennung in die beiden Bestandteile mithilfe eines Magneten ändern sich die Stoffeigenschaften nicht. Es handelt sich also nicht um eine chemische Reaktion.

Im Gegensatz dazu lassen sich reine Stoffe höchstens durch chemische Reaktionen oder sogar überhaupt nicht in andere Bestandteile auftrennen. Wird z.B. in einem Reagenzglas der reine Stoff Quecksilberoxid (ein orangerotes Pulver[1]) erhitzt, so schlagen sich nach einiger Zeit Tropfen von flüssigem Quecksilber nieder. Gleichzeitig entweicht ein Gas, das einen glimmenden Span zum Entflammen bringt (Sauerstoff; Abb. 2.2). Schliesslich ist nichts mehr vom ursprünglichen Pulver vorhanden. Es ist also möglich, Quecksilberoxid durch einen chemischen Vorgang in weitere Stoffe zu zerlegen.

[1] *Quecksilberdampf ist sehr giftig. Versuch nur in gut ziehendem Abzug durchführen und Quecksilberreste ordnungsgemäss entsorgen!*

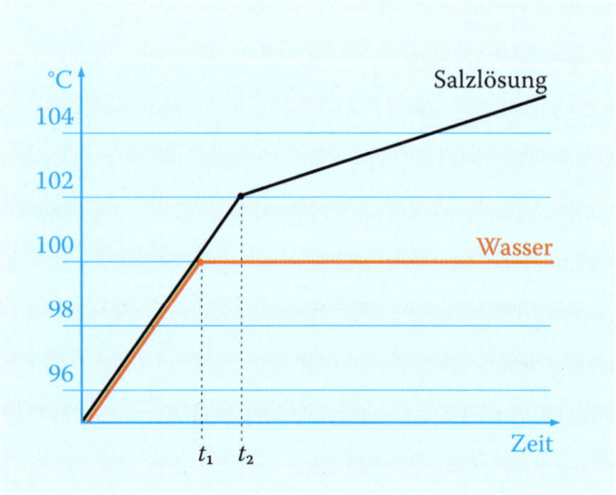

Abb. 2.1 Reines Wasser siedet bei 100 °C. Salzwasser einer bestimmten Konzentration hat keine konstante Siedetemperatur. Das Sieden beginnt zur Zeit t_2, in unserem Fall bei einer Temperatur von 102 ° C

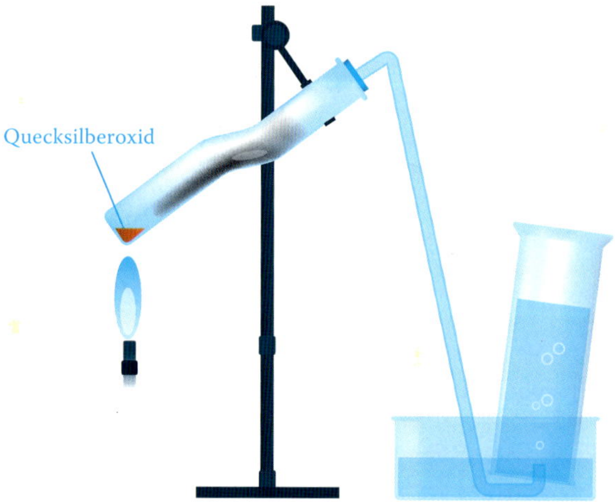

Abb. 2.2 Zersetzung von Quecksilberoxid durch Erhitzen und Auffangen des entstehenden Gases

Reine Stoffe, die durch chemische Vorgänge in weitere stoffliche Komponenten getrennt werden können, nennt man Verbindungen.

Bei fortgesetzter Zerlegung von Mischungen und Verbindungen findet man schliesslich Stoffe, welche sich auch chemisch nicht mehr in andere Stoffe spalten lassen. Dies sind die bereits erwähnten Elementarsubstanzen oder kurz: Elemente.

Stoffe, die sich auch durch chemische Vorgänge nicht mehr weiter in andere Stoffe auftrennen lassen, heissen Elemente.

Heute sind über hundert Elemente bekannt, die miteinander mehr als zwanzig Millionen Verbindungen bilden. Man verwendet zu ihrer Abkürzung Symbole, die sich von lateinischen Namen herleiten und von einer internationalen Kommission festgelegt werden, z.B. C für Kohlenstoff, Fe für Eisen usw. Zur Bezeichnung von Verbindungen, sind Formeln gebräuchlich, in denen die Symbole der in der betreffenden Verbindung enthaltenen Elemente zusammengestellt sind. Die Namen von Verbindungen die aus nur zwei Elementen bestehen (binäre Verbindungen), bekommen die Endung -id (z.B. Natriumchlorid: Verbindung aus den Elementen Natrium und Chlor; vgl. Abschnitt 5.5).

Die Häufigkeit der wichtigsten Elemente in den bekannten Teilen der Erdkruste ist in der Tabelle 2.1 angegeben. Einen besonders hohen Anteil am Aufbau der Erdrinde haben Sauerstoff (fast 50 %) und Silicium (wichtigstes mineralbildendes Element). Oft sind selten vorkommende Elemente, die in der Praxis eine wichtige Rolle spielen, an bestimmten Lagerstätten (meist in Form von Verbindungen) stark angereichert. Ein Beispiel dafür ist das Vorkommen von Uranerzen (Kanada, Kongo, Tschechien).

Verbindungen können in Elemente aufgetrennt werden. Beispiele bilden die erwähnte Trennung von Quecksilberoxid in Quecksilber und Sauerstoff durch Erhitzen («Thermolyse») oder die «Elektrolyse» (d.h. die Zerlegung unter Wirkung des elektrischen Stroms) von Wasser, wobei Wasserstoff- und Sauerstoffgas entstehen. Sauerstoff, Quecksilber, Wasserstoff und Sauerstoff sind Elemente. Man kann sie nicht mehr in andere Stoffe auftrennen. Manche Verbindungen lassen sich indirekt zerlegen, wenn man sie mit einem weiteren Stoff chemisch zur Reaktion bringt. Erhitzt man z.B. Bleioxid (ein rötliches Pulver) zusammen mit etwas pulverisierter Holzkohle, so bildet sich metallisches Blei. Gleichzeitig entweicht ein farb- und geruchloses Gas (Kohlenstoffdioxid).

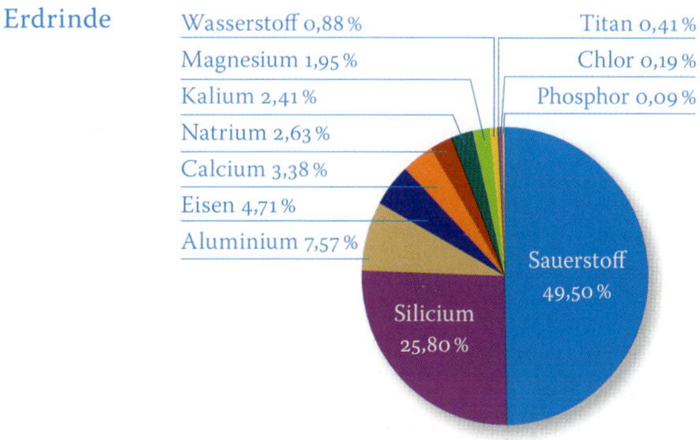

Abb. 2.3 Die zehn häufigsten Elemente der Erdrinde

Natürlich ist nicht nur die Zerlegung einer Verbindung ein chemischer Vorgang, sondern auch ihre Bildung («Synthese»). Bei der Synthese einer Verbindung aus den Elementen tritt also eine Stoffumwandlung ein, d.h. die ursprünglich vorhandenen Elemente bilden eine Verbindung mit vollkommen anderen Eigenschaften. Besonders deutlich zeigt dies etwa die Synthese von Kochsalz (Natriumchlorid) aus den beiden Elementen Natrium und Chlor (Abb. 2.4).

Natrium ist ein weiches, schneidbares Metall, das an der Luft sofort anläuft und deshalb vor Luft geschützt (unter Petroleum) aufbewahrt wird. Mit Wasser reagiert es heftig, wobei ein Gas, Wasserstoff, entsteht. Chlor ist ein grünliches, spezifisch schweres, erstickend riechendes, giftiges Gas. Leitet man nun Chlorgas über Natrium (das zuerst erhitzt und dabei geschmolzen werden muss) und heizt mit kräftiger Flamme weiter, so beginnt sich das Metall plötzlich zu entzünden und verbrennt mit intensiver gelber Flamme. Als Produkt erhält man weisses, ungiftiges Kochsalz, das sich an der Luft nicht verändert, im Wasser leicht löslich ist und sich nur durch sehr starkes Erhitzen schmelzen oder gar verdampfen lässt.

Tabelle 2.1 Anteil der häufigsten Elemente am Aufbau der Erdrinde (inbegriffen Hydro- und Lithosphäre)

Massenprozente					
O	49,50 %	K	2,41 %	Mn	0,08 %
Si	25,80 %	Mg	1,95 %	C	0,08 %
Al	7,57 %	H	0,88 %	S	0,06 %
Fe	4,71 %	Ti	0,41 %	Ba	0,04 %
Ca	3,38 %	Cl	0,19 %	N	0,03 %
Na	2,63 %	P	0,09 %	F	0,03 %

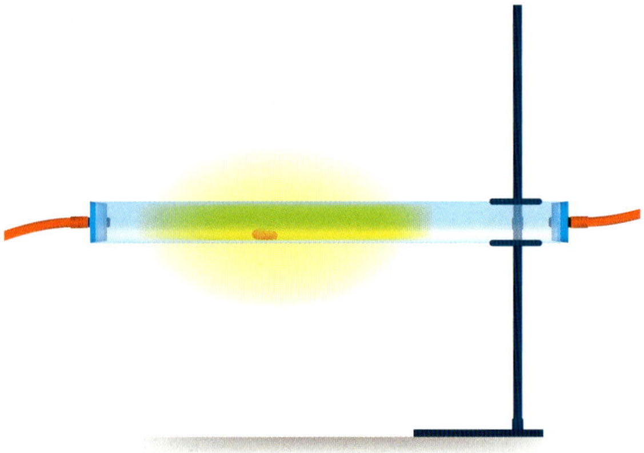

Abb. 2.4 Leitet man einen Chlorstrom über ein erhitztes Natriumstück, so «verbrennt» dieses mit heller Flamme zu Kochsalz

Bei der Bildung einer Verbindung reagieren die Elemente in ganz bestimmten Mengenverhältnissen miteinander. Anders gesagt, jede Verbindung besitzt eine für sie charakteristische, konstante Zusammensetzung. Es ist dabei unwesentlich, welche Mengen der Elemente für die Synthese verwendet wurden. Es reagieren immer nur die durch das konstante Massenverhältnis festgelegten Mengen, wobei eventuell ein Reaktionspartner nicht vollständig verbraucht wird.

Die Tatsache, dass die Elemente in einer Verbindung in ganz bestimmten Mengenverhältnissen enthalten sind (man spricht in diesem Zusammenhang vom «Gesetz der konstanten Verhältnisse»), lässt sich z.B. durch folgende Versuche belegen: Bringt man ein vorher gewogenes Kupferblech in flüssigen Schwefel, der in einem Porzellantiegel zum Sieden gebracht wird, so verbinden sich die beiden Stoffe unter starkem Aufglühen zu einem spröden, schwarzblauen Produkt («Kupfersulfid»). Nachdem der überschüssige Schwefel verdampft ist, kann man das Produkt wieder wägen. Aus der Massenzunahme lässt sich das Verhältnis der Masse des Kupfers zur Masse des Schwefels berechnen. Die Ausführung mehrerer Versuche ergibt innerhalb der Fehlergrenze der Wägungen immer denselben Wert: 1 g Kupfer reagiert mit 0,25 g Schwefel. – Wägt man eine bestimmte Menge Quecksilberoxid vor und nach der Thermolyse, so entstehen dabei (wiederum innerhalb der Fehlergrenzen) aus 1 g des Oxids stets 0,926 g Quecksilber und 0,074 g Sauerstoff.

In den Verbindungen sind die Elemente offenbar noch irgendwie enthalten. Ihre Eigenschaften sind aber darin nicht mehr erkennbar. Verbindungen enthalten kleinste Teilchen, die sich aus den Elementteilchen gebildet haben, aber – verglichen mit diesen – irgendwie «verändert» sind. Wenn man heute, in allerdings ungenauer Sprechweise, sagt, Kochsalz beispielsweise «enthalte» die Elemente Natrium und Chlor, so meint man damit, dass Kochsalz aus diesen Elementen entstanden ist, und dass darin die (veränderten) Teilchen der beiden Elemente noch enthalten sind.

In einer Verbindung können die veränderten Elementteilchen ein Gitter bilden (so z.B. im Kochsalz). Es ist aber auch möglich, dass sich die Elementteilchen zu kleinen, in sich abgeschlossenen Verbänden («Molekülen», ähnlich den Fullerenen) zusammenschliessen. In beiden Fällen müssen aber zwischen den veränderten Elementteilchen relativ starke Kräfte («chemische Bindungen») wirksam sein, denn die Trennung einer Verbindung in ihre Elemente erfordert fast immer einen hohen Energiebetrag. Im Gegensatz dazu wirken zwischen den Teilchen von Bestandteilen eines Gemischs schwächere Anziehungskräfte, sodass sich Gemische durch relativ einfache Trennmethoden und insbesondere meist ohne grossen Energieaufwand trennen lassen.

- Die Bildung von Verbindungen aus den Elementen heisst Synthese.
- Thermolyse: Zersetzung eines Stoffs durch Wärmezufuhr.
- Elektrolyse: Zersetzung eines Stoffs mithilfe von Strom. Der positive Pol der Stromzufuhr heisst Anode, der negative Pol Kathode. Anode und Kathode fasst man unter der Bezeichnung Elektroden zusammen.

2.2 Die Trennung (Fraktionierung) von Gemischen

In der Natur treten kaum Reinstoffe auf. Auch bei chemischen Reaktionen werden häufig Gemische erhalten, denn oft entstehen mehrere Produkte nebeneinander, oder es laufen sogar neben der gewünschten Reaktion auch unerwünschte «Nebenreaktionen» ab, deren Produkte abgetrennt werden müssen. Trennungen von Gemischen spielen deshalb im Alltag des Chemikers und in der Technik eine grosse Rolle.
Oft lassen sich in Gemischen die Bestandteile von blossem Auge oder mittels des Mikroskops erkennen. Solche Mischungen sind uneinheitlich («heterogen»; Abb. 2.5). Andere Mischungen dagegen (und ebenso sämtliche Reinstoffe) sind durch und durch gleichartig («homogen»; Abb. 2.6); auch mit den stärksten lichtmikroskopisch erreichbaren Vergrösserungen lassen sich in ihnen keine unterschiedlichen Bestandteile erkennen. Einen solchen homogenen Zustand der Materie bezeichnet man mit dem Ausdruck «Phase». Homogene Stoffe bestehen aus einer einzigen, heterogene Gemische aus verschiedenen Phasen. Beispiele von Gemischen siehe Tabelle 2.2.
Mischungen zwischen festen Stoffen können aufgrund der verschiedenen Dichten getrennt werden. Bringt man ein solches Gemisch in eine geeignete Flüssigkeit,

so setzt sich der spezifisch schwerere Anteil ab, während der leichtere unter Umständen sogar schwimmt (Sedimentation und Flotation, Anwendung zur Abtrennung feingemahlener Erze vom Begleitgestein; Goldwäscherei). Durch Zentrifugieren kann die Sedimentationsgeschwindigkeit oft wesentlich beschleunigt werden.

Unterscheiden sich die Bestandteile eines Gemischs in der Löslichkeit in einem bestimmten Lösemittel, so kann man den leichter löslichen Stoff damit herauslösen (extrahieren; Extraktion). So wird beispielsweise das Koffein bei der Herstellung von koffeinfreiem Kaffee mit geeigneten Lösemitteln aus den Kaffeebohnen extrahiert. Bei der Gewinnung von Kochsalz löst man das Salz mit Wasser aus dem Gestein heraus und dampft nachher die Sole (das konzentrierte Salzwasser) ein. Zur Entfernung des Extraktionsmittels (z.B. Wasser) wird bei wärmeempfindlichen Stoffen manchmal das Verfahren der Gefriertrocknung (Lyophilisation) angewendet, wobei das zu Eis gefrorene Wasser im Vakuum entfernt wird (Herstellung von Pulverkaffee, Suppenpulver u.a.).
Suspensionen und Rauch trennt man durch Filtration (Abb. 2.7). Im Laboratorium verwendet man dafür meist Filter aus ungeleimtem Papier, wobei häufig zur Beschleunigung des Vorgangs mit Vakuum filtriert wird (Abb. 2.9). Für technische Zwecke kommen auch Tuch- oder Sandfilter infrage (z.B. Filtration von Seewasser zur Bereitung von Trinkwasser; Sandschichten als Filter in Abwasserreinigungsanlagen).
Bei weiteren Fraktioniermethoden nützt man die unterschiedlichen Schmelz- und Siedetemperaturen der

Tabelle 2.2 Beispiele von Mischungen

Zustand der Phasen	Bezeichnung	Beispiel
heterogen:		
fest/fest	Gemenge	Erde, Granit
fest/flüssig	Suspension	aufgewirbelter Schlamm in Wasser
fest/gasförmig	Rauch	Rauch eines Feuers
flüssig/flüssig	Emulsion	Milch, Öl in Wasser
flüssig/gasförmig	Schaum	Waschmittelschaum (Gasblasen in Flüssigkeit)
	Nebel	Wolken in der Atmosphäre (Flüssigkeitstropfen im Gas)
homogen:		
fest	feste Lösung	Legierung
flüssig	«Lösung»	Salzwasser
gasförmig	Gasgemisch	Luft, Erdgas

Abb. 2.5 Granit – ein heterogener Stoff. Dieses Gestein (zentraler Aaregranit) ist ein Gemisch aus mehreren Mineralien, unter anderem auch Quarz

Abb. 2.6 Quarzkristalle. Quarz ist eine Verbindung der Elemente Silicium und Sauerstoff. Kleinste Mengen von beigemischten anderen Stoffen verfärben den farblosen Quarz, wie z.B. beim Amethyst

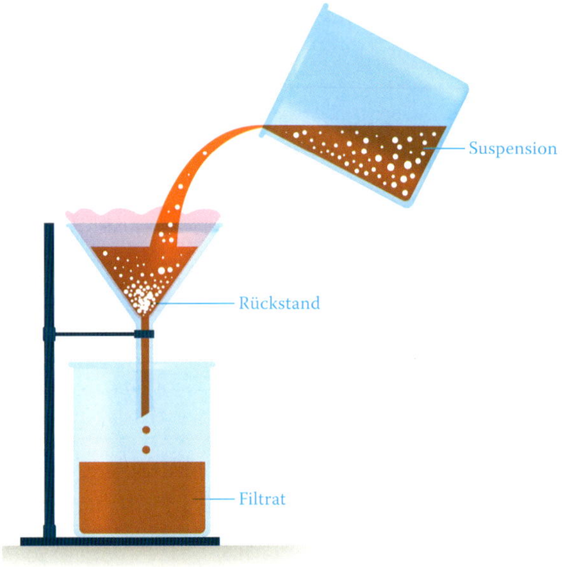

Abb. 2.7 Filtration einer Suspension mit einem Papierfilter

Abb. 2.8 Falten eines Papierfilters

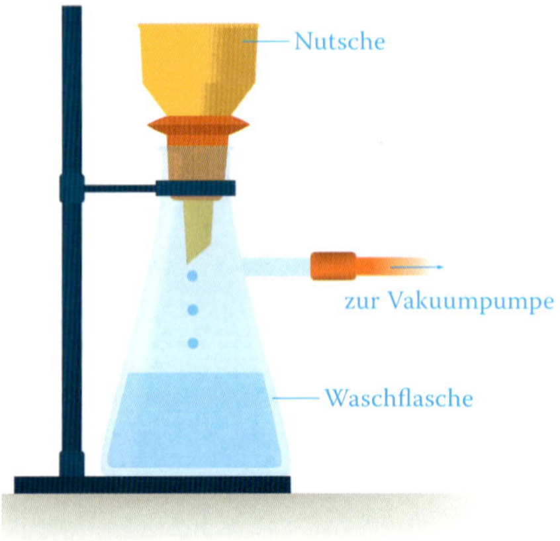

Abb. 2.9 Vakuumfiltration

Abb. 2.10 In der Technik verwendet man zur Filtration Filterpressen, in denen die zu filtrierende Flüssigkeit durch Tücher gepresst wird

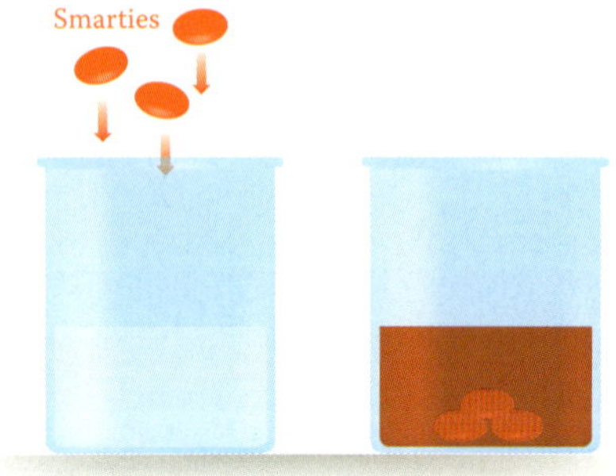

Abb. 2.11 Extraktion eines roten Farbstoffs aus Smarties®

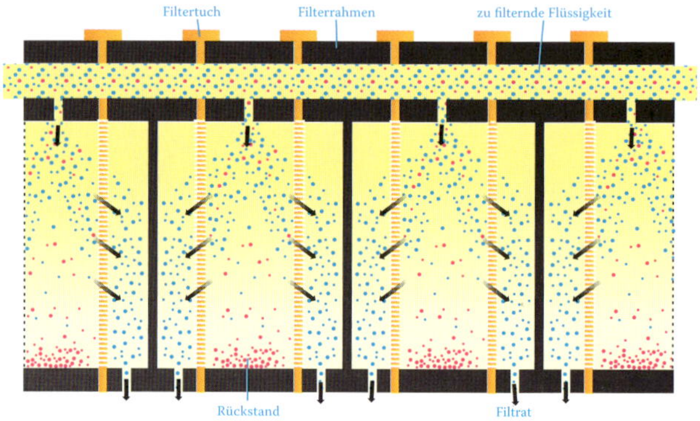

Abb. 2.12 Schema einer Filterpresse

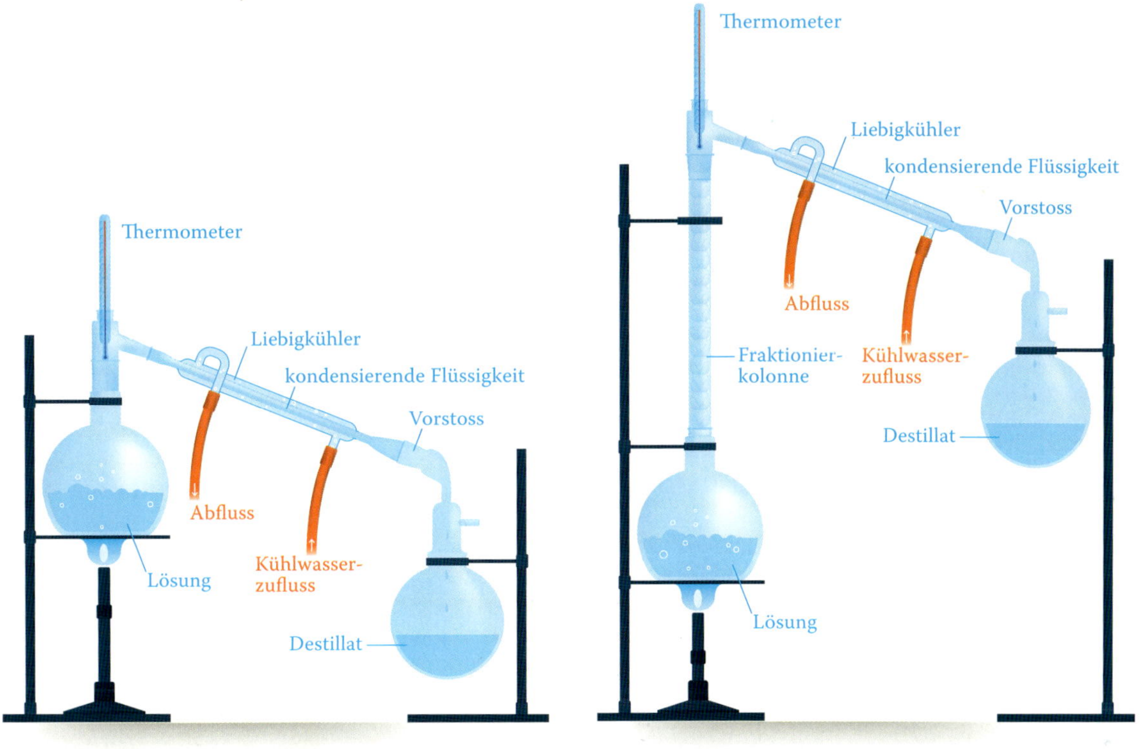

Abb. 2.13 Destillationsapparaturen: normale Destillation (links) und fraktionierte Destillation (rechts)

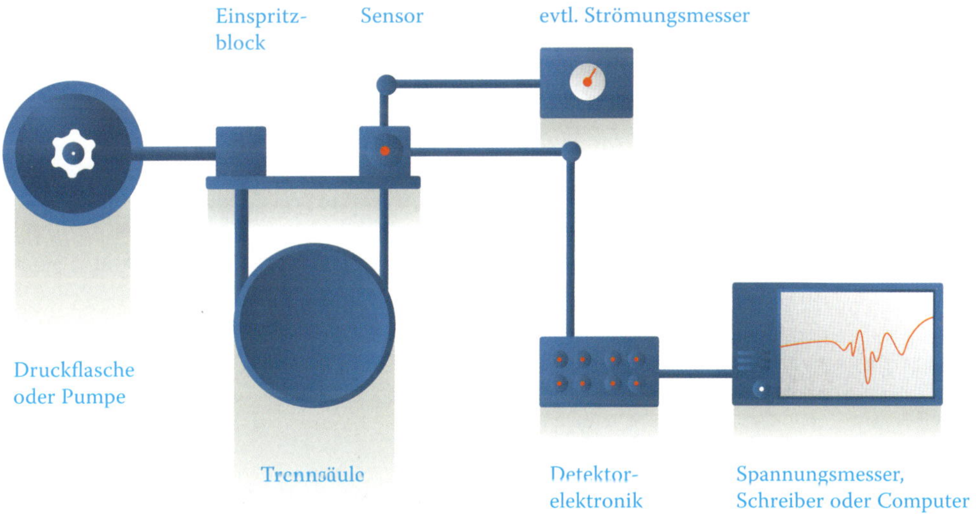

Abb. 2.14 Schema eines Gaschromatografen

Komponenten aus. So lässt sich in bestimmten Fällen ein Mischungsbestandteil durch Sublimation (direkter Übergang vom festen in den gasförmigen Zustand) abtrennen, so z.B. bei der Reinigung von verschmutztem Iod. Homogene Flüssigkeitsgemische trennt man durch Destillation (Fraktionierung aufgrund verschiedener Siedetemperaturen; Abb. 2.13). Durch besondere Massnahmen (Verwendung von Fraktionierkolonnen) lassen sich sogar noch Substanzen trennen, deren Siedetemperaturen nur wenige Grade auseinander liegen.

In besonderen Fällen lassen sich Flüssigkeitsgemische auch durch stufenweise Kristallisation beim Abkühlen trennen. Zur Reinigung durch Umkristallisieren stützt man sich auf die bei steigender Temperatur zunehmende Löslichkeit vieler Substanzen. Man lässt eine heiss gesättigte Lösung des zu reinigenden Stoffs abkühlen, wobei sich dieser ausscheidet. Die in viel geringeren Mengen vorhandenen Verunreinigungen bleiben gelöst.

Chromatografische Verfahren

Es sind noch einige weitere Verfahren zu charakterisieren, die besonders zur Trennung von kleinen Stoffmengen geeignet sind. Sie beruhen alle auf unterschiedlicher Adsorption (Anlagerung) bzw. unterschiedlichem Lösevermögen. Man benützt dabei stets eine «stationäre» und eine «bewegliche» Phase. Das zu trennende Gemisch verteilt sich aufgrund verschiedener Adsorption bzw. Löslichkeit zwischen den beiden Phasen, sodass eine Auftrennung möglich wird.

Bei der Gaschromatografie (Abb. 2.14, 2.15, 2.16) füllt man kleine Körper aus einer porösen Masse (z.B. gebranntem Ton) in ein langes Rohr. Die Poren sind mit einer hoch siedenden Flüssigkeit getränkt. Diese bildet die stationäre Phase. Ein das Rohr (die «Trennsäule») durchströmendes Gas ist die bewegliche Phase. Wenn sich die verschiedenen Bestandteile eines verdampften Gemischs unterschiedlich gut in der stationären Phase lösen, verweilen sie verschieden lang in der Trennsäule. Die einzelnen Stoffe treffen dann nacheinander am Ende der Trennsäule ein und können dort einzeln registriert und identifiziert werden. Die Gaschromatografie ist sehr empfindlich und lässt sich für ausserordentlich kleine Mengen von Gemischen (bis 0,1 Tausendstel cm^3) anwenden. Mit ihrer Hilfe kann man z.B. geringste Mengen von Chemikalien (im ppm- oder ppb-Bereich[2]) in Nahrungsmitteln, Fruchtsäften, im Wasser, in der Luft usw. nachweisen. Voraussetzung ist allerdings, dass sich das zu untersuchende Gemisch verdampfen lässt oder gasförmig ist.

Bei der Papier- und der Dünnschichtchromatografie (Abb. 2.17, 2.18) verwendet man Flüssigkeiten als bewegliche Phasen und Filtrierpapier bzw. Platten aus Glas oder Aluminium, die mit einer dünnen, adsorbierenden Schicht belegt sind, als stationäre Phase. Stellt man z.B. ein Filtrierpapier bzw. eine Dünnschichtplatte in ein Lösemittel oder Lösemittelgemisch, so steigt dieses

[2] ppm = part per million (Millionstel); ppb = part per billion (Milliardstel, da engl. billion = Milliarde).

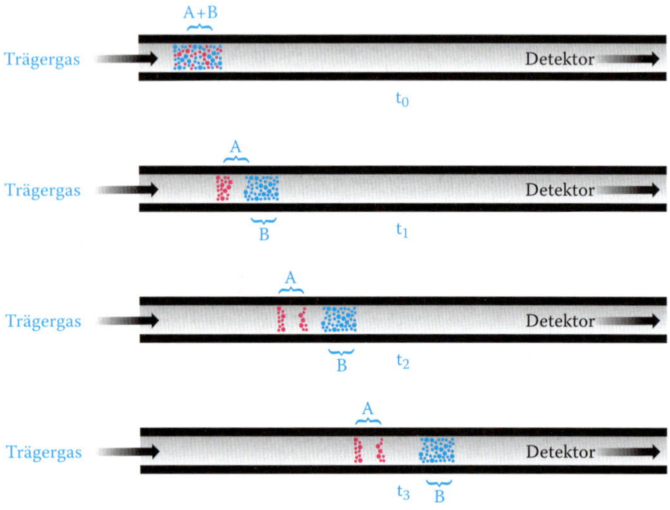

Abb. 2.15 Trennungsprinzip bei der Gaschromatografie. Zur Zeit t_0 sind die Stoffe A und B noch gemischt. Da B in der stationären Phase schlechter löslich ist als A, wird es vom Trägergas schneller weitertransportiert. Zur Zeit t_3 ist B von A praktisch getrennt und erreicht den Detektor früher als A

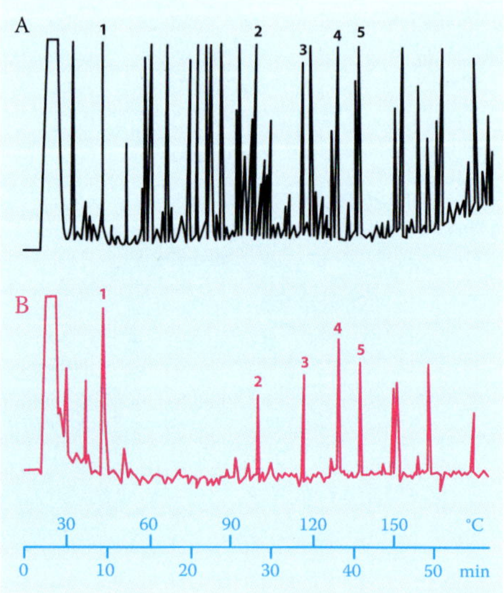

Abb. 2.16 Die Gaschromatografie der organischen Verunreinigungen des Zürichsees ergab das Chromatogramm A. Chromatogramm B wurde mit einem Gemisch bekannter Testsubstanzen erhalten

durch die Kapillarwirkung im Papier oder in der dünnen, adsorbierenden Schicht auf. Das Lösemittel stellt dabei die bewegliche Phase dar. Wenn die einzelnen Bestandteile des auf Papier oder Platte aufgebrachten Gemischs verschieden stark adsorbiert werden, wandern sie mit unterschiedlicher Geschwindigkeit nach oben: Die stärker adsorbierten Bestandteile wandern langsamer, die weniger stark adsorbierten rascher. Aus Farbstoffgemischen (z.B. Kugelschreibertinten) erhält man je nach ihrer Zusammensetzung eine Reihe von Farbflecken (Abb. 2.18).

- Die verschiedenen Bestandteile (Phasen) einer heterogenen Mischung (z.B. Granit) lassen sich an ihren spezifischen Eigenschaften wie Glanz, Farbe, Härte etc. erkennen. Bei homogenen Mischungen wie z.B. Salzwasser kann man die einzelnen reinen Stoffe hingegen mit dem Auge oder einem Lichtmikroskop nicht unterscheiden.
- Schmelztemperatur: Zeichen t_m Einheit °C
- Siedetemperatur: Zeichen t_b Einheit °C

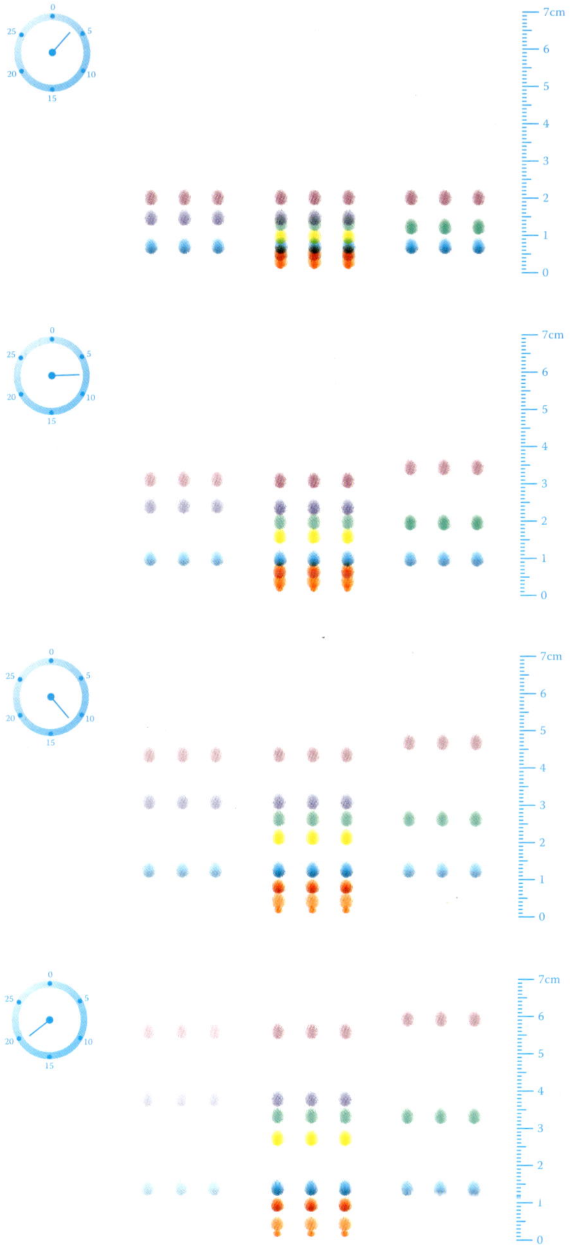

Abb. 2.17 Zeitlicher Ablauf einer dünnschicht-chromatografischen Trennung

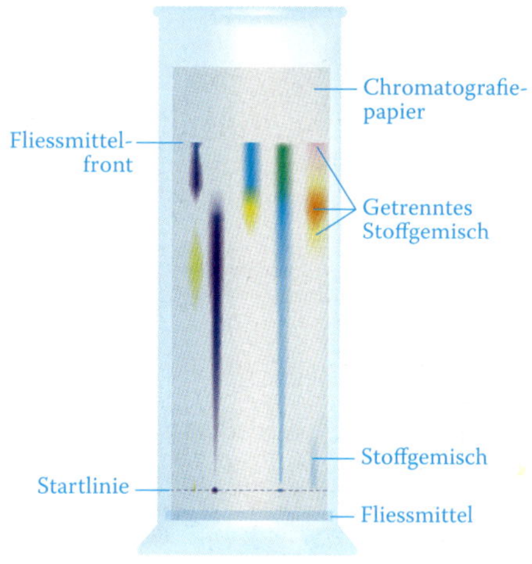

Abb. 2.18 Dünnschichtchromatografie

2.3 Einteilung reiner Stoffe nach ihren physikalischen Eigenschaften

Stoffe lassen sich nicht nur nach der Möglichkeit ihrer Auftrennung, sondern auch ihren physikalischen Eigenschaften entsprechend in verschiedene Gruppen ordnen. Betrachtet man z.B. Wasser, Alkohol, Ether, Naphthalin («Mottenpulver»), Chlor, Kochsalz, Marmor, Kupfersulfat, Eisen, Aluminium, Chrom, Quecksilber, Gold sowie schliesslich Diamant und Quarz, so erkennt man, dass alle diese Stoffe einer der unten näher charakterisierten Stoffgruppen angehören. Eine solche Gruppe mit sehr ähnlichen spezifischen Eigenschaften bilden z.B. die Metalle. Wasser, Alkohol, Naphthalin, Ether und Chlor – die alle verhältnismässig tief sieden – bilden eine weitere und Diamant und Quarz eine dritte Gruppe. Die Eigenschaften dieser Gruppen stehen in engem Zusammenhang mit dem Aufbau und der Anordnung ihrer kleinsten Teilchen.

Metallische Stoffe

Wichtigste Merkmale sind elektrische Leitfähigkeit im festen und flüssigen Zustand, der Glanz bei kompakten Stücken («Metallglanz»; Abb. 2.19, 2.20) und die schwarze Farbe. Viele Metalle sind allerdings nur in sehr fein

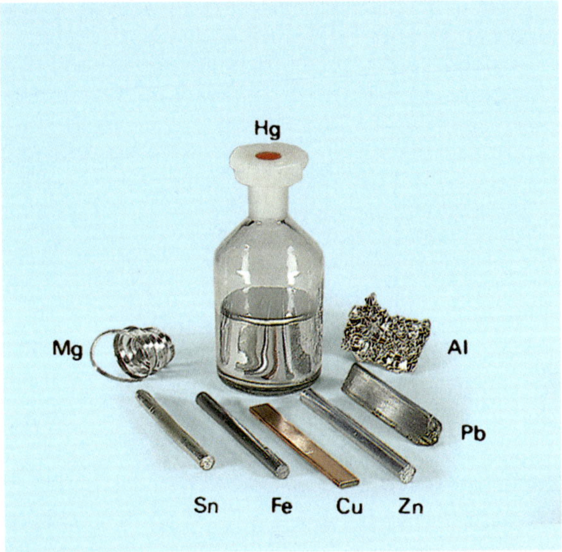

Abb. 2.19 Verschiedene Metalle zeigen den charakteristischen Metallglanz

Abb. 2.20 Natrium wird in Flaschen unter Petroleum aufbewahrt. An der Luft verschwindet der Metallglanz rasch

verteiltem Zustand rein schwarz. Die Siedetemperaturen variieren stark (Quecksilber 357 °C, Wolfram 5657 °C), liegen jedoch im Allgemeinen ziemlich hoch. Charakteristisch für viele Metalle ist die Duktilität («Verformbarkeit» durch Hämmern, Biegen, Walzen, Ziehen usw.). Gewisse Metalle sind allerdings spröde und daher schlecht verformbar (Chrom, Bismut, Vanadium). Mit Ausnahme von Quecksilber sind die Metalle absolut wasserunlöslich (Quecksilber löst sich in äusserst geringen Spuren). Manche Metalle, wie z.B. Natrium, reagieren sehr heftig mit Wasser. Magnesium, ein Leichtmetall, ist brennbar (Abb. 2.21)!

Flüchtige Stoffe

Hauptmerkmal ist ihre im Allgemeinen tiefe Schmelz- und Siedetemperatur. Viele flüchtige Stoffe sind bereits bei Zimmertemperatur gasförmig, oder sie lassen sich durch geringes Erwärmen verdampfen (Schwefel: t_b = 445 °C). Flüchtige Stoffe sind oft farblos und in dünnen Schichten meist durchsichtig und besitzen keine elektrische Leitfähigkeit. Im festen Zustand sind sie gewöhnlich ziemlich weich (Naphthalin, Schwefel, Trockeneis).

Salzartige Stoffe

Salzartige Stoffe («Salze») leiten den elektrischen Strom ebenfalls, jedoch im Gegensatz zu den Metallen nur im flüssigen (geschmolzenen) oder im gelösten Zustand. Als Begleiterscheinung der Stromleitung treten chemische Vorgänge auf (Elektrolyse, z.B. von Kochsalz: am einen Pol entsteht metallisches Natrium, am anderen gasförmiges Chlor, wenn man Gleichstrom durch geschmolzenes Kochsalz leitet). Schmelztemperatur und besonders Siedetemperatur salzartiger Stoffe liegen im Allgemeinen hoch (Kochsalz: t_b = 1413 °C); Salze sind also schwerflüchtig. Alle Salze sind – allerdings in sehr unterschiedlichem Mass – wasserlöslich. Auch schwerlösliche Salze, die oft ungenau als «unlöslich» bezeichnet werden, lösen sich in geringen Spuren (z.B. Marmor: etwa 7 mg in einem Liter). Unter den Salzen kommen keine Elemente vor.

Diamantartige Stoffe

Ihre wesentlichen Merkmale stellen die sehr hohe Härte und ihre hohen Schmelz- und Siedetemperaturen dar. Typisch diamantartige Stoffe sind in Wasser völlig unlöslich. Die Schwerflüchtigkeit ist noch viel stärker ausgeprägt als bei den Salzen. Elektrische Leitfähigkeit ist nicht vorhanden.

Hochmolekulare Stoffe

Stoffe wie Eiweisse, Cellulose, Kunstharze, Plexiglas, Nylon oder Gummi bilden eine weitere Gruppe von Stoffen mit charakteristischen Merkmalen. Es sind Festkörper, harzartige oder weiche Massen mit einer manchmal stark ausgeprägten Neigung zum Fadenziehen. Beim Erwärmen erweichen sie allmählich und zeigen keine scharfe Schmelztemperatur. In Wasser meist unlöslich, werden sie oft durch gewisse organische Lösemittel (flüssige Kohlenstoff-Verbindungen) gelöst oder wenigstens gequollen. Ihr Name stammt von ihren Molekülen, die besonders gross sind.

Selbstverständlich gibt es viele reine Stoffe, die Charaktere verschiedener Gruppen in sich vereinigen und damit Übergänge zwischen ihnen bilden. So ist Glas recht hart, in Wasser praktisch nicht löslich und besitzt

Abb. 2.21 Verbrennen von Magnesiumband. Die Reaktion von Magnesium mit Sauerstoff ist exotherm. Bei der Reaktion werden Wärme und Lichtenergie frei

Abb. 2.23 Metalloxide in Pulverform; oben: Quecksilberoxid, Kupferoxid; unten: Zinkoxid, Eisenoxid

keine scharfe Schmelztemperatur; flüssiges Glas leitet aber den elektrischen Strom. Es zeigt daher Merkmale von salzartigen, diamantartigen und hochmolekularen Stoffen. Pyrit (Schwefelkies), ein gelbglänzendes, ziemlich häufiges, oft gut kristallisierendes Mineral, besitzt Merkmale von Salzen und Metallen zugleich und ist somit zwischen salzartigen und metallartigen Stoffen einzuordnen.

Abb. 2.22 Sauerstoff entflammt einen glimmenden Span

2.4 Beispiele wichtiger Elemente

Man kennt heute über 100 verschiedene Elemente. Die Mehrzahl von ihnen (etwa 80) gehört zu den Metallen. Nur 15 Elemente sind ausgesprochene Nichtmetalle. Gewisse Elemente, wie Silicium und Arsen, zeigen nur einzelne Eigenschaften metallischer Stoffe oder besitzen nicht typischen Metallcharakter («Halbmetalle»). Verschiedene Halbmetalle haben für die Elektronik grosse Bedeutung (Halbleiter). Eine Übersicht über wichtige metallische Elemente gibt Tabelle 2.4.

Tabelle 2.3 Zusammensetzung von trockener Luft

	Volumen-%	t_b (°C)
Stickstoff	78,09	−195,8
Sauerstoff	20,95	−183,0
Argon	0,92	−185,8
Kohlenstoffdioxid	0,03	(sublimiert bei −78,5)
Neon	0,0018	−245,9
Helium	0,00052	−268,9
Krypton	0,0001	−152,0
Wasserstoff	0,00005	−252,6
Xenon	0,000008	−108,0

Abb. 2.24 Oxidation von Kupferspänen durch eine abgemessene Luftmenge. Mit den beiden Kolbenprobern wird die Luft mehrmals durch das Reaktionsrohr in der Mitte gedrückt. Die Abnahme des Luftvolumens kann direkt abgelesen werden

Abb. 2.25 Beim Arbeiten mit Wasserstoff muss man sich immer sorgfältig vergewissern, ob kein explosives Gemisch vorliegt («Knallgasprobe»). Das zu prüfende Gas wird in einem Reagenzglas aufgefangen und an einem Brenner – fern von der Apparatur! – entzündet. Knallgas verbrennt mit einem heulenden Ton, reiner Wasserstoff dagegen fast geräuschlos

Einige wichtige Nichtmetalle

Sauerstoff (O, von oxygenium gr. = Säurebildner; Lavoisier meinte, dass Sauerstoff in allen Säuren vorhanden sei). Farb-, geruch- und geschmackloses Gas (t_b = –183,0 °C), unterhält die Verbrennung (Nachweis mit glimmendem Holzspan; Abb. 2.22). Luft enthält 21 Vol.-% Sauerstoff. Gewinnung durch Luftverflüssigung und anschliessendes fraktioniertes Verdampfen. Dazu kommen je nach Luftfeuchtigkeit einige % Wasserdampf.
Erhitzt man gewisse Metalle (Kupfer, Blei) an der Luft, so verändern sie sich oberflächlich, sie «laufen an». Führt man dies in einem abgeschlossenen Luftvolumen aus (z.B. mit dem Apparat der Abb. 2.24), so kann man beobachten, wie das Luftvolumen dabei um 21 % abnimmt und der zurückbleibende «Luft»-Rest eine Flamme erstickt. Das heisse Metall entzieht also der Luft den Sauerstoff und bildet dabei eine Sauerstoff-Verbindung (ein «Oxid»). Auch bei den gewöhnlichen Verbrennungsvorgängen wird Sauerstoff verbraucht. Dabei verbindet sich der brennende Stoff mit Sauerstoff, sodass die Verbrennungsprodukte (Oxide) schwerer sind als die Ausgangsstoffe. Vorgänge, bei denen sich Stoffe mit Sauerstoff verbinden, nennt man Oxidationen. Verbrennungen sind also besonders rasch verlaufende Oxidationen, wobei Licht und viel Wärme frei werden. Es gibt aber auch langsamer verlaufende Oxidationen. Beispiele dafür sind das Rosten und das erwähnte Anlaufen der Metalle.

Wasserstoff (H, von hydrogenium hydor gr. = Wasser). Farb-, geruch- und geschmackloses Gas (t_b = –253 °C), spezifisch leichtestes aller Elemente. Wasserstoff verbrennt mit sehr heisser Flamme zu Wasser (Abb. 2.26); Wasser ist also eine Verbindung aus Wasserstoff und Sauerstoff. Gemische von Wasserstoff mit Luft oder mit Sauerstoff verbrennen beim Erwärmen oder bei Zündung (Funken) explosionsartig («Knallgas»). Die grosse entstehende Wärmemenge hat eine enorme Volumenausdehnung zur Folge, sodass die Brisanz einer Knallgasexplosion sehr gross ist. Entdeckung durch H. Cavendish (1766); Nachweis des Wasserstoffs in der Verbindung Wasser durch Lavoisier.

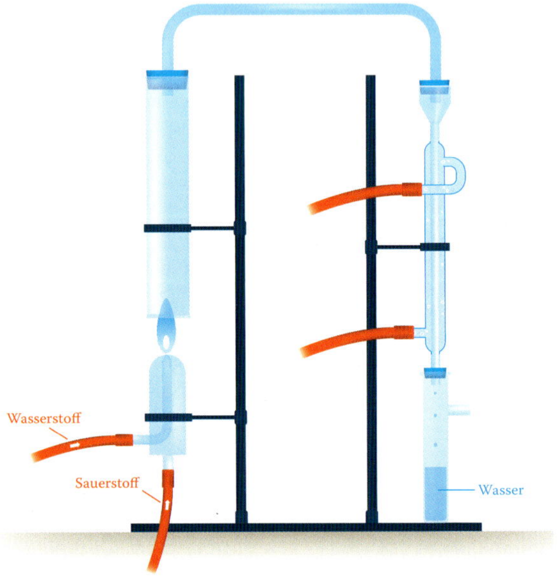

Abb. 2.26 Verbrennung von Wasserstoff in Sauerstoff. Die Flamme brennt in ein Quarzglasrohr; mittels einer Pumpe wird ein Luftstrom durch die Apparatur gesaugt. Der entstehende Wasserdampf wird im Kühler kondensiert und als flüssiges Wasser aufgefangen

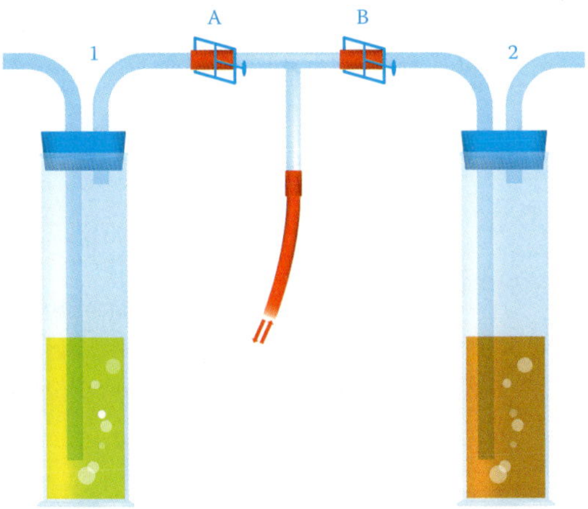

Abb. 2.27 Nachweis von Kohlenstoffdioxid in eingeatmeter (1) und ausgeatmeter (2) Luft. Das Barytwasser in Flasche 2 wird getrübt. Die Lösung in Flasche 1 bleibt klar. Beim Einatmen muss Klemme A geöffnet und Klemme B geschlossen sein, beim Ausatmen umgekehrt

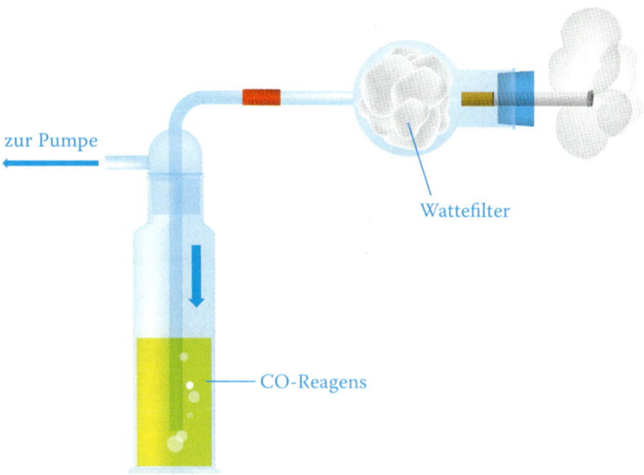

Abb. 2.28 Nachweis von Kohlenstoffmonoxid im Zigarettenrauch. Die Flüssigkeit in der Waschflasche färbt sich braun bis schwarz

Wasserstoff kommt elementar nur in äusserst kleinen Spuren in der Luft vor, ist jedoch das kosmisch häufigste Element (über 75 % aller Materie des Weltalls ist Wasserstoff). Technisch wird Wasserstoff als Nebenprodukt der Rohölspaltung (Cracken; Kap.11), aus Wasser durch Elektrolyse, durch Reaktion von Wasser mit Kohlenstoff oder aus Erdgas gewonnen.

Stickstoff (N, von nitrogenium nitrum lat. = Salpeter). Hauptbestandteil der Luft (78 Vol-%). Farb-, geruch- und geschmackloses Gas (t_b = –195,8 °C), das sehr schwer chemische Vorgänge eingeht («reaktionsträge» ist), erstickt die Verbrennung. Verwendung für Synthesen (z.B. Stickstoffdünger).

Kohlenstoff (C, von carbo lat. = Kohle). Die wichtigsten Eigenschaften und die Bedeutung des Elements Kohlenstoff wurden bereits in Abschnitt 1.4 vorgestellt. Beim Erhitzen an der Luft verbrennen Grafit und Diamant sowie kohlenstoffhaltige Brennstoffe zu farb- und geruchlosem, ungiftigem Kohlenstoffdioxidgas. Bei Sauerstoffmangel oder bei sehr hohen Temperaturen kann sich dabei das geruchlose, giftige Kohlenstoffmonoxid bilden. – Identifizierung von Diamant als Kohlenstoff durch Verbrennung (Lavoisier, 1780).

Chlor (Cl, chloros gr. = grün). Giftiges, gelbgrünes, ziemlich schweres Gas (t_b = –35 °C) mit charakteristischem Geruch. Verwendung für Synthesen und zur Desinfektion von Trink- und Badewasser. Chlor tritt auf der Erde nur in Form von Verbindungen auf (Salzsäure im Magensaft; Kochsalz ist Natriumchlorid). Entdeckt 1774 durch Scheele; als Element erkannt von Davy (1810).

Brom (Br, bromos gr. = Gestank). Schwarzbraune, leicht verdampfende Flüssigkeit (t_b = 58 °C); Dämpfe rotbraun, sehr unangenehm und erstickend riechend. Verbindungen wichtig: Silberbromid für Fotografie, für Farbstoffe und Heilmittel. Entdeckt 1825 durch Balard in Asche von Seetangen.

Schwefel (S, von sulfur lat. = Schwefel). Gelbe, glänzende Massen oder charakteristisch ausgebildete Kristalle, brennt mit blauer Flamme unter Bildung eines farblosen, stechend riechenden, giftigen Gases (Schwefeldioxid).

Phosphor (P). Phosphor tritt ebenfalls in verschiedenen Formen auf: weisser Phosphor (sehr giftig, Entzündungstemperatur um 50 °C, selbstentzündlich) und roter Phosphor (ungiftig, höhere Entzündungstemperatur, nicht selbstentzündlich). Auch Phosphor kommt auf der Erde nur in Form von Verbindungen vor (phosphorhaltige Verbindungen in den Zellen, Knochensubstanz; Phosphor-Verbindungen als Dünger). Entdeckt durch den Alchemisten Brandt beim Eindampfen von Harn (1669).

Silicium (Si). Dunkelgraues, undurchsichtiges, glänzendes Halbmetall, ist das nach Sauerstoff häufigste Element der Erdrinde. Verwendung als Legierungsbestandteil (korrosionsbeständige Aluminium-Legierungen); tritt nicht elementar auf. Verbindungen sehr verbreitet (Gesteine). Bergkristall (Quarz) ist Siliciumdioxid.

Tabelle 2.4 Einige wichtige Metalle

Die Elemente, deren Symbol unterstrichen ist, treten in elementarer Form in der Natur auf; die anderen kommen nur als Verbindungen vor.

Element	Symbol	Eigenschaften, Verwendung	Bekannt seit
Silber	**<u>Ag</u>**	Härter als Gold, charakteristischer Glanz. Beste Leitfähigkeit aller Metalle. Münzmetall, Gebrauchsgegenstände, Überzugsmetall. Verbindungen in der Fotografie u.a.	2900 v. Chr. in Babylonien
Aluminium	**Al**	Silberweisses Leichtmetall, gut dehnbar und walzbar. Dank einer Oxidschicht trotz ziemlich unedlem Charakter chemisch sehr beständig. Leichtmetall; Folien. Viele Legierungen.	1825 entdeckt (Oersted); industrielle Herstellung ab 1887 (erste Al-Fabrikation in Neuhausen am Rheinfall)
Gold	**<u>Au</u>**	Ziemlich weiches, chemisch schwer angreifbares Schwermetall; Münzmetall, Schmuck, Zahntechnik.	5000 v. Chr. in Ägypten
Calcium	**Ca**	Silberweisses, weiches Metall, an der Luft sehr schnell stark anlaufend. Reagiert mit Wasser (Bildung von Wasserstoff!). Verbindungen wichtig (Kalk, Zement, Knochensubstanz).	1808 von Davy dargestellt
Chrom	**Cr**	Weiss glänzend, hart und spröde; chemisch widerstandsfähig. Zur Herstellung von Edelstählen, als Überzugsmetall.	1797 entdeckt (Vauquelin); industrielle Herstellung ab 1898
Kupfer	**<u>Cu</u>**	Auffallend rote Farbe (nur in äusserst fein pulverisiertem Zustand erscheint das Metall schwarz!), nächst Silber beste Leitfähigkeit. Elektrotechnik; für Legierungen (Bronze: Cu/Sn; Messing: Cu/Zn).	5000 v. Chr. in Ägypten
Eisen	**Fe**	Reines Eisen ist ziemlich weich und weiss glänzend. Rostet an feuchter Luft. Stahl (mit < 1,7 % C) ist relativ hart. Wichtigstes Werkmetall.	2000 v. Chr. Babylon; in Mitteleuropa 500 v. Chr.
Quecksilber	**<u>Hg</u>**	Einziges bei Zimmertemperatur flüssiges Metall (t_m = −38 °C, t_b = 357 °C); Dämpfe giftig! Thermometer; Hg-Legierungen («Amalgame») in der Zahntechnik.	1500 v. Chr. in Ägypten (in Griechenland im 1. Jahrhundert n. Chr.)
Magnesium	Mg	Silberweisses, an der Luft rasch mattweiss anlaufendes Leichtmetall. Leichtes Werkmetall (Flugzeugbau); Al/Mg-Legierungen.	1808 von Davy dargestellt
Natrium	**Na**	Sehr weiches, schneidbares Metall (t_m = 98 °C, t_b = 892 °C). Nur wenn frisch geschnitten mit Silberglanz, läuft an der Luft rasch an. Aufbewahrung unter Petrol. Dichte nur 0,97 g · cm^{-3}. Reagiert ziemlich heftig mit Wasser (→ Wasserstoff). Verwendung als Element für gewisse organische Reaktionen. Verbindungen zahlreich und wichtig (Kochsalz, Soda, Seifen usw.).	1807 erstmals von Davy dargestellt; eine als Waschmittel dienende Substanz «neter» wird schon im Alten Testament erwähnt, ist möglicherweise identisch mit Soda
Nickel	**Ni**	Silberweiss, schmiedbar, schwach magnetisch; wird von Säuren nur langsam angegriffen. Münz- und Überzugsmetall; für nichtrostende Stähle.	1751 entdeckt (Cronstedt). In der Bergmannssprache war «Nickel» ein Schimpfwort; als «Kupfernickel» wurde ein Erz bezeichnet, das nach dem Aussehen für ein Kupfererz gehalten wurde, aber aus dem kein Kupfer zu erhalten war

Element	Symbol	Eigenschaften, Verwendung	Bekannt seit
Blei	**Pb**	Schweres, bläulichweisses, weiches Metall, an der Luft mattblau, ohne Glanz (Oxidschicht!). Röhren, Kabel, Behälter; als säurefestes Metall in der chemischen Industrie.	1500 v. Chr. bei den Phöniziern
Platin	**Pt**	Sehr edles, grauweiss glänzendes, hartes, chemisch sehr schwer angreifbares Metall. Für manche chemischen Prozesse als Katalysator; Laboratoriumsgeräte. Schmuck.	1736 in Kolumbien entdeckt. Die grossen Lager im Ural wurden 1822 gefunden
Zinn	**Sn**	Weiches, gut dehnbares Metall von schwach gelblichem Glanz. Wandelt sich unterhalb 13°C (sehr langsam) in eine graue, pulvrige Form um. Die Umwandlung, welche nur dann auftritt, wenn Zinngegenstände längere Zeit bei sehr tiefen Temperaturen gehalten werden, geht von einzelnen Staubzentren aus (Zinnpest). Herstellung von Bronze.	3000 v. Chr. in Ägypten. In Mitteleuropa schon um 2000 v. Chr.
Uran	**U**	Silberweisses, ziemlich weiches Schwermetall; radioaktiv. Brennstoff für Kernreaktoren.	1789 entdeckt (Klaproth)
Zink	**Zn**	Bläulichweiss, mit starkem Glanz (Glanz verschwindet an der Luft). Leicht schmelzbar und leicht zu bearbeiten. Überzugsmetall, Herstellung von Messing.	1100 n. Chr. in Indien. Erste industrielle Herstellung im 18. Jahrhundert in England

2.5 Möglichkeiten und Grenzen der Teilchenvorstellung

Eine wesentliche Voraussetzung für die Entwicklung der Wissenschaft Chemie war die Vorstellung vom diskontinuierlichen Aufbau der Materie, d.h. von der Existenz kleinster Teilchen, in denen die Eigenschaften der Stoffe zugrunde gelegt sind. Damit verknüpft ist die grundsätzliche Unmöglichkeit, direkte Aussagen über die Stoffbausteine zu gewinnen. Dies hängt einerseits mit der Kleinheit der Objekte und andererseits mit ihrer unvorstellbar grossen Zahl zusammen. Aussagen über kleinste Teilchen sind daher notwendigerweise nur durch makroskopisch gewonnene Beobachtungen möglich.
Die Annahme von kleinsten Stoffbausteinen genügte, um einige experimentelle Beobachtungen verständlich zu machen. So war es möglich, die Aggregatzustände und ihre jeweiligen makroskopischen Besonderheiten mittels des allgemeinen Teilchenmodells zu verstehen. Ebenso kann man chemische Reaktionen als eine Veränderung und Umgruppierung von kleinsten Teilchen auffassen. Darin liegt der tiefere Grund für die beobachtete Stoffumwandlung (neue spezifische Eigenschaften!) und den feststellbaren Energieumsatz. Die theoretische Umkehrbarkeit chemischer Reaktionen weist ausserdem darauf hin, dass die kleinsten Teilchen der Elemente bei derartigen Vorgängen nicht «wesentlich» verändert werden.

Viele Fragen bleiben jedoch offen. Wie kommen die anziehenden Kräfte zwischen kleinsten Teilchen zustande? Wie und weshalb verändern sich die spezifischen Eigenschaften der Stoffe und damit auch die kleinsten Teilchen bei einer chemischen Reaktion? Worauf beruhen Farbigkeit, elektrische Leitfähigkeit usw? Diese wenigen Hinweise sollen genügen, um zu zeigen, dass man bei der einfachen Teilchenvorstellung nicht stehen bleiben kann. Es ist nötig, mithilfe weiterer Experimente und den dabei beobachteten Phänomenen noch genauere Vorstellungen über die Stoffbausteine zu erlangen. Das allgemeine Teilchenmodell war nur der erste Schritt auf dem Weg der naturwissenschaftlichen Erkenntnisgewinnung.

ÜBUNGEN ZUM KAPITEL 2

2.1 Gegeben sind zwei farblose Flüssigkeiten. Eine davon ist ein reiner Stoff, die andere ein Gemisch. Wie lassen sich die beiden Flüssigkeiten experimentell unterscheiden?

2.2 Welche der folgenden Stoffe sind Mischungen (jeweils kurze Begründung): Zucker, Eisen, Wein, Beton, Kochsalz, Kohle, Granit?

2.3 Sie wollen testen, ob die Farbe Ihres Filzstifts ein Gemisch oder ein Reinstoff ist. Wie gehen Sie experimentell vor?

2.4 Wie könnte man die folgenden Gemische voneinander trennen: Alkohol/Wasser, Zuckerwasser, Gemisch aus Eisen- und Schwefelpulver?

2.5 Destilliert man Petroleum und misst dabei die Siedetemperatur, so beobachtet man, wie sie während des Destillierens langsam, aber stetig ansteigt. Welchen Schluss muss man daraus ziehen?

2.6 Warum kann man das in Salzwasser gelöste Kochsalz nicht durch Filtrieren vom Wasser trennen? (Teilchenvorstellung benützen!)

2.7 In welche Stoffgruppen müssen folgende Substanzen eingeordnet werden: Aluminium, Kalkstein, Benzin, Erdgas, Gummi, Soda?

2.8 Gewöhnlicher Zucker gleicht äusserlich den typischen Salzen. Wie könnte man – ausser mit einer Geschmacksprobe (die wegen der möglichen Giftigkeit prinzipiell niemals erfolgen darf) – prüfen, ob Zucker ein Salz ist?

2.9 Wasser gehört zu den flüchtigen Stoffen; Leitungswasser besitzt aber eine messbare elektrische Leitfähigkeit. Erklären Sie diesen scheinbaren Widerspruch!

2.10 Wie lassen sich Wasserstoff und Sauerstoff experimentell voneinander unterscheiden?

3 ATOME, FORMELN UND GLEICHUNGEN

3.1 Die Atomhypothese von Dalton

Es wurde schon kurz erwähnt, welche Gedanken man sich im Altertum über den Aufbau der Materie gemacht hatte. Da Demokrit der Meinung war, dass auch die Seele aus Atomen besteht, die den ganzen Körper durchdringen und sich beim Tod verflüchtigen, war die Auffassung, dass die gesamte Materie aus unteilbaren Atomen aufgebaut ist, während langer Zeit als materialistische, gottlose Theorie verpönt. Die Elementenlehre von Aristoteles blieb die herrschende Anschauung in der Spätantike und im Mittelalter.

Erst nach Beginn der Neuzeit [D. Sennert (1572–1637), P. Gassendi (1592–1655), I. Newton (1643–1727) und J. Bernoulli (1700–1782)] wurde die Vorstellung vom Aufbau der Materie aus kleinsten Teilchen vereinzelt wieder zur Erklärung bestimmter Eigenschaften, vor allem der Gase, herangezogen. Als gegen Ende des 18. Jahrhunderts immer mehr Stoffe und ihr chemisches Verhalten untersucht und dabei auch die Waage immer häufiger verwendet wurde, erkannten zunächst M. W. Lomonossow (1711–1765) und A. L. Lavoisier (1743–1794), dass sich bei chemischen Vorgängen die Masse der beteiligten Stoffe nicht ändert (Gesetz von der Erhaltung der Masse). Diese Aussage lässt sich experimentell allerdings nur für den Messbereich der benützten Waage aufrechterhalten. Nachprüfungen, die zwischen 1895 und 1905 durch Landolt und Eötvös mit extrem empfindlichen Waagen durchgeführt wurden, ergaben bis zum Bereich von 10^{-8} g keine Abweichung.

Die Untersuchung der massenmässigen Zusammensetzung von Verbindungen führte dann etwas später zur Formulierung des Gesetzes der «konstanten Verhältnisse», d.h. zur Feststellung, dass Verbindungen eine konstante Zusammensetzung besitzen.

- Bei chemischen Reaktionen ändert sich die Masse der beteiligten Stoffe nicht.
  (Gesetz von der Erhaltung der Masse)
- Elementare Stoffe verbinden sich in bestimmten Massenverhältnissen.
  (Gesetz der konstanten Proportionen)

Diese beiden Gesetze sowie die Neufassung des Elementbegriffs durch Lavoisier führten schliesslich J. Dalton (1766–1844) zur «Atomhypothese» (1803). In seinem Buch «A New System of Chemical Philosophy» verknüpfte er den Element- mit dem Atombegriff. Seine wesentlichen Aussagen sind folgende:

- Jedes Element besteht aus gleichartigen und unteilbaren Atomen.
- Atome verschiedener Elemente unterscheiden sich durch Eigenschaften wie Masse und Grösse.
- Da sich bei chemischen Reaktionen die Gesamtmasse aller Reaktionsteilnehmer nicht ändert, müssen die Atome unveränderlich sein.

Das Gesetz der konstanten Verhältnisse führte Dalton zu der Überzeugung, dass sich bei der Bildung einer Verbindung die Atome der Elemente jeweils in einem bestimmten Zahlenverhältnis (z.B. 1:1 oder 1:2) vereinigen. Wir können somit die «Verbindung» auch folgendermassen definieren:

Eine Verbindung ist ein Reinstoff, der aus verschiedenen Atomarten besteht, wobei diese in einem ganz bestimmten Zahlenverhältnis zueinander stehen.

Zur Zeit von Dalton kannte man allerdings keinerlei Beweise für die Richtigkeit seiner Vorstellungen. Es hat sich – allerdings erst viel später (zu Beginn des 20. Jahrhunderts) – auch gezeigt, dass die Atome tatsächlich weder unteilbar noch unveränderlich sind. Die Atomlehre blieb deshalb eine Hypothese, d.h. eine unbewiesene Annahme. Dalton zog aber aus der Atomhypothese die Folgerung, dass in Fällen, in denen sich zwei Elemente zu mehreren verschiedenen Verbindungen vereinigen können, die Massen des einen Elements A, die mit ein und derselben Masse eines anderen Elements B verbunden sind, sich untereinander wie kleine ganze Zahlen verhalten müssen. Ein Atom A kann sich nur mit einem oder zwei oder drei usw. Atomen B, nicht aber mit Bruchteilen davon verbinden. Die experimentelle Bestätigung dieses «Gesetzes der vielfachen Verhältnisse» bildete in der Folgezeit eine Hauptstütze der Atomhypothese (siehe Tabelle 3.1).

Bilden zwei elementare Stoffe mehrere Verbindungen miteinander, so gilt:
- Die Massen des einen Elements, die sich mit immer der gleichen Masse des anderen Elements verbinden, stehen im Verhältnis einfacher ganzer Zahlen zueinander.
  (Gesetz der multiplen Proportionen)

Obschon die Vorstellung vom Aufbau der Materie aus kleinsten Teilchen nicht nur die chemischen Mengengesetze, sondern auch das Verhalten der Gase und Flüssigkeiten weitgehend erklären konnte, stiess die Atomhypothese lange Zeit, für einzelne Forscher bis ins 20.

Jahrhundert (!), auf Ablehnung oder Skepsis und blieb eine nicht unmittelbar beweisbare «Hypothese». Erst durch die Entwicklung der Physik im Laufe der zweiten Hälfte des 19. Jahrhunderts (kinetische Gastheorie, Vorgänge bei elektrischen Entladungen in Gasen, Radioaktivität und Röntgenstrahlen) konnte der atomare Aufbau der Materie direkt bewiesen werden. Die Atom-«Hypothese» ist dadurch zur Atom-«Theorie» geworden. Sie ist die wohl wichtigste Theorie in der Chemie, und die Existenz der Atome muss heute als Tatsache angenommen werden.

Tabelle 3.1 Zusammensetzung der Stickstoffoxide und einiger Kohlenstoff-Wasserstoff-Verbindungen

Verbindungen von Stickstoff mit Sauerstoff

Stoff	Massenverhältnis Sauerstoff : Stickstoff
Distickstoffoxid	0,571 : 1 = (1 · 0,571) : 1
Stickstoffmonoxid	1,142 : 1 = (2 · 0,571) : 1
Distickstofftrioxid	1,713 : 1 = (3 · 0,571) : 1
Stickstoffdioxid	2,284 : 1 = (4 · 0,571) : 1
Distickstoffpentoxid	2,855 : 1 = (5 · 0,571) : 1

Verbindungen von Kohlenstoff und Wasserstoff

Stoff	Massenverhältnis Wasserstoff : Kohlenstoff
Ethin	0,0839 : 1 = (1 · 0,0839) : 1
Ethen	0,168 : 1 = (2 · 0,0839) : 1
Ethan	0,252 : 1 = (3 · 0,0839) : 1
Methan	0,336 : 1 = (4 · 0,0839) : 1

3.2 Atommasse und Stoffmenge (Teilchenmenge)

Dalton versuchte, die Atome der verschiedenen Elemente durch ihre Massen zu charakterisieren. Er hielt diese zwar für unvorstellbar klein und glaubte daher, es sei unmöglich, sie zu bestimmen. Es gelang ihm hingegen, einen Weg zur Bestimmung der Verhältnisse der Massen verschiedener Atome aufzuzeigen.

Dalton nahm an, dass in den meisten Verbindungen zweier Elemente deren Atome im Zahlenverhältnis 1:1 verbunden sind. So käme etwa im Wasser ein Wasserstoff- auf ein Sauerstoff-Atom, im Kupfersulfid ein Kupfer- auf ein Schwefel-Atom usw. Unter dieser Voraussetzung gibt das Massenverhältnis der Elemente in einer solchen Verbindung direkt das Verhältnis ihrer Atommassen an. Weil Dalton die wirklichen Massen der Atome für unbestimmbar hielt, wählte er als Einheit die Masse eines Wasserstoff-Atoms (Wasserstoff ist das leichteste Element!). So gelangte Dalton bereits zu einer Tabelle der Atommassen von etwa 20 Elementen.
Es steht nun aber durchaus nicht fest, dass das Zahlenverhältnis der verschiedenen Atome in einer binären (aus nur zwei Elementen bestehenden) Verbindung immer 1:1 sein muss. Da man zunächst keine Möglichkeit hatte, diese Zahlenverhältnisse exakt zu bestimmen, blieb die Ermittlung der Atommassen recht unsicher. Allerdings konnte durch Anwendung des Satzes von Avogadro (Abschnitte 1.2 und 3.7) das Zahlenverhältnis der Atome wenigstens für gewisse Verbindungen genau festgelegt werden.

Heute ist es möglich, die Massen der Atome direkt zu bestimmen (Massenspektrometrie; F. W. Aston, 1920; Abb. 3.1). Dabei werden die Elemente verdampft und so hoch erhitzt, dass im Dampf freie Atome auftreten. Diese werden durch Beschuss mit Elektronen (Abschnitt 4.3) ionisiert (elektrisch positiv geladen). Durch elektrische und magnetische Kräfte können solche geladenen Teilchen zu einem «Strahl» gebündelt und dann abgelenkt werden. Teilchen mit kleinerer Masse werden stärker, Teilchen mit grösserer Masse schwächer abgelenkt. Aus den gemessenen Ablenkungswinkeln lässt sich die Masse der Teilchen sehr genau bestimmen.

Die Massen der Atome können in irgendeiner Masseneinheit angegeben werden. Weil die Atommassen aber ausserordentlich klein sind, würden sich bei der Verwendung von Gramm als Einheit sehr kleine, unhandliche Zahlen ergeben. Man setzte deshalb eine willkürliche, kleinere Einheit fest [«Atommasseneinheit», u; engl. = unit (Einheit)], die ursprünglich der Masse eines Wasserstoff-Atoms gleichgesetzt wurde, heute aber aus verschiedenen praktischen Gründen als 1/12 der Masse des Kohlenstoff-Nuclids[1] ^{12}C definiert ist.

- Atommasse:
  Zeichen: m_A
  Einheit: atomare Masseneinheit u oder Gramm g
- Die atomare Masseneinheit 1 u ist definitionsgemäss der zwölfte Teil der Masse eines ^{12}C-Nuclids.

$$1u = \frac{m_A\,(C\text{–}12)}{12}\,g = \frac{12}{12 \cdot 6{,}02 \cdot 10^{23}} = 1{,}66 \cdot 10^{-24}\,g$$

Die Zahl $6{,}02 \cdot 10^{23}$ ist gleich der Anzahl Atome, die in 12 g Kohlenstoff ^{12}C enthalten sind. Sie stellt den Proportionalitätsfaktor zwischen den Einheiten g und u dar und heisst Avogadro-Zahl.

Die Stoffmenge von $6{,}02 \cdot 10^{23}$ Teilchen wird als 1 mol bezeichnet. Man hat damit eine Einheit der Stoffmengen n (eigentlich der Teilchenmenge) geschaffen, das Mol (mit der Einheit mol). Die Zahl der Teilchen pro Mol heisst molare Teilchenzahl (Avogadro-Konstante N_A); ihre Einheit ist mol^{-1}.

[1] *Wie viele andere Elemente besteht auch Kohlenstoff aus mehreren Atomarten («Isotopen») mit den Massen 12 u, 13 u und 14 u (vgl. Abschnitt 4.3). Eine einzelne solche Atomart wird Nuclid genannt; 1 u entspricht dem zwölften Teil der Masse des Kohlenstoff-Nuclids mit der Atommasse 12 u.*

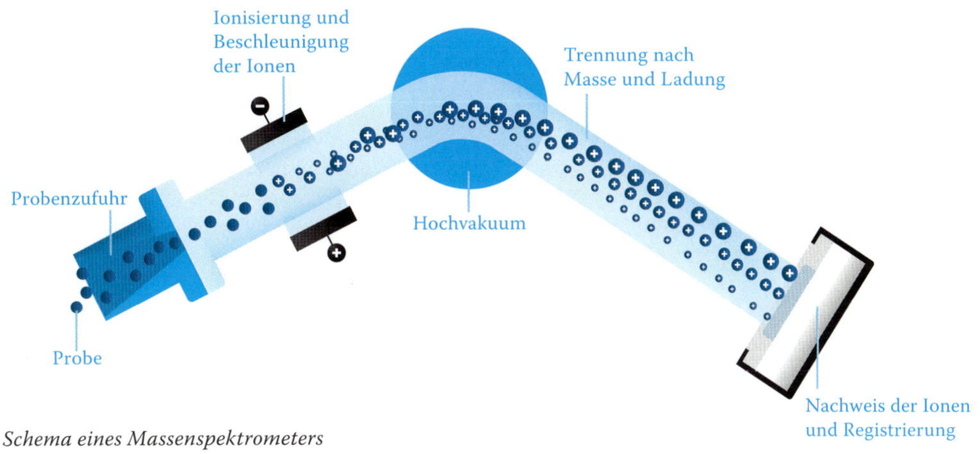

Abb. 3.1 Schema eines Massenspektrometers

$$N_A = 6{,}0220943 \cdot 10^{23}\ \text{mol}^{-1}$$

Es ist sehr schwierig, sich von dieser riesigen Zahl eine Vorstellung zu machen. Würde man z.B. von der Erde eine Strasse zur Sonne bauen und diese mit Millimeterpapier bekleben und dann auf jeden mm^2 ein Atom legen, so wäre für $6 \cdot 10^{23}$ Atome eine etwa 4000 km breite Strasse notwendig!

Die Massen eines Wasserstoff-, Sauerstoff- bzw. Silber-Atoms betragen somit (vgl. die Tabelle der Atommassen am Schluss des Buchs):

Masse eines Atoms	in u	in g
Wasserstoff	1,00797	1,00797/6,02.1023
Sauerstoff	15,9994	15,9994/6,02.1023
Silber	107,868	107,868/6,02.1023

$6{,}02 \cdot 10^{23}$ Wasserstoff-, Sauerstoff- bzw. Silber-Atome haben eine Masse von 1,00797 g, 15,9994 g bzw. 107,868 g. Dies ist jeweils die Masse von einem Mol Atomen. Die molare Masse *(M)*, die Masse pro Mol mit der Einheit $g \cdot mol^{-1}$, entspricht zahlenmässig der Atommasse (bzw. bei Verbindungen der Formelmasse). Der öfters noch verwendete Ausdruck Molmasse dagegen ist die Masse von 1 Mol mit der Einheit g.

Beispiele: molare Masse von Wasserstoff, Sauerstoff bzw. Silber:
$M_H = 1{,}00797\ g \cdot mol^{-1}$, $M_O = 15{,}9994\ g \cdot mol^{-1}$, $M_{Ag} = 107{,}868\ g \cdot mol^{-1}$.

Aus der molaren Masse, der Dichte und der Avogadro-Konstanten lassen sich Aussagen über die Masse und die Grösse eines Atoms gewinnen.

Beispiel: 1 mol Eisen-Atome hat die Masse 56 g und nimmt ein Volumen von 7,1 cm^3 ein. Die Dichte von Eisen beträgt $\rho = 7{,}9\ g \cdot cm^{-3}$. Die Masse eines Eisen-Atoms ist

$$m\,(\text{Eisen-Atom}) = \frac{56\ g}{6{,}02 \cdot 10^{23}} = 9{,}302 \cdot 10^{-23}\ g$$

Der Durchmesser des Atoms wird überschlagsmässig

$$d = \sqrt[3]{\frac{7{,}1\ cm^3}{6{,}02 \cdot 10^{23}}} = \sqrt[3]{11{,}8 \cdot 10^{-24}}\ cm = 228\ pm$$

- Teilchenzahl:
  Zeichen: *N*
  Verknüpfung: $N = \dfrac{\text{Masse}}{\text{Teilchenmasse}}$
  Einheit: Stück, Moleküle, Ionen ...
- Basiseinheit der Stoffmenge:
  Die Stoffmenge 1 Mol enthält so viele Teilchen wie Atome in 12 g Kohlenstoff-12 enthalten sind.
  Zeichen: *n* Einheit: mol
- Eine Stoffportion mit der Stoffmenge 1 Mol enthält $6{,}02 \cdot 10^{23}$ Teilchen, ihre Masse (in g) entspricht dem gleichen Zahlenwert wie die Teilchenmasse (in u).
- Die molare Masse *M* ist die Masse pro Mol einer Stoffportion mit der Einheit $g \cdot mol^{-1}$.
  Zeichen: *M* Einheit: $g \cdot mol^{-1}$
  Verknüpfung: $M = \dfrac{m}{n}$
- Die Anzahl Teilchen pro Mol heisst molare Teilchenzahl (Avogadro-Konstante).
  Zeichen: N_A Einheit: mol^{-1}
  (eigentlich: Anzahl Teilchen pro mol)
  Verknüpfung: $N_A = \dfrac{N}{n}$

  $N_A = 6{,}02 \cdot 10^{23}\ mol^{-1}$

3.3 Atome und Moleküle

Über die Natur der zwischen den kleinsten Teilchen wirkenden Anziehungskräfte haben wir bisher noch nichts gesagt. Wir werden erst im nächsten Kapitel erkennen, weshalb sich kleinste Teilchen überhaupt anziehen können. Auch über die Art der kleinsten Teilchen wurde bisher nur wenig gesprochen. Wir haben zwar die Atomhypothese von Dalton diskutiert, nach der Atome die kleinsten Teilchen der Elemente sind. Es wäre jedoch auch denkbar, dass sich solche Atome zu grösseren, selbständig existierenden Atomverbänden vereinigen, wie es in Abschnitt 2.1 für Verbindungen in Betracht gezogen worden ist.

Eindeutige Aussagen lassen sich zunächst für flüchtige Verbindungen machen. Verdampft man eine Verbindung, so werden ihre kleinsten Teilchen frei. Es ist anzunehmen, dass im Gaszustand einer Verbindung alle Teilchen gleichartig aufgebaut und zusammengesetzt sind. Da sie die Atome der Elemente enthalten, welche die Verbindung aufbauen – und zwar in dem für die Verbindung kennzeichnenden, konstanten Zahlenverhältnis! – müssen die Gasteilchen Verbände aus einer bestimmten, begrenzten Anzahl von Atomen sein: Moleküle.

Bei flüchtigen Verbindungen, bei denen nur relativ schwache Anziehungskräfte zwischen den kleinsten Teilchen wirken, bleiben die Moleküle erhalten, wenn das Gas kondensiert oder die Flüssigkeit zum Festkörper erstarrt. Es gilt deshalb allgemein:

Die kleinsten Teilchen von flüchtigen Verbindungen sind Moleküle, die aus mehreren Atomen aufgebaut sind.

Im festen Zustand bilden flüchtige Stoffe ein Molekülgitter mit Molekülen als Gitterteilchen.

Treten auch in den Gittern schwerflüchtiger Verbindungen, wie etwa der Salze, Moleküle auf? Diese Frage lässt sich vorläufig noch nicht entscheiden, da wir nicht wissen, ob sich die eventuell im Gaszustand vorhandenen Moleküle durch die im Festkörper wirkenden, starken Anziehungskräfte verändern.

Ebenso ist die Frage nach den kleinsten Teilchen bei den Elementen nicht einfach zu beantworten. Die Anwendung der Hypothese von Avogadro (Abschnitt 1.2) auf die Volumenverhältnisse bei Reaktionen, an denen gasförmige Elemente beteiligt sind, ermöglichte jedoch wenigstens für gewisse Fälle schon frühzeitig eine Entscheidung.

So vereinigen sich beispielsweise Wasserstoff und Chlor im Volumenverhältnis 1:1 zu einem farblosen, stechend riechenden Gas («Hydrogenchlorid»). Aus je einem Volumenteil Wasserstoff und Chlor entstehen dabei zwei Volumenteile Hydrogenchlorid. Da nun in gleichen Volumina verschiedener Gase gleich viele Teilchen enthalten sind, müssen während dieses Vorganges aus *N* Wasserstoff- und *N* Chlor-Teilchen insgesamt 2 *N* Hydrogenchlorid-Teilchen entstanden sein (Abb. 3.2). Jedes Hydrogenchlorid-Teilchen enthält aber (mindestens) ein Wasserstoff- und ein Chlor-Atom; folglich müssen sich die Teilchen von Wasserstoff und Chlor bei der Bildung von Hydrogenchlorid geteilt haben. Es kann sich also bei ihnen nicht um einzelne Atome handeln, wie es von Dalton postuliert worden war (Atome sind nach Dalton unteilbar!). Die kleinsten Teilchen der beiden Elemente sind vielmehr Moleküle, die aus (mindestens) zwei Atomen bestehen und die mit den Formeln H_2 bzw. Cl_2 bezeichnet werden.

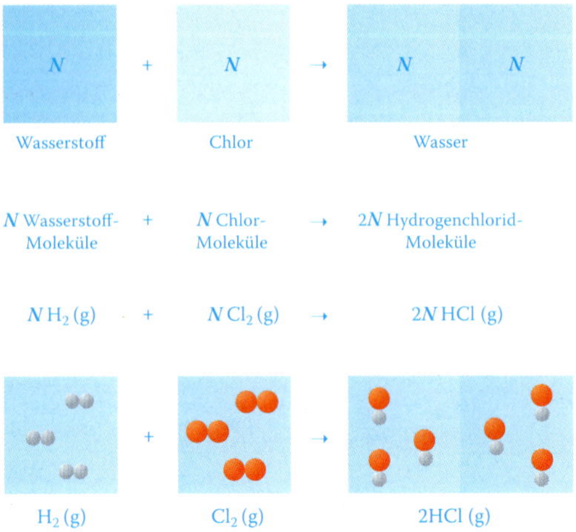

Abb. 3.2 Volumenverhältnisse und Teilchenzahlen bei der Synthese von Hydrogenchlorid (N: Anzahl Teilchen)

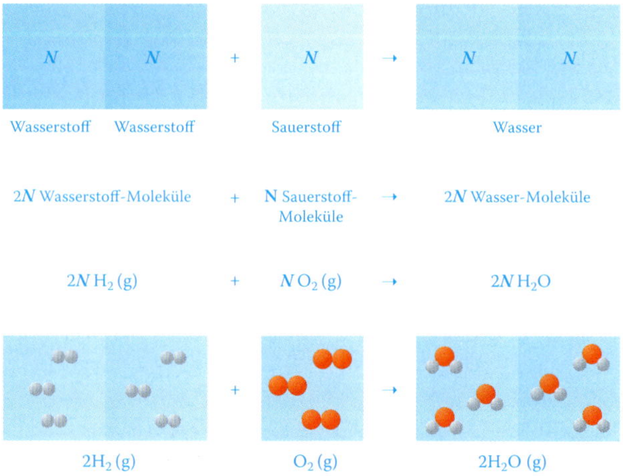

Abb. 3.3 Volumenverhältnisse und Teilchenzahlen bei der Synthese von Wasserdampf

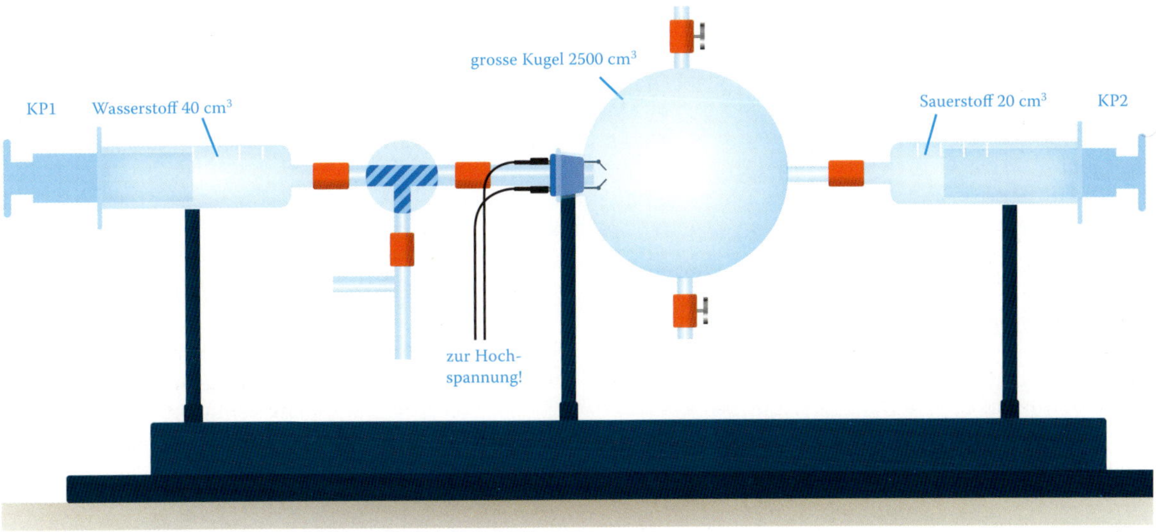

Abb. 3.4 Versuchsanordnung zur Synthese von gasförmigem Wasser

Bei der Bildung von Wasser hingegen vereinigen sich Wasserstoff und Sauerstoff im Volumenverhältnis 2:1. Führt man die Synthese so aus, dass das gebildete Wasser als Wasserdampf vorliegt (Abb. 3.4), so entstehen aus zwei Volumenteilen Wasserstoff und einem Volumenteil Sauerstoff zwei Volumenteile Wasserdampf. Auch das Sauerstoff-Teilchen muss sich dabei «geteilt» haben. Es ist ebenfalls ein aus (mindestens) zwei Atomen bestehendes O_2-Molekül. Die Wasserstoff- und die Sauerstoff-Atome vereinigen sich im Zahlenverhältnis 2:1.

- Das Volumenverhältnis, in dem gasförmige elementare Stoffe (Nichtmetalle) miteinander reagieren, entspricht dem Zahlenverhältnis der Atome in den Verbindungsmolekülen.
- Alle Elemente, mit Ausnahme der Edelgase, existieren nicht als freie Atome.
- Die meisten nichtmetallischen Elemente sind aus Molekülen aufgebaut (Ausnahmen z.B. Diamant und Grafit, Abschnitt 1.4).
- Moleküle sind in sich abgeschlossene Teilchen, die aus mindestens zwei Nichtmetallatomen entstanden sind. Sie werden mit Formeln beschrieben.
- Die Moleküle von Nichtmetallen werden aus gleichen, die von Nichtmetallverbindungen aus mindestens zwei verschiedenen Atomsorten gebildet. Ihr Zahlenverhältnis in den Formeln gibt man mit Indices rechts der Symbole an. Eine 1 wird nicht geschrieben. Beispiele: H_2, O_2, S_8, P_4, HCl, H_2O, NO_2
- Die Metalle bilden Atomverbände aus einer grossen (variablen) Zahl von Atomen.
- Beim Aufstellen von Reaktionsgleichungen (Abschnitt 3.5) verwendet man normalerweise nur die Atomsymbole der Elemente, mit Ausnahme der zweiatomigen Moleküle H_2, N_2, O_2, F_2, Cl_2, Br_2, und I_2.

Die obigen Erläuterungen zeigen auch, wie man für gasförmige Verbindungen das Zahlenverhältnis der Atome in den Molekülen (Verbindungen) festlegen konnte, was bekanntlich Dalton noch nicht möglich gewesen war.

Das molare Volumen

1 mol ist die Stoffmenge von N_A Teilchen. Da bei (idealen) Gasen nach Avogadro gleich viele Teilchen unter gleichen Bedingungen denselben Raum einnehmen, haben Gase – gleiche Bedingungen vorausgesetzt! – dasselbe molare Volumen. Es beträgt bei 1,01 bar und 0 °C (= 273 K) 22,4 $L \cdot mol^{-1}$.

Molares Volumen:
- Volumen von $6{,}02 \cdot 10^{23}$ Teilchen eines gasförmigen Stoffs bei 0 °C und 101 325 Pa
  Zeichen: V_m Einheit: $L \cdot mol^{-1}$
  $V_m = 22{,}4\ L \cdot mol^{-1}$

Mithilfe des molaren Volumens bzw. des Molvolumens lassen sich molare Massen (Molmassen) von Gasen experimentell bestimmen.

Beispiel: 1 Liter eines gasförmigen Stickstoffoxids hat bei Normbedingungen die Masse 2,053 g. Gesucht sind molare Masse und Formel.

Lösung: Wir berechnen die Masse von 22,4 Litern des Gases und erhalten dadurch seine molare Masse:
$M = 22{,}4\ L \cdot mol^{-1} \cdot 2{,}053\ g \cdot L^{-1} = 45{,}99\ g \cdot mol^{-1}$.

Die molare Masse beträgt (rund) 46 $g \cdot mol^{-1}$. Die Molekülmasse ist 46 u. Da die Atommassen von Stickstoff und Sauerstoff 14 u bzw. 16 u betragen, hat das Oxid die Formel NO_2.

3.4 Symbol und Formel

Im Mittelalter benützten die Alchemisten zur Abkürzung einzelner Metalle Symbole ähnlich den Planeten- oder Tierkreiszeichen. Die heute übliche «Formelsprache» geht auf den schwedischen Chemiker J. J. Berzelius (1779–1848) zurück. Berzelius gab dem Symbol eines Elements neben der qualitativen auch quantitative Bedeutung.

- Das Symbol dient nicht nur zur Abkürzung eines Elementnamens, sondern bedeutet auch «ein Atom des betreffenden Elements».
- Die Formel einer Verbindung bringt dann das Zahlenverhältnis der in ihr enthaltenen Atome zum Ausdruck; zugleich gibt sie das Massenverhältnis der Elemente in einer Verbindung an. Bei flüchtigen Verbindungen entspricht die Formel der Zusammensetzung eines Moleküls.

Sowohl Symbol als auch Formel werden oft auch im Sinn von «1 Mol» der betreffenden Substanz verwendet.

Beispiele:

O: qualitativ: das Element Sauerstoff (Abkürzung des Namens).
quantitativ: 1 Atom Sauerstoff mit der Atommasse 16 u[2].
Die molare Masse von atomarem Sauerstoff ist $16\ g \cdot mol^{-1}$.

O2: bedeutet dagegen 1 Molekül Sauerstoff, das aus zwei Atomen besteht und die Molekülmasse 32 u besitzt. Die molare Masse von molekularem Sauerstoff ist $32\ g \cdot mol^{-1}$.

NaCl: qualitativ: Natriumchlorid (Kochsalz); es wird aus den Elementen Natrium und Chlor gebildet.
quantitativ: Auf ein Atom Natrium kommt ein Atom Chlor; eine Aussage über kleinste Einheiten (entsprechend den Molekülen bei flüchtigen Stoffen) ist für ein Salz noch nicht möglich. Die Massenanteile der beiden Elemente stehen im Verhältnis 22,99 : 35,453; die molare Masse von $6 \cdot 10^{23}$ «Formeleinheiten»[3] NaCl beträgt $58{,}443\ g \cdot mol^{-1}$.

H2O: qualitativ: Wasser wird aus den Elementen Wasserstoff und Sauerstoff gebildet.
quantitativ: ein Molekül Wasser entstand aus zwei Wasserstoff-Atomen und einem Sauerstoff-Atom.
Die Massenanteile der beiden Elemente stehen im Verhältnis $2 \cdot 1{,}00797 : 15{,}9994$ (gerundet 2 : 16); die molare Masse beträgt $18\ g \cdot mol^{-1}$.

Oft werden die Aggregatzustände von Elementen und Verbindungen mit Indices rechts der Symbole bzw. der Formeln zum Ausdruck gebracht (gasförmig g, engl. = gaseous; flüssig l, engl. = liquid; fest s, engl. = solid).

Beispiel:

$H_2O(g)$: Wasser, gasförmig
$H_2O(l)$: Wasser, flüssig
$H_2O(s)$: Wasser, fest (Eis)

Es muss nochmals betont werden, dass diese Formeln bei Salzen oder anderen schwerflüchtigen Verbindungen nur das Zahlenverhältnis der Atome und damit das Massenverhältnis der Elemente zum Ausdruck bringen. Man nennt sie daher auch etwa «Verhältnisformeln» oder «Substanzformeln». Nur bei flüchtigen Verbindungen gibt die «Formel» auch die Zusammensetzung eines Moleküls an.
Wenn die Atommassen bekannt sind, kann man aus den experimentell gefundenen Massenverhältnissen der Elemente in einer Verbindung ihre Formel berechnen. Jede Formel ist daher indirekt das Ergebnis einer quantitativen Analyse.

Beispiel: Kupfersulfid enthält 79,8 % Kupfer und 20,2 % Schwefel (siehe Abschnitt 2.1). Das Massenverhältnis der Elemente ist 79,8 : 20,2; es kommen also auf 79,8 u Kupfer 20,2 u Schwefel.
Weil die Masse eines Kupfer-Atoms 63,5 u und die Masse eines Schwefel-Atoms 32,1 u beträgt, ist das Zahlenverhältnis der Atome 79,8/63,5 : 20,2/32,1 oder gekürzt 2 : 1.

Die Formel von Kupfersulfid lautet deshalb Cu_2S.

Allgemein erhält man die Formel einer Verbindung, indem man die Massenanteile (Prozentzahlen) der in ihr enthaltenen Elemente durch deren Atommassen teilt und die Quotienten auf kleine ganze Zahlen umrechnet (kleinste Zahl = 1 setzen und die grössere durch diese teilen).

Beispiel: Eine Verbindung enthält 33,9 % Kupfer, 14,9 % Stickstoff und 51,2% Sauerstoff. Gesucht wird die Formel der Verbindung.

33,9 : 63,5	= 0,53	
14,9 : 14	= 1,06	Teilen aller Zahlen durch
51,2 : 16	= 3,2	die kleinste ergibt 1 : 2 : 6

Die Formel lautet also CuN_2O_6 oder $Cu(NO_3)_2$.

2 *Im Allgemeinen benützt man gerundete Werte für die Atommassen.*
3 *Für Verbindungen, bei denen wir, wie z.B. bei Salzen, noch nichts darüber aussagen können, ob Moleküle existieren, benützt man den Ausdruck Formeleinheit für die «kleinste Einheit». Im Fall eines Salzes wie z.B. $MgCl_2$ entstand die Formeleinheit aus einem Mg-Atom und zwei Cl-Atomen.*

3.5 Die Reaktionsgleichung

Eine Reaktionsgleichung kann auf einfache Weise einen chemischen Vorgang beschreiben. Im Gegensatz zur Wortgleichung (Abschnitt 1.1) können wir nun Symbole und Formeln mit den entsprechenden quantitativen Aussagen verwenden.

Beispiel:				
2 Na	+	Cl_2	→	2 NaCl $\Delta H < 0$
2 Na-Atome	+	1 Cl_2-Molekül	→	2 Formeleinheiten Kochsalz
2 mol Na-Atome	+	1 mol Cl_2-Moleküle	→	2 mol Formeleinheiten Kochsalz
$2 \cdot 23$ g Na	+	$1 \cdot 71$ g Cl_2	→	$2 \cdot 58{,}5$ g NaCl

(Wir haben hier die Molmassen statt der molaren Massen verwendet, um die Massenverhältnisse möglichst einfach zum Ausdruck zu bringen.)

Um diese Schreibweise zu verstehen und sie auch auf andere Vorgänge anwenden zu können, sind einige Erklärungen bzw. Ergänzungen notwendig:

1. Das Zeichen «+» auf der linken Seite des Reaktionspfeils wird gelesen «reagiert mit». Der Pfeil bedeutet «und ergibt».
2. Da bei chemischen Vorgängen Atome weder entstehen noch vernichtet werden und da das Elementsymbol bzw. die Elementformel «ein Atom» bzw. «ein Molekül» bedeutet, müssen auf beiden Seiten des Pfeils von jedem Element gleich viele Symbole vorhanden sein. Da ein Chlor-Molekül zwei Chlor-Atome enthält, im Kochsalz aber auf ein Chlor- ein Natrium-Symbol kommt, muss sowohl vor das Symbol Na wie vor die Formel des Kochsalzes der Faktor 2 gesetzt werden.
3. Beim «Einrichten» einer solchen Gleichung, d.h. beim Ausgleichen der Symbolzahlen auf beiden Seiten, ist zu beachten, dass die Formeln der Reaktionsteilnehmer bekannt sein müssen. Sie dürfen dabei nicht verändert werden, da sie das Ergebnis der quantitativen Analyse des betreffenden Stoffs sind.
4. Für die Elemente Wasserstoff, Stickstoff, Sauerstoff, Fluor, Chlor, Brom und Iod werden die Formeln der zweiatomigen Moleküle geschrieben (H_2, N_2, O_2, F_2, Cl_2, Br_2, I_2).

Da die Reaktionsgleichung einen chemischen Vorgang auch in quantitativer Hinsicht beschreibt, lassen sich mit ihrer Hilfe die Massen von Stoffmengen berechnen.

Beispiel 1: Wie viel Aluminiumoxid (Al_2O_3) entsteht bei der Verbrennung von 10 g Aluminium?

Lösung: Zuerst stellt man die Reaktionsgleichung auf:

$$Al + O_2 \rightarrow Al_2O_3$$

«eingerichtet» gemäss Punkt (3) von oben:

$$4\,Al^{4} + 3\,O_2 \rightarrow 2\,Al_2O_3$$

[4] *Aluminium, ein Metall, ist kein molekular aufgebauter Stoff. Daher können wir nicht Al_2 oder gar Al_4 schreiben, sondern müssen 4 Al-Atome einsetzten.*

Einsetzen der Molmassen:

4 Al	+	3 O_2	→	2 Al_2O_3
$4 \cdot 27$ g		$3 \cdot 32$ g		$2 \cdot 102$ g

Da die Reaktionsgleichung die Massenverhältnisse wiedergibt, kann man eine Proportion bilden:

$$4 \cdot 27\text{ g} : 2 \cdot 102\text{ g} = 10\text{ g} : x\text{ g}$$

Damit wird x = <u>18,9 g</u>

Beispiel 2: Welches Volumen Sauerstoff erhält man beim Zersetzen von 10 g Quecksilberoxid (HgO)?

Lösung:

Reaktionsgleichung:	2 HgO	→ 2 Hg +	O_2	
Molmassen:	$2 \cdot 217$ g	$2 \cdot 201$ g	32 g	
Weil nach dem Volumen gefragt wird, setzen wir das Molvolumen 22,4 L ein:				22,4 L
Proportion:	434 g : 22,4 L = 10 g : x L			x = <u>0,52 L</u>

3.6 Konzentrationsangaben

Der Begriff Konzentration wird v.a. zur Bezeichnung der Zusammensetzung von Gemischen verwendet. Man versteht darunter jeden Quotienten, der das Volumen der Mischung im Nenner enthält: Stoffmengenkonzentration *(c; n/V)*, Volumenkonzentration *(σ; V_i/V*; wird in Prozenten angegeben) und Massenkonzentration *(β; m_i/V*; wird ebenfalls in Prozenten ausgedrückt). Daneben ist auch der Massengehalt gebräuchlich, der das Verhältnis der Masse des gelösten Stoffs zur Masse der Lösung liefert *(ω; m_i/m*; in Prozenten).

Stoffmengenkonzentration *c*

Das wichtigste in der Chemie verwendete Konzentrationsmass ist die Stoffmengenkonzentration *c*, früher auch als Molarität bezeichnet. Sie gibt die Anzahl Mol *n* eines Stoffs an, die in 1 Liter Lösung enthalten ist.

$$\text{Stoffmengenkonzentration} = \frac{\text{Stoffmenge des gelösten Stoffs}}{\text{Volumen der Lösung}}$$

– Zeichen: *c*

Verknüpfung: $c = \frac{n}{V}$ Einheit: $\frac{\text{mol}}{\text{L}}$

Beispiel: Eine Natriumchlorid-Lösung mit $c(NaCl)$ = 1 mol · L^{-1} enthält in einem Liter Lösung 1 mol NaCl (Natriumchlorid, Kochsalz). Da Natriumchlorid aus Na^{+}- und Cl^{-}-Ionen besteht, beträgt die Konzentration der beiden Ionen je c = 1 mol · L^{-1}.

Volumenkonzentration σ

Die Volumenkonzentration σ (Sigma)wird oft für die Mischung von 2 Flüssigkeiten verwendet. Der Zahlenwert gibt an, wie viel Prozent das Volumen des gelösten Stoffs vom Gesamtvolumen der Lösung ausmacht.

Volumenkonzentration =

$$\frac{\text{Volumen des gelösten Stoffs} \cdot 100\,\%}{\text{Volumen der Lösung}}$$

– Zeichen: σ

Verknüpfung: $\sigma = \frac{V_i}{V} \cdot 100$ Einheit: %

– V_i = Volumen des gelösten Stoffs

Beispiel: In einem Liter eines 5%igen Biers, σ (Bier) = 5 %, sind 50 mL Ethanol («Alkohol») enthalten.

Massenkonzentration β

Aus dem Quotienten der Masse des gelösten Stoffs und dem Volumen der Lösung erhält man die Massenkonzentration β (Beta).

Massenkonzentration =

$$\frac{\text{Masse des gelösten Stoffs}}{\text{Volumen der Lösung}}$$

– Zeichen: β

Verknüpfung: $\beta = \frac{m_i}{V}$ Einheit: $\frac{g}{L}$

– m_i = Masse des gelösten Stoffs

Beispiel: Angaben auf einer Flasche Evian®: β (Ca^{2+}) = 78 mg/L, β (Mg^{2+}) = 24 mg/L, β (Na^{+} = 5 mg/L, β (K^{+}) = 1 mg/L, β (Cl^{-}) = 4,5 mg/L

Obwohl die Massenkonzentration eng mit der Dichte verknüpft ist, sollte man für die beiden Grössen nicht das gleiche Zeichen verwenden. Die Dichte bezieht sich auf das Volumen der reinen Komponenten und nicht auf das Volumen der Mischphase, die diese Komponente enthält. Dies lässt sich an den beiden Definitionsgleichungen erkennen:

Dichte: $$\rho(\text{Ko}) = \frac{m\,(\text{Ko})}{V\,(\text{Ko})}$$

Massenkonzentration: $$\beta\,(\text{Ko}) = \frac{m\,(\text{Ko})}{V\,(\text{Lsg})}$$

wobei Ko = Komponente und Lsg = Lösung

Massengehalt (Massenanteil) ω

Auch der Massengehalt (Massenanteil) ω (Omega) eines gelösten Stoffs wird oft in Prozenten angegeben. Der Zahlenwert sagt aus, wie viel Prozent die Masse des gelösten Stoffs an der Gesamtmasse der Lösung beträgt.

Massengehalt =

$$\frac{\text{Masse des gelösten Stoffs} \cdot 100\,\%}{\text{Masse der Lösung}}$$

– Zeichen: ω

Verknüpfung: $\omega = \frac{m_i}{m} \cdot 100$ Einheit: %

– m_i = Masse des gelösten Stoffs

Beispiel: Eine 20%ige Kochsalzlösung, ω [NaCl(aq)] = 20 %, enthält 20 g Kochsalz auf 100 g Lösung [(aq): in Wasser gelöst].

3.7 Gasgesetze; molares Volumen

Das Volumen V eines Gases ist abhängig vom Druck p und der Temperatur t (für die Celsiustemperatur), wobei der Druck folgendermassen definiert ist:

Druck:

– Zeichen: p

– Verknüpfung: Druck = $\frac{\text{Kraft}}{\text{Flächeneinheit}}$, $p = \frac{F}{A}$;

Einheit: Pa

– Pa: Pascal $1\,\text{Pa} = \frac{1\,\text{N}}{\text{m}^2} = \frac{1\,\text{kg}}{\text{m} \cdot \text{s}^2}$ $1\,\text{Pa} = 10^{-5}\,\text{bar}$

– Normdruck: p_n = 101 325 Pa (= 1013 mbar = 1,013 bar)

Um die Gesetzmässigkeit zwischen Volumen, Druck und Temperatur eines Gases quantitativ zu erfassen, misst man in einem ersten Schritt die Abhängigkeit des Volumens einer gegebenen Stoffmenge von der Temperatur bei konstantem Druck. Das dabei erhaltene Gay-Lussac-Gesetz (L. J. Gay-Lussac, 1778–1850) lautet:

$$V_t = V_0 \left[1 + \frac{t}{273{,}15\,°\text{C}}\right]$$

V_t: Volumen einer bestimmten Gasmenge bei der Temperatur t

V_0: Volumen bei der Temperatur t = 0 °C

t: Temperatur in °C

Die Interpretation des Gesetzes zeigt, dass sich bei einer Temperaturänderung um 1 °C das Volumen des betrachteten Gases um 1/273,15 des Volumens bei 0 °C ändert. Abb. 1.5 veranschaulicht die Beziehung zwischen Volumen V und der Temperatur t eines idealen Gases[5].

[5] *Ideal ist ein Gas dann, wenn das Volumen der Gasteilchen im Vergleich zu ihren gegenseitigen Abständen verschwindend klein ist und praktisch keine Kräfte zwischen den Teilchen wirken.*

Dabei wurde die Gerade bis zum Schnittpunkt mit der Abszisse verlängert.

Der Schnittpunkt der Geraden mit der Abszisse (Temperaturachse) bedeutet, dass das Volumen jedes idealen Gases bei der Temperatur $t = -273{,}15\,°C$ null wäre. Diese Interpretation ist jedoch nur eine formale mathematische Operation, da bei tiefen Temperaturen die Gase bereits in den flüssigen Zustand übergegangen sind. Das Gay-Lussac-Gesetz ist in diesen Temperaturbereichen nicht mehr gültig. Trotzdem hat es sich als sinnvoll erwiesen, den Schnittpunkt mit der Abszisse als neuen Nullpunkt einer Temperaturskala zu wählen, die als absolute Temperaturskala bezeichnet wird.
Die Temperaturdifferenzen sind in beiden Skalen (absolute und Celsius-Skala) gleich.

Absolute Temperatur:
- Zeichen: T Einheit: K (Kelvin)
- Absoluter Nullpunkt: $T = 0$; $t = -273{,}15\,°C$
- Berechnung der Celsius- aus der absoluten Temperatur: $t = T - 273{,}15$
- Berechnung der absoluten aus der Celsius-Temperatur: $T = t + 273{,}15$

Das Gay-Lussac-Gesetz lässt sich in einer sehr einfachen Form darstellen, wenn man die absolute Temperatur anstelle der Celsius-Skala verwendet:

$$\frac{V_1}{T_1} = \frac{V_2}{T_2} \quad \text{oder} \quad \frac{V}{T} = \text{konstant}$$

Herleitung:

$$V_t = V_0 \left[1 + \frac{t}{273{,}15\,°C}\right]$$

$$t = T - 273{,}15 \quad T_0 = 273{,}15\,\text{K}\ (= 0\,°C)$$

$$V_T = V_{T_0}\left[1 + \frac{T - 273{,}15\,\text{K}}{273{,}15\,\text{K}}\right] = V_{T_0}\left[1 + \frac{T}{273{,}15\,\text{K}} - \frac{273{,}15\,\text{K}}{273{,}15\,\text{K}}\right]$$

$$V_T = V_{T_0}\,\frac{T}{T_0} \qquad \frac{V_T}{T} = \frac{V_{T_0}}{T_0}$$

Überprüft man den Zusammenhang zwischen Druck p und Volumen V einer bestimmten Gasmenge, so ergibt sich eine einfache Beziehung:

Boyle-Mariotte-Gesetz:
$p_1 \cdot V_1 = p_2 \cdot V_2$
$p \cdot V =$ konstant

Wird also z.B. der Druck auf eine bestimmte Gasmenge verdoppelt, so halbiert sich das Volumen.
Die Gesetze von Gay-Lussac und Boyle-Mariotte (R. Boyle, 1627–1691; E. Mariotte, 1620–1684) lassen sich zur allgemeinen Gasgleichung verknüpfen. Dabei geht man von einer bestimmten Gasmenge aus, deren Druck, Volumen und Temperatur gegeben sind (p_0, V_0, T_0). Anschliessend wird bei gleichbleibender Temperatur der Druck verändert (p_1). Das neue Volumen V_1' berechnet sich nach der Beziehung $p \cdot V =$ konstant. Nun bleibt in einem zweiten Schritt der Druck p_1 unverändert, während die Temperatur ihren Wert wechselt (T_1). Das Gesetz $V/T =$ konstant ermöglicht die Berechnung des neuen Volumens V_1.

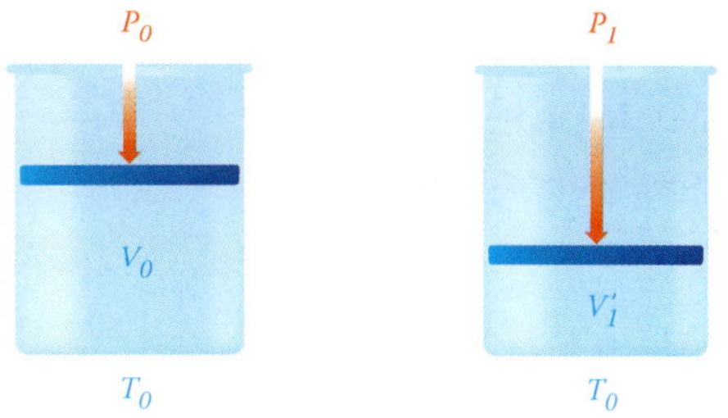

a) geg.: p_0 V_0 T_0

b) geg.: p_1 T_0 ges.: V_1'

$$p_0 \cdot V_0 = p_1 \cdot V_1'$$

$$V_1' = \frac{p_0 \cdot V_0}{p_1}$$

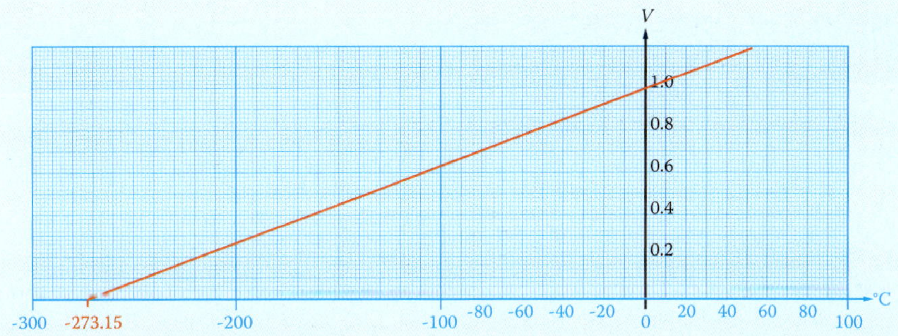

Abb. 3.5 Grafische Herleitung der absoluten Temperatur

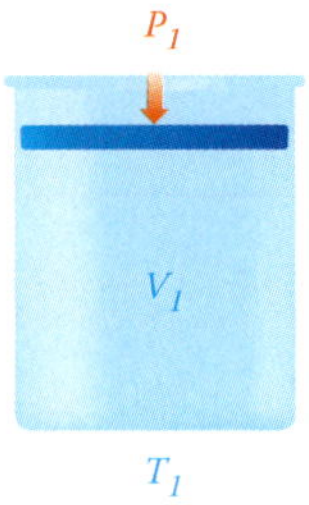

c) geg.: p_1 T_1 ges.: V_1

$$\frac{V_1'}{T_0} = \frac{V_1}{T_1} \quad \text{mit} \quad V_1' = \frac{p_0 \cdot V_0}{p_1}$$

$$\frac{p_0 \cdot V_0}{p_1 \cdot T_0} = \frac{V_1}{T_1} \quad \rightarrow \quad \frac{p_0 \cdot V_0}{T_0} = \frac{p_1 \cdot V_1}{T_1}$$

$$\rightarrow \frac{p \cdot V}{T} = \text{konstant} \qquad \text{allgemeine Gasgleichung}$$

Beispiel: Gegeben sind 22,4 Liter *(V_1)* eines gasförmigen Stoffs bei T_1 = 273,15 K und Normdruck.
Wie gross ist das Volumen dieses Stoffs, wenn die Temperatur auf T_2 = 297,15 K bei gleichbleibendem Druck erhöht wird?

Da der Druck konstant bleibt, vereinfacht sich die allgemeine Gasgleichung zu $\frac{V}{T}$ = konstant.

Mit V_0 = 22,4 L, T_0 = 273,15 K und T_1 = 297,15 K erhält man:

$$\frac{V_0}{T_0} = \frac{V_1}{T_1} \qquad V_1 = \frac{V_0 \cdot T_1}{T_0} \qquad V_1 = \frac{22{,}4\ \text{L} \cdot 297{,}15\ \text{K}}{273{,}15\ \text{K}} = 24{,}37\ \text{L}$$

Da Druck und Volumen eines Gases von der Stoffmenge abhängen, kann die allgemeine Gasgleichung erweitert werden.

$p \cdot V = n \cdot \text{R} \cdot T$ — n: Stoffmenge in mol
R: Konstante

Die Konstante R lässt sich bei gegebenen Werten für p, V, n und T berechnen:

V = 0,022414 m³ (Volumen von einem Mol eines Gases bei 0 °C und Normdruck)
T = 273,15 K (0 °C)
p_n = 101 325 Pa (Normdruck)
n = 1 mol (Stoffmenge)

$$\text{R} = \frac{p \cdot V}{n \cdot T} = \frac{101325 \cdot 0{,}022414}{1 \cdot 273{,}15} = 8{,}31447\ \text{J/(K} \cdot \text{mol)}$$

$$\text{Einheit von R:} \left[\frac{\text{kg} \cdot \text{m}^3}{\text{m} \cdot \text{s}^2 \cdot \text{mol} \cdot \text{K}} = \frac{\text{kg} \cdot \text{m}^2}{\text{s}^2 \cdot \text{mol} \cdot \text{K}} = \frac{\text{J}}{\text{K} \cdot \text{mol}}\right]$$

Universelle Gaskonstante:
- Zeichen: R Einheit: J/(K · mol)
- R = 8,31447 J/(K · mol)

Die Beziehung zwischen p, V, R, n und T bezeichnet man als Zustandsgleichung idealer Gase.
- Zustandsgleichung idealer Gase:
  Das Produkt aus Druck p und Volumen V eines idealen Gases ist proportional zur absoluten Temperatur T des Gases und zur Gasmenge n gemessen in Mol.
  $p \cdot V = n \cdot \text{R} \cdot T$
  p in Pa, V in m³, n in mol, T in K

Beispiel: Welches Volumen besitzen 0,48 mol eines Gases bei t = 20 °C und Normdruck p_n = 101 325 Pa?

$$p \cdot V = n \cdot \text{R} \cdot T \qquad V = \frac{n \cdot \text{R} \cdot T}{p}$$

$$V = \frac{0{,}48 \cdot 8{,}31447 \cdot 293{,}15}{101325} = 0{,}012\ \text{m}^3 = 12\ \text{L}$$

$$\text{Einheit für } V\text{:} \left[\frac{\text{mol} \cdot \text{kg} \cdot \text{m}^2 \cdot \text{K} \cdot \text{m} \cdot \text{s}^2}{\text{s}^2 \cdot \text{mol} \cdot \text{K} \cdot \text{kg}} = \text{m}^3\right]$$

Da die universelle Gasgleichung zwar die Stoffmenge, nicht aber die Art des Stoffs (Masse und Grösse der Teilchen) enthält, scheint das Volumen eines Gases nur von der Anzahl Teilchen abzuhängen. Diese Aussage, die sich bestätigt hat, wurde schon von A. Avogadro (1776–1856) formuliert.

Satz von Avogadro:
- Gleiche Volumina verschiedener Gase enthalten unter gleichen äusseren Bedingungen (Druck, Temperatur) die gleiche Anzahl Teilchen.

Molares Volumen:
- Volumen von $6{,}02 \cdot 10^{23}$ Teilchen eines gasförmigen Stoffs bei 0 °C und 101 325 Pa
- Zeichen: V_m Einheit: L · mol⁻¹
- V_m = 22,4 L · mol⁻¹

ÜBUNGEN ZUM KAPITEL 3

3.1 Formulieren Sie die Atomhypothese von Dalton und geben Sie an, auf welche experimentellen Grundlagen sich Dalton gestützt hat.

3.2 Kupfer bildet zwei Oxide: rotes Kupferoxid (enthält 88,8 % Kupfer) und schwarzes Kupferoxid (enthält 79,9 % Kupfer). Prüfen Sie die Gültigkeit des Gesetzes der vielfachen Verhältnisse.

3.3 Wie lange braucht man, um $6{,}02 \cdot 10^{23}$ Teilchen abzuzählen, falls man pro Sekunde eine Million Teilchen zählen könnte?

3.4 Wie gross ist die Masse eines Neon-Atoms in Atommasseneinheiten bzw. in Grammen?

3.5 Welche Masse besitzen $4 \cdot 10^{20}$ Neon-Atome?

3.6 Wie viele Atome sind in folgenden Substanzmengen enthalten: 14 g Stickstoff, 46 g Natrium, 5 mol Magnesium, 100 g Kupfer?

3.7 Bei der Reaktion von Wasserstoff und Stickstoff entsteht Ammoniakgas. Aus drei Volumenteilen Wasserstoff und einem Volumenteil Stickstoff bilden sich dabei zwei Volumenteile Ammoniak. Welche Schlüsse lassen sich aus diesem Ergebnis ziehen?

3.8 2,016 g Wasserstoff, 31,999 g Sauerstoff und 4,003 g Helium nehmen bei gleichen Bedingungen dasselbe Volumen ein. Geben Sie dafür eine Erklärung.

3.9 Wie gross ist das Volumen von 70 g Argon bei Normbedingungen?

3.10 Aluminium und Sauerstoff verbinden sich im Massenverhältnis 1:0,889. Gesucht ist die Formel für das bei diesem Vorgang entstehende Aluminiumoxid.

3.11 Was bedeutet das Symbol N_2?

3.12 Welche Aussagen lassen sich mit der Formel NH_3 machen?

3.13 Wie viel Sauerstoff (in g) ist nötig, damit 10 g Wasserstoff vollständig mit Sauerstoff reagieren?

3.14 Welches Volumen (bei Normbedingungen) besitzt das bei der Reaktion von 50 g Sauerstoff mit Wasserstoff entstehende gasförmige Wasser?

3.15 Magnesiumnitrid (Mg_3N_2) reagiert mit Wasser zu NH_3 und $Mg(OH)_2$. Stellen Sie die Reaktionsgleichung für diesen Vorgang auf.

3.16 Eine Ammoniakfabrik erzeugt in der Stunde 1500 t Ammoniak (NH_3). Wie viel m^3 (Normbedingungen) sind dies?

3.17 Wie viele Liter Luft werden benötigt, um 100 g Benzin vollständig zu CO_2 und Wasser zu verbrennen? Für Benzin nehmen wir die Formel C_8H_{18} an.

3.18 Zur Eisengewinnung wird Eisenerz (besteht hauptsächlich aus Fe_2O_3) mit CO umgesetzt. Dabei bildet sich neben Eisen Kohlenstoffdioxid. Wie viel Eisen erhält man aus 10 t Erz, das 65 % Fe_2O_3 enthält und wie viel eines Gasgemischs (Liter), das neben Stickstoff 15 Vol.-% CO enthält, braucht es dazu?

4 MODELLE DER ATOME

4.1 Materie und elektrische Ladung

Schon im Altertum war bekannt, dass ein Stück Bernstein, das mit einem Fell gerieben wird, die Fähigkeit erhält, andere Körper, z.B. Haare oder Federn, anzuziehen. Der Leibarzt der Königin Elisabeth I. von England, Gilbert (Ende 16. Jahrhundert), nannte diese Anziehungskraft «vis electrica» («elektrische Kraft», von elektron gr. = Bernstein). In der Folgezeit wurden die elektrischen Erscheinungen weiter studiert. Man fand, dass auch Glasstäbe, Siegellack usw. nach dem Reiben mit entsprechenden Materialien (Hirschleder, Wolle u.a.) «elektrisch» («elektrisch geladen») werden, und man erkannte, dass sich elektrische «Ladung» von einem Körper auf einen anderen übertragen lässt. Berührt man nämlich ein an einem Faden hängendes Holundermarkkügelchen mit einem durch Reiben elektrisch geladenen Bernstein- oder Kunststoffstab, so wird das Kügelchen nach der Berührung abgestossen: Elektrische Ladung wird bei der Berührung vom Stab auf das Kügelchen übertragen und gleichartige Ladungen stossen sich ab. Hält man aber einen elektrisch geladenen Glasstab in die Nähe des Kügelchens, so wird es vom Glasstab angezogen: Die beiden Ladungen sind voneinander verschieden.

- Elektrisch geladene Körper üben Kräfte aufeinander aus. Gleichartig geladene Körper stossen sich ab, ungleichartig geladene ziehen sich an.
- Die beiden Ladungsarten werden als positive und negative Ladung bezeichnet.

Die Grösse der anziehenden bzw. abstossenden Kraft ist proportional den Grössen der Ladungen, umgekehrt proportional dem Quadrat des Abstands der Körper (d.h. eigentlich des Abstands der Ladungsschwerpunkte) und hängt auch vom Material ab, das sich zwischen den beiden Körpern befindet:

$$F = k \cdot \frac{1}{\varepsilon} \cdot \frac{Q_1 \cdot Q_2}{r^2}$$ Coulomb-Gesetz; Charles A. de Coulomb, 1736–1806

F: Kraft; Q_1 bzw. Q_2: Ladungen; r: Abstand der Ladungsschwerpunkte; ε: Dielektrizitätskonstante (abhängig vom Material zwischen den beiden geladenen Körpern); k: Proportionalitätsfaktor, entsprechend dem verwendeten Masssystem für Kraft, Ladungen und Abstand.

Seit M. Faraday (1791–1867) stellt man sich vor, dass ein elektrisch geladener Körper von einem «Feld» umgeben ist, welches die Kraftwirkung auf eine zweite «Probeladung» vermittelt. Dieses Feld umgibt einen elektrisch geladenen Körper allseitig, eine freistehende Kugel z.B. kugelsymmetrisch.

Weitere Arbeiten im Laufe des 19. Jahrhunderts (Faraday u.a.) führten zum Schluss, dass alle natürlich vorkommenden Ladungen ganzzahlige Vielfache einer kleinsten Ladungsmenge sind. Diese «elektrische Elementarladung» *(e)* lässt sich auf verschiedene Weise bestimmen, indirekt aus Messungen bei Elektrolysen, direkt durch einen von R. Millikan 1909 durchgeführten Versuch.

Elementarladung:
- Zeichen: *e* — Einheit: C (Coulomb)
- $1\,e = 1{,}602 \cdot 10^{-19}$ C

1 Coulomb (C) sind $\frac{1}{1{,}602 \cdot 10^{-19}} = 6{,}242 \cdot 10^{18}$ Elementarladungen

[1 C (Coulomb) ist die Ladungsmenge *(Q)*, die durch einen Leiterquerschnitt strömt, falls 1 Sekunde lang der Strom 1 Ampère (A) fliesst. Die Stromstärke *(I)* entspricht der pro Sekunde durch einen Leiter hindurchfliessenden Ladung.]

Strom ist bewegte negative Ladung (Elektronen).
- Die Stromstärke *I* entspricht der Ladungsmenge *Q* (Anzahl negativer Elementarladungen), die pro Zeiteinheit durch einen Leiter fliesst.
- Zeichen: *I* — Verknüpfung: $I = \frac{Q}{t}$
- Einheit: $\frac{C}{s}$ oder A(mpère)

Ladungsmenge:
- Zeichen: *Q* — Verknüpfung: $Q = I \cdot t$
- Einheit: C oder As
- Eine elektrische Spannung zwischen zwei geladenen Körpern kommt dadurch zustande, dass man auf ihnen eine unterschiedliche, vom Normalzustand abweichende Ladungsverteilung herstellt.
- Eine elektrische Spannung ist Voraussetzung für das Fliessen eines elektrischen Stroms.
- Zeichen: *U* — Einheit: V(olt)

Man mag sich die Frage stellen: Was ist nun Ladung wirklich? Eine konkrete Antwort darauf zu geben ist ebenso wenig möglich wie auf die Frage: «Was ist Masse»? Aufgrund unserer Alltagserfahrung verbinden wir mit dem Wort «Masse» ganz bestimmte Vorstellungen, die uns zur Beschreibung und Erklärung vieler

Erscheinungen dienen: Trägheit, Gewicht usw. Ebenso verhält es sich mit dem Begriff «Ladung»: Ladungen üben Kräfte aufeinander aus, Ladungen sind stets an das Vorhandensein von Materie geknüpft.

4.2 Die wichtigsten Elementarteilchen

Elementarteilchen – Bausteine der Atome
Im 19. Jahrhundert wurden Teilchen entdeckt, die kleiner und leichter sind als Atome. Man musste deshalb annehmen, dass die Atome aus weiteren Bausteinen, den Elementarteilchen, aufgebaut sind. Für die Chemie sind drei solcher Teilchen von Bedeutung: Elektronen, Protonen und Neutronen, vgl. Tabelle 4.1.

Tabelle 4.1 Masse und Ladung von Elektron, Proton und Neutron

Elementarteilchen	Symbol	Masse in u	Masse in g	Ladung
Elektron	e^-	0,000548	$0{,}911 \cdot 10^{-27}$	−e
Proton	p^+	1,007276	$1{,}673 \cdot 10^{-24}$	+e
Neutron	n	1,008665	$1{,}675 \cdot 10^{-24}$	neutral

Die zuerst entdeckten «Elementarteilchen» waren die in den «Kathodenstrahlen» auftretenden Elektronen: Elektronen tragen eine negative Elementarladung (−*e*) und ihre Masse ist ungefähr 1840 mal kleiner als die Masse eines Wasserstoff-Atoms. Protonen treten z.B. bei künstlichen Kernumwandlungen auf. Sie tragen eine positive Elementarladung (+*e*) und haben eine Masse, die ziemlich genau der Masse eines Wasserstoff-Atoms entspricht. Das Neutron wurde verhältnismässig spät entdeckt (J. Chadwick, 1932). Es ist elektrisch neutral (trägt also keine Ladung) und hat fast dieselbe Masse wie das Proton.

Kathoden- und Kanalstrahlen
Kathodenstrahlen entstehen, wenn man eine Glasröhre, die mit zwei Stromzuführungen («Elektroden») versehen ist, evakuiert und eine hohe elektrische Spannung an die Elektroden anlegt (Abb. 4.1). Aus dem Metall der negativen Elektrode (der «Kathode») treten dann unsichtbare Strahlen aus, die durch das Aufleuchten eines Schirms sichtbar gemacht werden können und die sich auf die positive Elektrode, die «Anode», zu bewegen.
Die englischen Physiker Varley (1870) und Crookes (1879) erkannten, dass es sich bei diesen «Kathodenstrahlen» um Teilchen handelt, die vom glühenden Kathodenmetall ausgesandt werden. Die Teilchen müssen elektrisch negativ geladen sein (sie bewegen sich zur positiven Elektrode!) und lassen sich durch elektrische und magnetische Felder ablenken. Aus den bei bestimmten Feldstärken gemessenen Ablenkungswinkeln können Masse und Ladung der Teilchen ermittelt werden; es handelt sich bei ihnen um Elektronen. Da sie im Kathodenstrahlrohr aus dem Metall austreten und dieses aus Atomen besteht, müssen Elektronen in den Atomen enthalten sein.
Ändert man die Versuchsanordnung ab und verwendet keine völlig evakuierte Röhre, sondern eine, die ein unter vermindertem Druck stehendes Gas enthält (Abb. 4.1), so tritt eine weitere Strahlung auf. Sie lässt sich besonders gut beobachten, wenn man eine durchbohrte Kathode verwendet: Die Strahlen fliegen von der Anode weg und durchqueren die Bohrung. Auch diese Strahlung besteht aus Teilchen, von allerdings viel grösserer Masse als die Elektronen. Man nennt sie Kanalstrahlen, weil sie durch den «Kanal» in der Kathode hindurchfliegen.
Nimmt man zur Füllung der Kanalstrahlröhre Wasserstoff, so treten in der Strahlung Protonen auf. Sie entstehen dadurch, dass von der Kathode ausgesandte Elektronen im Gasraum mit hoher kinetischer Energie auf Wasserstoff-Moleküle treffen, diese in Atome spalten und ihnen ein Elektron herausschlagen.

Elektronen, Protonen und Neutronen werden zusammen als Elementarteilchen bezeichnet. Alle drei sind Bestandteile von Atomen. Dabei muss die Zahl der Elektronen gerade gleich gross sein wie die Zahl der Protonen, denn ein Atom als Ganzes ist elektrisch neutral. Die verschwindend kleine Masse der Elektronen fällt gegenüber der Masse der Protonen und der Neutronen nicht ins Gewicht. Die Masse eines Atoms wird daher durch die Zahl der darin vorhandenen Protonen und Neutronen (der «Nucleonen») bestimmt.

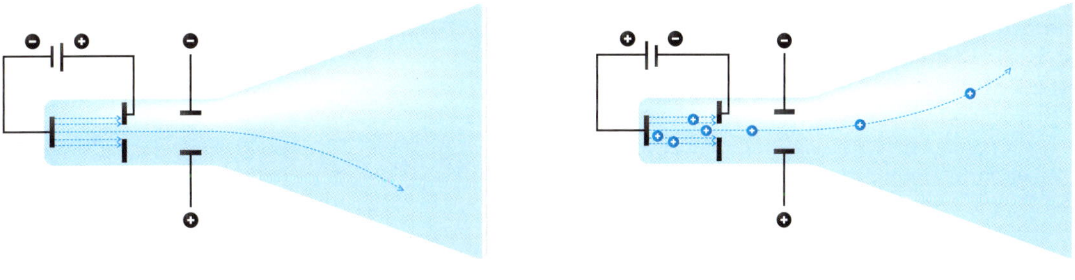

Abb. 4.1 Schema eines Kathodenstrahlrohrs (links) und eines Kanalstrahlrohrs (rechts)

Die drei Elementarteilchen Protonen, Elektronen und Neutronen bauen die Atome auf. Ein elektrisch neutrales Atom enthält gleich viele Protonen wie Elektronen. Protonen und Neutronen machen die Masse eines Atoms aus.

Seit 1932 sind zahlreiche weitere Teilchen entdeckt worden, die in der «Höhenstrahlung» (einer aus dem Weltraum stammenden Strahlung) oder bei Kernumwandlungen auftreten. Sie sind instabil und wandeln sich mehr oder weniger rasch in andere Teilchen um.

Protonenzahl und Nucleonenzahl

Ein Atom als Ganzes ist elektrisch neutral: Die Zahl der Protonen entspricht der Zahl der Elektronen. Das Wasserstoff-Atom als einfachstes Atom enthält ein Proton und ein Elektron. Weil die Protonenzahl eine wichtige Grösse für die Einordnung der Elemente in das Periodensystem darstellt (Abschnitt 5.2), nennt man sie auch Ordnungszahl (Z). Die Masse eines Atoms wird durch die Zahl seiner Protonen und Neutronen bestimmt, da die verschwindend kleine Masse der Elektronen neben der Masse der schweren Teilchen nicht ins Gewicht fällt. Die Summe von Protonen und Neutronen ergibt die Nucleonenzahl A (Massenzahl). Aus der Differenz zwischen Nucleonen- ud Protonenzahl eines Atoms erhält man seine Neutronenzahl. Die charakteristischen Grössen eines Atoms werden häufig in folgender Art angegeben:

- $^{A}_{Z}$Elementsymbol oder Elementsymbol-A
  A: Nucleonenzahl (Massenzahl) = Summe von Protonen und Neutronen
  Z: Protonenzahl = Ordnungszahl (Kernladungszahl), bestimmt die Stellung eines Elements im Periodensystem
- Die Anzahl Neutronen ergibt sich aus der Differenz von Nucleonen- und Protonenzahl

Beispiel: Neon
$^{20}_{10}$Ne oder Ne-20: 10 p^+, 10 e^-, 10 n
$^{22}_{10}$Ne oder Ne-22: 10 p^+, 10 e^-, 12 n

Isotope

1910 benützte J. J. Thomson das Kanalstrahlrohr, um aus der Ablenkung der Kanalstrahlteilchen im elektrischen Feld ihre Masse (die Atommasse) zu bestimmen[1] (Abb. 4.2). Wenn das Kanalstrahlrohr Neon enthielt, stellte er fest, dass das Neon aus zwei verschieden schweren Atomen besteht: ^{20}Ne und ^{22}Ne. Die massenspektrometrische Untersuchung (Abschnitt 3.2) anderer Elemente zeigte später, dass ihre Mehrzahl Gemische verschiedener Atomarten von gleicher Protonen- (und Elektronen-) zahl, aber verschiedener Neutronenzahl und damit unterschiedlicher Massen darstellen.

[1] *Aus dieser Versuchsanordnung wurde später von F. W. Aston (1920) das Massenspektrometer entwickelt.*

Atome eines Elements, die verschiedene Massen haben, werden Isotope genannt (isos gr. = gleich; topos gr. = Ort; sie stehen am «gleichen Ort» im Periodensystem). Atome mit gleicher Protonenzahl, aber verschiedener Neutronenzahl, bezeichnet man als Isotope. Eine einzelne Atomart heisst Nuclid.

Ein Beispiel eines Elements, das aus mehreren Isotopen besteht, ist Chlor. Die Atommassentabelle gibt für die Atommasse von Chlor den Wert 35,453 u. Dies ist der Durchschnittswert für die beiden Isotope ^{35}Cl (75,53 % aller Atome) und ^{37}Cl (24,47 % aller Atome). Beide Atomarten enthalten 17 Protonen und 17 Elektronen, aber verschieden viele Neutronen:

^{35}Cl: 17 Protonen + 17 Elektronen + 18 Neutronen
^{37}Cl: 17 Protonen + 17 Elektronen + 20 Neutronen

Da vor allem die Elektronen eines Atoms sein chemisches Verhalten bestimmen, besitzen die Isotope eines Elements weitgehend gleiche chemische Eigenschaften. Nur bei Vorgängen, bei denen sich die geringen Massenunterschiede auswirken (z. B. bei der Diffusionsgeschwindigkeit) verhalten sich Isotope verschieden. Zur Isotopentrennung wird deshalb die Thermodiffusion in Trennrohren ausgenützt.

Nur wenige Elemente sind «Reinelemente», d. h. bestehen nur aus einer einzigen Atomart, so z. B. Natrium und Phosphor. Die Mehrzahl der Elemente sind Isotopengemische, so z. B. auch Wasserstoff und Kohlenstoff (vgl. Tabelle 4.2).

Da im Falle von Wasserstoff die Massenunterschiede zwischen den verschiedenen Isotopen beträchtlich sind, können sie relativ leicht voneinander getrennt werden. In diesem Fall haben die verschiedenen Isotope sogar eigene Namen bekommen: ^{2}H heisst Deuterium, Symbol D (deuteros gr. = der Zweite), ^{3}H heisst Tritium, Symbol T (tritos gr. = der Dritte). Die Definiti-

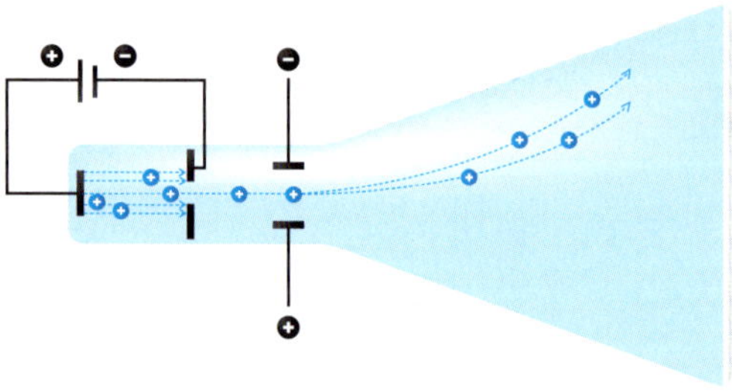

Abb. 4.2 Entdeckung der Neon-Isotope durch Thomson: Von der Kathode fliegen Elektronen zur Anode; einfach positiv geladene Neon-Atome bewegen sich auf die Kathode zu und teilweise durch diese hindurch. Die unterschiedliche Ablenkung der einfach positiv geladenen Neon-Atome weist auf das Vorhandensein verschieden schwerer Neon-Atome (Isotope) hin

Tabelle 4.2 Isotope von Wasserstoff und Kohlenstoff

Nuclid	Protonenzahl	Neutronenzahl	Atom-% im natürlichen Mischelement
^{1}H	1	0	99,985
^{2}H	1	1	0,015
^{3}H	1	2	< 0,001
^{12}C	6	6	98,89
^{13}C	6	7	1,11

on der Atommasseneinheit (Abschnitt 3.2) bezieht sich nur auf das Kohlenstoff-Nuclid ^{12}C. Wegen des Gehalts an ^{13}C ist die Atommasse von Kohlenstoff 12,011 u.

Dalton hatte ein Element als einen Stoff definiert, der aus lauter gleichartigen Atomen besteht. Diese Definition lässt sich heute nicht mehr aufrechterhalten, da die meisten Elemente «Mischelemente» aus verschiedenen Isotopen sind. Wir müssen deshalb neu definieren:

- Ein Element besteht aus Atomen derselben Protonenzahl.
- Isotope Nuclide (Isotope) sind Atome des gleichen Elements, die sich nur durch die Neutronenzahl voneinander unterscheiden.
- Atome mit einer bestimmten Protonen- und Neutronenzahl heissen Nuclide.
- Reinelemente besitzen nur eine Nuclidart, Mischelemente bestehen aus mindestens zwei isotopen Nucliden.
- Nucleonenzahl A (immer eine ganze Zahl): Summe von Protonen und Neutronen eines Atoms
- Protonenzahl (auch Ordnungszahl oder Kernladungszahl) Z: Anzahl Protonen eines Atoms
- Neutronenzahl: Nucleonenzahl - Protonenzahl

Quarks

Aus Streuversuchen von hochbeschleunigten, fast mit Lichtgeschwindigkeit fliegenden Elektronen an Protonen und Neutronen ergab sich, dass diese Elementarteilchen eine Struktur besitzen. Sie bestehen aus jeweils drei elektrisch geladenen Bausteinen, die 1964 nach Gell-Mann (geb. 1929) als Quarks bezeichnet werden. Das Proton besteht aus einem d- und zwei u-Quarks, während das Neutron aus zwei d- und einem u-Quark aufgebaut ist. Beide Typen von Quarks sind elektrisch geladen und zwar trägt das d-Quark 1/3 einer negativen, das u-Quark 2/3 einer positiven Elementarladung. Die Masse eines Quarks entspricht etwa 1/3 der Protonen- bzw. Neutronenmasse. Die zwischen den Quarks wirkenden Kräfte werden bei sehr kleinen Abständen ($< 10^{-16}$ m) sehr klein, sind im Bereich von 10^{-16} bis 10^{-15} m grösser und bleiben bei Abständen $> 10^{-15}$ m konstant. In den Protonen und Neutronen können sich die Quarks deshalb beinahe frei bewegen, solange ihr gegenseitiger Abstand nicht zu gross wird. Es ist ihnen aber unmöglich, sich ganz voneinander wegzubewegen.
Diese Hinweise sollen zeigen, dass die «Elementarbausteine» Protonen und Neutronen keine wirklichen Elementarteilchen sind. Trotzdem dürfen sie für den gesamten Bereich der Chemie als solche betrachtet werden, denn sie bleiben als Bestandteile von Atomen völlig stabil.

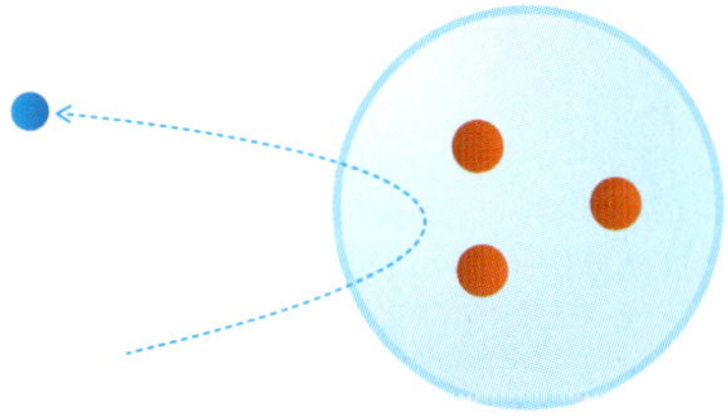

Abb. 4.3 Schematische Darstellung eines beschleunigten Elektrons an den Quarks eines Protons

Tabelle 4.3 Grössenverhältnisse (Durchmesser) von Protonen und Quarks

Proton	10^{-16} m
Quark	10^{-18} m

4.3 Das Kern-Hülle-Modell des Atoms

Wie sind die Elementarteilchen in den Atomen angeordnet? Aufgrund vieler Versuche (Kathodenstrahlen, Vorgänge bei der Elektrolyse von Salzen) war bekannt, dass Atome unter Umständen Elektronen abgeben oder aufnehmen können und dadurch elektrisch geladen werden. Seit Faraday (um 1830) nennt man solche elektrisch geladenen Atome Ionen (Einzahl: Ion). Der englische Physiker Thomson stellte sich vor, die Elektronen seien im Atom in eine positive «Raumladungskugel» eingebettet (1898; Abb. 4.4). Dieses Modell vermochte zwar die Bildung von Ionen aus Atomen zu erklären, sagte aber nichts darüber aus, wo sich die Protonen befinden.

Rutherford und seinen Mitarbeitern gelang 1911 ein Versuch, der hier weiterführte (Abb. 4.5 und 4.6). Sie durchstrahlten sehr dünne Metallfolien (die aber immerhin noch einige tausend Atome dick waren) mit α-Teilchen (He^{2+}-Ionen). Würden die Atome im Wesentlichen aus einer lockeren «Raumladungskugel» bestehen, wie es Thomson angenommen hatte, so müssten die Strahlen die Metallfolie durchdringen. Wegen der positiven Ladung der «Raumladungskugel» sollten sie aber stark abgelenkt werden. In Rutherfords Versuch durchdrangen aber die allermeisten α-Teilchen die Metallfolie geradlinig oder unter geringer Ablenkung. Nur

Abb. 4.4 Thomson- und Rutherford-Modell des Atoms

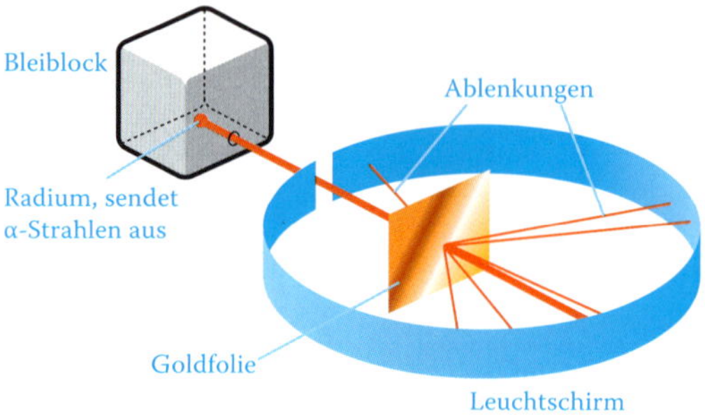

Abb. 4.5 Versuchsanordnung für den Rutherford-Versuch. Durch dieses Experiment gelangte Rutherford zu einem verbesserten Modell vom Aufbau der Atome

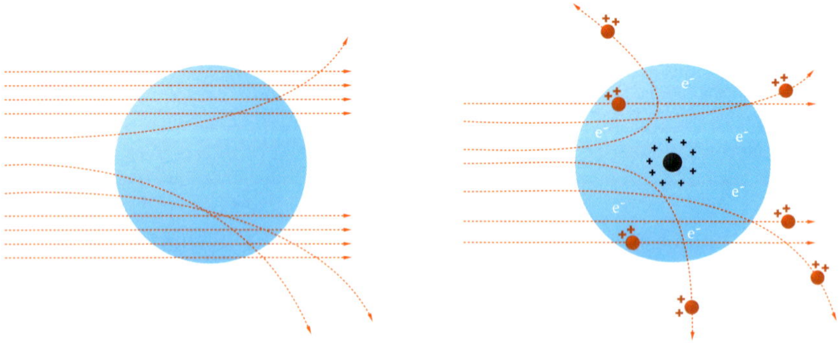

Abb. 4.6 Die meisten α-Strahlen durchdrangen die Goldfolie ungehindert oder wurden nur leicht abgelenkt

sehr wenige Teilchen wurden stark abgelenkt. Rutherford schrieb dazu: «Es war, als schiesse man gegen einen Geist.»
Aus dem Experiment schloss Rutherford, dass der grösste Teil des Atomvolumens «leer» ist, da die α-Teilchen nahezu ungehindert durch viele Atomlagen hindurch flogen. Die Masse des Atoms muss also in einem verschwindend kleinen «Zentrum» konzentriert sein. Dieses Zentrum ist der Atomkern. Die räumliche Ausdehnung des Atoms wird durch eine lockere, weite Hülle bewirkt. Sie enthält die Elektronen.

Die vereinzelten starken Ablenkungen der α-Teilchen kommen dadurch zustande, dass sie von den Atomkernen abgestossen werden. Weil die α-Teilchen positiv geladen sind, müssen die Atomkerne ebenfalls positiv geladen sein. Fliegt dann ein α-Teilchen direkt auf einen Atomkern zu oder sehr nahe an ihm vorbei, so werden die Abstossungskräfte wirksam: Das Teilchen wird abgelenkt.

Zu beachten ist das Grössenverhältnis von Atomkern und Elektronenhülle. Denkt man sich den Atomkern auf 1 mm vergrössert (Stecknadelkopfgrösse), so würde der Atomdurchmesser 100 m! (vgl. Abb. 4.7)

Abb. 4.7 Grössenvergleich Kern/Atom

4.4 Die Elektronenhülle

Das Schalenmodell

Die Elektronen der Atomhülle müssen sich in ständiger Bewegung befinden, da sie sonst wegen der elektrischen Anziehung in den Kern stürzen würden. Sie besitzen kinetische Energie (als Folge ihrer Bewegung) und potentielle Energie. Die letztere ist umso geringer, je stärker die Elektronen vom Kern gebunden werden[2]. Man sagt, die Elektronen befinden sich in bestimmten Energiezuständen.

Um von einem Atom ein Elektron abzutrennen, ist Energie nötig. Diese ist umso geringer, je energiereicher das Elektron ist. Die dazu erforderliche Energie heisst Ionisierungsenergie (IE). Ihre Messung liefert wichtige Informationen über die Energiezustände der Elektronen.

Die Tabelle 4.4 gibt eine Zusammenstellung der Ionisierungsenergien für die Elemente mit den Ordnungszahlen 1 bis 20. Nach dem Coulomb-Gesetz (Abschnitt 4.1) ist die Ionisierungsenergie umso grösser, je energieärmer das abzuspaltende Elektron ist. Entfernt man einem Atom mehrere Elektronen, so nimmt die IE zu,

[2] *Die Anziehung Kern–Elektron lässt sich mit der Anziehung der Erde auf Gegenstände an ihrer Oberfläche vergleichen. Genauso wie z.B. ein Stein potentielle Energie besitzt und man Arbeit leisten muss, um ihn zu heben, besitzen auch die Elektronen potentielle Energie und man muss Arbeit leisten (Energie aufwenden), um sie vom Kern zu entfernen.*

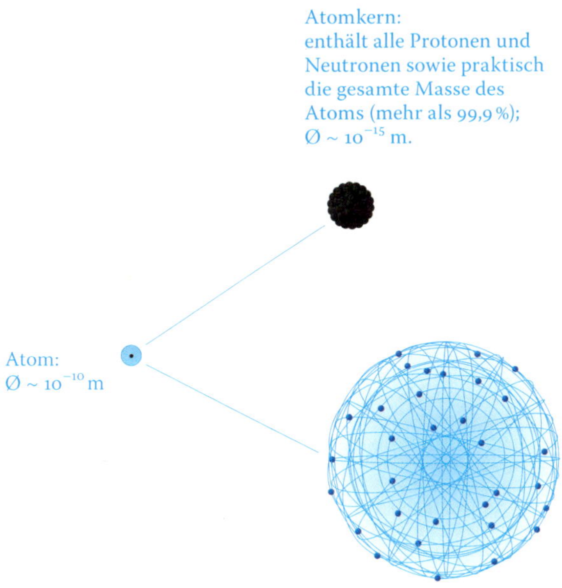

Abb. 4.8 Kern-Hülle-Modell des Atoms

da das Gleichgewicht zwischen den anziehenden Kräften Kern-Elektronen und den abstossenden Kräften Elektronen-Elektronen gestört wird (je weniger Elektronen in der Hülle vorhanden sind, desto geringer sind die abstossenden Kräfte zwischen den Elektronen, die dadurch näher an den Kern gezogen werden).

Nun beobachtet man aber z.B. bei den Elementen Lithium (mit 3 Elektronen) bis Neon (mit 10 Elektronen) jeweils eine besonders grosse Zunahme der Ionisierungsenergie, wenn nach dem drittletzten Elektron das zweitletzte abgetrennt werden muss. Zur Entfernung des zweitletzten Elektrons wird also stets unverhältnismässig viel mehr Energie benötigt als zur Abtrennung des drittletzten Elektrons. Bei den Atomen dieser Elemente sind offenbar zwei Elektronen im Atom ganz besonders fest gebunden. Sie müssen sich in einem besonders energiearmen Zustand befinden.

Bei den auf Neon folgenden Elementen sind die Verhältnisse ähnlich. Das Natrium-Atom besitzt insgesamt 11 Elektronen, von denen eines besonders leicht abzutrennen ist. Das zweite erfordert zur Abspaltung bedeutend mehr Energie. Für die letzten beiden Elektronen ist die Ionisierungsenergie nochmals – verglichen mit dem drittletzten Elektron – beträchtlich höher. Bei den Elementen Magnesium bis Argon mit insgesamt 12 bis 18 Elektronen sind die jeweils ersten 2,3,4,5,6,7 und 8 Elektronen leichter abzutrennen als die übrigen. Wiederum sind die «letzten» zwei Elektronen am schwersten abzuspalten.

Diese Ergebnisse zeigen, dass sich die Elektronen eines Atoms auf verschiedene Energiestufen verteilen. Dabei sind die Elektronen der «höchsten» Stufe jeweils am leichtesten, die Elektronen der «niedrigsten» Stufe am schwersten vom Atom zu entfernen. Wegen der geringeren gegenseitigen Abstossung zwischen den verbleibenden Elektronen nimmt die Ionisierungsenergie auch dann zu, wenn Elektronen abgetrennt werden, die zur gleichen Energiestufe gehören. Nur ist dann die Energiezunahme von Elektron zu Elektron weniger gross als beim Übergang von einer niedrigeren zu einer höheren Energiestufe.

- Die Elektronen in der Atomhülle verteilen sich auf verschiedene Energiestufen. Die niedrigste Stufe enthält maximal zwei, die nächsthöhere maximal acht Elektronen usw.
- Die verschiedenen Energiestufen werden durchnummeriert oder mit grossen Buchstaben bezeichnet. Die niedrigste Stufe ist die erste (K-) Stufe. Es folgen nacheinander die zweite (L-), die dritte (M-), die vierte (N-) Stufe usw. (Tab. 4.5).

Vergleicht man die Werte der Ionisierungsenergien mit dem Periodensystem, so fällt Folgendes auf: Die Elemente Lithium, Natrium und Kalium besitzen in der Hülle ihrer Atome je ein leicht abzuspaltendes Elektron, ein Aussenelektron oder Valenzelektron. Dies gilt auch für die Elemente Rubidium, Caesium und Francium. Diese Elemente stehen deshalb im Periodensystem in der Hauptgruppe IA. Gleiches lässt sich aus der Tabelle mit den Ionisierungsenergien für die Elemente Beryllium, Magnesium und Calcium, Bor und Aluminium, Kohlenstoff und Silicium usw. ablesen. Die Anzahl der leicht abzuspaltenden Elektronen beträgt in diesen Fällen 2, 3, 4... Deshalb stehen diese Elemente in den Hauptgruppen IIA, IIIA, IVA .... Ihre Nummer gibt folglich die Anzahl der Aussenelektronen der entsprechenden Atome an.

Ähnliches gilt auch für die waagrechten Reihen des Systems, die Perioden. So gliedern sich die Hüllen der Atome Wasserstoff und Helium, Lithium bis Neon, Natrium bis Argon in 1, 2 bzw. 3 Elektronenschalen. Die Nummern der Perioden des Systems stimmen daher mit der Anzahl Elektronenschalen in den betreffenden Atomen überein.

Für das Periodensystem gilt:
- Die Hauptgruppennummern (IA bis VIIIA) entsprechen der Anzahl der energiereichsten Elektronen (Aussen- oder Valenzelektronen).
- Die Periodennummer ist gleich der Anzahl Energiestufen (Elektronenschalen) in den Atomen der in der jeweiligen Periode stehenden Elemente.

Vergleicht man die metallischen mit den nichtmetallischen Elementen innerhalb einer Periode, z.B. Natrium bis Argon, so stellt man fest, dass sich die Valenzelektronen der Metallatome leichter abspalten lassen als die der Nichtmetallatome. Anders ausgedrückt bedeutet dies, dass die Aussenelektronen der Metallatome schwach, die der Nichtmetallatome stark gebunden sind.

- Metalle sind Elemente, deren Aussenelektronen im Atom schwach gebunden sind.
- Die Atome der Nichtmetalle binden ihre Aussenelektronen stark.

Wie kann das Ergebnis der verschiedenen Energiestufen durch eine Modellvorstellung veranschaulicht werden?
Wir haben schon darauf hingewiesen, dass Elektronen auch potentielle Energie besitzen. Diese ist umso grösser, je weiter vom Kern entfernt sich ein Elektron im Durchschnitt aufhält, denn zur Entfernung eines Elektrons vom Kern muss Arbeit gegen die Anziehung durch den Kern geleistet werden. Man kann sich deshalb vorstellen, dass die verschiedenen Energiestufen verschiedenen durchschnittlichen Abständen der Elektronen vom Kern entsprechen. Die Elektronenhülle hat also nach diesem Modell einen schalenartigen Aufbau und man spricht deshalb vom «Schalenmodell» des Atoms

Abb. 4.9 Links: kugelförmige Elektronenwolke (z.B. beim H-Atom). Rechts: schalenförmiger Aufbau der Elektronenhülle

(Abb. 4.9). Die Elektronen bewegen sich folglich nicht einfach völlig regellos, sondern halten sich vorzugsweise innerhalb konzentrisch um den Kern angeordneter Kugelschalen auf.

- Die Atomhülle gliedert sich in verschiedene, konzentrisch um den Atomkern angeordnete Schalen.
- Die Schalen entsprechen verschiedenen Energiestufen der Elektronen, wobei ihre Energie von innen nach aussen zunimmt.

Man könnte nun annehmen, dass sich die Elektronen einer Schale in kreisförmigen Bahnen um den Atomkern bewegen. Das Atom würde dann einem winzigen Planetensystem mit dem Kern als Mittelpunkt gleichen. Ein solches «Planetenmodell» des Atoms wurde in der Tat vom dänischen Physiker N. Bohr vorgeschlagen (1913). Es vermochte auch eine Reihe von Beobachtungen befriedigend zu erklären. Viele Erscheinungen blieben jedoch unverständlich, so z.B. die Entstehung von Bindungen zwischen Atomen bei der Bildung von Molekülen. Das Planetenmodell ist also ein sehr unvollkommenes Modell.

Das Wolkenmodell
Worin liegt der Grund für die Unvollkommenheit des «Planetenmodells»? Wir sind bis jetzt davon ausgegangen, dass es sich bei den Elektronen um «klassische Teilchen» handelt. Masse und Ladung, beides Merkmale von Teilchen bzw. Körpern, sind messbar. Nun gibt es aber eine Reihe von Beobachtungen (z.B. die Beugung von Elektronenstrahlen an einem Gitter; vgl. Abschnitt 1.2), die sich mit diesem «Teilchenmodell» des Elektrons nicht erklären lassen. Beugungserscheinungen sind aber spezifisch für «Wellen». Nicht umsonst diente dem Holländer C. Huyghens die Beugung von Licht an Gittern oder einem Spalt als Beweis der «Wellennatur» des Lichts. Die Tatsache, dass auch Elektronenstrahlen solche Effekte zeigen, führt dazu, dass man den Elektronen «Welleneigenschaften» zuschreiben muss. Elektronen, die sich bewegen, können mathematisch in ähnlicher Weise wie Wellen beschrieben werden. Die Elektronen haben dann den Charakter stehender Wellen (Kap. 30).

Tabelle 4.4 Ionisierungsenergien in Elektronenvolt (eV)

Nr.	Symbol	1.	2.	3.	4.	5.	6.	7.	8.	9.	10.	11.	12.	13.	14.	15.	16.	17.	18.	19.	20.	abgespaltenes Elektron
1	H	13,6																				Elektronenzahl = 1
2	He	24,6	54,4																			= 2
3	Li	5,4	75,6	122,5																		1 + 2 = 3
4	Be	9,3	18,2	153,9	217,7																	2 + 2 = 4
5	B	8,3	25,2	37,9	259,4	340,2																3 + 2 = 5
6	C	11,3	24,4	47,9	64,5	392,1	490,0															4 + 2 = 6
7	N	14,5	29,6	47,5	77,5	97,9	552,1	667,0														5 + 2 = 7
8	O	13,6	35,1	54,9	77,4	113,9	138,1	739,3	871,4													6 + 2 = 8
9	F	17,4	35,0	62,7	87,1	114,2	157,2	185,2	953,7	1103,1												7 + 2 = 9
10	Ne	21,6	41,0	63,5	97,1	126,2	157,9	207,3	239,0	1195,8	1362,2											8 + 2 = 10
11	Na	5,1	47,3	71,6	98,9	138,4	172,2	208,5	264,2	299,9	1465,1	1648,7										1 + 8 + 2 = 11
12	Mg	7,6	15,0	80,1	109,2	141,3	186,5	224,9	265,9	328,0	367,5	1761,8	1962,6									2 + 8 + 2 = 12
13	Al	6,0	18,8	28,4	120,0	153,7	190,5	241,4	284,6	330,2	398,6	442,1	2085,9	2304,0								3 + 8 + 2 = 13
14	Si	8,1	16,3	33,5	45,1	166,8	205,0	246,5	303,2	351,1	404.4	476,1	523,5	2437,7	2673,14							4 + 8 + 2 = 14
15	P	10,5	19,7	30,2	51,4	65,0	220,4	263,2	309,4	371,7	424,5	479,6	560,4	611,9	2816,9	3069,85						5 + 8 + 2 = 15
16	S	10,4	23,3	34,8	47,3	72,7	88,0	280,9	328,2	379,1	447,1	504,8	564,6	651,6	707,1	3223,8	3494,0					6 + 8 + 2 = 16
17	Cl	13,0	23,8	39,6	53,5	67,8	97,0	114,2	348,3	400,1	455,6	529,3	592,0	656,7	749,7	809,4	3658,4	3946,27				7 + 8 + 2 = 17
18	Ar	15,8	27,6	40,7	59,8	75,0	91,0	124,3	143,5	422,4	478,7	539,0	618,2	686,0	755,7	854,8	918	4120,8	4426,18			8 + 8 + 2 = 18
19	K	4,3	31,6	45,7	60,9	82,7	100,0	117,6	154,9	175,8	503,4	564,1	629,1	714,0	787,1	861,8	968	1034	4611,0	4934,0		1 + 8 + 8 + 2 = 19
20	Ca	6,1	11,9	50,9	67,1	84,4	108,8	127,7	147,2	188,5	211,3	591,3	656,4	726,0	816,6	895,1	974	1087	1157	5129,0	5469,7	2 + 8 + 8 + 2 = 20

1 eV ist die Energie, die ein Elektron beim Durchlaufen der Spannung 1 Volt erhält (1 eV ~ 96,48 kJ · mol^{-1})

Vielleicht wird man sich nun fragen: Was sind Elektronen wirklich? Sind es Teilchen oder Wellen? Als Teilchen kann man ihre Masse und Ladung bestimmen. Aber sich bewegende Elektronen verhalten sich wie Wellen. Offenbar kann das eigentliche Wesen der Elektronen (wie übrigens auch des Lichts) mit einem einzigen Modell nicht genau erfasst werden: Es ist sowohl ein Teilchen- als auch ein Wellenmodell erforderlich. Man spricht in diesem Zusammenhang von «Materiewellen» bzw. von der «Wellenmechanik» als grundlegender naturwissenschaftlicher Theorie.

Man kann sich fragen, wie diese «Doppelnatur» des Elektrons zu verstehen ist. Wenn unter «Verstehen» das Zurückführen von etwas Neuem auf etwas Bekanntes gemeint ist, d.h. auf etwas, an das man sich aufgrund der Alltagserfahrung gewöhnt hat (das aber ohne diese Gewöhnung ebenso unverständlich ist wie das Neue!), so lässt sie sich nicht verstehen. Naturwissenschaftliches «Verstehen» bedeutet nun aber nichts anderes, als das Naturgesetz zu erkennen, nach dem bestimmte Erscheinungen auftreten. In diesem Sinn lässt sich die «Welle-Teilchen-Doppelnatur» ebenso als Naturgesetz zur Kenntnis nehmen, wie etwa die durch die Gesetze der Mechanik zu beschreibenden Erscheinungen der Alltagserfahrung. Eine bestimmte Summe von Erfahrungstatsachen muss durch mehrere, voneinander verschiedene Modelle beschrieben werden.

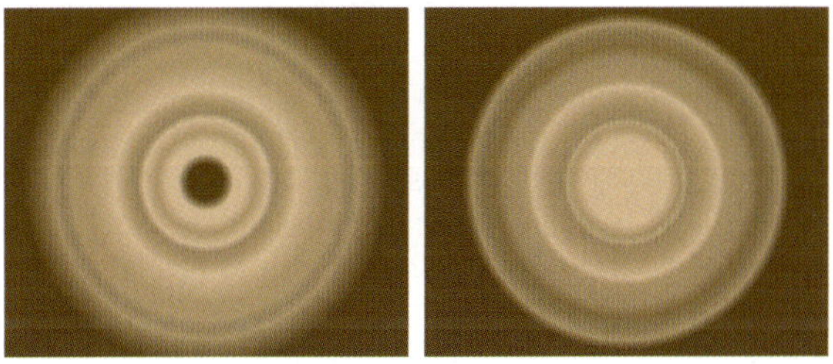

Abb. 4.10 Links: Beugung beim Durchgang von Röntgenstrahlen (energiereiches Licht) durch eine Al-Folie (Foto: Bell Telephone Laboratories). Rechts: Beugung eines Elektronenstrahls beim Durchgang durch eine Folie aus Thalliumchlorid (Foto: RCA Laboratories, Princeton, N.J.)

Im Zusammenhang mit dieser Betrachtungsweise steht eine Erkenntnis, die von W. K. Heisenberg (1925) formuliert wurde: Es ist prinzipiell unmöglich, Ort und Geschwindigkeit, also den exakten Verlauf der Bewegung eines Elektrons, genau zu kennen (Unschärfebeziehung). Mithilfe komplizierter mathematischer Verfahren kann man aber die Wahrscheinlichkeit berechnen, ein Elektron in einem bestimmten Raumvolumen anzutreffen. Damit ist es möglich, Aussagen über seine Aufenthaltswahrscheinlichkeit oder, mit anderen Worten, über die Elektronendichte zu machen. Es lassen sich somit Räume eingrenzen, in denen sich Elektronen mit z.B. 90% Wahrscheinlichkeit aufhalten. Ein solcher Bereich wird als Aufenthaltsraum oder – weil er nach aussen nicht scharf abgegrenzt ist – als Ladungswolke (Elektronenwolke) bezeichnet.

Die postulierten Elektronenschalen sind also nichts anderes als Räume, in denen sich eine bestimmte Anzahl von Elektronen mit grosser Wahrscheinlichkeit aufhält.

Tabelle 4.5 Übersicht über die Verteilung der Elektronen auf die Schalen

Ordnungs-zahl		Schale K-	L-	M-	N-	O-	P-	Q-
1	H	1						
2	He	2						
3	Li	2	1					
4	Be	2	2					
5	B	2	3					
6	C	2	4					
7	N	2	5					
8	O	2	6					
9	F	2	7					
10	Ne	2	8					
11	Na	2	8	1				
12	Mg	2	8	2				
13	Al	2	8	3				
14	Si	2	8	4				
15	P	2	8	5				
16	S	2	8	6				
17	Cl	2	8	7				
18	Ar	2	8	8				
19	K	2	8	8	1			
20	Ca	2	8	8	2			
31	Ga	2	8	18	3			
32	Ge	2	8	18	4			
33	As	2	8	18	5			
34	Se	2	8	18	6			
35	Br	2	8	18	7			
36	Kr	2	8	18	8			
37	Rb	2	8	18	8	1		
38	Sr	2	8	18	8	2		
49	In	2	8	18	18	3		
50	Sn	2	8	18	18	4		
51	Sb	2	8	18	18	5		
52	Te	2	8	18	18	6		
53	I	2	8	18	18	7		
54	Xe	2	8	18	18	8		
55	Cs	2	8	18	18	8	1	
56	Ba	2	8	18	18	8	2	
81	Tl	2	8	18	32	18	3	
82	Pb	2	8	18	32	18	4	
83	Bi	2	8	18	32	18	5	
84	Po	2	8	18	32	18	6	
85	At	2	8	18	32	18	7	
86	Rn	2	8	18	32	18	8	
87	Fr	2	8	18	32	18	8	1
88	Ra	2	8	18	32	18	8	2

Eine weitere, für das Verständnis der Ergebnisse der Chemie wichtige Erkenntnis stammt von W. Pauli (1925). Nach Pauli können sich in einer Elektronenwolke höchstens zwei Elektronen befinden, die sich – wenn man sich das Elektron modellhaft als Kügelchen vorstellt – im Drehsinn ihrer Eigenrotation («Spin») unterscheiden. Eine Erklärung für dieses «Pauli-Prinzip» konnte allerdings bis heute nicht gefunden werden.

Das Elektronenmikroskop

Die Erkenntnis, dass man bewegten Elektronen auch Welleneigenschaften zuordnen muss, machte es möglich, Elektronenmikroskope zu konstruieren. Die Wellenlänge der Elektronen beträgt etwa 10^{-11} m und liegt somit um rund vier Zehnerpotenzen unter der Wellenlänge des sichtbaren Lichts.
Damit liess sich mit dem Elektronenmikroskop ein wesentlich höheres Auflösungsvermögen als mit dem Lichtmikroskop erreichen. So ist es möglich, im Ultradünnschnitt von Zellen eines Organismus neue, früher unbekannte Strukturen sichtbar zu machen. Mit den heute erreichbaren, mehrmillionenfachen Vergrösserungen mithilfe des Elektronenmikroskops gelangt man sogar in den atomaren Bereich der Materie.

- Für die Elektronen der Atomhülle lassen sich keine Bahnen, sondern nur Aufenthaltsbereiche («Elektronenwolken») angeben.
- Eine Elektronenschale kann mehrere Wolken umfassen; in einer Wolke können sich jedoch höchstens zwei Elektronen aufhalten.

4.5 Radioaktivität

In den letzten Jahren des 19. Jahrhunderts zeigten Forschungsergebnisse, dass bestimmte Uran-Verbindungen in schwarzes Papier eingewickeltes Fotopapier schwärzen und Gase elektrisch leitfähig machen. Marie Curie (1867–1934) untersuchte als Studentin die von ihr so genannte Radioaktivität. Mit ihrem Mann Pierre Curie (1859–1906) erkannte sie 1898 die radioaktiven Eigenschaften der von ihnen entdeckten Elemente Polonium und Radium. Ernest Rutherford (1871–1937) stellte schliesslich mit Frederik Soddy (1877–1956) im Jahre 1902 fest, dass es sich bei der Radioaktivität um eine Atomumwandlung handelt, bei der Energie freigesetzt wird. Die beiden Forscher entdeckten zwei unterschiedliche Arten von Strahlen: Die α-Strahlen, die die Hälfte ihrer Energie verloren, nachdem sie durch eine 1/50 mm dicke Aluminium-Folie hindurchgegangen waren. Bei den β-Strahlen war dies hingegen erst bei einer ½ mm dicken Folie der Fall. Schliesslich fand man im Jahre 1900, dass radioaktive Elemente eine noch viel stärkere Strahlung aussenden können, die γ-Strahlen.

Die Atome der meisten radioaktiven Elemente senden α-Strahlen (doppelt positiv geladene Helium-Atome) oder β-Strahlen (Elektronen) aus. α-Zerfall erniedrigt die Protonenzahl (Ordnungszahl) um zwei und die Nucleonenzahl um vier Einheiten. Aus dem Radium-Nuclid $^{226}_{88}Ra$ entsteht ein Isotop des Elements Radon $^{222}_{86}Rn$. Die Elektronen beim β-Zerfall bilden sich durch Umwandlung eines Neutrons in ein Proton, wobei die

Protonenzahl des betreffenden Atoms um eins steigt, ohne dass seine Masse nennenswert verändert wird. So entsteht aus dem Caesium-Nuclid $^{137}_{55}Cs$ ein Nuclid des Bariums $^{137}_{56}Ba$. Die nicht korpuskulare γ-Strahlung ist eine elektromagnetische Strahlung von sehr kurzer Wellenlänge (extrem kurzwelliges Röntgenlicht). Sie entspricht jenem Energiebetrag, der beim Zerfall der Atome frei wird und nicht als kinetische Energie für die Bewegung der α- oder β-Teilchen nötig ist.

Tabelle 4.6 Natürliche Zerfallsreihe von U-238

$^{238}U - \alpha \rightarrow {}^{234}Th - \beta \rightarrow {}^{234}Pa - \beta \rightarrow {}^{234}U - \alpha \rightarrow {}^{230}Th - \alpha \rightarrow {}^{226}Ra - \alpha \rightarrow {}^{222}Rn - \alpha \rightarrow {}^{218}Po - \alpha \rightarrow {}^{214}Pb - \beta \rightarrow {}^{214}Bi - \beta \rightarrow {}^{214}Po - \alpha \rightarrow {}^{210}Pb - \beta \rightarrow {}^{210}Bi - \beta \rightarrow {}^{210}Po - \alpha \rightarrow {}^{206}Pb$

Tabelle 4.7 Ionisierende Strahlung

Ionisierende Strahlung	Masse	Ladung	Beschreibung
α-Strahlen	4 u	2+	He^{2+}
β-Strahlen	$\frac{1}{1886}$ u	1-	Elektronen
γ-Strahlen	–	–	kurzwelliges Röntgenlicht

Atomumwandlung durch α- und β-Strahlen:

$^{A}_{Z}A - \alpha \rightarrow {}^{A-4}_{Z-2}A$

$^{A}_{Z}A - \beta \rightarrow {}^{A}_{Z+1}A$

Tabelle 4.8 Halbwertszeiten einiger natürlicher radioaktiver Atome

Atomart (Nuclid)	Halbwertszeit	ausgesandte Strahlung
^{238}U	$4{,}468 \cdot 10^9$ a	α, γ
^{226}Ra	1600 a	α, γ
^{210}Po	138, 38 d	α, γ
^{137}Cs	30,1 a	β
^{60}Co	5,272 a	β, γ
^{90}Sr	25,5 a	β
^{131}I	0,04 d	β, γ
^{14}C	5730 a	β

Der Zerfall verläuft bei den einzelnen Elementen unterschiedlich rasch und kann in keiner Weise beeinflusst werden. Ein Mass für seine Geschwindigkeit ist die Halbwertszeit, d.h. die Zeit, in der die Hälfte einer bestimmten Menge eines radioaktiven Elements zerfallen ist. Die Halbwertszeit stellt für jede radioaktive Atomart eine charakteristische Grösse dar. Sie bewegt sich zwischen 10^9 Jahren und 10^{-7} Sekunden und entspricht

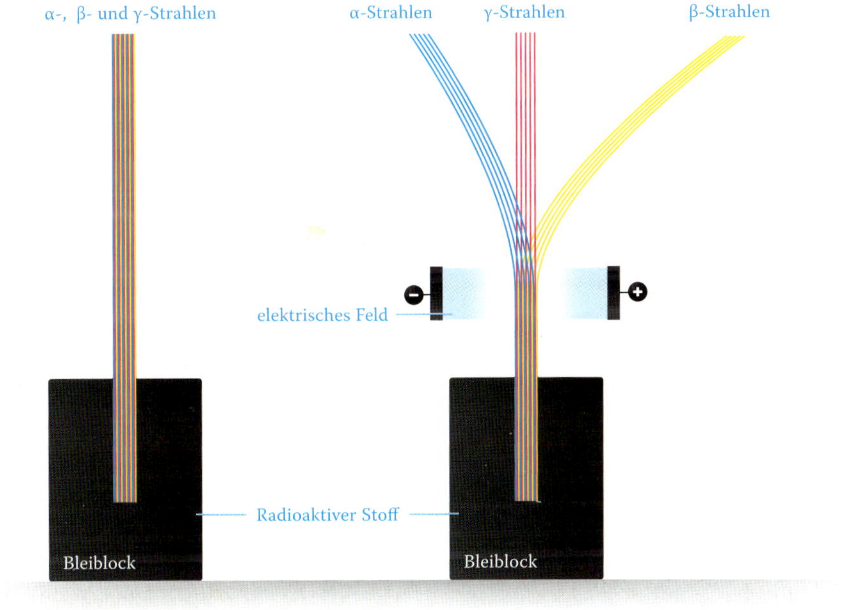

Abb. 4.11 Ionisierende (radioaktive[3]) Strahlung im elektrischen Feld

[3] *Gebräuchlicher, aber nicht korrekter Name, da die α- und β-Teilchen nicht selber radioaktiv sind, d.h. keine Strahlung aussenden. Entsprechend ihren Eigenschaften, Gase leitfähig zu machen, werden sie als ionisierende Strahlung bezeichnet.*

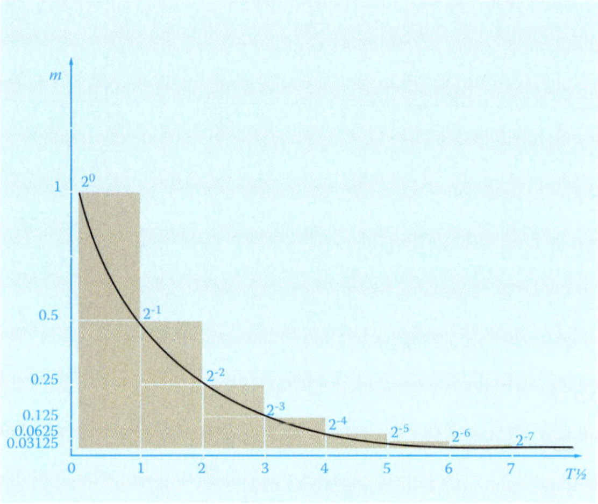

Abb. 4.12 Zusammenhang zwischen Halbwertszeit und Massenänderung einer gegebenen Stoffportion ($T_{1/2}$: Halbwertszeit)

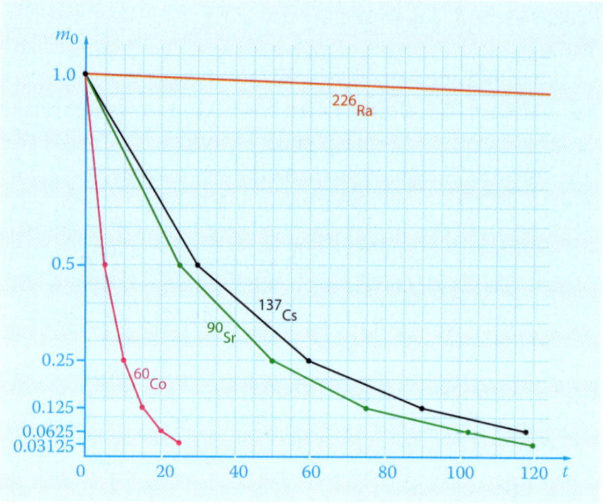

Abb. 4.13 Grafische Darstellung der Halbwertszeiten von ^{226}Ra, ^{137}Cs, ^{90}Sr und ^{60}Co

der Stabilität eines Atomkerns. Je länger die Halbwertszeit, desto stabiler sind die Atomkerne.

Der Verlauf der Kurve in Abb. 4.12 wird durch die Funktion $\frac{m_t}{m_o} = 2^{\frac{-t}{T_{1/2}}}$ beschrieben.

- m_t: Masse der radioaktiven Atome zur Zeit t
- m_o: Masse der radioaktiven Atome zur Zeit $t = 0$
- t: abgelaufene Zeit
- $T_{1/2}$: Halbwertszeit der radioaktiven Atome

^{14}C-Methode zur Altersbestimmung

Radioaktive Isotope lassen sich zur Bestimmung des Alters von kohlenstoffhaltigem Material (organische Stoffe) verwenden (Radiocarbon-Methode). Natürlicher Kohlenstoff enthält in sehr geringen Mengen das radioaktive Nuclid ^{14}C, das durch Einwirkung von Neutronen aus der Höhenstrahlung auf atmosphärischen Stickstoff entsteht.

$^{14}_{7}N + ^{1}_{0}n \rightarrow ^{14}_{6}C + ^{1}_{1}p$ Bildung von ^{14}C

$^{14}_{6}C \rightarrow ^{14}_{7}N + e^-$ Zerfall von ^{14}C

Weil sich im Laufe der Erdgeschichte ein Gleichgewicht zwischen dem radioaktiven Zerfall von ^{14}C und seiner Neubildung aus Stickstoff eingestellt hat, ist in der Luft ein konstanter Gehalt an radioaktivem Kohlenstoffdioxid (einer Verbindung aus Kohlenstoff und Sauerstoff, CO_2) vorhanden. Die Pflanzen nehmen für die Kohlenstoffdioxid-Assimilation radioaktives (mit ^{14}C) und inaktives (mit ^{12}C) Kohlenstoffdioxid ohne Unterschied auf und bilden daraus Stärke oder Cellulose. Lebewesen, die sich von den Pflanzen ernähren, lagern den Kohlenstoff in ihr Gewebe ein, wobei das Verhältnis zwischen radioaktivem und inaktivem Kohlenstoff gleich bleibt wie in der Atmosphäre. Nach dem Absterben der Pflanze oder des Tiers hört der Stoffwechsel auf, und der Gehalt an ^{14}C sinkt als Folge des radioaktiven Zerfalls. Durch die Bestimmung der Radioaktivität einer Kohlenstoffprobe aus Holz, Kohle, Knochen, Haut, Horn oder anderen pflanzlichen oder tierischen Überresten lässt sich deshalb die Zeit bestimmen, die seit der Bindung des Kohlenstoffdioxids aus der Atmosphäre verstrichen ist. Die ^{14}C-Methode erlaubt eine Datierung von Gegenständen bis etwa 50 000 Jahre in die Vergangenheit zurück.

Beispiel:

- In einem Gramm Kohlenstoff eines Lebewesens zerfallen pro Minute 15,3 ^{14}C-Nuclide. Wie alt ist eine Gewebeprobe, von der noch 7,7 Atome pro Minute zerfallen?
- Da die Radioaktivität um die Hälfte zurückgegangen ist (die Masse der radioaktiven Nuclide hat sich halbiert), beträgt das Alter des Stoffs gerade die Halbwertszeit von ^{14}C, nämlich 5730 Jahre.
- Mithilfe der Gleichung $\frac{m_t}{m_o} = 2^{\frac{-t}{T_{1/2}}}$

  (Abb. 4.12) lässt sich das Alter für beliebige Massenveränderungen und radioaktive Atome berechnen (für m_t und m_o können auch die Stoffmengen n_t und n_o bzw. die Anzahl radioaktiver Nuclide N_t und N_o eingesetzt werden).
- Für vorliegende Aufgabe gilt:
  $N_o = 15{,}3$; $N_t = 7{,}7$

  $\frac{N_t}{N_o} = 2^{\frac{-t}{T_{1/2}}} \rightarrow \frac{7{,}7}{15{,}3} = 2^{\frac{-t}{5730}} / \log$

  $\log \frac{7{,}7}{15{,}3} = \frac{-t}{5730} \cdot \log 2 \rightarrow -0{,}3 = \frac{-t}{5730} \cdot 0{,}3 \rightarrow t = 5730 \text{ a}$

ÜBUNGEN ZUM KAPITEL 4

4.1 Wie ändert sich die Kraft zwischen zwei geladenen Körpern, wenn der Abstand verdoppelt wird; der Abstand halbiert wird; man die Ladungsmenge des einen Körpers halbiert?

4.2 Die Stromstärke in der Hauptstromleitung eines Haushalts erreicht einen Wert von 6,0 A. Wie gross ist die Ladungsmenge, die durch den Elektrizitätszähler während einer halben Stunde fliesst?

4.3 In einem tragbaren Radiogerät fliesst ein Strom mit der Stärke 40 mA. In welcher Zeit hat die Batterie die Ladung Q = 2,5 C durch den Stromkreis befördert?

4.4 Ergänzen Sie die folgende Tabelle:

Symbol	Massen-zahl	Ordnungs-zahl	Neutronen-zahl
Ce	140	58	
	19	9	
Cu	63		
		13	14

4.5 Berechnen Sie das «gewogene Mittel» der Masse für das Element Kohlenstoff aus der natürlichen Isotopenzusammensetzung (Tabelle 4.2).

4.6 Wie ändern sich Protonen- und Nucleonenzahl, wenn ein ^{230}Th-Nuclid ein α-Teilchen abgibt? Welches neue Element ist dabei entstanden?

4.7 Wie lässt sich zeigen, dass die von radioaktiven Elementen ausgehenden Strahlen sowohl aus positiv wie auch aus negativ geladenen Teilchen bestehen?

4.8 Wenn man α- und β-Strahlen durch ein enges Fenster in eine Kammer schiesst, so reichert sich in der Kammer allmählich Heliumgas an. Wie kommt es zur Bildung der neutralen Helium-Atome?

4.9 Im Jahre 1902 isolierte Marie Curie 0,1 g Radium (^{226}Ra). Wie viel ist von dieser Masse heute (2008) noch vorhanden?

4.10 Im Grabe des ägyptischen Pharaos Sneferu (um 2625 v. Chr.) fand man einen Balken aus Zedernholz. Der Kohlenstoff, der aus diesem Balken gewonnen wurde, wies einen Zerfall von 8 ^{14}C-Nucliden pro Minute und Gramm auf. Wie alt ist der Balken?

4.11 Weshalb wird beim Rutherfordschen Streuversuch der grösste Teil der verwendeten α-Teilchen nicht abgelenkt?

4.12 Vergleichen Sie die Ionisierungsenergien zur Abspaltung des jeweils ersten Elektrons für die Elemente Natrium, Magnesium, Aluminium, Silicium, Phosphor, Schwefel, Chlor und Argon; worin unterscheiden sich die Metalle von den Nichtmetallen?

4.13 Die drei Elemente Lithium, Natrium und Kalium zeigen in ihren chemischen Eigenschaften eine ganz auffallende Ähnlichkeit. Erklären Sie diese Ähnlichkeit mit dem Aufbau der Elektronenhülle.

4.14 Geben Sie die Verteilung der Elektronen auf die verschiedenen Schalen für die Atome folgender Elemente an: Si, Ca, Zn, Br, Sr, Fe, Sn.

4.15 Nach dem von Bohr (1913) vorgeschlagenen Atommodell bewegen sich die Elektronen auf Kreisbahnen um den Kern. Mit welcher – später gewonnenen – Erkenntnis steht dieses Modell in Widerspruch?

16. Welche experimentelle Tatsache spricht dafür, dass man den Elektronen Welleneigenschaften zuschreiben muss?

5 ORDNUNG IN DER VIELFALT DER ELEMENTE: DAS PERIODENSYSTEM

5.1 Die Aufstellung des Periodensystems

Die meisten Elemente wurden zwischen 1780 und 1850 entdeckt. Man untersuchte ihre Eigenschaften, ihre chemischen Reaktionen und stellte fest, dass sich gewisse Elemente auffallend gleichen. In der ersten Hälfte des 19. Jahrhunderts wurden mehrere Versuche unternommen, Beziehungen zwischen den verschiedenen Elementen herzustellen. So erkannte schon J. W. Döbereiner (1780–1849), dass die Atommasse des Leichtmetalls Strontium (Sr; 87,62 u) ziemlich genau in der Mitte zwischen den Atommassen der beiden dem Strontium chemisch und physikalisch sehr ähnlichen Metalle Calcium (Ca; 40,08 u) und Barium (Ba; 137,33 u) liegt (1825). Er nannte diese drei Metalle eine «Triade» von Elementen. Weitere Triaden bilden die Metalle Lithium, Natrium und Kalium sowie die reaktionsfähigen Nichtmetalle Chlor, Brom und Iod.

Als erfolgreich und für die Zukunft bahnbrechend erwies sich der Gedanke, die Elemente nach zunehmender Atommasse zu ordnen. D. I. Mendelejew (1834–1907) und J. L. Meyer (1830–1895) erkannten fast gleichzeitig und unabhängig voneinander (1869), dass dabei die Eigenschaften der Elemente in regelmässiger Weise periodisch wechseln.

Nach Wasserstoff und Helium kommt Lithium, ein typisches Metall. Es folgen Elemente mit immer weniger ausgeprägtem Metallcharakter (Beryllium, Bor, Kohlenstoff), dann Nichtmetalle (Stickstoff, Sauerstoff, Fluor, Neon) und schliesslich das Natrium, ein Metall, das in seinen Eigenschaften dem Lithium sehr ähnlich ist. Die folgenden Elemente (Magnesium, Aluminium) sind wieder Metalle. Anschliessend kommt Silicium, ein Halbmetall, und dann folgen wieder Nichtmetalle (Phosphor, Schwefel, Chlor, Argon). Nach dem Argon steht das dem Lithium und Natrium ähnliche Kalium.

Durch Untereinanderstellen von Elementen mit ähnlichen chemischen Eigenschaften erhielten Mendelejew und Meyer eine übersichtliche Anordnung aller bekannten Elemente, das sogenannte Periodensystem. Bemerkenswert ist, dass dies vor der Entdeckung des Elektrons geschah und lange bevor man erkannte, dass die Atome eine bestimmte «Struktur» besitzen müssen.

Das Periodensystem ist das wichtigste Ordnungsprinzip der Chemie. Trotz mehrfacher Verbesserungen und Ergänzungen ist es seit 1869 bis heute praktisch unverändert geblieben. Es gibt nicht nur eine übersichtliche Zusammenstellung aller bekannten Elemente. Es zeigt auch die gegenseitigen Beziehungen zwischen ihnen. Damit wirklich alle Elemente von ähnlichem Verhalten untereinandergestellt werden konnten, musste Mendelejew an verschiedenen Stellen Lücken für damals noch unbekannte Elemente offen lassen. Weil die oberhalb und unterhalb der Lücken stehenden Elemente bereits bekannt waren, liessen sich die Eigenschaften der noch nicht entdeckten Elemente voraussagen, zum Teil mit verblüffender Genauigkeit (Tabelle 5.1). Mendelejew erkannte auch, dass man an einigen Stellen die Reihenfolge der Elemente nach wachsender Atommasse umkehren musste, um jeweils ähnliche Elemente untereinander stellen zu können. Das zum Chlor und dem Brom gehörende Iod hat z.B. eine kleinere Atommasse als das dem Schwefel und dem Selen ähnliche Tellur.

Tabelle 5.1 Vergleich der vorausgesagten und beobachteten Eigenschaften von Germanium und einigen Germanium-Verbindungen

Mendelejews Voraussage	Nach der Entdeckung des Elements durch Winkler (1886) beobachtete Eigenschaften
Atommasse ungefähr 72 u	Atommasse 72,64 u
Dunkelgraues Metall mit hoher Schmelztemperatur; Dichte 5,5 g/cm^3; spezifische Wärme 0,31 J/K	Weisslichgraues Metall; t_m = 938 °C; Dichte 5,32 g/cm^3; spezifische Wärme 0,32 J/K
Beim Erhitzen an der Luft entsteht XO_2	Beim Erhitzen an der Luft entsteht GeO_2
Oxid schwerflüchtig; Dichte 4,7 g/cm^3	t_m von GeO_2 = 1116 °C; Dichte 4,25 g/cm^3
Chlorid (XCl_2) ist eine leichtflüchtige Flüssigkeit (t_b wenig unter 100 °C); Dichte 1,9 g/cm^3	$GeCl_2$ ist flüssig (t_b = 83 °C); Dichte 1,88 g/cm^3

5.2 Periodensystem und Atombau

Es war – selbstverständlich, möchte man sagen – weder Mendelejew noch Meyer möglich, eine Erklärung für den Aufbau des Systems zu finden. Fragen, worauf denn die Gemeinsamkeit untereinander stehender Elemente oder die Periodizität der Eigenschaften beruhen, vermochte man lange nicht zu beantworten. Erst nachdem Vorstellungen über den Bau der Atome entwickelt worden waren, liess sich der Aufbau des Periodensystems verstehen.

Zunächst erkannte der englische Physiker H. G. Moseley (1915), dass nicht die Atommasse, sondern die Kernladungszahl (die Zahl der Protonen im Kern) die richtige Reihenfolge der Elemente im System bestimmt. Von Element zu Element nimmt die Kernladung jeweils um eine Einheit zu, d.h. es kommt immer ein weiteres Proton (und damit auch ein Elektron in der Hülle) dazu. Die Kernladungszahl erwies sich als identisch mit der «Platznummer» eines Elements im Periodensystem, mit der Ordnungszahl Z. Moseley gelang es auch, die Reihenfolge der Ordnungszahlen experimentell festzulegen. Dadurch konnten sämtliche noch nicht mit Elementen besetzten Lücken im System erkannt werden.
Bei der Aufklärung der Struktur der Elektronenhülle – eine Arbeit, die sich über einen Zeitraum von etwa 10 Jahren hinzog – zeigte sich, dass die Anordnung der Elemente im Periodensystem mit dem Schalenbau der Atome und der Verteilung der Elektronen auf die Schalen zusammenhängt.

Wie sich aus der Abb. 5.1 ergibt, kann die innerste, die K-Schale, maximal zwei Elektronen aufnehmen. Sie ist also bereits bei dem auf Wasserstoff folgenden Element, dem Helium (He, ein Edelgas), abgeschlossen. Die zweite, die L-Schale, wird vom Lithium (Z = 3) bis zum Neon (ebenfalls ein Edelgas) aufgefüllt und ist beim Neon mit acht Elektronen vollständig besetzt. Das im Natrium-Atom (Z = 11) zusätzlich vorhandene Elektron kommt in die weiter aussen gelegene M-Schale, die dann beim Edelgas Argon (Ar; Z = 18) wieder acht Elektronen aufweist.
Mit jeder Horizontalreihe des Systems – mit jeder Periode – beginnt somit die Besetzung einer neuen Elektronenschale. Die sieben Perioden des Systems entsprechen damit sieben Elektronenschalen.
Weiter zeigt die Abb. 5.1, dass im Periodensystem untereinander stehende Elemente (eine Hauptgruppe) stets gleich viele Elektronen in der äussersten Schale ihrer Atome besitzen. Diese Elektronen werden Aussenelektronen oder Valenzelektronen genannt. Wie wir bereits wissen, haben die Elemente einer Hauptgruppe ähnliche chemische Eigenschaften. Offenbar werden diese Eigenschaften in erster Linie durch die Anzahl der Aussenelektronen bestimmt, die nie mehr als acht beträgt.

Das Periodensystem widerspiegelt die Elektronenverteilung (die «Elektronenkonfiguration») der Atome. Mit jeder Periode beginnt die Besetzung einer neuen Schale. Die Elemente einer Hauptgruppe besitzen in ihren Atomen jeweils gleich viele Aussenelektronen. Ihre Anzahl entspricht der Hauptgruppennummer und ist nie grösser als acht.

Für den Chemiker ist vor allem die Kenntnis der Zahl der Aussenelektronen eines Atoms wichtig. Alle übrigen Elektronen bilden zusammen mit dem Atomkern den Atomrumpf. Dieser ist stets positiv geladen. Seine Ladung entspricht zahlenmässig der Anzahl Aussenelektronen des Atoms. Die sogenannte Elektronenschreibweise benützt das chemische Symbol für den Atomrumpf und gibt die Aussenelektronen durch Punkte an. Halten sich zwei Elektronen in derselben Wolke auf, so schreibt man einen Strich. Ein Punkt entspricht einer «einfach besetzten» und ein Strich einer «doppelt besetzten» Elektronenwolke (Abschnitt 4.4 und Abb. 5.2)[1].

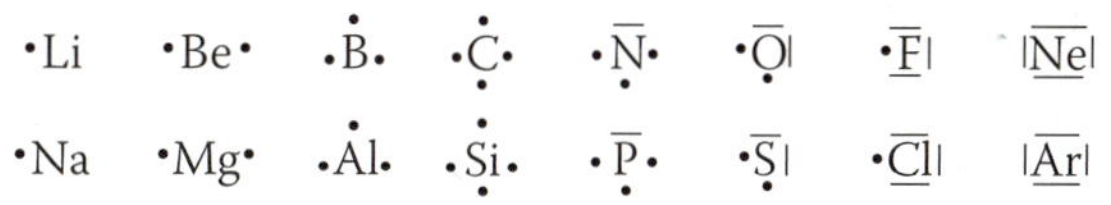

Man kann sich das Atom aus dem Atomrumpf und den Aussenelektronen aufgebaut denken. Der Atomrumpf umfasst den Atomkern sowie alle Elektronen, mit Ausnahme der Elektronen der äussersten Schale. Der Atomrumpf ist als Ganzes positiv geladen.

Die Erklärung des Aufbaus des Periodensystems durch das Schalenmodell der Atome und die Reihenfolge der Besetzung der Schalen stellt einen Triumph der modernen Atomtheorie dar. Sie bildet ein Musterbeispiel dafür, wie oftmals Erkenntnisse, die aus der Erfahrung gewonnen worden sind, durch eine erst viel später entwickelte Theorie gedeutet und durch Modellvorstellungen anschaulich gemacht werden können.

Atomradien
Innerhalb einer Hauptgruppe nehmen die Atomradien von oben nach unten zu (Abb. 5.3), weil nach jeder Periode wieder eine neue Elektronenschale hinzukommt. Innerhalb einer Periode dagegen werden die Atomradien kleiner, obschon die Atome dieser Elemente die gleiche Anzahl Schalen besitzen. Der Grund dafür ist die wachsende Kernladung, wodurch die Anziehung des Kerns auf die Elektronen in den Schalen wächst und das Atom immer mehr «schrumpft».
Die Rumpfgrössen verhalten sich wie die Atomradien. Die Aussenelektronen der in einer Hauptgruppe unten stehenden Elemente bewegen sich an der Oberfläche voluminöser Atomrümpfe und sind leichter abzuspalten als die Aussenelektronen der oberen Elemente. Die Ionisierungsenergie nimmt darum innerhalb einer Hauptgruppe von oben nach unten ab. Innerhalb einer Periode nimmt die Rumpfgrösse von links nach rechts ab. Entsprechend nimmt die Ionisierungsenergie zu.

[1] Nach dem Pauli-Prinzip kann eine Elektronenwolke höchstens zwei Elektronen aufnehmen. Stehen den Elektronen mehrere «unbesetzte» Wolken gleicher Energie zur Verfügung, so werden diese zuerst mit nur einem Elektron besetzt (geringere abstossende Kräfte; «Hundsche Regel»). Die äusserste Elektronenschale eines Atoms weist maximal acht Elektronen und damit auch höchstens vier Ladungswolken auf.

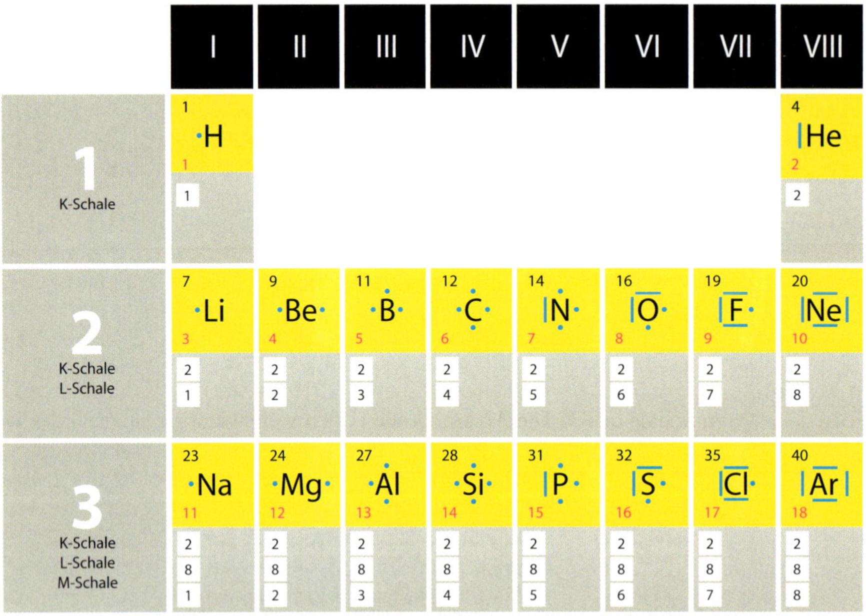

Abb. 5.1 Periodensystem der Elemente (PSE; gekürzt). Alle Elemente mit der gleichen Gruppennummer (I bis VIII) haben die gleiche Anzahl von Aussenelektronen (Ausnahme: Helium, 2e⁻)

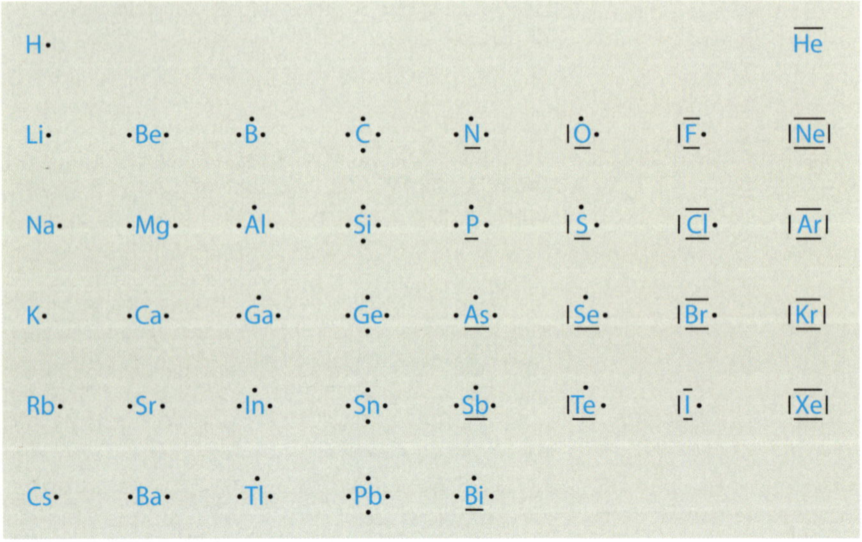

Abb. 5.2 Elektronenschreibweise der Atome der Hauptgruppenelemente

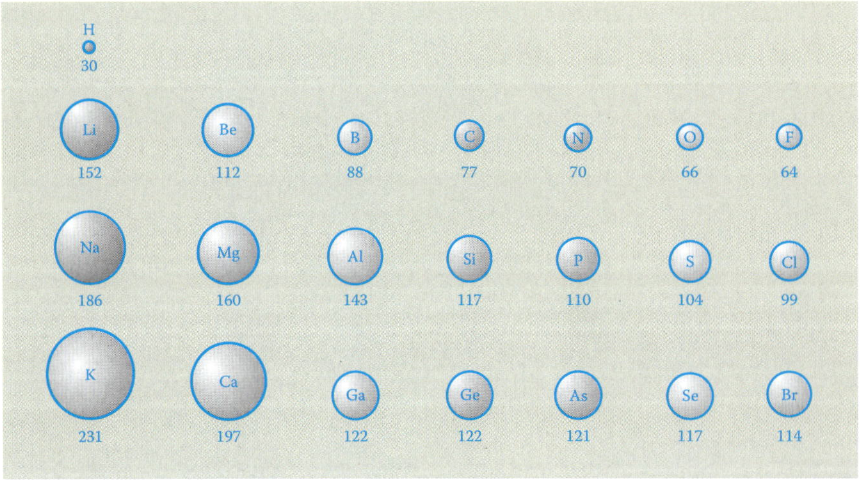

Abb. 5.3 Atomradien von Hauptgruppenelementen (Angaben in pm)

Übergangselemente

Merkwürdig und auf den ersten Blick unerwartet ist die Tatsache, dass auf die zweite und dritte Periode mit je acht Elementen eine längere Periode mit insgesamt 18 Elementen folgt. Auch die fünfte Periode umfasst 18 Elemente, während die sechste sogar 32 enthält. Die Erklärung besteht darin, dass die dritte und die folgenden Elektronenschalen mehr als acht Elektronen aufnehmen können, da die Wolken dieser Schalen einen grösseren Abstand vom Kern besitzen. Die in der dritten Schale noch vorhandenen weiteren 10 «Plätze» für Elektronen werden vom Element Scandium (Sc; Z = 21) bis zum Zink (Zn; Z = 30) mit Elektronen belegt, nachdem mit den Elementen Kalium (K; Z = 19) und Calcium (Ca; Z = 20) der Aufbau der vierten Schale bereits begonnen hat. Diese scheinbare Unregelmässigkeit im Aufbau der Elektronenhülle hängt mit den Energiezuständen der Elektronen ein- und derselben Schale zusammen. Sie wiederholt sich bei den Elementen mit den Ordnungszahlen 39 bis 48 und 57 bis 80. Für unsere Zwecke ist es jedoch nicht notwendig, näher auf diese Feinheiten einzugehen. Die Elemente, bei denen innere Schalen mit Elektronen besetzt werden, nennt man Übergangselemente oder Nebengruppenelemente. Es sind alles Metalle, darunter viele von technischer Bedeutung (Chrom, Mangan, Eisen, Nickel, Kupfer, Zink, Wolfram, Silber, Gold, Platin, Quecksilber u.a.). Im Gegensatz zu ihnen füllen die Hauptgruppenelemente ihre äusserste Schale mit Elektronen auf.

5.3 Die Gruppen und Perioden des Periodensystems[2]

Alkalimetalle

Die Metalle Lithium (Li), Natrium (Na), Kalium (K), Rubidium (Rb), Caesium (Cs) und Francium (Fr)[3] bilden eine Elementgruppe von sehr einheitlichem Charakter. Es sind alles leichte, weiche, relativ niedrig schmelzende Metalle (Caesium mit t_b = 28,5 °C; Lithium mit t_b = 180,5 °C), die an der Luft schnell anlaufen und sich dabei allmählich mit einer Schicht von Hydroxiden und Carbonaten bedecken (Aufbewahrung unter Petroleum oder in einem inerten, d.h. nicht reagierenden Gas, wie z.B. Stickstoff). Die Alkalimetalle sind sehr reaktionsfähig, wobei die Reaktionsfähigkeit vom Lithium zum Caesium zunimmt. Mit Wasser zusammen entstehen salzartige, als Lösungen stark alkalisch reagierende Hydroxide (Abb. 5.4), wobei Kalium und die schwereren Alkalimetalle sogar unter Feuererscheinung reagieren. In der Natur treten alle Alkalimetalle nur in Form von Verbindungen auf. Man stellt sie meist durch Elektrolyse geschmolzener Salze (Chloride oder Hydroxide) her. Die Alkalimetalle bilden viele wichtige Salze: Chloride (MCl)[4], z.B. NaCl (Kochsalz, als Mineral Steinsalz genannt) und KCl (Sylvin); Oxide (M_2O); Hydroxide (MOH), z.B. NaOH und KOH. Weitere wichtige Alkalisalze sind Natriumcarbonat, Na_2CO_3 (Soda), Kaliumcarbonat, K_2CO_3 (Pottasche), Natriumsulfat, $Na_2SO_4 \cdot 10\ H_2O$[5] (Glaubersalz), Natriumnitrat, $NaNO_3$ (Chilesalpeter) usw. Manche Kaliumsalze spielen eine wichtige Rolle als Düngemittel. Alkalisalze lassen sich leicht durch ihre charakteristischen Flammenfärbungen erkennen (Abb. 5.5).

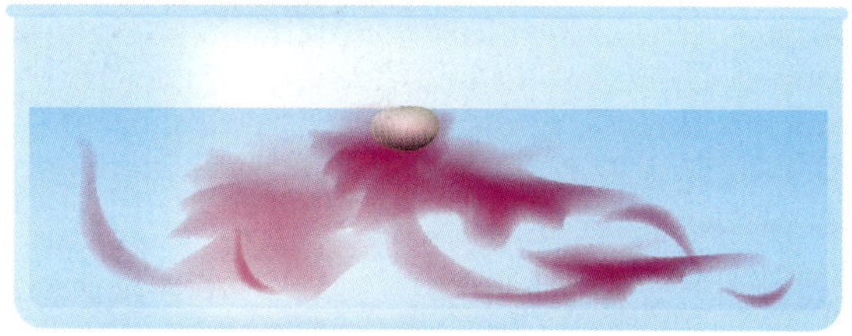

Abb. 5.4 Reaktion von Natrium mit Wasser. Das Wasser enthält Phenolphthalein, um die Entstehung von Lauge zu zeigen

Erdalkalimetalle

Beryllium (Be), Magnesium (Mg), Calcium (Ca), Strontium (Sr), Barium (Ba) und Radium (Ra). Die Erdalkalimetalle sind härter und spezifisch schwerer als die Alkalimetalle; ihre Reaktionsfähigkeit ist deutlich geringer. Beryllium (im Edelstein Beryll enthalten) und Magnesium bedecken sich an der Luft mit einer dünnen, kompakten Oxidschicht. Beide sind dank ihrer geringen Dichte wichtige Werkmetalle. Calcium und die schwereren Erdalkalimetalle oxidieren stärker, jedoch nicht so rasch wie die entsprechenden Alkalimetalle. Mit Wasser bilden sie ebenfalls salzartige Hydroxide. Die Reaktion ist jedoch weit weniger heftig als beim Alkalimetall der gleichen Periode, und die Hydroxide lösen sich, mit Ausnahme des mässig gut löslichen $Ba(OH)_2$, nur wenig im Wasser. Auch die Erdalkalimetalle treten in der Natur nicht elementar auf. Wichtige Verbindungen sind die salzartigen, pulvrigen, schwer schmelzbaren («erdigen») Oxide (MO), die sich im Wasser in geringem Mass unter alkalischer Reaktion lösen, die Hydroxide $M(OH)_2$, die Halogenide MX_2, z.B. Calciumfluorid, CaF_2 (Flussspat) sowie Calciumcarbonat, $CaCO_3$ (Kalk), Calciumsulfat, $CaSO_4 \cdot 2\ H_2O$ (Gips), das sehr schwer lösliche Bariumsulfat, $BaSO_4$ («Blanc fixe», eine weisse Malerfarbe) u.a.

[2] *Die in diesem Abschnitt vorkommenden unbekannten Begriffe lassen sich mithilfe des Registers finden.*

[3] *Francium ist ein durch Kernumwandlung künstlich hergestelltes, radioaktives Element, dessen Eigenschaften noch sehr unvollständig bekannt sind.*

[4] *In den folgenden allgemeinen Formeln bedeutet «M» ein Metall der betreffenden Gruppe.*

[5] *Manche Salze entstehen beim Verdampfen des Wassers aus ihren Lösungen als feste Stoffe, die noch in bestimmten Verhältnissen Wasser in ihren Gittern enthalten (sog. Kristallwasser). Man gibt dies in den Formeln dadurch an, dass man das gebundene Wasser durch einen Punkt oder ein +-Zeichen von der Formel des betreffenden Salzes trennt.*

Erdmetalle
Von den Erdmetallen Bor (B), Aluminium (Al), Gallium (Ga), Indium (In) und Thallium (Tl) besitzt nur das Aluminium als Leichtmetall Bedeutung. Es ist ein unedles, reaktionsfähiges Metall, das aber durch seine kompakte Oxidschicht gegen den Angriff anderer Stoffe (Sauerstoff, Säuren) weitgehend geschützt ist. Es kommt in der Natur nicht elementar vor und wird durch Schmelzelektrolyse von Aluminiumoxid, Al_2O_3 (Tonerde), gewonnen (Kap. 24). Als dritthäufigstes Element der Erdkruste spielt Aluminium für die Chemie der Gesteine eine wichtige Rolle.

Kohlenstoff/Silicium-Gruppe
Von den Elementen Kohlenstoff (C), Silicium (Si), Germanium (Ge), Zinn (Sn) und Blei (Pb) kommt nur das erste elementar in der Natur vor (Diamant und Grafit; Abschnitt 1.4). Alle übrigen Elemente dieser Gruppe müssen aus Verbindungen gewonnen werden. Sowohl Kohlenstoff wie Silicium besitzen innerhalb der Chemie eine gewisse Sonderstellung: Kohlenstoff als Element der organischen Verbindungen (Abschnitt 8.1) und Silicium (zusammen mit Sauerstoff) als wichtigstes gesteinsbildendes Element (Kap. 25). Silicium und Germanium sind Halbmetalle (spröde; geringe, aber mit zunehmender Temperatur wachsende elektrische Leitfähigkeit; Metallglanz) und besitzen als Halbleiter für die Elektronik grosse Bedeutung. Zinn und Blei sind typische Werkmetalle. Von den Oxiden (XO_2) ist Kohlenstoffdioxid flüchtig, sind Siliciumdioxid (Quarz, Bergkristall) und Germaniumdioxid diamantartig und Zinn- und Bleidioxid salzartig. Die Chloride (XCl_4) sind ausgesprochen flüchtige Verbindungen. Zinn und Blei bilden auch die stabileren, salzartigen Dichloride $SnCl_2$ und $PbCl_2$.

Stickstoff/Phosphor-Gruppe
Stickstoff (N), Phosphor (P), Arsen (As), Antimon (Sb) und Bismut (Bi). Auch hier nimmt der metallische Charakter von Stickstoff (reaktionsträges Gas) zu Bismut (Metall) zu. Von den Elementen dieser Gruppe tritt nur Phosphor nicht als freies Element in der Natur auf. Elementarer Phosphor existiert wie Kohlenstoff in verschiedenen Formen, die sich in ihren Eigenschaften stark unterscheiden. Arsen ist ein Halbmetall und kommt in einer metallähnlichen und einer nichtmetallischen Form vor. Antimon ist ein sprödes Metall.

Die flüchtigen Oxide N_2O_5 und P_4O_{10} ergeben mit Wasser Säuren: Salpetersäure, HNO_3, und Phosphorsäure, H_3PO_4. Auch Arsen und Antimon bilden (instabile) Säuren. Von den meisten Elementen dieser Gruppe gibt es eine Reihe weiterer, meist flüchtiger Oxide. Besonders zu erwähnen sind die beiden Stickstoffoxide Stickstoffmonoxid (NO) und Stickstoffdioxid (NO_2), die z. B. in Autoabgasen vorhanden sind und als Bestandteile verschmutzter Luft eine wichtige Rolle spielen, sowie das stark giftige Diarsentrioxid, As_2O_3 («Arsenik»).

Chalkogene
(chalkos gr. = Erz, gennan gr. = bilden). Zu dieser Gruppe gehören Sauerstoff (O), Schwefel (S), Selen (Se), Tellur (Te) und Polonium (Po). Auf die Nichtmetalle Sauerstoff und Schwefel folgen ein Halbmetall, Selen (das auch in einer nichtmetallischen roten Form existiert), sowie die Metalle Tellur und Polonium. Auch Sauerstoff und Schwefel existieren in verschiedenen Modifikationen. Wichtig ist das Ozon (O_3), dessen Moleküle aus drei Sauerstoff-Atomen bestehen. Viele Metallverbindungen von Sauerstoff und Schwefel treten in der Natur als Mineralien auf und sind wichtige Erze. Oxide (XO_2 und XO_3) und Wasserstoff-Verbindungen (H_2X) sind flüchtige Verbindungen. Manche Oxide bilden mit Wasser Säuren: schweflige Säure, H_2SO_3, Schwefelsäure, H_2SO_4 usw.

Halogene
siehe Abschnitt 5.6.

Edelgase
Helium (He), Neon (Ne), Argon (Ar), Krypton (Kr), Xenon (Xe) und Radon (Rn). Diese Elementgruppe wurde erst nach der Aufstellung des Periodensystems entdeckt und charakterisiert. Sie ordnete sich sehr gut zwischen die Halogene und Alkalimetalle ein. Eine auffallende Eigenschaft der Edelgase ist ihre Reaktionsträgheit. Lange Zeit glaubte man, dass überhaupt keine

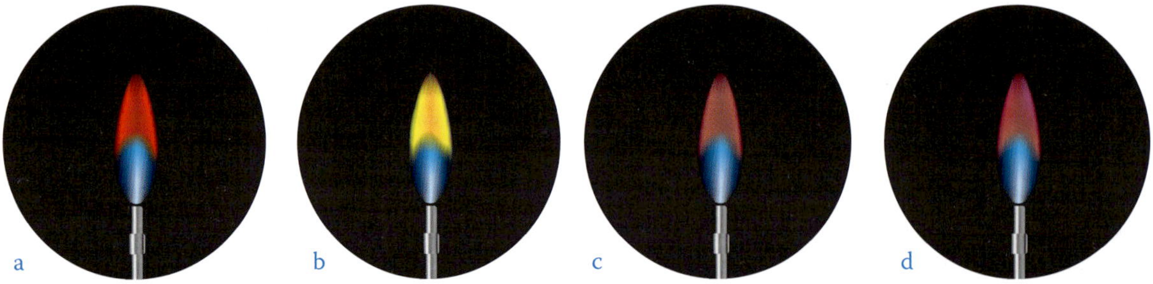

Abb. 5.5 Flammenfärbungen: a) Lithiumsalz, b) Natriumsalz, c) Kaliumsalz, d) Caesiumsalz

chemischen Verbindungen dieser Elemente existieren. Erst 1962 wurden echte Verbindungen von Xenon und Krypton (z.B. XeF_4, XeO_3; KrF_4) hergestellt.

Übergangsmetalle
Die Übergangsmetalle (Elemente 21–30, 39–48, 57–80 und 89–112) sind zwar keine Elementgruppe, sondern gehören als «Nebengruppen» zu den besprochenen «Hauptgruppenelementen». So bilden Kupfer, Silber und Gold die erste, Zink, Cadmium und Quecksilber die zweite Nebengruppe. Bei den Übergangsmetallen werden die noch nicht vollständig besetzten zweit- oder drittäussersten Schalen mit Elektronen aufgefüllt. Die Übergangselemente zeigen gewisse gemeinsame Merkmale: Alle sind Metalle, viele bilden farbige Salze, bei den meisten wirken auch die zusätzlichen Elektronen der zweitäussersten Schale neben den beiden äussersten Elektronen als Valenzelektronen. Sie bilden daher Verbindungen, in denen sie mit verschiedenen Ladungen vorkommen. Sehr viele Übergangsmetalle besitzen als Werk- oder Schmuckmetalle grosse Bedeutung.

Innerhalb der Perioden nimmt der metallische Charakter der Elemente von links nach rechts ab (Lithium–Fluor, Natrium–Chlor) und innerhalb einer Hauptgruppe von oben nach unten zu (Kohlenstoff–Blei, Sauerstoff–Tellur). Die typischen Metalle stehen daher links und unten im System. Typische Nichtmetalle findet man rechts und oben. Diese Regelmässigkeiten beruhen darauf, dass innerhalb einer Periode die Ladung des Atomrumpfs bei konstanter Elektronenzahl von links nach rechts wächst und damit der Rumpfdurchmesser abnimmt. Innerhalb einer Hauptgruppe wird aber die Ausdehnung des Atomrumpfs bei gleicher Rumpfladung von oben nach unten immer grösser. Je kleiner die Rumpfladung und je grösser die Ausdehnung des Rumpfs (der Abstand der Aussenelektronen vom Kern), umso weniger stark werden die Valenzelektronen gebunden (Coulombsches Gesetz!). Kennzeichnend für Metallatome sind in der Tat die locker gebundenen Aussenelektronen.

5.4 Wie bilden sich Atomverbände? Ein erster Überblick

Mit Ausnahme der Edelgase sind in allen Stoffen, Elementen wie Verbindungen, die Atome zu grösseren Einheiten verknüpft. Diese Verknüpfung erfolgt nach bestimmten Gesetzmässigkeiten, die anhand geeigneter Reaktionen gefunden werden können. Die dabei gewonnenen Regeln lassen sich aufgrund folgender Tatsache verstehen: Metallatome binden ihre Aussenelektronen schwach, Nichtmetallatome hingegen stark (Abschnitt 4.4). Anders formuliert, Metallatome geben ihre Valenzelektronen leicht ab, während die Atome der Nichtmetalle Elektronen leicht aufnehmen können.

Die Reaktion zwischen Metall- und Nichtmetallatomen (vgl. Kap. 20)
Reagieren Metalle und Nichtmetalle miteinander, so kommt es aufgrund der unterschiedlichen Anziehungskräfte zu einem Elektronenübergang von den Metall- zu den Nichtmetallatomen. Die dabei entstehenden Verbindungen heissen Salze oder Ionenverbindungen. (Elektrisch geladene Atome oder Atomverbände werden als Ionen bezeichnet.) Um die entsprechenden Reaktionsgleichungen aufstellen zu können, geht man nach folgenden Regeln vor:

- Die Metallatome der Hauptgruppenelemente geben ihre Aussenelektronen vollständig ab, wobei positiv geladene Ionen entstehen.
- Die Atome der Nichtmetalle ergänzen ihre äusserste Schale auf acht Elektronen, das Wasserstoff-Atom auf zwei. Dabei bilden sich negativ geladene Ionen.
- Die Summe der positiven und negativen Ladungen der Ionen in einem Salz muss null ergeben. Dazu gibt man in der Formel durch Indices das entsprechende (kleinstmögliche) Zahlenverhältnis der Ionen an (eine 1 wird nicht geschrieben).
- In den Formeln von Salzen werden die positiven Ionen immer an erster Stelle geschrieben.
- Die Atome der Übergangsmetalle können auch Elektronen der zweitäussersten Schale abgeben. Je nach Bedingungen und Reaktionspartner bilden sie unterschiedlich geladene Ionen.

Beispiele:

a) Natrium + Chlor
Hilfsüberlegung mit der symbolischen Darstellung der Aussenelektronen (Abschnitt 5.2):

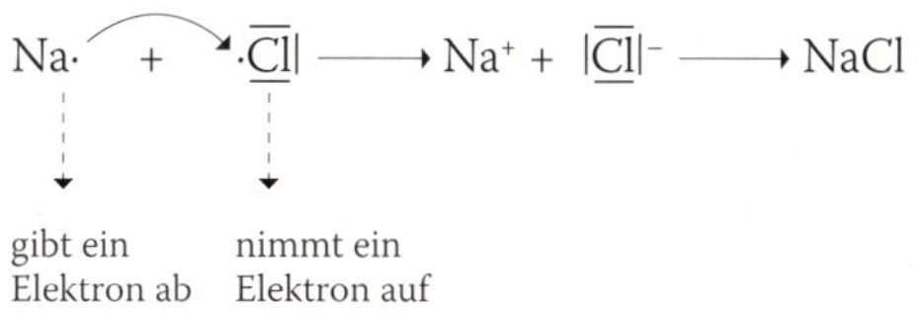

Das Natrium-Atom gibt sein Aussenelektron ab (Hauptgruppe IA), während das Chlor-Atom (Hauptgruppe VIIA) dieses Elektron aufnimmt und seine äusserste Schale auf 8 ergänzt. Damit haben beide Ionen je eine einfache Ladung. Formel für Natriumchlorid: NaCl

Reaktionsgleichung: Natrium wird mit dem Symbol Na und Chlor mit der Formel Cl_2 symbolisiert.

$$2\,Na + Cl_2 \rightarrow 2\,NaCl$$

Da Chlor aus zweiatomigen Molekülen besteht, muss vor der Formel des Salzes NaCl der Koeffizient 2 stehen. Somit sind für die Reaktion 2 Natrium-Atome nötig (eine Reaktionsgleichung muss auf beiden Seiten des Pfeils gleich viele Symbole der verschiedenen Atomsorten enthalten).

b) Magnesium + Chlor
Hilfsüberlegung:

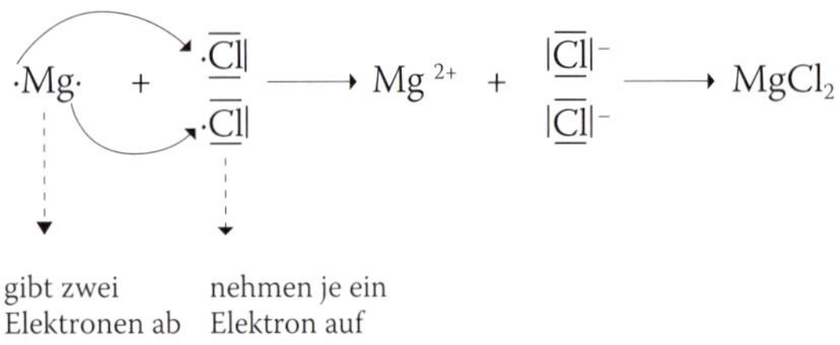

Die beiden Aussenelektronen des Magnesium-Atoms (Hauptgruppe IIA) werden von zwei Chlor-Atomen aufgenommen. Dies ergibt Mg^{2+}- und Cl^{-}-Ionen und damit als Formel für Magnesiumchlorid $MgCl_2$.

Reaktionsgleichung:
$2\,Mg + Cl_2 \rightarrow 2\,MgCl_2$

c) Aluminium + Sauerstoff
Hilfsüberlegung:

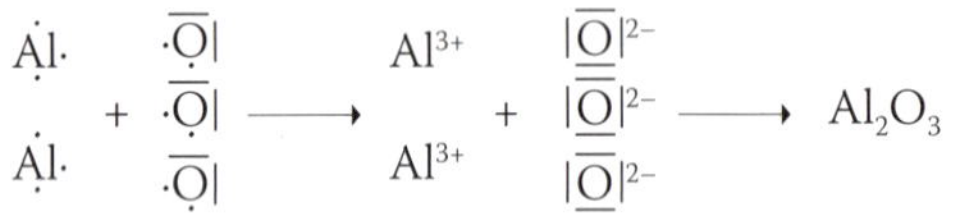

Da die Aluminium-Atome je drei Elektronen abgeben (Hauptgruppe IIIA), ein Sauerstoff-Atom jedoch nur zwei Elektronen aufnehmen kann (Hauptgruppe VIA), müssen zwei Aluminium-Atome mit drei Sauerstoff-Atomen reagieren. Damit werden gleich viele Elektronen abgegeben wie aufgenommen (kleinstes gemeinsames Vielfaches von 3 und 2 = 6). Auf zwei Al^{3+}-Ionen kommen somit drei O^{2-}-Ionen. Formel von Aluminiumoxid: Al_2O_3.

Reaktionsgleichung:
$4\,Al + 3\,O_2 \rightarrow 2\,Al_2O_3$

Damit auf beiden Seiten des Reaktionspfeils gleich viele Symbole Al und O stehen, sind drei O_2-Moleküle nötig. Ausserdem muss vor der Formel Al_2O_3 der Koeffizient 2 geschrieben werden. Dies bedingt vier Aluminium-Atome bei den Ausgangsstoffen.

Die meist exotherm verlaufenden Reaktionen zwischen Metallen und Nichtmetallen liefern feste, salzartige Produkte (hohe t_m und t_b), die den elektrischen Strom nicht leiten. Im Gegensatz dazu zeigen die Schmelzen sowie wässrigen Lösungen derartiger Verbindungen eine gute Leitfähigkeit. Bei der Elektrolyse einer Salzschmelze oder Salzlösung, bei der die Verbindung in die Elemente zerlegt wird, bildet sich am positiven Pol das ursprüngliche Nichtmetall (die negativen Nichtmetallionen wandern zur Anode) und am negativen Pol das Metall (die positiven Metallionen wandern zur Kathode).

Wie bereits erwähnt, entstehen bei der Reaktion zwischen Metallen und Nichtmetallen negativ geladene Nichtmetall- und positiv geladene Metallionen. Die Ionen ziehen sich aufgrund der nach allen Raumrichtungen wirkenden elektrischen Kräfte gegenseitig an, sodass keine kleinsten unabhängigen Teilchen wie Moleküle entstehen, sondern feste Stoffe mit einem dreidimensionalen Gitter, einem Ionengitter. Wegen der starken Anziehungskräfte im festen Aggregatzustand sind die Ionen nicht beweglich. Erst in der Schmelze oder der wässrigen Lösung können sie zu den Polen einer Stromquelle wandern.
Die genauen Ladungen der Metall- und Nichtmetallionen lassen sich mithilfe quantitativer Auswertung der Elektrolyse von Salzschmelzen erhalten. Dazu misst man Zeit, Stromstärke und Masse der gebildeten Elemente.

- Bei der Reaktion zwischen Metall- und Nichtmetallatomen findet ein Elektronenübergang statt, wobei positive Metall- und negative Nichtmetallionen entstehen.
- Verbindungen, die im festen Zustand aus Ionen bestehen, nennt man Ionenverbindungen oder Salze (nach dem bekanntesten Beispiel, dem Kochsalz).
- Der Zusammenhalt der Ionen innerhalb der Verbindung wird durch elektrische Kräfte zwischen den Ionen bewirkt (Ionenbindung).
- Ein Salz wird durch eine Formel symbolisiert. Sie gibt die Zusammensetzung der kleinsten Einheit eines Salzes (eine Formeleinheit) und damit das kleinstmögliche elektrisch neutrale Zahlenverhältnis der Ionen an.

Die Reaktion zwischen Nichtmetallatomen
(vgl. Kap. 6)
Die Nichtmetalle, mit Ausnahme der Edelgase, existieren in Form von Molekülen wie H_2, Cl_2, O_2, S_8, P_4 usw. (Ausnahmen wie Grafit und Diamant siehe Abschnitt 1.4). Auch bei der Reaktion zwischen den Atomen verschiedener Nichtmetalle entstehen Moleküle mit charakteristischer Zusammensetzung: HF, H_2O, NH_3, CH_4 ...

Auffällig ist, dass die Anzahl der Wasserstoff-Atome, die die Atome der 2. Periode binden, der Anzahl einfach besetzter Wolken auf der Valenzschale entspricht:

Tabelle 5.2 Wasserstoff-Verbindungen der Elemente der 2. Periode

Element	Symbol mit den Aussenelektronen	Verbindungsmolekül
Fluor	|F·	HF
Sauerstoff	|O·	H_2O
Stickstoff	|N·	NH_3
Kohlenstoff	·C·	CH_4

Reagieren Nichtmetallatome miteinander, so überlagern sich einfach besetzte Elektronenwolken der äussersten Schale zu gemeinsamen, doppelt besetzten Wolken.

Beispiele:

a) Die Reaktion zwischen Wasserstoff-Atomen:

H· + ·H ⟶ H — H (H_2)

Die je einfach besetzten Wolken der Wasserstoff-Atome überlagern sich zu einer beiden Atomen gehörenden gemeinsamen Elektronenwolke.

b) Wasserstoff + Sauerstoff
Hilfsüberlegung:

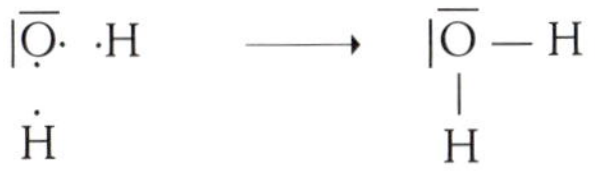

(H_2O)

Die beiden einfach besetzten Wolken eines Sauerstoff-Atoms können zwei Wasserstoff-Atome binden, von denen jedes eine einfach besetzte Wolke aufweist. Die Formel der Verbindung Wasser ist damit H_2O.

Reaktionsgleichung:
$2\,H_2 + O_2 \rightarrow 2\,H_2O$

Da Wasserstoff und Sauerstoff als zweiatomige Moleküle existieren und in den Reaktionsgleichungen auch so geschrieben werden, können sich aus einem Sauerstoff-Molekül zwei Wasser-Moleküle bilden. Dazu sind 2 Wasserstoff-Moleküle nötig. Auf beiden Seiten des Reaktionspfeils müssen, wie schon erwähnt, gleich viele Symbole der beiden elementaren Stoffe stehen:

$2\,H_2$ = 4 H-Atome
O_2 = 2 O-Atome
$2\,H_2O$: 4 H- und 2 O-Atome

c) Kohlenstoff + Wasserstoff:
Hilfsüberlegung:

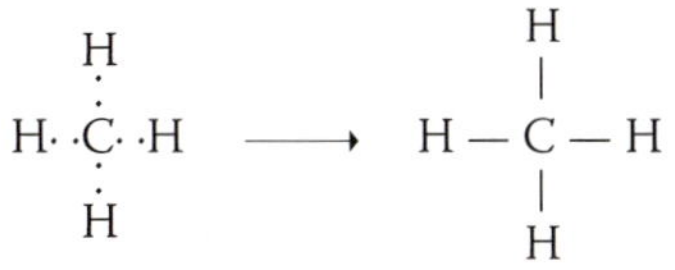

(CH_4)

Reaktionsgleichung:
$C + 2\,H_2 \rightarrow CH_4$

Der Kohlenstoff, der u.a. C_{50}- und C_{60}-Moleküle bildet, sowie in Form von Atomgittern auftritt (Diamant, Grafit), wird ausschliesslich durch das Symbol C dargestellt.

d) Die Reaktion zwischen Sauerstoff- bzw. Stickstoff-Atomen

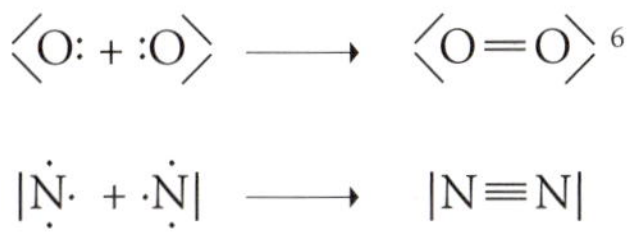

(O_2)

(N_2)

Zwei Nichtmetallatome können auch zwei bzw. drei gemeinsame Elektronenwolken bilden. Man spricht dann, im Gegensatz zu den Einfachbindungen (ein gemeinsames Elektronenpaar), von Doppel- und Dreifachbindungen.

- Moleküle entstehen durch Überlagerung von einfach besetzten Elektronenwolken zu gemeinsamen, doppelt besetzten Wolken. Die Moleküle sind elektrisch neutral, da kein Elektronenübergang wie bei der Reaktion zwischen Metall- und Nichtmetallatomen stattfindet. Sie haben eine bestimmte, konstante Zusammensetzung und sind in sich abgeschlossen, da sie normalerweise keine weiteren Atome mehr binden können. Der Zusammenhalt der Atome in den Molekülen erfolgt durch elektrische Anziehungskräfte zwischen zwei positiven Atomrümpfen und den zweifach negativ geladenen gemeinsamen Elektronenpaaren.
- Die Bindungsart zwischen Nichtmetallatomen heisst Atombindung oder Elektronenpaarbindung, die dabei entstehenden Teilchen sind Elementmoleküle (H_2, O_2, N_2 ...) bzw. Verbindungsmoleküle (die entsprechenden Stoffe heissen Molekülverbindungen oder molekulare Verbindungen; H_2O, NH_3, CH_4 ...).
- Je nach der Anzahl gemeinsamer Elektronenpaare wird zwischen Einfach-, Doppel- und Dreifachbindung unterschieden (Cl—Cl; O═O; N≡N).

[6] *Die hier gezeichnete Formel gibt den wahren Zustand des Sauerstoff-Moleküls nicht richtig wieder. Dieser lässt sich mit den in diesem Buch verwendeten Modellen nicht darstellen.*

Moleküle lassen sich mithilfe von Lewis-Formeln darstellen, in denen die Verknüpfung (Konstitution) der Atome durch Striche (doppelt besetzte Elektronenwolken) gekennzeichnet wird. Die nicht bindenden Elektronenpaare werden in den Lewis-Formeln häufig nicht geschrieben.

Beispiele:

$$\mathrm{H - H}$$

$$|\overline{\underline{\mathrm{Cl}}} - \overline{\underline{\mathrm{Cl}}}| \quad \text{oder} \quad \mathrm{Cl - Cl}$$

$$|\overline{\mathrm{O}} - \mathrm{H} \quad \text{oder} \quad \mathrm{O - H}$$
$$\;|\qquad\qquad\qquad\;\; |$$
$$\mathrm{H}\qquad\qquad\qquad\;\; \mathrm{H}$$

Lewis-Formeln geben die Verknüpfung von Nichtmetallatomen in Molekülen an.

Die Bindung zwischen Metallatomen

Typische Metallatome binden ihre Aussenelektronen nur sehr schwach (vgl. IE-Tabelle; Abschnitt 4.4). Nähern sich Metallatome einander, so kommt es weder zu einem Elektronenübergang noch zur Ausbildung gemeinsamer Elektronenwolken. Modellmässig kann man sich vorstellen, dass die positiven Atomrümpfe ein Gitter bilden, das durch die nahezu frei beweglichen Aussenelektronen zusammengehalten wird. Sie gehören, im Gegensatz zu den Atombindungen, nicht zwei bestimmten, sondern allen Atomrümpfen an. In diesem Zusammenhang spricht man auch von einem «Elektronengas» (Elektronengasmodell).

Da die Elektronen des «Gases» leicht beweglich sind, leiten Metalle den elektrischen Strom. Dies ist bei den festen Salzen, den Nichtmetallen (Ausnahme Grafit) und den Molekülverbindungen nicht der Fall.

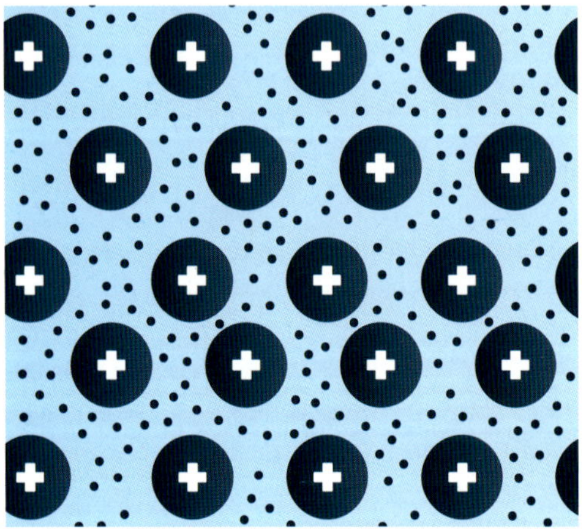

Abb. 5.6 Modellhafte Darstellung des Elektronengases

Je nach Ladung und Grösse der Metall-Atomrümpfe bilden sich Atomgitter mit unterschiedlichen Strukturen und Eigenschaften (Kap. 22).

Die Erklärung der Bildung von Ionen, Element- und Verbindungsmolekülen sowie von Atomgittern führte zu einem tieferen Verständnis chemischer Reaktionen:

Bei chemischen Reaktionen kommt es zu einer Elektronenverschiebung und damit verknüpft zu einer Umgruppierung von Atomen.

5.5 Benennung binärer Verbindungen

Verbindungen, die aus zwei Elementen entstanden sind, nennt man binäre Verbindungen (binarius lat. = zwei enthaltend). Sie erhalten, mit wenigen Ausnahmen wie z.B. Wasser, systematische Namen, die nach folgenden Regeln hergeleitet werden:

a) An den Namen des ersten Elements fügt man den Stamm des zweiten Elements mit der Endung -id an, wobei in verschiedenen Fällen von lateinischen Namen ausgegangen wird.

   Calciumoxid: CaO

b) Die in den Formeln auftretenden Indices werden bei den Molekülverbindungen mit den griechischen Zahlwörtern ausgedrückt. Sie stehen vor den Elementnamen.

   Schwefeldioxid: SO_2

c) Bei den Metall-Nichtmetallverbindungen der Hauptgruppenelemente steht an erster Stelle immer der Name des Metalls. Auf die Angabe der Indices mit griechischen Zahlwörtern wird verzichtet, da das Zahlenverhältnis der Ionen durch die Ladungen (Nummer der Hauptgruppe) bestimmt ist.

   Aluminiumoxid: Al_2O_3

d) Die Zahl der Elementarladungen eines Ions gibt man mit einer arabischen Ziffer an und stellt sie dem Vorzeichen der Ladung voran.

   Al^{3+}, O^{2-}

e) Wenn – wie bei vielen Übergangsmetallen (Nebengruppenelementen) – die Metallionen verschiedene Ladungen tragen können, bringt man die in der betreffenden Verbindung tatsächlich vorhandene Ladung durch römische Zahlen zum Ausdruck. Die Ladung des Metallions ergibt sich aus den Ladungen der Nichtmetallionen.

   Uran(VI)-fluorid: UF_6

f) Das Symbol des elektronegativeren Elements (Elektronegativität; vgl. Abschnitt 7.3) steht in den Molekülformeln an zweiter Stelle.

   Dichloroxid: Cl_2O

g) Die Symbole der Elemente der IV. und V. Hauptgruppe stehen immer zuerst.

CH_4, NH_3

Griechische Zahlwörter				
1 mono	2 di	3 tri	4 tetra	5 penta
6 hexa	7 hepta	8 octa	9 nona	10 deca

Lateinische Namen verschiedener Elemente sowie deren Stammname mit der Endung -id		
Wasserstoff	Hydrogenium	-hydrid
Sauerstoff	Oxygenium	-oxid
Schwefel	Sulfurum	-sulfid
Stickstoff	Nitrogenium	-nitrid
Phosphor	Phosphorum	-phosphid
Kohlenstoff	Carboneum	-carbid

Beispiele:

a) Molekülverbindungen:

Formel	systematischer Name	gebräuchlicher Trivialname
NO_2	Stickstoffdioxid	
N_2O_4	Distickstofftetraoxid	
P_4O_{10}	Tetraphosphordecaoxid	
PH_3	Phosphortrihydrid	
NH_3	(Stickstofftrihydrid)	Ammoniak
SO_3	Schwefeltrioxid	
N_2O_5	Distickstoffpentaoxid	
H_2O	(Diwasserstoffoxid)	Wasser
H_2S	Dihydrogensulfid	Schwefelwasserstoff
HF	Hydrogenfluorid	(Fluorwasserstoff)
HCl	Hydrogenchlorid	(Chlorwasserstoff)
CCl_4	Kohlenstofftetrachlorid	Tetrachlorkohlenstoff
CO	Kohlenstoffmonoxid	
CO_2	Kohlenstoffdioxid	

b) Salze von Hauptgruppenmetallen:

Formel	systematischer Name	Trivialname
NaCl	Natriumchlorid	Kochsalz
MgO	Magnesiumoxid	
$CaCl_2$	Calciumchlorid	
Al_2O_3	Aluminiumoxid	
NaH	Natriumhydrid	

c) Salze von Nebengruppenelementen:

Formel	Ladung des Metallions	systematischer Name
$FeCl_2$	Fe^{2+}	Eisen(II)-chlorid (gelesen: Eisen-zwei-chlorid)
$FeCl_3$	Fe^{3+}	Eisen(III)-chlorid
Fe_2O_3	Fe^{3+}	Eisen(III)-oxid
Cu_2O	Cu^{+}	Kupfer(I)-oxid
CuO	Cu^{2+}	Kupfer(II)-oxid

5.6 Die Halogene: ein Beispiel einer Elementgruppe

Von den acht Elementgruppen soll hier eine einzige beispielhaft etwas ausführlicher behandelt werden: die Halogene (Hauptgruppe VII). Dazu gehören die nichtmetallischen Elemente Fluor (F), Chlor (Cl), Brom (Br), Iod (I) und Astatin (At). Letzteres ist ein durch Kernreaktionen künstlich hergestelltes, radioaktives Element, das in sehr geringen Spuren auch natürlich vorkommt. Seine Eigenschaften sind noch wenig bekannt. Wir beschränken uns daher im Folgenden auf die ersten vier Elemente der Gruppe. Über ihre Eigenschaften siehe Tabelle 5.3.

Die Halogene bestehen (wie auch Sauerstoff; Abschnitt 3.3) aus zweiatomigen Molekülen, in denen die beiden Atome durch ein Elektronenpaar miteinander verbunden sind:

$$|\overline{\underline{F}} - \overline{\underline{F}}| \quad |\overline{\underline{Cl}} - \overline{\underline{Cl}}| \quad |\overline{\underline{Br}} - \overline{\underline{Br}}| \quad |\overline{\underline{I}} - \overline{\underline{I}}|$$

Alle vier Elemente kommen wegen ihrer Reaktionsfähigkeit in der Natur nicht elementar, sondern nur in Verbindungen vor, vor allem in salzartigen Metallhalogeniden, wie z.B. Steinsalz (NaCl) oder Sylvin (KCl). Man gewinnt sie durch Elektrolyse von Halogeniden, d.h. durch Zerlegung dieser Verbindungen mithilfe von elektrischem Strom (vgl. Abschnitt 24.2).

Vor allem Chlor, aber auch Fluor und Brom sind Produkte der chemischen Grossindustrie. Elementares

Abb. 5.7 Brom und Iod

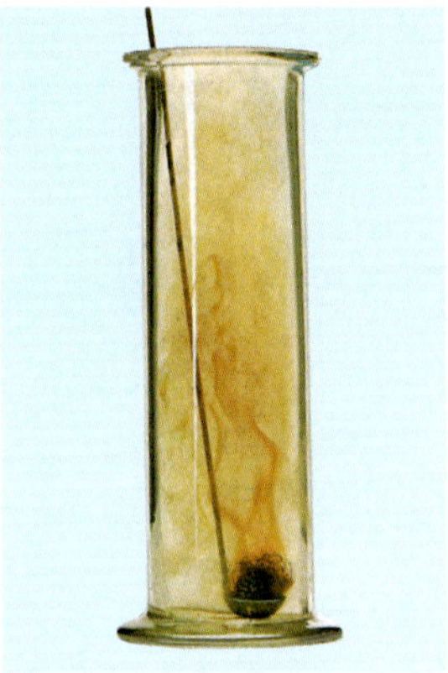

Abb. 5.8 Stahlwolle brennt in Chlorgas

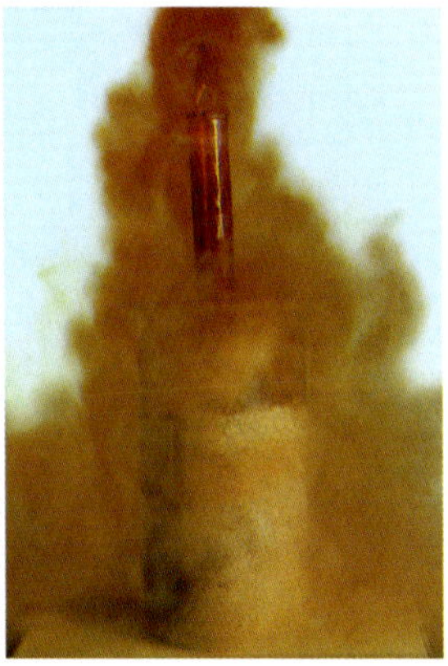

Abb. 5.9 Aluminium reagiert mit Brom

Chlor wird z.B. zur Desinfektion von Trinkwasser und als Bleichmittel verwendet. Iodtinktur, eine Lösung von Iod in Alkohol, wurde früher häufig zur Wunddesinfektion benützt. Sogenannte Halogenlampen enthalten kleine Mengen von Iod zur Erhöhung der Lichtausbeute. Eine für Iod typische Reaktion ist die Blaufärbung von Stärke. Man benützt sie sowohl zum Nachweis von Iod wie von Stärke. Beispiele wichtiger Halogen-Verbindungen siehe Tabelle 5.4.

Die Halogene zeigen untereinander eine stärkere Ähnlichkeit als die meisten anderen Elemente einer Elementgruppe. Dies zeigt sich besonders im Verhalten gegenüber Metallen. Viele Metalle reagieren unter Feuererscheinung (Aufglühen, Flamme) mit Halogenen, wobei sich Salze bilden (hals gr. = Salz, gennan gr. = bilden). So brennt ein Stück Magnesiumband weiter, wenn man es in einen mit Chlor gefüllten Zylinder hält. Ein angewärmter (aktivierter) Stahlwollebausch glüht darin auf, wobei ein dichter, brauner Rauch entsteht (Abb. 5.8). Sehr heftig reagiert auch ein aktiviertes Aluminiumblech mit Brom (Abb. 5.9). Die Produkte sind Halogenide: Magnesiumchlorid ($MgCl_2$), Eisenchlorid ($FeCl_3$), Aluminiumbromid ($AlBr_3$).

Bei diesen Vorgängen handelt es sich um typische Metall-Nichtmetallreaktionen, wobei Ionen entstehen. Die Halogenid-Ionen sind stets negativ geladen. Die Halogen-Atome haben bei diesen Reaktionen also je ein Elektron aufgenommen. Die Reaktionsfähigkeit der Halogene nimmt vom Fluor zum Iod stark ab. Dies ist eine Folge der in dieser Reihenfolge zunehmenden Atomgrösse: Je grösser ein Atom ist (je mehr Elektronenschalen es besitzt), desto stärker wird die Kernladung durch die Elektronen abgeschirmt, sodass ein zusätzliches Elektron weniger stark angezogen wird als bei einem kleinen Atom mit gleicher Kernladung. Mit anderen Worten, im kleineren Atom ist die positive Ladung des Atomrumpfs auf ein kleineres Volumen konzentriert.

Zum Nachweis von Halogenid-Ionen (ausser Fluorid) dient die Reaktion mit Silbernitrat-Lösung. Dabei entsteht ein Niederschlag (eine «Fällung») von schwerlöslichem Silber-Halogenid:

$$Ag^+(aq) + X^-(aq) \rightarrow AgX(s)$$

Mit Wasserstoff bilden die vier Elemente Verbindungen mit sehr ähnlichen Eigenschaften: Hydrogenfluorid (HF), Hydrogenchlorid (HCl), Hydrogenbromid (HBr) und Hydrogeniodid (HI). Es sind alles farblose, giftige, sehr stark stechend riechende Gase, die aus Molekülen bestehen und sich in Wasser sehr gut lösen (Abb. 5.10). Diese Lösungen sind stark sauer. Dies zeigt sich nicht nur im Geschmack, sondern auch in der Verfärbung bestimmter Farbstoffe («Indikatoren»): Blauer Lackmus wird rot, blaues Bromthymolblau gelb. Auch gegenüber Wasserstoff nimmt die Reaktionsfähigkeit vom Fluor zum Iod stark ab: Während ein Gemisch von Fluor und Wasserstoff spontan explodiert, reagiert ein Chlor/Wasserstoffgemisch erst nach Zündung oder bei kräftigem Belichten, dann jedoch ebenfalls explosionsartig. Brom und vor allem Iod reagieren dagegen mit Wasserstoff nur noch langsam.

Hydrogenfluorid und Hydrogenchlorid lassen sich durch Reaktion von Fluoriden bzw. Chloriden mit konzentrierter Schwefelsäure[7] herstellen, z.B.:

$$2\,NaCl(s) + H_2SO_4(l) \rightarrow 2\,HCl(g) + Na_2SO_4(s)$$

[7] *«Konzentrierte» Schwefelsäure enthält etwa 2 % Wasser.*

Tabelle 5.3 Eigenschaften der Halogene

Halogen	Aggregatzustand, Eigenschaften	Formel	Atommasse (u)	t_m (°C)	t_b (°C)	Löslichkeit in Wasser	Reaktionsfähigkeit
Fluor	gelbliches, giftiges Gas	F_2	18,998	−220	−188	* ↑	↑
Chlor	grünes, giftiges, zum Husten reizendes Gas	Cl_2	35,453	−101	− 34,6	Zunahme	Zunahme
Brom	schwarzbraune Flüssigkeit, verdampft zu rotbraunem, giftigem Dampf	Br_2	79,90	− 7,3	58		
Iod	metallisch glänzende Schuppen; Dampf violett	I_2	126,9	114	183		

** Fluor reagiert mit Wasser*

Tabelle 5.4 Beispiele wichtiger Halogen-Verbindungen

Verbindung	Verwendung
Natriumfluorid	(NaF), wird in kleinen Mengen dem Trinkwasser als Mittel zur Kariesbekämpfung zugesetzt.
Frigen	Frigen gehört zu den Fluorchlorkohlenwasserstoffen (FCKW), die als Treibgas für Spraydosen verwendet wurden. Verflüssigte FCKW dienen als Kühlflüssigkeiten für Kühlschränke. Man vermutet, dass FCKW mit dem in höheren Schichten der Atmosphäre enthaltenen Ozon (O_3) reagieren, wodurch die Intensität der energiereichen Ultraviolettstrahlung auf der Erde in gefährlicher Weise zunehmen kann. Ihre Benützung wird heute schon von vielen Staaten verboten bzw. eingeschränkt.
Natriumchlorid	(Kochsalz, NaCl), die wichtigste Chlor-Verbindung, reguliert u.a. den Wasserhaushalt im menschlichen Körper und ist in kleinen Mengen lebensnotwendig.
Salzsäure	[HCl(aq)], eine im Labor und in der Technik häufig gebrauchte saure Lösung.
Tetrachlormethan	(CCl_4), eine süsslich riechende, giftige Flüssigkeit. Wichtiges Lösemittel; dient wegen seiner Unbrennbarkeit auch als Feuerlöschmittel.
Polyvinylchlorid	(PVC), eine Kohlenstoff/Chlor-Verbindung, ist einer der wichtigsten Kunststoffe. Verwendung z.B. für Bodenbeläge und Regenbekleidung («Kunstleder»).
Silberbromid	(AgBr), die lichtempfindliche Substanz auf fotografischen Filmen und Papieren.
Kaliumiodid	(KI), wird in kleinen Mengen dem Speisesalz beigemischt; verhindert Kropfbildung.

Technisch wird Hydrogenchlorid vor allem durch Verbrennen von Wasserstoff in Chlor und bei Reaktionen von Kohlenwasserstoffen mit Chlor (Abschnitte 7.2 und 8.3) gewonnen. Salzsäure ist eine wässrige Lösung von Hydrogenchlorid. Konzentrierte Salzsäure ist mit Hydrogenchlorid gesättigt und enthält etwa 40 % HCl. Sie «raucht» an der Luft, weil Hydrogenchlorid daraus entweicht und Wasserdampf aus der Luft anzieht, sodass sich Salzsäurenebel bildet.

Salzsäure ist ein grosstechnisch hergestelltes Produkt und eine der billigsten sauren Lösungen. Man verwendet sie nicht nur zur Herstellung anderer Verbindungen, sondern auch zum Reinigen oxidierter Metalle, zum Entkalken von Knochen bei der Leimgewinnung, zur Entfernung des Kesselsteins aus Gefässen usw. Salzsäure verätzt die Schleimhäute der Verdauungsorgane und ist deshalb gefährlich. In sehr starker Verdünnung (0,2 bis 0,4 %) ist sie jedoch im Magensaft enthalten, wo sie bei der Verdauung der Eiweissstoffe mitwirkt. Ein Überschuss an Magensäure verursacht das Magenbrennen («Sodbrennen»).

Salzsäure reagiert mit Metalloxiden oder Metallhydroxiden zu Metallchloriden:

$$CuO(s) + 2\,HCl(aq) \rightarrow CuCl_2(aq) + H_2O(l)^8 \quad (1)$$

$$Ca(OH)_2(aq) + 2\,HCl(aq) \rightarrow CaCl_2(aq) + 2\,H_2O(l) \quad (2)$$

[8] *(aq) bedeutet: in Wasser gelöst (Abschnitt 20.3).*

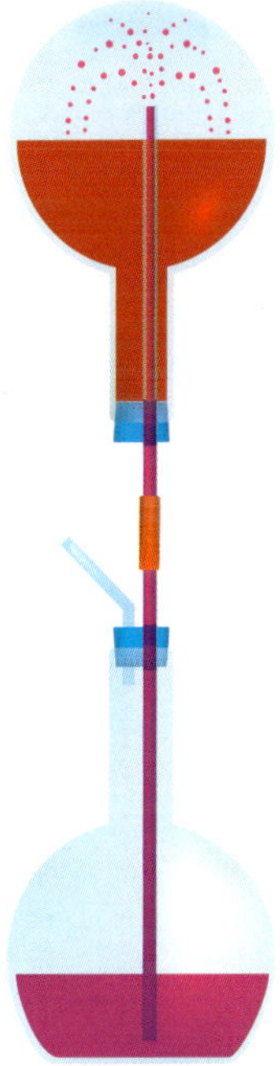

Abb. 5.10 Springbrunnenversuch. Der untere Kolben enthält mit Lackmuslösung angefärbtes Wasser, der obere Kolben ist am Anfang mit Hydrogenchlorid gefüllt. Bläst man kurz Luft in den unteren Kolben ein, damit das Wasser zum oberen Kolben steigt, so stürzt das Wasser springbrunnenartig in den oberen Kolben. Die Rotfärbung von Lackmus zeigt den sauren Charakter der Lösung an

Bei der Reaktion (2) reagiert die «Lauge» $Ca(OH)_2$ mit der Salzsäure zu einer Lösung, die weder laugig (alkalisch) noch sauer, sondern neutral ist. Man bezeichnet die Reaktion deshalb als «Neutralisation» (Abschnitt 15.3). Das feste Salz $CaCl_2$ erhält man durch Eindampfen der neutralisierten Lösung.
Mit einigen reaktionsfähigen Metallen bildet Salzsäure Wasserstoff und (gelöstes) Metallchlorid, z.B.

$$Mg(s) + 2\,HCl(aq) \rightarrow H_2(g) + MgCl_2(aq)$$

Vergleicht man das Verhalten verschiedener Metalle gegenüber Salzsäure, so stellt man fest, dass die Heftigkeit der Reaktion sehr verschieden ist. Magnesium z.B. reagiert mit verdünnter Salzsäure recht heftig, Blei auch mit konzentrierter Salzsäure nur ganz langsam. Kupfer, Silber und Gold reagieren überhaupt nicht. Ordnet man die Metalle aufgrund dieses Verhaltens, so erhält man die «Reaktionsfähigkeitsreihe» der Metalle, kurz «Metallreihe» genannt:

Na Ca Mg Al Zn Fe Ni Pb Cu Ag Au

Die Oxide der Halogene sind im Allgemeinen ziemlich unbeständige, flüchtige Verbindungen. Chlordioxid (ClO_2) beispielsweise, das ähnlich wie Chlor zur Desinfektion von Trinkwasser benützt wird, zersetzt sich schon bei schwachem Erwärmen explosionsartig. Etwas beständiger sind manche sauerstoffhaltigen Salze wie z.B. Kaliumchlorat ($KClO_3$). Beim Erhitzen spalten sie allerdings Sauerstoff ab und gehen in Halogenide über, z.B.

$$2\,KClO_3 \rightarrow 2\,KCl + 3\,O_2$$

Auch diese Salze bestehen aus Ionen. Chlorid-Ionen lassen sich allerdings in einer Kaliumchlorat-Lösung mit Silbernitrat nicht nachweisen. Die Chlor- und Sauerstoff-Atome bilden vielmehr aus mehreren Atomen zusammengesetzte Ionen, die als Komplexionen bezeichnet werden. Die Nichtmetallatome sind darin durch gemeinsame Elektronenpaare aneinander gebunden:

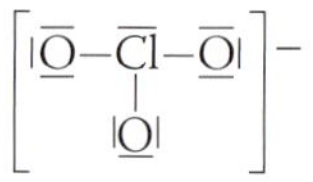

Dieses Ion, das «Chlorat-Ion», enthält insgesamt 26 Aussenelektronen. Die vier Atome «bringen» aber nur 25 Aussenelektronen «mit». Das zusätzlich vorhandene Elektron bedingt die negative Ladung des Ions. Weil diese Salze relativ leicht Sauerstoff abspalten, werden sie als «Sauerstoffspender» verwendet, z.B. in den Zündköpfen von Zündhölzern oder für Feuerwerkartikel.

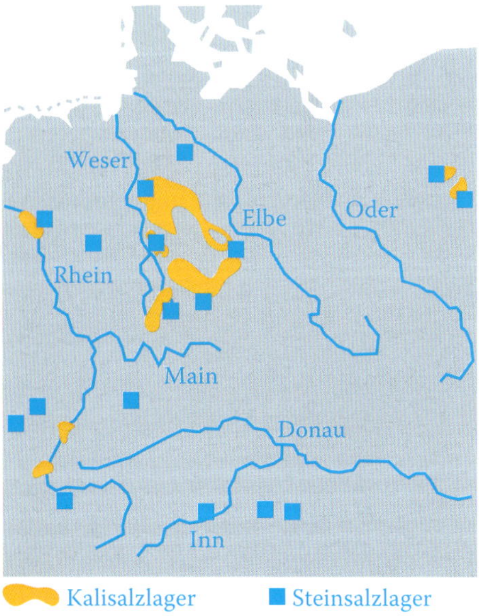

Abb. 5.11 Salzlagerstätten in Mitteleuropa

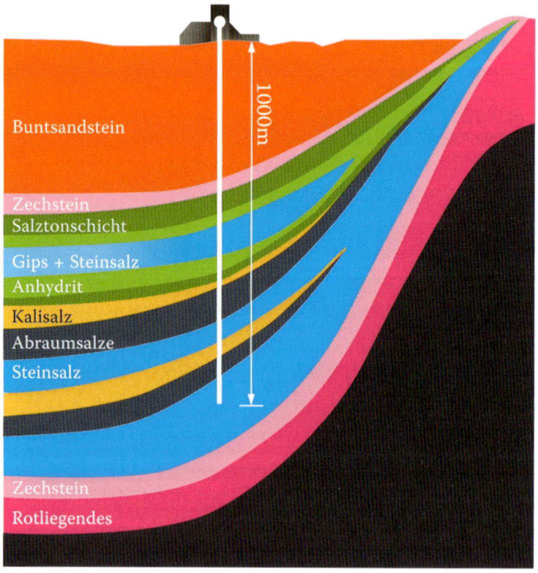

Abb. 5.12 Idealisierter Schnitt durch ein norddeutsches Salzlager

ÜBUNGEN ZUM KAPITEL 5

5.1 Welche Gemeinsamkeit besitzen die Elemente einer Hauptgruppe bzw. einer Periode?

5.2 Erklären Sie den Begriff Atomrumpf und erklären Sie insbesondere, weshalb der Atomrumpf als Ganzes elektrisch geladen ist.

5.3 Welcher Zusammenhang besteht zwischen der Rumpfladung und der Hauptgruppennummer?

5.4 Wie verändert sich der Rumpfdurchmesser der Atome der 3. Periode bzw. der IV. Hauptgruppe?

Begründen Sie Ihre Antwort.

5.5 Ordnen Sie die folgenden Elemente nach Metall, Halbmetall, Nichtmetall: Sr, Si, F, Ga, Mo, N, Li, As, Ba.

5.6 Vergleichen Sie die Formeln der Halogenide (z.B. Chloride) der Alkali- und Erdalkalimetalle. Welche Regelmässigkeit lässt sich erkennen? Welche Formeln müssen die Halogenide der Erdmetalle besitzen?

5.7 Treten bei den Formeln anderer Alkali- und Erdalkalisalze ebenfalls Regelmässigkeiten auf?

5.8 Formulieren Sie die Gleichungen für die Reaktionen von Magnesium mit Chlor, Aluminium mit Sauerstoff, Calcium mit Sauerstoff, Natrium mit Wasserstoff, Beryllium mit Stickstoff.

5.9 Formulieren Sie die Gleichungen für die Reaktionen von Stickstoff mit Wasserstoff, Stickstoff mit Chlor, Schwefel mit Wasserstoff, Schwefel mit Brom, Kohlenstoff mit Wasserstoff.

5.10 Zeichnen Sie die Lewis-Formeln für die Moleküle der in der Übung 5.9 entstandenen Verbindungen.

5.11 Man vermutet, dass sich in einer Lösung Chlorid-Ionen befinden. Wie liesse sich diese Vermutung experimentell beweisen?

5.12 Wasserstoff reagiere jeweils mit den Elementen Fluor, Chlor, Brom und Iod. Wie lauten die entsprechenden Reaktionsgleichungen?

5.13 Die Reaktionsfähigkeit der Halogene nimmt vom Fluor zum Iod stark ab. Begründen Sie diese Aussage mit dem Bau der entsprechenden Halogen-Atome.

5.14 Magnesiumoxid reagiert mit Salzsäure. Gesucht ist die Reaktionsgleichung dieses Vorgangs.

5.15 Eisen löst sich in Salzsäure unter Gasentwicklung auf, wobei sich $FeCl_2$ bildet. Formulieren Sie dazu die Reaktionsgleichung.

5.16 Welche der folgenden Metalle reagieren mit Salzsäure: Kupfer, Magnesium, Zink, Silber, Blei?

5.17 Zeichnen Sie die Lewis-Formel des Komplexions CO_3^{2-}.

6 MOLEKÜLE, MOLEKULARE STOFFE

6.1 Der Energieumsatz bei der Bildung von Molekülen; Bindungsenthalpie und Bildungsenthalpie

Die Moleküle der Nichtmetalle lassen sich unter Energieaufwand in die Atome spalten. Dies bedeutet umgekehrt, dass die Bildung von Molekülen aus zwei Nichtmetallatomen zu einem energieärmeren Zustand führen muss. Da der Abstand zwischen den Atomen dabei verringert wird, hat die potentielle Energie abgenommen, es herrschen starke anziehende Kräfte zwischen den positiven Atomrümpfen und den negativen gemeinsamen Elektronenpaaren. Weitere Annäherung führt zu einem starken Anwachsen der potentiellen Energie, weil die gegenseitige Abstossung der positiv geladenen Atomrümpfe zunimmt. Das Ergebnis des Zusammenwirkens von Anziehung und Abstossung zeigt die Kurve in Abb. 6.1, nach der die potentielle Energie des Systems bei einem bestimmten Kernabstand (d) ein Minimum darstellt. So bildet sich aus den Einzelatomen unter Energieabgabe ein beständiger Atomverband. Um ihn wieder in die Einzelatome zu trennen, muss die Bindungsenthalpie aufgewendet werden.

Die Abnahme der potentiellen Energie bei der gegenseitigen Annäherung zweier Nichtmetallatome beruht im Wesentlichen darauf, dass die Elektronen des einen Atoms auch unter den Einfluss des anderen Atoms geraten. Rücken nämlich zwei Atome (ausser den Edelgasen) genügend nahe zusammen, so werden die Elektronen jedes Atoms nicht nur von seinem eigenen Rumpf, sondern auch vom Rumpf des anderen Atoms angezogen (Atombindung). Da der Aufenthaltsraum der Elektronen bei der Bildung einer Atombindung kleiner wird, muss zwangsläufig ihre kinetische Energie zunehmen (Überwindung der nun verstärkt wirkenden abstossenden Kräfte). Die Abnahme der potentiellen Energie ist jedoch doppelt so gross wie die Zunahme der kinetischen Energie. Somit ist insgesamt die Bildung einer Atombindung exotherm.

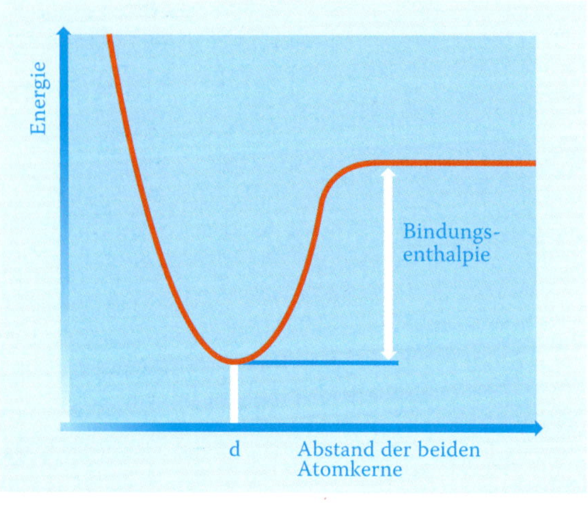

Abb. 6.1 Die potentielle Energie eines Systems aus zwei Atomen in Abhängigkeit von ihrem Abstand

Beispiele:

a) Das Wasserstoff-Molekül H_2
Ein Wasserstoff-Atom enthält einen Kern (Proton) und ein Elektron, das sich in einer den Kern kugelsymmetrisch umgebenden Wolke bewegt. Wenn sich zwei solche Atome genügend nahe kommen, können sich die beiden Elektronenwolken in einem gewissen Ausmass überlagern (überlappen), wobei die Elektronen von beiden Kernen angezogen werden. Die dabei neu wirkenden Anziehungskräfte sind stärker als die zwischen den Elektronen herrschende Abstossung. So bildet sich schliesslich eine einzige, doppelt besetzte Ladungswolke, die beide Kerne umgibt. Die Elektronen halten sich dabei am häufigsten im Raum zwischen den beiden Protonen auf. Die Bindung (der Zusammenhalt) erfolgt durch die elektrischen anziehenden Kräfte zwischen den Elektronen und Protonen.

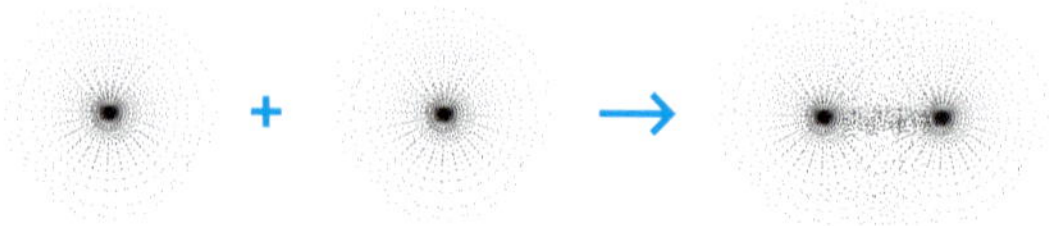

Dem entstandenen Wasserstoff-Molekül entspricht ein Zustand minimaler Gesamtenergie, denn sowohl zur Verringerung wie zur Vergrösserung des Abstands der Protonen müsste Energie aufgewendet werden. Würde der Kernabstand kleiner, so überwiegen die Abstossungskräfte zwischen den Kernen. Wollte man hingegen den Kernabstand vergrössern, so wäre ein Energieaufwand zur Überwindung der Anziehung zwischen Protonen und Elektronen zu leisten.

- Die Bindung im Wasserstoff-Molekül wird durch die zwischen den Protonen angehäufte negative Ladung bewirkt.
- Die Bindungslänge entspricht dem Abstand zwischen den Zentren (Kernen) der beiden miteinander verbundenen Atome.

Eine Bindung lässt sich durch Energiezufuhr (z.B. Erwärmen auf hohe Temperaturen) lösen, sodass einzelne Wasserstoff-Atome entstehen. Die zur

Trennung einer Atombindung in die Atome aufzuwendende Energie ist die Bindungsenthalpie (Tab. 6.1). Sie wird gewöhnlich auf 1 Mol ($6{,}02 \cdot 10^{23}$) Bindungen bezogen und in $kJ \cdot mol^{-1}$ angegeben. Für Wasserstoff beträgt sie $436\ kJ \cdot mol^{-1}$. Umgekehrt wird die Bindungsenthalpie frei, wenn sich aus den Atomen Moleküle bilden.

$$H_2(g) \rightarrow 2\,H(g) \qquad \Delta H = +436\ kJ \cdot mol^{-1}$$

$$2\,H(g) \rightarrow H_2(g) \qquad \Delta H = -436\ kJ \cdot mol^{-1}$$

Ein Wasserstoff-Molekül übt auf andere, gleichartige Teilchen sehr schwache Anziehungskräfte aus und existiert deshalb als individuelle Einheit. Ein weiteres Wasserstoff-Atom kann nicht mehr gebunden werden, da die Elektronenwolke des Moleküls gemäss dem Pauli-Prinzip nur mit zwei Elektronen besetzt sein kann.

b) Das Chlor-Molekül Cl_2

Die Bildung eines Chlor-Moleküls lässt sich in der gleichen Weise wie beim Wasserstoff-Molekül verstehen. Jedes Chlor-Atom besitzt auf der äussersten Schale neben den drei doppelt besetzten Wolken eine einfach besetzte Wolke. Wenn sich zwei Chlor-Atome einander genügend nähern, geraten die Aussenelektronen des einen Atoms in den jeweiligen Anziehungsbereich des anderen, da die kleinen, hochgeladenen (7+) Rümpfe Elektronen stark anziehen. Die zwei einfach besetzten Wolken überlagern sich zu einer einzigen, doppelt besetzten Wolke, die von beiden Atomrümpfen angezogen wird. Auch hier ist die Gesamtenergie des Moleküls niedriger als die der beiden getrennten Atome. Die Bindungsenthalpie der Cl—Cl-Bindung beträgt $242\ kJ \cdot mol^{-1}$.

Das Chlor-Molekül ist also $242\ kJ \cdot mol^{-1}$ energieärmer (stabiler) als die beiden getrennten Chlor-Atome.

$$2\,Cl(g) \rightarrow Cl_2(g) \qquad \Delta H = -242\ kJ \cdot mol^{-1}$$

c) Das Hydrogenchlorid-Molekül HCl

Hält man eine Wasserstoffflamme in einen mit Chlorgas gefüllten Zylinder (Abb. 6.2), so brennt die Flamme, obschon kein Sauerstoff vorhanden ist. Eine Mischung von Wasserstoff und Chlor im Volumenverhältnis 1:1 explodiert, wenn das Gemisch gezündet wird. In beiden Fällen entsteht ein farbloses, stechend riechendes Gas, Hydrogenchlorid HCl. Seine Bildung ist stark exotherm.

Auf die gleiche Weise wie bei der Bildung eines Wasserstoff- oder Chlor-Moleküls können sich ein Wasserstoff- und ein Chlor-Atom zu einem HCl-Molekül verbinden. Die Elektronenwolke des

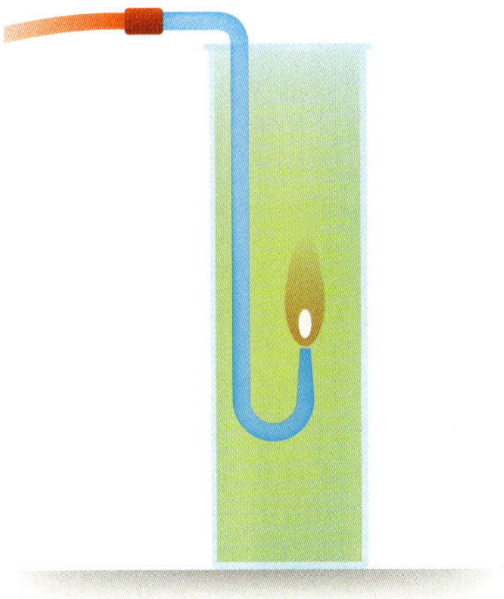

Abb. 6.2 Wasserstoff verbrennt in Chlor zu Hydrogenchlorid

Wasserstoff-Atoms bildet mit der einfach besetzten Wolke des Chlor-Atoms ein gemeinsames Elektronenpaar.

$$H\cdot + \cdot\overline{\underline{Cl}}| \longrightarrow H{-}\overline{\underline{Cl}}| \qquad \Delta H = -431\ kJ \cdot mol^{-1}$$

Nun existieren Wasserstoff und Chlor nicht als einzelne Atome, sondern als zweiatomige Moleküle. Dies bedeutet, dass im Verlaufe der Reaktion alle Moleküle der Ausgangsstoffe (formal) in die Atome getrennt werden müssen, bevor sie sich zu den neuen Molekülen verbinden können. Formal deswegen, weil der detaillierte Verlauf der Reaktion, der Mechanismus, meist nicht bekannt ist.

Während der Reaktion Wasserstoff + Chlor werden also Bindungen gelöst und neue gebildet. Die Differenz zwischen Energieaufwand und Energiegewinn entspricht der Reaktionsenthalpie ΔH, die sich mithilfe der Tabelle 6.1 berechnen lässt:

Berechnung der Reaktionsenthalpie ΔH für die Synthese von Hydrogenchlorid HCl(g):

1. Reaktionsgleichung:
   $H_2(g) + Cl_2(g) \rightarrow 2\,HCl(g) \quad \Delta H = ?$
   1 mol   1 mol   2 mol

2. Energieaufwand E_1 zur Spaltung von 1 Mol H_2 und 1 Mol Cl_2 in die Atome:
   $E_1 = 436\ kJ + 242\ kJ = +678\ kJ$

3. Energiegewinn E_2 bei der Bildung von 2 Mol ($2 \cdot 6{,}02 \cdot 10^{23}$ Bindungen) HCl aus den Atomen:
   $E_2 = -2 \cdot 431\ kJ = -862\ kJ$

4. Reaktionsenthalpie ΔH:
   $\Delta H = E_2 + E_1 = -862\ kJ + 678\ kJ = -184\ kJ$
   (pro Mol HCl: $\Delta H = -92\ kJ \cdot mol^{-1}$)

Im Verlaufe einer chemischen Reaktion werden Bindungen gelöst (Energieaufwand, endotherm) und neue gebildet (Energiegewinn, exotherm). Die Differenz zwischen Energiegewinn und Energieaufwand entspricht der Reaktionsenthalpie ΔH.

Berechnung der Reaktionsenthalpie ΔH für die Synthese von Wasser $H_2O(g)$:
Auch bei der Reaktion zwischen Wasserstoff und Sauerstoff müssen Bindungen in den Molekülen der Edukte getrennt werden, damit neue Bindungen in den Wasser-Molekülen entstehen können.

1. Reaktionsgleichung:
   $2\,H_2(g) \;+\; O_2(g) \;\rightarrow\; 2\,H_2O(g) \quad \Delta H = ?$
2. Energieaufwand E_1 zur Spaltung von 2 Mol H_2 und 1 Mol O_2:
   $E_1 = 2 \cdot 436\text{ kJ} + 498\text{ kJ} = +1370\text{ kJ}$
3. Energiegewinn E_2 bei der Bildung von 2 Mol Wasser ($4 \cdot 6{,}02 \cdot 10^{23}$ O—H-Bindungen):
   $E_2 = 4 \cdot 463\text{ kJ} = -1852\text{ kJ}$
4. Reaktionsenthalpie ΔH:
   $\Delta H = E_2 + E_1 = -1852\text{ kJ} + 1370\text{ kJ} = -482\text{ kJ}$
   (pro Mol Wasser: $\Delta H = -241\text{ kJ} \cdot \text{mol}^{-1}$)

Da bei vielen chemischen Reaktionen die Raumtemperatur zu niedrig ist, um vorhandene Bindungen zu lösen, muss in derartigen Fällen eine minimale Energie zugeführt werden, die Aktivierungsenthalpie (vgl. Abschnitt 1.1).

Die Aktivierungsenthalpie spaltet vorhandene Bindungen und ermöglicht somit den Beginn einer Reaktion.

Die Reaktionsenthalpien bei der Bildung von Verbindungen aus den Elementen (Bildungsenthalpien) sind wichtige Grössen, da sich damit Reaktionsenthalpien der verschiedensten Reaktionen, die nicht von den Elementen ausgehen, ermitteln lassen. Um aufwendige Berechnungen mithilfe der Bindungsenthalpien zu vermeiden (vgl. die Beispiele Wasserstoff + Chlor bzw. Wasserstoff + Sauerstoff), hat man die Bildungsenthalpien vieler Verbindungen in Tabellenform zugängig gemacht (Tab. 6.2). Um die Bildungsenthalpien verschiedener Verbindungen miteinander vergleichen zu können, bezieht man sie auf den Standardzustand (t = 25 °C und p = 1,013 bar) und auf die Stoffmenge n = 1 mol (Molare Standard-Bildungsenthalpie, ΔH_f^o[1]). Die Bildungsenthalpie der Elemente ist definitionsgemäss null.

[1] *Der Index f bedeutet «of formation» («Bildungs-»). Alle auf den Standardzustand bezogenen Werte werden durch eine hochgestellte o gekennzeichnet.*

Tabelle 6.1 Bindungsenthalpien [kJ/(mol Bindungen)]

H—H	436	C—H	413	C—N	305
C—C	348	Si—H	318	C—O	358
Si—Si	176	N—H	391	C—F	489
F—F	159	P—H	322	C—Cl	339
Cl—Cl	242	As—H	245	C—Br	285
Br—Br	193	O—H	463	C—I	218
I—I	151	S—H	367	Si—F	586
S—S	255	Se—H	277	O—F	193
		Te—H	241	O—Cl	208
N≡N	945	F—H	567		
O=O	498	Cl—H	431	C=O*	820
C=C	594	Br—H	366	C≡N	891
C≡C	778	I—H	298	* im CO_2	

Aus den Bildungsenthalpien erhält man die Reaktionsenthalpien, indem man die Differenz zwischen der Summe der Bildungsenthalpien der Endstoffe und der Ausgangsstoffe bildet:

Reaktionsenthalpie:
$\Delta H^o = \Sigma \Delta H_f^o\,(\text{Produkte}) - \Sigma \Delta H_f^o\,(\text{Edukte})$

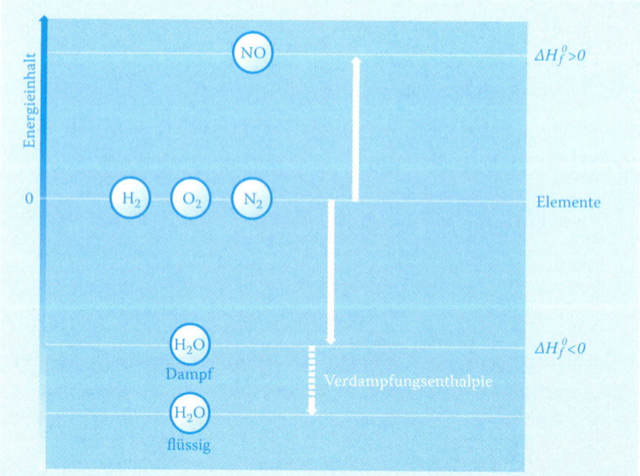

Abb. 6.3 Standard-Bildungsenthalpien für H_2, O_2, N_2, NO, $H_2O(g)$ und $H_2O(l)$

Beispiel:
Berechnung der Reaktionsenthalpie für die Reaktion Ammoniak (NH_3) + Sauerstoff zu Stickstoffmonoxid (NO):

Reaktionsgleichung:
$4\,NH_3(g) + 5\,O_2(g) \rightarrow 4\,NO(g) + 6\,H_2O(l)$
$\Delta H^o = [4\,\Delta H_f^o(NO) + 6\,\Delta H_f^o(H_2O)] - [4\,\Delta H_f^o NH_3)] =$
$361{,}2 + (-1716) - (-182{,}4) = -1172\text{ kJ}$

Tabelle 6.2 Molare Standard-Bildungsenthalpien ΔH_f^0 in $kJ \cdot mol^{-1}$

$CaO(s)$	– 635,1	$SO_2(g)$	–296,9	$H_2O(g)$	–241,8
$MgO(s)$	– 610,0	$NO(g)$	90,4	$H_2O(l)$	–286,0
$Al_2O_3(s)$	–1669,8	$NO_2(g)$	33,8	$H_2S(g)$	–20,1
$Fe_2O_3(s)$	– 821,7	$CO(g)$	–111,0	$HCl(g)$	–92,3
$ZnO(s)$	– 348,1	$CO_2(g)$	–393,5	$HBr(g)$	–36,2
$PbO(s)$	–220,1	$SiO_2(g)$	–878,2	$HI(g)$	25,9
$CuO(s)$	–138,1			$NH_3(g)$	–45,6
$Ag_2O(s)$	–27,2			$CH_4(g)$	–74,9
$CoCl_2 \cdot 6H_2O(s)$	–2130,3	$SOCl_2(l)$	–206		
$CoCl_2(s)$	–325,7				

6.2 Die räumliche Gestalt (Struktur) von Molekülen

Die Lewis-Formeln, wie sie im Abschnitt 5.4 eingeführt wurden, geben nur die gegenseitige Verknüpfung der Atome wieder und liefern kein Bild der Struktur, d.h. des räumlichen Baus der Moleküle. Mithilfe von geeigneten Experimenten lässt sich jedoch die dreidimensionale Anordnung der Atome in einem Molekül ermitteln. So hat man z.B. festgestellt, dass das Methan-Molekül CH_4 die Form eines Tetraeders aufweist, in dessen Zentrum der Atomrumpf des Kohlenstoff-Atoms ist. An den vier Ecken sind die Kerne der Wasserstoff-Atome und auf den Verbindungslinien Zentrum-Ecken die gemeinsamen, doppelt besetzten Elektronenwolken.

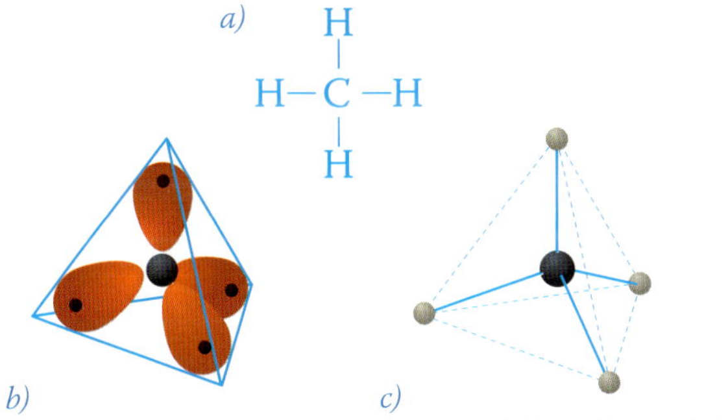

Abb. 6.4 Methan-Molekül. a) Lewis-Formel, b) Wolkenmodell, c) Stäbchen-Kugel-Modell

Wie kann man eine solche Struktur ohne aufwendige Experimente voraussagen? Wenn sich die vier einfach besetzten Wolken des Kohlenstoff-Atoms mit denen der vier Wasserstoff-Atome überlagern, werden vier gemeinsame Elektronenwolken gebildet, die sich wegen ihrer negativen Ladungen gegenseitig abstossen. Die Abstossung ist dann am geringsten, wenn sich die Wolken an die Ecken eines Tetraeders ausrichten und damit einen Winkel von 109,5° einnehmen.

Diese Überlegungen lassen sich auch auf andere Moleküle anwenden. Die räumliche Anordnung der Atome in Molekülen wird durch die Ausrichtung der bindenden und nicht bindenden Elektronenpaare bestimmt. Diese ordnen sich derart um einen Atomrumpf, dass sie den grösstmöglichen Abstand voneinander einnehmen, damit die Abstossung zwischen ihnen minimal wird. Das gesamte System erhält dadurch einen Zustand geringster Gesamtenergie bzw. maximaler Stabilität.

Die Struktur (räumliche Anordnung der Atome) eines Moleküls ist auf die gegenseitige Abstossung zwischen den Elektronenpaaren zurückzuführen (**E**lektronen**p**aar-**A**bstossungs-Modell, EPA).

Im Wasser-Molekül H_2O ist der Rumpf des Sauerstoff-Atoms von 2 bindenden und 2 nicht bindenden Elektronenpaaren umgeben. Auch hier, wie beim Methan-Molekül, führt die Abstossung zu einer tetraedrischen Struktur: Das Zentrum des Tetraeders bildet der Atomrumpf des Sauerstoff-Atoms und an zwei Ecken befinden sich die Kerne der beiden Wasserstoff-Atome. Die vier doppelt besetzten Elektronenwolken sind vom Zentrum nach den Ecken des Tetraeders ausgerichtet. Betrachtet man nur die Atomrümpfe, so spricht man von einem gewinkelten Molekül. Entsprechendes gilt für das Ammoniak-Molekül (NH_3). Die vier dop-

Abb. 6.5 Vier Luftballone, tetraedrisch angeordnet

pelt besetzten Elektronenwolken um den Atomrumpf des Stickstoff-Atoms bilden einen Tetraeder, die vier Atomrümpfe sind pyramidal angeordnet.

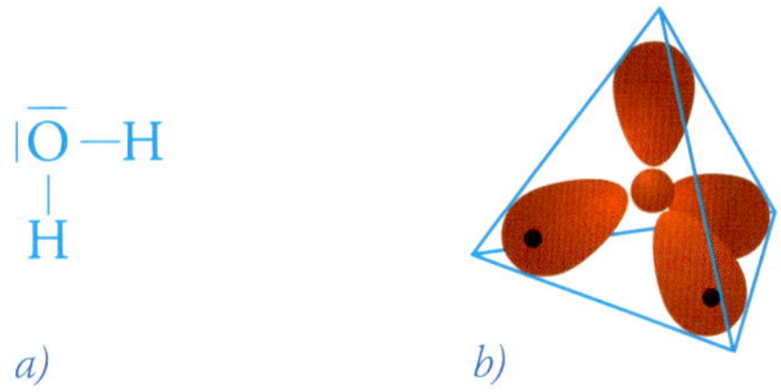

Abb. 6.6 Wasser-Molekül. a) Lewis-Formel, b) Wolkenmodell mit dem Atomrumpf des O-Atoms und den bindenden und nicht bindenden Elektronenpaaren

Die drei Atome des Wasser-Moleküls bilden folglich einen Winkel miteinander, der in der Lewis-Formel angedeutet werden kann (Abb. 6.6). Aber auch die Darstellung, bei der die beiden Wasserstoff-Atome und das Sauerstoff-Atom scheinbar auf einer Geraden liegen, ist richtig:

H—$\underline{\overline{O}}$—H

Man muss bei der Betrachtung dieser Lewis-Formel davon ausgehen, dass die vier vom Rumpf des Sauerstoff-Atoms ausgehenden negativ geladenen Räume einen Tetraeder bilden. Die entsprechende Projektion des Moleküls auf die Zeichenebene bestätigt diese Annahme (Abb. 6.7).

Abb. 6.7 Projektion der Lewis-Formel eines H_2O-Moleküls auf die Ebene

Das EPA-Modell lässt sich auch für Doppel- und Dreifachbindungen anwenden. Die Mehrfachbindungen werden zu diesem Zweck als ein einziger, negativ geladener Raum (eine negativ geladene Wolke) betrachtet. Beispiele dafür sind die Moleküle Kohlenstoffdioxid (CO_2) und Cyanwasserstoff («Blausäure»; HCN):

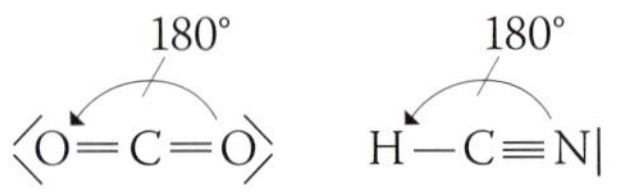

Im CO_2-Molekül bildet das Kohlenstoff-Atom mit jedem Sauerstoff-Atom eine Doppelbindung. Beide Doppelbindungs-«Wolken» stossen sich gegenseitig ab, sodass das Molekül linear gebaut ist (die drei Atomrümpfe liegen auf einer Geraden). Der Winkel zwischen den beiden Doppelbindungen beträgt 180°. Auch die Struktur des HCN-Moleküls ist linear, da sich die beiden negativ geladenen Räume um den Rumpf des

Gesamtzahl der negativ geladenen Räume um A	Zahl der freien Elektronenwolken um A	Gestalt der Moleküle
2	0	A  linear
3	0	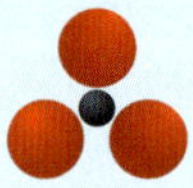 trigonal
4	0	 tetraedrisch
4	1	 pyramidal
4	2	 gewinkelt

Abb. 6.8 Räumliche Gestalt von Molekülen nach dem Elektronenpaar-A

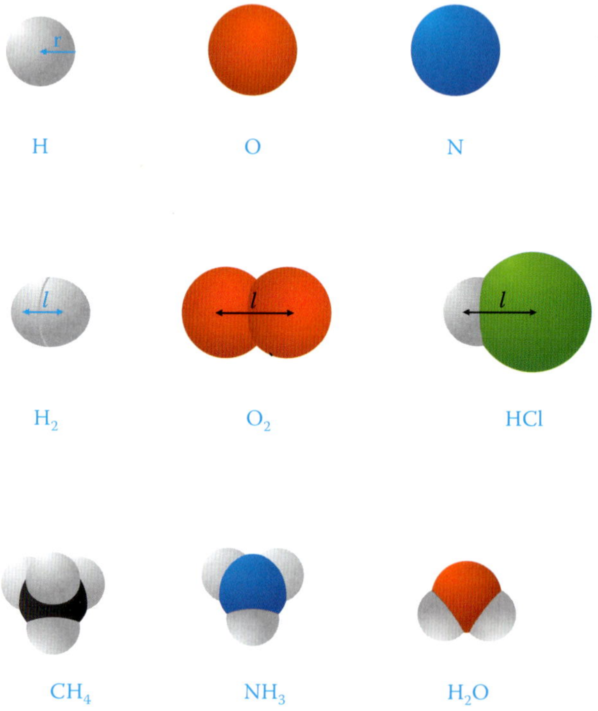

Winkel zwischen den Wolken	Beispiele: Formel	Lewis-Formel
180°	CO_2	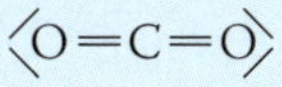
120°	BF_3	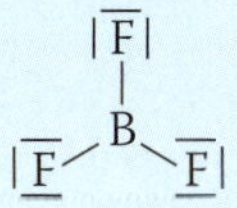
109,5°	CH_4	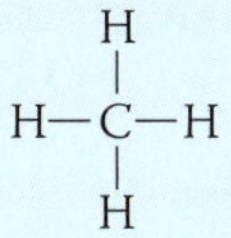
107°	NH_3	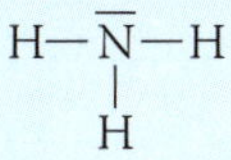
104°	H_2O	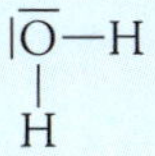

Modell

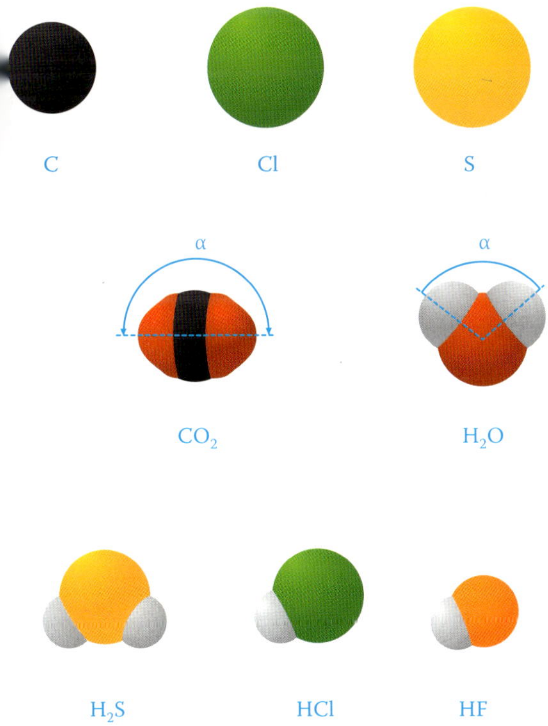

Kohlenstoff-Atoms (C—H bzw. C≡N) gegenseitig abstossen und ebenfalls einen Winkel von 180° bilden. Moleküle wie z.B. BF_3, in denen ein Atomrumpf von drei negativ geladenen Räumen umgeben ist, weisen eine trigonale Struktur auf. Die vier Atomrümpfe liegen in einer Ebene, die gemeinsamen Elektronenpaare bilden untereinander einen Winkel von 120° (Abb. 6.8):

Auffällig ist (Abb. 6.8), dass die Winkel im NH_3- und H_2O-Molekül kleiner als der Tetraederwinkel sind (107° bzw. 104°). Die nicht bindenden Elektronenpaare (eines beim Stickstoff- und zwei beim Sauerstoff-Atom) beanspruchen einen grösseren Raum als die bindenden, da die Anziehungskraft von nur einem Atomrumpf auf sie wirkt. Die bindenden Elektronenpaare werden dadurch etwas zusammengedrückt.

Moleküle lassen sich anhand von Kalottenmodellen veranschaulichen. Da die Verteilung der negativen Ladung um ein Atom kugelsymmetrisch ist, werden die einzelnen Atome als Kugeln verschiedener Grösse – entsprechend ihrem experimentell bestimmten Radius – dargestellt. Bei der Bildung von Atombindungen durchdringen sich die Elektronenhüllen der Atome gegenseitig, sodass man die Atome dann als Kalotten (Kugelabschnitte) wiedergeben muss. Die Entfernung der Kalottenmittelpunkte voneinander entspricht dann der Bindungslänge (Abschnitt 6.1), d.h. dem Abstand der Kerne der miteinander verbundenen Atome. Selbstverständlich sind auch die Kalotten Modelle, nicht Abbilder wirklicher Moleküle. Sie dürften jedoch dem «Aussehen» eines Moleküls recht nahe kommen, da alle Atome im gleichen Massstab vergrössert sind und die Winkel zwischen den Bindungen den experimentell gemessenen Winkeln entsprechen.

Abb. 6.9 Kalottenmodelle einiger Atome und einfacher Moleküle (r = Atomradius, l = Abstand der Atomkerne, α = Winkel zwischen den Bindungen)

6.3 Van der Waals-Kräfte

Vergleicht man die Edelgase und die Elemente der Hauptgruppe VIIA (Moleküle ohne polare Bindungen), so fällt auf, dass ihre Siedetemperaturen mit zunehmender Grösse des Elektronensystems (zunehmender Masse) ansteigen.

Da die Elektronen eines Elektronensystems keine vorgeschriebenen Bahnen besitzen, können sie sich aufgrund ihrer hohen Geschwindigkeit trotz abstossender Kräfte einander stark nähern. Dadurch ist die negative Ladung nicht mehr gleichmässig verteilt. Die Moleküle (Atome der Edelgase) haben für eine kurze Zeit ein positives und ein negatives Ende und sind deshalb vorübergehende Dipole. Diese verschieben in den benachbarten Molekülen bzw. Atomen wegen abstossender und anziehender Kräfte ebenfalls elektrische Ladung, sodass weitere vorübergehende Dipole entstehen. Dadurch kommt es zu anziehenden Kräften zwischen den entgegengesetzten Ladungen der vorübergehenden Dipole, die aber mit zunehmendem Abstand rasch kleiner werden. Da die Elektronen in ständiger Bewegung sind, ändert sich die Ladungsverteilung in den Molekülen und Atomen fortwährend, sodass die Anziehungskräfte nur sehr schwach sind. Die aufgrund vorübergehender unsymmetrischer Ladungsverteilung wirkenden Anziehungskräfte nennt man van der Waals-Kräfte nach dem holländischen Physiker Johannes van der Waals (1837–1923).

Tabelle 6.3 Siedetemperaturen der Edelgase und der Elemente der Hauptgruppe VIIA

Element	Anzahl Elektronen	Masse in u	t_b in °C	Element	Anzahl Elektronen	Masse in u	t_b in °C
He	2	4,00	−269	F_2	18	38	−188
Ne	10	20,18	−246	Cl_2	34	70,9	−34
Ar	18	39,95	−186	Br_2	70	159,8	+59
Kr	36	83,80	−153	I_2	106	253,8	+184
Xe	54	131,29	−108				
Rn	86	222,02	−62				

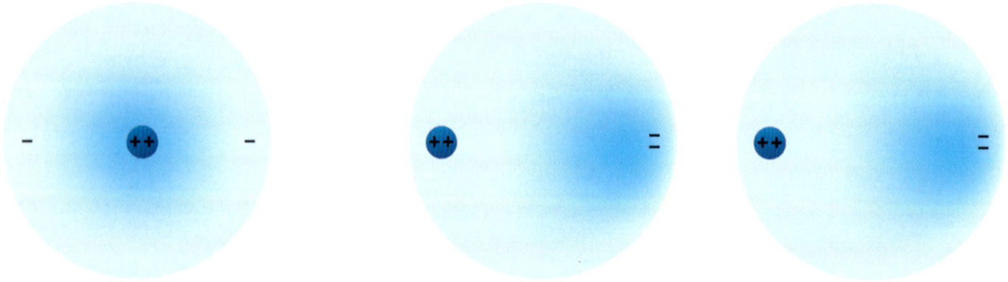

Helium-Atom mit symmetrischer Elektronenwolke

Vorübergehend polarisierte Helium-Atome

Abb. 6.10 Van der Waals-Kräfte zwischen Helium-Atomen

Je grösser die Anzahl der Elektronen eines Systems, desto grösser ist die Wahrscheinlichkeit einer vorübergehenden unsymmetrischen Ladungsverteilung. Grössere Teilchen haben eine grössere Oberfläche und ein Teil der Elektronen ist weiter vom Kern entfernt (weniger stark gebunden) und daher leichter verschiebbar. Zwischen sehr grossen Molekülen können die van der Waals-Kräfte sogar stärker sein als die Atombindungen, welche die Atome miteinander verknüpfen. Solche Stoffe zersetzen sich beim Erhitzen, bevor die Siedetemperaturen erreicht sind.
Auch die Elektronegativität (Kraft, mit der Atomrümpfe Elektronen einer Atombindung anziehen; Abschnitt 7.3) der in den Molekülen gebundenen Atome hat einen Einfluss auf die Verschiebbarkeit der Elektronen und damit auf die van der Waals-Kräfte. So haben z.B. die Moleküle von Fluor (F_2) und Sauerstoff (O_2) 18 bzw. 16 Elektronen und etwa die gleiche Oberfläche. Trotz höherer Elektronenzahl beim Fluor ist die Siedetemperatur niedriger als beim Sauerstoff [$t_b(F_2)$ = −187 °C bzw. $t_b(O_2)$ = −183 °C]. Die Fluor-Atome mit ihrer besonders hohen Elektronegativität binden die Elektronen stärker als die Sauerstoff-Atome. Damit lassen sich in den Fluor-Molekülen die Elektronen weniger gut verschieben, weshalb die van der Waals-Kräfte schwächer sind.
Moleküle mit gleicher Zusammensetzung (Formel) aber unterschiedlicher Verknüpfung der Atome haben je nach der Grösse der Teilchenoberfläche und der da-

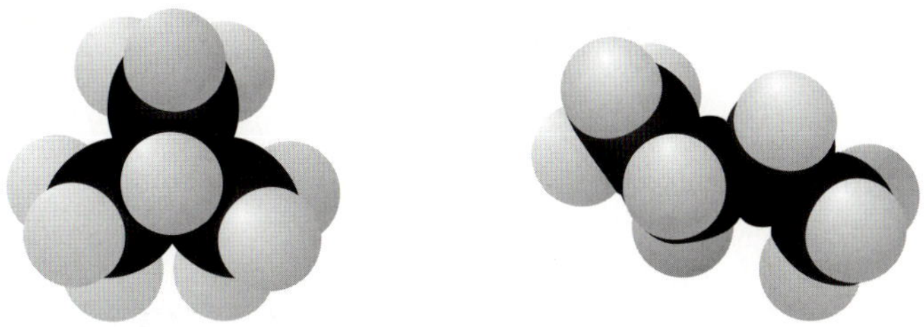

Abb. 6.11 Kalottenmodelle von 2-Methylpropan und Butan

mit verbundenen «Berührungsflächen» untereinander verschiedene Siedetemperaturen.

Beispiel: C_4H_{10}
Mögliche Verknüpfungen der Atome:

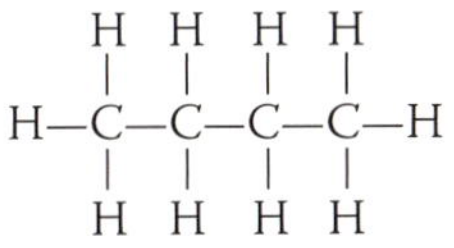

Butan t_b = −0,5 °C

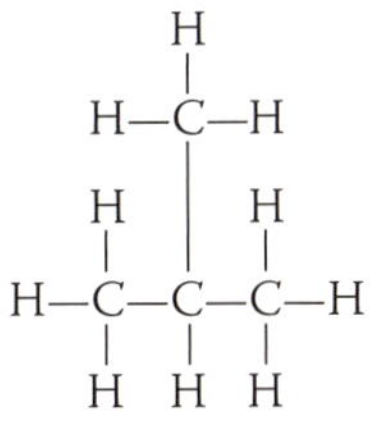

2-Methylpropan t_b = −11,7 °C

Wegen der grösseren Oberfläche des gestreckten Butan-Moleküls ist die Möglichkeit einer unsymmetrischen Ladungsverteilung, die durch ein zweites Molekül verursacht wird, grösser als bei den kugelförmigen 2-Methylpropan-Molekülen.

- Vorübergehende (temporäre) unsymmetrische Ladungsverteilungen in Atomen und Molekülen führen zu anziehenden Kräften, den van der Waals-Kräften.
- Die van der Waals-Kräfte sind abhängig von
  - der Grösse des Elektronensystems,
  - der Elektronegativität der Atome,
  - der Oberfläche von Atomen und Molekülen.

ÜBUNGEN ZUM KAPITEL 6

6.1 Stimmen die folgenden Aussagen (kurze Begründung)?
- a) Eine exotherme Reaktion benötigt keine Aktivierungsenthalpie.
- b) Erstarren ist ein exothermer Vorgang.
- c) Ein Reinstoff kann in seine Elemente zerlegt werden.
- d) In einem Molekül werden die Atome durch Atombindungen zusammengehalten.

6.2 Zeichnen Sie je ein Molekül (Lewis-Formel), in dem 4, 3 bzw. 2 negativ geladene Räume um einen bestimmten Atomrumpf angeordnet sind. Welche räumliche Anordnung besitzen die an den Bindungen beteiligten Atomrümpfe?

6.3 Wie gross ist die Reaktionsenthalpie (ΔH) für folgende Reaktion (Tab. 6.1):

$$2\,C_2H_6 \;+\; 7\,O_2 \;\rightarrow\; 4\,CO_2 \;+\; 6\,H_2O$$

6.4 Die Elemente der Hauptgruppe VIIA haben folgende Aggregatzustände: Fluor gasförmig, Chlor gasförmig, Brom flüssig und Iod fest. Begründung?

6.5 Vergleichen Sie die Siedetemperaturen
- a) der Elemente innerhalb der Hauptgruppen VIIA bzw. VIIIA sowie
- b) der Elemente der Hauptgruppe VIIA mit denen der Hauptgruppe VIIIA und begründen Sie die Unterschiede.

6.6 Welche Moleküle bilden sich bei der Reaktion von Stickstoff mit Fluor, von Kohlenstoff mit Chlor und von Phosphor mit Wasserstoff?

6.7 Wie lautet die Formel für Siliciumchlorid?

6.8 Wie gross ist die aufzuwendende Energie, um 1 g Wasserstoff in die Atome zu spalten (Tabelle 6.1)?

6.9 Zeichnen Sie die Lewis-Formeln für folgende Moleküle: HF, Cl_2O, CH_4O, $CHCl_3$, CH_2O, CO, H_2Se, HCN.

6.10 Beschreiben Sie die Struktur folgender Moleküle: H_2S, PF_3, Cl_2O, $SiCl_4$, C_2H_2.

6.11 Erklären Sie die unterschiedlichen Siedetemperaturen der gegebenen Kohlenwasserstoff-Verbindungen:

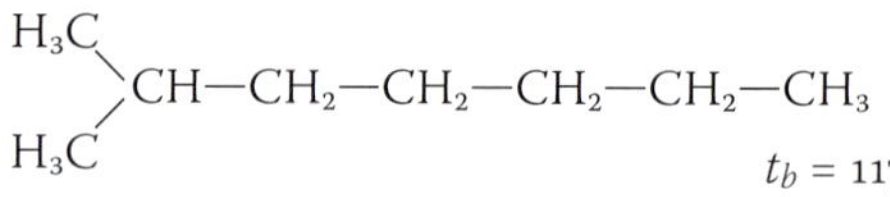

t_b = 117,7 °C

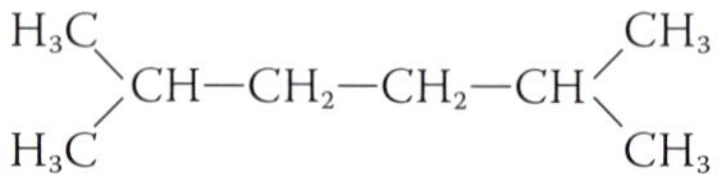

t_b = 109,1 °C

Einfach und übersichtlich: die Kohlenstoff-Verbindungen

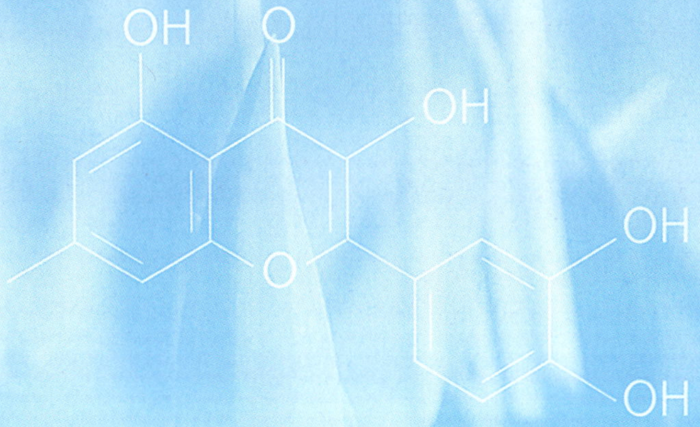

7 ERDGAS – METHAN

7.1 Erdgas

In vielen Städten sind Gasheizungen zum Heizen der Wohnungen und Gasherde zum Kochen in Gebrauch. Früher wurde dazu das «Stadtgas» verwendet, das beim Erhitzen von Steinkohle unter Luftabschluss entsteht, und das ursprünglich vor allem für Beleuchtungszwecke diente. Heute wird in Mitteleuropa zum Heizen und Kochen meist Erdgas eingesetzt.

Grosse Erdgaslagerstätten findet man in der Nordsee (Abb. 7.1), im Weser/Ems-Gebiet, in Süddeutschland, aber auch in Algerien, in Russland (geschätzte Reserven 47,57 Billionen m^3!) und vielen weiteren Gegenden. Zwischen 1980 und 2006 hat sich der Erdgasverbrauch weltweit etwa verdoppelt, wobei sich das Wachstum weiter fortsetzt. Man nimmt an, dass der Verbrauch an Erdgas bis ins Jahr 2030 um zwei Drittel zunehmen wird (Internationale Energie Agentur, 2006). Damit steigt der Anteil des Erdgases an der weltweiten Energieerzeugung von heute 20,5 % auf 22,6 %. Man vermutet, dass die zurzeit bekannten Vorräte noch etwa 160 Jahre ausreichen werden (geschätzter Weltvorrat (2007): 161,2 Billionen m^3).

Die in Deutschland verfügbaren Erdgasvorkommen decken etwa 16 % des Verbrauchs (geschätzter Jahresverbrauch 102 Milliarden m^3). Die übrigen 84 % stammen aus Norwegen (24 %), Russland (35 %), den Niederlanden (19 %), Grossbritannien/Dänemark und weiteren (6 %).

Die Schweiz ist heute zu 100 % auf Importe angewiesen. Der Erdgasverbrauch ist in der Schweiz zwischen 1970 und 1996 um durchschnittlich rund 11 % pro Jahr gewachsen. Seither ist die Zunahme (witterungsbedingt) auf etwa 1,5 % pro Jahr abgesunken. Am gesamten Energieverbrauch der Schweiz hat das Erdgas einen Anteil von 12 %, wobei erwartet wird, dass die Bedeutung von Erdgas in der Schweiz weiter zunimmt. Noch nicht klar ist, in welchem Umfang Erdgas zukünftig für die Stromproduktion eingesetzt werden wird, da dies einen zusätzlichen Ausstoss am Treibhausgas Kohlenstoffdioxid bedeuten würde.[1]

In den Erdgaslagern befindet sich das Gas in Schichten aus porösem Gestein, die von undurchlässigem Ton überdeckt sind. Es ist in den Poren unter schwachem Überdruck enthalten. Legt man eine Bohrung durch die undurchlässige Schicht, so treibt der Überdruck das Gas empor, wenn man die gasführenden Schichten erreicht.

[1] Schweizerische Eidgenossenschaft. Bundesamt für Energie BFE. 2007

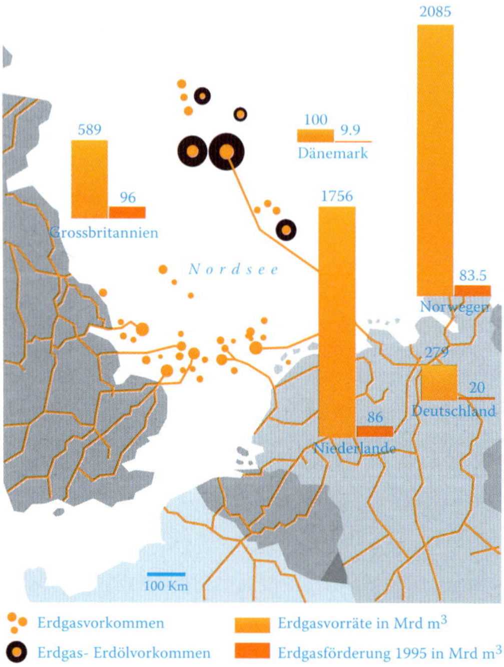

Abb. 7.1 Erdgas-/Erdölvorkommen in der Nordsee. Grossbritannien, Norwegen und die Niederlande sind die wichtigsten Erdgasproduzenten in Westeuropa (Zahlenwerte: 2005)

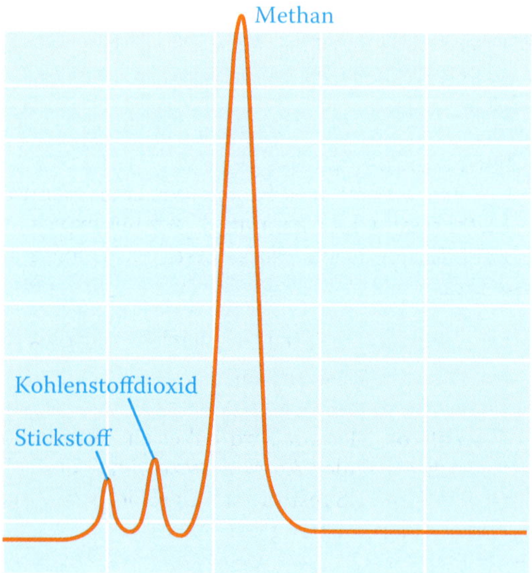

Abb. 7.2 Gaschromatogramm von entschwefeltem Erdgas. Neben Methan enthält das Erdgas auch etwas Stickstoff und Kohlenstoffdioxid

Erdgas ist ein wertvoller Brennstoff. Es ist relativ billig zu gewinnen und kann (unter einem Druck von 50 bis 100 bar) in Pipelines über Tausende von Kilometern transportiert werden. Sein Heizwert ist ziemlich hoch (d.h. es liefert bei der Verbrennung relativ viel Energie) und es verbrennt «nur» zu Kohlenstoffdioxid und Wasser. Erdgas dient ausserdem als wichtiger Rohstoff in der Grossindustrie, z.B. zur Gewinnung von Wasserstoff. In flüssiger Form wird es in Tankern verschifft; gasförmig kann es auch in künstlichen, unterirdischen Hohlräumen (z.B. ehemaligen Salzbergwerken) gelagert werden.

Erdgase verschiedener Herkunft unterscheiden sich in ihrer Zusammensetzung. Ein Gaschromatogramm von gereinigtem Erdgas zeigt stets mehrere Peaks: Erdgas ist ein Gemisch. Der Hauptbestandteil ist fast stets Methan (Abb. 7.2).

7.2 Methan

Methan ist ein farb- und geruchloses Gas (t_m = –182,5 °C, t_b = –161,5 °C). Es ist ein Stoffwechselprodukt bestimmter Bakterien und entsteht bei Fäulnisprozessen am Grund von Sümpfen und Teichen («Sumpfgas») sowie beim Ausfaulen von Klärschlamm in Abwasserreinigungsanlagen («Faulgas»). Als «Biogas» entsteht es beim Ausfaulen von landwirtschaftlichen Abfällen und Jauche. Mikroorganismen bilden im Wiederkäuermagen Methan durch Vergärung der Cellulose aus Gras, Heu oder Stroh. In Steinkohlengruben kann Methan die «schlagenden Wetter» (Methan/Luft-Explosionen) verursachen, denn Methan/Luft-Gemische mit einem Methangehalt zwischen 5,3 und 14 Vol.-% sind explosiv. Am wichtigsten aber ist das Vorkommen von Methan im Erdgas.

Methan reagiert mit Halogenen

Beim Zünden oder kräftigen Belichten eines Gemischs von Methan mit Chlor kommt es zu einer explosionsartigen Reaktion. Neben Russ entstehen Chlorverbindungen, z.B.

$$CH_4 + Cl_2 \rightarrow \underset{\text{Chlormethan}}{CH_3Cl} + HCl \qquad \Delta H < 0$$

Im Molekül von Methan wird dabei ein Wasserstoff-Atom durch ein Chlor-Atom ersetzt. Eine solche Reaktion nennt man Substitution. Das Licht liefert die erforderliche Aktivierungsenthalpie. Das Produkt, Chlormethan, ist ein leicht zu verflüssigendes Gas (t_b = –24,09 °C), das zur Synthese vieler Verbindungen verwendet wird.

Je nach dem eingesetzten Mischungsverhältnis von Methan und Chlor können dabei auch mehrere Wasserstoff-Atome des Methan-Moleküls durch Chlor ersetzt werden, z.B.

$$CH_4 + 2\,Cl_2 \rightarrow \underset{\text{Dichlormethan}}{CH_2Cl_2} + 2\,HCl \qquad \Delta H < 0$$

Dichlormethan ist bei Raumtemperatur eine wasserklare, nicht unangenehm riechende Flüssigkeit (t_b = 40 °C), die sich mit Wasser nicht mischt und als Lösemittel Bedeutung besitzt.

> Bei der Reaktion von Chlor mit Methan werden Wasserstoff-Atome des Methan-Moleküls durch Chlor-Atome ersetzt. Ein solcher Ersatz bestimmter Atome oder Atomgruppen eines Moleküls durch andere Atome oder Atomgruppen heisst Substitution.

Wenn wir die Lewis-Formel von Methan betrachten, so wäre zu erwarten, dass zwei verschiedene Verbindungen der Formel CH_2Cl_2 entstehen sollten:

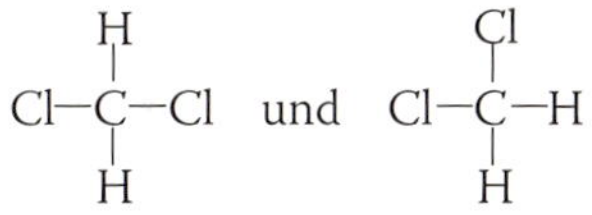

(1) (2)

Im Molekül (1) stehen sich die beiden Chlor-Atome gegenüber, während sie im Molekül (2) einander benachbart und somit näher beieinander sind. Dies müsste sich aber in irgendeiner Weise auf die Eigenschaften der entsprechenden Stoffe auswirken, z.B. auf die Siedetemperatur.

In Wirklichkeit erhält man aber statt zwei stets nur ein einziges Produkt. Der Grund dafür liegt darin, dass das Methan-Molekül, wie wir bereits wissen (Kap. 6.2), tetraedrisch gebaut ist und somit alle vier H-Atome gleichwertig sind. Diese Tatsache hat – neben anderen – 1883 die beiden Chemiker J. H. van't Hoff und J. A. Le Bel unabhängig voneinander dazu geführt, die tetraedrische Ausrichtung der vier vom Kohlenstoff-Atom ausgehenden «Wertigkeiten» (wie man damals statt «Bindungen» sagte) zu postulieren – viele Jahre vor der Aufstellung der Elektronentheorie!

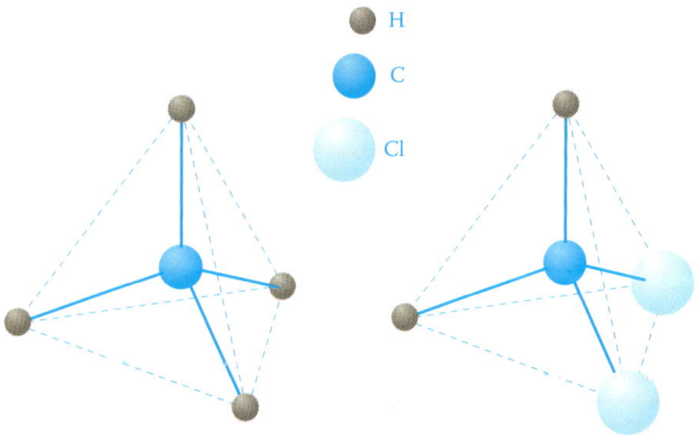

Methan-Molekül *Dichlormethan-Molekül*

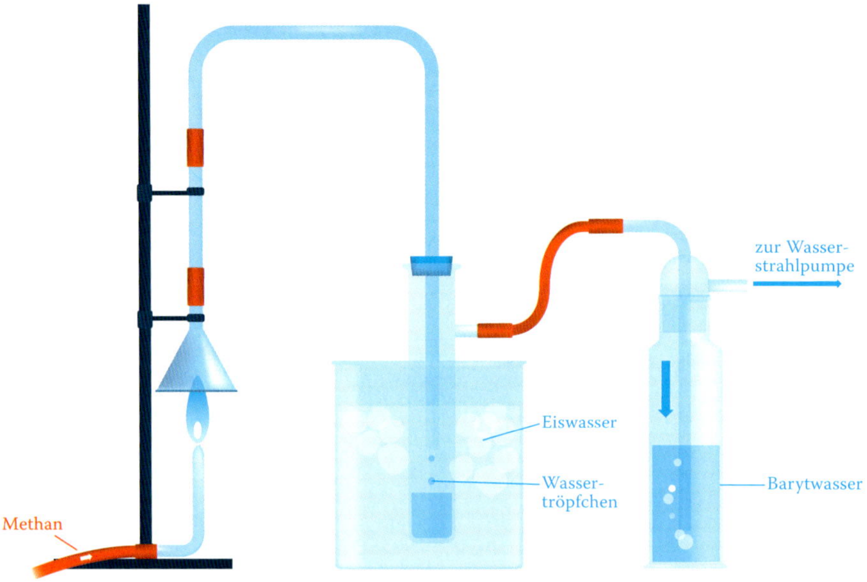

Abb. 7.3 Verbrennung von Erdgas. Das entstandene Wasser kondensiert im Eisbad, Kohlenstoffdioxid wird im Barytwasser nachgewiesen

7.3 Die Verbrennung von Methan; polare Bindungen; Redoxreaktionen

Methan verbrennt mit schwach blauer Flamme zu CO_2 und Wasser (Abb. 7.3):

$$CH_4 + 2\,O_2 \rightarrow CO_2 + 2\,H_2O \qquad \Delta H = -890\text{ kJ}$$

Warum verläuft diese Reaktion so stark exotherm? Anders gefragt, weshalb sind die Moleküle der Produkte, CO_2 und Wasser, energieärmer als die Moleküle der Ausgangsstoffe?

Wenn aus einem Molekül Methan und zwei Molekülen Sauerstoff zwei Moleküle Wasser und ein Molekül Kohlenstoffdioxid entstehen, müssen zuerst vier C—H-Bindungen und zwei O=O-Doppelbindungen getrennt werden. Anschliessend bilden sich vier H—O-Einfach- und zwei C=O-Doppelbindungen neu. Die Tatsache, dass die Reaktion exotherm ist, zeigt, dass die frei werdenden Bindungsenthalpien der Produkte grösser sind als die aufzuwendenden Bindungsenthalpien der Edukte. Mit anderen Worten: Bindungen sind verschieden stark. Ein wesentlicher Grund dafür ist die unterschiedliche Bindungspolarität.

Die gemeinsamen Elektronen einer Atombindung halten sich nämlich nur dann im Durchschnitt genau in der Mitte zwischen den beiden Atomrümpfen auf, wenn zwei gleiche Atome miteinander verbunden sind. Beide Atomrümpfe ziehen die bindenden Elektronen gleich stark an. Sind jedoch zwei verschiedene Atome miteinander verbunden, so ist die Ladungsdichteverteilung der beiden Elektronen gewöhnlich nicht mehr symmetrisch, weil sich die zwei Atome meistens darin unterscheiden, wie stark sie Elektronen anziehen. Es kommt zu einer Verschiebung der negativen Ladung in Richtung des stärker elektronenanziehenden Atoms, sodass dieses eine geringe negative, das andere Atom eine geringe positive Überschussladung erhält. Die Atombindung erhält ein negatives und ein positives Ende, d.h. sie wird polar. Die beiden «Pole» deutet man in den Lewis-Formeln mit Partialladungen δ+ und δ– an.

Die entgegengesetzt geladenen «Pole» einer solchen Bindung ziehen sich gegenseitig an. Diese Anziehung kommt zur bindenden Wirkung des gemeinsamen Elektronenpaars hinzu und verstärkt den Zusammenhalt der Atome. Polare Bindungen sind deshalb im Allgemeinen stärker als unpolare, d.h. sie haben höhere Bindungsenergien.

Um beurteilen zu können, ob ein Atom stärker oder weniger stark Elektronen anzieht, hat man eine Grösse eingeführt, die Elektronegativität (EN). Sie hängt, wie bereits erwähnt, von der Ladung und der Grösse des Atomrumpfs ab. Je höher der Atomrumpf geladen ist, desto stärker werden die Aussenelektronen und damit auch die bindenden Elektronen angezogen, desto grösser ist also die EN eines Atoms. Je kleiner ein Atomrumpf ist, umso stärker wird seine anziehende Wirkung auf die Elektronen (umso grösser ist die EN), denn dann ist seine Ladung auf einen kleineren Raum konzentriert und daher nach aussen stärker wirksam. Als Mass für die Elektronegativität dient eine Skala von relativen Zahlen (Abb. 7.4), in der dem elektronegativsten Element, dem Fluor, willkürlich die Zahl 4,0 gege-

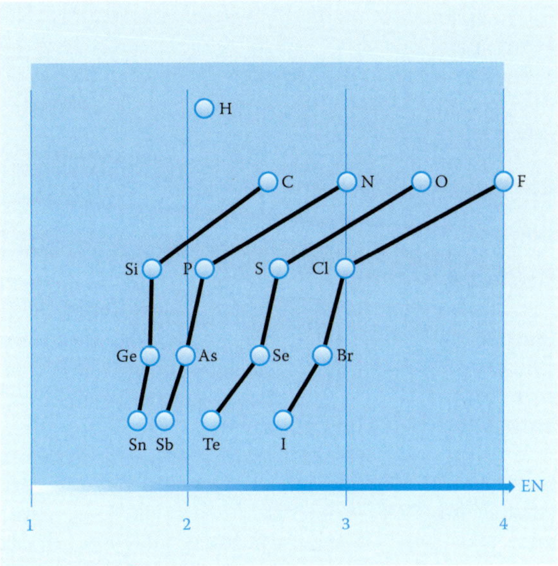

Abb. 7.4 Elektronegativität und Periodensystem

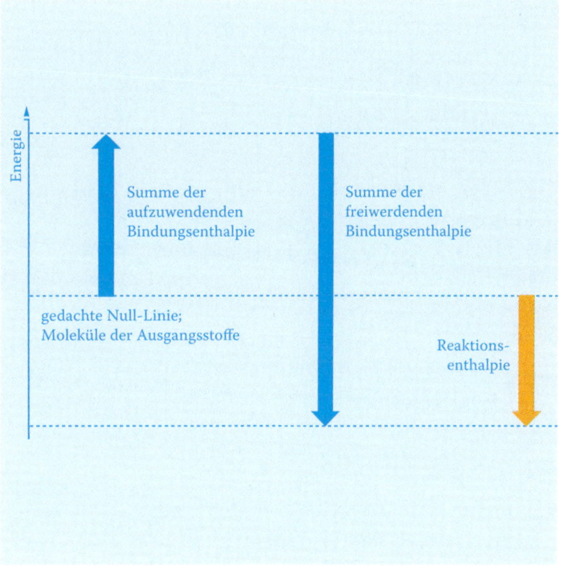

Abb. 7.5 Energieverhältnisse einer Reaktion, bei der aus Teilchen mit weniger stabilen Bindungen solche mit stabileren Bindungen entstehen

ben wurde. Die Zahlenwerte der übrigen Nichtmetalle wurden aus experimentellen Daten errechnet.

- Unter Elektronegativität (EN) versteht man die Kraft, mit der Atomrümpfe Elektronen einer Atombindung anziehen. Die EN ist von der Rumpfgrösse und Rumpfladung abhängig.
- Verbinden sich zwei Atome mit verschiedener Elektronegativität, so wird die Bindung zwischen ihnen polar.
- Je grösser die EN-Differenz (je polarer die Bindung), desto stärker ist im Allgemeinen die Bindung, d.h. desto grösser ist ihre Bindungsenthalpie.

Wenn wir jetzt nochmals die Verbrennung von Methan betrachten, so sehen wir, dass die C—H-Bindungen sehr wenig polar sind (EN-Differenz 0,4). Die O═O -Doppelbindung ist unpolar. Die H—O- und C═O -Bindungen sind dagegen stark polar: EN-Differenz 1,4 bzw. 1,0. Bei der Verbrennung von Methan entstehen also aus unpolaren bzw. wenig polaren stark polare und damit stärkere Bindungen (Abb. 7.5). Dies ist die Erklärung für den exothermen Verlauf der Reaktion. Genau dasselbe gilt für alle Verbrennungsvorgänge von kohlenstoffhaltigen Brennstoffen (Energiegewinnung!). Stets entstehen aus wenig oder nicht polaren stark polare Bindungen.

Die Abhängigkeit der Bindungsenthalpie

Die Bildung von polaren aus schwach oder unpolaren Bindungen ist meistens exotherm. Die Bindungsenthalpie ist also von der Bindungspolarität abhängig. Daneben sind aber auch noch die Anzahl gemeinsamer Elektronenpaare sowie die Bindungslänge für den Betrag der Bindungsenthalpie massgebend. Bei Mehrfachbindungen sind die anziehenden Kräfte zwischen gemeinsamen Elektronenpaaren und Atomrümpfen grösser. Umgekehrt wirken nur schwache Kräfte, wenn der Abstand zwischen den Zentren von zwei gebundenen Atomen (Bindungslänge) gross ist.

Beispiele:

Bindungspolarität:

Bindung	Bindungsenthalpie in $kJ \cdot mol^{-1}$	ΔEN
N—H	391	0,9
O—H	463	1,4
F—H	567	1,9

Anzahl gemeinsamer Elektronenpaare:

Bindung	Bindungsenthalpie in $kJ \cdot mol^{-1}$
C—C	348
C═C	594
C≡C	778

Bindungslänge:

Bindung	Bindungsenthalpie in $kJ \cdot mol^{-1}$	Bindungslänge
H—F	567	Zunahme von oben nach unten
H—Cl	431	
H—Br	366	
H—I	298	

Die Bindungsenthalpie ist abhängig von
- der Bindungspolarität ΔEN,
- der Anzahl gemeinsamer Elektronenpaare,
- der Bindungslänge.

Oxidation und Reduktion – eine erste Begriffsbildung

Als Oxidation bezeichnete man früher Vorgänge, bei denen sich Stoffe mit Sauerstoff verbinden (Abschnitt 2.4). So sind z.B. die Reaktionen von Wasserstoff bzw. Magnesium mit Sauerstoff Oxidationen, wobei die Verbindungen Wasserstoffoxid (Wasser) und Magnesiumoxid entstehen:

$$2\,H_2 + O_2 \rightarrow 2\,H_2O$$
$$2\,Mg + O_2 \rightarrow 2\,MgO$$

Diesen Reaktionen, die im ersten Fall zu Molekülen und im zweiten Fall zu Ionen führen, ist gemeinsam: Beide Male werden Elektronen verschoben.

So halten sich die bindenden Elektronen (von denen je eines von den Wasserstoff-Atomen stammt) in den beiden polaren Bindungen des Wasser-Moleküls näher beim Atomrumpf des Sauerstoffs auf. Das Sauerstoff-Atom hat gewissermassen den Wasserstoff-Atomen die Elektronen «entzogen». Sie wurden zum Sauerstoff-Atom hin verschoben. Auch bei der Reaktion von Magnesium mit Sauerstoff kommt es zu einer Elektronenverschiebung: Die Metallatome geben ihre beiden Aussenelektronen ab, die dann von den Nichtmetallatomen aufgenommen werden.

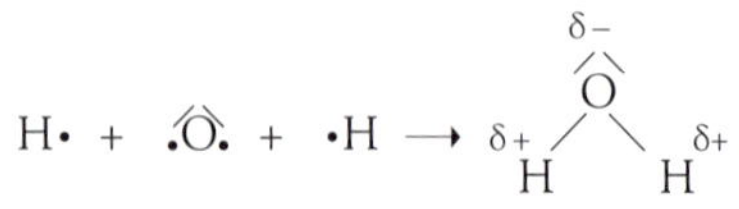

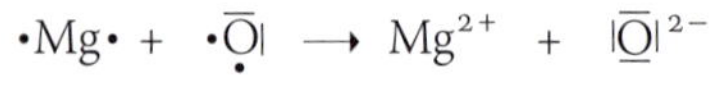

Solche Elektronenverschiebungen treten bei sehr vielen Reaktionen auf, auch ohne Beteiligung von Sauerstoff. Um sie alle in gleicher Weise behandeln zu können, hat man die Bedeutung des Ausdrucks Oxidation erweitert:

Oxidation ist Elektronenentzug.

In den beiden Beispielen sind also die Wasserstoff-Atome und das Magnesium-Atom oxidiert worden. Es ist nicht erforderlich, dass die Elektronen vollständig entzogen werden.

Die einem Teilchen entzogenen Elektronen müssen anderen Teilchen (in unseren Beispielen den Sauerstoff-Atomen) zugeführt werden. Für diesen Vorgang, das Gegenteil der Oxidation, verwendet man den Ausdruck Reduktion.

Reduktion ist Elektronenzufuhr.

Da einem Teilchen nur dann Elektronen zugeführt werden können, wenn diese gleichzeitig anderen Teilchen entzogen werden, verlaufen Reduktion und Oxidation stets gekoppelt. Solche Reaktionen heissen Redoxvorgänge.

Ein Redoxvorgang ist eine Elektronenverschiebung.

Teilchen, die Elektronen binden, also anderen Teilchen Elektronen entziehen, d.h. diese oxidieren können, wirken als Oxidationsmittel oder Oxidatoren. Reduktionsmittel (Reduktoren) geben umgekehrt an andere Teilchen Elektronen ab, d.h. sie bewirken deren Reduktion.

Zurück zur Verbrennung von Methan! Das Kohlenstoff-Atom trägt im Methan-Molekül eine negative, im Kohlenstoffdioxid-Molekül hingegen eine positive Partialladung. Das Kohlenstoff-Atom wurde also oxidiert, d.h. es verliert negative Ladung und ist somit das Reduktionsmittel. Umgekehrt binden die Sauerstoff-Atome im CO_2- und H_2O-Molekül schwächer elektronegative Atome. Die Sauerstoff-Atome gewinnen als Oxidationsmittel negative Ladung und werden dadurch reduziert:

$$CH_4 + 2\,O_2 \rightarrow CO_2 + 2\,H_2O$$

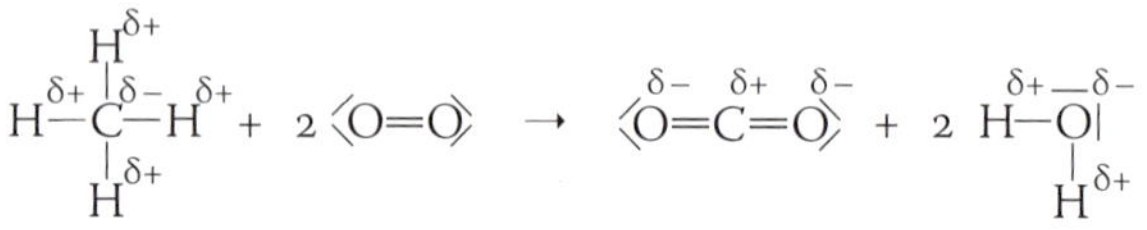

Das Vorzeichen der Partialladung der Wasserstoff-Atome ändert sich im Verlaufe der Reaktion nicht, sodass sie weder oxidiert noch reduziert werden, auch wenn die Polarität der Bindung O—H grösser ist als die der Bindung C—H.

7.4 Redoxreaktionen und Oxidationszahlen

Es ist oft schwierig, anhand der beobachteten Reaktion oder Reaktionsgleichung zu entscheiden, ob es sich um einen Redoxvorgang handelt. So lässt sich z.B. nicht auf den ersten Blick feststellen, welches Teilchen bei der Verbrennung von Methan Elektronen abgegeben bzw. aufgenommen hat. Um solche Fragen beantworten zu können, muss man zuerst die Lewis-Formeln der beteiligten Moleküle zeichnen und die Polarität der Bindungen mithilfe der Partialladungen festlegen (Abschnitt 7.3).

Um Redoxreaktionen rascher und zuverlässiger erkennen zu können, erweist sich ein Hilfsbegriff als nützlich, die Oxidationszahl (OZ). Dies ist eine Zahl mit negativem oder positivem Vorzeichen, die der (fiktiven) Ladung eines kovalent gebundenen Atoms entspricht, wenn die Bindungselektronen dem Partner mit der höheren EN ganz zugeteilt werden. Im Falle von einatomigen Ionen entspricht die Oxidationszahl der Ionenladung. Man schreibt die Oxidationszahlen bei den Molekülformeln als römische Zahlen rechts über das Symbol. Liegen unpolare Bindungen vor (ΔEN = 0), so zählt man jedem Atom die Hälfte der gemeinsamen Elektronen hinzu. Das folgende Beispiel zeigt dieses Vorgehen:

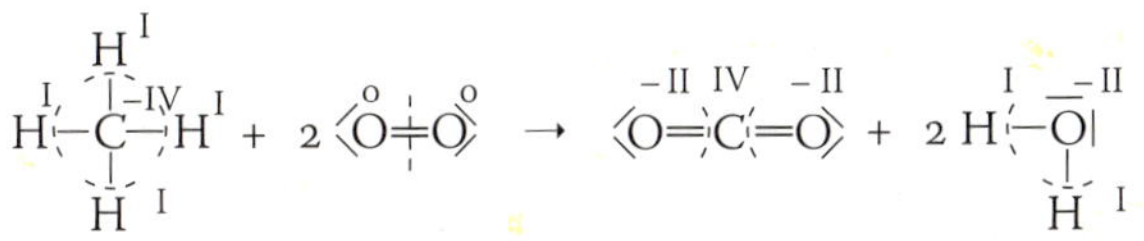

Im CH_4-Molekül erhält das Kohlenstoff-Atom alle vier gemeinsamen Elektronenpaare und damit die fiktive Ladung –IV, die Wasserstoff-Atome haben die OZ +I. Die beiden Atome des Sauerstoff-Moleküls, dessen Bindung unpolar ist, tragen keine Ladung, da die sechs (Aussen-)Elektronen dem elektrisch neutralen Zustand entsprechen (OZ = 0). In den Molekülen der Produkte ist die Oxidationszahl der Sauerstoff-Atome –II (8 Aussenelektronen), die des Kohlenstoff-Atoms +IV und die der Wasserstoff-Atome I. In der Schreibweise mit Molekülformeln sieht das folgendermassen aus:

$$\overset{-IV}{C}\overset{I}{H}_4 + 2\,\overset{0}{O}_2 \rightarrow \overset{IV}{C}\overset{-II}{O}_2 + 2\,\overset{I}{H}_2\overset{-II}{O}$$

Aus dieser Gleichung lässt sich Folgendes entnehmen:
- Die Summe der Oxidationszahlen der Atome eines Moleküls ergibt null.
- Die Wasserstoff-Atome werden weder oxidiert noch reduziert; ihre Oxidationszahl ändert sich nicht.
- Die Oxidationszahl der Sauerstoff-Atome nimmt ab, da sie negative Ladung gewinnen; es findet eine Reduktion statt.
- Die Oxidationszahl des Kohlenstoff-Atoms ändert sich von –IV auf IV, da es negative Ladung verliert; das Kohlenstoff-Atom wird oxidiert.
- Die Summe der Veränderungen der Oxidationszahlen ergibt null:

4 O-Atome von 0 auf –II	=	– VIII
1 C-Atom von –IV auf IV	=	VIII

- Die Summe der Oxidationszahlen in einem Molekül ist null.
- Bei einer Oxidation steigt die Oxidationszahl des betreffenden Atoms, d.h. sie wird positiver.
- Bei einer Reduktion sinkt die Oxidationszahl des betreffenden Atoms, d.h. sie wird negativer.
- Die Summe der Veränderungen der Oxidationszahlen eines Redoxvorgangs ist null.

Die Atome eines Elements können je nach Bindungsart verschiedene Oxidationszahlen aufweisen, wie z.B. das Chlor-Atom im Komplexion ClO_3^- (Abschnitt 5.6) und im Molekül HCl:

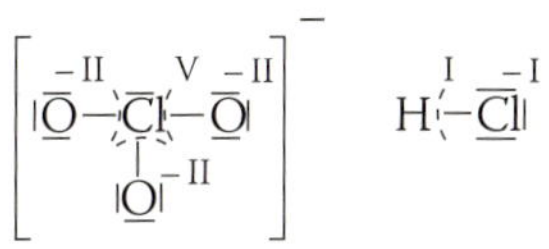

Im ersten Fall hat das Cl-Atom die Oxidationszahl V, im zweiten –I. Die Summe der Oxidationszahlen eines Komplex-Ions ergibt seine Ionenladung:

3 O-Atome –II	=	– VI
1 Cl-Atom	=	V
Summe	=	– I

Die Summe der Oxidationszahlen eines Komplexions entspricht der Ionenladung.

Es ist auch möglich, dass Atome desselben Elements innerhalb eines Moleküls verschiedene Oxidationszahlen besitzen. Dies gilt z.B. für die Kohlenstoff-Atome in Molekülen organischer Verbindungen wie z.B. Propan mit der Molekülformel C_3H_8 (Abschnitt 8.3):

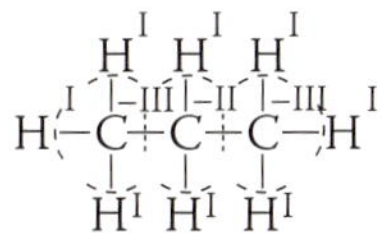

Entsprechend der Zuordnung der gemeinsamen Elektronenpaare resultiert für die endständigen Kohlenstoff-Atome die Oxidationszahl –III, und für das mittlere die Oxidationszahl –II. Die Summe aller Oxidationszahlen ergibt wiederum null.

Die Atome gewisser Elemente kommen in Verbindungen immer oder meistens mit einer ganz bestimmten Oxidationszahl vor:

Alkalimetalle	OZ: I
Erdalkalimetalle	OZ: II
Aluminium	OZ: III
Fluor	OZ: –I
Sauerstoff	OZ: –II (ausser in Peroxo-Verbindungen mit der Bindung —O—O— : OZ = –I und Fluor-Verbindungen wie OF_2 : OZ = II oder HOF: OZ = 0)
Wasserstoff	OZ: I (ausser in Metall-Wasserstoff-Verbindungen: OZ = –I)
Halogene	OZ: –I, wenn sie an weniger elektronegative Atome gebunden sind.

Mithilfe der bekannten Oxidationszahlen von Atomen bildet man aus der Formel eines Atomverbands die algebraische Summe. Die Oxidationszahl eines fraglichen Atoms ergänzt diese Summe im Falle von Molekülen zu null bzw. im Falle eines Komplexions zu dessen Ladung. Ausserdem kann man auf einfache Weise erkennen, welche Atome im Verlaufe einer Reaktion oxidiert bzw. reduziert wurden, ohne in jedem Fall die Lewis-Formeln zeichnen zu müssen.

Beispiele:

$KClO_3$	K: I, O: –II	also Cl: V
$[ClO_4]^-$	O: –II	also Cl: VII
SO_3	O: –II	also S: VI
SO_2	O: –II	also S: IV
CH_3Cl	H: I, Cl: –I	also C: –II

$$2\,\overset{I}{K}\overset{V}{Cl}\overset{-II}{O_3} \rightarrow 2\,\overset{I}{K}\overset{-I}{Cl} + 3\,\overset{0}{O_2}$$

Das Cl-Atom wird reduziert, die O-Atome werden oxidiert.

$$\overset{-IV}{C}\overset{I}{H_4} + \overset{0}{Cl_2} \rightarrow \overset{-II}{C}\overset{I}{H_3}\overset{-I}{Cl} + \overset{I}{H}\overset{-I}{Cl}$$

Das C-Atom wird oxidiert, das Cl-Atom reduziert.

7.5 Aufstellen von Lewis-Formeln komplexer Moleküle

Die Bindungspolarität erlaubt es, komplexere Moleküle zu zeichnen, deren Herleitung durch Überlagerung einfach besetzter Wolken nicht mehr möglich ist. So lässt sich z.B. für die Moleküle der Schwefelsäure H_2SO_4 eine Lewis-Formel aufstellen. Das entsprechende Molekül existiert jedoch nicht:

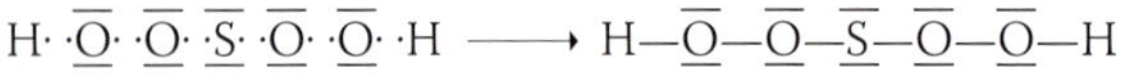

Die Stabilität des Moleküls ist gering, da die Bindungen zwischen jeweils zwei Sauerstoff-Atomen unpolar und damit relativ schwach sind. Als Regel lässt sich deshalb formulieren, dass von verschiedenen möglichen Lewis-Formeln diejenige am vernünftigsten ist, welche die stärksten polaren Bindungen aufweist. Dazu kommt, dass ein Atom wie z.B. Schwefel oder Chlor die Elektronen der doppelt besetzten freien Elektronenwolken für Bindungen zur Verfügung stellen kann, an die sich dann Sauerstoff-Atome mit drei doppelt besetzten Wolken anlagern:
Umwandlung eines Sauerstoff-Atoms[2]:

[2] Die Verteilung der Valenzelektronen auf doppelt und einfach besetzte Wolken ist eine Modellvorstellung, die sich deshalb modifizieren lässt.

Anlagerung von zwei Sauerstoff-Atomen mit jeweils drei doppelt besetzten Wolken an die beiden freien Elektronenpaare des Schwefel-Atoms:

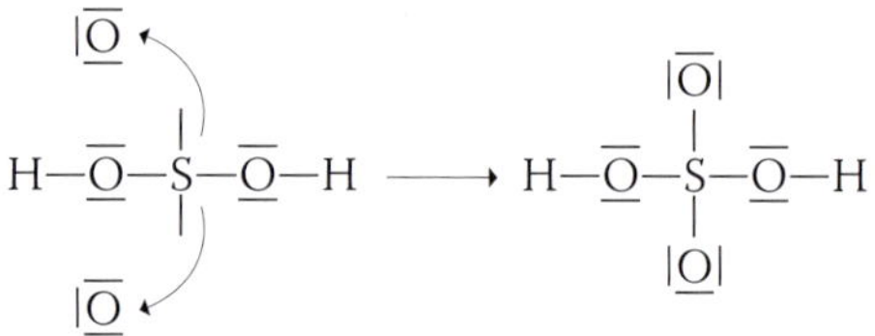

Das Molekül der Schwefelsäure enthält ausschliesslich stark polare Bindungen und besitzt damit eine minimale Energie (maximale Stabilität). Entsprechendes gilt für die Sauerstoff/Wasserstoff-Verbindungen des Elements Chlor:

Formel	Name	Lewis-Formel
HClO	hyperchlorige Säure	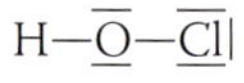
$HClO_2$	chlorige Säure	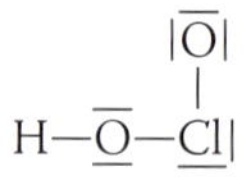
$HClO_3$	Chlorsäure	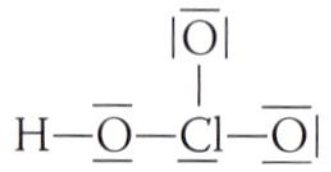
$HClO_4$	Perchlorsäure	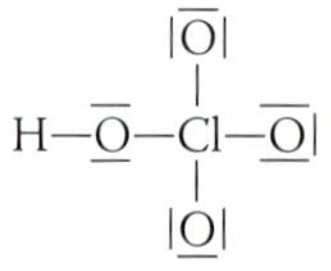

Mit folgenden Regeln lassen sich Lewis-Formeln komplexer Moleküle zeichnen, die Sauerstoff-Atome enthalten:

- Überlagerung einfach besetzter Wolken zu gemeinsamen Elektronenwolken, um möglichst viele polare Bindungen zu bilden.
- Atome wie S, Cl, N etc. können auch die Elektronen freier Elektronenpaare für Atombindungen zur Verfügung stellen.
- Aus zwei doppelt und zwei einfach besetzten Wolken eines Sauerstoff-Atoms bildet man (modellmässig) drei doppelt besetzte Wolken. Ein solches Atom kann sich an die freien Elektronenpaare eines S-, Cl-, N- etc. Atoms binden.

7.6 Der Treibhauseffekt

Das bei der Verbrennung von Methan neben Wasserdampf entstehende Kohlenstoffdioxid ist ein farb-, geruch- und geschmackloses, ungiftiges Gas. Es wird auch bei der Verbrennung kohlenstoffhaltiger Brennstoffe und ebenso bei der menschlichen Atmung frei. Man könnte also annehmen, dass es sich bei diesem Gas um einen völlig unschädlichen Stoff handelt, der keinen ungünstigen Einfluss auf die Qualität der Luft ausübt.
Grundlage für das Leben auf der Erde ist eine mittlere globale Temperatur von +15 °C. Ein natürlicher Treibhauseffekt verhindert das Auskühlen der Erde: Kohlenstoffdioxid und Wasserdampf lassen das sichtbare und kurzwellige Sonnenlicht zur Erde dringen, absorbieren aber die von der Erde zurückgeworfene Wärmestrahlung, sodass sich die erdnahe Luftschicht wie in einem Treibhaus erwärmt. Ohne diesen Effekt läge die mittlere globale Temperatur bei etwa –18 °C.

Der Gehalt der Atmosphäre an Kohlenstoffdioxid ist in den letzten 100 Jahren stark angestiegen, von 280 ppm 1850 auf 379 ppm (2005, Abb. 7.6)[3]. Der heutige Wert ist der höchste seit 650 000 Jahren. Die Erhöhung wurde zu 78 % durch den Gebrauch fossiler Brennstoffe und zu 22 % durch die Nutzung von Landflächen (u.a. Rodungen) verursacht. Auch die Zunahme anderer wichtiger Treibhausgase seit 1750 wie Methan (aus Reisfeldern und Viehhaltung; um 148 %) und Lachgas [Distickstoffmonoxid: N_2O, gebildet bei der Zersetzung von Biomasse durch Bakterien in feuchtem Milieu (z.B. in tropischen Böden); um 18 %] ist bemerkenswert. Diese beiden Gase sind etwa halb so stark an der Erwärmung beteiligt wie Kohlenstoffdioxid. Die Erwärmung der Atmosphäre ist nicht mehr zu übersehen! Die Temperaturzunahme der letzten 50 Jahre ist doppelt so hoch wie die der letzten 100 Jahre. So hat die globale Oberflächentemperatur um 0,75 °C zugenommen, wobei elf der letzten zwölf Jahre die wärmsten seit Beginn der Aufzeichnungen waren. Der Fachausschuss des Internationalen Expertengremiums (Intergovernmental Panel on Climate Change, IPCC) nimmt an, dass sich die Erde im Laufe des 21. Jahrhunderts um 2 bis 4,5 Grad erwärmen könnte. «Am wahrscheinlichsten ist ein Zuwachs von rund drei Grad Celsius.» Diese Prognose gilt jedoch nur, wenn sich der Gehalt an Kohlenstoffdioxid im Vergleich zur vorindustriellen Zeit bis 2100 lediglich verdoppelt,. Ein Annahme, die kaum zu verwirklichen ist…

[3] Alle Zahlen dieses Abschnitts stammen aus dem UNO-Klimabericht 2007 und sind dem SPIEGEL ONLINE entnommen.

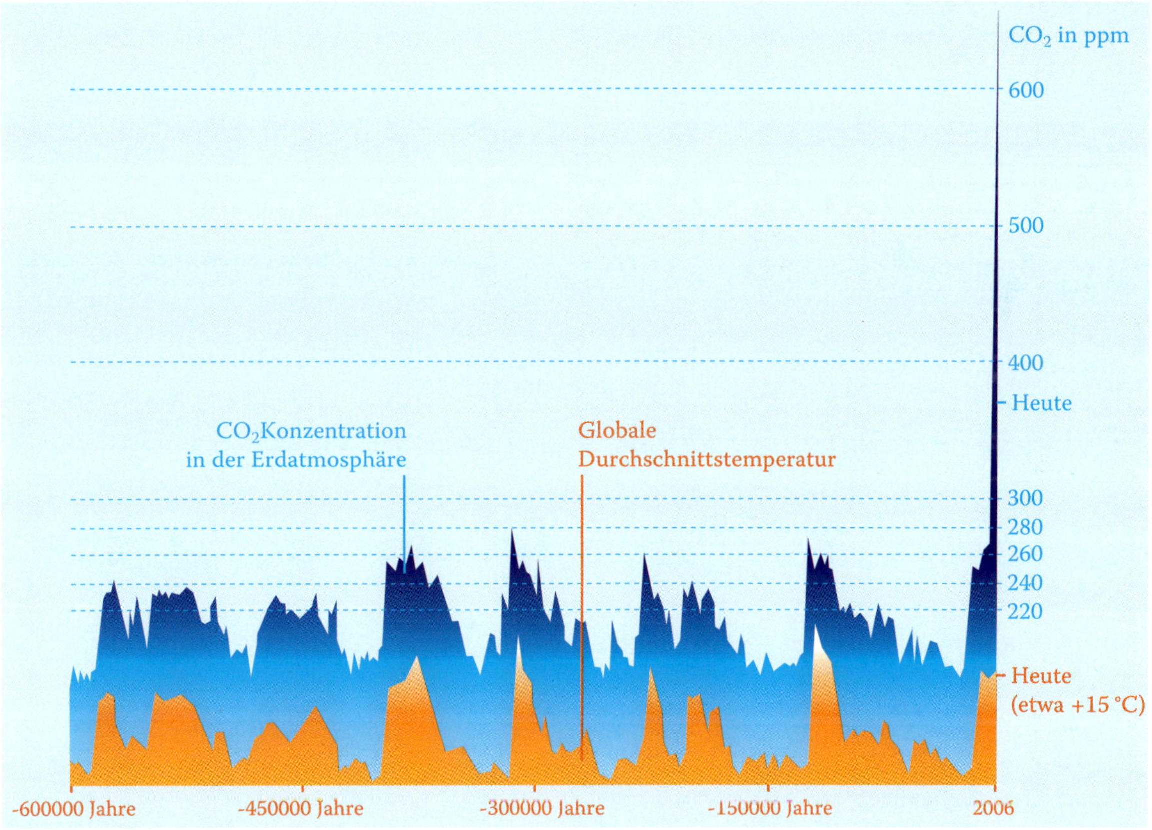

Abb. 7.6 Konzentration von Kohlenstoffdioxid in der Erdatmosphäre und globale Durchschnittstemperatur (WWF aktuell, Nr. 4 Oktober 2006)

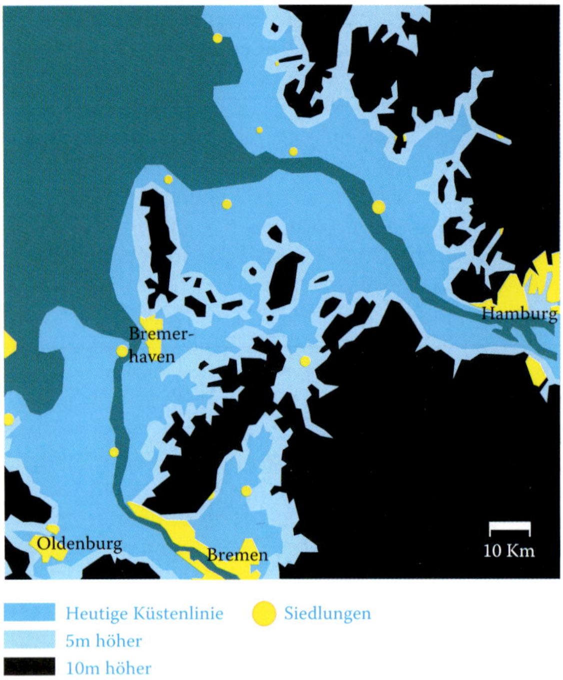

Abb. 7.7 Auswirkungen des Ansteigens des Meeresspiegels als Folge des Abschmelzens des Polareises

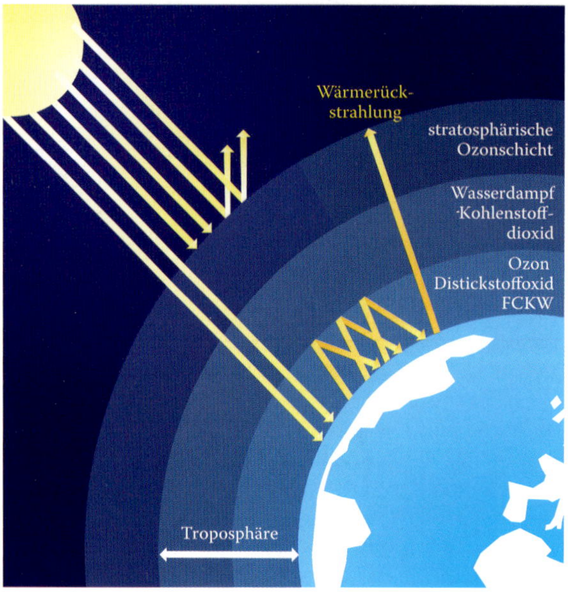

Abb. 7.8 Schichten der Lufthülle und Treibhauseffekt (die Troposphäre reicht von 0 bis ca. 10 km Höhe, die Stratosphäre von ca. 10 bis 80 km Höhe)

Welche Folgen sind bereits erkennbar?

- Die Erwärmung der Arktis ist doppelt so stark wie im globalen Mittel.
- Die Häufigkeit heftiger Niederschläge hat zugenommen.
- Abnahme der schneebedeckten Fläche seit 1980 um 5 %.
- Abschmelzen der Gletscher weltweit; dies hat einen Anstieg der Meere um zusätzlich 0,8 mm pro Jahr zur Folge (rund 25 % des Anstiegs).
- Rückgang des Meereises in der Arktis seit 1978 jährlich um rund 8 %; kein Rückgang in der Antarktis.
- Das Festlandeis in Grönland und in der Antarktis geht ebenfalls zurück. Schmelze und Gletscherabbrüche tragen 0,4 mm zum Meeresspiegelanstieg bei.
- Anstieg der Temperatur in den oberen Schichten des Permafrostbodens um drei Grad.
- Globale Erwärmung der Weltmeere bis in Tiefen von 3000 Meter. Die damit verbundene Volumenzunahme führte ebenfalls zu einem Anstieg des Meeresspiegels (mehr als die Hälfte des gemessenen Anstiegs).
- Anstieg des Meeresspiegels seit 1993 um durchschnittlich 3 mm pro Jahr.
- Rasch fortschreitende Ausdehnung der Wüstenregionen.

ÜBUNGEN ZUM KAPITEL 7

7.1 Wie lässt sich experimentell zeigen, dass Erdgas ein Gemisch ist?

7.2 Formulieren Sie die Gleichung für die Reaktion von einem Mol Methan mit drei Mol Chlor.

7.3 Ordnen Sie die gegebenen Bindungen nach steigender Bindungspolarität: C—H, F—H, O—H, N—H.

7.4 Erklären Sie die unterschiedliche Bindungsenthalpie der Bindungen O—H, S—H, Se—H und Te—H.

7.5 Worauf ist die unterschiedliche Bindungsenthalpie der Bindungen C—C, C=C und C≡C zurückzuführen?

7.6 Ein Mol Octan (C_8H_{18}; Bestandteil des Benzins) verbrennt vollständig mit Sauerstoff zu Kohlenstoffdioxid und Wasser. Wie lautet die Reaktionsgleichung dieses Vorgangs? Warum verläuft die Reaktion stark exotherm?

7.7 Die Reaktionen von Wasserstoff mit Stickstoff und von Aluminium mit Sauerstoff sind Redoxvorgänge. Begründen Sie diese Aussage.

7.8 Welche Oxidationszahlen besitzen die fett gedruckten Atome in den Formeln folgender Verbindungen?

$Ca\mathbf{C}O_3$, $K\mathbf{Cl}O_3$, $H_3\mathbf{P}O_4$, $Na\mathbf{Mn}O_4$, $K_2\mathbf{Cr}_2O_7$, $Li\mathbf{H}$, $K_2\mathbf{Pt}Cl_6$, $\mathbf{C}_2H_6$, $\mathbf{C}O$

7.9 Welche Atome werden in den folgenden Reaktionen oxidiert bzw. reduziert?

a) Reaktion von Kupfer(II)-oxid durch Wasserstoff (die römische Zahl gibt die Oxidationszahl und damit die Ladung des Kupfer-Ions an):
$CuO + H_2 \rightarrow Cu + H_2O$

b) Reaktion von Stickstoff mit Wasserstoff
$N_2 + 3\,H_2 \rightarrow 2\,NH_3$

c) Reaktion von konzentrierter Salpetersäure mit Kupfer:
$4\,HNO_3 + Cu \rightarrow Cu(NO_3)_2 + 2\,NO_2 + 2\,H_2O$

7.10 Worauf beruht der Treibhauseffekt?

7.11 Welche Gase sind für die Zunahme des Treibhauseffekts verantwortlich?

7.12 Welche Folgen für die Erdbevölkerung hat die ständige Zunahme des CO_2-Gehalts der Luft?

7.13 Aus welchen Gründen wird in manchen Staaten die Einführung einer CO_2-Steuer erwogen? Welche Vor- und Nachteile einer solchen Steuer sehen Sie?

8 ALKANE: WICHTIGE ENERGIETRÄGER

Im Gaschromatogramm mancher Erdgase (Abb. 8.1) sind neben dem Peak von Methan oft noch weitere, allerdings kleinere Peaks vorhanden. Solches Erdgas enthält also neben Methan noch weitere Gase: Ethan, Propan und Butan. Insbesondere das sogenannte «nasse Erdgas» besitzt erhebliche Anteile von Propan und Butan, die relativ leicht zu verflüssigen sind und denen dieses Erdgas seinen Namen verdankt.

Die Formeln dieser Gase werden dadurch ermittelt, dass man jeweils eine bestimmte Menge verbrennt, die Verbrennungsprodukte (CO_2 und H_2O) auffängt und wägt und daraus die prozentuale Zusammensetzung der Verbindung bestimmt. Die Masse von 22,4 Litern (bei Normbedingungen) liefert die molare Masse. Für die drei erwähnten Gase erhält man auf diese Weise die Molekülformeln C_2H_6, C_3H_8 und C_4H_{10}[1].

Um Lewis-Formeln für diese Verbindungen aufstellen zu können, muss man Atombindungen zwischen den Kohlenstoff-Atomen schreiben. Mit anderen Worten: Kohlenstoff-Atome verbinden sich untereinander. Solche «Kohlenstoffketten» können praktisch unbegrenzt lang sein, wie man am Beispiel von Polyethylen, einem häufig verwendeten Kunststoff, sieht: Die Polyethylen-Moleküle bestehen aus fast unendlich vielen Kohlenstoff-Atomen.

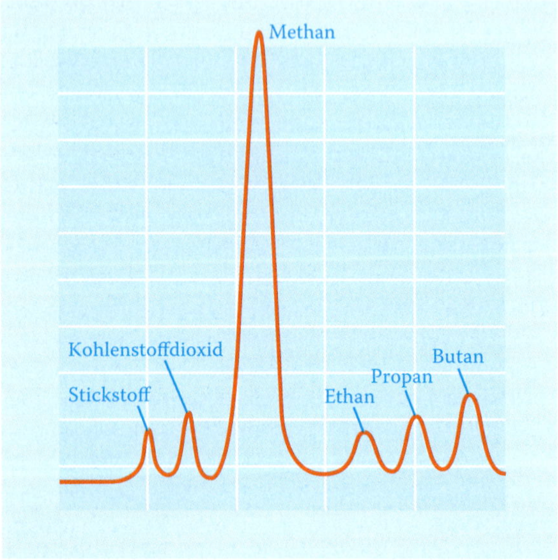

Abb. 8.1 Gaschromatogramm von nassem Erdgas. Zusätzlich zu den Peaks in Abb. 7.2 erkennt man nun auch die Peaks von Ethan, Propan und Butan. In nassem Erdgas finden sich also die vier ersten Glieder der homologen Reihe der Alkane

[1] *Formeln, die wie C_2H_6 nicht nur das Zahlenverhältnis der Atome, sondern zudem die Zusammensetzung eines Moleküls angeben, nennt man Molekülformeln. Die Substanzformel von Ethan wäre CH_3; s.u.*

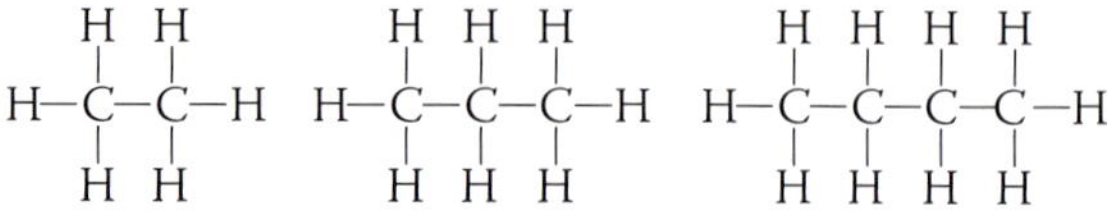

Ethan Propan Butan

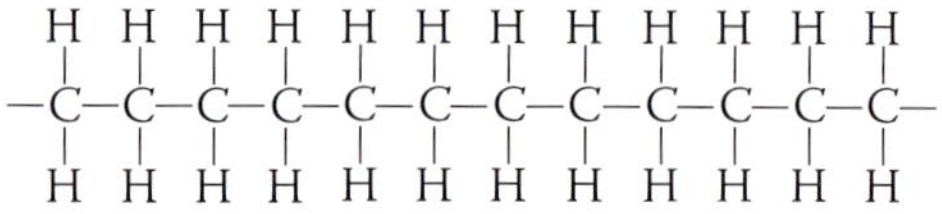

Ausschnitt aus einer Polyethylenkette

8.1 Die Sonderstellung der Kohlenstoff-Verbindungen

Die Beispiele Ethan, Propan, Butan und Polyethylen zeigen, dass Kohlenstoff-Atome sich durch Atombindungen sozusagen unbeschränkt miteinander verbinden. Dabei können sich Moleküle mit nicht nur einfachen, sondern auch verzweigten Ketten sowie Ringen bilden. In solchem Ausmass ist dies bei keinem anderen Element möglich. Nur Schwefel bildet auch längere, allerdings nicht sehr stabile Ketten aus S-Atomen. Im Gegensatz dazu sind C—C-Bindungen bei Raumtemperatur völlig beständig. Der Kohlenstoff – das kennzeichnende Element organischer Verbindungen – besitzt offensichtlich innerhalb der Vielfalt der Elemente eine Sonderstellung. Wie ist das zu erklären?

Kohlenstoff-Atome binden in organischen Molekülen ausser anderen Kohlenstoff-Atomen vor allem Wasserstoff-Atome. Neben C—C- treten in organischen Molekülen also vor allem C—H-Bindungen auf. Beide sind bei Raumtemperatur ausgesprochen reaktionsträg. Dies beruht darauf, dass die Elektronenwolken der C—C- und der C—H-Bindungen von praktisch derselben Kompaktheit sind. Es ergibt sich damit eine maximale Symmetrie der Ladungsverteilung und eine grösstmögliche Abschirmung des Kohlenstoff-Rumpfs, wie es sonst bei keinen anderen Wasserstoff-Verbindungen des Periodensystems möglich ist. Reaktionen an C—C- und C—H-Bindungen erfordern daher ziemlich grosse Aktivierungsenthalpien.

Anderseits sind C—C- und C—H-Bindungen entweder überhaupt nicht oder nur wenig polar und daher nicht übermässig stabil. Dies ist die Ursache der geringen Wärmebeständigkeit sowie der Brennbarkeit organischer Verbindungen. Bei starkem Erhitzen bzw. beim Verbrennen bilden sich viel stabilere (energieärmere) Produkte wie fester Kohlenstoff (Grafit) oder Wasser,

Kohlenstoffdioxid u.a., wobei die letzteren stark polare Bindungen enthalten.
Das im Periodensystem unterhalb von Kohlenstoff stehende Silicium hat eine geringere Elektronegativität, sodass in Verbindungen der folgenden Art

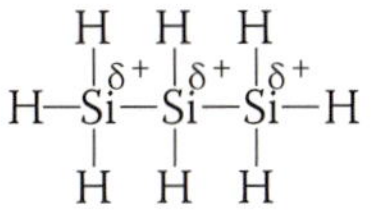

die Silicium-Atome positiv polarisiert sind. Sie stossen sich deshalb gegenseitig ab, wodurch die Si—Si-Bindung geschwächt wird. Zudem ist der Atomrumpf des Silicium-Atoms grösser (deshalb sind die Aussenelektronen weniger fest gebunden) und wird durch die bindenden Wolken viel weniger gut abgeschirmt. Durch ein negativ polarisiertes Atom (wie etwa das Sauerstoff-Atom im Wasser-Molekül) kann er leicht angegriffen werden, sodass eine Reaktion eintritt.

Nur dadurch, dass zwischen je zwei Silicium-Atome ein stark elektronegatives Sauerstoff-Atom «eingebaut» wird, können sich in den Silicaten unendlich ausgedehnte Gerüste und negative Gerüstionen bilden, die dann ebenfalls eine grosse Vielfalt zeigen. Die Silicatchemie (Kap. 25) nimmt also innerhalb der Chemie ebenfalls eine gewisse Sonderstellung ein, ähnlich wie die Kohlenstoffchemie. Die Si—O—Si-Gerüste bilden jedoch keine in sich abgeschlossenen Einheiten (Moleküle), sondern salzartige bis diamantartige Festkörper, die schwer schmelzbar sind. Bei Erreichen der Schmelztemperatur bricht die regelmässige Ordnung der Silicium- und Sauerstoff-Atome zusammen. Dadurch verschwinden die typischen, durch die Struktur und Verkettung der negativen Gerüst- sowie der positiven Metallionen bedingten Eigenschaften solcher Festkörperverbindungen. Im Gegensatz zur «Molekülchemie» organischer Verbindungen ist also die Chemie des Siliciums und der Silicate eine ausgeprägte Chemie fester Stoffe, eine «Kristallchemie» (Kap. 25).

Reaktionen zwischen organischen Verbindungen sind Reaktionen zwischen Molekülen. Dabei wird aber nur selten ein Molekül als Ganzes vollkommen und tiefgreifend verändert (wie etwa bei der Verbrennung). Vielmehr nehmen fast immer nur einzelne Atome oder bestimmte Bindungen am Vorgang teil, während die übrigen unverändert bleiben. Nur aus diesem Grund sind Forschung und Überblick in der organischen Chemie überhaupt möglich geworden. Die Vielfalt wäre andernfalls viel zu gross und zu unübersichtlich, um systematisch Verbindungen auf- oder abzubauen bzw. ineinander umzuwandeln.

Häufig enthalten solche Verbindungen Fremdatome («Heteroatome») wie Sauerstoff, Stickstoff und Halogene, die mit Kohlenstoff- oder Wasserstoff-Atomen polare (reaktionsfähigere) Bindungen bilden. Diese funktionellen Gruppen sind für das Verhalten organischer Verbindungen von entscheidender Bedeutung.

Tabelle 8.1 Wichtige funktionelle Gruppen

funktionelle Gruppe	Name	Stoffklasse
$-\overline{\underline{O}}-H$	Hydroxylgruppe	Alkohole, Phenole
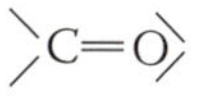	Carbonylgruppe	Aldehyde, Ketone
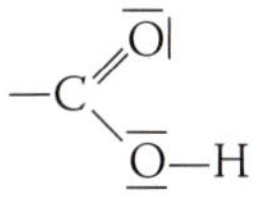	Carboxylgruppe	Carbonsäuren
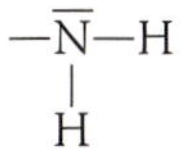	Aminogruppe	Amine
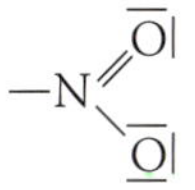	Nitrogruppe	Nitroverbindungen

Historisches zur «organischen» Chemie
Man kennt heute wesentlich mehr organische als anorganische Verbindungen (über 19 Millionen gegenüber 1 Million!). Der Ausdruck «organisch» weist auf Beziehungen zu pflanzlichen und tierischen Organismen hin, obwohl zahlreiche organische Verbindungen nichts mit Lebewesen zu tun haben und organische Verbindungen zweifellos schon auf der Erde existierten, bevor das «Leben» entstanden ist.
Gewisse organische Stoffe sind seit dem Altertum bekannt. Vorgeschichtliche Völker kannten schon den Zucker, die Vergärung von Fruchtsäften, Honig oder Malz zu alkoholischen Getränken, die Bildung von Essig aus Wein, Färbeverfahren für Textilien mit Farbstoffen aus dem Pflanzen- oder Tierreich. Hingegen wurde erst in der Neuzeit damit begonnen, organische Stoffe aus den in der Natur vorliegenden Gemischen zu isolieren und sie rein darzustellen. So erhielt Scheele (um 1784) Citronensäure aus Zitronen, Apfelsäure aus Äpfeln, Weinsäure aus Weinstein, Milchsäure aus saurer Milch, Oxalsäure aus Sauerkleesalz, Glycerin aus Fetten usw.
Lavoisier, bekannt durch seine bahnbrechenden Arbeiten über das Wesen der Verbrennung, begann mit der Untersuchung der Zusammensetzung derartiger Verbindungen. Er verbrannte sie, bestimmte die Art und die Menge der Verbrennungsprodukte und schloss daraus auf die Zusammensetzung der untersuchten Substanz. Es ergab sich, dass die meisten dieser «Naturverbindungen» aus ganz wenigen Elementen bestehen, aber in ziemlich komplizierten

Massenverhältnissen aus diesen zusammengesetzt sind.
Berzelius (um 1810) erkannte weitere gemeinsame Merkmale dieser Stoffe (Brennbarkeit, geringe Wärmebeständigkeit) und verwendete für sie zum erstenmal die Bezeichnung «organisch», weil alle zunächst untersuchten derartigen Verbindungen aus Organismen isoliert wurden. Berzelius hielt es für unmöglich, organische Stoffe künstlich herzustellen. Er glaubte vielmehr, sie würden in Lebewesen durch die Wirkung einer geheimnisvollen «Lebenskraft» entstehen.
1828 gelang es aber dem Chemiker Wöhler, Harnstoff, also einen typisch organischen Stoff, aus einer anorganischen Verbindung künstlich herzustellen. Er war sich bewusst, damit einen organischen Stoff ohne Mitwirkung der Lebenskraft hergestellt zu haben, denn er schrieb an seinen Freund Berzelius: «Ich kann sozusagen mein chemisches Wasser nicht halten und muss Ihnen schreiben, dass ich Harnstoff machen kann, ohne dazu Nieren oder überhaupt ein Tier, sei es Mensch oder Hund, nötig zu haben. Der Harnstoff erwies sich als identisch mit Pisseharnstoff, den ich in jeder Hinsicht selbst gemacht habe.» Die Lehre von der «Lebenskraft» war damit erstmals widerlegt.
Die künstliche Schranke zwischen organischer und anorganischer Chemie fiel in dem Masse immer mehr dahin, als es allmählich gelang, weitere organische Verbindungen synthetisch zu gewinnen (1845 z.B. erste Synthese der Essigsäure aus den Elementen). Im Laufe der Zeit wurde erkannt, dass alle «organischen» Verbindungen Kohlenstoff enthalten. Man stellte auch gewisse Besonderheiten in ihrem Aufbau und ihren Eigenschaften fest. Deshalb wurde die Bezeichnung «Organische Chemie» für die Chemie der Kohlenstoff-Verbindungen beibehalten. Nur die Kohlenstoffoxide, die Kohlensäure, die Hydrogencarbonate und die Carbonate werden üblicherweise zu den anorganischen Verbindungen gerechnet.

In einer früheren kleinen Notiz, die in dem III. Bande dieser Annalen abgedruckt ist, habe ich angegeben, daß beim Einwirken von Cyan auf flüssiges Ammoniak, außer mehreren anderen Producten, auch Oxalsäure und eine krystallisirbare weiße Substanz entstehe, welche letztere bestimmt kein cyansaures Ammoniak sey, welche man aber dessen ungeachtet immer erhalte, so oft man versuche, z. B. durch sogenannte doppelte Zersetzung, Cyansäure mit Ammoniak zu verbinden. Der Umstand, daß bei der Vereinigung dieser Stoffe dieselben ihre Natur zu verändern schienen und dadurch ein neuer Körper entstände, lenkte von Neuem meine Aufmerksamkeit auf diesen Gegenstand, und diese Untersuchung hat das unerwartete Resultat gegeben, daß bei der Vereinigung von Cyansäure mit Ammoniak Harnstoff entsteht, eine auch in sofern merkwürdige Thatsache, als sie ein Beispiel von der künstlichen Erzeugung eines organischen, und zwar sogenannten animalischen, Stoffes aus unorganischen Stoffen darbietet.

Abb. 8.2 Dieser Text ist ein Ausschnitt aus einer wissenschaftlichen Veröffentlichung Friedrich Wöhlers (1800–1882). [Aus Pogg. Ann. Phys. Bd. 88, 253 ff. (1828)]

8.2 Trennung, Reinigung und Identifizierung von Kohlenstoff-Verbindungen; Molekül- und Konstitutionsformel (Lewis-Formel)

Voraussetzung für die Ermittlung der Konstitution von Molekülen und die Untersuchung chemischer Reaktionen ist das Vorliegen chemisch einheitlicher Verbindungen, d.h. von reinen Stoffen. Nicht nur in der Natur existieren die organischen Substanzen in Form kompliziert zusammengesetzter Gemische. Auch bei Synthesen entstehen als Folge verschiedenartiger, meist unvermeidlicher Nebenreaktionen oft Gemische verschiedener Produkte. Aus diesen Gründen gehören Trennung, Reinigung und Identifizierung von Substanzen zu den häufigsten Tätigkeiten des praktisch arbeitenden Organikers.

Beispiele von Trennungs- und Reinigungsmethoden wurden in Abschnitt 2.2 besprochen. Zur Trennung organischer Stoffgemische sind besonders die chromatografischen Verfahren wichtig geworden, unter ihnen vor allem die Säulenchromatografie und die Hochdruck-Flüssigkeits-Chromatografie (HPLC). In beiden Fällen benützt man mit der adsorbierenden Substanz gefüllte Rohre, die «Säulen». Bei der Säulenchromatografie gibt man das Gemisch auf die senkrecht stehende Säule und trennt die einzelnen Komponenten, indem man ein oder u.U. verschiedene Lösemittel durchlaufen lässt (man «eluiert» die Säule), während bei der Hochdruck-Flüssigkeits-Chromatografie die flüssige Phase mit den zu trennenden Substanzen unter hohem Druck durch die Säule gepresst wird.

Zur Identifizierung einer Substanz benützt man möglichst zahlreiche Eigenschaften, die mit denjenigen bekannter Verbindungen verglichen werden: Schmelz- und Siedetemperatur, Brechungsindex, Lichtabsorption (vor allem im Infrarot), usw. Insbesondere kann durch Vergleich mit einer bekannten Substanz die Identität eines Stoffes relativ einfach bewiesen werden. Man mischt dabei die zu prüfende Substanz mit der anderen, von der man vermutet, sie sei mit ihr identisch, und bestimmt die Schmelztemperatur des Gemischs. Sinkt die gemessene Schmelztemperatur unter den der reinen Substanz, so sind die beiden Stoffe nicht identisch.

Zur Bestimmung der Zusammensetzung organischer Verbindungen dient auch heute noch die auf Lavoisier zurückgehende, von J. Liebig (1803–1873) und F. Pregl (1869–1930) stark verbesserte «Verbrennungsanalyse». Dabei wird die betreffende Verbindung im Sauerstoffstrom, meist zusammen mit weiteren sauerstoffhaltigen Substanzen, verbrannt. Aus der Menge der entstandenen Produkte können die Anteile der Elemente in der betreffenden Verbindung berechnet werden. Kennt man die qualitative und quantitative Zusammensetzung einer Verbindung (sowie die Atommassen der beteiligten Elemente!), so lässt sich ihre Substanzformel («Verhältnisformel») berechnen (Abschnitt 3.4).

Die Substanzformel gibt nur das Zahlenverhältnis der Atome an. Um die Anzahl der Atome im Molekül festzulegen, muss man auch noch die molare Masse ermitteln (Tab. 8.2). Dazu bestimmt man bei flüchtigen Stoffen die Masse von 22,4 Litern Dampf (bei Normbedingungen; Abschnitt 3.7). Von Verbindungen, die sich, wie z.B. Rohrzucker, nicht unzersetzt verdampfen lassen, kann allerdings die molare Masse nicht auf diese Weise ermittelt werden.
Man muss solche Substanzen in einem geeigneten Lösemittel lösen und die Schmelz- und Siedetemperatur der Lösung bestimmen. Die Siedetemperatur liegt dabei höher und die Schmelztemperatur tiefer als beim reinen Lösemittel. Siedetemperaturerhöhung und Schmelztemperaturerniedrigung sind aber abhängig von der in einem bestimmten Lösemittel gelösten Anzahl Mol und können damit zur Ermittlung der molaren Masse verwendet werden.

Kennt man die molare Masse, so kann die «Molekülformel» («Summenformel») aufgestellt werden. Sie gibt an, welche und wie viele Atome im Molekül enthalten sind.

Tabelle 8.2 Beispiele von Molekülformeln

	Substanzformel	molare Masse ($g \cdot mol^{-1}$)	Molekülformel
Traubenzucker	CH_2O	180	$C_6H_{12}O_6$
Milchsäure	CH_2O	90	$C_3H_6O_3$
Essigsäure	CH_2O	60	$C_2H_4O_2$
Formaldehyd	CH_2O	30	CH_2O

Die Ermittlung von Konstitutions-Formeln (Lewis-Formeln) organischer Moleküle ist eine sehr wichtige Aufgabe. Früher ging man dabei meist indirekt vor und versuchte, die chemischen Eigenschaften des unbekannten Stoffs mit verschiedenen, theoretisch möglichen Strukturen in Einklang zu bringen. Ausserdem wurde die zu untersuchende Substanz häufig in einfachere, bekannte Stoffe abgebaut. Von der Struktur der Produkte schloss man dann auf die Struktur des ursprünglichen Moleküls.

Heute werden vor allem verschiedene physikalische Methoden zur Strukturaufklärung verwendet: Infrarot-, Ultraviolett-, Kernresonanz- und Massenspektroskopie (Kapitel 32); Röntgenstrukturanalyse von Kristallen. Besonders die Aufnahme eines Infrarotspektrums gehört heute bereits zu den Routinearbeiten im organischen Laboratorium. Da das Infrarotlicht Atome in den Molekülen zu Schwingungen anregen kann, vermag das Infrarotspektrum (die Darstellung der Infrarotabsorption als Funktion der Wellenlänge) Aufschluss über die im Molekül vorhandenen Bindungen und schwingenden Massen, also über das Vorhandensein bestimmter Atomgruppen zu geben.

8.3 Alkane, eine homologe Reihe

Vergleicht man die Formeln der im Erdgas gefundenen Verbindungen (Methan, Ethan, Propan und Butan) untereinander (Abschnitt 8.1), so erkennt man, dass sich die Moleküle jeweils um ein Kohlenstoff- und zwei Wasserstoff-Atome unterscheiden:

$$CH_4 \quad C_2H_6 \quad C_3H_8 \quad C_4H_{10} \cdots\cdots\cdots\cdots\cdots C_nH_{2n+2}$$

Die vier Stoffe Methan, Ethan, Propan und Butan bilden die Anfangsglieder einer langen Reihe von Kohlenstoff/Wasserstoff-Verbindungen («Kohlenwasserstoffe»). Sie entsprechen alle der allgemeinen Formel C_nH_{2n+2} und werden als Alkane bezeichnet. Eine solche Reihe von Verbindungen, deren Glieder sich in ihren Molekülformeln jeweils um eine CH_2-Gruppe unterscheiden, nennt man eine «homologe Reihe» (Abb. 8.3).

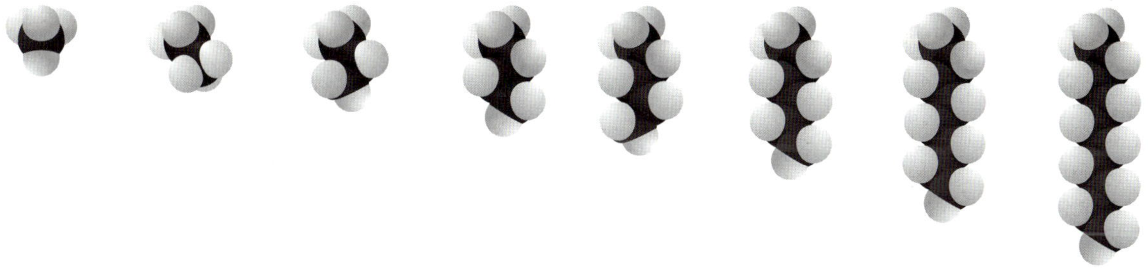

Abb. 8.3 Kalottenmodelle der Moleküle der C_1- bis C_8-Alkane. Da sich die vier Bindungen eines C-Atoms an die Ecken eines Tetraeders ausrichten, sind die Kohlenstoffketten nicht gerade, sondern zickzackförmig

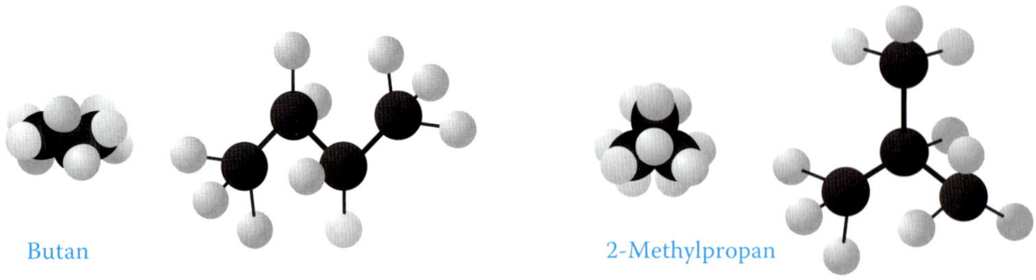

Abb. 8.4 Kalottenmodelle und Kugel-Stäbchen-Modelle von Butan und 2-Methylpropan. Butan und 2-Methylpropan sind Konstitutionsisomere. Sie haben die gleiche Summenformel, aber verschiedene Lewis-Formeln. Die unterschiedliche Verknüpfung der Atome erklärt die verschiedenen physikalischen Eigenschaften der beiden Stoffe

Tabelle 8.3 Homologe Reihe der unverzweigten Alkane

Formel	Lewis-Formel	Name
CH_4	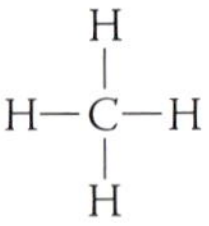	Methan
C_2H_6	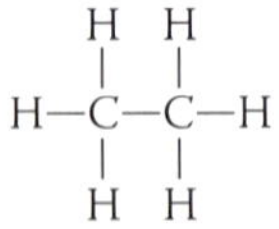	Ethan
C_3H_8	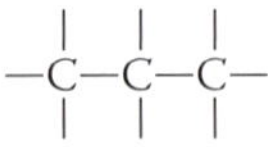 [2]	Propan
C_4H_{10}	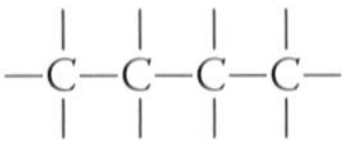	Butan
C_5H_{12}	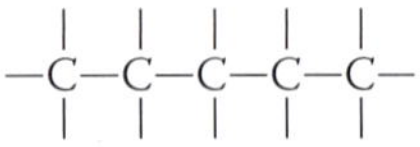	Pentan
C_6H_{14}	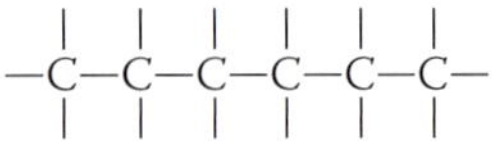	Hexan
C_7H_{16}	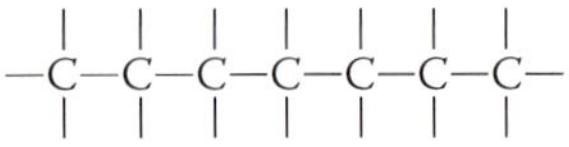	Heptan
C_8H_{18}	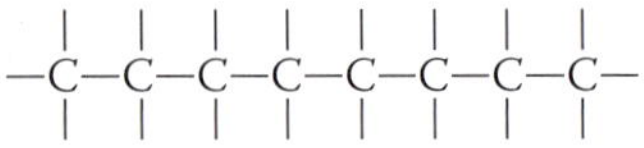	Octan
C_9H_{20}	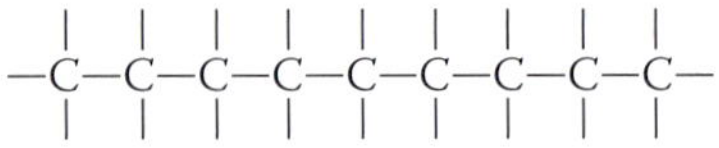	Nonan
$C_{10}H_{22}$	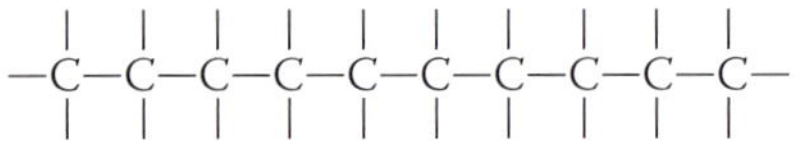	Decan
C_nH_{2n+2}		Alkan

[2] *Bei den Lewis-Formeln können der Einfachheit halber die Symbole der H-Atome weggelassen werden.*

Isomerie: ein Grund für die Vielfalt

Da ein Kohlenstoff-Atom vier Bindungen eingehen kann (Abschnitt 5.4), lassen sich der Molekülformel C_4H_{10} zwei verschiedene Lewis-Formeln zuordnen:

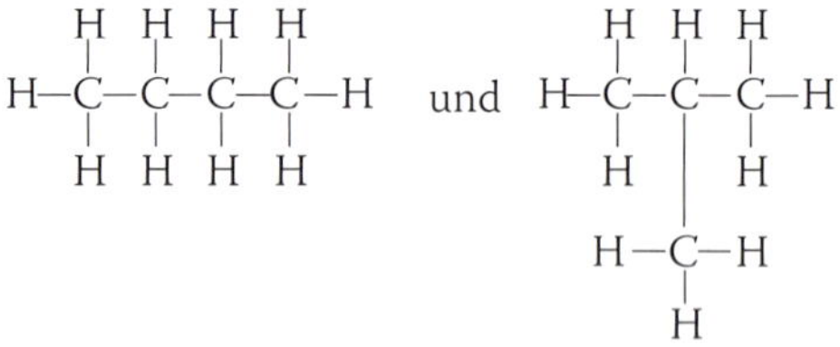

(1) und (2)

In der Tat kennt man zwei verschiedene Stoffe, denen die Molekülformel C_4H_{10} zukommt: das Butan (1) mit der Siedetemperatur –0,5 °C und das Methylpropan (2) mit der Siedetemperatur –11,7 °C[3], vgl. Abb. 8.4.
Für die Molekülformel C_5H_{12} sind sogar drei verschiedene Lewis-Formeln möglich:

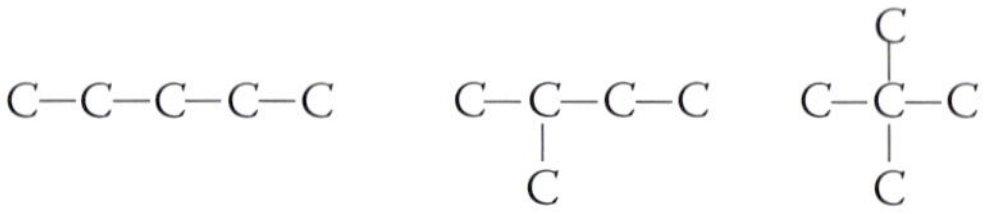

(Zur Vereinfachung sind die Wasserstoff-Atome und die gemeinsamen Elektronenpaare zwischen den H- und den C-Atomen nicht eingezeichnet.)
Tatsächlich existieren drei verschiedene Stoffe mit der Molekülformel C_5H_{12}.
Besitzen verschiedene Stoffe dieselbe Molekülformel, so nennt man dies Isomerie. Beruht die Isomerie auf der unterschiedlichen Konstitution der Moleküle, so handelt es sich um Konstitutionsisomerie[4]. Butan und Methylpropan sind zwei Isomere; man sagt auch, die beiden Stoffe seien isomer zueinander.

> Konstitutionsisomere sind Stoffe mit derselben Molekülformel, aber verschiedener Konstitutions- (Lewis-) Formel.

[3] *Die Oberfläche des Methylpropan-Moleküls ist kleiner als die des Butan-Moleküls, sodass die van der Waals-Kräfte schwächer sind.*
[4] *Es gibt auch Isomere, welche die gleiche Lewis-Formel haben, sich jedoch durch den räumlichen Bau ihrer Moleküle unterscheiden. Solche Isomere heissen Stereoisomere.*

Tabelle 8.4 Konstitutionsisomere von C_4H_{10}, C_5H_{12} und C_6H_{14}

Formel	Lewis-Formel
C_4H_{10}	
C_5H_{12}	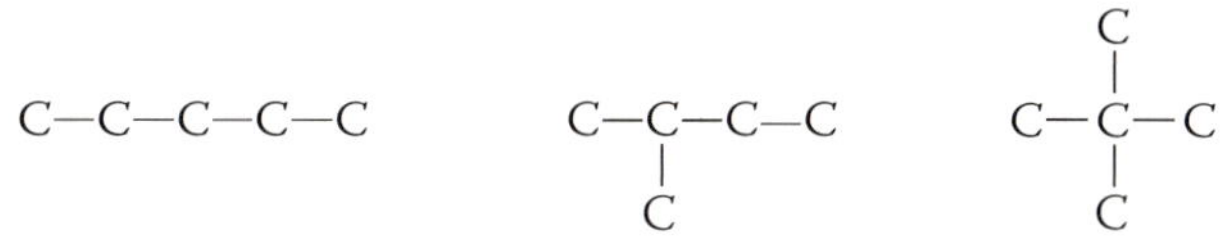
C_6H_{14}	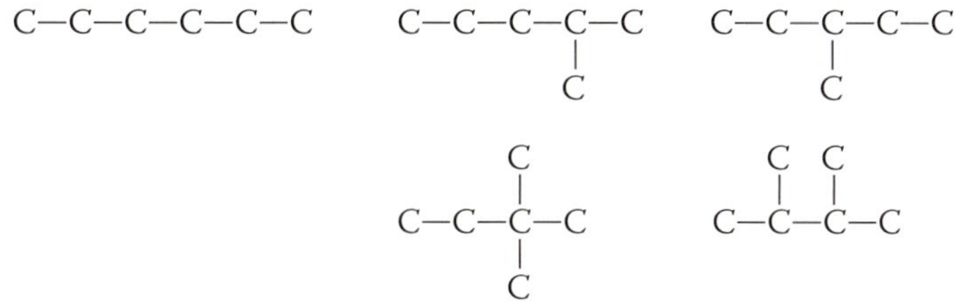

Nun könnte man sich aber vorstellen, dass zwei verschiedene Butane existieren:

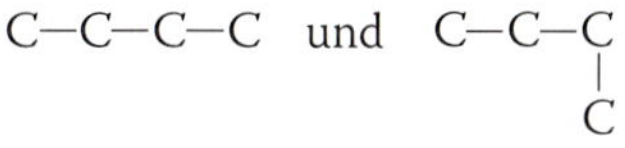

(3) (4)

Trotz intensivem Suchen nach solchen Isomeren hat man stets nur ein einziges Butan gefunden. In der Tat sind die Atome in den beiden Formeln (3) und (4) in gleicher Weise miteinander verknüpft. Nur die gegenseitige Verknüpfung der Atome durch Atombindungen und nicht die gerade oder gewinkelte Schreibweise einer Kohlenstoffkette entscheidet darüber, ob zwei Stoffe zueinander konstitutionsisomer sind. Mit anderen Worten: Man muss aus der Identität der beiden Moleküle (3) und (4) folgern, dass die Atome um ihre Bindungen frei drehbar sind (vgl. Abb. 8.5).

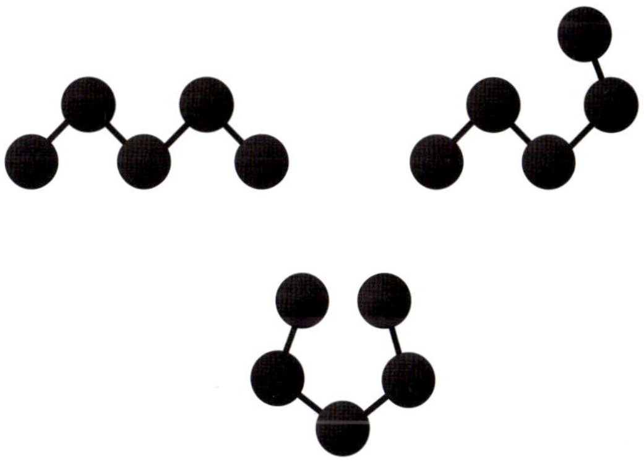

Abb. 8.5 Mögliche Formen (Konformationen) einer Kette von fünf Kohlenstoff-Atomen

Es muss nochmals darauf hingewiesen werden, dass die Lewis-Formeln nur die gegenseitige Verknüpfung der Atome angeben, aber nichts über deren Anordnung im Raum aussagen. Die vier Bindungen, die ein Kohlenstoff-Atom eingehen kann, sind nach den Ecken eines Tetraeders gerichtet (vgl. Elektronenpaarabstossungsmodell; Abschnitt 6.2). Die Kohlenstoffketten in organischen Molekülen sind daher nicht etwa lineargestreckt, sondern zickzackförmig.

Die Zahl der möglichen Isomere nimmt mit wachsender Zahl der im Molekül vorhandenen Kohlenstoff-Atome stark zu. So sind für die Molekülformel C_6H_{14} schon fünf Konstitutionsisomere möglich. Von C_7H_{16} existieren 9, von $C_{10}H_{22}$ gar 75 Isomere, die sich jeweils in ihren Eigenschaften (z.B. Schmelz- und Siedetemperaturen voneinander unterscheiden.

Wie benennt man die vielen Kohlenwasserstoffe?

Es ist klar, dass zur Unterscheidung der fast unendlich vielen möglichen organischen Verbindungen ein bestimmtes System zur Benennung entwickelt werden musste, denn es kann keinem Chemiker zugemutet werden, z.B. die Namen für alle 75 Isomere der Molekülformel $C_{10}H_{22}$ auswendig zu lernen. Die heute übliche Nomenklatur geht zurück auf Beschlüsse, die am Internationalen Chemikerkongress in Genf (1892) gefasst und seither jeweils den praktischen Erfordernissen entsprechend ergänzt und erweitert wurden («Genfer-» oder «IUPAC-Nomenklatur»[5]).

Wie schon erwähnt, verwendet man zur Benennung der Alkane griechische Zahlwörter (ausser bei den

[5] *«IUPAC» = International Union of Pure and Applied Chemistry*
Nomenklatur = Namengebung

ersten vier Gliedern der homologen Reihe) und hängt die Endung -an an. Atomgruppen, die aus Alkan-Molekülen formal durch Abtrennung eines Wasserstoff-Atoms entstehen und die damit eine einfach besetzte Elektronenwolke haben, erhalten die Endung -yl («Alkylgruppen»):

CH_3-	Methyl-
C_2H_5-	Ethyl-
C_3H_7-	Propyl-

Um ein Alkan mit einer verzweigten Kohlenstoffkette benennen zu können, benützt man folgende Regeln:

1. Die längste unverzweigte Kette im Molekül gibt den Stammnamen.

   Beispiele:

C_5-Kette	Pentan
C_6-Kette	Hexan
C_7-Kette	Heptan
C_8-Kette	Octan

2. Die Kohlenstoff-Atome dieser Kette werden fortlaufend durchnummeriert. Die Nummerierung erfolgt in der Richtung, bei der sich am Schluss die kleinsten Zahlen ergeben.

3. Die Lage der Seitenketten wird durch die Nummer des Kohlenstoff-Atoms angegeben, an dem die Verzweigung erfolgt.

4. Die Seitengruppen werden als Alkylgruppen benannt.

5. Enthält ein Molekül mehrere gleiche Seitenketten, so wird dies durch die Silben «Di», «Tri», «Tetra» usw. zum Ausdruck gebracht.

   Beispiele:
   (ohne Berücksichtigung der Wasserstoff-Atome):

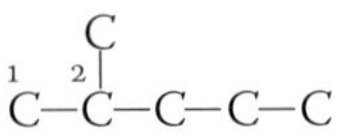

2-Methylpentan

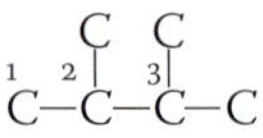

2,3-Dimethylbutan

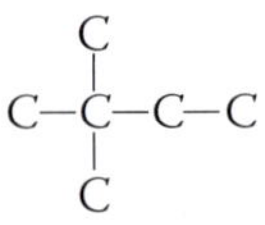

2,2-Dimethylbutan

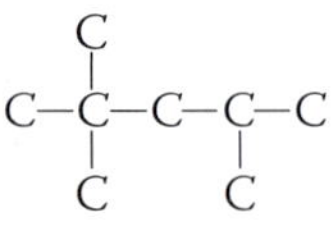

2,2,4-T rimethylpentan

Zur Darstellung solcher Moleküle benützt man häufig sogenannte Skelett-Formeln, in denen nur die C—C-Bindungen als Striche gezeichnet werden. Enthält das Molekül auch Fremdatome, so müssen diese gesondert angegeben werden.

Beispiele:

Lewis-Formel	Skelett-Formel
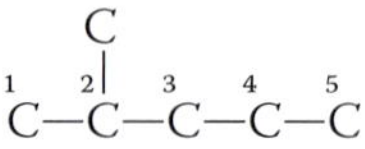	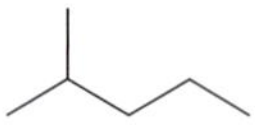 a)
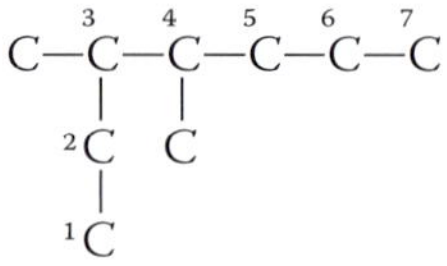	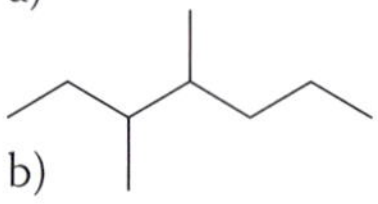 b)
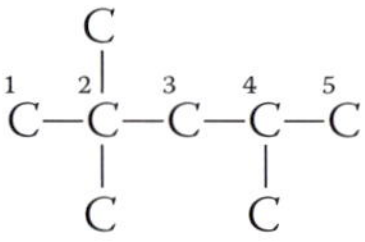	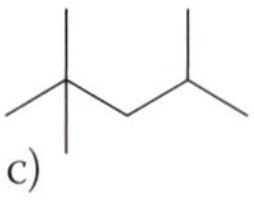 c)
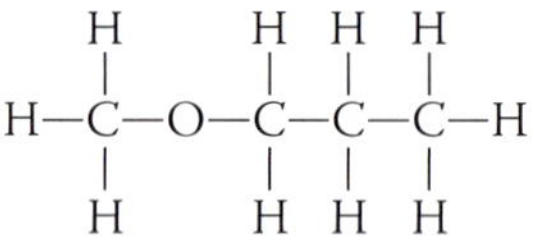	
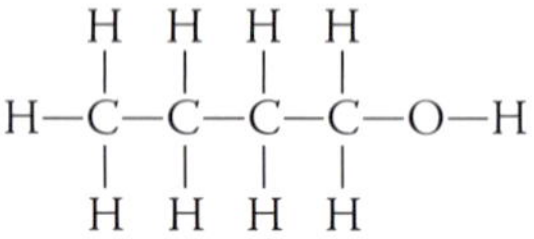	
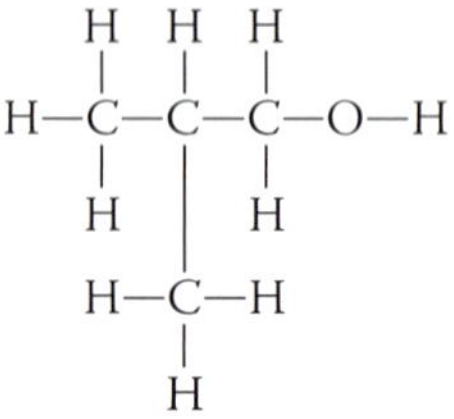	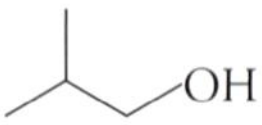
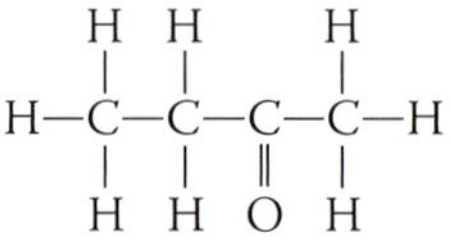	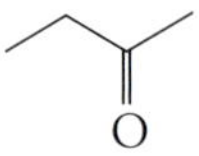

Eigenschaften und Verwendung der Alkane
Schmelz- und Siedetemperaturen steigen mit zunehmender Molekülmasse (Abb. 8.6), eine Folge der wachsenden van der Waals-Kräfte (zunehmende Elektronenzahl und Moleküloberfläche). Wegen der geringen Polarität der C—H-Bindungen und des symmetrischen Baus der Moleküle sind diese als Ganzes völlig unpolar (Abschnitt 13.2). Dies erklärt ihre Löslichkeit in unpolaren Lösemitteln, wie z.B. in anderen Kohlenwasserstoffen, Kohlenstofftetrachlorid (CCl_4) und Kohlenstoffdisulfid (CS_2). Hingegen sind alle Alkane mit Ausnahme von Methan völlig wasserunlöslich

(Methan löst sich in ganz geringen Mengen). Man sagt, Alkane seien «wasserabstossend» (hydrophob) oder «fettliebend» (lipophil), weil sie sich in den gleichen Lösemitteln lösen wie die Fette.

Tabelle 8.5 Schmelz- und Siedetemperaturen der unverzweigten gesättigten Kohlenwasserstoffe

Formel	Name	t_m in °C	t_b in °C
CH_4	Methan	−182,5	−161,5
C_2H_6	Ethan	−182,8	−88,6
C_3H_8	Propan	−187,6	−42,1
C_4H_{10}	Butan	−138,3	−0,5
C_5H_{12}	Pentan	−129,7	36,1
C_6H_{14}	Hexan	−95,4	68,8
C_7H_{16}	Heptan	−90,6	98,4
C_8H_{18}	Octan	−56,8	125,7
C_9H_{20}	Nonan	−53,5	150,8
$C_{10}H_{22}$	Decan	−29,6	174,2
$C_{11}H_{24}$	Undecan	−25,5	195,9
$C_{12}H_{26}$	Dodecan	−9,6	216,3
$C_{13}H_{28}$	Tridecan	−5,4	235,5
$C_{14}H_{30}$	Tetradecan	5,8	253,6
$C_{15}H_{32}$	Pentadecan	10	270,6
$C_{16}H_{34}$	Hexadecan	18,1	286,9
$C_{17}H_{36}$	Heptadecan	22	302,0
$C_{18}H_{38}$	Octadecan	28,2	316,3
$C_{19}H_{40}$	Nonadecan	32,0	329,9
$C_{20}H_{42}$	Eicosan	36,6	343
$C_{25}H_{52}$	Pentacosan	53,9	401,9
$C_{30}H_{62}$	Triacontan	65,1	452
$C_{40}H_{82}$	Tetracontan	81,5	

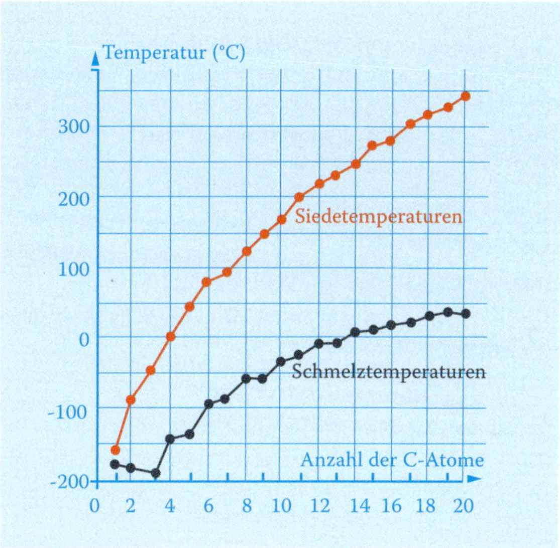

Abb. 8.6 Schmelz- und Siedetemperaturen der ersten zwanzig Alkane. Der mit zunehmender Molekülgrösse erfolgende Anstieg der beiden Temperaturen ist auf die wachsenden zwischenmolekularen Kräfte zurückzuführen. Diese sind umso grösser, je grösser die Moleküloberflächen sind

Chemische Reaktionen der Alkane

Alle Alkane sind brennbar. Sie werden deshalb als Energiequelle verwendet. Bei vollständiger Verbrennung entstehen Kohlenstoffdioxid und Wasser. Mit wachsender Kohlenstoffzahl russt die Flamme immer stärker und leuchtet (Abb. 8.7), weil die Verbrennung unvollständig ist und sich kleinste Kohlenstoff-Körnchen abscheiden, die in der Flamme aufglühen.

Die Temperatur, bei der über einer Flüssigkeit vorhandene Dämpfe entzündbar sind, nennt man Flammpunkt. Er hängt von der Siedetemperatur ab und steigt mit wachsender Molekülmasse. Nur Dämpfe sind entzündbar (Flammen sind glühende Gase!). Im Docht einer Kerze wird das verflüssigte Stearin oder Wachs durch Kapillarwirkung hochgesaugt. Am Dochtende verdampft und verbrennt es.

Mischungen von Luft mit Kohlenwasserstoffdämpfen oder mit gasförmigen Kohlenwasserstoffen können bei Zündung explosionsartig verbrennen (Verbrennungsmotor!). Die bei der Verbrennung insgesamt freiwerdende Energie ist die Differenz zwischen den aufzuwendenden Bindungsenthalpien der Ausgangsstoffe und den freiwerdenden Bindungsenthalpien der Endstoffe. Der stark exotherme Verlauf der Verbrennung ist auf die Bildung stark polarer Bindungen zurückzuführen (Abschnitt 7.3).

Auf die Bedeutung von Methan («Erdgas») wurde bereits im Abschnitt 7.1 hingewiesen. Propan und Butan lassen sich durch Druck leicht verflüssigen und werden als «Flüssiggas» (genauer: verflüssigtes Gas) zu Heizzwecken verwendet (Feuerzeuge, Camping-Brenner). Man gewinnt diese Gase in grossen Mengen durch Hitzespaltung («Cracken») von Erdölfraktionen.

Benzin ist hauptsächlich ein Gemisch aus Alkanen mit 5 bis 9 Kohlenstoff-Atomen. Diesel- und Heizöl enthalten vor allem Alkane mit 12 bis 18 Kohlenstoff-Atomen. Der Flammpunkt von Benzin ist sehr niedrig (zwischen −55 und −25 °C, je nach seiner Zusammensetzung). Benzindämpfe sind aus diesem Grund sehr leicht entzündlich und feuergefährlich. Mit Luft bilden die

Dämpfe explosive Gemische. Im Benzinmotor erfolgt die Zündung des Benzindampf/Luft-Gemischs durch einen Zündfunken. Im Dieselmotor dagegen entzündet sich das Gemisch aus Luft und feinsten Öltröpfchen durch die Kompressionswärme von selbst. Dieselmotoren benötigen keinen Vergaser und keine Zündung.

Alkane sind ausgesprochen hydrophobe Stoffe. Ihre Schmelz- und Siedetemperaturen werden mit wachsender Molekülmasse höher. Sie sind brennbar; der Flammpunkt steigt ebenfalls mit wachsender Molekülmasse.

Bei Raumtemperatur sind die Alkane ausgesprochen reaktionsträg (reaktionsträge C—C- und C—H-Bindungen; Abschnitt 8.1). Unter der Wirkung von Licht (insbesondere von ultraviolettem Licht) lassen sich aber auch bei höheren Alkanen Wasserstoff-Atome durch Brom- oder Chlor-Atome substituieren.
Wird z.B. ein Gemisch von Hexan mit Brom kräftig belichtet, so entstehen stechend riechende Dämpfe von Hydrogenbromid, und das Gemisch entfärbt sich allmählich. Die «Beilsteinprobe» (Abb. 8.8) zeigt, dass Halogenverbindungen entstanden sind. Beim Belichten ist also die folgende Reaktion eingetreten:

$C_6H_{14} + Br_2 \rightarrow C_6H_{13}Br$[6] $+ HBr$[7]

Das Licht bewirkt, dass die farbigen, d.h. Licht absorbierenden Br_2-Moleküle durch die Lichtabsorption energiereicher werden und beim Zusammenstoss mit einem anderen Molekül in Atome zerfallen. Die Atombindung Br—Br wird dabei «homolytisch» getrennt, d.h. jedes Teilstück bekommt ein Elektron des bindenden Elektronenpaars:

$$Br_2 \xrightarrow{\text{Licht}} 2\,Br^{\bullet}$$

Stösst ein (energiereiches) Brom-Atom mit einem Hexan-Molekül zusammen, so bildet sich ein HBr-Molekül nebst einem organischen Radikal, d.h. einem Teilchen mit einem einzelnen, ungepaarten Elektron[8]:

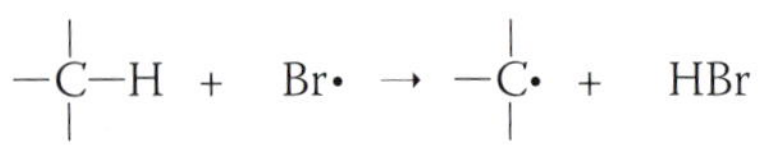

Wenn das «Hexyl-Radikal» mit einem Br_2-Molekül zusammenstösst, so entsteht wieder ein Brom-Atom:

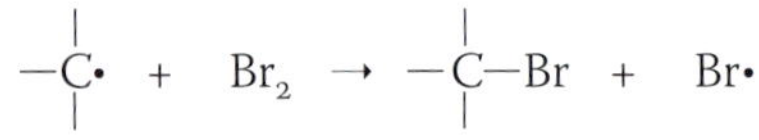

[6]Bei solchen Reaktionen können auch mehrere Wasserstoff-Atome ersetzt werden, sodass Produkte wie z.B. $C_6H_{12}Br_2$ entstehen.
[7]Hydrogenbromid lässt sich ebenso wie die anderen Hydrogenhalogenid-Verbindungen mit Ammoniak nachweisen: Sie bilden mit Ammoniak einen weissen Rauch.
[8]Auch Brom-Atome sind Radikale, da sie ein ungepaartes Elektron besitzen.

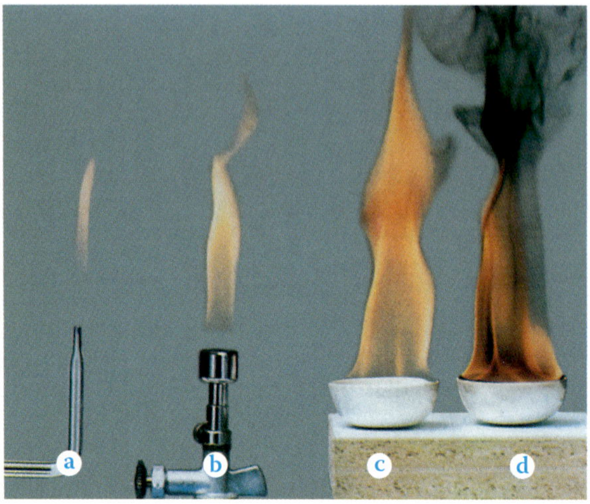

Abb.8.7 Flammen von Kohlenwasserstoffen. a) Methan, b) Butan, c) Hexan, d) Benzol

Abb. 8.8 Nachweis der Elemente Chlor, Brom und Iod in organischen Verbindungen (Beilstein-Probe).
Eine Substanzprobe wird auf einem oxidierten Kupferblech verbrannt. Enthält die Verbindung eines der drei Elemente, so bildet dieses zusammen mit Kupferoxid eine flüchtige Kupfer-Verbindung, welche die Flamme charakteristisch blaugrün färbt.
Will man diese Probe mit dem Produkt der Reaktion von Pentan oder Hexan mit Brom ausführen, so muss man dieses zunächst in einem Scheidetrichter mit verdünnter Natronlauge schütteln, damit allfällig gelöstes Hydrogenbromid entfernt wird. (Hydrogenbromid ergäbe selbstverständlich eine positive Beilstein-Probe!) Nach der Abtrennung der unteren (organischen) Phase kann mit dieser die Beilstein-Probe ausgeführt werden

Auf diese Weise läuft die Reaktion als Kettenreaktion weiter. Zusammenstösse zweier Radikale oder zweier Brom-Atome (die aber nur verhältnismässig selten eintreten) oder Reaktionen mit der Gefässwand führen zum Kettenabbruch.

Dank der höheren Polarität der Br—H- oder Cl—H-Bindung übersteigt ihre Bindungsenthalpie zusammen mit der Bindungsenthalpie der C—Br- bzw. der C—Cl-

Bindung den zur Trennung der Br—Br-, Cl—Cl- und der C—H-Bindung nötigen Energiebetrag. Die Reaktion als Ganzes verläuft deshalb exotherm. Mit Iod erfolgt keine Reaktion, während Fluor mit Alkanen meist explosionsartig reagiert, wobei völlig fluorierte Produkte entstehen.

Bei solchen Substitutionsreaktionen wird gewöhnlich kein bestimmtes Wasserstoff-Atom bevorzugt ersetzt, denn in den Alkanmolekülen sind alle Wasserstoff-Atome gleichartig gebunden. Zudem können auch mehrere Wasserstoff-Atome nacheinander ersetzt werden. Man erhält deshalb durch diese Reaktionen meist Gemische verschiedener Produkte. Da diese im Allgemeinen nicht leicht zu trennen sind, hat die Reaktion von Alkanen mit Brom oder Chlor kaum praktische Bedeutung. Nur die verschiedenen Chlorderivate von Methan werden auf diese Weise hergestellt.

Durch Reaktion der Alkane mit Chlor oder Brom unter Einwirkung von Licht entstehen Chlor- oder Bromalkane: Wasserstoff-Atome werden durch Halogen-Atome ersetzt (Substitutionsreaktionen).

8.4 Halogenalkane; das Ozonproblem

Viele Halogenalkane sind mit Wasser kaum mischbare Flüssigkeiten, die grosse Bedeutung als Lösemittel haben. Sie werden oft auch als Reagenzien zur Synthese verschiedener organischer Verbindungen verwendet, vor allem zur Einführung von Alkylgruppen in andere Moleküle («Alkylierung»).

Giftigkeit von Halogenalkanen
Manche Halogenalkane sind ausgesprochen reaktionsträg und werden deshalb in der Umwelt abgelagert. Sie gelangen über die Nahrungskette schliesslich auch in den menschlichen Körper und werden im Fettgewebe gespeichert. Beim Abbau von Fetten können sich Halogenalkane im Blut anreichern und unter Umständen die Gesundheit des Menschen gefährden.

Vor allem bei der Verwendung von Halogenalkanen mit niedriger Siedetemperatur ist Vorsicht geboten. Zahlreiche Halogenalkane wirken nämlich narkotisch. Atmet man solche Stoffe während längerer Zeit ein, so treten Atem- oder Kreislauflähmungen auf, die schliesslich sogar zum Tod führen können. Manche Halogenalkane beeinflussen auch den Herzrhythmus. Hohe Dosen solcher Stoffe verursachen deshalb unter Umständen einen Herzstillstand.

In gewissen Fällen sind auch Metaboliten (Stoffwechselprodukte) von Halogenalkanen giftig und können z.B. Leber- oder Nierenschäden zur Folge haben. Reaktionsfähige Halogenalkane wirken auch als Alkylierungsmittel, d.h. sie übertragen ihren Alkylrest auf andere funktionelle Gruppen, z.B. $-NH_2$-Gruppen in Nucleinsäuren. Dadurch wird aber die Erbinformation verändert. Dies kann unter Umständen Krebs ausgelöst werden.

Ozon und FCKW
Ozon, O_3 («Trisauerstoff»), eine Modifikation von Sauerstoff, ist ein bläuliches, charakteristisch («elektrisch») riechendes, giftiges Gas, das z.B. zur Desinfektion von Trinkwasser benützt wird. Die Stratosphäre (in 10 bis 30 km Höhe) enthält ziemlich viel Ozon. Diese Ozonschicht ist für das Leben auf der Erde von sehr grosser Bedeutung, denn sie absorbiert die kurzwellige Ultraviolettstrahlung der Sonne und wirkt deshalb als «UV-Schutzschirm». Würde die gesamte UV-Strahlung die Erde erreichen, so wäre Leben ausserhalb des Wassers kaum möglich. Zudem führt zu intensive UV-Bestrahlung beim Menschen zu Hautkrebs.

Die Ozonschicht geriet in die Schlagzeilen, als man erkannte, dass Fluorchlorkohlenwasserstoffe (FCKW) in der Stratosphäre unter der Wirkung von UV in Radikale zerfallen und diese mit Ozon reagieren. Zu den FCKW gehören die sogenannten Freone oder Frigene, Fluortrichlormethan ($CFCl_3$, t_b = −23,7 °C) und Dichlordifluormethan (CF_2Cl_2, t_b = −29,8 °C), thermisch stabile, fast geruchlose, unbrennbare, sehr wenig giftige Gase. Sie werden als Kühlflüssigkeiten in Kühlschränken und als Schäummittel für Kunststoffe benützt. In der Troposphäre sind FCKW völlig stabil. Im Laufe von etwa 10 Jahren gelangen sie aber in die Stratosphäre und werden dort gespalten, z.B. nach

$$CF_3Cl \xrightarrow{\text{UV; } \lambda\ <\ 220\ \text{nm}} \cdot CF_3 + \cdot\overline{\underline{Cl}}|$$

Die dabei entstehenden Chlor-Atome setzen den Abbau von Ozon in Gang:

$$O_3 + \cdot\overline{\underline{Cl}}| \rightarrow O_2 + \cdot\overline{\underline{O}}Cl$$

$$\cdot\overline{\underline{O}}Cl + \cdot\overline{\underline{O}}\cdot \rightarrow O_2 + \cdot\overline{\underline{Cl}}|$$

Die Chlor-Atome wirken dabei «katalytisch». Man nimmt an, dass ein einziges Chlor-Atom diesen Zyklus mehrere tausendmal durchläuft, bis es durch Reaktion mit einem anderen Teilchen inaktiviert wird. Die zur Weiterreaktion des OCl-Radikals benötigten Sauerstoff-Atome entstehen durch UV-Spaltung von O2 (λ < 240 nm).

Als Ersatzstoffe kommen infrage: Kohlenstoffdioxid, Butan (brennbar!), Stickstoff und teilhalogenierte Kohlenwasserstoffe (H-FKW und H-FCKW), die bereits in der Troposphäre abgebaut werden.

Wegen dieser Einwirkung der FCKW auf die Ozonschicht wurden sie in manchen Ländern bereits verbo-

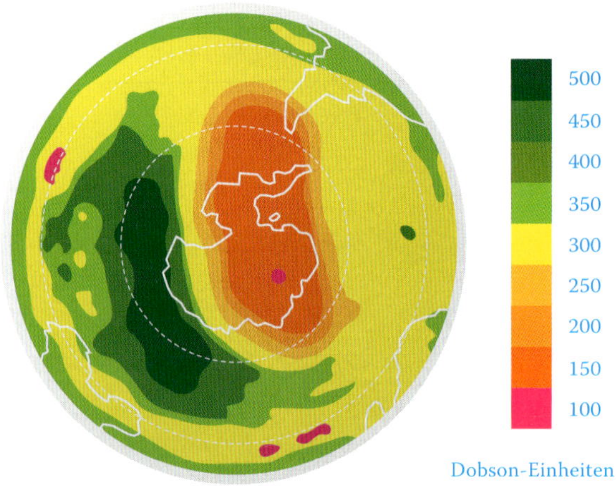

Abb. 8.9 Karte der Ozonwerte in der südlichen Hemisphäre aus dem Jahre 1992 (antarktischer Frühling). 1 Dobson-Einheit entspricht einer Ozon-Schichtdicke von 10^{-2} mm, gemessen bei Normbedingungen

ten. Die Montrealer Beschlüsse (1987) sehen eine stufenweise Verminderung des Verbrauchs von FCKW vor und sind unterdessen in EU-Recht umgesetzt worden.

Seit 1976 wurde festgestellt, dass der Gesamtozongehalt über dem Südpol im September/November (dem antarktischen Frühling) plötzlich abnimmt und erst später wieder auf das Normalniveau ansteigt. Dieses jährlich wiederkehrende, zeitlich und örtlich begrenzte Phänomen, das Ozonloch, dehnt sich seither immer stärker aus (Abb. 8.9). Verschiedene Hypothesen sind für die Vorgänge, die zum Ozonabbau führen, aufgestellt worden. Diese scheinen offenbar recht kompliziert zu sein, und es ist wahrscheinlich, dass Spurengase wie FCKW oder Distickstoffoxid (N_2O; entsteht z.B. aus Stickstoffdüngern) daran beteiligt sind. Die fotolytischen Reaktionen sind offenbar in der Polarnacht «eingefroren» (kein Sonnenlicht dringt in die Atmosphäre ein). Die «Katalysatoren» des Ozonabbaus verschwinden, d.h. sie gehen in HOCl und Cl_2 über. Erst wenn im Oktober der «Polartag» anbricht, werden HOCl und Cl_2 durch das Sonnenlicht in Radikale gespalten und können den Zyklus des Ozonabbaus einleiten. Wenn in der Folgezeit die in den Tröpfchen atmosphärischer Wolken vorhandene Salpetersäure (HNO_3; aus Stickstoffoxiden entstanden) fotolytisch in NO_2 gespalten wird, «normalisieren» sich die Verhältnisse wieder, weil NO_2 mit den Radikalen reagiert, die am Ozonabbau beteiligt sind.

ÜBUNGEN ZUM KAPITEL 8

8.1 Weshalb gibt es so viele organische Verbindungen?

8.2 Erklären Sie die Erscheinung, dass Kohlenwasserstoffe reaktionsträge Verbindungen sind, jedoch eine geringe Wärmebeständigkeit besitzen.

8.3 Siliciumwasserstoff-Verbindungen sind sehr unbeständige Stoffe. Nennen Sie zwei Gründe dafür.

8.4 Geben Sie die Lewis-Formeln von drei funktionellen Gruppen an.

8.5 Begründen Sie, weshalb die Trennungs- und Reinigungsoperationen für den praktisch arbeitenden organischen Chemiker grosse Bedeutung haben.

8.6 Eine organische Substanz enthält ausser Sauerstoff 40,12 % Kohlenstoff und 6,75 % Wasserstoff. 100 mL ihres Dampfs wiegen bei Normbedingungen 0,268 g. Geben Sie die Molekülformel an und schlagen Sie eine mögliche Lewis-Formel vor.

8.7 0,2 g einer organischen Verbindung verbrennen zu 0,456 g CO_2 und 0,186 g Wasser. Weitere Verbrennungsprodukte können nicht nachgewiesen werden. 0,25 g der Substanz ergeben beim Verdampfen 96,5 mL Dampf (bei Normbedingungen). Berechnen Sie die Molekülformel und geben Sie zwei mögliche Lewis-Formeln an.

8.8 Stellen Sie die Lewis-Formeln für alle möglichen Isomere der Molekülformel C_7H_{16} auf.

8.9 Benennen Sie alle Verbindungen der Übung 8.8.

8.10 Schreiben Sie die Lewis-Formeln folgender Verbindungen:
4-Ethyl-2-methyloctan
2,2,3,3-Tetramethylhexan
2,3,4-Trimethylpentan.

8.11 Erklären Sie den Unterschied in den Schmelz- und Siedetemperaturen der beiden Isomere Butan (t_m = −138,3 °C, t_b = −0,5 °C) und 2-Methylpropan (t_m = −159,4 °C, t_b = −11,7 °C).

8.12. Wie viele Isomere können bei der Reaktion von 1 mol Hexan mit 1 mol Brom entstehen? Benennen Sie die möglichen Isomere.

8.13 Weshalb sollte der Verbrauch an Halogenalkanen als Lösemittel möglichst eingeschränkt werden?

8.14 Zeichnen Sie die Lewis-Formel für Ozon.

8.15 Aus welchen Gründen werden die Freone für viele technische Zwecke verwendet?

8.16 Beschreiben Sie den Einfluss der Fluorchlorkohlenwasserstoffe auf den Ozongehalt der Stratosphäre.

8.17 Welche Ersatzstoffe bieten sich für die Fluorchlorkohlenwasserstoffe an?

8.18 Was versteht man unter dem «Ozonloch»?

9 UNGESÄTTIGT – REAKTIONSFÄHIG: ALKENE UND ALKINE

9.1 Alkene

Die C=C-Doppelbindung
Erhitzt man Dichlorethan oder Dibromethan, zwei Flüssigkeiten, zusammen mit Zinkpulver, so lässt sich ein Gas (Ethen) auffangen. Ethen ist ein farb- und fast geruchloses Gas, das bei –104 °C zu einer Flüssigkeit kondensiert und bei –169 °C zu einem weichen Festkörper erstarrt. Es löst sich nur wenig in Wasser und brennt mit russender Flamme. Gemische von Ethen und Luft mit einem Ethengehalt zwischen 3 und 34 Volumenprozenten sind explosiv. Ethen ist eine der wichtigsten Grundchemikalien für die chemische Grossindustrie (Kap. 26).

Durch quantitative Analyse und Bestimmung der molaren Masse erhält man die Molekülformel von Ethen: C_2H_4. Seine Lewis-Formel ist

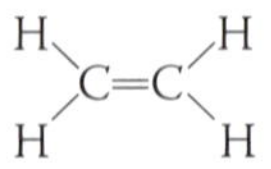

Die beiden Kohlenstoff-Atome sind durch eine «Doppelbindung» verbunden, die durch die Überlagerung von je zwei einfach besetzten Elektronenwolken eines Kohlenstoff-Atoms entsteht.

Doppelbindungen sind kürzer als Einfachbindungen. Ihre grösste Dichte ist oberhalb und unterhalb der Verbindungsachse zwischen den Rümpfen. Eine Doppelbindung ist deshalb deutlich schwächer als zwei einfache Bindungen zusammen (Bindungsenthalpie einer C—C-Einfachbindung etwa 348 kJ · mol^{-1}; Bindungsenthalpie einer C=C-Doppelbindung 594 kJ · mol^{-1}). Dank dieser Tatsache können Doppelbindungen andere Atome anlagern (Additionsreaktionen), wobei anstelle der ursprünglichen Doppelbindung neue Bindungen zu den angelagerten Atomen sowie eine C—C-Einfachbindung entstehen. Da die Wolken der Doppelbindungselektronen etwas aus dem Molekül «herausragen» und deshalb leicht durch ein «elektronensuchendes» Teilchen angegriffen werden, erfordern solche Additionsreaktionen nur geringe Aktivierungsenthalpien.

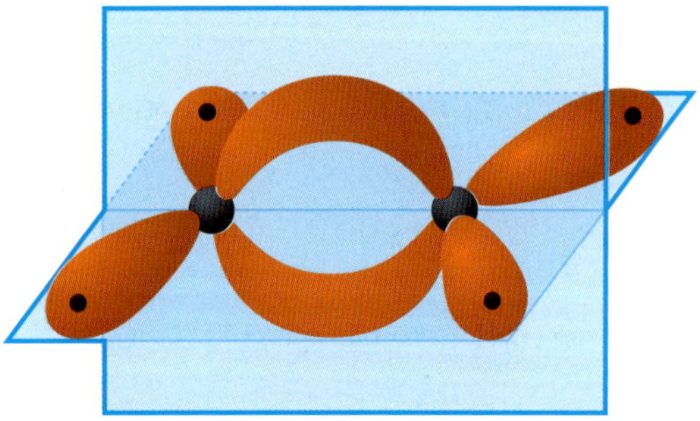

Abb. 9.1 Doppelbindung im Ethen-Molekül (EPA-Modell)

Die homologe Reihe der Alkene
Ethen ist das Anfangsglied einer weiteren homologen Reihe, der Reihe der Alkene. Alle Alkene enthalten in ihrem Molekül eine Doppelbindung. Sie besitzen damit zwei Wasserstoff-Atome weniger als ein Alkan von gleicher Kohlenstoffzahl. Die allgemeine Formel der Alkene ist demnach C_nH_{2n}.
Bei der Benennung der Alkene weist die Endung -en auf die Doppelbindung hin. Die genaue Lage der Doppelbindung muss ebenso wie die Lage der Seitenketten durch die Nummer des entsprechenden Kohlenstoff-Atoms angegeben werden.

Beispiele:

$\overset{1}{H_2C}=\overset{2}{CH}-\overset{3}{CH_3}$ Propen

$\overset{1}{H_2C}=\overset{2}{CH}-\overset{3}{CH_2}-\overset{4}{CH_3}$ Die Doppelbindung liegt zwischen den C-Atomen 1 und 2, daher der Name 1-Buten

oder mit Skelett-Formeln:

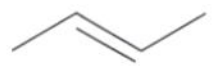

2-Buten

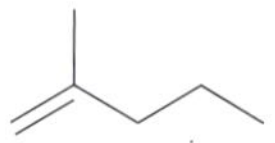

2-Methyl-1-penten

Stoffe, deren Moleküle zwei, drei oder mehr Doppelbindungen enthalten, werden als Alkadiene, Alkatriene bzw. Alkapolyene bezeichnet. Die eingeschobenen Silben -di-, -tri- bzw. -poly- geben an, dass im Molekül zwei, drei oder viele Doppelbindungen vorhanden sind.

Beispiele:

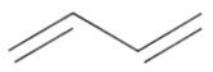

1,3-Butadien

1,3,5-Hexatrien

Isomerie an Doppelbindungen
Durch die Doppelbindung bleiben die beiden durch sie verbundenen Kohlenstoff-Atome in ihrer Lage fixiert. Um eine Doppelbindung ist also – im Gegensatz zur Einfachbindung (Abschnitt 8.3) – keine freie Drehbarkeit möglich. Sind an beiden Kohlenstoff-Atomen verschiedene andere Atome oder Atomgruppen vorhanden, so führt das Fehlen der freien Drehbarkeit zum

Auftreten von Isomeren[1] (Stereoisomere; Abb. 9.2). So gibt es z.B. zwei 2-Butene:

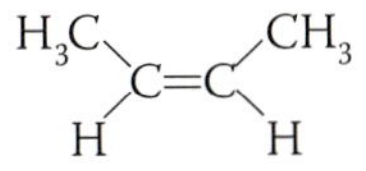

Z-2-Buten

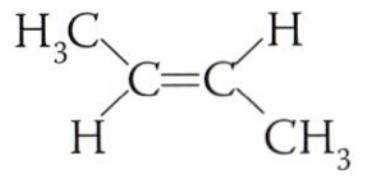

E-2-Buten

Im Z-2-Buten befinden sich die beiden Methylgruppen auf derselben Seite der C=C-Verbindungslinie (Z von «zusammen»), während sie beim E-Isomer einander gegenüber liegen (E von «entgegen»). Die beiden Isomere unterscheiden sich durch ihre Schmelz- und Siedetemperaturen:

	t_m in °C	t_b in °C
Z-2-Buten	–138,9	3,71
E-2-Buten	–105,5	0,88

Unter Umständen können sich Z- und E-Isomere in ihren Eigenschaften stark voneinander unterscheiden. Dazu zwei Beispiele: Der weiche, fadenziehende Kautschuk, der oberhalb 30 °C ausgesprochen klebrig wird, enthält Fadenmoleküle mit Doppelbindungen, an denen die weiteren Atomgruppen Z-angeordnet sind. Guttapercha, das härter und wärmebeständiger ist als Kautschuk, enthält gleichartige Fadenmoleküle. Die an die Doppelbindungen gebundenen Atomgruppen sind jedoch E-angeordnet.

Beim Sehvorgang in der Netzhaut wandelt sich eine Z-Verbindung unter Lichteinfluss in die isomere E-Verbindung um. Nur diese bewirkt eine Reizung der Sehnerven.

- Z/E-Isomere unterscheiden sich in der räumlichen Anordnung (Konfiguration) der Atome. Formel und Verknüpfung der Atome (Konstitution) sind identisch.
- Z/E-Isomerie ist eine Form der Stereoisomerie.

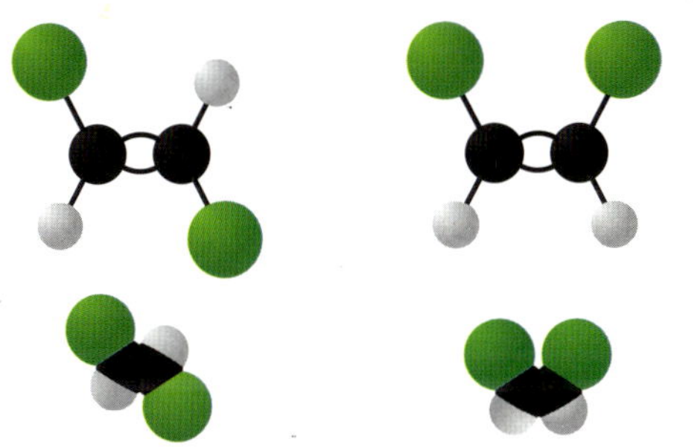

E-1,2-Dichlorethen Z-1,2-Dichlorethen

Abb. 9.2 Die beiden Stereoisomere von 1,2-Dichlorethen. E bedeutet «entgegen», Z bedeutet «zusammen»

[1] Genau genommen führte das Auffinden von solchen Isomeren zur Annahme, dass um Doppelbindungen keine freie Drehbarkeit möglich sei!

Alkene sind «ungesättigt»

Schüttelt man Hexan mit Bromwasser (einer braunen Lösung von Brom in Wasser), so trennen sich nach einiger Zeit zwei Phasen. Hexan ist spezifisch leichter als Wasser. Es bildet die obere Phase, die jetzt dunkelbraun gefärbt ist. Das Wasser (untere Phase) bleibt schwach gelblich. Offenbar ist Brom besser löslich in Hexan als in Wasser. Da die braune Farbe (die Farbe des Elements Brom) noch vorhanden ist, kann keine chemische Reaktion eingetreten sein. Auch beim Durchleiten von Ethan durch Bromwasser lässt sich keine Veränderung beobachten. Nur wenn man das Hexan mit dem gelösten Brom einige Zeit am Tageslicht stehen lässt, entfärbt es sich. Es tritt eine Substitution ein (Abschnitt 8.3).

Leitet man hingegen Ethen während einiger Minuten durch Bromwasser, so entfärbt sich die Lösung. Schüttelt man Hexen mit Bromwasser, so bilden sich wiederum zwei Phasen. Das Bromwasser hat sich aber rasch entfärbt: beide Phasen sind jetzt farblos.

Ethen und Hexen sind offenbar viel reaktionsfähiger als Ethan und Hexan. Dies kann nur auf dem Vorhandensein der Doppelbindung beruhen: Diese addiert ein Brom-Molekül. Tatsächlich erhält man für das Reaktionsprodukt von Ethen mit Brom nach der Analyse und der Bestimmung der molaren Masse die Molekülformel $C_2H_4Br_2$.

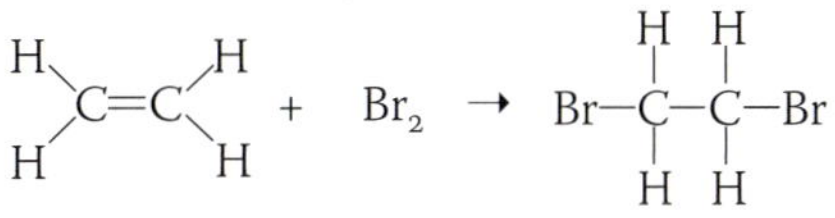

Ganz allgemein sind C=C-Doppel- (und Dreifach-) bindungen, wie schon erwähnt, durch ihre Bereitschaft ausgezeichnet, andere Atome anzulagern, zu «addieren». Aus diesem Grund nennt man Stoffe mit Mehrfachbindungen zwischen Kohlenstoff-Atomen «ungesättigt». Wegen ihrer Reaktionsfähigkeit haben sie grosse Bedeutung als Ausgangsstoffe für zahlreiche Synthesen.

- Die Moleküle ungesättigter Kohlenwasserstoffe enthalten Mehrfachbindungen zwischen Kohlenstoff-Atomen. Kohlenwasserstoffe mit Doppelbindungen nennt man Alkene, solche mit Dreifachbindungen Alkine. Die Endungen -en bzw. -in dienen zur Bezeichnung einer Doppel- bzw. Dreifachbindung.
- Für ungesättigte Kohlenwasserstoffe ist die Fähigkeit zu Additionsreaktionen charakteristisch.
- Die Lage der Mehrfachbindung wird durch die Nummer des entsprechenden C-Atoms angegeben.

Zum Ablauf von Additionsreaktionen

Doppelbindungen addieren zahlreiche Moleküle wie Chlor, Brom, Ozon, Hydrogenhalogenide, Schwefelsäure oder Wasser. Auch Wasserstoff kann unter der Wir-

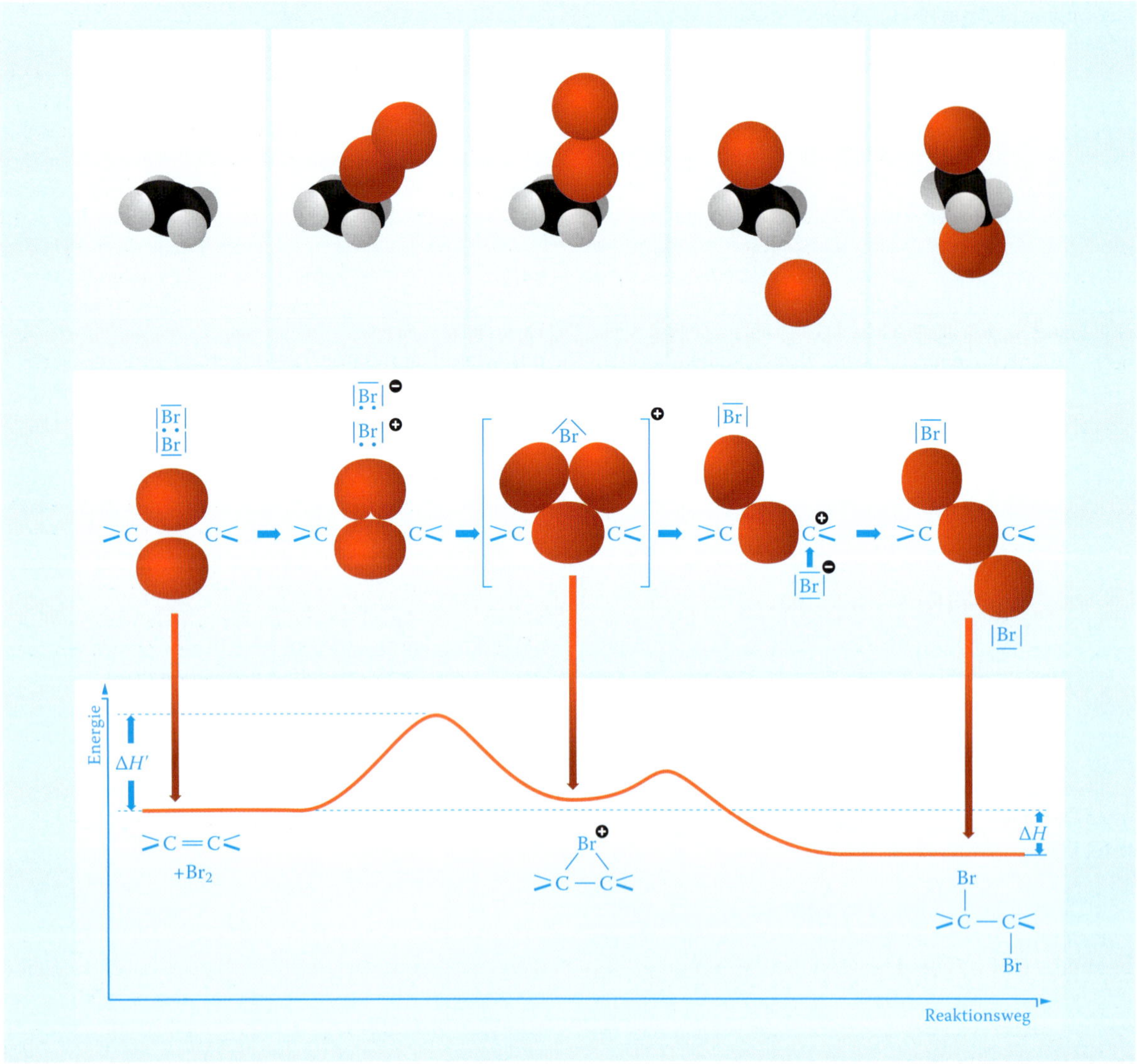

Abb. 9.3 Verlauf der Bromaddition an eine C=C-Doppelbindung (Kalottenmodell, Elektronenwolkenmodell und Energiediagramm) ΔH' Aktivierungsenthalpie, ΔH: Reaktionsenthalpie

kung von Katalysatoren[2] wie z.B. feinverteiltem Nickel addiert werden, wobei aus den ungesättigten gesättigte Verbindungen entstehen. Die rasche Entfärbung von Bromwasser [Br_2(aq)] dient zum Nachweis und in gewissen Fällen zur quantitativen Bestimmung von Doppelbindungen. So lässt sich z.B. durch Messung der addierbaren Menge einer Iodbromid- (IBr-) Lösung von bekanntem Gehalt der Anteil ungesättigter Säuren in Fetten bestimmen («Iodzahl»; Abschnitt 16.2).

Zur Illustration des Ablaufs einer Addition betrachten wir die Reaktion einer Doppelbindung mit Bromwasser

[2] *Ein Katalysator erhöht die Geschwindigkeit einer chemischen Reaktion (und macht sie deshalb unter Umständen überhaupt erst möglich), ohne dabei verbraucht zu werden. Sehr viele grosstechnische Prozesse erfordern Katalysatoren; das heute bekannteste Beispiel ist der Abgaskatalysator (Abschnitt 11.2).*

(Abb. 9.3), die auch im Dunkeln und ohne Erwärmen relativ rasch verläuft. Sie erfordert im Gegensatz zur Reaktion von Alkanen mit Brom also nur sehr wenig Aktivierung.

Die angreifenden Teilchen können nicht Brom-Atome (Radikale) sein, da diese nur unter dem Einfluss von Licht oder bei stärkerem Erwärmen aus Brom-Molekülen entstehen. Die Doppelbindung stellt aber ein Gebiet von relativ grosser negativer Ladungsdichte dar. Nähert sich ein Brom-Molekül einer Doppelbindung, so wird es zunächst polarisiert, wodurch eine Bindungstrennung eingeleitet wird. Das gemeinsame Elektronenpaar verbleibt dabei dem einen Atom («heterolytische» Trennung). Ist die Trennung vollzogen, so entsteht ein Br^+- neben einem Br^--Ion:

heterolytische Trennung von Br_2:

$$|\overline{Br}-\overline{Br}| \rightarrow |\overline{Br}^{+} + |\overline{Br}|^{-}$$

Das Br^+-Ion besitzt eine «Elektronenlücke»: Seine äusserste Elektronenschale enthält nur sechs Elektronen. Es wird – mehr oder weniger synchron mit der Trennung – von der einen Wolke der Doppelbindung gebunden. Im Gegensatz zur Radikalsubstitution (Abschnitt 8.3) tritt hier die Trennung des Brom-Moleküls gleichzeitig mit der Ausbildung der neuen Bindung ein. Die dazu erforderliche Aktivierungsenthalpie ist die kinetische Energie energiereicher Brom-Moleküle.

Man nimmt an, dass sich anschliessend ein positiv geladenes Ion mit einem Dreiring als Zwischenprodukt bildet. Dieses bindet im zweiten Reaktionsschritt ein Br^--Ion, das sich aus räumlichen Gründen – wegen der Platzbeanspruchung durch das relativ grosse Brom-Atom – von «rückwärts» nähern muss:

1. Reaktions-schritt:

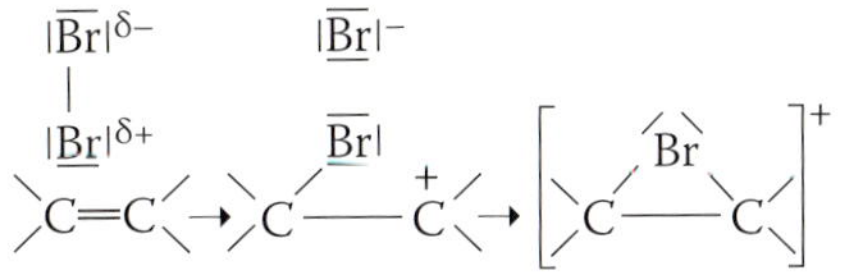

2. Reaktions-schritt:

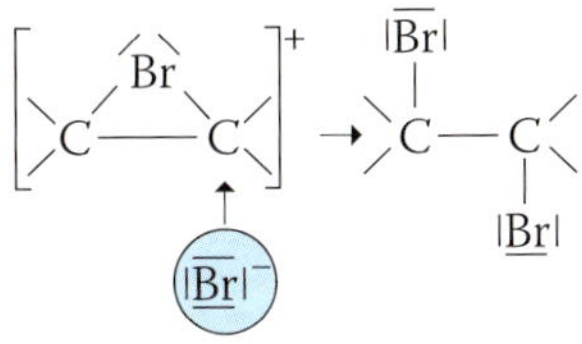

Im ersten Reaktionsschritt der Addition liefert die Doppelbindung ein Elektronenpaar zur Bindung des Br^+-Ions. Die Geschwindigkeit und Leichtigkeit der Addition hängt deshalb von der Elektronendichte der Doppelbindung ab. Stark elektronegative Nachbaratome (welche die Doppelbindungselektronen zu sich hin ziehen) vermindern die Elektronendichte und bewirken einen langsameren Verlauf der Addition.

Dass die Bromaddition tatsächlich in dieser Weise vor sich geht, zeigt z.B. der Verlauf der Addition von Brom in Natriumchlorid-Lösung. Da in diesem Fall die Chlorid-Ionen in grösserer Konzentration vorliegen als die nur vorübergehend auftretenden Bromid-Ionen, wird sofort ein Chlorid-Ion an das Ion mit dem Dreiring angelagert. So erhält man z.B. aus Ethen (C_2H_4) die Verbindung $Br—CH_2—CH_2—Cl$.

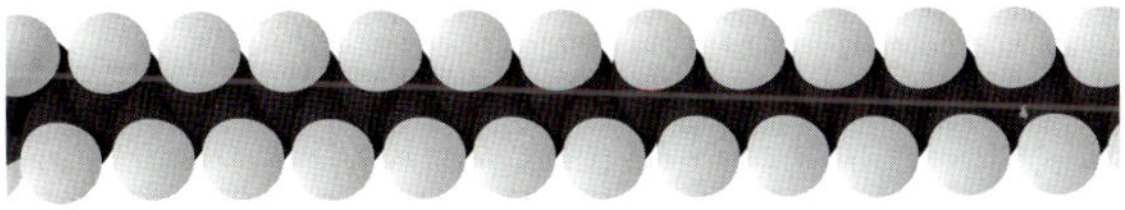

Abb. 9.4 Kalottenmodelldarstellung von Polyethen

Das Teilchen, das in diesem Beispiel die Doppelbindung angreift, wirkt wegen seiner Elektronenlücke als «Elektrophil», d.h. als «elektronensuchendes» Teilchen. Man nennt diese Art Addition darum auch «elektrophile Addition» (A_E). In polaren Lösemitteln verlaufen die meisten Additionsreaktionen in dieser Weise. Bei Additionen in der Gasphase oder bei hoher Temperatur treten jedoch Radikale als Zwischenprodukte auf, da bei höherer Temperatur die homolytische Bindungstrennung (Abschnitt 8.3) bevorzugt ist. Einen ähnlichen Verlauf nimmt auch die Addition von elementarem Wasserstoff. Hier wird Wasserstoff an der Oberfläche des Metallkatalysators adsorbiert, wobei gleichzeitig die H—H-Bindung getrennt oder mindestens gelockert wird.

Polymerisation

Eine technisch wichtige Addition ist die fortgesetzte Anlagerung ungesättigter Moleküle an ihre Doppelbindungen. Es entstehen dadurch sogenannte Makromoleküle («Riesenmoleküle») mit Kettenlängen von einigen Hundert bis zu Tausenden von Kohlenstoff-Atomen (Abb. 9.4). Stoffe, die auf diese Weise hergestellt werden, haben als Kunststoffe grosse Bedeutung.

Schema der Bildung eines Makromoleküls aus Propen («Propylen»):

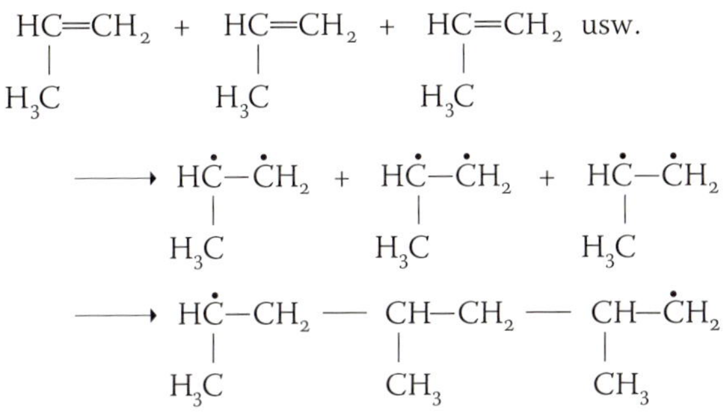

Polypropen (Polypropylen)

Eine solche Reaktion nennt man Polymerisation (polys gr. = viel, meros gr. = Teil). Das Produkt – Polypropen (Polypropylen) – ist ein Polymerisat von Propen (Propylen).

- Die Anlagerung ungesättigter Moleküle an Doppelbindungen nennt man Polymerisation. Die Produkte heissen Polymerisate.
- Die Benennung erfolgt mit dem Wort Poly- und dem anschliessenden Namen des Ausgangsmoleküls (des Monomers, z.B. Ethen → Polyethen).

Die Polymerisation verläuft allerdings nicht ganz so einfach, wie es in obigem Schema dargestellt ist. Man benötigt vielmehr einen «Starter» dazu, d.h. eine Substanz, welche die Polymerisation einleitet. Als Starter kommen Stoffe in Frage, deren Moleküle durch schwaches Erwärmen in Radikale zerfallen. Die Radikale lagern sich an eine Doppelbindung an und erzeugen neue Radikale mit wiederum einer freien, einfach besetzten Elektronenwolke, sodass die Reaktion immer weiterschreitet.

Schematisch dargestellt:

Bildung der Radikale:

●—● → 2 ●• (●• stellt ein Radikal dar)

Startreaktion:

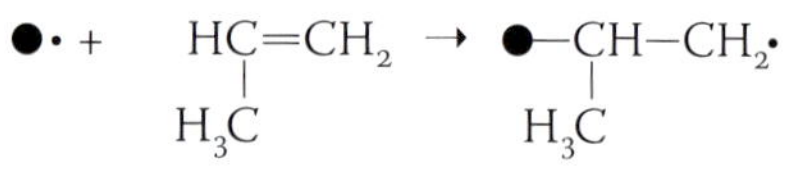

Propyl-Radikal

Polymerisation:

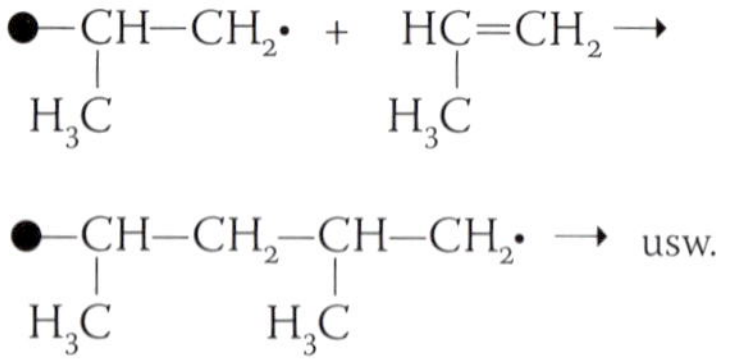

Das auf diese Weise gebildete Polypropylen ist ein mässig hartes, wachsartig durchscheinendes Material, das zur Herstellung zahlreicher Gebrauchsgegenstände dient: Eimer, Kanister, Flaschen, Behälter usw. Weil bei der Verbrennung von Polypropylen (und Polyethylen) nur CO_2 und Wasser entstehen, sind es «umweltfreundliche» Kunststoffe.
In ähnlicher Art können aus anderen ungesättigten Molekülen («Monomeren») weitere Polymerisate erhalten werden (vgl. Kap. 27).

Beispiele von Monomeren	Polymer
Ethen (Ethylen)[3]	Polyethylen
Vinylchlorid (Chlorethen)	Polyvinylchlorid (PVC)
1,1,2,2-Tetrafluorethen	Poly-1,1,2,2-tetrafluorethen (Teflon)

9.2 Alkine

Durch Reaktion von Calciumcarbid (CaC_2) mit Wasser erhält man ein Gas von charakteristischem, unangenehmem Geruch mit der Molekülformel C_2H_2. Seine Lewis-Formel muss mit einer Dreifachbindung geschrieben werden:

$$H{-}C{\equiv}C{-}H$$

Das Gas heisst Ethin (die Endung -in wird zur Bezeichnung der Dreifachbindung verwendet). Meistens benützt man dafür aber noch den alten Namen Acetylen. Es gehört ebenfalls zu einer homologen Reihe, den Alkinen.

Acetylen zerfällt beim Erhitzen unter starker Wärmeentwicklung in die Elemente:

$$C_2H_2 \rightarrow 2\,C + H_2 \qquad \Delta H = -227\ \text{kJ}$$

Bei geringer Druckerhöhung kann der Zerfall schon bei Raumtemperatur explosionsartig eintreten. Acetylen ist also eine ziemlich wenig beständige Verbindung. In Stahlflaschen wird Acetylen unter geringem Überdruck in Aceton gelöst, das in einer porösen Masse aufgesaugt ist. Auf diese Weise lässt sich die Verbindung leicht handhaben.

Die Verbrennung von Acetylen liefert sehr viel Wärme:

$$2\,C_2H_2 + 5\,O_2 \rightarrow 4\,CO_2 + 2\,H_2O \qquad \Delta H = -2610\ \text{kJ}$$

Mischungen von Acetylen mit Luft können deshalb äusserst heftig explodieren.

Verbrennt man Acetylen in besonders konstruierten «Acetylenbrennern», so erhält man eine hell leuchtende Flamme, die trotz des hohen Kohlenstoffgehalts von Acetylen nur wenig russt. Die abgeschiedenen Kohlenstoff-Körnchen glühen vielmehr bei der hohen Flammentemperatur hell auf und verbrennen zum grössten Teil.
Acetylenlampen wurden früher zu Beleuchtungszwecken verwendet. Heute dient dieses Gas zum Schweissen und Schneiden von Eisenblechen. Beim Verbrennen von Acetylen zusammen mit Sauerstoff im Schweissbrenner ergeben sich Temperaturen von über 3000 °C. Arbeitet man mit Schneidbrennern, so wird zuerst eine Stelle zur Weissglut erhitzt. Dann stellt man die Acetylenzufuhr ab. Der Sauerstoff verbrennt das Eisen zu Oxid und bläst dieses weg.

Heute wird Acetylen aus Erdgas oder Erdölprodukten gewonnen, z.B. durch partielle Oxidation von Methan:

$$4\,CH_4 + O_2 \rightarrow C_2H_2 + 2\,CO + 7\,H_2$$

Damit sich das Acetylen bei den ziemlich hohen Reaktionstemperaturen nicht zersetzt, wird es mit kaltem Wasser «abgeschreckt», d.h. rasch abgekühlt.

Die Dreifachbindung ermöglicht ähnlich wie die Doppelbindung die Durchführung von Additionsreaktionen. Aus diesem Grund ist das Acetylen ein wichtiger Grundstoff für technische Synthesen. So war es u.a. ein Ausgangsstoff für die Herstellung des wichtigen Kunststoffs Polyvinylchlorid (PVC).

[3] *Ethylen ist ein veralteter, jedoch noch öfters verwendeter Name für Ethen.*

ÜBUNGEN ZUM KAPITEL 9

9.1 Schreiben Sie die Lewis-Formeln folgender Verbindungen:
1,3-Pentadien
1,4-Pentadien
1,3,5-Hexatrien
2-Chlor-1,3-butadien
2,4,4-Trimethyl-2-penten

9.2 Benennen Sie folgende Verbindungen:

a) $H_3CCH_2CH_2CH{=}CH_2$

b) $H_3CCH_2CH{=}CHCH_3$

c) $H_2C{=}C(CH_3){-}CH_2CH_3$ (mit CH_3 am zweiten C-Atom)

d) $H_3CCH{=}CH$ (mit Cl am letzten CH)

9.3 Beschreiben Sie den Verlauf der Addition von Brom an Propen.

9.4 Welche experimentellen Ergebnisse sprechen für den beschriebenen Ablauf der Bromaddition?

9.5 Was versteht man unter einem Elektrophil?

9.6 Methylpropen bzw. Chlorethen werden polymerisiert. Zeichnen Sie einen Ausschnitt aus den entstandenen Makromolekülen. Wie heissen die Produkte?

9.7 Schreiben Sie die Lewis-Formeln folgender Verbindungen:
5-Methyl-2-hexin
2,4-Hexadiin

9.8 Formulieren Sie die Gleichung für die Reaktion von Acetylen mit Hydrogenchlorid.

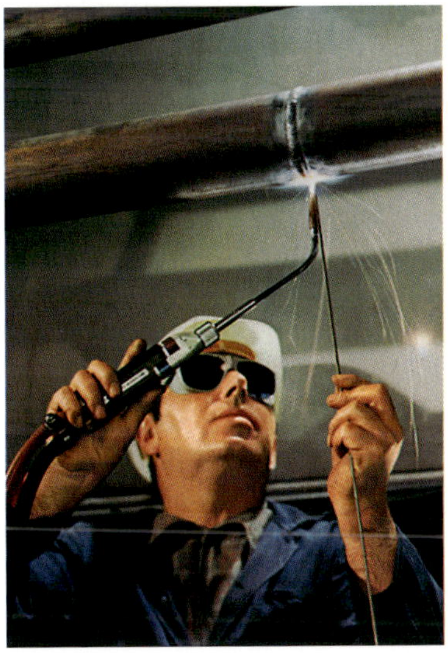

Abb. 9.5 Schweissbrenner

Abb. 9.6 Schneidbrenner

10 ELEKTRONENWOLKEN DEHNEN SICH AUS: AROMATISCHE KOHLENWASSERSTOFFE

10.1 Benzol und Benzolderivate

Schon in der ersten Hälfte des 19. Jahrhunderts war eine grosse Zahl von angenehm riechenden Stoffen bekannt geworden, die man als «aromatische» Verbindungen zusammenfasste: Vanillin, Wintergrünöl, Zimtaldehyd, Anisaldehyd, Benzaldehyd (aus bitteren Mandeln), Cumarin (aus Waldmeister) u.a. Aus solchen Naturstoffen konnten auch einfachere Verbindungen wie Benzoesäure, Phenol, Anilin usw. hergestellt werden. Ihr struktureller Aufbau und die Beziehungen dieser Verbindungen zu den weniger kompliziert gebauten Kohlenwasserstoffen blieben jedoch lange unklar.

Schliesslich erkannte man aber, dass die Formeln aromatischer Verbindungen einen oder mehrere «Kerne» von sechs Kohlenstoff-Atomen enthalten. Das Molekül des von Faraday 1825 im Leuchtgas entdeckten Benzols entspricht einem solchen Kern. Es gelang auch, ausgehend vom Benzol «aromatische» Verbindungen synthetisch herzustellen. Da der Benzol-»kern» gewisse besondere Eigenschaften zeigt, wurden in der Folgezeit alle Stoffe «aromatisch» genannt, die sich vom Benzol ableiten oder deren Moleküle ähnlich wie das Benzol-Molekül gebaut sind. Dabei ist es unwesentlich, ob sie einen besonderen Geruch haben oder nicht, ob sie natürlich vorkommen oder synthetisch hergestellt sind.

Das Benzol
Benzol, der Grundkörper vieler Aromaten, ist eine farblose, leichtbewegliche, giftige (cancerogene) Flüssigkeit mit t_m = 5,5 °C und t_b = 80,1 °C. Durch Analyse und Bestimmung der molaren Masse ermittelte man die Molekülformel C_6H_6. Der Molekülbau blieb jedoch vorerst unbekannt. Es ist das Verdienst von Kekulé, erstmals eine brauchbare Lewis-Formel für das Benzol-Molekül vorgeschlagen zu haben (1865).

Seine geniale Idee – die ihm, wie er später erzählte, im Traum erschienen war – bestand darin, eine ringförmige Struktur für das Benzol-Molekül anzunehmen. Er

Abb. 10.1 F. A. Kekulé (1829–1896)

schrieb abwechselnd einfache und Doppelbindungen in den Ring:

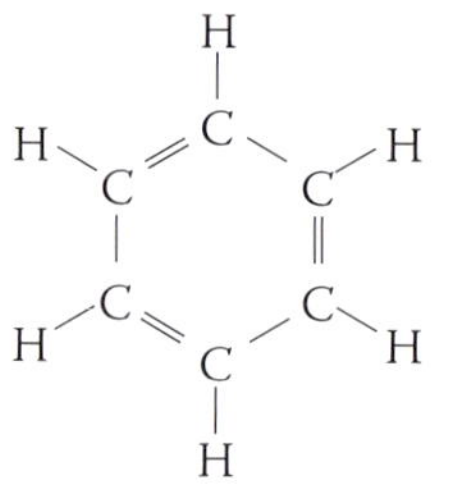

oder abgekürzt:

Die rationelle Bezeichnung einer Verbindung mit der oben dargestellten Lewis-Formel ist 1,3,5-Cyclohexatrien («cyclo» bezeichnet den Ring).

Kekulés Vorschlag mit der ringförmigen Anordnung der Kohlenstoff-Atome hat sich in der Folge sehr bewährt. Es wäre aber nach dieser Lewis-Formel zu erwarten, dass Benzol – mit drei Doppelbindungen im Molekül! – Bromwasser rasch entfärbt, wobei pro Mol Benzol drei Mol Brom addiert werden müssten. Wenn man Benzol aber mit Bromwasser schüttelt, tritt keine Reaktion ein. Das Brom wird bloss in der spezifisch leichteren Benzolschicht gelöst. Benzol verhält sich also gegenüber Bromwasser ähnlich wie Hexan, jedoch nicht wie Cyclohexen oder Cyclohexadien (mit einer bzw. zwei Doppelbindungen im Ring).

Auch mit flüssigem Brom reagiert Benzol nicht. Setzt man aber einem Benzol/Brom-Gemisch einige Körnchen wasserfreies Aluminiumchlorid ($AlCl_3$) oder einige Eisenfeilspäne zu und erhitzt ein wenig, so erfolgt eine stark exotherme Reaktion: Hydrogenbromid entweicht (Nachweis mit Ammoniak; Abschnitt 8.3), und das Gemisch entfärbt sich allmählich. Es muss also eine Substitution eingetreten sein. Dies wird bestätigt, wenn man mit dem gereinigten Produkt die Beilstein-Probe (Abschnitt 8.3) durchführt: Der Halogen- (Brom-) Nachweis ist positiv.

Benzol und Brom reagieren somit nach folgender Reaktionsgleichung:

$$C_6H_6 + Br_2 \rightarrow C_6H_5Br + HBr \quad \Delta H < 0$$

Benzol verhält sich also ganz unerwartet: Trotz den in der Lewis-Formel geschriebenen drei Doppelbindungen ist es kein ungesättigter Kohlenwasserstoff. Zwar sind Additionsreaktionen möglich; sie erfordern jedoch verhältnismässig hohe Aktivierungsenthalpien. Die für das Benzol charakteristische Reaktion ist vielmehr die Substitution von Wasserstoff-Atomen, die unter der Wirkung eines «Starters» eintritt.

Die Konstitution des Benzol-Moleküls

Kekulé, dem dieses auffallende Verhalten schon bekannt war, nahm an, dass die Doppelbindungen im Ring hin- und herwandern. Da man sich dieses «Wandern» nicht recht vorstellen konnte, wurden in den auf die Aufstellung der Benzol-Formel folgenden Jahren auch andere Strukturvorschläge diskutiert. Es gelang jedoch nicht, das Reaktionsverhalten von Benzol zu erklären. Erst mithilfe der modernen Elektronentheorie liess sich das «Benzolproblem» lösen.

Die Aufenthaltswahrscheinlichkeit aller Elektronen (die Gesamtelektronendichte) von Molekülen lässt sich experimentell und rechnerisch ermitteln. Mittels Rechnungen kann man auch Aussagen über die Aufenthaltswahrscheinlichkeit einzelner Elektronen machen. Experimentell ist dies nicht möglich, da Elektronen in einem Mehrelektronensystem nicht unterscheidbar sind. Im Benzol-Molekül ergibt sich für sechs Elektronen (jeweils zwei einer Doppelbindung) eine vergrösserte Aufenthaltswahrscheinlichkeit oberhalb und unterhalb des Kohlenstoffrings. Je zwei dieser Elektronen bilden eine Elektronenwolke (Pauli-Prinzip). Die Summe der drei Wolken wird oft als eine einzige ringförmige Wolke dargestellt (Abb. 10.2).

Die sechs Elektronen gehören also zu keinem bestimmten Atom; sie sind über alle sechs Kohlenstoff-Atome «delokalisiert». Ein «gewöhnliches» Bindungselektronenpaar ist dagegen lokalisiert: Es hält sich mit grösster Wahrscheinlichkeit zwischen zwei Atomrümpfen auf.

Im Benzol-Molekül sind sechs Kohlenstoff-Atome zu einem Ring verbunden. Jedes Kohlenstoff-Atom bindet ein Wasserstoff-Atom. Sechs Elektronen sind über alle Kohlenstoff-Atome «delokalisiert», d.h. gehören keinen bestimmten Atomen an.

Man kann nun zeigen, dass Elektronen umso weniger kinetische Energie besitzen, je grösser (ausgedehnter) der Raum ist, in dem sie sich mit grösster Wahrscheinlichkeit bewegen (geringere abstossende Kräfte!). Die Ausdehnung von Elektronenwolken über drei oder mehr Atome (die Delokalisierung) bewirkt also eine gewisse Abnahme der Energie des Systems, d.h. eine Stabilisierung. Mit anderen Worten, das Benzol-Molekül mit den sechs delokalisierten Elektronen ist energieärmer (stabiler) als ein Molekül mit drei Doppel- und drei Einfachbindungen im Ring.

Bei einer Additionsreaktion muss das System delokalisierter Elektronen des Benzol-Moleküls aufgebrochen werden. Dies erfordert einen so hohen Energiebetrag, dass die Substitution – bei der das System delokalisierter Elektonen erhalten bleibt – energetisch begünstigt ist, d.h. viel leichter erfolgt.

Dass im Benzol-Molekül tatsächlich weder C—C-Einfach- noch C═C-Doppelbindungen vorliegen, wird durch die experimentell bestimmten Bindungslängen bestätigt. Sie sind alle gleich lang und betragen 0,139 nm. Die Länge einer C—C-Einfachbindung ist aber 0,154 nm, die einer C═C-Doppelbindung 0,134 nm. Würden die Doppelbindungen hin- und herwandern, wie es Kekulé vorgeschlagen hat, so wäre als Bindungslänge ein Mittelwert zwischen 0,154 nm und 0,134 nm – 0,144 nm – zu erwarten. Der auf 0,139 nm verkürzte Abstand zwischen den Kohlenstoff-Atomen zeigt deutlich, dass im Benzol-Molekül ein besonderer Zustand – mit delokalisierten Elektronen – vorliegt.

Moleküle mit delokalisierten Elektronen lassen sich mit den bisher benützten Konstitutions-Formeln (Lewis-Formeln) nicht beschreiben, denn ein Bindestrich bedeutet stets ein zwischen zwei Atomrümpfen lokalisiertes Elektronenpaar. Wir sind damit an die Grenze unserer Modellvorstellung gelangt.

Um die vielfach bewährten Lewis-Formeln trotzdem verwenden zu können, schreibt man zwei (eventuell auch mehr) «normale» Lewis-Formeln («Grenzformeln») und verbindet sie mit einem Doppelpfeil (⟷).

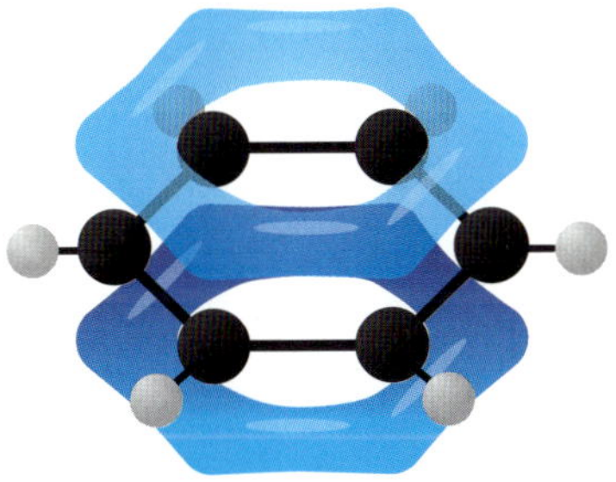

Abb. 10.2 Benzol-Molekül mit ringförmig delokalisierter Elektronenwolke

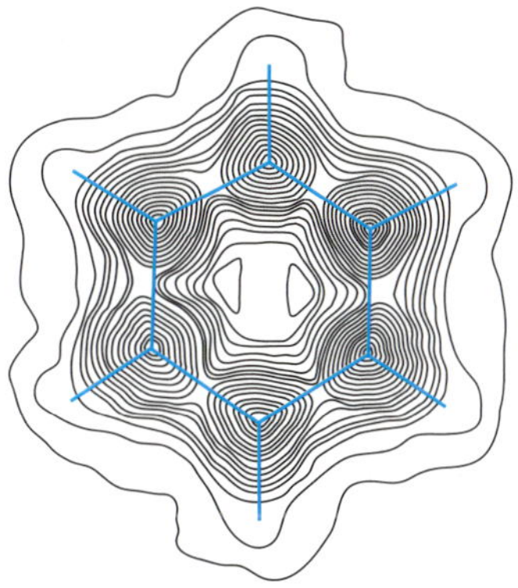

Abb. 10.3 Elektronendichte-Verteilung im Benzol-Molekül, aus der Röntgenstrukturanalyse berechnet

Dies drückt aus, dass man den wirklichen Zustand des Moleküls als einen Zwischenzustand zwischen den beiden nicht existierenden, durch diese «Grenzformeln» wiedergegebenen Strukturen auffasst:

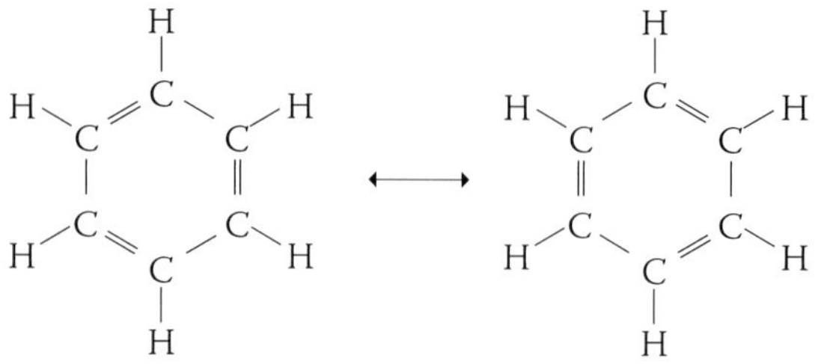

Die Grenzformeln stellen keine wirklich existierenden Moleküle, keine wirkliche Elektronenverteilung dar. Sie dienen nur als «Schreibhilfen», um den tatsächlichen Zustand, den «Zwischenzustand», mittels Lewis-Formeln beschreiben zu können. Das Verfahren, Moleküle mit delokalisierten Elektronen durch mehrere Lewis-Formeln darzustellen, nennt man Mesomerie. Benzol ist das klassische Beispiel eines «mesomeren» Teilchens, eines Teilchens mit delokalisierten Elektronen. Ein 1,3,5-Cyclohexatrien – das der Kekulé-Formel – existiert nicht. Reaktionen, bei denen Cyclohexatrien entstehen sollte, ergeben immer das (energieärmere) Benzol.

Als Symbol für den Benzolring benützt man ein Sechseck mit einem eingeschriebenen Ring oder die «klassische» Lewis-Formel. Die Wasserstoff-Atome werden üblicherweise nicht eingezeichnet.

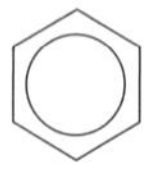 oder 

Eine Delokalisierung von Elektronen tritt nicht nur beim Benzol auf. Zahlreiche andere Moleküle und komplizierter aufgebaute Ionen (Abschnitt 20.3) besitzen ebenfalls ein System delokalisierter Elektronen. Als Beispiel sei das Molekül von Schwefeldioxid erwähnt:

Lewis-Formel 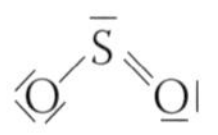

Nach dieser Formel müsste der eine S—O-Abstand kürzer sein (Doppelbindung!), der andere länger (Einfachbindung!). Experimentell zeigt sich, dass beide Bindungen genau gleich lang sind. Zwei Elektronenpaare sind delokalisiert:

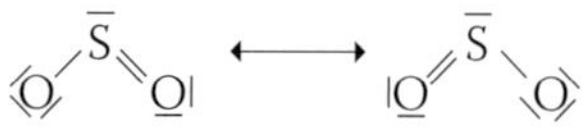 oder 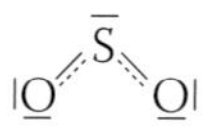

Zum Ablauf der Reaktion von Benzol mit Brom

Sowohl im Benzol- wie im Hexan-Molekül lassen sich Wasserstoff-Atome durch Brom-Atome substituieren. Die unterschiedlichen Bedingungen für beide Reaktionen (Aluminiumchlorid oder Eisenfeilspäne als Starter; starke Belichtung) zeigen jedoch, dass diese wahrscheinlich nicht in der gleichen Weise ablaufen.

Bei jeder Reaktion müssen Teilchen zusammenstossen, bei der Reaktion von Benzol mit Brom ein Benzol-Molekül und ein geeigneter Reaktionspartner. Dabei muss dieser irgendwie mit den delokalisierten Elektronen in Wechselwirkung treten, also vermutlich positiv geladen oder wenigstens positiv polarisiert sein.

Nähert sich ein Benzol- einem Brom-Molekül, so wird letzteres unter dem Einfluss der delokalisierten Elektronen etwas polarisiert: Die Elektronen der Br—Br-Bindung werden näher zum entfernteren Brom-Atom verschoben. Dadurch wird das dem Ring nähere Brom-Atom positiv, das entferntere negativ polarisiert:

$$\overset{\delta+}{|\underline{\overline{Br}}} - \overset{\delta-}{\underline{\overline{Br}}|}$$

Ist nun gleichzeitig noch Aluminiumchlorid vorhanden, so wird das Brom-Molekül vollständig getrennt: Das Aluminium-Ion bindet das negativ geladene Bromid-Ion. Übrig bleibt ein positiv geladenes Brom-Ion mit nur sechs Aussenelektronen (vgl. die elektrophile Addition an Alkene; Abschnitt 9.1), ein Elektrophil. Dieses greift den Benzolring an und wird durch zwei Elektronen aus dem Ring gebunden:

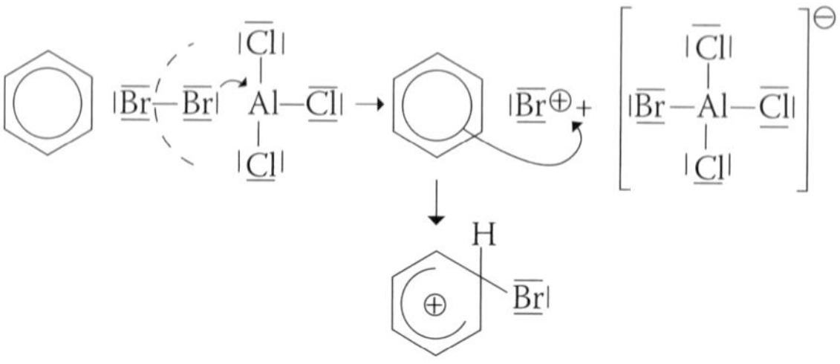

(1)

Das Teilchen (1) ist positiv geladen, weil der Benzolring ein positives Brom-Ion gebunden hat. Das delokalisierte Elektronensextett ist nicht mehr vorhanden, denn zwei Elektronen wurden benötigt, um das Br^+-Ion zu binden. Die restlichen vier Elektronen sind über fünf Atome delokalisiert.

Das über sechs Atome ausgedehnte delokalisierte Elektronensextett ist aber, wie wir gesehen haben, besonders stabil. Wenn das Teilchen (1) ein positiv geladenes Wasserstoff-Atom (d.h. ein Proton!) abspaltet, verbleiben die bindenden Elektronen dem Ring und können wieder in das delokalisierte System eingegliedert werden. Dadurch bildet sich aber wieder der ursprüngliche energieärmere (stabilere) Zustand. Das Proton verbindet sich mit dem vorher an das Aluminium-Ion gebundenen negativen Bromid-Ion, das acht Aussenelektronen besitzt und es entsteht ein Molekül Hydrogenbromid:

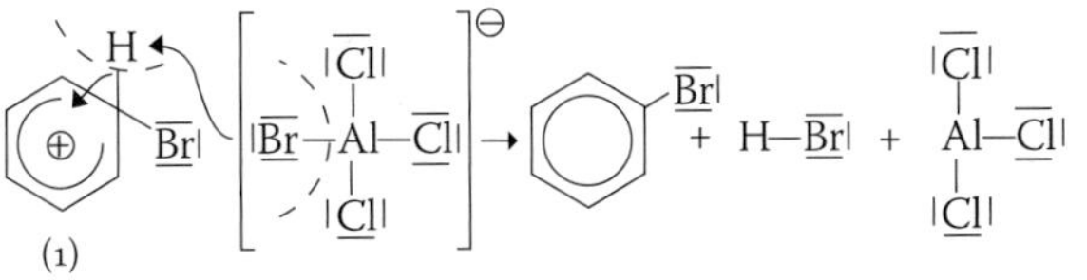

(1)

Brombenzol

Verwendet man als Starter Eisenfeilspäne, so läuft die Reaktion genau gleich ab, denn aus dem Eisen und Brom entsteht zuerst Eisenbromid ($FeBr_3$), das sich mit einem Bromid-Ion zu $[FeBr_4]^-$ verbindet.

Die Reaktion als Ganzes ist eine elektrophile Substitution (S_E). Der Benzolring wird durch ein Elektrophil angegriffen. Die elektrophile Substitution ist der für Aromaten charakteristische Reaktionstyp. Sie verläuft immer in zwei Schritten: Im ersten Schritt greift das Elektrophil den Ring an und wird gebunden. Im zweiten Schritt wird ein Proton abgetrennt und das delokalisierte Elektronensextett wiederhergestellt.

Wir erkennen jetzt die Unterschiede zwischen den Reaktionen von Brom mit Benzol bzw. mit Hexan. Beide Male erfolgt eine Substitution und beide Male muss zuerst ein Brom-Molekül getrennt werden. Bei der elektrophilen Substitution am Benzol findet diese Trennung unter der Wirkung von Aluminiumchlorid oder Eisenfeilspänen statt und ist «heterolytisch»: Die bindenden Elektronen verbleiben dem einen Atom, sodass Ionen entstehen. Bei der Radikalsubstitution am Hexan werden Brom-Moleküle unter dem Einfluss von Licht «homolytisch» getrennt: Beide Atome erhalten je ein Elektron der Bindung und es entstehen Radikale. Die elektrophile Substitution läuft in zwei Reaktionsschritten ab, die Radikalsubstitution dagegen ist eine Kettenreaktion: Im Verlaufe der Reaktionskette entstehen immer wieder reaktionsbereite Teilchen und während der Reaktion laufen viele solche Reaktionsketten nebeneinander ab.

Wir haben hier zu zeigen versucht, wie man sich den Ablauf der Substitution am Benzol heute vorstellt und diesen Ablauf mit der entsprechenden Reaktion am Hexan verglichen. Man spricht in diesem Zusammenhang von dem «Mechanismus» der beiden Reaktionen.

Da einzelne Atome oder Moleküle natürlich auch während einer Reaktion nicht «beobachtet» werden können, lassen sich Reaktionsabläufe («Reaktionsmechanismen») nie direkt untersuchen. Sie müssen vielmehr indirekt – durch Überlegungen! – erschlossen werden. Man berücksichtigt dabei möglichst viele experimentelle Ergebnisse (z.B. die Reaktionsbedingungen) und überlegt, wie diese am besten zu erklären sind. Reaktionsmechanismen haben deshalb immer den Charakter von Modellen (Abschnitt 1.3). Mit ihrer Hilfe lassen sich jedoch viele Reaktionen besser verstehen oder sogar voraussagen. In vielen Fällen wird auch verständlich, weshalb gerade die wirklich beobachteten und nicht irgendwelche andere Produkte entstehen.

Weitere Beispiele von Reaktionen am Benzolring

Eine insbesondere für die Grosstechnik, aber auch für die Laborpraxis sehr wichtige Reaktion ist die «Nitrierung» aromatischer Ringe. Die Produkte lassen sich leicht in andere Stoffe überführen, aus denen wiederum viele weitere Verbindungen hergestellt werden können.

Erwärmt man Benzol mit einem Gemisch aus konzentrierter Salpetersäure (HNO_3) und konzentrierter Schwefelsäure (H_2SO_4), so bildet sich eine gelbliche, spezifisch schwere, giftige Flüssigkeit mit einer relativ hohen Siedetemperatur (210,8 °C) und einem ausgeprägten Bittermandelgeruch: Nitrobenzol, $C_6H_5NO_2$. Ein Wasserstoff-Atom des Benzolrings wird dabei durch die «Nitrogruppe», $-NO_2$, ersetzt.

Auch die Nitrierung ist eine elektrophile Substitution. In dem Säuregemisch sind neben anderen Teilchen sogenannte Nitryl-Ionen (NO_2^+) vorhanden. Sie entstehen auf folgende Weise:

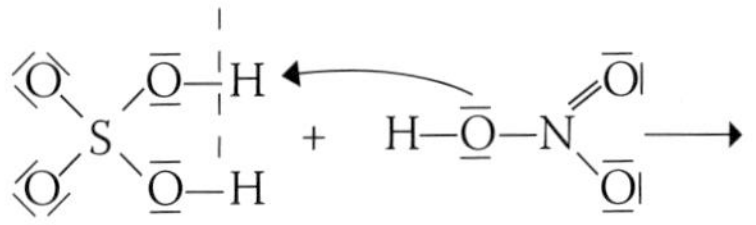

Schwefelsäure Salpetersäure

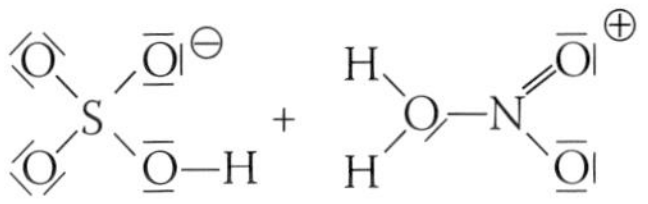

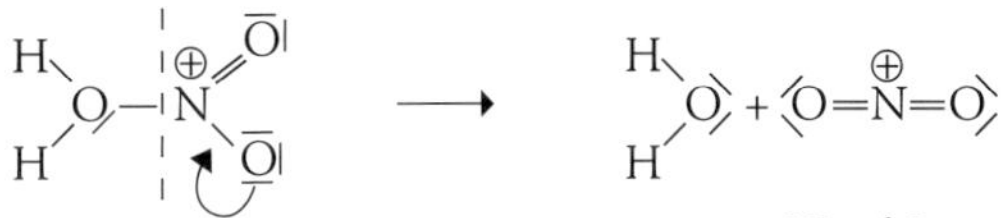

Nitryl-Ion

Das Schwefelsäure-Molekül spaltet ein positiv geladenes Wasserstoff-Atom (ein Proton) ab. Dieses wird von einem Salpetersäure-Molekül durch ein freies Elektronenpaar eines Sauerstoff-Atoms gebunden. Das entstandene Teilchen spaltet ein Molekül Wasser ab und es entsteht das Nitryl-Ion. Der entscheidende Reaktionsschritt ist die Übertragung eines Protons von der Schwefel- auf die Salpetersäure. Wir werden später sehen (Kap. 15), dass dies ein Beispiel einer ganzen «Klasse» wichtiger Reaktionen (der Protolysen oder Säure/Base-Reaktionen) ist.

Die Lewis-Formel des Nitryl-Ions zeigt, dass nur 16 Aussenelektronen vorhanden sind. Ein Stickstoff- und zwei Sauerstoff-Atome zusammen haben aber 17 Aussenelektronen. Da das Nitryl-Ion ein Elektron weniger enthält (bei gleicher Protonenzahl!), ist das Teilchen positiv geladen.

Das Nitryl-Ion ist ein Elektrophil und greift den Benzolring an. Wiederum entsteht ein Zwischenprodukt (1), in dem nur noch vier, über fünf Atome delokalisierte Elektronen vorhanden sind. Durch Abspaltung eines Protons bildet sich im zweiten Reaktionsschritt das Nitrobenzol:

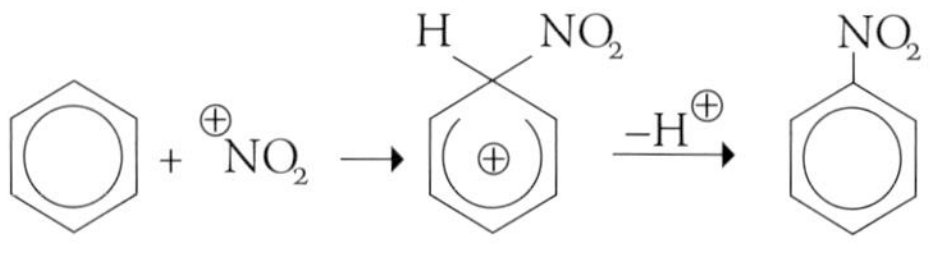

(1)

Benzol Nitrobenzol

Nitrobenzol lässt sich z.B. durch Reaktion mit Zink und verdünnter Salzsäure [HCl(aq)] in Aminobenzol («Anilin») überführen. Aus der Nitrogruppe ($-NO_2$) bildet sich dabei die «Aminogruppe», $-NH_2$. Diese ist sehr reaktionsfähig. Anilin, eine im reinen Zustand schwach gelbliche Flüssigkeit, hat deshalb als Zwischenprodukt für viele Synthesen grosse Bedeutung.

Anilin

Lässt man z.B. Anilin mit Natriumnitrit ($NaNO_2$) und verdünnter Salzsäure reagieren, so entsteht ein sogenanntes Diazoniumsalz:

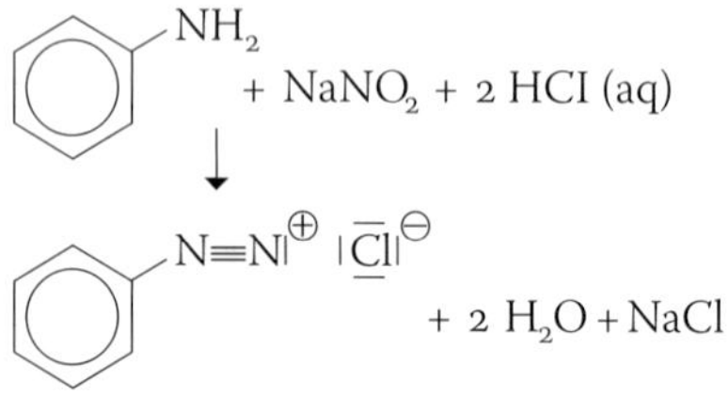

Diazoniumchlorid

Die Diazoniumgruppe mit den beiden miteinander verbundenen Stickstoff-Atomen ist recht wenig stabil. Diazoniumsalze spalten deshalb schon bei schwachem Erwärmen Stickstoff ab und gehen in andere Verbindungen über, z.B.:

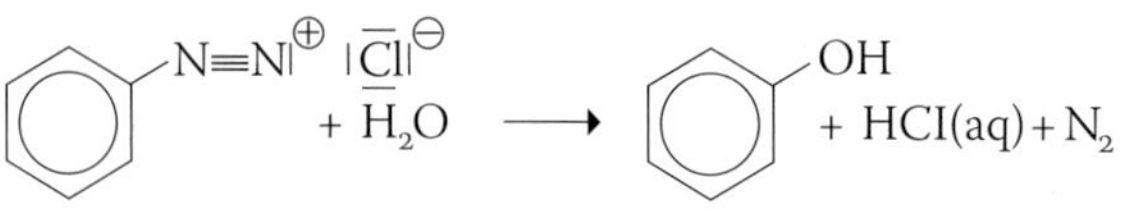

Phenol

Wegen ihrer positiven Ladung wirkt die Diazoniumgruppe als Elektrophil und kann mit anderen aromatischen Ringen reagieren. Voraussetzung dafür ist allerdings, dass diese durch weitere Gruppen (wie z.B. Aminogruppen) aktiviert werden, d.h. reaktionsfähiger sind als Benzol, weil die Diazoniumgruppe nur schwach elektrophil ist. Als Produkt dieser Reaktion erhält man sogenannte Azoverbindungen.

Schema:

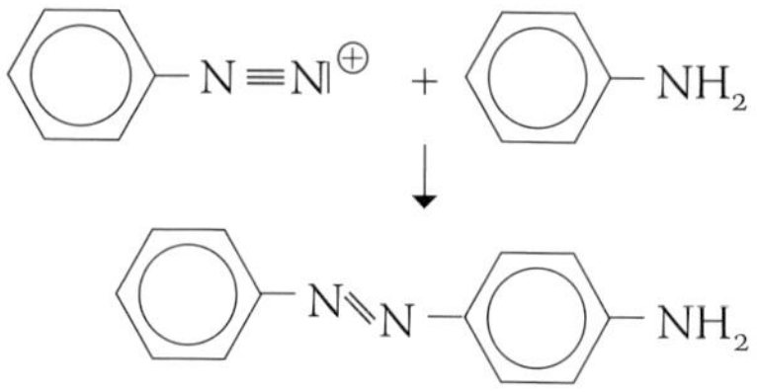

Aminoazobenzol

Schon die einfachste Azoverbindung, das Azobenzol, ist farbig. Diese Reaktion, die «Azokupplung», ist daher sehr wichtig zur Gewinnung von Farbstoffen («Azofarbstoffe»). Rund 60 % aller heute benützten Textilfarbstoffe sind Azofarbstoffe und werden auf die beschriebene Weise durch «Kupplung» eines Diazoniumsalzes mit einem anderen Aromaten hergestellt.

Eine weitere wichtige Substitutionsreaktion an aromatischen Verbindungen ist die Sulfonierung mit konzentrierter Schwefelsäure. Dabei wird ein Wasserstoff-Atom eines aromatischen Rings durch eine SO_3H-Gruppe (Sulfonsäuregruppe) ersetzt. Die dadurch entstehenden Sulfonsäuren sind, im Gegensatz zu den ursprünglichen Verbindungen, gut wasserlöslich. Dies ist vor allem bei vielen Farbstoffen wichtig. Auch diese Reaktion ist eine elektrophile Substitution, wobei das in kleinen Mengen in konzentrierter Schwefelsäure vorhandene SO_3-Molekül als Elektrophil wirkt. Aus Benzol und konzentrierter Schwefelsäure entsteht Benzolsulfonsäure, $C_6H_5SO_3H$.

Weitere Beispiele aromatischer Kohlenwasserstoffe:
Im Naphthalin sind zwei, im Anthracen drei Benzolringe direkt miteinander verbunden («kondensiert»):

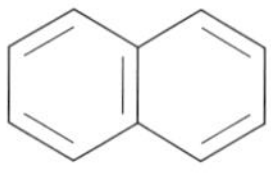

Naphthalin

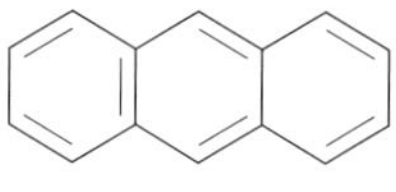

Anthracen

Naphthalin bildet glänzende, weisse Schuppen von charakteristischem Geruch. Es schmilzt bei 80,3 °C zu einer farblosen Flüssigkeit.
Anthracen kristallisiert in farblosen Blättchen und riecht deutlich nach Teer; t_m = 215,8 °C.
Beide Verbindungen werden aus dem Steinkohlenteer gewonnen und haben eine grosse Bedeutung zur Synthese von Farbstoffen. Benzpyren, eine im Teer sowie im Tabakrauch enthaltene Verbindung mit fünf kondensierten Benzolringen, wirkt stark krebserregend.

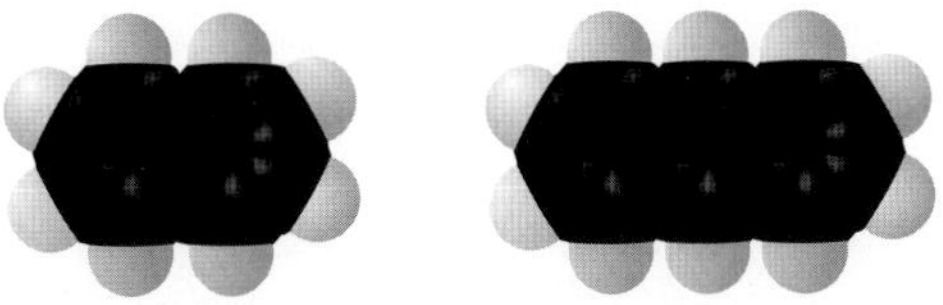

Abb. 10.4 Kalottenmodelle von Naphthalin und Anthracen

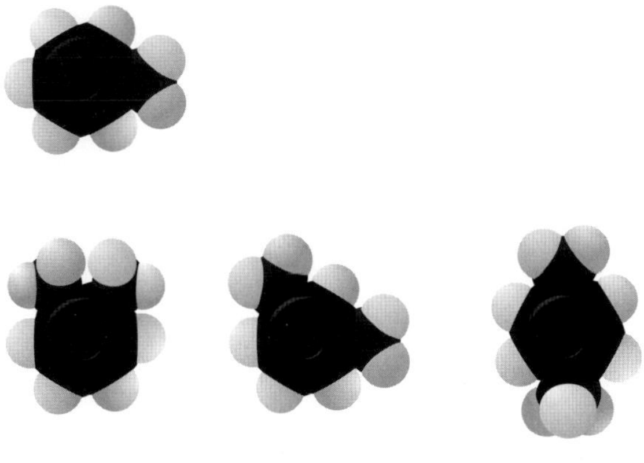

Abb. 10.5 Kalottenmodelle von Toluol und den drei isomeren Xylolen

Der aromatische Charakter der Verbindungen bleibt erhalten, wenn der Benzolring Seitengruppen enthält, wie z.B. im Toluol oder in den drei isomeren Xylolen.

Um die Stellung der Gruppen anzugeben, die an den Benzolring gebunden sind, benützt man entweder Zahlen oder die Abkürzungen «o-» für «ortho», «m-» für «meta» und «p-» für «para».

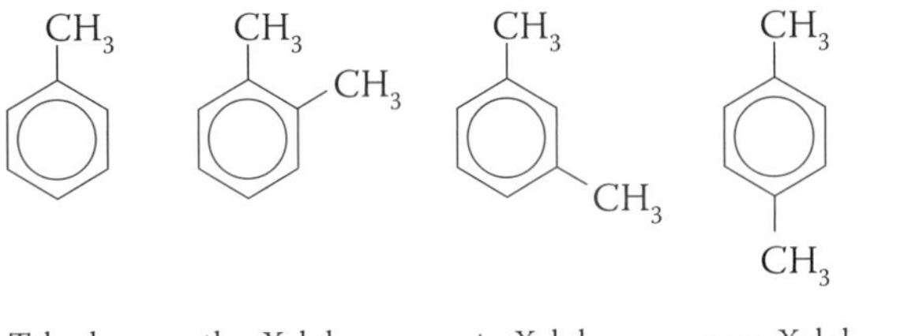

Toluol	ortho-Xylol 1,2-Dimethylbenzol	meta-Xylol 1,3-Dimethylbenzol	para-Xylol 1,4-Dimethylbenzol

Chloraromaten in der Umwelt
Die bekannteste aromatische Chlorverbindung ist wohl das Insektizid **DDT** (**D**ichlor**d**iphenyl**t**richlorethan[1]):

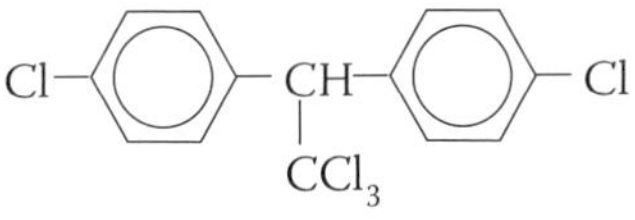

[1] *Mit Phenyl wird der Rest C_6H_5 bezeichnet.*

Die insektizide Wirkung dieser schon seit den achtziger Jahren des 19. Jahrhunderts bekannten Verbindung wurde 1941 durch P. Müller in der damaligen GEIGY AG erkannt (Nobelpreis 1948). DDT wurde überall in den Tropen und Subtropen zur Bekämpfung krankheitsübertragender Insekten (insbesondere der Anopheles-Mücke, der Überträgerin der Malaria) eingesetzt und es gelang dadurch vorübergehend, die Malaria auf der Erde fast völlig zum Verschwinden zu bringen.

DDT ist fettlöslich und biologisch schwer abbaubar, sodass es sich im Fettgewebe von Tieren anreichert und über die Nahrungskette in den Menschen gelangt. Es scheint, dass der menschliche Körper gegenüber DDT eine ziemliche Toleranz besitzt. Gesundheitsschädigungen, die direkt auf DDT zurückzuführen sind, wurden jedenfalls bisher nicht beobachtet. Welche Folgen die Langzeit-Einwirkung hat, ist allerdings noch völlig ungeklärt.

Hingegen hemmt ein Abbauprodukt von DDT ein Enzym, das bei Vögeln die Calciumzufuhr bei der Bildung der Eierschalen reguliert. Als Folge der weltweiten Verbreitung von DDT wurden die Populationen gewisser Vogelarten wie Habichte, Seeadler, Falken u.a. schon zu Beginn der fünfziger Jahre stark dezimiert, da die Vögel nicht mehr imstande waren, genügend dickwandige Eier zu bilden. Heute ist die Verwendung von DDT in vielen Ländern verboten (so z.B. in Deutschland und in der Schweiz), in anderen stark eingeschränkt. Allerdings hat deshalb und wegen zunehmender Resistenz der Anopheles-Mücke die Zahl der Malariafälle z.B. in Sri Lanka von 2 bis 3 pro Jahr auf einige 100 000 zugenommen!

Andere chlorierte Aromaten werden als Herbizide (Unkrautvernichter) verwendet:

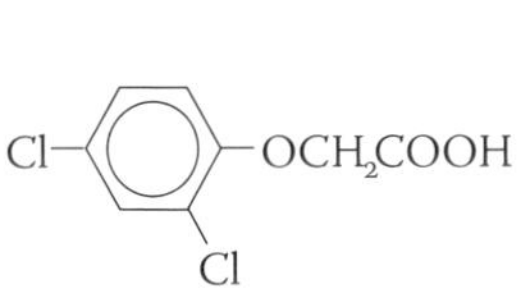

2,4-Dichlorphenoxyessigsäure «2,4-D»

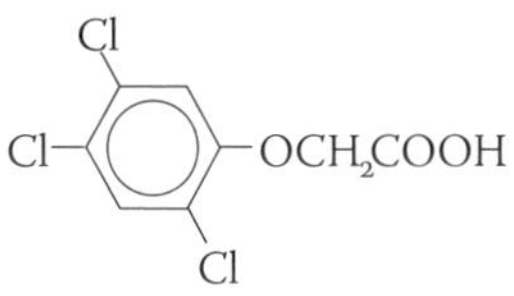

2,4,5-Trichlorphenoxyessigsäure «2,4,5-T»

In gewissen Fällen stellte man fest, dass 2,4,5-T-Präparate Missbildungen hervorrufen. Dies war auf eine Verunreinigung der handelsüblichen Präparate zurückzuführen. Bei der Verunreinigung handelt es sich um das 2,3,7,8-Tetrachlorodibenzodioxin (TCDD), gewöhnlich kurz als «Dioxin» bezeichnet:

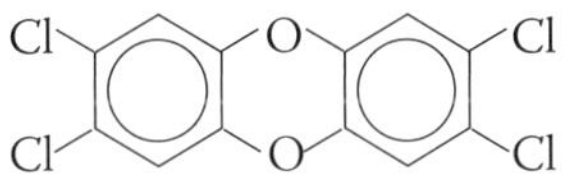

TCDD, «Dioxin»

Dioxin ist ausserordentlich giftig. Seine Wirkung übertrifft z.B. die Wirkung von Cyanid-Ionen. Nur gewisse Naturstoffe wie z.B. das Gift des Knollenblätterpilzes wirken noch in viel kleineren Dosen giftig. Dioxin ist praktisch unlöslich in Wasser und gegenüber biologischem Abbau sehr resistent. Als fettlösliche Substanz kann es auch in die Nahrungskette gelangen. Subletale Mengen (Mengen, die noch nicht zum Tod führen) bewirken schwer heilende Hautkrankheiten (Chlorakne).

Dioxin ist eine auch chemisch sehr stabile Verbindung. Erst bei längerer Verweilzeit in über 1200 °C heissen Öfen verbrennt es problemlos zu Kohlenstoffmonoxid, Wasser und Hydrogenchlorid (HCl). In Kehrichtverbrennungsanlagen (mit wesentlich niedrigerer Temperatur) kann es sich dagegen unter der katalytischen Wirkung von Schwermetallen beim gleichzeitigen Verbrennen von chlorhaltigen organischen Stoffen (z.B. PVC) und Phenolen bilden (die z.B. aus dem Holzstoff stammen können). Zu einiger «Berühmtheit» gelangte das Dioxin, als im Juli 1976 in Seveso (Italien) durch fehlerhafte Manipulationen und mangelhafte Sicherheitsvorrichtungen etwa 200 g in die Atmosphäre gelangten. Das Dioxin entstand hier als Nebenprodukt bei der Herstellung von 2,4,5-Trichlorphenol, weil die erlaubte Höchsttemperatur von 160 °C beim Herstellungsprozess überschritten wurde. 2,4,5-Trichlorphenol ist ein Zwischenprodukt bei der Herstellung des Desinfektionsmittels Hexachlorophen:

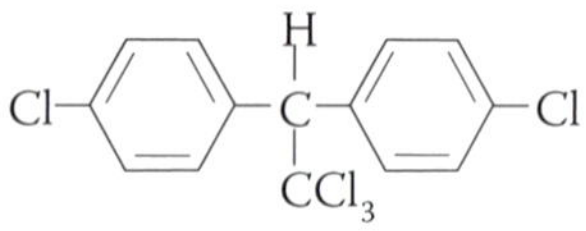

DDT

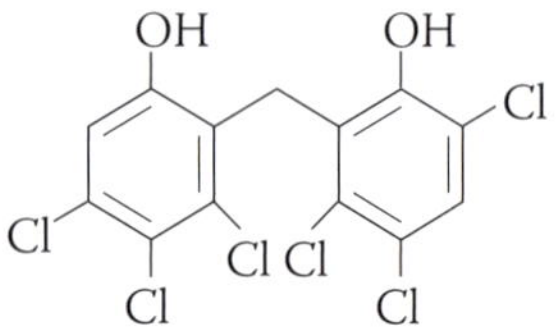

Hexachlorophen

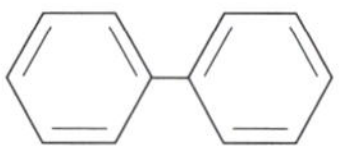

Biphenyl

Schliesslich müssen auch die polychlorierten Biphenyle (PCB) erwähnt werden. Gemische verschiedener solcher Verbindungen werden schon seit 1929 für die verschiedenartigsten Zwecke verwendet, weil sie chemisch sehr widerstandsfähig sind: als Kühlflüssigkeiten für Transformatoren und Kondensatoren, für Thermostaten, für hydraulische Systeme, als Weichmacher für Polystyrol, in Druckerschwärzen und Kohlepapieren, zur Auskleidung von Gussformen für Metalle usw.

Die PCB gehören heute zu den in der Umwelt am meisten verbreiteten Chemikalien. Sie sind ebenfalls biologisch schwer abbaubar und reichern sich in der Nahrungskette an. Fische, die in mit PCB verunreinigtem Wasser leben, können in ihrem Körper bis das 10^5-fache an PCB enthalten wie das Wasser. Die Giftigkeit der PCB hängt stark von ihrer Zusammensetzung ab. Über die Folgen der Langzeiteinwirkung ist heute noch kaum etwas bekannt.

Sulfonamide

In den dreissiger Jahren wurde die therapeutische Wirkung der Sulfonsäureamide[2] (kurz: Sulfonamide) entdeckt (Domagk). Es sind stets Aromaten, bei denen eine $—SO_2NH_2$ oder $—SO_2NH$-R Gruppe an einen Benzolring gebunden ist, der zusätzlich in ρ-Stellung eine Aminogruppe aufweist, z.B. das Sulfathiazol:

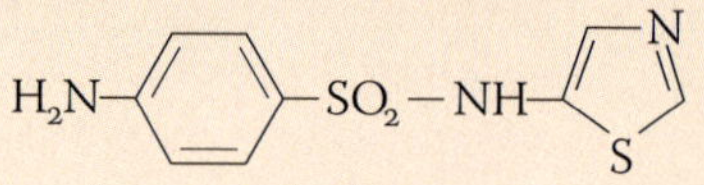

Sulfathiazol

Sulfonamide wirken wie manche Antibiotika bakteriostatisch, d.h. sie hemmen das Wachstum gewisser Bakterien. Ihre Wirkung beruht darauf, dass sie von den Bakterien anstelle der von ihnen zum Aufbau eines Enzymbestandteils (der Folsäure) benötigten 4-Aminobenzoesäure aufgenommen werden, sodass der Bakterienstoffwechsel blockiert wird.

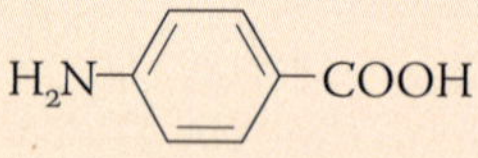

4-Aminobenzoesäure

Sulfonamide «tarnen» also gewissermassen die für die Bakterien lebenswichtige 4-Aminobenzoesäure. Durch Abwandlung des an die Sulfonamidgruppe ($—SO_3NH_2$) gebundenen Rests haben sich zahlreiche Sulfonamide herstellen lassen, die gegen ganz verschiedene Bakterien wirksam sind.

10.2 Zweitsubstitution am Benzolring

Durch elektrophile Substitution lässt sich auch ein zweites Wasserstoff-Atom am Ring eines monosubstituierten Benzolderivats C_6H_5X ersetzen. Der neue Substituent Y kann dabei an den Kohlenstoff-Atomen 2, 3 oder 4 angreifen. Diese Positionen werden auch als ortho- (o-), meta- (m-) und para- (p-) Stellungen zum Substituenten X bezeichnet.

[2] *Bei Sulfonsäureamiden ist die OH-Gruppe des SO_3H-Restes durch $—NH_2$ ersetzt.*

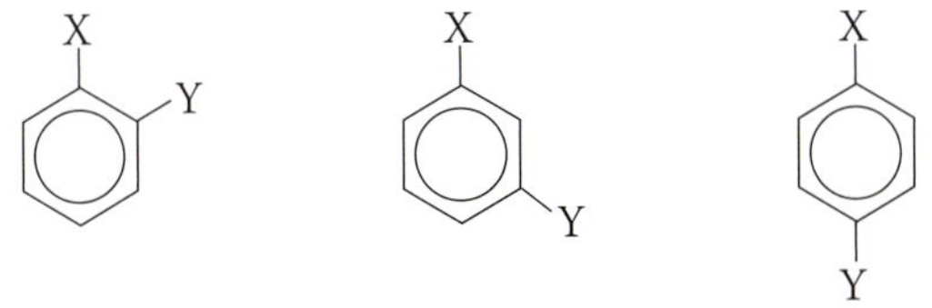

1,2- (o-) Stellung 1,3- (m-) Stellung 1,4- (p-) Stellung

Je nach Substituent bilden sich vorwiegend meta- oder ortho- und para-Isomere. Normalerweise ist die Geschwindigkeit bei der meta-Substitution kleiner, bei der ortho- und para-Substitution grösser als bei der Erstsubstitution am Benzolring. Verursacht wird das unterschiedliche Reaktionsverhalten von den Eigenschaften des Erstsubstituenten X.

Aktivierende Substituenten haben entweder einen +I-Effekt (induktiver Effekt) oder einen +M-Effekt (mesomerer Effekt). Sie erhöhen die Elektronendichte im Ring. Im ersten Fall wirkt der Substituent elektronenabstossend und erhöht damit die Elektronendichte im Ring, wobei die Kohlenstoff-Atome in ortho- und para-Stellung eine geringe negative Partialladung erhalten. Beim +-M-Effekt überlagert sich ein freies Elektronenpaar des Substituenten mit dem System delokalisierter Elektronen des Rings. Man kann dies formal durch verschiedene Grenzformeln zum Ausdruck bringen und spricht deshalb von einem mesomeren Effekt des betreffenden Substituenten. Ein Beispiel dafür ist die Hydroxylgruppe:

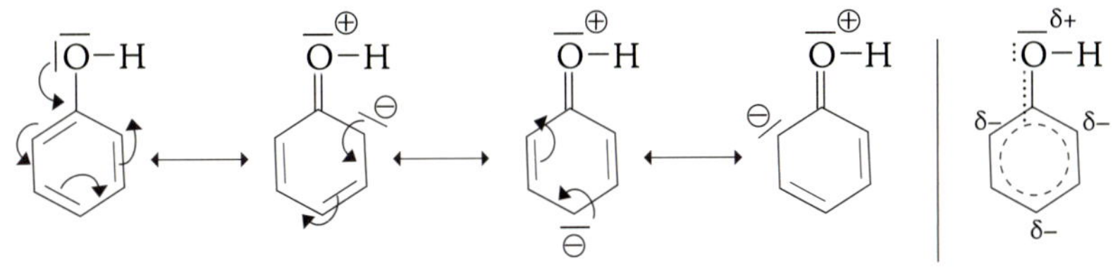

Grenzformeln «wahrer» Zustand

Elektrophile Teilchen wie Br^+, NO_2^+ oder SO_3 greifen deshalb bei einer Zweitsubstitution den Ring bevorzugt in o- und p-Stellung an. Die Substitution erfolgt an den Kohlenstoff-Atomen 2, 4 und 6.

Desaktivierende Substituenten vermindern die Elektronendichte im Ring durch einen –I- bzw. einen –M-Effekt. Dabei erhalten die Kohlenstoff-Atome in ortho- und para-Stellung eine positive Partialladung. Die Nitrogruppe (NO_2) ist dafür ein Beispiel:

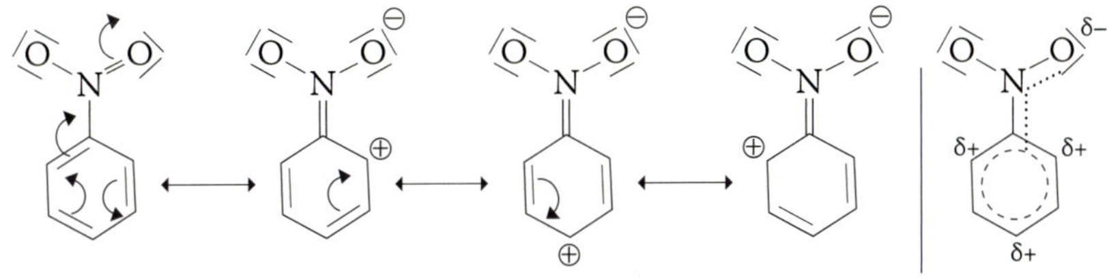

Grenzformeln «wahrer» Zustand

Die Zweitsubstitution elektrophiler Teilchen findet damit vor allem in meta-Stellung (C-Atome 2 und 4) statt.

- Substituenten mit +-M-Effekt wirken aktivierend, sie dirigieren einen Zweitsubstituenten in die ortho- und para-Stellung.

  Beispiele:

  $-OH$ $-OCH_3$ $-O^-$ $-NH_2$ $-NH-CH_3$

- Substituenten mit +I-Effekt wirken in derselben Weise, wobei die Aktivierung etwas weniger ausgeprägt ist:

  Beispiele:

  $-CH_3$ $-C_2H_5$ 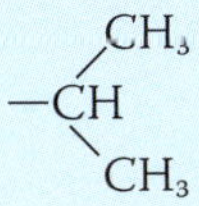

- Substituenten mit –M- oder –I-Effekt desaktivieren den Ring und dirigieren einen Zweitsubstituenten in die meta-Stellung.

  Beispiele:

  $-NO_2$ 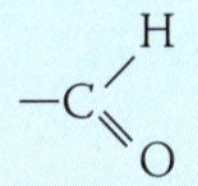 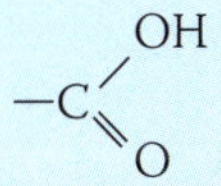

ÜBUNGEN ZUM KAPITEL 10

10.1 Warum heisst eine ganze Verbindungsgruppe «Aromaten»? Wodurch ist sie charakterisiert?

10.2 Welche experimentellen Ergebnisse sprechen gegen die Existenz eines 1,3,5-Cyclohexatriens?

10.3 Die für Benzol typische Reaktion ist eine Substitution. Wie lässt sich dies experimentell beweisen?

10.4 Was lässt sich über die Aufenthaltswahrscheinlichkeit der Elektronen in einem Benzol-Molekül aussagen?

10.5 Weshalb sagt man oft, Grenzformeln seien nur «Schreibhilfen»?

10.6 Im Ozon-Molekül sind 4 Elektronen delokalisiert. Zeichnen Sie zwei mögliche Grenzformeln.

10.7 Vergleichen Sie die Reaktionsschritte bei der Bromaddition an Doppelbindungen und bei der Substitution von Benzol durch Brom. Worin bestehen Parallelen, worin Unterschiede?

10.8 Geben Sie die Lewis-Formeln folgender Stoffe an: o-Dichlorbenzol, m-Dinitrobenzol, Naphthalin, 1,3-Dihydroxybenzol.

10.9 Welche Bedeutung liegt in der Tatsache, dass DDT fettlöslich ist?

10.10 Um welche Stoffe handelt es sich bei den Dioxinen? Zeichnen Sie eine Lewis-Formel.

10.11 Auf welche Weise können in Kehrichtverbrennungsanlagen Dioxine entstehen?

11 ERDÖL UND TREIBSTOFFE

11.1 Erdöl und Erdölprodukte

Was ist Erdöl? «Erdöl», eine schwarz- oder grünbraune Flüssigkeit von ziemlich unangenehmem Geruch, ist ein kompliziertes Gemisch. Neben zahlreichen anderen sauerstoff-, stickstoff- und schwefelhaltigen organischen Verbindungen enthält es vorwiegend Alkane. Seine Zusammensetzung schwankt je nach Herkunft. Die Tatsache, dass im Erdöl Verbindungen vorkommen, die sich vom roten Blutfarbstoff und vom Chlorophyll ableiten, zeigt, dass es aus Lebewesen entstanden sein muss. Man nimmt heute an, dass abgestorbene pflanzliche und tierische Mikroorganismen am Grund von Meeren unter Sauerstoffabschluss in Erdöl umgewandelt worden sind. Dabei haben hohe Temperaturen und der bei der Gebirgsbildung auftretende starke Druck zweifellos eine wichtige Rolle gespielt.

Erdöllagerstätten findet man in Sedimentgesteinen zwischen undurchlässigen Gesteinsschichten. Das Erdöl ist dabei in porösen Steinen aufgesaugt, ähnlich wie das Erdgas. Es ist stets auch von Erdgas sowie von Salzwasser begleitet. Bohrt man erdölführende Schichten an, so entweicht das unter Druck stehende Erdöl oft von selbst. Häufig muss es indessen an die Erdoberfläche emporgepumpt werden. Die Bohrlöcher reichen im Allgemeinen bis etwa 3000 m unter die Erdoberfläche. Es gibt jedoch bereits über 6000 m tiefe Bohrungen.

Nach heutigen Schätzungen reichen die Weltvorräte an Erdöl bei gleichbleibender Förderung noch etwa 30 Jahre. Es ist allerdings anzunehmen, dass weitere Lagerstätten entdeckt werden. Auch dürfte in Zukunft der Ausbeutung ölhaltiger Schiefer grosse Bedeutung zukommen. Trotzdem müssen andere Energien in den nächsten Jahrzehnten noch stärker genutzt werden.

Verarbeitung des Erdöls
Rohes Erdöl ist wegen seiner komplizierten Zusammensetzung nicht direkt verwendbar. Es muss deshalb zuerst aufbereitet («raffiniert») werden. Das entsalzte und entgaste Rohöl wird zunächst durch Pipelines zu den Verladehäfen transportiert, manchmal über Hunderte von Kilometern und durch unwegsames Gelände, wie Gebirge, Wüsten oder Urwälder (z.B. 1300 km quer durch Alaska). Riesige Tanker bringen dann mit einer einzigen Ladung bis 300 000 t Rohöl in die Häfen der Verbraucherländer. Von hier aus wird es wieder durch ein System von Pipelines zu den Raffinerien gepumpt. In der Bundesrepublik Deutschland ist das «Netz» von Raffinerien so dicht, dass kein Verbraucher weiter als 200 km von einer Raffinerie entfernt gelegen ist.

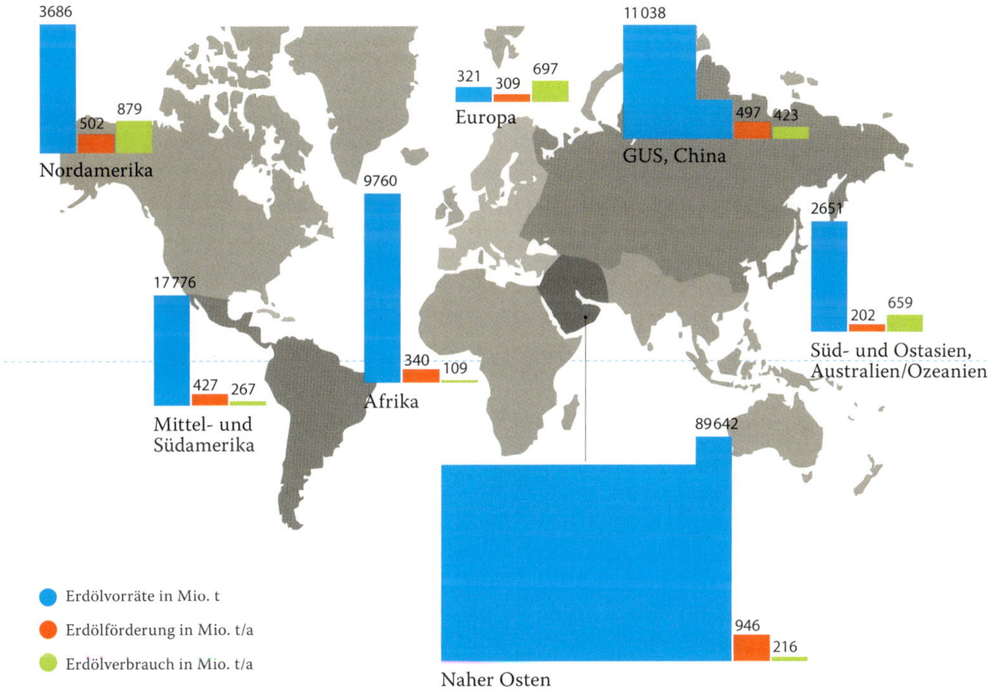

Abb. 11.1 Erdölvorräte, Erdölförderung und Erdölverbrauch der Welt. Die Hauptvorräte sind im Nahen Osten zu finden. Die Hauptverbraucher sind Nordamerika, Europa und Japan. Die Karte gibt ein gutes Bild von diesem Missverhältnis

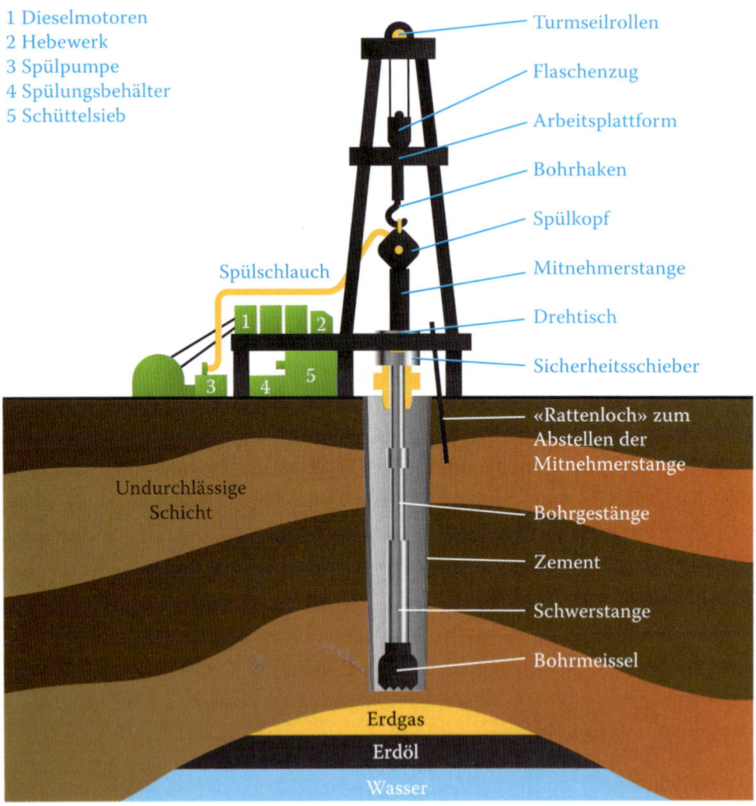

Abb. 11.2 Schema einer Erdölbohrung. Die neuen Fundstätten liegen immer tiefer (5000 m) oder an schwierigen Stellen (Meeresboden)

Abb. 11.3 Durch die Ölpest kommen jährlich viele hunderttausend Wasservögel um

Der Transport des Rohöls ist mit erheblichen Gefahren für die Umwelt verbunden. Bei Tankerkatastrophen fliessen riesige Mengen Rohöl ins Meer und verursachen eine Ölpest: Seevögel gehen zugrunde (Abb. 11.3), Fischbestände, Muschelbänke und Meeresplankton werden stark beeinträchtigt und Badestrände verschmutzen kilometerweit. Durch Öl aus undichten Pipelines kann das Grundwasser verunreinigt werden. Die Rohre der Leitungen werden deshalb über weite Strecken in betonierte Kanäle gelegt. Auch die Raffinerien umgibt man mit in den Boden gesenkten Betonmauern, die das Grundwasser vor allenfalls austretendem Öl schützen.

In den **Raffinerien** wird das Rohöl durch eine fraktionierte (stufenweise) Destillation (Abschnitt 2.2) aufgetrennt. Nach dem Aufheizen auf etwa 400 °C in einem Röhrenofen wird das Rohöl in Destillationskolonnen (Destillationstürme) geleitet. Ein solcher Destillationsturm ist durch zahlreiche, übereinander angeordnete «Glockenböden» in viele Abschnitte unterteilt (Abb. 11.4 und 11.5). Jeder dieser Böden steht durch Überlaufrohre mit dem darunter liegenden Boden in Verbindung. Zudem enthält jeder Glockenboden viele, mit Glocken abgedeckte Durchlässe. Von den unteren zu den oberen Böden nimmt die Temperatur ab.

Das verdampfte Rohöl steigt im Destillationsturm auf und durchströmt die Flüssigkeit auf den Glockenböden. Die Anteile des Dampfs mit höheren Siedetemperaturen kondensieren auf den unteren Böden, die tiefer siedenden Anteile weiter oben. Da die Flüssigkeit auf den Böden durch die aufsteigenden Dämpfe erwärmt wird, verdampfen stets wieder einige Anteile und erreichen höhere Böden. Die verschiedenen Fraktionen können in unterschiedlicher Höhe vom Destillationsturm abgezogen werden.

Der Rückstand aus dem ersten Destillationsturm wird einer weiteren Destillation unterworfen, die bei vermindertem Druck durchgeführt wird. Bei geringerem Druck sieden Flüssigkeiten nämlich bei niedrigerer Temperatur als unter Atmosphärendruck. Der Rückstand, der bei der Destillation unter Atmosphärendruck anfällt, kann dadurch in weitere Fraktionen zerlegt werden.
Die wichtigsten Fraktionen sind Rohbenzin («Naphtha»; Siedebereich zwischen 40 °C und 150 °C), Petrol («Kerosin»; Siedebereich zwischen 150 °C und 250 °C), Gasöl (Siedetemperatur bis 300 °C) sowie Schwer- und Schmieröl. Als nicht-destillierbarer Rückstand verbleibt das für den Strassenbau verwendbare Bitumen.

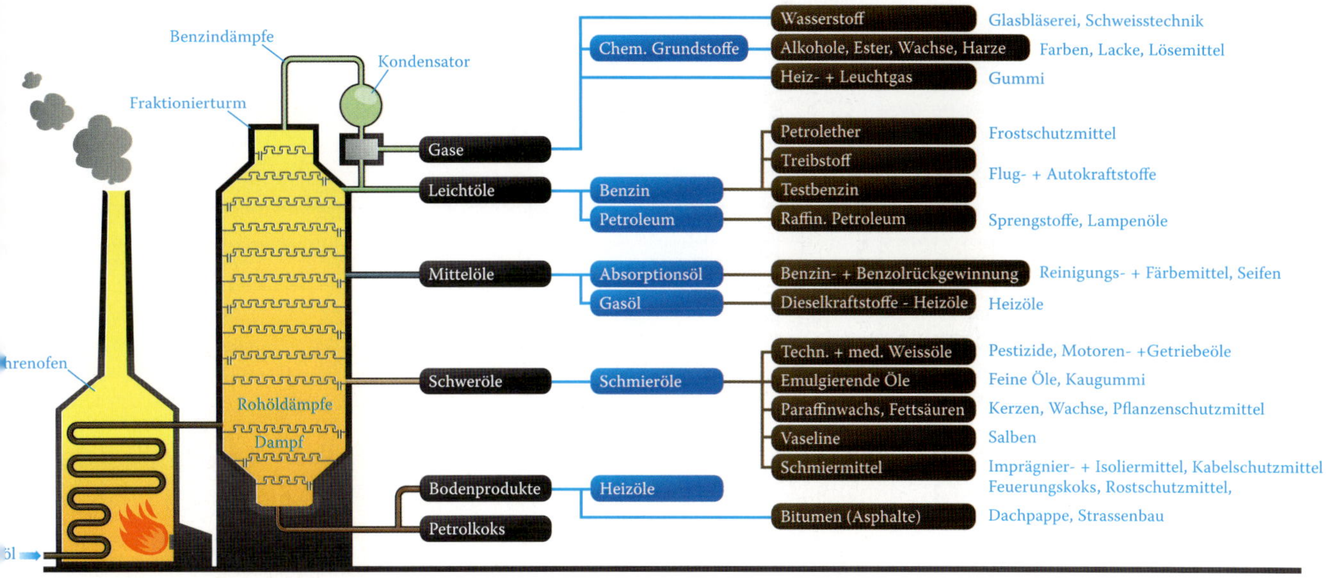

Abb. 11.4 Die Produkte der Erdölraffination sowie die Zwischen- und Endprodukte, die aus ihnen hergestellt werden

Die durch Destillation aus dem Rohöl gewonnenen Produkte waren darin bereits von Natur aus vorhanden. Sie entsprechen jedoch den Qualitätsanforderungen des Marktes nur zum Teil. Zudem steht der Bedarf an Erdölprodukten keineswegs im Einklang mit dem Mengenverhältnis, in dem diese im Rohöl enthalten sind. An die Fraktionierung müssen sich deshalb verschiedene weitere Prozesse anschliessen.

In jedem Fall sind die Erdölfraktionen vor der Weiterverarbeitung zu entschwefeln, da sich sonst bei der Verbrennung aus schwefelhaltigen organischen Verbindungen Schwefeldioxid bildet. Zu diesem Zweck werden die Destillate an Cobalt- und Molybdän-Katalysatoren zusammen mit Wasserstoff auf etwa 370 °C erhitzt. Dadurch bildet sich Dihydrogensulfid, das abgetrennt und zu Schwefel weiterverarbeitet wird.

Sowohl zur Verwendung als Treibstoff (Benzin) wie auch als Rohstoffe für die chemische Grossindustrie werden vor allem niedrig siedende Erdölfraktionen benötigt, also Fraktionen, die hauptsächlich Kohlenwasserstoffe mit relativ kurzen Ketten enthalten. Die Spaltung höher siedender Erdölanteile ist deshalb zu einem äusserst wichtigen Verfahren geworden.

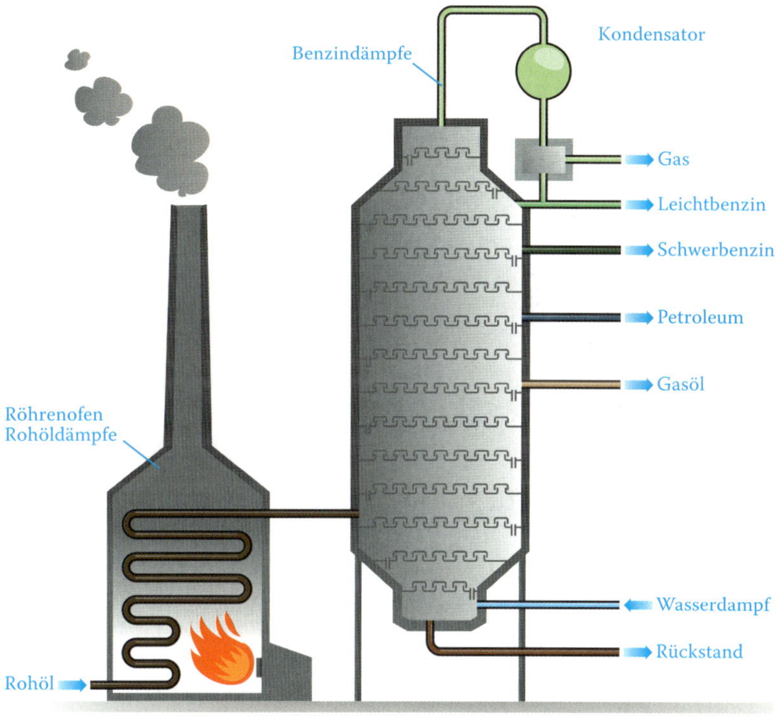

Abb. 11.5 Erdöldestillationsturm. Der Turm ist durch Zwischenböden abgeteilt, auf denen sich Destillat ansammelt. Jeder Boden hat durch Glocken überdeckte Durchlässe. Die aufsteigenden Dämpfe durchströmen die Flüssigkeit auf den Böden, sodass auf jeder Stufe eine Destillation stattfindet. Die höhersiedenden Fraktionen werden von den unteren, die niedrigsiedenden von den höheren Böden abgezogen. Oben entweicht nicht kondensiertes Gas

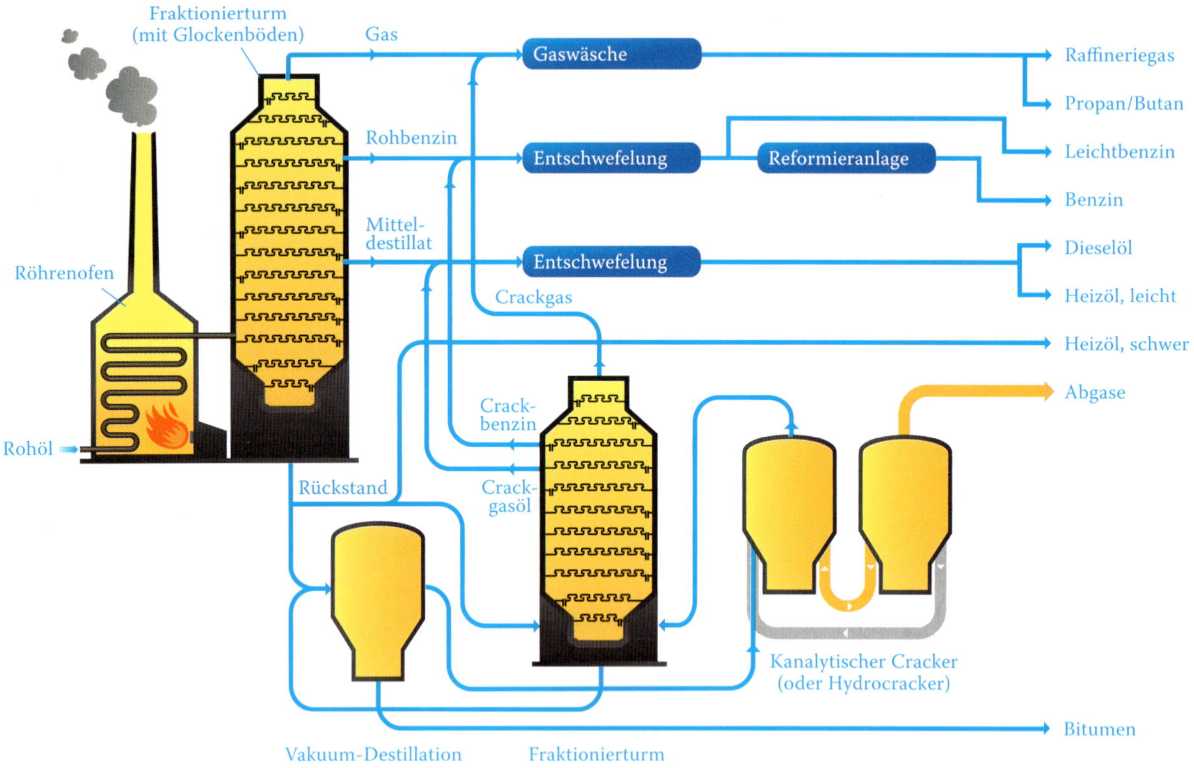

Abb. 11.6 Raffinerie (Schema)

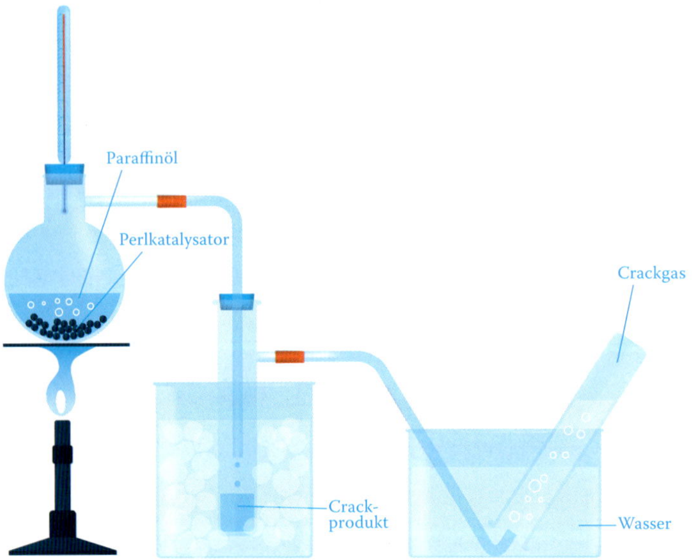

Abb. 11.7 Cracken im Labor. Durch den Perl-Katalysator wird das Paraffinöl gecrackt

Dieses «Cracken» (to crack engl. = zerbrechen) erfolgt dadurch, dass man Moleküle mit längeren Kohlenstoffketten für wenige Augenblicke stark erhitzt, wodurch sie in kürzere Ketten gespalten werden. Auch mit Katalysatoren und weniger starkem Erhitzen kann eine Spaltung erreicht werden. Ein modernes Verfahren, das «Steam-Cracken», verwendet Naphtha, das mit Wasserdampf «verdünnt» wird. Das Verdünnen verringert die Abscheidung von Russ.
Die Formulierung eines Crackvorgangs zeigt, dass neben dem (unerwünschten) Russ stets ungesättigte Moleküle entstehen müssen:

$$C_{10}H_{22} \rightarrow \text{z.B. } C_5H_{12} + C_5H_{10}$$

Durch die Wahl der Bedingungen (Temperatur, Katalysator, eventuell auch Verweilzeit im Cracker) kann das Cracken in einem gewissen Mass gesteuert werden. So lassen sich z.B. bevorzugt ungesättigte Verbindungen erhalten.

Den Hauptanteil des durch Destillieren und Cracken gewonnenen Benzins machen Alkane mit unverzweigten Kohlenstoffketten aus. Diese haben jedoch nur eine geringe Klopffestigkeit (s.u.) und sind deshalb als Motorentreibstoffe nicht sehr gut geeignet. Durch weitere Prozesse, die als Reformieren bezeichnet werden, gelingt es, geradkettige Alkane in Kohlenwasserstoffe mit verzweigten Kohlenstoffketten oder mit ringförmig gebauten Molekülen überzuführen. Zu diesem Zweck vermischt man das Crackbenzin mit Wasserstoff und erhitzt es unter Druck an einem Platin-Katalysator auf etwa 500 °C («Platformen»).

Erdöl als Energieträger; Petrochemie

Viele Erdölprodukte dienen zur Energiegewinnung: Benzin, Petrol (als Kerosin für Düsentriebwerke), Diesel- und Heizöl. Ihr Heizwert ist relativ gross und die Energie wird in einer für den Verbraucher bequemen Form angeboten:

- Erdölprodukte sind flüssig bzw. (zum Teil) gasförmig. Sie lassen sich deshalb leicht durch Rohrleitungen zu den Verbrauchern transportieren und sind lagerfähig.
- Erdölprodukte liefern bei der Verbrennung keine festen Rückstände, die beseitigt werden müssen.
- Benzin und Dieselöl lassen sich in relativ kleinen Motoren verbrennen und liefern dabei eine hohe Leistung.

Allerdings entstehen bei der Verbrennung von Erdölprodukten Stoffe, welche die Luft verschmutzen (Kapitel 12). Schwefeldioxid (aus noch vorhandenen Schwefelverbindungen), Stickstoffdioxid (im Benzinmotor) und Kohlenstoffmonoxid. Auch die in den Abgasen stets vorhandenen unverbrannten Kohlenwasserstoffe tragen zur Verschmutzung der Luft bei. Zudem haben Verbrennungsmotoren einen relativ niedrigen Wirkungsgrad (etwa 25 bis 30%), sodass ein verhältnismässig grosser Teil der frei werdenden Energie als Abwärme ungenutzt bleibt.

Schliesslich sind die Erdölvorräte nicht unbegrenzt, sodass mit erheblichen Preissteigerungen zu rechnen sein wird. Mit grösster Wahrscheinlichkeit werden in Zukunft Kohlenwasserstoffe wieder – wie in Deutschland während des zweiten Weltkriegs – aus Kohle durch Umsetzung mit Wasserstoff unter hohen Drucken hergestellt werden müssen. Die damit verbundenen Probleme der Luftreinhaltung sind aber sehr gross, da Kohle neben Kohlenstoff vielerlei Fremdstoffe enthält.

Seit dem Zweiten Weltkrieg hat sich bezüglich der Verwendung des Erdöls bzw. der Raffinerieprodukte eine tiefgreifende Wandlung vollzogen. Während man vorher die für die organisch-chemische Industrie benötigten Grundchemikalien direkt oder indirekt aus Kohle gewann, ist dank der bis Anfang der siebziger Jahre günstigen Preisentwicklung eine Verlagerung auf Erdölprodukte eingetreten. Heute beruhen rund 98% der europäischen Produktion an organischen Verbindungen auf Rohstoffen, die aus Erdöl oder Erdgas gewonnen worden sind.

Diese Zahl zeigt, wie gross die Bedeutung der «Petrochemie» – der chemischen Verfahren, die auf Erdöl oder Erdgas beruhen – geworden ist. Sie zeigt aber auch die extreme Abhängigkeit der chemischen Industrie von der Erdölförderung und den erdölproduzierenden Ländern.

Trotzdem sind die petrochemisch verwerteten Anteile von Erdöl und Erdgas – gemessen an der gesamten geförderten Menge – nur gering. Auch heute noch wird die Hauptmenge (etwa 80%) als Treibstoffe, Heizöle, Schmieröl u.a., also vor allem zur Energiegewinnung verwendet.

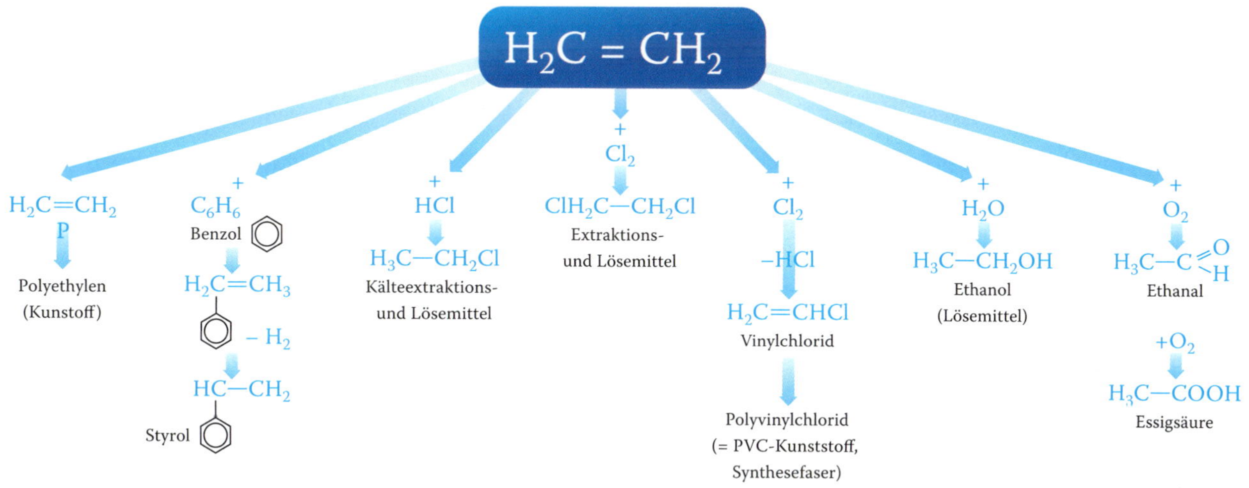

Abb. 11.8 Ethen und die wichtigsten Derivate

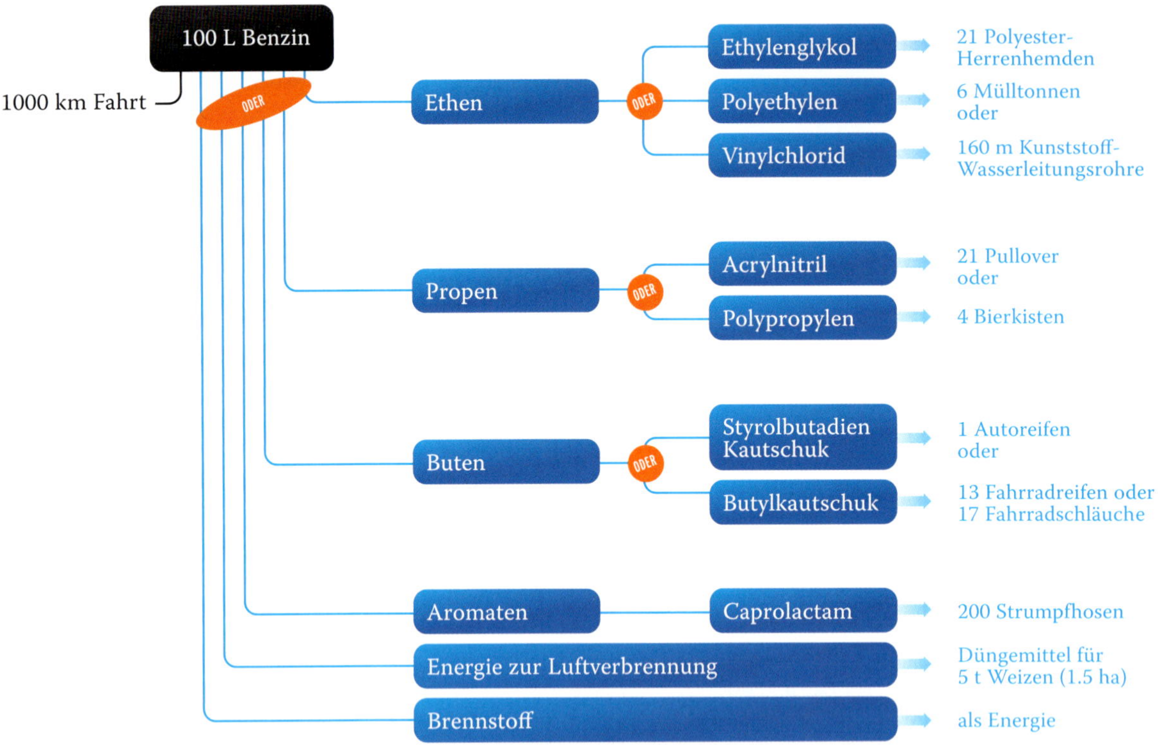

Abb. 11.9 Was alles statt 100 Liter Benzin hergestellt werden kann

Tabelle 11.1 Erdölfraktionen

Hauptfraktion	Teilfraktion Siedebereich (°C)	Name	Verwendung
Rohbenzin	40– 70	Petrolether	Reinigungsmittel (Fleckenwasser), Lösemittel
	70–100	Leichtbenzin	Lösemittel; zum Cracken in Ethen u.a.
	100–120	Autobenzin	Treibstoff
	120–150	Ligroin	Lösemittel
Petrol	150–250	Leuchtpetrol Kerosin	Beleuchtung Treibstoff für Düsenflugzeuge
Gasöl	250–300	Dieselöl Heizöle	Treibstoff für Dieselmotoren Ölfeuerungen; thermische Kraftwerke
Schmieröl	300–350	Schmieröle	Motoren- und Maschinenöle
Rückstand	über 360	Paraffin Bitumen Petrolkoks	Kerzenherstellung; Gewinnung von Fettsäuren Strassenbelag Elektroden für Schmelzelektrolyse

Die wichtigste petrochemische Grundchemikalie ist das Ethen, das zum grössten Teil durch Cracken von Naphtha gewonnen wird. Ein Ethen-Fernleitungs- und Verbundnetz schliesst einerseits Erdgasfelder und Raffinerien und andererseits Verbraucher zusammen, sodass auch im Inland der Rohstoff praktisch überall zugänglich ist.

Weitere wichtige Rohstoffe sind Acetylen, Propen, Butadien und Benzol, letzteres durch katalytisches Dehydrieren (Abspalten von Wasserstoff) aus Cycloalkanen (Produkte des Reformierens) hergestellt. Propen und Butadien werden ebenfalls durch Benzinspaltung erzeugt. Acetylen entsteht durch partielle Oxidation von Methan. Zu den aus diesen Rohstoffen hergestellten Produkten gehören z.B. Kunststoffe, Kunstfasern,

Kohle – ein Rohstoff mit Zukunft!

Kohle kommt in festen, geschichteten Lagern vor und ist durch Zersetzung von Pflanzen unter Einwirkung von Hitze und Druck und unter Luftabschluss entstanden. Man kann dabei verschiedene Stadien dieses Prozesses unterscheiden: Torf, Braunkohle, Steinkohle und Anthrazit. Der Kohlenstoffgehalt steigt mit zunehmendem geologischem Alter des Materials stark an. Infolge der Abgabe von Wasser und Kohlenstoffdioxid sinken gleichzeitig Sauerstoff- und Wasserstoffgehalt. Der Anteil an mineralischen Begleitstoffen (Gehalt an «Asche») verändert sich mit zunehmendem Alter nur wenig.

Tabelle 11.2 Stadien des Verkohlungsprozesses

	Zusammensetzung (Massenprozent)			Heizwert (kJ/kg)
	C	O	H	
Holz	50	44	6	17 000
Torf	55–65	30–40	5,5–7	20 000–25 000
Braunkohle	65–75	20–30	5–6	25 000–29 000
Steinkohle	75–90	5–18	4–6	29 000–33 000
Anthrazit	> 90	2– 3	2–3	33 000–37 000

Erhitzt man Holz, Braun- oder Steinkohle unter Luftabschluss, so bleibt eine poröse, feste Masse zurück und gasförmige sowie flüssige Produkte entweichen («trockene Destillation»; Abb. 11.10). Aus Holz entsteht dabei die früher in Meilern hergestellte Holzkohle, aus Steinkohle Koks.

Von technischer Bedeutung ist insbesondere die Verkokung von Steinkohle. Neben dem zur Reduktion der Eisenerze im Hochofen und als Brennstoff in grossen Mengen benötigten Koks entstehen dabei Steinkohlengas, Gaswasser und Steinkohlenteer.

Steinkohlengas besteht zur Hauptsache aus Methan und Wasserstoff, daneben enthält es Kohlenstoffmonoxid, Ethan, Ethen, Benzol, Blausäure (HCN), Stickstoff, Ammoniak und Dihydrogensulfid. Es handelt sich also vorzugsweise um Gase, die durch Kombination der Elemente Kohlenstoff, Wasserstoff, Sauerstoff und Stickstoff denkbar und bei der hohen Temperatur der Verkokung noch einigermassen stabil sind. Bei der Reinigung wird Ammoniak durch Waschen mit Wasser, Blausäure und Dihydrogensulfid durch Adsorption an feuchtes Eisenhydroxid entfernt. Der Gehalt an Kohlenstoffmonoxid kann durch katalytische Oxidation oder durch Extraktion mit spezifischen Lösemitteln verringert werden. Weil der Heizwert je nach der verwendeten Steinkohle schwankt, hat man dem gereinigten Gas «Wassergas» (ein Gemisch von Wasserstoff und Kohlenstoffmonoxid) zugesetzt, bevor es als «Leuchtgas» oder «Stadtgas» verwendet wurde.

Der Steinkohlenteer war ursprünglich ein sehr schwer zu verwertendes Nebenprodukt. Später erkannte man, dass sich daraus zahlreiche aromatische Kohlenwasserstoffe (Kap. 10) gewinnen lassen: Benzol, Toluol, Xylole, Naphthalin, Anthracen u.a. Durch fraktionierte Destillation werden die einzelnen Komponenten getrennt und gewonnen. Ausser Naphthalin und Anthracen stammen heute allerdings die meisten von ihnen aus Erdölfraktionen, aus denen sie durch katalytische Wasserstoffabspaltung (Dehydrierung) und Zyklisierung (Ringbildung) entstehen.

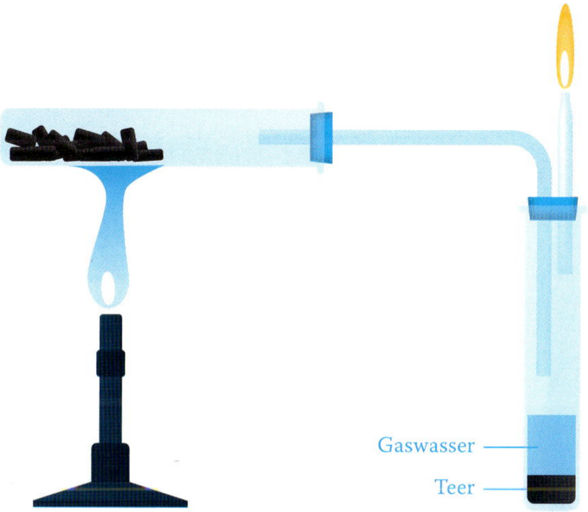

Abb. 11.10 Trockene Destillation von Steinkohle. Im Reagenzglas sammeln sich Teer und Gaswasser, während brennbares Steinkohlengas entweicht

Kautschuke, Baustoffe, Fahrzeugteile, Waschmittel, Verpackungsmaterialien, Farbstoffe, Kosmetika und Medikamente aller Art.

11.2 Motorentreibstoffe

Benzin ist ein Gemisch vorwiegend aus C_5- bis C_9-Kohlenwasserstoffen. Dieselöl enthält hauptsächlich C_{12}- bis C_{16}-Kohlenwasserstoffe. Die chemische Zusammensetzung der Benzinfraktionen ist je nach der verwendeten Erdölsorte verschieden. Durch die unterschiedlichen Reformierverfahren und durch Beimischen entsprechender Zusätze sucht man jedoch die Zusammensetzung und damit die Qualität einer Benzinsorte möglichst konstant zu halten.
Der Wirkungsgrad von Benzinmotoren hängt vom Verdichtungsverhältnis ab, d.h. vom Verhältnis von Anfangs- zu Endvolumen des Treibstoff/Luft-Gemischs. Hochverdichtete Gemische zünden jedoch häufig

Abb. 11.11 Klopffestigkeit. Bei falscher Octanzahl zündet das Gemisch als Folge der Kompressionswärme zu früh («Dieseln»). Bei bleifreiem Benzin wird die Klopffestigkeit durch eine niedrigere Kompression der Motoren erreicht

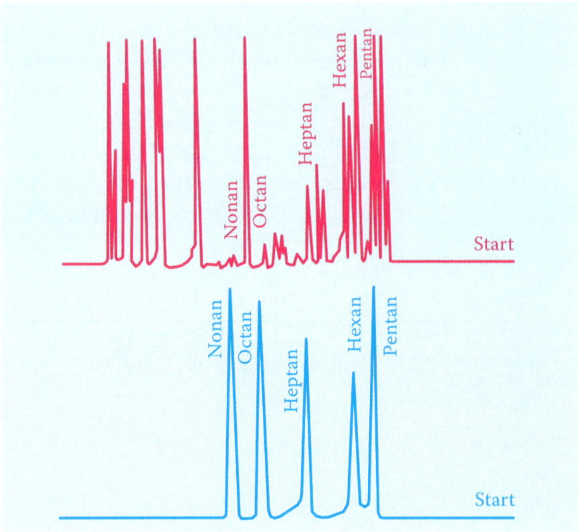

Abb. 11.12 Ausschnitt aus dem Gaschromatogramm eines Benzins (oben). Darunter Chromatogramm eines Gemischs von Testsubstanzen

schon vorzeitig. Diese Erscheinung wird als «Klopfen» des Motors bezeichnet und führt zu gesteigertem Benzinverbrauch (Verlust an Energie) und zusätzlichem Motorenverschleiss. Um höhere Verdichtungen erreichen zu können, ist es deshalb notwendig, die «Klopffestigkeit» der Treibstoffe zu steigern (vgl. Abb. 11.11).

Ein Mass für die Klopffestigkeit ist die sogenannte Octanzahl. Man vergleicht den zu untersuchenden Treibstoff mit einer Mischung aus Heptan (neigt sehr stark zum Klopfen) und 2,2,4-Trimethylpentan, dem sehr klopffesten «Isooctan». Die Prüfung wird in einem genormten Einzylindermotor vorgenommen. Verhält sich ein bestimmtes Benzin z.B. wie ein Gemisch aus 90 % Isooctan und 10 % n-Heptan, so erhält es die Octanzahl 90. In dem Mass, wie man bessere Treibstoffe und Treibstoffzusätze entwickelt hat, musste die Skala über 100 hinaus (mit anderen Vergleichsstoffen) fortgesetzt werden.

Gesättigte unverzweigte Kohlenwasserstoffe haben niedrige Octanzahlen, wie das n-Heptan. Verzweigte und besonders auch ungesättigte Kohlenwasserstoffe weisen höhere Octanzahlen auf. Besonders hohe Octanzahlen (jedoch geringere Verbrennungswärme) besitzen Alkohole. Zu den wichtigsten Zusätzen zur Steigerung der Octanzahl gehören organische Phosphate sowie verzweigte und ringförmige Kohlenwasserstoff-Moleküle (u.a. auch Benzol). Weitere Treibstoffzusätze schützen gegen Vergaservereisung, Glühzündungen, Ablagerungen im Zylinder und Korrosion[1] des Motors.

[1] *Unter Korrosion versteht man die Zerstörung von Werkstoffen, besonders Metallen, durch chemische Einflüsse. Das bekannteste Beispiel von Korrosion ist das Rosten von Eisen oder Stahl.*

Der Abgaskatalysator

Die Abgase von Ottomotoren enthalten neben unverbrannten Kohlenwasserstoffen Gase, die als Schadstoffe in die Luft abgegeben werden, vor allem Kohlenstoffmonoxid und Stickstoffoxide. Kohlenstoffmonoxid ist ein Nebenprodukt der Verbrennung und entsteht bei Sauerstoffmangel oder hohen Verbrennungstemperaturen. Bei den hohen Temperaturen im Motor bilden sich ebenfalls Stickstoffoxide (vor allem Stickstoffmonoxid NO).

Tabelle 11.3 Typische Abgaszusammensetzung beim Ottomotor

Substanz	Volumenanteil (in %)
N_2	71
CO_2	18,1
H_2O	9,2
O_2 und Edelgase	0,7
Schadstoffe	1 (davon Kohlenwasserstoffe 0,1 %)

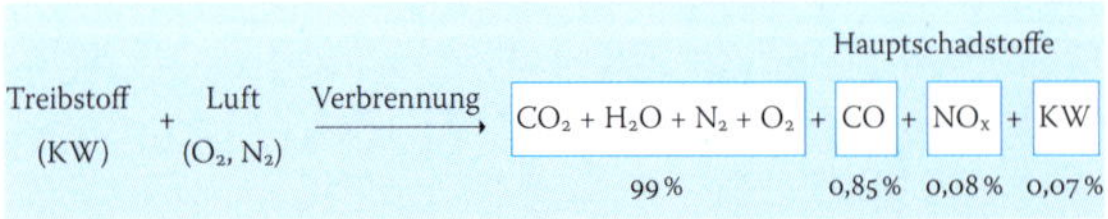

Abb. 11.13 Verbrennungsreaktionen im Ottomotor; Volumenanteile (schematische Darstellung)

Um den Ausstoss von Schadstoffen in der Luft zu vermindern, rüstet man Benzinmotorfahrzeuge mit Abgaskatalysatoren aus (Abb. 11.5). Der Träger des Katalysators ist ein Keramikkörper mit wabenförmigen Gängen, die mit einer porösen Schicht von Alumini-

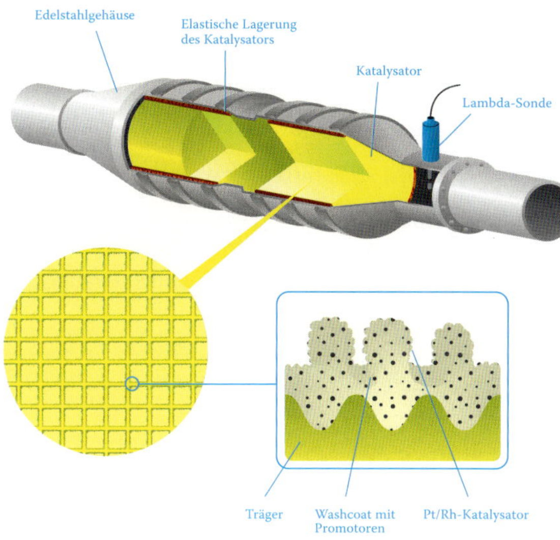

Abb. 11.14 Aufbau eines Abgaskatalysators

umoxid (Al_2O_3) und Cer(IV)-oxid (CeO_2) überzogen sind. Die eigentlich katalytisch wirksame Masse, eine Platin/Rhodium-Legierung, ist auf der Oxidschicht aufgebracht, insgesamt etwa 2 g pro Katalysator. An ihrer Oberfläche laufen folgende Reaktionen ab:

$$2\,CO + O_2 \rightarrow 2\,CO_2$$

$$2\,C_8H_{18} + 25\,O_2 \rightarrow 16\,CO_2 + 18\,H_2O$$ [2]

$$2\,CO + 2\,NO \rightarrow N_2 + 2\,CO_2$$

Die Reaktion von Kohlenstoffmonoxid (CO) zu Kohlenstoffdioxid (CO_2) ist mit der Umwandlung von Stickstoffmonoxid (NO) zu Stickstoff (N_2) gekoppelt.

[2] *C_8H_{18} (Octan, ein Kohlenwasserstoff) steht stellvertretend für den unverbrauchten Treibstoff.*

Eine wichtige Rolle spielt daher der Sauerstoffgehalt des Abgases. Je höher der Sauerstoffgehalt, umso vollständiger verläuft die Umwandlung der Kohlenwasserstoffe (des Benzins) zu Kohlenstoffdioxid und Wasser und des Kohlenstoffmonoxids zu Kohlenstoffdioxid. Dadurch ist jedoch nicht mehr genügend Kohlenstoffmonoxid zur Umwandlung von NO in N_2 vorhanden. In sauerstoffarmem Abgas dagegen werden nur geringe Mengen von Kohlenwasserstoffen und Kohlenstoffmonoxid umgewandelt. Hingegen ist der Umsatz von CO und NO sehr hoch. Den optimalen Umsetzungsgrad erhält man nur in einem engen Bereich des Sauerstoffgehalts, dem λ-Fenster. Die λ-Sonde steuert den Sauerstoffgehalt des Treibstoff/Luft-Gemischs im Einspritzer, indem sie elektrochemisch den Partialdruck (Teildruck) des Sauerstoffs misst. Solche geregelten Dreiweg-Katalysatoren beseitigen im optimalen Temperaturbereich bis zu 98 % der Kohlenwasserstoffe, des Kohlenstoffmonoxids und der Stickoxide (Abb. 11.16). Gebrauchte Katalysatoren können in einem Hochtemperatur-Elektroofen mit Kalk ($CaCO_3$) zusammengeschmolzen werden. Die Edelmetalle verbinden sich dabei mit einem Sammlermetall (Fe, Ni, Cu) und lassen sich in einem weiteren Arbeitsschritt zurückgewinnen. Das keramische Material bildet dabei eine feste, unlösliche Schlacke.

Der Mechanismus der Wirkung des Abgaskatalysators ist Mitte der achtziger Jahre aufgeklärt worden. Kohlenstoffmonoxid und Stickstoffmonoxid werden zuerst an die Platin/Rhodium-Oberfläche gebunden. Anschliessend dissoziiert (spaltet sich) NO in ein N- und ein O-Atom und letzteres reagiert mit CO zu CO_2, das desorbiert. Werden in der Nähe des adsorbiert gebliebenen N-Atoms jeweils ein weiteres CO- und NO-Molekül adsorbiert, so bilden sich ein zweites CO_2- und ein N_2-Molekül.

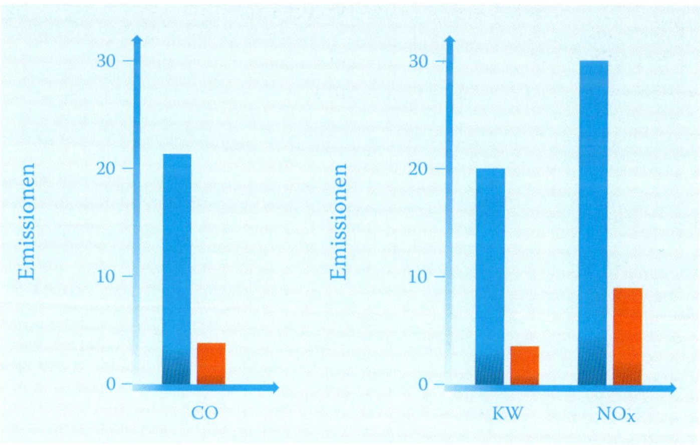

Abb. 11.15 Emissionen der drei Hauptschadstoffe CO, NO_x und KW in den Abgasen von Ottomotoren. Weisse Flächen: ohne Katalysator; blaue Flächen: mit geregeltem Dreiweg-Katalysator

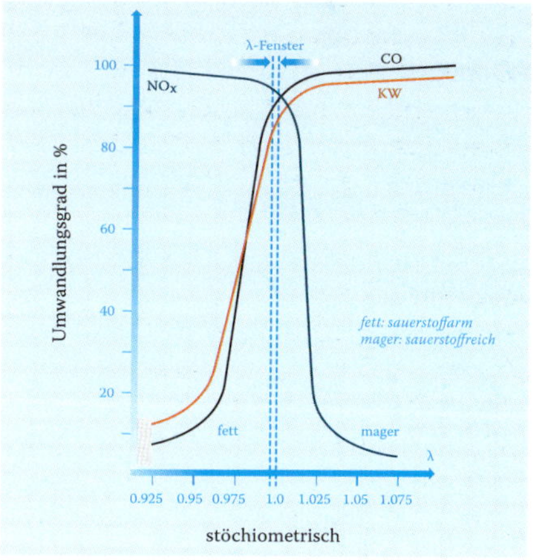

Abb. 11.16 Umwandlungsgrad der drei Hauptschadstoffe und λ-Fenster. Die Zahl λ erhält man aus dem Verhältnis zwischen der tatsächlich dem Treibstoff zugeführten Luftmenge und der Luftmenge, die für die vollständige Verbrennung des Treibstoffs erforderlich ist

ÜBUNGEN ZUM KAPITEL 11

11.1 Was weiss man über den Ursprung und die Entstehung des Erdöls?

11.2 Erklären Sie die verschiedenen Verfahren, die bei der Verarbeitung des Erdöls Anwendung finden. Welche Produkte liefern sie jeweils?

11.3 Welches sind die wichtigsten petrochemischen Chemikalien?

11.4 Was versteht man unter «trockener Destillation», wo wird sie angewendet und welche Produkte entstehen dabei?

11.5 Warum hat sich seit etwa 1960 auch in Europa ein Wandel «von der Kohle zum Erdöl» vollzogen?

11.6 Worin unterscheiden sich Benzin und Dieselöl?

11.7 Was versteht man unter der Octanzahl?

11.8 Was sind Klopfbremsen?

11.9 Beschreiben Sie die Wirkungsweise eines Abgaskatalysators und geben Sie die Reaktionsgleichungen für die darin ablaufenden Vorgänge an.

11.10 Welche Funktion hat die Lambda-Sonde?

12 LUFTVERSCHMUTZUNG UND KEIN ENDE

12.1 Schadstoffe in der Luft

Grundlagen

Die durch die Industrialisierung hervorgerufenen gasförmigen Nebenprodukte oder Abfallstoffe wurden bis weit ins 20. Jahrhundert hinein ohne Bedenken durch die Kamine in die Luft abgegeben. Bilder von Industrieanlagen mit vielen rauchenden Schloten galten als Symbol für den Fortschritt. Die Folgen des Schadstoffgehalts der Luft wurden jedoch erst in der Mitte des letzten Jahrhunderts wahrgenommen. Schadstoffe in der Luft können die Gesundheit eines Menschen direkt beeinflussen, denn für jeden Atemzug benötigt der Mensch einen halben Liter Luft, d.h. pro Tag über 10 000 Liter.
Die in die Luft abgegebenen Stoffe stammen vor allem von fossilen Treib- und Brennstoffen. Verantwortlich für den Ausstoss sind Verkehr, Haushalte, Industrie und Gewerbe sowie Land- und Forstwirtschaft[1] (Abb. 12.1).

Im Allgemeinen verteilen sich die Schadstoffe ziemlich gleichmässig in der erdnahen Atmosphäre. Bei Inversionswetterlagen hört jedoch der Luftaustausch mit den höheren Schichten auf, weil dann wärmere Luftmassen über einer kälteren Bodenschicht liegen. Unter solchen Umständen kann sich eine Art Nebel («Smog»: Kunstwort aus engl. smoke = Rauch und fog = Nebel) bilden, in dem die Schadstoffe stark angereichert sind (Abb. 12.2).

[1] *Die Angaben dieses Abschnitts stammen aus: NABEL, Luftbelastung 2005. Bundesamt für Umwelt BAFU und Eidg. Materialprüfungs- und Forschungsanstalt EMPA. Bern 2006.*

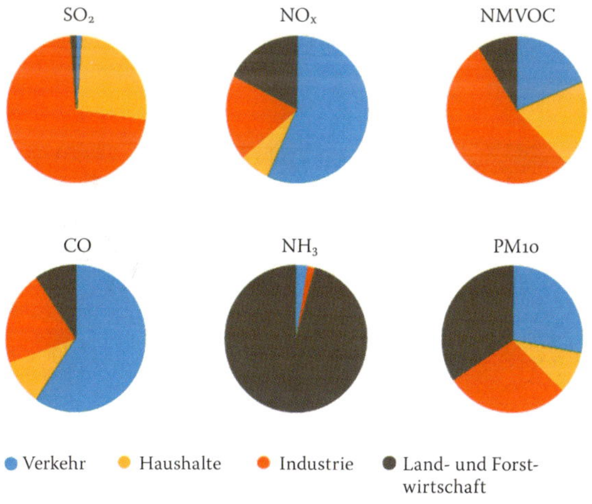

Abb. 12.1 Beiträge verschiedener Quellengruppen an den anthropogenen Emissionen in der Schweiz von Schwefeldioxid (SO_2), Stickoxiden (NO_x), flüchtigen organischen Verbindungen (NMVOC), Kohlenstoffmonoxid (CO), Ammoniak (NH_3) und primärem Feinstaub (PM 10)

Alle Schadstoffe, die in die Luft abgegeben werden, bezeichnet man als Emissionen. Die auf den Menschen einwirkenden Schadstoffe heissen Immissionen (Abb. 12.5). Die Emissionen eines Fabrikschlots sind viel grösser als die eines Autos. Trotzdem können die Autoabgase zu höheren Immisionswerten führen, weil die Schadstoffe aus dem hohen Schlot auf grössere Luftmengen verteilt werden. Der Gesetzgeber hat «MIK-Werte» (**M**aximale **I**mmissions-**K**onzentrationen) festgelegt. Für den Arbeitsplatz gelten die «MAK-Werte» (**M**aximale **A**rbeitsplatz-**K**onzentrationen), d.h. die Konzentration eines Schadstoffs, die bei einer täglichen Arbeitszeit von etwa 8 Stunden bei wiederholter Einwirkung keine Gesundheitsschäden zur Folge hat. Beide Werte werden in ppm (1 cm^3 auf 1 m^3) oder in $mg \cdot m^{-3}$ angegeben.

Tabelle 12.1 MAK-Werte

Stoff	ppm	$mg \cdot m^{-3}$
Ammoniak	50	35
Benzol	10	32
Chlor	0,5	2
Hydrogenchlorid	5	7
Cyanwasserstoff	10	11
Hydrogenfluorid	3	2
Salpetersäure	10	25
Stickstoffdioxid	5	9
Schwefeldioxid	5	13

Zu den primären Schadstoffen gehören Schwefeldioxid (SO_2), Stickoxide (NO_x), flüchtige organische Verbindungen (NMVOC), Kohlenstoffmonoxid (CO), Ammoniak (NH_3) und primärer Feinstaub (PM 10; vor allem Russ und mineralische Feststoffe).

Schwefeldioxid

Ein wichtiger Schadstoff ist das Schwefeldioxid (SO_2), ein farbloses, stechend riechendes giftiges Gas, das beim Verbrennen schwefelhaltiger Verbindungen entsteht, die in Kohle, Rohöl, Heiz- und Dieselöl enthalten sind. Nach einem Maximum der SO_2-Emission 1980 in der Schweiz sind die Werte bis 2005 auf ein Sechstel zurückgegangen (Abb. 12.3). Diese Reduzierung lässt sich mit der gesetzlich verordneten Herabsetzung des Schwefelgehalts im Heizöl sowie den zahlreich er-

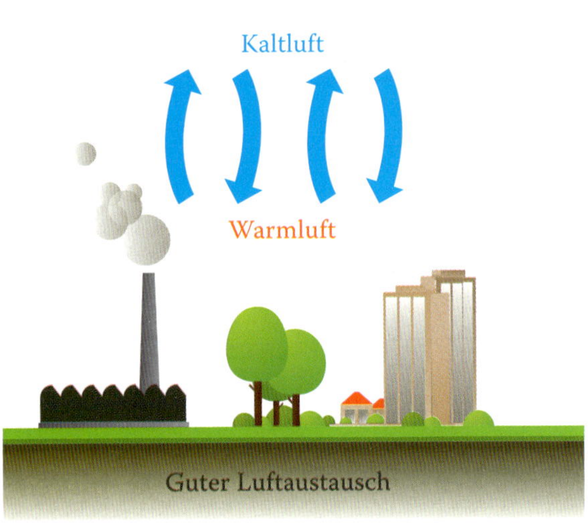

Abb. 12. 2 Smogbildung

folgten Umstellungen von Heizungen auf Erdgas erklären. In Deutschland konnte man einen ähnlich starken Rückgang der Schwefeldioxidemissionen beobachten. Die Werte sanken von 7514000 t 1980 auf 562000 t 2004![2]

In der Luft wird Schwefeldioxid zusammen mit Wasser langsam zu Schwefelsäure (H_2SO_4) oxidiert, die dann ausregnet (mit dem Regenwasser dem Boden zugeführt wird). Schwefeldioxid gehört deshalb zu den Hauptverursachern des sauren Regens (Abschnitt 12.2). Die Verweildauer des Oxids wird auf einige Wochen geschätzt und kann deshalb durch den Wind über weite Gebiete verbreitet werden.
Beim Menschen führt die Überschreitung des MAK-Werts zu Kopfschmerzen und Übelkeit. Grössere Konzentrationen schädigen Bronchien und Lungen. Im Körper können durch Aufnahme von Schwefeldioxid Stoffe gebildet werden, welche die Nucleinsäuren (die Träger der Erbeigenschaften) schädigen. Feuchtes Schwefeldioxid und Schwefelsäure zerstören Kalkstein, Sandstein und Marmor (Abb. 12.4). Schwefeldioxid ist der im sogenannten «Londoner Smog» (saurer oder Winter-Smog) vorhandene Schadstoff, der sich aus den Abgasen von Kohlefeuerungen bilden kann. Im Herbst 1952 starben in London als Folge einer starken Smog-Bildung 4000 Menschen mehr als in vergleichbaren Zeiträumen anderer Jahre. Das damals erlassene Verbot von Kohlefeuerungen verhinderte seither eine weitere Katastrophe dieser Art.

Flüchtige organische Verbindungen (NMVOC)
Zu den flüchtigen organischen Verbindungen zählt man Kohlenstoff-Verbindungen mit einer Siedetemperatur, die unter 250 °C liegt. Sie haben einen genügend hohen Dampfdruck, um bei Normaldruck gasförmig vorzuliegen. Da man das Methan nicht zu dieser Stoffgruppe zählt, spricht man auch von **N**icht**m**ethan-Kohlenwasserstoffen (NMVOC: **V**olatile **O**rganic **C**ompounds).

[2] *Die Werte für Deutschland sind folgender Publikation entnommen: Umweltbundesamt (2006). Nationaler Inventarbericht Deutschland 2006, Tab. 6, S. 75; für 1980: UNECE 2001*

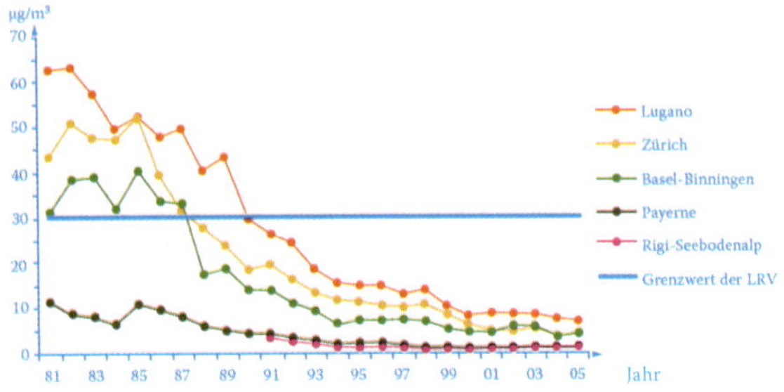

Abb. 12.3 Schwefeldioxid (SO_2), Jahresmittelwerte 1981–2005

Abb. 12.4 Zerstörung eines Strebepfeilers am Kölner Dom durch Schwefeldioxid

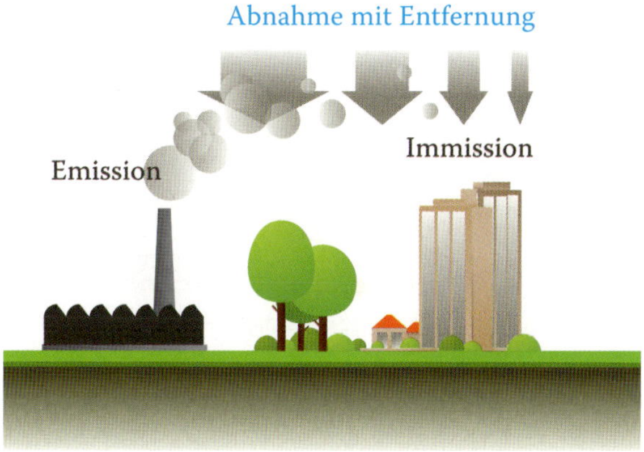

Abb. 12.5 Zusammenhang zwischen Emission und Immission

NMVOC sind, wie die Stickoxide, an der Ozonbildung beteiligt. Seit Ende der 50er-Jahre ist die Emission der NMVOC in der Schweiz um rund 50 % gesunken (Abb. 12.6). In Deutschland nahm die Emission von 3 224 000 t 1980 auf 1 234 000 t 2004 ab. Da die NMVOC das Krebsrisiko erhöhen (z.B. Benzol, das als Antiklopfmittel eingesetzt wird; Abschnitt 11.2) sowie zur Zerstörung der stratosphärischen Ozonschicht beitragen (halogenierte VOC), muss ihre Emission noch weiter gesenkt werden.

Stickoxide

Stickstoffmonoxid (NO) und Stickstoffdioxid (NO_2) werden häufig zusammen als NO_x (Stickoxide) abgekürzt. In den 80er-Jahren des 20. Jahrhunderts ist die Belastung der Luft durch Stickoxide mehr oder weniger konstant geblieben. Bis Mitte der 90er-Jahre nahmen die Emissionen dann deutlich, anschliessend nur noch geringfügig ab (Abb. 12.7). In Deutschland gingen die Werte von 3 334 000 t 1980 auf 1 566 000 t 2004 zurück.

Beim Verbrennen von fossilen Brenn- und Treibstoffen bildet sich bei den hohen Verbrennungstemperaturen aus den beiden Elementen Stickstoff und Sauerstoff Stickstoffmonoxid (NO), das in der Luft rasch in das stechend-süsslich riechende, giftige Stickstoffdioxid (NO_2) übergeht.
Für den Menschen stellt das Stickstoffdioxid eine Belastung vor allem der Atmungswege dar. Besonders betroffen sind Personen mit chronischen Atemwegerkrankungen. Ausserdem kommt es zu einer Schädigung der Pflanzen, wenn Stickstoffdioxid mit anderen Schadstoffen zusammen auf empfindliche Oekosysteme einwirkt.
Die Stickoxide sind, wie bereits erwähnt, an der Bildung von Ozon beteiligt. Sie werden durch den Luftsauerstoff zu Salpetersäure (HNO_3) oxidiert, die zum sauren Regen beiträgt. Die Verweilzeit der Oxide in der Atmosphäre beträgt nur einige Tage, da die Oxidation vergleichsweise rasch erfolgt. Die kurze Zeit reicht nicht aus, um die Gase über weite Gebiete zu verteilen, sodass in Ballungsgebieten mit dichtem motorisiertem Verkehr ziemlich rasch hohe Konzentrationen von Stickstoffoxiden erreicht werden können.

Durch Fotolyse von NO_2 entsteht atomarer Sauerstoff. Dieser kann mit den aus Benzin- und Dieselmotoren stammenden Kohlenwasserstoffen reagieren und dadurch Peroxyverbindungen (mit einer —O—O-Bindung) bilden, z.B. PAN (Peroxyacetylnitrat). PAN gilt als einer der Verursacher der Waldschäden.

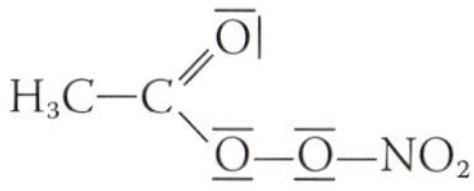

PAN

Die Oxidationsprodukte der Kohlenwasserstoffe bewirken Schäden an Pflanzen. Beim Menschen verursachen sie Atembeschwerden, Kopfschmerzen und Augenreizungen. Diese Schadstoffe sind im «Foto-Smog» (Los Angeles-Smog; Sommer-Smog) enthalten, der sich bei Inversionswetterlagen über Ballungszentren bilden

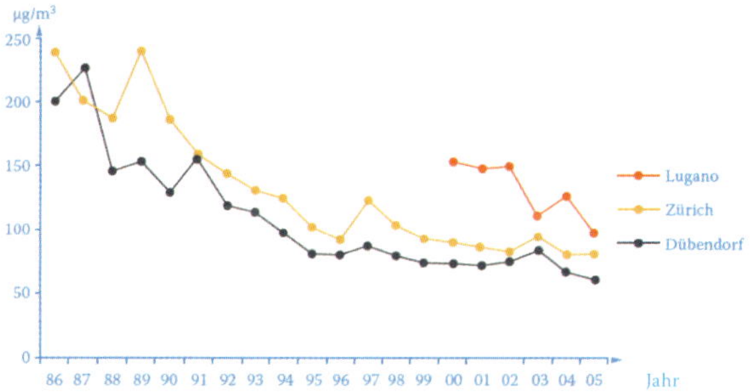

Abb. 12.6 Nichtmethan-VOC; Jahresmittelwerte 1986–2005

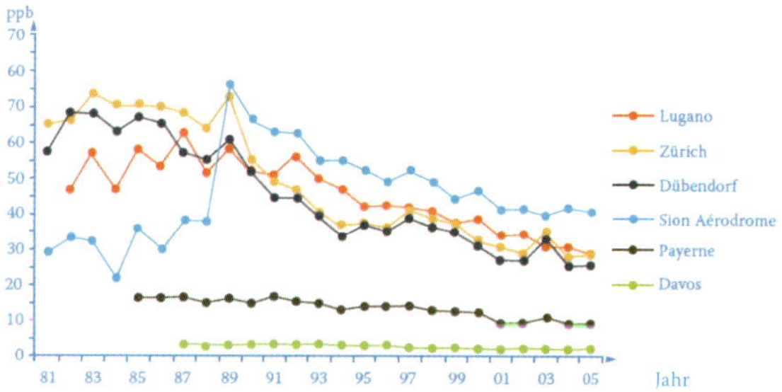

Abb. 12.7 Stickoxide (NO_X); Jahresmittelwerte 1981–2005

kann. Foto-Smog wurde bereits in den vierziger Jahren beobachtet und ist heute eine häufig auftretenden Erscheinung.

Kohlenstoffmonoxid (CO)
Kohlenstoffmonoxid ist ein farb- und geruchloses, giftiges Gas, das bei unvollständiger Verbrennung kohlenstoffhaltiger Brennstoffe, also auch von Benzin und Dieselöl, entsteht. Es bildet sich besonders beim Kaltstart, bei hohen Drehzahlen und bei brüskem Gasgeben. Dabei wird das Benzin/Luft-Gemisch «fetter», d.h. es enthält einen höheren Benzinanteil. In der Luft wird CO allmählich zu Kohlenstoffdioxid oxidiert. Die Emission von Kohlenstoffmonxid hat seit 1990 deutlich abgenommen und liegt heute auf einem derart tiefen Niveau (Abb. 12.8), dass sich daraus keine Probleme für die menschliche Gesundheit ergeben.

Feinstaub (PM10)
Partikel, die einen Durchmesser kleiner als 10 Mikrometer (10 μm) aufweisen, bezeichnet man als PM10 (PM: **p**articulate **m**atter < 10 μm). Dabei handelt es sich z.B. um Russ, geologisches Material, Abriebteilchen, biologisches Material usw., wobei die Zusammensetzung ein grosses Spektrum umfasst: Schwermetalle, Sulfate, Nitrate, Ammonium-Verbindungen, organische Stoffe, polyzyklische Aromaten, Dioxine...
Die Belastung der Luft mit Feinstaub (PM10) hat seit 1991 stark abgenommen (Abb. 12.9), um ab 2000 in etwa konstant zu bleiben (2003 führten häufige Inversionen zu einer erhöhten Belastung).
Feinstaub kann zu Erkrankungen der Atemwege und des Herz-Kreislaufsystems führen und das Krebsrisiko erhöhen sowie den Boden und die Pflanzen belasten. Über die Nahrungsmittelkette können dadurch Schwermetalle und Dioxine in den menschlichen Organismus gelangen.
Durch den Strassenverkehr werden jährlich 4560 t Feinstaub (PM10) freigesetzt. Davon sind 1800 t Dieselruss, der das Krebsrisiko erhöht. Der Rest verteilt sich auf abgeriebenes und aufgewirbeltes Fahrmaterial. Die künftigen Abgasnormen lassen sich mit grosser Wahrscheinlichkeit nur mit Partikelfiltern erfüllen. Dies wird zu einer markanten Abnahme der Dieselruss-Emissionen führen. Hingegen werden die Emissionen durch den Abrieb aufgrund der Verkehrszunahme in den nächsten Jahren eher ansteigen.

Ozon (O_3)
Ozon ist eine Modifikation von Sauerstoff und wurde bereits im Abschnitt 8.4 erwähnt: In der Stratosphäre bildet Ozon einen UV-Schutzschirm.
Ozon-Emissionen gibt es kaum. Ozon entsteht vielmehr sekundär durch Reaktionen von Luftschadstoffen. Es handelt sich dabei um verschiedene sehr komplizierte Reaktionen, an denen die Stickstoffoxide und das OH-Radikal (Hydroxyl-Radikal) beteiligt sind. Hydroxyl-Radikale können unter Lichteinfluss aus angeregten (energiereichen) Sauerstoff-Atomen und Wasser entstehen. Sind in der Luft gleichzeitig unverbrannte Kohlenwasserstoffe (VOC) und Stickstoffmonoxid vorhanden, so können die Kohlenwasserstoffe oxidiert werden, wobei unter anderem Ozon entsteht. Das folgende Schema soll zeigen, wie eine ganze Reihe einzelner Reaktionen an diesem Prozess beteiligt ist[3]:

$$\begin{aligned}
R{-}CH_3 + \dot{O}H &\rightarrow R{-}\dot{C}H_2 + H_2O \\
R{-}\dot{C}H_2 + O_2 &\rightarrow R{-}CH_2\dot{O}_2 \\
R{-}CH_2\dot{O}_2 + NO &\rightarrow R{-}CH_2\dot{O} + NO_2 \\
R{-}CH_2\dot{O} + O_2 &\rightarrow R{-}CHO + H\dot{O}_2 \\
NO + H\dot{O}_2 &\rightarrow NO_2 + \dot{O}H \\
2\,NO_2 &\rightarrow 2\,NO + 2\,\dot{O} \\
2\,\dot{O} + 2\,O_2 &\rightarrow 2\,O_3
\end{aligned}$$

Da die Hydroxyl-Radikale unter Lichteinfluss entstehen, nennt man den gesamten Prozess Fotooxidation. Er verläuft in Wirklichkeit noch komplizierter, da durch weitere Reaktionen von Radikalen noch andere Produkte entstehen können.

[3] *Der Punkt im Schema stellt ein ungepaartes Elektron eines Radikals dar. R – steht für einen Kohlenwasserstoffrest, z.B. C_2H_5 –.*

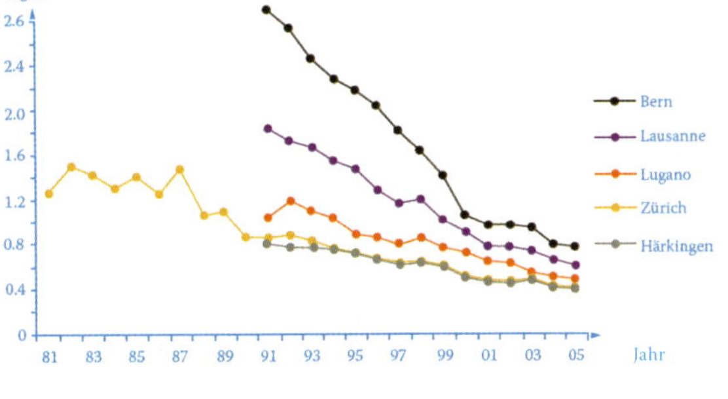

Abb. 12.8 Kohlenstoffmonoxid (CO); Jahresmittelwerte 1981–2005

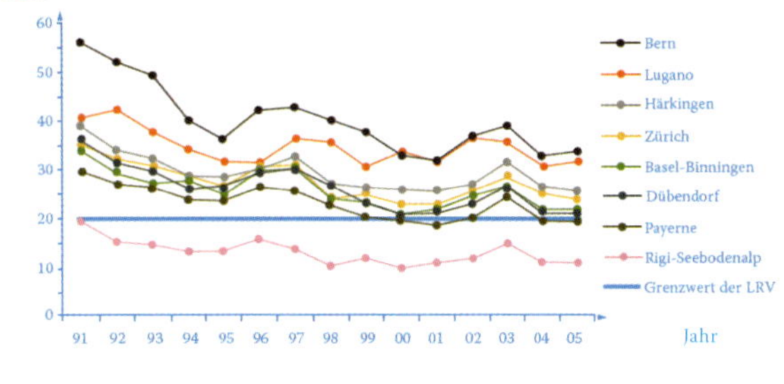

Abb. 12.9 Feinstaub; Jahresmittelwerte 1991–2005

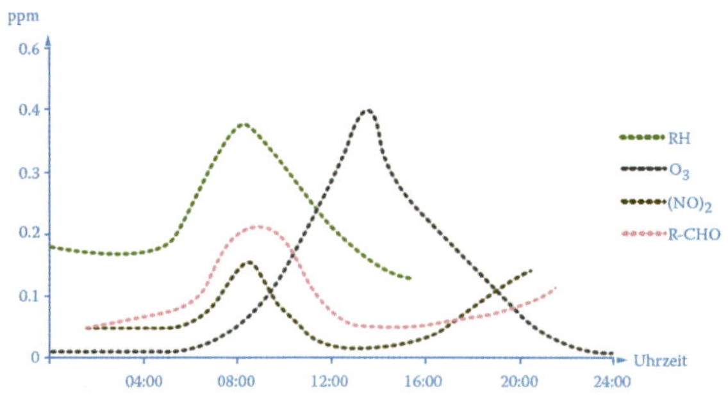

Abb. 12.10 Tageszyklus der Konzentrationsänderungen einiger Luftschadstoffe. Man erkennt, dass zuerst Kohlenwasserstoffe (RH) und Stickstoffoxide gebildet werden (Morgenverkehr). Die Kohlenwasserstoffe werden teilweise zu Aldehyden (R—CHO; siehe Abschnitt 14.1) oxidiert

Durch langwelliges UV-Licht ($\lambda < 400$ nm) wird NO_2 in NO und atomaren Sauerstoff gespalten (Fotolyse), der anschliessend mit molekularem Sauerstoff zu Ozon reagiert. Das durch die Fotolyse entstandene NO nimmt wieder Sauerstoff auf, sodass Ozon auch entstehen kann, wenn keine oxidierbaren Kohlenwasserstoffe vorhanden sind:

$$2\,NO_2 + 2\,O_2 \rightarrow 2\,NO + 2\,O_3$$
$$2\,NO + O_2 \rightarrow 2\,NO_2$$

Wenn NO vorhanden ist, kann Ozon schliesslich auch aus Schwefeldioxid bzw. Kohlenstoffmonoxid und Sauerstoff entstehen:

$$SO_2 + O_2 + NO \rightarrow SO_3 + NO_2$$
$$NO_2 + O_2 \rightarrow NO + O_3$$

Initiatoren für die Bildung von Ozon sind in jedem Fall die Stickstoffoxide. Ozon entsteht deshalb vor allem in Gebieten mit starkem Autoverkehr oder in der Umgebung thermischer Kraftwerke.
Ozon schädigt ebenfalls die Atemwege, wobei Kinder und Asthmatiker besonders gefährdet sind. Der geringe MIK-Wert weist auf die Giftigkeit von Ozon hin.

Tabelle 12.2 MIK-Werte

Schadstoff	MIK-Wert ($mg \cdot m^{-3}$) für 24 h
SO_2	0,30
NO_2	0,10
NO	0,50
CO	10,0
O_3	0,05

Chlorkohlenwasserstoffe
Chlorkohlenwasserstoffe stammen aus Kehrichtverbrennungsanlagen und von industriellen Prozessen, bei denen sie als Lösemittel verwendet werden. Sie werden biologisch nur langsam abgebaut und sind fettlöslich.

12.2 Saurer Regen und neuartige Waldschäden

Saurer Regen wurde schon vor längerer Zeit in Skandinavien festgestellt, wo er sich aus den SO_2-Emissionen aus England bilden konnte. Seit vielen Jahren ist er auch in Westeuropa zu einer häufigen Erscheinung geworden. Er führt zu einer Übersäuerung stehender Gewässer. So wurden in Schweden in Seen Säuregrade festgestellt, die etwa dem Speiseessig entsprechen. Im Bodenschlamm solcher Seen werden Metallsalze, vor allem Aluminiumverbindungen, freigesetzt, die für Fische giftig sind. Auch Böden können «versauern», sodass für Pflanzen giftige Metallsalze gelöst werden.

Waldschäden
Waldschäden, die auf Schwefeldioxid zurückzuführen sind, kennt man schon seit der Mitte des 19. Jahrhunderts. Sie traten damals nur in der näheren Umgebung von Hüttenwerken auf. Waldschäden grossen Ausmasses werden dagegen erst seit etwa 30 Jahren beobachtet, zuerst im Riesengebirge und im Harz, wo riesige Waldflächen durch das von Braunkohlekraftwerken und anderen Industrieanlagen in die Luft abgegebene Schwefeldioxid zerstört wurden. Ähnliche Schäden, wenn auch in geringerem Ausmass, traten seither in Mitteleuropa auf. Die Nadeln der Bäume vergilben, die Bäume verlieren Nadeln und Blätter, kränkeln und sterben schliesslich ab. Zunächst erkrankten Weisstannen, später die Fichten und auch Laubbäume.

Über die Ursachen dieser Waldschäden ist man sich auch heute noch nicht vollkommen im Klaren. Die Beobachtungen sind zum Teil sehr widersprüchlich. So treten z.B. im Schwarzwald in Gegenden mit relativ hohem SO_2-Gehalt der Luft kaum Waldschäden auf, und auch von anderen Gebieten hört man, dass das «Waldsterben» abgeklungen oder gar nicht eingetreten sei. Trotzdem muss man annehmen, dass die Luftverschmutzung die Erkrankung der Bäume zum mindesten fördert, wenn auch direkte Zusammenhänge zwischen Luftschadstoffen und Waldschäden (ausser in den Industriegebieten der ehemaligen Ostblockländer) kaum nachgewiesen worden sind.

Einige mögliche Einflüsse von Schadstoffen auf das Wachstum und die «Gesundheit» der Bäume sind in Abb. 12.11 zusammengestellt; vgl. auch Abb. 12.10.

Lange Zeit wurde vermutet, dass die Grundschädigung der Bäume auf die Einwirkung von Schwefeldioxid und Stickstoffoxiden zurückzuführen sein könnte. Es bestehen nämlich Anzeichen dafür, dass sich Schwefel- und Stickstoffdioxid in ihrer Wirkung gegenseitig verstärken. Man bezeichnet dies als «synergistischen» Effekt und meint damit, dass die gleichzeitige Wirkung der beiden Schadstoffe grösser ist als die addierten Einzelwirkungen. Sekundäre, die Baumschäden fördernde

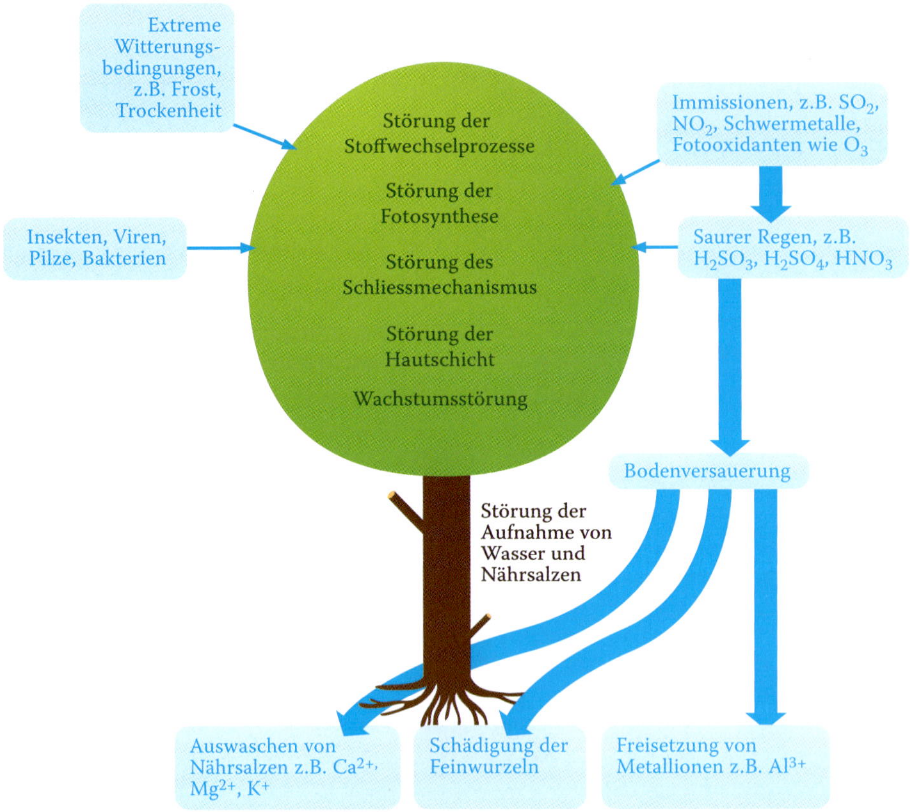

Abb. 12.11 Schema möglicher Kausalketten zum Waldsterben

Schadstoffe sind Ozon und die durch Fotooxidation aus Kohlenwasserstoffen und Stickstoffoxiden gebildeten Peroxyverbindungen wie das erwähnte PAN.

Neueste Ergebnisse zeigen aber, dass die Ursachen der Waldschäden noch komplexer sind, als man bisher vermutet hat. Waldböden sind heute nämlich häufig mit Stickstoffverbindungen «gesättigt» (überdüngt), vor allem mit Ammoniumsalzen wie NH_4Cl, NH_4NO_3 usw., die aus der Landwirtschaft stammen. Jauche und Mist können Ammoniak (NH_3) in die Luft abgeben, der sich im Boden in Ammoniumsalze umwandelt. Weitere Ammoniumsalze stammen aus Kunstdünger, der oft in zu grossen Mengen eingesetzt wird. Die Zufuhr an Ammoniumstickstoff hat jedenfalls in den letzten Jahren ständig zugenommen.

Ammoniumsalze führen im Boden zur Versauerung mit Folgen, wie sie oben diskutiert worden sind. Sind solche Salze im Überschuss vorhanden, so werden sie von Baumwurzeln im Austausch gegen Kaliumverbindungen aufgenommen. Dies führt zum Kaliummangel und damit zu einer Art «Kalium-Stress». Kaliumverbindungen werden nämlich von jeder Pflanze für die Verwertung von Stickstoff und damit zur Bildung von Proteinen benötigt. Ein Kaliummangel lässt sich vor allem bei Föhren und Buchen relativ leicht erkennen. Die oft beobachtete Vergilbung älterer Nadeln beruht dagegen auf einem Mangel an Magnesium (Chlorophyll ist eine Magnesium-Verbindung!). Dieser wird durch den erhöhten Stickstoffeintrag noch verschärft, weil infolge des verstärkten Wachstums mehr Magnesium nötig ist.

Die Wurzeln der meisten Waldbäume folgen dem (üblicherweise wachstumsbegrenzenden) Stickstoff nach. Wenn Stickstoffverbindungen mit den Niederschlägen in den Boden geraten, wachsen die Wurzeln nach oben, wo die Wasserversorgung schlecht ist, sodass die Bäume auch unter «Trockenstress» geraten. Entsprechend wachsen die Bäume in niederschlagsreichen Jahren stärker.

Der von den Bäumen nicht als Nährstoff genutzte Überschuss an Ammoniumsalzen wird entweder im Boden in Nitrat überführt (das ins Grundwasser gelangt) oder in Form von Stickstoffoxiden in die Luft abgegeben. Das dabei neben NO und NO_2 entstehende Distickstoffoxid («Lachgas»; N_2O) trägt zum Treibhaus-Effekt bei. Die bei der Bildung von Nitrat entstehende Salpetersäure versauert den Boden zusätzlich.

Die neuartigen Waldschäden scheinen also unter anderem auch durch ausgesprochene «Stress-Erschei-

Der **saure Regen** führt zu einer Versauerung des Bodens.

Wenn die Pufferkapazität[4] des Bodens überschritten wird, erfolgt eine drastische pH-Senkung. Die Folge ist – wie in stehenden Gewässern – das Lösen von Aluminium-, Eisen- und anderen Metallsalzen, die das Feinwurzelsystem der Bäume schädigen.

Saures Kronentraufwasser (Regen). Baumkronen sind ausgezeichnete Luftfilter und werden durch Ausfilterung von sauren Gasen bzw. sauren Tröpfchen stark belastet.

Kann die Blätter bzw. Nadeln der Bäume durch Auswaschen der Calcium- und Magnesium-Ionen schädigen, wodurch der Zellstoffwechsel ungünstig beeinflusst wird: Schädigung bzw. Zerstörung von Zytoplasma, Zellkern, Chloroplasten, Inaktivierung von Enzymen. Bei erkrankten Bäumen versagen die Schliesszellen der Spaltöffnungen ihren Dienst. Dies kann zum Austrocknen führen.

Einfluss von **Schwefeldioxid** auf die Fotosynthese.

Die Einwirkung von Schwefeldioxid auf Zytoplasma und Chloroplasten kann die Fotosynthese-Aktivität der Bäume um 20–30 % herabsetzen. Dadurch werden zu wenig «sekundäre Pflanzenstoffe» gebildet (z.B. Abwehrstoffe gegen Bakterien und Pilze).

Ozon, PAN und andere **Produkte der Fotooxidation** von Kohlenwasserstoffen.

PAN und andere Peroxyverbindungen sind starke Oxidatoren und greifen direkt in den Zellstoffwechsel der Blätter und Nadeln ein. Ozon schädigt die Zelloberflächen, sodass Schwefeldioxid und andere Schadstoffe leichter eindringen. Ozon hemmt die Fotosynthese ebenfalls. Intensive Sonnenbestrahlung fördert die Bildung von PAN.

nungen» verursacht zu sein. Diese führen in der Regel nicht zum Absterben der Bäume, sondern heilen wieder aus, wenn die stressauslösenden Faktoren abklingen. Bei allzu langer Einwirkung und durch ungünstige klimatische Bedingungen (Trockenheit) kann es allerdings zum Absterben der Bäume kommen. Es ist deshalb dringend notwendig, den atmosphärischen Eintrag von Ammoniumverbindungen zu verringern.

[4] *Begriff «Puffer» siehe Abschnitt 18.5.*

12.3 Luftreinhaltung

Das Problem der Abluftreinigung stellte sich zuerst für die Industrie, dann aber auch für die Motorfahrzeuge. Im Prinzip gibt es dazu zwei Möglichkeiten: Entweder wird die Entstehung von Schadstoffen reduziert oder ihre Emission. Ersteres ist allerdings in vielen Fällen gar nicht oder nur beschränkt möglich, z.B. beim Otto-Motor durch die Verwendung von «bleifreiem» Benzin. Nur in wenigen Fällen gelang es, industrielle Prozesse durch andere zu ersetzen, die weniger Schadstoffe in die Luft abgeben.

Rauchgasreinigung

Die in die Luft entweichenden Abgase von Feuerungsanlagen enthalten auch feste Stoffe, die Flugasche: Alkali- und Erdalkalisalze, Aluminiumoxid, Eisenoxid, Siliciumdioxid u.a. Zur Abscheidung dieser meist feinverteilten Stoffe benützt man Faser- und Gewebefilter, Zyklonabscheider (Abtrennung durch starke Fliehkräfte), Elektrofilter (Abscheidung durch elektrische Aufladung der Festkörperteilchen) sowie verschiedene Waschverfahren.
Zur Reinigung der Rauchgase von gasförmigen Schadstoffen kann z.B. die Adsorption an Aktivkohle (fein verteilte Kohle) dienen, vor allem, wenn organische Lösemittel abgetrennt werden sollen. Aus der Kohle lassen sich die Lösemittel wieder zurückgewinnen. Auch die Nachverbrennung organischer Stoffe ist möglich.
Besondere Probleme stellen die Entschwefelung und Entstickung von Rauchgasen der Kraft- und Fernheizwerke, bei denen die anfallenden Rauchgasmengen gewaltig sind.
Zur Entschwefelung werden je nach dem verwendeten Brennmaterial ganz verschiedene Verfahren eingesetzt. Beim regenerativen Verfahren wird SO_2 durch eine Lösung von Natriumsulfit absorbiert. Das Produkt wird aufkonzentriert und in (sehr reines) SO_2 gespalten, das für die Schwefelsäurefabrikation (Abschnitt 26.3) Verwendung findet[5]. Häufiger wird das nicht-regenerative Verfahren benützt, bei dem SO_2 in eine Suspension von Kalk oder Calciumoxid in Wasser eingeleitet wird. Indem man zusätzlich noch Luft (Sauerstoff) einbläst, bildet sich Gips ($CaSO_4$), der auf Deponien abgelagert werden muss.
Zur Entstickung müssen die Stickstoffoxide aus den Rauchgasen entfernt werden. Bei der in den Rauchgasen herrschenden Temperatur (über 500 °C) bildet sich vor allem NO. Da NO schlecht wasserlöslich ist, kann es durch Auswaschen nicht entfernt werden. Man setzt es deshalb an einem Katalysator mit Ammoniak (NH_3) um, wobei sich Stickstoff und Wasser bilden.

Über den Abgaskatalysator, die beste Möglichkeit zur Reinigung der Autoabgase, siehe Abschnitt 11.2.

[5] *Der grösste Teil des für die Schwefelsäurefabrikation benötigten Schwefeldioxids wird durch Verbrennen von Schwefel gewonnen.*

ÜBUNGEN ZUM KAPITEL 12

12.1 Definieren Sie die Begriffe: Smog, Emission, Immission, «MIK-Werte» und «MAK-Werte».

12.2 Worin besteht der Unterschied zwischen «Los Angeles-Smog» und «Londoner Smog»?

12.3 Welches sind die wichtigsten Schadstoffe in der Luft? Welche werden hauptsächlich durch den Verkehr, welche jedoch nicht durch den Verkehr produziert?

12.4 Diskutieren Sie die Auswirkungen der in Übung 12.3 erwähnten Schadstoffe!

12.5 Ist Ozon ein Schutz- oder Schadstoff?

12.6 Welcher Zusammenhang besteht zwischen Autoverkehr und Ozongehalt der Luft? Warum steigt der Ozongehalt im Sommer?

12.7 Was versteht man unter «saurem Regen»?

12.8 Nennen Sie mögliche Gründe für das Auftreten von Waldschäden.

12.9 Von verschiedener Seite hört man, das Waldsterben sei in der Schweiz nicht mehr von Bedeutung. Sind Luftreinhaltemassnahmen deshalb in Zukunft weniger wichtig?

12.10 Welche Bedeutung haben Ammoniumsalze im Zusammenhang mit den neuartigen Waldschäden?

12.11 Nennen Sie die wichtigsten Methoden zur Rauchgasreinigung!

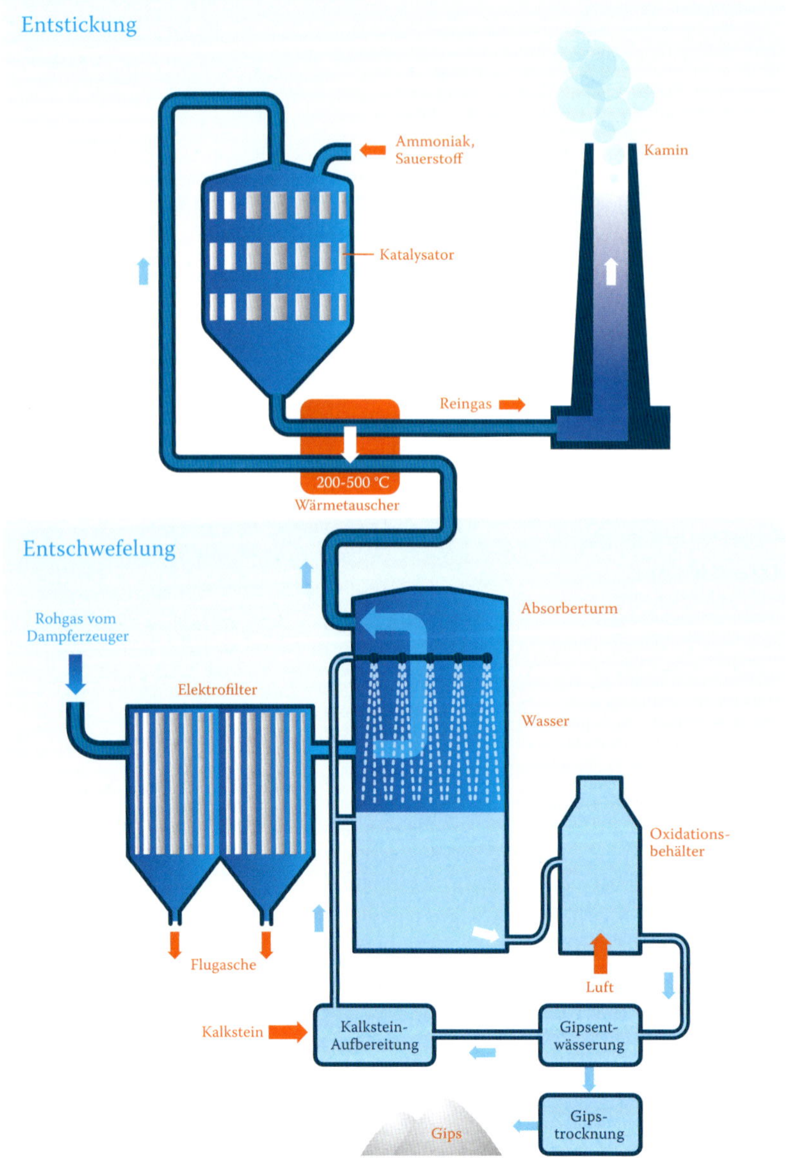

Abb. 12.12 Schema einer Rauchgasreinigungsanlage

13 EINFACHE SAUERSTOFF-VERBINDUNGEN: «DER ALKOHOL» – DIE ALKOHOLE

13.1 Gesättigte Alkohole (Alkanole)

Was ist «Alkohol»?
Versetzt man Zuckerwasser oder Fruchtsäfte mit Hefe, so tritt nach einiger Zeit eine Gärung ein. Es bildet sich Kohlenstoffdioxid und der süsse Geschmack der Ausgangsstoffe verschwindet allmählich. Wenn die Gärung beendet ist, lässt sich eine wasserklare, brennend schmeckende Flüssigkeit mit der Siedetemperatur 78,5 °C abdestillieren: «Alkohol».

Die quantitativ durchgeführte Verbrennung und die Bestimmung der molaren Masse führt zur Molekülformel C_2H_6O. Damit lassen sich zwei Lewis-Formeln vereinbaren:

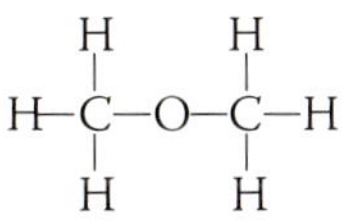

(1)

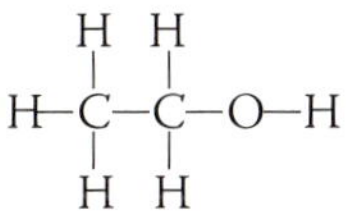

(2)

Aufgrund der chemischen Eigenschaften kann man entscheiden, welche Formel dem Alkohol zukommen muss: Im Gegensatz zu den Alkanen mit ihren reaktionsträgen C—H-Bindungen reagiert Alkohol ähnlich wie Wasser lebhaft mit Natrium unter Wasserstoffentwicklung. Damit ist für Alkohol nur die Formel (2) möglich, denn das Molekül (1) enthält (wie die Alkane) neben den C—O- nur (reaktionsträge) C—H-Bindungen. Der betreffende Stoff heisst Dimethylether.

Bei der Reaktion von Alkohol mit Natrium gibt ein Natrium-Atom an das positiv polarisierte Wasserstoff-Atom der O—H-Bindung ein Elektron ab, und die Bindung wird heterolytisch getrennt: Das gemeinsame Elektronenpaar verbleibt beim elektronegativeren Sauerstoff-Atom. Es entsteht ein Natrium-Ion und ein Wasserstoff-Atom, das mit einem zweiten Wasserstoff-Atom ein H_2-Molekül bildet. Als weiteres Produkt entsteht «Natriumethanolat», ein Salz, das aus den beiden Ionen Na^+ und $H_3C—CH_2—O^-$ besteht. Die Änderung der Oxidationszahlen macht deutlich, dass es sich bei dieser Reaktion um einen Redoxvorgang handelt (Abschnitt 7.4):

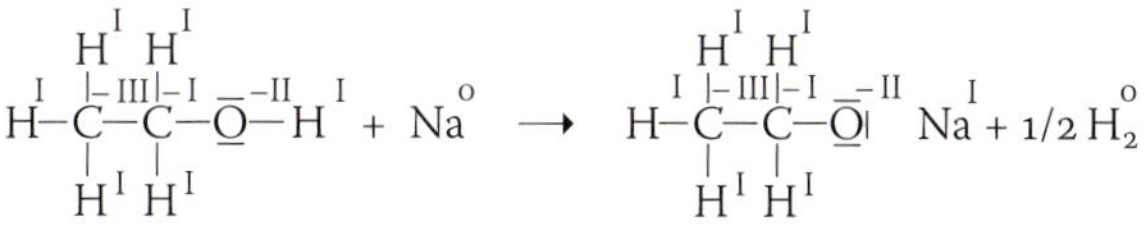

Natriumethanolat

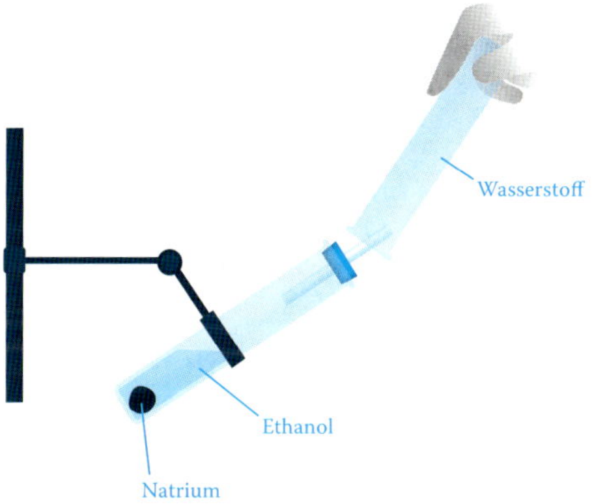

Abb. 13.1 Wenig Natrium wird zu wasserfreiem Ethanol gegeben. Das entstehende Gas wird mit einem Reagenzglas aufgefangen, das man zum Nachweis des Wasserstoffs an eine Brennerflamme hält

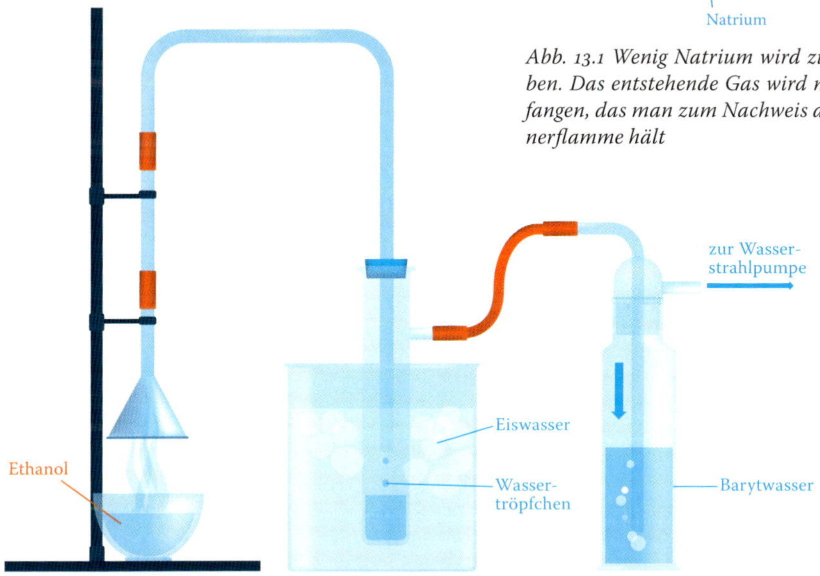

Abb. 13.2 Versuch zum Nachweis von Wasser und Kohlenstoffdioxid beim Verbrennen von Ethanol

Ganz analog verhält sich Natrium gegenüber Wasser, nur ist die Reaktion noch heftiger:

$$H^{I}O^{-II}H^{I} + Na^{0} \rightarrow Na^{I}O^{-II}H^{I} + 1/2\, H_2^{0}$$

Natriumhydroxid

Die OH-Gruppe, die «Hydroxylgruppe», ist die «funktionelle Gruppe» des Alkohols, da sie an den für Alkohole charakteristischen chemischen Reaktionen beteiligt ist. Ihre Reaktionsfähigkeit erhält sie durch die polare O—H-Bindung.

Die IUPAC-Nomenklatur verwendet für die Hydroxylgruppe die Endung -ol. Der systematische Name von Alkohol ist daher Ethanol:

$H_3C{-}CH_3$ Ethan $\quad H_3C{-}CH_2{-}OH$ Ethanol

Ethanol als Glied einer homologen Reihe
Man kann den Alkohol formal als Derivat («Abkömmling») von Wasser auffassen: Ein Wasserstoff-Atom ist durch den Kohlenwasserstoffrest C_2H_5 (einen Alkylrest) ersetzt. Auch von den anderen Alkanen leiten sich Alkohole in dieser Weise ab (Tab. 13.1).

CH_3OH	Methanol
C_2H_5OH	Ethanol
C_3H_7OH	Propanol
C_4H_9OH	Butanol
$C_5H_{11}OH$	Pentanol
usw.	

Allgemein:

Wasser Alkohol

Bei der rationellen Bezeichnung wird die Kohlenstoffkette wiederum durchnummeriert, wobei das Kohlenstoff-Atom mit der Hydroxylgruppe eine möglichst niedrige Ziffer erhält.

Tabelle 13.1 Schmelz- und Siedetemperaturen von Alkoholen

Formel	Trivialname	Rationeller Name	t_m (°C)	t_b (°C)
CH_3OH	Methylalkohol	Methanol	– 97,5°	64,6°
H_3CCH_2OH	Ethylalkohol	Ethanol	– 114,1°	78,3°
$H_3CCH_2CH_2OH$	Propylalkohol	1-Propanol	–124,4°	97,2°
H_3CCHCH_3 | OH	Isopropylalkohol	2-Propanol	– 87,9°	82,3°
$H_3CCH_2CH_2CH_2OH$	n-Butylalkohol	1-Butanol	– 88,6°	117,7°
$(H_3C)_2CH{-}CH_2{-}OH$	Isobutylalkohol	2-Methyl-1-propanol	–101,9°	107,9°
$H_3CCH_2(H_3C)CHOH$	sek-Butylalkohol	2-Butanol	– 88,5°	99,5°
$(H_3C)_2C(CH_3)OH$	tert-Butylalkohol	2-Methyl-2-propanol	+ 25,7°	82,4°
$H_2C{-}CH_2$ | | HO OH	Glykol	1,2-Ethandiol	– 12,7°	197,3°
$H_2C{-}CH{-}CH_2$ | | | OH OH OH	Glycerin	1,2,3-Propantriol	+ 18,1°[1]	290°

[1] *t_m von reinem (wasserfreiem) Glycerin.*

Beispiele:

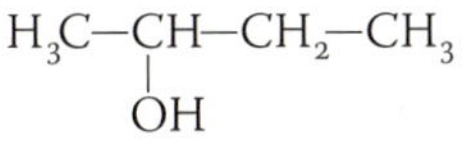

2-Butanol

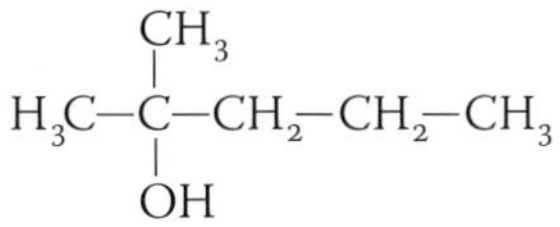

2-Methyl-2-pentanol

- Alkohole enthalten in ihren Molekülen eine oder mehrere Hydroxylgruppen.
- Zur Bezeichnung der Hydroxylgruppe dient die Endung -ol.
- Alkanole sind gesättigte Alkohole; man kann sie als Alkylderivate von Wasser auffassen.

Nur ausnahmsweise sind mehrere Hydroxylgruppen an dasselbe Kohlenstoff-Atom gebunden. Wenn man solche Verbindungen gezielt herstellen will, spalten sie in der Regel Wasser ab.

13.2 Warum ist Ethanol flüssig und mischt sich mit Wasser?

Dass man Alkohole als «Alkylderivate» des Wassers auffassen kann, zeigt sich auch in den physikalischen Eigenschaften. So sind die Alkohole mit einem bis drei C-Atomen im Molekül mit Wasser in jedem Verhältnis mischbar (im Gegensatz zu den Alkanen!). Höhere Alkohole (z.B. 1-Pentanol) bilden zwar mit Wasser zwei Phasen. Trennt man diese jedoch und prüft den Geruch der wässrigen Phase, so stellt man deutlich den Geruch des Alkohols fest. Solche Alkohole sind also mit Wasser beschränkt mischbar.

Ähnliches lässt sich über die Siedetemperaturen sagen. Verglichen mit anderen Stoffen siedet Wasser auffallend hoch, trotz der relativ kleinen Molekülmasse. H_2S (Molekülmasse 61 u) siedet z.B. bei −34 °C. Auch die Alkohole sieden viel höher als Alkane vergleichbarer Molekülmasse (Abb. 13.5).

	t_b (°C)	M (g · mol^{-1})
Methanol, CH_3OH	64,6	32
Ethan, C_2H_6	−89	30

Zur Erklärung dieser Feststellungen müssen wir etwas ausholen.

Dipolmoleküle und Dipolkräfte

Ein Molekül wie HCl ist ein Dipol, d.h. es besitzt ein positiv und ein negativ polarisiertes Ende, eine Folge der polaren H—Cl-Bindung:

$$\overset{\delta+}{H}—\overset{\delta-}{Cl}$$

Das HCl-Molekül ist ein permanenter Dipol, im Gegensatz zu den nur vorübergehend polarisierten Molekülen unpolarer Stoffe, welche die Ursache der van der Waals-Kräfte sind (Abschnitt 6.3).

Auch das Wasser-Molekül ist ein Dipol, denn wegen der gewinkelten Struktur fallen die Schwerpunkte der positiven und der negativen Partialladungen nicht zusammen:

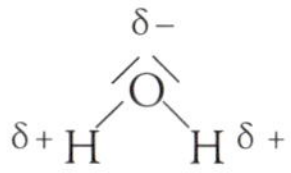

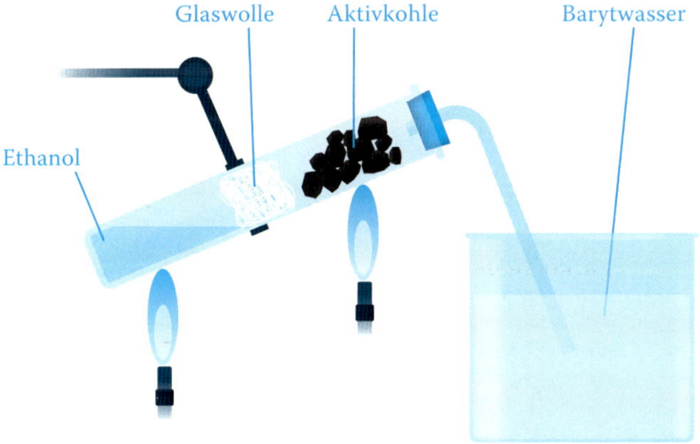

Abb. 13.3 Nachweis des im Ethanol enthaltenen Sauerstoffs. Das Reagenzglas muss vor dem Erhitzen des Ethanols und der Aktivkohle mit Stickstoff gefüllt werden

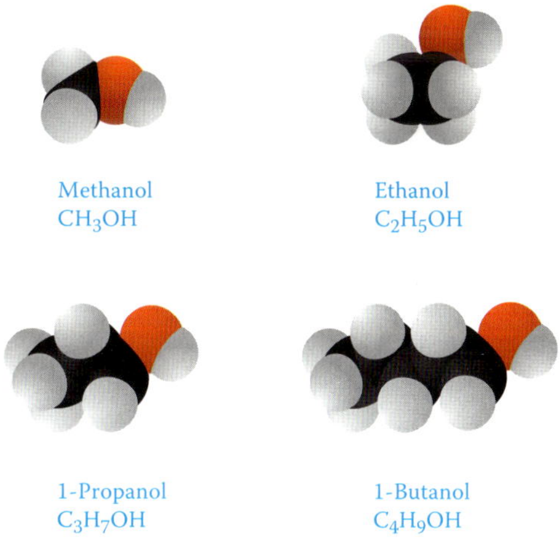

Abb. 13.4 Kalottenmodelle der Moleküle der ersten vier Alkanole

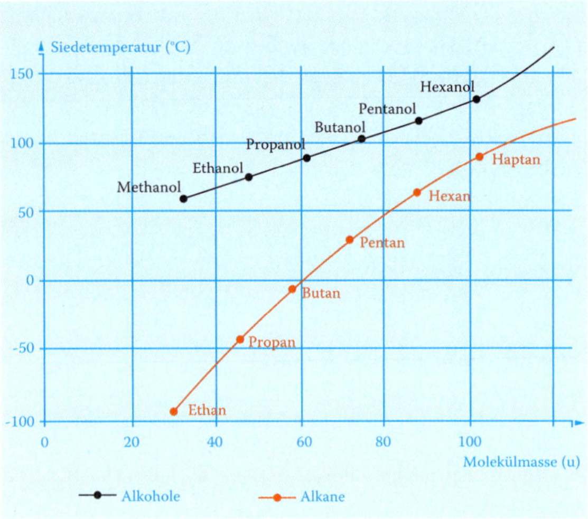

Abb. 13.5 Siedetemperaturen der Alkane und der Alkanole in Abhängigkeit von der Kohlenstoffzahl

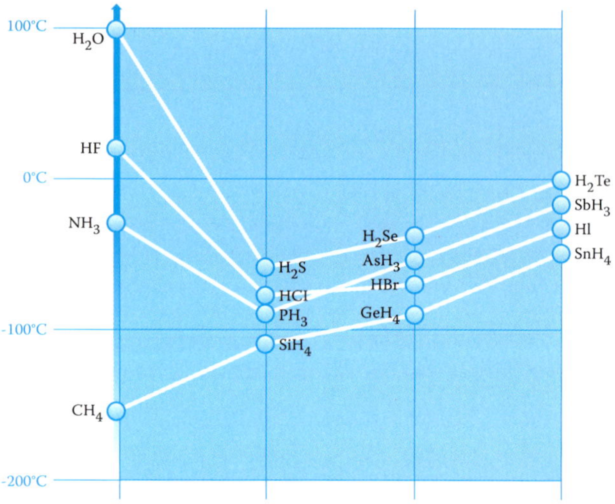

Abb. 13.6 Siedetemperaturen von Nichtmetall-Wasserstoff-Verbindungen (Elemente der Hauptgruppen VA, VIA und VIIA). Die Reihe CH_4—SnH_4 zeigt einen einigermassen regelmässigen Anstieg der Siedetemperaturen. CH_4 bildet keine Wasserstoffbrücken

Schliesslich ist auch das Molekül von Methanal, einem Stoff der Formel CH_2O, ein Dipol:

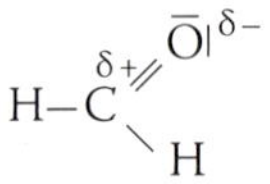

Hingegen sind die Moleküle von CO_2 (linear) und CCl_4 (tetraedrisch) keine Dipole, weil die Schwerpunkte der Partialladungen zusammenfallen.

Dipolmoleküle ziehen sich gegenseitig stärker an als unpolare Moleküle (wie z.B. Ethan), zwischen denen nur van der Waals-Kräfte wirken. Die Dipolkräfte bewirken deshalb, dass solche Stoffe höher sieden als unpolare Stoffe:

	t_b (°C)	Molekülmasse (u)
Methanal, CH_2O	−19,1	30
Ethan, C_2H_6	−88,6	30

Tab. 13.2 Siedetemperaturen von Nichtmetall-Wasserstoff-Verbindungen (Elemente der Hauptgruppen VA, VIA und VIIA)

Stoff	*t_b in °C*	*Stoff*	*t_b in °C*	*Stoff*	*t_b in °C*
HF	20	H_2O	100	NH_3	−33,3
HCl	−85	H_2S	−59,6	PH_3	−87,8
HBr	−66,4	H_2Se	−41,3	AsH_3	−62,5
HI	−35,6	H_2Te	−2	SbH_3	−17

Wasserstoffbrücken

Vergleicht man die Wasserstoff-Verbindungen der Elemente der Hauptgruppen VA, VIA und VIIA hinsichtlich ihrer Siedetemperaturen, so zeigt sich, dass jeweils die erste Verbindung einen abnorm hohen Wert aufweist. Anschliessend erfolgt ein etwa gleichmässiger Anstieg der Siedetemperaturen (Tab. 13.2 und Abb. 13.6).

Da alle Moleküle, mit Ausnahme von PH_3 (gleiche EN der P- und H-Atome), permanente Dipole sind, sollte ein gleichmässiger Anstieg der Siedetemperaturen erfolgen. Offenbar sind jedoch die Anziehungskräfte zwischen HF-, H_2O- und NH_3-Molekülen stärker als gewöhnliche Dipol-Kräfte. Die Bindungspolarität, und damit auch die positive Partialladung der Wasserstoff-Atome, ist in diesen drei Molekülen innerhalb ihrer jeweiligen Hauptgruppe am grössten. Ausserdem sind die Wolken der nicht bindenden Elektronenpaare der N-, O- und F-Atome, verglichen mit den Atomen der höheren Perioden, am kleinsten (hohe EN und kleiner, hochgeladener Atomrumpf: K-Schale mit 2 Elektronen). Daraus ergibt sich ein minimaler Abstand zwischen dem kleinen, positiv polarisierten Wasserstoff-Atom (Atomrumpf = Proton) und dem Zentrum eines freien Elektronenpaars der N-, O- oder F-Atome. Die Folge davon sind besonders starke anziehende Kräfte (vgl. Coulomb-Gesetz, Abschnitt 4.1), die als Wasserstoffbrücken oder Wasserstoffbindungen bezeichnet werden.

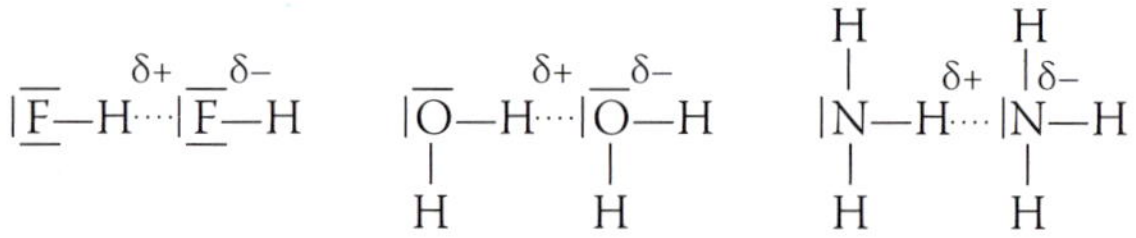

....: Wasserstoffbrücken

Zwischen Molekülen verschiedener Stoffe sind ebenfalls Wasserstoffbrücken möglich, wenn beide oder mindestens eines der Moleküle Wasserstoff-Atome, gebunden an N, O oder F, enthält und das andere Molekül N-, O- oder F-Atome aufweist.

Beispiel: Aceton/Wasser

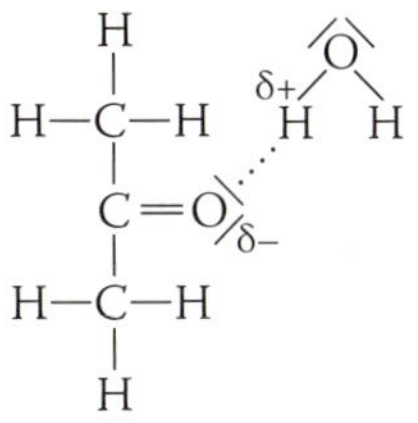

Die Bildung von Wasserstoffbrücken liefert jedoch deutlich weniger Energie als die von Atombindungen. So beträgt beispielsweise die frei werdende Energie der stärksten Wasserstoffbrücke F—H···H—F etwa 25–33 kJ · mol^{-1}, bei der Bindung H—H dagegen 436 kJ · mol^{-1}!

- Wasserstoffbrücken zwischen zwei Molekülen sind dann möglich, wenn in mindestens einem Molekül Wasserstoff-Atome an N-, O- oder F-Atome gebunden sind. Das andere Molekül muss N-, O- oder F-Atome enthalten.
- Wasserstoffbrücken bilden sich in Richtung der Bindungen aus, im Gegensatz zu den permanenten Dipolen, deren Anziehungskräfte zwischen den Schwerpunkten der Partialladungen wirken.

Wasserstoffbrücken haben eine grosse Bedeutung. Sie sind die Ursache einer Reihe «abnormer» Eigenschaften, die bei zahlreichen Verbindungen beobachtet werden: Auffallend hohe Schmelz- und Siedetemperaturen mancher Wasserstoff-Verbindungen (HF, H_2O, NH_3, Alkohole, Carbonsäuren etc.), ausgeprägte Mischbarkeit niederer Alkohole und Carbonsäuren mit Wasser (Abschnitt 13.3), geringere Dichte von Eis als von flüssigem Wasser bei 0 °C etc. Auch die Struktur vieler Festkörper, die Festigkeit fasriger Stoffe wie Cellulose oder Nylon, die Reaktionsfähigkeit bestimmter Verbindungen wie z.B. Säuren (Kapitel 15) u.a. werden durch Wasserstoffbrücken verursacht. Eine besonders bedeutsame Rolle spielen sie schliesslich beim Aufbau der Proteine (Eiweisse; Abschnitt 28.4) und der als Träger der Erbeigenschaften wichtigen Nucleinsäuren.

Die «Anomalie» des Wassers

Im Gegensatz zu den weitaus meisten anderen Flüssigkeiten hat flüssiges Wasser beim Erstarrungspunkt die grössere Dichte als im festen Zustand: Eis schwimmt auf dem Wasser. Mit zunehmender Erwärmung steigt die Dichte an und zeigt bei 4 °C ein Maximum. Erwärmt man weiter, so sinkt die Dichte wieder. Dieses Verhalten bezeichnet man als «Anomalie» von Wasser; es ist z.B. die Ursache dafür, dass auch nur mässig tiefe Gewässer im Winter nicht bis zum Grund durchfrieren.

Die Erklärung für dieses merkwürdige Verhalten liefert die Struktur von Eis. Im Eisgitter ist jedes Sauerstoff-Atom von vier Wasserstoff-Atomen umgeben: zwei sind durch Elektronenpaarbindungen gebunden, mit zwei weiteren bildet es Wasserstoffbrücken. Dies führt zu einer ausgesprochen lockeren Anordnung der Wasser-Moleküle im Gitter (Abb. 13.9). Dieses bricht beim Schmelzen zusammen. Die Moleküle lagern sich enger zusammen; die Dichte nimmt zu. Es bilden sich «Molekülschwärme» (Abb. 13.9), die durch Wasserstoffbrücken zusammengehalten werden. Mit wachsender Temperatur lösen sich diese Schwärme auf und die Moleküle können noch enger zusammenrücken. Gleichzeitig nimmt aber die Raumbeanspruchung eines einzelnen Moleküls als Folge der stärkeren Wärmebewegung zu. Die beiden Effekte wirken einander entgegen und haben das Dichtemaximum bei 4 °C zur Folge.

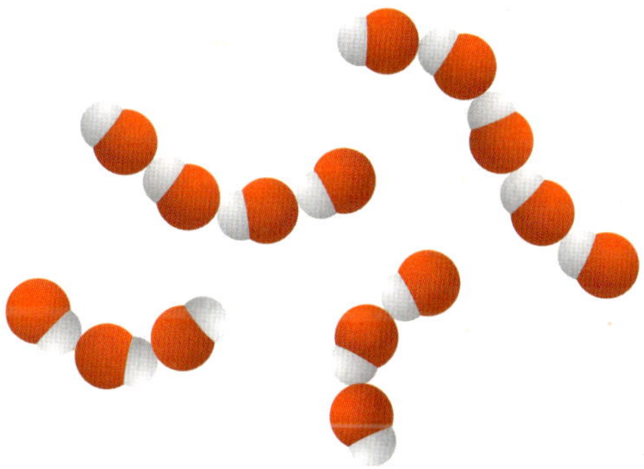

Abb. 13.7 Wasserstoffbrücken in flüssigem Hydrogenfluorid

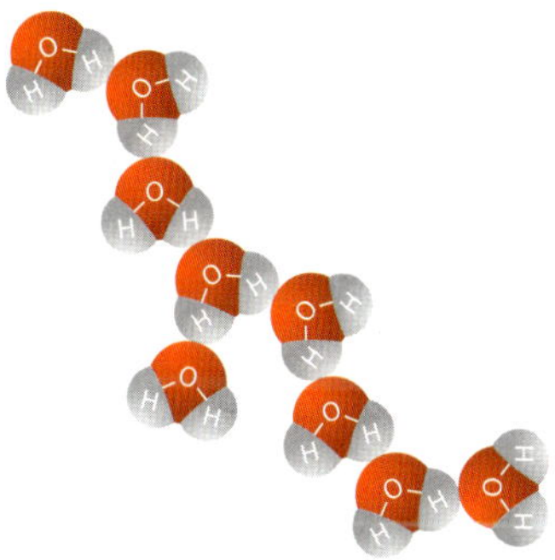

Abb. 13.8 Wasserstoffbrücken im Wasser

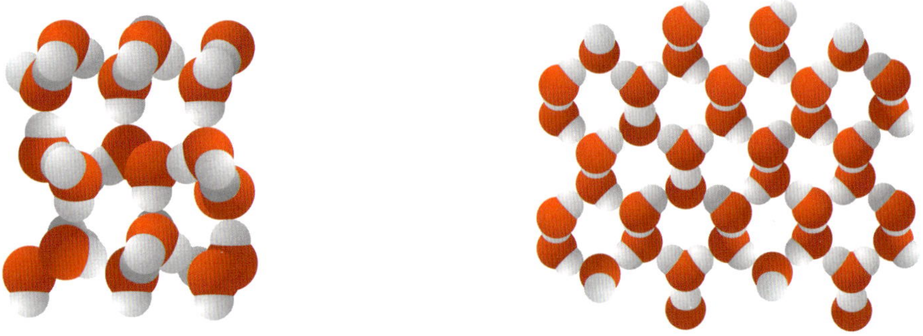

Abb. 13.9 Struktur von Eis und Wasser (Kalottenmodelle). Links Eisgitter (Seitenansicht einer «Schicht» von Wasser-Molekülen), relativ lockere Anordnung; rechts «Struktur» von Wasser (ungefähr bei Zimmertemperatur). Auch hier ist noch eine gewisse Ordnung vorhanden

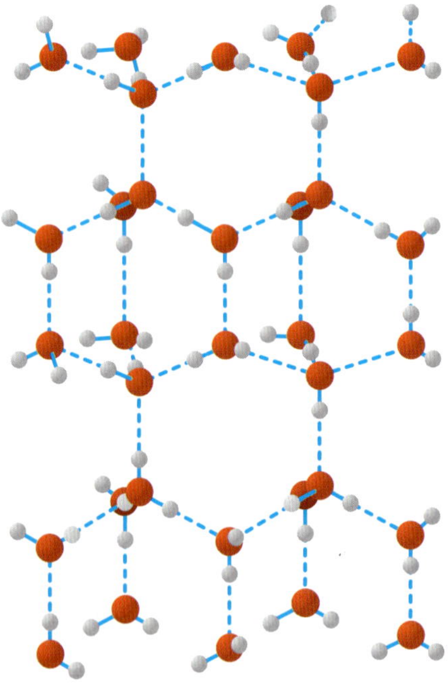

Abb. 13.10 Anordnung der Wasser-Moleküle im Eiskristall (Kugel-Stäbchen-Modell). Die blauen gestrichelten Linien stellen Wasserstoffbrücken dar

Zusammenfassung:
Man unterscheidet drei Arten von zwischenmolekularen Kräften:

a) van der Waals-Kräfte beruhen auf der Bildung von vorübergehenden Dipolen aufgrund unregelmässiger Elektronenverteilung und sind die einzigen Kräfte zwischen den Atomen der Edelgase bzw. zwischen Molekülen, die keine permanenten Dipole sind. Sie treten aber auch in allen anderen Stoffen auf.
b) Dipolkräfte wirken zwischen permanenten Dipolen.
c) Wasserstoffbrücken bilden sich zwischen stark positivierten Wasserstoff-Atomen (N—H, O—H, F—H) und den freien Elektronenpaaren negativ polarisierter N-, O- und F-Atome.

13.3 Die Mischbarkeit molekularer Stoffe

Beim Mischen molekularer Stoffe werden die Kräfte zwischen den Molekülen (zwischenmolekulare Kräfte) gelöst (Energieaufwand) und neue gebildet (Energiegewinn). Ist der Lösevorgang exotherm, so ist der Energiegewinn grösser als der Energieaufwand und umgekehrt. Molekulare Stoffe lassen sich jedoch nur dann miteinander mischen, wenn die zwischenmolekularen Kräfte von ähnlicher Grössenordnung sind. Dies lässt sich mit folgendem Schema in vielen Fällen leicht überprüfen:

Gegeben sind die Stoffe A und B. Im Verlaufe des Mischvorgangs müssen alle Moleküle A bzw. B jeweils voneinander getrennt werden (E_1 und E_2: ←AA→ und ←BB→), wobei sich zwischen A und B neue Kräfte ausbilden (Energiegewinn E_3: 2 →AB←). Die beiden Stoffe sind dann mischbar, wenn $E_1 + E_2 < E3$ bzw. $E_1 + E_2 \cong E_3$ ist. Um die Energien abschätzen zu können, schreibt man unter die Stoffsymbole die jeweils wirkenden zwischenmolekularen Kräfte.

←AA→	+	←BB→	→	2 →AB←
E_1		E_2		E_3

$E_1 + E_2 < E_3$ mischbar
$E_1 + E_2 \cong E_3$ mischbar
$E_1 + E_2 > E_3$ nicht mischbar

Beispiele:

a) Hexan (C_6H_{14}) H / Wasser W

←HH→	+	←WW→	→	2 →HW←
van der Waals		(van der Waals) Dipol/Dipol H-Brücken		(van der Waals)
E_1		E_2		E_3

$E_1 + E_2 > E_3$ nicht mischbar

van der Waals: starke Kräfte (Hexan-Moleküle haben eine grosse Oberfläche)
(van der Waals): schwache Kräfte (kleine Wasser-Moleküle)
H-Brücken: starke Kräfte

Da die Hexan-Moleküle keine permanenten Dipole sind, wirken zwischen ihnen und den H_2O-Molekülen nur schwache v.d.W.-Kräfte (diese richten sich immer nach dem kleineren Molekül, in diesem Fall dem Wasser-Molekül). Um die beiden Stoffe zu mischen, müssten starke v.d.W.- und Dipol-Kräfte sowie H-Brücken gelöst werden, wobei sich neu nur schwache v.d.W.-Kräfte bilden.

b) Ethanol («Alkohol», C_2H_5OH) E / Wasser W

←EE→	+	←WW→	→	2 →EW←
van der Waals		(van der Waals)		(van der Waals)
Dipol/Dipol		Dipol/Dipol		Dipol/Dipol
H-Brücken		H-Brücken		H-Brücken
E_1		E_2		E_3

$E_1 + E_2 \cong E_3$ mischbar

Ethanol- und Wasser-Moleküle sind permanente Dipole und bilden selber wie auch untereinander Wasserstoffbrücken aus.

c) 1,2,3-Propantriol (Glycerin) G / Wasser W

←GG→	+	←WW→	→	2 →GW←
van der Waals		(van der Waals)		(van der Waals)
Dipol/Dipol		Dipol/Dipol		Dipol/Dipol
H-Brücken		H-Brücken		H-Brücken
E_1		E_2		E_3

$E_1 + E_2 \cong E_3$ mischbar

Zwischen Glycerin-Molekülen können sich wegen der drei Hydroxylgruppen mehrere Wasserstoffbrücken ausbilden.

d) 1,2,3-Propantriol (Glycerin) G / Hexan H

←HH→	+	←GG→	→	2 →HG←
van der Waals		van der Waals		van der Waals
		Dipol/Dipol		
		H-Brücken		
E_1		E_2		E_3

$E_1 + E_2 > E_3$ nicht mischbar

e) Propanon (Aceton) A / Wasser W

Propanon: 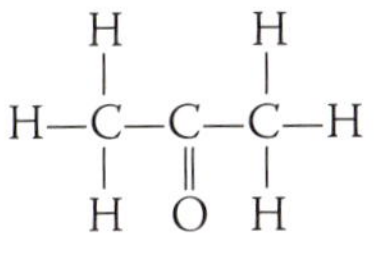

←AA→	+	←WW→	→	2 →AW←
van der Waals		(van der Waals)		(van der Waals)
Dipol/Dipol		Dipol/Dipol		Dipol/Dipol
		H-Brücken		H-Brücken
E_1		E_2		E_3

$E_1 + E_2 \cong E_3$ mischbar

Die Aceton-Moleküle sind permanente Dipole, können aber keine Wasserstoffbrücken untereinander ausbilden (fehlende Bindungen H–N, H–O oder H–F). Mit Wasser-Molekülen sind jedoch H-Brücken möglich:

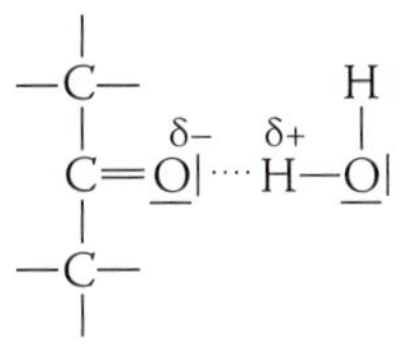

f) Aceton A / Hexan Hn

←HnHn→	+	←AA→	→	2 →HnA←
van der Waals		van der Waals		van der Waals
		Dipol/Dipol		
E_1		E_2		E_3

$E_1 + E_2 > E_3$ nicht mischbar

Da nur die Aceton-Moleküle permanente Dipole sind, sollten sich die beiden Stoffe nicht miteinander mischen. Das Experiment zeigt jedoch das Gegenteil. Anscheinend tritt die Bedeutung der Dipolkräfte hinter denen der van der Waals-Kräfte zurück. Ausserdem begünstigt die Zunahme der Entropie den Mischvorgang (Abschnitt 17.1). Dieses Beispiel zeigt, dass die experimentelle Überprüfung der Mischbarkeit molekularer Stoffe in vielen Fällen nötig ist.

Die Löslichkeit von Aceton sowohl in polaren wie in unpolaren Stoffen wird z.B. bei der Kleiderreinigung verwendet. Da Aceton sich in fettartigen Stoffen wie auch in Wasser löst, kann eine Verbindung zwischen Schmutz (z.B. einem Fettfleck) und dem Wasser hergestellt werden.

13.4 Einige chemische Reaktionen von Alkoholen

Halogenalkane aus Alkoholen

Aus Alkanen lassen sich Halogenderivate durch Substitution mit Chlor oder Brom unter kräftiger Belichtung erhalten (Abschnitt 8.4). Von praktischer Bedeutung sind allerdings nur die entsprechenden Reaktionen des Methans. Hier unterscheiden sich die verschiedenen Substitutionsprodukte in ihren Siedetemperaturen genügend, um sie ohne Weiteres durch Destillation trennen zu können. Die bei der Reaktion höherer Alkane mit Chlor oder Brom entstehenden Gemische – kein Wasserstoff-Atom ist für die Substitution bevorzugt und es können auch mehrfach substituierte Produkte entstehen! – lassen sich zwar gaschromatografisch auftrennen (Abb. 13.11). Eine Zerlegung durch Destillation ist jedoch schlecht möglich, da die Siedetemperaturen der verschiedenen Produkte zu nahe beieinander liegen.

Wenn es jedoch gelingt, die Hydroxylgruppe der Alkohole durch ein Halogen-Atom zu ersetzen, können Halogenalkane gezielt hergestellt werden:

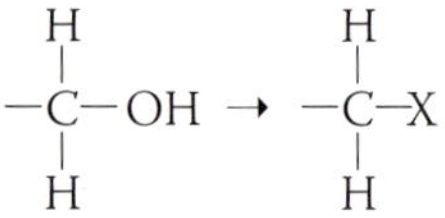

Im Verlaufe einer solchen Substitution muss die stark polare C—O-Bindung heterolytisch getrennt werden. Das bindende Elektronenpaar verbleibt dem elektronegativeren Sauerstoff-Atom:

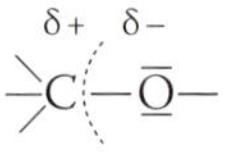

Mit elementarem Chlor oder Brom kann eine solche Bindungstrennung allerdings nicht erreicht werden, da sich ihre unpolaren Cl—Cl- bzw. Br—Br-Bindungen homolytisch trennen. Hingegen lässt sich die Hydroxylgruppe als H_2O-Molekül verdrängen, wenn man den Alkohol mit Hydrogenchlorid oder Hydrogenbromid umsetzt:

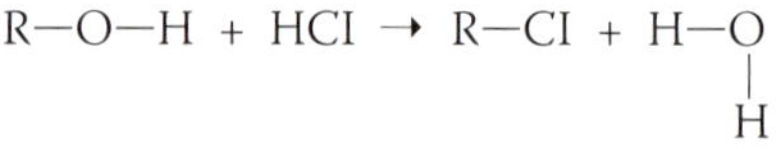

In der Praxis lässt man den Alkohol meist mit einem Gemisch von konzentrierter Schwefelsäure und Natriumchlorid (NaCl) oder Natriumbromid (NaBr) reagieren, wobei aus der Schwefelsäure und dem Chlorid bzw. Bromid zunächst Hydrogenchlorid bzw. Hydrogenbromid entsteht:

$$NaCl + H_2SO_4 \rightarrow HCl + NaHSO_4$$

Durch Reaktion mit Hydrogenchlorid oder Hydrogenbromid lässt sich die Hydroxylgruppe von Alkoholen durch ein Chlor- bzw. Bromatom ersetzen. Es entstehen Chlor- bzw. Bromalkane.

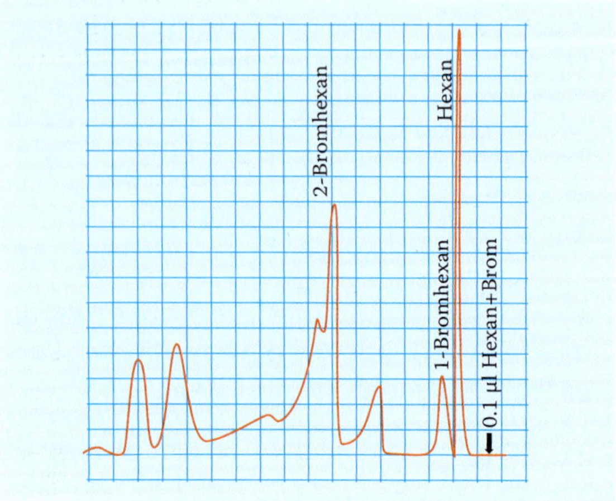

Abb. 13.11 Gaschromatogramm eines Reaktionsgemischs von Hexan mit Brom. Nicht alle Peaks konnten identifiziert werden

Alkohole können auch direkt Wasser abspalten

Leitet man Ethanoldampf über erhitztes Aluminiumoxid, das als Katalysator wirkt, so erhält man ein Gas, das Bromwasser rasch entfärbt: Ethen. Aus dem Alkohol wird dabei ein Molekül Wasser abgespalten:

$$H_3C{-}CH_2{-}OH \rightarrow H_2C{=}CH_2 + H_2O$$

Dieselbe Reaktion tritt ein, wenn man Alkohole zusammen mit konzentrierter Schwefel- oder Phosphorsäure erhitzt. Aus 1- oder 2-Propanol entsteht Propen (Abb. 13.9), aus 2-Butanol ein Gemisch von 1- und 2-Buten:

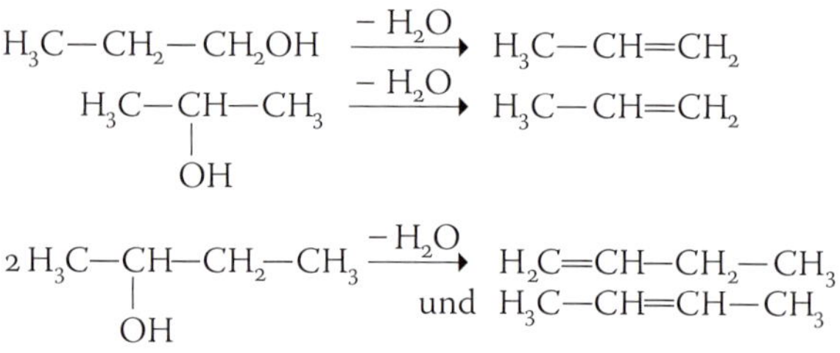

oder mit Skelett-Formeln geschrieben:

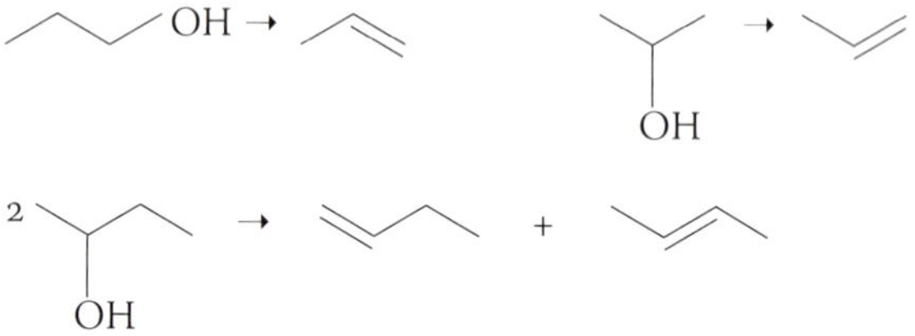

Die Reaktion ist von Bedeutung zur Gewinnung von Alkenen.

Unter der Einwirkung von konzentrierter Schwefel- oder Phosphorsäure oder unter der Wirkung von Katalysatoren können Alkohole Wasser abspalten. Durch eine solche «Eliminationsreaktion» entstehen Alkene.

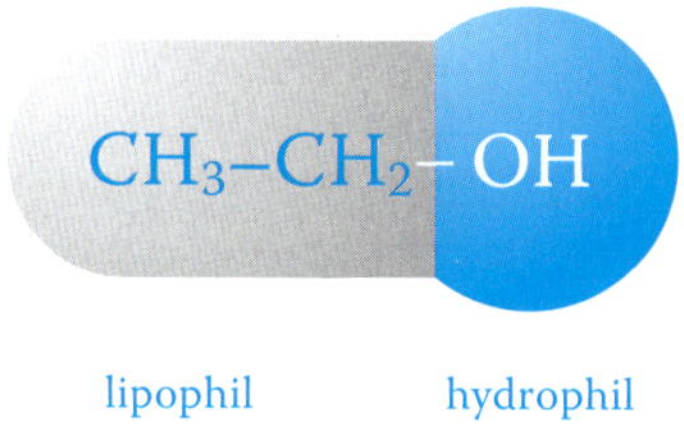

Abb. 13.12 Ein Ethanol-Molekül besteht aus einem polaren (hydrophilen) Teil (blau) und einem unpolaren (lipophilen) Teil (weiss)

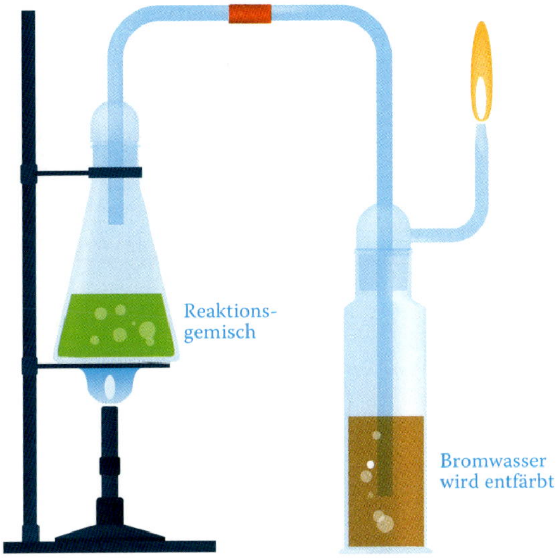

Abb. 13.13 Propen aus 2-Propanol. Das Reaktionsgemisch besteht aus 2-Propanol, konzentrierter Schwefelsäure und Aluminiumoxid (Katalysator)

Bei dieser Reaktion ist die Hydroxylgruppe ebenfalls am Vorgang beteiligt. Im ersten Reaktionsschritt überträgt die Säure ein Wasserstoff-Ion (ein Proton) auf den Hydroxyl-Sauerstoff (vgl. Kap. 15; Schwefelsäure als «Protonenspender»). Anschliessend wird ein Molekül Wasser abgespalten und das übrigbleibende Teilchen (ein Ion, in dem ein Kohlenstoff-Atom eine positive Ladung trägt) stabilisiert sich durch Abtrennung eines Protons:

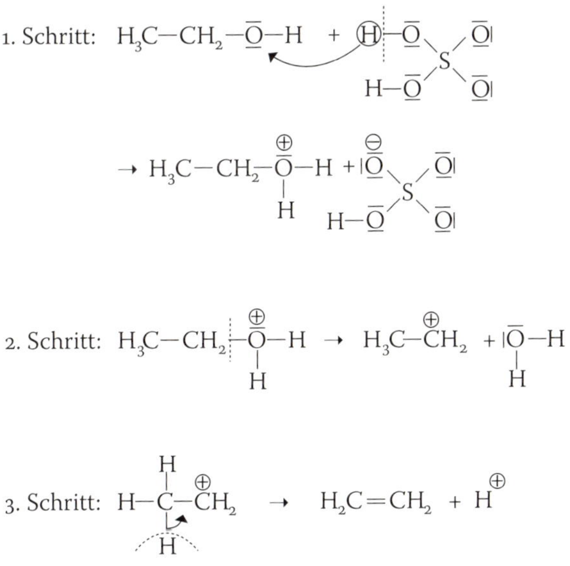

Die C—O-Bindung wird im zweiten Schritt wiederum heterolytisch getrennt: Die bindenden Elektronen verbleiben dem Sauerstoff-Atom.

Führt man aber die Reaktion von Ethanol oder Propanol mit konzentrierter Schwefelsäure in der Weise aus, dass man zum erhitzten Gemisch von Alkohol und Säure weiteren Alkohol hinzutropft während man das Produkt abdestilliert (Abb. 13.14), so tritt ebenfalls eine Wasserabspaltung ein. Das Wasser entsteht dann aber durch Reaktion zweier Alkohol-Moleküle miteinander:

$$H_3CCH_2OH + HOCH_2CH_3 \rightarrow H_3CCH_2{-}O{-}CH_2CH_3 + H_2O$$

Diethylether

Das Produkt heisst Diethylether, wird aber meist einfach als «Ether» bezeichnet. Es siedet auffallend tief (bei 35 °C) und mischt sich mit Wasser nur wenig.

Durch Wasserabspaltung aus zwei Alkohol-Molekülen können sich Ether bilden. Die Reaktion lässt sich allerdings nur mit Methanol, Ethanol und 1-Propanol in befriedigender Ausbeute durchführen. Höhere Alkohole ergeben bei gleichen Reaktionsbedingungen vorwiegend Alkene.

Ether

Die Stoffklasse der Ether kann man, ähnlich wie die Alkohole, als Derivate des Wassers auffassen. Beide Wasserstoff-Atome des Wassers sind durch Alkylgruppen ersetzt:

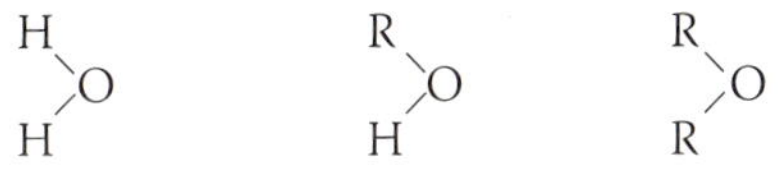

Wasser Alkohol Ether

Die Ether-Moleküle sind schwache permanente Dipole. Weil aber am Sauerstoff-Atom kein Wasserstoff-Atom vorhanden ist, vermögen sie untereinander keine Wasserstoffbrücken zu bilden. Hingegen können die freien Elektronenpaare des Ether-Sauerstoffs an Wasserstoffbrücken teilnehmen:

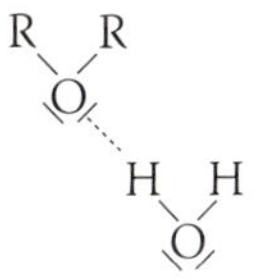

Verglichen mit Alkoholen ähnlicher Molekülmasse sieden Ether tiefer. Ihre Mischbarkeit mit Wasser gleicht derjenigen der entsprechenden Alkohole.

Diethylether besitzt als Lösemittel in der organischen Laborpraxis grosse Bedeutung, da er als lipophiler Stoff vor allem unpolare Verbindungen, wie Kohlenwasserstoffe, Fette usw. gut löst. Beim Arbeiten damit ist allerdings grosse Vorsicht geboten: Diethylether hat einen relativ niedrigen Flammpunkt (Abschnitt 8.3),

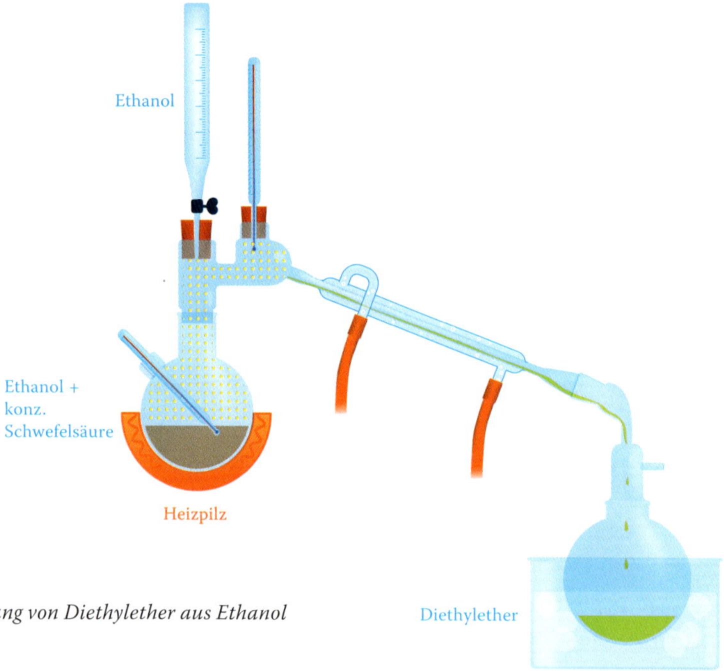

Abb. 13.14 Herstellung von Diethylether aus Ethanol

Abb.13.15 Etherbildung aus Ethanol (Molekülmodelle)

sodass sich seine Dämpfe leicht entzünden, z.B. auch an heissen Metallgegenständen. Sie sind zudem schwerer als Luft (Abb. 13.13) und «kriechen» deshalb auf Labortischen über weite Strecken. In der Medizin wurde Diethylether früher als Narkotikum verwendet. Heute ist er aber sehr weitgehend durch besser verträgliche Stoffe ersetzt.

13.5 Einige Beispiele von Alkoholen

Methanol, CH_3OH («Methylalkohol», «Holzgeist»), der einfachste Alkohol, entsteht neben anderen Stoffen beim Erhitzen von Holz unter Luftabschluss. Es ist eine wasserklare, stark giftige Flüssigkeit (t_b = 65 °C). Schon die Einnahme geringer Mengen Methanol führt zu Augenschädigungen oder gar zum Erblinden. Methanolvergiftungen kommen besonders in Entwicklungsländern immer wieder vor, wenn «Methylalkohol» statt «Alkohol» zur Herstellung von Schnäpsen verwendet wird. Methanol gehört zu den organischen Chemikalien, die in grössten Mengen hergestellt werden (Abb. 13.17). Man gewinnt es durch Hydrierung (d.h. durch Reaktion mit Wasserstoff) von Kohlenstoffmonoxid. Die Reaktion verläuft unter Druck und erfordert Zinkoxid/Chromoxid-Katalysatoren. Die Hauptmenge des technisch produzierten Methanols wird über Methanal zur Herstellung von Kunstharzen verarbeitet; Methanol ist aber auch ein wichtiges Zwischenprodukt zur Synthese vieler anderer Stoffe und hat Bedeutung als Lösemittel.

Ethanol

Ethanol CH_3CH_2OH («Ethylalkohol», «Weingeist») ist «der» Alkohol. Alkoholische Getränke sind das wohl am längsten bekannte Genussmittel, denn schon vorgeschichtliche Völker kannten die Vergärung von mit Wasser verdünntem Honig zu Met. Die alkoholische Gärung (Umwandlung von Zucker in Ethanol und Kohlenstoffdioxid; Abb. 13.18) ist ein biochemischer Prozess, der unter Mitwirkung von Hefepilzen abläuft. Da Hefezellen praktisch überall vorkommen – als Sporen auch in der Luft – beginnt jede zuckerhaltige Flüssigkeit beim Aufbewahren an der Luft zu gären. Nur wenn der Zuckergehalt zu gross ist (z.B. im Honig), erfolgt keine Gärung. Ein geringer Überdruck von Kohlenstoffdioxid hemmt die Gärung ebenso wie eine zu hohe Zuckerkonzentration. Enthält das Produkt etwa 20% Alkohol, so hört die Gärung auf, weil die Hefezellen absterben.

Destilliert man Wein in einer einfachen Destillationsapparatur, so erhält man ein Produkt mit höherem Alkoholgehalt: Branntwein. Die mehrfache Wiederholung der Destillation liefert schliesslich ein Produkt mit der Siedetemperatur 78,1 °C. Dieses Destillat enthält noch 4,4 % Wasser, ist also nicht wasserfreier («absoluter») Alkohol. Es ist ein «konstant siedendes Gemisch», d.h. ein Gemisch, das sich durch Destillation nicht mehr weiter trennen lässt, da es eine konstante Siedetemperatur besitzt. Um absoluten Alkohol zu erhalten, muss das restliche Wasser durch chemische Mittel, z.B. gebrannten Kalk (CaO), gebunden werden.

Abb. 13.16 Eine Flamme, sogar heisse Laborgeräte, entzünden die schweren Ether-Dämpfe

Abb. 13.17 Methanol wird grosstechnisch mithilfe von Katalysatoren aus Kohlenstoffmonoxid und Wasserstoff synthetisiert

Reiner Alkohol unterliegt in allen Staaten einer hohen Besteuerung. Alkohol, der für technische Zwecke verwendet wird, ist «vergällt», d.h. durch Zusatz kleiner Mengen anderer Stoffe ungeniessbar gemacht («Brennspiritus»). Vom Körper aufgenommen, wirkt Alkohol besonders auf die Grosshirnrinde ein und beeinträchtigt dadurch die Kontroll- und Regulierungsvorgänge im Organismus: Enthemmung, Störung des Gleichgewichtssinns, des Tiefensehens; Erweiterung der peripheren Blutgefässe und dadurch vorübergehendes Wärmegefühl. Kleinere Mengen Alkohol wirken anregend. Grössere Mengen (5 bis 6 Promille, d.h. 5 bis 6 g Alkohol im Liter Blut) führen zum Tod. Fortgesetzter Alkoholmissbrauch schädigt Gehirn, Leber, Herz und Nieren.

Auch Ethanol wird grosstechnisch hergestellt, vor allem durch Addition von Wasser an Ethen, durch Vergären von kohlenhydrathaltigen Abfällen (Melasse) oder von Sulfitablaugen bei der Cellulosefabrikation. Wie Methanol wird es als Zwischenprodukt bei Synthesen und als Lösemittel verwendet.

Butylalkohole und Pentylalkohole

Butylalkohole (C_4H_9OH) und Pentylalkohole ($C_5H_{11}OH$, «Amylalkohole») sind wichtige Zwischenprodukte zur Herstellung von Kunststoffen, Kautschuken und Aromastoffen. Es sind ölige, mit Wasser wenig mischbare Flüssigkeiten von unangenehmem, zum Teil stark zum Husten reizendem Geruch. Längerkettige Alkohole wie z.B. 1-Dodecanol haben für die Herstellung von Waschmitteln Bedeutung.

Glycerin

(Glycerol, 1,2,3-Propantriol) ist ein «dreiwertiger» Alkohol und enthält drei Hydroxylgruppen im Molekül. Die zähflüssige, süssliche Flüssigkeit siedet auffallend hoch (290 °C), da die Moleküle durch drei Hydroxylgruppen

Tabelle 13.3 Alkoholgehalt verschiedener Getränke

	Gehalt (Vol-%)	Mittel	25 cm³ Alkohol sind enthalten in
Bier	3–8	5	5 dl
Most, Obstwein	4–7	6	4 dl
Wein	7–14	10	2–3 dl
Süsswein	16–20	18	140 cm³
Bitter, Liköre	20–50	25	50–100 cm³
Branntwein	40–77	50	35–60 cm³

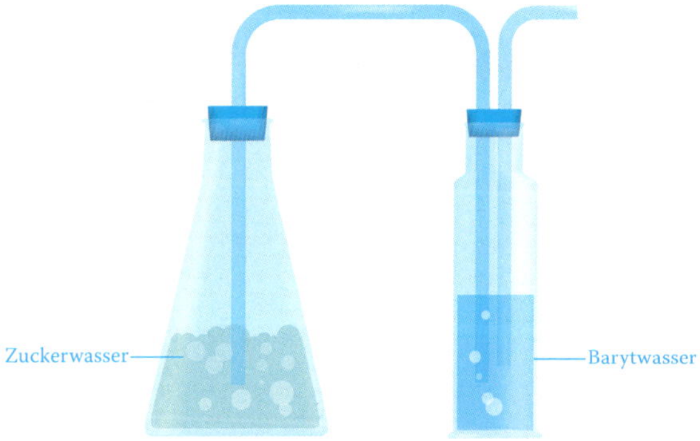

Abb. 13.18 Beim Vergären von Zuckerwasser wird Kohlenstoffdioxid frei, das mit Barytwasser nachgewiesen werden kann

Abb. 13.19 Blick in eine Schnapsbrennerei

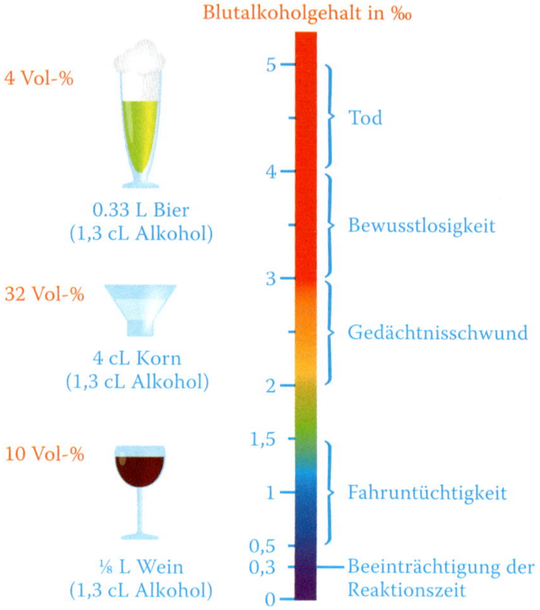

Abb. 13.20 Jeder Vollrausch kostet den Menschen mehr als 10 000 000 nicht regenerierbare Gehirnzellen, die Leistung des Gehirns lässt nach

Tabelle 13.4 Entwicklung des Alkoholkonsums in der Schweiz von 1880 bis 2006

Periode Jahre	Wein	Bier	Obstwein	Gebrannte Wasser	Total in Alkohol 100% je Einwohner ab 15 Jahren
1880/84	70,0	36,3	22,4	11,8	21,0
1893/1902	88,8	61,6	28,1	7,2	22,9
1903/12	71,3	71,7	30,3	6,4	21,5
1913/22	53,6	42,8	37,8	6,2	16,0
1923/32	50,0	55,0	37,7	6,7	16,6
1933/38	44,0	54,6	36,1	2,9	13,4
1939/44	37,9	39,3	32,7	2,3	10,0
1945/49	36,7	34,1	35,3	3,0	10,3
1950/55	33,9	48,5	26,9	3,0	10,9
1956/60	34,9	60,1	17,3	3,5	11,8
1961/65	37,0	73,5	11,0	4,5	13,2
1966/70	40,2	77,1	7,6	4,7	13,8
1971/75	44,5	74,8	6,5	5,3	14,4
1976/80	45,3	68,9	5,4	5,0	13,4
1981/85	49,3	70,0	5,1	5,4	13,6
1986/90	49,4	69,3	4,6	4,9	13,1
1991/95	45,7	66,0	3,4	4,1	10,0
1996/2000	43,4	59,1	2,8	3,7	9,2
2001	43,1	57,1	2,5	4,0	9,2
2002	41,8	55,5	2,3	4,0	9,0
2003	40,9	58,1	2,3	4,0	9,0
2004	40,2	57,0	2,2	3,9	8,9
2005	38,8	55,0	1,9	3,8	8,5
2006	38,3	56,8	1,8	3,9	8,6

Liter effektiv pro Kopf und Jahr der Bevölkerung

untereinander Wasserstoffbrücken bilden können. Glycerin kommt mit Fettsäuren verbunden in Fetten vor (Abschnitt 16.2) und wird aus diesen gewonnen. Synthetisch stellt man es aus Propen her.

Glycerin wird als Frostschutzmittel für Motorkühler und in der Pharmazie (Salben, Lösemittel, in vielen Kosmetika) verwendet. Ein grosser Teil des technisch produzierten Glycerins dient zur Herstellung von «Nitroglycerin», einer aus Salpetersäure und Glycerin entstehenden Verbindung. Das farblose Öl zersetzt sich durch Schlag oder nach geringer Erwärmung explosionsartig. Zur praktischen Verwendung wird es mit Nitrocellulose gelatiniert und findet als «Dynamit» Verwendung zum Sprengen. In starker Verdünnung wird Nitroglycerin zur Behandlung von Angina pectoris (Abschnitt 28.8) benützt.
Dem schwedischen Chemiker A. Nobel gelang es, das vom Italiener Sobrero entdeckte «Sprengöl» durch Aufsaugen in Kieselgur praktisch verwendbar zu machen. Er hoffte, die starke Sprengwirkung seines Produkts würde abschreckend wirken und Kriege verunmöglichen. Nach seinem Willen werden aus den Zinsen seines Vermögens jährlich die Nobelpreise verliehen (für Chemie, Physik, Medizin, Literatur, Wirtschaftswissenschaften und die Förderung des Friedens). Der Nobelpreis gilt als die höchste wissenschaftliche Auszeichnung.

13.6 Hydroxylgruppen und doch keine Alkohole: Phenole

Verbindungen, bei denen Hydroxylgruppen direkt an Benzolringe gebunden sind, nennt man Phenole. Das einfachste Phenol, C_6H_5OH, ist eine feste Substanz mit blassrosa, zerfliessenden Kristallen (t_m = 41 °C), die auf der Haut ätzend wirken. Festes Phenol lässt sich durch Zusatz von wenig Wasser «verflüssigen»: Es entsteht eine Lösung von Wasser in Phenol. Die Mischbarkeit mit Wasser ist aber sehr beschränkt. Sie entspricht etwa dem Verhalten eines C_6-Alkohols.

Phenol

Phenol (C_6H_5OH) ist eine ganz schwache Säure (Kap. 15). Man hat es deshalb früher als «Karbolsäure» bezeichnet. Es wird z.B. als Desinfektionsmittel und zur Herstellung von Kunstharzen verwendet.

Gewöhnliches Phenol ist meist dunkelrot gefärbt, weil es an der Luft leicht oxidiert wird. Auf demselben Effekt beruht die Bräunung von frisch geschnittenen Äpfeln oder Birnen: Die Früchte enthalten Phenole, die an der Luft oxidiert werden. Manche Phenole mit mehreren Hydroxylgruppen werden in fotografischen Entwicklern zur Reduktion der in der lichtempfindlichen Schicht noch vorhandenen Silber-Verbindungen benützt.

In chemischer Hinsicht verhalten sich Phenole vielfach anders als Alkohole. So lässt sich die Hydroxylgruppe nicht so leicht wie bei den Alkoholen durch andere Atome (z.B. Halogen-Atome) ersetzen. Auch die Bildung von Doppelbindungen durch Wasserabspaltung ist nicht möglich. Beide Unterschiede hängen damit zusammen, dass die Hydroxylgruppe direkt an den aromatischen Ring gebunden ist.

Der aromatische Ring beeinflusst aber nicht nur das Verhalten der Hydroxylgruppe. Das Vorhandensein dieser Gruppe wirkt sich auch auf das Verhalten des Rings aus. Zwischen Ring und Hydroxylgruppe bestehen somit Wechselwirkungen.

Interessant ist die Reaktion von Phenol mit Bromwasser. Schüttelt man eine Lösung von Phenol in Wasser mit Bromwasser, so tritt fast augenblicklich eine Entfärbung ein. Als Reaktionsprodukt lässt sich Hydrogenbromid nachweisen. Es kann also keine Addition stattgefunden haben (wie es bei der Reaktion von Alkenen mit Bromwasser der Fall ist), sondern es muss eine Substitution (wie beim Benzol) erfolgt sein. Dabei werden gleichzeitig drei Wasserstoff-Atome ersetzt:

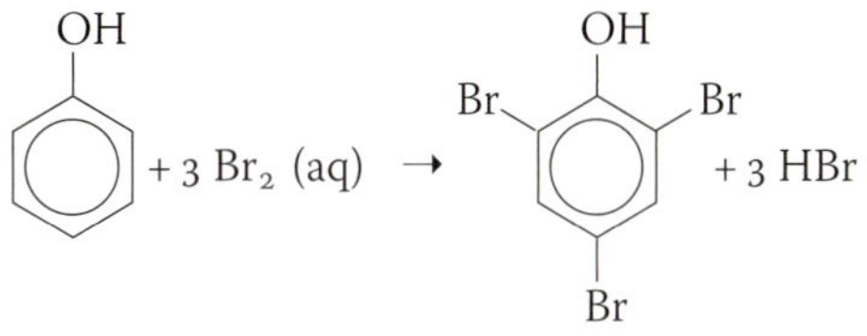

2,4,6-Tribromphenol

Durch die Hydroxylgruppe wird die Reaktionsfähigkeit des Benzolrings erhöht. Eine Substitution am Benzol ist, wie wir bereits gesehen haben (Abschnitt 10.1), nur durch elementares Brom und unter Zusatz von Aluminiumchlorid oder Eisenfeilspänen möglich. Die Hydroxylgruppe «aktiviert» somit den Ring.

Der Grund dafür ist, dass ein freies Elektronenpaar des Hydroxyl-Sauerstoff-Atoms in das delokalisierte Elektronensystem einbezogen wird. Dadurch wird die Elektronendichte im Ring erhöht und er lässt sich leichter durch ein Elektrophil angreifen (Abschnitt 10.2).

ÜBUNGEN ZUM KAPITEL 13

13.1 Geben Sie die Lewis-Formeln für folgende Alkohole an: 2-Methyl-2-butanol, 3-Methyl-1-pentanol, 3-Ethyl-1-hexanol, 2-Buten-1-ol.

13.2 Formulieren Sie die Reaktion von 1-Propanol mit Natrium.

13.3 Welche der gegebenen Moleküle sind permanente Dipole? HCl, H_2S, CH_4, HBr, $SiCl_4$, HCN.

13.4 Interpretieren Sie die Siedetemperaturen folgender Stoffe:

Stoff	Molekülmasse (u)	Siedetemperatur (°C)
Cl_2	70,91	−34,0
SCl_2	102,97	59,6
PCl_3	137,33	76
$SiCl_4$	169,90	57,7

13.5 Geben Sie an, in welchen Fällen Wasserstoffbrücken möglich sind:
a) C_2H_5OH/H_2O
b) C_6H_{14}/H_2O
c) CH_3OH/Benzol
d) C_3H_7OH/C_7H_{16}
e) $C_2H_5OH/C_5H_{11}OH$
f) $C_2H_5{-}O{-}C_2H_5/H_2O$

13.6 Welcher Stoff hat die höhere Siedetemperatur, NH_3 oder AsH_3?

13.7 Aceton $(H_3C{-}\underset{\underset{\displaystyle O}{\|}}{C}{-}CH_3)$ siedet bei 56,1 °C, CF_4 dagegen bei −128,0 °C. Erklärung?

13.8 Zeichnen Sie die Wasserstoffbrücken (Lewis-Formeln), welche die Moleküle CH_3OH, CH_3NH_2 und

$$H_3C{-}\underset{\underset{\displaystyle O}{\|}}{C}{-}CH_3$$

mit Wasser-Molekülen bilden können.

13.9 Erklären Sie die Tatsache, dass sich Aceton $(H_3C{-}\underset{\underset{\displaystyle O}{\|}}{C}{-}CH_3)$ und Wasser in jedem Verhältnis miteinander mischen.

13.10 Erklären Sie folgende Erscheinungen:
a) Ethanol siedet höher als Butan;
b) Ethanol mischt sich sowohl mit Wasser wie mit Hexan;
c) Hexan mischt sich nicht mit Wasser.

13.11 Wie reagieren folgende Stoffe miteinander (Reaktionsgleichungen mit Lewis-Formeln)?

a) 2-Propanol mit konzentrierter Hydrogenbromidsäure.

b) 2-Propanol beim Erhitzen mit konzentrierter Phosphorsäure.

c) 1-Propanol mit 1-Propanol bei Anwesenheit von konz. Schwefelsäure und beim Erhitzen und Abdestillieren.

13.12 Welche Produkte erhält man beim Erhitzen von 2-Butanol mit konzentrierter Phosphorsäure?

13.13 Was ist «absoluter Alkohol» und wie stellt man ihn her?

13.14 Benzol bzw. Phenol werden mit Bromwasser versetzt. Was lässt sich beobachten? Erklärung?

13.15 Warum bräunen sich Schnittflächen von Obst an der Luft?

13.16 Inwiefern ist Wasser ein Stoff mit «abnormalen» Eigenschaften? Wie wirken sich diese aus?

14 OXIDATION ODER DEHYDRIERUNG? ALDEHYDE UND KETONE

14.1 Die Bildung von Carbonylverbindungen aus Alkoholen

Ethanol wird dehydriert

Leitet man ein Gemisch von Luft und Ethanoldampf über ein erhitztes Kupferdrahtnetz, das als Katalysator wirkt (Abb. 14.1), so lässt sich eine Flüssigkeit auffangen, in der Wasser identifiziert werden kann[1], und das ein Produkt mit charakteristischem Geruch enthält. Folgende Reaktion ist eingetreten:

$$2\ H_3C{-}CH_2OH + O_2 \rightarrow 2\ H_3C{-}C(=O){-}H + 2\ H_2O$$

Dem Alkohol-Molekül wurden zwei Wasserstoff-Atome abgespalten: Es wurde dehydriert. Das entstandene Produkt enthält eine C=O-Doppelbindung (eine «Carbonylgruppe») und heisst Ethanal oder Acetaldehyd. Bei diesem Vorgang nehmen die Atome des Luftsauerstoffs negative Ladung auf: Sie wirken also als Oxidatoren. Das Kohlenstoff-Atom, das im Alkohol-Molekül die Hydroxylgruppe trägt, verliert negative Ladung, weil es nach der Reaktion nur noch mit einem Wasserstoff-Atom und durch eine Doppelbindung mit dem Sauerstoff-Atom verbunden ist; dieses C-Atom wirkt als Reduktor. Die Gesamtreaktion ist ein Redoxvorgang: Das Alkohol-Molekül (genauer: sein Hydroxyl-C-Atom) wird oxidiert, Sauerstoff-Atome werden reduziert. Entsprechend ändern sich auch die Oxidationszahlen (Abschnitt 7.4):

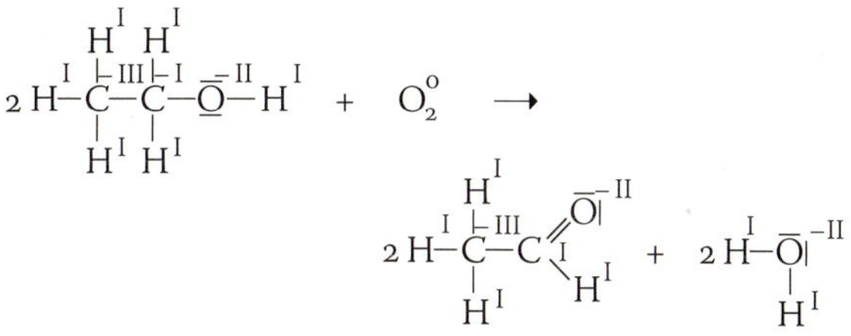

Man kann also sagen: «Der Alkohol wird dehydriert» oder «der Alkohol wird oxidiert».

Der durch die Oxidation aus Ethanol entstandene Stoff weist als funktionelle Gruppe eine C=O-Doppelbindung, eine Carbonylgruppe, auf. Da er aus einem Alkohol durch Dehydrierung entstanden ist, nennt man die ganze Stoffklasse Aldehyde. Die Carbonylgruppe der Aldehyde trägt noch ein Wasserstoff-Atom. Sie kann also nur noch mit einem weiteren C-Atom verbunden sein.

Zur Benennung der Aldehyde dient die Endung -al. Beispiele: Methanal (HCHO), Ethanal (H_3CCHO), Propenal ($H_2C{=}CH{-}CHO$), 2-Butenal ($H_3C{-}CH{=}CH{-}CHO$). Viele Aldehyde tragen ausserdem Trivialnamen: Methanal heisst auch Formaldehyd, Ethanal Acetaldehyd (sie lassen sich in Ameisensäure, acidum formicicum bzw. Essigsäure, acidum aceticum überführen). Propenal riecht extrem stark stechend und heisst deshalb Acrolein (acer lat. = scharf), 2-Butenal, Crotonaldehyd, kommt im Crotonöl vor, einem pflanzlichen Öl.

Statt Luftsauerstoff können auch andere Stoffe als Oxidatoren von Ethanol benützt werden. Ein zu diesem Zweck vielfach verwendeter Stoff ist Kaliumdichromat ($K_2Cr_2O_7$), ein orangerotes Salz, das dabei zu blaugrünen, sauerstoffärmeren Chrom-Verbindungen reduziert wird (Abb. 14.2). Praktische Anwendung fand diese Reaktion bei der Blutalkoholprobe für Verkehrsteilnehmer (Abb. 14.4). Man musste dabei in ein «Alco-Test-Röhrchen» ausatmen, das mit orangerotem Kaliumdichromat oder gelbem Kaliumchromat gefüllt war. Beide Salze wurden durch Alkoholdämpfe zu grünen Produkten reduziert. Aus dem Ausmass der Verfärbung konnte man auf den Alkoholgehalt des Atems und damit des Bluts schliessen.

Aldehyde lassen sich weiter oxidieren. Erhitzt man ein Gemisch von Ethanal mit einer angesäuerten Lösung von Kaliumdichromat, so erfolgt ein Farbumschlag

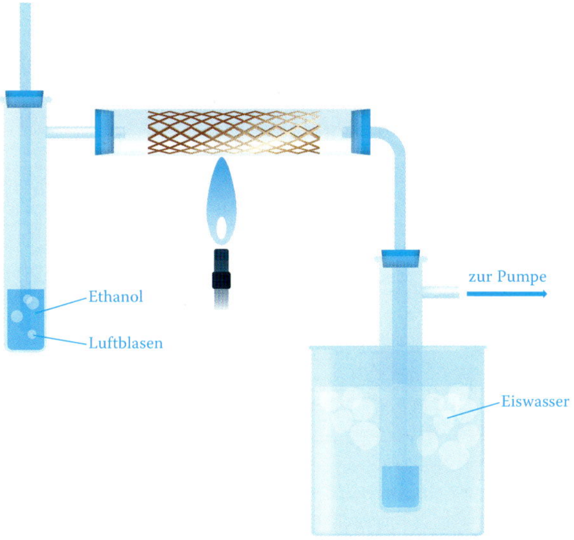

Abb. 14.1 Oxidation von Ethanol am Kupferdrahtnetz

[1] Zum Nachweis von Wasser: Wasserfreies Kupfersulfat (weiss) färbt sich mit Wasser unter Wärmeentwicklung blau.

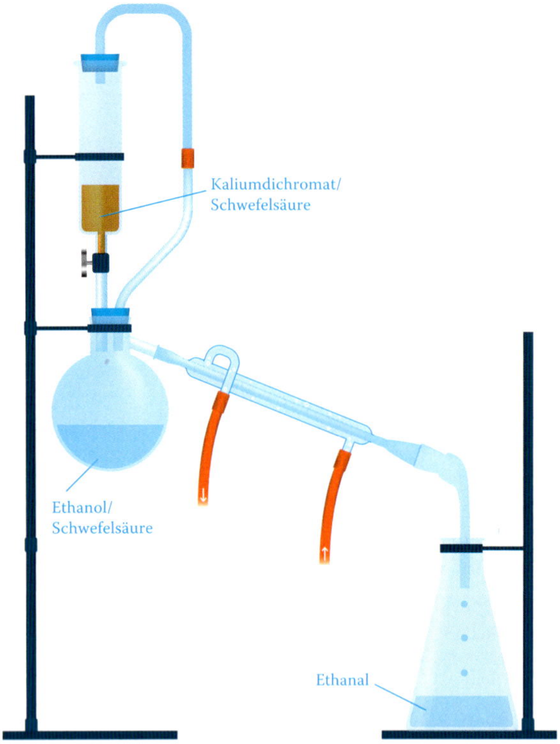

Abb. 14.2 Oxidation von Ethanol zu Ethanal

nach Grün. Das Dichromat wird reduziert, also muss der Aldehyd oxidiert worden sein. Das dabei entstehende Produkt ist Essigsäure, die man am Geruch erkennen kann:

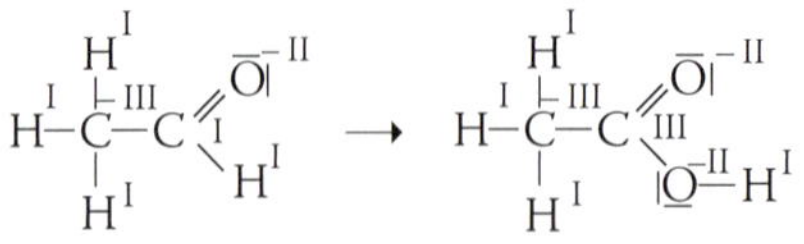

Dem Carbonyl-Kohlenstoff-Atom des Aldehyds wird negative Ladung entzogen, da es jetzt mit zwei (elektronenanziehenden) Sauerstoff-Atomen verbunden ist. Dieses Atom wird also beim Übergang zu Essigsäure oxidiert, die Oxidationszahl steigt von I auf III.

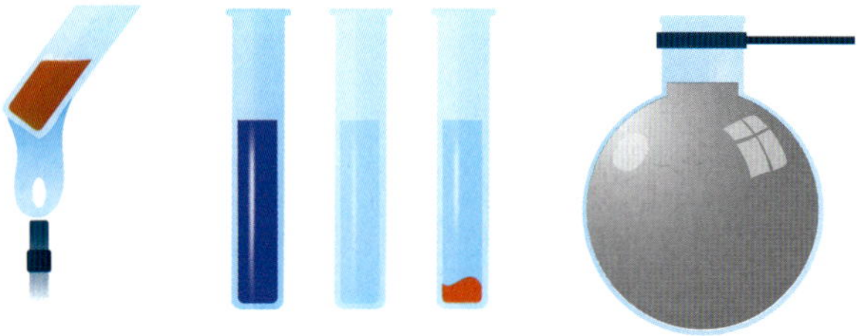

Abb. 14.3 Fehling-Reaktion (links): a) Kupfersalz-Lösung, b) Aldehyd, c) Kupferoxidabscheidung nach der Reaktion; Silberspiegel-Reaktion (rechts)

Aldehyde wirken als Reduktoren. Durch ihre Oxidation entstehen «Carbonsäuren» mit der funktionellen Gruppe -COOH («Carboxylgruppe»): Aus Ethanal bildet sich die im Speiseessig enthaltene Essigsäure, aus Methanal Ameisensäure (HCOOH), die z.B. in den Giftdrüsen der Ameisen und in den Brennhaaren von Brennnesseln enthalten ist.

Häufig benützt man zur Oxidation und zum Nachweis von Aldehyden die sogenannte Fehling-Reaktion. Man erhitzt dabei ein Gemisch aus Aldehyd und «Fehling-Reagens». Die blaue Lösung (die Kupfer-Verbindungen und OH^--Ionen enthält) wird dann zu gelbrotem Kupfer(I)-oxid, Cu_2O, reduziert (Abb. 14.3):

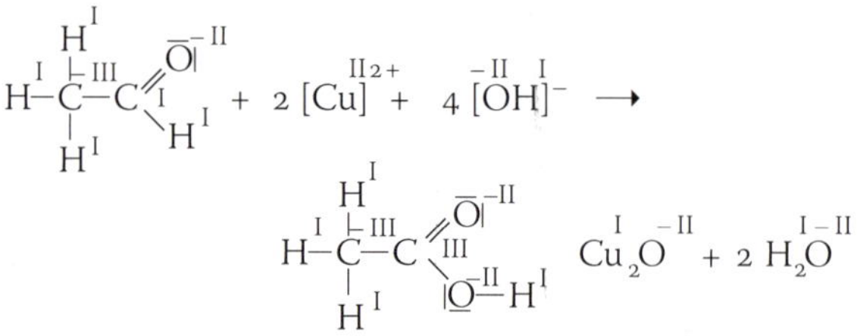

Auch mit Silbersalz-Lösungen in Anwesenheit von Hydroxid-Ionen (OH^-) kann man Aldehyde oxidieren. Es bildet sich dann ein blanker Silberspiegel:

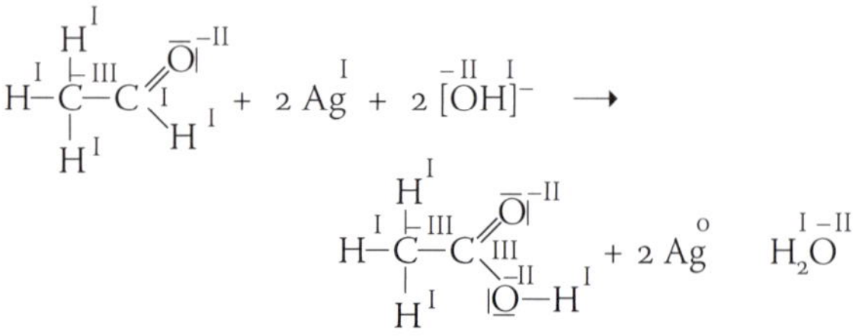

Was erhält man bei der Dehydrierung anderer Alkohole?

Wenn 2-Propanol mit Luft an einem heissen Kupferdrahtnetz oxidiert wird, entsteht ebenfalls Wasser:

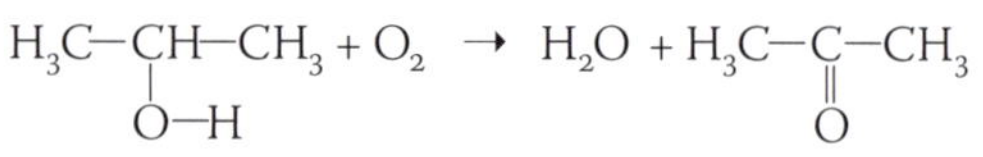

(1)

Das Produkt (1) reagiert mit Fehling-Lösung nicht; es ist kein Aldehyd. Seine Carbonylgruppe ist mit zwei anderen C-Atomen verbunden. Die Stoffe dieser Gruppe heissen Ketone. Ihr Name endet auf -on. Unser Produkt (1) ist also Propanon, mit dem Trivialnamen Aceton. Da es mit Fehling-Reagens nicht reagiert, ist es nicht mehr weiter oxidierbar.

2-Propanol lässt sich auch mit Kaliumdichromat oxidieren, in genau gleicher Weise, wie es bei Ethanol der Fall war. Setzt man aber 2-Methyl-2-propanol mit Dichromat um, so erfolgt keine Reaktion. Dieser Alkohol ist nicht oxidierbar.

Je nach der Stellung der Hydroxylgruppen und ihrem Verhalten gegenüber Oxidatoren kann man drei Typen von Alkoholen unterscheiden.

- Primäre Alkohole: Das C-Atom der Hydroxylgruppe ist mit einem weiteren C-Atom verbunden. Sie lassen sich zweimal oxidieren: zuerst zum Aldehyd und dann zur Carbonsäure, wobei die Oxidationszahl des Hydroxyl-C-Atoms von –I über I auf III ansteigt.
- Sekundäre Alkohole: Das C-Atom der Hydroxylgruppe ist mit zwei weiteren C-Atomen verbunden; sie lassen sich einmal (zu Ketonen) oxidieren Die Oxidationszahl des Carbonyl-C-Atoms verändert sich von 0 auf II.
- Tertiäre Alkohole: Das C-Atom der Hydroxylgruppe ist mit drei anderen C-Atomen verbunden; sie sind unter den üblichen Bedingungen nicht oxidierbar.

$$\mathrm{H_3C{-}\overset{-I}{C}H_2{-}OH \xrightarrow{Ox.} H_3C{-}\overset{I}{C}HO \xrightarrow{Ox.} H_3C{-}\overset{III}{C}OOH}$$

Ethanol, primär — Ethanal — Ethansäure (Essigsäure)

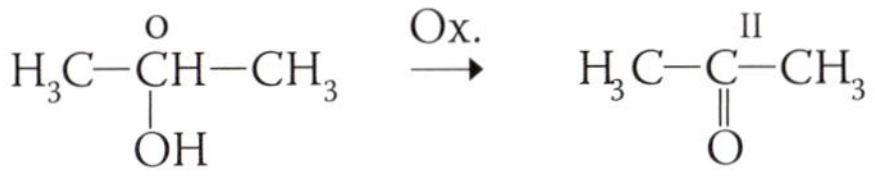

2-Propanol, sekundär — Propanon (Aceton)

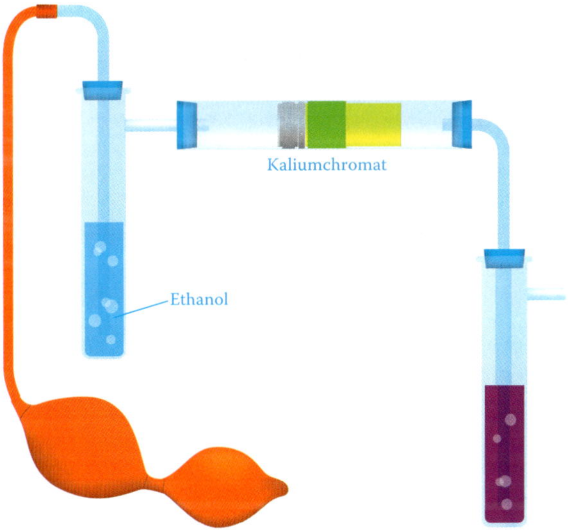

Abb. 14.4 Modellversuch zum Alcotest. Ethanoldampf wird durch eine Schicht von (gelbem) Kaliumchromat geblasen und reduziert dieses zu grünen Produkten. Das entstehende Ethanal entfärbt eine saure Lösung von Kaliumpermanganat

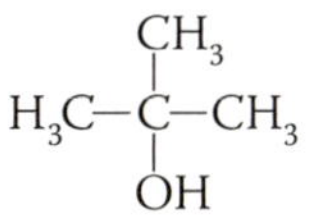

2-Methyl-2-propanol, tertiär

Aufgrund des Verhaltens gegenüber Oxidatoren kann man somit experimentell entscheiden, ob im konkreten Fall ein primärer, sekundärer oder tertiärer Alkohol vorliegt.

14.2 Beispiele von Carbonylverbindungen

Wegen der Polarität der C=O-Doppelbindung gehört die Carbonylgruppe zu den für Synthesen organischer Stoffe meistverwendeten funktionellen Gruppen. Carbonylverbindungen sind deshalb häufig Zwischenprodukte bei Synthesen. Auch in der Natur kommen Aldehyde und Ketone häufig vor.

Formaldehyd (Methanal), HCHO, ist bei Raumtemperatur ein stechend riechendes, giftiges Gas (t_b = –19,1 °C) und wird z.B. als Desinfektionsmittel für Räume verwendet. Man vermutet, dass es bei längerer Einwirkung kanzerogen (krebserzeugend) wirkt. Eine 38%ige Lösung kommt als «Formalin» in den Handel.

Die Hauptmenge des aus Methanol gewonnenen Formaldehyds wird zu Kunstharzen verarbeitet. Beim Erhitzen von Formaldehyd mit Phenol, Anilin (Aminobenzol) oder Resorcin (1,3-Dihydroxybenzol) entstehen harzartige, feste Massen («Bakelit», «Aminoplaste», «Formaldehydharze»), indem je zwei aromatische Moleküle durch ein Formaldehyd-Molekül brückenartig verbunden werden, wobei ein Molekül Wasser austritt:

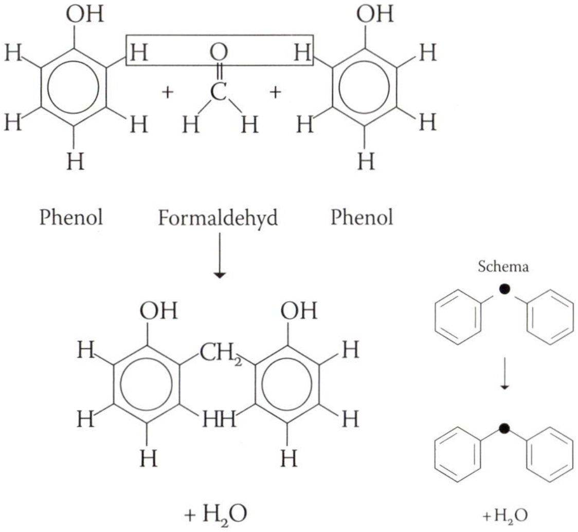

Da durch die funktionellen Gruppen am Benzolring drei Wasserstoff-Atome aktiviert werden (vgl. die Reaktion von Phenol mit Bromwasser, Abschnitt 13.6), bleibt die Reaktion bei der Verknüpfung zweier aromatischer Ringe durch Formaldehyd nicht stehen, sondern es bilden sich dreidimensional-netzartig aufgebaute Makromoleküle:

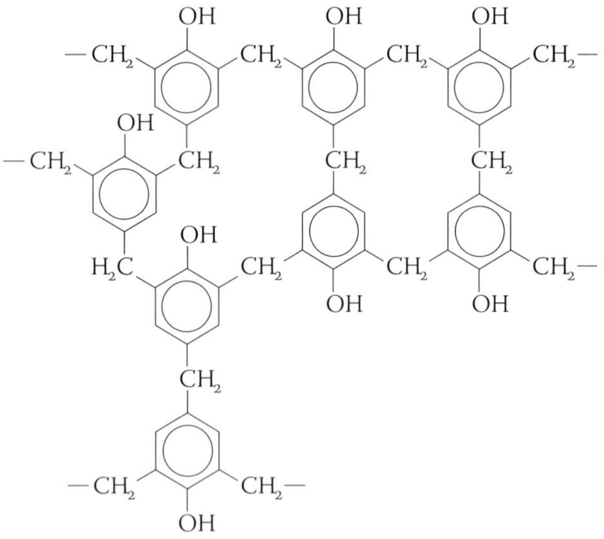

Schema

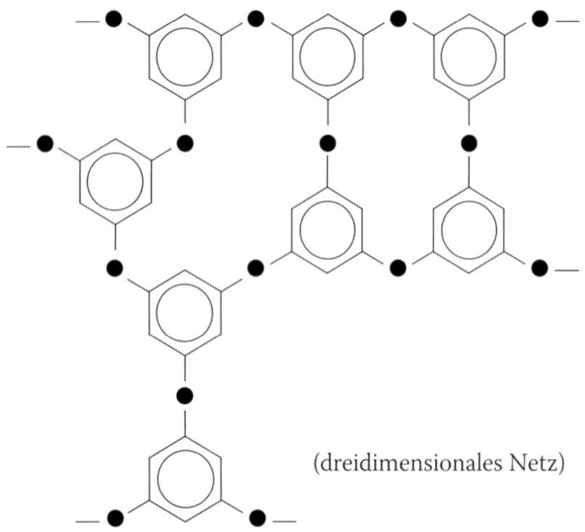

(dreidimensionales Netz)

In der Praxis setzt man die beiden Komponenten nicht vollständig miteinander um, sodass ein verformbares Material entsteht. Durch Erhitzen oder bestimmte Zusätze kann es nachträglich gehärtet werden («härtbare Kunstharze»). Pressplatten erhält man durch «Verleimen» zahlreicher Schichten von Papier mit einem Formaldehydharz, das dann durch starkes Pressen gehärtet wird.

Acetaldehyd (Ethanal, $H_3C{-}CHO$; t_b = 20,1 °C) polymerisiert leicht zu einem festen Produkt, das als «Trockenspiritus» im Handel ist.

Citral, 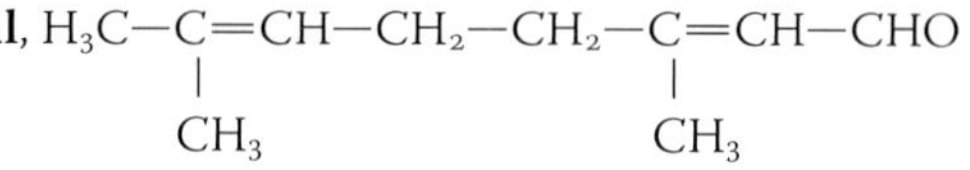

(intensiver Zitronengeruch).

Benzaldehyd (aus bitteren Mandeln), Zimtaldehyd und Vanillin (aus den Samen der Vanilleschote) sind Beispiele von natürlich vorkommenden Aldehyden.

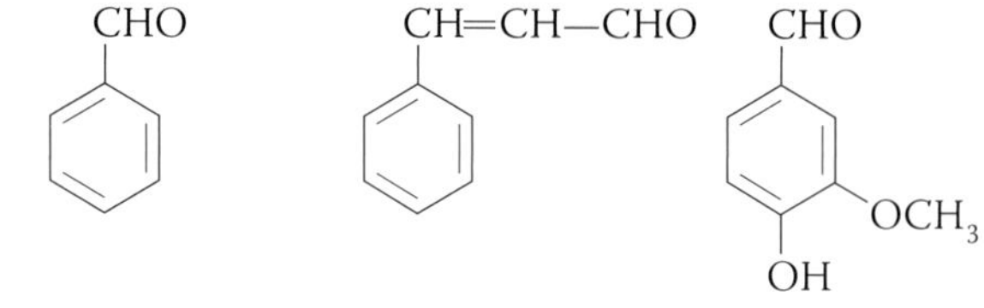

Benzaldehyd Zimtaldehyd Vanillin

Aceton (Propanon, $H_3C{-}CO{-}CH_3$; t_b = 56,1 °C) ist das wichtigste Keton. Da es sich sowohl mit Wasser wie mit lipophilen organischen Stoffen mischt, ist es ein wichtiges Lösemittel für Lacke, Kunstharze, Klebstoffe usw. Die Aceton-Moleküle sind polar, bilden jedoch unter sich keine Wasserstoffbrücken, wohl aber mit Wasser-Molekülen. **β-Ionon** ist der Veilchenriechstoff.

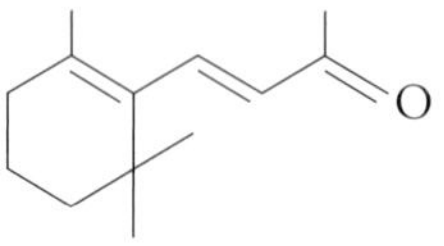

β-Ionon

Von den zahlreichen Reaktionen der Carbonylgruppe sei hier eine erwähnt, weil sie eine Möglichkeit zur Bildung von C—C-Bindungen, also zur Verknüpfung zweier Kohlenstoff-Atome bietet. Dies ist die sogenannte Grignard-Reaktion[2].

Erwärmt man nämlich Halogenalkane mit Magnesiumspänen in wasserfreiem Ether, unter Zusatz eines Starters wie z.B. wasserfreiem $AlCl_3$ oder Iod, so erfolgt eine manchmal recht heftige Reaktion. Es bildet sich ein Grignard-Reagens, eine metallorganische Verbindung:

$$H_3C{-}CH_2{-}Br + Mg \rightarrow H_3C{-}CH_2{-}Mg{-}Br$$

Ethylmagnesiumbromid, ein Grignard-Reagens

Im Grignard-Reagens ist die C—Mg-Bindung sehr stark polar, wobei die bindenden Elektronen sich ganz in der Nähe des Kohlenstoff-Rumpfs aufhalten (Metallatome geben leicht Elektronen ab!). Etwas überspitzt gesagt, verhält sich dieses C-Atom wie ein negatives Ion, ein «Carbanion». Lässt man das Grignard-Reagens mit einem positiv polarisierten Partner reagieren, so bildet das C—Mg-Elektronenpaar eine neue Bindung, so z.B. bei

[2] *Benannt nach dem Entdecker V. Grignard, der dafür den Nobelpreis erhielt (1912).*

der Reaktion eines Grignard-Reagens mit einer Carbonylgruppe:

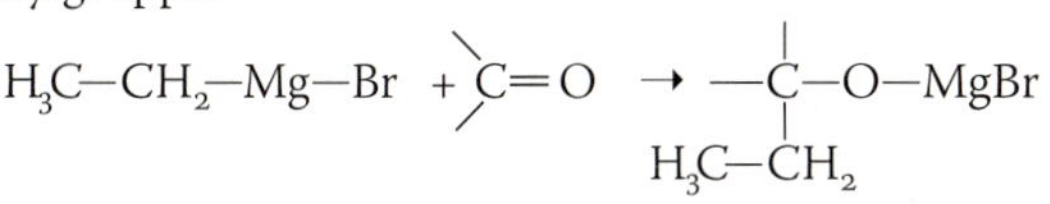

(1)

Setzt man dem Additionsprodukt (1) Wasser oder (besser) eine verdünnte Säure zu, so wird die O–Mg-Bindung getrennt und es bildet sich ein Alkohol:

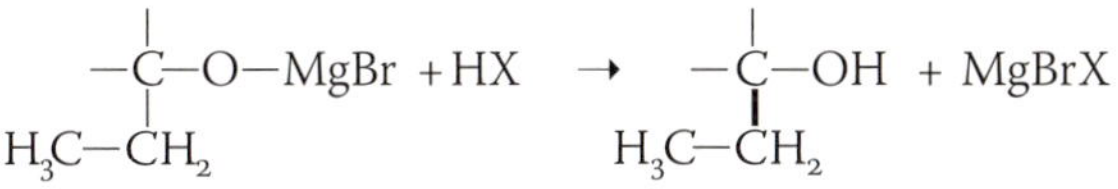

ein Alkohol
(die neue C—C-Bindung ist fett gezeichnet)

Die Grignard-Reaktion wird sogar grosstechnisch verwendet: zur Synthese eines Zwischenprodukts bei der Vitamin A-Synthese. Dabei werden der Halogenid-Lösung ständig etwa 60–70 cm lange und 15 cm dicke Magnesiumbarren zugegeben, die sich jeweils in kurzer Zeit auflösen und die Grignard-Verbindung bilden.

14.3 Zucker – Carbonylverbindungen?

Traubenzucker (Glucose)
Die Verbrennungsanalyse und die Bestimmung der molaren Masse führen für Traubenzucker zur bekannten «Formel» $C_6H_{12}O_6$. Behandelt man Traubenzucker mit Hydrogeniodid, so werden alle Sauerstoff-Atome abgetrennt und durch Wasserstoff-Atome ersetzt: Man erhält Hexan. Prüft man Glucose mit der Fehling-Reaktion, so erhält man rotes Cu_2O. Glucose muss somit eine Aldehyd-Gruppe, —CHO, enthalten, die nur am einen Ende der Kette angeordnet sein kann. Die restlichen fünf Sauerstoff-Atome bilden Hydroxylgruppen, sodass man für Glucose die folgende Lewis-Formel erhält:

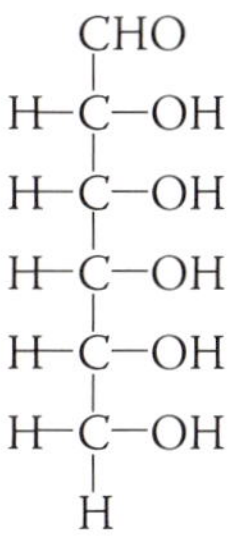

(1)

Wenn man die Formel (1) genau betrachtet, so erkennt man, dass das Molekül vier asymmetrische Kohlenstoff-Atome enthält, sodass insgesamt 16 Stereoisomere möglich sind. Eingehende Untersuchungen von E. Fischer haben zur Aufklärung des räumlichen Baus

Spiegelbildisomerie und optische Aktivität
Von der Milchsäure, $H_3C—CH(OH)—COOH$, kennt man zwei Isomere, die in beinahe allen Eigenschaften (Schmelz- und Siedetemperatur, Löslichkeit, Brechungsindex usw.) übereinstimmen, sich jedoch im Verhalten gegenüber polarisiertem Licht[3] unterscheiden: Die Lösung des einen Isomers dreht die Polarisationsebene um einen bestimmten Betrag nach rechts, die Lösung des anderen – gleiche Konzentration und Schichtdicke vorausgesetzt – um den gleichen Betrag nach links (Abb. 14.5). Stoffe, die sich so verhalten, nennt man «optisch aktiv».

Betrachtet man die räumliche Formel oder das Molekülmodell der Milchsäure, so erkennt man, dass zwei zueinander spiegelbildliche Moleküle möglich sind, die sich miteinander nicht zur Deckung bringen lassen (Abb. 14.6 und 14.7). Die beiden Moleküle verhalten sich wie die rechte und die linke Hand. Man nennt Gegenstände, die mit ihrem Spiegelbild nicht deckungsgleich sind, aus diesem Grund «chiral» (cheir gr. = Hand). Stoffe, deren Moleküle oder Kristallgitter chiral gebaut sind, sind optisch aktiv. Man unterscheidet die rechtsdrehende (+) von der linksdrehenden (–) Form. Ein Gemisch der beiden Stereoisomere («Spiegelbildisomere») im Verhältnis 1:1 ist optisch inaktiv. Man nennt es racemisches Gemisch.

Die grosse Mehrzahl chiraler organischer Moleküle enthält ein oder mehrere Kohlenstoff-Atome, die mit vier verschiedenen «Liganden» (Atomen bzw. Atomgruppen) verbunden sind, sogenannte asymmetrische Kohlenstoff-Atome (in den Formeln oft durch C* bezeichnet). Nahezu alle wichtigen Naturstoffe (Kohlenhydrate, Proteine) sind chiral. Synthetisiert man einen chiralen Stoff aus nicht-chiralen Ausgangsstoffen, so erhält man ein racemisches Gemisch, da die Wahrscheinlichkeit für die Bildung des einen bzw. anderen Stereoisomers gleich gross ist. Biologisch wirksam ist aber oft nur das eine der beiden chiralen Isomere[4]. Enzyme (die alle ebenfalls chiral gebaut sind) vermögen nur Reaktionen des einen Stereoisomers zu katalysieren. Die Trennung racemischer Gemische bzw. im Idealfall sogar die «asymmetrische Synthese» (die gezielte Herstellung nur des einen Isomers, z.B. mittels chiraler Katalysatoren) ist ein wichtiger Schritt bei der Gewinnung biologisch aktiver, chiral gebauter Stoffe.

Zwei Beispiele mögen die unterschiedliche biologische Wirkung zweier Spiegelbildisomere zeigen: Während das eine Isomer von Contergan (eine Verbindung mit

[3] *Polarisiertes Licht schwingt nur in einer Ebene.*
[4] *Die beiden Isomere eines Stoffs mit chiralen Molekülen reagieren mit einem anderen chiralen Reaktanten verschieden rasch. Eventuell erfolgt mit einem der beiden Isomere überhaupt keine Reaktion. Zum Vergleich: Die rechte Hand «reagiert» nicht mit dem linken Handschuh.*

mehreren Ringen) ein sehr wirksames, keine schädlichen Nebenwirkungen zeigendes Schlafmittel ist, führt das andere – wenn es während der Schwangerschaft eingenommen wird – zu Missbildungen[5]. Das eine Isomer von Ethambutol (einem Aminoalkohol) wirkt als Heilmittel gegen Tuberkulose, das andere verursacht Blindheit. Diese Beispiele zeigen, wie wichtig die Synthese reiner Stereoisomere ist.

Das Phänomen der optischen Aktivität war schon in den dreissiger Jahren des 19. Jahrhunderts bekannt. L. Pasteur (1822–1895) vermutete eine Asymmetrie der Moleküle als Ursache und konnte das racemische Gemisch von Salzen der Weinsäure trennen, indem er die spiegelbildlichen Kristalle sortierte.

des Moleküls von Glucose und anderer Zucker geführt. Die in der Natur allein vorkommende, das polarisierte Licht nach rechts drehende Glucose hat die in der Formel (2) wiedergegebene Anordnung der Atome[6].

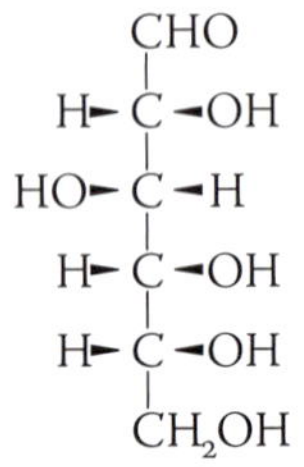

(2)

Glucose ist also eine Carbonylverbindung, ein Aldehyd. Sie bildet mit ammoniakalischer Silbersalzlösung einen schönen Silberspiegel.

[5] Bei Neugeborenen traten als Folge der Einnahme von Contergan (Thalidomid) schwere Missbildungen auf, weil das Präparat beide Stereoisomere enthielt.

[6] Solche Formeln stellen eine Projektion der räumlichen Anordnung der Atome auf die Papierebene dar. Durch die Keile dargestellte Bindungen sind nach «vorn» (vor die Papierebene) gerichtet, während die anderen Bindungen nach «hinten» gerichtet sind.

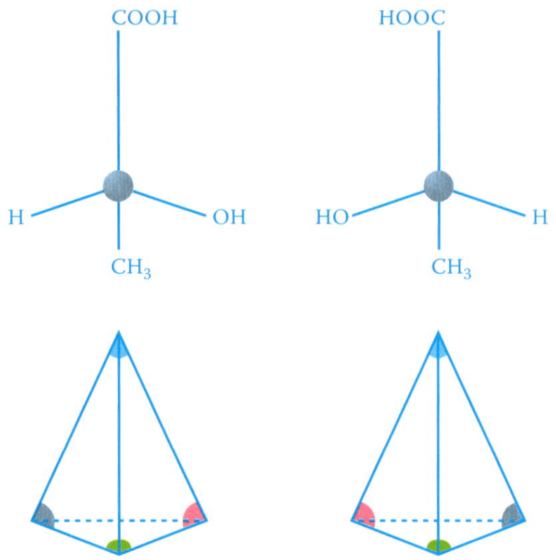

Abb. 14.6 Schema der isomeren Milchsäure-Moleküle

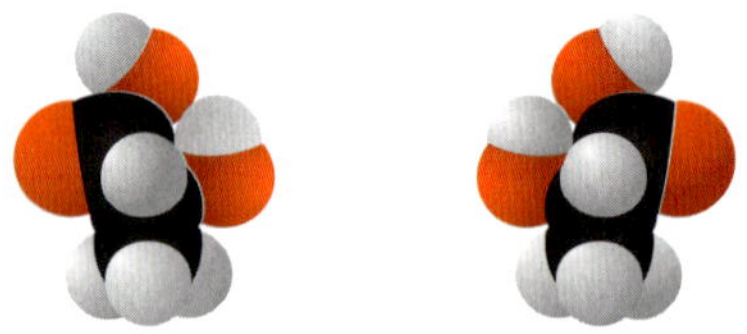

Abb. 14.7 Modelle der Moleküle der beiden Milchsäuren

Die oben angegebene Formel erklärt allerdings das Verhalten von Glucose nicht vollständig. So reagiert sie z.B. mit bestimmten Aldehydreagenzien (fuchsinschwefliger Säure) nicht, und auch die Bildung von Polysacchariden (Cellulose, Stärke) kann damit nicht erklärt werden. Genaue Untersuchungen haben gezeigt, dass die Glucose im festen Zustand in Form eines Sechsrings vorliegt, der sich in wässriger Lösung zum Teil in die «offene» (Ketten-) Form umwandelt (Abb. 14.10). Der Sechsring entsteht dadurch, dass vom fünften zum ersten C-Atom eine Sauerstoffbrücke gebildet wird. Dazu muss sich die Aldehydgruppe des C-Atoms 1 dem C-Atom 5 genügend nähern können. Dies ist wegen der Beweglichkeit der Atome in der Kette leicht

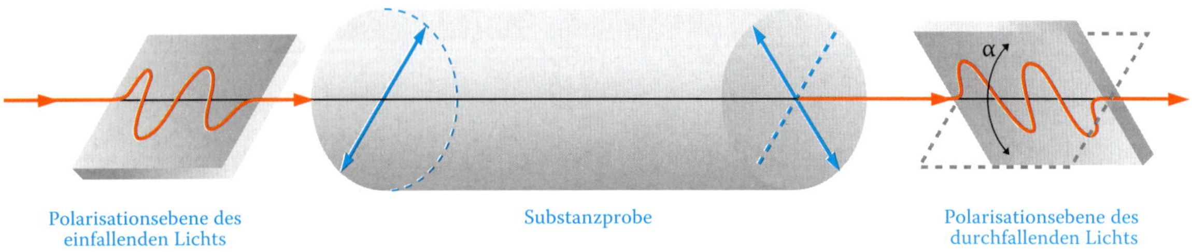

Abb. 14.5 Drehung von polarisiertem Licht durch eine optisch aktive Substanz. Eine Lösung von einem Stereoisomer der Milchsäure dreht die Ebene des einfallenden, polarisierenden Lichts. Der Drehwinkel hängt ab von der betreffenden Substanz, ihrer Konzentration und dem Mengenverhältnis der in Lösung vorliegenden Stereoisomere

Abb. 14.8 Ringförmiges und offenkettiges Glucose-Molekül (Kalottenmodelle)

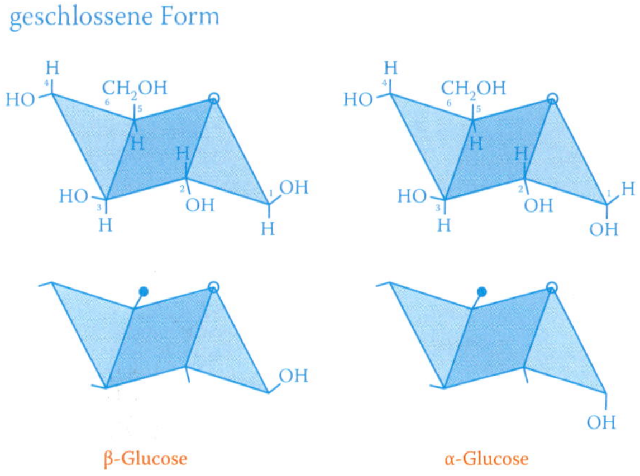

Abb. 14.9 Strukturformeln von β- und α-Glucose

möglich. Es bildet sich dann eine neue Hydroxylgruppe (im folgenden Schema mit Farbe umrahmt), deren Wasserstoff-Atom wieder in die ursprüngliche Stellung zurückwandern kann.
Beim Ringschluss entstehen zwei stereoisomere Glucose-Moleküle, da das C-Atom 1 beim Ringschluss asymmetrisch wird (mit vier verschiedenen Liganden verbunden ist). Für die α-Glucose schreibt man die Hydroxylgruppe in der Lewis-Formel nach unten, für die β-Glucose nach oben. Die Form der Moleküle der beiden Glucosen erinnert an einen Sessel (Abb.14.9). Die wichtigen Naturstoffe Stärke und Cellulose sind aus α-Glucose bzw. β-Glucose aufgebaut (Abschnitt 28.3).
Da eine wässrige Glucose-Lösung reduzierend wirkt, muss eine freie Aldehydgruppe vorhanden sein. Dies kommt dadurch zustande, dass in der Lösung ein Gleichgewicht zwischen der offenkettigen und den beiden Ringformen vorliegt; d.h. die beiden Moleküle wandeln sich ständig gegenseitig ineinander um. Bei der Fehling-Reaktion (die das Gleichgewicht stört) wird die verbrauchte offenkettige Form rasch nachgebildet. Auf diese Weise wird Glucose schliesslich vollständig oxidiert.

Traubenzucker, eine weisse, ziemlich harte Substanz von schwächer süssem Geschmack als Rohrzucker, ist das direkte Produkt der Fotosynthese. Sein Name weist auf das Vorkommen in Früchten hin: Trauben, Birnen, Äpfel usw. Viele andere Pflanzenteile enthalten ebenfalls Glucose (Gemüse, Karotten). Im menschlichen Blut ist stets etwas Glucose gelöst (80–100 mg in 100 mL Blut; insgesamt etwa 5 g). Zuckerkranke haben einen erhöhten Blutzuckergehalt, da bei ihnen die Zuckeraufnahme durch die Membrane in die Zellen und die Überführung in die Energiespeicher gestört ist. Sie scheiden deshalb im Harn Glucose aus.

Für den **Rohrzucker** (die Saccharose) findet man die Molekülformel $C_{12}H_{22}O_{11}$. Dies legt die Vermutung nahe, dass ein Molekül Rohrzucker aus zwei Molekülen eines C_6-Zuckers (wie z.B. Glucose) entstanden ist. In der Tat kann man Saccharose (unter der katalytischen Wirkung einer starken Säure) in zwei C_6-Zucker spalten, wobei ein Molekül Wasser aufgenommen wird:

$$C_{12}H_{22}O_{11} + H_2O \rightarrow 2\,C_6H_{12}O_6$$

Einer der aus Saccharose gebildeten Zucker ist Glucose. Der andere, die **Fructose** (Fruchtzucker), lässt sich mit HI auch in n-Hexan überführen, enthält aber keine Aldehyd-, sondern eine Ketogruppe:

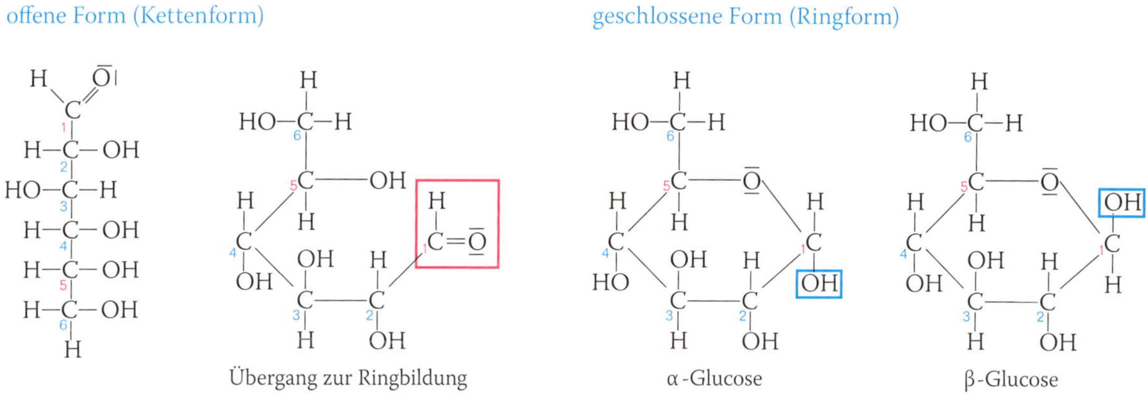

Abb. 14.10 Isomere Glucose-Moleküle. Nur das Molekül in offener Form (links) weist eine Aldehydgruppe auf. Die beiden ringförmigen Moleküle (rechts) unterscheiden sich voneinander durch die Stellung der OH-Gruppe am Kohlenstoff-Atom 1

Abb. 14.11 Einwirkung von konzentrierter Schwefelsäure auf eine hochkonzentrierte Zucker-Lösung: Zucker verkohlt

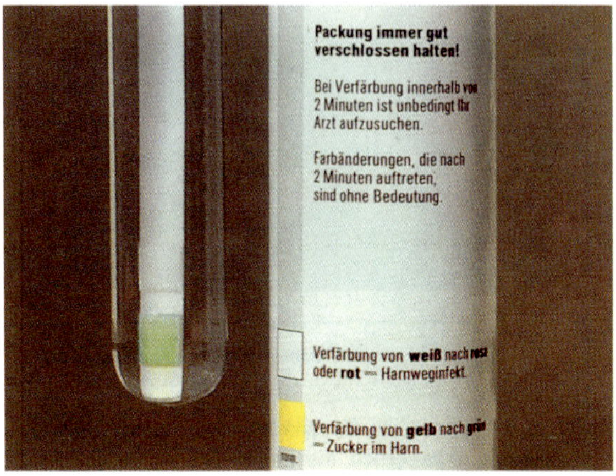

Abb. 14.12 Unterscheidung von Glucose und Fructose. Zum Nachweis von Glucose in einer Lösung prüft man sie mit Glucotestpapier. Die Testpapierstreifen sind mit Stoffen getränkt, welche zusammen mit Glucose einen violetten Farbstoff bilden. Fructose reagiert mit dem Testpapier nicht. Glucotest-Streifen werden auch zum Nachweis von Glucose im Harn von Zuckerkranken verwendet

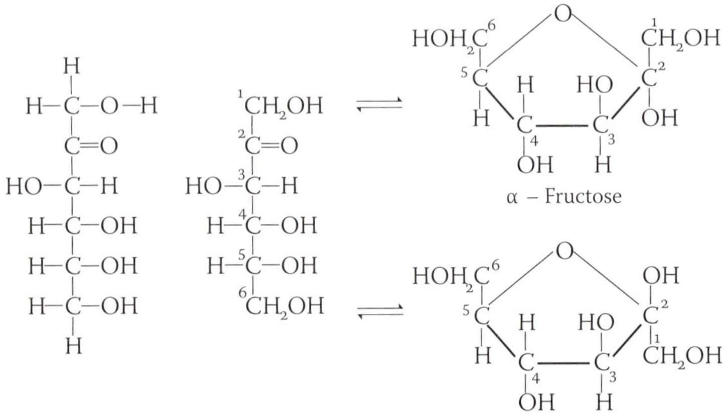

α – Fructose

β – Fructose

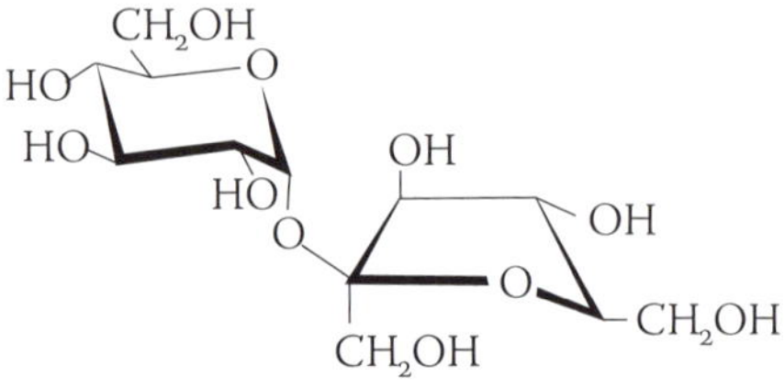

Struktur von Rohrzucker (H-Atome an den Ringen nicht eingezeichnet)

Fructose ist deshalb eine «Ketohexose», Glucose eine «Aldohexose». Im kristallisierten Zustand liegt das Fructose-Molekül als Sechsring, in Di- und Polysacchariden (Abschnitte 27.2 und 27.3) als Fünfring vor. Wie bei der Glucose entsteht auch in diesem Fall durch den Ringschluss vom C-Atom 2 zum C-Atom 5 ein neues asymmetrisches Kohlenstoff-Atom (das C-Atom 2), sodass ebenfalls zwei stereoisomere Ringformen existieren, die in einer Lösung wieder im Gleichgewicht mit der offenkettigen Form stehen. Diese lagert sich in alkalischer Lösung langsam in Glucose um, sodass Fructose ebenfalls mit Fehling-Lösung reagiert, obschon sie keine Aldehydgruppe enthält!

Fructose ist süsser als Saccharose und schwierig zu kristallisieren. Man erhält sie meist in Form einer dicklichen, sirupartigen Flüssigkeit. Sie kommt in Früchten und auch im Honig vor.

Im Rohrzucker-Molekül (Abb. 14.13) sind also ein α-Glucose- und ein β-Fructose-Molekül (beide in der Ringform) miteinander verbunden, wobei ein Molekül Wasser abgespalten worden ist. Rohrzucker gibt keine Fehling-Reaktion, weil das C-Atom 1 des Glucoseteils die Verbindung zur Fructose herstellt und somit die Rückbildung der Aldehydgruppe «blockiert» ist:

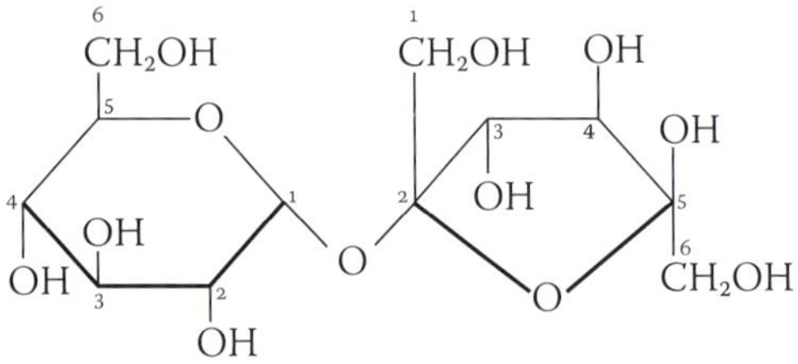

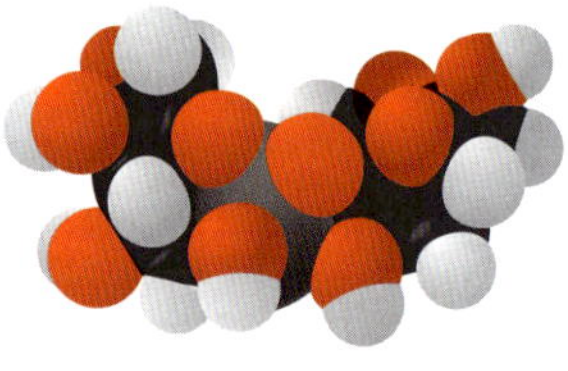

Abb. 14.13 Kalottenmodell eines Rohrzucker-Moleküls

ÜBUNGEN ZUM KAPITEL 14

14.1 Schreiben Sie die Lewis-Formeln folgender Stoffe: 2-Methylbutanal,
3-Methyl-3-pentenal,
3-Pentanon,
4-Methyl-2-hexanon.

14.2 Erklären Sie, weshalb man die Reaktion von 1-Propanol zu Propanal als Oxidation bezeichnet.

14.3 Wein, den man einige Zeit offen an der Luft stehen lässt, wird sauer. Begründung?

14.4 Durch welche Reaktion lassen sich Aldehyde und Ketone unterscheiden?

14.5 Wie können Sie experimentell feststellen, ob ein Ihnen unbekannter Alkohol ein primärer, sekundärer oder tertiärer Alkohol ist?

14.6 Wie sind folgende Alkohole durch eine Grignard-Reaktion herstellbar: 2-Butanol, 2-Methyl-2-butanol, 1-Hexanol.

14.7 Zeichnen Sie die Lewis-Formel des einfachsten Kohlenwasserstoffs bzw. des einfachsten einwertigen gesättigten Alkohols mit einem asymmetrischen Kohlenstoff-Atom.

14.8 Wie ist es zu verstehen, dass zwei Spiegelbildisomere ganz verschiedene physiologische Wirkungen haben können?

14.9 Worin unterscheiden sich die Bausteine der beiden Naturstoffe Stärke und Cellulose?

14.10 Worauf beruht die gute Wasserlöslichkeit von Zucker?

14.11 Wie ist es zu erklären, dass Glucose mit Fehling-Lösung reagiert, obschon sie in wässriger Lösung in der Ringform auftritt?

14.12 Welches Produkt entsteht aus Glucose bei der Fehling-Reaktion?

Säuren und Basen, Seifen und Waschmittel

15 SÄUREN UND BASEN – EIN GEGENSATZ

15.1 Saure Lösungen und Säuren

Essigsäure, eine Carbonsäure
Bleiben vergorene Fruchtsäfte oder Wein längere Zeit an der Luft stehen, so bildet sich Essig, eine wässrige Lösung der Essigsäure. Ethanol wurde (über die Zwischenstufe Acetaldehyd) zu Essigsäure oxidiert (vgl. Abschnitt 14.1):

$$H_3CCH_2OH + O_2 \rightarrow H_3CCOOH + H_2O$$

Diese «Essiggärung» verläuft unter der Mitwirkung von Bakterien («Essigsäurebakterien»), die – als Sporen – überall in der Luft vorkommen. Weil zur Oxidation des Alkohols Sauerstoff erforderlich ist, unterbleibt die Essiggärung bei Luftabschluss, im Gegensatz zur alkoholischen Gärung, die auch unter Luftabschluss eintritt.

Essigsäure ist ein Beispiel einer Carbonsäure, d.h. einer organischen Verbindung mit der Carboxylgruppe (—COOH) als funktionelle Gruppe[1].

Carbonsäuren sind Verbindungen mit der Carboxylgruppe (—COOH). Sie entstehen durch Oxidation eines Aldehyds.

Reine Essigsäure ist eine farblose, stechend riechende Flüssigkeit, die bei der relativ hohen Temperatur von 16,6 °C zu einer eisartigen Masse erstarrt. Sie wird aus diesem Grund auch «Eisessig» genannt. Essigsäure mischt sich in jedem Verhältnis mit Wasser.

Bemerkenswert ist auch die relativ hohe Siedetemperatur von Essigsäure. 1-Propanol (molare Masse 60 g · mol^{-1}) siedet z.B. bei 97 °C, Essigsäure, mit derselben molaren Masse, dagegen bei 118 °C (Abb. 15.1). Der Grund dafür ist, dass je zwei Essigsäure-Moleküle unter Ausbildung von Wasserstoffbrücken zu «Doppelmolekülen» assoziieren[2]. Die Wasserstoffbrücken sind dabei so stark, dass diese «Doppelmoleküle» sogar im Dampfzustand erhalten bleiben. Erst bei weiterem Erwärmen des Dampfs zerfallen sie in einzelne Moleküle.

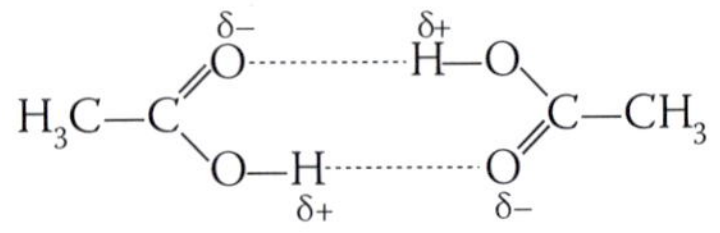

Essigsäure-«Doppelmolekül»

[1] *Die **Carboxyl**gruppe besteht aus einer **Carb**onyl- und einer Hydr**oxyl**gruppe, daher ihr Name.*

[2] *Assoziieren, Assoziation: Aneinanderlagern, Vergesellschaften. Gegensatz dazu Dissoziation: Auseinanderfallen, Spaltung.*

Die homologe Reihe der gesättigten Carbonsäuren (keine C=C-Doppelbindungen) entspricht der Reihe der Alkane und der Alkohole. Viele Carbonsäuren haben Trivialnamen, die sich auf ihre Herkunft beziehen. Zur systematischen Bezeichnung hängt man die Endung -säure an den Stammnamen an oder man versieht den Namen des Alkans, das ein C-Atom weniger enthält als die Säure, mit dem Wort -carbonsäure.

Beispiele:

H_3CCOOH
Essigsäure, Ethansäure, Methancarbonsäure

$H_3CCH_2CH_2CH_2COOH$
Valeriansäure (im Baldrian, Valeriana), Pentansäure, Butan-1-carbonsäure

HOOC—COOH
Oxalsäure (im Sauerklee, Oxalis), Ethandisäure

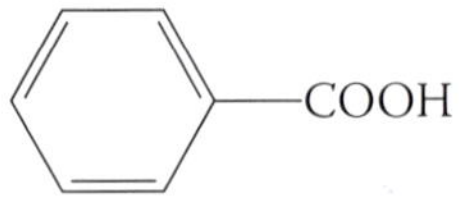

Benzoesäure (aus dem Benzoeharz), Benzolcarbonsäure (Benzol: C_6H_6)

Essigsäure ist eine der wichtigsten und meistgebrauchten organischen Säuren. Sie wird technisch durch die Reaktion von Methanol mit Kohlenstoffmonoxid bei hohem Druck und unter der Wirkung von Cobalt-Verbindungen als Katalysatoren hergestellt. Essigsäure spielt auch im Stoffwechsel der Organismen eine wichtige Rolle, da sie als Ausgangsstoff zur biochemischen Synthese zahlreicher anderer Verbindungen dient.

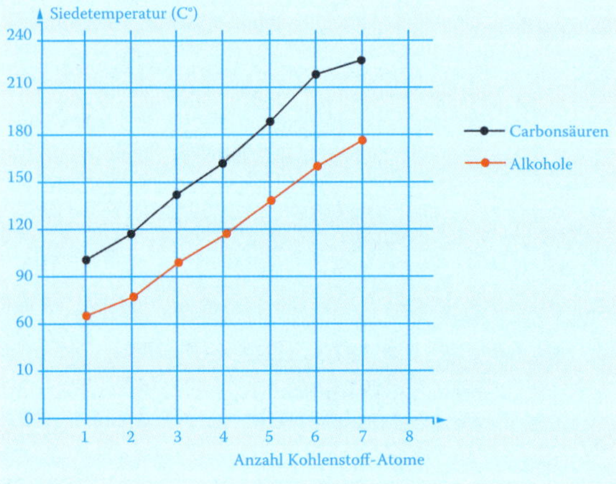

Abb. 15.1 Vergleich der Siedetemperaturen von Alkoholen und Carbonsäuren

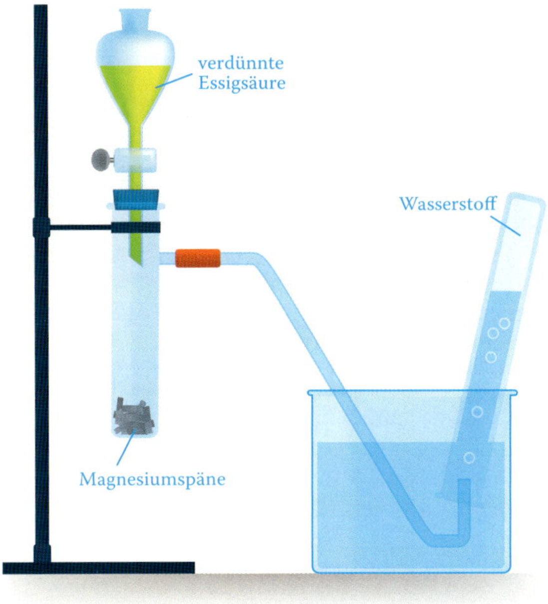

Abb. 15.2 Reaktion von verdünnter Essigsäure mit Magnesium. Der entstehende Wasserstoff wird aufgefangen und durch Entzünden nachgewiesen

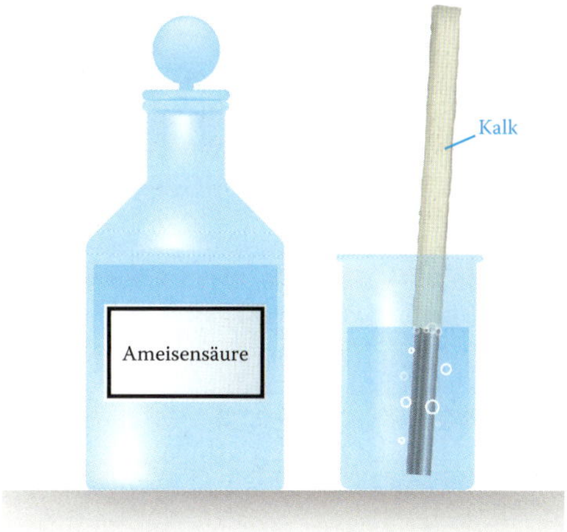

Abb. 15.4 Entfernen von Kalkablagerungen mit Ameisensäure

Saure Lösungen

Eine wässrige Lösung der Essigsäure («verdünnte Essigsäure») zeigt deutlich sauren Geschmack, färbt blauen Lackmusfarbstoff rot und leitet den elektrischen Strom. Ganz allgemein nennt man Lösungen mit diesen Eigenschaften saure Lösungen. Durch wässrige Lösungen von Metallhydroxiden, wie z.B. Natronlauge, NaOH(aq)[3], (sogenannte alkalische Lösungen oder Laugen; Abschnitte 5.3 und 15.2) lassen sie sich «neutralisieren» (Abschnitt 5.6), wobei der saure Charakter verschwindet. Dampft man die neutralisierte Lösung ein, so bleibt ein festes, weisses Salz zurück. Unedle (reaktionsfähige) Metalle, z.B. Magnesium, reagieren mit verdünnter Essigsäure, wobei sich Wasserstoff bildet. Verdampft man das Wasser, so bleibt wiederum ein Salz zurück. Diese Vorgänge können durch folgende Reaktionsgleichungen beschrieben werden:

Neutralisation von verdünnter Essigsäure mit Natronlauge:

$$H_3CCOOH(aq) + NaOH(aq) \rightarrow H_2O(l) + H_3CCOONa(aq)$$

Reaktion von verdünnter Essigsäure mit Magnesium:

$$2\ H_3CCOOH(aq) + Mg(s) \rightarrow H_2(g) + (H_3CCOO)_2Mg(aq)$$

Die Salze $H_3CCOONa$ bzw. $(H_3CCOO)_2Mg$ heissen Natrium- bzw. Magnesiumacetat (acetum lat. = Essig).

Andere mit Wasser verdünnte Säuren, wie z.B. Ameisensäure oder Zitronensäure, zeigen ebenfalls sauren Geschmack, färben blauen Lackmusfarbstoff rot und leiten den elektrischen Strom. Sie lassen sich durch Laugen neutralisieren und reagieren in gleicher Weise wie verdünnte Essigsäure mit unedlen Metallen. Es scheint deshalb, dass diese Reaktionen für saure Lösungen charakteristisch sind.

Saure Lösungen erkennt man an
- der charakteristischen Färbung eines Indikators (z.B. Universalindikator rot),
- der elektrischen Leitfähigkeit,
- an der Reaktion mit unedlen Metallen unter Bildung von Wasserstoff.

[3] *aq bedeutet, dass das Salze bzw. Ionen in Wasser gelöst sind (aqua lat. = Wasser; vgl. Abschnitt 20.3)*

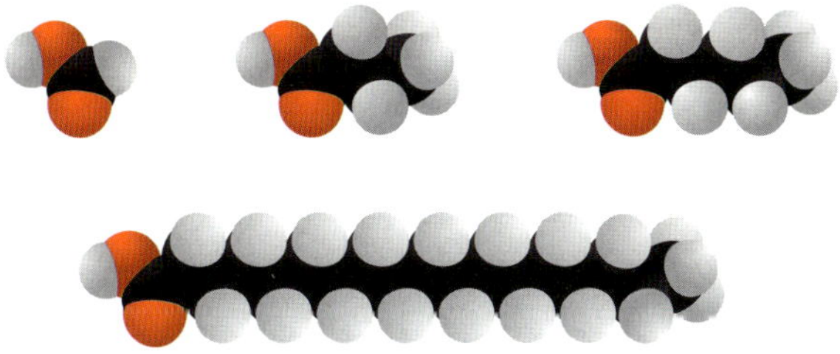

Abb. 15.3 Kalottenmodelle der Moleküle unverzweigter Carbonsäuren: Methan- (HCOOH), Propan- (C_2H_5COOH), Hexan- ($C_5H_{11}COOH$) und Octadecansäure ($C_{17}H_{35}COOH$)

Beispiele von Carbonsäuren

Zahlreiche Carbonsäuren treten als Naturstoffe in Pflanzen oder Tieren auf. Ameisensäure (HCOOH) kommt in bestimmten Ameisen vor und ist auch im

Lebensmittelkonservierung

Lebensmittel müssen konserviert werden, damit sie haltbar sind, denn beim Lagern verändern sie sich und verderben schliesslich. Durch die Tätigkeit von Bakterien sowie Hefe- und Schimmelpilzen entstehen aus Kohlenhydraten, Fetten und Eiweissen Zersetzungsprodukte, die schädlich oder gar giftig sein können. Die Konservierung hemmt die Entwicklung dieser Organismen, sodass die Zersetzungsvorgänge verlangsamt oder gänzlich unterdrückt werden. Die Haltbarkeit von Lebensmitteln wird damit verlängert.

Am häufigsten werden zu diesem Zweck physikalische Methoden angewandt: Wärmebehandlung (Sterilisieren, Pasteurisieren), Kühlen, Einfrieren, Trocknen und Bestrahlen mit energiereichen Strahlen. Letzteres Verfahren ist allerdings umstritten, da dabei nicht nur Bakterien oder Pilze abgetötet werden, sondern auch Produkte mit reaktionsfähigen Teilchen entstehen können, die möglicherweise dem menschlichen Organismus schaden.

Auch zahlreiche Substanzen wirken als Konservierungsstoffe und hemmen das Wachstum von Bakterien oder Pilzen. Sie müssen in Deutschland seit 1983 auf den Lebensmittelverpackungen angegeben werden. Dies erfolgt durch ihre «E-Nummer», einen EG-Code. So bedeutet E 200 Sorbinsäure ($H_3C{-}CH{=}CH{-}CH{=}CH{-}COOH$), E 210 Benzoesäure ($C_6H_5{-}COOH$), E 214 Ethyl-p-hydroxybenzoat usw. Für solche Konservierungsstoffe sind vom Gesetzgeber für alle Nahrungsmittel Höchstmengen festgelegt worden. Auch Schwefeldioxid wird als Konservierungsmittel benützt. So darf Wein bis zu 75 mg/Liter, Traubensaft hingegen bis 120 mg/Liter SO_2 enthalten.

Zellsaft der Brennhaare von Brennnesseln und der Nesselkapseln von Hohltieren enthalten. Zerreibt man Brennnesselblätter mit Wasser, so lässt sich eine verdünnte Lösung von Ameisensäure erhalten. Buttersäure (Butansäure, C_3H_7COOH) kommt als Glycerinester (Kap. 16) in der Butter vor. Ranzige Butter und Schweiss enthalten geringe Mengen der freien Säure.

Carbonsäuren mit 12 bis 20 Kohlenstoff-Atomen sind Bestandteile der Fette und heissen darum auch Fettsäuren. Die wichtigsten Fettsäuren sind Palmitinsäure (Hexadecansäure; $C_{15}H_{31}COOH$), Stearinsäure (Octadecansäure; $C_{17}H_{35}COOH$) und Ölsäure (9-Octadecensäure; $C_{17}H_{33}COOH$). Die Ölsäure enthält in ihrem Molekül eine Doppelbindung. Sie ist ein Beispiel einer ungesättigten Fettsäure. Palmitin- und Stearinsäure sind weiche, paraffinartige, in Wasser unlösliche feste Stoffe; Ölsäure ist bei Raumtemperatur flüssig.

Milchsäure, Apfelsäure, Weinsäure, Zitronensäure und Oxalsäure sind weitere Beispiele von Carbonsäuren, die in der Natur vorkommen. Milchsäure entsteht beim Sauerwerden von Milch durch die «Milchsäuregärung». Weinsäure kommt als Salz im «Weinstein» vor. Die Oxalsäure tritt – ebenfalls als Salz – im Sauerklee, Rhabarber und in vielen anderen Pflanzen auf.

Was ist eigentlich eine «Säure»?

Reine Essigsäure zeigt keine elektrische Leitfähigkeit und reagiert im Gegensatz zur wässrigen Lösung nicht mit unedlen Metallen. Dieser grundlegende Unterschied zwischen Säure und saurer Lösung beruht auf dem Verdünnen der Säure mit Wasser.

Wenn ein Stoff den elektrischen Strom leiten kann, muss er bewegliche Ladungsträger enthalten, denn elektrischer Strom ist nichts anderes als transportierte (im Leiter «verschobene») Ladung. In verdünnter Es-

Carbonsäuren in Lebensmitteln

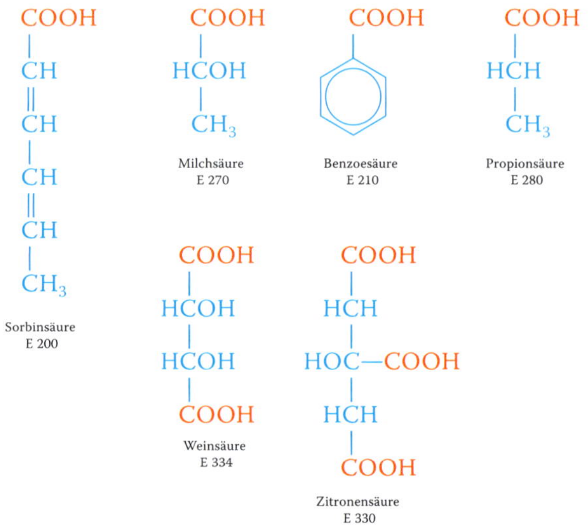

Abb. 15.5 Sorbin- und Benzoesäure sind neben Ameisensäure (E-Nr.: E 236) und Essigsäure (E 260) die wichtigsten Konservierungsstoffe

sigsäure kommen nur elektrisch geladene Atome oder Moleküle in Frage, die wir bereits früher als Ionen bezeichnet haben (Abschnitt 5.4).

Beim Verdünnen der Essigsäure mit Wasser spielt sich folgende chemische Reaktion ab:

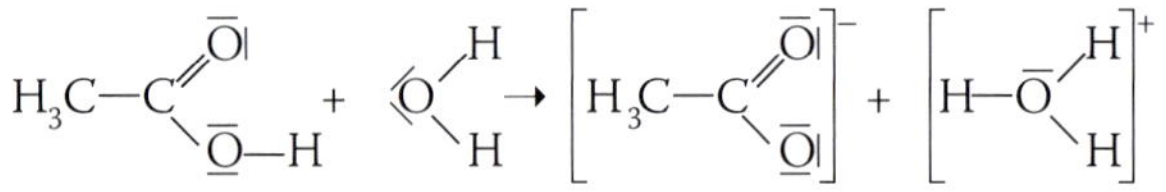

Das Proton der O—H-Bindung im Essigsäure-Molekül verlässt beim Zusammenstoss mit einem Wasser-Molekül die bindende Wolke und «schlüpft» in eine der beiden nichtbindenden Wolken des Sauerstoff-Atoms

Tabelle 15.1 Schmelz- und Siedetemperaturen einiger Carbonsäuren

Formel	Trivialname	systematischer Name	*tm* in °C	*tb* in °C
$HCOOH$	Ameisensäure	Methansäure	8,3	101
H_3CCOOH	Essigsäure	Ethansäure	16,6	117,9
C_2H_5COOH	Propionsäure	Propansäure	−20,5	141,2
C_3H_7COOH	Buttersäure	Butansäure	−5,1	163,8
C_4H_9COOH	Valeriansäure	Pentansäure	−33,6	186,1
$C_5H_{11}COOH$	Capronsäure	Hexansäure	−3	205,2
$C_6H_{13}COOH$	Önanthsäure	Heptansäure	−7,2	222,2
$C_{11}H_{23}COOH$	Laurinsäure	Dodecansäure	43,8	–
$C_{13}H_{27}COOH$	Myristinsäure	Tetradecansäure	54,2	–
$C_{15}H_{31}COOH$	Palmitinsäure	Hexadecansäure	62,5	–
$C_{17}H_{35}COOH$	Stearinsäure	Octadecansäure	69,3	–
$C_{17}H_{33}COOH$	Ölsäure	Z-9-Octadecensäure	13,4	–
$C_{17}H_{31}COOH$	Linolsäure	Z-Z-9,12-Octadecadiensäure	−7	–
$C_{17}H_{29}COOH$	Linolensäure	Z,Z,Z-9,12,15-Octadecatriensäure	−11	–
CH_2FCOOH	Fluoressigsäure	Fluorethansäure	35,2	168
$CH_2ClCOOH$	Chloressigsäure	Chlorethansäure	63	189,3
$CH_2BrCOOH$	Bromessigsäure	Bromethansäure	50	208
CH_2ICOOH	Iodessigsäure	Iodethansäure	82,5	–
$CHCl_2COOH$	Dichloressigsäure	Dichlorethansäure	13,5	194
CCl_3COOH	Trichloressigsäure	Trichlorethansäure	59,2	196,5
$CH_3-CH-COOH$ | OH	Milchsäure	D/L-2-Hydroxypropansäure	16,8	–
$HOOC-CH_2-CH-COOH$ | OH	Apfelsäure	2-Hydroxybutandisäure	132	–
$HOOC-CH-CH-COOH$ | | OH OH	Weinsäure	D/L-2,3-Dihydroxybutandisäure	206	–
COOH | $HOOC-CH_2-C-CH_2-COOH$ | OH	Zitronensäure	2-Hydroxypropantricarbonsäure	153	–
COOH | COOH	Oxalsäure	Ethandisäure	189 (zersetzt sich)	157 (sublimiert)
H_5C_6COOH	Benzoesäure	Benzolcarbonsäure	122,4	249,2

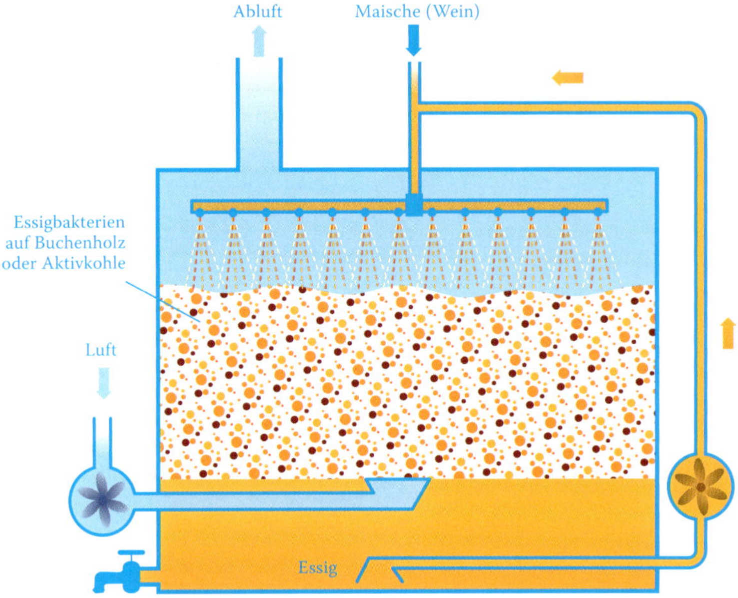

Abb.15.6 Essig aus Wein. Speiseessig wird durch Vergärung billiger Weine gewonnen, denen man meistens noch etwas Alkohol (aus Kartoffeln oder Getreide gewonnen) zusetzt. Die Behälter, in denen die Oxidation durchgeführt wird, enthalten Aktivkohle oder Buchenholzspäne, auf denen die Essigbakterien wachsen (grosse Oberfläche!). Die alkoholhaltige Lösung rieselt von oben nach unten; die Luft strömt ihr entgegen. Der auf diese Weise gewonnene Essig enthält etwa 15 % Essigsäure. Er wird anschliessend auf etwa 5 % verdünnt

im Wasser-Molekül[4]. Ein Proton wird also vom Essigsäure- auf das Wasser-Molekül übertragen. Solche Protonenübertragungen nennt man Protolysen. Es entstehen zwei Ionen: ein positiv geladenes Oxonium-Ion, H_3O^+, und ein negativ geladenes Acetat-Ion, H_3CCOO^-. Beides sind Komplexionen (Abschnitt 5.6). Es muss betont werden, dass die Trennung der O—H-Bindung im Essigsäure-Molekül und die Bildung der neuen O—H-Bindung im Oxonium-Ion gleichzeitig erfolgen.

Freie Protonen treten dabei nicht auf. Das Proton aus dem Essigsäure-Molekül kann vielmehr nur dann seine bindende Wolke verlassen, wenn das Molekül mit einem anderen Teilchen zusammenstösst, das wie das Wasser-Molekül imstande ist, das Proton wieder durch ein freies Elektronenpaar zu binden. Hexan z.B. enthält Moleküle, die keine freien Elektronenpaare besitzen. Beim Lösen von Eisessig in Hexan können deshalb keine Ionen gebildet werden. Die Lösung zeigt keine elektrische Leitfähigkeit.

[4] *Da das Sauerstoff-Atom zwei nichtbindende Elektronenpaare besitzt, wäre es denkbar, dass es zwei Protonen binden kann. Dies wurde allerdings niemals beobachtet. Es scheint, dass die Abstossung zwischen dem positiv geladenen Oxonium-Ion und einem weiteren Proton dies verhindert.*

Abb. 15.7 Kalottenmodelle der Protolyse der Essigsäure

Man wird sich fragen, weshalb die in der Carboxylgruppe vorhandene Hydroxylgruppe ihr Proton an ein Wasser-Molekül abgeben kann, während dies bei der Hydroxylgruppe der Alkohole nicht der Fall ist. Einer der Gründe dafür ist die C=O-Gruppe: Das Carbonyl-Sauerstoff-Atom ist stark elektronegativ und zieht die Doppelbindungselektronen zu sich. Dadurch wird die positive Polarisierung des Carboxyl-C-Atoms verstärkt. Dieses zieht die Elektronen der C—O-Bindung stärker an und die O—H-Bindung wird stärker polar:

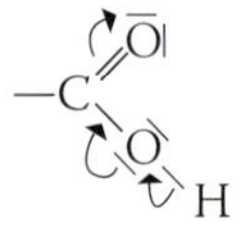

(Die Pfeile deuten die Elektronenverschiebungen an.)

Durch Abgabe des Protons entsteht aus dem Carbonsäuremolekül ein Ion. In diesem sind die beiden Sauerstoff-Atome völlig gleichartig gebunden, d.h. zwei Elektronenpaare sind über drei Atome delokalisiert. Dieser Effekt bewirkt eine gewisse Stabilisierung des Ions und erleichtert dadurch die Protonenabgabe:

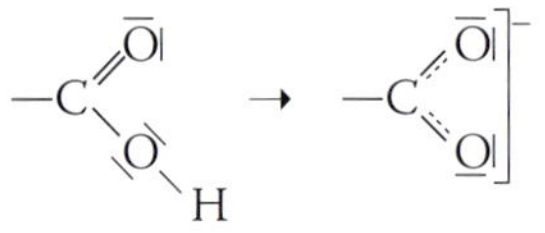

Die verdünnten wässrigen Lösungen anderer Carbonsäuren zeigen die gleichen sauren Eigenschaften wie verdünnte Essigsäure. Sie enthalten ebenfalls Oxonium-Kationen (positive Ionen) neben Säure-Anionen (negative Ionen). Die Oxonium-Ionen sind stets dadurch entstanden, dass bei der Reaktion der Säure mit Wasser Protonen von den Säuremolekülen auf die Wasser-Moleküle übertragen worden sind. Oxonium-Ionen scheinen also charakteristisch für saure Lösungen zu sein. Wir definieren deshalb:

- Säuren sind Teilchen, die Protonen abgeben können. Oder kürzer gesagt: Säuren sind Protonenspender (Protonendonatoren).
- Säuren reagieren mit Wasser unter Bildung von sauren Lösungen.
- Saure Lösungen enthalten viele Oxonium-Ionen und Säureanionen.

Der Säurebegriff bezieht sich auf Teilchen. Trotzdem spricht man im Alltag und im Labor des Chemikers auch dann von Säuren, wenn man Stoffe meint. Man ist sich dabei aber bewusst, dass diese Stoffe Teilchen enthalten, die als Protonenspender wirken können.

Es gibt auch «anorganische» Säuren

Eine wässrige Lösung von Hydrogenchloridgas (HCl) leitet den elektrischen Strom, färbt blauen Lackmusfarbstoff rot und bildet mit unedlen Metallen Wasserstoff: Es handelt sich um eine saure Lösung[5]. Ihre Elektrolyse führt an der Anode zur Bildung von Chlor und an der Kathode zur Bildung von Wasserstoff. Beim Lösen von Hydrogenchlorid in Wasser müssen Oxonium- und Chlorid-Ionen entstanden sein. Hydrogenchlorid hat als Säure reagiert:

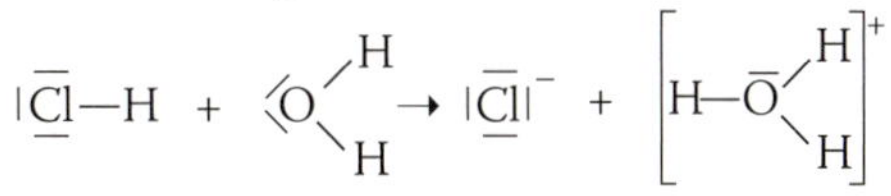

Neben Hydrogenchlorid sind besonders Schwefelsäure (H_2SO_4) und Salpetersäure (HNO_3) wichtige Säuren (Kap. 26). Sie sind, im Gegensatz zu Hydrogenchlorid, bei Raumtemperatur flüssig. Bei der Reaktion mit Wasser bilden sie Oxonium-Kationen und Anionen (HSO_4^-, Hydrogensulfat-Ion[6]; SO_4^{2-}, Sulfat-Ion; NO_3^-, Nitrat-Ion). Dass Schwefelsäure-Moleküle Protonen abgeben können, haben wir schon in Kapitel 10 erfahren.

Auch Kohlensäure (H_2CO_3) ist ein Beispiel einer anorganischen Säure. Sie entsteht in geringem Ausmass durch die Reaktion von Kohlenstoffdioxid mit Wasser. Das Kohlensäure-Molekül ist sehr instabil (es enthält zwei an das gleiche Kohlenstoff-Atom gebundene Hydroxylgruppen) und spaltet sich leicht wieder in Kohlenstoffdioxid und Wasser auf. Die Anionen der Kohlensäure heissen Hydrogencarbonat-Ion (HCO_3^-) und Carbonat-Ion (CO_3^{2-}).

Die Reaktion von sauren Lösungen mit Metallen

Da wasserfreie Säuren wie z.B. Eisessig mit Metallen nicht reagieren, muss das Oxonium-Ion der Reak-

[5] *Die wässrige Lösung von Hydrogenchlorid wird meist fälschlicherweise als «Salzsäure» bezeichnet, obschon es sich um eine saure Lösung handelt.*

[6] *Das Schwefelsäure-Molekül kann insgesamt zwei Protonen abgeben, da es zwei stark polare O—H-Bindungen enthält. Deshalb existieren auch zwei Säureanionen. Viele andere Säuren können ebenfalls zwei Protonen abgeben.*

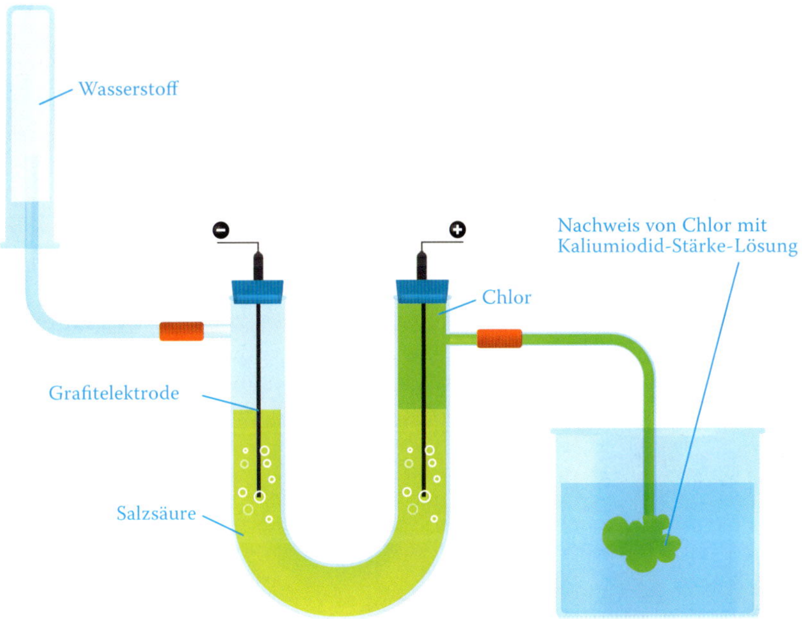

Abb. 15.8 Elektrolyse von Salzsäure

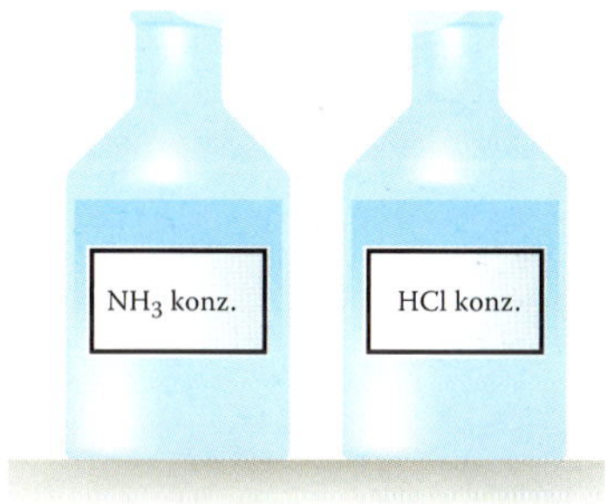

Abb. 15.9 Ammoniak reagiert mit Hydrogenchlorid zu Ammoniumchlorid (die beiden Gase entweichen aus konzentrierten HCl- und NH_3-Lösungen)

tionspartner der Metallatome sein. Die Reaktion ist also folgendermassen zu formulieren:

$$Mg + 2\,H_3O^+ \rightarrow H_2 + 2\,H_2O + Mg^{2+}$$

Ein Magnesium-Atom gibt dabei zwei Elektronen ab und wird zu einem doppelt geladenen Magnesium-Ion: Das Magnesium-Atom wird oxidiert. Jedes Oxonium-Ion spaltet ein Proton ab. Die Protonen nehmen je ein Elektron auf und werden dabei zu Wasserstoff-Atomen, d.h. die Protonen werden reduziert. Je zwei Wasserstoff-Atome bilden ein H_2-Molekül.

15.2 Basen und alkalische Lösungen

Freie Protonen existieren in gewöhnlicher Materie nicht. Säuren geben deshalb ihre Protonen nur dann ab, wenn sie mit einem Teilchen zusammenkommen, das ein Proton binden kann, d.h. wenn sie mit einem Protonenakzeptor (einem Protonenfänger) reagieren. Protonenakzeptoren nennt man Basen. Sie bilden den Gegensatz zu den Säuren.

> Basen sind Teilchen, die imstande sind, Protonen durch nichtbindende Elektronenpaare zu binden. Kürzer gesagt: Basen sind Protonenfänger (Protonenakzeptoren).

Beispiele von Basen sind Wasser, Ammoniak (NH_3), Alkohole und Ether. Sie können alle ein Proton binden oder, wie man auch sagt, «protoniert» werden. Ammoniak ist ein charakteristisch (nach «Salmiakgeist») riechendes, giftiges Gas mit dem $t_b = -33{,}3\,°C$. Die Amine leiten sich in ähnlicher Weise von Ammoniak ab wie die Alkohole von Wasser. Sie können ebenfalls als Basen wirken.

H—OH	R—OH	H—NH_2	R—NH_2
Wasser	Alkohol	Ammoniak	Amin

Alkalische Lösungen

Leitet man Ammoniak oder Methylamin (ein unangenehm fischartig riechendes Gas mit dem $t_b = -6{,}3\,°C$) in Wasser, so erhält man elektrisch leitfähige Lösungen, die roten Lackmusfarbstoff blau färben und sich seifig anfühlen. Ausserdem können sie saure Lösungen neutralisieren. Sie werden als alkalische Lösungen («Laugen») bezeichnet. Sie müssen Ionen enthalten, weil sie den elektrischen Strom leiten.

Die Tatsache, dass Lösungen von Metallhydroxiden wie Natriumhydroxid (NaOH) oder Calciumhydroxid [$Ca(OH)_2$] mit dem Hydroxid-Ion (OH^-) als gemeinsamem Baustein ebenfalls alkalischen Charakter besitzen, zeigt, dass das Hydroxid-Ion für ihre Eigenschaften verantwortlich ist. Hydroxid-Ionen entstehen beim Lösen von Ammoniak oder Methylamin in Wasser durch eine Protolyse:

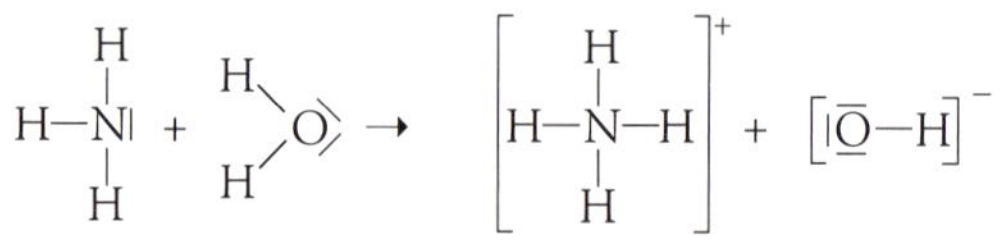

Ammoniak — Ammonium-Ion

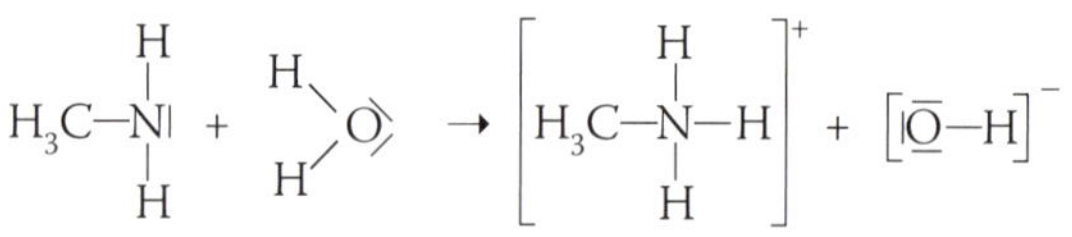

Methylamin — Methylammonium-Ion

In den dabei entstehenden Ammonium- bzw. Methylammonium-Ionen ist das Stickstoff-Atom tetraedrisch von vier anderen Atomen umgeben. Ammoniak- bzw. Methylamin-Moleküle wirken bei diesen Reaktionen als Base, die Wasser-Moleküle als Säure.

> – Basen ergeben mit Wasser alkalische Lösungen («Laugen»).
> – Alkalische Lösungen enthalten viele Hydroxid-Ionen.

Teilchen können nur dann als Basen wirken (Protonen aufnehmen), wenn sie mindestens ein nichtbindendes Elektronenpaar enthalten. Eine Protonenaufnahme ist aber natürlich nur dann möglich, wenn die Teilchen mit einer Säure reagieren können. Protolysen sind also Säure/Base-Reaktionen. Bei Säure/Base-Reaktionen ist durchaus nicht immer Wasser beteiligt. Hydrogenchlorid reagiert auch mit Ethanol und Hydrogenbromid mit Ammoniak:

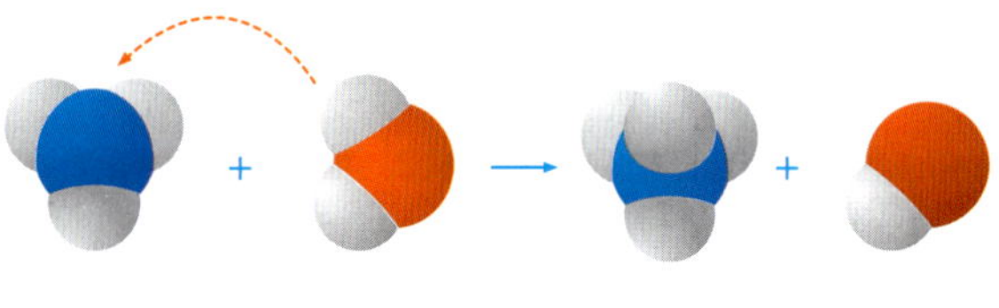

Abb.15.10 Reaktion von Ammoniak mit Wasser (Kalottenmodelle)

Abb. 15.11 Kalottenmodell des $H_9O_4^+$-Ions

Individuelle Oxonium- und Hydroxid-Ionen?
Ebenso wie Wasser-Moleküle untereinander, bilden auch die H_3O^+-Ionen mit Wasser-Molekülen Wasserstoffbrücken und zwar derart, dass ein solches Ion drei Wasser-Moleküle bindet und ein $H_9O_4^+$-Ion entsteht (Abb. 15.11). Diese Ionen bilden selbstverständlich auch Wasserstoffbrücken mit weiteren Wasser-Molekülen. Dabei kann das Proton des Oxonium-Ions von einem auf ein anderes Wasser-Molekül übergehen, indem es die bindende Elektronenwolke verlässt und in eine freie Elektronenwolke eines Nachbar-Wasser-Moleküls «schlüpft»:

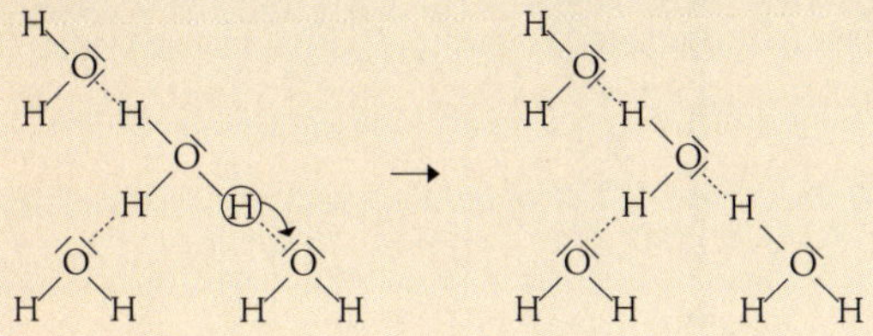

Die Protonenübertragung von Wasser-Molekül zu Wasser-Molekül erfolgt äusserst rasch. Die von einer Säure abgegebenen Protonen sind also nicht an ein bestimmtes Wasser-Molekül gebunden, sondern werden dauernd von einem Molekül auf ein anderes übertragen. Individuelle H_3O^+-Ionen, die von anderen, in einer Lösung ebenfalls vorhandenen Teilchen streng unterschieden werden können, existieren deshalb in einer Lösung nicht. Man spricht daher auch etwa von «hydratisierten Protonen» statt von Oxonium-Ionen. Trotzdem werden wir weiter die Formel H_3O^+ für das «hydratisierte Proton» benützen.

Dasselbe gilt für die Hydroxid-Ionen. Sie sind ebenfalls durch Wasserstoffbrücken an andere Wasser-Moleküle gebunden und auch hier können Protonen von einem Wasser-Molekül auf ein OH^--Ion übergehen. Trotzdem werden wir die Formel OH^- weiterhin verwenden.

$$H_3C{-}CH_2{-}OH + HCl \rightarrow H_3C{-}CH_2{-}OH_2^+ + Cl^-$$

$$NH_3 + HBr \rightarrow NH_4^+\,Br^-$$

Im Fall der letzteren Reaktion bilden die NH_4^+-Ionen (Ammonium-Ionen) mit den Br^--Ionen (Bromid-Ionen) ein festes Salz. Wir haben diese Reaktion zum Nachweis von HBr benützt (Abschnitt 8.3).

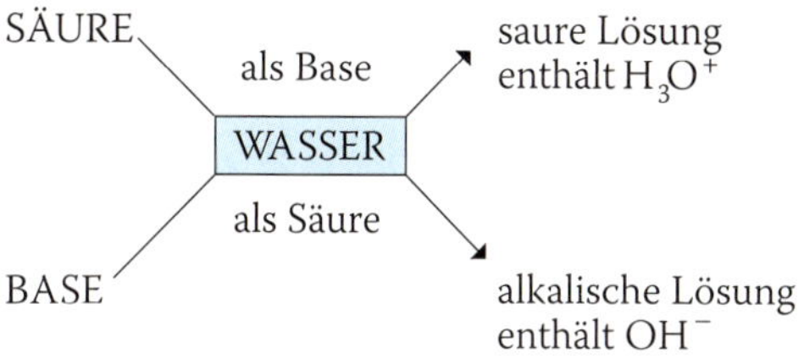

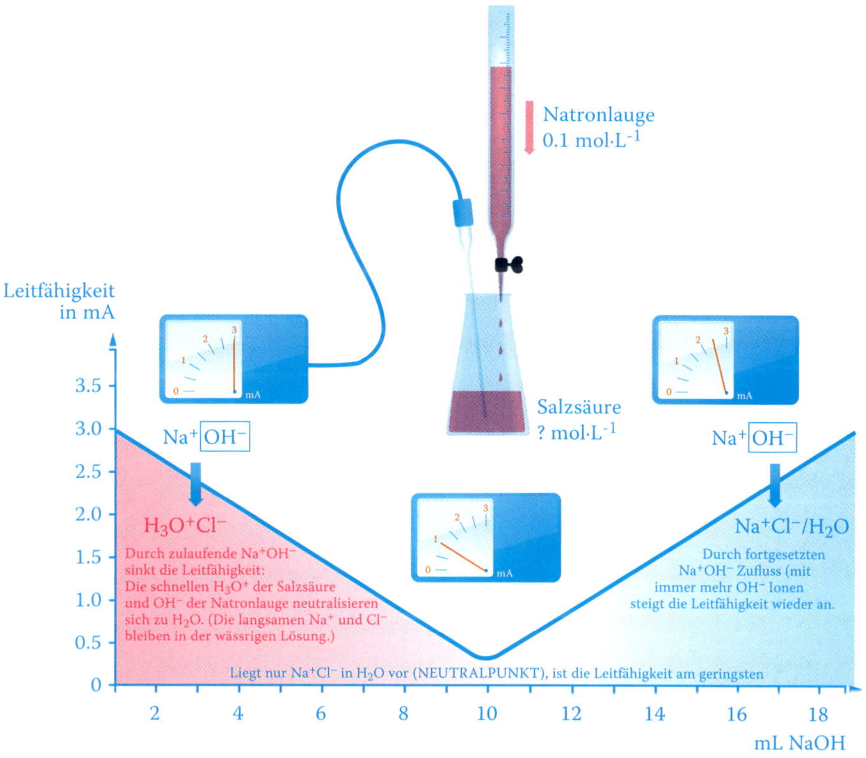

Abb. 15.12 Leitfähigkeitstitration. Die fallende Kurve zeigt die H_3O^+-Abnahme durch OH^--Zugabe (H_2O-Bildung); die steigende Kurve zeigt den OH^--Zuwachs (H_3O^+ -Ionen fehlen)

- Säure/Base-Reaktionen (Protolysen) sind Protonenübertragungen.
- Säuren ergeben mit Wasser Oxonium-Ionen. Diese sind für saure Lösungen charakteristisch.
- Basen reagieren mit Wasser zu Hydroxid-Ionen. Es sind die charakteristischen Ionen alkalischer Lösungen.
- Wasser verhält sich gegenüber Säuren als Base, gegenüber Basen als Säure. Es ist ein sogenannter Ampholyt (amphi gr. = beidseitig).

15.3 Die Neutralisation

Neutralisiert man saure mit alkalischen Lösungen, so protolysieren Oxonium- und Hydroxid-Ionen zu Wasser. Die negativen und positiven Begleitionen bleiben im Wasser gelöst und scheiden sich beim Eindampfen der Lösung als Salz aus.

Beispiel: Neutralisation von verdünnter Essigsäure mit einer Natriumhydroxid-Lösung:

$$H_3CCOO^- + H_3O^+ + Na^+ + OH^- \rightarrow H_3CCOO^- + Na^+ + H_2O + H_2O$$

Wenn wir nur die tatsächlich an der Reaktion beteiligten Teilchen in der Gleichung aufführen, vereinfacht sich diese und zeigt sofort die Protolyse. Die Oxonium-Ionen reagieren als Säure mit den Hydroxid-Ionen, die als Base wirken (Abb. 15.12):

$$H_3O^+ + OH^- \rightarrow H_2O + H_2O$$

In gewissen Fällen reagieren auch die Begleitionen bei einer Neutralisation miteinander und bilden ein schwerlösliches Salz, das als Niederschlag ausfällt.

Die Neutralisation von sauren Lösungen durch Laugen bzw. umgekehrt wird häufig zur Gehaltsbestimmung saurer (alkalischer) Lösungen benutzt. Das Verfahren wird Titration genannt (le titre frz. = Titel; hier «Gehalt»; Abb. 15.14 und 15.15).
Aus einem Messgefäss, der Bürette, lässt man die Masslösung (eine Lösung von bekanntem Gehalt, z.B. eine Lauge) langsam zu der zu bestimmenden Lösung (hier eine saure Lösung) fliessen. Wenn die Neutralisation beendet ist, zeigt ein der untersuchten Lösung zugesetzter Farbstoff einen Farbumschlag. Man liest an der Skala die verbrauchte Menge der Masslösung ab und berechnet daraus den unbekannten Gehalt.

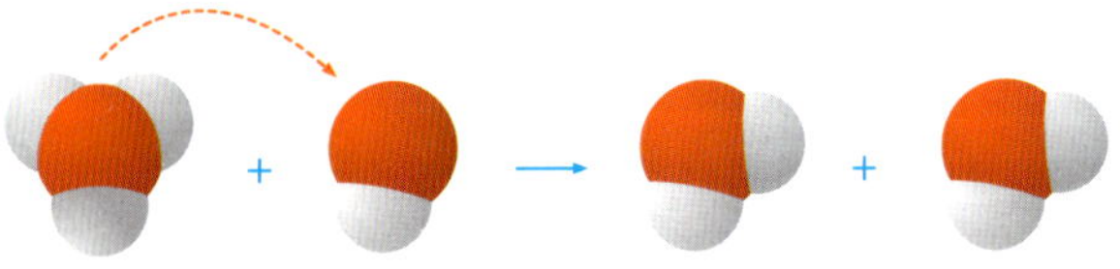

Abb. 15.13 Protolyse bei der Neutralisation (Kalottenmodelle)

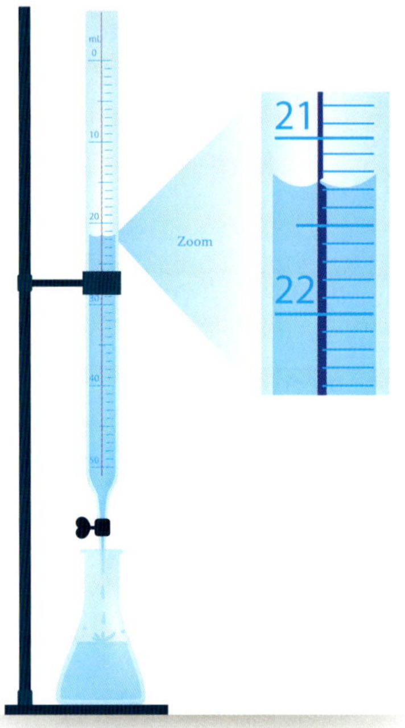

Abb. 15.14 Titration mit Bürette mit Hahn und Erlenmeyerkolben. Es wird so lange die Lösung bekannter Konzentration zugegeben, bis der durch den letzten Tropfen ausgelöste Farbumschlag des Indikators nur noch langsam wieder verschwindet

Abb. 15.15 Zur Erhöhung der Ablesegenauigkeit ist in der Bürette ein blauer Streifen auf weissem Hintergrund eingesetzt. Durch die Lichtbrechung erscheint dieser Streifen an der Meniskusgrenze eingekerbt, hier wird abgelesen (z.B. 21,25 mL)

Statt durch den Farbumschlag eines Indikators kann das Ende der Reaktion auch durch Messung der Leitfähigkeit bestimmt werden (Leitfähigkeitstitration). Neutralisiert man z.B. Salzsäure mit Natronlauge, so verschwinden zunächst die H_3O^+-Ionen und an ihre Stelle treten Na^+-Ionen. H_3O^+-Ionen leiten jedoch viel besser als die hydratisierten Na^+-Ionen (d.h. sie wandern schneller), weil dabei nur ein Proton von einem Wasser-Molekül auf ein anderes «überspringen» muss. Die Leitfähigkeit sinkt daher zunächst, obschon die Gesamtkonzentration der Ionen konstant bleibt. Ist der Endpunkt der Reaktion erreicht, so ist die Leitfähigkeit am geringsten. Mit zunehmendem Überschuss an Natronlauge (wachsende Konzentration der ebenfalls gut leitenden, «schnell wandernden» OH^--Ionen) steigt die Leitfähigkeit wieder an (Abb. 15.13).

Die Konzentrationen von sauren Lösungen und Laugen werden gewöhnlich in mol/Liter ausgedrückt (Stoffmengenkonzentration; Abschnitt 3.6). Um sie anzugeben, setzt man entweder den Buchstaben «c» vor die Formel oder setzt diese in eckige Klammern, also z.B.

$c(NaOH) = 0{,}1\ mol \cdot L^{-1}$ oder $[NaOH] = 0{,}1\ mol \cdot L^{-1}$

Verwendet man zur Neutralisation Lösungen einprotoniger Säuren [Säuren, die nur ein Proton abgeben können wie z.B. Essigsäure oder Salzsäure, HCl(aq)] und einprotoniger Laugen [z.B. NaOH(aq)], so reagiert jeweils gerade 1 mol Säure mit 1 mol Base. Mit anderen Worten, 1 Liter einer Salzsäure der Konzentration 1 mol · L^{-1} neutralisiert 1 Liter Natronlauge [$c(NaOH) = 1\ mol \cdot L^{-1}$] oder 0,5 Liter Natronlauge [$c(NaOH) = 2\ mol\ L^{-1}$] oder 2 Liter Natronlauge [$c(NaOH) = 0{,}5\ mol \cdot L^{-1}$].
Sind die Konzentrationen von Säure und Lauge verschieden, so braucht es von jeder Lösung ein umso grösseres Volumen, je kleiner ihre Konzentration ist, also:

Vol. A · Konzentration A = Vol. B · Konzentration B

1 mol einer zweiprotonigen Säure (z.B. Schwefelsäure, H_2SO_4) vermag aber 2 mol Protonen pro mol Säure an Basen abzugeben. Daher muss die Konzentration A mit dem Faktor 2 multipliziert werden, wenn A eine zweiprotonige Säure ist. In diesem Fall gilt

Vol. A · Konzentration A · 2 = Vol. B · Konzentration B

Um 1 Liter Natronlauge ($c = 1\ mol \cdot L^{-1}$) zu neutralisieren, benötigt man somit nur 0,5 Liter Schwefelsäure der Konzentration 1 mol · L^{-1}.

Rechenbeispiel: Zur Neutralisation von 10 mL Salzsäure brauchte man 8 mL Natronlauge der Konzentration 1 mol · L^{-1}. Welche Konzentration hatte die Salzsäure?

Wäre die Konzentration der Salzsäure ebenfalls 1 mol · L^{-1}, so hätte man genau 10 mL der Natronlauge gebraucht. Da nur 8 mL Lauge benötigt wurden, war die Säure verdünnter:

$8{,}0\ mL \cdot 1\ mol \cdot L^{-1} = 10\ mL \cdot x \qquad x = 0{,}8\ mol \cdot L^{-1}$

Die Konzentration der untersuchten Salzsäure war also 0,8 mol · L^{-1}, d.h. sie enthielt pro Liter 0,8 mol HCl, das sind 0,8 · 36,5 g = 29,2 g. Da die Dichte einer so verdünnten Lösung rund 1 g · cm^{-3} beträgt, ist der prozentuale Gehalt der Säure 2,92 % (2,92 g HCl in 100 g Lösung).

ÜBUNGEN ZUM KAPITEL 15

15.1 Stearinsäure ($C_{17}H_{35}COOH$) ist eine weisse, paraffinähnliche Substanz. Wie verhält sich ihre Löslichkeit in den folgenden Lösemitteln und warum löst sie sich unterschiedlich gut?
Lösemittel:
a) Kohlenstofftetrachlorid
b) Wasser
c) Hexan
d) Aceton

15.2 Was ist der Unterschied zwischen einer «Säure» und einer «sauren Lösung»?

15.3 Gibt man wasserfreie Essigsäure zu Magnesium, so beobachtet man keine Reaktion. Warum?

15.4 Welche Moleküle geben ihr Proton wohl leichter ab, Essigsäure oder Trichloressigsäure (Cl_3C-$COOH$)?

15.5 Begründen Sie, weshalb man die Reaktion einer sauren Lösung mit einem Metall als Redoxreaktion bezeichnet.

15.6 Eine wässrige Lösung von Propansäure wird mit Natronlauge versetzt. Dampft man anschliessend die Lösung ein, so bleibt ein weisser, fester Stoff zurück. Formulieren Sie die entsprechenden Reaktionsgleichungen.

15.7 Wenn destilliertes Wasser längere Zeit an der Luft steht, leitet es den elektrischen Strom und färbt Lackmusfarbstoff rot. Erklären Sie diese Erscheinung.

15.8 Schreiben Sie die Reaktionsgleichungen für folgende Säure/Base-Reaktionen:
a) Reaktion von Schwefelsäure mit Wasser (Abgabe eines Protons),
b) Reaktion von Schwefelsäure mit Ammoniak,
c) Reaktion von Natriumchlorid mit Schwefelsäure (Stoff- und Ionengleichung).

15.9 Geben Sie für alle Säure/Base-Reaktionen der Aufgabe 15.8 an, welche Teilchen jeweils als Säure, welche als Base reagieren.

15.10 Wie erkennt man, ob eine Lösung sauer oder alkalisch ist?

15.11 Aluminium reagiert (nach kurzer Erwärmung) sehr heftig mit Salzsäure unter Wasserstoffentwicklung. Formulieren Sie die Reaktionsgleichung für diesen Vorgang.

15.12 Löst man Calciumoxid in Wasser, so leitet die dabei entstehende Lösung den elektrischen Strom und färbt roten Lackmusfarbstoff blau. Weshalb handelt es sich bei diesem Vorgang um eine Säure/Base-Reaktion?

15.13 Die Geologen weisen Kalkstein (Calciumcarbonat: $CaCO_3$) mit Salzsäure nach. Dabei entsteht aus dem Kalk Kohlensäure (H_2CO_3), die anschliessend in Wasser und Kohlenstoffdioxid zerfällt. Beschreiben Sie die beiden Vorgänge mit Reaktionsgleichungen.

15.14 Versetzt man Eisensulfid (FeS) mit Salzsäure, so entsteht Dihydrogensulfid. Reaktionsgleichung?

15.15 Formulieren Sie je eine Reaktion, bei der Wasser als Säure bzw. als Base reagiert.

15.16 Zur Neutralisation von 8 mL einer Natronlauge wurden 10 mL Salzsäure ($c = 1\ \text{mol} \cdot \text{L}^{-1}$) benötigt. Berechnen Sie die Stoffmengenkonzentration der Natronlauge und ihren Gehalt in Massen-%. (Die Dichte der Natronlauge darf als $1\ \text{g} \cdot \text{cm}^{-3}$ angenommen werden.)

15.17 Konzentrierte Salzsäure ($\rho = 1{,}2\ \text{g} \cdot \text{cm}^{-3}$) wurde vor der Titration 25mal verdünnt. 20 mL der verdünnten Säure brauchten zur Neutralisation 10,5 mL Natronlauge ($c = 1\ \text{mol} \cdot \text{L}^{-1}$). Geben Sie den Gehalt der konzentrierten Säure in Massenprozenten an.

15.18 Erklären Sie, weshalb die Säure- und Base-Begriffe sich auf die Funktion eines Teilchens beziehen und geben Sie ein Beispiel für die Tatsache, dass der Säure- (Base-) charakter eines Teilchens auch durch seinen Reaktionspartner bestimmt wird.

15.19 Stellen Sie für folgende Reaktionen die Reaktionsgleichungen auf:
a) Neutralisation von verdünnter Schwefelsäure mit Natronlauge,
b) Reaktion von kohlenstoffdioxidhaltigem Wasser mit Kalilauge.

15.20 Zeigen Sie mithilfe der Oxidationszahlen, dass es sich bei der Neutralisation von verdünnter Essigsäure mit Natronlauge nicht um einen Redoxvorgang handelt.

15.21 Die Reaktion von verdünnter Essigsäure mit Magnesium ist eine Redoxreaktion. Begründen Sie diese Feststellung durch die Oxidationszahlen.

16 ESTER – REAKTIONSPRODUKTE VON SÄUREN UND ALKOHOLEN

16.1 Die Reaktion von Carbonsäuren mit Alkoholen

Wie reagieren Carbonsäuren mit Alkoholen?
Beim Erhitzen eines Gemischs aus Eisessig und Ethanol, dem einige Tropfen konzentrierte Schwefelsäure[1] zugesetzt worden sind, erhält man nach einiger Zeit ein Produkt, das in Wasser nur wenig löslich ist und einen charakteristischen Geruch (nach «Lösemittel») aufweist. Aus der Essigsäure und dem Alkohol ist ein sogenannter Ester entstanden. Die konzentrierte Schwefelsäure wirkt dabei katalytisch. Sie beschleunigt die sonst langsam ablaufende Reaktion.

Das Estermolekül entsteht aus je einem Molekül Essigsäure und Ethanol, wobei ein Molekül Wasser abgespalten wird:

$$H_3CCOOH + HOCH_2CH_3 \rightarrow H_3CCOOCH_2CH_3 + H_2O$$

Markiert man das Alkohol-Sauerstoff-Atom mit schwerem Sauerstoff (^{18}O) und untersucht das gebildete Wasser mit dem Massenspektrometer, so findet man, dass darin kein schwerer Sauerstoff vorhanden ist. Das Wasser entsteht also aus der Hydroxylgruppe der Säure und einem Wasserstoff-Atom des Alkohols:

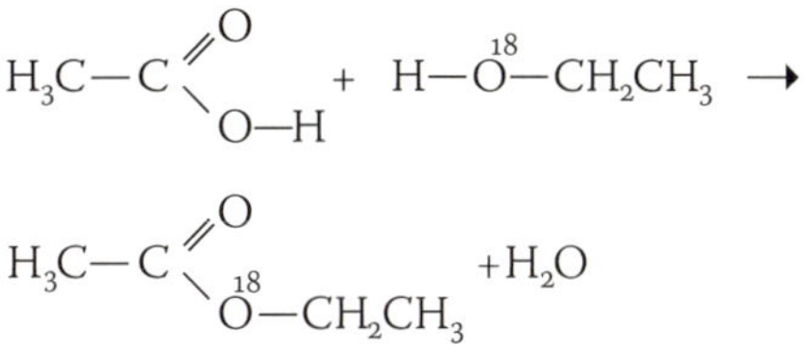

Essigsäureethylester

Der bei dieser Reaktion gebildete Ester heisst Essigsäureethylester. Er wird als Lösemittel für Lacke verwendet.

In derselben Weise reagieren auch andere Carbonsäuren mit Ethanol oder anderen Alkoholen. Verwendet man für die Reaktion Carbonsäuren und Alkohole mit einem bis fünf Kohlenstoff-Atomen, so entstehen Ester mit einem angenehmen Geruch. Weil sie als Aromastoffe in vielen Früchten enthalten sind, heissen sie Fruchtester.

- Carbonsäuren und Alkohole reagieren unter Wasserabspaltung zu Estern und Wasser.
- Die «Veresterung» wird durch starke Säuren (z.B. Schwefelsäure) beschleunigt.
- Der Name der Ester setzt sich aus den Namen der Säure und des Alkylrests des Alkohols zusammen.

[1] *Reine Schwefelsäure, die mit wenig Wasser verdünnt wurde, bezeichnet man als konzentrierte Schwefelsäure; sie ist gewöhnlich 98%-ig.*

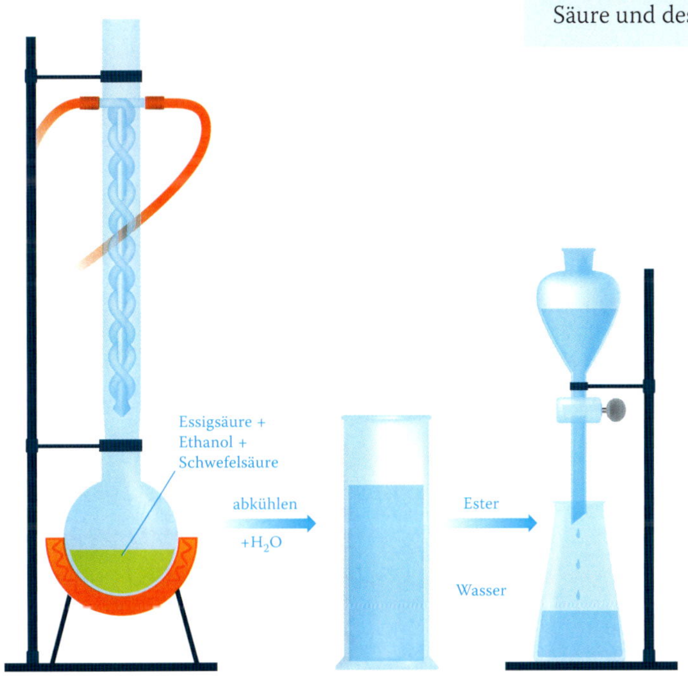

Abb. 16.1 Durchführung der Veresterung

Auch anorganische Säuren bilden Ester, wie z.B. das «Nitroglycerin», den Salpetersäureester von Glycerin.

Weil es sich bei der Veresterung um eine ziemlich wichtige Reaktion handelt, wollen wir noch zeigen, wie man sich den Ablauf der säurekatalysierten Veresterung vorstellt.
Zunächst protoniert die zugesetzte starke Säure die Carbonsäuremoleküle:

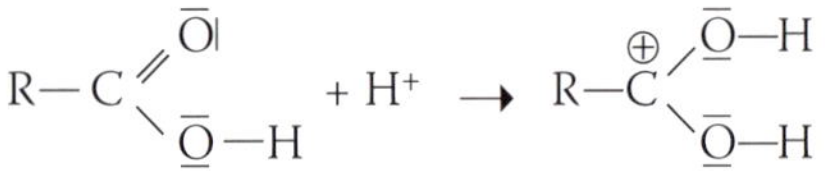

Dass Carbonsäuren sich gegenüber starken Säuren tatsächlich als Basen verhalten, zeigt z.B. die Tatsache, dass ein Gemisch aus Eisessig und konzentrierter Schwefelsäure den elektrischen Strom sehr gut leitet.

Das protonierte Säuremolekül (mit positiv geladenem C-Atom) wird nun durch ein Alkoholmolekül (mit negativ polarisiertem O-Atom) angegriffen:

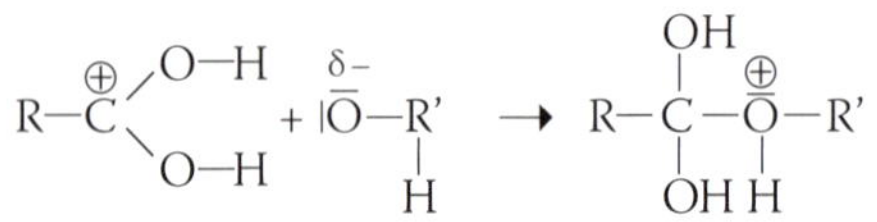

Schliesslich erfolgt eine intramolekulare Protolyse. Dann spaltet sich zuerst ein Wasser-Molekül und nachher das Proton wieder ab:

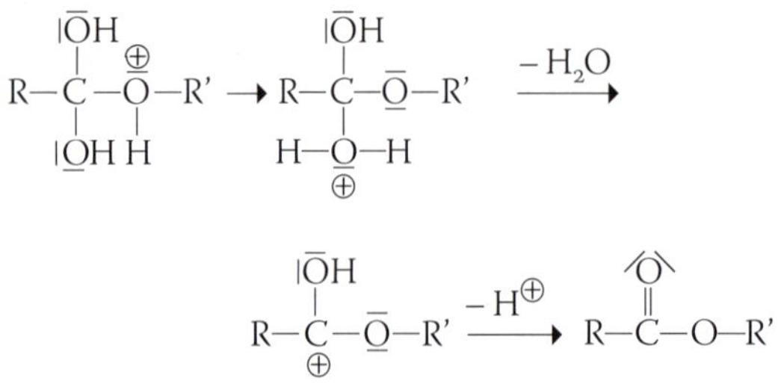

Ester

Die Estermoleküle enthalten keine polare Hydroxylgruppe. Sie bilden deshalb untereinander keine Wasserstoffbrücken. Ester sieden darum tiefer als Alkohole oder Carbonsäuren von gleicher Kohlenstoffzahl. Mit Wasser sind sie sehr beschränkt oder überhaupt nicht mischbar. Dank ihres lipophilen Charakters werden sie als Lösemittel für Lacke, Klebstoffe, Fette und Öle verwendet.

Die Verseifung von Estern
Erhitzt man einen Ester unter Zusatz von etwas verdünnter Schwefelsäure, so tritt nach einiger Zeit der charakteristische Geruch der Carbonsäure auf. Der Ester wird durch das Erhitzen gespalten. Dabei nimmt ein Mol Ester ein Mol Wasser auf, wobei die Schwefelsäure-Lösung wiederum katalytisch wirkt:

$$H_3CCOOC_2H_5 + H_2O \rightarrow H_3CCOOH + C_2H_5OH$$

Acetylsalicylsäure, ein Ester mit bemerkenswerten Eigenschaften
Schon im Altertum benützte man Auszüge aus Weidenrinden als Mittel gegen Fieber und Schmerzen. 1763 berichtete der englische Geistliche Stone über Untersuchungen an 50 fiebernden Patienten, die mit Extrakten von Weidenrinde behandelt worden waren. Aus einem Weidenrindeglucosid[2] wurde 1838 die **Salicylsäure** hergestellt (salix lat. = Weide), die sich als fiebersenkend und schmerzstillend herausstellte und für die schon 1859 ein Verfahren zur technischen Herstellung entwickelt wurde. Da Salicylsäure auch entzündungshemmend wirkt, eignet sie sich auch als Mittel zur Behandlung von Rheumatismus. Die dazu erforderlichen hohen Dosen bewirkten allerdings starke Reizungen der Magenschleimhaut, sodass man den Arzneistoff durch chemische Veränderungen in seinen physiologischen Eigenschaften zu verbessern suchte.

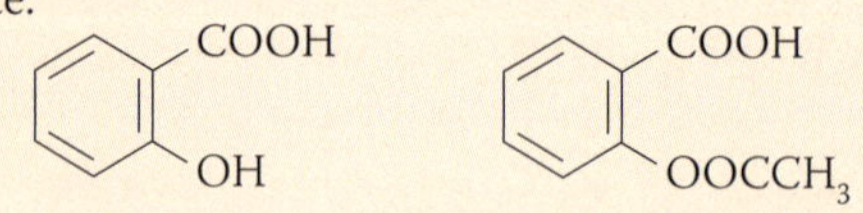

Salicylsäure — Acetylsalicylsäure

Dabei wurde auch der Essigsäureester der Salicylsäure, die **Acetylsalicylsäure** (ASS) in allerdings noch wenig reiner Form hergestellt (1853). Trotz ihrer Wirksamkeit wurde der Substanz keine Beachtung geschenkt. Erst 1897 gelang es dem Chemiker F. Hoffmann auf der Suche nach einem verträglichen Medikament für seinen rheumakranken Vater, Acetylsalicylsäure in sehr reiner Form zu gewinnen. Nach tierexperimentellen und klinischen Prüfungen wurde ASS von den Farbenfabriken Bayer in Elberfeld 1899 unter dem Namen **Aspirin** in den Handel gebracht. Heute wird ASS auch unter vielen anderen Handelsnamen vertrieben und ist zudem Bestandteil einer grossen Zahl von Kombinationspräparaten.
ASS gelangt über den Magensaft in die Magenschleimhaut, wo der Ester grösstenteils hydrolysiert wird. Zum Teil bleibt aber ASS unverändert und gelangt durch die Blutbahn in den ganzen Körper. Die durch die Esterspaltung entstandene Salicylsäure wird über die Niere ausgeschieden.
Acetylsalicylsäure dürfte das auch heute noch am meisten verwendete Medikament sein. Die Weltproduktion wird auf etwa 50 000 Jahrestonnen (2002) geschätzt. Für die Industrieländer rechnet man mit einem jährlichen Verbrauch von etwa 100 Tabletten pro Kopf. Ihre wichtigsten Wirkungen wurden bereits erwähnt: Sie wirkt analgetisch (schmerzstillend), antipyretisch (fiebersenkend) und (in geringerem Mass als die reine Salicylsäure oder als Salicylsäuremethylester) antiphlogistisch (entzündungshemmend).

[2] *Ein Glucosid ist eine Verbindung aus Glucose und einer anderen (oft wenig wasserlöslichen) Substanz. Sehr viele Naturstoffe kommen in dieser Art, an Glucose oder an andere Zucker gebunden, in Pflanzen vor.*

Bemerkenswert ist jedoch, dass in den letzten Jahrzehnten weitere, ganz andere Wirkungen dieser Substanz entdeckt wurden. So wird heute ASS in mikroverkapselter Form zur Hemmung der Thrombozytenaggregation, d.h. zur Bekämpfung von Thrombosen benützt. Auch zur Prophylaxe von Herz- und Hirninfarkten kann Acetylsalicylsäure herangezogen werden.

Der Mechanismus der Wirkung von ASS ist noch nicht in allen Einzelheiten bekannt. Immerhin weiss man doch schon ziemlich viel darüber. So entdeckte der britische Pharmakologe J. R. Vane 1971, dass ASS die Biosynthese der Prostaglandine hemmt. Dies sind hormonähnlich wirkende Substanzen, die in fast allen Zellen gebildet werden und im Organismus vielfältige Funktionen besitzen. So wirken gewisse Prostaglandine blutdrucksenkend. Ein anderes Prostaglandin ruft bei Entzündungen Fieber hervor. Prostaglandine bewirken auch die «Schmerzentstehung» und Kontraktionen der glatten Muskulatur. Sie sind Abkömmlinge der Prostansäure, einer C-20-Säure mit einem gesättigten Fünfring:

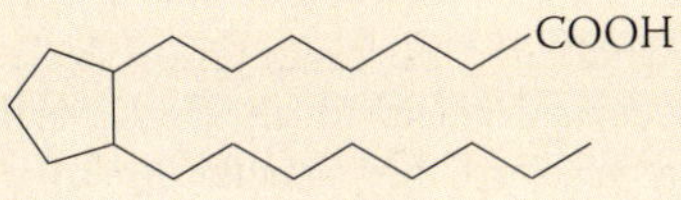

Prostansäure

Die Prostaglandine besitzen zusätzlich dazu verschiedene funktionelle Gruppen (z.B. Hydroxyl- und Carbonylgruppen) sowie C=C-Doppelbindungen, die jeweils die physiologische Wirkung des betreffenden Prostaglandins bestimmen. Die hemmende Wirkung der Acetylsalicylsäure auf die Prostaglandin-Biosynthese beruht wahrscheinlich darauf, dass sie ein Enzym inaktiviert, indem sie die Acetyl-Gruppe

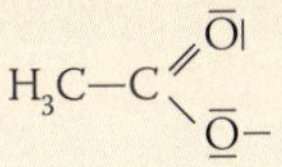

auf das Enzym überträgt und dadurch seine Wirkgruppe blockiert. Dadurch, dass ASS die Prostaglandin-Biosynthese hemmt, wirkt sie schmerzstillend und fiebersenkend. Sie beseitigt allerdings die Ursache des Fiebers bzw. der Schmerzen nicht.

Neuere Untersuchungen haben gezeigt, dass ASS sich auch positiv auf die körpereigene Immunabwehr auswirken kann. Weiter wurde beobachtet, dass Rheumatiker, die längere Zeit mit ASS behandelt worden waren, seltener einen Grauen Star (Linsentrübung im Auge) bekamen als eine Vergleichsgruppe. Es ist jedenfalls erstaunlich, wie breit das Wirkungsspektrum dieses altbekannten Medikaments ist; ASS wurde nicht von ungefähr als das «Jahrhundert-Pharmakon» bezeichnet.

Die Spaltung einer Verbindung unter Mitwirkung von Wasser nennt man Hydrolyse.
Die Esterbildung aus Säure und Alkohol, die Veresterung, ist somit umkehrbar. Weil man auf diese Weise aus Fetten Seife herstellen kann (Abschnitt 19.1), nennt man die Hydrolyse des Esters «Verseifung». Die Verseifung verläuft noch leichter, wenn man statt verdünnter Säure Natronlauge einsetzt. Die bei der Verseifung entstehende Carbonsäure wird dann durch die Lauge sogleich neutralisiert, sodass kein Säuregeruch feststellbar ist.

- Die Veresterung einer Carbonsäure mit einem Alkohol ist eine umkehrbare Reaktion.
- Durch Erwärmen mit verdünnter Säure oder mit Lauge (Natron- oder Kalilauge) kann der Ester «verseift», d.h. wieder in Alkohol und Carbonsäure gespalten werden.
- Unter Hydrolyse versteht man eine Reaktion, bei der Atombindungen unter Aufnahme von Wasser gespalten werden.

16.2 Fette, wichtige Nahrungsmittel

Glyceride

Fette und fette Öle (z.B. Olivenöl) sind Ester aus Glycerin, einem Alkohol mit drei Hydroxylgruppen (Abschnitt 13.5), und Fettsäuren (Carbonsäuren mit Kohlenstoffzahlen von 12 bis 20). Solche Ester nennt man Glyceride. In gewissen Fetten kommen auch Glyceride von Carbonsäuren mit niedrigerer Kohlenstoffzahl vor, wie z.B. Buttersäure, eine C_4-Säure.

In einem Glycerid kann ein Glycerin-Molekül sowohl mit drei Molekülen derselben Fettsäure wie auch mit verschiedenen Fettsäuremolekülen verestert sein. Zudem bestehen Fette stets aus Gemischen verschiedener Glyceride. Es sind also keine Reinstoffe und sie besitzen deshalb auch keine scharfe Schmelztemperatur, sondern ein «Schmelzintervall». Fette unterscheiden sich je nach ihrer Herkunft durch die verschiedenen, in ihren Glyceriden enthaltenen Fettsäuren.

Es ist nicht leicht, einzelne Glyceride in reiner Form aus Fetten zu isolieren. Um ein bestimmtes Fett zu charakterisieren, begnügt man sich deshalb meistens mit der Angabe der darin vorhandenen Fettsäuren und ihres Mengenverhältnisses. Dieses lässt sich dadurch bestimmen, dass man das Fett zunächst spaltet, das Fettsäuregemisch anschliessend z.B. in Methanol löst und dabei verestert und dann gaschromatografisch untersucht.

Mengenmässig die bedeutendsten Fettsäuren sind Ölsäure ($C_{17}H_{33}COOH$), eine ungesättigte Fettsäure, Laurinsäure ($C_{11}H_{23}COOH$), Palmitinsäure ($C_{15}H_{31}COOH$)

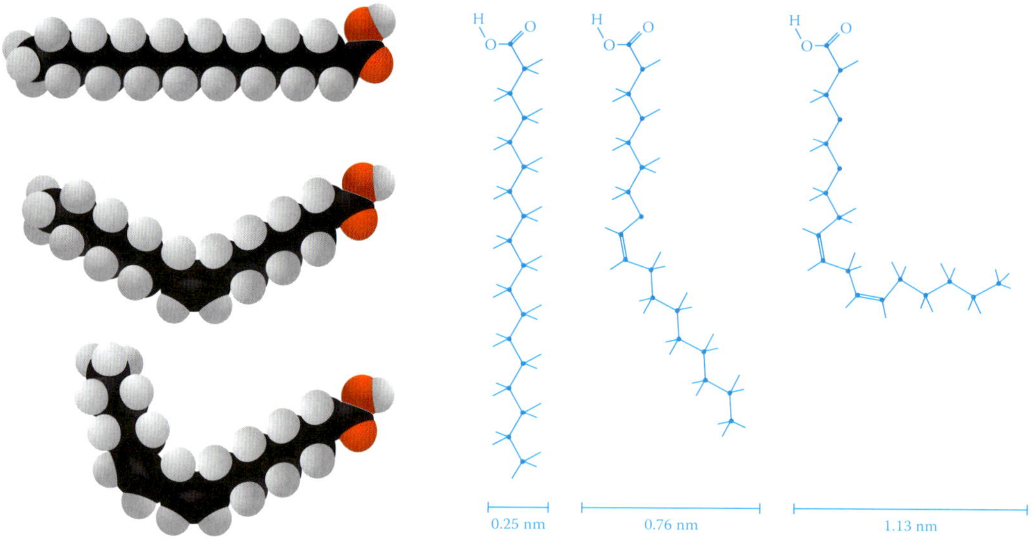

Abb. 16.2 Stearin-, Öl- und Linolsäure (Kalottenmodelle)

und Stearinsäure ($C_{17}H_{35}COOH$). Ölsäure ist in wechselnden Mengen in allen natürlichen Fetten vorhanden. Flüssige Fette, die – im Unterschied zu den Mineralölen – als **fette Öle** bezeichnet werden, enthalten stets viele Glyceride ungesättigter Fettsäuren (Ölsäure; Linolsäure, mit zwei Doppelbindungen, u.a.).

Trocknende Öle, wie z.B. Leinöl, enthalten einen relativ grossen Anteil an Glyceriden von mehrfach ungesättigten Säuren, d.h. Säuren mit mehreren Doppelbindungen. An der Luft vermögen sie Sauerstoff zu addieren und zu polymerisieren, wodurch harte, harzartige Produkte entstehen: Verwendung als Firnis für Ölfarben.

- Fette sind Gemische aus Glyceriden, Estern von Glycerin mit Fettsäuren.
- Feste Fette enthalten hauptsächlich gesättigte Fettsäuren, halbfeste Fette und fette Öle ungesättigte Fettsäuren.

Als ausgesprochen lipophile Stoffe mischen sich Fette mit Wasser nicht. Verrührt man Öl in Wasser, so entsteht eine Emulsion (eine Aufschwemmung feinster Tröpfchen), die sich beim Stehenlassen rasch entmischt. Durch Zusatz bestimmter Stoffe («Emulgatoren»), welche die Tröpfchen einhüllen, können Emulsionen stabilisiert werden. Ein Beispiel einer solchen stabilisierten Emulsion ist die Milch. Hier wirken Eiweissstoffe als Emulgatoren. Sie verlieren aber nach einiger Zeit ihre Wirkung und das Milchfett rahmt auf.
Das «Ranzigwerden» von Fetten beruht einerseits auf der Oxidation ungesättigter Fettsäuren zu flüchtigen Aldehyden, anderseits auf einem bakteriologischen Abbau der Fettsäuren zu Carbonsäuren mit niedrigen Kohlenstoffzahlen (Buttersäure, Capronsäure u.a.). Sowohl die entstehenden Aldehyde wie die C_4- bis C_6-Säuren riechen ausgesprochen unangenehm.

Pflanzliche Fette (die häufig flüssig sind) gewinnt man durch Auspressen von Ölfrüchten (Oliven, Erdnüsse) oder Samen (Sonnenblumenkerne), in einzelnen Fäl-

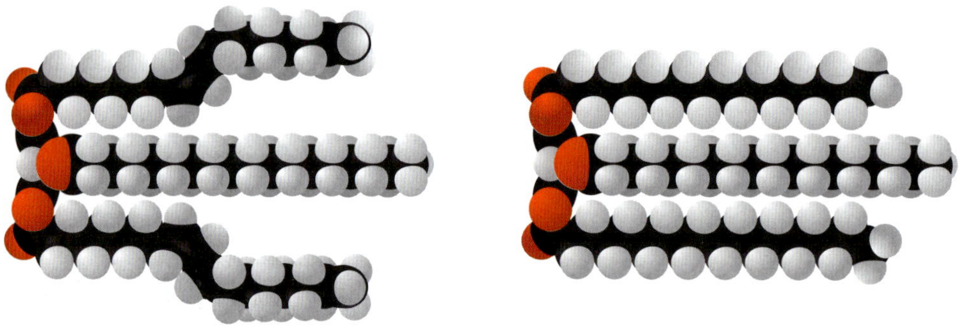

Abb. 16.3 Links: Glycerid aus Glycerin und 2 Molekülen Öl- und einem Molekül Stearinsäure. Rechts: Glycerid aus Glycerin und 3 Molekülen Stearinsäure (Kalottenmodelle)

Abb. 16.4 Mikroskopische Aufnahme von Milch

len auch durch Extraktion mit Fettlösemitteln (Benzin, Trichlorethen). Tierische Fette werden meist durch Auspressen des Fettgewebes oder durch Ausschmelzen gewonnen. Ungesättigte Fette können durch katalytische Addition von Wasserstoff an die Doppelbindung «hydriert» und damit «gehärtet» werden. Es gelingt dadurch, billige pflanzliche und tierische Öle in höher schmelzende Fette umzuwandeln, die besonders für technische Zwecke besser geeignet sind. Sollen gehärtete Fette für die Ernährung verwendet werden, so muss man ihnen wiederum ungesättigte Fettsäuren zusetzen, da diese lebenswichtig sind und vom Körper nicht aufgebaut werden können (essentielle Fettsäuren, z.B. Linolsäure).

Fette sind (neben den Kohlenhydraten und Eiweissstoffen) wichtige Nährstoffe, da sie als energiereiche Substanzen beim Fettabbau im Organismus relativ viel Energie freisetzen. Vom Körper über seinen Bedarf aufgenommene Nährstoffe werden in Fette umgewandelt und dadurch gespeichert. Fette sind also auch Reservestoffe, die oft in bestimmten Organen oder Geweben angereichert sind.
Im Darm des Menschen und der Säugetiere werden die Fette zunächst durch die Wirkung der Galle und des Bauchspeichels emulgiert und dann durch Enzyme («Lipasen») verseift. In der Darmwand werden Fettsäuren und Glycerin zum Teil wieder zu körpereigenen Fetten verbunden und durch Lymphe und Blut im Körper verteilt. Eiweissstoffe wirken dabei als Emulgatoren, ganz ähnlich wie in der Milch.

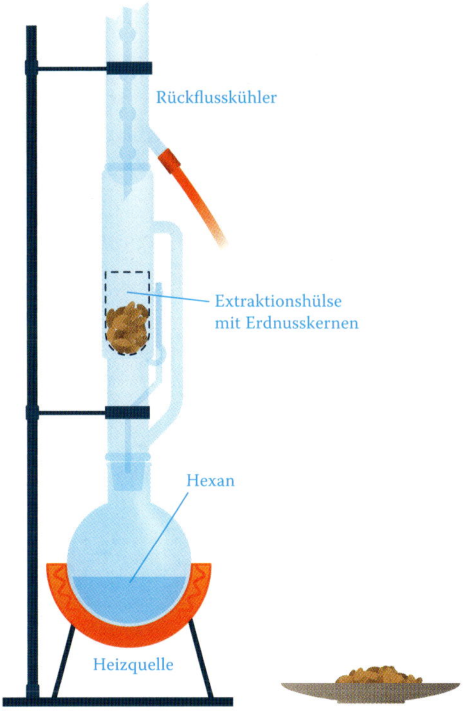

Abb. 16.5 Extraktion von Fett aus Erdnüssen mittels eines Soxhlet-Apparats

- Neben den Kohlenhydraten und Eiweissstoffen sind die Fette die wichtigsten Nährstoffe.
- Als Reservestoffe haben Fette grosse Bedeutung; beim physiologischen Fettabbau wird eine relativ grosse Energiemenge frei.
- Man gewinnt Fette durch Auspressen von Pflanzenteilen oder tierischen Organen bzw. Geweben oder durch Extraktion mit Fettlösemitteln.
- Fette Öle lassen sich durch katalytische Anlagerung von Wasserstoff an die Doppelbindung (durch «Hydrierung») härten (in feste Fette überführen).
- Essentielle Fettsäuren können vom menschlichen Körper nicht selbst aufgebaut und müssen mit der Nahrung zugeführt werden.

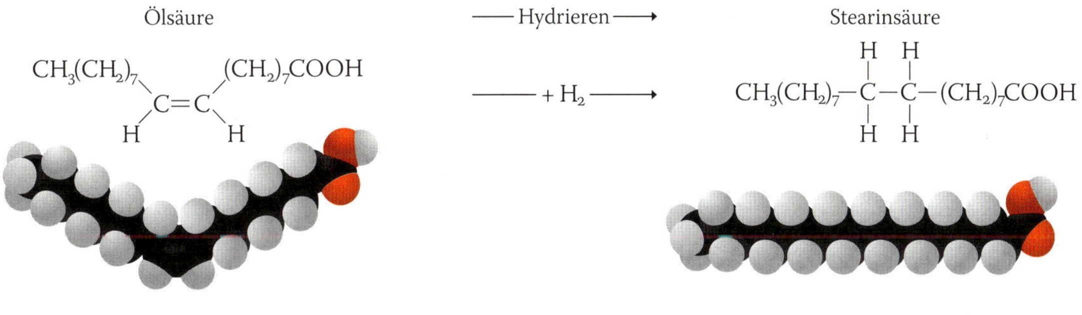

Abb. 16.6 Hydrieren ungesättigter Fettsäuren führt zu gesättigten Fettsäuren.

Tabelle 16.1 Zusammensetzung einiger Fette und Öle (Massenprozent)

	Name / Formel	Schmelz-temp. in °C	Rinderfett (tierische Fette)	Schweinefett (tierische Fette)	Butterfett (tierische Fette)	Walöl (tierische Fette)	Palmöl (pflanzliche Fette)	Olivenöl (pflanzliche Fette)	Erdnussöl (pflanzliche Fette)	Sonnenblumenöl (pflanzliche Fette)	Sojabohnenöl (pflanzliche Fette)	Leinöl (pflanzliche Fette)
gesättigte Fettsäuren	Myristinsäure $C_{13}H_{27}COOH$	+54	4	2	9	10	1	2	–	–	–	–
	Palmitinsäure $C_{15}H_{31}COOH$	+63	30	27	24	18	40	15	10	5	10	7
	Stearinsäure $C_{17}H_{35}COOH$	+71	20	14	13	1	5	2	3	2	3	3
ungesättigte Fettsäuren	Ölsäure $C_{17}H_{33}COOH$	+16	39	45	30	32	43	71	50	27	24	18
	Linolsäure $C_{17}H_{31}COOH$	– 5	3	8	2	5	10	8	31	65	54	14
	Linolensäure $C_{17}H_{29}COOH$	–11	–	–	1	–	–	–	–	–	8	58

Iodzahl

Die Doppelbindungen der in fetten Ölen vorhandenen ungesättigten Fettsäuren lassen sich durch die Entfärbung von Bromwasser nachweisen. Zur quantitativen Bestimmung dieser Säuren misst man die Menge Iod in Gramm, die von 100 g Fett bzw. Öl gebunden (addiert) werden kann. Die entsprechende Zahl nennt man Iodzahl. Einige Iodzahlen:

Kokosfett	8–10	Olivenöl	74–94
Butter	26–45	Erdnussöl	83–98
Schmalz	46–66	Leinöl	170–204

Margarine

Im vorindustriellen Zeitalter genügten Butter, Speck, Schweineschmalz, Rindertalg und Hammelfett zur Versorgung der Bevölkerung mit Fetten. Das Anwachsen der Bevölkerung während der ersten Hälfte des 19. Jahrhunderts führte zu einem gesteigerten Fettbedarf, insbesondere nach Streichfett. Im Auftrag der französischen Regierung unter Napoleon III. suchte der Chemiker Mège-Mouriès nach einem Ersatz für die damals für einen grossen Teil der Bevölkerung zu teure Butter. Es gelang ihm, durch «Verbuttern» (d.h. «Emulgieren») von ausgeschmolzenem Rindertalg mit Milchfett ein streichbares, haltbares Speisefett herzustellen, das «Margarine» genannt wurde (margaron gr. = Perle) und das weit weniger teuer zu stehen kam als Butter. Heute werden zur Margarineherstellung ausschliesslich pflanzliche Fette und Öle verwendet. Aus mindestens 78 % Fett und höchstens 20 % Wasser entsteht eine Emulsion von Wasser in Fett. Als Emulgatoren werden entrahmte Frischmilch und Lecithin, eine natürliche, fettähnliche Substanz, verwendet. Als Fette können sowohl natürliche Fette (z.B. Kokosfett) als auch «gehärtete» Öle eingesetzt werden. «Essentielle» (lebensnotwendige) Fettsäuren wie Linolsäure werden zusätzlich beigefügt. Damit Margarine nicht mit Butter verwechselt wird, sind andere Verpackungsformen vorgeschrieben (z.B. Würfel, Becher). Ausserdem muss sie einen Zusatz von Stärke enthalten. Stärke kann durch Blaufärbung mit einer Iodlösung leicht erkannt werden.

Cholesterin, ein Lipid

Eine sehr verbreitete Gruppe von Naturstoffen, die Steroide, besitzen ein charakteristisches viergliedriges Ringsystem:

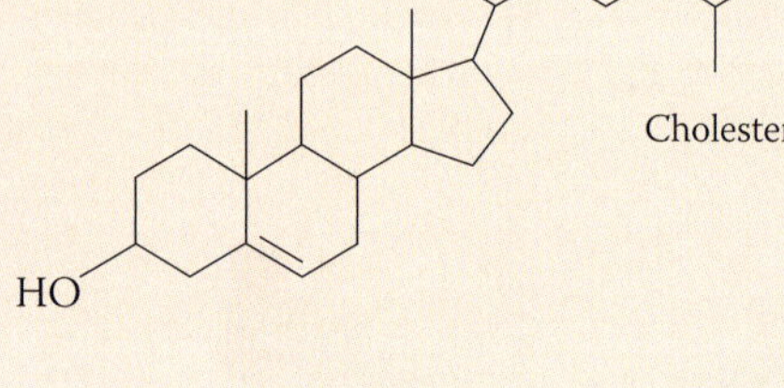

Cholesterin

Das Cholesterin, wohl das wichtigste Steroid, enthält zudem eine Hydroxylgruppe. Es ist eine ausgesprochen lipophile Substanz, die sich in mancher Hinsicht

ÜBUNGEN ZUM KAPITEL 16

16.1 Formulieren Sie die Reaktion zwischen Propanol und Propansäure. Wie heisst das dabei entstehende Produkt?

16.2 Die Bildung eines Carbonsäureesters kann durch starke Säuren beschleunigt werden.
Welche Funktion hat eine solche Säure im Verlaufe der Veresterung?

16.3 Vergleichen Sie die Siedetemperaturen von Estern mit Alkoholen gleicher Kohlenstoffzahl. Begründen Sie die Unterschiede.

16.4 Was versteht man unter einer Hydrolyse?

16.5 Worin unterscheiden sich «Fette» von «fetten» und «trocknenden» Ölen?

16.6 Ein Mol Glycerin reagiere mit drei Mol Ölsäure. Welches Produkt entsteht dabei?

16.7 Warum haben die Fette keine scharfe Schmelztemperatur?

16.8 Was sind gehärtete Fette, essentielle Fettsäuren?

16.9 Was wird man beobachten, wenn man Olivenöl mit einer Lösung von Brom in Hexan schüttelt?

fettähnlich verhält und daher (neben anderen Stoffen, wie z.B. Lecithin) zu den Lipiden gehört. Die Gallensäuren, die eine wichtige Rolle bei der Fettverdauung spielen (sie wirken als Emulgatoren), die Sexualhormone, die Antikonzeptiva, die Nebennierenrindenhormone (Cortison) und schliesslich die herzaktiven Wirkstoffe aus dem Fingerhut (Digitalis) und gewisse Krötengifte sind ebenfalls Steroide.

Für den Menschen ist Cholesterin lebenswichtig. Es ist der Ausgangsstoff zur Synthese der anderen Steroide. Es wird vor allem mit der Nahrung (tierische Fette, Eier) aufgenommen, aber auch vom Körper selbst gebildet (in der Leber). Ein zu hoher Cholesterin-Gehalt des Bluts gehört zu den Risikofaktoren für Arteriosklerose (Arterienverkalkung), bei der sich Cholesterin in den Arterien ablagert. Weil sich dadurch die Arterien verengen, wird der Blutfluss erschwert. Eine Verengung von Arterien im Gehirn führt zu einem Schlaganfall. Eine Verengung der Koronararterien (Herzkranzgefässe) hat einen Herzinfarkt zur Folge. Gallensteine bestehen aus nahezu reinem Cholesterin.

17 DIE GESCHWINDIGKEIT CHEMISCHER REAKTIONEN; DAS CHEMISCHE GLEICHGEWICHT

17.1 Warum laufen chemische Reaktionen ab?

Warum reagiert Wasserstoff nach Zündung mit einer Flamme oder einem Funken bei Raumtemperatur sehr heftig mit Sauerstoff? Weshalb kommt es bei Raumtemperatur zwischen Sauerstoff und Stickstoff zu keiner Reaktion? Warum gibt es überhaupt chemische Reaktionen? Die Beantwortung solcher Fragen nach der Ursache chemischer Vorgänge gehört zu den grundlegenden Aufgaben der Chemie.

Die Erfahrung lehrt, dass sehr viele exotherme Vorgänge von selbst eintreten, d.h. spontan (freiwillig) ablaufen (meist allerdings erst nach einer gewissen Aktivierung; Abschnitt 1.1). Offenbar besteht also bei chemischen Reaktionen – ebenso wie in der Mechanik – eine Tendenz zum Erreichen eines energieärmsten Zustands, also eines Zustands, dessen Gesamtenergie unter den betreffenden äusseren Bedingungen einen minimalen Wert hat: Prinzip vom Energieminimum.

So reagieren Wasserstoff und Sauerstoff deswegen in einer exothermen Reaktion miteinander, weil die Atombindungen (die anziehenden Kräfte zwischen Atomrümpfen und gemeinsamen Elektronenpaaren) im Wasser-Molekül stärker sind als in den Ausgangsmolekülen (Abschnitt 7.3). Wasser-Moleküle sind also energieärmer (stabiler) als die Elemente Wasserstoff und Sauerstoff.

Nun gibt es aber viele endotherme Vorgänge, die freiwillig ablaufen. Dabei geht ein System spontan in einen energiereicheren Zustand über, obwohl dies dem Prinzip vom Energieminimum widerspricht. So lösen sich z.B. manche Salze endotherm in Wasser und Flüssigkeiten verdunsten unter Aufnahme von Energie. Sehr viele chemische Reaktionen sind zudem umkehrbar. Es stellt sich dann ein Gleichgewichtszustand ein, ganz unabhängig davon, ob er durch einen exothermen oder einen endothermen Vorgang erreicht wird (Abschnitt 17.3). Offenbar kann die Reaktionsenthalpie ΔH nicht allein für den freiwilligen Ablauf einer chemischen Reaktion verantwortlich sein. Neben der frei werdenden Energie muss es vielmehr noch eine zweite Grösse dafür geben. Dies ist die von Clausius[1] eingeführte Entropie *S*. Sie kann als Mass für die Unordnung eines Systems interpretiert werden. Eine Zunahme der Unordnung begünstigt den freiwilligen Ablauf einer Reaktion: Prinzip vom Streben nach Zunahme der Unordnung.

Eine etwas exaktere anschauliche Deutung der Entropie besteht darin, dass man sie als Mass für die Anzahl Möglichkeiten auffasst, wie sich eine bestimmte thermische Energiemenge (Wärmeenergie) auf die Teilchen eines Systems verteilen lässt. Je zahlreicher und freier die Teilchen eines Systems und je komplexer sie gebaut sind, desto mehr verschiedene Energieverteilungen sind möglich und desto grösser ist somit die Entropie des Systems.

Im Gaszustand bewegen sich die Teilchen frei und können sowohl Translationsbewegungen (fortschreitende geradlinige Bewegung) wie auch Schwingungen und Rotationen ausführen. Im flüssigen Zustand ist die Teilchenbewegung hingegen eingeschränkt und im festen Zustand sind nur Schwingungen in einem kleinen Raumbereich möglich. Die Entropie einer Substanz nimmt daher beim Übergang fest – flüssig – gasförmig zu. Ebenso ist die Entropie zweiatomiger Gase (gleiche Bedingungen vorausgesetzt) grösser als die Entropie einatomiger Gase. Bei diesen ist die gesamte thermische Energie nur als Translationsenergie gespeichert, während sie bei zweiatomigen Molekülen auf Translation, Rotation sowie auf die gegenseitige Schwingung der Atome verteilt ist.

Auch wenn die Zahl der im Gaszustand vorhandenen Teilchen bei einer Reaktion wächst, ist die Reaktionsentropie positiv, weil nach der Reaktion mehr Möglichkeiten bestehen, die thermische Energie auf eine grössere Anzahl von Teilchen zu verteilen. Das «Gewicht» des Unordnungsfaktors wird darum umso grösser, je höher die Temperatur ist. So entstehen bei der Spaltung von Wasser in die Elemente aus einem Mol Wasser zwei Mol Wasserstoff und ein Mol Sauerstoff, also insgesamt drei Mol gasförmige Stoffe. Da damit die Entropie zunimmt, ist die Spaltung von Wasser bei hohen Temperaturen begünstigt: Der Entropieeffekt hat dann einen grösseren Einfluss als der Energiefaktor.

So laufen beide Reaktionen bei den entsprechenden Temperaturen freiwillig ab:

$$2\,H_2(g) + O_2(g) \rightarrow 2\,H_2O(g) \qquad \Delta H < 0$$

bei Raumtemperatur; geringe Abnahme der Entropie

$$2\,H_2O(g) \rightarrow 2\,H_2(g) + O_2(g) \qquad \Delta H > 0$$

bei 1500 °C; starke Zunahme der Entropie

– Der freiwillige Ablauf einer Reaktion wird sowohl durch die Reaktionsenthalpie als auch durch die Reaktionsentropie bestimmt.

[1] *R. Clausius (1822–1888), deutscher Physiker. Er führte 1865 den Begriff der Entropie ein.*

- Endotherme Reaktionen verlaufen nur dann freiwillig, wenn die Entropie stark zunimmt.
- Exotherme Vorgänge laufen freiwillig ab, wenn die Entropie zunimmt oder nicht wesentlich abnimmt.
- Da sich die Freiwilligkeit eines chemischen Vorgangs aus experimentellen und theoretischen Daten (Grundlage dazu ist die Thermodynamik, ein Teilgebiet der Chemie) berechnen lässt, spricht man auch von «thermodynamischer Freiwilligkeit».

Die Synthese bzw. die thermische Zersetzung von Wasser zeigen, dass die Temperatur, bei der ein bestimmter Vorgang abläuft, darüber entscheidet, wie stark die Entropiezunahme (-abnahme) gegenüber der Reaktionsenthalpie ins Gewicht fällt. Beim absoluten Nullpunkt (Abschnitt 3.7) ist die Entropie ohne Einfluss. Mit steigender Temperatur wird die thermische Bewegung immer stärker, sodass die Bedeutung der Entropie wächst.

(Thermodynamische) Freiwilligkeit eines chemischen Vorgangs bedeutet jedoch nicht, dass eine derartige Reaktion spontan, d.h. mit grosser Geschwindigkeit abläuft. So reagieren z.B. Stickstoff (N_2) und Wasserstoff (H_2) bei Raumtemperatur praktisch nicht miteinander zu Ammoniak (NH_3), obwohl es sich um eine (thermodynamisch) freiwillig ablaufende Reaktion handelt (exotherm, keine wesentliche Abnahme der Entropie). Die Wasserstoff- und Stickstoff-Moleküle haben die zur Reaktion nötige Aktivierungsenthalpie bei Raumtemperatur nicht (reaktionsträger Stickstoff wegen der Dreifachbindung im Stickstoff-Molekül!). Das System N_2/H_2 ist metastabil, obwohl das Produkt (Ammoniak) energieärmer ist als die Ausgangsstoffe.

Berechnung der Entropie

Nach dem dritten Hauptsatz der Thermodynamik ist die Entropie von Idealkristallen von Elementen und Verbindungen am absoluten Nullpunkt (t = −273,15 °C) null. Dies ermöglicht die Berechnung absoluter Entropiewerte von irgendwelchen Substanzen und für beliebige Temperaturen aus thermochemischen Messungen. Dies ist für die Enthalpie unmöglich.

Die Reaktionsentropie erhält man ebenso wie die Reaktionsenthalpie als Differenz zwischen der Summen der Entropien der Produkte und der Summe der Entropien der Edukte:

$$\Delta S = \Sigma S(\text{Produkte}) - \Sigma S(\text{Edukte})$$

Die auf die Stoffmenge 1 Mol bezogenen Entropien bei t = 25 °C (298 K) und p = 1,13 bar werden als molare Standardentropien $S°$ bezeichnet (Tabelle 17.1).

Tabelle 17.1 Molare Standardentropien S^0 ($J \cdot mol^{-1} \cdot K^{-1}$)

Al	28,2	H_2O(l)	70,0	He	126,1
C(Grafit)	5,7	H_2O(g)	188,9	Ne	146,2
Cu	33,3	CO(g)	198,0	H_2	130,6
Fe	27,2	CO_2(g)	213,8	F_2	203,3
Hg	76,0	HF(g)	173,8	Cl_2	223,0
Si	18,8	HCl(g)	186,9	Br_2(l)	152,3
AgCl	96,2	HBr(g)	198,7	I_2(s)	116,7
CuO	43,5	HI(g)	206,5	N_2(g)	191,2
Fe_2O_3	90,0	H_2S(g)	205,6	O_2	205,0
SiO_2	42,3	NO(g)	210,5		
HgO	70,0	NO_2(g)	240,5		
		NH_3(g)	192,6		
$CoCl_2 \cdot 6\,H_2O$(s)	314,0				
$CoCl_2$(s)	106,3				
$SOCl_2$(l)	229,9				
SO_2(g)	248,2				

Die freie Enthalpie

Nach dem zweiten Hauptsatz der Thermodynamik[2] nimmt bei spontanen Zustandsänderungen in einem abgeschlossenen System die Gesamtentropie zu ($\Delta S_{gesamt} > 0$). Wenn die Reaktionsentropie bei einer chemischen Reaktion negativ ist, muss dementsprechend die Entropie der Umgebung zunehmen, damit die Reaktion freiwillig abläuft. Dies gilt z.B. für viele biologisch-chemische Reaktionen, bei denen häufig aus wenig geordneten Systemen solche von hohem Ordnungsgrad entstehen. Die Erde ist hingegen kein abgeschlossenes System, da ständig Energie ein- und abgestrahlt wird.

Im Prinzip bietet der zweite Hauptsatz die Möglichkeit zu entscheiden, ob eine bestimmte Reaktion spontan eintreten kann oder nicht. Allerdings benötigt man dafür die Kenntnis der Entropieänderung des reagierenden Systems (die eigentlich allein von Interesse ist) und der Umgebung. Es wäre deshalb sehr nützlich, eine einzige Grösse als Mass der «Triebkraft» einer Reaktion zur Verfügung zu haben, die zudem nur durch die Eigenschaften des sich verändernden Systems bestimmt wird. Diese Grösse, die freie Enthalpie, muss sowohl die Reaktionsenthalpie ΔH als auch die Reaktionsenthalpie ΔS enthalten.

Die Änderung der Gesamtentropie ist

$$\Delta S_{ges} = \Delta S_{System} + \Delta S_{Umgebung} > 0 \qquad (1)$$

Bei konstanten Bedingungen (Druck und Temperatur) wird die bei einer Reaktion frei werdende Enthalpie von der Umgebung aufgenommen: $\Delta H_{Umgebung} = -\Delta H_{System}$[3]. Ist der Vorgang exotherm, ($\Delta H < 0$), so ist die Entropieänderung der Umgebung:

$$\Delta S_{Umgebung} = -\Delta H_{System}/T^{4}$$

Damit wird

$$\Delta S_{gesamt} = \Delta S_{System} - \Delta H_{System}/T > 0 \qquad (2)$$

Multipliziert man (2) mit T, so erhält man:

$$T \cdot \Delta S_{gesamt} = T \cdot \Delta S_{System} - \Delta H_{System} \quad > 0 \text{ oder}$$
$$-T \cdot \Delta S_{gesamt} = -T \cdot \Delta S_{System} + \Delta H_{System} \quad < 0$$

Nach J. W. Gibbs[5] wird der Term $-T\Delta S_{gesamt} = \Delta G$ gesetzt, wobei G die freie Enthalpie eines Systems ist:

Freie Enthalpie: $\Delta G = \Delta H - T \cdot \Delta S$ (3)

[2] *Die drei Hauptsätze der Thermodynamik (der erste Hauptsatz ist nichts anderes als der Energiesatz) sind Erfahrungssätze, also Erkenntnisse, die aus einer riesigen Zahl von Beobachtungen erschlossen worden und gewissermassen als Axiome aufzufassen sind.*

[3] *Das Minuszeichen bedeutet, dass bei einer exothermen Reaktion die Enthalpie der Umgebung wächst.*

[4] *Allgemein ist die Entropieänderung gleich dem Quotienten aus der Enthalpieänderung und der absoluten Temperatur.*

[5] *J. W. Gibbs (1839–1903), amerikanischer Physikochemiker und Mathematiker. Schuf den Begriff der «Phase», formulierte die Phasengesetze und arbeitete über das chemische Gleichgewicht.*

Damit ist nun die Möglichkeit gegeben zu entscheiden, ob eine Zustandsänderung, also z.B. eine chemische Reaktion, freiwillig eintritt oder nicht. Gemäss der Umformung der Gleichung (2) und der Einführung der freien Enthalpie [Gleichung (3)] nimmt bei jeder freiwilligen Reaktion die freie Enthalpie ab, d.h. ΔG_r ist negativ[6].

Man kann zeigen, dass die freie Enthalpie mit der Nutzarbeit identisch ist, d.h. mit der maximalen Arbeit, die ein System oder eine chemische Reaktion zu leisten imstande ist. Freiwillige chemische Reaktionen ($\Delta G < 0$) können Arbeit leisten. Man nennt sie exergonisch oder exergon (Beispiel: Reaktionen in einer Batterie). Bei endergonischen (endergonen) Reaktionen ist ΔG positiv. Vom System muss Arbeit aufgenommen werden, damit der Vorgang eintritt.

Beispiel: Vorgänge bei einer Elektrolyse.

Freiwillig ablaufende Reaktionen können Arbeit leisten. Ihre Triebkraft besteht, wie bei allen freiwilligen Zustandsänderungen, in einer Vermehrung der Gesamtentropie. Nur vom reagierenden System aus gesehen wird die Triebkraft durch zwei Faktoren bestimmt: die Abnahme der Enthalpie (ΔH_{System}) und die Zunahme der Entropie (ΔS_{System}).

Die Gleichung (3), die Gleichung von Gibbs-Helmholtz (H. L. Helmholtz, 1821–1894), zeigt, dass bei relativ niedrigen Temperaturen der Einfluss des Glieds $T \cdot \Delta S_{System}$ klein ist, sodass in erster Linie die Reaktionsenthalpie die Abnahme der freien Enthalpie bestimmt: exotherme Reaktionen sind auch exergonisch. Nur wenn die Entropiezunahme ganz besonders gross ist (wie z.B. beim Schmelzen und Verdampfen), kann ein endothermer Vorgang schon bei nicht allzu hoher Temperatur exergonisch sein, weil dann das positive ΔH_{System} durch den Faktor $T \cdot \Delta S_{System}$ überkompensiert wird. Bei sehr hohen Temperaturen überwiegt aber der Einfluss des Terms $T \cdot \Delta S_{System}$ in jedem Fall und nur noch Reaktionen mit $\Delta S_{System} > 0$ verlaufen freiwillig. «Alles natürliche Geschehen wird regiert einerseits von dem Bestreben nach Abnahme der Energie (Enthalpie), anderseits nach einer Zunahme der Entropie» (Ulrich).

Beispiele:

(1) Verbrennung von Kohlenstoff:

$$C(s) + O_2(g) \rightarrow CO_2(g) \quad (1)$$
$$2\,C(s) + O_2(g) \rightarrow 2\,CO(g) \quad (2)$$

Die Reaktionsenthalpie ist in beiden Fällen negativ (Bildung von polaren Atombindungen). Bei der Reaktion

[6] *Mit dem Index «r» wird darauf hingewiesen, dass es sich bei ΔG um die freie Enthalpie einer chemischen Reaktion handelt.*

(2) ist die Reaktionsentropie stark positiv: Aus einem Mol Sauerstoff entstehen zwei Mol Kohlenstoffmonoxid (die Entropie des festen Kohlenstoffs ist, verglichen mit der Entropie von Sauerstoff und den Oxiden, gering). Die Reaktionsentropie von (1) ist dagegen nur schwach positiv, weil die Entropie von Kohlenstoffdioxid (einem dreiatomigen Molekül) nicht viel grösser ist als von Sauerstoff (einem zweiatomigen Molekül; vgl. Tabelle 17.1).

Diese qualitative Diskussion zeigt, dass bei hohen Temperaturen die Bildung von Kohlenstoffmonoxid gegenüber der Bildung von Kohlenstoffdioxid bei der Verbrennung begünstigt sein muss.

(2) Reaktion von Kohlenstoff mit Wasserdampf (Bildung von Kohlenstoffmonoxid und Wasserstoff):

$$C(s) + H_2O(g) \rightarrow CO(g) + H_2(g)$$

Mit den Daten aus den Tabellen 6.2 und 17.1 erhält man für

$\Delta H = -111{,}0 + 0 - 0 - (-241{,}8) = +130{,}8$ kJ
$\Delta S = 198{,}0 + 130{,}6 - (5{,}7 + 188{,}9) = +134{,}0$ kJ $\cdot$ K^{-1}
ΔG_r (bei 400 K) = +77,2 kJ ΔG_r (bei 1300 K) = −43,4 kJ

Dies bedeutet, dass der Vorgang bei 1300 K (etwa 1000 °C) exergonisch von links nach rechts verläuft. Stellt man durch Reaktion von Kohlenstoff mit Wasser bei 1000 °C ein Gemisch von Kohlenstoffmonoxid und Wasserstoff her (das sog. Synthesegas), so müsste es sich beim Abkühlen in Kohlenstoff und Wasserdampf zurückverwandeln. Dass dies in Wirklichkeit nicht geschieht, ist die Folge der dafür zu hohen Aktivierungsenthalpie.

(3) Trennung von Quecksilber(II)-oxid in Quecksilber und Sauerstoff:

$$2\,HgO(s) \rightarrow 2\,Hg(l) + O_2(g)$$

$\Delta H = 0 + 0 - 2\,(-90{,}8) = +181{,}6$ kJ
$\Delta S = 2 \cdot 76 + 205 - 2 \cdot 70 = +217$ J $\cdot$ K^{-1}

Wiederum verläuft die Reaktion erst oberhalb einer bestimmten Temperatur spontan von links nach rechts. Um diese Temperatur zu finden, setzt man ΔG_r gleich null. Dies bedeutet, dass dann die beiden Reaktionsrichtungen dieselbe Triebkraft haben und sich damit gewissermassen gegenseitig «aufheben».

$0 = +181{,}6 \text{ kJ} - T \cdot 217 \cdot 10^{-3} \text{ kJ} \cdot \text{K}^{-1}$
ergibt für T den Wert 837 K.

Dieses Ergebnis zeigt, dass oberhalb einer Temperatur von etwa 560 °C die Zerlegung freiwillig verläuft, während unterhalb dieser Temperatur die Bildung des Oxids exergonisch ist.

(4) Die Reaktion von kristallwasserhaltigem (Abschnitte 5.3 und 20.3) Cobalt(II)-chlorid mit Thionylchlorid:

$$CoCl_2 \cdot 6\,H_2O(s) + 6\,SOCl_2(l) \rightarrow CoCl_2(s) + 6\,SO_2(g) + 12\,HCl(g)$$

$\Delta H = [-325{,}7 + 6 \cdot (-297) + 12 \cdot (-92{,}3)] - [-2130{,}3 + 6 \cdot (-206)] = +151$ kJ

$\Delta H = [106{,}3 + (6 \cdot 248{,}2) + (12 \cdot 186{,}9)] - [314 + (6 \cdot 229{,}9)] = +2144{,}9$ J $\cdot$ K^{-1}

ΔG_r wird für $T = 298{,}15$ K = +151 kJ − 639,5 kJ = −488,5 kJ

Aufgrund der entstehenden 18 Mol gasförmiger Stoffe ist die Zunahme der Entropie so gross, dass die endotherme Reaktion bei Raumtemperatur stark exergonisch verläuft.

17.2 Die Reaktionsgeschwindigkeit

Reaktionsenthalpie und Entropie bestimmen den (thermodynamisch) freiwilligen Ablauf einer chemischen Reaktion (Abschnitt 17.1). Trotz in dieser Hinsicht günstigen Voraussetzungen existieren Systeme, wie etwa ein Gemisch von Wasserstoff und Sauerstoff (das nach Zündung explosionsartig reagiert), die bei Raumtemperatur während beliebig langer Zeit völlig unverändert bleiben. Anderseits verlaufen manche Reaktionen sehr rasch, obwohl die Bedingungen für einen freiwilligen Ablauf nur knapp erfüllt sind, wie etwa die Reaktion von Stickstoffmonoxid (NO) zu Stickstoffdioxid (NO_2). Reaktionsenthalpie und Entropie lassen also keine Voraussagen über die tatsächliche Reaktionsgeschwindigkeit zu.

Beobachtungen aus dem Alltag geben erste Hinweise über die Abhängigkeit der Geschwindigkeit von chemischen Reaktionen. Um z.B. ein Holzfeuer zu entfachen, ist es nötig, möglichst dünne Späne bereit zu stellen. Obwohl die Sauerstoff-Moleküle der Luft unzählige Male auf die Holzoberfläche treffen, setzt jedoch erst nach «Aktivierung» (Anzünden) die Verbrennung ein. Ist das Feuer trotz genügend vorhandenem Brennstoff am Ausgehen, genügt oft zusätzliche Luftzufuhr (Blasebalg), um es wieder zu entfachen. In vielen Fällen sind Nahrungsmittel nur dann für den Menschen geniessbar zu machen, wenn sie bei hohen Temperaturen zubereitet werden. Umgekehrt lassen sich mit tiefen Temperaturen (Kühlschrank) Lebensmittel längere Zeit aufbewahren. Schliesslich kann man oft beobachten, dass sich Schmutzflecken (v.a. fettiger Art) rascher beseitigen lassen, wenn etwas Mundspeichel zu Hilfe genommen wird.

Diese Hinweise zeigen, dass eine Reaktion umso schneller verläuft, je grösser die Wahrscheinlichkeit von Zusammenstössen zwischen den Teilchen ist. Die Zahl der Zusammenstösse wächst folglich mit der Anzahl Teilchen pro Volumeneinheit (der Stoffmengenkonzentration).

Bei heterogenen Reaktionen, an denen zwei Phasen beteiligt sind, hat ausserdem die Grösse der Grenzfläche, d.h. der Zerteilungsgrad, einen Einfluss auf die Reaktionsgeschwindigkeit (Spalten von grossen Holzstücken vergrössert die Oberfläche, Staubexplosionen etc.). Der Vorgang spielt sich nämlich an der Berührungsfläche der verschiedenen Phasen ab, und je ausgedehnter diese ist, desto häufiger sind Zusammenstösse verschiedener Teilchen möglich.

Zwei Substanzen können jedoch nur dann miteinander reagieren, wenn ihre Teilchen mit genügend hoher Energie aufeinanderprallen. Deshalb steigt die Reaktionsgeschwindigkeit im Allgemeinen mit wachsender Temperatur. In manchen Fällen bewirkt die Temperaturerhöhung um 10 °C ungefähr eine Verdoppelung der Reaktionsgeschwindigkeit. Diese RGT-Regel (Reaktions-Geschwindigkeits-Temperatur-Regel) ist jedoch nur eine Faustregel und gilt für sehr viele Vorgänge nicht.

Es liegt nahe, zu vermuten, dass die grössere Reaktionsgeschwindigkeit auf die erhöhte Zahl von Teilchenzusammenstössen zurückzuführen ist. Die Anzahl der Zusammenstösse ist aber bei Raumtemperatur bereits so hoch, dass alle Reaktionen nahezu momentan ablaufen müssten, wenn jeder Zusammenstoss wirksam wäre. Ein wesentlicher Grund, weshalb dies nicht der Fall ist, liegt darin, dass nicht alle Teilchen einer Flüssigkeit oder eines Gases die gleiche kinetische Energie aufweisen. Nur solche Teilchen können miteinander reagieren, deren Energiegehalt einen gewissen Minimalbetrag überschreitet. Diese Mindestenergie, welche in den reagierenden Teilchen vorhanden sein muss, damit bei einem Zusammenstoss eine bestimmte Reaktion eintritt, ist die Aktivierungsenthalpie. Sie kann z.B. durch Erwärmen zugeführt werden. Die durchschnittliche Geschwindigkeit von Gas- oder Flüssigkeitsteilchen nimmt zwar mit steigender Temperatur nur mässig zu. Hingegen wächst der Anteil der Teilchen, deren Energie einen gewissen durchschnittlichen Betrag übersteigt, mit zunehmender Temperatur viel stärker an. Bei höheren Temperaturen besitzt daher eine grössere Teilchenzahl die für eine bestimmte Reaktion nötige Aktivierungsenthalpie (Abb. 17.1). Pro Zeiteinheit können sich daher mehr Teilchen umsetzen, sodass der betreffende Vorgang mit grösserer Geschwindigkeit abläuft.

- Die Grösse der Aktivierungsenthalpie bestimmt die tatsächliche Reaktionsgeschwindigkeit, d.h. die Reaktivität (Reaktionsfähigkeit) eines Stoffs.
- Die «Triebkraft» (thermodynamische Freiwilligkeit des Ablaufs) einer chemischen Reaktion und damit die Stabilität eines Stoffs wird hingegen durch die Reaktionsenthalpie und die Entropieänderung einer Reaktion festgelegt (Abschnitt 17.1).

Manche Reaktionen können beschleunigt werden, indem man den Ausgangsstoffen weitere Stoffe hinzufügt, die zwar am Vorgang teilnehmen, am Schluss aber wieder unverändert vorhanden sind. Solche Stoffe wirken als Katalysatoren. Das Phänomen, dass bestimmte Stoffe scheinbar durch ihre blosse Anwesenheit die Geschwindigkeit von Vorgängen beeinflussen, heisst Katalyse. Man unterscheidet dabei zwischen homogener (Katalysator und Reaktanten liegen in einer einzigen Phase vor) und heterogener Katalyse (Katalysator und Reaktanten bilden zwei verschiedene Phasen).

Bei homogenen Katalysen entsteht aus einem Edukt und dem Katalysator zuerst ein reaktionsfähiges Zwi-

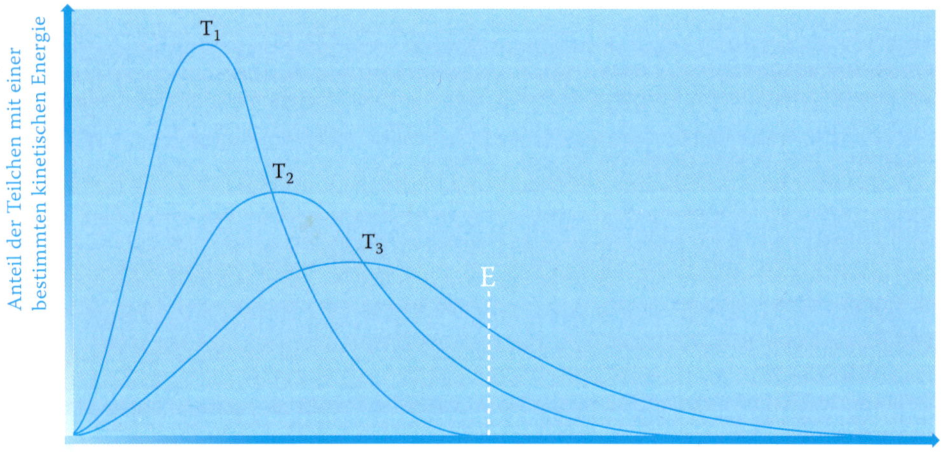

Abb. 17.1 Gasteilchen und ihre Energieverteilung bei den Temperaturen T_1, T_2 und T_3 ($T_1 < T_2 < T_3$). Der Anteil der Teilchen, welcher die Energie E (Aktivierungsenthalpie) besitzt, ist bei T_3 am grössten

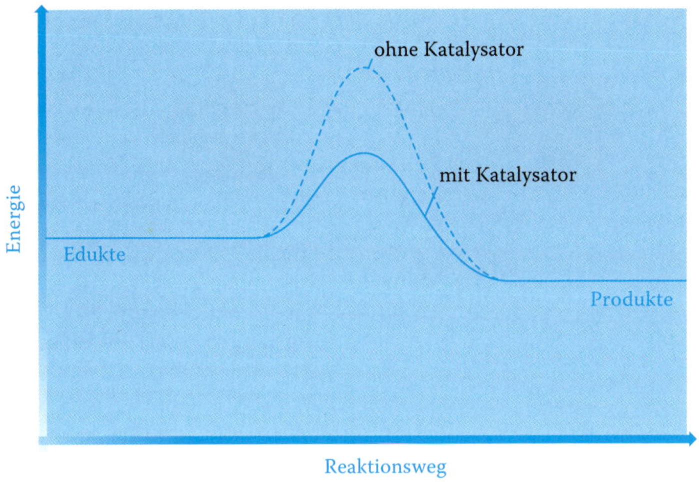

Abb. 17.2 Energiediagramm einer Reaktion unter Verwendung eines Katalysators

schenprodukt, das sofort weiterreagiert und dabei das Produkt und den wieder einsatzfähigen Katalysator liefert. Die Reaktion verläuft dann also über mehrere Teilschritte, von denen jeder eine niedrigere Aktivierungsenthalpie aufweist als die nicht-katalysierte Reaktion. Es gilt ganz allgemein:

Katalysatoren führen zu reaktionsfähigen Zwischenverbindungen, zu deren Bildung eine geringere Aktivierungsenthalpie erforderlich ist als für die nicht-katalysierte Reaktion.

Auch bei der heterogenen Katalyse, dem häufigeren Fall, verläuft die Gesamtreaktion in mehreren Schritten:

- Zuerst müssen die Teilchen der Ausgangsstoffe an die Oberfläche des Katalysators diffundieren.
- Anschliessend werden Moleküle auf der Oberfläche des Katalysators adsorbiert (angelagert), d.h. durch schwache Kräfte gebunden.
- Auf der Katalysatoroberfläche reagieren die adsorbierten Teilchen miteinander, indem Bindungen getrennt und neu geknüpft werden.
- Schliesslich lösen sich die Produktteilchen von der Katalysatoroberfläche (Desorption) und diffundieren weg.

Als Beispiel einer heterogenen Katalyse sei die durch Platin katalysierte Reaktion von Wasserstoff und Sauerstoff zu Wasser erwähnt (Abb. 17.3).

H_2-Moleküle werden an der Platinoberfläche adsorbiert, wobei sich die H—H-Bindung löst oder mindestens lockert. Einzelne H-Atome können sich auch ins Metallgitter einlagern. H-Atome oder auch H_2-Moleküle mit gelockerter Bindung reagieren dann leicht mit ebenfalls adsorbierten O_2-Molekülen zu Wasser.

Heterogene Katalysatoren spielen insbesondere bei industriellen Prozessen eine grosse Rolle, da die Produkte aus dem Reaktionsgemisch leichter abzutrennen sind als bei homogenen Katalysen. Man schätzt, dass heute 2/3 aller Chemikalien mittels heterogener Katalysen hergestellt werden.

Die biologisch wirksamen Katalysatoren, die Enzyme (Biokatalysatoren, z.B. im Speichel), besitzen gewöhnlich besonders reaktionsfähige Stellen («aktive Zentren») mit einer räumlichen Struktur, in die nur ganz bestimmte Moleküle hineinpassen und damit vom Enzym gebunden werden können. Bei diesem Einlagern kommt es wiederum zur Lockerung bestimmter Bindungen, sodass das gebundene Molekül reaktionsfähiger wird und mit einem geeigneten Reaktionspartner eine Reaktion eingeht. Weil das Enzym nur ganz bestimmte andere Moleküle anlagert, spricht man von einer Schlüssel-Schloss-Wirkung.

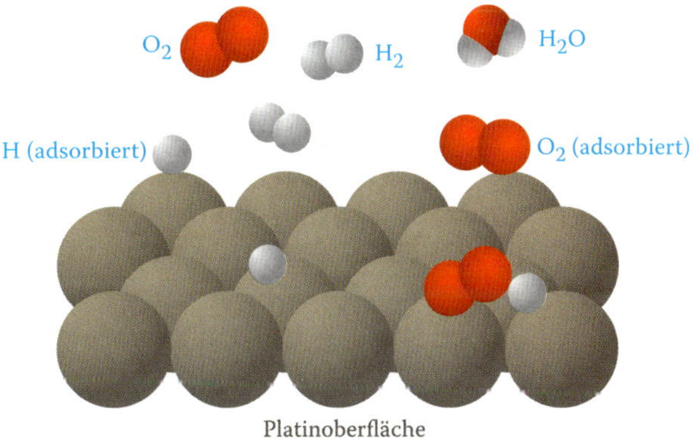

Abb. 17.3 Aktivierung von Wasserstoff-Molekülen an der Oberfläche von Platin

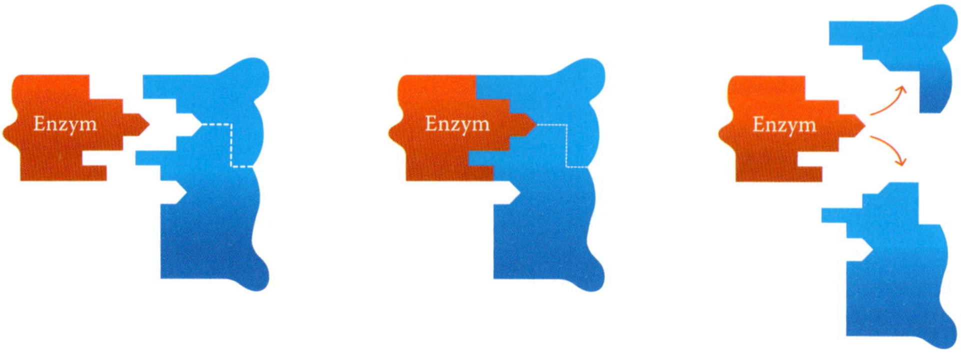

Abb. 17.4 Die Wirkungsweise eines Enzyms, das z.B. ein Dipeptid (Abschnitt 28.6) spaltet. Enzym und Substrat verhalten sich wie Schlüssel und Schloss

Faktoren, welche die Reaktionsgeschwindigkeit beeinflussen:
- Stoffmengenkonzentration: bestimmt die Anzahl wirksamer Zusammenstösse zwischen den Teilchen.
- Temperatur: hohe Temperaturen vergrössern die Anzahl Teilchen mit der nötigen Aktivierungsenthalpie.
- Aktivierungsenthalpie: je niedriger die Aktivierungsenthalpie ist, desto mehr Teilchen können pro Zeiteinheit reagieren.
- Oberfläche: grosse Oberflächen ermöglichen eine hohe Anzahl wirksamer Zusammenstösse.
- Katalyse: Katalysatoren bewirken Teilreaktionen mit niedrigerer Aktivierungenergie als die nichtkatalysierte Reaktion.

17.3 Das chemische Gleichgewicht

Ein merkwürdiges Versuchsergebnis

In Abschnitt 16.1 haben wir erfahren, dass die Veresterung und die Verseifung umkehrbar verlaufen. Ein Gemisch aus Eisessig und Ethanol im Molverhältnis 1:1 wird nun – ohne Zusatz von Schwefelsäure – während mindestens einer Woche in einem Kolben erhitzt. Entnimmt man dem Reaktionsgemisch eine Probe und untersucht sie gaschromatografisch, so kann man feststellen, dass sie noch Essigsäure und Alkohol enthält. Der Anteil der im Reaktionsgemisch noch vorhandenen Essigsäure lässt sich durch Neutralisation mit einer Lauge von bekanntem Gehalt bestimmen (Abschnitt 15.3). Hat man von jedem Reaktanten je ein Mol eingesetzt, so findet man auch nach wochenlangem Erhitzen noch etwa 1/3 Mol Essigsäure und ebenso viel Alkohol im Gemisch (Abb. 17.6 links).

Essigsäure und Ethanol reagieren also nicht vollständig miteinander. Es bleiben vielmehr stets bestimmte Mengen von Säure und Alkohol im Reaktionsgemisch übrig. Auch bei der Verseifung erhält man dasselbe Ergebnis: Es erfolgt kein vollständiger Umsatz, wenn man den Ester durch wochenlanges Kochen mit Wasser spaltet. Es ist immer noch ein bestimmter Anteil Ester vorhanden (Abb. 17.6 rechts). Bisher nahmen wir an, dass chemische Reaktionen zu einem vollständigen Umsatz der Reaktanten führen, wenn man sie im richtigen Massenverhältnis eingesetzt hat. Die Veresterung bzw. die Verseifung zeigt aber ein anderes Verhalten: Die Reaktion läuft unvollständig ab. Wie kann das erklärt werden?

Die Umkehrbarkeit der Veresterung gibt einige Hinweise für die folgenden Überlegungen: Beide Richtungen können ablaufen, wenn man ein entsprechendes Gemisch erhitzt. Geben wir nun Eisessig und Ethanol zusammen, so beginnt die Veresterung. Aus je einem Essigsäure- und einem Ethan-Molekül bilden sich ein

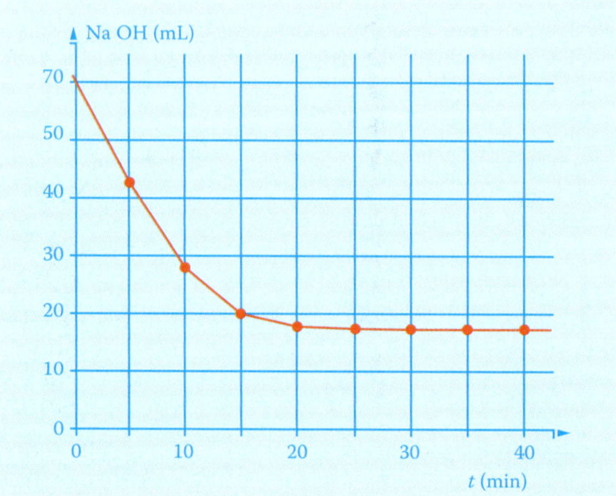

Abb. 17.5 Wenn man während einer laufenden Veresterung in bestimmten Zeitabständen dem Gemisch eine Probe entnimmt, sofort stark abkühlt (damit die Weiterreaktion verlangsamt wird) und den Gehalt an Säure bestimmt, erhält man Kurven von dieser Art. Man erkennt daraus, wie der Gehalt des Reaktionsgemischs an Säure allmählich abnimmt und schliesslich konstant wird, wenn der Gleichgewichtszustand erreicht worden ist

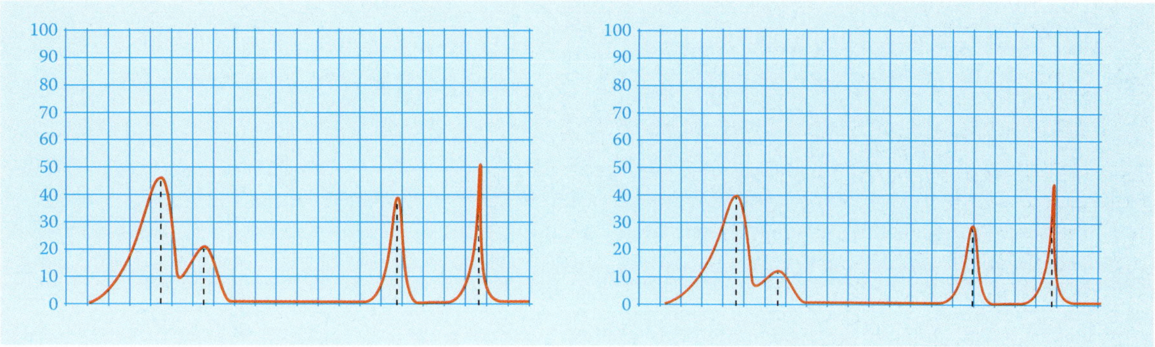

Abb. 17.6 Gaschromatogramme der Veresterung von Essigsäure mit Ethanol bzw. der Verseifung von Essigsäureethylester mit Wasser (Reaktionsdauer 3 Wochen). Reihenfolge der Peaks (von links): Essigsäureethylester, Essigsäure, Ethanol, Wasser

Ester- und ein Wasser-Molekül. Die im Reaktionsgemisch vorhandene Menge Essigsäure nimmt langsam ab, ebenso natürlich die Menge des Alkohols.

Da die Reaktion aber umkehrbar ist, setzt mit der Bildung des Esters auch die «Rück-Reaktion», die Verseifung, ein: Estermoleküle reagieren mit Wasser-Molekülen und bilden wieder Säure und Alkohol. Je mehr Ester entsteht, desto mehr kann auch wieder verseift werden. Es muss sich schliesslich ein stationärer Zustand ausbilden, ein Gleichgewicht. Pro Zeiteinheit werden gleich viel Estermoleküle gebildet, wie auch wieder hydrolysiert. Alle an der Gesamtreaktion beteiligten Stoffe sind dann im Reaktionsgemisch enthalten und ihre Anteile stehen in einem bestimmten, konstanten Verhältnis zueinander. Die Reaktion kommt scheinbar zum Stillstand. Ein vollständiger Umsatz ist nicht erfolgt.

Genau dasselbe geschieht natürlich, wenn ein Ester/Wassergemisch als Ausgangsstoff eingesetzt wird. Es stellt sich ebenfalls ein Gleichgewicht ein und die Reaktion führt zu keinem vollständigen Umsatz. Zur Beschreibung umkehrbarer Vorgänge benützt man einen Doppelpfeil:

$$H_3CCOOC_2H_5 + H_2O \rightleftharpoons H_3CCOOH + C_2H_5OH$$

Weil die Umkehrbarkeit der Veresterung bzw. der Verseifung für das Erreichen eines Gleichgewichtszustands entscheidend ist, kann man verallgemeinern:

- Umkehrbare Reaktionen führen zu einem Gleichgewicht, wenn man sie in einem geschlossenen System durchführt. Es erfolgt kein vollständiger Umsatz. Alle am Gesamtvorgang beteiligten Stoffe liegen noch in bestimmten Konzentrationen vor.
- Im Gleichgewicht entsteht pro Zeiteinheit dieselbe Menge von Produkten, die sich umgekehrt zu den Ausgangsstoffen umsetzt. Das System bleibt äusserlich in Ruhe.

Es ist dabei zu beachten, dass von einem geschlossenen System die Rede ist. Nur in einem geschlossenen System (wie es hier das Reaktionsgemisch im Kolben ist) kann sich ein Gleichgewicht einstellen. Wenn man nämlich das System «öffnet» und durch irgendeinen Trick (z.B. durch Abdestillieren) die Estermoleküle aus dem Gleichgewicht entfernt, so ist die Verseifung (die «Rück-Reaktion») nicht mehr möglich. Die Umsetzung der Säure mit dem Alkohol verläuft dann vollständig.

Gleichgewicht und Reaktionsgeschwindigkeit

Als Geschwindigkeit einer chemischen Reaktion definiert man den Umsatz eines Reaktionsteilnehmers pro Zeiteinheit. Sie wird in mol · s^{-1} angegeben. Je mehr Ausgangsstoff pro Zeit verbraucht bzw. je mehr Endstoff pro Zeit gebildet wird, desto höher ist die Reaktionsgeschwindigkeit.

Soll zwischen zwei Stoffen eine Reaktion eintreten, so müssen ihre Teilchen zusammenstossen. Vergrössert man die Anzahl der im Reaktionsgemisch (in dem betreffenden Volumen) vorhandenen Teilchen, so kommt es zu mehr Zusammenstössen. Die Geschwindigkeit einer bestimmten Reaktion ist aus diesem Grund von der Stoffmengenkonzentration der Ausgangsstoffe abhängig: Je höher die Stoffmengenkonzentration (die «molare Konzentration») eines Stoffs ist, desto mehr Teilchen dieses Stoffs sind in einem bestimmten Volumen enthalten[7]. Die Reaktionsgeschwindigkeit hängt ausserdem von einer Reihe weiterer Faktoren ab (Abschnitt 17.2).

Wenn wir nun die Reaktionsgeschwindigkeiten der Hin- und der Rück-Reaktion eines umkehrbaren Vorgangs betrachten, so ergibt sich: Die Geschwindigkeit der Hin-Reaktion (z.B. der Veresterung) muss allmählich abnehmen, da die Stoffmengenkonzentration der Ausgangsstoffe abnimmt. Umgekehrt muss die Geschwindigkeit der Rück-Reaktion zunehmen, weil die

[7] Zur Erinnerung: Als Stoffmengenkonzentration («molare Konzentration») bezeichnet man die Konzentration eines Stoffes in mol · L^{-1}.

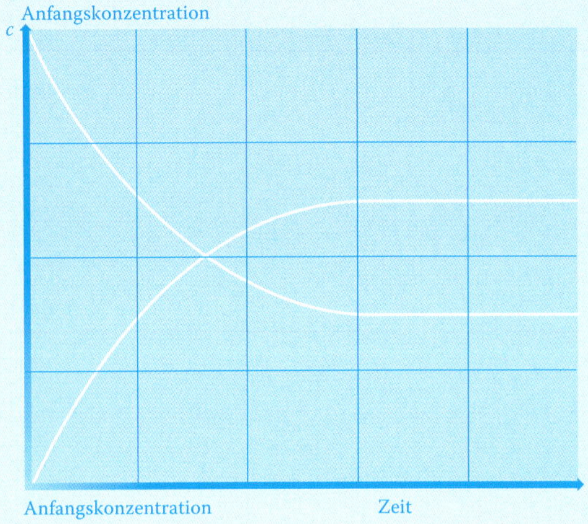

Abb. 17.7 Der Verlauf der Konzentration der Reaktionspartner bei der Reaktion AB + CD → AC + BD

Stoffmengenkonzentration der Produkte wächst. Im Gleichgewicht sind beide Geschwindigkeiten gleich gross (Abb. 17.8). Obschon das System äusserlich in Ruhe ist, laufen dennoch beide Reaktionen weiter. Weil aber ihre Geschwindigkeiten gleich gross sind, erfolgt keine sichtbare stoffliche Veränderung mehr. Man spricht in einem solchen Fall von einem «dynamischen Gleichgewicht».

«Gleiche Geschwindigkeit» heisst aber nicht, dass im Gleichgewicht gleiche Mengen von Ausgangs- und Endstoffen vorhanden sind. Die beiden Reaktionsgeschwindigkeiten müssen nämlich durchaus nicht in gleichem Masszu- bzw. abnehmen, wenn die Stoffmengenkonzentrationen der Reaktionspartner steigen bzw. sinken. Das Mengenverhältnis, in dem die am Gesamtvorgang beteiligten Stoffe im Gleichgewicht auftreten, wird nicht zuletzt auch durch die Stoffmengen beim Beginn der Reaktion bestimmt. Geht man bei der Veresterung von Essigsäure mit Ethanol von je 1 Mol Säure und Alkohol aus, so enthält das Reaktionsgemisch im Gleichgewicht je 2/3 Mol Ester und Wasser sowie je 1/3 Mol Säure und Alkohol. Werden aber am Anfang 2 Mol Alkohol und 1 Mol Säure eingesetzt, so entstehen je etwa 0,84 Mol Ester und Wasser; 1,16 Mol Alkohol und 0,16 Mol Säure bleiben unverändert.

Modell des dynamischen Gleichgewichts
Das dynamische Gleichgewicht lässt sich durch ein «Modell» sehr schön veranschaulichen:
Auf einem Tennisplatz, der von hohen Wänden umgeben ist, spielen die Spieler A und B. Die Wände verhindern ein Verlorengehen der Bälle. Sie stellen das geschlossene System dar. In jedem der beiden Spielfelder sind 20 Tennisbälle gleichmässig verteilt.
Stellt man den Spielern die Aufgabe, möglichst viele Bälle in das Feld des Gegners zu werfen, so wird der raschere Spieler A am Anfang mehr Bälle in das Feld von B werfen als dieser in das Feld von A. Nach kurzer Zeit befinden sich im Feld von B mehr Bälle als im Feld von A. Je weniger Bälle aber im Feld von A liegen, desto weiter sind sie auseinander und umso länger braucht A, um sie zu erreichen. B dagegen muss nur ganz wenige Schritte machen, um einen der vielen in seinem Feld vorhandenen Bälle aufzunehmen und ins andere Feld hinüberzuwerfen.
Schliesslich stellt sich ein Gleichgewichtszustand ein. Die Zahl der hin- und hergeworfenen Bälle in den beiden Feldern hängt von der Raschheit der Spieler – der «Reaktionsfähigkeit» und damit der «Reaktionsgeschwindigkeit» – ab.

17.4 Die Beeinflussung chemischer Gleichgewichte

Häufig ist es wichtig zu wissen, wie sich ein Gleichgewichtszustand beeinflussen lässt, um einen möglichst vollständigen Umsatz der Edukte zu erreichen. Um dieses Problem zu lösen, wollen wir nochmals die Veresterung von Essigsäure mit Ethanol bzw. die Verseifung von Essigsäureethylester betrachten. Lässt man ein Mol Essigsäure mit einem Mol Ethanol reagieren, so ändert sich nach einer gewissen Zeit die Zusammensetzung des Reaktionsgemischs nicht mehr, auch wenn wochenlang weiter erhitzt wird: je 1/3 Mol Essigsäure und Ethanol stehen im Gleichgewicht mit je 2/3 Mol Ester und Wasser (Abschnitt 17.3). Variiert man die Konzentrationen der Säure und des Alkohols, so erhält man im Gleichgewichtszustand jeweils andere, konstante Mengen der beteiligten Stoffe. Das Gleiche gilt für die Verseifung des Esters mit Wasser.

Sucht man nach Gesetzmässigkeiten zwischen den experimentell ermittelten Werten, so lässt sich ein Zu-

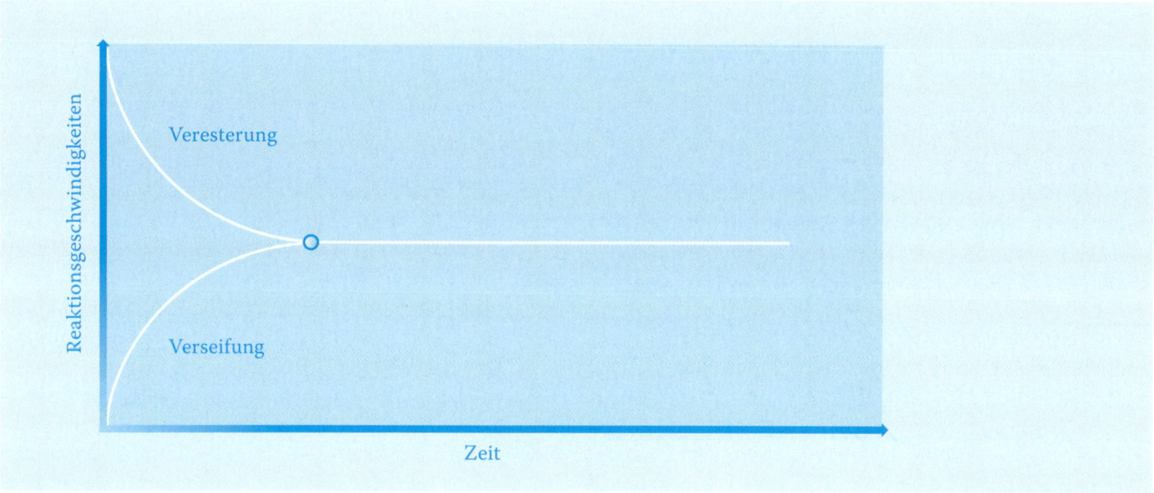

Abb. 17.8 Im Gleichgewicht sind die Geschwindigkeiten der Hin- und der Rück-Reaktion gleich gross; die Reaktion kommt scheinbar zum Stillstand

sammenhang zwischen den Konzentrationen und dem Gleichgewichtszustand erkennen: Der Quotient aus dem Produkt der Konzentrationen der Endstoffe und dem Produkt der Konzentrationen der Ausgangsstoffe ergibt innerhalb der Fehlerquellen immer den gleichen Wert. Im Fall der Reaktion von Essigsäure mit Ethanol beträgt diese Konstante 4,0.

$$\frac{c(\mathrm{E}) \cdot c(\mathrm{W})}{c(\mathrm{S}) \cdot c(\mathrm{A})} = 4$$

Diese Gleichung, das sogenannte Massenwirkungsgesetz (MWG), bestimmt das Verhältnis der Konzentrationen der am Gesamtvorgang beteiligten Stoffe im Gleichgewicht. (Das MWG wurde erstmals von den beiden Norwegern C. M. Guldberg und P. Waage 1867 aufgestellt. Statt «Konzentration» verwendete man damals den Ausdruck «wirksame Masse».)

Für die allgemeine Reaktionsgleichung

$$\mathrm{a\,A + b\,B} \rightleftharpoons \mathrm{d\,D + e\,E}$$

lautet das Massenwirkungsgesetz

$$K = \frac{c^{d}(\mathrm{D}) \cdot c^{e}(\mathrm{E})}{c^{a}(\mathrm{A}) \cdot c^{b}(\mathrm{B})}$$

Die Gleichgewichtskonstante K hängt von der Temperatur ab. Sie wird normalerweise für die Temperatur 298,15 K angegeben.
Beim Aufstellen des MWG setzt man die Konzentrationen der Endstoffe in den Zähler. Ein grosser Zahlenwert von K bedeutet dann, dass im Gleichgewicht die Konzentrationen der Endstoffe stark überwiegen (ein solches Gleichgewicht «liegt rechts»). Umgekehrt sagt eine kleine Gleichgewichtskonstante, dass der betreffende Vorgang bei der betrachteten Temperatur nur zu einem geringen Teil nach rechts verläuft.

- Der Quotient aus dem Produkt der Konzentrationen der Endstoffe und dem Produkt der Konzentrationen der Ausgangsstoffe eines bestehenden chemischen Gleichgewichts ergibt immer den gleichen Wert K, unabhängig von den eingesetzten Stoffmengen.
- K, die Gleichgewichtskonstante oder Massenwirkungskonstante, besitzt für jedes Gleichgewicht einen anderen Wert und ist nur von der Temperatur abhängig.
- Ist die Konstante K grösser als 1, so liegt das Gleichgewicht auf der rechten Seite, d.h. die Konzentrationen der Produkte sind grösser als die der Edukte. Sind im Gleichgewicht mehr Edukte als Produkte vorhanden, so ist K kleiner als 1. Diese Aussage gilt jedoch nur dann, wenn für die Reaktion die in der Gleichung angegebenen Stoffmengen sowohl der Ausgangs- wie der Endstoffe eingesetzt werden.

Das MWG lässt die Beeinflussung eines bestehenden Gleichgewichts durch Änderung der Konzentrationen verstehen. Erhöht man z.B. die Menge des Alkohols, so wird dadurch seine Konzentration erhöht. Um die Gleichgewichtsbedingungen zu erfüllen (K bleibt bei unveränderter Temperatur konstant!), muss sich ein Teil des zugesetzten Alkohols mit einer gewissen Menge der Säure in Ester und Wasser umwandeln. Als Folge davon sind nachher die Konzentrationen der Endstoffe grösser als vorher. Durch Erhöhen der Konzentration eines Ausgangsstoffs lässt sich also das Gleichgewicht zugunsten der Endstoffe verschieben.

Eine zweite Möglichkeit, ein Gleichgewicht zugunsten der Endstoffe zu verändern, wurde bereits angedeutet. Destilliert man nämlich bei der Veresterung den Ester ab, so wird aus dem Gleichgewicht ein Endstoff entfernt. Dessen Konzentration erniedrigt sich dadurch,

und der Zähler des MWG wird kleiner. Aus den noch vorhandenen Mengen Alkohol und Säure müssen dann so lange neue Endstoffe gebildet werden, bis der Quotient der beteiligten Stoffkonzentrationen wieder der Gleichgewichtskonstanten entspricht. Führt man die Entfernung des Esters fortlaufend durch, so stellt sich gar kein Gleichgewichtszustand ein. Das System ist nicht mehr geschlossen. Die Ausgangsstoffe werden praktisch vollständig in die Endstoffe verwandelt. Entziehen eines Endstoffs verschiebt also das Gleichgewicht ebenfalls zugunsten der Endstoffe.
Ein solcher «Entzug» eines Endstoffs kann z.B. auch dadurch erfolgen, dass er als Gas aus dem System entweicht oder sich als unlöslicher Stoff aus einer Lösung ausscheidet.

Beide Möglichkeiten sollen durch ein weiteres Beispiel verdeutlicht werden. Löst man 4-Nitrophenol, eine schwach gelbe, feste Substanz, in Wasser, so entsteht eine gelbliche, schwach saure Lösung:

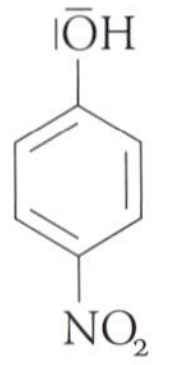

4-Nitrophenol
(fast farblos)

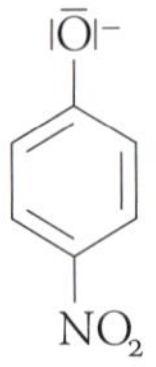

4-Nitrophenolat-Ion
(intensiv gelb)

Fügt man eine Lauge, z.B. Natronlauge, zu dieser Lösung, so färbt sie sich tiefgelb. Die Hydroxid-Ionen der Lauge reagieren mit den Oxonium-Ionen zu Wasser (Abschnitt 15.3) und entziehen diese dem Gleichgewicht. Die Hin-Reaktion verläuft dann praktisch vollständig. Man sagt, das Gleichgewicht werde «nach rechts verschoben»: Der Anteil der 4-Nitrophenolat-Ionen ist viel grösser geworden.

Setzt man nun der tiefgelben Lösung eine wässrige Lösung von Hydrogenchlorid («Salzsäure») zu, so geschieht das Umgekehrte. Die Erhöhung der H_3O^+-Konzentration begünstigt die Rück-Reaktion. Die 4-Nitrophenolat-Ionen werden verbraucht und es entstehen die nahezu farblosen 4-Nitrophenol-Moleküle: Die Lösung wird praktisch farblos. Der Zusatz der sauren Lösung hat also das Gleichgewicht «nach links verschoben».

Koppelt man eine umkehrbare Reaktion mit einer zweiten Reaktion, die vollständig verläuft, so ist das System ebenfalls nicht mehr geschlossen: Durch die zweite Reaktion wird ein Endstoff ständig verbraucht. Es stellt sich kein Gleichgewicht mehr ein und die (erste) Reaktion verläuft mehr oder weniger vollständig. Man spricht in solchen Fällen von einem «Fliessgleichgewicht». Fliessgleichgewichte sind insbesondere bei biochemischen Reaktionen sehr häufig (Kap. 29). Sogar Vorgänge, bei denen sich die Ausgangsstoffe nur zu einem sehr kleinen Teil umsetzen (bei denen also im Gleichgewichtszustand nur sehr kleine Mengen von Produkten vorhanden sind), können auf diese Weise zum vollständigen Ablauf gebracht werden.

Chemische Reaktionen, bei denen eine Volumenveränderung stattfindet, lassen sich auch durch Änderung des Drucks beeinflussen. Ein Beispiel dafür ist die Synthese von Ammoniak (NH_3). Bei 1000 bar ist der Umsatz der Elemente Stickstoff und Wasserstoff fast vollständig. Bei einem Druck von 1 bar beträgt die Ausbeute hingegen nur ca. 15 Vol.-% Ammoniak (Abb. 17.9). Druckerhöhung bedeutet nichts anderes als eine Erhöhung der Konzentrationen der gasförmigen Stoffe (mol/V). In unserem Fall ist die Konzentrationserhöhung der Edukte (4 Volumeneinheiten) grösser als bei den Produkten (2 Volumeneinheiten). Somit wird also insgesamt die Konzentration der Ausgangsstoffe erhöht. Die Ausbeute an Ammoniak wird dadurch grösser. (Die Gleichgewichtskonstante K selbst ist nicht vom Druck abhängig!)

$$3\,H_2(g) \quad + \quad N_2(g) \quad \rightleftharpoons \quad 2\,NH_3(g)$$

3 Raumteile	1Raumteil	2 Raumteile

Umkehrbare Reaktionen, bei denen keine Volumenveränderung eintritt, lassen sich durch Druck nicht beeinflussen.

Temperaturabhängigkeit des Gleichgewichts
Führt man einem Gleichgewicht Wärme zu, so werden die energiereicheren Stoffe vermehrt gebildet. Die endotherme Reaktion wird also begünstigt. In der üb-

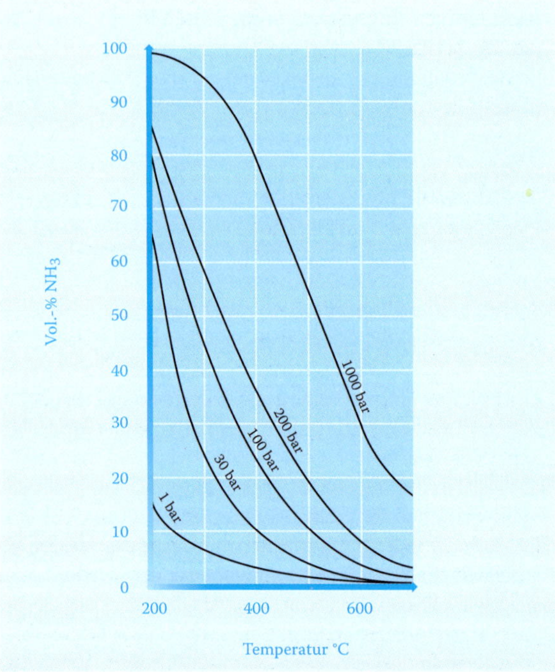

Abb. 17.9 Menge Ammoniak im Ammoniakgleichgewicht in Abhängigkeit von Temperatur und Druck

lichen Schreibweise verschiebt sich das Gleichgewicht nach links. Somit ändert sich auch die Gleichgewichtskonstante K. Auf das «Ammoniakgleichgewicht» angewendet, ergibt sich:

$$3\,H_2(g) + N_2(g) \rightleftharpoons 2\,NH_3(g) \qquad \Delta H = -2 \cdot 45{,}6\ \text{kJ}$$

Bei Raumtemperatur liegt dieses Gleichgewicht praktisch vollständig rechts. Durch Erwärmen wird es jedoch nach links verschoben. Der endotherme Zerfall der Ammoniak-Moleküle wird begünstigt. Nun kann man aber bei tiefen Temperaturen (unter 100 °C) trotz der günstigen Zusammensetzung des entstehenden Gleichgewichtsgemischs Ammoniak auf diese Weise nicht herstellen. Der Hinderungsgrund liegt im sehr reaktionsträgen Stickstoff-Molekül (Dreifachbindung!), das zuerst stark aktiviert werden muss. Katalysatoren wirken erst ab 400 °C genügend beschleunigend, sodass man praktisch bei Temperaturen von 400 bis 500 °C arbeiten muss (ohne Katalysatoren würde Stickstoff erst oberhalb 600–700 °C merklich reaktionsfähig). Die dann sehr kleinen Ausbeuten (bei 500 °C und 1 bar Druck befinden sich nur 0,1 Vol.-% Ammoniak mit Stickstoff und Wasserstoff im Gleichgewicht) lassen sich durch hohe Drucke (mindestens 200 bar) beträchtlich steigern (Abb. 17.9; zur Ammoniaksynthese siehe auch Abschnitt 26.2).

Katalysatoren vermögen das Mengenverhältnis, in dem die einzelnen Reaktionsteilnehmer im Gleichgewicht vorhanden sind, nicht zu beeinflussen. Sie bewirken lediglich eine raschere Einstellung des Gleichgewichtszustands. So stellt sich z.B. das Veresterungsgleichgewicht bei der Reaktion von Eisessig mit Ethanol erst nach einigen Tagen oder sogar Wochen ein. Setzt man jedoch dem Reaktionsgemisch etwas konzentrierte Schwefelsäure zu, so ist der Gleichgewichtszustand schon nach 30 bis 50 Min. erreicht.

Katalysatoren können ein Gleichgewicht nicht verschieben. Sie bewirken nur eine raschere Einstellung des Gleichgewichtszustands.

Selbstverständlich gilt diese Feststellung auch für die Katalysatoren bei biochemischen Reaktionen, die Enzyme. Enzyme beschleunigen den Ablauf von Reaktionen. Eine Verschiebung von Gleichgewichten ist nur durch die Ausbildung von Fliessgleichgewichten möglich (Kap. 29).

Stabilität und Reaktionsfähigkeit

Diese beiden Begriffe werden häufig miteinander verwechselt, weshalb sie hier genauer erklärt werden sollen. Die Geschwindigkeit einer chemischen Reaktion ist bei einer bestimmten Temperatur durch die Aktivierungsenthalpie festgelegt. Verläuft eine Reaktion bei Raumtemperatur langsam, so nennt man die Ausgangsstoffe «reaktionsträg». Anders gesagt, die Reaktionsfähigkeit («Reaktivität») einer Substanz einer anderen Substanz gegenüber wird durch die Geschwindigkeit bestimmt, mit der sie mit dieser zweiten Substanz reagiert, also durch die betreffende Aktivierungsenthalpie! Die Stabilität einer Substanz aber wird durch die Gleichgewichtskonstante ihres Zerfalls ausgedrückt.

Für Wasser z.B. liegt das Gleichgewicht der Reaktion $2\,H_2O \rightleftharpoons 2\,H_2 + O_2$ bei Raumtemperatur praktisch vollständig links (K ist sehr klein). Man muss sehr stark erwärmen, bis K grösser als 1 wird und das Gleichgewicht dann rechts liegt. Wasser ist deshalb bei Raumtemperatur völlig stabil und es sind hohe Temperaturen erforderlich, um es in die Elemente zu spalten (es ist «thermostabil»).

Nun besteht im Allgemeinen aber kein Zusammenhang zwischen der Lage eines Gleichgewichts (der Grösse der Gleichgewichtskonstante) und der tatsächlichen Reaktionsgeschwindigkeit. Es ist also gut möglich, dass eine Substanz (oder ein chemisches System, das aus mehreren Stoffen besteht) bei einer bestimmten Temperatur scheinbar «beständig» ist. Dies ist der Fall, wenn die Gleichgewichtskonstante für eine mögliche Reaktion (z.B. eine Zerfallsreaktion) zwar sehr gross ist, das betreffende Gleichgewicht sich aber extrem langsam einstellt. Die scheinbare Stabilität beruht dann auf der Reaktionsträgheit (der grossen erforderlichen Aktivierungsenthalpie) und ist mit wirklicher Stabilität nicht identisch. Durch einen geeigneten Katalysator kann nämlich die Reaktionsgeschwindigkeit unter Umständen so stark erhöht werden, dass sich das Gleichgewicht sehr rasch einstellt und damit der stabile Zustand erreicht wird.

Ein Beispiel für solche Verhältnisse bietet das System $H_2/O_2/H_2O$. Mischt man Wasserstoff und Sauerstoff im Volumenverhältnis 2:1, so bleibt das Knallgas über Jahre hinaus unverändert; es scheint also «stabil» zu sein. Dass es in Wirklichkeit aber nicht stabil ist und das «Unverändert-bleiben» auf der bei Raumtemperatur zu geringen Reaktionsgeschwindigkeit (d.h. der zu hohen Aktivierungsenthalpie) beruht, erfährt man auf drastische Weise, wenn man ein heisses Platinblech in das Gemisch hält: Die beiden Elemente verbinden sich explosionsartig zu Wasser, d.h. das Gleichgewicht stellt sich mit sehr grosser Geschwindigkeit ein.

Man muss also klar unterscheiden zwischen «reaktionsträg» und «stabil».

Ein stabiles Molekül (wie Wasser) kann durchaus reaktionsfähig sein, während anderseits scheinbar beständige Moleküle (wie Kohlenstoffmonoxid) in Wirklichkeit instabil sind. Sie verändern sich nur deshalb nicht, weil die Geschwindigkeiten der betreffenden Vorgänge (im Fall von Kohlenstoffmonoxid die Oxidation zu Kohlenstoffdioxid) zu klein (d.h. die Aktivierungsenthalpien zu hoch) sind.

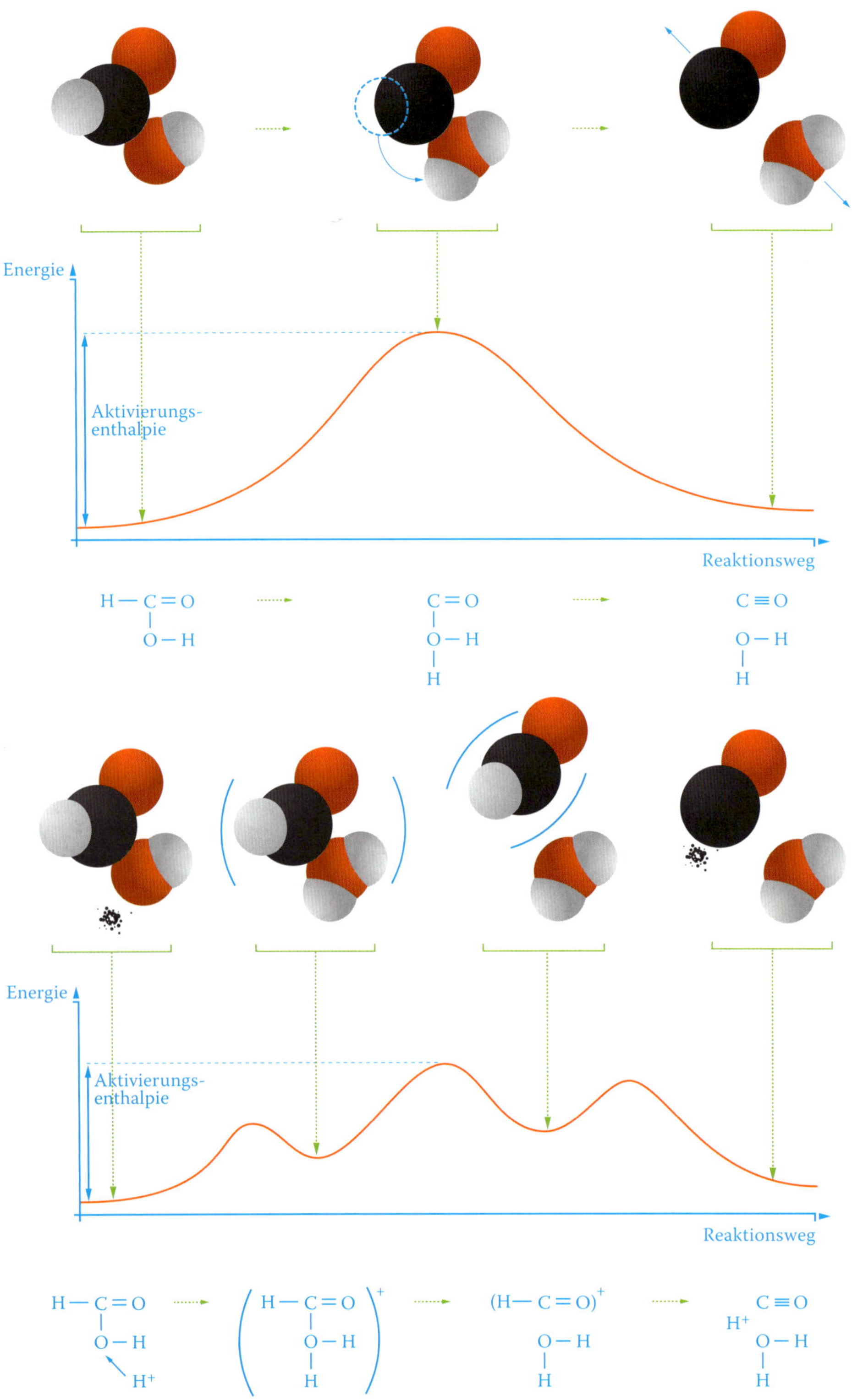

Abb. 17.10 Oben: Energiediagramm für die Zersetzung von Ameisensäure in Wasser und Kohlenstoffmonoxid; Aktivierungsenergie hoch, die Reaktion tritt bei Raumtemperatur nicht ein
Unten: Beim Zutropfen von konzentrierter Schwefelsäure zu Ameisensäure erfolgt eine lebhafte CO-Entwicklung. Die Schwefelsäure protoniert dabei zuerst die Ameisensäure, wodurch die C—O-Bindung noch stärker polar wird und unter verhältnismässig geringem Energieaufwand getrennt werden kann. Das entstehende Teilchen HCO^+ spaltet ein Proton ab: Der Katalysator (das Proton!) ist wieder frei geworden. Die Gesamtreaktion verläuft in drei Schritten

ÜBUNGEN ZUM KAPITEL 17

17.1 Weshalb werden verderbliche Lebensmittel im Kühlschrank aufbewahrt?

17.2 Wie ist es zu erklären, dass bei exothermen Reaktionen die Geschwindigkeit des Vorgangs stürmisch ansteigen kann?

17.3 Weshalb brennt Holzwolle viel rascher als grössere Holzstücke?

17.4 Aus welchen Gründen führt nicht jeder Zusammenstoss zweier Teilchen (z.B. eines Wasserstoff- und eines Sauerstoff-Moleküls) zu einer Reaktion?

17.5 Warum greifen konzentrierte saure Lösungen Stoffe wie Metalle oder Textilien viel stärker an als verdünnte?

17.6 Aus welchen Gründen nimmt die Reaktionsgeschwindigkeit mit steigender Temperatur zu?

17.7 Erklären Sie den Begriff des chemischen Gleichgewichts.

17.8 Weshalb stellt sich ein Gleichgewicht nur in einem abgeschlossenen System ein?

17.9 Formulieren Sie das Massenwirkungsgesetz für folgende Reaktionen:

$$2\,SO_2 + O_2 \rightleftharpoons 2\,SO_3 \qquad \Delta H < 0$$

$$N_2 + O_2 \rightleftharpoons 2\,NO \qquad \Delta H > 0$$

17.10 In einem Becherglas befinden sich gelöste Stoffe A, B, C und D in einem Gleichgewicht:

$$A + B \rightleftharpoons C + D$$

Nun gibt man zusätzlich festes A hinzu und rührt gut um, damit sich der Stoff vollständig auflöst. Wie verändert sich die Zusammensetzung des Gleichgewichts?

17.11 Wie werden die folgenden Gleichgewichte bei Temperaturerhöhung beeinflusst?

$$2\,SO_2 + O_2 \rightleftharpoons 2\,SO_3 \qquad \Delta H < 0$$

$$N_2O_4 \rightleftharpoons 2\,NO_2 \qquad \Delta H > 0$$

$$H_2O + CO \rightleftharpoons CO_2 + H_2 \qquad \Delta H < 0$$

17.12 Zur Synthese einer Substanz AB (die Synthese verläuft umkehrbar) benötigt man den billigen Stoff A und den teuren Stoff B. Wie wird man vorgehen, um B möglichst vollständig in AB überzuführen?

17.13 Bei einem umkehrbaren Vorgang in wässriger Lösung $A + B \rightleftharpoons C + D$ sei C das gewünschte Produkt und D ein relativ wenig lösliches Gas. Wird man den Vorgang in einem offenen oder geschlossenen Gefäss ablaufen lassen?

17.14 Vermag ein Katalysator ein chemisches Gleichgewicht zu verschieben?

17.15 Lässt sich die Reaktion $C(s) + CO_2(g) \rightleftharpoons 2\,CO(g)$ durch Druckveränderung beeinflussen?

17.16 Bei Raumtemperatur verdunsten Flüssigkeiten von niederer Siedetemperatur von selbst, obschon das Sieden ein endothermer Vorgang ist. Wie lässt sich dies erklären?

18 SÄURE/BASE-GLEICHGEWICHTE

18.1 Säure/Base-Reaktionen (Protolysen) sind umkehrbare Reaktionen

Erwärmt man festes Natriumacetat ($H_3CCOONa$; Abschnitt 15.1) mit verdünnter Schwefelsäure, so stellt man deutlich den Geruch nach Essig fest. Offenbar binden die im Natriumacetat vorhandenen Acetat-Ionen je ein Proton, das aus den Oxonium-Ionen der sauren Lösung stammt:

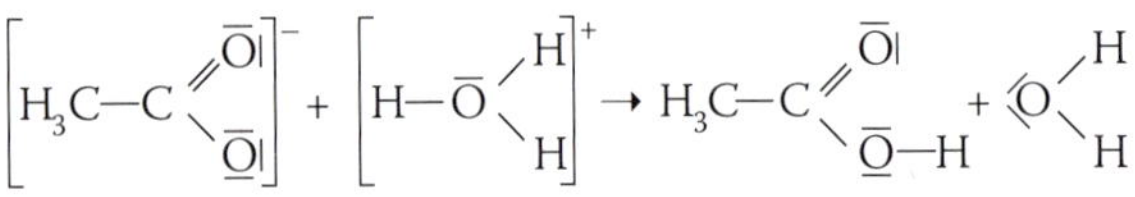

Dieser Vorgang ist die Umkehrung der Reaktion von Essigsäure mit Wasser. Die ursprünglich aus der Säure und Wasser entstandenen Acetat- und Oxonium-Ionen reagieren jetzt als Base bzw. als Säure; Protonenabgabe und -aufnahme sind umkehrbar.

Dazu ein weiteres Beispiel. Erwärmt man festes Ammoniumchlorid (NH_4Cl) mit Natronlauge, so entweicht Ammoniak. Folgende Reaktion tritt ein:

$$NH_4Cl(s) + NaOH(aq) \rightarrow NH_3(g) + NaCl(aq) + H_2O$$

Wenn nur die am Vorgang tatsächlich beteiligten Teilchen in die Reaktionsgleichung geschrieben werden, erhält man die Ionengleichung der Säure/Base-Reaktion:

$$NH_4^+ + OH^- \rightarrow NH_3 + H_2O$$

Die Chlorid- und Natrium-Ionen sind an der Reaktion nicht beteiligt.
Die Ionengleichung sagt aus, dass man aus allen Ammoniumsalzen durch Reaktion mit Hydroxid-Ionen Ammoniak erhält. Sie zeigt aber auch, dass die eigentliche Reaktion beim Erhitzen von Ammoniumsalzen mit Natronlauge die Umkehrung der Protolyse beim Lösen von Ammoniak in Wasser darstellt. Es gilt also ganz allgemein:

> Protolysen sind umkehrbare Reaktionen.

Dies bedeutet aber, dass die Protonenabgabe durch eine Säure bzw. die Protonenaufnahme durch eine Base umkehrbar sind. Aus einer Säure entsteht deshalb durch Abgabe eines Protons eine Base, ihre konjugierte Base. Säure und konjugierte Base bilden ein Säure/Base-Paar.

Für die allgemeinen Säuren vom Typ HA bzw. HB^+ gilt:

Säure		Base
HA	$\underset{\text{Protonenaufnahme}}{\overset{\text{Protonenabgabe}}{\rightleftharpoons}}$	$A^- + H^+$
HB^+	$\underset{\text{Protonenaufnahme}}{\overset{\text{Protonenabgabe}}{\rightleftharpoons}}$	$B + H^+$

Somit ergibt sich für eine allgemeine Protolyse:

$$\underset{S_1}{HA} + \underset{B_2}{B} \rightleftharpoons \underset{B_1}{A^-} + \underset{S_2}{HB^+}$$

- Protolysen sind umkehrbare Reaktionen und führen deshalb in geschlossenen Systemen zu einem chemischen Gleichgewicht.
- Bei einer Protolyse entsteht aus einer Säure durch Abgabe eines Protons eine Base, ihre konjugierte oder korrespondierende Base und aus einer Base durch Protonenaufnahme ihre konjugierte oder korrespondierende Säure.
- Säure und konjugierte Base bilden ein Säure/Base-Paar.
- An einer Protolyse sind immer zwei Säure/Base-Paare beteiligt.

Beispiele: Säure/Base-Paare

Säure		Base		
HCl	$\rightleftharpoons$	Cl^-	+	H^+
H_2SO_4	$\rightleftharpoons$	HSO_4^-	+	H^+
H_3O^+	$\rightleftharpoons$	H_2O	+	H^+
HNO_3	$\rightleftharpoons$	NO_3^-	+	H^+
HSO_4^-	$\rightleftharpoons$	SO_2^{4-}	+	H^+
HCOOH	$\rightleftharpoons$	$HCOO^-$	+	H^+
H_2S	$\rightleftharpoons$	HS^-	+	H^+
NH_4^+	$\rightleftharpoons$	NH_3	+	H^+
$CH_3NH_3^+$	$\rightleftharpoons$	CH_3NH_2	+	H^+
C_6H_5OH	$\rightleftharpoons$	$C_6H_5O^-$	+	H^+
HS^-	$\rightleftharpoons$	S^{2-}	+	H^+
H_2O	$\rightleftharpoons$	OH^-	+	H^+
OH^-	$\rightleftharpoons$	O^{2-}	+	H^+

Säuren, die wie die Schwefelsäure oder die Kohlensäure mehrere Protonen abgeben können, spalten diese stufenweise ab («mehrprotonige Säuren»). Ihre konjugierten Basen, die HSO_4^-- und HCO_3^--Ionen (Hydrogensulfat- bzw. Hydrogencarbonat-Ionen) können nochmals Protonen abgeben, wirken also gegenüber einer Base als Säure. Von einer genügend starken Säure können sie aber auch Protonen aufnehmen und reagieren dann als Base. Wie das Wasser-Molekül sind deshalb auch diese Teilchen Ampholyte. Im Allgemeinen überwiegt jedoch bei ihnen eine der beiden Funktionen.

18.2 Das Säure/Base-Gleichgewicht im Wasser; der pH-Wert und der pOH-Wert

Reinstes, mehrfach in Platingefässen destilliertes Wasser besitzt eine (allerdings niedrige) elektrische Leitfähigkeit und muss deshalb eine geringe Anzahl Ionen enthalten. Sie entstehen durch Protonenübertragung, bei der ein und dieselbe Teilchenart gleichzeitig als Säure und Base reagiert (Abschnitt 15.2). Das sich dabei einstellende Gleichgewicht bezeichnet man als Autoprotolysengleichgewicht (autos gr. = selbst) des Wassers.

$$\underset{S}{H_2O(l)} + \underset{B}{H_2O(l)} \rightleftharpoons \underset{S}{H_3O^+(aq)} + \underset{B}{OH^-(aq)}$$

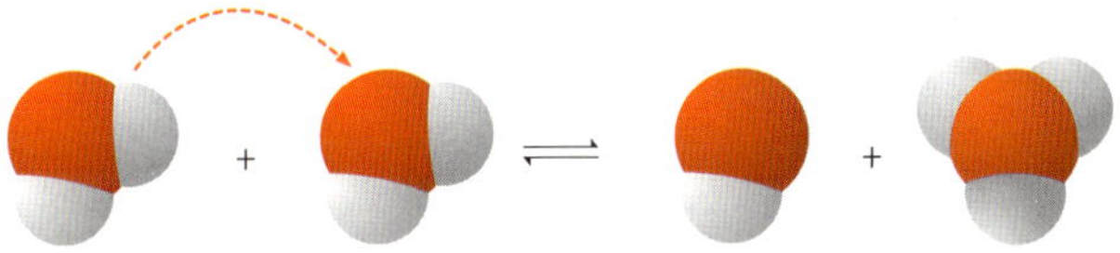

Abb. 18.1 Protonenübergang zwischen Wasser-Molekülen (Kalottenmodell)

Dieses Gleichgewicht ist nicht nur in reinem Wasser, sondern in allen wässrigen Lösungen vorhanden, d.h. überall, wo ein Protonenübergang von Wasser- auf andere Wasser-Moleküle möglich ist. In wässrigen Lösungen kann die Konzentration der H_3O^+- und OH^--Ionen bei Zusatz einer Säure oder Base in ziemlich starkem Mass verändert werden. Die Konzentration der Wasser-Moleküle [$c(H_2O) = 55{,}55\ mol \cdot L^{-1}$] bleibt jedoch in verdünnten Lösungen praktisch konstant.

- Konzentration der H_2O-Moleküle in reinem Wasser bzw. in verdünnten wässrigen Lösungen:
  Masse von 1 Liter Wasser: $m(H_2O) = 1000\ g \cdot L^{-1}$
  Molare Masse von Wasser: $M = 18{,}0\ g \cdot mol^{-1}$
- Stoffmengenkonzentration:
  $$c(H_2O) = \frac{1000\ g \cdot L^{-1}}{18{,}0\ g \cdot mol^{-1}} = 55{,}55\ mol \cdot L^{-1}$$ [1]

Das Massenwirkungsgesetz vereinfacht sich daher für das Gleichgewicht, indem die Konzentration der Wasser-Moleküle als Konstante mit in die Gleichgewichtskonstante K einbezogen werden kann.

$$K = \frac{c(H_3O^+) \cdot c(OH^-)}{c^2(H_2O)}$$

Massenwirkungsgesetz des Autoprotolysengleichgewichts von Wasser

Für $c(H_2O)$ = konstant
$K \cdot c^2(H_2O) = c(H_3O^+) \cdot c(OH^-) = K_W$

- $c(H_3O^+) \cdot c(OH^-) = Kw$
- Kw: Ionenprodukt des Wassers
- Die Konstante Kw hängt nur von der Temperatur ab und beträgt bei $t = 22\ °C$ $10^{-14}\ mol^2 \cdot L^{-2}$.
- $K_W = c(H_3O^+) \cdot c(OH^-) = 10^{-14}\ mol^2 \cdot L^{-2}$

In verdünnten wässrigen Lösungen ist das Produkt aus den Konzentrationen der H_3O^+- und OH^--Ionen konstant, bei 22 °C beträgt der Wert $10^{-14}\ mol^2 \cdot L^{-2}$. Kennt man eine der beiden Konzentrationen, so ergibt sich die andere aus dem Ionenprodukt des Wassers.

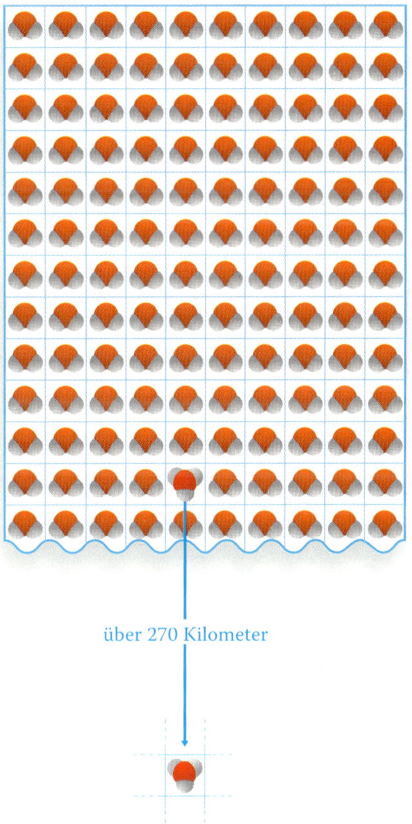

Abb. 18.2 Veranschaulichung des Verhältnisses der Anzahl H_2O-Moleküle und H_3O^+-Ionen in reinem Wasser. Würde man auf jedes Quadrat eines karierten Papiers mit einer Breite von 10 Quadraten ein H_2O-Molekül legen, so käme auf dem Papierstreifen im Durchschnitt alle 270 km ein H_3O^+-Ion vor

[1] *Die verwendeten Zahlenwerte sind gerundet. Masse von 1 Liter Wasser bei 22 °C = 997,07 g, gerundet 1000 g. Molare Masse von Wasser = 18,01534 $g \cdot mol^{-1}$, gerundet 18,00 $g \cdot mol^{-1}$.*

In reinem Wasser und in neutralen wässrigen Lösungen sind die Konzentrationen der H_3O^+- und OH^--Ionen gleich gross:

$$c(H_3O^+) = c(OH-) = \sqrt{\frac{10^{-14}\ mol^2}{L^2}} = 10^{-7}\ mol \cdot L^{-1}$$

Zugabe einer Säure zu Wasser bzw. zu einer neutralen wässrigen Lösung bewirkt, dass die Konzentration der H_3O^+- Ionen ansteigt und die der OH^--Ionen abnimmt. Umgekehrt erniedrigt sich die H_3O^+- Ionenkonzentration bei der Reaktion einer Base mit Wasser unter gleichzeitiger Zunahme der Konzentration der OH^--Ionen. In sauren Lösungen überwiegt somit die Konzentration der H_3O^+-, in alkalischen Lösungen die der OH^--Ionen. Durch die Angabe einer dieser Konzentrationen lässt sich der Charakter einer verdünnten wässrigen Lösung eindeutig kennzeichnen. Man hat dazu die Oxonium-Ionenkonzentration gewählt. Statt der unbequemen kleinen Zahlen findet der negative Zehnerlogarithmus, der pH-Wert , Verwendung. Der pH-Wert[2] ist eine dimensionslose Zahl.

$$pH = -\log c(H_3O^+) \qquad \text{bzw. } c(H_3O)^+ = 10^{-pH}$$

Wenn man für den negativen Exponenten der OH^--Konzentration noch den Ausdruck pOH einführt, so ergibt sich die Beziehung:

$pOH = -\log c(OH^-)$ und damit

$$pH + pOH = 14$$

[2] *pH von potentia hydrogenii bzw. **p**ondus **h**ydrogenii*

Damit lassen sich neutrale, saure und alkalische Lösungen sowie Wasser allgemein definieren.

- Reines Wasser und neutrale wässrige Lösungen:
  $c(H_3O^+) = c(OH^-) = 10^{-7}\ mol \cdot L^{-1}$
  $pH = 7$; $pOH = 7$
- Saure Lösungen:
  $c(H_3O^+) > c(OH^-)$
  $c(H_3O^+) > 10^{-7}\ mol \cdot L^{-1}$; $c(OH^-) < 10^{-7}\ mol \cdot L^{-1}$
  $pH < 7$; $pOH > 7$
- Alkalische Lösungen:
  $c(H_3O^+) < c(OH^-)$
  $c(H_3O^+) < 10^{-7}\ mol \cdot L^{-1}$; $c(OH^-) > 10^{-7}\ mol \cdot L^{-1}$
  $pH > 7$; $pOH < 7$

Tabelle 18.1 Beispiele von pH-Werten

	pH-Wert
Leitungswasser	7,4-7,5
destilliertes Wasser (rein)	7,0
destilliertes Wasser (gestanden; CO2-haltig)	5-6
Salzwasser	7,0
Essig	etwa 3
Zitronensaft	2-3
Blut	7,4
Seifenwasser	etwa 10
Mineralwasser	4-5

Tabelle 18.2 Zusammenhang zwischen pH, pOH, $c(H_3O^+)$ und $c(OH^-)$

pH	0	1	2	3	4	5	6	7
pOH	14	13	12	11	10	9	8	7
$c(H_3O^+)\ mol \cdot L^{-1}$	$1\ (10^0)$	10^{-1}	10^{-2}	10^{-3}	10^{-4}	10^{-5}	10^{-6}	10^{-7}
$c(OH^-)\ mol \cdot L^{-1}$	10^{-14}	10^{-13}	10^{-12}	10^{-11}	10^{-10}	10^{-9}	10^{-8}	10^{-7}
pH	7	8	9	10	11	12	13	14
pOH	7	6	5	4	3	2	1	0
$c(H_3O^+)\ mol \cdot L^{-1}$	10^{-7}	10^{-8}	10^{-9}	10^{-10}	10^{-11}	10^{-12}	10^{-13}	10^{-14}
$c(OH^-)\ mol \cdot L^{-1}$	10^{-7}	10^{-6}	10^{-5}	10^{-4}	10^{-3}	10^{-2}	10^{-1}	$1\ (10^0)$

Beispiele

a) In einer Salzsäure mit $c(HCl) = 0{,}1\ mol \cdot L^{-1}$ ist die Konzentration der H_3O^+-Ionen praktisch $c = 0{,}1\ mol \cdot L^{-1}$ ($= 10^{-1}\ mol \cdot L^{-1}$), da sich Hydrogenchlorid (HCl) als sehr starke Säure (Abschnitt 18.3) mit dem Wasser nahezu vollständig umsetzt. (Die durch die Autoprotolyse aus dem Wasser gebildeten H_3O^+-Ionen können dabei ohne Weiteres vernachlässigt werden.) Der Grund liegt darin, dass HCl das Autoprotolysengleichgewicht nach links verschiebt (die Autoprotolyse zurückdrängt), sodass die Menge der aus der Reaktion $H_2O + H_2O$ gebildeten OH^--Ionen kleiner wird als $10^{-7}\ mol \cdot L^{-1}$. Der pH einer solchen sauren Lösung ist daher 1, der pOH-Wert = 13 und die Konzentration der OH^--Ionen $c = 10^{-13}\ mol \cdot L^{-1}$.

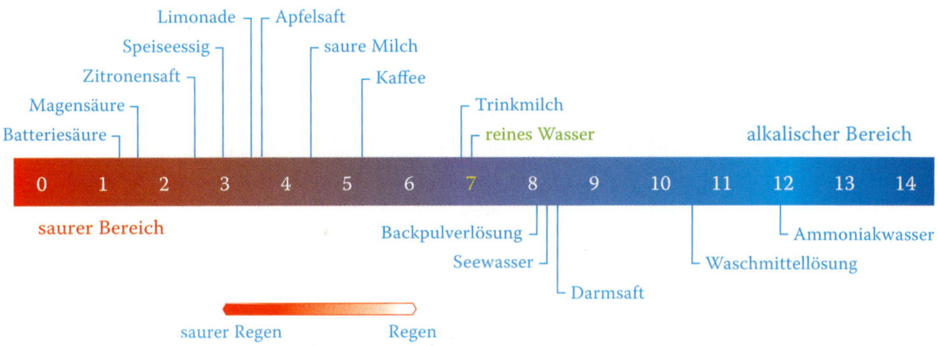

Abb. 18.3 Die pH-Skala

b) In einer Natronlauge mit $c(OH^-) = 0{,}5\ mol \cdot L^{-1}$ ist die Konzentration der H_3O^+-Ionen $c = 10^{-14}/0{,}5 = 2 \cdot 10^{-14}\ mol \cdot L^{-1}$. Wiederum kann die Menge der aus dem Wasser stammenden OH^--Ionen vernachlässigt werden. Der pH-Wert ist der negative Zehnerlogarithmus dieser Konzentration:

$$pH = -\log 2 \cdot 10^{-14} = -(\log 2 + \log 10^{-14}) = -(0{,}3 - 14) = 13{,}7$$
$$pOH = 0{,}3$$
$$c(OH^-) = 10^{-0{,}3}\ mol \cdot L^{-1}$$

Der pH-Wert bestimmt den Verlauf aller Reaktionen in wässrigen Lösungen, an denen Säuren oder Basen beteiligt sind, insbesondere auch den Verlauf vieler biologisch-chemischer Vorgänge. Die einfache und rasche pH-Messung hat deshalb grosse Bedeutung. Die Messung des pH-Werts erfolgt entweder potentiometrisch (mit besonderen pH-Messgeräten) oder mit Indikatoren. Indikatoren (genauer gesagt pH-Indikatoren) sind Farbstoffe, die je nach dem pH-Wert ihre Farbe ändern können (Abschnitt 18.5). Beispiele sind Pflanzenfarbstoffe wie Lackmus (der Farbstoff einer Flechte) oder viele synthetische Farbstoffe wie Methylorange.

Prüft man eine Lösung mit verschiedenen Indikatoren, deren Umschlagsgebiete man kennt , so lässt sich der pH-Wert leicht auf 0,1 bis 0,2 pH genau bestimmen. In der Praxis verwendet man häufig mit Indikatoren getränkte Papierstreifen («Indikatorpapiere») oder Mischungen verschiedener Indikatorlösungen, deren Umschlagsgebiete so gewählt werden, dass für jedes pH eine andere Farbe auftritt (Universalindikatoren).

Vergleicht man die gemessenen mit den berechneten pH-Werten, so findet man oft schon bei Konzentrationen von $c = 0{,}1\ mol \cdot L^{-1}$ Abweichungen. Die relativ grosse Konzentration bewirkt, dass sich mehrere negative und positive Ionen zu grösseren Einheiten («Teilchen») zusammenlagern. Genau genommen müsste deshalb für Konzentrationen $c > 0{,}01\ mol \cdot L^{-1}$ mit Aktivitäten (effektiv wirksame Teilchenzahl) statt Konzentrationen gerechnet werden. Für Lösungen mit Konzentrationen über 1 $mol \cdot L^{-1}$ sollte man die pH-Skala in der hier gegebenen Umschreibung nicht mehr verwenden. Auch trifft für solche Lösungen die Annahme, die Konzentration der Wasser-Moleküle sei konstant, nicht mehr zu.

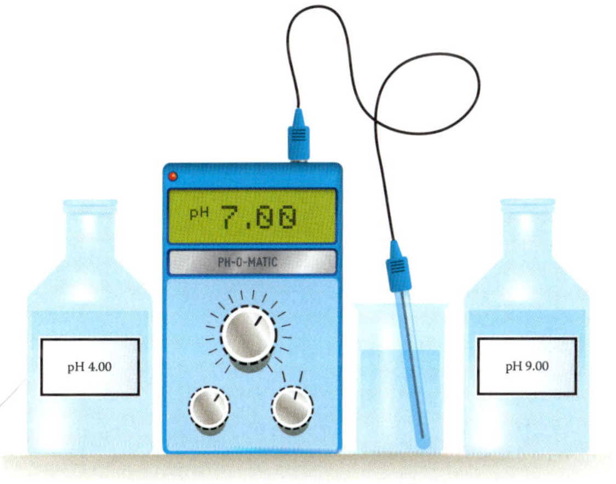

Abb. 18.4 pH-Meter mit Glaselektrode. Vor Gebrauch muss ein pH-Meter mit Lösungen geeicht werden, deren pH -Wert bekannt ist

Abb. 18.5 Universalindikatorpapier. Je nach der Mischung der Indikatorfarbstoffe werden die pH-Werte nach Benetzen mit der zu untersuchenden Flüssigkeit in verschiedener Farbe angezeigt

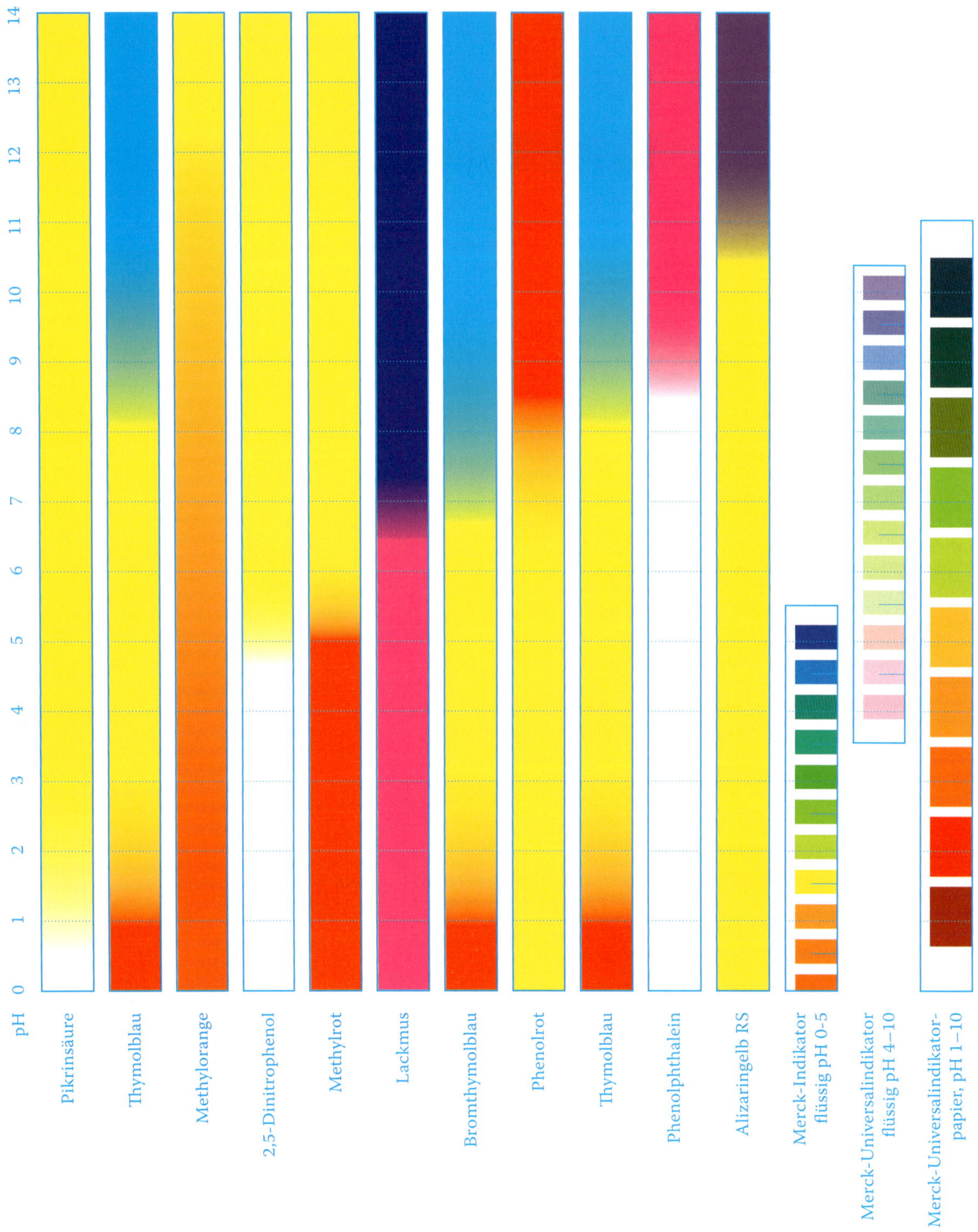

Abb. 18.6 Umschlagsbereiche gebräuchlicher Indikatoren

Schmerz und pH

Die Schmerzempfindung beim Menschen und bei Tieren beruht unter anderem auf der Reaktion von Nervenenden auf Änderungen des pH-Werts ihrer Umgebung. Blut und interzellulare Flüssigkeiten haben einen pH-Wert von 7,4. Der stechende Schmerz, den man empfindet, wenn z.B.ein Tropfen Zitronensäure auf einen offenen Schnitt gelangt, beruht darauf, dass die Nervenenden jetzt mit einer Lösung von viel tieferem pH in Berührung kommen. In gleicher Weise wirken Insektenstiche: Das Insekt spritzt mit dem Stich eine saure Lösung, z.B. Ameisensäure, HCOOH, in das Gewebe.
Auch die Zellen in der Muskulatur enthalten schwache Säuren; der pH-Wert der Zellflüssigkeit ist beträchtlich tiefer als in den sie umgebenden Flüssigkeiten. Wird das «Fleisch» durch äussere Effekte (Schneiden, Brennen) verletzt oder durch physiologische Prozesse innerhalb der Muskelzellen gestört, so fliesst die normalerweise nur innerhalb der Zellen vorhandene saure Flüssigkeit aus und bewirkt wiederum das «Schmerzgefühl», wenn sie mit den Nervenenden in Berührung kommt. Schon eine Senkung des pH-Werts von 7,4 auf 6,2 hat eine feststellbare Reizung zur Folge.
Da Reizung und Schmerzempfindung durch eine solche «Versauerung» bewirkt werden, kann ihr durch Neutralisation der Säuren entgegengewirkt werden. Salben oder Hautcrèmen sind daher meistens schwach basisch.

18.3 Die Stärke von Säuren und Basen; die Säure/Base-Reihe

pH-Wert und Säurestärke

pH-Wert («Säuregrad») und Säurestärke werden oft miteinander verwechselt. Die beiden Begriffe sollen deshalb hier einander gegenübergestellt werden.

Das pH misst den sauren (alkalischen) Charakter einer Lösung. Die in einer Lösung tatsächlich vorhandene Konzentration der H_3O^+-Ionen hängt von zwei Grössen ab: von der Stärke der darin gelösten Säure (Base) und von ihrer Konzentration. Obschon beispielsweise Hydrogenchlorid die viel stärkere Säure ist als Essigsäure, zeigt eine Salzsäure mit $c = 10^{-4}\ \text{mol} \cdot \text{L}^{-1}$ ein pH von 4, eine Essigsäure mit $c = 1\ \text{mol} \cdot \text{L}^{-1}$ dagegen ein pH von etwa 2,4. Die konzentriertere, aber schwächere Säure hat also einen höheren Säuregrad (ein tieferes pH) als die weniger konzentrierte, stärkere Salzsäure.

Der pH-Wert beschreibt also den momentanen Zustand einer Lösung in Bezug auf die Oxonium- bzw. Hydroxid-Ionen. Deren Konzentration lässt sich mit geringem Aufwand verändern. Die Stärke von Säuren und Basen ist hingegen unveränderlich; sie ist eine «Stoffkonstante».
Wie vollständig eine Protolyse abläuft (d.h. ob das betreffende Gleichgewicht mehr auf der Seite der End- oder der Ausgangsstoffe liegt), hängt davon ab, wie leicht die betreffende Säure bzw. Base ein Proton abgibt bzw. aufnimmt. Die Gleichgewichtslage wird also durch die Stärke der Säure und Base bestimmt.
Ein quantitatives Mass der Säure- bzw. Basenstärke wäre die Gleichgewichtskonstante K der Reaktion

$$HA \rightleftharpoons A^- + H^+$$

Diese Gleichung entspricht aber keinem wirklich stattfindenden Vorgang, da freie H^+-Ionen (Protonen) nicht existieren. Um die Leichtigkeit der Protonenabgabe verschiedener Säuren bzw. der Protonenaufnahme verschiedener Basen vergleichen zu können, muss man diese stets mit der gleichen Base (Säure) reagieren lassen. Dazu wählt man aus praktischen Gründen Wasser, das sich als Ampholyt dafür besonders gut eignet.
Lässt man gleiche Mengen einer Säure (HA) bzw. Base (B) mit Wasser reagieren, so gilt:

$$\underset{S}{HA} + \underset{B}{H_2O} \rightleftharpoons A^- + H_3O^+ \qquad \underset{B}{B} + \underset{S}{H_2O} \rightleftharpoons HB^+ + OH^-$$

$$K = \frac{c(A^-) \cdot c(H_3O^+)}{c(HA) \cdot c(H_2O)} \qquad K = \frac{c(HB^+) \cdot c(OH^-)}{c(B) \cdot c(H_2O)}$$

Die in verdünnten wässrigen Lösungen konstante Konzentration der Wasser-Moleküle kann in die Konstante K miteinbezogen werden. Daraus ergeben sich folgende Beziehungen:

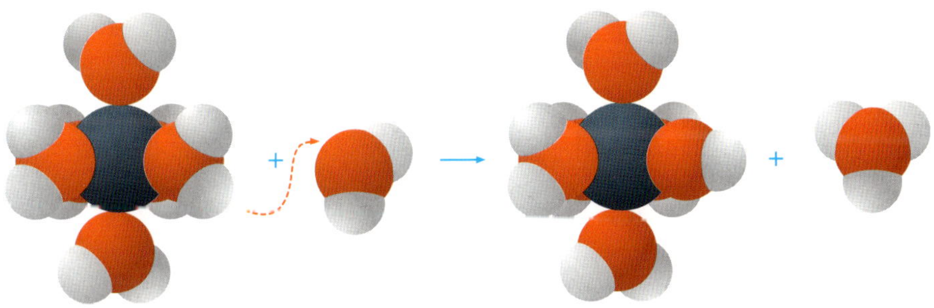

Abb. 18.7 Fe^{3+}(aq)-Ion als Kationensäure (Kalottenmodelle)

$$K \cdot c(H_2O) = \frac{c(A^-) \cdot c(H_3O^+)}{c(HA)} = K_s$$

$$K_s = \frac{c(A^-) \cdot c(H_3O^+)}{c(HA)} \qquad K_s\text{: Säurekonstante}$$

$$K \cdot c(H_2O) = \frac{c(HB^+) \cdot c(OH^-)}{c(B)} = K_b$$

$$K_b = \frac{c(HB^+) \cdot c(OH^-)}{c(B)} \qquad K_b\text{: Basenkonstante}$$

Die Konstanten K_s bzw. K_b werden Säurekonstante (Aciditätskonstante) bzw. Basenkonstante (Basizitätskonstante) genannt und charakterisieren die Stärke einer Säure bzw. Base. Wie alle Gleichgewichtskonstanten sind auch K_s und K_b temperaturabhängig. Starke Säuren haben grosse Säurekonstanten ($K_s > 10$), schwache Säuren kleine (Tab. 18.3). Häufig werden auch ihre negativen Zehnerlogarithmen verwendet.

$$pK_s = -\log K_s \qquad pK_b = -\log K_b$$

Mehrprotonige Säuren (Basen), die Protonen stufenweise abgeben (aufnehmen), haben für jede Protolysenstufe eine besondere Säure- (Basen-) Konstante.

Beispiel: Phosphorsäure (H_3PO_4)

$$H_3PO_4 + H_2O \rightleftharpoons H_3O^+ + H_2PO_4^- \quad pK_s = 1{,}96$$

$$H_2PO_4^- + H_2O \rightleftharpoons H_3O^+ + HPO_4^{2-} \quad pK_s = 7{,}21$$

$$HPO_4^{2-} + H_2O \rightleftharpoons H_3O^+ + PO_4^{3-} \quad pK_s = 12{,}32$$

Tabelle 18.3 enthält eine Zusammenstellung der wichtigsten Säure/Base-Paare, geordnet nach zunehmendem pK_s-Wert (abnehmender Säurestärke).

Man sieht aus dieser Zusammenstellung, dass nicht nur Moleküle, sondern auch positive und negative Ionen Säuren bzw. Basen sein können. Beispiele für Kationensäuren sind das Ammonium-Ion (NH_4^+) und die hydratisierten, mehrfach geladenen Metallionen (z.B. $[Fe(H_2O)_6]^{3+}$). In den Aquakomplexen stossen sich die Ladungen des Zentralions und die positiv polarisierten Wasserstoff-Atome der Wasser-Moleküle gegenseitig ab, sodass eine Base den H_2O-Molekülen Protonen entziehen kann. Entsprechend dieser Vorstellung wächst der Säurecharakter mit zunehmender Ladung und abnehmender Grösse des Zentralions. Als Beispiel diene der Hexaquakomplex von Eisen(III) (Abb. 18.7):

$$[Fe(H_2O)_6]^{3+} + H_2O \rightleftharpoons [Fe(H_2O)_5OH]^{2+} + H_3O^+$$

Da der Mechanismus von Protolysen sehr einfach ist, gehören sie mit Geschwindigkeiten in der Grössenordnung $10^{11}\ mol \cdot L^{-1} \cdot s^{-1}$ zu den schnellsten chemischen Reaktionen überhaupt. Säure/Base-Gleichgewichte stellen sich daher sehr rasch ein.

Ist in einem Gleichgewicht

$$\underset{S_1}{HA} + \underset{B_2}{B} \rightleftharpoons \underset{B_1}{A^-} + \underset{S_2}{HB^+}$$

HA die stärkere Säure als HB^+ (womit A^- die schwächere Base ist als B), so liegt das Gleichgewicht rechts. Die Konzentrationen von HB^+ und A^- überwiegen, wenn man von gleichen Konzentrationen HA und B ausgeht. Eine Protolyse verläuft deshalb stets bevorzugt in derjenigen Richtung, in der die schwächere Säure und Base entstehen.

stärkere Säure + stärkere Base $\rightleftharpoons$
schwächere Säure + schwächere Base

- In der Säure/Base-Reihe nimmt die Stärke der Säuren nach unten ab, die Stärke der konjugierten Basen dagegen zu.
- Eine Protolyse zwischen einer Säure und einer Base, die in dieser Reihe unterhalb der konjugierten Base der Säure steht, ergibt ein rechts liegendes Gleichgewicht ($K > 1$), während die Reaktion einer Säure mit einer Base, die schwächer ist als die konjugierte Base der Säure, zu einem links liegenden Gleichgewicht mit $K < 1$ führt.
- Voraussetzung: Es müssen gleiche Stoffmengen an Säure und Base miteinander reagieren; z.B. je 0,1 mol.

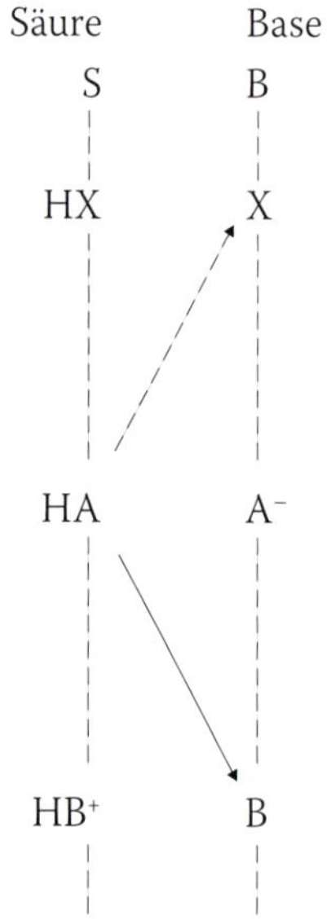

Mit einer Base oberhalb von A^- stellt sich ein links liegendes Gleichgewicht ein:

$$HA + B \rightleftharpoons A^- + HX$$

Säure/Base-Paar

Mit einer Base unterhalb von A^- stellt sich ein rechts liegendes Gleichgewicht ein:

$$HA + B \rightleftharpoons A^- + HB^+$$

Selbstverständlich können Protolysen mit $K < 1$ vollständig ablaufen, wenn man z.B. ein Produkt dem Gleichgewicht entzieht.

Tabelle 18.3 K_s- und pK_s-Werte einiger Säure-Base-Paare (bei t = 25 °C); $pK_s = -\log K_s$

Säure	Name der Säure	Base	K_s	pK_s
$HClO_4$	Perchlorsäure	ClO_4^-	10^{9}	−9
HCl	Hydrogenchlorid	Cl^-	10^{6}	−6
H_2SO_4	Schwefelsäure	HSO_4^-	10^{3}	−3
HNO_3	Salpetersäure	NO_3^-	$10^{1,32}$	−1,32
H_3O^+	Oxonium-Ion	H_2O	1	0[3]
$HClO_3$	Chlorsäure	ClO_3	1	0
HSO_4^-	Hydrogensulfat-Ion	SO_4^{2-}	$10^{-1,92}$	1,92
H_2SO_3	schweflige Säure	HSO_3^-	$10^{-1,96}$	1,96
H_3PO_4	Phosphorsäure	$H_2PO_4^-$	$10^{-1,96}$	1,96
$HClO_2$	Chlorige Säure	ClO_2^-	10^{-2}	2
$[Fe(H2O)_6]^{3+}$	Hexaqua-Eisen(III)-Ion	$[Fe(H_2O)_5OH]^{2+}$	$10^{-2,2}$	2,2
HF	Hydrogenfluorid	F^-	$10^{-3,14}$	3,14
$HCOOH$	Methansäure (Ameisensäure)	$HCOO^-$	$10^{-3,7}$	3,7
H_3CCOOH	Ethansäure (Essigsäure)	H_3CCOO^-	$10^{-4,76}$	4,76
$[Al(H_2O)_6]^{3+}$	Hexaqua-Aluminium-Ion	$[Al(H_2O)_5OH]^{2+}$	$10^{-4,9}$	4,9
H_2CO_3	Kohlensäure	HCO_3^-	$10^{-6,46}$	6,46
H_2S	Dihydrogensulfid	HS^-	$10^{-7,06}$	7,06
HSO_3^-	Hydrogensulfit-Ion	SO_3^{2-}	$10^{-7,2}$	7,2
$H_2PO_4^-$	Dihydrogenphosphat-Ion	HPO_4^{2-}	$10^{-7,21}$	7,21
$HClO$	Unterchlorige Säure	ClO^-	$10^{-7,25}$	7,25
NH_4^+	Ammonium-Ion	NH_3	$10^{-9,21}$	9,21
HCN	Cyanwasserstoffsäure (Blausäure)	CN^-	$10^{-9,4}$	9,4
$[Zn(H_2O)_6]^{2+}$	Hexaqua-Zink-Ion	$[Zn(H_2O)_5OH]^+$	$10^{-9,66}$	9,66
HCO_3^-	Hydrogencarbonat-Ion	CO_3^{2-}	$10^{-10,40}$	10,40
H_2O_2	Wasserstoffperoxid	HO_2^-	$10^{-11,62}$	11,62
HPO_4^{2-}	Hydrogenphosphat-Ion	PO_4^{3-}	$10^{-12,32}$	12,32
HS^-	Hydrogensulfid-Ion	S^{2-}	$10^{-12,9}$	12,9
H_2O	Wasser	OH^-	10^{-14}	14
OH^-	Hydroxid-Ion	O^{2-}	10^{-24}	24

[3] Die Säurekonstante des H_3O^+-Ions entspricht der Gleichgewichtskonstanten der «Reaktion» $H_3O^+ + H_2O \rightleftharpoons H_2O + H_3O^+$

Dazu einige Beispiele:

Reaktionen von Säuren oder Basen mit Wasser
Für Säure/Base-Reaktionen mit Wasser gelten die folgenden allgemeinen Ausdrücke (vgl. 18.1):

$$\underset{\text{Säure}}{HA} + H_2O \rightleftharpoons \underset{\text{konjugierte Base}}{A^-} + H_3O^+$$

$$\underset{\text{Base}}{B} + H_2O \rightleftharpoons \underset{\text{konjugierte Säure}}{HB^+} + OH^-$$

Nur die sehr starken Säuren setzen sich mit Wasser praktisch vollständig um: Perchlorsäure, Hydrogenchlorid, Schwefel- und Salpetersäure. In den wässrigen Lösungen dieser Säuren – z.B. in verdünnter Salz- oder Schwefelsäure – ist also das H_3O^+-Ion der eigentliche Protonenspender.

Löst man schwächere Säuren in Wasser, z.B. Essigsäure, so reagiert nur ein kleiner oder sogar sehr kleiner Teil der Säuremoleküle mit dem Wasser. Es bilden sich Gleichgewichte, in denen die Konzentration der unveränderten Säuremoleküle viel grösser ist als die Konzentration der H_3O^+-Ionen und der konjugierten Basen. In einer verdünnten Essigsäure (z.B. im Speiseessig) sind beispielsweise nur etwa 1 % aller Essigsäure-Moleküle protolysiert.

Experimentell zeigt sich diese Tatsache z.B. darin, dass gleichkonzentrierte (z.B. $c = 0{,}1\ mol \cdot L^{-1}$) Salzsäure und Essigsäure verschiedene pH-Werte zeigen (1 bzw. 2,9) und dass die beiden sauren Lösungen auch verschieden heftig mit unedlen Metallen reagieren.

Von den in der Säure/Base-Reihe aufgeführten Basen reagiert einzig das Oxid-Ion (O^{2-}) praktisch vollständig mit Wasser, z.B. beim Zusammengeben von Calciumoxid, CaO, und Wasser:

$$CaO + H_2O \rightarrow Ca(OH)_2$$

Ionengleichung: $$O^{2-} + H_2O \rightarrow 2\ OH^-$$

Reaktion von Anionbasen mit starken Säuren
Durch die Säure wird die Anionbase protoniert, d.h. in ihre konjugierte Säure übergeführt. Ist diese flüchtig, so kann sie durch Erwärmen aus dem Reaktionsgemisch vertrieben werden. Ein Beispiel dafür bietet die in Abschnitt 18.1 beschriebene Reaktion von Natriumacetat ($H_3CCOONa$) mit verdünnter Schwefelsäure, bei der das Acetat-Ion (die Base) protoniert wird:

$$H_3CCOO^- + H_3O^+ \rightleftharpoons H_3CCOOH + H_2O$$

Auch die Bildung von Hydrogenchlorid aus (festem) Kochsalz und konzentrierter Schwefelsäure ist ein Beispiel dafür:

$$2\ NaCl + H_2SO_4 \rightarrow 2\ HCl + SO_4^{2-} + 2\ Na^+$$

Weil hier HCl dem Reaktionsgemisch als Gas entzogen wird, verläuft die Reaktion nach rechts, obschon Hydrogenchlorid die stärkere Säure ist als Schwefelsäure.

18.4 Zusammenhang zwischen Struktur und Säure- bzw. Basenstärke

Starke Säuren enthalten Protonen, die verhältnismässig leicht abtrennbar sind. Die Leichtigkeit, mit der sich in einer Atombindung X – H das Proton abspaltet, wird in erster Linie durch die Elektronegativität des Atoms X, in zweiter Linie durch die Länge der Bindung beeinflusst. Je stärker elektronegativ nämlich das Atom X ist, umso näher liegt der Schwerpunkt der bindenden Ladung dem Atomrumpf von X (d.h. umso polarer ist die Bindung) und umso leichter wird das Proton die bindende Wolke verlassen. In Übereinstimmung mit dieser Vorstellung steht das Verhalten der Verbindungen CH_4, NH_3, H_2O und HF, die alle als Säuren reagieren können.

Verbindung	ΔEN der Bindung		Säurestärke
CH_4	H—C	0,4	↓
NH_3	H—N	0,9	
H_2O	H—O	1,4	
HF	H—F	1,9	

Die Säurestärke steigt von oben nach unten, weil die EN des Nichtmetallatoms X und damit die Polarität der X—H-Bindung zunimmt

Auch die verschiedenen Stärken von Sauerstoffsäuren sind damit erklärbar, wie z.B. von Wasser und unterchloriger Säure. Weil im Molekül der unterchlorigen Säure HOCl ein weiteres, stark elektronegatives Atom mit dem Sauerstoff verbunden ist, wird das gemeinsame Elektronenpaar der O—H-Bindung noch näher zum Rumpf des Sauerstoff-Atoms gezogen. Die O—H-Bindung ist damit polarer als im H_2O-Molekül, sodass die unterchlorige Säure als Säure stärker ist als Wasser.

H—$\bar{O}$—H $\quad pK_s = 14$

|$\bar{Cl}$—$\bar{O}$—H $\quad pK_s = 7{,}25$

Weitere Sauerstoff-Atome, die an das Chlor-Atom gebunden sind, verstärken den Effekt durch ihre hohe Elektronegativität.

Säure	Formel	Lewis-Formel	pK_s	Säurestärke
unterchlorige S.	$HClO$	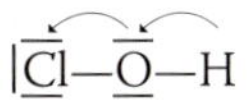	7,25	↓ Zunehmende Säurestärke von oben nach unten mit zunehmender Anzahl Sauerstoff-Atome
chlorige S.	$HClO_2$	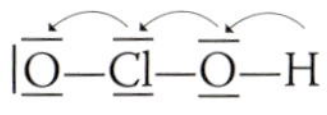	2	
Chlorsäure	$HClO_3$	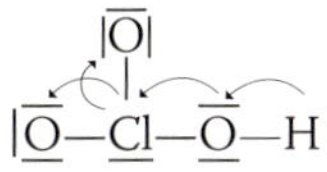	0	
Perchlorsäure	$HClO_4$	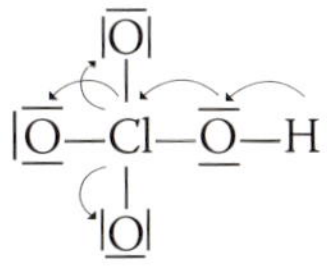	−9	

In den folgenden Reihen steigt die Säurestärke ebenfalls von oben nach unten, weil die Elektronegativität des Atoms, welches die O—H-Gruppe trägt, zunimmt und dadurch die O—H-Bindung immer stärker polar wird.

Säure	Säure	Säurestärke
H_4SiO_4 ($HOSiO_3$)	HIO_3 ($HOIO_2$)	↓
H_3PO_4 ($HOPO_3$)	$HBrO_3$ ($HOBrO_2$)	
H_2SO_4 ($HOSO_3$)	$HClO_3$ ($HOClO_2$)	
$HClO_4$ ($HOClO_3$)		

Die Säurestärke nimmt von oben nach unten zu (zunehmende Elektronegativität des Atoms, das die O—H-Gruppe bindet)

Vergleicht man aber, wie leicht die Hydrogenhalogenverbindungen HF, HCl, HBr und HI ihr Proton abspalten, so findet man, dass Hydrogeniodid (HI) die stärkste, Hydrogenfluorid (HF) die schwächste Säure ist, obschon die Bindung im Hydrogenfluorid-Molekül am stärksten polar ist. Hier macht sich nun der Einfluss der stark verschiedenen Bindungslängen geltend.

Im Hydrogeniodid-Molekül liegt die das Proton bindende Wolke an der Oberfläche eines grossen Atomrumpfs, sodass es durch eine Base relativ leicht aus dieser Wolke «herausgezogen» werden kann.
Das entstehende Ion hat dank seiner Grösse an der Oberfläche nur eine kleine Ladungsdichte und damit eine geringe Tendenz, das Proton wieder anzuziehen.

Dieselbe Regelmässigkeit beobachtet man bei den Wasserstoffverbindungen der Elemente der sechsten Hauptgruppe.

Säure	Säure	Säurestärke
HF	H_2O	↓
HCl	H_2S	
HBr	H_2Se	
HI	H_2Te	
	H_2Po	

Die Säurestärke nimmt von oben nach unten zu (zunehmende Bindungslänge)

Die Reaktion eines Teilchens als Base beruht auf der Fähigkeit, mit einem freien Elektronenpaar ein Proton zu binden. Sie wird umso stärker sein, je höher die negative Ladung der Base ist und je leichter das Elektronenpaar der neuen Bindung zur Verfügung gestellt wird (d.h. je weniger elektronegativ das Atom ist, das eine freie, doppelt besetzte Wolke besitzt).

Base	Base	Basenstärke
NH_3	NH	↓
H_2O	OH^-	
HF	F^-	

Abnahme der Basenstärke von oben nach unten, da die Elektronegativität des Atoms, das die freie Elektronenwolke trägt, grösser wird

Die Wirkung der negativen Ladung ist natürlich besonders gross, wenn das Basenteilchen klein ist. Dies erklärt die stark basische Wirkung von Ionen wie O^{2-}, N^{3-}, P^{3-} und insbesondere auch H^-. Aus diesem Grund nimmt die basische Wirkung in den gegebenen Beispielen nach unten ab (trotzdem die Elektronegativität in der gleichen Richtung kleiner wird).

Base	Base	Base	Basenstärke
N^{3-}	O^{2-}	F^-	↓
P^{3-}	S^{2-}	Cl^-	
As^{3-}	Se^{2-}	Br^-	
Sb^{3-}	Te^{2-}	I^-	
			Abnahme der Basenstärke von oben nach unten wegen zunehmender Ionengrösse

18.5 Die Pufferungskurve; Indikatoren und Pufferlösungen

Wenden wir das Massenwirkungsgesetz auf die Reaktion einer Säure mit Wasser an, so erhalten wir (Abschnitt 18.3):

$$\frac{c(H_3O^+) \cdot c(A^-)}{c(HA) \cdot c(H_2O)} = K$$

Für verdünnte Lösungen [$c(H_2O)$ = konstant]:

$$\frac{c(H_3O^+) \cdot c(A^-)}{c(HA)} = K_s$$

K_s wird als Säurekonstante bezeichnet. Sie ist ein quantitatives Mass für die Säurestärke. Mit negativen dekadischen Logarithmen geschrieben wird das MWG:

$$-\log c(H_3O^+) = -\log K_s - \log c(HA)/c(A^-)$$

Setzt man $-\log K_s = pK_s$ und formt gemäss $\log {}^A/_B = -\log {}^B/_A$ um, so erhält man:

$$pH = pK_s + \log \frac{c(A^-)}{c(HA)}$$

Diese wichtige Gleichung, die Pufferungsgleichung, zeigt, dass der pH-Wert (der «Säuregrad») sowohl von der Stärke der Säure (dem pKs) als auch vom Verhältnis der Konzentrationen von Säure und konjugierter Base abhängt.

Diese Gleichung soll für die Essigsäure grafisch dargestellt werden. Als Ordinate wählen wir den pH-Wert und als Abszisse die Mol-% von HA bzw. A^-. Sind beide Werte gleich gross, so entspricht der pH- dem pKs-Wert. Beim Verhältnis 10:1 (90,9 mol-% A^-: 9,1 mol-% HA) wird der pH-Wert = $pK_s + 1$, beim Verhältnis 100:1 (99 mol-% A^-: 0,99 mol-% HA) = $pK_s + 2$ usw. Umgekehrt sinkt der pH-Wert entsprechend $pK_s - 1$, $pK_s - 2$ usw., wenn das betrachtete Molverhältnis 1/10 (9,1 mol-% A^-: 90,9 mol-% HA), 1/100 (0,99 mol-% A^-: 99 mol-% HA) usw. ist (Abb. 18.8).

Zur gleichen Kurve, der **Pufferungskurve**, gelangt man experimentell bei der Neutralisation einer Essigsäure-Lösung (c = 0,1 mol · L^{-1}) mit Natronlauge (c = 1 mol · L^{-1}). Die zugegebenen OH^--Ionen entziehen dem Gleichgewicht ($HA + H_2O \rightleftharpoons H_3O^+ + A^-$) die H_3O^+-Ionen, sodass es nach rechts verschoben wird. Um die Änderung des pH-Werts verfolgen zu können, wird dieser während der Reaktion laufend gemessen. Die so erhaltenen Zahlen werden in einem Koordinatensystem miteinander verbunden.

Zuerst bewirkt die Zugabe von Natronlauge zur Essigsäurelösung ein rasches Ansteigen des pH-Werts (steiles Kurvenstück). Im Bereich von $pK_s = \pm 1$ ist die Kurve sehr flach. Dies bedeutet, dass der pH-Wert auch bei Zugabe von viel NaOH-Lösung sich nur geringfügig ändert.
Unterhalb eines pH-Werts von etwa 2,7 liegt die Essigsäure zu praktisch 100 % als Molekül vor. Ist der Wert höher als etwa 6,7, so sind in der Lösung fast ausschliesslich Acetat-Ionen (die konjugierte Base der Essigsäure) vorhanden. Die Pufferungskurve macht also Aussagen über den Existenzbereich (pH-Bereich) von Säuren und Basen. Abb. 18.10 zeigt die Pufferungskurven einiger anderer Säure/Base-Paare.

Der Verlauf der Pufferungskurven erlaubt es, die Wirkungsweise von **Indikatoren** (pH-Indikatoren) zu verstehen. Es sind stets schwache Säuren, deren konjugierte Basen eine andere Farbe als die Säuren haben.

So ist z.B. das 4-Nitrophenol fast farblos, während seine konjugierte Base, das 4-Nitrophenolat-Ion, intensiv gelb ist (Abschnitt 17.4). Zugabe von Säuren (z.B. H_3O^+-Ionen) bzw. Basen (z.B. OH^--Ionen) zur wässrigen Lösung von 4-Nitrophenol verschiebt das Gleichgewicht nach links oder rechts. Das menschliche Auge kann bei zwei farbigen Substanzen zwischen der Mischfarbe und je der reinen Farbe unterscheiden, wenn die zugrunde liegenden Teilchen im Überschuss von etwa 90 mol-% vorliegen. Der Umschlag des Indikators erfolgt also bei pH-Werten von $pK_s = \pm 1$. Ausserhalb dieses Bereichs liegen Säure bzw. konjugierte Base zu mehr als 90 mol-% vor.

- Je nach dem pH-Wert einer Lösung existiert der zugesetzte Indikator in Form der Säure oder der konjugierten Base.
- Damit gibt die beobachtete Farbe des Indikators an, ob der pH-Wert der zu untersuchenden Lösung höher, tiefer oder gerade gleich $pK_s(Ind) = \pm 1$ ist.

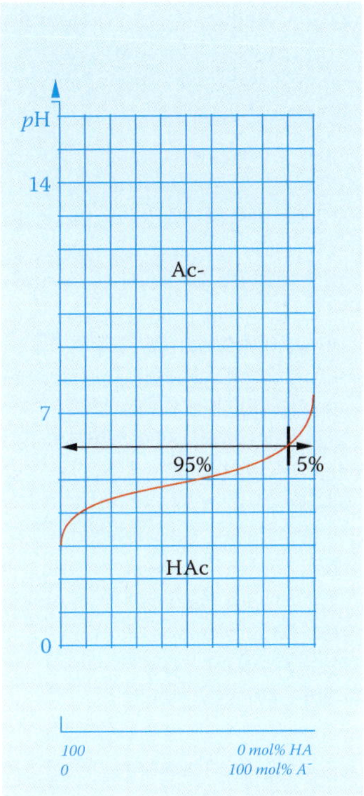

Abb.18.8 Pufferungskurve der Essigsäure

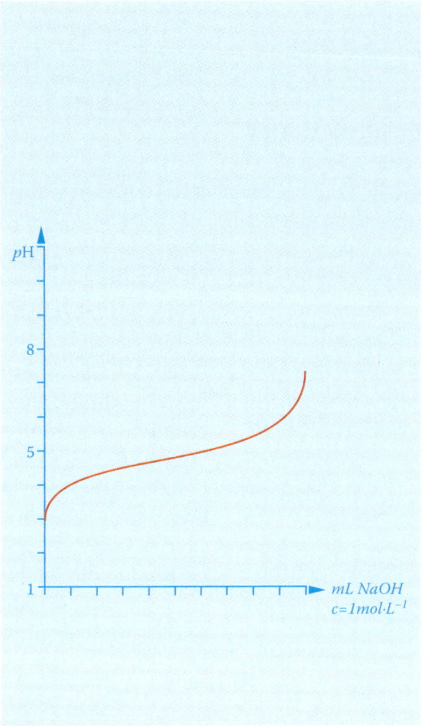

Abb. 18.9 Experimentell aufgenommene Pufferungskurve von Essigsäure

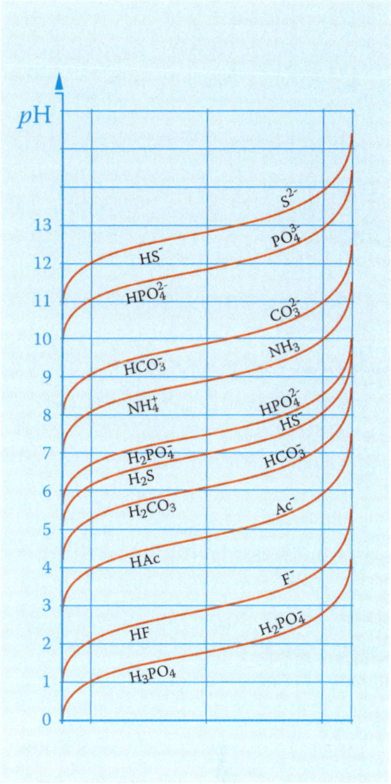

Abb. 18.10 Pufferungskurven einiger Säure/Base Paare

Pufferlösungen
Bei vielen chemischen Reaktionen ist es notwendig, dass der pH-Wert auch bei Zugabe einer Säure bzw. Base mehr oder weniger konstant bleibt. Versetzen wir z.B. destilliertes Wasser mit einigen Tropfen Eisessig, so sinkt der pH-Wert von 7 auf ca. 3,5. Entsprechendes geschieht bei der Zugabe weniger Tropfen verdünnter Natronlauge; der pH-Wert steigt auf etwa 13 an. Reines Wasser weist also keinen stabilen pH-Wert auf. Wir erkennen auch sofort den Grund für diese Tatsache. In reinem Wasser ist die Konzentration der OH^-- und H_3O^+-Ionen sehr gering. Die kleinen Mengen an Ionen [$c(H_3O^+)$ und $c(OH^-) = 10^{-7}$ mol · L^{-1}] können nur mit wenigen der zugesetzten Oxonium- oder Hydroxid-Ionen reagieren. Der pH-Wert ändert sich entsprechend rasch.

Anders sind hingegen die Verhältnisse bei einer Lösung, die Essigsäure und Natriumacetat im Molverhältnis 1:1 enthält. Im «Puffergebiet» (pH = $pK_S \pm 1$) verändert sich, wie die Pufferungskurve zeigt, der pH-Wert nur wenig, während sich das Konzentrationsverhältnis $c(A^-)/c(HA)$ stark verändert. Lösungen mit solchen Eigenschaften heissen «Pufferlösungen». Ihr pH-Wert ist gegenüber Zugabe von nicht allzu grossen Mengen Säure und Base stabil. Man erhält sie durch Mischen der Lösung einer schwachen Säure mit ihrem Salz im gewünschten Molverhältnis.

Pufferlösungen haben besonders in der angewandten Chemie eine grosse Bedeutung, da viele Vorgänge bei einem bestimmten, konstanten pH ablaufen müssen. Besonders häufig verwendete Pufferlösungen sind der Acetatpuffer (puffert um pH 4,5 bis 5), der Phosphat-

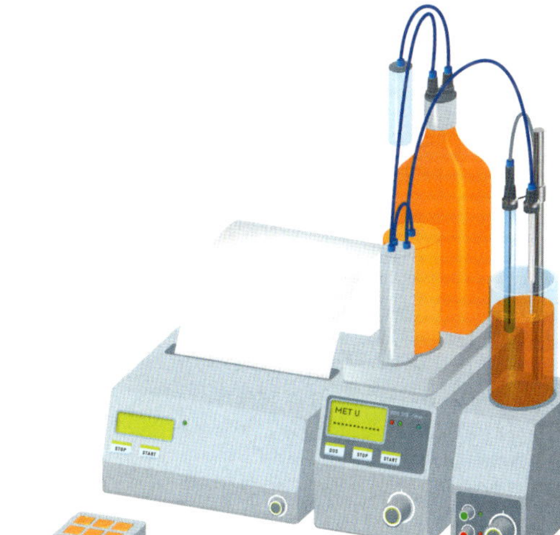

Abb. 18.11 Moderner «Titrierstand» für die automatische Titration

puffer (enthält NaH_2PO_4 und Na_2HPO_4, puffert um pH 7,5), sowie der Ammoniakpuffer (NH_4Cl/NH_3-Mischung, Pufferbereich pH 9 bis 9,5).

Auch in biologischen Systemen spielen Pufferlösungen eine sehr wichtige Rolle. Wenn z.B. die Körperflüssigkeiten nicht gepuffert wären, würde die mit vielen Lebensvorgängen verknüpfte Bildung von Säuren oder Basen (z.B. von Milchsäure bei der Muskeltätigkeit!) zu lebensschädigenden Verschiebungen des pH-Werts führen. So ist das Blut u.a. durch Kohlensäure und Natriumhydrogencarbonat ($NaHCO_3$) auf ungefähr pH 7,4 gepuffert. Eine gute Pufferung der Erdböden macht die von den Pflanzenwurzeln bei der Stoffaufnahme ausgeschiedenen Säuren unschädlich und verhindert damit eine Versauerung des Bodens.

Die experimentelle Ermittlung der K_S-Werte
Eine bestimmte Menge einer schwachen Säure wird mit Natronlauge bekannter Konzentration neutralisiert. Anschliessend führt man die Titration nochmals durch. Dabei wird aber die saure Lösung mit genau der Hälfte der im ersten Versuch verbrauchten Natronlauge versetzt. Da an diesem Punkt die Konzentration der Säure gleich der konjugierten Base ist, entspricht der gemessene pH dem pK_S-Wert.

18.6 Beispiele von Säure/Base-Reaktionen

Gewinnung von Salzen
Saure Lösungen werden durch Hydroxid-Lösungen (Laugen) neutralisiert, d.h. die sauren und alkalischen Eigenschaften sind nach der Reaktion nicht mehr vorhanden (Abschnitt 15.3). Der eigentliche chemische Vorgang besteht dabei in der Protonenübertragung von den H_3O^+- auf die OH^--Ionen, während die übrigen Ionen nicht an der Reaktion teilnehmen. Auf diese Weise lassen sich Salze herstellen.

Beispiele:

a) Natriumchlorid aus der Reaktion zwischen Natronlauge NaOH(aq) und Salzsäure HCl(aq)

$$\underset{}{Na^+(aq)} + \underset{B2}{OH^-(aq)} + \underset{S1}{H_3O^+(aq)} + Cl^-(aq) \rightleftharpoons \underset{S2}{H_2O(l)} + \underset{B1}{H_2O(l)} + Na^+(aq) + Cl^-(aq)$$

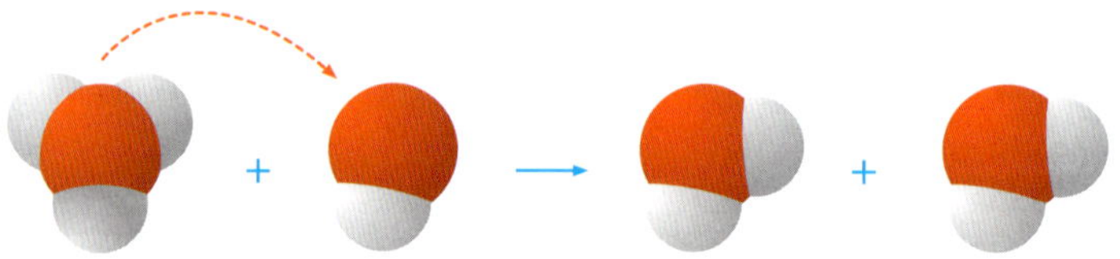

Abb. 18.12 Reaktion zwischen Oxonium- und Hydroxid-Ionen (Kalottenmodelle)

Nach dem Eindampfen der Lösung bildet sich das Salz. Dabei laufen vorhandene Gleichgewichte vollständig nach rechts ab.

$$Na^+(aq) + Cl^-(aq) \rightarrow \underset{\text{Natriumchlorid (Kochsalz)}}{NaCl(s)}$$

Oft verwendet man für derartige Reaktionen eine «Kurzschreibweise», indem die wässrigen Lösungen der Säuren und Metallhydroxide mit (aq) symbolisiert werden.

$$HCl(aq) + NaOH(aq) \rightarrow NaCl(s) + H_2O(l)$$

b) Salze der Phosphorsäure
Die Phosphorsäure (H_3PO_4) ist eine mehrprotonige Säure (Abschnitt 15.1), die ihre Protonen stufenweise abgibt. Sie bildet drei Reihen von Salzen:

NaH_2PO_4	Natriumdihydrogenphosphat (Na^+- und $H_2PO_4^-$-Ionen)
Na_2HPO_4	Natriumhydrogenphosphat (Na^+- und HPO_4^{2-}-Ionen)
Na_3PO_4	Natriumphosphat (Na^+- und PO_4^{3-}-Ionen)

Die Calciumsalze entstehen bei der Reaktion der Phosphorsäure mit einer Calciumhydroxid-Lösung [$Ca(OH)_2(aq)$: $Ca^{2+}(aq)$- und $OH^-(aq)$-Ionen]:

$$2\,H_3PO_4(aq) + Ca(OH)_2(aq) \rightarrow Ca(H_2PO_4)_2(s) + 2\,H_2O(l)$$
Calciumdihydrogenphosphat

$$H_3PO_4(aq) + Ca(OH)_2(aq) \rightarrow CaHPO_4(s) + 2\,H_2O(l)$$
Calciumhydrogenphosphat

$$2\,H_3PO_4(aq) + 3\,Ca(OH)_2(aq) \rightarrow Ca_3(PO_4)_2(s) + 6\,H_2O(l)$$
Calciumphosphat

c) Salze der Schwefelsäure (zweiprotonige Säure)

$$H_2SO_4(aq) + NaOH(aq) \rightarrow NaHSO_4(s) + H_2O(l)$$
Natriumhydrogensulfat

$H_2SO_4(aq) + 2\ NaOH(aq) \rightarrow Na_2SO_4(s) + H_2O(l)$
Natriumsulfat

d) Calciumnitrat aus Salpetersäure und Calciumhydroxid-Lösung:

$2\ HNO_3(aq) + Ca(OH)_2(aq) \rightarrow Ca(NO_3)_2(s) + 2\ H_2O(l)$

Sämtliche Salze der Salpetersäure (Nitrate) sind in Wasser leicht löslich. Natriumnitrat ($NaNO_3$, «Natron» oder «Chilesalpeter») wird in der Salpeterwüste im nördlichen Chile abgebaut und als Düngemittel verwendet. Kaliumnitrat (KNO_3, «Kalisalpeter») bildet sich bei Verwesungsvorgängen. Calciumnitrat («Kalksalpeter») entsteht aus dem Mörtel von jauchedurchtränkten Mauern und wird dann als Salzkruste sichtbar. Ammoniumnitrat (NH_4NO_3, «Ammonsalpeter») ist ebenfalls ein wichtiger Dünger. Bei langsamem Erwärmen oder auf Initialzündung erfolgt schlagartige Zersetzung in Stickstoff, Sauerstoff und Wasser, sodass man Ammonsalpeter als Sprengstoff verwenden kann. Schwarzpulver ist ein Gemisch aus fein pulverisierter Kohle, Schwefel und Kali- bzw. Kalksalpeter.

e) Ammoniumchlorid aus Ammoniak und Hydrogenchlorid

$NH_3(g) + HCl(g) \longrightarrow NH_4Cl(s)$

Abb. 18.13 Reaktion zwischen Ammoniak und Hydrogenchlorid (Kalottenmodelle)

Die beiden Gase Ammoniak (NH_3) und Hydrogenchlorid (HCl) reagieren zur salzartigen Verbindung Ammoniumchlorid (NH_4Cl). Bringt man die Öffnungen zweier Glasflaschen mit den konzentrierten Lösungen der beiden Stoffe nebeneinander, so bildet sich ein «weisser Rauch»[4] (fein verteiltes Ammoniumchlorid in der Luft). An dieser Reaktion sind keine wässrigen Lösungen beteiligt (Abschnitt 15.2, Abb. 15.9).

Nachweis von Kalk
Versetzt man Kalkgestein ($CaCO_3$) mit 10%iger Salzsäure, so entsteht dabei das gasförmige Kohlenstoffdioxid als Zerfallsprodukt der Kohlensäure (H_2CO_3). Da das Kohlenstoffdioxid entweicht, läuft die Reaktion vollständig ab. Auf diese Weise lässt sich Kalk von anderen Gesteinen unterscheiden.

Kalk: $CaCO_3$ (Calciumcarbonat; Ca^{2+}- und -Ionen)

Salzsäure: $H_3O^+(aq) + Cl^-(aq)$ [HCl(aq)]

$CaCO_3(s) + 2\ H_3O^+(aq) + 2\ Cl^-(aq) \rightarrow$
$H_2CO_3 + 2\ H_2O(l) + Ca^{2+}(aq) + 2\ Cl^-(aq)$

$H_2CO_3 \rightarrow CO_2(g) + H_2O(l)$

Kurzschreibweise:
$CaCO_3(s) + 2\ HCl(aq) \rightarrow CaCl_2(s) + CO_2(g) + H_2O(l)$

Das Carbonat-Ion (CO_3^{2-}) reagiert als Base und wird durch Aufnahme von 2 Protonen (von den H_3O^+-Ionen) zur Kohlensäure.

Der auf der Erdoberfläche in riesigen Mengen vorkommende Kalkstein (wichtigstes Sedimentgestein; Kalkalpen, Juragebirge) wurde im Verlaufe von Jahrmillionen von CO_2-haltigem Wasser teilweise aufgelöst. Der unlösliche Kalk wird zum löslichen Calciumhydrogencarbonat [$Ca(HCO_3)_2(aq)$].

$CO_2(g) + H_2O(l) \rightleftharpoons H_2CO_3$

$H_2CO_3 + CaCO_3(s) \rightleftharpoons Ca(HCO_3)_2(aq)$

Die aus Kohlenstoffdioxid und Wasser entstandene Kohlensäure gibt ein Proton an das Carbonat-Ion (CO_3^{2-}) ab. Das so gebildete Calciumhydrogencarbonat ist wasserlöslich.
Zeugnisse dieser Kalkverwitterung sind u.a. die verschiedenen Karsterscheinungen (Schratten, Karren, Dolinen, Karsthöhlen mit Stalaktiten und Stalagmiten) sowie die Carbonathärte von natürlichem Wasser

[4] *Nachweisreaktion für HCl oder HBr, die z.B. bei der Reaktion der Alkane mit Chlor oder Brom entstehen (Abschnitt 8.3).*

(auch vorübergehende Härte genannt). Besonders hart sind Grund- und Oberflächenwasser in kalkreichen Gebieten. Hartes Wasser bildet beim Erhitzen Kalk, der sich als Kesselstein niederschlägt [Störung des Gleichgewichts $CaCO_3(s)/Ca(HCO_3)_2(aq)$ durch Entweichen von Kohlenstoffdioxid].

Hirschhornsalz
Ammoniumcarbonat [$(NH_4)_2CO_3(s)$: NH_4^+- und CO_3^{2-}-Ionen] ist ein Salz, das nach Ammoniak riecht und glänzende Kristalle bildet, die an der Luft rasch ihren Glanz verlieren. Beim Öffnen des Aufbewahrungsgefässes entweicht Ammoniak.

$$(NH_4)_2CO_3(s) \rightleftharpoons NH_4HCO_3(s) + NH_3(g)$$

Bei dieser Reaktion handelt es sich um eine typische Protolyse, bei der das Ammonium-Ion (NH_4^+) als Säure ein Proton an die Base CO_3^{2-} abgibt. Das dabei gebildete Ammoniumhydrogencarbonat NH_4HCO_3 besteht aus den Ionen NH_4^+ und HCO_3^-. Früher stellte man das Salz durch trockenes Erhitzen von Horn, Klauen, Leder usw. her. Daher stammt auch der Name Hirschhornsalz. Es fand Verwendung als Riechsalz gegen Ohnmachtsanfälle. Der abgegebene Ammoniak wirkt als Analeptikum (ana lambanein gr. = wiederherstellen), d.h. als wiederbelebendes und anregendes Mittel. In der Literatur wird des Öfteren dieses Riechsalz erwähnt, wie z.B. in Goethes Faust: Gretchen «Nachbarin! Euer Fläschchen!» (Sie fällt in Ohnmacht).[5]

Protonenübertragungen beim Lösen von Salzen
Die meisten Anionen (negativ geladen) wirken mehr oder weniger als starke Basen. Viele Kationen (positiv geladen) wie Ammonium-Ionen und die hydratisierten, mehrfach geladenen Metallionen können als Säuren reagieren. Löst man Salze, die solche Ionen enthalten, in Wasser, so erfolgt eine Protolyse und es entstehen OH^-- oder H_3O^+-Ionen. Lösungen dieser Salze sind nicht neutral, also entweder sauer oder alkalisch (pH $\neq$ 7; Abschnitt 18.2). Besteht ein Salz aus basischen und sauren Ionen zugleich, so kann auch zwischen den Ionen des Salzes eine Protonenübertragung erfolgen (Hirschhornsalz!).

Abb. 18.14 Kesselstein

[5] *Goethe, J. W.: Faust. Der Tragödie erster Teil. Zeile 3834. Verlag C.H. Beck. München. 1999*

Abb. 18.15 Karrenfeld

Beispiele [der Einfachheit halber ist bei den folgenden Reaktionsgleichungen die Abkürzung (aq) für hydratisierte Ionen weggelassen]:

a) Eine Lösung von NaCl reagiert neutral, von Natriumacetat (Salz der Essigsäure: CH_3COONa mit den Ionen Na^+ und CH_3COO^-) schwach alkalisch und von Na_2CO_3 (Na^+- und CO_3^{2-}-Ionen) stark alkalisch. Die Cl^--Ionen sind äusserst schwache Basen und können Wasser-Molekülen keine Protonen entziehen. Acetat-Ionen (CH_3COO^-) sind dagegen merklich, CO_3^{2-}-Ionen ziemlich starke Basen, sodass sich in ihren Lösungen folgende Gleichgewichte einstellen:

$$Na^+ + CH_3COO^- + H_2O \rightleftharpoons Na^+ + OH^- + \underset{\text{Essigsäure}}{CH_3COOH}$$

$$2\,Na^+ + CO_3^{2-} + H_2O \rightleftharpoons 2\,Na^+ + OH^- + \underset{\text{Hydrogencarbonat-Ion}}{HCO_3^-}$$

Eine Lösung von Ammoniumchlorid (NH_4Cl) ist schwach, von Eisen(III)-chlorid (FeCl3) dagegen ziemlich sauer. Die Ammonium-Ionen (NH_4^+) reagieren nur in geringem Ausmass mit Wasser, die stark sauren $Fe^{3+}(aq)$-Ionen aber in einem viel höheren Grad.

$$NH_4^+ + Cl^- + H_2O \rightleftharpoons Cl^- + H_3O^+ + NH_3$$

$$[Fe(H_2O)_6]^{3+} + 3\,Cl^- + H_2O \rightleftharpoons 3\,Cl^- + H_3O^+ + [Fe(H_2O)_5(OH)]^{2+}$$

b) Salze wie Natriumhydrid (NaH), Magnesiumnitrid (Mg_3N_2) oder Calciumoxid (CaO) ergeben stark alkalische Lösungen, da die Anionen mit Wasser praktisch vollständig als Basen reagieren.

$$Na^+ + H^- + H_2O \rightleftharpoons Na^+ + OH^- + H_2$$

$$3\,Mg^{2+} + 2\,N^{3-} + 6\,H_2O \rightleftharpoons 3\,Mg^{2+} + 6\,OH^- + 2\,NH_3$$

$$Ca^{2+} + O^{2-} + H_2O \rightleftharpoons Ca^{2+} + 2\,OH^-$$

ÜBUNGEN ZUM KAPITEL 18

18.1 Geben Sie für folgende Säuren die konjugierte Base an: H_2SO_4, HCl, H_2CO_3, H_3O^+, HNO_3, H_2O.

Geben Sie für folgende Basen die konjugierte Säure an: OH^-, NH_3, H_2O, SO_4^{2-}, CO_3^{2-}.

18.2 Die Reaktionswärme der Reaktion $H_2O + H_2O \rightleftharpoons H_3O^+ + OH^-$ beträgt +67,3 kJ. Wie verändert sich K_W mit zunehmender Temperatur?

18.3 In wie viel Liter Wasser ist 1 mol (19 g) Oxonium-Ionen enthalten?

18.4 Welches pH hat eine Salzsäure mit c = 0,2 mol · L^{-1} bzw. eine Natronlauge mit c = 0,01 mol · L^{-1}?

18.5 Wie gross sind die Konzentrationen der H_3O^+- und der OH^--Ionen einer Lösung mit dem pH = 2?

18.6 Wie ist es zu erklären, dass eine Essigsäure-Lösung mit c = 0,5 mol · L^{-1} stärker sauer schmeckt als eine Salzsäure mit $c = 10^{-4}$ mol · L^{-1}, obschon Salzsäure die viel stärkere Säure ist als Essigsäure?

18.7 Worin besteht der Unterschied zwischen «Säuregrad» und «Säurestärke»?

18.8 Eine Tabelle liefert für Hydrogenfluorid und Propansäure die folgenden pK_S-Werte: Hydrogenfluorid pK_S = 3,14; Propansäure pK_S = 4,80.
Was sagen diese Werte aus? Welche der beiden Säuren protolysiert mehr in Wasser? Welche der beiden konjugierten Basen ist stärker?

18.9 Auf welcher Seite liegen die folgenden Protolysengleichgewichte:

a) $HCl + H_2O \rightleftharpoons H_3O^+ + Cl^-$
b) $NH_3 + HCl \rightleftharpoons NH_4^+ + Cl^-$
c) $H_2S + H_2O \rightleftharpoons HS^- + H_3O^+$
d) $S^{2-} + NH_4^+ \rightleftharpoons HS^- + NH_3$
e) $PO_4^{3-} + H_2O \rightleftharpoons HPO_4^{2-} + OH^-$
f) $NH_4^+ + OH^- \rightleftharpoons NH_3 + H_2O$
g) $NH_3 + HAc \rightleftharpoons NH_4^+ + Ac^-$
h) $Ac^- + H_2O \rightleftharpoons HAc + OH^-$

18.10 Welches ist die stärkere Säure in folgenden Lösungen: HCl in Hexan gelöst oder HCl in Wasser gelöst?

18.11 Welche Lösung leitet den Strom besser: Eine Lösung von Ammoniak in Wasser oder eine Lösung von Ammoniak in Essigsäure?

18.12 Erklären Sie, weshalb man aus Kochsalz und konzentrierter Schwefelsäure HCl-Gas herstellen kann, obschon das Säure/Base-Gleichgewicht links liegt?

18.13 Berechnen Sie die pH-Werte folgender Lösungen:

Stoff	Konzentration (mol · L^{-1})
HCl	0,2
HCl	0,001
KOH	0,5
$Ba(OH)_2$	0,01

18.14 Verdünnte Schwefelsäure enthält neben H_3O^+- vorwiegend HSO_4^--Ionen. Trotzdem entsteht durch Zufügen von $BaCl_2$-Lösung zu verdünnter Schwefelsäure ein starker Niederschlag von Bariumsulfat, $BaSO_4$. Wie ist dies zu erklären?

18.15 Bromthymolblau wechselt die Farbe von gelb über grün nach blau im pH-Gebiet 6 bis 8. Welchen Wert hat K_S von Bromthymolblau?

18.16 Bromkresolgrün ist ein Indikator mit dem pK_S = 4,5 (Farbänderung: gelb – grün – blau). Welche Farbe zeigt Bromkresolgrün

a) in einer verdünnten Salzsäure,
b) in CO_2-haltigem Wasser,
c) in Leitungswasser und
d) in NaCl-Lösung?

18.17 In welchem pH-Bereich puffert ein Gemisch aus Essigsäure und Natriumacetat?

19 WASCHMITTEL – WASSER: ZUSAMMENHÄNGE

19.1 Aus Fetten entstehen Seifen

Kocht man Fette oder fette Öle mit Laugen (z.B. Natron- oder Kalilauge) oder Natriumcarbonat-Lösung («Soda», Na_2CO_3), so werden die Glyceride verseift und man erhält neben Glycerin die Natrium- bzw. Kaliumsalze der Fettsäuren:

$$\begin{array}{l} H_2COOCC_{17}H_{35} \\ \quad | \\ \;HCOOCC_{17}H_{35} \quad + 3\,NaOH \\ \quad | \\ H_2COOCC_{17}H_{35} \end{array}$$

$$\begin{array}{l} \quad H_2COH \\ \qquad | \\ \rightarrow \; HCOH \;+ 3\,C_{17}H_{35}COONa \\ \qquad | \\ \quad H_2COH \end{array}$$

Diese Salze der Fettsäuren sind die Seifen. Seifen bestehen also aus den Anionen von Fettsäuren und Natrium- bzw. Kalium-Ionen.

Zur Herstellung von Seife werden auch heute noch Fette mit Laugen oder Soda-Lösung gekocht (Abb. 19.1). Dabei entsteht zunächst ein gallertiger «Seifenleim», aus dem die Seife durch «Aussalzen» mit Kochsalz abgetrennt wird. Bei einem moderneren Verfahren werden Fette mit überhitztem Wasserdampf (bei 180 °C) und unter Druck gespalten. Dies hat den Vorteil, dass die wasserunlöslichen Fettsäuren leicht vom gleichzeitig gebildeten Glycerin abgetrennt werden können. Durch Neutralisation der Fettsäuren mit Soda oder Natronlauge erhält man die festen «Kernseifen». Kalilauge ergibt halbfeste Schmierseifen und Rasierseifen. Mischt man verschiedene Fette und Öle, so lassen sich Seifensorten mit ganz bestimmten Eigenschaften erhalten.

Der Anfall von Fetten reicht heute allerdings nicht mehr aus, um den hohen Seifenbedarf zu befriedigen. Man stellt deshalb Fettsäuren auch durch katalytische Oxidation von Alkanen mit Kohlenstoffzahlen von 12 bis 20 her und neutralisiert sie anschliessend zu Seifen.

- Seifen sind Natrium- oder Kaliumsalze der Fettsäuren.
- Sie werden durch Spaltung von Fetten mittels Laugen (Natron- oder Kalilauge, Soda-Lösung) oder überhitztem Wasserdampf hergestellt. Im letzteren Fall entstehen, wie bei der katalytischen Oxidation von Alkanen geeigneter Kohlenstoffzahl, freie Fettsäuren, die anschliessend neutralisiert werden müssen.

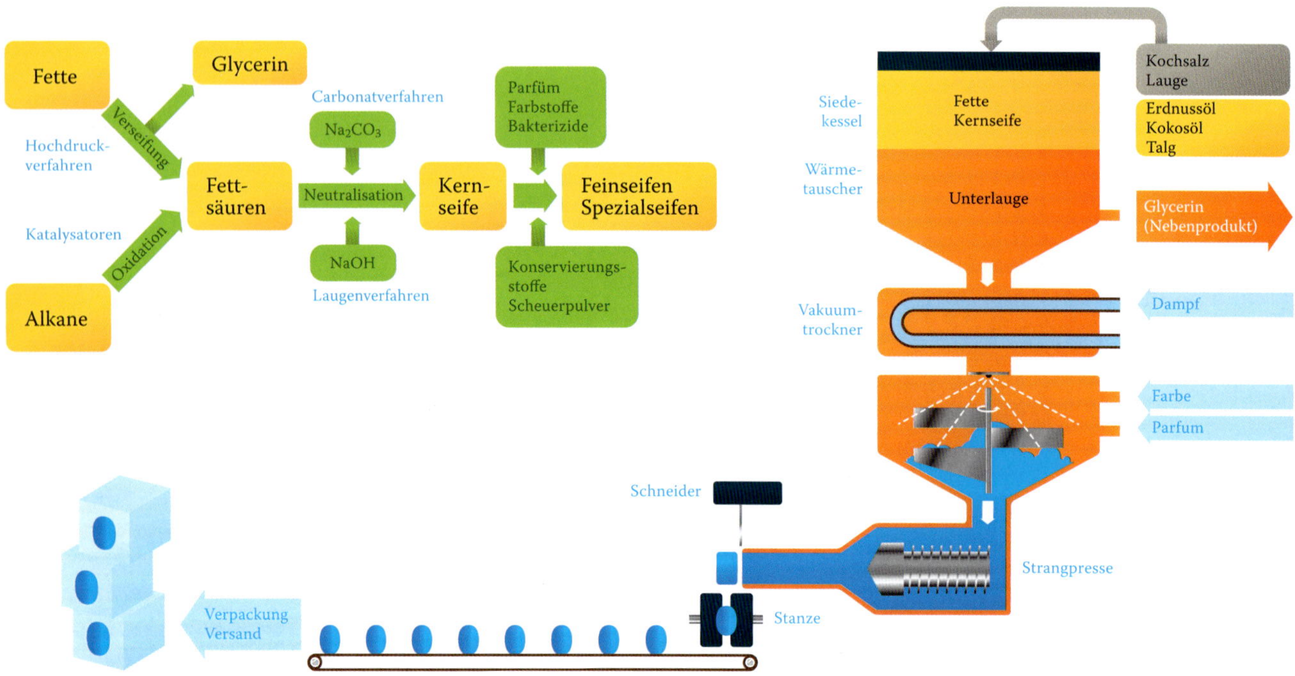

Abb. 19.1 Links oben: Schema der Vorgänge bei der Herstellung von Seife. Rechts und unten: Schema des technischen Verfahrens

Die reinigende Wirkung der Seife (und anderer Waschmittel) beruht auf verschiedenen Effekten, die aber alle auf den besonderen Bau der in ihnen enthaltenen Anionen zurückzuführen sind. Die lange Kohlenstoffkette ist ausgesprochen hydrophob (lipophil), während die elektrisch geladene Gruppe ($-COO^-$) an einem Ende der Kette hydrophil ist (Abb. 19.4).
Im Wasser hydratisiert sich die geladene Gruppe und wird in die Flüssigkeit hineingezogen, während die hydrophoben Fettsäureketten aus dem Wasser herausgedrängt werden. Die Anionen reichern sich deshalb in den oberflächlichen Zonen besonders stark an, wodurch die Oberflächenspannung[1] des Wassers stark herabgesetzt wird. Als Folge dieser «Oberflächenaktivität» der Seife hält die Wasseroberfläche weniger zusammen, das Wasser wird beweglicher, dringt leichter in kapillare Räume ein und bildet leichter haltbare Schäume: Es wird «entspannt» (Abb. 19.5).

Aus dem gleichen Grund wirkt Seife auch als Netzmittel: Vom Wasser nicht benetzbare lipophile Körper werden durch dünne Anionenschichten gewissermassen mit dem Wasser «verbunden», indem sich die Fettsäureketten gegen die Unterlage, die COO^--Gruppen aber gegen das Wasser richten.

Kleine Fetttröpfchen bedecken sich an der Oberfläche mit einem dünnen Film von Seifenanionen, wobei die lipophilen Ketten wiederum gegen das Innere des Fetts gerichtet sind. Damit werden aber die Fetttröpfchen elektrisch aufgeladen und stossen sich gegenseitig ab, sodass sie nicht zusammenfliessen, sondern eine im Wasser haltbare Emulsion bilden. Seife zeigt daher ein für Fette beträchtliches Emulgiervermögen.

[1] Die Oberflächenspannung ist eine Folge der Tatsache, dass die Teilchen an der Oberfläche einer Flüssigkeit unter der einseitig nach innen gerichteten Anziehungskraft anderer Teilchen stehen. Wasser hat dank der grossen zwischenmolekularen Kräfte (Wasserstoffbrücken!) eine besonders grosse Oberflächenspannung. Die Anziehungskräfte zwischen Kohlenwasserstoffketten sind dagegen viel schwächer.

Geschichte der Seife
Die Herstellung eines reinigenden Breis aus Fetten und Holzasche (die Kaliumcarbonat, K_2CO_3, enthält) war schon im Altertum bekannt. Während des Mittelalters wurde Seife durch Kochen von Fetten mit Soda oder Holzasche hergestellt («Seifensiederei»; Abb. 19.2). Die benötigte Soda wurde aus Meerespflanzen gewonnen und war relativ kostspielig, sodass damals Seife ein wertvolles Produkt und nicht jedermann zugänglich war. Die Erfindung einer Möglichkeit zur billigen Herstellung von Soda (N. Le Blanc, 1792, und später E. Solvay, 1865) ermöglichte die grosstechnische Herstellung von Seife, die so zum billigen Massenprodukt geworden ist. Die dadurch allgemein verbesserte Hygiene war eine der Voraussetzungen zur Bekämpfung von Infektionskrankheiten. Wie der österreichische Arzt I. Ph. Semmelweis erkannt hatte, war z. B. das Kindbettfieber (an dem bis zur Mitte des 19. Jahrhunderts viele Frauen starben) auf eine Infektion während oder nach der Geburt zurückzuführen. Die sorgfältige Desinfektion von Geräten und Händen der Geburtshelfer brachte das Kindbettfieber praktisch völlig zum Verschwinden.

Beim Waschen wirkt die Seife zunächst benetzend. Die Seifenlösung dringt dann beim Reiben der Oberfläche des Gegenstands zwischen Schmutzteilchen (die meist aus Staub, Erde, Hautfett, Farbe u.a. bestehen) und Unterlage. Beim Bewegen des Waschguts können sich die Schmutzteilchen ablösen. Die Fette werden emulgiert und dann mit der Waschlauge weggespült.

Zwei Eigenschaften der Seife wirken sich allerdings nachteilig aus. Einmal sind die Anionen schwache Basen (Kap. 15) und reagieren mit Wasser unter Bildung von Hydroxid-Ionen. Seifenwasser ist deshalb alkalisch (pH etwa 10). Aus diesem Grund empfindet man Seifenwasser in den Augen als Schmerz.

Abb. 19.2 Der Seifensieder – Stich von 1698

Abb. 19.3 Seifensieden in einer Seifenfabrik

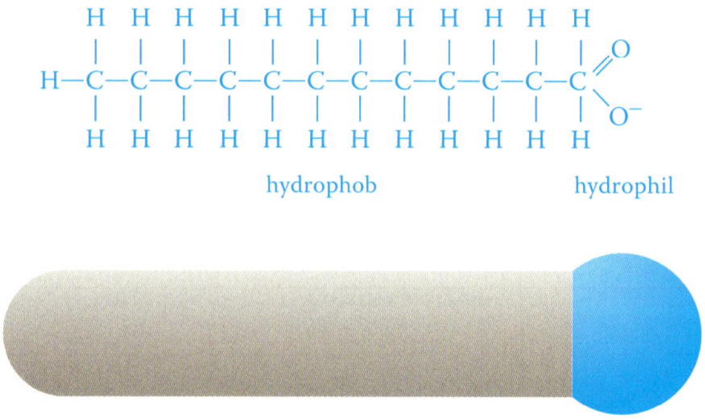

Abb. 19.4 Bau des Seifenanions

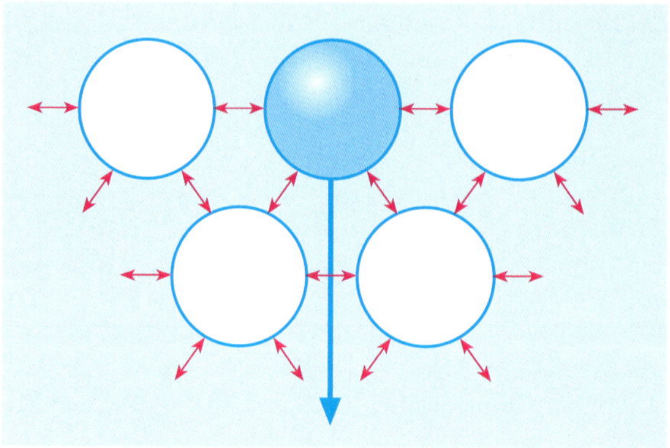

Abb.19.5 Oberflächenspannung des Wassers: Die Wasser-Moleküle ziehen sich gegenseitig stark an

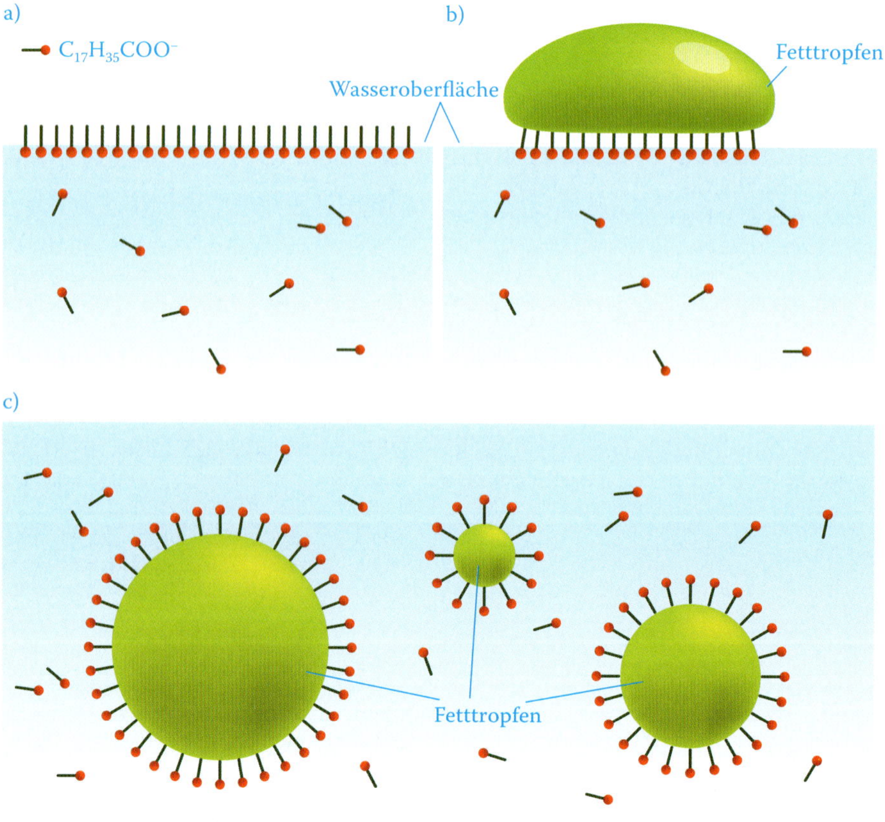

Abb. 19.6 Wirkung der Waschmittel; a) Oberflächenaktivität der polar gebauten Ionen an der Wasseroberfläche; b) Wirkung als Netzmittel; c) emulgierende Wirkung

Zum Zweiten sind die Calciumsalze der Fettsäuren schwerlöslich. Natürliches Wasser enthält aber stets in mehr oder weniger grosser Konzentration Calcium-Ionen («Wasserhärte»), sodass in hartem Wasser ein Teil der Seife unnütz verbraucht wird, weil «Kalkseife» entsteht (Abb. 19.8):

$$2\,RCOO^-(aq) + Ca^{2+}(aq) \rightarrow (RCOO)_2Ca(s)$$

Kalkseife kann sich in den Geweben niederschlagen und diese fleckig machen. Ausserdem verkrustet die Faser. Aus diesem Grund muss Wasser enthärtet werden, wenn man mit Seife waschen will.

Die Ca^{2+}-Ionen gelangen vor allem durch folgende Reaktion ins Wasser:

$$\underset{\text{Kalk}}{CaCO_3(s)} + CO_2 + H_2O \rightleftharpoons Ca(HCO_3)_2(aq)$$

[Protonenübertragung von H_2CO_3 (aus CO_2 und H_2O) auf die Base CO_3^{2-}]

Abb. 19.7 Elektronenmikroskopische Aufnahme von Kesselstein aus einem Teekessel. Die $CaCO_3$-Kristalle sieht man in einer ca. 6000fachen Vergrösserung

Den Gehalt an HCO_3^--Ionen bezeichnet man als «Carbonathärte»[2] oder auch als «vorübergehende Härte», weil sich beim Erwärmen von hartem Wasser durch Umkehrung der obigen Reaktion schwerlöslicher Kalk ausscheidet und dadurch die Konzentration von $Ca(HCO_3)_2$ stark verringert wird:

$$Ca(HCO_3)_2(aq) \rightarrow CaCO_3(s) + CO_2(g) + H_2O(l)$$

Daneben enthält gewöhnliches Wasser aber auch Sulfate, Chloride sowie Mg^{2+}- und (in sehr geringen Mengen) auch andere Metallionen. Grundwasser und Wasser in kalkreichen Gebieten ist besonders hart. Hingegen ist Wasser in grösseren Seen oft relativ weich, weil Algen und höhere Wasserpflanzen bei intensiver Assimilation im Sommer dem Wasser Kohlenstoffdioxid entziehen und damit ebenfalls die obige Reaktion umkehren (Kalkbelag auf der Unterseite von Seerosenblättern!).

[2] Den Gehalt an Ca^{2+}- und an Mg^{2+}-Ionen bezeichnet man als «Gesamthärte». Sowohl Gesamthärte wie Carbonathärte werden in «Härtegraden» gemessen. 1 ° französischer Härte entspricht einem Gehalt von 10 mg $CaCO_3$ L^{-1}. Die Carbonathärte lässt sich durch Titration mit verdünnter Salzsäure auf pH 4,5 (Methylorange: orange) leicht bestimmen.

Auf diese Weise entsteht der «Kesselstein» in Töpfen, Heizröhren (Abb. 19.7), Dampfkesseln und Boilern. Kesselstein ist ein schlechter Wärmeleiter. Die Kalkschicht isoliert das Wasser von der Heizquelle und der Brennstoffverbrauch wächst erheblich. Durch Überhitzen der Kesselbleche kann es bei Dampfkesseln sogar zu Kesselexplosionen kommen. Um Kalkbeläge zu entfernen, reinigt man den Behälter mit verdünnten, nicht allzu starken Säuren (Ameisen- oder Essigsäure); Abschnitt 18.3.

Zur Enthärtung von hartem Wasser wurde bis vor einigen Jahren Natriumtrimetaphosphat benützt, das mit den Ca^{2+}-Ionen einen wasserlöslichen Komplex bildet. Phosphate wirken sich jedoch vor allem in stehenden Gewässern sehr ungünstig aus (Abschnitt 19.3). In der Schweiz sind Phosphate in Waschmitteln seit 1986 verboten.

Als Phosphatersatzstoffe werden Natriumcitrat, Alkalizeolithe und Nitrilotriacetat (NTA) verwendet. Natriumcitrat, das Natriumsalz der Zitronensäure, und NTA bilden mit Ca^{2+}-Ionen ebenfalls wasserlösliche Komplexe, während Zeolithe als Ionenaustauscher wirken, Ca^{2+}-Ionen binden und Na^+-Ionen ins Wasser abgeben. Am vollständigsten erfolgt die Wasserenthärtung durch Ionenaustauscher (Abb. 19.12).

Abb. 19.8 Wasserhärte und Seife. Rechts: Kalkseife-Niederschlag

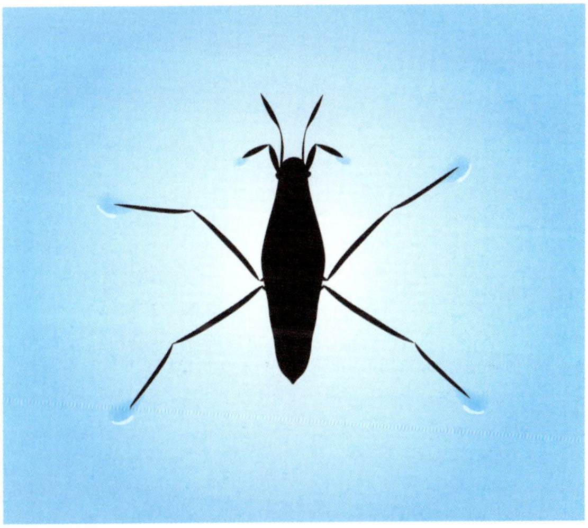

Abb. 19.9 Der Wasserläufer nutzt die Oberflächenspannung des Wassers aus

Ionenaustauschharze

Synthetische Ionenaustauscher sind Kunstharze, die aus einem räumlich aufgebauten «Netzwerk» aus Kohlenstoff-Atomen bestehen. Diese tragen zahlreiche saure bzw. basische funktionelle Gruppen: $-SO_3H$ oder $-COOH$ (sauer) und $-NH_2$ (basisch). Lässt man z.B. einen sauren Austauscher in Wasser quellen, so dringt Wasser in das Netzwerk ein, und es bilden sich Oxonium-Ionen aus den sauren Gruppen und Wasser. Wegen ihrer Ladung bleiben die H_3O^+-Ionen aber an das (nachher negativ geladene) Kohlenstoffgerüst gebunden. In analoger Weise bilden sich in basischen Austauschern beim Quellen in Wasser Hydroxid-Ionen, die ebenfalls an das Gerüst gebunden bleiben.
Lässt man nun eine Lösung, die Kationen und Anionen enthält (z.B. hartes Wasser) zuerst durch einen sauren und dann durch einen basischen Austauscher strömen, so werden die Kationen vom Kohlenstoffgerüst des sauren Austauschers gebunden und Oxonium-Ionen an die Lösung abgegeben; das saure Harz wirkt als Kationentauscher. Im basischen Austauscher werden Anionen gegen Hydroxid-Ionen ausgetauscht (Anionentauscher). Die Oxonium- und Hydroxid-Ionen verbinden sich zu Wasser, sodass nach dem Passieren der beiden Austauscher entsalztes Wasser abläuft.

Der Ionenaustausch ist umkehrbar. «Erschöpfte», d.h. vollkommen mit Kationen bzw. Anionen beladene Austauscher können durch konzentrierte Lösungen von Säuren oder Laugen wieder regeneriert werden:

Schema:

$$(R){-}H_3O^+ + M^+ \rightleftharpoons (R)M^+ + H_3O^+$$
$$(R){-}OH^- + X^- \rightleftharpoons (R)X^- + OH^-$$
$$H_3O^+ + OH^- \rightleftharpoons 2\,H_2O$$

(R) bedeutet das Kunststoffgerüst

Austauschharze dienen nicht nur zur Wasserenthärtung, sondern haben auch sonst viele Anwendungen gefunden: Anreicherung wertvoller Metallionen aus verdünnten Lösungen (z.B. Silber-Ionen aus fotografischen Fixierbädern), Beseitigung radioaktiver Salze aus Wasser, Trennung von Ionen, die verschieden stark an das Harz gebunden werden, Herstellung von Säuren aus Salzlösungen, Gewinnung von Trinkwasser aus Meerwasser usw.

In ganz ähnlicher Weise wie die Austauschharze wirken gewisse Silicate, die Permutite. Sie enthalten locker an die Gerüstanionen gebundene Metallionen, die gegen andere Metallionen ausgetauscht werden können. Natrium-Permutite, die Natrium-Ionen abgeben und Calcium-Ionen binden, werden ebenfalls zur Wasserenthärtung benützt. Permutite haben eine grosse Bedeutung für den Salzhaushalt des Erdbodens, indem sie gewisse Ionen binden und dadurch verhindern, dass diese durch Wasser ausgewaschen werden. Die Wurzelhaare der Pflanzen scheiden Säuren aus, die in den Permutiten gebundene Ionen verdrängen, sodass diese gelöst und von den Zellen aufgenommen werden können.

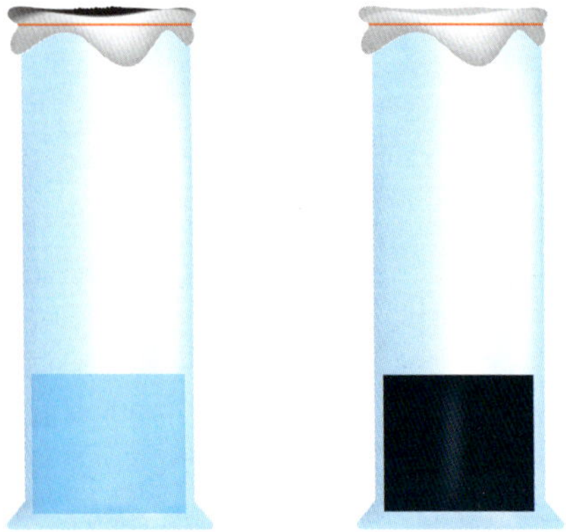

Abb. 19.10 Durch berusste Baumwolltücher wurde Leitungswasser (links) und Seifenwasser (rechts) gegossen. Das Leitungswasser benetzt die Russteilchen nicht, nimmt sie nicht mit und läuft klar ab. Das Seifenwasser benetzt die Russteilchen, sodass sie zusammen mit dem Wasser das Tuch passieren: Das Seifenwasser läuft schwarz ab und das Tuch wird «gereinigt»

Abb. 19.11 Kalkablagerungen in Heisswasserrohren

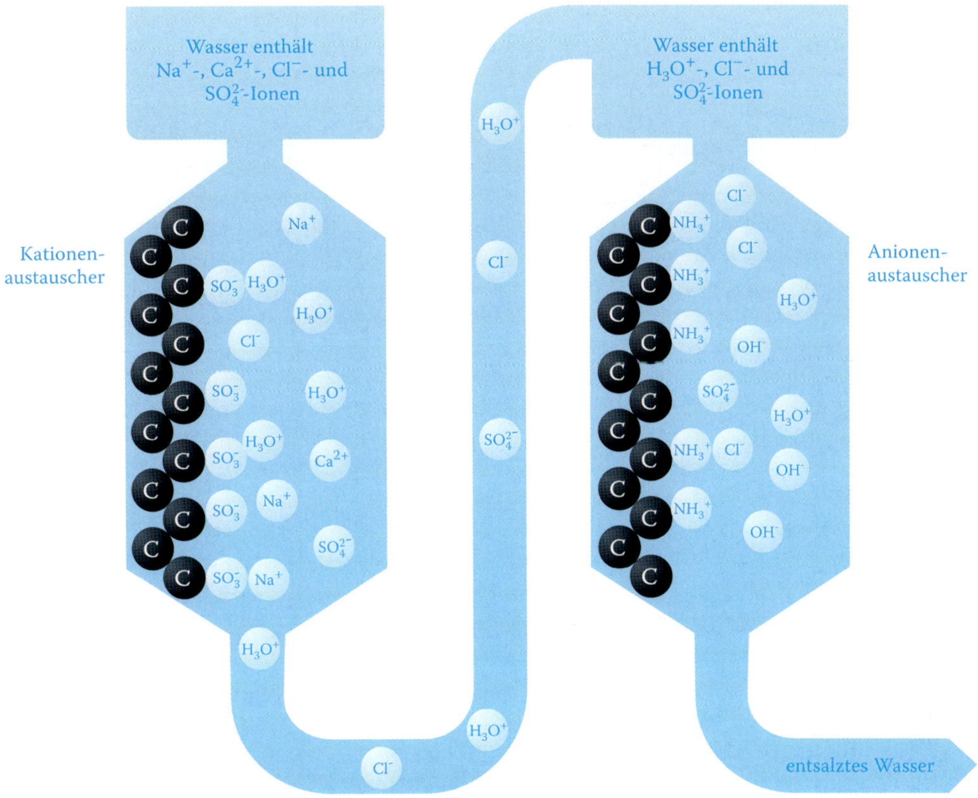

Abb. 19.12 Entsalzung von Wasser durch Ionenaustauscher (die C-Kette symbolisiert das Kunstharznetzwerk)

19.2 Moderne Waschmittel

Heutige Waschmittel enthalten eine ganze Reihe von Substanzen: Tenside, Builder (Enthärter), Bleichmittel, eventuell Enzyme und optische Aufheller, Wasserglas, Farbstoffe, Parfumöle u.a.

Die Tenside sind die eigentlichen waschwirksamen Stoffe. Zu ihnen gehören neben den Seifen vor allem anionische Tenside wie Schwefelsäureester höherer Alkohole (Fettalkohole) oder Reaktionsprodukte von Alkanen mit Schwefelsäure (Sulfonsäuren), die durch Neutralisation mit Natriumhydroxid in wasserlösliche Salze (Fettalkoholsulfate bzw.Sulfonate) übergeführt werden.

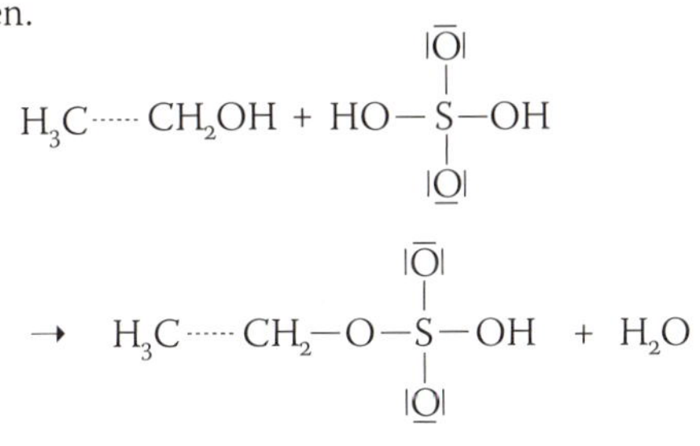

Schwefelsäureester, wird mit Natronlauge in das Anion R-SO_4^- übergeführt (Fettalkoholsulfat)

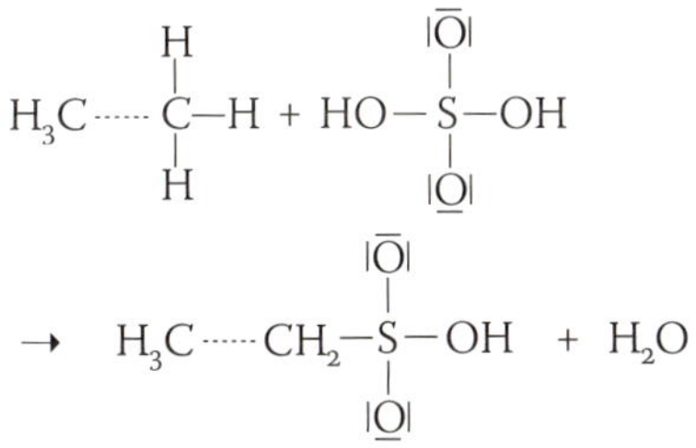

Sulfonsäure, wird mit Natronlauge ebenfalls in ein Anion (R-SO_3^-) übergeführt (Sulfonat)

In neuerer Zeit werden vor allem Fettalkoholsulfate als Tenside eingesetzt, weil die benötigten Alkohole aus Fetten (nachwachsenden Rohstoffen!) hergestellt werden können.

Die Anionen dieser Tenside bestehen ebenso wie die Anionen der Seifen aus einer hydrophoben Kohlenstoffkette und einer hydrophilen, elektrisch geladenen Gruppe an einem Ende der Kette (–SO_4^- bzw. –SO_3^-). Ihre Reinigungswirkung beruht somit auf denselben Effekten wie bei den Seifen. Im Gegensatz zu diesen sind die Anionen synthetischer Waschmittel aber sehr schwache Basen (ergeben also neutrale Lösungen) und bilden keine schwerlöslichen Calciumsalze. Ein Nachteil gewisser anionischer Tenside (vor allem solcher mit verzweigten Kohlenstoffketten) besteht darin, dass sie in den Kläranlagen nur schwer oder unvollkommen abgebaut werden, d.h. sich nur sehr langsam in einfache, unschädliche Verbindungen überführen lassen.

Neben diesen anionischen Tensiden werden auch kationische und «nicht-ionische» Tenside verwendet. Ihnen gemeinsam ist die hydrophobe Kohlenstoffkette. Kationische Tenside tragen an einem Ende eine elektrisch positiv geladene Gruppe, z.B. $-NH_3^+$, während nicht-ionische Tenside eine ungeladene Gruppe enthalten, z.B. einen Polyether-Rest:

$$-CH_2-O-CH_2-O-CH_2-O-CH_3.$$

Gewisse kationische Tenside besitzen bakterizide Wirkung, sodass man sie als Desinfektionsmittel benützt. Nicht-ionische Tenside zeigen schon bei geringer Konzentration eine gute Waschkraft und sind gegen Ca^{2+}-Ionen unempfindlich; Verwendung u.a. auch in Geschirrspülmitteln. Um die in gewissen Fällen zu starke Schaumentwicklung synthetischer Tenside zu vermindern, setzt man den Waschmitteln auch wenige % Siliconöle zu («gebremster Schaum»).

Die Tenside machen allerdings nur etwa 5 bis 10 % der Waschmittel aus. Mengenmässig den Hauptanteil haben die Builder, d.h. im weitesten Sinn die Enthärtungsmittel (Abschnitt 19.1). In der Schweiz werden hauptsächlich NTA sowie Polycarboxylate verwendet. Dies sind Polymere, die Carboxylgruppen enthalten, und die auch die Waschwirkung verstärken, weil sie die Wiederablagerung von Schmutzteilchen auf der Faser verhindern. In Deutschland werden statt NTA vor allem Zeolithe eingesetzt. Diese sind als Silicate wasserunlöslich und führen zur Vermehrung des Klärschlamms (Abschnitt 19.4). Polycarboxylate und Zeolithe sind ökologisch unbedenklich. NTA löst möglicherweise Schwermetallionen aus dem Bodenschlamm stehender Gewässer. Auch Soda (Na_2CO_3) zählt zu den Buildern; sie verstärkt ebenfalls die Waschwirkung. Der Anteil an Buildern kann über 50% ausmachen.

Das wichtigste Bleichmittel ist Natriumperborat, das beim Erwärmen Wasserstoffperoxid (H_2O_2; das Molekül weist eine unpolare, wenig stabile O—O-Bindung auf) abspaltet. Dieses wiederum zersetzt sich in Wasser und atomaren Sauerstoff, der bleichend wirkt, d.h. Farbstoffe zu farblosen Produkten oxidiert. Wenn das Waschmittel schon unterhalb von 50 °C wirksam sein soll, muss es zusätzlich Aktivatoren enthalten, welche die Zersetzung des Perborats katalysieren. Bleichmittel und Aktivatoren machen 10 bis 25 % eines Waschmittels aus.

Wasserglas (Natriumsilicat) dient als Korrosionsinhibitor, d.h. es schützt das Metall der Waschmaschinen vor Korrosion. Enzyme sind in den meisten Universalwaschmitteln enthalten. Es handelt sich bei ihnen vor allem um Proteasen, d.h. eiweissspaltende Enzyme, die Eiweissverschmutzungen wie Blut- und Eiflecken beseitigen. Dabei werden die Makromoleküle der Eiweisse in kleinere Bruchstücke gespalten, die mit der Waschlauge entfernt werden können. Optische Aufheller schliesslich sind Stoffe, die beim Waschen auf der Faser verbleiben. Sie absorbieren Ultraviolettlicht aus dem Tageslicht und emittieren blaues Licht. Dieses addiert sich zum reflektierten sichtbaren Licht, sodass gelbstichig gewordene Wäsche dann in «strahlendem» Weiss erscheint.

Zusätzlich können Waschmittel weitere Stoffe enthalten: Vergrauungsinhibitoren, Füllstoffe, Weichspüler u.a. «Umweltfreundliche» Waschmittel gibt es nicht, denn auch seifenhaltige Waschmittel enthalten Enthärter, die z.B. das Abwasser bzw. den Klärschlamm belasten.

19.3 Belastung des Wassers

Oberflächen- und Grundwasser

Bäche, Flüsse und Seen bilden das Oberflächenwasser. In den Industrieländern ist dieses fast immer mehr oder weniger mit Abfallstoffen aller Art belastet. Trinkwasser kann daraus häufig nur durch Aufbereitungsmassnahmen gewonnen werden. Grundwasser ist durch Versickern von Niederschlägen oder Oberflächenwasser in Gesteine (Sandstein, geklüftete Kalke) gelangt und füllt dort Hohlräume aus. Liegt der Spiegel eines Oberflächenwassers, z.B. eines Flusses, höher als der Grundwasserspiegel,so kann Wasser aus dem Fluss ins Grundwasser eindringen («Uferfiltrat»).

Beim Versickern wird das Oberflächenwasser mehrfach gereinigt: Filterwirkung poröser Gesteine, Adsorption, Ionenaustausch, Oxidationsreaktionen u.a. Die Reinigungswirkung ist aber stets beschränkt. Bei zu hoher Konzentration eines bestimmten Stoffs wird dieser nicht mehr vollständig entfernt bzw. umgesetzt. Ist ein Boden mit Schadstoffen gesättigt, so läuft belastetes Oberflächenwasser ungereinigt hindurch und bedeutet eine grosse Gefahr für das Grundwasser.

Trinkwassergewinnung

97,4 % des Wassers auf der Erde sind Salzwasser mit einem Gehalt von etwa 4 % Salzen (vorwiegend NaCl). Vom Rest liegen etwa 4/5 als Polar- und Gletschereis vor. Nur ein winziger Bruchteil der gesamten Wassermenge (0,27 %) steht als Trinkwasser zur Verfügung.
Trinkwasser kann aus Grundwasser, aus Uferfiltrat, aus Talsperren und aus unbelasteten Oberflächengewässern (Seen) entnommen werden. Aus dem Grundwasser wird das Trinkwasser durch Pumpbrunnen gefördert. Der Entnahme von Grundwasser sind allerdings Grenzen gesetzt, da es nicht dazu kommen darf, dass

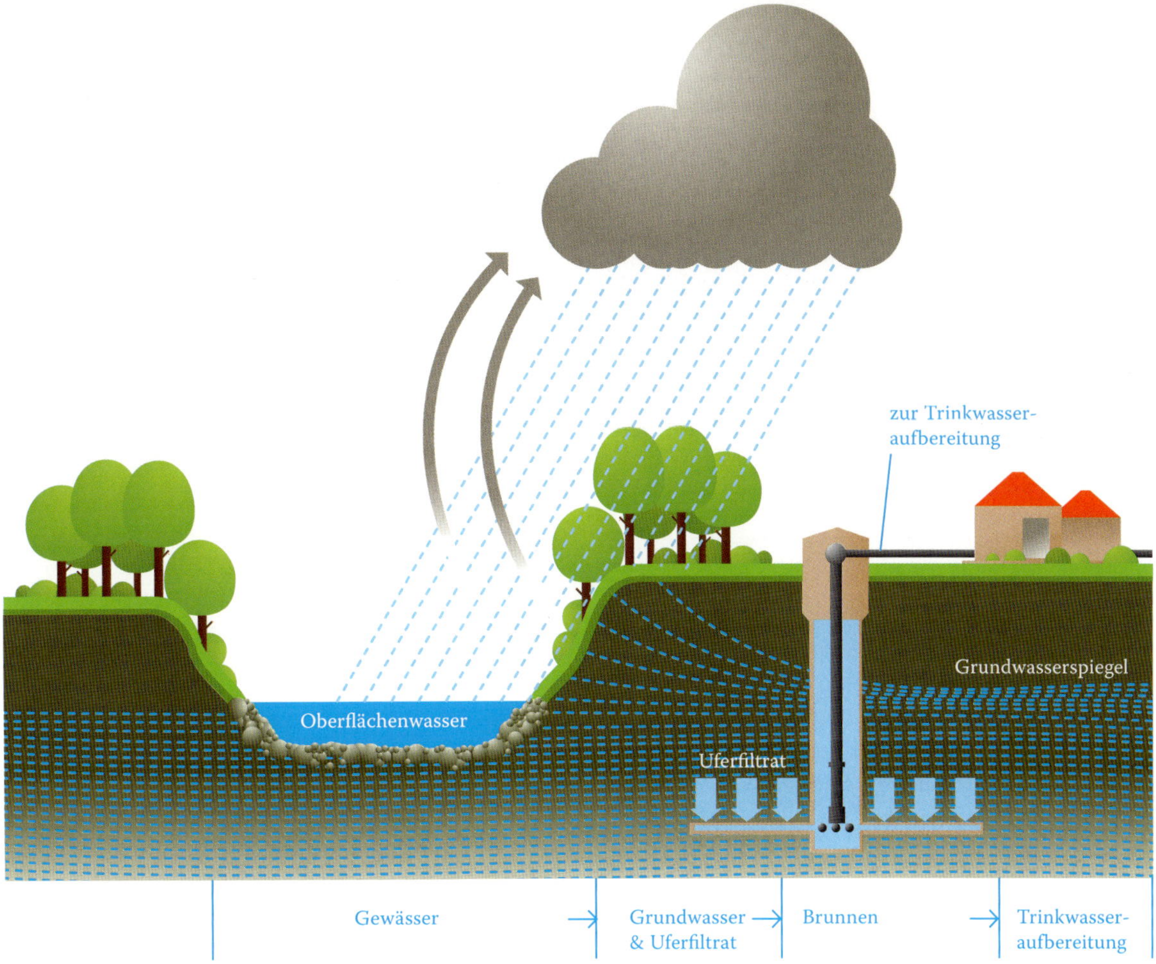

Abb. 19.13 Uferfiltration: vom Oberflächenwasser zum Trinkwasser

sich der Grundwasserspiegel auf die Dauer absenkt. Zur Wassergewinnung aus Uferfiltrat bohrt man Brunnen ins Grundwasser in der Nähe von Flüssen. Obschon der Boden eine gewisse Filterwirkung besitzt, ist bei stärker verschmutzten Flüssen (wie etwa dem Rhein) eine zusätzliche Aufbereitung erforderlich, z.B. der Einsatz von Aktivkohlefiltern. Talsperren als Trinkwasserreserven sind durch den Eintrag von Schadstoffen aus der Luft und dem Boden zunehmend gefährdet. Sehr gutes Trinkwasser erhält man durch Direktentnahme aus Seen. So werden z.B. in Baden-Württemberg heute bereits 1/3 aller Haushalte mit Trinkwasser aus dem Bodensee (dem Überlinger See) versorgt, das praktisch schadstofffrei mit einer Temperatur von 4–5 °C aus 60 m Seetiefe emporgepumpt wird.

Um Trinkwasser frei von pathogenen Bakterien zu erhalten, ist in vielen Fällen eine Chlorierung oder Ozonisierung nötig. Bei der Chlorierung setzt man dem Wasser mit Chlorgas gesättigtes Wasser zu oder man benützt Substanzen, die, wie z.B. Chlordioxid, Chlor freisetzen. Damit wenig chlorierte organische Verbindungen gebildet werden, wird das Wasser erst kurz vor der Einspeisung in das Röhrennetz chloriert Die Ozonisierung hat gegenüber der Chlorierung den Vorteil, dass sie auch Viren durch Oxidation inaktiviert und der Geschmack des Wassers nicht beeinträchtigt wird. Allerdings können stickstoffhaltige organische Verbindungen dabei zu Nitrat (NO_3^-) oxidiert werden, was unerwünscht hohe Nitratwerte ergeben kann.

Belastung des Wassers

Oberflächengewässer dienten dem Menschen seit jeher als bequeme Abfalldeponie für Abfälle aller Art. Die Folgen davon waren in einzelnen Fällen allerdings schon früh spürbar. In den «Konstitutionen von Melfi» erliess Kaiser Friedrich II. von Hohenstaufen 1231 ein erstes «Umweltschutzgesetz». Nach ihm war die Lagerung von Kadavern und Abfällen in der Nähe von Behausungen verboten. Totengräber waren verpflichtet, Leichen mindestens eine halbe Rute tief (1,88 m) zu bestatten. Das Fischen mit giftigen Ködern wurde unter Androhung von Zwangsarbeit untersagt, denn «es werden dadurch auch die Fische mit Giftstoffen durchsetzt und ebenso die Gewässer, aus denen Mensch und Tier trinken.»

Kenngrössen zur Beurteilung der Wasserqualität
Eine grosse Rolle für die «Stoffwechselvorgänge» in Gewässern (Selbstreinigung!) spielt ihr Sauerstoffgehalt. Er wird elektrochemisch (mit einer Gold-Elektrode) oder titrimetrisch (Methode nach Winkler) gemessen und in $mg \cdot L^{-1}$ angegeben. Mit Sauerstoff gesättigtes Wasser enthält bei 20 °C 9,1 mg O_2 L^{-1}.
Eine wichtige Grösse zur Charakterisierung von Wasser ist der biochemische Sauerstoffbedarf, BSB_5, angegeben ebenfalls in $mg \cdot L^{-1}$. Man versteht darunter den von Mikroorganismen innerhalb von fünf Tagen verbrauchten Sauerstoff. Der BSB_5 orientiert allerdings nur über die in dem betreffenden Wasser vorhandene Menge biologisch abbaubarer Substanzen. Anorganische oder schwer abbaubare organische Stoffe werden damit nicht erfasst. Zudem ist die Bestimmung ziemlich zeitraubend.
Um den Gehalt eines Wassers an oxidierbaren Stoffen allgemein und rasch zu bestimmen, ermittelt man den chemischen Sauerstoffbedarf (CSB), indem man entweder eine Wasserprobe mit einer $KMnO_4^-$ («Permanganat-Zahl») oder einer $K_2Cr_2O_7$-Lösung titriert. Mit beiden Methoden werden auch oxidierbare anorganische Stoffe erfasst. Schwer oxidierbare organische Stoffe wie z.B. Ketone, werden allerdings durch Permanganat nicht oxidiert. Trinkwasser hat Permanganat-Zahlen unter 8 $mg \cdot L^{-1}$; in verschmutztem Wasser kann die Permanganat-Zahl über 150 $mg \cdot L^{-1}$ liegen.
Der TOC-Wert (Total Organic Carbon) gibt die gesamte Menge an Kohlenstoff (in $mg \cdot L^{-1}$) an, der sowohl in gelösten organischen Verbindungen als auch in festen, kohlenstoffhaltigen Schwebeteilchen (auch Mikroorganismen) im Wasser enthalten ist. Man bestimmt ihn durch katalytische Verbrennung zu CO_2 bei 900–1000 °C. Nach derselben Methode misst man den Gehalt des Wassers an gelöstem organischem Kohlenstoff (Dissolved Organic Carbon, DOC), wobei das Wasser filtriert wird.
Wichtige Werte sind schliesslich der Gehalt des Wassers an Gesamtstickstoff bzw. Gesamtphosphat sowie die an Aktivkohle adsorbierbaren organischen Halogen-Verbindungen (AOX).

Bezüglich der Luft verlangte das Gesetz: «Wir sind bestrebt, die uns von Gott geschenkte Gesundheit der Luft durch Unsere Vorsorge, soweit Uns dies möglich ist, rein zu erhalten. Wir verfügen deshalb, dass es niemandem gestattet ist, in Gewässern, die weniger als eine Meile von einer Ansiedlung entfernt liegen, Flachs oder Hanf zu wässern, weil dadurch die Beschaffenheit der Luft ungünstig verändert wird.» Das Selbstreinigungsvermögen der Gewässer reichte bei der damaligen geringen Bevölkerungsdichte aus, um die organischen Verbindungen aus den Abfällen zu anorganischen Verbindungen zu oxidieren, da die Gewässer aus der Luft stets wieder genügend Sauerstoff aufnehmen konnten. Die zunehmende Besiedlungs- und Industriedichte führte aber seit etwa der Mitte des 19. Jahrhunderts zu einer Belastung der Gewässer mit Abwasser, welche die Selbstreinigung überforderte und für die Anwohner oft unerträgliche Ausmasse angenommen hat. An dieser Belastung sind ausser der Industrie auch die Haushalte und die Landwirtschaft in erheblichem Mass beteiligt (vermehrte Hygiene; Massentierhaltung, Felddüngung, Anwendung von Pflanzenschutzmitteln).

Während schon relativ früh erkannt wurde, dass viele Flussläufe durch Abwasser stark geschädigt sind (Aussterben vieler Fischarten), war man bis vor kurzem der Meinung, dass in den Ozeanen schliesslich alle Abfälle abgebaut oder wenigstens am Meeresgrund deponiert würden. So wurde auf hoher See lange Zeit Abfallschwefelsäure «verklappt» oder chlorhaltiges Material verbrannt. Heute weiss man, dass auch die Ozeane durch Schadstoffe stark belastet sind und noch immer neu belastet werden: durch Ausfliessen von Rohöl als Folge von Tanker-Unfällen, Fluten der Laderäume der Tankschiffe, hohe Nitrat- und Phosphatkonzentrationen in küstennahen Meergebieten und als Folge davon Massenentwicklungen bestimmter Algen.

Nitrate
Alle Nitrate sind gut wasserlöslich. Durch Düngung und durch die Reaktion von Stickstoffoxiden (aus den Abgasen des Verkehrs und der Energieerzeugung) mit Wasser wird Nitrat (NO_3^-) in den Boden eingetragen. Es wird aber dort kaum adsorbiert, sodass das Regenwasser einen erheblichen Teil davon auswäscht. So gelangt es in das Grundwasser und belastet unter Umständen das Trinkwasser. Gewisse Pflanzen wie Kopfsalat, Spinat oder Randen können Nitrat auch speichern, womit eine Überdüngung zur Anreicherung von Nitrat in diesen Pflanzen führt. Das NO_3^--Ion ist erst in hohen Dosen giftig, die beim Verzehren von nitrathaltigem Gemüse nicht erreicht werden. Hingegen wird Nitrat im menschlichen Körper bakteriell zu Nitrit (NO_2^-) reduziert, aus dem Nitrosamine ($R_2N{-}NO$) entstehen können. Diese haben sich im Tierversuch als krebserzeugend erwiesen. Zudem besetzen die NO_2^--Ionen im roten Blutfarbstoff die Bindungsstellen für Sauerstoff, sodass der Sauerstofftransport im Körper beeinträchtigt wird. In dieser Hinsicht sind Säuglinge besonders gefährdet.

In der Schweiz gilt für Trinkwasser ein Richtwert von 25 $mg \cdot L^{-1}$ in Deutschland und der EU beträgt der Wert 50 $mg \cdot L^{-1}$. Zur Verringerung des Nitratgehalts kann NO_3^- im Trinkwasser bakteriell zu N_2 denitrifiziert werden. Enthält das Wasser allenfalls auch NH_4^+-Ionen, so werden diese – ebenfalls bakteriell – zu NO_3^--Ionen oxidiert und anschliessend denitrifiziert.

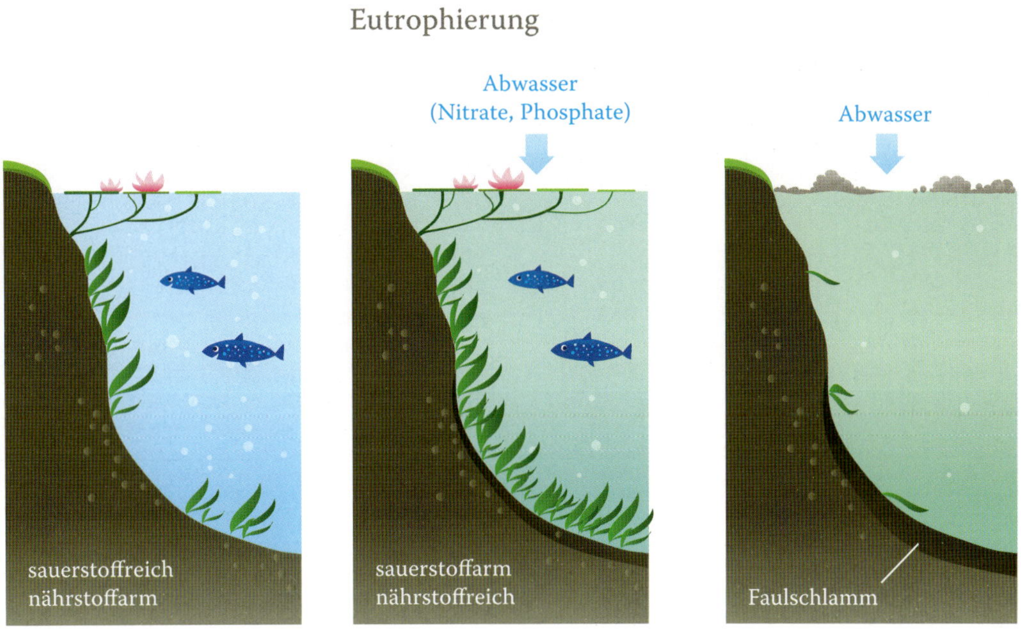

Abb. 19.14 Phosphate und Nitrate aus Abwässern und der Landwirtschaft überdüngen das Wasser in einem See. Planktonalgen wuchern, sterben ab, faulen und verbrauchen dabei den Sauerstoff

Phosphate und See-Eutropierung
Von den in stehende Gewässer eingeleiteten Schadstoffen hat vor allem die Zufuhr löslicher (für den Menschen unschädlicher) Phosphate besonders nachteilige Folgen. Die Phosphate stammen in der Bundesrepublik aus folgenden Quellen[3] (Durchschnittswerte der Jahre 1998 bis 2000, in t Phosphor pro Jahr):

– Kommunales Abwasser	24,6 %	8 167 $t \cdot a^{-1}$
– Industrielle Abwasser	2,7 %	901 $t \cdot a^{-1}$
– Nichtkulturland (urbane Flächen)	10,0 %	3 309 $t \cdot a^{-1}$
– Erosion	26,8 %	8 898 $t \cdot a^{-1}$
– Oberflächenabfluss (Abschwemmung)	8,0 %	2 644 $t \cdot a^{-1}$
– Drainagen	9,9 %	3 271 $t \cdot a^{-1}$
– Grundwasser	17,2 %	5 712 $t \cdot a^{-1}$
– Atm. Deposition	0,8 %	262 $t \cdot a^{-1}$

Der Hauptanteil aus diffusen Quellen [Nichtkulturland (urbane Flächen), Erosion, Oberflächenabfluss, Drainagen, Grundwasser und atm. Deposition] von 72,2% stammt zur Hauptsache aus landwirtschaftlicher Tätigkeit. Da ab Mitte der 80iger Jahre des 20. Jh. Polyphosphate nicht mehr zur Wasserenthärtung eingesetzt werden durften, kam es zu einer drastischen Reduzierung des Phosphateintrags in Gewässer, verstärkt durch die vermehrte Phosphatausfällung in den Kläranlagen. Heute finden Polyphosphate nur noch in maschinellen Geschirrspülmitteln Verwendung. In der Schweiz sind die Verhältnisse ähnlich.
In stehenden Gewässern lebt das Plankton, eine Lebensgemeinschaft von mikroskopisch kleinen Algen (Phytoplankton) und Rädertieren, Kleinkrebsen u.a. (Zooplankton). Die Phytoplankter assimilieren gelöstes CO_2 und produzieren Sauerstoff. Sie dienen den Zooplanktern als Nahrung, die ihrerseits die wichtigste Fischnahrung sind. Im ursprünglichen Zustand war der Gehalt mitteleuropäischer Seen an gelösten Nährsalzen (in erster Linie Nitrat- und Phosphat-Ionen) so gering, dass sich das Phytoplankton nicht übermässig entwickeln konnte. Der Sauerstoffgehalt des Wassers reichte auch in tieferen Zonen des Gewässers zur Mineralisation der abgestorbenen Plankter durch (aerobe) Bakterien aus. Der organisch gebundene Phosphor wurde (ebenfalls unter Sauerstoffverbrauch) als schwerlösliches Eisenphosphat dem biologischen Kreislauf entzogen.

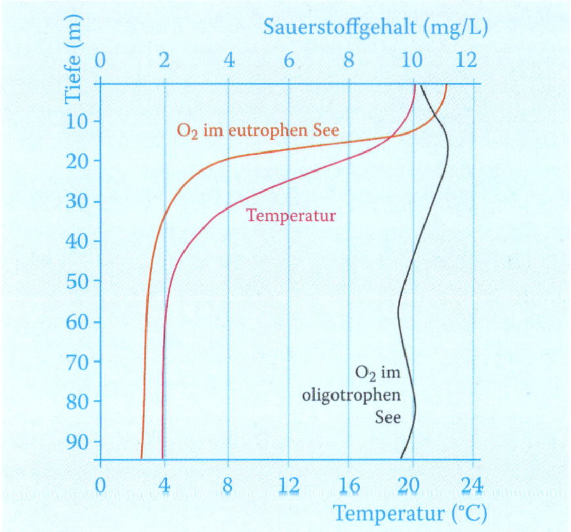

Abb. 19.15 Temperaturverlauf und Sauerstoffgehalt in Seen

[3] *Metzner, Gerhard: Phosphate aus Wasch- und Reinigungsmitteln im kommunalen Abwasser der Bundesrepublik Deutschland. 24.11.2006*

Wie experimentelle Untersuchungen gezeigt haben, war das Phosphat-Ion (PO_4^{3-}) bis vor etwa 20 Jahren in vielen Gewässern der wachstumsbegrenzende Minimumstoff. Eine vermehrte Zufuhr von Phosphat allein konnte daher bereits eine stärkere Planktonentwicklung ermöglichen. Weil sich das Phytoplankton nur bis in eine Tiefe von etwa 5 bis 8 m stark entwickeln kann (Eindringtiefe des Sonnenlichts), nimmt der Sauerstoffgehalt in den oberen Schichten eines Gewässers, dem Epilimnion, stark zu. In seinen tieferen Zonen, dem Hypolimnion, kommt es durch Verwesung und Mineralisation der abgestorbenen Plankter zu Sauerstoffschwund oder sogar zu völligem Fehlen von Sauerstoff.

An die Stelle der aerob (unter Sauerstoffverbrauch) im Hypolimnion ablaufenden Abbauvorgänge treten anaerobe Vorgänge. Ohne Sauerstoff arbeitende Bakterien bauen die organische Substanz zu Methan, Schwefelwasserstoff, Ammoniak u.a. ab.

Die Folgen der Phosphatzufuhr werden durch die thermischen Verhältnisse in stehenden Gewässern zusätzlich verstärkt. Wegen der Dichteanomalie des Wassers entstehen in auch nur mässig tiefen, stehenden Gewässern im Sommer und Winter jeweils charakteristische Schichtungen. Das Wasser in der Tiefe hat eine Temperatur von etwa 4 °C; im Sommer liegt wärmeres, im Winter kälteres Wasser darüber. Im Sommer bildet sich zudem in 10 bis 20 m Tiefe meist eine charakteristische «Sprungschicht», die das Epilimnion vom Hypolimnion trennt und wo die Wassertemperatur innerhalb weniger Meter von 16–20 °C auf 5–6 °C sinkt.

Im Frühjahr und Herbst, wenn die Winter- bzw. Sommerschichtung durch Erwärmen bzw. Abkühlen des Epilimnions abgebaut wird, treten unter dem Einfluss des Windes vertikale Zirkulationsströmungen auf. Das Wasser aus dem Hypolimnion wird dann mit sauerstoffhaltigem Wasser des Epilimnions vermischt. Die unter anaeroben Bedingungen entstandenen Stoffe werden oxidiert, wobei wiederum Sauerstoff verbraucht wird und Nährstoffe (Nitrat!) entstehen. Im Sommer verhindert die Sprungschicht einen solchen Austausch, sodass das (sauerstoffarme) Tiefenwasser wie durch einen Deckel vom Sauerstoff abgeschnitten ist. Ein grosser Teil des Gewässers wird als Folge des Sauerstoffschwunds für Tiere unbewohnbar. Der ursprünglich nährstoffarme (oligotrophe) See ist durch die fortgesetzte Einleitung von phosphathaltigem Abwasser oder durch das Auswaschen von Phosphat aus landwirtschaftlich genutztem Boden zu einem nährstoffreichen (eutrophen) See geworden. Der See ist «umgekippt» (Abb. 19.15).

Verstärkt wird diese Entwicklung durch Zufuhr von Abwasser mit einem hohen Gehalt an oxidierbaren organischen Stoffen, die eine zusätzliche Sauerstoffzehrung bewirken. – Wegen der inzwischen übermässig grossen Konzentration von Phosphat ist heute in vielen Seen oft noch «ungenutztes» freies Phosphat auch im Epilimnion vorhanden: Das Phosphat ist nicht mehr der Minimumstoff. Häufig tritt das Nitrat an seine Stelle.

In Flüssen spielt die geschilderte Entwicklung eine viel kleinere Rolle. Zwar kann es dort ebenfalls zu Sauerstoffschwund mit allerlei unangenehmen Folgen kommen (z.B. starke Entwicklung von Abwasserpilzen). Die Tiefe der Flüsse ist jedoch geringer und es kann aus der Luft wieder Sauerstoff aufgenommen werden. Immerhin ist das Fischsterben in Flüssen meistens auf einen zu geringen Sauerstoffgehalt zurückzuführen. Die Bildung von Schadstoffen wie Dihydrogensulfid oder Ammoniak tritt nur in extrem verschmutzten Flüssen auf.

Belastung durch Schwermetalle

Vorausgeschickt werden muss, dass keinesfalls elementare Metalle gemeint sind, wenn von «Schwermetallen» die Rede ist, sondern ihre Ionen, wie z.B. Cd^{2+}, Cr^{3+} oder CrO_4^{2-}, Hg^{2+} usw. Schwermetallsalze im Wasser stammen vor allem aus verschiedenen Industrien, unter Umständen aber auch aus unkontrolliert abgelagertem Müll.

Im Wasser werden Schwermetallsalze relativ rasch verdünnt und fallen auch zum Teil als schwerlösliche Carbonate, Sulfate oder Sulfide aus. Daher steigt der Gehalt der Sedimente an Schwermetallen seit Jahrzehnten stetig an. Schwermetallionen werden durch Komplexbildner wie NTA mobilisiert (wasserlöslich gemacht), ebenso durch ein Absinken des pH-Werts. Quecksilber und Zinn können im Meer im Schlamm abgestorbener Algen hydriert und dadurch in flüchtige Verbindungen übergeführt werden. Es ist denkbar, dass die in stark eutrophierten Meeresgebieten auftretenden Massenentwicklungen von Algen langfristig gesehen die Mobilisierung von Schwermetallen, fördern. Gewisse elementare Schwermetalle, wie z.B. Quecksilber und ebenso Schwermetallionen, werden bakteriell methyliert, wodurch stark giftige Methylverbindungen, z.B. Methyl- und Dimethylquecksilber, CH_3Hg^+ und $(CH_3)_2Hg$, entstehen.

Solche metallorganische Verbindungen werden von den im Wasser lebenden Organismen aufgenommen und gelangen in die Nahrungskette. Ein erstes Beispiel einer dadurch ausgelösten Katastrophe bildete die «Minamata-Krankheit» in Japan (1953), bei der über 1000 Küstenbewohner an Lähmungen sowie Seh- und Hörstörungen erkrankten. Die Suche nach den Ursachen ergab, dass eine Acetylenfabrik unbrauchbar gewordenes Quecksilber in einen Fluss abgab, der in die Minamata-Bucht mündet. Das Quecksilber wurde mikrobiologisch methyliert (diese Reaktion war damals noch nicht bekannt) und gelangte über die Nahrungskette (Plankton, Muscheln, Fische) in den menschlichen Körper. Dabei wurde das Gift immer mehr angereichert, bis schliesslich für den Menschen toxische Konzentrationen erreicht wurden.

Die Giftwirkung von Schwermetallen beruht auf der Fähigkeit ihrer Ionen, Verbindungen mit biologisch wirksamen Stoffen, z.B. Enzymen, zu bilden, wobei die verschiedenen Metallverbindungen im Körper in bestimmten Geweben oder Organen angereichert werden. Methyliertes Quecksilber beispielsweise lagert sich bevorzugt in den Zellen des Zentralnervensystems ein, Cadmium in die Knochensubstanz. Aus diesen Gründen werden einzelne Organe durch bestimmte Metallsalze besonders geschädigt.

Im Körper kann eine Kumulation der Metallverbindungen erfolgen, und zwar dann, wenn die toxische Substanz in kürzeren Zeitintervallen aufgenommen als wieder ausgeschieden (oder abgebaut) wird. Als «biologische Halbwertszeit» bezeichnet man den Zeitraum, in dem die Hälfte der aufgenommenen Substanz den Körper wieder verlassen hat. Toxine, die aufgrund ihrer hohen Lipophilie lange biologische Halbwertszeiten haben, sind deshalb besonders gefährlich, so etwa Cadmium mit einer biologischen Halbwertszeit von etwa 10 Jahren (!).

19.4 Abwasserreinigung

Eine einfache Art der Abwasserreinigung besteht darin, dass man das Abwasser auf Wiesen oder Felder (Rieselfelder) leitet, wo es versickert. Seine organischen Bestandteile werden durch Mikroorganismen im Boden aerob (unter Sauerstoffaufnahme) abgebaut. Die entstehenden Mineralstoffe wirken als Düngemittel für Kulturpflanzen. Auf diese Weise hat man schon im Altertum fäkale Abwässer gereinigt. Die Nachteile dieses Verfahrens sind offenkundig: Die aus Fäkalien stammenden Krankheitserreger und Parasiteneier könnten zu Seuchen Anlass geben, und die Umgebung der Rieselfelder erfährt eine starke Geruchsbelästigung. Die Menge des heute anfallenden Abwassers ist allerdings viel zu gross, als dass sie durch Rieselfelder allein bewältigt werden könnte.

Heute wird das Abwasser deshalb in der Regel in Kläranlagen (Abb. 19.16) gereinigt, wobei verschiedene «Stufen» des Prozesses aufeinander folgen.

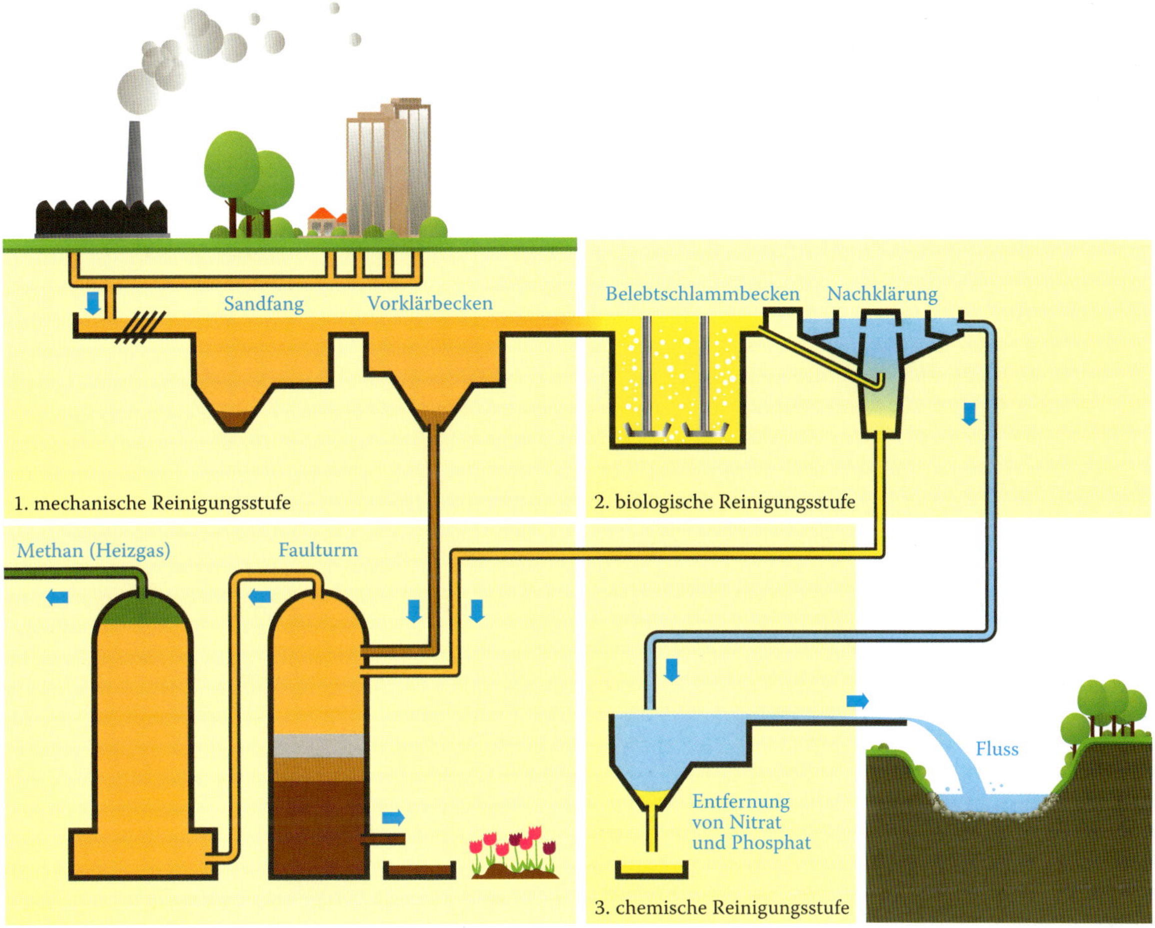

Abb. 19.16 Schema einer vollbiologischen Kläranlage

In der «ersten Stufe» werden die Abwässer mechanisch gereinigt. Dabei sollen die ungelösten Beimengungen (Schwimm- und Schwebestoffe, Treibgut, Sand- und Schlammpartikeln) aus dem Wasser entfernt werden. Grob- und Feinrechen fangen dabei zunächst grobe Schmutzstoffe ab, während im Sandfang und im Ölabscheider mitgeführter Sand und Öl abgetrennt werden. In grossen Absetzbecken sedimentieren anschliessend die feineren, ungelösten Schmutzteilchen. Die mechanische Reinigung erfasst etwa 40 % der in städtischen Abwässern enthaltenen Verunreinigungen. Das ablaufende Wasser ist immer noch trüb und gefärbt.

Die «zweite Stufe», die biologische Klärung, besteht in der Oxidation gelöster (fäulnisfähiger) organischer Stoffe. Dabei laufen im Wesentlichen dieselben Vorgänge ab wie bei der Selbstreinigung in Flüssen.

Die biologische Klärung wird entweder in «Tropfkörpern» oder in «Belebtschlammbecken» durchgeführt. Die Tropfkörper sind Rundbecken von einigen Metern Durchmesser, die eine 2–5 m hohe Schicht eines porösen Füllkörpers (Tuffsteine, Schlacken) enthalten. Das Abwasser wird durch eine sich kreisförmig bewegende Sprinkleranlage aufgetragen und rieselt nach unten. Auf diesem Füllmaterial bildet sich ein «biologischer Rasen», der vor allem Bakterien, aber auch Bakterien fressende Mikroorganismen, Insektenlarven und Würmer enthält. Tropfkörperanlagen benötigen wenig Energie und eignen sich vor allem für kleinere Klärwerke.

In grösseren Anlagen führt man die Mineralisation in den Belebtschlammbecken durch. Die Mikroorganismen (Abb. 19.17) haften hier nicht wie beim Tropfkörper auf festen Flächen, sondern bilden frei schwebende Schlammflocken. Der erforderliche Sauerstoff wird als Druckluft in das Belebtschlammbecken eingeblasen. In Nachklärbecken reinigt man das Abwasser von mitgerissenem Belebtschlamm. Der dort abgesetzte Schlamm wird zum Teil wieder in das Belebtschlammbecken zurückgeführt, zum Teil zusammen mit dem Schlamm aus den Absetzbecken der ersten Stufe in Faultürmen ausgefault. Das dabei entstehende Gas (hauptsächlich Methan) wird als Heizgas genutzt.

Das Abwasser ist nach dem Durchlaufen der zweiten Stufe klar und geruchlos. Es enthält jedoch noch grosse Mengen an Algennährstoffen (Phosphate, Nitrate u.a.), die vor der Einleitung in den Vorfluter[4] entfernt werden müssen. Dies erfolgt durch die chemische Klärung in der «dritten Stufe». Die gelösten Phosphate werden durch Zusatz von (löslichen) Eisen- oder Calciumsalzen als schwerlösliches Eisen- oder Calciumphosphat ausgefällt und dadurch dem Abwasser entzogen. Oft wird diese Ausfällung zusammen mit der biologischen Klärung in den Belebtschlammbecken durchgeführt. Schwermetallsalze oder biologisch nicht abbaubare Stoffe werden ausgeflockt, indem man dem Wasser z.B. lösliche Aluminiumsalze zusetzt. Diese bilden im Wasser flockiges, unlösliches Aluminiumhydroxid, das die zu entfernenden Stoffe adsorbiert und sie dadurch dem Wasser entzieht. Abwasser, das zu Trinkwasser aufbereitet werden soll, muss schliesslich durch Ozon oder Chlor zusätzlich desinfiziert werden.

Schwieriger ist die Stickstoff-Elimination, die vor allem dann wichtig wird, wenn im Vorfluter Nitrat der Minimumstoff ist oder wenn er zur Trinkwassergewinnung dient. Häusliche Abwässer enthalten erhebliche Mengen Stickstoffverbindungen, davon etwa 1/3 organische. Im Vorklärbecken werden diese durch Bakterien in Ammoniak übergeführt, das bei den pH-Werten des Abwassers als NH_4^+-Ion vorliegt. Im Belebtschlammbecken oxidiert man die NH_4^+- zu NO_3^--(Nitrat-)Ionen.

[4] *Als Vorfluter bezeichnet man das Gewässer, in welches das gereinigte Abwasser eingeleitet wird.*

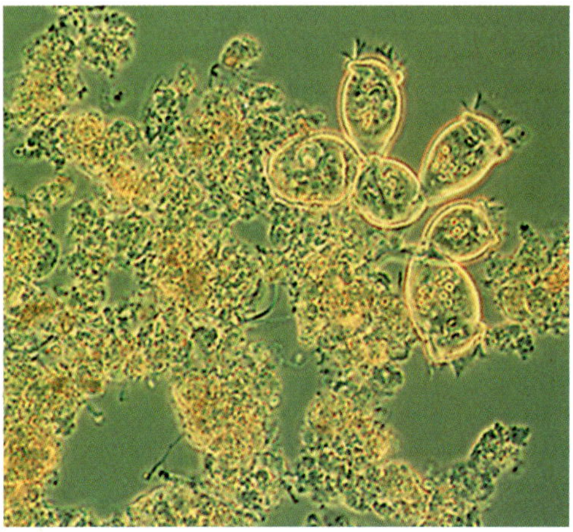

Abb. 19.17 Belebtschlamm einer Kläranlage mit Glockentierchen

Abb. 19.18 «Schaumberge» aus nicht abgebauten Tensiden auf dem Wasser eines stark eutrophen Sees

Zur Reduktion des Nitrats, einem ebenfalls durch Bakterien bewirkten Vorgang, werden organische Verbindungen als Wasserstoffspender benötigt:

$$2\,NO_3^- + 10\,(H) \rightarrow N_2 + 4\,H_2O + 2\,OH^-$$

Man setzt deshalb dem Becken, in dem diese Reaktion durchgeführt wird, Abwasser zu, das die erforderlichen organischen Verbindungen enthält. Die Produkte werden zusammen mit dem Nitrat bakteriell entfernt.

Industrielle Abwässer erfordern oft eine besondere Reinigung, die auf die speziellen, im Abwasser vorhandenen Verunreinigungen ausgerichtet ist. Säuren und Laugen werden neutralisiert, Schwermetallsalze, Phenole oder andere spezifische organische Stoffe ausgeflockt, Chromsalze reduziert und ausgefällt usw. Giftige Metallsalze, wie z.B. Chromverbindungen aus Verchromungsbädern, schädigen oder vergiften die Mikroorganismen der zweiten Stufe und müssen vor der biologischen Reinigung in jedem Fall entfernt werden.

Die Abwasserklärung gehört heute zu den wichtigsten, finanziell allerdings sehr aufwendigen Aufgaben von Staat, Gemeinden und Industrien.

ÜBUNGEN ZUM KAPITEL 19

19.1 Weshalb hat Wasser im Vergleich mit anderen Flüssigkeiten eine besonders hohe Oberflächenspannung?

19.2 Zur Seifenherstellung werden heute die Fette meist mit überhitztem Wasserdampf hydrolysiert und die Fettsäuren anschliessend mit Natron- oder Kalilauge neutralisiert. Welchen Vorteil hat dieses Verfahren?

19.3 Begründen Sie die reinigende Wirkung der Seife.

19.4 Erklären Sie die «Nachteile» der Seife und begründen Sie, weshalb synthetische Waschmittel diese Nachteile nicht haben.

19.5 Erklären Sie, weshalb auch Substanzen vom Typus $C_{10}H_{21}NH_3^+Cl^-$ reinigende Wirkung haben und vergleichen Sie ihre Waschkraft mit Seife in saurem, neutralem und hartem Wasser.

19.6 Was versteht man unter der «Carbonathärte» von Wasser? Wie wird sie quantitativ bestimmt und wie entsteht hartes Wasser aus dem Regenwasser?

19.7 Man hört oft, dass hartes Wasser Kalk enthält. Nehmen Sie dazu Stellung!

19.8 Wie entstehen Tropfsteine und Kalkbeläge in Dampfkesseln?

19.9 Diskutieren Sie Vor- und Nachteile verschiedener Enthärtungsmittel!

19.10 Geben Sie verschiedene Möglichkeiten zur Gewinnung von Trinkwasser an. Wie wird das Wasser dabei von Bakterien befreit?

19.11 Gelegentlich liest man in der Presse, »der See XY sei umgekippt». Erklären Sie diesen Ausdruck und charakterisieren Sie kurz die Vorgänge, die sich dabei abspielen.

19.12 Welche Stoffe sind vor allem an der Verschmutzung stehender Gewässer beteiligt und woher stammen sie?

19.13 Diskutieren Sie die Rolle des Phosphat-Ions für den «Stoffwechsel» stehender Gewässer.

19.14 Wie lässt sich relativ einfach feststellen, ob ein See oligo- oder eutroph ist?

19.15 Schildern Sie die verschiedenen Stufen der Abwasserklärung.

19.16 Wie beseitigt man den in Kläranlagen anfallenden Schlamm?

Salze, Metalle, Elektrizität

20 METALL-NICHTMETALL-VERBINDUNGEN: SALZE

Salze, Ionenverbindungen – ihnen sind wir in den bisherigen Kapiteln an verschiedenen Stellen schon begegnet. Viele Halogen-Verbindungen sind Salze (Abschnitt 5.6; Name der Elementgruppe!). Nach der Neutralisation von sauren mit alkalischen Lösungen kann man durch Eindampfen Salze erhalten (Abschnitt 18.6) und schliesslich gehören auch Natriumethanolat (Abschnitt 13.1), Kalk, Waschmittel (Abschnitt 19.1), die Metallhydroxide [NaOH, KOH, $Ca(OH)_2$, $Ba(OH)_2$] und manche andere, bereits erwähnte Stoffe zu den Salzen. Auch die feste Erdkruste besteht vor allem aus Ionenverbindungen. In Abschnitt 2.3 haben wir sie mit ihren charakteristischen Eigenschaften vorgestellt, und ihre Bildung aus den Elementen ist in Abschnitt 5.4 kurz erklärt worden. In diesem Kapitel sollen die Eigenschaften der Salze sowie die Reaktionen von Metall- mit Nichtmetallatomen genauer betrachtet und erklärt werden.

20.1 Der Energieumsatz bei der Bildung von Ionenverbindungen

Im Verlaufe eines chemischen Vorgangs werden Bindungen gelöst und neue gebildet. Diese Tatsache gilt auch für die Reaktionen zwischen Metallen und Nichtmetallen, bei denen positive Metall- und negative Nichtmetallionen entstehen (Abschnitt 5.4). Nun existieren aber Metalle und Nichtmetalle nicht als einzelne Atome, sondern gebunden in Atomgittern bzw. in Molekülen. Um den energetischen Verlauf der Elektronenübertragung etwas näher zu verfolgen, ist es nötig, die Gesamtreaktion in Teilschritte zu zerlegen. Diese sagen jedoch nichts über den genauen Ablauf (den «Mechanismus») einer solchen Reaktion aus. Sie sind aber nützlich, um mithilfe der Grösse von Atomen und Ionen bzw. Ionenladungen die Energiebilanz zu verstehen.

Die Atomradien nehmen innerhalb einer Hauptgruppe von oben nach unten zu, da mit jedem Element eine neue Schale hinzukommt. Innerhalb einer Periode wächst die Kernladung von links nach rechts bei gleichbleibender Anzahl Schalen. Dadurch wird aufgrund der zunehmenden positiven Ladung im Kern die Elektronenhülle immer kleiner (trotz zusätzlicher abstossender Kräfte zwischen den neu hinzukommenden Elektronen).
Geben Metallatome Elektronen ab, so wird die abstossende Kraft zwischen den Elektronen geringer. Die Radien positiver Ionen sind deshalb kleiner als die der Atome, aus denen sie entstanden sind.

Da bei der Bildung negativer Ionen Elektronen von Atomen aufgenommen werden, nehmen die abstossenden Kräfte in der Elektronenhülle und damit auch die Ionenradien zu. Negativ geladene Ionen sind damit grösser als die Atome aus denen sie gebildet wurden. Obwohl die Ionen O^{2-}, F^-, Na^+, Mg^{2+} und Al^{3+} alle gleich viele Elektronen aufweisen, zeigen sie stark unterschiedliche Radien (Abb. 20.1 und Tabelle 20.1).

Wie entstehen aus Metallen positiv geladene Ionen? Dazu müssen einzelne Atome aus dem Metallgitter (Abschnitte 5.4 und 20.2) gelöst, d.h. in den gasförmigen Zustand übergeführt werden. Erst dann lassen sich Elektronen abspalten. Für beide Vorgänge ist ein Energieaufwand nötig. Die Sublimationsenthalpie *(SE)* liefert freie Atome (Überwindung der Anziehungskräfte im Gitter), während der Aufwand an Ionisierungsenergie (Tab. 20.2) die Abspaltung von Elektronen ermöglicht (Anziehung zwischen Kern und Elektronen):

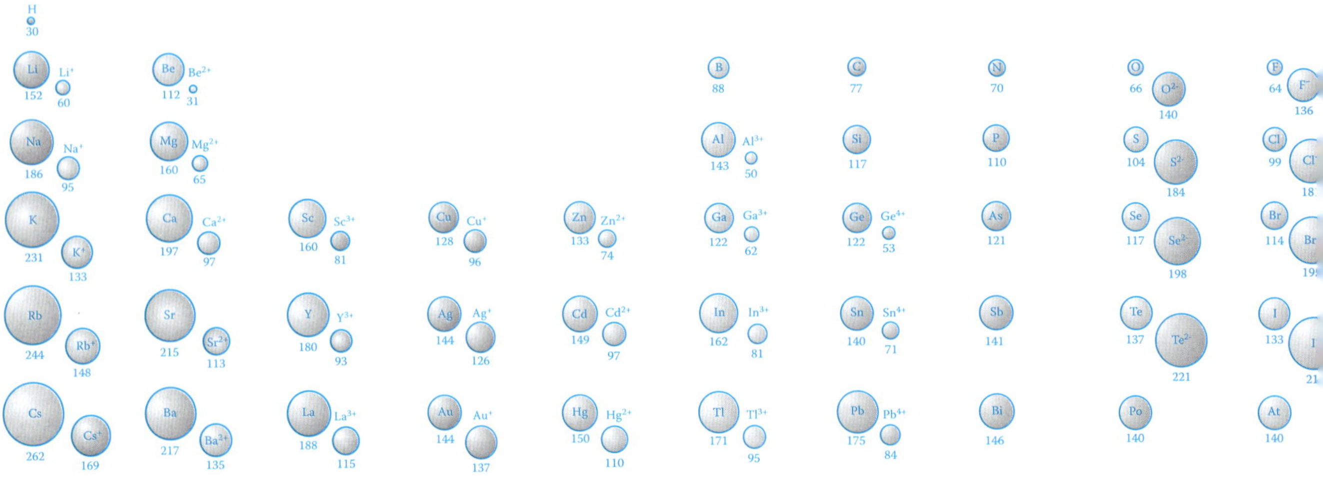

Abb. 20.1 Atom- und Ionenradien in pm (nach Pauling)

Tabelle 20.1 Atomradien einiger Elemente in pm

Li	152	Be	112	B	88	C	77	N	70	O	66	F	64
Na	186	Mg	160	Al	143	Si	117	P	110	S	104	Cl	99
K	231	Ca	197	Sc	160	Ge	122	As	121	Se	117	Br	114
Rb	244	Sr	215	Y	180	Sn	140	Sb	141	Te	137	I	133
Cs	262	Ba	217	La	188	Pb	175						

Metall(s),(l) → Metallatome(g) $\Delta H > 0$
(Sublimationsenthalpie; *SE*)
Metallatome(g) → Metallionen(g) $\Delta H > 0$
(Ionisierungsenergie; *IE*)

Die Metallionen sind also energiereicher, verglichen mit dem Zustand des Atomgitters.

Bei den Nichtmetallen muss Bindungsenthalpie (BE; Abschnitt 6.1) aufgewendet werden, um die Moleküle in die Atome zu spalten. Die anschliessende Bildung einfach negativ geladener Ionen ist exotherm, während eine höhere negative Ladung (z.B. O^{2-}) einen Energieaufwand erfordert (abstossende Kräfte zwischen dem zuerst einfach geladenen Ion und dem 2. zugeführten Elektron). Die Energie zur Bildung negativer Ionen heisst Elektronenaffinität (*EA*, Tab. 20.3).

Nichtmetall(s),(l),(g) → Nichtmetallatome(g) $\Delta H > 0$
(Bindungsenthalpie; *BE*)
Nichtmetallatome(g) → Nichtmetallionen(g) $\Delta H > 0$
oder $\Delta H < 0$
(Elektronenaffinität; *EA*)

Um freie Ionen eines Salzes aus den Atomen herzustellen, ist insgesamt immer ein Energieaufwand nötig, obwohl die Elektronenaffinität einfach geladener Ionen negativ (exotherm) ist. So sind z.B. zur Bildung freier Kalium- und Brom-Ionen total +71 kJ · mol^{-1} aufzuwenden:

$$\begin{array}{lll} K(g) & \rightarrow K^+(g) + e^- & \Delta H = +417\ \text{kJ} \cdot \text{mol}^{-1} \\ Br(g) + e^- & \rightarrow Br^-(g) & \Delta H = -346\ \text{kJ} \cdot \text{mol}^{-1} \\ \hline K(g) + Br(g) & \rightarrow K^+(g) + Br^-(g) & \Delta H = +71\ \text{kJ} \cdot \text{mol}^{-1} \end{array}$$

- Elektronenaffinität: Die bei der Bildung negativer Ionen frei werdende oder aufzuwendende Energie.
- Einfach negativ geladene Ionen (H^-, Halogen$^-$) sind energieärmer, sämtliche positiv sowie mehrfach negativ geladenen Ionen energiereicher als die Atome, aus denen sie entstehen.

Die positiven und negativen Ionen lagern sich wegen der elektrischen Anziehung zu einem Ionengitter zusammen (Abschnitt 20.2). Jedes positive Ion umgibt sich mit negativen Ionen und umgekehrt. Die dabei frei

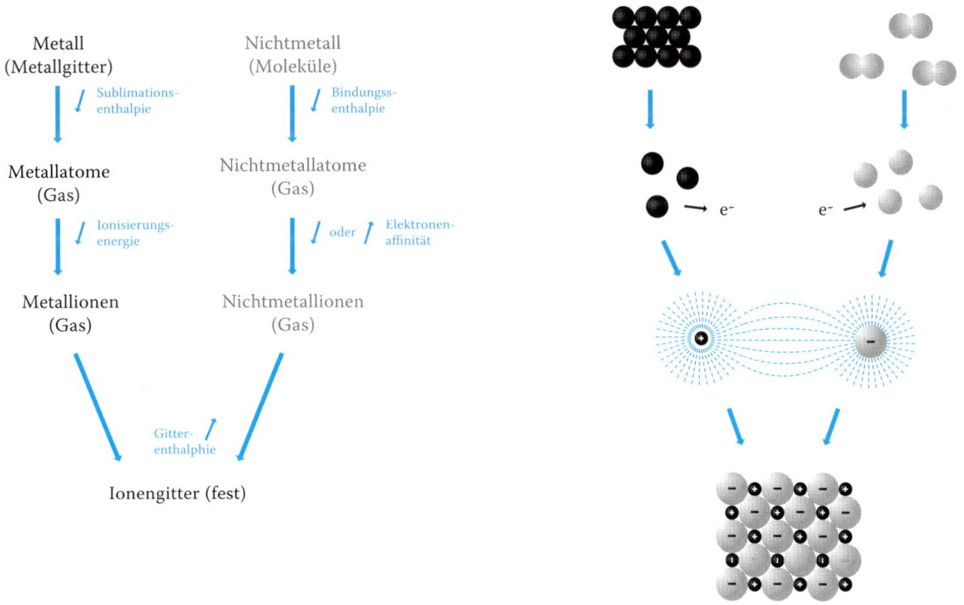

Abb. 20.2 Schematische Darstellung der Vorgänge bei der Bildung einer Ionenverbindung aus den Elementen

werdende Reaktionsenthalpie ist die Gitterenthalpie, deren Betrag die zur Bildung der Ionen aufzuwendende Energie mehr als übertrifft. Sie entspricht dem Energieaufwand zur vollständigen Trennung der Ionen gegen die Anziehungskräfte im Ionengitter.

Metallionen(g) + Nichtmetallionen(g) → Ionengitter(s)
$\Delta H < 0$ Gitterenthalpie

Die Gitterenthalpie ist die Energie, die frei wird, wenn sich Ionen zu einem Ionengitter zusammenlagern. Sie ist die Ursache des stark exothermen Verlaufs vieler Reaktionen zwischen Metallen und Nichtmetallen.

Dies erklärt z.B. die heftige Verbrennung von Magnesium an der Luft. Ebenso wird verständlich, dass trotz des hohen Energieaufwands bei derartigen Reaktionen mehrfach geladene Ionen entstehen. So bilden sich bei der Reaktion zwischen Calcium und Fluor nicht ein Ca^{+}- und ein F^{-}-Ion, sondern ein Ca^{2+}-Ion und 2 F^{-}-Ionen, da die Gitterenthalpie wegen der doppelten Ladung des Metallions viel höher ist als der zusätzliche Energieaufwand, den die Herstellung des Ca^{2+}-Ions erfordert.

Beispiele:

a) Natrium + Chlor

Na(s)	+	0,5 Cl2(g)	→	NaCl(s)	$\Delta H < 0$
1 mol		0,5 mol		1 mol	

Bildung von einem Mol Na^{+}-Ionen:

Na(s)	→	Na(g)			$\Delta H = +110\ kJ \cdot mol^{-1}$ Na-Atome
Na(g)	→	$Na^{+}(g)$	+	e^{-}	$\Delta H = +496\ kJ \cdot mol^{-1}$ Na^{+}-Ionen
Na(s)	→	$Na^{+}(g)$	+	e^{-}	$\Delta H = +606\ kJ \cdot mol^{-1}$ Na^{+}-Ionen

Bildung von 1 Mol Cl^{-}-Ionen:

0,5 $Cl_2(g)$			→	Cl(g)	$\Delta H = +121\ kJ \cdot mol^{-1}$ Cl-Atome
0,5 mol				1 mol	
Cl(g)	+	e^{-}	→	$Cl^{-}(g)$	$\Delta H = -362\ kJ \cdot mol^{-1}$ Cl^{-}-Ionen
0,5 $Cl_2(g)$	+	e^{-}	→	$Cl^{-}(g)$	$\Delta H = -241\ kJ \cdot mol^{-1}$ Cl^{-}-Ionen

Bildung von einem Mol NaCl(s) aus den freien Ionen:

$Na^{+}(g)$	+	$Cl^{-}(g)$	→	NaCl(s)	$\Delta H = -766\ kJ \cdot mol^{-1}$ NaCl

Reaktionsenthalpie:

$\Delta H = SE + IE + BE + EA + GE = 110 + 496 + 121 - 362 - 766 = -401\ kJ \cdot mol^{-1}$ NaCl

Na(s)	+	0,5 $Cl_2(g)$	→	NaCl	$\Delta H = -401\ kJ \cdot mol^{-1}$ NaCl
1 mol		0,5 mol		1 mol	

b) Aluminium + Sauerstoff

2Al(s)	+	1,5 $O_2(g)$	→	$Al_2O_3(s)$	$\Delta H < 0$
2 mol		1,5 mol		1 mol	

Ein Mol Al_2O_3 enthält 2 Mol Al^{3+}- und 3 Mol O^{2-}-Ionen

Bildung von 2 Mol Al^{3+}-Ionen:

2 Al(s)	→	2 Al(g)			$\Delta H = +2 \cdot 326\ kJ$
2 Al(g)	→	2 $Al^{3+}(g)$	+	6 e^{-}	$\Delta H = +2 \cdot 5100\ kJ$
2 Al(s)	→	2 $Al^{3+}(g)$	+	6 e^{-}	$\Delta H = +9548\ kJ$

Bildung von 3 Mol O^{2-}-Ionen:

1,5 $O_2(g)$		→	3 O(g)		$\Delta H = +1{,}5 \cdot 498\ kJ$
1,5 mol			3 mol		
3 O(g)	+	6 e^{-}	→	3 $O^{2-}(g)$	$\Delta H = +3 \cdot 695\ kJ$
1,5 $O_2(g)$	+	6 e^{-}	→	3 $O^{2-}(g)$	$\Delta H = -2832\ kJ$

Bildung von einem Mol $Al_2O_3(s)$ aus den freien Ionen:

$2\,Al^{3+}(g) + 3\,O^{2-}(g) \rightarrow Al_2O_3(s) \qquad \Delta H = -15100\ kJ \cdot mol^{-1}\ Al_2O_3$

Reaktionsenthalpie:

$\Delta H = SE + IE + BE + EA + GE = 652 + 10200 + 747 - 2085 - 15100 = -5586\ kJ \cdot mol^{-1}\ Al_2O_3(s)$

$2Al(s) + 1{,}5\ O_2(g) \rightarrow Al_2O_3(s) \qquad \Delta H = -5586\ kJ \cdot mol^{-1}\ Al_2O_3(s)$

2 mol 1,5 mol 1 mol

Tabelle 20.2 Atomradien, Ionenradien und Ionisierungenergien einiger Metalle

Element	Atomradius in pm	Ionisierungsenergie in $kJ \cdot mol^{-1}$	Ionenradius in pm
Li/Li^+	152	+521	60
Na/Na^+	186	+496	95
K/K^+	231	+417	133
Rb/Rb^+	244	+401	148
Cs/Cs^+	262	+374	169
Ag/Ag^+	144	+732	126
Mg/Mg^{2+}	160	+2176	65
Ca/Ca^{2+}	197	+1724	97
Sr/Sr^{2+}	215	+1598	113
Ba/Ba^{2+}	217	+1464	135
Fe/Fe^{2+}	126	+2314	85
Zn/Zn^{2+}	133	+2640	74
Ni/Ni^{2+}	124	+2489	78
Pb/Pb^{2+}	175	+2159	132
Al/Al^{3+}	143	+5100	50
Fe/Fe^{3+}	126	+5565	67

Tabelle 20.3 Atomradien, Ionenradien und Elektronenaffinität einiger Nichtmetalle

Element	Atomradius in pm	Elektronenaffinität in $kJ \cdot mol^{-1}$	Ionenradius in pm
F/F^-	64	−344	136
Cl/Cl^-	99	−362	181
Br/Br^-	114	−346	195
I/I^-	133	−297	216
O/O^{2-}	66	+695	140
S/S^{2-}	104	+333	184

Tabelle 20.4 Gitterenthalpien einiger Salze in $kJ \cdot mol^{-1}$

LiF	1030	LiCl	834	MgO	3795	CaF_2	2640
LiCl	834	NaCl	769	CaO	3414	$CaCl_2$	2268
LiBr	788	KCl	701	SrO	3217	$CaBr_2$	2132
LiI	730	RbCl	680	BaO	3029	CaI_2	1971
		CsCl	657	Al_2O_3	15916		
				MgS	3347		
				CaS	3084		
				BaS	2707		

Abhängigkeit der Ionisierungsenergie, Elektronenaffinität und Gitterenthalpie

Die Ionisierungsenergie ist umso grösser, je energieärmer die Elektronen sind (je kleiner der Atomdurchmesser ist) und je mehr Elektronen abgespalten werden. Sie nimmt deshalb innerhalb einer Hauptgruppe von oben nach unten ab (Zunahme des Atomradius) und innerhalb einer Periode von links nach rechts zu (Zunahme der Kernladung, Abnahme des Atomradius). Schon die Bildung zweifach positiv geladener Ionen erfordert einen sehr hohen Energieaufwand. Aus diesem Grund existieren keine vierfach positiv geladenen Ionen (Tab. 4.6, Abschnitt 4.4).

Die Elektronenaffinität ist ebenfalls vom Atomradius und der Anzahl aufzunehmender Elektronen abhängig. Nur bei den Wasserstoff- und Halogen-Atomen liefert die Aufnahme eines Elektrons Energie. Trotz maximaler Elektronegativität ist die Elektronenaffinität bei Fluor niedriger als beim Chlor. Dies hängt damit zusammen, dass die Wirkung der von Fluor zu Chlor steigenden Kernladung die Wirkung des ebenfalls wachsenden Atomdurchmessers übertrifft.

Die Grösse der Gitterenthalpie richtet sich vor allem nach den Ionenladungen und den Abständen der Ladungsschwerpunkte. Verbindungen mit kleinen, hochgeladenen Ionen [Sauerstoff-Verbindungen der Erdalkalimetalle, wie z.B. Calciumoxid (CaO), Calciumfluorid (CaF_2); Aluminiumoxid (Al_2O_3)] weisen hohe Gitterenthalpien auf. Ihre Bildung aus den Elementen ist deshalb sehr stark exotherm.

Abhängigkeiten von Ionisierungsenergie, Elektronenaffinität und Gitterenthalpie:

- Ionisierungsenergie (*IE*; Abschnitt 4.4):
  Je kleiner die Atomradien sind, desto grösser ist die *IE*.
  Je mehr Elektronen abgespalten werden, umso mehr Energieaufwand *(IE)* pro Elektron ist erforderlich.
- Elektronenaffinität *(EA)*:
  Kleine Atomradien bedeuten hohe Elektronenaffinitätswerte [dies gilt sowohl für positive (endotherme) wie für negative (exotherme) Werte; Ausnahme: Fluor].
  Nimmt ein Nichtmetallatom mehr als ein Elektron auf, so ist die *EA* immer positiv.
  Die *EA* nimmt mit steigender Anzahl aufgenommener Elektronen zu.
- Gitterenthalpie:
  Die Gitterenthalpie ist umso grösser, je kleiner und höher geladen die Ionen sind.

20.2 Die räumliche Gestalt (Struktur) von Ionenverbindungen

Im Ionengitter umgibt sich ein Ion allseitig mit Gegenionen, da die elektrischen Kräfte nach allen Raumrichtungen wirken. Die entgegengesetzt geladenen Ionen nähern sich einander dabei so lange, bis die elektrische Anziehung durch die gegenseitige Abstossung der Elektronensysteme kompensiert wird. Der nahezu konstante Radius eines bestimmten Ions in allen typischen Ionenverbindungen zeigt, dass sich die Ionen in erster Näherung wie starre Kugeln verhalten. Die Grösse eines Ionengitters hängt von der Menge der vorhandenen Ionen ab. Im Gegensatz zu den Molekülen ist ein solches Gitter nicht in sich abgeschlossen. Die Anordnung der Ionen wird in erster Linie durch ihre Grösse und ihre Ladung bestimmt. Die energetisch günstigste Struktur besitzt die jeweils grösste Gitterenthalpie, sodass bei der Bildung des Ionengitters ein möglichst grosser Energiebetrag frei wird. Von verschiedenen denkbaren Strukturen hat die dichteste die grösste Gitterenthalpie, da kleinere Abstände zwischen den Ionen eine stärkere Anziehung ergeben. Lockere Strukturen zeigen stets kleinere Gitterenthalpien.

Ein Gitter wird durch die Angabe der Koordinationszahl (KZ) der beiden Ionen charakterisiert. Die Koordinationszahl eines Teilchens hängt stark von seiner Grösse ab: grössere Teilchen vermögen mehr andere Teilchen um sich zu gruppieren als kleinere.

So ist im Natriumchloridgitter (NaCl, Kochsalz) jedes positive Ion von sechs negativen und jedes negative von sechs positiven Ionen umgeben. Beide Ionenarten haben also die Koordinationszahl sechs. Dies ergibt eine oktaedrische Anordnung (Oktaeder: Achtflächner) des Gitters (Abb. 20.3). Weitere Salze, die in dieser Gitterstruktur kristallisieren, sind die Halogenide der Alkalimetalle (Hauptgruppen VIIA und IA) ausser Caesiumchlorid (CsCl), Magnesium- und Calciumoxid (MgO, CaO) sowie Calcium- und Bleisulfid (CaS, PbS) etc.

Im Caesiumchloridgitter hat jedes Ion die Koordinationszahl 8, da das Caesium-Ion den grössten Radius aller Alkalimetall-Atome aufweist (Cs^+: 5 Elektronenschalen). Die Caesium-Ionen bilden dabei die Ecken eines Würfels mit einem Cl^--Ion im Zentrum.

Die Koordinationszahl vier findet man im Zinksulfidgitter (ZnS), wobei jedes Ion (Ausnahme: Oberfläche des Kristalls) das Zentrum eines Tetraeders bildet.

In Idealkristallen (Einkristallen) sind die Ionen durch und durch regelmässig angeordnet. Salze bestehen jedoch normalerweise aus einem Haufen kleiner, in sich mehr oder weniger regelmässig geordneter Bereiche.

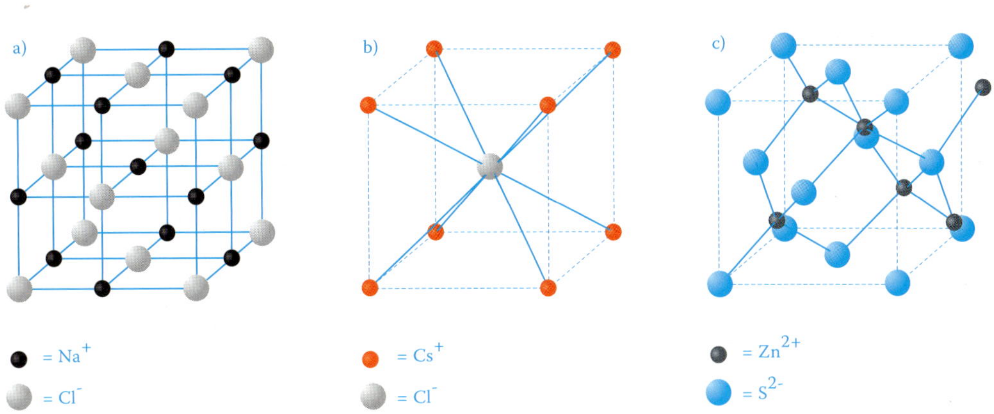

Abb. 20.3 Gitterstrukturen einiger Salze: a) Kochsalzstruktur (NaCl): Jedes Natrium-Ion ist von 6 Chlorid-Ionen, jedes Chlorid-Ion von 6 Natrium-Ionen umgeben; b) Caesiumchloridstruktur (CsCl): Jedes Chlorid-Ion ist von 8 Caesium-Ionen, jedes Caesium-Ion von 8 Chlorid-Ionen umgeben; c) Zinksulfidstruktur (ZnS): Jedes Zink-Ion ist von 4 Sulfid-Ionen, jedes Sulfid-Ion von 4 Zink-Ionen umgeben

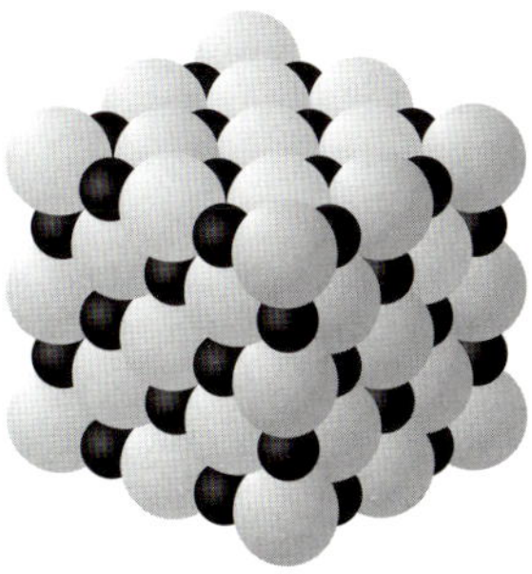

Abb. 20.4 Ionengitter von festem Kochsalz (NaCl): weisse Kugeln = Chlorid-Ionen, schwarze Kugeln = Natrium-Ionen

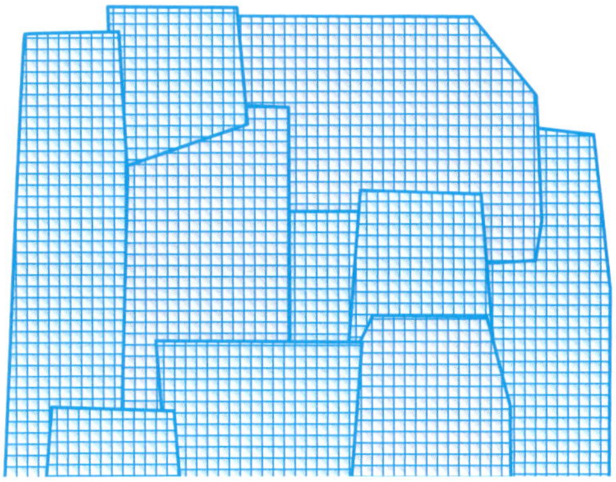

Abb. 20.5 Aufbau eines Ionengitters aus verschiedenen, in sich regelmässig geordneten Bereichen

Aber auch diese Einzelbereiche können Fehler (Störstellen) aufweisen, wenn einzelne Gitterplätze unbesetzt sind oder wenn sich Ionen zwischen den geordneten Teilchen aufhalten. Im Eisensulfid (FeS: Fe^{2+}- und S^{2-}-Ionen) sind z.B. meist in einem gewissen Mass Fe^{3+}- statt Fe^{2+}-Ionen vorhanden, sodass dann zum Ladungsausgleich einige Gitterplätze unbesetzt bleiben. Dies erklärt die bei solchen Verbindungen innerhalb gewisser Grenzen schwankende Zusammensetzung.

Störstellen in Kristallen können auch eine besondere Art elektrischer Leitfähigkeit hervorrufen (Halbleiter). In einem Eisen(II)-oxidkristall (FeO: Fe^{2+}- und O^{2-}-Ionen), der ebenfalls etwas Fe^{3+}- an Stelle von Fe^{2+}-Ionen und eine entsprechende Zahl Leerstellen im Gitter enthält, können Kationen (positiv geladen) in benachbarte Lücken rücken oder ein Elektron kann von einem Fe^{2+}- auf ein Fe^{3+}-Ion übergehen. Auf diese Weise wird die Ladung der beiden Ionen vertauscht. So kann Ladung durch das ganze Gitter verschoben werden (Leitfähigkeit; siehe auch Abschnitt 20.3).

20.3 Eigenschaften von Salzen: Schmelz- und Siedetemperaturen, Löslichkeit, elektrische Leitfähigkeit, Sprödigkeit

Schmelz- und Siedetemperaturen

Die Gitterenthalpie ist ein Ausdruck für die Stärke der Bindung zwischen den Ionen im Kristall. Deshalb lassen sich verschiedene Eigenschaften der Salze, wie z.B. Schmelz- und Siedetemperatur, Löslichkeit usw. auf die unterschiedlichen Gitterenthalpien zurückführen. So nimmt die Höhe der Schmelz- und Siedetemperaturen bei gleicher Kristallstruktur und Ionenladung mit zunehmendem Abstand der Ladungsschwerpunkte ab. Umgekehrt steigen Schmelz- und Siedetemperaturen bei gleicher Kristallstruktur und ungefähr gleichem Abstand der Ladungsschwerpunkte mit zunehmender Ionenladung (Tab. 20.5).

Tabelle 20.5 Zusammenhang zwischen Gitterenthalpie, Schmelz- und Siedetemperatur

Kristall	Gitterenthalpie in $kJ \cdot mol^{-1}$	Schmelztemperatur in °C	Siedetemperatur in °C
NaF	−910	996	1704
NaCl	−769	801	1465
NaBr	−732	747	1390
NaI	−682	661	1304
KF	−808	858	1502
KCl	−701	771	1417
KBr	−671	734	1435
KI	−632	681	1323
MgO	−3795	2825	3600
CaO	−3414	2613	–
SrO	−3217	2531	–
BaO	−3029	1973	–

Löslichkeit
Löst man Calciumchlorid ($CaCl_2$: Ca^{2+}- und 2 Cl^--Ionen) oder Natriumhydroxid (NaOH: Na^+- und OH^--Ionen) in Wasser, so erwärmt sich die Lösung, während das Lösen von Ammoniumchlorid (NH_4Cl: NH_4^+- und Cl^--Ionen) Wärme benötigt. Dieser Befund ist merkwürdig, denn in wässrigen Salzlösungen sind die Ionen vollständig voneinander getrennt und frei beweglich. Da zum Trennen der Ionen Gitterenthalpie aufgewendet werden muss, sollte das Auflösen von Salzen in Wasser eigentlich immer ein endothermer Vorgang sein. Erstaunlich ist ausserdem, dass die Lösevorgänge von selber ablaufen, auch wenn sie, wie beim Ammoniumchlorid, endotherm sind. Die letztgenannte Tatsache lässt sich dadurch verstehen, dass die «Unordnung» (Entropiezunahme; Abschnitt 17.1) beim Auflösen eines Salzes zunimmt. Die Ionen verlassen die festgelegte Ordnung des Gitters, um sich ohne Einschränkungen in der Lösung bewegen zu können. Woher stammt aber die Energie von exotherm verlaufenden Lösevorgängen?

Bringt man einen Ionenkristall in Wasser, so lagern sich an der Kristalloberfläche Wasser-Moleküle an, die aufgrund ihrer Elektronenverteilung wie Teilchen mit einem positiven und einem negativen Ende (Dipole, Abschnitt 13.2) wirken. Die dabei frei werdende Energie (neue anziehende Kräfte zwischen den Dipolen und den Ionen) ermöglicht den Übergang einzelner Ionen in die wässrige Phase. Dort binden sie sogleich weitere Wasser-Moleküle und werden dadurch von ihnen vollständig umhüllt («aquatisiert»; aqua lat. = Wasser oder «hydratisiert»; hydor gr. = Wasser). Ist die Gitterenthalpie des Salzes nicht allzu gross, so bewirkt die frei werdende «Hydrationsenthalpie», dass sich weitere Ionen aus dem Kristallgitter entfernen, bis dieses schliesslich ganz aufgelöst ist. Der «Wassermantel» um die Ionen schwächt die zwischen ihnen wirkenden Anziehungskräfte so stark, dass die hydratisierten Ionen sich einzeln in der Lösung bewegen können. Nur in stark konzentrierten Lösungen bilden sich Schwärme von Ionen.
Alle Salze sind – wenn auch oft nur in sehr geringem Masse – wasserlöslich und alle Ionen sind in wässrigen Lösungen hydratisiert. Man bezeichnet sie als «Aquakomplexe» (Abschnitt 20.4), abgekürzt $M^+(aq)$ oder $X^-(aq)$.

Die Hydrationsenthalpie hängt wie die Gitterenthalpie vom Radius und der Ladung der Ionen ab. Kleine und hochgeladene Ionen sind besonders stark hydratisiert und die frei werdende Hydrationsenthalpie kann sehr hoch sein:

$$Na^+ + 6\,H_2O \rightarrow [Na(H_2O)_6]^+ \qquad \Delta H = -398\ kJ \cdot mol^{-1}\ Na^+\text{-Ionen}$$

$$Al^{3+} + 6\,H_2O \rightarrow [Al(H_2O)_6]^{3+} \qquad \Delta H = -4602\ kJ \cdot mol^{-1}\ Al^{3+}\text{-Ionen}$$

Im Fall des Na^+-Ions werden pro Mol gebundene Wasser-Moleküle 66 kJ frei, beim Al^{3+}-Ion sogar 767 kJ. Ist die Hydrationsenthalpie grösser als die Gitterenthalpie,

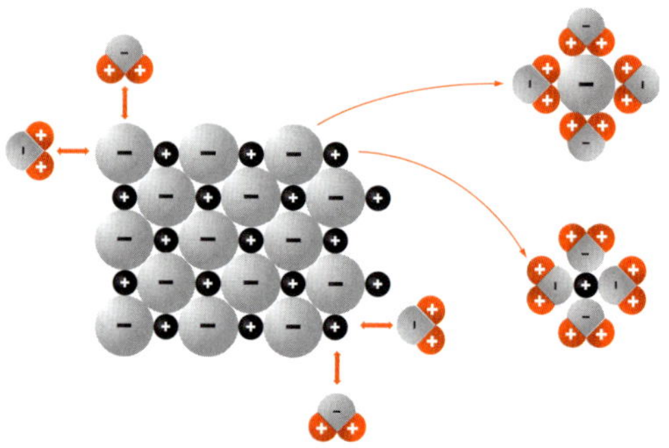

Abb. 20.6 Vorgang beim Auflösen eines Salzes: Die Ionen werden frei und hydratisieren sich. Die kleinen Ionen sind positiv, die grossen negativ geladen

so ist der Lösevorgang exotherm. Liefert die Hydrationsenthalpie weniger Energie als zur Überwindung der Gitterenthalpie nötig ist, so kühlt sich die entstehende Lösung ab.

- Die Anziehungskräfte zwischen den Ionen eines Salzes und den Wasser-Dipolen, die Hydration, liefert die zur Überwindung der Gitterenthalpie erforderliche Hydrationsenthalpie und stabilisiert dadurch die gelösten Ionen.
- Ist die Hydrationsenthalpie grösser als die Gitterenthalpie, so ist der Lösevorgang exotherm. Umgekehrt wird der Umgebung Wärme entzogen, wenn die Gitterenthalpie grösser ist als die Hydrationsenthalpie. Der Vorgang ist dann endotherm.

Ladung und Grösse der Ionen bestimmen die Anzahl der Moleküle in der «Wasserhülle». Diese kann beim vorsichtigen Eindampfen einer Lösung in das Ionengitter eingebaut werden, sodass auch im Kristall hydratisierte Ionen vorliegen («Kristallwasser»). So sind z.B. im Kupfersulfat ($CuSO_4$: Cu^{2+}- und SO_4^{2-}-Ionen) die Cu^{2+}-Ionen von jeweils vier Wasser-Molekülen umlagert. Erwärmt man das blaue Salz, so wird das Wasser ausgetrieben und die Farbe schlägt nach grauweiss um.

$$[Cu(H_2O)_4]^{2+}SO_4^{2-}(s) \rightarrow CuSO_4(s) + 4\,H_2O(l) \quad \Delta H > 0$$

blau — grauweiss

Aus dem grauweissen Salz lässt sich durch Zugabe von wenig Wasser in einem exothermen Vorgang die blaue Verbindung wieder herstellen.

$$CuSO_4(s) + 4\,H_2O(l) \rightarrow [Cu(H_2O)_4]^{2+}SO_4^{2-}(s) \quad \Delta H < 0$$

grauweiss — blau

Tabelle 20.6 Formeln einiger Alkali- und Erdalkalisalze mit Kristallwasser

$Na_2SO_4 \cdot 10\,H_2O$	$MgCl_2 \cdot 6\,H_2O$	$MgSO_4 \cdot 7\,H_2O$
K_2SO_4 –	$CaCl_2 \cdot 6\,H_2O$	$CaSO_4 \cdot 2\,H_2O$
	$BaCl_2 \cdot 2\,H_2O$	$BaSO_4$ –

Im K_2SO_4 kann das grosse K^+-Ion die Wasser-Moleküle nicht mehr in das Gitter mitnehmen. Beim $BaSO_4$ sind beide Ionen (Ba^{2+} und SO_4^{2-}) sehr gross. Damit ist die Hydrationsenthalpie zu klein, um Kristallwasser zu bilden.
Wegen ihrer lockeren Struktur besitzen kristallwasserhaltige Salze gewöhnlich kleinere Gitterenthalpien und lösen sich daher schneller, allerdings endotherm, weil keine Hydrationsenthalpie mehr frei wird.

Das Auflösen eines Salzes in Wasser ist ein chemischer Vorgang. Feste Salze, wie auch destilliertes Wasser, zeigen keine elektrische Leitfähigkeit (Wasser nur in ganz geringem Ausmass). Eine Salzlösung hingegen leitet den elektrischen Strom. Damit sind die Kriterien auf Stoffebene, an denen man eine chemische Reaktion erkennt, erfüllt: Änderung der Stoffeigenschaften, Energieumsatz und Umkehrbarkeit (Abschnitt 1.1). Auf mikroskopischer Ebene findet eine Umgruppierung von Teilchen statt (Ionen im Ionengitter, Wasser-Moleküle; an Ionen gebundene Wasser-Moleküle) sowie eine Änderung der Aufenthaltswahrscheinlichkeit von Elektronen (stärkere Polarisierung der O—H-Bindungen im H_2O-Molekül durch die Ionenladungen). Interessant ist in diesem Zusammenhang, dass die Bindung der H_2O-Moleküle an das Al^{3+}-Ion z.B. stärker ist als die Bindungsenthalpie im H_2O-Molekül selbst (767 $kJ \cdot mol^{-1}$ für die H_2O-Moleküle im Al^{3+}-Komplex, 463 $kJ \cdot mol^{-1}$ für die O—H-Bindung).

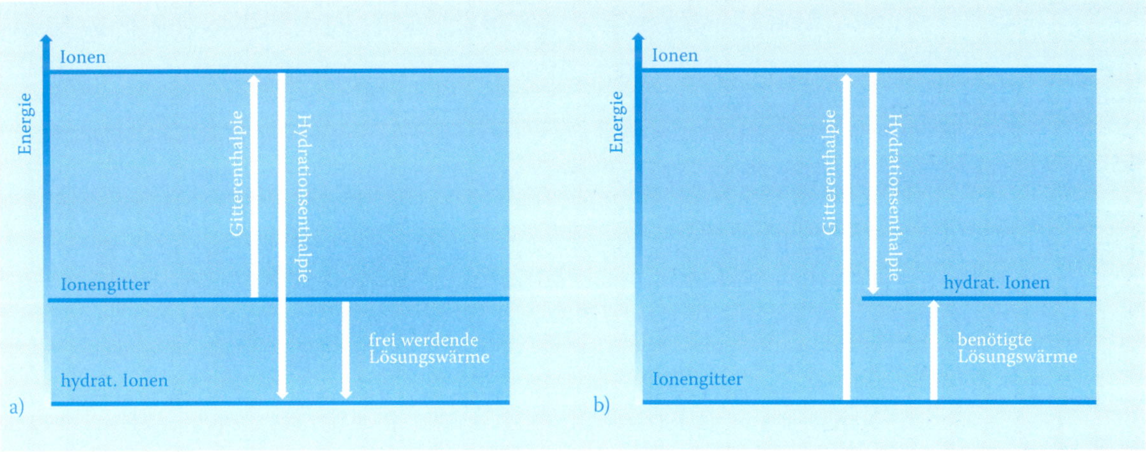

Abb. 20.7 Lösevorgang eines Salzes: a) exotherm, b) endotherm

Tabelle 20.7 Hydrationsenthalpien ΔH einiger Ionen [kJ/(mol Ionen)]

	ΔH		ΔH		ΔH
H_3O^+	1084	Mg^{2+}	1908	OH^-	364
Li^+	508	Ca^{2+}	1577	F^-	510
Na^+	398	Sr^{2+}	1431	Cl^-	376
K^+	314	Ba^{2+}	1289	Br^-	342
Rb^+	289	Zn^{2+}	2054	I^-	298
Cs^+	256	Cd^{2+}	1791	CN^-	359
Ag^+	468	Hg^{2+}	1820	NO_3^-	255
NH_4^+	293	Fe^{2+}	1958		
		Al^{3+}	4602		
		Fe^{3+}	4485		

Tabelle 20.8 Löslichkeit einiger Alkali- und Erdalkalisalze (g/100 cm³; Raumtemperatur)

NaF	4,22	MgF_2	0,0076	$MgSO_4$	26
NaCl	35	$MgCl_2$	35	$CaSO_4$	0,298
NaBr	79,5	$MgBr_2$	48	$SrSO_4$	0,011
NaI	158,5	MgI_2	100	$BaSO_4$	0,00023

Die Löslichkeit der Alkali- und Erdalkalihalogenide ist von der Gitterenthalpie abhängig. In der Reihe NaF bis NaI bzw. MgF_2 bis MgI_2 nimmt die Gitterenthalpie wegen der Zunahme der Halogenid-Radien deutlich ab. Die Hydrationsenthalpie, die hauptsächlich durch die Grösse der positiven Ionen bestimmt wird, bleibt hingegen ungefähr gleich. Damit steigt die Löslichkeit von den Fluorid- zu den Iodidsalzen.
Umgekehrt ist es bei den Sulfaten der Alkali-Metalle. Da das Sulfat-Ion (SO_4^{2-}) sehr gross ist, beeinflusst der Radius der Metallionen die Gitterenthalpie nur wenig. Hingegen nimmt die Hydrationsenthalpie und damit auch die Löslichkeit entsprechend der zunehmenden Radien Mg^{2+} bis Ba^{2+} ab.

Elektrische Leitfähigkeit

Fliesst ein Gleichstrom durch eine Lösung von Kupferchlorid ($CuCl_2$: Cu^{2+}- und Cl^--Ionen), so entsteht am positiven Pol, der Anode, Chlorgas und am negativen Pol, der Kathode, metallisches Kupfer (Abb. 20.8). Die Chlorid-Ionen geben an der Anode Elektronen ab und werden zu Chlor-Atomen, die sich sofort zu Cl_2-Molekülen verbinden. An der Kathode nehmen die Kupfer-Ionen je zwei Elektronen auf, wobei Kupfer-Atome entstehen. Weil die negativen Ionen zur Anode wandern (ion gr. = wandern), bezeichnet man sie als Anionen, die positiven Ionen, die von der Kathode angezogen werden, als Kationen.

$$\text{Anode(+)}: \; 2\,Cl^-(aq) \rightarrow 2\,Cl(g) + 2\,e^-$$
$$2\,Cl(g) \rightarrow Cl_2(g)$$

$$\text{Kathode(–)}: \; Cu^{2+}(aq) + 2\,e^- \rightarrow Cu(s)$$

Die Stromquelle (z.B. eine Batterie) bewirkt den Transport der Elektronen durch den Draht von der Anode zur Kathode. Ganz analog verlaufen die Vorgänge bei der Elektrolyse eines geschmolzenen Salzes (Schmelzelektrolyse). Aus Bleichlorid ($PbCl_2$: Pb^{2+}- und Cl^--Ionen) entstehen dabei Blei und Chlor, aus Aluminiumoxid (Al_2O_3: Al^{3+}- und O^{2-}-Ionen) Aluminium und Sauerstoff (Abschnitt 24.2).

- Stoffe, die den elektrischen Strom durch Ionenwanderung leiten, werden Elektrolyte genannt.
- Die beweglichen Ionen verschieben sich unter dem Einfluss der Elektrodenladungen zur Anode (Anionen, negativ) und Kathode (Kationen, positiv).

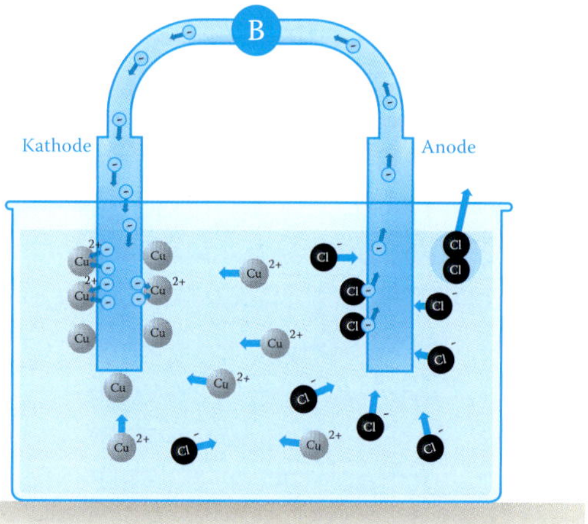

Abb. 20.8 Elektrolyse einer Kupfer(II)-chlorid-Lösung [$CuCl_2$ (aq): Cu^{2+}(aq)- und Cl^-(aq)-Ionen]

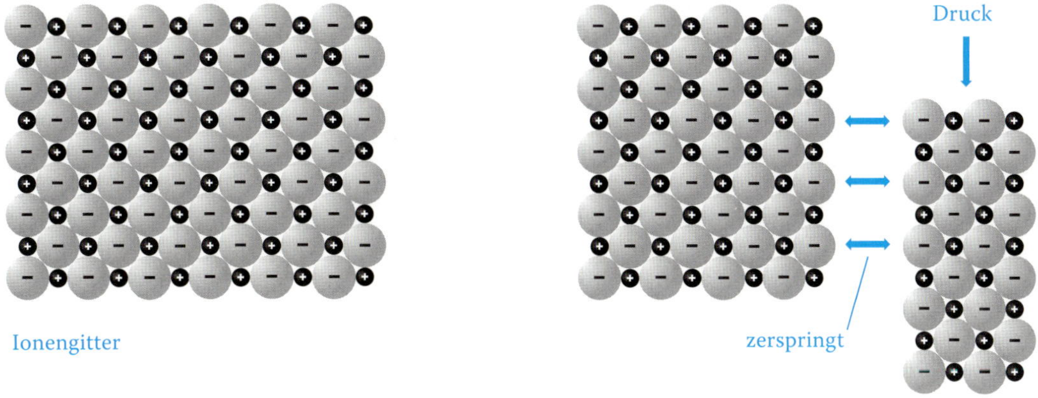

Abb. 20.9 Verschiebung von Gitterebenen eines Salzes führt zum Auseinanderbrechen des Gitters

Salze zeigen nur in geschmolzenem (flüssigem) oder gelöstem Zustand elektrische Leitfähigkeit, da im Ionengitter die Ionen unbeweglich sind. Viele Molekülverbindungen (z.B. Säuren wie HCl oder H_2SO_4; Kap. 15) bilden beim Lösen in Wasser Ionen und somit Elektrolyte, deren elektrische Leitfähigkeit stets geringer ist als diejenige typischer Metalle. Ausserdem treten dabei an den Elektroden (den Stromzuführungen) chemische Vorgänge auf.

Sprödigkeit
Lässt man eine Kraft auf einen Salzkristall wirken, so bricht das Gitter auseinander, da gleichartig geladene Ionen übereinander zu liegen kommen. Salze sind spröde (Abb. 20.9).

20.4 Salze mit Komplexionen

Reagiert Perchlorsäure ($HClO_4$) mit Wasser (Abschnitt 15.1), so findet ein Protonenübergang von einem Säure– auf ein Wasser-Molekül statt:

$$HClO_4 + H_2O \rightarrow ClO_4^- + H_3O^+$$

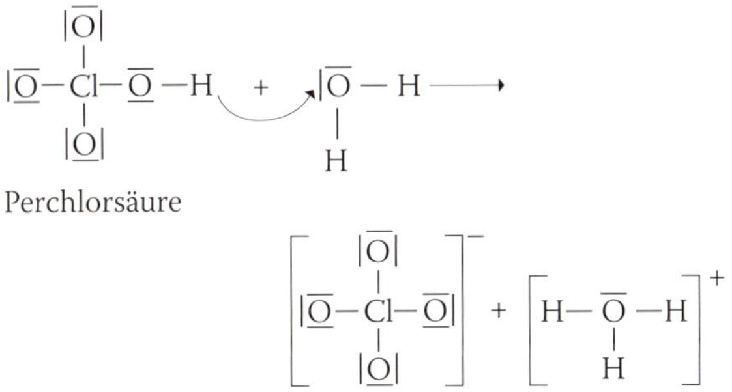

Perchlorsäure

Perchlorat-Ion Oxonium-Ion

Die vier Sauerstoff-Atome bilden zusammen mit dem Chlor-Atom ein aus mehreren Atomen zusammengesetztes Ion, ein Komplexion [ClO_4^-]. Die (Nichtmetall-) Atome sind darin durch gemeinsame Elektronenpaare aneinander gebunden, wobei sich die Sauerstoff-Atome, die Liganden, tetraedrisch um das Chlor-Atom, das Zentralteilchen des Komplexions, anordnen. Dies ergibt eine hohe Symmetrie und Stabilität. Ersetzt man die H_3O^+- durch Metallionen, so bildet sich das Salz Natriumperchlorat, $NaClO_4$.

Ein Komplexion ist eine elektrisch geladene Atomgruppe. Das Zentralteilchen wird dabei von einer bestimmten Anzahl (Koordinationszahl, KZ) Liganden umgeben.

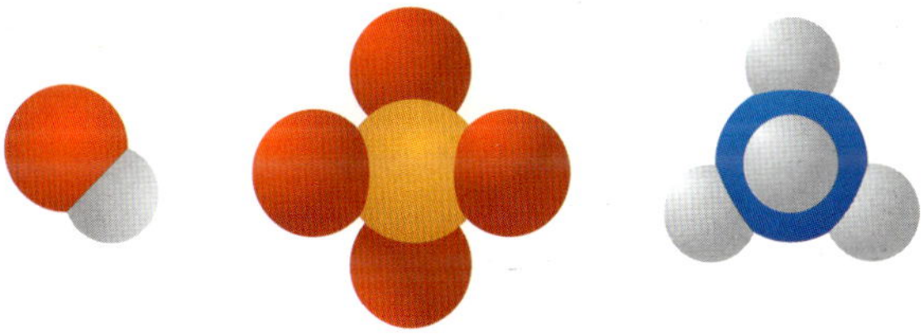

Abb. 20.10 Komplexionen: Hydroxid-Ion (OH^-), Sulfat-Ion (SO_4^{2-}) und Ammonium-Ion (NH_4^+). Kalottenmodelle

Auch andere Nichtmetalle bilden Komplexionen (oder kürzer «Komplexe») mit Sauerstoff als Liganden («Oxokomplexe»):

Tabelle 20.9 Beispiele von Oxokomplexen verschiedener Nichtmetallatome bzw. deren Salze

Formel	Name des Komplexions	Lewis-Formel	Beispiel eines Salzes	Formel
NO_3^-	Nitrat-Ion	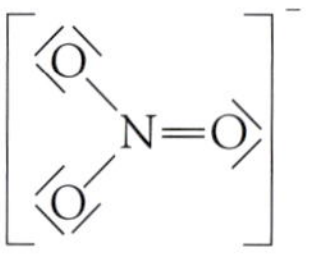	Natriumnitrat	$NaNO_3$
PO_4^{3-}	Phosphat-Ion	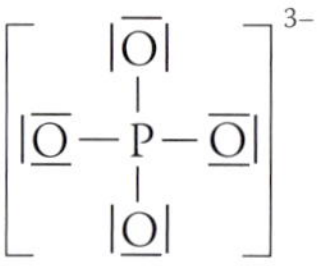	Kaliumphosphat	K_3PO_4
CO_3^{2-}	Carbonat-Ion	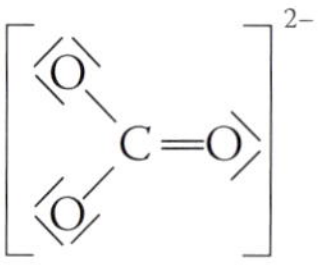	Calciumcarbonat	$CaCO_3$
ClO_4^-	Chlorat-Ion	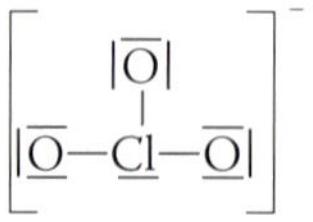	Magnesiumchlorat	$Mg(ClO_3)_2$
SO_4^{2-}	Sulfat-Ion	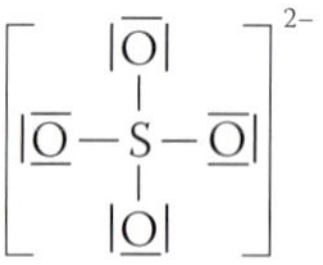	Kupfer(II)-sulfat	$CuSO_4$

Komplexe können auch Metallionen enthalten
Versetzt man eine wässrige Lösung von Kupfersulfat [$CuSO_4$(aq)] mit konzentrierter Ammoniak-Lösung [NH_3(aq)], so schlägt die hellblaue Farbe nach dunkelblau um. Nach dem (vorsichtigen) Eindampfen der Lösung erhält man tiefblaue Kristalle, die beim Erhitzen Ammoniak abspalten, wobei grauweisses Kupfersulfat zurückbleibt. Da in wässrigen Lösungen alle Ionen hydratisiert sind, wurden beim Zugeben von Ammoniak die Wasser-Moleküle der Hydrathülle gegen Ammoniak-Moleküle ausgetauscht:

Versetzen einer Kupfersulfat-Lösung mit Ammoniak(aq):

$$\underset{\text{hellblau}}{[Cu(H_2O)_4]^{2+}(aq)} + SO_4^{2-}(aq) + 4\,NH_3(aq) \rightarrow \underset{\text{dunkelblau}}{[Cu(NH_3)_4]^{2+}(aq)} + SO_4^{2-}(aq) + 4\,H_2O(l)$$

Eindampfen der Lösung:

$$[Cu(NH_3)_4]^{2+}(aq) + SO_4^{2-}(aq) \rightarrow [Cu(NH_3)_4]SO_4(s)$$

Erhitzen der tiefblauen Kristalle:

$$\underset{\text{dunkelblau}}{[Cu(NH_3)_4]SO_4(s)} \rightarrow \underset{\text{grauweiss}}{CuSO_4(s)} + 4\,NH_3(g)$$

Das $[Cu(NH_3)_4]^{2+}$-Ion ist ein Komplexion, dessen Zentralteilchen ein Metallion ist. Die NH_3-Moleküle (permanente Dipole; Abschnitt 13.2) werden vom Kupfer-Ion als Liganden gebunden. Der Komplex heisst Tetramminkupferkomplex («Ammin» von Ammoniak).

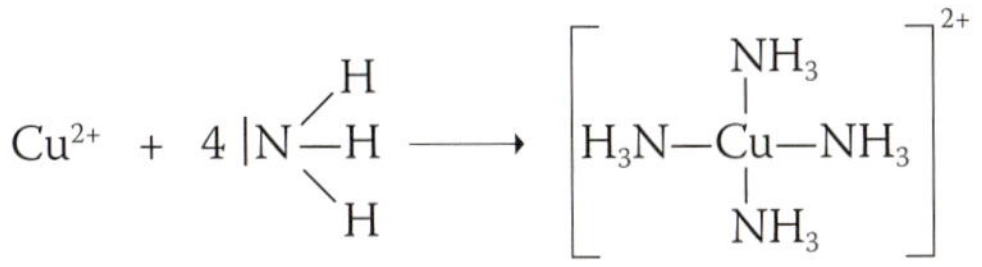

Mögliche Liganden für Komplexe mit einem Metallion als Zentralteilchen sind Anionen (negativ, z.B. Cl^-, CN^-) oder Dipolmoleküle, die ein freies Elektronenpaar besitzen (z.B. H_2O, NH_3). Im Komplex bilden sich dabei Atombindungen zwischen dem Zentralteilchen und den Liganden aus.

Viele Ionen von Übergangsmetallen besitzen unvollständig besetzte Elektronenschalen und bilden deshalb zahlreiche Komplexe, in denen sich die Elektronenhülle stabilisiert. So färbt sich z.B. eine hellgelbe Lösung von Eisen(III)-chlorid ($FeCl_3$: Fe^{3+}- und Cl^--Ionen), die aquatisierte Eisen-Ionen enthält, beim Zusatz von Kaliumthiocyanat-Lösung [KSCN(aq): K^+- und SCN^--Ionen] dunkelrot. Thiocyanat-Ionen verdrängen zwei Wasser-Moleküle aus dem Aquakomplex und es bildet sich ein Thiocyanatokomplex:

$$[Fe(H_2O)_6]^{3+}(aq) + 2\,SCN^-(aq) \rightarrow [Fe(SCN)_2(H_2O)_4]^+(aq) + 2\,H_2O(l)$$

hellgelb → dunkelrot

Setzt man der dunkelroten Lösung des Thiocyanatokomplexes Natriumfluorid (NaF) zu, so entfärbt sich die Lösung vollständig, weil sich der sehr stabile Hexafluorokomplex bildet:

$$[Fe(SCN)_2(H_2O)_4]^+(aq) + 6\,F^-(aq) \rightarrow [FeF_6]^{3-}(aq) + 2\,SCN^-(aq) + 4\,H_2O(l)$$

dunkelrot → farblos

Moleküle, die mehr als ein freies Elektronenpaar besitzen, können als Liganden gleichzeitig mehrere Bindungen mit einem Zentralteilchen eingehen, wenn die Elektronenpaare genügend weit auseinander liegen. Auf diese Weise entstehen mehrzähnige Komplexe oder «Chelate» (chele gr. = Krebsschere). Ein einfaches Beispiel dafür ist der Komplex von Cobalt-Ionen (Co^{3+}) mit Ethylendiammin (Diaminoethan):

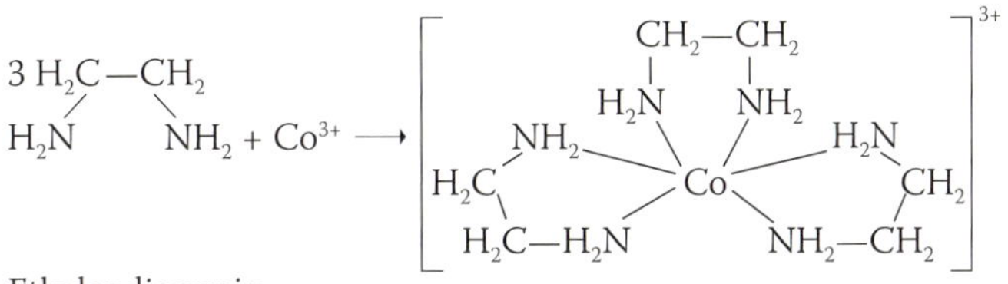

Ethylendiammin

Abb. 20.11 Lösungen von Komplexsalzen (Eisenrhodano-, Tetramminkupfer-, Tetraquakupfer- und Hexaqocobalt-Verbindungen (von links nach rechts)

Chelatliganden spielen in der analytischen Chemie zur Fällung oder quantitativen Bestimmung von Ionen eine wichtige Rolle. Die Stabilität von Chelatkomplexen ist oft besonders gross. Auch wichtige biologische Substanzen gehören zu den Chelatkomplexen: Chlorophyll, ein Magnesiumkomplex, und Häm (roter Blutfarbstoff), ein an Eiweiss gebundener Eisenkomplex.

Tabelle 20.10 Häufig vorkommende Liganden

F^-	Fluoro-	O^{2-}	Oxo-
Cl^-	Chloro-	S^{2-}	Thio-
CN^-	Cyano-		
SCN^-	Thiocyanato- (Rhodano-)	H_2O	Aqua-
OH^-	Hydroxo-	NH_3	Ammin-

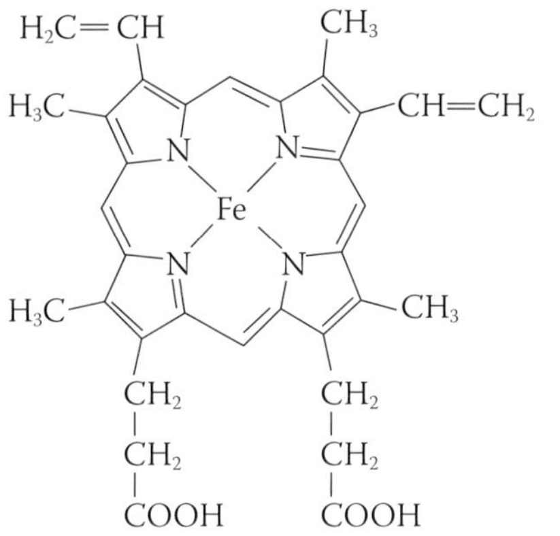

Häm

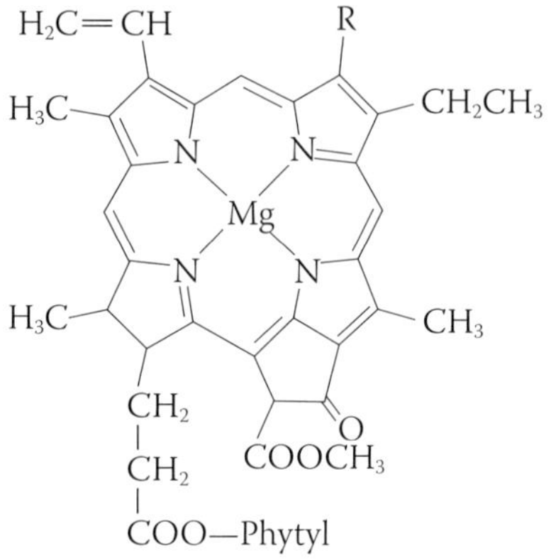

Chlorophyll

Chlorophyll
R = CH_3 : Chlorophyll A
R = CHO : Chlorophyll B
Phytyl: $C_{20}H_{37}$

Platinkomplexe werden in der Medizin verwendet, u.a. in der Krebstherapie. Ein Beispiel dafür ist das elektrisch neutrale Diammindichlorplatin(II) (Pt^{2+}, 2 Cl^-, 2 NH_3), das toxisch auf körpereigene Zellen wirkt und damit auch das Zellwachstum eines Tumors hemmt.

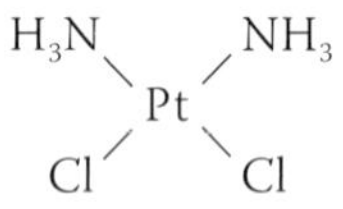

Benennung von Komplexen
Die Chemie der Metallkomplexe wurde besonders von A. Werner (1866–1919) eingehend untersucht. Werner klärte die Struktur zahlreicher Komplexe auf und vermochte viele vorher unverständliche Eigenschaften komplexbildender Ionen zu erklären. Von ihm stammt auch der Begriff der Koordinationszahl, der zuerst nur zur Angabe der Anzahl der Liganden diente. Zur Bezeichnung von Komplexverbindungen fügt man seit Werner dem Namen des Kations den Namen des Anions an, wobei letzteres die Endung -at erhält. Zur Nennung der Bestandteile des Komplexions gibt man zuerst die Zahl, dann die Art der Liganden (Tabelle 20.10) und schliesslich das Zentralteilchen selbst an. Die römischen Zahlen im Namen entsprechen der Ladung des Zentralteilchens.

Beispiele:

$[Ag(NH_3)_2]^+$	Diamminsilber-Ion
$[Cu(NH_3)_4]SO_4$	Tetramminkupfer(II)-sulfat
$Na_2[Zn(OH)_4]$	Natriumtetrahydroxozinkat
$K_4[Fe(CN)_6]$	Kaliumhexacyanoferrat(II)

Aus historischen Gründen werden Sauerstoffkomplexe gewöhnlich nicht als Oxokomplexe bezeichnet, sondern führen Trivialnamen. Dazu gehören die bereits erwähnten Komplexionen von Nichtmetallen oder Komplexe mit einem Metallion als Zentralteilchen.

Beispiele:

MnO_4^-	Permanganat-Ion
CrO_4^{2-}	Chromat-Ion
$Cr_2O_7^{2-}$	Dichromat-Ion
OH^-	Hydroxid-Ion

In manchen Fällen bilden Nichtmetallatome als Zentralteilchen in Oxokomplexen verschiedene Komplexanionen mit unterschiedlicher Koordinationszahl. Zu ihrer Unterscheidung benützt man verschiedene Endungen.

Beispiele:

SO_4^{2-}	Sulfat-Ion
SO_3^{2-}	Sulfit-Ion
NO_3^-	Nitrat-Ion
NO_2^-	Nitrit-Ion
ClO_4^-	Perchlorat-Ion
ClO_3^-	Chlorat-Ion
ClO_2^-	Chlorit-Ion
ClO^-	Hypochlorit-Ion

Fotografie
Belichtet man weissliches Silberchlorid (AgCl) oder gelbliches Silberbromid (AgBr), so färben sich die Salze allmählich dunkel und schliesslich ganz schwarz. Unter dem Einfluss der Lichtenergie werden Elektronen von den Anionen auf die Silber-Ionen übertragen, sodass Silber entsteht:

$$2\ Ag^{+}Br^{-} \rightarrow 2\ Ag + Br_2 \quad \Delta H > 0$$

Diese Vorgänge bilden die Grundlage der Fotografie. Fotografische Filme oder Papiere enthalten in eine Gelatineschicht eingebettetes Silberbromid. Die Gelatineschicht wirkt als Bindemittel zwischen den Bromid-Körnchen und erhöht wohl auch die Lichtempfindlichkeit der Schicht. Bei der Belichtung werden in Silberbromid-Körnchen je nach der auffallenden Lichtmenge ein oder mehrere Silber-Ionen zu Silber-Atomen reduziert. Das zugleich entstehende Brom bindet man durch die Gelatine. Dadurch wird die Ordnung des Ionengitters gestört. Die winzig kleine einfallende Lichtmenge genügt jedoch nicht, um ein sichtbares Bild hervorzurufen; es entsteht vielmehr ein «latentes» (verborgenes) Bild. Der Entwickler, der organische Reduktionsmittel enthält, reduziert die bereits angegriffenen Körner zu schwarzem Silber. Auf dem Film entsteht dadurch ein Negativ: Die Stellen, an denen am meisten Licht auf die lichtempfindliche Schicht gefallen ist, erscheinen am stärksten geschwärzt. Das unbelichtete Silberbromid muss durch das Fixiersalz herausgelöst werden (Bildung eines wasserlöslichen Silberkomplexes).
Silberbromid absorbiert nur ultraviolettes und blaues Licht. Damit auch die übrigen Farben des sichtbaren Lichts absorbiert werden, setzt man der Schicht bestimmte Farbstoffe zu, welche die Energie auch der anderen Farben auf die Silberbromid-Körnchen übertragen («Sensibilisatoren»). Farbfilme besitzen verschiedene lichtempfindliche Schichten übereinander, die jeweils für bestimmte Farben sensibilisiert sind und Farbstoffe enthalten.

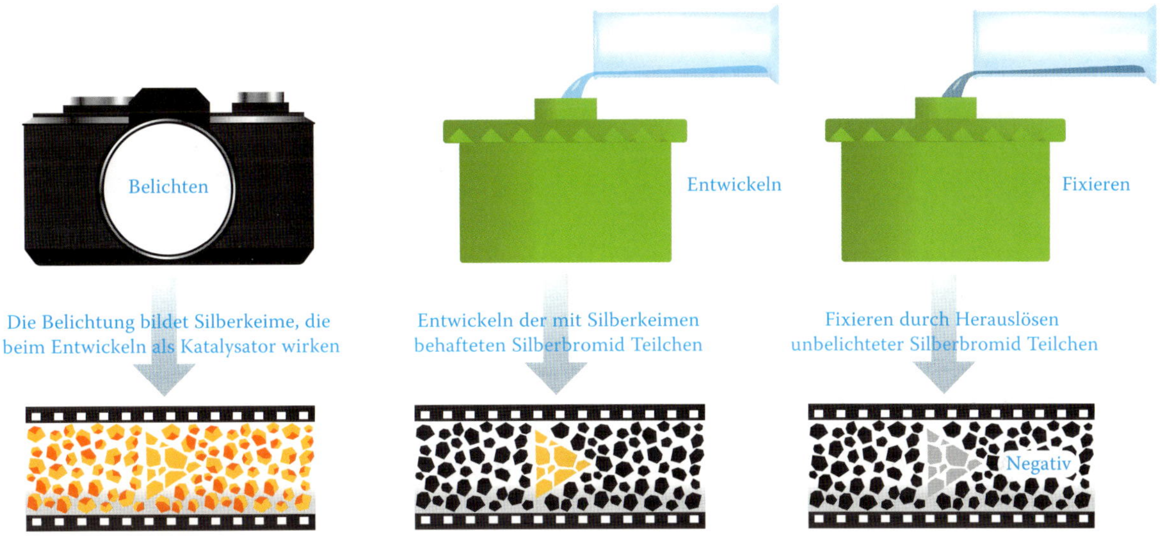

Abb. 20.12 Schematische Darstellung der Vorgänge bei der Fotografie

20.5 Düngung und Boden

Düngung – eine Notwendigkeit
Mit Ausnahme von Kohlenstoff (aus Kohlenstoffdioxid) und Sauerstoff stammen alle zum Aufbau der Pflanzensubstanz notwendigen Elemente aus dem Erdboden, in dem sie in Form von Salzen (Ionen) vorhanden sind (Abb. 20.15). Die Pflanzen nehmen mit ihren Wurzeln in Wasser gelöste Ionen auf und bauen aus ihnen Proteine, Kohlenhydrate und viele andere organische Verbindungen auf. Neben stickstoffhaltigen Nährsalzen benötigt die Pflanze in erster Linie Kaliumsalze und Phosphate, daneben aber auch Schwefel-Verbindungen und zahlreiche Schwermetallionen. Die letzteren sind allerdings nur in sehr geringen Mengen notwendig und heissen deshalb Spurenelemente.
In nicht-kultivierten Gebieten, wie z.B. in den Urwäldern, gedeihen Pflanzen ohne Düngung, weil durch die ständige Verwesung abgestorbener Pflanzenteile dem Boden die nötigen Nährsalze immer wieder zugeführt werden. Die Mineralstoffe durchlaufen einen geschlossenen Kreislauf. Durch intensiven Ackerbau entzieht man dem Boden jedoch grosse Mengen von Pflanzennährstoffen, sodass eine regelmässige Zufuhr von Nährstoffen, eine Düngung, notwendig ist (Abb. 20.13 und 20.14).

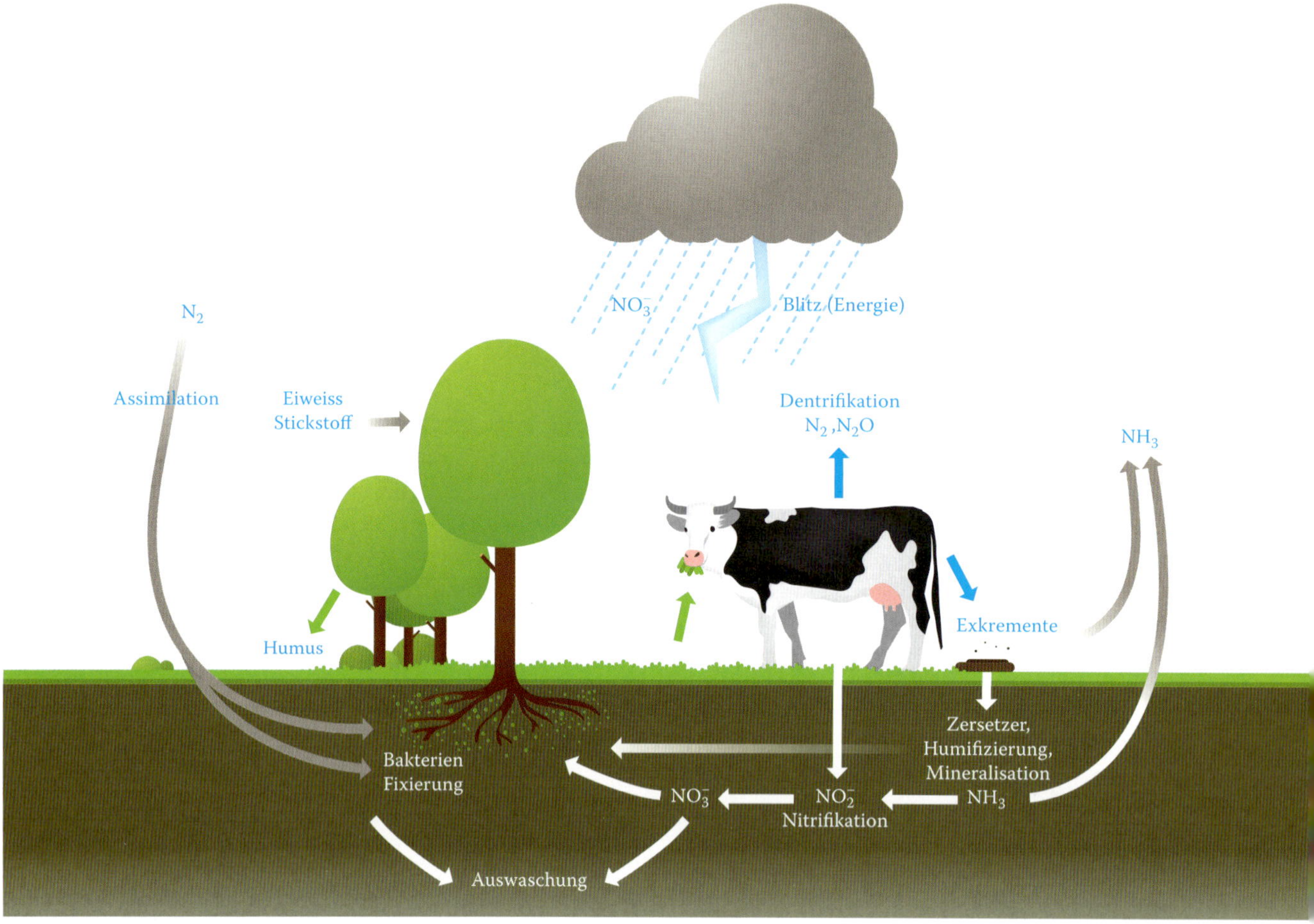

Abb. 20.13 Stickstoffkreislauf in der Biosphäre

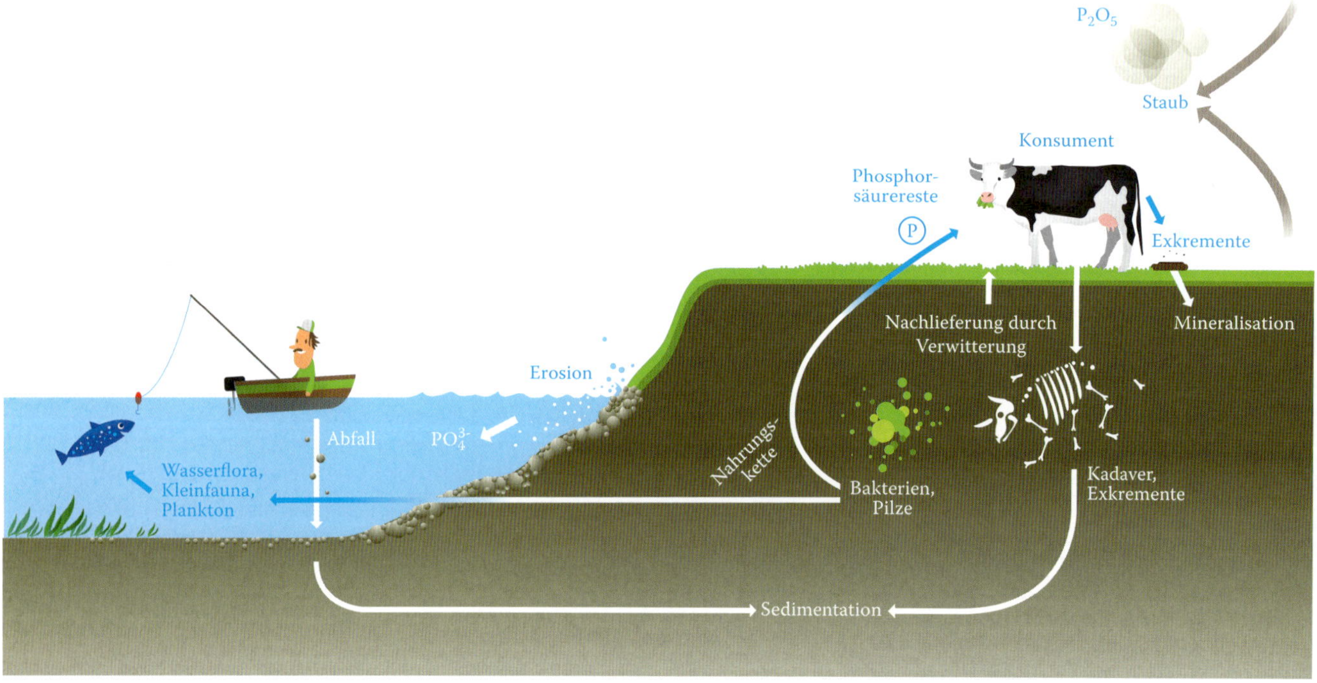

Abb. 20.14 Phosphorkreislauf in der Biosphäre

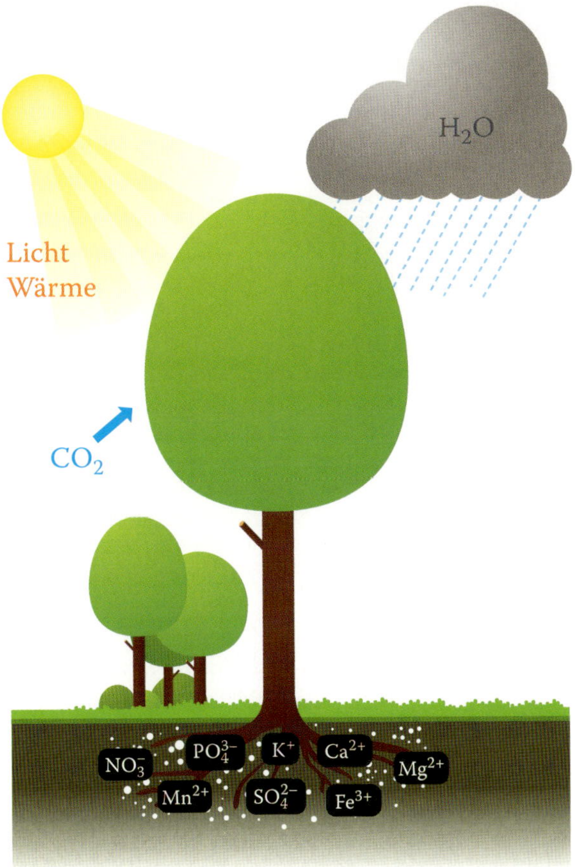

Abb. 20.15 Licht, Wärme, CO_2 und H_2O allein lassen die Pflanzen nicht wachsen. Sie brauchen auch Mineralstoffe, besonders N, P, K, Ca und Mg

Die älteste Form der Düngung ist die Düngung mit «Naturdünger» (Stallmist), der reich an Stickstoff- und Phosphorverbindungen ist und im Boden langsam mineralisiert wird. Nach den Erkenntnissen von J. von Liebig (um 1840) können aber die dem Boden entzogenen Nährsalze auch durch Düngung mit anorganischen Salzen wieder zugeführt werden, weil die Pflanze nicht organische Stickstoff- und Phosphor-Verbindungen aufnimmt, sondern einfache Ionen.

Beispiele von solchen Mineraldüngern sind:
- Stickstoffdünger: Kaliumnitrat («Kalisalpeter», KNO_3), Ammoniumnitrat («Ammonsalpeter», NH_4NO_3), Kalkstickstoff ($CaCN_2$) und Harnstoff (H_4N_2CO).
- Phosphordünger: Thomasmehl (gemahlene Thomas-Schlacke, ein Abfallprodukt der Stahlindustrie) und Superphosphat, ein Gemisch aus Calciumsulfat und Calciumdihydrogenphosphat, Ca $(H_2PO_4)_2$.

E. A. Mitscherlich erkannte 1830 das Gesetz des Minimums: Derjenige Nährstoff, der jeweils in geringster Menge zur Verfügung steht, beschränkt das Wachstum und damit den Ertrag. Es ist deshalb nicht zweckmässig, die Ackerfläche einfach mit einem Gemisch aller von den Pflanzen benötigten Nährsalze zu düngen. Die Zusammensetzung eines Düngers muss vielmehr darauf abgestimmt sein, welche Salze im Boden in grösserer oder kleinerer Menge zur Verfügung stehen. Sogenannte Volldünger enthalten die wichtigsten Nährsalze in einem für die meisten Böden ausgewogenen Verhältnis.

Obschon z.B. der Getreideertrag der Welt-Ackerfläche ohne Zufuhr von Mineralsalzen niemals ausreichen würde, um auch nur einen Teil der heutigen Erdbevölkerung genügend zu ernähren, erheben sich immer wieder kritische Stimmen gegen die Mineraldüngung: Sie sei «unnatürlich» oder gar gesundheitsschädlich. Sehr sorgfältige Untersuchungen haben indessen gezeigt, dass die pflanzliche Nahrung, die auf minera-

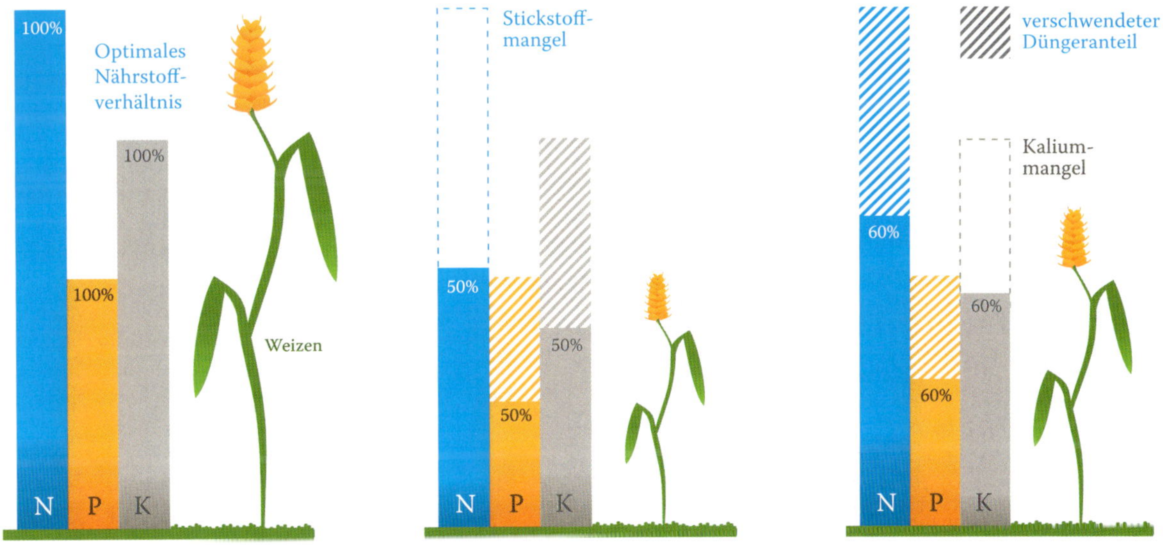

Abb. 20.16 Mangelt es auch nur an einem Nährstoff, sinken Pflanzenwuchs, Ertrag und Qualität – Düngerüberschuss ist wirkungslos

lisch gedüngtem Boden gewachsen ist, sich in keiner Weise von mit Stallmist gedüngter Pflanzenkost unterscheidet. Es besteht deshalb aus gesundheitlicher Sicht kein Grund, der «Kunstdüngung» ablehnend gegenüberzustehen. Eine Steigerung der Ernteerträge in den Entwicklungsländern erfordert deshalb zuallererst die Bereitstellung genügender Mengen Mineraldünger. In welchem Ausmass die Mineraldüngung neben der Züchtung ertragreicherer Sorten eine Hebung der Ernteerträge ermöglicht, zeigt die Tatsache, dass sich in Westeuropa der durchschnittliche Ernteertrag pro Hektar seit 1800 verfünffacht hat.

Es darf allerdings nicht ausser Acht gelassen werden, dass eine Überdüngung des Bodens nicht nur überflüssig ist, sondern sich auch sehr nachteilig auswirken kann. Die in zu grossen Mengen im Boden enthaltenen Nährsalze werden dann durch das Regenwasser ausgewaschen, gelangen durch Bäche und Flüsse in Seen und führen dort zur Verschmutzung des Wassers. Auch die Bodenfauna wird durch die Überdüngung geschädigt.

Was ist eigentlich «Boden»?

An der Erdoberfläche hat sich im Laufe der Zeit eine Verwitterungsschicht gebildet, die sehr kompliziert zusammengesetzt ist, der «Boden» (Abb. 20.17). Seine Hauptbestandteile sind mineralische Partikel und Humus. Die mineralischen Bestandteile entstanden durch Verwitterung von Gesteinen, vor allem von Silicatgesteinen. Dabei bildeten sich Oxide, Hydroxide und Aluminate (Aluminiumverbindungen) von Metallen, die Hauptbestandteile von Ton, Lehm und der Ackererde.

Humus ist ein Gemisch von Verbindungen, die bei der Zersetzung abgestorbener Biomasse entstehen, wobei vor allem Huminsäuren (hochmolekulare Säuren von dunkler Farbe) wichtig sind. Dank der Aktivität der Mikroorganismen im Boden gehen die Humusstoffe eine enge Verbindung mit den mineralischen Partikeln ein und bilden dadurch «Ton-Humus-Komplexe». Diese

Abb. 20.17 Profil eines Braunerdebodens

wirken einerseits als Reservoir für Pflanzennährstoffe und tragen anderseits zu einem lockeren, gut durchlüfteten Boden bei. Sie sind deshalb für die Fruchtbarkeit eines Bodens von besonderer Bedeutung. Ton-Humus-Komplexe sind auf pH-Änderungen empfindlich, vor allem auf pH-Senkungen. Säureeintrag setzt z.B. grosse Mengen gebundener Teilchen wie Mineralteilchen oder Schadstoffe (Schwermetallionen) frei. Im Humus sind auch Pflanzennährstoffe enthalten. Stickstoffbindende Bakterien binden Luftstickstoff und führen ihn in organische Stoffe über. Organisch gebundener Stickstoff wird langsam zu NH_4^+-Ionen mineralisiert, die wiederum grösstenteils bakteriell zu NO_3^--Ionen oxidiert werden. Unter anaeroben (sauerstofffreien) Verhältnissen kann allerdings Nitrat zu Distickstoffoxid, N_2O, reduziert werden, das als Spurengas am Treibhauseffekt beteiligt ist.

Im Boden finden wir eine Unmenge von Kleinlebewesen: Bakterien, Algen, Protozoen, Pilze, Würmer, Tausendfüssler, Insekten, Spinnen, Milben u.a. Sie bauen die grossen Mengen von organischen Substanzen ab, die alljährlich z.B. durch den Blattfall in den Boden gelangen. Als Folge der Tätigkeit dieser Bodenbewohner entsteht ein krümeliger Humus mit guter Durchlüftung: Aus Ton-Humus-Komplexen und mineralischen Partikeln entstehen Krümel, die durch Schleimabsonderung von Bodenbakterien, durch das Hyphengeflecht der Pilze und natürlich auch durch physikalisch-chemische Kräfte (wie Wasserstoffbrücken) zusammengehalten werden. Diese Krümel enthalten mit Wasser oder Luft gefüllte Hohlräume und besitzen eine grosse innere und äussere Oberfläche, die pro Hektar auf 500 000 km^2 geschätzt wird. Dank diesen unzähligen Hohlräumen im Gefüge wirkt ein guter Boden auch als Filter für das auftreffende Wasser.

Die Gefährdung des Bodens

Aus der Luft fallen jährlich Millionen von Tonnen der verschiedensten Stoffe auf den Boden, werden dort gebunden oder bewirken Veränderungen in der Bodenstruktur. Schwermetallionen (Cu^{2+}, Cd^{2+}, Cr^{3+} u.a.), die aus industriellen Abgasen, aus als Dünger verwendetem Klärschlamm oder aus Kehrichtverbrennungsanlagen stammen, schädigen die Mikroorganismen im Boden und können auch das Pflanzenwachstum beeinträchtigen. Sie werden im Boden grösstenteils in Ton-Humus-Komplexe eingebaut und dadurch gespeichert, sodass ihre Wirkung einigermassen unterbunden wird. Ist aber die Sättigungsgrenze überschritten, so werden die Ionen frei, und ihre Schadwirkung kann sich voll entfalten.

Besonders gefährdet ist der Boden durch den «sauren Regen» (Abb. 20.18). Zwar ist insbesondere kalkreicher Boden ziemlich gut gepuffert, sodass die auffallende saure Lösung neutralisiert wird. Sind die Kalkteilchen aber einmal aufgelöst, so entfällt die Pufferwirkung und

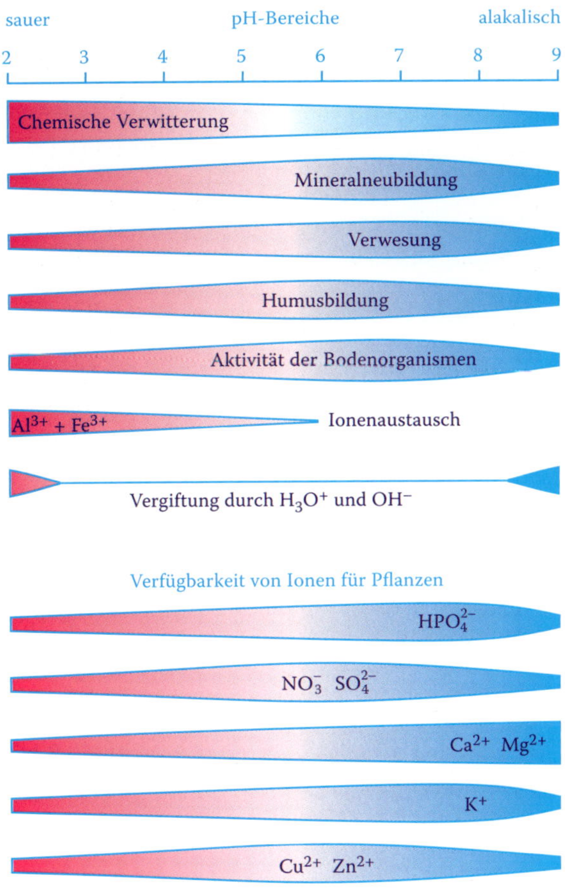

Abb. 20.18 Einfluss des pH-Werts auf die Bodenqualität

die saure Lösung setzt aus den Tonmineralien Aluminium-Verbindungen frei, die das Feinwurzelsystem der Pflanzen schädigen. Die Bodenversauerung hat auch zur Folge, dass die Krümelstruktur des Bodens – die für die Kleinlebewesen und die Saugwurzeln wichtig ist – verloren geht, indem sich die Krümel gegenseitig verbinden: Der Boden «verdichtet» sich. Wenn die Ton-Humus-Komplexe schliesslich durch die Einwirkung der sauren Lösung zerfallen, werden die darin gebundenen Schwermetallionen freigesetzt. Sie gelangen dann ins Wasser, vergiften die Kleinlebewesen, schädigen die Pflanzen und können indirekt zu einer Gefahr für Pflanzenfresser werden. Als Folge der Strukturveränderungen kann der Boden auch einen Teil seiner Filterwirkung einbüssen.

20.6 Metallsalze als Umweltgefährdung

Metallionen spielen im Stoffwechsel von Lebewesen eine wichtige Rolle. Essentielle Metalle (in Form von Ionen) sind unentbehrlich, d.h. der Organismus benötigt sie in bestimmten Konzentrationen, z.B. zur Bildung von Enzymen. Sie müssen ihm mit der Nahrung zugeführt werden. Weil meist nur sehr geringe Mengen von ihnen notwendig sind, bezeichnet man sie auch als Spurenelemente. Dazu gehören Kupfer, Mangan, Eisen und Zink, sowie für Tiere und den Menschen auch Cobalt, Chrom und Selen.

Gewisse Metalle stören, oft sogar in Spuren, den normalen Ablauf von Stoffwechselvorgängen. Sie wirken meist toxisch (giftig), indem sie durch Bildung von Komplexen Bindungsstellen von Enzymen besetzen, andere (essentielle) Ionen verdrängen, die Zellmembranen schädigen oder mit den Nucleinsäuren im Zellkern reagieren. Meistens reichern sich die Metallionen im Körper in bestimmten Geweben und Organen an, so z.B. Cd^{2+}-Ionen in der Knochensubstanz.

Stehen einem Organismus essentielle Metalle in zu geringen Mengen zur Verfügung, so treten Mangelerscheinungen auf. Bei Kupfermangel beispielsweise bleibt die Pigmentbildung aus. Zu grosse Dosen von essentiellen Metallen wirken dagegen meist toxisch. Nur bei optimaler Konzentration entfalten sie ihre positive physiologische Wirkung.

Bei Metallen hat auch die Art der Verbindung, in der sie vorliegen, einen Einfluss auf die Toxizität. Denn davon hängt es in hohem Masse ab, wie viel vom Organismus aufgenommen wird. Eine besonders wichtige Rolle spielt dabei die Löslichkeit von Metallverbindungen. Gewisse Metalle wie Kupfer, deren Salze zwar toxisch, jedoch meistens schwerlöslich sind, führen kaum je zu Vergiftungen, im Gegensatz zu Quecksilber oder Blei,

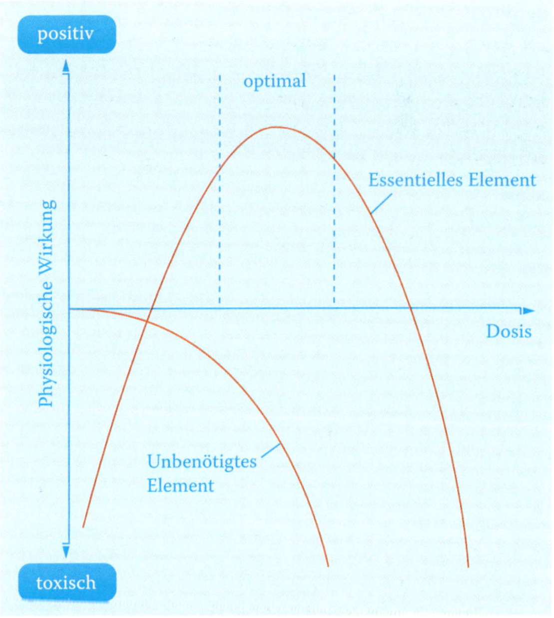

Abb. 20.19 Dosis-Wirkung-Beziehung von benötigten und unbenötigten Elementen (z. B. Zn, Cu bzw. Cd, Pb)

die giftig und zugleich leicht verfügbar sind. Eine Reihe von Metallionen kann durch Enzyme von Bakterien methyliert, d.h. in lipophile Methyl-Verbindungen übergeführt werden (z.B. Hg, As, Pb). Sie werden dann mit der Nahrung aufgenommen und reichern sich im Fettgewebe an. Schwermetallionen treten in Mineralien auf, die als Erze genutzt werden, ebenso (oft nur in Spuren) in Gesteinen. Manchmal kommen sie aber auch in unnatürlich hohen Konzentrationen als Staube in der Luft oder im Boden und Wasser vor. Dies geht stets auf vom Menschen verursachte Emissionen zurück.

Im Folgenden sollen als Beispiele drei toxische Schwermetalle (Cd, Hg, Pb) diskutiert werden; vgl. dazu auch 19.3 und 20.5.

Cadmium, das heute wohl wichtigste toxische Metall, stammt in Form von Cd^{2+}-Ionen aus der Verhüttung von Erzen, aus der Verarbeitung von Metallen und aus der Lagerung und Beseitigung von Abfällen, insbesondere von Nickel/Cadmium-Akkumulatoren. Ausserdem wird das gelbe Cadmiumsulfid, CdS, als Zusatz von Farbstoffen für Kunststoffe verwendet.

Tab. 20.11 Herkunft von Metallverbindungen in Luft, Wasser und Boden

Hüttenwerke	Verarbeitung von Erzen; Zinkerze enthalten oft relativ hohe Mengen von Cadmium, Kupfererze oft Arsen
Elektro- und Metallindustrie	Entsorgung und Rezyklierung von Metallabfällen
Landwirtschaft	Begleitstoffe von Düngern, Holz- und Pflanzenschutzmitteln (wie quecksilberhaltige Saatzusätze), Korrosion galvanisierter Metalldächer und Drahtzäune
Thermische Kraftwerke	Kohle und auch Erdöl enthalten nahe–zu alle Elemente des Periodensystems, wenn auch teilweise in äusserst geringen Konzentrationen
Abfall-beseitigung	Ungenügend abgedichtete Deponien (Sickerwasser kann Metallverbindungen lösen); Klärschlamm, Kehrichtverbrennung

Auf Cadmium als Umweltgift wurde man erstmals in den 60er-Jahren aufmerksam, als in der Nähe einer japanischen Zinkhütte Schwemmböden, die dem Reisanbau dienten, mit Cadmium und Zink verseucht wurden[1].

[1] *In Zinklagerstätten ist stets Cadmium als Begleitmetall vorhanden, das bei der Aufarbeitung der Erze mit den Abgasen in die Luft übergeht.*

Als Folge davon trat bei den Reisbauern die Itai-Itai-Krankheit auf, die sich in Schädigungen der Nieren und Lungen, Gelenkbeschwerden, Veränderungen des Knochengerüsts und Spontanbrüchen äusserte und sehr schmerzhaft verlief (itai jap. = schmerzhaft). Wegen der Ähnlichkeit der beiden Elemente vermögen Cd^{2+}-Ionen die für biologische Systeme wichtigen Zn^{2+}-Ionen aus zinkhaltigen Enzymen zu verdrängen, Cadmium-Ionen haben sich ausserdem im Tierversuch als krebserzeugend erwiesen. Cadmium-Verbindungen werden durch Einatmen belasteter Luft von Rauchern und auch Passivrauchern oder über die Nahrung aufgenommen. Cd^{2+}-Ionen werden vom Boden viel weniger stark adsorbiert als beispielsweise Hg^{2+}-Ionen, sodass sie sich in Pflanzen, wie z.B. Blattgemüse, anreichern können. Ein besonders guter Cadmium-«Sammler» ist die Tabakpflanze.

Quecksilber ist eines der giftigsten Metalle, und zwar sowohl in Form von Quecksilberdampf als auch als Verbindung. Vergiftungen durch Quecksilberdampf führen zu Gedächtnisschwäche, Kopfschmerzen, Verdauungsstörungen und schweren Schädigungen des Nervensystems. Sie treten besonders bei Arbeitern in Goldminen auf, in denen Gold durch metallisches Quecksilber amalgamiert, d.h. gelöst und dadurch aus dem Gestein herausgewaschen wird (Amalgame sind Legierungen von Quecksilber).

Anorganische Quecksilber-Verbindungen wie $HgCl_2$ (mit Hg^{2+}-Ionen) sind giftiger, wirken also bereits in kleinen Dosen. Sie spielen jedoch als Ursache von Vergiftungen kaum eine Rolle. Sehr viel gefährlicher ist das Methylquecksilber-Ion, CH_3Hg^+, dessen Verbindungen fettlöslich sind und die im Körper durch das Blut ins Gehirn transportiert werden. Die Folgen der Vergiftung sind schwere Schädigungen des Zentralnervensystems und irreversible Seh- und Hörstörungen (Abschnitt 19.3). Methylquecksilber entsteht durch bakteriologische Methylierung von Quecksilbersalzen, z.B. in Abwasser. Fischnahrung aus belasteten Gewässern ist die Hauptquelle für Methylquecksilber in der Nahrung.

Blei ist ein weiteres toxisches Schwermetall, das meistens in Form von Pb^{2+}-Ionen aufgenommen wird. Seine Hauptquellen waren verbleites Benzin, d.h. bleihaltige Verbindungen in den Abgasen, und bleihaltige Wasserleitungen. Durch das Obligatorium des Abgaskatalysators (das bleifreies Benzin erforderlich machte) und den Ersatz von Bleirohren ist die Bleibelastung in den letzten Jahren deutlich zurückgegangen.

ÜBUNGEN ZUM KAPITEL 20

20.1 Die Reaktionen zwischen Metallen und Nichtmetallen verlaufen in der Regel exotherm, obwohl dabei die Metallatome aus einem Gitter gelöst und Moleküle in Atome gespalten werden müssen. Begründung?

20.2 Durch welche Experimente lässt sich zeigen, dass bei der Reaktion Metall + Nichtmetall eine Ionenverbindung entsteht?

20.3 Welche Ladungen tragen die Ionen in folgenden Verbindungen?

a) $AlCl_3$	Fe_2O_3	$FeCl_3$	Cu_2O	CuO
b) Na_2O	UF_6	UF_4	UH_3	AgF
c) AgF_2	PtF_2	PtF_6	PtI_4	PtO
d) PtO_2	$AuBr_3$	AuCl	Au_2O_3	Au_2S

20.4 Obwohl Natrium und Caesium in der gleichen Hauptgruppe des Periodensystems stehen, sind die Koordinationszahlen von Natriumchlorid (NaCl; KZ = 6) und Cäsiumchlorid (CsCl; KZ = 8) verschieden. Begründen Sie diesen Unterschied.

20.5 Wie lassen sich die unterschiedlichen Schmelztemperaturen der Verbindungen NaF, NaCl, NaBr und NaI erklären (Tab. 20.5)?

20.6 Weshalb nimmt die Gitterenthalpie in der Reihe LiF, LiCl, LiBr, LiI ab?

20.7 Natriumchlorid hat eine niedrigere Siedetemperatur und löst sich besser in Wasser als Magnesiumoxid. Begründung?

20.8 Vergleichen Sie die Gitterenthalpien der Salze MgO, CaO, SrO und BaO und begründen Sie die Unterschiede (Tab. 20.4).

20.9 Warum wird beim Lösen von wasserfreiem Calciumchlorid Wärme frei, während das Lösen von $CaCl_2 \cdot 6\ H_2O$ zu einer deutlichen Abkühlung führt?

20.10 Die Löslichkeit in Wasser nimmt in der Reihe $CaF_2 - CaI_2$ zu. Wie lässt sich diese Erscheinung erklären?

20.11 Begründen Sie, weshalb die Ionisierungsenergie des jeweils ersten Elektrons der Atome der Hauptgruppe IIA des Periodensystems von oben nach unten abnimmt.

20.12 Warum sind Kaliumsulfat (K_2SO_4), Lithiumhydroxid (LiOH), Natriumchlorat ($NaClO_3$) gut löslich, jedoch nicht verdampfbar (sie zersetzen sich beim Verdampfen)?

20.13 In der Reihe Li^+, Na^+, K^+, Rb^+ und Cs^+ nimmt die Hydrationsenthalpie ab. Begründung?

20.14 Die Elektronenaffinität von Chlor-Atomen ist grösser als die von Iod-Atomen. Erklären Sie diese Tatsache.

20.15 Welche Elektrodenprodukte entstehen bei der Elektrolyse einer Schmelze des salzartigen Lithiumhydrids (LiH)?

20.16 Wie heissen folgende Salze: KOH, Na_2SO_4, $CaCO_3$, $FePO_4$, $Ba(NO_3)_2$?

20.17 Salze haben oft innerhalb gewisser Grenzen schwankende Zusammensetzungen. Worauf ist diese Erscheinung zurückzuführen?

20.18 Welcher Vorgang bildet die Grundlage der Fotografie?

20.19 Betrachtet man einen belichteten Film in der Dunkelkammer, so erscheint er weisslich. Weshalb ist das Bild nicht zu sehen?

20.20 Welche Funktion haben Entwickler und Fixierbad beim fotografischen Prozess?

20.21 Stickstoff bildet ein Komplexion der Zusammensetzung NO_3^-, Phosphor dagegen ein Komplexion PO_4^{3-}. Erklären Sie diesen Unterschied.

20.22 Stellen Sie die wichtigsten Dünger zusammen und diskutieren Sie ihre Vor- und Nachteile.

20.23 Wie wirkt sich eine pH-Senkung im Boden aus?

21 DIE VERSCHIEBUNG VON ELEKTRONEN; REDOXREAKTIONEN

21.1 Die Stärke von Oxidatoren und Reduktoren; die Redoxreihe

Redoxreaktionen sind wie Säure/Base–Reaktionen (Protonenübertragungen) Donator/Akzeptor-Reaktionen. Ein Elektronendonator (aus historischen Gründen Reduktor oder Reduktionsmittel genannt) reagiert mit einem Elektronenakzeptor (einem Oxidator oder Oxidationsmittel). Elektronendonatoren (Reduktoren) sind Teilchen, die andere Teilchen reduzieren, ihnen also Elektronen zuführen (daher der Ausdruck Reduktor). Umgekehrt nehmen Elektronenakzeptoren (Oxidatoren) Elektronen von anderen Teilchen auf, die dadurch oxidiert werden (Abschnitte 7.3 und 7.4). Weil auch Aufnahme und Abgabe von Elektronen umkehrbar sind, bilden der Reduktor und sein konjugierter Oxidator ein Redoxpaar. Obwohl damit Redoxreaktionen prinzipiell zu einem Gleichgewicht führen, haben die Gleichgewichtskonstanten sehr oft extrem grosse bzw. kleine Werte. Die betreffenden Gleichgewichte liegen deshalb praktisch vollkommen rechts bzw. links.

$2\,Na$	$+\ Cl_2$	$\rightleftharpoons$	$2\,Na^+$	$+\ 2\,Cl^-$
Donator$_1$	Akzeptor$_2$		Akzeptor$_1$	Donator$_2$
Reduktor$_1$	Oxidator$_2$		Oxidator$_1$	Reduktor$_2$

Wiederum aus historischen Gründen werden die Begriffe Reduktor und Oxidator nicht nur auf Teilchen bezogen (was richtig wäre), sondern auch für Stoffe verwendet. Alle Stoffe, die andere reduzieren können, sind somit Reduktoren (Reduktionsmittel) und Stoffe, die andere oxidieren, Oxidatoren (Oxidationsmittel; vgl. Abschnitt 7.3).

– Ein Reduktor bildet mit seinem konjugierten Oxidator ein Redoxpaar: Red $\rightleftharpoons$ Ox + n e$^-$
– Schema eines Redoxvorgangs:
$Red_1 + Ox_2 \rightleftharpoons Ox_1 + Red_2$

Stellt man einen Eisennagel in eine Kupfersulfat-Lösung [$CuSO_4(aq)$: Cu^{2+}- und SO_4^{2-}-Ionen], so überzieht sich das Eisen mit einer Kupferschicht:

$$Fe(s) + Cu^{2+}(aq) \rightarrow Fe^{2+}(aq) + Cu(s)$$

Das Eisen ist der Reduktor, die Kupfer-Ionen reagieren als Oxidator. Ein Kupferblech hingegen vermag aus einer Eisen(II)-Salz-Lösung [z.B. Eisen(II)-Sulfat $FeSO_4$: Fe^{2+}- und SO_4^{2-}-Ionen] kein elementares Eisen freizusetzen. Stellt man das Kupferblech jedoch in eine Silbersalz-Lösung (z.B. Silbernitrat $AgNO_3$: Ag^+- und NO_3^--Ionen), so scheidet sich Silber ab und die Lösung färbt sich blau [Cu^{2+}(aq)-Ionen].

$$Cu(s) + Fe^{2+}(aq) \rightarrow \text{keine Reaktion}$$
$$Cu(s) + 2\,Ag^+(aq) \rightarrow Cu^{2+}(aq) + 2Ag(s)$$

Ebenso kann Eisen aus einer Silbersalz-Lösung elementares Silber ausscheiden. Silber reagiert mit einer Eisen(II)-Salz-Lösung hingegen nicht:

$$Fe(s) + 2\,Ag^+(aq) \rightarrow Fe^{2+}(aq) + 2\,Ag(s)$$
$$Ag(s) + Fe^{2+}(aq) \rightarrow \text{keine Reaktion}$$

Mit solchen Experimenten lassen sich Rückschlüsse auf die Stärke von Elektronendonatoren ziehen. So ist Eisen der stärkere Elektronendonator (Reduktor) als Kupfer und Silber, da die Eisen-Atome sowohl an Cu^{2+}(aq)- wie auch an Ag^+(aq)-Ionen Elektronen abgeben, Kupfer-

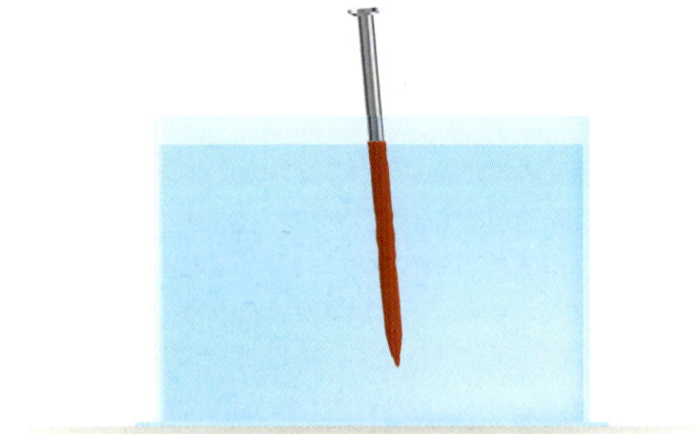

Abb. 21.1 Aus einer Kupfersulfat-Lösung scheidet sich Kupfer an einem Nagel ab

Abb. 21.2 Aus einer Silbersalz-Lösung scheidet sich Silber an einem Kupferblech ab. Die Blaufärbung der Lösung wird von Kupfer-Ionen verursacht, die in Lösung gehen

Atome jedoch nur an Ag^+(aq)-Ionen. Umgekehrt ist das Fe^{2+}(aq)-Ion der schwächste Elektronenakzeptor (Oxidator) der drei Ionen, denn es erfordert zur Reduktion (zum Übergang in Fe–Atome) einen stärkeren Reduktor, z.B. metallisches Zink:

$$Zn(s) + Fe^{2+}(aq) \rightarrow Zn^{2+}(aq) + Fe(s)$$

Die vier Redoxpaare Zn/Zn^{2+}(aq), Fe/Fe^{2+}(aq), Cu/Cu^{2+}(aq) und Ag/Ag^+(aq) kann man somit in eine Reihe (Redoxreihe) ordnen, in der die Leichtigkeit (Stärke) der Elektronenabgabe des Reduktors nach unten abnimmt, die Leichtigkeit (Stärke) der Elektronenaufnahme des Oxidators dagegen in dieser Richtung zunimmt.

	Reduktor		Oxidator		
Abnahme der Stärke des Reduktors ↓	Zn	$\rightleftharpoons$	$Zn^{2+}(aq)$	$+ 2\,e^-$	Zunahme der Stärke des Oxidators ↓
	Fe	$\rightleftharpoons$	$Fe^{2+}(aq)$	$+ 2\,e^-$	
	Cu	$\rightleftharpoons$	$Cu^{2+}(aq)$	$+ 2\,e^-$	
	Ag	$\rightleftharpoons$	$Ag^+(aq)$	$+ e^-$	

Die Stärke von Nichtmetallen und Nichtmetallionen kann man auf entsprechende Weise erhalten. So reagiert Chlor[1] mit I^--Ionen zu elementarem Iod bzw. mit Br^--Ionen zu elementarem Brom.

$$Cl_2(aq) + 2\,I^-(aq) \rightarrow 2\,Cl^-(aq) + I_2(aq)$$
$$Cl_2(aq) + 2\,Br^-(aq) \rightarrow 2\,Cl^-(aq) + Br_2(aq)$$

Brom hingegen vermag nur mit I^-(aq)-, nicht aber mit Cl^-(aq)-Ionen zu reagieren:

$$Br_2(aq) + 2\,I^-(aq) \rightarrow 2\,Br^-(aq) + I_2(s)$$
$$Br_2(aq) + 2\,Cl^-(aq) \rightarrow \text{keine Reaktion}$$

Das Element Iod reagiert weder mit Br^-(aq)- noch mit Cl^-(aq)-Ionen:

$$I_2(aq) + 2\,Br^-(aq) \rightarrow \text{keine Reaktion}$$
$$I_2(aq) + 2\,Cl^-(aq) \rightarrow \text{keine Reaktion}$$

Die Stärke der Nichtmetalle als Oxidatoren nimmt in der Reihenfolge Chlor, Brom und Iod ab, während die Fähigkeit der Ionen, Elektronen abzugeben von den Cl^-(aq)- über Br^-(aq)- zu den I^-(aq)-Ionen zunimmt.

Damit lassen sich auch die Halogene und ihre Ionen in eine Redoxreihe einordnen. Fluor, ein sehr aggressives Gas, ist der stärkste Oxidator (grösste Elektronegativität!), das F^-(aq)-Ion hingegen der schwächste Reduktor:

F_2 oxidiert I^-(aq), Br^-(aq) und Cl^-(aq)
Cl_2 oxidiert I^-(aq) und Br^-(aq), nicht aber F^-(aq)
Br_2 oxidiert nur I^-(aq), nicht aber Cl^-(aq) und F^-(aq)
I_2 oxidiert weder Cl^-(aq), Br^-(aq) noch F^-(aq)
I^-(aq) reduziert Br_2, Cl_2 und F_2
Br^-(aq) reduziert Cl_2 und F_2, nicht aber I_2
Cl^-(aq) reduziert nur F_2, nicht aber I_2 und Br_2
F^-(aq) reduziert weder I_2 noch Br_2 und Cl_2

	Reduktor		Oxidator		
Abnahme der Stärke des Reduktors ↓	$2\,I^-(aq)$	$\rightleftharpoons$	I_2	$+ 2\,e^-$	Zunahme der Stärke des Oxidators ↓
	$2\,Br^-(aq)$	$\rightleftharpoons$	Br_2	$+ 2\,e^-$	
	$2\,Cl^-(aq)$	$\rightleftharpoons$	Cl_2	$+ 2\,e^-$	
	$2\,F^-(aq)$	$\rightleftharpoons$	F_2	$+ 2\,e^-$	

Viele andere Reaktionen, wie z.B. Metalle + Wasser oder Metalle + saure Lösung (Abschnitt 15.1) sind auch Redoxvorgänge. Die Stärken der daran beteiligten Reduktoren und Oxidatoren lassen sich experimentell bestimmen und können dadurch ebenfalls in die Redoxreihe eingeordnet werden. So reagieren unedle Metalle (M) mit sauren Lösungen [genauer: mit den Oxonium-Ionen (H_3O^+) der sauren Lösungen] unter Wasserstoffentwicklung:

$$M(s) + 2\,H_3O^+(aq) \rightarrow M^{2+}(aq) + H_2(g) + 2\,H_2O(l)$$

Die Metalle werden dabei zu ihren Ionen oxidiert, die Oxonium-Ionen (genauer: Protonen) zu Wasserstoff reduziert. Da Kupfer, Silber oder Platin nicht mit sauren Lösungen reagieren, steht das Redoxpaar

$$2\,H_2O(l) + H_2(g) \rightarrow 2\,H_3O^+(aq) + 2\,e^-$$

in der Redoxreihe oberhalb dieser drei Metalle. Durch ein derartiges experimentelles Vorgehen erhält man eine erweiterte Redoxreihe (Tabelle 21.1).

[1] *Um gefahrlos experimentieren zu können, verwendet man die Halogene nicht in reiner Form, sondern als wässrige Lösungen: Chlor-, Brom- und Iodwasser.*

Tabelle 21.1 Erweiterte Redoxreihe

reduzierende Wirkung nimmt ab ↓

oxidierende Wirkung nimmt zu ↓

Reduktor (Reduzierte Form)		Oxidator (Oxidierte Form)	E^0 [2]
$Li(s)$	⇌	$Li^+(aq) + e^-$	– 3,03
$K(s)$	⇌	$K^+(aq) + e^-$	– 2,92
$Ba(s)$	⇌	$Ba^{2+}(aq) + 2\,e^-$	– 2,92
$Sr(s)$	⇌	$Sr^{2+}(aq) + 2\,e^-$	– 2,89
$Ca(s)$	⇌	$Ca^{2+}(aq) + 2\,e^-$	– 2,76
$Na(s)$	⇌	$Na^+(aq) + e^-$	– 2,71
$Mg(s)$	⇌	$Mg^{2+}(aq) + 2\,e^-$	– 2,40
$Al(s)$	⇌	$Al^{3+}(aq) + 3\,e^-$	– 1,69
$2\,OH^-(aq) + Cd(s)$	⇌	$Cd(OH)_2(s) + 2\,e^-$	– 0,81
$Zn(s)$	⇌	$Zn^{2+}(aq) + 2\,e^-$	– 0,76
$S^{2-}(aq)$	⇌	$S(s) + 2\,e^-$	– 0,51
$Fe(s)$	⇌	$Fe^{2+}(aq) + 2\,e^-$	– 0,44
bei pH 7 $2\,OH^-(aq) + H_2(g)$	⇌	$2\,H_2O(l) + 2\,e^-$	– 0,42
$Pb(s)$	⇌	$Pb^{2+}(aq) + 2\,e^-$	– 0,13
bei pH 0 $2\,H_2O(l) + H_2(g)$	⇌	$2\,H_3O^+(aq) + 2\,e^-$	0,00
$Cu(s)$	⇌	$Cu^{2+}(aq) + 2\,e^-$	+ 0,35
$4\,OH^-(aq)$	⇌	$O_2(aq) + 2\,H_2O(l) + 4\,e^-$	+ 0,40
$OH^-(aq) + Ni(OH)_2(s)$	⇌	$NiOOH(s) + H_2O(l) + e^-$	+ 0,49
$2\,I^-(aq)$	⇌	$I_2(aq) + 2\,e^-$	+ 0,58
$2\,OH^-(aq) + 2\,MnOOH(s)$	⇌	$2\,MnO_2(s) + 2\,H_2O(l) + 2\,e^-$	+ 0,74
$Fe^{2+}(aq)$	⇌	$Fe^{3+}(aq) + e^-$	+ 0,75
$Ag(s)$	⇌	$Ag^+(aq) + e^-$	+ 0,81
bei pH 7 $6\,H_2O(l)$	⇌	$O_2(g) + 4\,H_3O^+ + 4\,e^-$	+ 0,82
$Hg(l)$	⇌	$Hg^{2+}(aq) + 2\,e^-$	+ 0,86
$Au(s) + 4\,Cl^-(aq)$	⇌	$[AuCl_4]^-(aq) + 3\,e^-$	+ 1,00
$2\,Br^-(aq)$	⇌	$Br_2(aq) + 2\,e^-$	+ 1,09
$Mn^{2+}(aq) + 6\,H_2O(l)$	⇌	$MnO_2(s) + 4\,H_3O^+(aq) + 2\,e^-$	+ 1,22
$21\,H_2O(l) + 2\,Cr^{3+}(aq)$	⇌	$Cr_2O_7^{2-}(aq) + 14\,H_3O^+(aq) + 6\,e^-$	+ 1,36
$2\,Cl^-(aq)$	⇌	$Cl_2(aq) + 2\,e^-$	+ 1,36
$Au(s)$	⇌	$Au^{3+}(aq) + 3\,e^-$	+ 1,38
$12\,H_2O(l) + Mn^{2+}(aq)$	⇌	$MnO_4^-(aq) + 8\,H_3O^+ + 5\,e^-$	+ 1,50
$6\,H_2O(l) + PbSO_4(s)$	⇌	$PbO_2(s) + SO_4^{2-}(aq) + 4\,H_3O^+ + 2e^-$	+ 1,68
$2\,F^-(aq)$	⇌	$F_2(aq) + 2\,e^-$	+ 2,85

Elektronendonator (Reduktor) und Elektronenakzeptor (Oxidator) eines Redoxpaars verhalten sich analog zu einem Säure/Base–Paar: Je stärker der Reduktor, d.h. je leichter er seine Elektronen abgibt, umso schwächer ist der konjugierte Oxidator. Kennt man die Stärke von Elektronendonatoren und –akzeptoren, so lassen sich Redoxreaktionen voraussagen.

[2] *Über die Bedeutung von E^0 siehe Abschnitt 21.3.*

- Ein Elektronendonator (Reduktor) überträgt Elektronen nur an Elektronenakzeptoren (Oxidatoren), die stärker sind als sein konjugierter Oxidator.
- Entsprechend den Protonenübertragungen laufen Redoxreaktionen stets in der Richtung ab, in welcher der je schwächere Reduktor und Oxidator entsteht. Die Gleichgewichte bei Redoxreaktionen liegen allerdings, wie bereits erwähnt, meist sehr stark bis ausschliesslich auf einer Seite, im Gegensatz zu den Protolysen.

Für die Anwendung der Redoxreihe gilt daher das gleiche Schema wie für die Säure/Base–Reihe (vgl. Abschnitt 18.3):

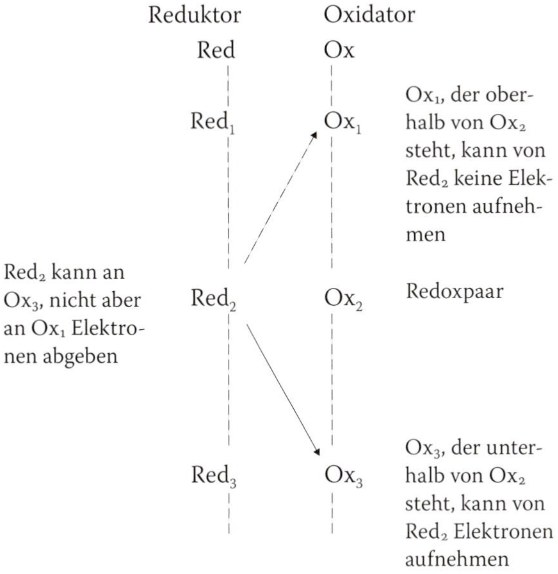

Redoxreihe und Redoxgleichungen
Da an einer Redoxreaktion zwei Redoxpaare beteiligt sind, lassen sich Redoxgleichungen mit Hilfe der Redoxreihe herleiten.

Beispiele:

a) Kalium + Wasser
Redoxpaar Reduktor:
$K(s) \rightarrow K^+(aq) + e^-$

Redoxpaar Oxidator:
$2\,H_2O(l) + 2\,e^- \rightarrow 2\,OH^-(aq) + H_2(g)$

Da die Zahl der abgegebenen Elektronen gleich der Zahl der aufgenommenen sein muss, ist das Redoxpaar $K/K^+(aq)$ mit 2 zu multiplizieren. Anschliessend addiert man die beiden Redoxpaare und erhält damit die Reaktionsgleichung:

$$\begin{array}{l} K(s) \rightarrow K^+(aq) + e^- \;|\cdot 2 \\ 2\,H_2O(l) + 2\,e^- \rightarrow 2\,OH^-(aq) + H_2(g) \\ \hline 2\,K(s) + 2\,H_2O(l) \rightarrow 2K^+(aq) + 2OH^-(aq) + H_2(g) \end{array}$$

Die von den Kalium-Atomen abgegebenen Elektronen werden von je einem Proton der Wasserstoff-Atome der beiden H2O-Moleküle aufgenommen und erscheinen deshalb nicht mehr in der Reaktionsgleichung.

Reaktionsgleichung mit Oxidationszahlen:
$$2\,K^{0}(s) + 2\,H_2^{I}O^{-II}(l) \rightarrow 2\,\overset{I}{K^+}(aq) + 2\,(O^{-II}H^{I})^- + H_2^{0}(g)$$

b) Aluminium + saure Lösung
Redoxpaar Reduktor:
$Al(s) \rightarrow Al^{3+}(aq) + 3\,e^-$

Redoxpaar Oxidator:
$2\,H_3O^+(aq) + 2\,e^- \rightarrow H_2(g) + 2\,H_2O(l)$

Multiplikation des ersten Redoxpaars mit 2, des zweiten mit 3 und anschliessende Addition:

$$\begin{array}{l} Al(s) \rightarrow Al^{3+}(aq) + 3\,e^- \;|\cdot 2 \\ 2\,H_3O^+(aq) + 2\,e^- \rightarrow H_2(g) + 2\,H_2O(l) \;|\cdot 3 \\ \hline 2\,Al(s) + 6\,H_3O^+(aq) \rightarrow 2\,Al^{3+}(aq) + 3\,H_2(g) + 6\,H_2O(l) \end{array}$$

Reaktionsgleichung mit Oxidationszahlen:
$$2\,Al^{0}(s) + 6\,(H_3^{I}O^{-II})^+(aq) \rightarrow 2\,\overset{III}{Al^{3+}}(aq) + 3\,H_2(g) + 6\,H_2^{I}O^{-II}(l)$$

c) Brom + Iod-Ionen

Redoxpaar Reduktor:	$2\,I^-(aq)$			$\rightarrow$	$I_2(aq)$	$+\ 2\,e^-$
Redoxpaar Oxidator:	$Br_2(aq)$	$+$	$2\,e^-$	$\rightarrow$	$2\,Br^-(aq)$	
Redoxreaktion:	$2\,I^-(aq)$	$+$	$Br_2(aq)$	$\rightarrow$	$I_2(aq)$	$+\ 2\,Br^-(aq)$

Reaktionsgleichung mit Oxidationszahlen:
$2\,I^{-I}(aq) + Br_2^{0}(aq) \rightarrow I_2^{0} + 2\,Br^{-I}(aq)$

21.2 Beispiele von Redoxreaktionen

a) Metall + Nichtmetall
Bei der Reaktion zwischen Metallen und Nichtmetallen geben die Metallatome der Hauptgruppenelemente ihre Aussenelektronen ab, während die Nichtmetallatome die äusserste Schale auf 8 (Wasserstoff-Atome auf 2) Elektronen ergänzen (Abschnitt 5.4). Die Metalle sind daher die Reduktoren (Red), die Nichtmetalle die Oxidatoren (Ox).

Beispiele:

Aluminium + Sauerstoff
$4\ Al(s) + 3\ O_2(g) \rightarrow 2\ Al_2O_3(s)$
Red, Ox, Aluminiumoxid

Magnesium + Stickstoff
$3\ Mg(s) + N_2(g) \rightarrow Mg_3N_2(s)$
Red, Ox, Magnesiumnitrid

Kalium + Sauerstoff
$4\ K(s) + O_2(g) \rightarrow 2\ K_2O(s)$
Red, Ox, Kaliumoxid

Calcium + Wasserstoff
$Ca(s) + H_2(g) \rightarrow CaH_2(s)$
Red, Ox, Calciumhydrid

Natrium + Chlor
$2\ Na(s) + Cl_2(g) \rightarrow 2\ NaCl(s)$
Red, Ox, Natriumchlorid

b) Nichtmetall + Nichtmetall
Reagieren die Atome verschiedener nichtmetallischer Elemente miteinander, so bilden sich Atombindungen (Abschnitt 5.4). Da die Elektronegativität der Atome in der Regel unterschiedlich ist, sind die Bindungen in den Molekülen mehr oder weniger polar. Das Atom mit der höheren Elektronegativität zieht das gemeinsame Elektronenpaar (die gemeinsamen Elektronenpaare) stärker zu sich und erhält deshalb eine negative Partialladung (δ–; Abschnitt 7.3). Diese Atome oxidieren folglich die Atome des Reaktionspartners und werden dadurch selber reduziert. Sie wirken als Oxidatoren. Die Atome mit der geringeren Elektronegativität sind die Reduktoren.

Beispiele:

Wasserstoff + Sauerstoff
$2\ H_2 + O_2 \rightarrow 2\ H_2O$
Red, Ox

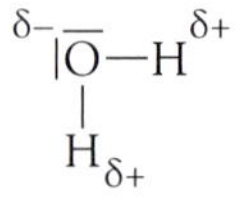

Wasserstoff + Stickstoff
$3\ H_2(g) + N_2(g) \rightarrow 2\ NH_3(g)$
Red, Ox, Ammoniak

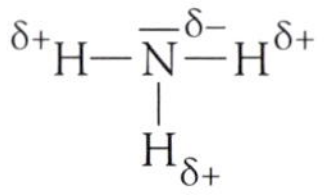

Wasserstoff + Kohlenstoff
$2\ H_2(g) + C(s) \rightarrow CH_4(g)$
Red, Ox, Methan

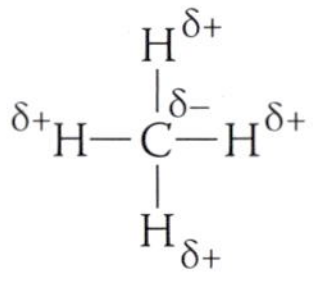

Schwefel + Chlor
$S(s) + Cl_2(g) \rightarrow SCl_2(l)$
Red, Ox, Schwefeldichlorid

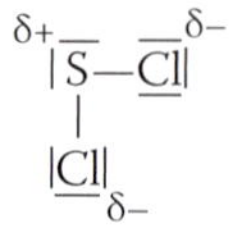

Sauerstoff + Chlor
$O_2(g) + 2\ Cl_2(g) \rightarrow 2\ Cl_2O$
Ox, Red, Dichloroxid (zersetzt sich bei 3,8 °C)

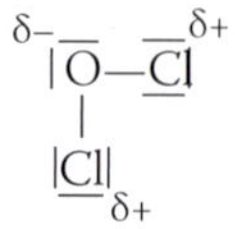

c) Metall + Metallionen
Metalle reagieren mit Metallionen nur dann, wenn die dabei entstehenden Oxidatoren und Reduktoren schwächer sind als die Ausgangsstoffe (vgl. Schema Abschnitt 21.1).

Beispiele:

Eisen + Eisen(III)-Ionen
$Fe(s) + 2\ Fe^{3+}(aq) \rightarrow 3\ Fe^{2+}(aq)$
Red, Ox

Zink + Kupfer-Ionen
$Zn(s) + Cu^{2+}(aq) \rightarrow Zn^{2+}(aq) + Cu(s)$
Red, Ox

Kupfer + Silber-Ionen
$Cu(s) + 2\ Ag^{+}(aq) \rightarrow Cu^{2+}(aq) + 2\ Ag(s)$
Red, Ox

d) Nichtmetall + Nichtmetallionen
Nichtmetallionen (Reduktoren) reagieren mit Nichtmetallen (Oxidatoren), wenn die dabei gebildeten Oxidatoren (Nichtmetalle) und Reduktoren (Nichtmetallionen) schwächer sind als die Ausgangsstoffe (vgl. Schema Abschnitt 21.1).

Beispiele:

Iod-Ionen + Chlor
$2\ I^{-}(aq) + Cl_2(aq) \rightarrow I_2(aq) + 2\ Cl^{-}(aq)$
Red, Ox

Chlor-Ionen + Fluor
$2\ Cl^{-}(aq) + F_2(aq) \rightarrow Cl_2(aq) + 2\ F^{-}(aq)$
Red, Ox

e) Metalle + Wasser
Alle Metalle, die in der Redoxreihe oberhalb des Redoxpaars
$2\ OH^{-}(aq) + H_2(g) \rightleftharpoons 2\ H_2O(l) + 2\ e^{-}$ (bei pH = 7)
stehen, vermögen mit Wasser unter Bildung von Wasserstoff sowie Metall- und Hydroxid-Ionen zu reagieren. Dies gilt auch für die Metalle Aluminium, Zink und Eisen (thermodynamische Freiwilligkeit; Abschnitt 17.1). Trotzdem findet mit diesen Metallen bei Raumtemperatur keine Reaktion mit Wasser statt. Dies hängt damit zusammen, dass das bei der Reaktion $M(etall) + H_2O \rightarrow MOH + 1/2\ H_2$ entstehende Metallhydroxid eine feste, unlösliche Schutzschicht um das Metall bildet (Passivität).

Beispiele:
Natrium + Wasser
$2\,Na(s) + 2\,H_2O(l) \rightarrow 2\,Na^+(aq) + 2\,OH^-(aq) + H_2(g)$
Red Ox

Calcium + Wasser
$Ca(s) + 2\,H_2O(l) \rightarrow Ca^{2+}(aq) + 2\,OH^-(aq) + H_2(g)$
Red Ox

f) Metalle + saure Lösung
Saure Lösungen reagieren unter Bildung von Metallionen, Wasserstoff und Wasser mit Metallen, die oberhalb des Redoxpaars stehen.
$2\,H_2O(l) + H_2(g) \rightleftharpoons 2\,H_3O^+(aq) + 2\,e^-$

Beispiele:
Eisen + saure Lösung
$Fe(s) + 2\,H_3O^+(aq) \rightarrow Fe^{2+}(aq) + H_2(g) + 2\,H2O(l)$
Red Ox

Aluminium + saure Lösung
$2\,Al(s) + 6\,H_3O^+(aq) \rightarrow 2\,Al^{3+}(aq) + 3\,H_2(g) + 6\,H_2O(l)$
Red Ox

g) Metalle + oxidierende Säuren

Beispiel:
Kupfer + konzentrierte Salpetersäure
$Cu(s) + 4\,HNO_3(l) \rightarrow Cu(NO_3)_2(aq) + 2\,NO_2(g) + 2\,H_2O(l)$
Red Ox

h) Oxidation von Kohlenstoff-Verbindungen
Alkohole lassen sich zu Aldehyden und diese wiederum zu Carbonsäuren oxidieren (Abschnitt 14.1).

Beispiele:
Ethanol («Trinkalkohol») + Kupfer(II)-oxid (CuO: Cu^{2+}- und O^{2-}-Ionen)

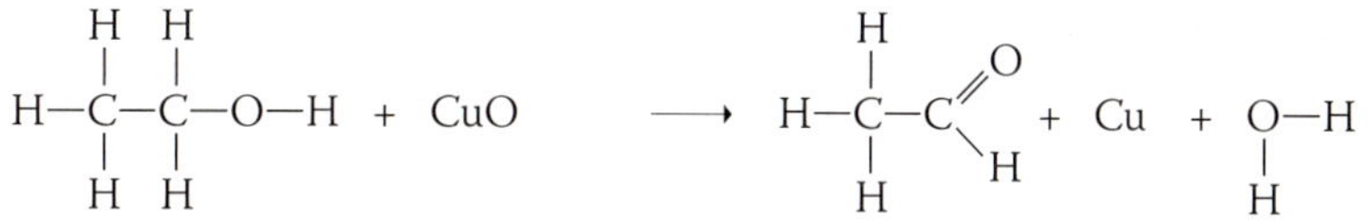

Red Ox
Ethanol Ethanal

Ethanal + Silber-Ionen in alkalischem Milieu

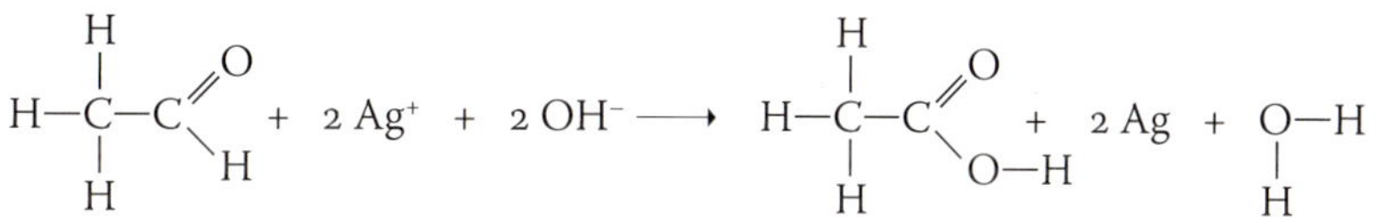

Red Ox
Ethanal Ethansäure (Essigsäure)

Ethanal + Kupfer(II)-salz-Lösung in alkalischem Milieu

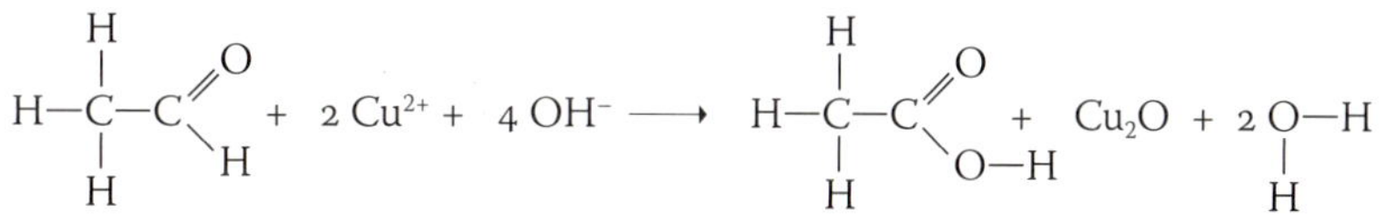

Ox Red
Ethanal Ethansäure Kupfer(I)-oxid

21.3 Redoxpotentiale und Redoxreihe

Reagiert im Reagenzglas Eisenpulver mit einer Kupfer(II)-salz-Lösung, so lässt sich eine deutliche Erwärmung feststellen: Die Reaktion ist exotherm, läuft thermodynamisch freiwillig und bei Raumtemperatur spontan (geringe Aktivierungsenergie) ab. Es handelt sich um eine Elektronenverschiebung von den Fe–Atomen zu den $Cu^{2+}(aq)$-Ionen, wobei die Elektronen durch die Hydrathülle der Kupfer-Ionen hindurch wandern müssen:

$$Fe(s) + Cu^{2+}(aq) \rightarrow Fe^{2+}(aq) + Cu(s)$$

Eine solche Verschiebung von elektrischer Ladung kann als elektrischer Strom aufgefasst werden, der hier allerdings nicht nachweisbar ist, weil die Elektronenübertragung in atomaren Dimensionen erfolgt. Werden die beiden Teilvorgänge der Gesamtreaktion jedoch örtlich voneinander getrennt (Abb. 21.3: Eisenblech/Eisensulfat-Lösung bzw. Kupferblech/Kupfersulfat-Lösung), so zeigt ein zwischen die Metallbleche (die Elektroden) geschaltetes Ampèremeter das Fliessen eines elektrischen Stroms an. Am Eisenblech gehen Fe^{2+}-Ionen in Lösung, während am Kupferblech Cu^{2+}(aq)-Ionen entladen werden. Die dazu notwendigen Elektronen gelangen durch den Draht vom Eisen- zum Kupferblech. Durch die poröse Tonwand zwischen den Lösungen wandern Fe^{2+}(aq)-Ionen von der Eisen- in die Kupfersalz-Lösung, weil die Kupfersalz-Lösung mit der Zeit an Cu^{2+}(aq)-Ionen verarmt, während die Konzentration der Fe^{2+}(aq)-Ionen in der Eisensalz-Lösung zunimmt. Die im Verlaufe des Versuchs frei werdende Energie lässt sich als elektrische Energie verwenden und kann z.B. einen kleinen Motor antreiben. Die Versuchsanordnung stellt eine Stromquelle (eine galvanische Zelle oder Batterie; Kap. 23) dar. Sie ist eine Kombination zweier Halbzellen.

- Das einfachste Beispiel einer Halbzelle besteht aus der Kombination eines Metalls (Elektrode) mit der Lösung eines seiner Salze. Beispiele: Eisenblech/Eisensulfat-Lösung; Kupferblech/Kupfersulfat-Lösung.
- Komplizierter aufgebaute Halbzellen benötigen unangreifbare Elektroden wie z.B. Platin, die zur Ab- bzw. Zuleitung von Elektronen dienen. Beispiele: Platin umspült mit Wasserstoff/saure Lösung (Abb. 21.4); Platin eingetaucht in Brom/Kaliumbromid-Lösung (Abb. 21.7).

Damit ein Strom zustande kommt, muss ein Niveauunterschied (ein Gefälle) an potentieller Energie bestehen. So fliesst ein elektrischer Strom nur dann, wenn zwischen zwei Punkten eine Potentialdifferenz[3] (eine Spannung) besteht. Tatsächlich lässt sich zwischen dem Eisen- und dem Kupferblech eine Spannung messen, die 0,8 Volt beträgt, wenn man für diesen Versuch Lösungen mit der Konzentration $c = 1\ mol \cdot L^{-1}$ verwendet. Da die Elektronen im Draht vom Eisen- zum Kupferblech fliessen, muss das Eisenblech das höhere Potential besitzen. Es bildet den negativen Pol, an dem Eisen-Atome zu Fe^{2+}-Ionen oxidiert werden. Der negative Pol ist also in diesem Fall die Anode (Oxidation), das Kupferblech, an dem die Reduktion der Cu^{2+}-Ionen stattfindet, die Kathode (der Pluspol; Reduktion).

Ersetzt man die Eisen(II)-salz-Lösung durch eine Silbernitrat-Lösung [$AgNO_3$(aq)] mit $c = 1\ mol \cdot L^{-1}$, so misst man 0,45 Volt, wobei aber das Voltmeter auf die entgegengesetzte Seite ausschlägt. Die Elektronen fliessen also jetzt vom Kupfer- zum Silberblech: Kupfer-Atome (Elektronendonatoren) werden oxidiert und Silber-Ionen [Ag^+(aq); Elektronenakzeptoren] reduziert.

[3] *Das elektrische Potential ist ein Mass für die potentielle Energie der Ladung.*

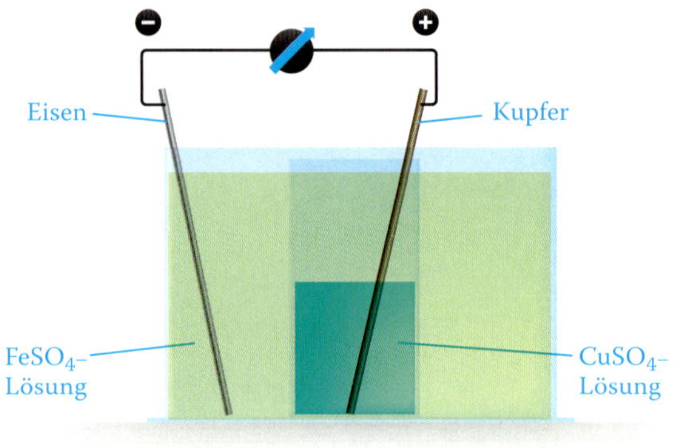

Abb. 21.3 Anordnung zur Messung der Stromstärke oder der Spannung mit zwei Metallelektroden. Die Kupfersulfat-Lösung befindet sich in einem Gefäss aus porösem Ton («Tonzelle»), die Eisensulfat-Lösung im Becherglas

Das Kupferblech, das das höhere Potential besitzt, ist der negative Pol, die Anode, das Silberblech die Kathode (der positive Pol). Kombiniert man das System Ag/Ag^+(aq) mit Fe/Fe^{2+}(aq), so misst man ungefähr 1,25 V, und die Elektronen fliessen durch den Draht vom Eisen zum Silberblech.

Es zeigt sich, dass jedem Redoxpaar ein bestimmtes elektrisches Potential, das Redoxpotential, zugeordnet werden kann, das als Mass für die Donator- bzw. Akzeptor-Stärke (der reduzierenden bzw. oxidierenden Wirkung) dient. Da es nicht möglich ist, Einzelpotentiale zu bestimmen (man kann nur Spannungen, d.h. Potentialdifferenzen messen!), muss man für die Potentialskala einen willkürlichen Nullpunkt festlegen, mit dem alle anderen Redoxpaare verglichen werden. Dafür hat man das Potential einer Normal-Wasserstoffelektrode gewählt, einer Elektrode aus platiniertem Platin, die von Wasserstoff unter Atmosphärendruck umspült wird und in eine saure Lösung mit pH = 0 [$c(H_3O^+) = 1\ mol \cdot L^{-1}$][4] taucht (Abb. 21.4). Am Platinblech kann sich die Reaktion $H_2 + H_2O \rightleftharpoons 2\ H_3O^+ + 2\ e^-$ abspielen, wobei die Protonen von den H_2O-Molekülen gebunden oder von den H_3O^+-Ionen abgegeben werden. Das Blech dient zur Ableitung oder Zuleitung der Elektronen. Die Messung der Spannung gegenüber einem anderen Redoxpaar muss möglichst stromlos erfolgen, da grössere Ströme Konzentrationsveränderungen der Lösungen zur Folge haben.

Kombiniert man nun das System H_2/H_3O^+ mit Fe/Fe^{2+}(aq) [$c(Fe^{2+}) = 1\ mol \cdot L^{-1}$], so misst man eine Spannung von etwa 0,45 V, wobei das Eisen den negativen Pol (Anode) bildet und die Elektronen von der Eisen- zur Wasserstoffelektrode, dem positiven Pol (Kathode), fliessen (Abb. 21.5 a). Dementsprechend erhält das Redoxpotential des Redoxpaars Fe/Fe^{2+} ein negatives Vorzeichen:

[4] *Hier sollten - besonders bei Konzentrationen $c > 0,1$ mol/L – für genauere Zwecke Aktivitäten statt Konzentrationen verwendet werden.*

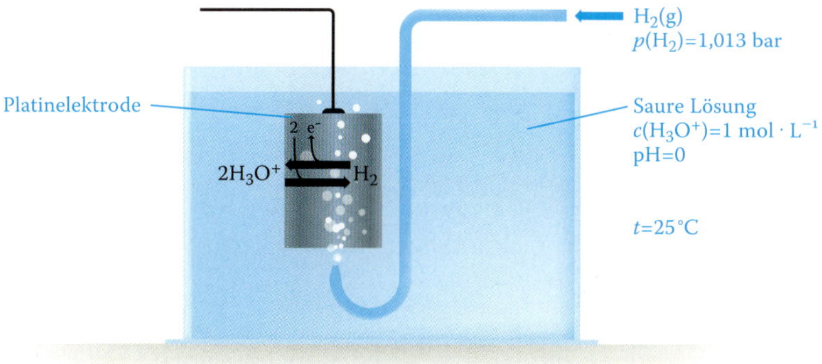

Abb. 21.4 Standard-Wasserstoffelektrode

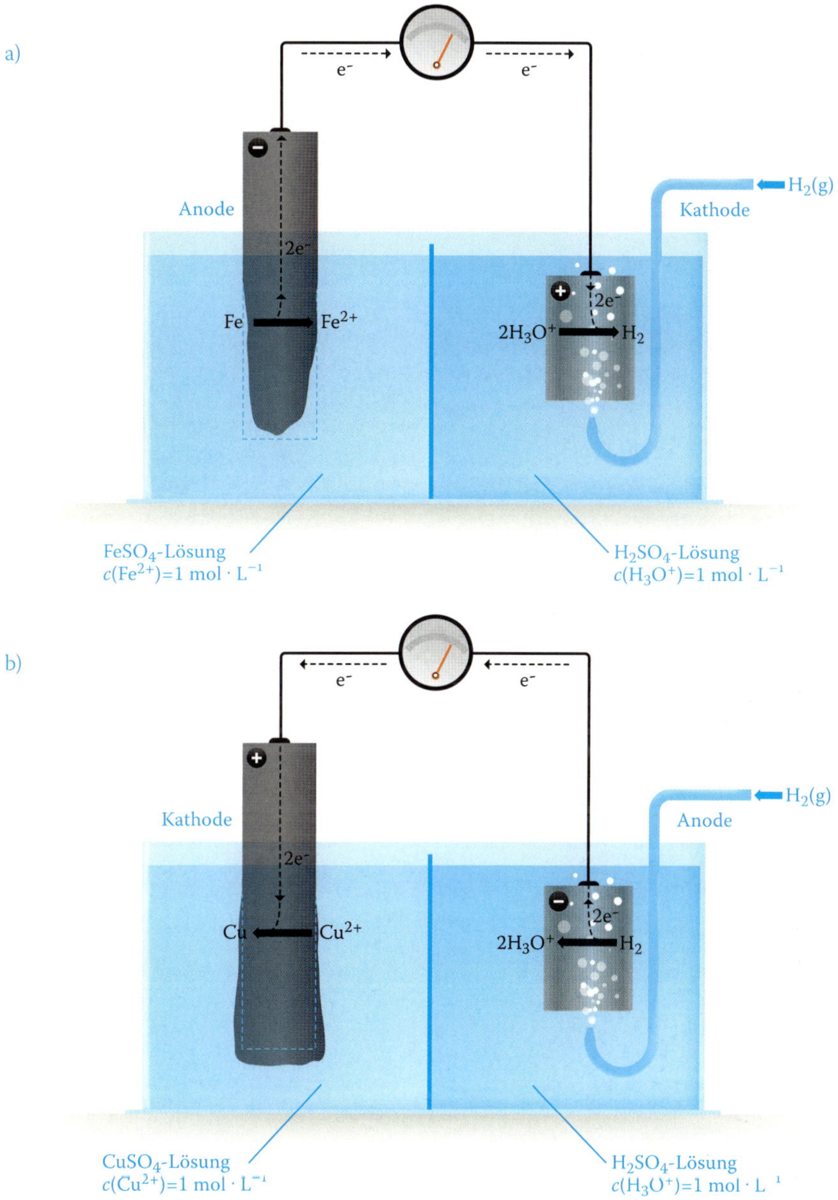

Abb. 21.5 Messung des Standardpotentials von a) Fe/Fe^{2+} bzw. von b) Cu/Cu^{2+}

Oxidation (negativer Pol; Anode):	$Fe(s)$	→	$Fe^{2+}(aq) + 2\,e^-$
Reduktion (positiver Pol; Kathode):	$2\,H_3O^+(aq) + 2\,e^-$	→	$H_2(g) + 2\,H_2O(l)$
Redoxreaktion:	$Fe(s) + 2\,H_3O^+(aq)$	→	$Fe^{2+}(aq) + H_2(g) + 2\,H_2O(l)$

Umgekehrt verhält es sich bei der Kombination einer Normal-Wasserstoffelektrode mit einer Kupferelektrode/Kupfersalz-Lösung [$c(Cu^{2+}) = 1\ mol \cdot L^{-1}$]. In diesem Fall werden die Elektronen an der Wasserstoffelektrode frei, die gegenüber der Kupferelektrode als negativer Pol wirkt (Abb. 21.5 b):

Oxidation (negativer Pol; Anode):	$H_2(g) + 2\,H_2O(l)$	→	$2\,H_3O^+(aq) + 2\,e^-$
Reduktion (positiver Pol; Kathode):	$Cu^{2+}(aq) + 2\,e^-$	→	$Cu(s)$
Redoxreaktion:	$H_2(g) + 2\,H_2O(l) + Cu^{2+}(aq)$	→	$2\,H_3O^+(aq) + Cu(s)$

Allgemein gilt:
- Um einen Vergleich verschiedener Redoxpaare zu ermöglichen, misst man ihre Potentiale im Standardzustand und bezeichnet sie als Standardpotentiale E^o (Tab. 21.1 im Abschnitt 21.1).
- Das Standardpotential E^o ist das gegenüber einer Normal-Wasserstoffelektrode gemessene Potential eines Redoxpaars im Standardzustand (25 °C; 1,013 bar), wobei alle (gelösten) Stoffe in der Konzentration (genauer: der Aktivität) $c = 1\ mol \cdot L^{-1}$ vorliegen.
- Das Redoxpotential von Redoxpaaren, deren Reduktor leichter Elektronen abgibt (der also der stärkere Elektronendonator ist bzw. der leichter oxidiert wird) als Wasserstoff, erhält ein negatives Vorzeichen.
- Umgekehrt haben Redoxpaare, deren Oxidator leichter Elektronen aufnimmt (der stärkere Elektronenakzeptor ist bzw. leichter reduziert wird) als das H_3O^+-Ion, positive Redoxpotentiale.

Bei der Kombination zweier Halbzellen aus jeweils einem Metall und seinen Ionen lässt sich das Zustandekommen der Potentialdifferenz besonders anschaulich verstehen, wenn man die Grenzflächen Metall/Lösung näher betrachtet. Steckt man z.B. ein Zinkblech in eine Zn^{2+}-Salzlösung, so können einige Ionen an der Oberfläche das Metall verlassen. Die Elektronen bleiben an der Metalloberfläche zurück und verhindern durch die elektrische Anziehung, dass sich Metallionen aus der Nachbarschaft der Oberfläche entfernen können. Es entsteht eine Doppelschicht aus Ionen und Elektronen (Abb. 21.6).

Aus einem «edleren» Kupferblech werden aber weit weniger Ionen aus dem Metall in die Lösung übergehen, sodass im Innern des Blechs weniger Elektronen zurückbleiben, d.h. dass dort ein geringerer «Elektronendruck» herrscht. Verbindet man nun das Zink- mit dem Kupferblech durch einen Draht, so werden Elektronen vom Ort höheren «Elektronendrucks» (Eisen) zum Ort

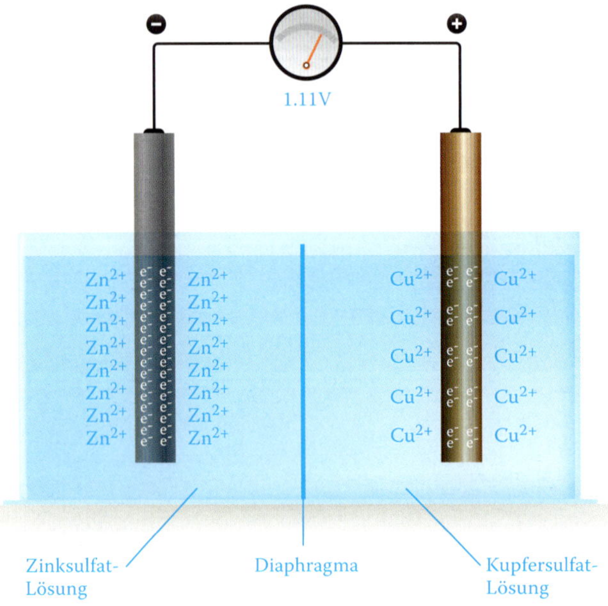

Abb. 21.6 Zustandekommen der Potentialdifferenz zwischen zwei Metallen (Zink und Kupfer) infolge verschiedenen «Elektronendrucks»

niedrigeren «Elektronendrucks» (Kupfer) verschoben. Dabei tritt dann am Kupfer die umgekehrte Reaktion [$Cu^{2+}(aq) + 2\ e^- \rightarrow Cu(s)$] ein. Die Potentialdifferenz zwischen den beiden Metallen lässt sich sehr anschaulich mit der Druckdifferenz zwischen zwei Gasbehältern vergleichen. Starke Reduktoren (Elektronendonatoren) stehen gewissermassen unter hohem, starke Oxidatoren (Elektronenakzeptoren) unter niedrigem «Elektronendruck».

Oxidation (negativer Pol; Anode):	$Zn(s)$	$\rightarrow$	$2\ Zn^{2+}(aq) + 2\ e^-$
Reduktion (positiver Pol; Kathode):	$Cu^{2+}(aq) + 2\ e^-$	$\rightarrow$	$Cu(s)$
Redoxreaktion:	$Zn(s) + Cu^{2+}(aq)$	$\rightarrow$	$Zn^{2+}(aq) + Cu(s)$

Redoxpotentiale von Nichtmetallen und komplizierteren Redoxpaaren

Will man Redoxpotentiale von Nichtmetallen und komplizierteren Redoxpaaren (wie z.B. Mn^{II}/Mn^{VII}) bestimmen, so benötigt man dazu, wie bei der Wasserstoffelektrode, ein Blech aus einem unangreifbaren Metall (meistens Platin), das die Elektronen ab- bzw. zuleitet (Abb. 21.7 und 21.8).

Instruktiv ist eine der Abb. 21.8 entsprechende Versuchsanordnung, die Kombination einer $Pt/Fe^{2+}(aq)$- mit einer $Pt/MnO_4^-(aq)$-Halbzelle. Die $KMnO_4$-Lösung ist mit verdünnter Schwefelsäure etwas angesäuert. Das Platinblech in der Permanganat-Lösung [$KMnO_4(aq)$] nimmt gegenüber dem anderen Blech ein positives Potential an. Das MnO_4^--Ion wirkt als Elektronenakzeptor (Oxidator) und wird zu $Mn^{2+}(aq)$ reduziert ($MnO_4^- + 8\ H_3O^+ + 5\ e^- \rightarrow Mn^{2+} + 12\ H_2O$). In der anderen Halbzelle hat das Platinblech ein negatives Potential, $Fe^{2+}(aq)$- werden zu $Fe^{3+}(aq)$-Ionen oxidiert ($Fe^{2+} \rightarrow Fe^{3+} + e^-$). Insgesamt laufen also die Reaktionen

Oxidation (negativer Pol; Anode):	$Fe^{2+}(aq)$	$\rightarrow Fe^{3+}(aq) + e^- \mid \cdot 5$
Reduktion (positiver Pol; Kathode):	$MnO_4^-(aq) + 8\ H_3O^+(aq) + 5\ e^-$	$\rightarrow Mn^{2+}(aq) + 12\ H_2O(l)$
Redoxreaktion:	$MnO_4^-(aq) + 8\ H_3O^+(aq) + 5\ Fe^{2+}(aq)$	$\rightarrow Mn^{2+}(aq) + 12\ H_2O(l) + 5\ Fe^{3+}(aq)$

ab, die beim Zusammengiessen einer angesäuerten Permanganat-Lösung mit einer Lösung von $FeCl_2$ praktisch sofort eintreten. Dies ist am Verschwinden der violetten Farbe des MnO_4^--Ions erkennbar.

Gibt man zur Permanganat-Lösung konzentrierte Schwefelsäure, so wächst die Spannung (die Potentialdifferenz) erheblich. Das positive Potential des Redoxpaars $Pt/MnO_4^-(aq)$ steigt, d.h. die Fähigkeit der $MnO_4^-(aq)$-Ionen, Elektronen aufzunehmen, nimmt zu. Dies zeigt, dass die Redoxpotentiale konzentrationsabhängig sind. Im vorliegenden Fall wird die Konzentration der H_3O^+-Ionen erhöht, die zur Reduktion der MnO_4^--Ionen erforderlich ist:

$$5\ e^- + MnO_4^- + 8\ H_3O^+ \rightarrow Mn^{2+} + 12\ H_2O$$

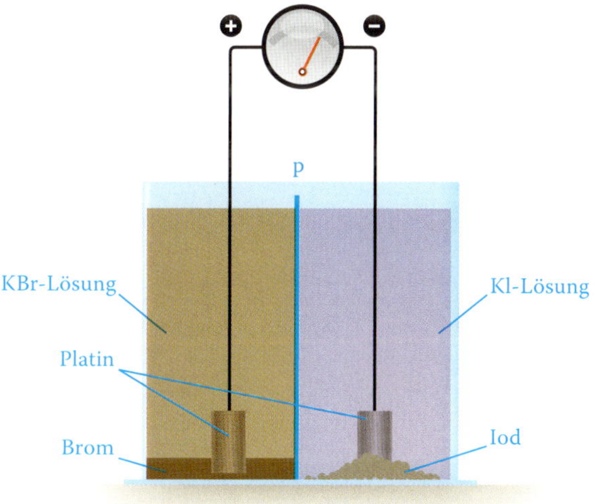

Abb. 21.7 Messung der Spannung zwischen einer Brom- und einer Iod-Halbzelle. p = poröse Wand

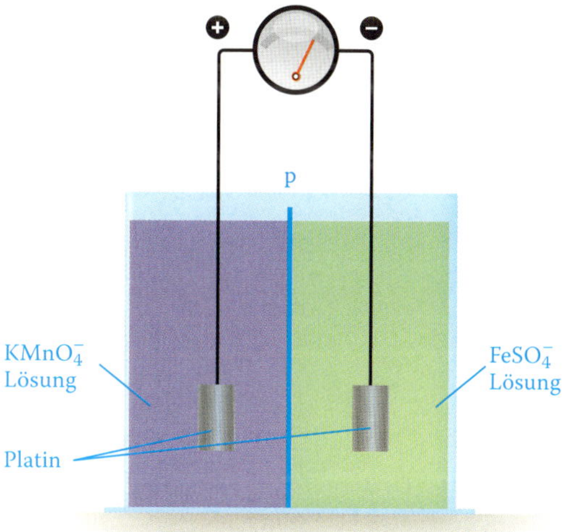

Abb. 21.8 Messung der Spannung zwischen einer Pt/Fe^{2+}- und einer Pt/MnO_4^--Halbzelle. p = poröse Wand

Voraussage von Redoxreaktionen
Die Redoxpotentiale bilden ein Mass für die Donator- bzw. Akzeptor-Stärke eines Redoxpaars Red/Ox:

- Ein Elektronendonator (Reduktionsmittel) ist umso stärker, je negativer sein Redoxpotential ist.
- Ein Elektronenakzeptor (Oxidationsmittel) ist umso stärker, je positiver sein Redoxpotential ist.

Somit ergibt sich:
Ein Elektronendonator kann Elektronen nur an einen Elektronenakzeptor mit positiverem Redoxpotential abgeben.

Ein Redoxvorgang $Red_1 + Ox_2 \rightarrow Ox_1 + Red_2$

wird nur dann nach rechts ablaufen, wenn das Redoxpotential des Redoxpaars Red_1/Ox_1 negativer ist als das Redoxpotential des Paars Red_2/Ox_2. Mit anderen Worten, die Differenz der beiden Potentiale ΔE (die Spannung zwischen den entsprechenden Halbzellen) ist in diesen Fällen $[E^o(Red_2/Ox_2) - E^o(Red_1/Ox_1)]$ positiv.

Beispiele:
Siehe Tabelle 21.1.

a) $Zn(s) + 2\,Fe^{3+}(aq) \rightarrow Zn^{2+}(aq) + 2\,Fe^{2+}(aq)$
$\Delta E = +0{,}75 - (-0{,}76) = 1{,}51$ V

b) $Cu(s) + Zn^{2+}(aq) \rightarrow Cu^{2+}(aq) + Zn(s)$
(diese Reaktion läuft nicht ab)
$\Delta E = -0{,}76 - (+0{,}35) = -1{,}11$ V

ÜBUNGEN ZUM KAPITEL 21

21.1 Zeigen Sie mithilfe der Oxidationszahlen (Abschnitt 7.4), dass es sich bei folgender Reaktion um einen Redoxvorgang handelt. Welche Atome werden oxidiert, welche reduziert? Welches Teilchen ist der Oxidator, welches der Reduktor?

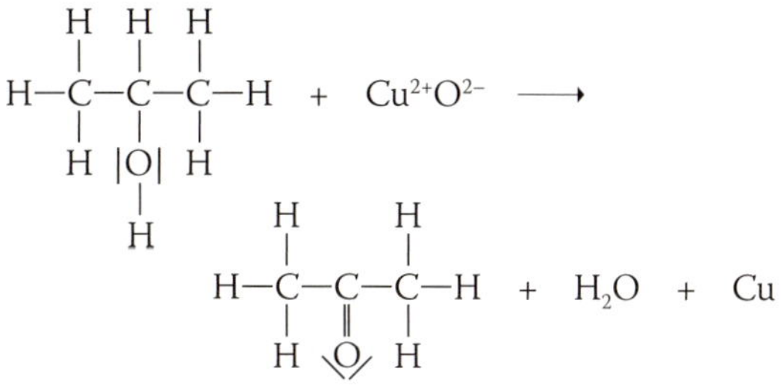

21.2 Welche Oxidationszahlen besitzen die verschiedenen Atome in den gegebenen Verbindungen?

$K_2Cr_2O_7$	$NaNO_2$	LiH	$CaPtCl_6$
$Al(NO_3)_3$	$KClO_3$	Na_3PO_4	$(NH_4)_2SO_4$

21.3 Metalle reagieren bei chemischen Reaktionen ausnahmslos als Reduktoren. Begründung?

21.4 Formulieren Sie die Reaktionsgleichungen für Aluminium + Sauerstoff; Calcium + Stickstoff; Stickstoff + Iod; Wasserstoff + Chlor. Weshalb handelt es sich bei diesen Reaktionen um Redoxreaktionen?

21.5 Bei der Verbrennung von Kohlenwasserstoffen handelt es sich ebenfalls um Redoxreaktionen.
a) Formulieren Sie die Reaktionsgleichung für die Verbrennung von Ethan mit Sauerstoff.
b) Welche Atome werden oxidiert, welche reduziert (verwenden Sie dazu die Oxidationszahlen)?
c) Bezeichnen Sie den Oxidator und den Reduktor.

21.6 Stellt man ein Kupferblech in eine Silbernitrat-Lösung [$AgNO_3$(aq): Ag^+(aq) und NO_3^-(aq)-Ionen], so scheidet sich elementares Silber am Kupferblech ab und die Lösung färbt sich allmählich blau [Cu^{2+}(aq)-Ionen].
a) Stellen Sie die Reaktionsgleichung auf.
b) Zeigen Sie, dass es sich bei diesem Vorgang um eine Redoxreaktion handelt. Bezeichnen Sie den Oxidator bzw. den Reduktor.

21.7 Alkohole lassen sich zu Aldehyden oxidieren. Gegeben sind die Lewis-Formeln eines Alkohols (Ethanol) und des daraus entstehenden Aldehyds (Ethanal). Weshalb handelt es sich bei diesem Vorgang um eine Oxidation? (Alle übrigen beteiligten Stoffe wurden weggelassen.)

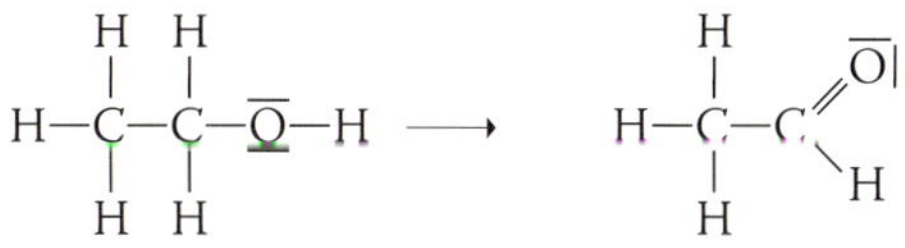

Ethanol Ethanal

21.8 Bei der Oxidation von Aldehyden entstehen Carbonsäuren. Zeigen Sie anhand der Lewis-Formeln, welches Atom oxidiert wurde.

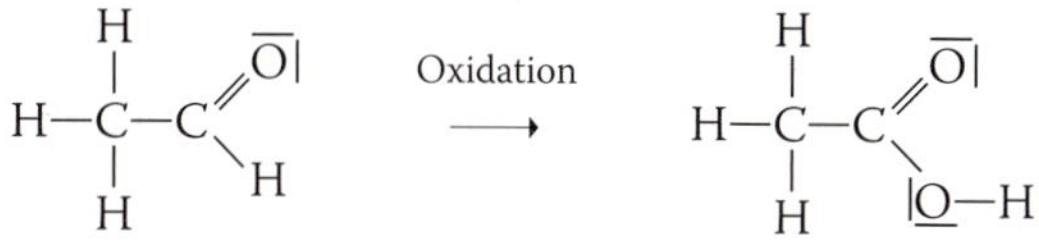

Aldehyd Carbonsäure

21.9 Welche der folgenden Reaktionen sind Redoxvorgänge? Geben Sie die jeweils oxidierten und reduzierten Atome an.
a) Wenn man Salzsäure auf festes Eisensulfid (FeS: Fe^{2+}- und S^{2-}-Ionen) auftropfen lässt, entsteht Dihydrogensulfid [H_2S(g)].
b) Gibt man zu einer wässrigen Lösung von Eisen(III)-chlorid konzentrierte KI-Lösung, so entsteht Iod (I_2), das mit dunkelbrauner Farbe gelöst bleibt.
c) Magnesium reagiert im Stickstoffstrom sehr heftig und bildet Magnesiumnitrid (Mg_3N_2 : Mg^{2+}- und N^{3-}-Ionen).

21.10 Formulieren Sie folgende Redoxreaktionen:
a) Kalium + Wasser
b) Eisen + Salzsäure [HCl(aq)]
c) Eine wässrige Lösung von Kaliumbromid + Chlorwasser [Cl_2(aq)]
d) 1-Butanol + Kupfer(II)-oxid (CuO)

21.11 Sie sollen ein Stück Eisenblech mit Kupfer überziehen. Wie würden Sie vorgehen?

21.12 Vervollständigen Sie die Gleichungen. Welche der Reaktionen sind Redoxreaktionen?
a) $Ca + H_2SO_4 \rightarrow CaSO_4 + H_2O + SO_2$
b) $CaCO_3 + HCl \rightarrow CaCl_2 + H_2O + CO_2$
c) $Zn + HCl \rightarrow ZnCl_2 + H_2$
d) $CH_3OH + CuO \rightarrow CH_2O + Cu + H_2O$
e) $NH_3 + O_2 \rightarrow NO + H_2O$
f) $NaCl + H_2SO_4 \rightarrow Na_2SO_4 + HCl$
g) $KOH + Cl_2 \rightarrow KClO + KCl + H_2O$

21.13 Bei welchen der folgenden Kombinationen wird Metall aus der Lösung ausgefällt?
a) Zn/$AuCl_3$-Lösung c) Pb/$MgCl_2$-Lösung
b) Ag/NaCl-Lösung d) Mg/$AgNO_3$-Lösung

21.14 Welche Redoxreaktionen können zwischen folgenden Teilchen freiwillig ablaufen: Br^-, Cl_2, Ag^+ und Zn?

21.15 a) Mit welchen Reduktoren lassen sich Cu^{2+}-Ionen zu Kupfer, Schwefel zu Sulfid-Ionen, Fe^{3+}- zu Fe^{2+}-Ionen reduzieren?
b) Womit kann man Sulfid-Ionen zu Schwefel oxidieren?
c) Wie kann man aus Chlorid-Ionen Chlor herstellen?

22 METALLE

22.1 Die räumliche Gestalt (Struktur) von Metallen

Die Anziehungskräfte zwischen den Atomen im Metallgitter wirken ebenso räumlich nach allen Seiten wie zwischen den Ionen eines Salzes. In einem Ionengitter sind die Ionen so angeordnet, dass in einem möglichst kleinen Bereich Elektroneutralität herrscht (positive und negative Ladungen heben sich auf). In Metallgittern ist aber nur eine einzige Art Teilchen vorhanden. Die Zahl der um ein bestimmtes Atom angeordneten anderen Atome (die Koordinationszahl, KZ) wird weder durch die Elektroneutralitätsbedingung noch durch bestimmte Bindungsrichtungen (wie in Atomgittern, z.B. Grafit oder Diamant) beschränkt. Ein Metallatom kann sich deshalb mit so vielen anderen Atomen umgeben, wie es aus geometrischen Gründen überhaupt möglich ist, d.h. die Koordinationszahlen sind relativ hoch.

Die allermeisten Metalle kristallisieren entweder in der kubisch- oder hexagonal dichtesten Kugelpackung oder in einem innenzentrierten Würfelgitter (Abb. 22.1). Dichteste Kugelpackungen entstehen, indem Ebenen übereinander gestapelt werden, die möglichst dicht mit Kugeln besetzt sind. Dies ist dann der Fall, wenn eine Kugel (ein Metallatom) von sechs anderen umgeben ist (Koordinationszahl = 6). Bei der Abfolge solcher Ebenen kommen die Kugeln einer höheren Schicht jeweils in die Einsenkungen zwischen den Kugeln der unteren Schicht zu liegen. In der kubisch dichtesten Kugelpackung, der Kupferstruktur, ist die jeweils 4. Schicht in einer identischen Lage mit der ersten. Die dichtest gepackten Kugelebenen stehen senkrecht zu den Diagonalen eines Würfels mit Metallatomen in den Ecken sowie in den Zentren der Würfelflächen (kubisch flächenzentriertes Gitter; Abb. 22.1; z.B. Kupfer, Silber, Gold, Calcium, Aluminium, Blei, Nickel). In der hexagonal dichtesten Kugelpackung, der Magnesiumstruktur, liegt bereits die dritte Kugelschicht in der gleichen Position wie die erste. Senkrecht zur Aufeinanderfolge der dichtest gepackten Ebenen steht eine sechszählige Symmetrieachse (Drehung um 60° ergibt jeweils die gleiche Atomanordnung; z.B. Magnesium, Cobalt). In beiden dichtesten Packungen ist ein Atom von 12 anderen Atomen umgeben. Die Koordinationszahl ist 12. Im kubisch innenzentrierten Gitter, der Wolframstruktur, ist ein Atom im Zentrum eines Würfels, die anderen sind an den Ecken angeordnet. Die Zahl der nächsten Nachbarn ist acht (KZ = 8). Zusammen mit den sechs übernächsten Nachbarn, die nur wenig weiter entfernt sind, ergibt sich die Koordinationszahl 14. Diese Struktur ist etwas lockerer und tritt vor allem bei Metallen mit relativ grossen Atomradien auf (Wolfram, Alkalimetalle, Barium).

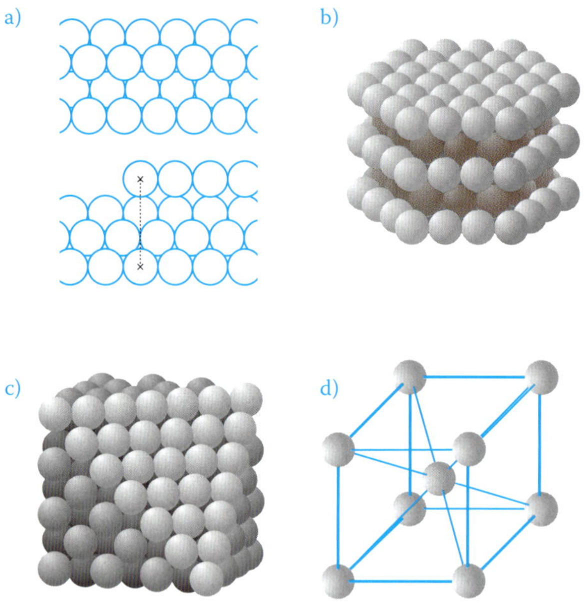

Abb. 22.1 Metallstrukturen
a) Dichteste Kugelpackungen, von der Seite her gesehen (oben hexagonal, unten kubisch dichteste Kugelpackung), b) Magnesiumstruktur (hexagonal dichteste Kugelpackung), c) Kupferstruktur, so dargestellt, dass die Würfelsymmetrie erkennbar ist, d) Wolframstruktur

Die wichtigsten Gittertypen der Metalle:
- Dichtest gepackte Kugelebenen haben die Koordinationszahl = 6.
- Dichteste Kugelpackungen entstehen durch Übereinanderlagern von dichtest gepackten Kugelebenen.
- Kubisch dichteste Kugelpackung: Die jeweils vierte Kugelschicht hat die gleiche Lage wie die erste (Goldstruktur). Koordinationszahl = 12. Die dichtest gepackten Kugelebenen stehen senkrecht zu den Diagonalen eines Würfels (kubisch flächenzentriertes Gitter).
- Hexagonal dichteste Kugelpackung: Die Lage der dritten Kugelschicht ist identisch mit der ersten (Magnesiumstruktur). Koordinationszahl = 12.
- Kubisch innenzentriertes Gitter: Die kleinste Einheit ist ein Würfel mit acht Atomen an den Ecken und einem Atom im Zentrum (Wolframstruktur). Koordinationszahl = 8.

Wie die allermeisten Festkörper bestehen auch die Metalle nicht nur aus einem einzigen Kristall, sondern sind polykristallin. Zahllose kleine, regellos angeordnete Kriställchen («Körner») bilden ein Gefüge. Diese

Körner lassen sich z.B. durch Ätzen einer Metalloberfläche sichtbar machen.

Nur unter ganz besonderen Bedingungen gelingt es, sogenannte Einkristalle herzustellen, Metallstücke, die nur aus einem einzigen Kristall bestehen. Einkristalle zeigen gewöhnlich eine besonders hohe Leitfähigkeit für Elektrizität und Wärme, weil die Verschiebung von Elektronen nur innerhalb eines einzigen Kristalls erfolgt und nicht durch Korngrenzen (die Grenzen der Kriställchen) behindert wird. Je nach Vorbehandlung eines Metalls lassen sich die Korngrössen verändern. Eigenschaften, die wie z.B. die Härte oder Verformbarkeit (Duktilität) von der Grösse der Körner abhängen, können dadurch in günstigem Sinn beeinflusst werden.

Metalle sind gewöhnlich polykristallin, d.h. sie bestehen aus einem Gefüge ineinander verfilzter Kriställchen («Körner», «Kristallite»). Die Veränderung der Korngrösse (z.B. durch Wärmebehandlung) ermöglicht die Beeinflussung gewisser Eigenschaften wie z.B. die Härte oder Verformbarkeit).

Auch in hochreinen Metallen sind die Atome nicht völlig regelmässig angeordnet. Es sind stets Baufehler («Störstellen») vorhanden. So kann z.B. ein Fremdatom zwischen den Metallatomen im Gitter eingelagert sein oder ein Gitterplatz ist unbesetzt. Anderseits ist es auch möglich, dass ein Fremdatom einen Gitterplatz im Kristall einnimmt. Besonders wichtige Gitterstörungen sind die «Versetzungen», bei denen zwei Atome des ungestörten Gitters drei Atomen der benachbarten Atomreihe zugeordnet sind. Solche Gitterstörungen können linienförmig einen ganzen Kristalliten durchziehen (Abschnitt 22.2, Abb. 22.3).

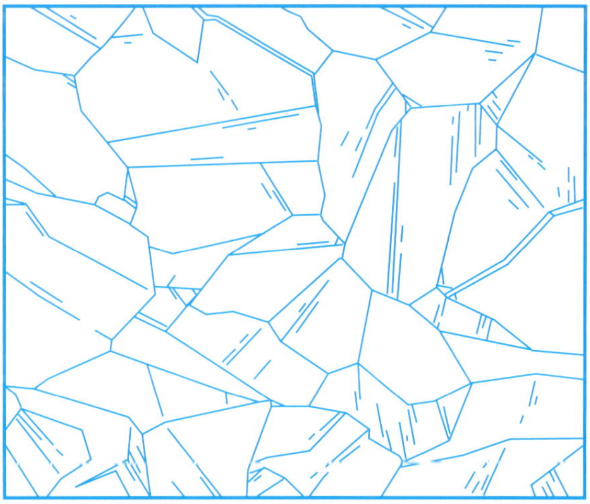

Abb. 22.2 Gefüge von geätztem Messing

22.2 Eigenschaften von Metallen: Schmelz- und Siedetemperaturen, Verformbarkeit, Härte, elektrische Leitfähigkeit

Schmelz- und Siedetemperaturen

Metallische Stoffe sind – ebenso wie die Salze – durch eine Reihe gemeinsamer Eigenschaften gekennzeichnet: hohe elektrische und thermische Leitfähigkeit auch im festen Zustand, plastische Verformbarkeit und Metallglanz.

Nach dem Elektronengasmodell (Abschnitt 5.4) sind die Kräfte zwischen den Atomen eines Metallgitters umso grösser, je mehr Aussenelektronen den betreffenden Atomen zur Verfügung stehen (stärkere Anziehungskräfte zwischen Atomrümpfen und Valenzelektronen). In Übereinstimmung damit steigen (bei gleicher Gitterstruktur) Schmelztemperatur und Härte entsprechend der Zunahme der Anzahl Aussenelektronen bzw. Bindungselektronen (Metallatome der Übergangsmetalle können auch Elektronen innerer Schalen zur Verfügung stellen; Tab. 22.1).

Tabelle 22.1 Zusammenhang zwischen der Anzahl Bindungselektronen und der Schmelztemperatur bzw. der Härte von Metallen einer Periode

Metall	Anzahl Bindungs-elektronen	t_m in °C	Brinellhärte*
K	1	63,5	0,04
Ca	2	842	13
Sc	3	1541	–
Ti	4	1668	160
V	5	1910	260

**Zur Bestimmung der Brinellhärte wird eine Stahlkugel von bestimmtem Durchmesser durch Druck in das zu prüfende Material gepresst. Die «Härte» wird angegeben durch das Verhältnis der Last (kg) zur Fläche der Eindruckskalotte (in mm²).*

Besonders hohe Schmelztemperaturen haben gewisse Übergangselemente, bei denen auch die Elektronen der zweitäussersten Schale als Valenzelektronen wirken [Sc, Ti, V (Tab. 22.1), W, Mo, Cr; Platinmetalle: Ru, Rh, Pd, Os, Ir, Pt].

Tabelle 22.2 Schmelz- und Siedetemperaturen der Alkalimetalle

Metall	t_m in °C	t_b in °C
Li	180,5	1342
Na	97,8	883
K	63,5	759
Rb	39,3	688
Cs	28,44	671

Die deutliche Abnahme der Schmelz- und Siedetemperaturen von Lithium bis Cäsium (Tab. 22.2) zeigt, dass die Kräfte zwischen den Metallatomen ebenso wie bei Atombindungen auch von den Abständen der Atome, d.h. den Atomradien, abhängen. Metallatome mit kleinen Radien binden einander stärker.

Verformbarkeit (Duktilität)

Versetzungen (Abschnitt 22.1) spielen eine sehr wichtige Rolle bei der plastischen Verformung eines Metallkristalls (Abb. 22.3). Wirkt eine Kraft auf ein ungestörtes Metallgitter, so bilden sich Versetzungslinien, die entlang einer Ebene («Gleitebene») durch den Kristall hindurch wandern und sich sogar an Korngrenzen fortsetzen können. Auf diese Weise wird eine plastische Verformung möglich: die Atomebenen gleiten übereinander. Bei Salzen kommen bei einem solchen Gleiten gleichartig geladene Ionen übereinanderzuliegen, sodass das Gitter auseinanderbricht. Salze sind spröde (Abb. 22.4).

In erster Linie wirken dichtest besetzte Ebenen als Gleitebenen, weil in ihnen der Zusammenhalt besonders gross ist. In der kubisch dichtesten Kugelpackung sind vier Scharen solcher Ebenen vorhanden (senkrecht zu jeder Würfeldiagonalen), während es in der hexagonal dichtesten Kugelpackung nur eine einzige solche Schar gibt (senkrecht zur hexagonalen Symmetrieachse). In den Gittern polykristalliner Metalle mit Kupferstruktur ist daher bei der Verformung die Wahrscheinlichkeit grösser, dass Gleitebenen in eine günstige Lage zur Angriffskraft zu liegen kommen als bei Metallen mit der Magnesiumstruktur. Metalle, die in der Kupferstruktur kristallisieren, sind aus diesem Grund leichter verformbar. Metalle mit der Magnesium- oder Wolframstruktur (die ebenfalls wenige dichtest gepackte Ebenen besitzt) sind dagegen eher spröde (Chrom, Vanadium, Molybdän, Wolfram). Die relativ weichen, gut zu bearbeitenden Metalle Kupfer, Silber, Gold, Platin, Nickel, Aluminium, Blei und γ-Eisen kristallisieren alle in der kubisch dichtesten Kugelpackung.

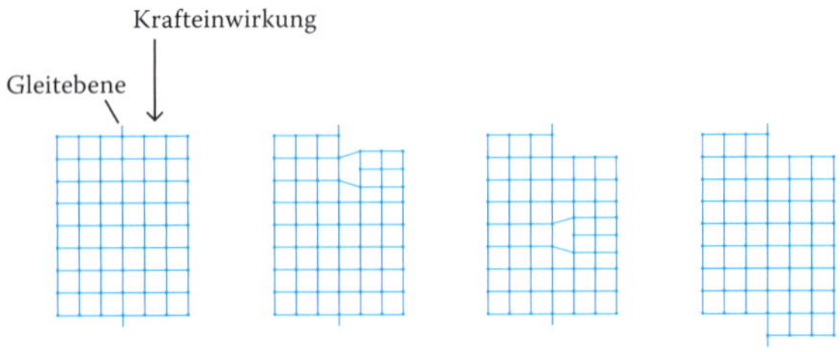

Abb. 22.3 Wanderung einer Stufenversetzung entlang einer Gleitebene bei plastischer Verformung eines Metalls

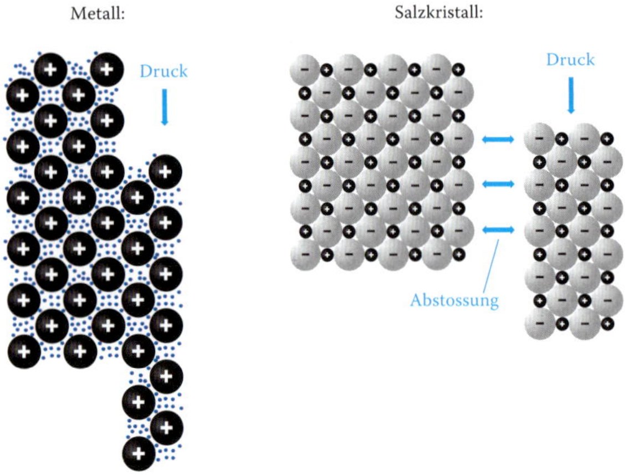

Abb. 22.4 Vergleich Verformung Metall/Salz

Härte der Metalle

Ein Vergleich der Brinellhärte verschiedener Metalle mit jeweils gleich vielen Valenzelektronen (d.h. ungefähr gleich starker Bindung) zeigt den Einfluss der Struktur auf die Verformbarkeit sehr deutlich (Tabelle 22.3). Eisen wandelt sich bei 906 °C von der Wolfram- in die Kupferstruktur um. Es kann deshalb durch Wärmebehandlung die Eigenschaften der Kupferstruktur annehmen und weich sowie gut schmiedbar werden oder die grössere Härte der Wolframstruktur zeigen. Die besonders hohe Härte von Stahl ist im Wesentlichen darauf zurückzuführen, dass die Gleitung innerhalb der Eisenkristallite durch die zwischen die Eisen-Atome eingelagerten Kohlenstoffkriställchen erschwert wird.

Tabelle 22.3 Zusammenhang zwischen Gittertyp und Härte einiger Metalle

Metall	Kürzeste Atomabstände (pm)	Anzahl Bindungselektronen	Gittertyp	Brinellhärte
Rh	268,4	~6	Cu-Typ	110
Ru	266,7	~6	Mg-Typ	220
Pt	276,9	~6	Cu-Typ	50
Re	274,5	~6	Mg-Typ	250
Ni	248,7	~6	Cu-Typ	70
Co	250,3	~6	Mg-Typ	125
Ca	393,2	2	Cu-Typ	13
Ba	434,3	2	W-Typ	42

Die Verformbarkeit der Metalle beruht auf der Bildung von Versetzungslinien, die entlang dichtest gepackter Ebenen wandern. Da die kubisch dichteste Kugelpackung vier Scharen solcher Ebenen aufweist, in der hexagonal dichtesten Packung jedoch nur eine Schar vorhanden ist, sind die in der Kupferstruktur kristallisierenden Metalle leichter verformbar und auch meist weicher.

Elektrische Leitfähigkeit

Wie bereits erwähnt (Abschnitt 5.4), bilden die Metalle ein Gitter aus positiv geladenen Atomrümpfen. Der Zusammenhalt geschieht durch die frei beweglichen

Aussenelektronen (Elektronengas). Legt man eine Spannung an, so bewegen sich die Elektronen auf die Anode zu (elektrische Leitfähigkeit). Temperaturerhöhung eines Metalls bewirkt, dass die Leitfähigkeit abnimmt, da die Atomrümpfe stärker um ihre Ruhelage schwingen und damit die Beweglichkeit der Elektronen behindern. Die elektrische Leitfähigkeit nimmt ebenfalls ab, wenn Fremdatome in ein Metallgitter eingebaut werden. Es ist deshalb wichtig, dass elektrische Leitungen aus möglichst reinem Kupfer bestehen.

22.3 Legierungen

Bei den Metallen bestimmt die Grösse der Atome in noch höherem Mass die Struktur, verglichen mit den Salzen, bei denen die Ladung eine grosse Rolle spielt. Mischkristallbildung ist deshalb bei Metallen besonders häufig. Kühlt man eine flüssige Mischung aus verschiedenen Metallen ab, so können sich Mischkristalle (Legierungen) dadurch bilden, dass Atome des einen Metalls Atome im Gitter des anderen Metalls (zufällig oder geregelt) ersetzen oder dass Atome des einen Metalls in Lücken zwischen die Atome des anderen Metalls eingelagert werden (Abb. 22.5). Haben aber die Atome der beiden Metalle z.B. ungleich viele Valenzelektronen oder ermöglichen die Radienverhältnisse weder einen Ersatz noch die Bildung von Einlagerungsmischkristallen, so können sich beim Abkühlen einer Schmelze Kristalle der reinen Metalle bilden. Eine solche Legierung besteht dann aus dem Gefüge von Körnern verschiedener Zusammensetzung.

Das Zahlenverhältnis, in dem die verschiedenen Atome einer Legierung vorhanden sind, gehorcht keinen einfachen Regeln und kann oft in weitem Mass variieren. Nur wenn der Ersatz oder die Einlagerung von Atomen in das Gitter geometrisch regelmässig erfolgt, oder wenn die verschiedenen Atomarten zusammen eine neue, der Legierung eigene Struktur bilden, ist das Zahlenverhältnis der Atome bestimmt.

Kühlt man z.B. eine Schmelze aus Kupfer (Atomradius 128 pm) und Gold (144 pm) ab, so bilden sich Mischkristalle der kubisch dichtesten Kugelpackung, in der die Kupfer- und Gold-Atome statistisch verteilt sind. Solche ungeregelte Mischkristalle sind nichts anderes als feste Lösungen. Eine Mischung aus 50 Atom-% Kupfer und 50 Atom-% Gold bildet eine regelmässig gebaute Struktur, in der jedes Gold-Atom von 12 Kupfer-Atomen, jedes Kupfer-Atom von 4 Gold- und 8 Kupfer-Atomen umgeben ist. In diesen beiden Fällen könnte man von «intermetallischen Verbindungen» sprechen. Die bestimmten Zahlenverhältnisse (CuAu bzw. Cu_3Au) kommen aber nur dadurch zustande, dass sich die Atome im Gitter besonders gut ordnen. Die Begriffe «Verbindung» und «Mischung» verlieren daher bei Legierungen ihren Sinn weitgehend, und man spricht besser von intermetallischen Phasen.

Die elektrische Leitfähigkeit von Legierungen ist im Allgemeinen schlechter als die Leitfähigkeit der reinen Komponenten. Besonders stark vermindert wird die Leitfähigkeit durch statistischen Ersatz von Atomen oder ungeregelte Einlagerung. Legierungen aus «geregelten» Mischkristallen oder von einer geordneten Struktur (wie CuAu oder Cu_3Au) zeigen wieder eine etwas höhere Leitfähigkeit (Abb. 22.6).

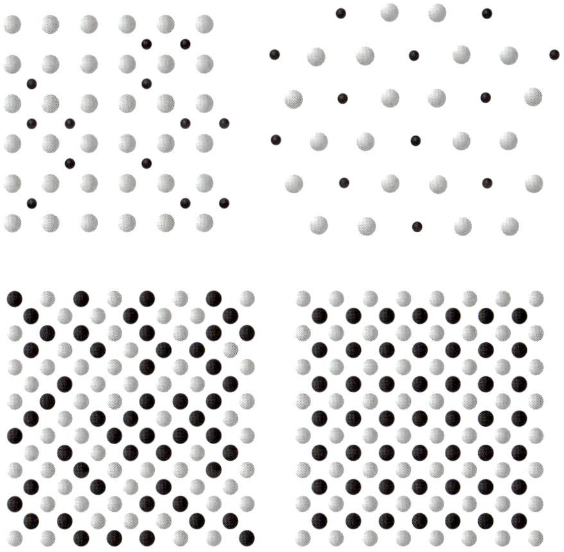

Abb. 22.5 Mischkristallbildung. Jeweils links ungeregelte, rechts geregelte Mischkristallbildung

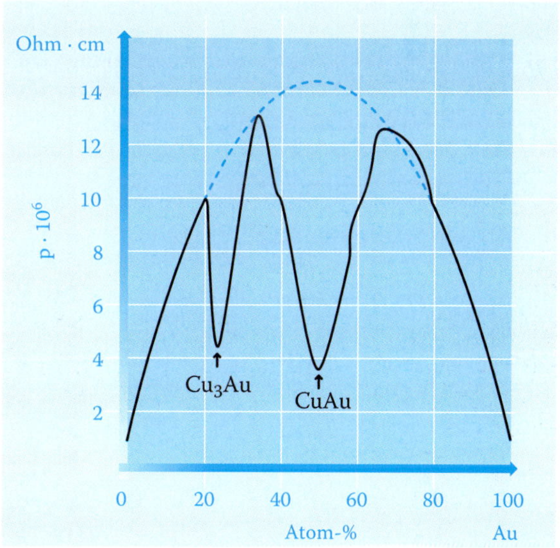

Abb. 22.6 Elektrischer Widerstand von Kupfer/Gold-Legierungen

22.4 Halbleiter

Die Elemente Silicium und Germanium sehen zwar metallisch glänzend aus, sind aber sehr hart und spröde und zeigen nur geringe elektrische Leitfähigkeit. Beide kristallisieren in der Diamantstruktur, in der jedes Atom durch Atombindungen mit vier anderen Atomen verbunden ist (Abschnitt 1.4). Weil aber die Atomrümpfe dieser beiden Atome beträchtlich grösser sind als der Atomrumpf des Kohlenstoff-Atoms, sind die Aussenelektronen bei ihnen weniger stark gebunden. Aufgrund der thermischen Bewegung der Teilchen können einzelne Elektronen das Atom verlassen und sich dann einigermassen frei im Gitter bewegen. Positiv geladene Ionen bleiben im Gitter zurück und es entstehen Störstellen im Kristall.

Die mehr oder weniger freien Elektronen bewirken die Leitfähigkeit eines Silicium- oder Germaniumkristalls. Sie ist jedoch viel geringer als bei den Metallen, da weniger «freie» Elektronen vorhanden sind. (In Metallgittern steht pro Atom mindestens ein freies Elektronenpaar zur Verfügung!) Aus diesem Grund nennt man solche Stoffe Halbleiter. Im Gegensatz zu den Metallen wächst ihre Leitfähigkeit mit zunehmender Temperatur, da durch die stärkere Wärmebewegung mehr Elektronen freigesetzt werden.

Den im Gitter verbleibenden positiv geladenen Atomen fehlt ein Elektron. Man spricht deshalb von einer Elektronenleerstelle oder einem «Elektronenloch». Wenn ein solches Ion ein Elektron eines Nachbaratoms «einfängt», wird es selbst elektrisch neutral. Dafür entsteht in seiner Nachbarschaft eine neue Elektronenleerstelle: die Leerstelle wandert. Die Wanderungsrichtung der Elektronenleerstelle ist der Bewegung des eingefangenen Elektrons entgegengerichtet. Die Elektronenleerstellen verhalten sich deshalb beim Anlegen einer elektrischen Spannung wie positive Ladungen und tragen zur Leitfähigkeit bei. Einzelne Elektronen können aber nicht nur durch die Wärmebewegung, sondern auch durch Licht aus den Atomen herausgeschlagen werden. Die Zahl der freigesetzten Ladungsträger (Elektronen bzw. Elektronenleerstellen) hängt dann von der Intensität der Strahlung ab. Dieses Verhalten wird zur Konstruktion von Fotozellen benützt.

Die elektrische Leitfähigkeit von Halbleitern beruht auf der Wanderung von Störstellen im Gitter, d.h. von Stellen mit Elektronenüberschuss oder Elektronenleerstellen. Sie wächst mit zunehmender Temperatur.

n- und p-Leiter
Die Zahl der freien Elektronen und der Elektronenleerstellen in einem Halbleiter ist bei Raumtemperatur gering. Man kann sie aber stark erhöhen, wenn man dem Silicium- oder Germaniumkristall kleine Mengen von Fremdstoffen zusetzt, d.h. wenn der Halbleiter dotiert wird.

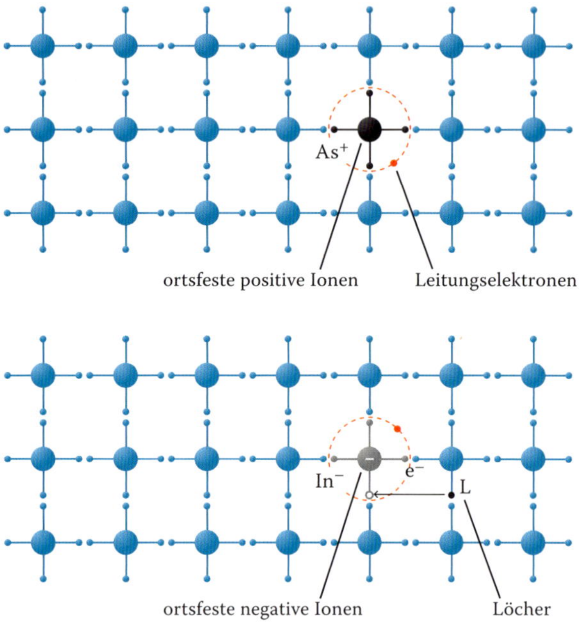

Abb. 22.7 n- und p-Leiter. Oben: n-Leiter; Unten: p-Leiter

Fügt man z.B. zu einem Germaniumkristall etwas Arsen (As), so sind im Gitter überschüssige Elektronen vorhanden, weil die Arsen-Atome fünf (nicht vier) Aussenelektronen haben, zur Ausbildung der Diamantstruktur aber von jedem Atom nur vier Elektronen benötigt werden. Das Arsen-Atom wird durch die Abgabe eines Elektrons positiv geladen und bleibt als Ion an seinem Gitterplatz. Die Stromleitung erfolgt vor allem durch Elektronen. Man spricht deshalb von einem «Elektronenüberschussleiter» (n-Leiter; Abb. 22.7 oben).

Der Einbau von Aluminium- oder Indium (In-) Atomen in das Gitter von Germanium hat einen anderen Effekt zur Folge: Die Fremdatome besitzen nur drei Aussenelektronen und müssen ein Elektron von einem benachbarten Germanium-Atom übernehmen, um vier Atombindungen bilden zu können. Dadurch entsteht aber um das Germanium-Atom eine Elektronenleerstelle. Diese erzeugt wiederum eine «positive Ladung» und bewirkt die elektrische Leitfähigkeit. Solche Halbleiter sind «Elektronenmangelleiter» (p-Leiter; Abb. 22.7 unten).

Kombinationen von Elektronenüberschuss- und Elektronenmangelleitern wirken als Gleichrichter und können auch zur Verstärkung schwacher Ströme verwendet werden (Transistoren). Transistoren dienen aber auch als elektrische Schalter und haben in der heutigen Elektronik unzählige Anwendungen gefunden. Bei «integrierten Schaltungen» sind tausende solcher Elemente auf einem einzigen Siliciumkristall oder einem Metalloxidkristall aufgebracht. Pro cm^2 Halbleiteroberfläche können viele tausende Schaltelemente vorhanden sein. Ohne die Verwendung von Halbleitern wäre die heutige Elektronik (Computertechnik) völlig undenkbar.

Titan – ein wertvolles Leichtmetall

Das Element Titan ist das zehnthäufigste Element der Erde und hat einen Anteil von 0,6 % am Aufbau der Erdkruste. Dieser Anteil ist grösser als derjenige so bekannter Elemente wie Chlor, Kohlenstoff, Schwefel, Nickel, Zinn und Kupfer. Trotzdem blieb Titan lange Zeit eine blosse Laborkuriosität, da es nicht leicht aus seinen Erzen gewonnen werden kann.
Titan ist ein silberweisses Metall von relativ geringer Dichte ($\rho = 4{,}5\ g \cdot cm^{-3}$) und guter mechanischer Festigkeit. Dank einer oberflächlichen Oxid/Nitrid-Schicht ist es auch gegen chemische Angriffe recht widerstandsfähig, so insbesondere gegen Luftsauerstoff, Meerwasser und saure Lösungen. Aus diesen Gründen ist es in den letzten Jahrzehnten zu einem wichtigen, allerdings relativ teuren Werkstoff geworden. Wegen seiner Korrosionsbeständigkeit wird Titan für den Apparatebau in der chemischen Industrie eingesetzt. Man benützt es auch in der Kernreaktortechnik, für Anlagen zur Meerwasserentsalzung und in der Medizin für Knochennägel und Prothesen. Auch Düsentriebwerke bestehen bis zu einem Drittel aus Titan. Mit Vanadium, Chrom und Aluminium legiert, wird es in der Raumfahrt verwendet. Titanstahl ist besonders widerstandsfähig gegenüber Stoss und Schlag. Man braucht es deshalb für Turbinen und Eisenbahnräder.

Das wichtigste Titanerz ist Titandioxid, TiO_2. In kristallisierter Form tritt es in der Natur in drei Modifikationen auf, die sich durch ihre Gitterstruktur unterscheiden. Von ihnen ist der oft in Nadeln kristallisierende Rutil am häufigsten. Zur Gewinnung des Metalls wird Titandioxid zuerst chloriert, d.h. mit Chlor und Kohlenstoff zu Titantetrachlorid umgesetzt:

$$TiO_2 + 2\,Cl_2 + C \rightarrow TiCl_4 + CO_2$$

Das gereinigte, flüssige Titantetrachlorid wird durch Magnesium oder Natrium bei 800–950 °C zum Metall reduziert, wobei man Argon oder Helium als Schutzgas verwenden muss, um eine Oxidation zu verhindern.

Titandioxid ist nicht nur der Rohstoff zur Gewinnung von Titan. Es ist auch das wichtigste Weisspigment und findet in grossem Umfang Verwendung in Lacken und Farben. Pastelltöne z.B. werden durch Zusatz von Titandioxid zu farbigen Pigmenten erzeugt. Die Hauptmenge des für Pigmente benötigten Titandioxids wird aus Ilmenit, $FeTiO_3$, hergestellt. Ilmenit wird zuerst mittels konzentrierter Schwefelsäure in ein Gemisch von Eisen- und Titansulfat übergeführt. Nach Abtrennen des Eisensulfats wandelt man Titansulfat über Titanoxidhydrat, $TiO(OH)_2$, in Titandioxid um. Dieser Prozess benötigt sehr grosse Mengen Schwefelsäure. In einem Ansatz können bis 25 t Ilmenit mit 40 t konzentrierter Schwefelsäure umgesetzt werden. Ein grosses Problem dieses Verfahrens besteht in der Beseitigung der bei der Bildung des Oxidhydrats aus dem Sulfat entstehenden verdünnten, wenig reinen Schwefelsäure.

Metallische «Gläser»

Werden gewisse Legierungen extrem rasch abgekühlt (in der Grössenordnung von 105 °C pro Sekunde), so kann sich keine geordnete Gitterstruktur bilden, und es entstehen Festkörper mit weitgehend ungeordneter Atomanordnung. In Analogie zu den Gläsern, die ebenfalls keine regelmässige Gitterordnung besitzen, bezeichnet man solche Produkte als «metallische Gläser». Technisch wird das rasche Abkühlen dadurch erreicht, dass man einen dünnen Strahl der flüssigen Legierung auf eine schnell rotierende Kühlwalze giesst. Die Legierung erstarrt dabei zu einem amorphen Band von etwa 20 bis 50 mm Dicke. Die Bänder lassen sich zu grösseren Stücken (Stanzteile, Ringe, Magnetkerne usw.) verarbeiten. Heute werden auf diese Weise hauptsächlich «Gläser» aus Eisen oder Cobalt hergestellt, die noch etwa 15 bis 20 Atom-% Silicium, Bor, Phosphor oder andere Halbmetalle enthalten.

Die amorphe Struktur bedingt die besonderen Eigenschaften dieser «Gläser»: Sie zeigen eine hohe mechanische Festigkeit und einen hohen elektrischen Widerstand. Ihre Oberflächen sind chemisch sehr reaktionsfähig. Besonders wertvoll sind ihre magnetischen Eigenschaften, z.B. eine hohe magnetische Permeabilität und geringe Ummagnetisierungsverluste. Durch Wärmebehandlung lassen sich insbesondere die magnetischen Eigenschaften weiter verbessern. Oberhalb einer gewissen Temperatur wandelt sich das amorphe «Glas» allerdings schlagartig in das kristalline Metall um.
Verwendet werden amorphe Metalle schon heute, z.B für Permanentmagnete oder für Magnetkerne in Metalltonköpfen. Die hohe chemische Reaktivität ihrer Oberflächen gibt die Möglichkeit, amorphe Metalle als Katalysatoren einzusetzen. In aggressiven Medien, wie z.B. Salpetersäure, kann sich auch eine oxidische Deckschicht bilden, sodass man korrosionsfeste Werkstoffe erhält. Die günstige Kombination von mechanischen und magnetischen Eigenschaften erlaubt es, magnetische «Schirme» herzustellen: Messkabel oder andere für elektrische Apparate benötigte Bauteile können durch Umwickeln mit metallischen «Gläsern» gegen magnetische Störfelder geschützt werden. Denkbar ist auch ihr Einsatz als empfindliche und zugleich mechanisch robuste Sensoren zum Messen von Magnetfeldern, Drehzahlen, Drehmomenten usw. Metallische «Gläser» dürften jedenfalls in der Zukunft viele Anwendungen finden.

ÜBUNGEN ZUM KAPITEL 22

22.1 Erklären Sie die elektrische Leitfähigkeit der Metalle.

22.2 Weshalb sind die Koordinationszahlen in Metallgittern relativ hoch?

22.3 In welchen Metallgittern kristallisieren die meisten Metalle? Wie sind diese Gitter charakterisiert?

22.4 Warum sind die Metalle Chrom, Wolfram und die Platinmetalle (Ruthenium, Rhodium, Palladium, Osmium, Iridium, Platin) besonders hart, die Alkalimetalle dagegen ausgesprochen weich?

22.5 Worauf beruht die plastische Verformbarkeit der Metalle?

22.6 Die Metalle Kupfer, Blei und Silber lassen sich besonders gut verformen. Begründung?

22.7 Eisen lässt sich erst bei Temperaturen über 906 °C sehr gut bearbeiten. Worauf beruht diese Eigenschaft?

22.8 Es gibt verschiedene Möglichkeiten, Legierungen zu bilden. Welche Möglichkeiten kennen Sie?

22.9 Gold/Silber-Legierungen sind härter als reines Gold. Begründen Sie diese Tatsache.

22.10. Weshalb leiten die Elemente Silicium und Germanium den Strom schlechter als die Metalle?

22.11 Weshalb zeigen metallische Einkristalle besonders gute elektrische Leitfähigkeit?

22.12 Erklären Sie, worauf die Leitfähigkeit von Halbleitern beruht. Was versteht man unter p- und n-Leitern?

22.13 Beschreiben Sie, wie die Leitfähigkeit von Halbleitern erhöht werden kann.

22.14 Skizzieren Sie die Prinzipien der Gewinnung von Metallen und den dabei erfolgenden Einsatz verschiedener Reduktoren.

22.15 Was versteht man unter «metallischen» Gläsern und welche besonderen Eigenschaften weisen sie auf?

Abb. 22.8 Rutil (Fundort: Brasilien)

Abb. 22.9 Oben links: Kupferkies auf Siderit (Fundort: Freiberg, Sachsen). Oben rechts: Zinkblende (Fundort: Campo Blenio, Schweiz). Unten links: Zinnstein (Fundort: Cornwall, England). Unten rechts: Bleiglanz auf Quarz (Fundort: Freiberg, Sachsen)

23 CHEMIE UND ELEKTRIZITÄT I

23.1 Grundlagen

Taucht man einen Zinkstab in eine Kupfersulfat-Lösung [$CuSO_4$(aq): Cu^{2+}(aq) und SO_4^{2-}(aq)-Ionen], so scheidet sich elementares Kupfer ab und in der Lösung lassen sich Zn^{2+}-Ionen nachweisen. Bei dieser Reaktion haben Zn-Atome Elektronen an die Cu^{2+}-Ionen abgegeben. Die Elektronenverschiebung entspricht einem elektrischen Strom, der jedoch nicht nachweisbar ist, da er in atomaren Dimensionen stattfindet.

Oxidation:	Zn(s)	→	Zn^{2+}(aq) + 2 e^-
Reduktion:	Cu^{2+}(aq) + 2 e^-	→	Cu(s)
Redoxreaktion:	Zn(s) + Cu^{2+}(aq)	→	Zn^{2+}(aq) + Cu(s)

Abb. 23.1 Schematische Darstellung der Reaktion zwischen Zink und Cu^{2+}-Ionen

Nun lassen sich die beiden Teilreaktionen derart trennen, dass ein Zinkstab in eine Zinksulfat-Lösung [$ZnSO_4$(aq): Zn^{2+}(aq)- und SO_4^{2-}(aq)-Ionen] und ein Kupferstab in eine Kupfersulfat-Lösung eintaucht. Verbindet man die beiden Metallstäbe mit einem Draht, so kann man an einem Messgerät einen elektrischen Strom (Ampèremeter) bzw. eine Spannung (Voltmeter) messen. Da die Elektronen im Draht vom Zink- zum Kupferstab fliessen, muss das Zink das höhere Potential besitzen (Abschnitt 21.3). Es bildet den negativen Pol, an dem Zink-Atome zu Zn^{2+}-Ionen oxidiert werden. Der negative Pol ist also in diesem Fall die Anode (Oxidation), das Kupferblech, an dem die Reduktion der Cu^{2+}-Ionen stattfindet, die Kathode (der Pluspol; Reduktion).

Eine solche Anordnung, die aus zwei «Halbzellen» besteht und mit der sich Strom erzeugen lässt, nennt man galvanische Zelle[1] (galvanisches Element) oder Batterie (vgl. Abschnitt 21.3 und Abb. 23.2).

[1] *Luigi Galvani (1737–1798), italienischer Arzt und Naturforscher sowie Begründer der Elektrophysiologie (Froschschenkelversuch 1789).*

Das Diaphragma verhindert eine rasche Durchmischung der beiden Lösungen und dient gleichzeitig zum Ladungsausgleich. Zn^{2+}-Ionen fliessen in die Kupfersulfat-Lösung, da sich die Zinksulfat-Lösung mit Zn^{2+}-Ionen anreichert [Zn(s) → Zn^{2+}(aq) + 2 e^-] und die Konzentration der Cu^{2+}-Ionen in der Kupfersulfat-Lösung abnimmt [Cu^{2+}(aq) + 2 e^- → Cu(s)].

- Eine Halbzelle besteht im einfachsten Fall aus der Kombination von Metallen (Elektroden) mit der Lösung eines ihrer Salze (Elektrolyte; Abschnitt 21.3).
- In vielen Fällen ist es jedoch nötig, unangreifbare Elektroden (z.B. Platin) zur Ab- bzw. Zufuhr der Elektronen zu verwenden (Abschnitt 21.3; Abb. 21.7 und 21.8).
- Die Metallsalzlösungen (Elektrolyte) ermöglichen den Stromtransport durch wandernde Ionen.
- Eine galvanische Zelle (ein galvanisches Element; eine Batterie) besteht aus der Kombination von zwei Halbzellen.

Galvanische Zellen boten vor der Erfindung der Dynamomaschine (Siemens, 1869) die einzige Möglichkeit, grössere elektrische Ströme zu erzeugen. Auch heute spielen Batterien als ortsunabhängige Stromquellen eine sehr wichtige Rolle.

Je nach Bau und Wirkungsweise lassen sich verschiedene Typen galvanischer Zellen unterscheiden.

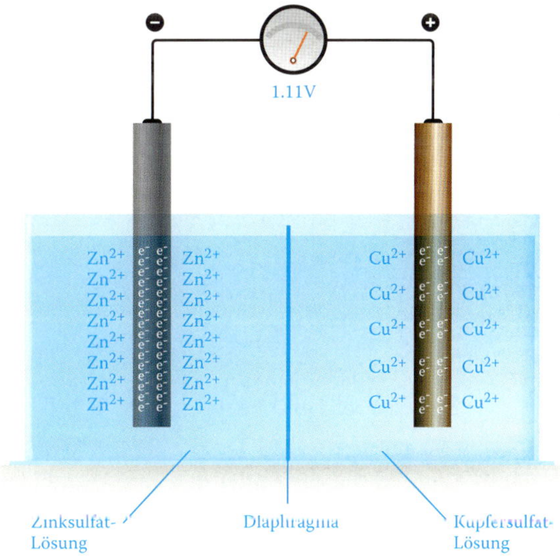

Abb. 23.2 Schema der galvanischen Zelle $Zn/Zn^{2+}//Cu/Cu^{2+}$

- Bei Primär- und Sekundärbatterien sind die Elektroden die aktiven, an der Redoxreaktion beteiligten Stoffe. Sie werden während der Stromentnahme verbraucht.
- Bei den Sekundärbatterien, den Akkumulatoren, können die Elektroden beim Wiederaufladen regeneriert werden.
- In den Brennstoffzellen dienen die Elektroden lediglich zur Ab- bzw. Zuleitung der Elektronen und als Katalysatoren. Brennstoff und Oxidationsmittel muss man in diesem Fall kontinuierlich zuführen. Brennstoffzellen sind also reine Energieumwandler.

23.2 Primärbatterien

Die heute verwendeten Primärbatterien arbeiten alle mit einem einzigen Elektrolyt. Ein einfaches Beispiel einer solchen Batterie erhält man durch das Eintauchen je eines Zink- und eines Platinblechs in verdünnte Schwefelsäure. Verbindet man sie über einen Draht, so fliesst ein Strom, wobei sich das Zink (der Elektronendonator, d.h. das unedlere Metall) auflöst und den negativen Pol bildet, während am Platin H_3O^+-Ionen als Elektronenakzeptoren aus der Lösung zu Wasserstoff und Wasser reduziert werden.

Minuspol (Oxidation; Anode):	$Zn(s)$	→	$Zn^{2+}(aq) + 2\,e^-$
Pluspol (Reduktion; Kathode):	$2\,H_3O^+(aq) + 2\,e^-$	→	$H_2(g) + 2\,H_2O(l)$
Redoxreaktion:	$Zn(s) + 2\,H_3O^+(aq)$	→	$Zn^{2+}(aq) + H_2(g) + 2\,H_2O(l)$

Leclanché-Zelle
(Trocken-Batterie; Taschenlampen-Batterie)

Nach diesem Prinzip ist eine auch heute noch ab und zu verwendete Batterie aufgebaut, die Leclanché-Zelle (G. Leclanché 1867; Abb. 23.3; Taschenlampen-Batterie). Ein Zinkbecher und ein von einem Braunstein(MnO_2)/Grafit-Gemisch umgebener Grafitstift dienen als Elektroden. Der Elektrolyt, durch einen Separator aus mikroporösem Kunststoff vom Zinkbecher getrennt, ist eine feuchte Paste aus Ammoniumchlorid, Kleister oder Sägemehl und Russ (Trocken-Batterie). Die Zelle ist luftdicht abgeschlossen, damit das Wasser nicht verdunstet. Der Russ gewährleistet als Elektronenleiter den Elektronenfluss zum Braunstein.

Am Minuspol, dem Zinkbecher, werden Zink-Atome zu Zn^{2+}-Ionen oxidiert. Das Mangandioxid (MnO_2: Mn^{4+}- und O^{2-}-Ionen) bildet den Pluspol. Durch die Aufnahme von Elektronen gehen die Mn^{4+}- in Mn^{3+}-Ionen über.

Die an den Elektroden gebildeten Zn^{2+}- und OH^--Ionen würden eigentlich zu einem starken Abfall der Zellspannung (bei einer neuen Trocken-Batterie etwa 1,5 V) führen (Einstellung eines Gleichgewichts). Die Reaktion dieser beiden Ionen mit Ammoniumchlorid (NH_4Cl: NH_4^+- und Cl^--Ionen) ergibt jedoch ein schwer lösliches Salz (Produktentzug aus dem Gleichgewicht durch Komplexierung und Fällung), sodass die Spannung der Zelle aufrechterhalten bleibt.

$$2\,NH_4^+(aq) + 2\,OH^-(aq) \rightarrow 2\,NH_3(aq) + 2\,H_2O(l)$$

$$Zn^{2+}(aq) + 2\,NH_3(aq) + 2\,Cl^-(aq) \rightarrow [Zn(NH_3)_2]Cl_2(s)$$

Zn^{2+}-Ionen reagieren jedoch zum Teil auch mit den OH^--Ionen zu Zinkhydroxid, das sich langsam zu Zinkoxid und Wasser umwandelt.

$$Zn^{2+}(aq) + 2\,OH^-(aq) \rightarrow Zn(OH)_2(s)$$

$$Zn(OH)_2(s) \rightarrow ZnO(s) + H_2O(l)$$

Minuspol (Oxidation; Anode)):	Zn	→	$Zn^{2+} + 2\,e^-$
Pluspol (Reduktion; Kathode):	$Mn^{4+} + e^-$	→	Mn^{3+} |· 2
Redoxreaktion:	$Zn + 2\,Mn^{4+}$	→	$Zn^{2+} + 2\,Mn^{3+}$

Gleichungen mit allen Stoffkomponenten:

Minuspol:	$Zn(s)$	→	$Zn^{2+}(aq) + 2\,e^-$
Pluspol:	$2\,MnO_2(s) + 2\,H_2O(l) + 2\,e^-$	→	$2\,MnOOH(s) + 2\,OH^-(aq)$
Redoxreaktion:	$Zn(s) + 2\,MnO_2(s) + 2\,H_2O(l)$	→	$Zn^{2+}(aq) + 2\,MnOOH(s) + 2\,OH^-(aq)$

Leclanché-Zellen sind nicht beliebig lange lagerfähig. Ein geringer Wasserverlust kann zur Folge haben, dass Salze auskristallisieren. Ausserdem sinkt ihre Arbeitsspannung bei tiefer Temperatur stark ab, da die Leitfähigkeit des Elektrolyts abnimmt (geringere Ionenbeweglichkeit).

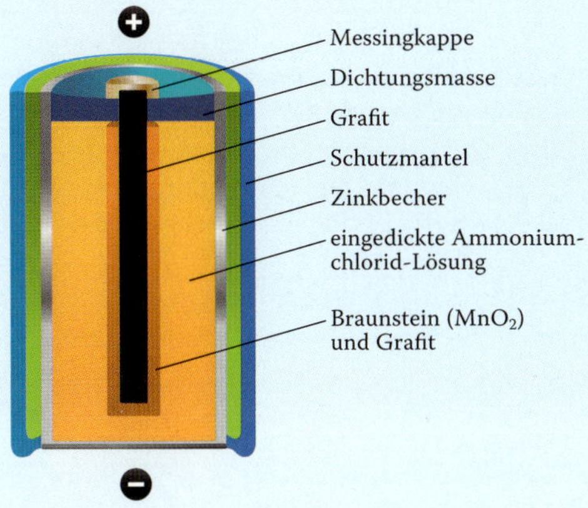

Leclanché-Zelle (Trocken-Batterie; Taschenlampen-Batterie):
- Minuspol (Oxidation; Anode): Zinkblech (Zn)
- Pluspol (Reduktion; Kathode): Mangandioxid (MnO_2)
- Elektrolyt: Feuchte Paste («Trockenelement») aus Ammoniumchlorid, Kleister oder Sägemehl und Russ
- Spannung: 1,5 V
- Reaktionsgleichungen:

$$Zn(s) + 2\,MnO_2(s) + 2\,H_2O(l) \rightarrow Zn^{2+}(aq) + 2\,MnOOH(s) + 2\,OH^-(aq)$$

$$2\,NH_4^+(aq) + 2\,OH^-(aq) \rightarrow 2\,NH_3(aq) + 2\,H_2O(l)$$

$$Zn^{2+}(aq) + 2\,NH_3(aq) + 2\,Cl^-(aq) \rightarrow [Zn(NH_3)_2]Cl_2(s)$$

Abb. 23.3 Schematischer Aufbau einer Leclanché-Zelle

Alkali-Mangan-Batterie (Alkaline–Batterie)
Eine Abwandlung der Leclanché-Zelle ist die Alkali-Mangan-Batterie (Abb. 23.4). Das äussere Gehäuse bildet ein Stahlbecher, der nicht an den elektrochemischen Reaktionen teilnimmt. Der Pluspol besteht aus verpresstem Grafit und Braunstein (MnO_2) von hoher Reinheit und liegt als Zylinder dem Stahlmantel innen an. Der Minuspol, ultrareines und eisenfreies Zinkpulver, befindet sich im Innern der Zelle. Beide Elektroden sowie der Separator aus Papier sind mit Kalilauge [KOH(aq)], dem Elektrolyt, getränkt. Die grosse Oberfläche des fein verteilten Zinks bewirkt, dass pro Zeiteinheit mehr Zink oxidiert werden kann und somit die Stromdichte höher ist als in der Leclanché-Zelle. Ausserdem bleibt die Arbeitsspannung (1,5 V) über längere Zeit konstant.
Am Minuspol werden Zink-Atome zu Zn^{2+}-Ionen oxidiert, die sich mit den OH^--Ionen zu Zink(II)-hydroxid verbinden. Dieses bildet mit weiteren OH^--Ionen das lösliche Komplexion $[Zn(OH)_4]^{2-}$. Damit wird ein Produkt der Reaktion, die Zn^{2+}-Ionen, entfernt, sodass sich kein Gleichgewicht einstellen kann. Im Gegensatz zur Lenclanché-Zelle erfolgt eine Reduktion der Mn^{4+}- um zwei Stufen zu Mn^{2+}-Ionen.
Alkali-Mangan-Batterien lassen sich heute mit speziellen Ladegeräten mehrmals aufladen.

Minuspol (Oxidation; Anode):	Zn	$\rightarrow$	$Zn^{2+} + 2\,e^-$
Pluspol (Reduktion; Kathode):	$Mn^{4+} + 2\,e^-$	$\rightarrow$	Mn^{2+}
Redoxreaktion:	$Zn + Mn^{4+}$	$\rightarrow$	$Zn^{2+} + Mn^{2+}$

Gleichungen mit allen Stoffkomponenten:

Minuspol:	$Zn(s) + 2\,OH^-(aq)$	$\rightarrow$	$Zn(OH)_2(s) + 2\,e^-$
Pluspol:	$MnO_2(s) + 2\,H_2O(l) + 2\,e^-$	$\rightarrow$	$Mn(OH)_2(aq) + 2\,OH^-(aq)$
Redoxreaktion:	$Zn(s) + MnO_2(s) + 2\,H_2O(l)$	$\rightarrow$	$Zn(OH)_2(s) + Mn(OH)_2(aq)$

$$Zn(OH)_2(s) + 2\,OH^-(aq) \rightarrow [Zn(OH)_4]^{2-}(aq)$$

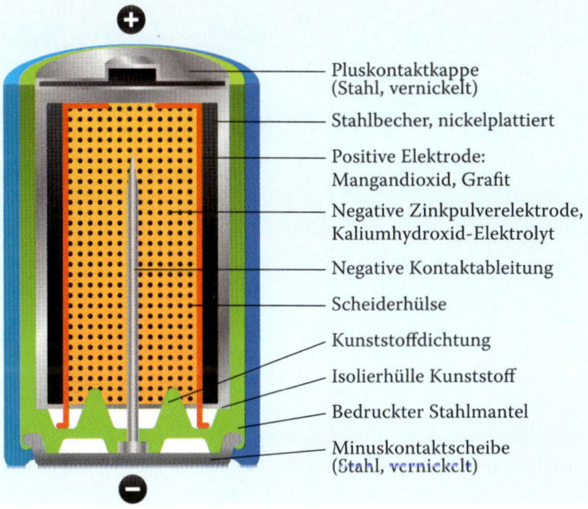

Alkali-Mangan-Batterie (Alkaline–Batterie):
- Minuspol (Oxidation; Anode): ultrareines, eisenfreies Zinkpulver (Zn)
- Pluspol (Reduktion; Kathode): Mangan(IV)-oxid (MnO_2)
- Elektrolyt: Kalilauge [KOH(aq)]
- Spannung: 1,5 V
- Gesamtgleichungen:

$$Zn(s) + MnO_2(s) + 2\,H_2O(l) \rightarrow Zn(OH)_2(s) + Mn(OH)_2(aq)$$

$$Zn(OH)_2(s) + 2\,OH^-(aq) \rightarrow [Zn(OH)_4]^{2-}(aq)$$

Abb. 23.4 Schematischer Aufbau einer Alkali-Mangan-Batterie

Lithium-Batterien

Da Lithium-Metall ein sehr starkes Reduktionsmittel ist (Abschnitt 21.1, Tab. 21.1), lassen sich mit Lithium-Zellen hohe Spannungen erreichen. Schwierigkeiten bereitet die grosse Reaktionsfähigkeit von Lithium, das sowohl vor Feuchtigkeit wie vor Sauerstoff und Stickstoff geschützt werden muss. Zudem reagiert es auch mit manchen Elektrolyten. Der Minuspol besteht aus Lithium-Metall, Lithium-Legierungen oder verpresstem Lithium-, Aluminium- und Kupferpulver, der Pluspol aus Mangan(IV)-oxid (MnO_2). Als Elektrolyt sind Thionylchlorid (SOCl) oder Sulfurylchlorid ($SOCl_2$) in Gebrauch. Zur Anwendung gelangen Lithium-Zellen in Kameras, Taschenrechnern usw.

Minuspol (Oxidation; Anode):	Li	$\rightarrow$	$Li^+ + e^-$	$\vert \cdot 2$
Pluspol (Reduktion; Kathode):	$Mn^{4+} + 2\,e^-$	$\rightarrow$	Mn^{2+}	
Redoxreaktion:	$2\,Li + Mn^{4+}$	$\rightarrow$	$2\,Li^+ + Mn^{2+}$	

Gleichung mit allen Stoffkomponenten:

$2\,Li(s) + MnO_2(s) \rightarrow Li_2O(s) + MnO(s)$

Lithium-Iod-Zellen werden in Herzschrittmachern eingesetzt. Sie funktionieren einwandfrei während bis zu 10 Jahren und geben Ströme im Mikroampèrebereich ab. Die Lithiumelektrode ist mit einem elektrisch leitfähigen Kunststoff beschichtet, der zugleich als Trennmembran und als Elektrolyt wirkt. Der Pluspol ist ein Gemisch aus Iod und dem Kunststoff.

Gesamtreaktion:

$2\,Li(s) + I_2(s) \rightarrow 2\,LiI(s)$

Lithium-Batterien:
- Minuspol (Oxidation; Anode): Lithium (Li)
- Pluspol (Reduktion; Kathode): Mangan(IV)-oxid (MnO_2); Iod (I_2; Herzschrittmacher)
- Elektrolyt: Thyonylchlorid (SOCl) oder Sulfurylchlorid ($SOCl_2$); leitfähiger Kunststoff im Herzschrittmacher
- Spannung: 3 V
- Gesamtgleichungen:
  $2\,Li(s) + MnO_2(s) \rightarrow Li_2O(s) + MnO(s)$
  $2\,Li(s) + I_2(s) \rightarrow 2\,LiI(s)$ (Herzschrittmacher)

Zink-Luft-Batterien

Bei der Zink-Luft-Zelle bildet im Elektrolyt [Kalilauge, KOH(aq): K^+(aq)- und OH^-(aq)-Ionen] fein verteiltes Zink den Minuspol. Als Pluspol verwendet man mit Luft gesättigten Grafit oder Nickel in Form eines Stabs oder einer Platte. Ein Teil davon steht in Berührung mit der Luft und adsorbiert Sauerstoff. Dieser wird bei der Stromentnahme zu OH^--Ionen reduziert.

Zink-Luft-Zellen lassen sich als «Füllzellen» beliebig lange lagern, da sie erst vor Gebrauch durch Zugabe von Wasser «angesetzt» werden. Sie ergeben nur eine geringe Stromstärke, sind aber lange belastbar und werden z.B. für Warnlampen oder Weidezaungeräte, als Knopfzellen auch in Hörgeräten verwendet.

Minuspol (Oxidation; Anode):	$Zn(s)$	$\rightarrow$	$Zn^{2+}(aq) + 2\,e^-$	$\vert \cdot 2$
Pluspol (Reduktion; Kathode):	O2(g) + $2\,H_2O(l) + 4\,e^-$	$\rightarrow$	$4\,OH^-(aq)$	
Redoxreaktion:	$2\,Zn(s) + O_2(g) + 2\,H_2O(l)$	$\rightarrow$	$2\,Zn(OH)_2(s)$	

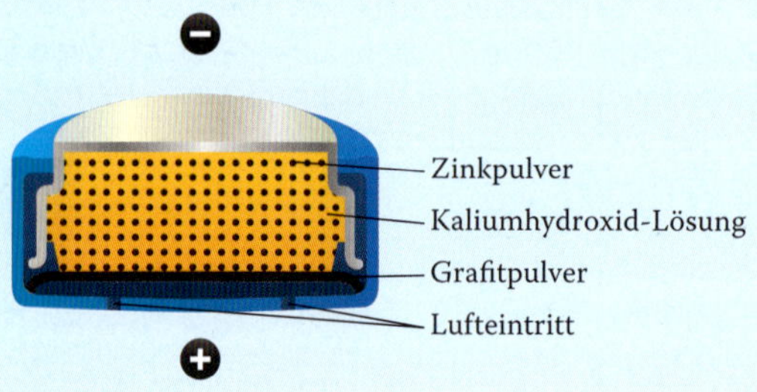

Zink-Luft-Batterie:
- Minuspol (Oxidation; Anode): feines Zinkpulver
- Pluspol (Reduktion; Kathode): Grafit oder Nickel, mit Luft gesättigt und in Kontakt mit Luft
- Elektrolyt: Kalilauge [KOH(aq)]
- Spannung: 1,2 V
- Gesamtgleichung:
  $2\,Zn(s) + O_2(g) + 2\,H_2O(l) \rightarrow 2\,Zn(OH)_2(s)$

Abb. 23.5 Schema einer Zink-Luft-Knopfzelle

23.3 Sekundärbatterien: Akkumulatoren

Bei Sekundärbatterien können die bei der Stromentnahme ablaufenden Vorgänge durch Umkehrung der Stromrichtung wieder rückgängig gemacht werden («Aufladen» der Batterie). Akkumulatoren sind deshalb sowohl galvanische Zellen (Entladevorgang) als auch Elektrolysezellen (Ladevorgang). Für solche Vorgänge ist es nötig, dass keine Durchmischung der Reaktionspartner stattfindet und sich die Elektroden bei den Entlade–Lade–Zyklen nicht verändern.

Der Blei-Akkumulator (Blei-Akku)

Die wichtigste Sekundärbatterie ist der Blei-Akku, die «Autobatterie». Sie besteht aus Zellen, von denen jede eine Spannung von 2,04 V liefert. Werden 6 bzw. 12 Zellen in Reihe geschaltet, so erhält man die üblichen 12 V- bzw. 24 V-Akkumulatoren. Der Blei-Akku muss beim Starten des Motors für kurze Zeit (etwa 30 s) eine sehr hohe Stromstärke (400 bis 450 A) liefern. Die Elektrodenflächen sind deshalb sehr gross. Man verwendet dazu viele dünne Platten, die aus einem Trägergitter mit dem elektrochemisch aktiven Material bestehen. Das Trägermaterial ist Blei, die aktive Masse des Minuspols fein verteiltes, elektrolytisch abgeschiedenes Blei. Den Pluspol bildet eine Paste aus Blei(IV)-oxid (PbO_2: Pb^{4+}- und O^{2-}-Ionen). Zwischen den Elektroden befindet sich ein Separator aus Polyethylen mit Mikroporen oder aus Glasfasergewebe. Jede Zelle enthält abwechslungsweise angeordnet mehrere Blei- und Blei(IV)-oxid-Platten. Als Elektrolyt wird eine 30 %ige Schwefelsäure verwendet [$H_2SO_4(aq)$: $H_3O^+(aq)$- und $SO_4^{2-}(aq)$-Ionen].

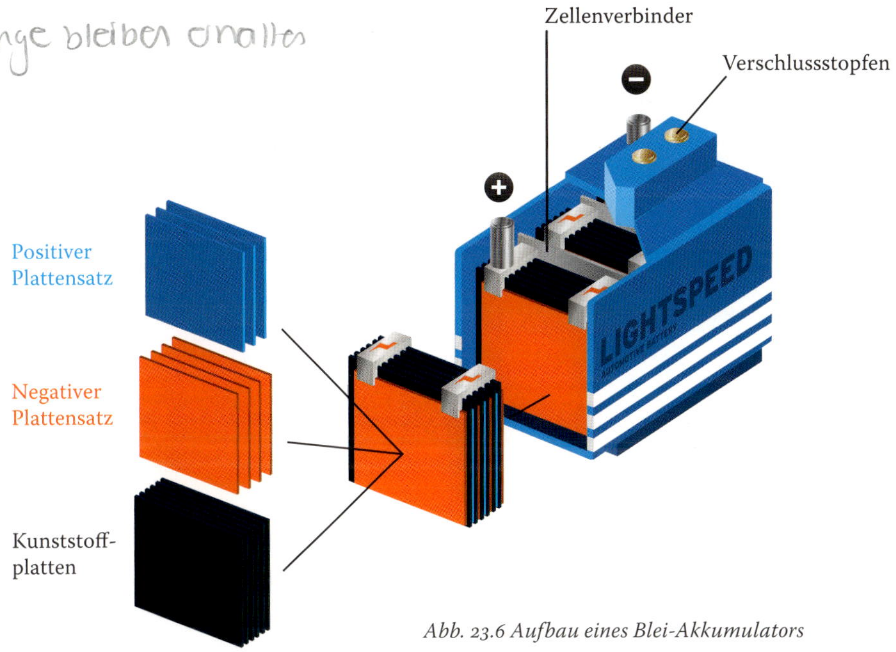

Abb. 23.6 Aufbau eines Blei-Akkumulators

Entladen. Am Minuspol (elementares Blei) geben die Blei-Atome je zwei Elektronen ab (Oxidation). Die dabei entstehenden Pb^{2+}-Ionen verbinden sich mit den Sulfat-Ionen der Schwefelsäure–Lösung zu schwerlöslichem Blei(II)-sulfat ($PbSO_4$: Pb^{2+}- und SO_4^{2-}-Ionen), das sich an den Platten ablagert. Damit ist gewährleistet, dass die Pb^{2+}-Ionen wieder reduziert werden können (Ladevorgang).

Die Pb^{4+}-Ionen der Blei(IV)-oxid-Platten (Pluspol) nehmen je zwei Elektronen auf (Reduktion). Die bei diesem Vorgang gebildeten Pb^{2+}-Ionen schlagen sich ebenfalls als $PbSO_4$ an den Platten nieder, damit auch an dieser Stelle eine Umkehrung der Reaktion möglich ist. Die überschüssigen O^{2-}-Ionen reagieren mit den Oxonium-Ionen der sauren Lösung zu Wasser. Dabei wird Schwefelsäure–Lösung verbraucht. Die Messsung ihrer Dichte kann daher zur Kontrolle des Ladungszustands eines Blei-Akkus dienen.

Minuspol (Oxidation; Anode):	Pb	$\rightarrow Pb^{2+} + 2\,e^-$
Pluspol (Reduktion; Kathode):	$Pb^{4+} + 2\,e^-$	$\rightarrow Pb^{2+}$
Redoxreaktion:	$Pb + Pb^{4+}$	$\rightarrow 2\,Pb^{2+}$

Gleichungen mit allen Stoffkomponenten:

Minuspol:	$Pb(s) + SO_4^{2-}(aq)$	$\rightarrow$	$PbSO_4(s) + 2\,e^-$
Pluspol:	$PbO_2(s) + SO_4^{2-}(aq) + 4\,H_3O^+(aq) + 2\,e^-$	$\rightarrow$	$PbSO_4(s) + 6\,H_2O(l)$
Redoxreaktion:	$Pb(s) + PbO_2(s) + 2\,SO_4^{2-}(aq) + 4\,H_3O^+(aq)$	$\rightarrow$	$2\,PbSO_4(s) + 6\,H_2O(l)$

Laden. Beim Ladevorgang (Anlegen einer äusseren Stromquelle) verlaufen beide Teilreaktionen in umgekehrter Richtung. Wenn das Laden beendet ist, entstehen bei weiterem Stromdurchgang Wasserstoff und Sauerstoff (die Batterie «kocht»). Blei-Akkumulatoren haben eine begrenzte Lebensdauer: An der negativen Elektrode kann Blei rekristallisieren (grössere Kristalle bilden), wodurch die aktive Oberfläche verringert wird, während an der positiven Elektrode das Blei(IV)-oxid nicht mehr gut am Gitter haftet und abfällt. Zudem bildet das Bleisulfat manchmal grössere Kristalle, die dann beim Laden nicht mehr völlig aufgelöst werden.

Blei-Akkumulator:
- Minuspol (Oxidation; Anode): Blei (Pb)
- Pluspol (Reduktion; Kathode): Blei(IV)-oxid (PbO_2)
- Elektrolyt: 30 %ige Schwefelsäure [$H_2SO_4(aq)$: $H_3O^+(aq)$- und $SO_4^{2-}(aq)$-Ionen]
- Beim Entladen werden Blei-Atome zu Pb^{2+}- Ionen oxidiert und Pb^{4+}- zu Pb^{2+}-Ionen reduziert.
- Spannung: 2 V pro Zelle
- Gesamtgleichung für einen Blei-Akku:

$$Pb(s) + PbO_2(s) + 2\,SO_4^{2-}(aq) + 4\,H_3O^+(aq) \underset{\text{Laden}}{\overset{\text{Entladen}}{\rightleftharpoons}} 2\,PbSO_4(s) + 6\,H_2O(l)$$

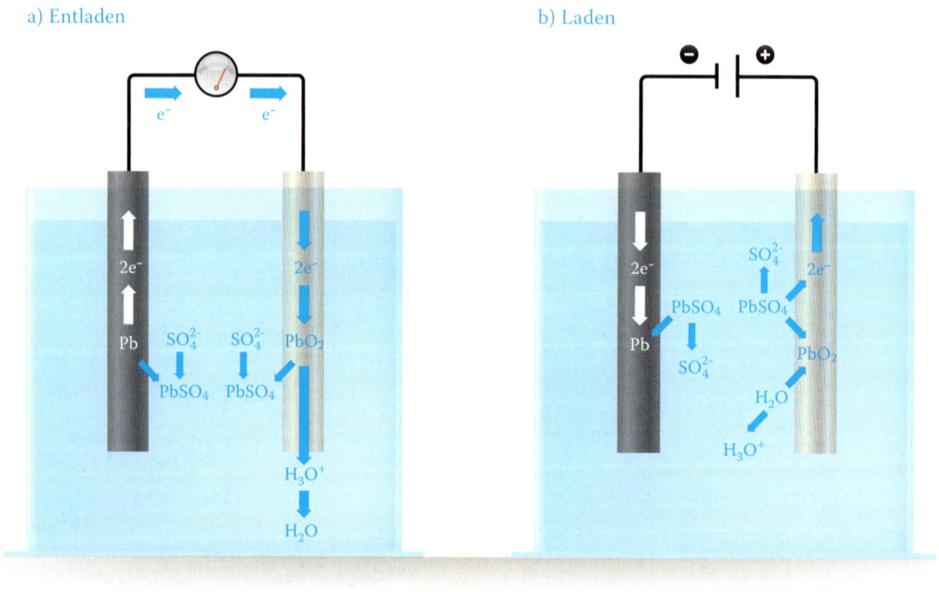

Abb. 23.7 Schematische Darstellung der Vorgänge in einem Blei-Akku

Der Nickel-Cadmium-Akkumulator (Ni-Cd-Akku)
Ni-Cd-Akkus können gasdicht gebaut werden und haben gegenüber dem Blei-Akkumulator den Vorteil des geringen Gewichts. Sie sind robuster als der Blei-Akku und lassen sich ohne Schaden vollständig entladen. Ihr Preis ist jedoch relativ hoch. Zudem ist die Spannung während der Stromentnahme weniger konstant. Ebenso wie Blei-Akkus kann man auch Nickel-Cadmium-Akkumulatoren rezyklieren, wobei das Cadmium abdestilliert und das Nickel zusammen mit dem Stahlmantel als Schrott verkauft wird. Die Ni-Cd-Akkus eignen sich zum Starten von Dieselmotoren, Gasturbinen und Flugzeugtriebwerken, für Rechner, Radioapparate, Lampen usw.

Ein Nickelblech, das mit Nickel(III)-oxidhydroxid (NiOOH: Ni^{3+}-, O^{2-}- und OH^--Ionen) überzogen ist, bildet den Pluspol, Cadmium den Minuspol. Als Elektrolyt verwendet man Kali- oder Natronlauge [$KOH(aq)$; $NaOH(aq)$]. Der Akku weist eine Spannung von etwa 1,3 V auf.

Entladen. Gemäss der Redoxtabelle (Abschnitt 21.1; Tabelle 21.1) ist Cadmium der Elektronendonator und die Ni^{3+}-Ionen sind der Elektronenakzeptor. Bei der Stromentnahme entstehen die schwer löslichen Hydroxide beider Metalle. Sie bleiben also bei den Elektroden, wodurch die Reaktion rückgängig gemacht werden kann.

Minuspol (Oxidation; Anode):	Cd	$\rightarrow$	$Cd^{2+} + 2\,e^-$
Pluspol (Reduktion; Kathode):	$2\,Ni^{3+} + 2\,e^-$	$\rightarrow$	$2\,Ni^{2+}$
Redoxreaktion:	$Cd + 2\,Ni^{3+}$	$\rightarrow$	$Cd^{2+} + 2\,Ni^{2+}$

Gleichungen mit allen Stoffkomponenten:

Minuspol:	$Cd(s) + 2\,OH^-(aq)$	$\rightarrow$	$Cd(OH)_2(s) + 2\,e^-$
Pluspol:	$2\,NiOOH(s) + 2\,H_2O(l) + 2\,e^-$	$\rightarrow$	$2\,Ni(OH)_2(s) + 2\,OH^-(aq)$
Redoxreaktion:	$Cd(s) + 2\,NiOOH(s) + 2\,H_2O(l)$	$\rightarrow$	$Cd(OH)_2(s) + 2\,Ni(OH)_2(s)$

Laden. Beim Laden (Anlegen einer äusseren Stromquelle) verlaufen beide Reaktionen wieder in umgekehrter Richtung. Um eine Wasserstoffentwicklung beim Überladen zu vermeiden, ist die negative Elektrode (Cd) überdimensioniert, sodass der Pluspol (NiOOH) seine Vollladung zu einem früheren Zeitpunkt erreicht. Anschliessend findet dort eine Oxidation von Wasser zu Sauerstoff statt, der zur noch nicht vollständig geladenen negativen Elektrode diffundiert, dort zu OH^--Ionen reduziert und anschliessend als $Cd(OH)_2$ (Cadmiumhydroxid) gebunden wird.

$$6\,H_2O \rightarrow O2 + 4\,H_3O^+ + 4\,e^-$$

$$O_2 + 2\,H_2O + 4\,e^- \rightarrow 4\,OH^-$$

Der Ni-Cd-Akku zeigt den sogenannten «Memory-Effekt». Wenn der Akku nicht vollständig entladen ist und in diesem Zustand aufgeladen wird, kommt es zur Bildung von Cadmiumkristallen auf der Oberfläche der Cadmiumelektrode. An diese dadurch reduzierte Kapazität (kleinere Oberfläche) «erinnert» sich der Akku beim darauf folgenden Entladevorgang.

Nickel-Cadmium-Akkumulator:
- Minuspol (Oxidation; Anode): Cadmium (Cd)
- Pluspol (Reduktion; Kathode): Nickeloxidhydroxid (NiOOH)
- Elektrolyt: Natron- oder Kalilauge [NaOH(aq); KOH(aq)]
- Spannung: 1,3 V
- Gesamtgleichung für einen Ni-Cd-Akku:

$$Cd(s) + 2\,NiOOH(s) + 2\,H_2O(l) \underset{\text{Laden}}{\overset{\text{Entladen}}{\rightleftharpoons}} Cd(OH)_2(s) + 2\,Ni(OH)_2(s)$$

Der Nickel-Metallhydrid-Akkumulator (Ni-MH-Akku)

Der Ni-MH-Akku ist eine Alternative zum Ni-Cd-Akku, da er kein für die Umwelt schädliches Cadmium aufweist. Verglichen mit der Ni-Cd-Zelle ist die Kapazität des Ni-MH-Akkus höher. Ausserdem liefert er mehr Strom.

Der Pluspol besteht aus einem Nickelblech, das mit Nickel(III)-oxidhydroxid (NiOOH: Ni^{3+}-, O^{2-}- und OH^--Ionen) überzogen ist. Der Minuspol enthält eine Legierung, wie z.B. Ni/La oder Ti/Zr, die bei Raumtemperatur reversibel elementaren Wasserstoff speichern kann (abgekürzt mit MH). Man bezeichnet Metalllegierungen, die in ihren Gittern Wasserstoff speichern können, als Metallhydride. Diese enthalten jedoch, im Gegensatz zu den salzartigen Hydriden, keine Hydrid-Ionen (H^-). Als Elektrolyt verwendet man Natron- oder Kalilauge [NaOH(aq); KOH(aq)], die in einem mikroporösen Separator aufgesaugt sind.

Entladen. Beim Entladen geben die Wasserstoff-Atome ihre Elektronen ab, die die Ni^{3+}- zu Ni^{2+}-Ionen reduzieren. Das bei der Oxidation von Wasserstoff gebildete Wasser wird am Pluspol zur Reduktion der Ni^{3+}-Ionen verbraucht. Zugleich entstehen dort auch OH^--Ionen, sodass die Elektrolyt-Konzentration konstant bleibt.

Minuspol (Oxidation; Anode):	H	$\rightarrow$	$H^+ + e^-$
Pluspol (Reduktion; Kathode):	$Ni^{3+} + e^-$	$\rightarrow$	Ni^{2+}
Redoxreaktion:	$H + Ni^{3+}$	$\rightarrow$	$Ni^{2+} + H^+$

Gleichungen mit allen Stoffkomponenten:

Minuspol:	$MH(s) + OH^-(aq)$	→	$M(s) + H_2O + e^-$
Pluspol:	$NiOOH(s) + H_2O(l) + e^-$	→	$Ni(OH)_2(s) + OH^-(aq)$
Redoxreaktion:	$MH(s) + NiOOH(s)$	→	$M(s) + Ni(OH)_2(s)$

Laden. Beim Laden (Anlegen an eine äussere Stromquelle) erfolgt die Umkehrung des Entladevorgangs:

$$M(s) + Ni(OH)_2(s) \rightarrow MH(s) + NiOOH(s)$$

Durch spontane Zersetzung von NiOOH zu $Ni(OH)_2$ findet, wie beim Ni-Cd-Akku, allmählich eine Selbstentladung statt. In Zukunft dürfte der Ni-MH-Akku den Ni-Cd-Akku weitgehend verdrängen, da er kein für die Umwelt schädliches Cadmium enthält.

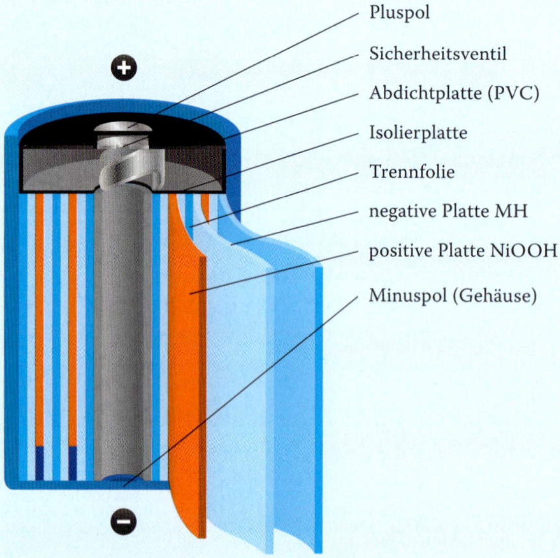

Nickel-Metallhydrid-Akkumulator:
- Minuspol (Oxidation; Anode): Metallhydrid aus Ni/La oder Ti/Zr mit Wasserstoff (MH)
- Pluspol (Reduktion; Kathode): Nickeloxidhydroxid (NiOOH)
- Elektrolyt: Natron- oder Kalilauge [NaOH(aq); KOH(aq)]
- Beim Entladen werden H-Atome zu H^+-Ionen oxidiert und Ni^{3+}- zu Ni^{2+}-Ionen reduziert.
- Spannung: 2 V
- Gesamtgleichung für einen Ni-MH-Akku:

$$MH(s) + NiOOH(s) \underset{\text{Laden}}{\overset{\text{Entladen}}{\rightleftharpoons}} M(s) + Ni(OH)_2(s)$$

Abb. 23.8 Schematischer Aufbau eines Nickel-Metallhydrid-Akkumulators

Der Lithium-Ionen-Akkumulator (Li-Ionen-Akku)[2]
Während der letzten Jahre wurden grosse Fortschritte auf dem Gebiet der galvanischen Energiespeicher gemacht. Zu den neuen Produkten gehört u.a. der Lithium-Ionen-Akkumulator, der sich durch eine hohe Spannung (ca. 4 V, je nach dem verwendeten Metall), grosse Speicherkapazität, lange Lebensdauer und geringe Selbstentladung auszeichnet. Im Gegensatz zu den bereits erwähnten Akkumulatoren ist beim Li-Ionen-Akku ausschliesslich das Elektrodenmaterial an den Redoxreaktionen beteiligt. Auf die Verwendung von metallischem (elementarem) Lithium kann dabei verzichtet werden.

Beim **Minuspol** handelt es sich um eine Lithium-Grafit-Einlagerungsverbindung (Li_xC_n). Li^+-Ionen können sich zwischen die Kohlenstoffschichten des Grafits (Abschnitt 1.4) schieben, wobei gleichzeitig die Gegenladungen (Elektronen) aufgenommen werden. Dabei steigt die elektrische Leitfähigkeit der Elektrode sehr stark an. Pro Sechserring im Grafitgitter lässt sich ein Li^+-Ion einlagern.

$$x\,Li^+ + x\,e^- + C_n \underset{\text{Entladen}}{\overset{\text{Laden}}{\rightleftharpoons}} Li_xC_n$$

Beim ersten Ladevorgang (die Zellen werden im entladenen Zustand produziert) bildet sich an der Grenze Li_xC_n/Elektrolyt eine Deckschicht aus anorganischen und organischen Zersetzungsprodukten. Diese Deckschicht, die möglichst dünn sein sollte, muss für die kleinen Li^+-Ionen durchlässig, aber undurchlässig für die Elektrolytlösung sein. Damit kann man verhindern, dass die instabile, reaktionsfähige Li_xC_n-Elektrode mit dem Elektrolyt in Kontakt gerät.

Der Pluspol besteht aus einer $LiMO_2$-Verbindung (M: Co^{3+}-, Ni^{3+}- oder Mn^{3+}-Ionen), die Hohlraumstruktur besitzt und reversibel Li^+-Ionen einlagern bzw. abgeben kann. Sie ist beim Ladevorgang die Li^+-Quelle für den Minuspol, wobei die M^{3+}- zu M^{4+}-Ionen oxidiert

[2] *Abbildungen 23.9, 23.10 und 23.11a nach: Insertion Electrode Materials for Rechargeable Lithium Batteries. Adv. Mater. 1998,10, No. 10. S. 725 bis 763. Wiley-VCH Verlag GmbH. Weilheim.*

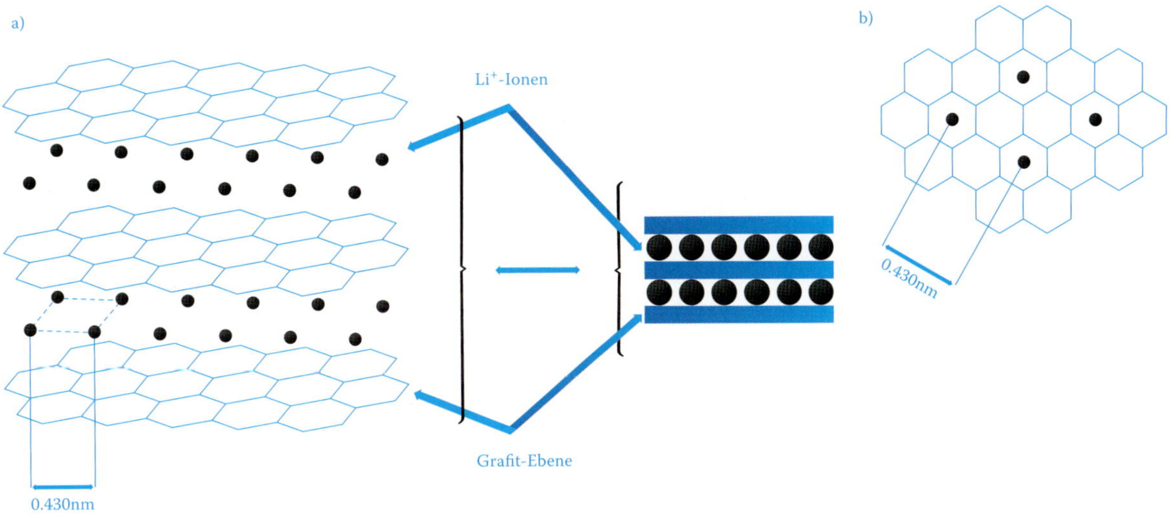

Abb. 23.9 a) links: Grafitgitter mit eingelagerten Li^+-Ionen; rechts: schematische Darstellung, b) Aufsicht auf eine Ebene der Grafit-Einlagerungsverbindung Li_xC_n

werden. Insgesamt lässt sich nur rund die Hälfte der Li^+-Ionen zum Grafit verschieben, da sonst irreversible Schäden an der Gitterstruktur des Salzes ($LiMO_2$) auftreten können. Ausserdem wäre die Konzentration der reaktiven M^{4+}-Ionen derartig hoch, dass es zu einer chemischen Umsetzung mit dem Elektrolyt kommen würde. Auch der Pluspol ist durch einen Film aus anorganischem und organischem Material, der ebenfalls beim ersten Ladevorgang gebildet wird, gegenüber dem Elektrolyt geschützt.

Die beiden Elektroden sind durch einen porösen Isolator voneinander getrennt, der mit dem **Elektrolyt** getränkt ist. Es handelt sich dabei um eine nichtwässrige Lösung, die auch bei tiefen Temperaturen funktionsfähig ist. Wasser-Moleküle würden mit den Elektronen des Minuspols unter Bildung von Wasserstoff reagieren. Der Elektrolyt muss ausserdem eine gewisse Menge Salz aufnehmen, damit die Ionenleitfähigkeit gewährleistet ist. Die heute verwendeten Li-Ionen-Akkus enthalten vorwiegend Lithiumsalze ($LiClO_4$: Li^+- und ClO_4^--Ionen; $LiBF_4$: Li^+- und BF_4^--Ionen; $LiPF_6$: Li^+- und PF_6^--Ionen) in einem organischen Lösemittel (Ethylencarbonat oder Propylencarbonat).

Ethylencarbonat
(1,3-Dioxolan-2-on: $C_3H_4O_3$):

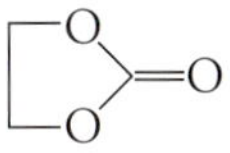

Propylencarbonat
(4-Methyl-1,3-Dioxolan-2-on: $C_4H_6O_3$):

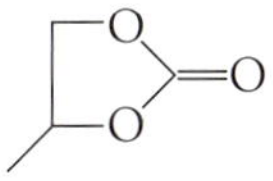

Laden. Als Ausgangsmaterial kommen beim ersten Ladevorgang hochreiner Grafit und $LiMO_2$–Verbindungen zum Einsatz. Eine äussere Stromquelle oxidiert M^{3+}- zu M^{4+}-Ionen, wobei die abgegebenen Elektronen zur Grafitelektrode transportiert werden. Zum Ladungsausgleich wandern Li^+-Ionen durch den Elektrolyt zum Grafit. Gleichzeitig bilden sich, wie schon erwähnt, an beiden Elektroden dünne Schutzschichten, um eine Reaktion mit dem Elektrolyt zu verhindern.

Oxidation von M^{3+}- zu M^{4+}-Ionen:	$LiMO_2$	$\rightarrow$	$Li^+_{1-x}\,M^{3+}_{1-x}\,M^{4+}_x\,O_2 + x\,Li^+ + x\,e^-$
Reduktion des Grafits:	$x\,Li^+ + x\,e^- + C_n$	$\rightarrow$	Li_xC_n
Redoxreaktion:	$LiMO_2 + C_n$	$\rightarrow$	$Li^+_{1-x}\,M^{3+}_{1-x}\,M^{4+}_x\,O_2 + Li_xC_n$

$0 \leq x \leq 0{,}5$ [Geht man z.B. von 1 Mol Li^+-Ionen (und damit von 1 Mol M^{3+}-Ionen) aus und nimmt für x beim idealen Ladevorgang 0,5 Mol an, so sind nach dem Ladevorgang noch 0,5 Mol Li^+-, 0,5 Mol M^{3+}- und 0,5 Mol M^{4+}-Ionen am Pluspol vorhanden.]

Entladen. Entnimmt man dem Li-Ionen-Akku Strom, so fliessen die Elektronen von der Grafitelektrode (Minuspol) durch den Verbraucher zum Pluspol, an dem die M^{4+}- zu M^{3+}-Ionen reduziert werden. Gleichzeitig wandern Li^+-Ionen der Grafitelektrode durch den Elektrolyt zum positiven Pol, um die nun überschussige negative Ladung der O^{2-}-Ionen auszugleichen.

Minuspol (Oxidation; Anode):	$Li_xC_n \rightarrow$	$x\,Li^+ + x\,e^- + C_n$
Pluspol (Reduktion; Kathode):	$x\,M^{4+} + x\,e^- \rightarrow$	$x\,M^{3+}$
Redoxreaktion:	$Li_xC_n + x\,M^{4+} \rightarrow$	$x\,Li^+ + x\,M^{3+} + C_n$

Reaktionsgleichung mit allen Stoffkomponenten:

$Li^+_{1-x}\,M^{3+}_{1-x}\,M^{4+}_x\,O_2 + Li_xC_n \rightarrow LiMO_2 + C_n$

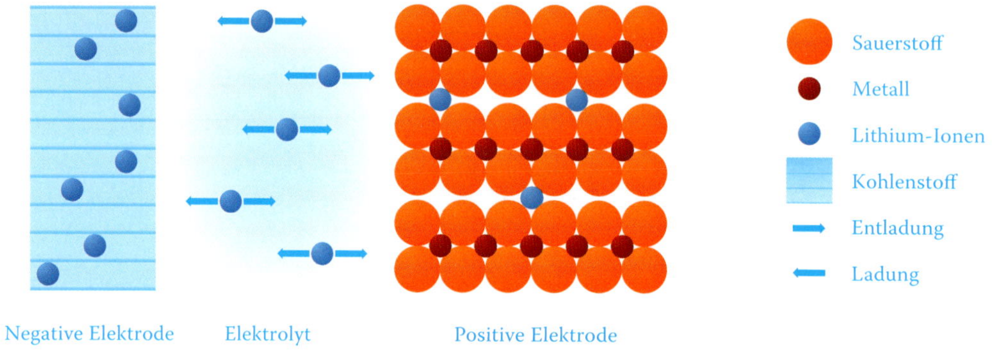

Abb. 23.10 Schematische Darstellung eines Li-Ionen-Akkumulators

Lithium-Ionen-Akkumulator:
- Minuspol (Oxidation; Anode): Lithium-Grafit-Einlagerungsverbindung (Li_xC_n)
- Pluspol (Reduktion; Kathode): $Li^+_{1-x}\,M^{3+}_{1-x}\,M^{4+}_x\,O_2$ (M: Co, Ni oder Mn)
- Elektrolyt: Lithiumsalze ($LiClO_4$: Li^+- und ClO_4^--Ionen; $LiBF_4$: Li^+- und BF_4^--Ionen; $LiPF_6$: Li^+- und PF_6^--Ionen) in einem organischen Lösemittel (Ethylencarbonat oder Propylencarbonat).
- Beim Entladen werden durch die Elektronen der Lithium-Grafit-Einlagerungsverbindung M^{4+}- zu M^{3+}-Ionen reduziert.
- Spannung: ca. 4 V
- Gesamtgleichung für einen Lithium-Ionen-Akku:

$$Li^+_{1-x}\,M^{3+}_{1-x}\,M^{4+}_x\,O_2 + Li_xC_n \underset{\text{Laden}}{\overset{\text{Entladen}}{\rightleftharpoons}} LiMO_2 + C_n$$

Die Li-Ionen-Akkus sind mit einer Steuerelektronik ausgestattet, die die Stromabgabe regelt. Dies ist nötig, da die chemischen Komponenten der Li-Ionen-Akkus sehr reaktiv sind und sich ohne diese Steuerung entzünden können. Dies ist z.B. dann der Fall, wenn beim Ladevorgang Dendriten entstehen. Dabei handelt es sich um elementares Lithium, das nadelförmig von der Grafitelektrode aus wächst. Obwohl diese Nadeln meist eine Schutzschicht aus Lithiumcarbonat aufweisen (Zersetzungsprodukt des organischen Elektrolyts), ist es möglich, dass bei höheren Temperaturen während des Entladens die Schicht v.a. an der Nadelspitze reisst. Der in der Folge auftretende Kurzschluss in der Zelle kann unter Umständen den Elektrolyt in Brand setzen.

Da der organische Elektrolyt Ionen nur sehr schlecht leitet und selber an der Reaktion nicht teilnimmt, versucht man die Zellen möglichst dünn zu konstruieren. Maximal drei dieser Dünnschichtelektrodenstapel werden in Serie geschaltet (die Spannungen der einzelnen Zellen addieren sich dadurch) und in Laptops, Mobiltelefonen, Digitalkameras und Camcordern eingesetzt.

Zur Zeit wird in den USA ein sportliches Elektroauto entwickelt (Zweisitzer), das einen Lithium-Ionen-Akkumulator als Antriebsquelle verwendet. Dieser besteht aus 6381 in Serie geschalteten Einzelzellen, von denen jede die Form eines Lippenstifts aufweist. Um einen Brand zu vermeiden, enthält der rund 400 kg schwere Akkumulator mit einer Leistung von 50 Kilowatt Computerchips, Kühlteile und Rauchmelder. Erstaunlich sind die Daten, die dieses Auto auszeichnen: Gesamtgewicht nur 1200 kg, ein Motor mit 248 PS, Maximalgeschwindigkeit von 220 $km \cdot h^{-1}$, Beschleunigung von 0 auf 100 $km \cdot h^{-1}$ in 4 Sekunden, Reichweite etwa 400 km. Als Nachteil bleibt zu erwähnen, dass das Aufladen des Akkumulators an einer 220-V-Dose dreieinhalb Stunden benötigt (bei 110 V doppelt so lang) und die Lebensdauer auf 500 Ladungen begrenzt ist, wobei die Firma aber eine Garantie von 160 000 km gibt. Die Kosten für den Akkumulator betragen heute etwa 20 000 Dollar.[3]

[3] *NZZ Folio. Zeitschrift der Neuen Zürcher Zeitung. Oktober 2007, S. 33–36*
[4] *NZZ, 19./20. August 2006, Nr. 191, S. 29*

Die immer häufigere Verwendung der Li-Ionen-Akkus (Markteinführung 1991) trug u.a. dazu bei, dass der Preis für Cobalt seit 2002 um etwa 150 % auf heute rund 35 200 Dollar · t^{-1} gestiegen ist.[4] Dies ist ein Grund dafür, dass die Cobaltvorräte in Kongos Südprovinz Katanga (rund 50 % der Weltvorräte) vermehrt in das Blickfeld der internationalen Konzerne gerückt sind.

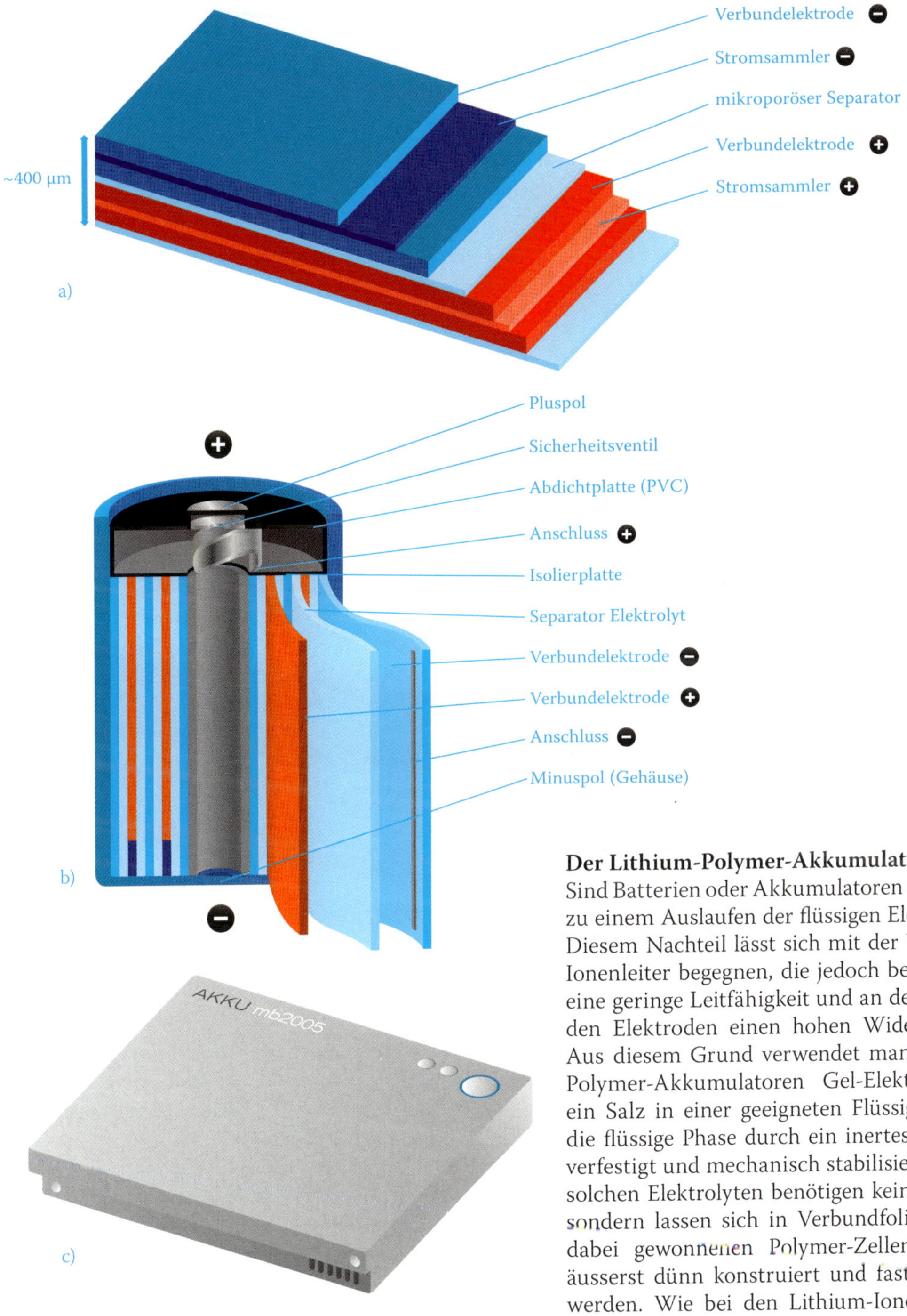

Abb. 23.11 Li-Ionen-Akkumulatoren: a) Stapel von Dünnschichtelektroden, b) zylindrische Zelle, c) prismatische Zelle

Der Lithium-Polymer-Akkumulator

Sind Batterien oder Akkumulatoren undicht, so kann es zu einem Auslaufen der flüssigen Elektrolyte kommen. Diesem Nachteil lässt sich mit der Verwendung fester Ionenleiter begegnen, die jedoch bei Raumtemperatur eine geringe Leitfähigkeit und an den Grenzflächen zu den Elektroden einen hohen Widerstand aufweisen. Aus diesem Grund verwendet man bei den Lithium-Polymer-Akkumulatoren Gel-Elektrolyte. Dabei ist ein Salz in einer geeigneten Flüssigkeit gelöst, wobei die flüssige Phase durch ein inertes Polymer teilweise verfestigt und mechanisch stabilisiert wird. Zellen mit solchen Elektrolyten benötigen keinen Metallbehälter, sondern lassen sich in Verbundfolien verpacken. Die dabei gewonnenen Polymer-Zellen können deshalb äusserst dünn konstruiert und fast beliebig verformt werden. Wie bei den Lithium-Ionen-Akkumulatoren besteht der Minuspol aus einer Lithium-Grafit-Einlagerungs- und der Pluspol aus einer $LiMO_2$-Verbindung.

Die Spannung beträgt je nach verwendetem Metall etwa 3,7 V. Die Stromdichte ist höher als beim Lithium-Ionen-Akkumulator.

23.4 Brennstoffzellen

Galvanische Zellen haben gegenüber anderen Energiequellen den grossen Vorteil, eine wertvolle Energieart zu erzeugen und mit hohem Wirkungsgrad zu arbeiten. (Der Wirkungsgrad von Wärmekraftmaschinen ist aus prinzipiellen Gründen auf etwa 40 % beschränkt.) Es wäre deshalb ausserordentlich wertvoll, wenn sich die zur Energiegewinnung in Wärmekraftmaschinen verwendeten chemischen Prozesse (Verbrennung von Erdgas, Öl, Benzin oder Kohle; Knallgasreaktion) elektrochemisch durchführen liessen. Trotz jahrzehntelanger Forschungsarbeit sind bisher nur relativ wenige praktisch verwendbare Zellen (Brennstoffzellen) entwickelt worden. Die Hauptschwierigkeit liegt stets an den verhältnismässig hohen Aktivierungsenergien, die für die Verbrennung erforderlich sind.

In den Brennstoffzellen wird chemische Energie (Verbrennungsenergie aus Redoxreaktionen) direkt in elektrische Energie (Strom) umgewandelt. Sie sind ähnlich aufgebaut wie die Batterien. Zwei Elektroden, die eine poröse Wand voneinander trennt, tauchen in einen Elektrolyt. Im Gegensatz zu den herkömmlichen Zellen (Batterien, Akkumulatoren) kann der Betrieb durch die kontinuierliche Zufuhr der «Brennstoffe» dauerhaft aufrechterhalten werden. Dabei verändern sich die Elektroden nicht.
Die erste Brennstoffzelle, die technisch genutzt wird (Raumfahrt, seit 2004 versuchsweise auch in Autos), ist die Wasserstoff-Sauerstoff-Brennstoffzelle («Knallgaszelle»). Man verwendet dabei die Reaktion von Wasserstoff und Sauerstoff zur Stromgewinnung. Als Elektroden dienen Nickeldrahtnetze, die mit fein verteiltem Palladium (als Katalysator) beschichtet sind. Die Reaktion findet in den Poren des Elektrodenmaterials statt, da an diesen Stellen das jeweilige Gas (Wasserstoff bzw. Sauerstoff), der Elektrolyt und der Katalysator aufeinandertreffen (Abb. 23.12). Als Elektrolyt kommt eine saure Lösung, heute meist verdünnte Phosphorsäure, zum Einsatz.

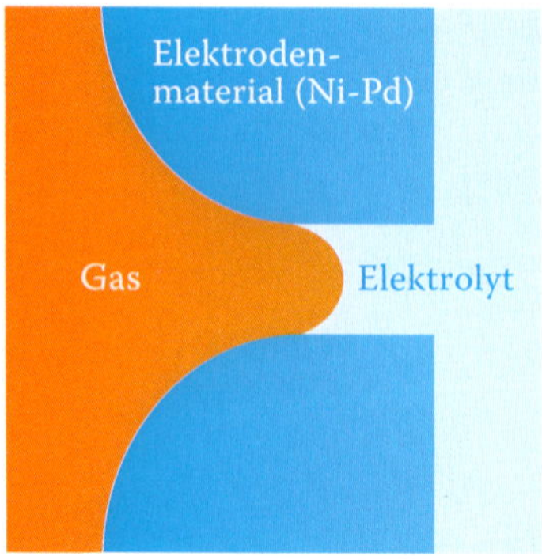

Abb. 23.12 Reaktion von Wasserstoff bzw. Sauerstoff an der Dreiphasengrenze in einer Pore des Elektrodenmaterials

Am Minuspol wird elementarer Wasserstoff über die Elektrode geleitet, wobei die Wasserstoff-Atome ihr Elektron abgeben. Die dabei entstehenden H^+-Ionen bilden mit dem Wasser des Elektrolyten Oxonium-Ionen (H_3O^+). Über den Verbraucher gelangen die Elektronen zum Pluspol, an dem die Sauerstoff-Atome des zugeführten Sauerstoffs reduziert werden. Die so entstandenen O^{2-}-Ionen reagieren mit den Oxonium-Ionen zu Wasser (Abb. 23.13).

Minuspol (Oxidation; Anode):	H_2	$\rightarrow$	$2\,H^+ + 2\,e^-$ $\mid \cdot 2$
Pluspol (Reduktion; Kathode):	$O_2 + 4\,e^-$	$\rightarrow$	$2\,O^{2-}$
Redoxreaktion:	$2\,H_2(g) + O_2(g)$	$\rightarrow$	$2\,H_2O(l)$

Gleichungen mit allen Stoffkomponenten:

Minuspol:	$H_2(g) + 2\,H_2O(l)$	$\rightarrow$	$2\,H_3O^+(aq) + 2\,e^-$ $\mid \cdot 2$
Pluspol:	$O_2(g) + 4\,H_3O^+(aq) + 4\,e^-$	$\rightarrow$	$6\,H_2O(l)$
Redoxreaktion:	$2\,H_2(g) + O_2(g)$	$\rightarrow$	$2\,H_2O(l)$

Der Wirkungsgrad einer Wasserstoff-Sauerstoff-Brennstoffzelle liegt bei etwa 80 % und ist damit viel höher als bei anderen Methoden der Energiegewinnung. Die Verwendung der Zelle im grossen Massstab kommt zur Zeit jedoch nicht in Frage, da zur Erzeugung von Wasserstoff zuerst Wasser in die Elemente aufgespalten werden muss. Dabei handelt es sich um eine Reaktion, die einen sehr grossen Energieaufwand erfordert (grosse Polarität der Bindung O—H). Möglicherweise lässt sich in Zukunft die fotochemische Spaltung (Verwendung des Sonnenlichts) von Wasser technisch und wirtschaftlich realisieren (vgl. Abschnitt 24.3).

Vom energiewirtschaftlichen Standpunkt aus viel interessanter wären Brennstoffzellen, in denen organische Brennstoffe mit Luft und Sauerstoff oxidiert würden. Diese Brennstoffe kommen entweder in der Natur vor (Erdgas, Erdöl) oder lassen sich unter relativ kleinem Aufwand aus Naturstoffen herstellen (z.B. Methanol, CH_3OH). Eine interessante Neuentwicklung dieser

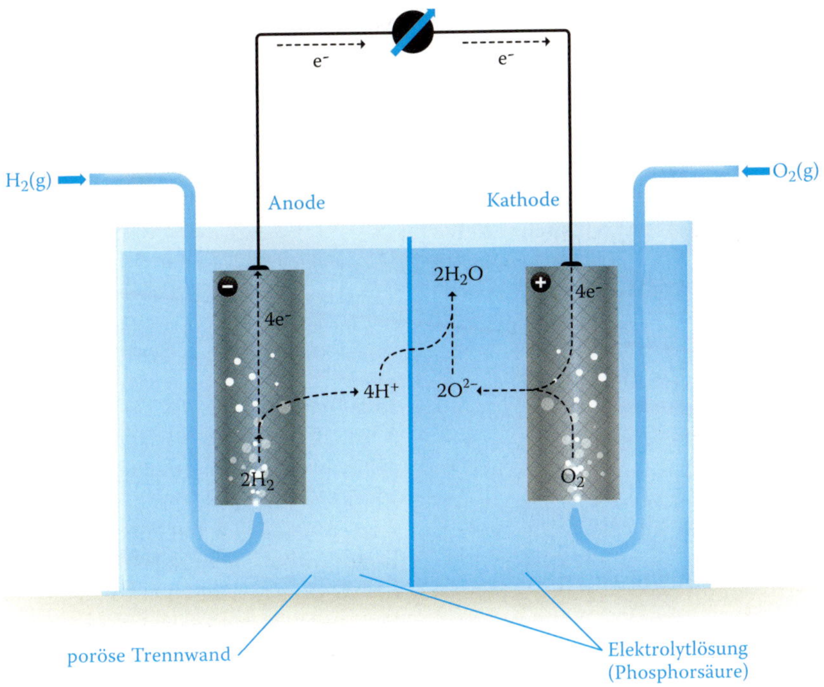

Abb. 23.13 Schema einer Knallgas-Zelle

Art ist die Erdgas/Luft-Zelle. An einer Lanthan/Manganitelektrode leitet man Luft ein (Pluspol), während das Erdgas (Methan, CH_4) an einer Ni/ZrO_2-Elektrode (Minuspol) zu CO_2 und H_2O oxidiert wird. Zwischen den Elektroden befindet sich ZrO_2, ein Oxidionen-Leiter (Festelektrolyt). Die Arbeitstemperatur beträgt rund 800 °C.

Wasserstoff-Sauerstoff-Brennstoffzelle:
- Minuspol (Anode): Oxidation von Wasserstoff-Atomen zu H^+-Ionen
- Pluspol (Kathode): Reduktion von Sauerstoff-Atomen zu O^{2-}-Ionen
- Elektrolyt: Saure Lösung, z.B. verdünnte Phosphorsäure [$H_3PO_4(aq)$]
- Gesamtgleichung:
  $2\,H_2(g) + O_2(g) \rightarrow 2\,H_2O(l)$

23.5 Zink-Luft-Batterie zum Fahrzeug-Antrieb?

Nachteile der bisher im Elektrofahrzeug-Antrieb verwendeten Batterien sind lange Aufladezeit, beschränkte Kapazität (und damit kleiner Aktionsradius), hohes Gewicht und hoher Preis. Die Natrium-Schwefel-Batterie (Na-S-Batterie), die man lange Zeit für aussichtsreich gehalten hatte, dürfte wegen der mit flüssigem Natrium verbundenen Gefahren ausscheiden. Eine vielversprechende Möglichkeit bietet dagegen eine weiterentwickelte Form der Zink-Luft-Batterie.

Statt eines Zinkblechs wird schwammartiges Zink aus feinkörnigem Zinkpulver als Minuspol verwendet. Zum Schutz gegen Entzündung an der Luft ist die Elektrode mit einer hauchdünnen Oxidschicht überzogen. Die aktive Oberfläche wird dadurch sehr gross, sodass Kapazität und Strombelastbarkeit der Batterie erhöht werden.

Die positive Elektrode besteht aus einem Gemisch von Kohlenstoff und Teflon. Sie wird durch ein spezielles Polymer auf der einen Seite hydrophob (wasserabstossend), auf der anderen Seite hydrophil (wasseranziehend). Der wässrige Elektrolyt diffundiert bis zur Mitte der Elektrode und kommt dort mit dem eingeblasenen Luft-Sauerstoff in Berührung. Die Reduktion von Sauerstoff lässt sich mit Cobalt katalysieren.
Als Elektrolyt verwendet man [$KOH(aq)$].

Minuspol (Oxidation; Anode):	$Zn(s)$	$\rightarrow$	$Zn^{2+}(aq) + 2\,e^- \;|\cdot 2$
Pluspol (Reduktion; Kathode):	$O_2(g) + 2\,H_2O(l) + 4\,e^-$	$\rightarrow$	$4\,OH^-(aq)$
Redoxreaktion:	$2\,Zn(s) + O_2(g) + 2\,H_2O(l)$	$\rightarrow$	$2\,Zn^{2+}(aq) + 4\,OH^-(aq)$

Die Zink-Ionen verbinden sich mit den entstandenen Hydroxid-Ionen zu Hydroxozinkat-Ionen:

$$Zn^{2+}(aq) + 4\,OH^-(aq) \rightarrow [Zn(OH)_4]^{2-}(aq)$$

Solche Zink-Luft-Zellen sind allerdings nicht wieder aufladbar, denn beim Laden wachsen Zinknadeln aus den Elektroden, die zu Kurzschluss führen. Man ersetzt deshalb verbrauchte Elektroden durch frische, wobei der Austausch nur wenige Minuten dauert. Ein mit einer solchen Batterie betriebener Lastwagen erreichte eine Höchstgeschwindigkeit von 120 km · h^{-1}. Ein ebenfalls damit ausgerüsteter Transporter bewältigte eine Distanz von 300 km. Ein gleich schwerer Blei-Akkumulator in einem Elektroauto reicht dagegen nur für 55 km.

23.6 Metalle und Korrosion

Unter Korrosion (corrodere lat. = zernagen, zerfressen) versteht man die Zerstörung von Werkstoffen, insbesondere von Metallen, durch chemische Reaktionen. Das Metall wird dabei stets zu Metallionen oxidiert, die anschliessend in mannigfaltiger Weise zu den verschiedensten Korrosionsprodukten weiterreagieren können. Mögliche Ursachen der Korrosion sind saure Lösungen oder aggressive Gase wie Chlor, Hydrogenchlorid (HCl) oder Sauerstoff. Häufig führen auch elektrochemische Reaktionen zur Zerstörung von Metallen. In der Nähe von Hochspannungsleitungen oder Bahnanlagen können in der Erde vagabundierende Ströme auftreten, sodass ein Metall Elektronen abgeben kann und sich allmählich auflöst. In den Erdboden verlegte Rohrleitungen und Tankanlagen sind auf diese Weise besonders gefährdet. Als Schutz vor Korrosion dienen Schutz- oder Opferelektroden (vgl. weiter unten).

Viel häufiger erfolgt Korrosion durch die Bildung von Lokalelementen. Berühren sich zwei verschieden edle (verschieden leicht oxidierbare) Metalle, und taucht die Berührungsstelle in eine Elektrolytlösung (z.B. Regenwasser, das H_3O^+-Ionen enthält oder Wasser aus dem Erdreich mit gelösten Salzen), so bildet sich eine kurzgeschlossene galvanische Zelle, ein Lokalelement. Das

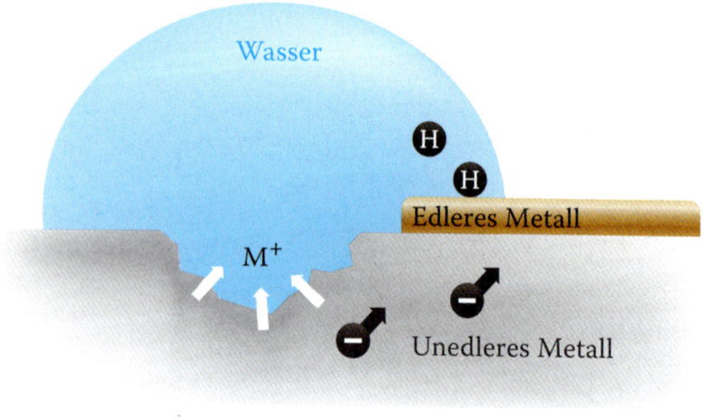

Abb. 23.14 Lokalelement

Metall, das leichter Elektronen abgibt, wird oxidiert, d.h. löst sich allmählich auf. Am anderen Metall tritt eine Reduktion von H_3O^+-Ionen bzw. H_2O-Molekülen zu Wasserstoff oder von Sauerstoff zu OH^--Ionen ein:

$$2\,H_3O^+ + 2\,e^- \rightarrow H_2 + 2\,H_2O$$
$$2\,H_2O + 2\,e^- \rightarrow H_2 + 2\,OH^-$$
$$O_2 + 2\,H_2O + 4\,e^- \rightarrow 4\,OH^-$$

Die OH^--Ionen bilden mit den Metallionen häufig schwer lösliche Hydroxide oder wasserhaltige Oxide, die aber wegen ihrer meist lockeren Struktur das Metall nicht vor weiterer Korrosion schützen.

Enthält das Wasser gelöste Salze in grösserer Konzentration, so wird die Korrosion weiter gefördert. Insbesondere wirken Cl^--Ionen stark korrosiv (Meerwasser; Salzstreuen auf Strassen im Winter). Die Cl^--Ionen katalysieren nicht nur die Oxidation von Eisen, sondern verringern auch die Konzentration der Fe^{3+}-Ionen durch die Bildung von löslichen Chlorokomplexen wie z.B. $[Fe(Cl)_6]^{3-}$(aq). Dies fördert eine weitere Oxidation des Eisens. Auch Mikroorganismen (sulfatreduzierende Bakterien im Boden) können Korrosion verursachen, denn die durch Sulfatreduktion (Sulfat-Ion: SO_4^{2-}) entstandenen S^{2-}-Ionen bilden mit Fe^{2+}-Ionen schwer lösliches Eisen(II)-sulfid (FeS: Fe^{2+}- und S^{2-}-Ionen), wodurch die Oxidation begünstigt wird.

Stellen, an denen sich zwei verschieden edle Metalle berühren, neigen besonders zur Korrosion, wie z.B. Messingschrauben (Messing: Legierung aus Kupfer und Zink) in Aluminium oder verchromtes Eisen mit verletzter Chromschicht. Trotzdem Chrom-Atome leichter Elektronen abgeben, ist das Metall dank seiner Passivität schwerer oxidierbar als Eisen. Unter Umständen kann sogar schon verschiedene Oberflächenbeschaffenheit ein und desselben Metalls genügen, um Lokalelemente zu bilden. Stellen mit z.B. dickerer Oxidschicht geben weniger leicht Elektronen ab als angefeilte oder an der Oberfläche verletzte Stellen. Dort kann das Metall allmählich korrodieren. Auch an Orten starker mechanischer Beanspruchung (die zu inneren Spannungen führt) geben Metallatome leichter Elektronen ab, sodass Korrosion erfolgt. Legierungen, die aus einem Gefüge von Kristalliten verschiedener Zusammensetzung bestehen, können «interkristallin» korrodieren, wenn zwischen solchen Gefügebausteinen Lokalelemente entstehen.

Das **Rosten von Eisen** ist wirtschaftlich von besonderer Bedeutung. Auch hier haben Lokalelemente eine grosse Bedeutung, v.a. wenn Verunreinigungen im Metall vorhanden sind. Die sich dabei abspielenden chemischen Reaktionen sind allerdings recht verwickelt und verlaufen unterschiedlich, je nach dem pH-Wert des umgebenden Wassers. Im neutralen bis alkalischen Bereich erfolgt vor allem «Sauerstoffkorrosion» (Reduktion von Sauerstoff zu OH^--Ionen und gleichzeitige Oxidation von Eisen). Der «Rost» hat dann die ungefähre Zusammensetzung FeOOH (Fe^{3+}-, O^{2-}- und OH^--Ionen) und eine poröse, lockere Struktur. Dadurch kann weiterhin Wasser und Luft zum Metall gelangen und dieses schliesslich völlig durchrosten. In saurer Umgebung kommt es zu einer Oxidation des Eisens durch die Oxonium-Ionen (H_3O^+) unter Bildung von Wasserstoff («Säurekorrosion»).

Sauerstoffkorrosion (neutrale bis alkalische Lösung; Luftzutritt):

Minuspol (Oxidation; Anode):	$Fe(s)$	$\rightarrow$	$Fe^{2+}(aq) + 2\,e^- \mid \cdot 2$
Pluspol (Reduktion; Kathode):	$O_2(g) + 2\,H_2O(l) + 4\,e^-$	$\rightarrow$	$4\,OH^-(aq)$
Redoxreaktion:	$2\,Fe(s) + O_2(g) + 2\,H_2O(l)$	$\rightarrow$	$2\,Fe^{2+}(aq) + 4\,OH^-(aq)$

Folgereaktionen:

$2\,Fe^{2+}(aq) + 4\,OH^-(aq) \rightarrow 2\,Fe(OH)_2(s)$

$2\,Fe(OH)_2(s) + \tfrac{1}{2}O_2(g) \rightarrow 2\,FeOOH(s) + H_2O(l)$

Säurekorrosion (saure Umgebung):

Minuspol (Oxidation; Anode):	$Fe(s)$	$\rightarrow$	$Fe^{2+}(aq) + 2\,e^-$
Pluspol (Reduktion; Kathode):	$2\,H_3O^+(aq) + 2\,e^-$	$\rightarrow$	$H_2(g) + 2\,H_2O(l)$
Redoxreaktion:	$Fe(s) + 2\,H_3O^+(aq)$	$\rightarrow$	$Fe^{2+}(aq) + H_2(g) + 2\,H_2O(l)$

- Lokalelement: Ausbildung einer kurzgeschlossenen galvanischen Zelle, wenn sich zwei verschieden leicht oxidierbare Metalle berühren und mit einer Elektrolytlösung in Kontakt kommen.
- Sauerstoffkorrosion von Eisen: Oxidation des Metalls in neutraler bis alkalischer Lösung unter Luftzutritt.
- Säurekorrosion von Eisen: Oxidation des Metalls in saurer Umgebung.

Korrosionsschutz
Als Korrosionsschutz dienen verschiedenste Überzüge: Farbanstriche, Kunststoffe (verhindern den Zutritt von Luft und Feuchtigkeit), Emaillierung, Überzüge aus anderen Metallen (Zink, Chrom, Nickel, Zinn).

Ein Zinküberzug (durch Galvanisieren, Bedampfen oder Eintauchen in flüssiges Zink aufgebracht; Feuerverzinken von Stahlteilen in der Autoindustrie) schützt das darunterliegende Eisen auch dann vor Rost, wenn die Zinkschicht verletzt ist. Zink ist unedler (gibt Elektronen leichter ab als Eisen) und korrodiert an Stelle des Eisens. Da Zn^{2+}-Ionen jedoch giftig sind, darf verzinktes Eisen nicht für Lebensmittel verwendet werden, im Gegensatz zum Weissblech, das Zinn als Schutzschicht enthält. Verletzungen dieses Überzugs führen in diesem Fall jedoch zu einer Korrosion des Eisens, da dieses unedler ist (leichter Elektronen abgibt) als Zinn. Die Eisen-Atome werden durch Abgabe von Elektronen oxidiert, die über das Zinn zu einer wässrigen Lösung gelangen. Dadurch kommt es zu einer Reduktion der Wasser-Moleküle bzw. der Oxonium-Ionen einer sauren Lösung zu elementarem Wasserstoff.

In der Automobilindustrie schützt man die meisten Eisenbleche dadurch, dass man sie mit phosphathaltigen Lösungen (Phosphat-Ion: PO_4^{3-}) behandelt. Die sich dabei bildende Schutzschicht wird dann anschliessend mit organischen Stoffen lackiert (Öle, Wachs).

Schutzelektroden («Opferelektroden»), die u.a. in unterirdisch verlegten Anlagen aus Eisen (Tanks, Rohrleitungen) zum Einsatz kommen, bestehen aus einem unedlen Metall, das mit dem zu schützenden Eisen verbunden ist. Die Bodenfeuchtigkeit führt dann zu einer Oxidation des unedleren Metalls (z.B. Magnesium), wobei die dabei frei werdenden Elektronen zum Eisen fliessen, dessen Korrosion dadurch verhindert wird.

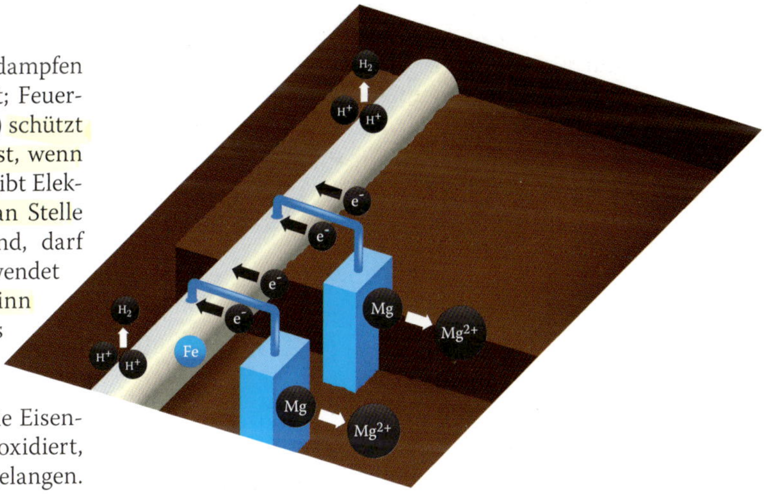

Abb. 23.15 Schutzelektrode bei einer Pipeline. Das Magnesium muss von Zeit zu Zeit ersetzt werden

ÜBUNGEN ZUM KAPITEL 23

23.1 Wie ist eine galvanische Zelle aufgebaut?

23.2 Sie sollen eine galvanische Zelle konstruieren, die als Elektroden die beiden Metalle Kupfer und Eisen enthält. Zeichnen Sie eine Skizze, formulieren Sie die Gleichungen für die Teilreaktionen in den beiden Halbzellen und zeichnen Sie die Richtung der Elektronen- und Ionenwanderung in Ihrer Skizze ein.

23.3 Stellt man ein Eisenblech in eine Silbernitrat-Lösung, so überzieht sich das Eisen mit elementarem Silber. Begründen Sie diese Erscheinung mit einer Reaktionsgleichung und der Stellung der beiden Metalle in der Redoxtabelle.

23.4 Entnimmt man einer galvanischen Zelle laufend Strom, so sinkt die Spannung der Zelle allmählich. Begründung?

23.5 Man unterscheidet edle und unedle Metalle. Was passiert in einer galvanischen Zelle in der Halbzelle des edleren bzw. des unedleren Metalls?

23.6 Beschreiben Sie die Vorgänge in einer Taschenlampen-Batterie anhand von Reaktionsgleichungen.

23.7 Beschreiben Sie kurz die Vor- und Nachteile einer Lithium-Zelle.

23.8 Was versteht man unter dem Memory-Effekt eines Ni-Cd-Akkus? Wie kommt dieser Effekt zustande?

23.9 Stellen Sie die wichtigsten Unterschiede zwischen Leclanché- und Alkali-Mangan-Zellen zusammen.

23.10 Stellen Sie die Reduktoren und Oxidatoren folgender Batterien in einer kleinen Tabelle zusammen: Leclanché-Zelle, Alkali-Mangan-Batterie, Lithium-Batterie, Zink-Luft-Batterie.

23.11 Worin besteht der Unterschied zwischen Batterien und Akkumulatoren?

23.12 Wo liegen die Unterschiede zwischen Akkumulatoren und Brennstoff-Zellen?

23.13 Blei-Akkus haben eine begrenzte Lebensdauer, obwohl sie wieder aufgeladen werden können. Begründung?

23.14 Beim Aufladen eines Blei-Akkumulators beobachtet man oft ein «Kochen» des Akkus. Begründung?

23.15 Im Nickel-Metallhydrid-Akku wird, wie der Name sagt, Wasserstoff verwendet. Welche Funktion erfüllt der Wasserstoff in diesem Akkumulator und wie wird er darin gespeichert?

23.16 Welche Bedeutung haben die Lithium-Ionen in einem Li-Ionen-Akku?

23.17 Welche Vor- bzw. Nachteile sehen Sie in der Verwendung einer «Knallgas-Zelle»?

23.18 Eisen wird oft zum Schutz vor Korrosion mit Zink oder Zinn überzogen. Welche Vorgänge spielen sich bei einer Verletzung der Schutzschicht ab?

23.19 Streusalz, das im Winter benutzt wird, fördert die Korrosion von Eisen. Begründung?

23.20 Schutzelektroden verhindern die Korrosion von unterirdisch verlegten eisenhaltigen Anlagen (Tanks, Rohrleitungen). Erklären Sie diesen Sachverhalt.

23.21 Unter welchen Bedingungen kommt es zu einer starken Korrosion von Eisen?

23.22 Weissblech kommt in Form von Büchsen in der Lebensmittelindustrie zur Anwendung. Vor- und Nachteile von Weissblech?

24 CHEMIE UND ELEKTRIZITÄT II: DIE ELEKTROLYSE

24.1 Was geschieht bei einer Elektrolyse?

Elektrolysen
Elektrolysen sind (endotherme) chemische Reaktionen, die unter Aufwand von elektrischer Energie ablaufen, also durch Einwirkung eines elektrischen Stroms, wie z.B. die Vorgänge beim Laden eines Akkumulators. Früher verstand man unter «Elektrolyse» die Zerlegung eines Stoffes mittels Elektrizität. Heute wird aber jede unter der Wirkung von elektrischer Energie durchgeführte Reaktion als Elektrolyse bezeichnet.

- Bei einer Elektrolyse finden erzwungene Redoxreaktionen unter der Einwirkung des elektrischen Stroms statt. Man legt dazu eine Gleichspannung zwischen zwei Elektroden, wodurch die eine zur Kathode (negativ), die andere zur Anode (positiv) wird.
- Durch die Stromquelle werden Elektronen von der Anode zur Kathode transportiert. An der Kathode erfolgt eine Reduktion, an der Anode eine Oxidation.
- Im weitesten Sinne können Kathode und Anode als reduzierende bzw. oxidierende Grenzflächen betrachtet werden.

An der Kathode werden Ionen aus dem Elektrolyt reduziert und zwar – wenn mehrere Ionenarten nebeneinander vorhanden sind – das Ion, das der stärkste Elektronenakzeptor ist. An der Anode oxidiert der stärkste Elektronendonator oder das Anodenmaterial. Unangreifbar als Anode sind nur Platin oder Kohlenstoff[1]. Manche Metalle werden trotz ihrer guten Fähigkeit zur Elektronenabgabe nicht oxidiert und lösen sich damit nicht auf. Man spricht dann von Passivität des Anodenmetalls. So wird beispielsweise ein Eisenblech, das kurz in konzentrierte Salpetersäure (HNO_3) eingetaucht worden ist, als Anode weder zu Fe^{2+}- noch zu Fe^{3+}-Ionen oxidiert. Auch Nickel- und Aluminium-Anoden sind häufig (bzw. immer) passiv. Die Passivität beruht in allen Fällen auf schützenden Oxid- oder Hydroxid-Schichten.

Elektrolyse geschmolzener Salze. Salzschmelzen leiten den elektrischen Strom (Abschnitt 20.3), wobei die positiven Ionen (die Kationen) zur Kathode und die negativen Ionen (die Anionen) zur Anode wandern. An den Elektroden finden chemische Reaktionen statt: Es entstehen Stoffe mit neuen Eigenschaften. So bilden sich z.B. bei der Elektrolyse von geschmolzenem Bleichlorid ($PbCl_2$) mit Gleichstrom an der Anode Chlorgas und an der Kathode metallisches Blei.

Die Stromquelle bewirkt den «Elektronentransport»: Elektronen wandern durch den Draht zur Kathode, die bei der Elektrolyse der negative Pol ist. An ihrer Oberfläche nehmen Blei-Ionen je zwei Elektronen auf und werden so zu Blei-Atomen reduziert. Anderseits zieht die Stromquelle Elektronen von der (positiven) Anode weg. Die Chlorid-Ionen geben dort je ein Elektron ab und werden dadurch zu Chlor-Atomen oxidiert, die sich sofort paarweise zu Molekülen verbinden. An der Kathode findet also eine Reduktion und an der Anode eine Oxidation statt:

Kathode:	$Pb^{2+} + 2\,e^- \rightarrow Pb$	Reduktion
Anode:	$2Cl^- \rightarrow Cl_2 + 2\,e^-$	Oxidation

Die Gesamtreaktion ist nichts anderes als die erzwungene Umkehrung der freiwillig ablaufenden Reaktion zwischen metallischem Blei und Chlorgas:

$$Pb + Cl_2 \underset{\text{durch Elektrolyse erzwungen}}{\overset{\text{freiwillig ablaufend}}{\rightleftharpoons}} PbCl_2$$

Die Elektrolyse wässriger Lösungen. Elektrolysiert man eine wässrige Kupferchlorid-Lösung ($CuCl_2$), so geschieht im Prinzip dasselbe wie bei der Elektrolyse von geschmolzenem Bleichlorid. An der Kathode bildet sich metallisches Kupfer und an der Anode Chlor (Abschnitt 20.3). Die Vorgänge sind indessen etwas komplizierter als bei der Elektrolyse einer Salzschmelze, da die Ionen des Salzes hydratisiert sind. Bei ihrer

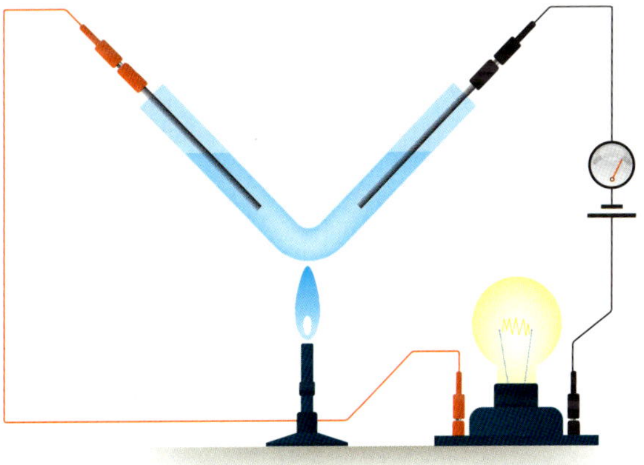

Abb. 24.1 Versuchsanordnung zur Leitfähigkeitsuntersuchung geschmolzener Salze

[1] *Kohlenstoff-Anoden können allerdings durch Sauerstoff im Entstehungszustand (atomarer Sauerstoff, aus Wasser oder OH^--Ionen entstanden) zu CO oder CO_2 oxidiert und damit angegriffen werden.*

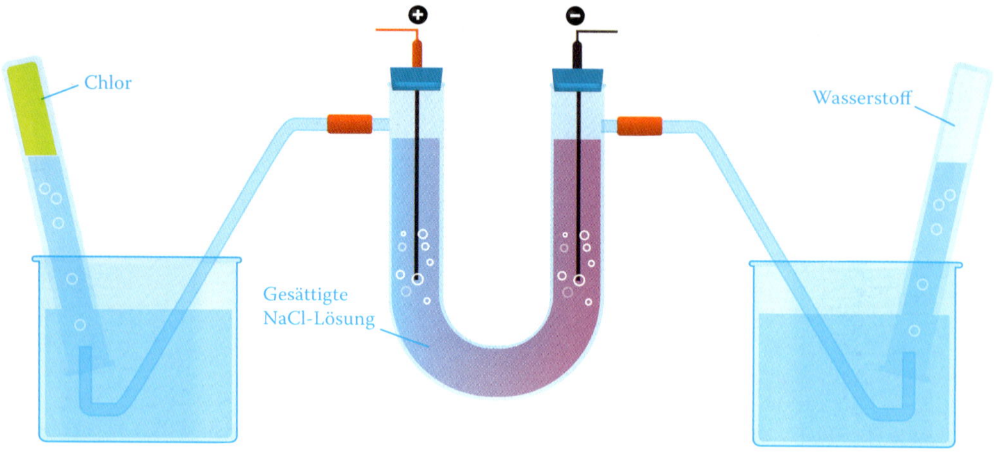

Abb. 24.2 Elektrolyse einer Natriumchlorid-Lösung

Entladung an den Elektroden müssen die Ionen zuerst ihre Hydrathüllen verlieren, bevor sie Elektronen aufnehmen bzw. abgeben können.

Überraschende Ergebnisse erhält man bei der Elektrolyse einer Kochsalz-Lösung (Abb. 24.2). An der Anode entsteht (wie erwartet) Chlorgas. An der Kathode bildet sich jedoch kein Natrium, sondern Wasserstoff. Ein dem Kathodenraum zugesetzter Indikator zeigt eine alkalische Reaktion an, während die für das Experiment eingesetzte Kochsalz-Lösung neutral ist.

Dieses auf den ersten Blick merkwürdige Versuchsergebnis lässt sich durch die Stellung der beteiligten Redoxpaare in der Redoxreihe erklären. Das Redoxpaar H_2/H_2O steht unterhalb des Redoxpaars Na/Na^+:

$$Na \rightleftharpoons Na^+ + e^-$$
$$H_2 + 2\,OH^- \rightleftharpoons 2\,H_2O + 2\,e^-$$

Dies bedeutet, dass zwar metallisches Natrium leichter oxidierbar ist als Wasserstoff, dass aber Wasser leichter zu reduzieren ist als Natrium-Ionen. Bei der Elektrolyse der Lösung muss also Wasserstoff entstehen. Die gleichzeitig gebildeten Hydroxid-Ionen erklären den alkalischen Charakter der Lösung im Kathodenraum.

Dass bei der Elektrolyse der Kupferchlorid-Lösung an der Kathode Kupfer gebildet wird, steht in Einklang mit der Redoxreihe: Das Redoxpaar $Cu \rightleftharpoons Cu^{2+}(aq) + 2\,e^-$ steht unterhalb des Redoxpaars $H_2 + 2\,OH^- \rightleftharpoons 2\,H_2O + 2\,e^-$, sodass die Kupfer-Ionen (die leichter reduzierbar sind als die Wasser-Moleküle) tatsächlich reduziert werden.

Sowohl die Elektrolyse der Bleichlorid- als auch der Kupferchlorid-Lösung liefert an der Anode elementares Chlor. Verwendet man jedoch stark verdünnte Chlorid-Lösungen, so entsteht stattdessen Sauerstoff. Dieser kann nur aus dem Wasser stammen, d.h. es müssen Wasser-Moleküle oxidiert worden sein ($6\,H_2O \rightleftharpoons O_2 + 4\,H_3O^+ + 4\,e^-$). Die Stärke von Oxidatoren und Reduktoren ist also in hohem Masse auch von der Konzentration der betreffenden Lösungen abhängig. Die Einordnung der Redoxpaare in die Redoxreihe bezieht sich auf die Konzentration $1\,mol \cdot L^{-1}$.

Elektrolysiert man eine verdünnte Lösung von Schwefelsäure und verwendet dabei Platin- oder Grafitelektroden, so bildet sich an der Kathode Wasserstoff und an der Anode Sauerstoff.

Kathode:	$4\,H_3O^+ + 4\,e^- \rightarrow 2\,H_2 + 4\,H_2O$	Reduktion
Anode:	$6\,H_2O \rightarrow O_2 + 4\,H_3O^+ + 4\,e^-$	Oxidation

Insgesamt ist die Elektrolyse eine Spaltung von Wasser in seine Elemente, also eine Wasser-Elektrolyse. Die Sulfat-Ionen (SO_4^{2-}), die ebenfalls zur Anode wandern, sind zu stabil, um oxidiert zu werden. Anders gesagt, ihre Oxidation erfordert eine zu grosse Aktivierungsenthalpie. Ähnliches Verhalten zeigen auch andere sauerstoffhaltige Komplexionen (NO_3^-, ClO_3^- usw.).

Einen anderen Verlauf nimmt die Elektrolyse verdünnter Schwefelsäure, wenn eine Platin-Kathode und eine Kupfer-Anode verwendet werden. An der Anode tritt jetzt keine Gasentwicklung auf. Es lassen sich vielmehr blaue Schlieren beobachten, die auf den Boden des Gefässes absinken. Offenbar wird das Anodenmetall (Kupfer) anstelle des Wassers oxidiert:

$$Cu(s) \rightarrow Cu^{2+}(aq) + 2\,e^-$$

Verwendet man andere Metalle als Anode, so ist der gleiche Effekt zu beobachten. Nur Gold und Platin als sehr edle Metalle werden nicht oxidiert. Grafitelektroden reagieren mit den Sauerstoff-Atomen, die primär bei der Oxidation entstehen (Sauerstoff in statu nascendi lat. = im Entstehen), langsam zu Kohlenstoffdioxid, werden also ebenfalls angegriffen.

Die anodische Oxidation von Metallen ist eine mögliche Ursache der Korrosion: In den Boden verlegte Metalle (z.B. Öltanks) korrodieren, wenn sie durch vagabundierende Ströme, z.B. in der Nähe von Hochspannungsleitungen oder Bahnanlagen, zur Anode werden (Abschnitt 23.6).

Die Verhältnisse bei Elektrolysen wässriger Lösungen sind also recht kompliziert. Wir fassen sie zusammen:

- An der **Kathode** werden Kationen zu Metallen oder Wasser-Moleküle (in sauren Lösungen Oxonium-Ionen) zu Wasserstoff reduziert. Aus der Redoxreihe ersieht man, welche Reaktion wirklich eintritt (falls die Bildung von Wasserstoff nicht gehemmt ist; s.u.).
- An der **Anode** können Anionen, Wasser-Moleküle oder eventuell auch andere oxidierbare Teilchen oxidiert werden. Im Falle von Wasser entsteht Sauerstoff. Dieser bildet sich immer dann, wenn die Lösung eines Salzes mit Komplexanionen elektrolysiert wird. Ist das Wasser schwieriger zu oxidieren als das Anodenmaterial, so wird dieses angegriffen und zu seinen Ionen oxidiert.

Die Verhältnisse können sogar noch komplizierter sein. So bildet sich z.B. bei der Elektrolyse einer verdünnten Zinksulfat-Lösung ($ZnSO_4$) elementares Zink an der Kathode, obwohl Wasser-Moleküle leichter zu reduzieren sind als Zink-Ionen. Der Grund dafür liegt in der oft relativ hohen Aktivierungsenthalpie bei der Abscheidung von Gasen an den Elektroden. Für die Praxis hat dieser Effekt eine sehr grosse Bedeutung. Viele technisch durchgeführte Elektrolysen von wässrigen Lösungen würden ohne die Hemmung der Wasserstoffbildung an der Kathode nur Wasserstoff liefern.

Zersetzungsspannung

Interessante Ergebnisse liefert die Untersuchung des Zusammenhangs zwischen Stromstärke und Spannung bei einer Elektrolyse. Legt man bei der Elektrolyse einer verdünnten Salzsäure eine allmählich zunehmende Spannung an die Elektroden, so stellt man fest, dass erst nach Erreichen einer bestimmten Minimalspannung, der «Zersetzungsspannung», ein messbarer Strom fliesst (Abb. 24.3).

Nach dem ersten noch kleinen Stromstoss entsteht an der Kathode etwas Wasserstoff und an der Anode etwas Chlor. Die Elektroden werden dadurch «polarisiert»: Wir erhalten eine Wasserstoff- und eine Chlorelektrode. Die beiden Elektroden zusammen bilden aber eine galvanische Zelle, die ihrerseits eine der angelegten Spannung entgegengerichtete Spannung liefert. Erst wenn diese überwunden wird (wenn die angelegte Spannung grösser ist als die von der galvanischen Zelle erzeugte Spannung), fliesst messbarer Strom.

Das Auftreten einer Zersetzungsspannung zeigt, dass Elektrolysen im Prinzip nichts anderes sind als die zwangsweise Umkehrung von Vorgängen, die in galvanischen Zellen freiwillig ablaufen. Die Kombination einer Wasserstoff- und einer Chlorelektrode liefert eine elektrische Spannung und kann als Stromquelle dienen. Um die Elektrodenreaktionen umzukehren, wird eine höhere Spannung als die Zellspannung benötigt.

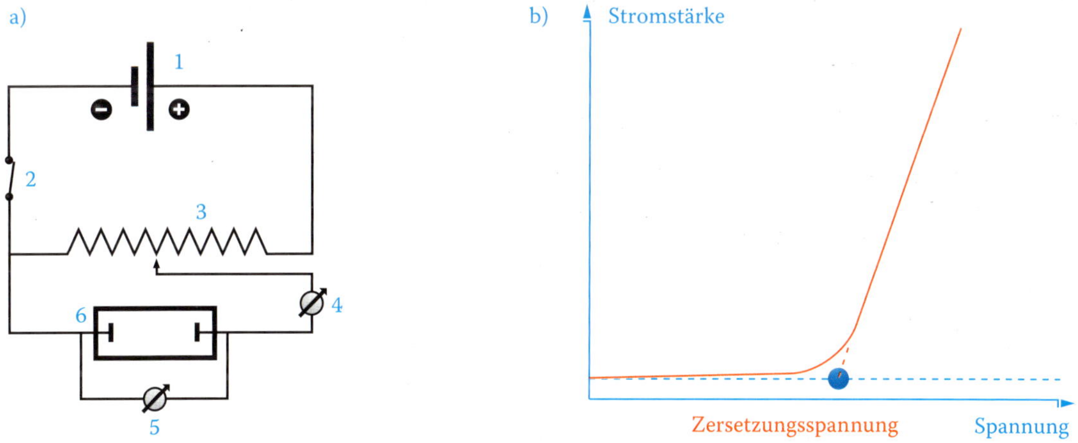

Abb. 24.3 Zersetzungsspannung a) Schaltung zur Messung der Zersetzungsspannung: 1 Batterie, 2 Schalter, 3 Widerstand, 4 Ampèremeter, 5 hochohmiges Voltmeter, 6 Elektrolysezelle, b) Strom/Spannungs-Kurve bei einer Elektrolyse

24.2 Elektrolyse zur Gewinnung von Aluminium, Natronlauge, Kalilauge, Chlor, galvanischen Metallüberzügen und hochreinem Kupfer

Die Gewinnung von Aluminium (Magnesium, Natrium)

Aluminium ist das dritthäufigste Element der Erdrinde und des Erdkörpers und ein wichtiger Bestandteil vieler Silicate, tritt aber wegen seiner leichten Abgabe von Elektronen nicht als freies Element auf. Weil Aluminium in den Silicaten nur in relativ kleinen Konzentrationen und immer in sehr feiner Verteilung vorkommt, eignen sich diese nicht zur Gewinnung des Metalls. Das wichtigste Rohmaterial dafür ist vielmehr Bauxit, ein Mineral, das, neben anderen Oxiden (Fe_2O_3, SiO_2 u.a.), 55–65 % Aluminiumoxid («Tonerde»; Al_2O_3) enthält [Vorkommen in Südfrankreich (Les Baux; Name!), Italien, Serbien, Russland, USA, Australien u.a.].

Vor der elektrolytischen Gewinnung des Metalls muss Bauxit zuerst in reine Tonerde übergeführt werden, da die Schmelzelektrolyse von Bauxit sonst an der Kathode Eisen bilden würde. Man löst das Aluminiumoxid mit Lauge als Hydroxokomplex bei 170 °C und unter Druck, filtriert den Rückstand ab und scheidet Aluminiumhydroxid durch Impfen mit einem $Al(OH)_3$-Kristall aus der konzentrierten Lösung ab. In einem Drehofen bildet sich bei hoher Temperatur das Aluminiumoxid zurück.

$$\text{Bauxit} + NaOH \xrightarrow[\text{Druck}]{170\ °C} Na[Al(OH)_4](aq) + Fe_2O_3,\ SiO_2$$

$$\downarrow \text{Impfen}$$

$$0{,}5\ Al_2O_3 + 1{,}5\ H_2O \xleftarrow{\text{Erhitzen}} Al(OH)_3(s)$$

Die Schmelztemperatur der Tonerde (t_m = 2054 °C) ist zu hoch, als dass man sie schmelzen und elektrolysieren könnte. Man löst das Oxid deshalb in geschmolzenem Kryolith (Na_3AlF_6), der in Grönland als Mineral vorkommt, heute aber meist synthetisch hergestellt wird. Die Elektrolyse findet bei 950–1000 °C statt. Die Elektrolysezellen (Abb. 24.4) sind nach aussen thermisch gut isolierte Stahlwannen, die seitlich und besonders am Boden mit Kohlenstoff ausgekleidet sind, der die Kathode bildet. Die Anoden bestehen aus maximal 20 Kohlenstoffblöcken, die von oben in die Schmelze eingesenkt werden können. Die Elektrolyse findet bei einer Spannung von 5,6 Volt statt, die Stromstärke kann bis zu 110 000 Ampère betragen. Durch die Stromwärme wird die Schmelze flüssig gehalten.

Das flüssige Metall sammelt sich am Boden der Elektrolysezelle und lässt sich mittels Saugrüsseln entfernen, die in die Schmelze eintauchen. Ständig arbeitende Punktdosierer führen der Schmelze kontinuierlich Al_2O_3 zu. An der Anode bildet sich Sauerstoff, der den Kohlenstoff zu Kohlenstoffmonoxid und – dioxid oxidiert (Verbrauch von Anodenkohlenstoff).

Anode (Oxidation):	$2\ O^{2-}$	$\rightarrow O_2 + 4\ e^- \mid \cdot 3$
Kathode (Reduktion):	$Al^{3+} + 3\ e^-$	$\rightarrow Al \mid \cdot 4$
Redoxreaktion:	$6\ O^{2-} + 4\ Al^{3+}$	$\rightarrow 3\ O_2 + 4\ Al$

Reaktion des Grafits der Anode mit dem Sauerstoff:

$$C + O_2 \rightarrow CO_2$$

Hauptproblem dieses Verfahrens ist ausser dem hohen Energieverbrauch das Anodengas, das hauptsächlich aus CO_2 besteht, aber stets auch durch Nebenreaktionen entstandenes Hydrogenfluorid (HF) und feste (staubförmige) Fluoride enthält. Fluoridhaltige Abgase führen zu schwerwiegenden Umweltproblemen (Zerstörung von Wäldern, Erkrankung von Vieh, das auf abgasverseuchten Wiesen weidet). Die Abgase müssen deshalb z.B. durch Trockenadsorption an festem Al_2O_3 gereinigt werden. Wegen dieser Schwierigkeiten hat das Rezyklieren von Aluminiumabfällen in den letzten Jahren grössere Bedeutung erlangt. Das Umschmelzen von Aluminium erfordert nur etwa 10 % der Energie, die zur Gewinnung der gleichen Menge Metall aus dem Bauxit nötig ist. Derzeit sind etwa 30 % des erzeugten Aluminiums umgeschmolzenes Metall.

In ähnlicher Weise werden Magnesium und Natrium hergestellt. Magnesium aus einer $MgCl_2$-Schmelze, Natrium aus einer Schmelze von NaOH oder NaCl. Die Schmelzelektrolyse von NaOH hat den Vorteil, dass sie sich bei niedrigerer Temperatur durchführen lässt als beim NaCl. Doch muss dann das kathodisch entstehende Metall sorgfältig vom Wasser getrennt werden, das an der Anode durch Oxidation von OH^--Ionen entsteht.

Die Aluminiumchlorid-Elektrolyse

Ein Hauptproblem bei der technischen Gewinnung von Aluminium ist die Abgasreinigung. Aus diesem Grund werden seit einiger Zeit andere Möglichkeiten zur Aluminiumgewinnung untersucht. Am aussichtsreichsten scheint gegenwärtig die Elektrolyse von geschmolzenem Aluminiumchlorid bei 700 °C zu sein. Als Elektrolyt dient ein Gemisch aus 5 % Aluminiumchlorid, 53 % Natriumchlorid und 42 % Lithiumchlorid.

An der Kathode scheidet sich metallisches Aluminium ab, während an der Anode Chlor entsteht. Dieses wird benützt, um aus Aluminiumoxid und Kohlenstoff Aluminiumchlorid herzustellen:

$$2\,Al_2O_3 + 3\,C + 6\,Cl_2 \rightarrow 4\,AlCl_3 + 3\,CO_2$$

Voraussetzung für dieses Verfahren ist ein völlig wasserfreies Aluminiumchlorid. Heute wird deshalb vor allem an der Verbesserung der Prozesse zur Aluminiumchlorid-Herstellung gearbeitet.

Anodische Oxidation von Aluminium («Eloxal-Verfahren») [(**El**ektrolytische **Ox**idation von **Al**uminium), «Anodisieren»]

Verwendet man bei der Elektrolyse einer verdünnten Schwefelsäure eine Aluminium-Anode, so löst sich diese nicht auf, obschon ihre Fähigkeit zur Elektronenabgabe deutlich grösser ist als für das Redoxpaar OH^-/O_2 (bei pH = 0), das Aluminium ist passiv. Man kann jedoch auch keine Entwicklung von Sauerstoff beobachten. Die Sauerstoff-Atome verbinden sich «im Entstehungszustand» mit Aluminium zum Oxid (Abb. 24.5):

$$2\,Al + 9\,H_2O \rightarrow Al_2O_3 + 6\,H_3O^+ + 6\,e^-$$

Die auch bei gewöhnlichem Aluminium stets vorhandene Oxidschicht (ca. 0,003 mm) wird durch das Anodisieren erheblich verstärkt, sodass dieses Verfahren zum Korrosionsschutz von Aluminium und Aluminium-Legierungen grosse Bedeutung hat. In der Praxis verwendet man neben dem Aluminium-Werkstück eine Stahl- oder Kupfer-Kathode und meistens eine etwa 15 %ige Schwefelsäure als Elektrolyt. An der Kathode scheidet sich elementarer Wasserstoff ab, während das Werkstück an der Oberfläche oxidiert wird. Dadurch lässt sich die Dicke der Oxidschicht bis auf etwa 0,03 mm erhöhen.

Anode (Oxidation): $2\,Al + 9\,H_2O \rightarrow Al_2O_3 + 6\,H_3O^+ + 6\,e^-$

Kathode (Reduktion): $2\,H_3O^+ + 2\,e^- \rightarrow H_2(g) + 2\,H_2O$

Die 15 %ige Schwefelsäure löst das gebildete Oxid teilweise auf, sodass eine Schicht mit poröser Struktur entsteht (Abb. 24.6). In diese Poren kann man fast beliebige organische farbige Stoffe oder auch Kunstharze (verstärkter Korrosionsschutz) oder lichtempfindliche Substanzen (AgBr) einlagern: Aluminium kann so als Träger lichtempfindlicher Schichten verwendet werden.

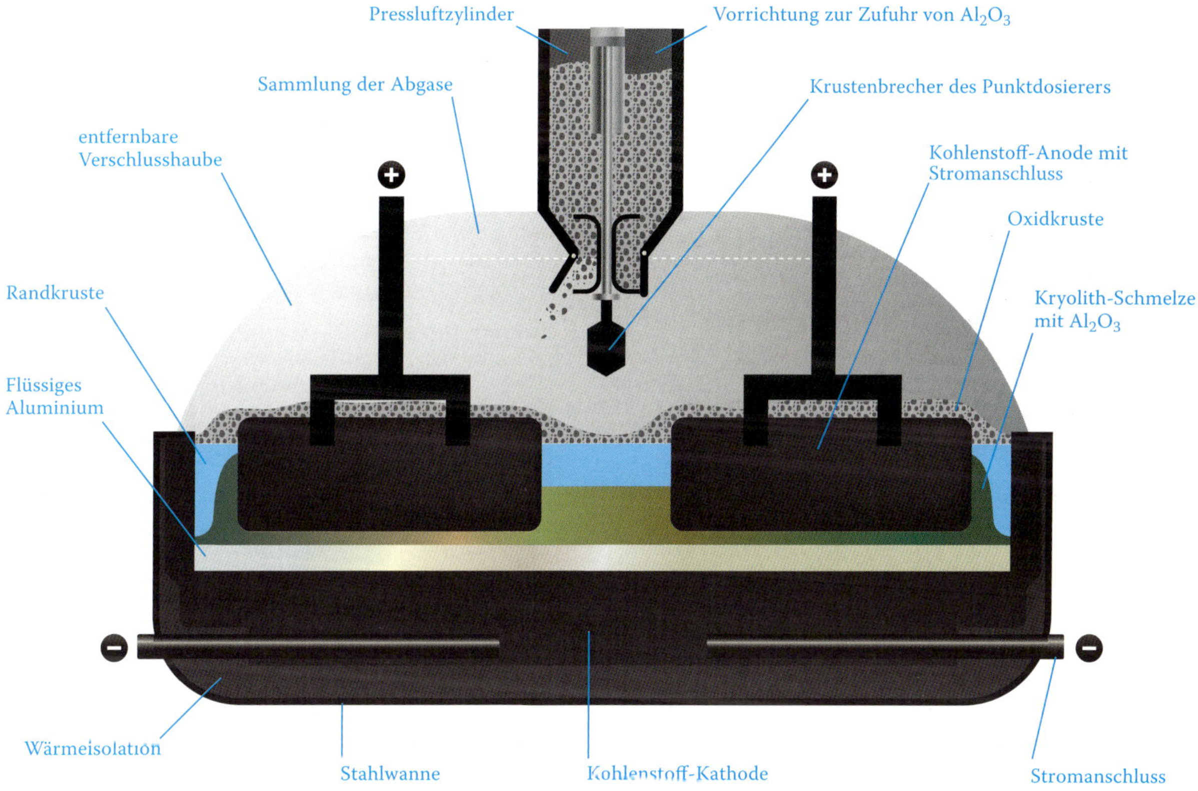

Abb. 24.4 Schema eines Tonerde-Kryolith-Elektrolyse-Ofens

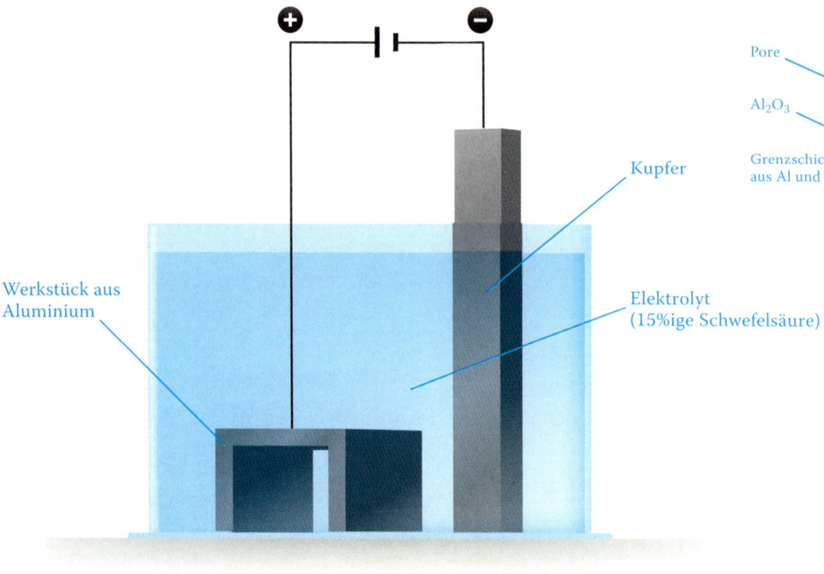

Abb.24.5 Schema des Eloxal-Verfahrens

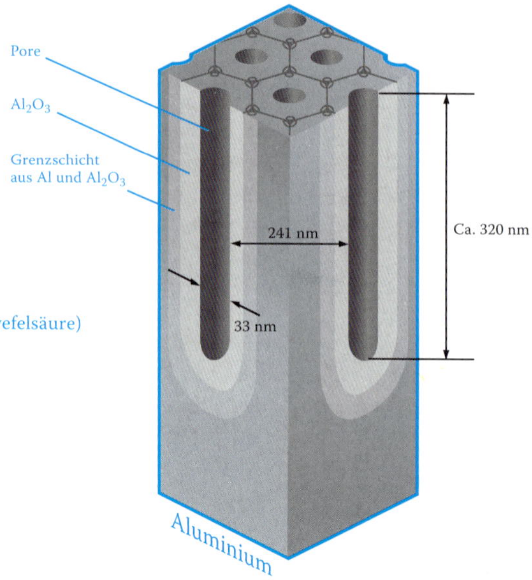

Abb. 24.6 Struktur der Eloxalschicht

Herstellung galvanischer Metallüberzüge
Ein Metallgegenstand lässt sich mit einem anderen Metall überziehen, wenn man ihn bei der Elektrolyse als Kathode einsetzt und einen Elektrolyt verwendet, der das Überzugsmetall als Kation oder als Komplexanion enthält (Versilbern, Verchromen, Vernickeln). Als Anode wählt man zweckmässigerweise das Überzugsmetall, sodass die Konzentration des Elektrolyts praktisch konstant bleibt und keine Zersetzungsspannung auftritt. Die Abscheidung des Überzugsmetalls sollte langsam erfolgen, damit ein kompakter, auf der Unterlage gut haftender Belag entsteht. Zudem müssen Reaktionen wie z.B. die folgende unterdrückt werden:

$$Fe + Cu^{2+} \rightarrow Fe^{2+} + Cu$$

Beim Verkupfern von Eisen könnte dies direkt an der Kathode eintreten. Man verwendet deshalb Elektrolyte, die das abscheidende Metall als Komplex enthalten (Abschnitt 20.4), z.B. als Cyanokomplex (beim Versilbern und Vergolden), als Oxokomplex (beim Verchromen) oder als Hydroxokomplex (beim Verzinken). Die negativ geladenen Komplexe werden an der Kathode (!) reduziert, z.B.:

$$[Ag(CN)_2]^- + e^- \rightarrow Ag + 2\,CN^-$$

Elektrolytische Raffination
Zur Gewinnung von hochreinem Kupfer, wie es in der Elektrotechnik benötigt wird, elektrolysiert man verdünnte Schwefelsäure mit einer Anode aus Rohkupfer und einer Reinkupfer-Kathode (Abb. 24.7). Rohkupfer enthält unedlere (Zn, Fe) und edlere (Ag,Au) Metalle als Verunreinigungen. Bei der Elektrolyse gehen aus der Anode neben Kupfer nur die unedleren Metalle als Ionen in Lösung, während sich die edleren Metalle im «Anodenschlamm» absetzen und daraus gewonnen werden können. An der Kathode scheidet sich reines Kupfer ab, da die Cu^{2+}-Ionen am leichtesten Elektronen aufnehmen. Auch andere hochreine Metalle können durch elektrolytische Raffination hergestellt werden (Au, Ni, Co, Pb, Sn und Al). Im Fall von Aluminium erfolgt die Raffination über eine Schmelze von Kryolith (Na_3AlF_6) und Bariumfluorid.

Die Chloralkali-Elektrolyse
Die Elektrolyse wässriger NaCl- oder KCl-Lösungen («Chloralkali-Elektrolyse») hat grosse technische Bedeutung zur Gewinnung verschiedenster Produkte (Abb. 24.10). An der Kathode entsteht durch Reduktion von Wasser Wasserstoff:

$$2\,H_2O + 2\,e^- \rightarrow H_2 + 2\,OH^-$$

Wenn man die Flüssigkeit aus dem Kathodenraum abzapft und eindampft, erhält man (mit Chloriden verunreinigte) Natronlauge.
An der Anode (in der Technik aus mit Rutheniumoxid aktiviertem Titan) sollte gemäss der Redox-Reihe Sauerstoff entstehen. An solchen Elektroden scheidet sich aber, besonders bei höheren Chlorid-Konzentrationen, wegen der grossen Überspannung[2] (Abschnitt 24.6) von Sauerstoff an der Anode Chlor ab.
Auf verschiedene Weise ist es gelungen, eine möglichst chlorfreie Natronlauge zu erhalten.

[2] *Wenn bei einer Elektrolyse Gase entstehen, ist die nötige Zersetzungsspannung oft wesentlich höher als die berechneten Werte aus der Redox-Reihe. Die Differenz zwischen berechneter und gemessener Zersetzungsspannung ist die Überspannung (Abschnitt 24.1).*

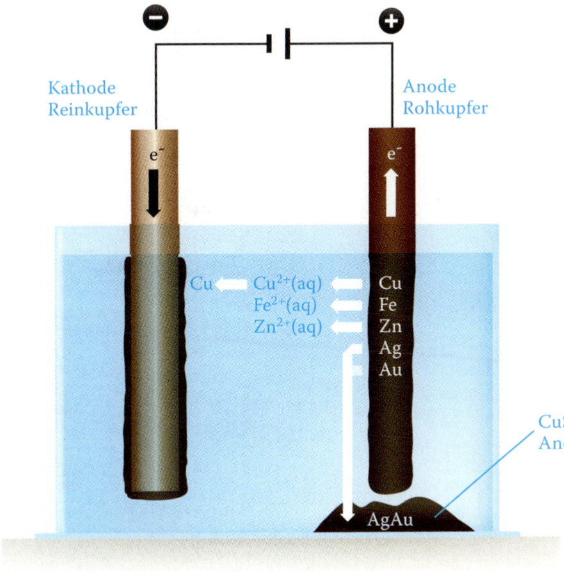

Abb. 24.7 Schema der elektrolytischen Raffination von Kupfer

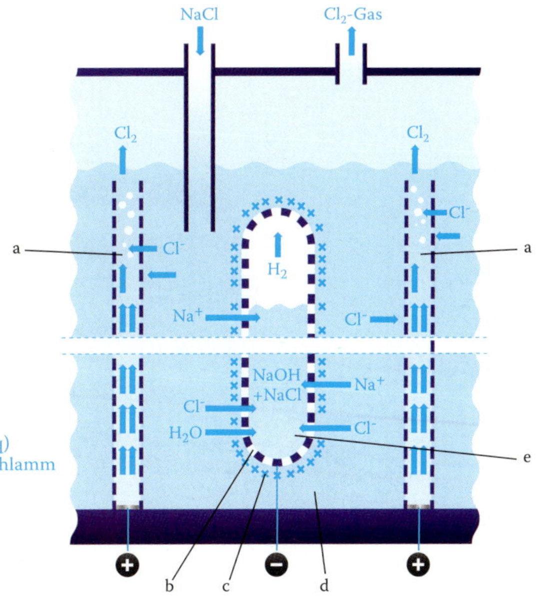

Abb. 24.8 Diaphragma-Verfahren, Prinzip der Diaphragma-Zelle (vertikaler Schnitt). a Metallanode, b Stahlnetzkathode, als flacher Hohlkörper ausgebildet, c Diaphragma, d Anodenraum, e Kathodenraum. Der Elektrodenabstand ist in Wirklichkeit viel kürzer; das Diaphragma und die Anode berühren sich beinahe

Beim **Diaphragma-Verfahren** (Abb. 24.8) werden Kathoden- und Anodenraum durch ein aus Kunstharz bestehendes Diaphragma (eine poröse Wand) getrennt, das der Eisennetz-Kathode direkt anliegt und eine Vermischung der Gase verhindert. Die Natronlauge wird kontinuierlich aus dem Kathodenraum abgeführt und – weil sie noch bis zu 17 % NaCl enthält – durch Eindampfen konzentriert. Das NaCl scheidet sich zum grössten Teil aus und man erhält eine für viele technische Zwecke brauchbare Natronlauge mit etwa 1 % NaCl-Gehalt. Zum Ausgleich strömt laufend Salzlösung in den Kathodenraum.

Beim **Amalgam-Verfahren** (der Quecksilber-Zelle; Abb. 24.9) besteht die Kathode aus Quecksilber, die Anode ebenfalls aus aktiviertem Titan. Wegen der hohen Wasserstoff-Überspannung (Abschnitt 24.1) werden an der Kathode Na^+-Ionen zu Natrium reduziert, das sich als Amalgam im Quecksilber löst. In einem anschliessenden Reaktor, der mit Eisen oder Nickel überzogene Grafitkugeln enthält, wird das Amalgam mit Wasser zu Wasserstoff und (völlig chloridfreier) Natronlauge umgesetzt. Amalgam-Zellen haben gegenüber den Diaphragma-Zellen den Vorteil, direkt chloridfreie Natronlauge zu liefern. Sie benötigen allerdings eine höhere Spannung (4,5 bis 5 V gegenüber etwa 3 V) und damit mehr Energie. Zudem gelangt trotz aller Vorsichtsmassnahmen eine geringe Menge Quecksilber (etwa 2 bis 4 g/Tag) in das Abwasser. Neuere Anlagen werden deshalb wieder nach dem Diaphragma-Verfahren gebaut.

Anode (Oxidation): $2\,Cl^- \rightarrow Cl_2 + 2\,e^-$
Kathode (Reduktion): $2\,Na^+ + 2\,e^- \rightarrow 2\,Na$ (mit Hg zu Natriumamalgam)

$$2\,NaHg(l) + 2\,H_2O(l) \rightarrow 2\,NaOH(aq) + H_2(g) + 2\,Hg(l)$$

Eine vielversprechende Entwicklung ist das Membran-Verfahren. Kathoden- und Anodenraum sind hier durch eine Membran getrennt, die aus modifiziertem Teflon besteht, das $-SO_3H$-Gruppen trägt und für Kationen durchlässig ist. So können Na^+-Ionen vom Anoden- in den Kathodenraum diffundieren, während die umgekehrt gerichtete Wanderung sowohl von Cl^-- wie von OH^--Ionen verhindert wird. Der Anodenraum enthält konzentrierte NaCl-Lösung, der Kathodenraum verdünnte (chloridfreie) Natronlauge. In dem Mass, wie die Lauge abgezogen wird, führt man dem Kathodenraum Wasser zu. Ein Nachteil dieses Verfahrens ist, dass es hochreine Sole (Salzlösung) benötigt, da z.B. schon sehr kleine Mengen Ca^{2+}-Ionen die Membran zerstören. Man arbeitet deshalb an der Entwicklung besserer (weniger empfindlicher) Membranen.

Neben Chlor und Natronlauge lassen sich mit der Chloralkali-Elektrolyse noch weitere Produkte gewinnen. Vermischt man Kathoden- und Anodenflüssigkeit durch stetes Umrühren, so entsteht Hypochlorit (Hypochlorit-Ion: ClO^-):

$$Cl_2 + 2\,OH^- \rightarrow ClO^- + Cl^- + H_2O$$

Führt man die Elektrolyse bei einer Temperatur von 70 bis 80 °C durch, so bilden die Hypochlorit-Ionen neben Chlorid- auch Chlorat-Ionen (Cl^-- bzw. ClO_3^--Ionen):

$$3\,ClO^- \rightarrow ClO_3^- + 2\,Cl^-$$

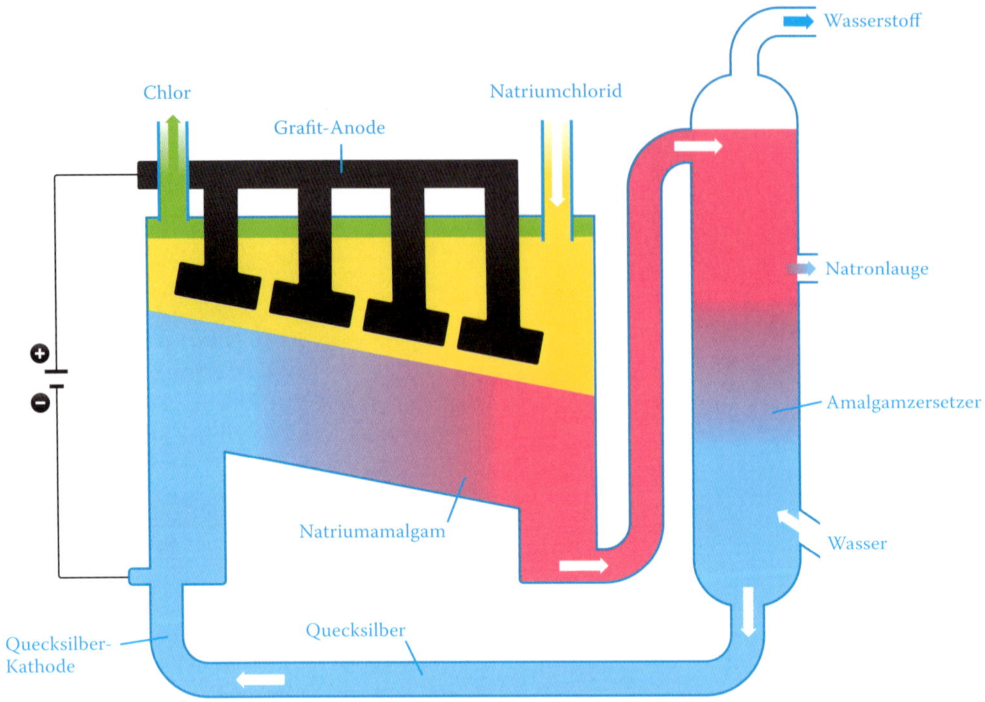

Abb. 24.9 Quecksilber-(Amalgam-) Verfahren der Chloralkali-Elektrolyse: schematische Darstellung

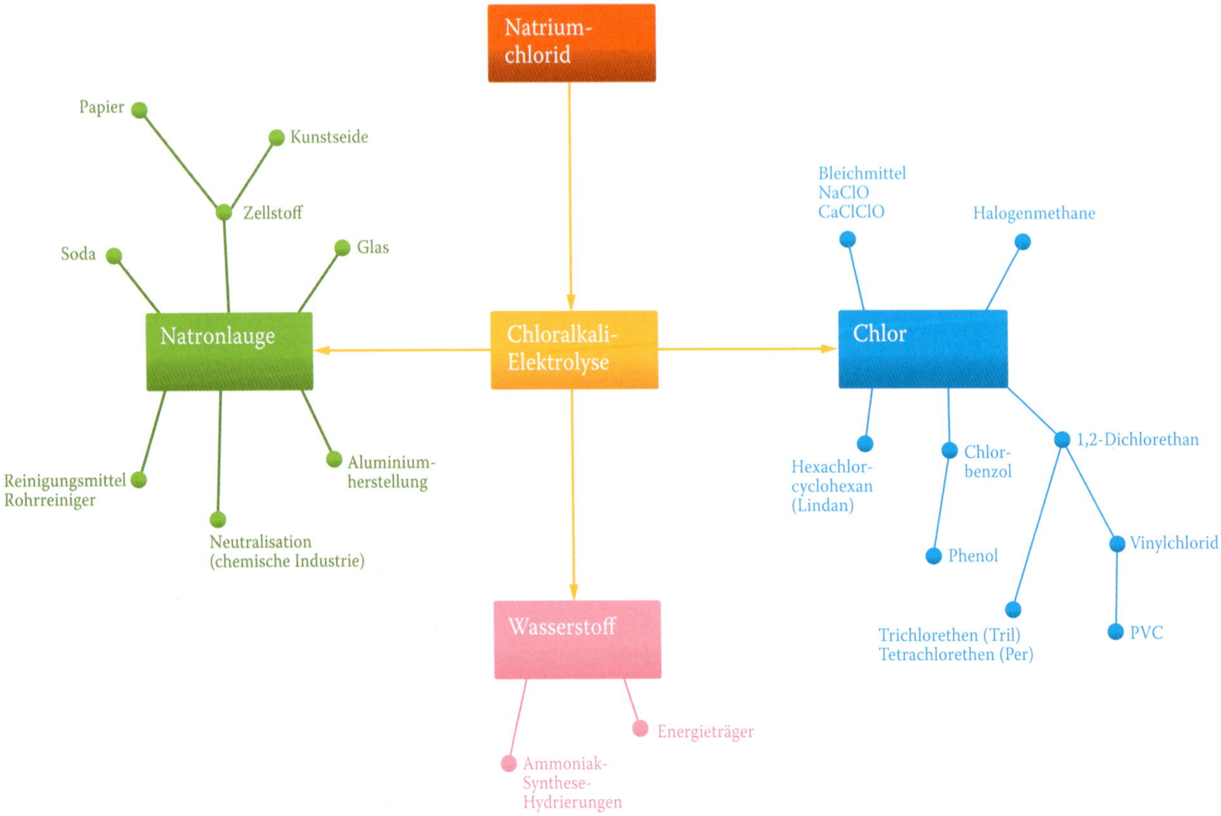

Abb. 24.10 Verwendung von Chlor und Natronlauge

Je nach den angewandten Bedingungen lassen sich durch die Chloralkali-Elektrolyse Natriumhydroxid (NaOH), Chlor (Cl_2), Natriumhypochlorit (NaClO: Na^+ und ClO^--Ionen) bzw. die entsprechenden Kaliumverbindungen erhalten.

Bei der Chloralkali-Elektrolyse ist die Gewinnung von Natronlauge mit der Chlorherstellung gekoppelt. Eine Steigerung des Bedarfs eines Produkts bringt zwangsläufig einen Überschuss des anderen Produkts mit sich, für das dann eine Verwendung gesucht werden muss. Zunächst war der Chlorbedarf der Industrie geringer als der Bedarf an reinem Natriumhydroxid, insbesondere als das Anwachsen der Kunstseidenindustrie in der Zwischenkriegszeit immer grössere Mengen chloridfreier Natronlauge verlangte. Der anfallende Überschuss an Chlor wurde zu Hydrogenchlorid (HCl) verarbeitet (direkte Verbrennung von Wasserstoff in Chlor). Auch zur Gewinnung chlorierter Kohlenwasserstoffe (Zwischenprodukte, Lösemittel; Abschnitt 8.4) konnten grosse Mengen Chlor abgesetzt werden. Seit dem zweiten Weltkrieg erforderte der Aufschwung der Kunststoff-, Synthesekautschuk- und Lackindustrie grosse Mengen Chlor, sodass heute eher die Natronlauge das «Nebenprodukt» der Chloralkali-Elektrolyse ist und Chlor zusätzlich durch Elektrolyse von Salzsäure gewonnen wird:

Anode (Oxidation): $2\,Cl^- \rightarrow Cl_2 + 2\,e^-$

Kathode (Reduktion): $2\,H_3O^+ + 2\,e^- \rightarrow H_2 + 2\,H_2O$

24.3 Wasserelektrolyse und Wasserstofftechnologie

Im Zusammenhang mit der «Elektrochemie» soll noch auf einen weiteren Problemkreis eingegangen werden: die Gewinnung von Energie durch Verbrennen von Wasserstoff.

Heute sind Kohle, Erdöl, Erdgas, Kernenergie und Wasserkraft die wichtigsten Grundlagen der Energiewirtschaft. Die Steinkohlelager der Erde sind sehr gross und werden bei gleichbleibender Förderung (2005: 4,5 Milliarden Tonnen) den Bedarf noch für etwa 160 Jahre decken. Die mit der Verbrennung von Kohle verbundenen Probleme der Luftreinhaltung dürften allerdings nicht leicht zu lösen sein. Erdölprodukte und Erdgas stehen nicht in unbegrenzten Mengen zur Verfügung. Zudem entsteht bei ihrer Verbrennung (und natürlich ebenso bei der Verbrennung von Kohle) Kohlenstoffdioxid mit den in Abschnitt 7.6 geschilderten negativen Folgen für das Klima (Treibhauseffekt). Die Kernenergie trägt zwar nicht zur Luftverschmutzung bei. Sie erfordert jedoch strenge Sicherheitsmassnahmen. Obschon auf sie heute nicht verzichtet werden kann, dürfte sie auf längere Sicht nur eine Übergangslösung darstellen. Wasserkraft (zur Gewinnung von Elektrizität) steht nicht überall zur Verfügung. Ihrer Nutzung setzen Natur- und Landschaftsschutz Grenzen.

Wasserstoff wäre dagegen ein idealer Energieträger. Seine Verbrennung liefert (bezogen auf die eingesetzte Masse) sehr viel Energie (zum Vergleich: 1 kg Wasserstoff ergibt bei der Verbrennung 143 MJ, 1 kg Benzin dagegen nur 46,8 MJ!) und es entsteht nur Wasserdampf. Vom ökologischen Standpunkt aus ist Wasserstoff der «sauberste» Energieträger. Wasserstoff kann sowohl zur Erzeugung von Wärme (Verbrennung) als auch von elektrischer Energie (Brennstoffzellen) verwendet werden. Speicherung und Transport von Wasserstoff sind relativ unproblematisch. Die Speicherung kann z.B. in Form von festen Metallhydriden erfolgen, aus denen für den Gebrauch reiner Wasserstoff freigesetzt werden kann.
Schliesslich steht der Rohstoff zur Wasserstoffgewinnung – das Wasser – in unbegrenzten Mengen zur Verfügung. Da jedoch die H—O-Bindungen im Wasser-Molekül stark polar sind, ist ihre Bindungsenthalpie hoch. Anders gesagt, zur Herstellung von Wasserstoff aus Wasser muss die gleiche (relativ grosse) Energiemenge, die bei seiner Verbrennung frei wird, aufgewendet werden. Eine technisch einfach zu realisierende Möglichkeit ist die Elektrolyse von Wasser bzw. von verdünnter Natronlauge. Diese dient lediglich zur Erhöhung der Leitfähigkeit; die Produkte der Elektrolyse stammen aus dem Wasser: An der Kathode werden Wasser-Moleküle zu Wasserstoff reduziert, an der Anode Wasser-Moleküle zu Sauerstoff oxidiert.

Für die grosstechnische Wasserstoffgewinnung aus Wasser ist die in Kohle- oder Wasserkraftwerken erzeugte elektrische Energie jedoch zu teuer. Hingegen bietet der Einsatz der Sonnenenergie, die ebenfalls unbeschränkt zur Verfügung steht, eine aussichtsreiche Möglichkeit zur Wasser-Elektrolyse («fotovoltaische Wasserstofferzeugung»). Der zur Elektrolyse benötigte Strom wird in Fotozellen (Solarzellen) produziert. Diese bestehen im Idealfall aus hochreinen, mit Spuren von Gallium und Indium dotierten Silicium-Einkristallen (die heute noch teuer sind) oder aus (billigerem) polykristallinem oder sogar amorphem, ebenfalls dotiertem Silicium mit allerdings viel geringerem Wirkungsgrad. In den Solarzellen sind Elektronenüberschuss- (*n*-) mit Elektronenmangel-(*p*-)Leitern kombiniert. Das auftreffende Licht bewirkt das Freiwerden von Elektronen, die aus dem *n*- in den *p*-Leiter übertreten. Umgekehrt wandern Leerstellen aus dem *p*- in den *n*-Teil (Abschnitt 22.4). Es stellt sich ein Gleichgewicht mit Ladungsträgerpaaren (Elektronen und Leerstellen) ein, das zur Ausbildung einer Potentialdifferenz führt. Werden die beiden Halbleiter durch einen äusseren Draht verbunden, so fliesst darin so lange ein Strom, als die Zelle belichtet wird. Die Fotovoltaik ist heute noch nicht so weit, dass billiger Wasserstoff produziert werden kann. Auch ist der Wirkungsgrad der Fotozellen vorläufig nur etwa 10 bis 20 %.

Eine andere Möglichkeit zur Nutzung der Sonnenenergie für die Wasser-Elektrolyse besteht in der Fotoelektrolyse. Hier taucht ein (elektronenleitender) Halbleiter in eine wässrige Lösung, die ein Redoxpaar A/A^+ enthalten muss. An der Oberfläche des Halbleiters werden einige Elektronen mit der oxidierten Form des Redoxpaars reagieren, sodass die Zahl der Ladungsträger vermindert wird. Beim Belichten bilden sich wiederum neue Ladungsträgerpaare (Leerstellen und Elektronen), die sich trennen. Die Leerstellen können Elektronen von der reduzierten Form A übernehmen, sodass wieder A^+ entsteht. Die Elektronen verschieben sich durch den Halbleiter und einen Draht zu einer zweiten, inerten Elektrode, wo sie von einem oxidierten Teilchen B^+ gebunden werden, d.h. dieses reduzieren. Insgesamt tritt also unter Lichteinfluss die (endotherme) Reaktion $A + B^+ \rightarrow A^+ + B$ ein. Sind A/A^+ und B/B^+ z.B. O_2/H_2O und H_2/H_3O^+, so erfolgt eine Wasser-«Elektrolyse» – ohne Strom (!), nur unter der Einwirkung von Licht. Leider erfordern die heute zur Verfügung stehenden Halbleiter Ultraviolettlicht, sodass für diese Art der Wasserstoffgewinnung Halbleiter entwickelt werden müssten, die mit Sonnenlicht betrieben werden können.

Eine letzte Möglichkeit zur Wasserstofferzeugung ist die fotogalvanische Wasserspaltung. Man verwendet hier eine lichtempfindliche Platin-Kathode [ein mit chlorophyllähnlichen Stoffen (Porphyrinen) überzogenes Platinblech] und eine Anode, an der organische Stoffe wie z.B. Triethanolamin oxidiert werden (Abb. 24.11). Kathoden- und Anodenraum sind durch ein Diaphragma getrennt. Belichtet man die Kathode, so bewirkt die absorbierte Energie den Austritt von Elektronen und damit die Reduktion von Wasser zu Wasserstoff. Fotosensibilisatoren (welche die Lichtausbeute erhöhen) und Redoxkatalysatoren (welche die Reduktion von Wasser erleichtern) vergrössern den Wirkungsgrad der Zelle.

Betrachten wir rückblickend die heute zur Verfügung stehenden Möglichkeiten zur Gewinnung von Wasserstoff aus Wasser, so müssen wir feststellen, dass gegenwärtig noch keine in grosstechnischem Massstab durchführbare Methode existiert. Es muss zweifellos noch eine grosse Forschungsarbeit geleistet werden, bis wir so weit sind, d.h. bis Sonnenenergie wirtschaftlich zur Wasserstofferzeugung eingesetzt werden kann.

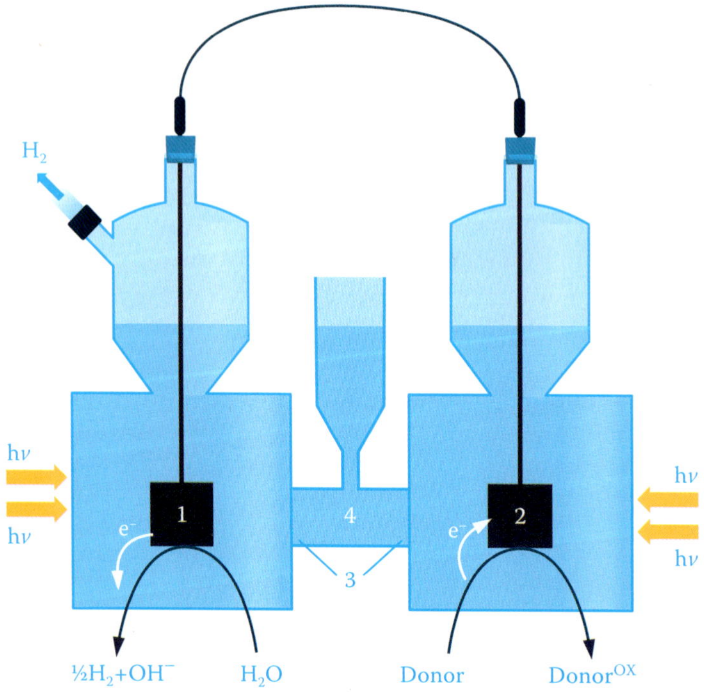

Abb. 24.11 Fotoelektrochemische Zelle: An der fotosensiblen Kathode 1 wird Wasser reduziert, an der fotosensiblen Anode 2 wird ein «Opfer-Donator» oxidiert. Die beiden Halbzellen sind über eine Puffer-Lösung 4 und die Glasfritten 3 verbunden

ÜBUNGEN ZUM KAPITEL 24

24.1 Schildern Sie das Prinzip der Elektrolyse. Welche Funktion hat die Stromquelle?

24.2 Geben Sie für folgende Elektrolysen jeweils den Kathoden- und den Anodenvorgang an:

a) Elektrolyse einer Natriumsulfat-Lösung mit Platinelektroden;

b) Elektrolyse einer Natriumfluorid-Lösung mit Platinelektroden;

c) Elektrolyse einer Lösung von Hydrogenbromid mit Grafitelektroden;

d) Elektrolyse einer Kalilauge mit Grafitelektroden;

e) Elektrolyse einer Lösung von Natriumiodid mit Grafitelektroden;

f) Elektrolyse einer Bleinitrat-Lösung mit einer Blei-Anode und einer Platin-Kathode (Hinweis: NO_3^--Ionen sind an der Anode nicht oxidierbar);

g) Elektrolyse eines geschmolzenen Gemischs von LiCl und NaCl.

24.3 Zeigen Sie, dass bei der Bildung von Sauerstoff an der Anode bei der Schwefelsäure-Elektrolyse wirklich eine Oxidation stattfindet.

24.4 Welche Bedeutung hat die Redoxreihe für das Verständnis der Vorgänge bei Elektrolysen?

24.5 Wie lässt sich metallisches Magnesium durch Elektrolyse gewinnen?

24.6 Welche Umweltprobleme stellen sich bei der Aluminiumherstellung?

24.7 Welches sind die technischen Produkte der Elektrolyse von gelöstem Natriumchlorid?

24.8 Man will einen Eisengegenstand versilbern. Welchen Elektrolyten muss man dazu wählen und an welchen Pol schaltet man den zu versilbernden Gegenstand?

24.9 Wie sehen Sie die Zukunft der Wasserstofftechnologie?

25 CHEMIE DER FESTEN ERDKRUSTE

25.1 Silicate – gesteinsbildende Mineralien

Die **Erdkruste** besteht aus festen Gesteinen, an deren Aufbau die beiden Elemente Sauerstoff (46,6 %) und Silicium (27,7 %) gewichtsmässig am stärksten beteiligt sind. Die Mächtigkeit der Erdkruste wird mit etwa 1200 km angegeben. Ihre oberste Schicht besteht vorwiegend aus Gesteinen von granitähnlicher Zusammensetzung.

Kohlenstoffdioxid und Siliciumdioxid, ein Gegensatz

Siliciumdioxid ist ein fester, harter Stoff (t_m = 1713 °C), der in der Natur in verschiedenen Formen vorkommt. Die wichtigste ist der Quarz, der in alpinen Klüften als Bergkristall gefunden wird. In reiner Form ist Quarz farblos. Bergkristalle können auch durch Verunreinigungen (Metalloxide) gefärbt sein: so der rauchbraune Rauchquarz, der gelbe Citrin, der violette Amethyst (Abb. 25.1) und der grobkristalline, rosarot gefärbte Rosenquarz. Quarz ist ausserdem ein Hauptbestandteil der Magmatite («Erstarrungsgesteine», z.B. Granit). Bei ihrer Verwitterung bleiben die sehr widerstandsfähigen und kaum wasserlöslichen Quarzkristalle übrig. Sie werden vom fliessenden Wasser verfrachtet und als Sand oder (mit Kalk verfestigt) als Sandstein abgelagert.

Die Atome der beiden Elemente Kohlenstoff und Silicium haben zwar beide vier Aussenelektronen, sind aber von verschiedener Grösse: Das Silicium-Atom mit einem Durchmesser von 234 pm hat eine Elektronenschale mehr als das Kohlenstoff-Atom mit dem Durchmesser 154 pm. Darauf beruht ein wichtiger Unterschied im Verhalten der beiden Atome: Während Kohlenstoff-Atome unter sich oder mit Sauerstoff-Atomen Doppelbindungen bilden können, ist dies bei Silicium-Atomen nicht möglich. Die Aussenelektronen sitzen hier an der Oberfläche eines grösseren Atomrumpfs. Um eine Doppelbindung durch Überlappung von je zwei einfach besetzten Wolken zu bilden, müssten sich die Atomrümpfe so stark nähern, dass die Abstossungskräfte zwischen ihnen zu gross würden. Silicium-Atome gehen deshalb nur Einfachbindungen ein; SiO_2-Moleküle (O=Si=O) existieren nicht. Jedes Silicium-Atom im Quarz ist vielmehr von vier Sauerstoff-Atomen tetraedrisch umgeben, und jedes Sauerstoff-Atom bindet zwei Silicium-Atome. Zwischen den Atomen wirken stark polare Atombindungen. Weil die Bausteine des Gitters Atome sind, spricht man von einem Atomgitter.

Abb. 25.1 Amethyst ist durch Spuren von Metalloxiden violett gefärbter Quarz

- Im Gegensatz zum Kohlenstoffdioxid ist Siliciumdioxid (Quarz) ein harter, hochschmelzender Festkörper.
- Die Silicium- und Sauerstoff-Atome bilden ein Atomgitter, wobei jedes Silicium-Atom vier Sauerstoff-Atome bindet, und jedes Sauerstoff-Atom mit zwei Silicium-Atomen verknüpft ist.
- Ein SiO_2-Molekül existiert nicht, da Silicium-Atome keine Doppelbindungen bilden können.

Silicate

Silicate sind die wichtigsten gesteinsbildenden Mineralien. Es sind ausgesprochene Festkörper, die sich, ähnlich wie Quarz, grundsätzlich von den entsprechenden Kohlenstoff-Verbindungen unterscheiden (Beispiele siehe Abb. 25.4 und 25.5).

Die Gitterbausteine der Carbonate sind Carbonat- (CO_3^{2-}) und Metallionen. Silicium hingegen bildet keine Ionen der Zusammensetzung SiO_3^{2-}, da dazu Doppelbindungen notwendig wären. Das einfachste Silicat-Anion ist das SiO_4^{4-}-Ion, das z.B. im Olivin ($FeMgSiO_4$) oder in Granaten [z.B. $Mg_3Al_2(SiO_4)_3$; Abb. 25.4] auftritt.

SiO_4-Gruppen können sich zu grösseren Ionen verketten. Jedes Silicium-Atom ist dabei wie im Quarz tetraedrisch von vier Sauerstoff-Atomen umgeben. Auf diese Weise entstehen «Gerüstanionen», die für die meisten Silicate charakteristisch sind. Der Zusammenhalt zwischen diesen Anionen erfolgt durch eingelagerte Metallionen. Je nach der Gestalt dieser Gerüstanionen lassen sich verschiedene Arten von Silicaten unterscheiden.

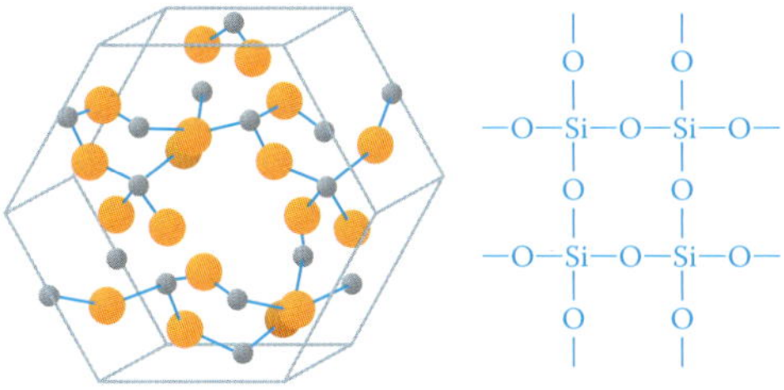

Abb. 25.2 Schematische Darstellung der SiO_4-Gruppen im Kristallgitter von Quarz und in der Ebene

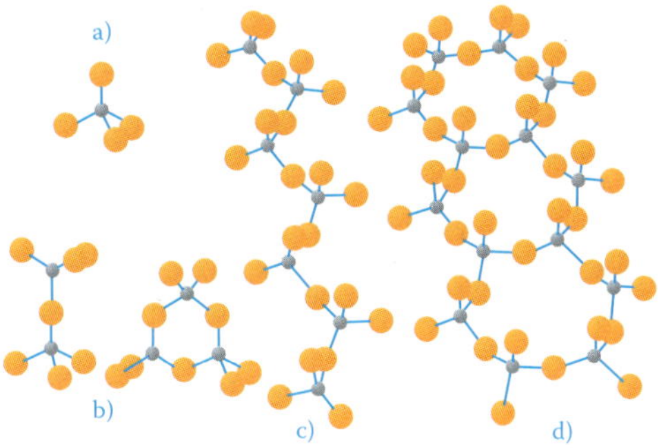

Abb. 25.3 Anionen der Silicate. a) SiO_4^{4-}, b) $Si_2O_7^{6-}$ und $Si_3O_9^{6-}$, c) einfache Kette, d) doppelte Kette

Abb. 25.4 Hornblende, Asbest und Granat

Abb. 25.5 Olivin

Abb. 25.6 Kalkspat

In den Kettensilicaten sind die SiO_4-Gruppen zu kettenartigen Gerüstanionen verknüpft. Dementsprechend bilden Kettensilicate ausgesprochen stengelige oder stengelig-fasrige Kristalle (Hornblenden, Asbest; Abb.25.4). In den Schichtsilicaten verbinden sich die SiO_4-Gruppen zu zweidimensionalen Netzen. Die entsprechenden Mineralien kristallisieren ausgesprochen blättrig (Glimmer). Die sehr verbreiteten Feldspäte gehören zu den Gerüstsilicaten, in denen die SiO_4-Gruppen zu dreidimensionalen Gerüsten verknüpft sind.

Die Ausbildung einer bestimmten Gitterstruktur wird sehr wesentlich von der Grösse der Bausteine (Atome, Ionen) beeinflusst. In einem Silicatgitter lassen sich deshalb Ionen oder Atome von ähnlicher Grösse gegenseitig ersetzen, wobei dies nicht unbedingt in einem bestimmten Zahlenverhältnis geschehen muss. Silicatmineralien zeigen deshalb innerhalb bestimmter Grenzen eine variable Zusammensetzung. Insbesondere sind oft Silicium-Atome durch Aluminium-Atome ersetz. Da diese aber nur drei statt vier Aussenelektronen haben, sind zusätzliche Kationen nötig. Wichtige Beispiele solcher «Alumosilicate» sind die Feldspäte (Kalifeldspat oder Orthoklas, $KAlSi_3O_8$; Natronfeldspat oder Plagioklas, $NaAlSi_3O_8$).

- Die weitaus meisten Silicate bestehen aus Gerüstanionen mit dazwischengelagerten Kationen.
- Gerüstanionen entstehen durch Verknüpfung zahlreicher SiO_4-Gruppen zu Ketten, Bändern, Netzen (Schichten) oder dreidimensionalen Gerüsten.
- Nur die «Orthosilicate» enthalten isolierte SiO_4^{4-}-Ionen. Ein dem Carbonat-Ion CO_3^{2-} analoges Silicat-Ion (SiO_3^{2-}) existiert nicht.

25.2 Gesteine

Nach der Art ihrer Entstehung werden die Gesteine in drei grosse Gruppen eingeteilt: Magmatite, Sedimentgesteine und metamorphe Gesteine.

Magmatite («Erstarrungsgesteine») sind durch Abkühlung und Erstarrung von Magma entstanden, einer silicatreichen Schmelze, die unterhalb der Erdkruste im Erdinnern auftritt. Magmatische Gesteine enthalten vor allem Silicatmineralien. Ein typisches und sehr häufig vorkommendes magmatisches Gestein ist der Granit, der aus Quarz, verschieden grossen farbigen Feldspat-Kristallen (weiss, grünlich, fleischfarben, rot) und Glimmerblättchen (Biotit, bräunlich-schwarz; Muskovit, weiss) zusammengesetzt ist. Die Granite sind Plutonite (Tiefengesteine; Pluton: Gott der Unterwelt), die in einer gewissen Tiefe (meist 1–25 km) unterhalb der Erdkruste erstarrt sind. Da in diesen Tiefen der Temperaturunterschied zwischen Eruptivmasse und Nebengestein nicht sehr gross ist, erfolgt die Kristallisation langsam. Die entstandenen Gesteine sind vollständig kristallin und mittel- bis grobkörnig.

Die Vulkanite (Ergussgesteine; Vulcanus: Gott des Feuers) erstarren an der Erdoberfläche (subaerisch oder submarin). Da der Temperaturunterschied zwischen Schmelze und Umgebung sehr gross ist, verlaufen Abkühlung und Erstarrung rasch. Die dabei gebildeten Gesteine sind nur teilweise oder überhaupt nicht kristallin; sie erstarren oft vollständig glasartig (Obsidian). Vulkanite zeigen ein mannigfaltiges Erscheinungsbild. Ein weit verbreitetes Beispiel ist der Basalt, ein schwarzes Ergussgestein, das z.T. aus kleinsten Kristallen besteht.

Das wichtigste **Sedimentgestein** ist der Kalk [Calciumcarbonat, $CaCO_3$ (Abb. 25.6): Kalkalpen, Juragebirge]. Kalk ist z.B. durch Abscheidung von Calciumcarbonat aus Meerespflanzen oder Ablagerung von Kalkgehäusen verschiedener Meerestiere entstanden. Der am Meeresboden abgesetzte (sedimentierte) Kalkschlamm hat sich im Verlaufe der Erdgeschichte und bei der Gebirgsbildung zu Kalkstein verfestigt. Aus Foraminiferenschalen entstand sehr feinkörniger, weisser und abfärbender Kalkstein: Kreide.

Interessant ist in diesem Zusammenhang, dass es in tiefen Meeren nicht zur Bildung von Kalkablagerungen kommen kann. In grösserer Tiefe nimmt nämlich der Wasserdruck und damit die Konzentration an Kohlenstoffdioxid zu. Wie bei der Bildung der Carbonathärte (Abschnitt 19.1) reagieren die Carbonat-Ionen mit der aus CO_2 und Wasser gebildeten Kohlensäure zu Hydrogencarbonat. Dadurch kommt es zu einer Umwandlung des nach unten sinkenden Kalkschlamms zu löslichem Calciumhydrogencarbonat. Tiefseesedimente sind aus diesem Grund nicht kalkig, sondern kieselig. Vor allem Radiolarienschlamm, quarzhaltiges Material von abgestorbenen Radiolarien (Strahlentierchen), wurde zu den leicht rötlichen und harten Radiolariten verfestigt.

Verwitterungsprodukte, die durch Wasser und Wind transportiert wurden, wandelten sich im Lauf der Zeit ebenfalls in Sedimentgesteine um. Beispiele sind Ton (Verwitterungsprodukt von Feldspäten) oder Mergel (kalkhaltiger Ton), Sandstein u.a. Durch den Gebirgsdruck hat sich Ton auch in Schiefer umgewandelt.

Metamorphe Gesteine sind aus Magmatiten oder Sedimentgesteinen entstanden. Durch Einwirkung von hohen Temperaturen und Drucken ändern sich der Mineralbestand und das Gefüge der Ursprungsgesteine ganz wesentlich, ohne dass sie sich während der Umwandlung in flüssigem Zustand befinden müssten. Solche Prozesse finden in tieferen Schichten der Erdkruste statt. Dabei entstehen oft schiefrig ausgebildete Gesteine (kristalline Schiefer). So werden z.B. die Granite in die harten, meist deutlich geschichteten Gneise umge-

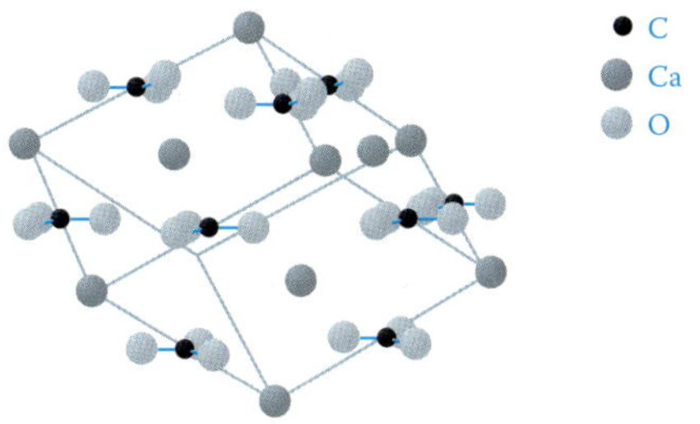

Abb. 25.7 Im Gitter von Calciumcarbonat treten neben Ca^{2+}-Ionen CO_3^{2-}-Ionen auf

wandelt. Marmor ist metamorpher Kalk und Quarzit metamorpher Sandstein.

Der Einfluss von Wasser, Luftsauerstoff, Kohlenstoffdioxid und grossen Temperatursprüngen (Gefrieren von Wasser in kleinen Spalten) zerstört mit der Zeit die Gesteine.
An diesen Vorgängen, die unter der Bezeichnung Verwitterung zusammengefasst werden, ist eine Vielzahl von teilweise recht komplizierten chemischen Reaktionen beteiligt.

Aus den Silicatmineralien der Magmatite entstehen bei der Verwitterung Oxide, Hydroxide und Metallaluminate, wobei letztere wie die Glimmer in Schichtgittern kristallisieren. Solche Verwitterungsprodukte bilden die Hauptbestandteile von Ton, Lehm (quarzhaltiger Ton) und auch der gewöhnlichen Ackererde (vgl. Abschnitt 20.5). Lagert sich Wasser zwischen die Silicatschichten, so kommt es zur Bildung von kleinen, dünnen und flockigen Teilchen, die an der Oberfläche mit Wasser überzogen sind. Dies erklärt die Schlüpfrigkeit und gleichzeitige Verformbarkeit von feuchtem Ton oder Lehm. Beim «Brennen» verdampft das adsorbierte Wasser und die Teilchen können sich räumlich ordnen: Ton bzw. Lehm wird hart.

Bei der Verwitterung von Kalkstein löst das kohlenstoffdioxidhaltige Wasser allmählich den Kalkstein auf. Dies hat eine Verkarstung von Kalkgebirgen zur Folge. Im Inneren der Gebirge bilden sich Schächte, Höhlen usw., an der Oberfläche Dolinen, Schratten und Karren. Das lösliche Calciumhydrogencarbonat gelangt mit den Flüssen in die Meere, wo es Tiere und Pflanzen zum Aufbau ihrer Schalen und Gehäuse verwenden. Später wird es dann wieder in Form von Kalkschlamm auf dem Meeresboden abgelagert.

25.3 Keramische Werkstoffe, Gläser

Silicatwerkstoffe («keramische Werkstoffe») haben wegen ihrer günstigen Eigenschaften (relativ grosse Härte, unschmelzbar bei mässigem Erwärmen, gute Chemikalienbeständigkeit, geringe Wärme- und elektrische Leitfähigkeit) grosse praktische Bedeutung.

So dient Lehm – mit viel Sand, Kalk und Eisenverbindungen vermischter Ton – zur Herstellung von Ziegelsteinen und Dachziegeln. Der von gröberen Steinen befreite Lehm wird zuerst mit Wasser zu einem Brei angerührt, maschinell in Formen gegossen und dann bei etwa 1000 °C gebrannt. Töpferton, der durch Beimengungen weniger verunreinigt ist, wird bei etwa 900 °C gebrannt. Wegen der relativ niedrigen Brenntemperatur ist die Masse porös und muss mit einer Glasur überzogen werden. Häufig verwendet man dazu eine Bleiglasur, die allerdings gegenüber sauren Lösungen (z.B. Fruchtsäften!) nicht widerstandsfähig und daher giftig ist.

Zur Herstellung von **Steinzeug** für säurefeste Behälter, Klinkerplatten, Kanalisationsrohre, Einmachtöpfe (z.B. die bekannten blau dekorierten grauen Töpfe) verwendet man einen reichlich mit Feldspat und Quarz vermischten Ton als Rohstoff. Das Material sintert beim Brennen zusammen und bildet eine dichte, harte Masse. Wenn im Brennofen die grösste Hitze erreicht ist, wird Salz in den Brennraum gestreut, das zusammen mit den Silicaten des Tons ein Natriumglas bildet (Salzglasur). **Steingut** wird aus eisenfreiem, gelbgrau bis weissem Ton hergestellt, der ebenfalls mit Feldspat und Quarz vermengt ist. Es ist ziemlich empfindlich auf schroffen Temperaturwechsel und wird für Spülbecken, Toilettenschüsseln und Geschirr verwendet.

Der edelste keramische Werkstoff ist das in China bereits im 6. Jahrhundert bekannte **Porzellan**, das in Europa vom Alchemisten J. F. Böttger in Meissen nacherfunden wurde (1708). Rohstoffe sind Kaolin («Porzellanerde»), ein weissbrennender Ton, sowie Quarz und Feldspat. Das feuchte Gemisch der drei Rohstoffe wird zunächst einige Monate gelagert, dann geformt, getrocknet und bei 900 °C gebrannt. Auf die poröse Masse trägt man eine Glasur auf. Anschliessend erfolgt das zweite Brennen, der «Garbrand», bei etwa 1500 °C. Dabei wird das Material dicht und durchscheinend. Die Glasur schmilzt, verstopft die Poren und überzieht den Gegenstand mit einer glasähnlichen Schicht. Zur Färbung verwendet man Scharffeuer- oder Muffelfarben. Scharffeuerfarben werden vor dem Garbrand aufgetragen und zusammen mit der Glasur eingebrannt. Es sind Metalloxide (Cobalt- und Eisenoxide, Chromoxid), die sich bei der hohen Temperatur des Garbrennens nicht zersetzen. Ein typisches Beispiel solcher Unterglasurmalerei ist das bekannte Meissener Zwiebelmuster. Muffelfeuerfarben werden mit dem Pinsel oder als Abziehbild auf den glasierten Gegenstand aufgetragen und bei 600–700 °C eingebrannt. Die Auswahl an Muffelfeuerfarben ist wesentlich grösser als an Scharffeuerfarben. Die Farben liegen aber nur oberflächlich auf der Glasur und werden beim Gebrauch leichter abgerieben.

Keramische Werkstoffe besonderer Art finden heute auch in anderen Bereichen Verwendung, z.B. im Motorenbau. Ihre im Vergleich zu den Metallen starke Wärmeisolationsfähigkeit ermöglicht einen höheren

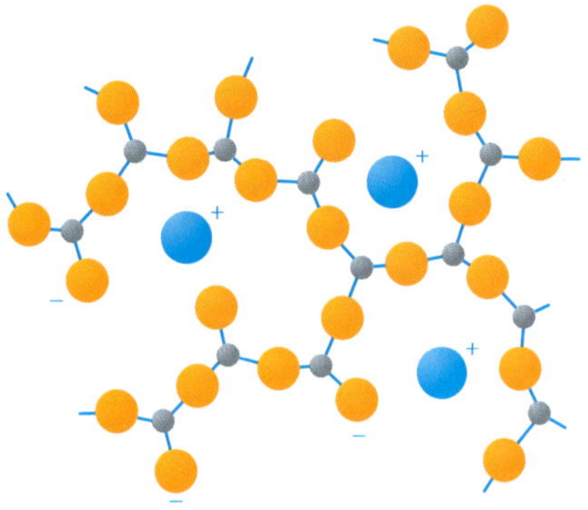

Abb. 25.8 Struktur von Glas. In die Silicatstruktur sind Kationen eingelagert. Zwecks besserer Übersichtlichkeit werden anstelle von vier nur jeweils drei Si—O-Bindungen dargestellt

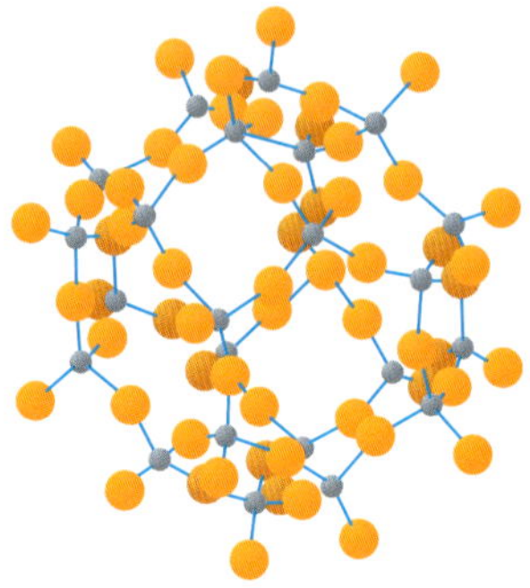

Abb. 25.9 Ausschnitt aus der Struktur eines Zeoliths. Deutlich ist der grosse Hohlraum im Innern des Gitters zu erkennen

Wirkungsgrad und einen verminderten Ausstoss von Schadstoffen. Ausgangsstoffe für diese Materialien sind Aluminiumoxid, Zirkonoxid, Siliciumcarbid und Siliciumnitrid, alles hochfeuerfeste, extrem schwerschmelzbare Substanzen. Sie werden in Form von Pulvern heiss oder auch kalt zu den gewünschten Formen verpresst und anschliessend durch Erhitzen auf 1400 bis 2100 °C gesintert (verbacken) und damit verfestigt. Auf diese Weise werden heute schon Motorenteile wie Zylinder und Kolben oder Bestandteile von Gasturbinen hergestellt. Preislich können allerdings solche Motoren den herkömmlichen Motoren gegenüber noch nicht konkurrieren.

Gläser. Gewöhnliche Gläser enthalten miteinander verknüpfte SiO_4-Gruppen, die nicht geordnet sind (Abb. 25.8). Sie tragen Ladungen, sodass zum Ladungsausgleich Kationen (Natrium-, Calcium-, Blei-Ionen) erforderlich sind.
Zur Glasherstellung werden die Rohstoffe Sand (Quarz), Kalk ($CaCO_3$) und Soda (Na_2CO_3) gemahlen, vermischt und in Öfen zu einer einheitlichen, zähflüssigen Masse verschmolzen. Beim Abkühlen der Schmelze bildet sich kein regelmässig gebautes Gitter. Erwärmt man Glas, so erweicht es allmählich; es besitzt keine scharfe Schmelztemperatur.
Ersetzt man Soda und Kalk teilweise durch Oxide wie z.B. Bleioxid, Boroxid oder Aluminiumoxid, so erhält man je nach Art des Zusatzes Gläser von ganz bestimmten Eigenschaften: Kristallglas enthält Bleioxid; das gegenüber Chemikalien und Erhitzen widerstandsfähige «Jenaer»- oder «Pyrex-Glas» enthält Bor- und Aluminiumoxid. Die Färbung der Gläser erfolgt durch Zusatz verschiedener Schwermetalloxide.

Quarzglas
Kühlt man geschmolzenen Quarz langsam ab, so wird die Schmelze allmählich immer zäher und schliesslich fest. Sie erstarrt also nicht bei einer bestimmten Temperatur. Im festen Zustand sind die Silicium-Atome noch mit je vier Sauerstoff-Atomen verbunden. Die SiO_4-Gruppen lagern sich jedoch nicht zu einem Gitter von regelmässiger Struktur zusammen, sondern behalten die im flüssigen Zustand vorhandene Unordnung. Ein solcher Aufbau – Ordnung im Nahbereich (SiO_4-Gruppen), Unordnung im «Fernbereich» (keine regelmässige Anordnung der SiO_4-Gruppen) – ist charakteristisch für Gläser. Das durch Abkühlen von geschmolzenem Quarz erhaltene Glas heisst Quarzglas.
Quarzglas hat eine hohe Hitzebeständigkeit und einen sehr kleinen thermischen Ausdehnungskoeffizienten. Man verwendet es deshalb zur Herstellung hitzebeständiger Apparate und Geräte, die starken Temperaturwechseln ausgesetzt sind. Wegen seiner Durchlässigkeit für Ultraviolettlicht wird Quarzglas auch für Quarzlampen, Ultraviolettmikroskope usw. benützt.

Zeolithe
Gewisse Alumosilicate, die Zeolithe, bilden Strukturen, die von kanalartigen Hohlräumen durchzogen sind. In diesen Hohlräumen (Abb. 25.9) befindet sich Kristallwasser, das durch Erhitzen verdampft werden kann, ohne dass sich die Kristallstruktur ändert.
Zeolithe haben viele praktische Anwendungen gefunden. So lassen sich z.B. Kohlenwasserstoffe von verschiedener Molekülgrösse trennen, indem man das Gemisch durch Zeolithe «filtriert»: Kleine Moleküle passieren die Kanäle, grössere nicht. Die Zeolithe wirken dabei als «Molekularsiebe». In den Kanälen können Metallionen vom Silicatgerüst gebunden werden, sodass man Zeolithe ähnlich wie Ionenaustauschharze (Abschnitt 19.1) zur Entsalzung bzw. Enthärtung von Wasser verwenden kann. Eine sehr wichtige Funktion haben Zeolithe im Erdboden: Sie binden die von den Pflanzen benötigten Nährsalze. Die Saugwurzeln der Pflanzen scheiden Säuren aus, welche die in den Zeolithen gebundenen Ionen verdrängen, sodass sie nachher von den Wurzelhaaren aufgenommen werden können. Zeolithe können auch als Katalysatoren verwendet werden, z.B. bei der Herstellung von Methanol aus Erdgas (Abschnitt 13.5).

ÜBUNGEN ZUM KAPITEL 25

25.1 Geben Sie die charakteristischen Unterschiede zwischen Kohlenstoffdioxid und Siliciumdioxid an und erklären Sie diese.

25.2 Wie unterscheiden sich Carbonate und Silicate bezüglich ihres Aufbaus?

25.3 Weshalb verhält sich Kohlenstoff bei der Verbindungsbildung völlig anders als Silicium?

25.4 Welche Vorgänge laufen bei der Verwitterung von Gesteinen ab?

25.5 Weshalb haben viele Silicatmineralien keine definierte Zusammensetzung?

25.6 Wie ist die blättrige Spaltbarkeit der Glimmer zu erklären?

25.7 Geben Sie Beispiele der verschiedenen Gesteinstypen und orientieren Sie sich anhand einer geologischen Karte, wo sie jeweils vorkommen.

25.8 Wie kommt es zur Verkarstung?

25.9 Nennen Sie einige Beispiele keramischer Werkstoffe. Wo finden sie Verwendung?

25.10 Wie lässt sich Glas herstellen?

Welche besonderen Eigenschaften besitzt Quarzglas?

25.11 Was sind Zeolithe? Wozu können sie verwendet werden?

26 CHEMIE UND GROSSTECHNIK

26.1 Allgemeine Betrachtungen

In der chemischen Grosstechnik stellen sich oft andere Probleme als bei Laborsynthesen. Exotherme Reaktionen liefern z.B. beim Umsatz grosser Stoffmengen sehr viel Wärme. Diese Wärme lässt sich in gewissen Fällen zur Gewinnung von Wasserdampf verwenden. Wenn dies nicht möglich ist, muss sie abgeleitet werden, um einen unkontrollierbaren Verlauf der Reaktion durch Überhitzung zu vermeiden. Ein wichtiges Ziel bei technischen Prozessen ist eine maximale Ausbeute an Produkten bei möglichst kurzer Reaktionsdauer. Schwierigkeiten treten diesbezüglich bei chemischen Gleichgewichten oder bei langsam verlaufenden Reaktionen auf. Katalysatoren spielen deshalb bei grosstechnisch durchgeführten Reaktionen eine besonders bedeutsame Rolle.

Ein weiterer wichtiger Faktor ist die Beschaffung von Rohstoffen. Diese sollen billig sein, in ausreichenden Mengen zur Verfügung stehen und geringe Transportkosten verursachen. In dieser Hinsicht ideal ist das Erdgas (Methan). Durch Reaktion mit Wasserdampf oder Luft an einem Katalysator entsteht daraus Synthesegas, ein Gemisch aus Wasserstoff und Kohlenstoffmonoxid, aus dem sich Wasserstoff-Verbindungen (z.B. Ammoniak) oder Methanol und seine Folgeprodukte (Methanal, Kunststoffe, Essigsäure) herstellen lassen. Auch Acetylen wird heute aus Methan gewonnen. Ebenso ideal wie Erdgas sind Benzin- und Petrolfraktionen des Erdöls, die sich zu Ethen, C_3- und C_4-Verbindungen cracken lassen.

Die Wirtschaftlichkeit eines Verfahrens wird wesentlich von den Energiekosten bestimmt. Da elektrische Energie teuer ist, verwendet man Elektrolysen in der Grosstechnik nur, wenn keine wirtschaftlicheren Methoden zur Gewinnung eines Stoffs zur Verfügung stehen (z.B. Aluminiumherstellung, Chloralkali-Elektrolyse). Auch die Lohnkosten spielen eine grosse Rolle. Ein Verfahren, das kontinuierlich abläuft, ist meist günstiger als die chargenweise Durchführung, bei der nach der Umsetzung der Ausgangsstoffe das Produkt abgetrennt werden muss, bevor sich ein neuer Umsatz durchführen lässt. Eine solche Produktionsweise eignet sich eher für mittelgrosse Produktionsmengen (einige 10 t pro Tag). Immer häufiger kommen moderne Rechner zum Einsatz, die eine zentrale Steuerung von Reaktionen in grosstechnischem Massstab erlauben. Bedienung und Überwachung, die von Messzentralen aus erfolgen können, erfordern nur noch wenige, qualifizierte Arbeitskräfte.

Ein weiteres wichtiges Problem der Grosstechnik ist die Entsorgung, da bei den meisten Reaktionen Nebenprodukte entstehen. Im günstigsten Fall lassen sich diese zu weiteren Produkten verarbeiten. Andernfalls muss man sie beseitigen, ohne die Umwelt zu beeinträchtigen. Die Vernichtung von Abfällen, die Entfernung von Stoffen, welche die Luft oder das Wasser verschmutzen, die Abgasreinigung sind Probleme, bei deren Lösung in den letzten Jahren durch grossen finanziellen Einsatz enorme Fortschritte gemacht wurden.

Die Herstellung von Soda – «Geburt» der chemischen Industrie

Soda (Natriumcarbonat, Na_2CO_3) wird seit alters zur Herstellung von Seife und Glas benötigt. Bis weit in die Neuzeit wurde Soda aus natürlichen Vorkommen gewonnen: aus Sodaseen in Nordafrika und aus der Asche von Strand- und Meerespflanzen. Gegen Ende des 18. Jahrhunderts führte die steigende Nachfrage zu einer spürbaren Verknappung. Die französische Akademie der Wissenschaften schrieb deshalb 1775 einen Preis aus für die Entwicklung eines Verfahrens zur Sodaherstellung.

Der Arzt und Chemiker N. Leblanc gewann 1790 den Preis mit einem Verfahren, nach dem aus den Rohstoffen Kochsalz, Kalk, Schwefelsäure und Kohlenstoff Soda hergestellt werden konnte. Mit der Übertragung seines Vorschlags in den technischen Massstab begann die Entwicklung einer eigentlichen chemischen Industrie. Das Leblanc-Verfahren erfordert drei Reaktionsschritte:

1. Kochsalz wird mit Schwefelsäure umgesetzt:

   $$2\,NaCl + H_2SO_4 \rightarrow Na_2SO_4 + 2\,HCl$$

2. Das Natriumsulfat wird mit Kohlenstoff zu Natriumsulfid reduziert:

   $$Na_2SO_4 + 2\,C \rightarrow Na_2S + 2\,CO_2$$

3. Durch Umsetzung von Natriumsulfid mit Kalk entsteht Soda:

   $$Na_2S + CaCO_3 \rightarrow Na_2CO_3 + CaS$$

Schon bei diesem ersten, industriell durchgeführten Verfahren traten Umweltprobleme auf. Das im ersten Schritt entstehende Hydrogenchlorid wurde nämlich zunächst einfach in die Atmosphäre abgelassen. Proteste der Anwohner von Sodafabriken führten zum Verbot der Hydrogenchlorid-Emission. Die Sodahersteller mussten deshalb eine Verwendung für das anfallende Hydrogenchlorid suchen. Es gelang ihnen, daraus Chlor herzustellen und damit ein Bleichmittel für die Textilindustrie zu gewinnen. Das Hydrogenchlorid-Problem war damit gelöst. Ein weiteres Umweltproblem bot jedoch das im dritten Reaktionsschritt entstehende Calciumsulfid. Es blieb als unlöslicher Rückstand beim Abfiltrieren der in Wasser gelösten Soda zurück und wurde auf Halden abgelagert. Durch das Kohlenstoffdioxid der Luft wurde aber daraus Dihydrogensulfid freigesetzt. Dies führte zu einer starken Umweltbelastung. Die Chemiker bemühten sich deshalb in der ersten Hälfte des 19. Jahrhunderts, ein besseres Verfahren zur Sodaherstellung zu finden. Dies gelang erst 1860, als E. Solvay den noch heute üblichen «Ammoniak-Soda-Prozess» entwickelte. Auch hier sind mehrere Reaktionsschritte erforderlich, die jedoch zu einem Kreisprozess gekoppelt werden können:

1. Ein Gemisch von Ammoniak und Kohlenstoffdioxid wird in eine konzentrierte Kochsalzlösung eingeleitet. Das relativ schwerlösliche Natriumhydrogencarbonat ($NaHCO_3$) fällt als Niederschlag aus:

$$NaCl + H_2O + NH_3 + CO_2 \rightarrow NaHCO_3 + NH_4Cl$$

2. Durch Erhitzen des festen Hydrogencarbonats entsteht Soda:

$$2\,NaHCO_3 \rightarrow Na_2CO_3 + H_2O + CO_2$$

Das für den ersten Reaktionsschritt nötige Kohlenstoffdioxid erhält man durch «Brennen» von Kalk:

$$CaCO_3 \rightarrow CaO + CO_2$$

Aus Calciumoxid und Wasser entsteht Calciumhydroxid, mit welchem aus dem im ersten Schritt entstandenen Ammoniumchlorid das erforderliche Ammoniak zurückgewonnen wird:

$$CaO + H_2O \rightarrow Ca(OH)_2$$

$$Ca(OH)_2 + 2\,NH_4Cl \rightarrow 2\,NH_3 + 2\,H_2O + CaCl_2$$

Im Endeffekt wird Soda aus Kalk und Kochsalz hergestellt:

$$CaCO_3 + 2\,NaCl \rightarrow Na_2CO_3 + CaCl_2$$

Der Leblanc-Prozess ermöglichte erstmals die Herstellung billiger Soda und führte dazu, dass Seife und Glas, die vorher Luxusartikel gewesen waren, jedermann zugänglich wurden. Die Umweltbeeinträchtigung durch das Calciumsulfid musste in Kauf genommen werden, bis der Ammoniak-Soda-Prozess das Leblanc-Verfahren ablöste.

26.2 Die Stickstoffindustrie: die Ammoniak- und Salpetersäure-Synthese

Ammoniak

Ammoniak, NH_3, ist eine der wichtigsten Stickstoff-Verbindungen. Es ist ein charakteristisch (nach Salmiak) riechendes, farbloses, giftiges Gas ($t_m = -77{,}7\,°C$, $t_b = -33{,}3\,°C$), das in Wasser sehr gut löslich ist (1 Liter Wasser löst bei $t = 15\,°C$ 727 Liter Ammoniak!). Die Lösung («Salmiakgeist») reagiert alkalisch (Abschnitt 15.2).
Das Ammoniak-Molekül ist pyramidal aufgebaut. Bemerkenswert ist, dass im gasförmigen und flüssigen Ammoniak das Stickstoff-Atom dauernd durch die Ebene der drei Wasserstoff-Atome in die entgegengesetzte Lage und wieder zurück schwingt (Frequenz $2{,}4 \cdot 10^{10}\,s^{-1}$). Nur im festen Zustand tritt diese Schwingung nicht auf, weil dann das freie Elektronenpaar am Stickstoff-Atom an Wasserstoffbrücken zu anderen Molekülen beteiligt ist. Damit ist das Stickstoff-Atom in seiner Lage fixiert.
Ammoniak entsteht in der Natur bei der Fäulnis eiweisshaltiger Stoffe (Aminosäuren) oder durch Zersetzung von Harnstoff [$OC(NH_2)_2$]. Gewisse Planeten (z.B. Jupiter) haben eine Atmosphäre, die neben anderen Wasserstoff-Verbindungen (CH_4, HCN, H_2O) auch NH_3 enthält. Ammoniak ist das Ausgangsmaterial für die Gewinnung der meisten anderen Stickstoff-Verbindungen (Oxide, Salpetersäure, Nitrate u.a.). Technisch gewinnt man es als Nebenprodukt bei der trockenen Destillation von Steinkohle («Kokerei») oder durch direkte Synthese aus Luftstickstoff und Wasserstoff:

$$N2(g) + 3\,H_2(g) \underset{\text{Rückreaktion}}{\overset{\text{Hinreaktion}}{\rightleftharpoons}} 2\,NH_3(g) \qquad \Delta H = -45{,}6\ kJ \cdot mol^{-1}\ NH_3$$

Trotz der Gleichgewichtskonstanten von $K = 6 \cdot 10^5$ bei Raumtemperatur (thermodynamische Freiwilligkeit) ist die Reaktionsgeschwindigkeit bei tiefen Temperaturen äusserst gering. Katalysatoren wirken erst ab 400 °C genügend stark beschleunigend. Durch Erwärmen wird die Reaktion jedoch stark nach links verschoben, da die Reaktionsenthalpie für die Bildung von Ammoniak negativ ist (Temperaturerhöhung begünstigt die energiereicheren Edukte). Die dann aber geringen Ausbeuten (bei 500 °C und 1 bar befinden sich nur 0,1 Vol-% NH_3 mit N_2 und H_2 im Gleichgewicht) lassen sich durch hohe Drucke (mindestens 200 bar) beträchtlich steigern (Abb. 26.1).

Das Ammoniak-Gleichgewicht wurde von F. Haber (1868–1934) in den Jahren 1905-1910 untersucht und von C. Bosch (1874–1940) in die Technik übertragen: Haber-Bosch-Verfahren. Jahrelange empirische Forschungen führten zu einem optimal wirkenden Katalysator: Eisenoxid (Fe_3O_4), das mit Aluminiumoxid (Al_2O_3) und einem Alkalioxid (K_2O) dotiert ist und im Reaktor (Abb. 26.2) zu feinverteiltem Eisen reduziert wird.

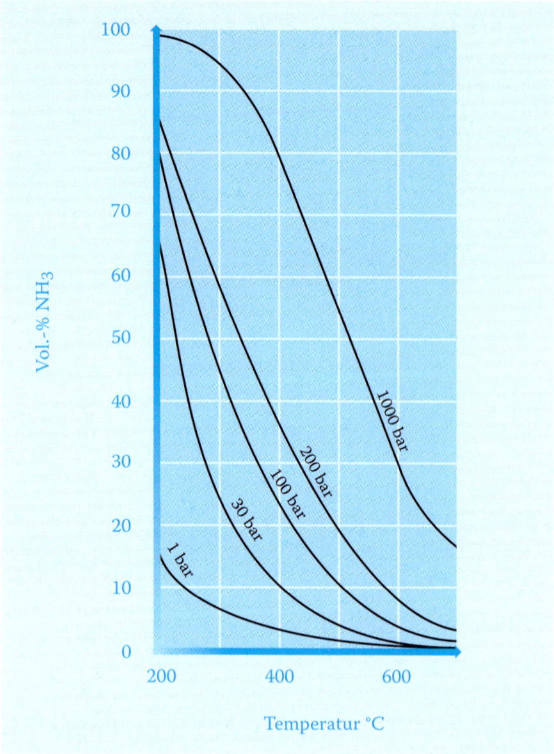

Abb. 26.1 Menge Ammoniak im Ammoniak-Gleichgewicht in Abhängigkeit von Druck und Temperatur

Mit modernen, zur Untersuchung der Oberflächenchemie von Festkörpern geeigneten Methoden konnte 1984 nachgewiesen werden, dass bei der Adsorption eines Stickstoff-Moleküls die N≡N-Bindung gelockert wird. Eisen-Atome des Katalysators geben dabei Elektronen an ein Stickstoff-Atom ab, das sich dann an ein Metallatom bindet. Diese Bindung ist gerade so stark, dass sich die Stickstoff-Atome nicht wieder zu N_2-Molekülen zusammenlagern, gleichzeitig aber hinreichend schwach, um eine Reaktion mit Wasserstoff-Atomen zu erlauben. Andere Metalle erleichtern die Trennung der N_2-Moleküle noch wirkungsvoller, binden aber die Stickstoff-Atome so stark an die Metalloberfläche, dass diese nicht mit Wasserstoff-Atomen weiterreagieren können. Solche Metalle sind katalytisch unwirksam.

Auch die H—H-Bindung wird an der Katalysatoroberfläche gelockert, sodass sich Wasserstoff-Atome mit Stickstoff-Atomen zu NH, NH_2 und schliesslich zu NH_3 verbinden, das dann desorbiert.

Ursprünglich führte man die Synthese in 12 m hohen Stahlrohren bei 500 °C und 200 bar durch. Unter diesen Bedingungen wird aber der in gewöhnlichem Stahl enthaltene Kohlenstoff durch Wasserstoff in Kohlenwasserstoff übergeführt und damit aus dem Stahl herausgelöst. Dadurch bildet sich ein spröder Stahl, der den Druck nur kurze Zeit aushält. Die Druckrohre wurden deshalb von Bosch innen mit einem Mantel aus kohlenstoffarmem Weicheisen versehen. Später konnte dank der Entwicklung besserer Stahlsorten (Chromstähle) darauf verzichtet werden.

Den zur Ammoniak-Synthese benötigten Wasserstoff gewinnt man heute vor allem aus Erdgas oder aus Erdölprodukten. Ein Wasserstoffüberschuss ergibt eine höhere Ammoniakausbeute, wie das Massenwirkungsgesetz zeigt. Den Stickstoff gewinnt man in einer Lufttrennanlage (Destillation flüssiger Luft) oder er wird bei der Luft-Oxidation von Kohlenwasserstoffen in die Reaktionsrohre eingebracht.

Gewinnung von Wasserstoff aus Synthesegas (Methan/Wasser: CH_4/H_2O):

$$CH_4(g) + H_2O(g) \rightarrow CO(g) + 3\,H_2(g)$$

Nicht umgesetztes Methangas wird mit Luft zu Kohlenstoffdioxid und Wasserstoff umgesetzt:

$$CH_4(g) + [O_2(g) + 4\,N_2(g)] \rightarrow CO_2(g) + 2\,H_2(g) + 4\,N_2(g)$$

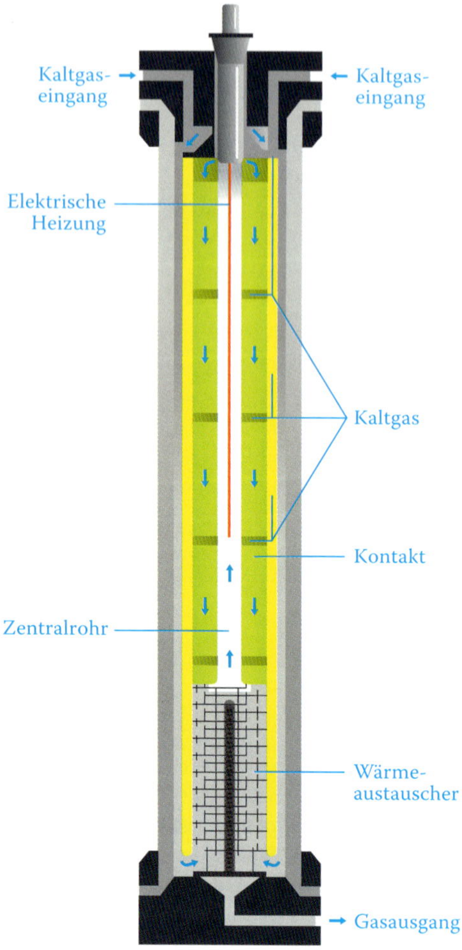

Abb. 26.2 Schema eines Reaktors zur Ammoniak-Synthese

Das bei diesen Reaktionen auftretende Kohlenstoffmonoxid kann katalytisch zu Kohlenstoffdioxid oxidiert werden, das sich mit organischen Lösemitteln auswaschen lässt:

$$CO(g) + H_2O(g) \rightarrow CO_2(g) + H_2(g)$$

Die Methanmenge wird so gewählt, dass das Volumenverhältnis Wasserstoff/Stickstoff 3:1 beträgt.

Das komprimierte Gasgemisch strömt im Reaktor zuerst durch einen Spalt zwischen Katalysator und Aussenmantel, wird anschliessend durch einen Wärmeaustauscher mit der Energie des abströmenden Gases aufgeheizt und gelangt erst dann in den eigentlichen Katalysatorraum. Der Katalysator wird innen und aussen vom Gasgemisch umspült. Die Druckbeanspruchung ist gering, sodass der Reaktor aus gewöhnlichem Chromnickelstahl hergestellt werden kann. Das aus dem Reaktor abströmende Gas enthält etwa 17 Vol-% NH_3, das durch Kühlung teilweise verflüssigt wird. Restgas und neues Frischgas führt man wieder dem Reaktor zu. Moderne Grossanlagen produzieren in einem einzigen Reaktor 1400 t Ammoniak pro Tag und schlucken dabei etwa 3000 m^3 Erdgas.

Die Überführung von Stickstoff in Ammoniak ist heute die einzige technische Möglichkeit, mit der man die Reaktionsträgheit von Stickstoff überwinden kann. Der grösste Teil des weltweit produzierten Ammoniaks wird, über die Herstellung von Salpetersäure, für die Produktion von Stickstoffdüngern verwendet, sodass die Ammoniak-Synthese eine Schlüsselstellung zur Sicherung der Welternährung einnimmt.

Die Ammoniak-Synthese – Hunger – Erster Weltkrieg

Die Synthese von Ammoniak wurde von Haber und Bosch mit dem Ziel entwickelt, aus Luftstickstoff Dünger herzustellen und damit die Ernährung der Menschheit zu sichern. Zweifellos müsste ohne diese Synthese heute ein noch viel grösserer Teil der Erdbevölkerung hungern. Nicht zufällig erhielt Haber den Nobelpreis noch während des Ersten Weltkriegs. Aber: Salpetersäure, die aus Ammoniak produziert werden kann, wird zur Herstellung von Sprengstoffen aller Art, also auch von Granatenfüllstoffen und Gewehrmunition verwendet. In Deutschland wurden solche Explosivstoffe bis 1914/15 hauptsächlich aus dem von Chile importierten Chilesalpeter (NaNO3) hergestellt. Die Blockade der Mittelmächte durch die Alliierten verhinderte jedoch im Ersten Weltkrieg die gesamte Einfuhr von Salpeter. Ohne Ammoniak-Synthese hätten die Mittelmächte spätestens im Frühjahr 1915 wegen Munitionsmangels den Kampf aufgeben müssen. Ohne Ammoniak-Synthese also kein vier Jahre lang dauernder Krieg, ohne Ammoniak-Synthese aber auch eine Hungerkatastrophe der Menschheit …

Katalytische Oxidation von Ammoniak; die Gewinnung von Salpetersäure

Salpetersäure (HNO_3 t_m = −41,6 °C, t_b = 83 °C), neben Ammoniak die wichtigste anorganische Stickstoff-Verbindung, ist nicht sehr stabil und zersetzt sich, besonders unter dem Einfluss von Licht, allmählich in Wasser, Stickstoffdioxid (NO_2) und Sauerstoff:

$$4\,HNO_3 \rightarrow 4\,NO_2 + 2\,H_2O + O_2$$

Das gelöst bleibende NO_2 bewirkt die gelblich-braune Farbe von konzentrierter oder «rauchender» Salpetersäure. Diese wird in grossen Mengen zur Herstellung von Farb- und Sprengstoffen verbraucht. Nitrate, Salze der Salpetersäure, sind wichtige Düngemittel [Natriumnitrat, $NaNO_3$; Kaliumnitrat, KNO_3; Ammoniumnitrat, NH_4NO_3; Calciumnitrat, $Ca(NO_3)_2$].

Technisch wird Salpetersäure durch katalytische Oxidation von Ammoniak erzeugt (Ostwald-Prozess). Zur Katalyse verwendet man Drahtnetze aus Platin oder aus Platin/Rhodium-Legierungen, durch die man das Gemisch von Ammoniak und Luft streichen lässt, wobei seine Verweilzeit am Katalysator äusserst kurz ist (etwa 10^{-4} s), damit das dabei entstehende Stickstoffmonoxid (NO) nicht in seine Elemente zerfällt. Anschliessend an den Reaktor (Abb. 26.3) wird NO zu NO_2 weiteroxidiert, das man zusammen mit Sauerstoff (Luft) in Wasser zu Salpetersäure überführt. Aus den Restgasen werden die Stickstoffoxide durch Zusatz von etwas Ammoniak an einem V_2O_5-Kontakt fast völlig zu Stickstoff und Wasser umgesetzt (Abgasreinigung!).

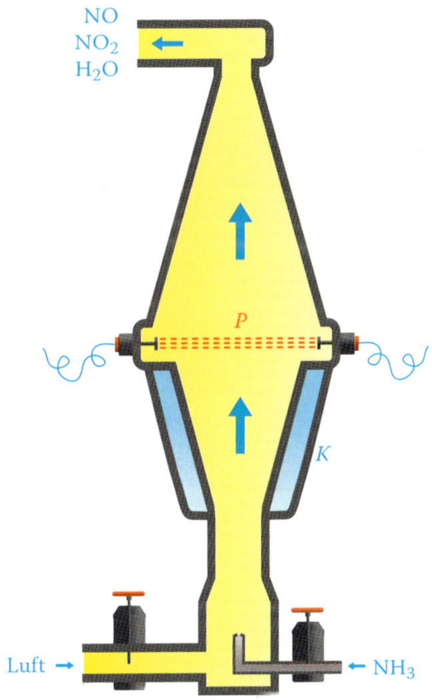

Abb. 26.3 Schema der Ammoniakoxidation nach Ostwald. K Wasserkühlung, P Platindrahtnetze, elektrisch heizbar

$4\,NH_3 + 5\,O_2 \rightarrow 4\,NO + 6\,H_2O$	katalytische Oxidation von Ammoniak
$NO + 0{,}5\,O_2 \rightarrow NO_2$	Oxidation von NO zu NO_2
$2\,NO_2 + H_2O + 0{,}5\,O_2 \rightarrow 2\,HNO_3$	Bildung von Salpetersäure

26.3 Schwefelsäure

Die **Schwefelsäure** ist neben Ammoniak wohl das industriell in grössten Mengen erzeugte chemische Produkt [Jahresproduktion (2007) weltweit ca. 150 Millionen Tonnen]. Das Meiste davon wird zu Düngemitteln verarbeitet [Ammoniumsulfat, $(NH_4)_2SO_4$; Superphosphat, $Ca(H_2PO_4)_2/CaSO_4$]. Aber auch bei der Herstellung von reinen Metallen (Kupferraffination), Farbstoffen, Waschmitteln, Kunstseide, Zellwolle, Kunststoffen, Sprengstoffen, Medikamenten usw. und zur Füllung von Blei-Akkumulatoren wird Schwefelsäure verbraucht.

Schwefelsäure entsteht durch die Reaktion von Schwefeltrioxid (SO_3) mit Wasser:

$$SO_3 + H_2O \rightarrow H_2SO_4$$

Bei der Verbrennung von Schwefel bildet sich Schwefeltrioxid aber nur in geringen Mengen. Das eigentliche Verbrennungsprodukt ist vielmehr Schwefeldioxid (SO_2), das mit Schwefeltrioxid und Sauerstoff in einem Gleichgewicht steht (Abb. 26.4):

$$2\,SO_2 + O_2 \rightleftharpoons 2\,SO_3 \quad \Delta H = -98{,}3\ \text{kJ}$$

Die bei der Schwefelverbrennung frei werdende Energie begünstigt die endotherme Reaktion und verschiebt somit das Gleichgewicht zugunsten von Schwefeldioxid und Sauerstoff. Dies erklärt die geringe Ausbeute an Schwefeltrioxid bei der Verbrennungstemperatur des Schwefels. In der Praxis wird deshalb das Schwefeldioxid in «Kontaktöfen» bei möglichst niedriger Temperatur weiteroxidiert, wobei ein Katalysator [Vanadin(V)-oxid, V_2O_5] für eine genügend hohe Reaktionsgeschwindigkeit sorgt. Bei einmaligem Durchgang des Schwefeldioxid/Luft-Gemischs erfolgt jedoch kein vollständiger Umsatz. Das unverändert gebliebene Schwefeldioxid wird darum, ähnlich wie bei der Ammoniak-Synthese, wieder dem Kreislauf zugeführt.

Als Rohstoffe zur Gewinnung des Schwefels verwendete man früher Metallsulfide (z.B. Zinksulfid, ZnS; Pyrit, FeS_2), die fein vermahlen mit heisser Luft oxidiert («geröstet») wurden. Dabei entstanden neben Schwefeldioxid Zink- und Eisenoxid (ZnO, Fe_2O_3). Metallsulfide kommen in der Natur jedoch nicht rein vor. Sie enthalten stets Fremdstoffe, u.a. Arsen-Verbindungen, die den Katalysator «vergiften», d.h. ihn unwirksam machen (vgl. Abschnitt 11.2: Abgaskatalysator). Aus diesem Grund mussten die Röstgase vor ihrer Verwendung im Kontaktofen sehr sorgfältig gereinigt werden.

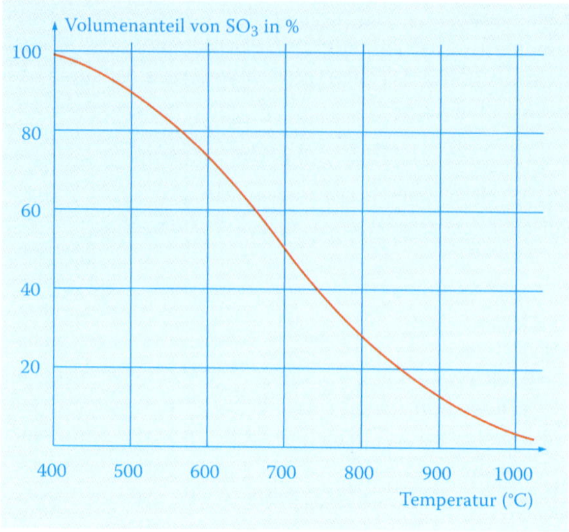

Abb. 26.4 Volumenanteil Schwefeltrioxid im Gleichgewicht von SO_2, O_2 und SO_3. Mit zunehmender Temperatur sinkt der Anteil von Schwefeltrioxid stark

Seit einiger Zeit wird Schwefeldioxid nur noch durch direktes Verbrennen von elementarem Schwefel gewonnen. Der Schwefel fällt als Nebenprodukt bei der Reinigung von Rohölfraktionen oder bei der Aufarbeitung von dihydrogensulfidhaltigem Erdgas an oder wird aus schwefelhaltigem Gestein durch überhitzten Wasserdampf ausgeschmolzen. In all diesen Fällen erhält man sehr reinen Schwefel, sodass keine Probleme mehr mit der Vergiftung von Katalysatoren auftreten.

Die Herstellung von Schwefelsäure erfolgt heute also in drei Schritten:

1. Verbrennen von Schwefel — $S + O_2 \rightarrow SO_2$
2. Katalytische Oxidation von Schwefeldioxid — $2\,SO_2 + O_2 \rightleftharpoons 2\,SO_3$
3. Reaktion von Schwefeltrioxid mit Wasser — $SO_3 + H_2O \rightarrow H_2SO_4$

Schwefeltrioxid entsteht im Kontaktofen in Form von feinen Tröpfchen, die sich beim Durchleiten in Wasser nur zu einem geringen Teil lösen. Man muss deshalb das Schwefeltrioxid in konzentrierter Schwefelsäure absorbieren. Durch langsames Zugeben von Wasser lässt sich der Gehalt von 98 % Schwefelsäure konstant halten.

Die Abgase aus den Kontaktöfen setzen sich vor allem aus Stickstoff, wenig Sauerstoff und etwas Schwefeldioxid zusammen. Mit dem sogenannten «Doppelkontakt-Verfahren» (Abb. 26.5) kann der Schwefeldioxid-Gehalt der Abgase auf Bruchteile von Prozenten reduziert werden. Dabei entzieht man dem Reaktionsgemisch das gesamte Schwefeltrioxid und führt das verbleibende Gas erneut dem Kontaktofen zu.

Die in vielen Betrieben anfallende Schwefelsäure («Abfallsäure») wird heute wieder zu reiner Säure aufgearbeitet. Nach dem Aufkonzentrieren der Abfallsäure wird sie in Spaltöfen in Schwefeldioxid, Wasser und Sauerstoff zersetzt:

$$2\,H_2SO_4 \rightarrow 2\,SO_2 + 2\,H_2O + O_2$$

Das dabei anfallende Schwefeldioxid kann anschliessend in Kontaktöfen wiederum zu Schwefelsäure verarbeitet werden. Die Verbrennung von Schwefel liefert die Energie für dieses Verfahren. Die auf diese Weise gewonnene Schwefelsäure ist jedoch um ein Vielfaches teurer als das durch direkte Synthese hergestellte Produkt. Die bisher praktizierte «Verklappung» der Abfallsäure in die Meere stellt jedoch auf die Dauer keine Lösung des Problems dar.

Die technische Durchführung der Schwefelsäure-Synthese (Abb. 26.5)
Zunächst wird flüssiger Schwefel zerstäubt und verbrannt. Das Schwefeldioxid/Luft-Gemisch tritt mit einer Temperatur von etwa 1000 °C aus dem Verbrennungsofen aus und wird in einem Abhitzekessel auf etwa 400–500 °C abgekühlt. Die Abwärme nutzt man zur Erzeugung von überhitztem Wasserdampf, dem wichtigsten Energieträger in der chemischen Grossindustrie.
Das Gasgemisch gelangt nun in den Kontaktofen. Er besteht aus mehreren, übereinander angeordneten «Horden», auf denen der Katalysator ausgebreitet ist. Die Gase werden oberhalb der Horden eingeleitet und unterhalb von ihnen abgeführt. Böden trennen die einzelnen Horden voneinander ab. Nach dem Durchtritt durch die erste Kontakthorde wird das Reaktionsgemisch, das sich als Folge der exothermen Schwefeltrioxid-Bildung auf etwa 600 °C erwärmt hat, in einem Dampfüberhitzer abgekühlt und dann auf die zweite Horde geleitet.
Das bereits entstandene Schwefeltrioxid wird nun in Schwefelsäure absorbiert. In Wärmeaustauschern kühlt man die heissen Gase auf etwa 200 °C ab, wobei die Wärme auf die aus dem Zwischenabsorber austretenden, schwefeltrioxidfreien Gase übertragen wird. Diese werden dadurch auf die zur Katalyse notwendige Temperatur von etwa 430 °C aufgeheizt und gelangen auf die dritte Horde. Wiederum kühlt man die heissen Reaktionsgase in einem Dampfüberhitzer ab, gibt sie auf die letzte Horde und führt sie der Endabsorption zu. Der Schwefeldioxid-Umsatz steigt beim Durchgang durch die verschiedenen Horden von 60 auf 90 und 98 auf schliesslich 99,5 %. Zur Absorption im Zwischen- und Endabsorber steigen die Gase in Füllkörpertürmen auf und werden von oben mit

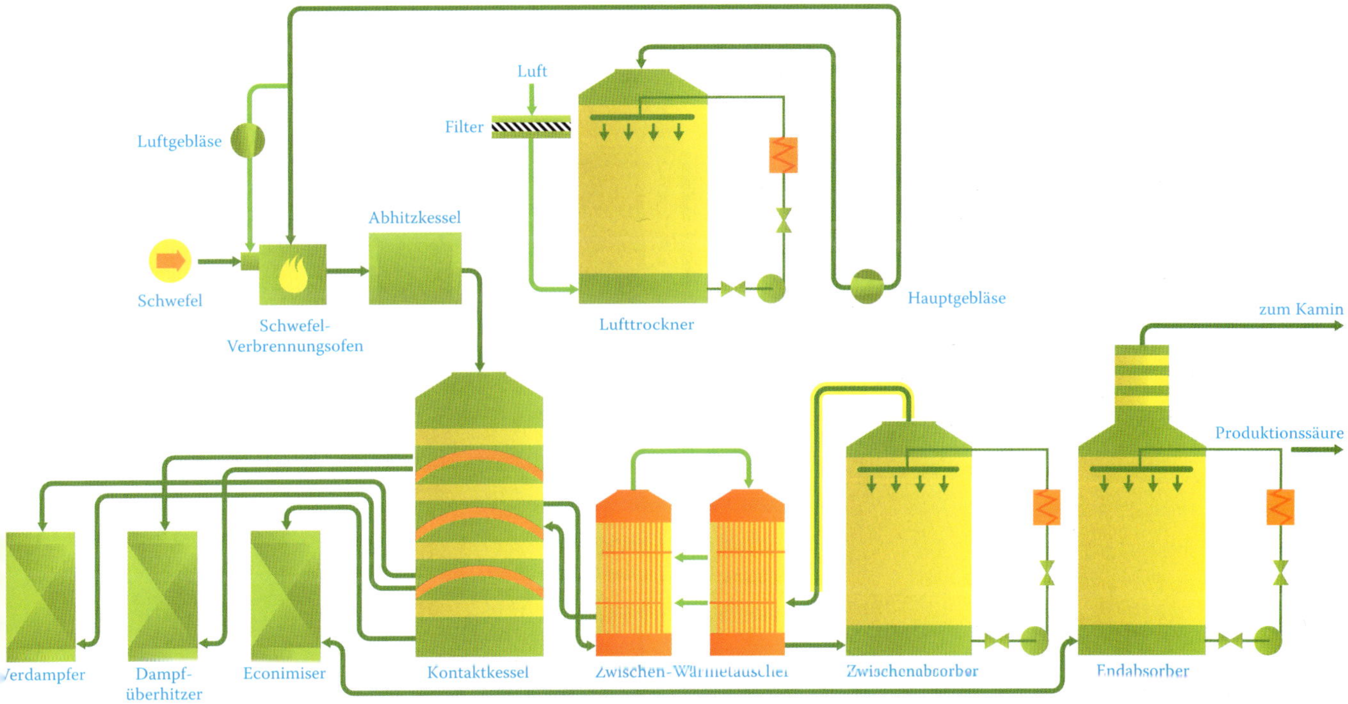

Abb. 26.5 Das Schwefelsäure-Doppelkontaktverfahren

Schwefelsäure berieselt. Diese löst das Schwefeltrioxid und wird anschliessend durch Verdünnen mit Wasser wieder auf den ursprünglichen Säuregehalt gebracht. Die Kopplung von wärmeerzeugenden und wärmeverbrauchenden Prozessen ermöglicht es, rund die Hälfte der bei dem exothermen Prozess frei werdenden Wärme zur Erzeugung von Dampf auszunutzen.

Beispiele von Sulfaten

Gips, $CaSO_4 \cdot 2\ H_2O$ (Abb. 26.8) verliert beim Erhitzen auf 180 °C ¾ seines Kristallwassers und wird zu «Stuckgips». Ein Brei aus Stuckgips und Wasser erstarrt exotherm zu einer kompakten Masse von ineinander verfilzten Gipskriställchen; der Gips «bindet ab». Bariumsulfat, $BaSO_4$, als Mineral Schwerspat genannt (Abb. 26.7), ist sehr schwerlöslich. Die Bildung eines auch in sauren Lösungen (z.B. verdünnter Salpetersäure) unlöslichen Niederschlags beim Zusatz von $BaCl_2$-Lösung zu der zu prüfenden Lösung wird zum Nachweis für Sulfat-Ionen benützt. Bariumsulfat verwendet man auch als Röntgenkontrastmittel, z.B. beim Röntgen des Magens. Kupfersulfat, $CuSO_4 \cdot 5\ H_2O$ wird im Rebbau zur Bekämpfung von Pilzen benützt («Kupfervitriol»).

Abb. 26.6 Sulfid-Mineralien. a) Silberglanz (Ag_2S), b) Zinnober (HgS), c) Zinkblende (ZnS), d) Realgar (As_4S_4), e) Bleiglanz (PbS), f) Antimonit (Sb_2S_3), g) Molybdänglanz (MoS_2), h) Kupferkies ($CuFeS_2$), i) Pyrit (FeS_2)

Abb. 26.7 Schwerspat

Abb. 26.8 Gipskristall

26.4 Eisen und Stahl; Silicium

Allgemeines zur Gewinnung von Metallen
Metalle werden in mehreren Schritten aus ihren Erzen gewonnen. Zuerst muss man sie aufbereiten, um die gewünschte Verbindung anzureichern, dann folgt die Reduktion und schliesslich wird das Rohmetall noch raffiniert.

Bei der Aufbereitung wendet man verschiedene Trennverfahren an. Gold wird aufgrund seiner hohen Dichte vom Begleitgestein (der «Gangart) abgetrennt (Goldwäscherei); Magnetit (Fe_3O_4) und Gangart lassen sich dank des Ferromagnetismus voneinander trennen. Häufig dient auch die Flotation zur Abtrennung des Erzes. Dabei wird es zuerst fein vermahlen und mit Wasser vermischt, dem Tenside (Abschnitt 19.1) zugesetzt worden sind. Das Erz (meist Metalloxide oder -sulfide) adsorbiert die polare Gruppe der Tenside, sodass die Erzteilchen eine wasserabstossende Hülle erhalten. Beim Einblasen von Luft in eine solche Suspension aus zerkleinertem Erz und Wasser werden die Mineralien im Schaum angereichert, während das Begleitgestein absinkt.

Die Mehrzahl der Metalle wird durch Reduktion oxidischer Erze bei hoher Temperatur gewonnen. Zusätze reagieren dabei mit noch vorhandener Gangart zu Schlacke. Ausschlaggebend für die Wahl des Reduktors ist zunächst sein Preis und dann die Leichtigkeit, mit der das betreffende Oxid reduziert wird. Zudem sollte er sich mit dem zu gewinnenden Metall nicht legieren. Am häufigsten werden Kohle (Koks) oder Kohlenstoffmonoxid (CO) verwendet. Jedoch erhält man gerade bei der Reduktion mit Kohle niemals ganz reine Metalle, da sich immer etwas Kohlenstoff mit dem Metall legiert. Die Reduktion wird meist in schachtförmigen Öfen durchgeführt. Zink lässt sich aus der erhitzten Mischung von Kohle und Zinkoxid als Dampf abdestillieren. Metalle, die sich besonders leicht mit Kohlenstoff legieren, müssen durch Reduktion mit Wasserstoff (Wolfram), Aluminium («Thermit-Reaktion», Chrom, Mangan) oder Magnesium bzw. Calcium gewonnen werden (Titan, Vanadium). Durch Elektrolyse wässriger Lösungen kann man Kupfer, Zink, Zinn und Blei erhalten. Die Elektrolyse eignet sich besonders zur Verarbeitung von Erzen mit geringem Metallgehalt, die durch saure bzw. alkalische Lösungen gelöst werden. Unedle Metalle (Aluminium, Magnesium, Alkalimetalle) stellt man durch Schmelzelektrolyse her.

Der Hochofenprozess zur Gewinnung von Eisen
Die wichtigsten Eisenerze sind Magnetit Fe_3O_4 (Nordschweden, Ural, USA), Hämatit Fe_2O_3 [Deutschland, England, USA, Südrussland, Schweiz (Gonzen)], Limonit $Fe_2O_3 \cdot nH_2O$, Eisenspat $FeCO_3$ (Erzberg in der Steiermark).

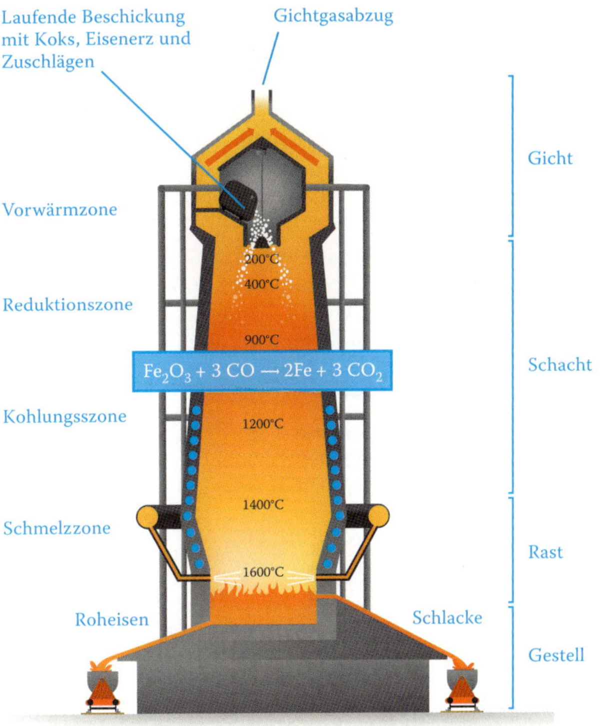

Abb. 26.9 Hochofen-Schnittbild. Im Mauerwerk befindet sich die Kühlung durch Wasser (blau). Die Ringleitungen (gelb) dienen zum Einblasen des Heisswindes

Im Hochofenprozess werden die Erze zu Roheisen reduziert. Man beschickt den etwa 25–30 m hohen, schachtförmigen Ofen (Abb. 26.9) von oben her abwechselnd mit Koks und einer Mischung aus Eisenerz (Fe_2O_3 oder Fe_3O_4) und «Zuschlägen» (insbesondere Kalkstein). Von unten wird Luft («Heisswind») eingeblasen, wodurch der Koks im unteren Teil des Hochofens vorwiegend zu CO verbrennt (Temperaturen bis 1800 °C). Das aufsteigende Kohlenstoffmonoxid reduziert das Erz in der mittleren Zone zu schwammigem Eisen.

$$Fe_2O_3 + 3\,CO \rightarrow 2\,Fe + 3\,CO_2$$

Ein Teil des Kohlenstoffmonoxids zerfällt bei der hier herrschenden niedrigen Temperatur (400 bis 900 °C) in Kohlenstoffdioxid und Kohlenstoff, der sich in der darunter liegenden «Kohlungszone» mit dem Eisen legiert, wodurch sich dessen Schmelztemperatur so stark erniedrigt (je nach Kohlenstoffgehalt von 1535 °C auf 1150 bis 1300 °C), dass das flüssige Roheisen nach unten tropft und durch das «Stichloch» von Zeit zu Zeit abgelassen werden kann.

Die Schlacke, die sich aus der Gangart mit den Zuschlägen bildet, tropft ebenfalls flüssig ab. Ihr Anteil an Eisensilicat lässt sich in der untersten Hochofenzone durch Koks direkt reduzieren. Die restliche Schlacke sammelt sich auf dem Roheisen an und schützt dieses vor Oxidation durch den eingeblasenen Heisswind.

Auch die Schlacke wird von Zeit zu Zeit «abgestochen». In der obersten Zone des Hochofens werden Erz, Koks und Zuschlag durch die heissen Gase vorgewärmt. Das entweichende «Gichtgas» (etwa 60 % N_2, 8 % CO_2 und 30 % CO) hat noch eine Temperatur von 100–300 °C und dient in den Winderhitzern zur Erwärmung der eingeblasenen Luft (Wärmeaustausch).

Neuerdings werden Eisenerze auch durch Synthesegas (ein Gemisch aus CO und H_2) reduziert. Diese Direktreduktion hat den Vorteil, billiger zu arbeiten (niedrigerer Energieverbrauch!) und ist vor allem auch für kleinere Anlagen wirtschaftlich.

Heute wird das Synthesegas aus Erdgas oder Erdöl bzw. Erdölfraktionen gewonnen. Dabei setzt man Methan (CH_4) mit Wasser an einem Nickelkontakt (800 bis 900 °C, 30 bar) um. Synthesegas erhält man auch aus Kohlenwasserstoffgemischen (Benzin, Heizöl, Rückstandsöle) durch partielle Oxidation mit Luft oder Wasserdampf bei 1200 bis 1600 °C.

$$CH_4 + H_2O \xrightarrow{Ni} 3\,H_2 + CO$$

$$—CH_2—CH_2— + O_2 \rightarrow 2\,H_2 + 2\,CO$$

$$—CH_2—CH_2— + 2\,H_2O \rightarrow 4\,H_2 + 2\,CO$$

Stahlerzeugung

Roheisen enthält 3 bis 7 % Fremdstoffe (vorwiegend Kohlenstoff, ferner Silicium, Mangan, Phosphor, Schwefel u.a.). Es ist sehr spröde und lässt sich nicht vergiessen, nicht schmieden oder walzen (Gusseisen). Um es verformbar zu machen, muss der Kohlenstoffgehalt auf weniger als 1,7 % gesenkt und die übrigen Begleitstoffe entfernt werden («Frischen des Roheisens»). Das Roheisen wird so zu Stahl.

Das heute wichtigste Verfahren zur Stahlherstellung ist das «Sauerstoff-Aufblas-» oder «LD-Verfahren»[1] (Windfrischen). Man bläst dabei reinen Sauerstoff durch eine wassergekühlte Düse direkt auf die Schmel-

[1] *Das Verfahren wurde 1952 von den VOEST-Werken in Linz und Donawitz (Österreich) entwickelt.*

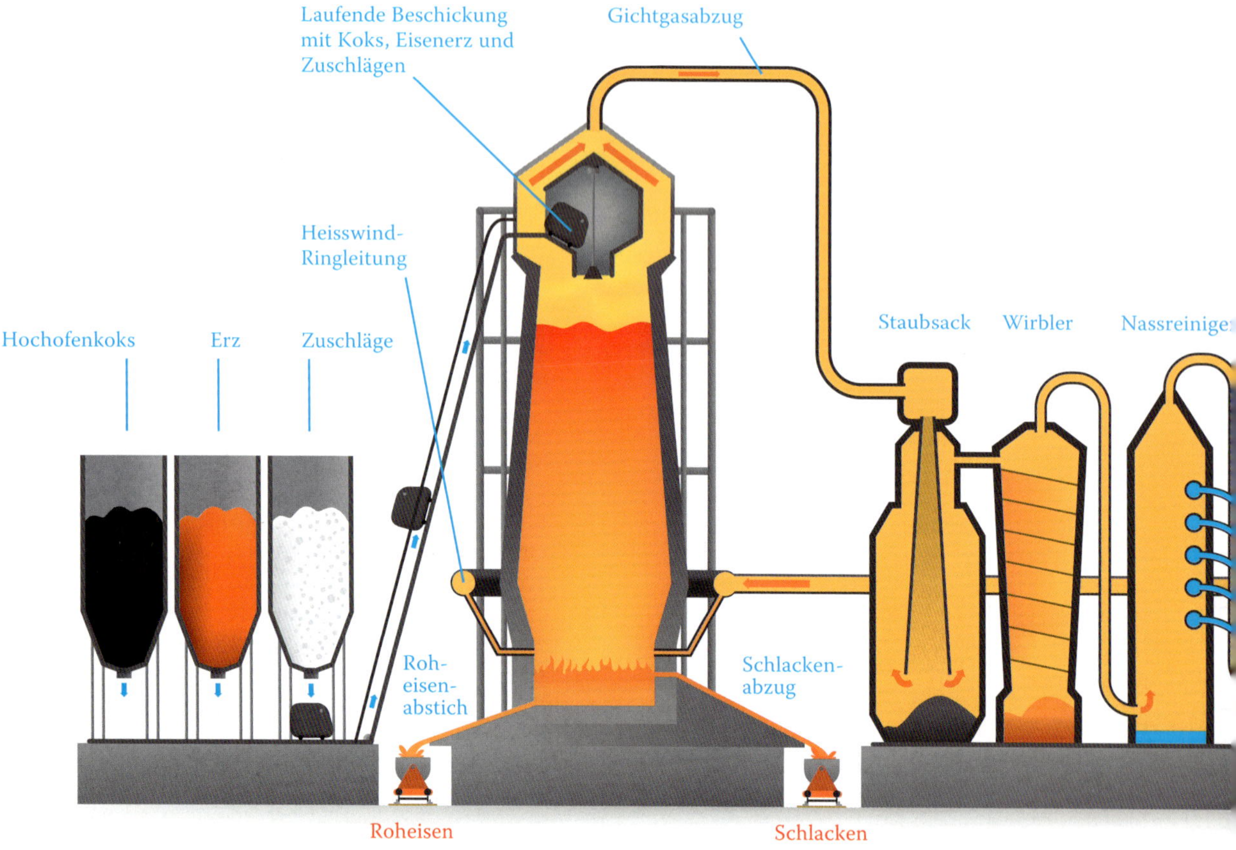

Abb. 26.10 Hochofenanlage schematisch

ze, die sich in einem Konverter, einem umkippbaren, birnenförmigen Gefäss, befindet (Abb. 26.11). Die Reaktionstemperatur beträgt bis zu 3000 °C. Die Schmelze durchmischt sich wegen der heftigen Oxidationsvorgänge so stark, dass alle Begleitstoffe oxidiert werden und ein Stahl von hoher Reinheit entsteht. Nach dem Frischen muss der Kohlenstoffgehalt durch Rückkohlung (Zugabe einer entsprechenden Menge von Ferromangan: Fe/Mn-Legierung mit 0,05 bis 8 % Kohlenstoff) auf den gewünschten Wert eingestellt werden.
Zum Frischen von phosphorhaltigem Roheisen kleidet man den Konverter mit gebranntem Dolomit (CaO, MgO) aus. Zusammen mit dem Roheisen wird gebrannter Kalk (CaO) als Zuschlag in den Konverter gegeben. Der Phosphor des Roheisens verschlackt mit dem Zuschlag und dem «Abbrand» der Konverterauskleidung («Futter»). Die zu Pulver vermahlene Schlacke dient als wertvoller Phosphatdünger («Thomasmehl»).

Immer noch von gewisser Bedeutung ist auch das Herdfrischen. Hier wird das flüssige Roheisen mit Schrott und eventuell Erz in einem grossen, muldenförmigen Ofen zusammengeschmolzen (Siemens-Martin-Ofen). Der Sauerstoff aus dem Schrott (Rost!) und dem Erz oxidiert die Begleitstoffe des Roheisens. Der Vorgang dauert 4 bis 6 Stunden, und die Schmelze muss durch Fremdheizung flüssig gehalten werden.

Spezialstähle, die als Legierungsbestandteile Mo, Mn, Cr, Co, V enthalten, werden meist in Elektroöfen (Lichtbogen- oder Induktionsöfen) erschmolzen, oft sogar unter Ausschluss von Luft, um eine Oxidation der Legierungsbestandteile zu verhindern. Diese setzt man nicht als freie Elemente zu, sondern als Ferrolegierungen (Ferrochrom u.a.) und beeinflusst damit die Eigenschaften des Stahls. Nickel beispielsweise erhöht die Zähigkeit des Stahls, während Chrom ihm grössere Härte gibt. Silicium verbessert die Säurebeständigkeit des Stahls.

Die Gewinnung von Silicium

Silicium wird technisch durch Reduktion von Quarz (SiO_2) mit Kohlenstoff im elektrischen Ofen hergestellt:

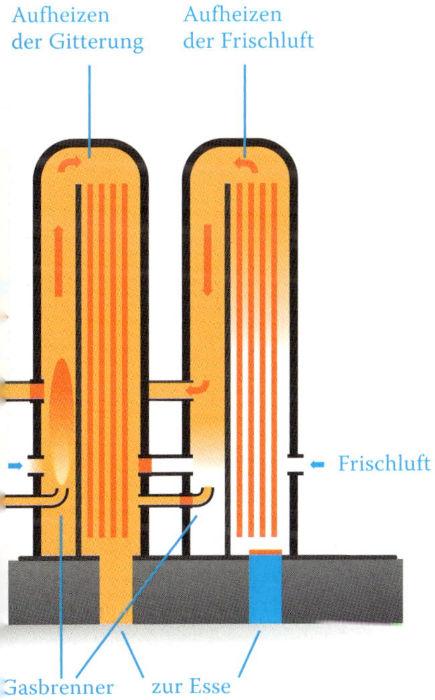

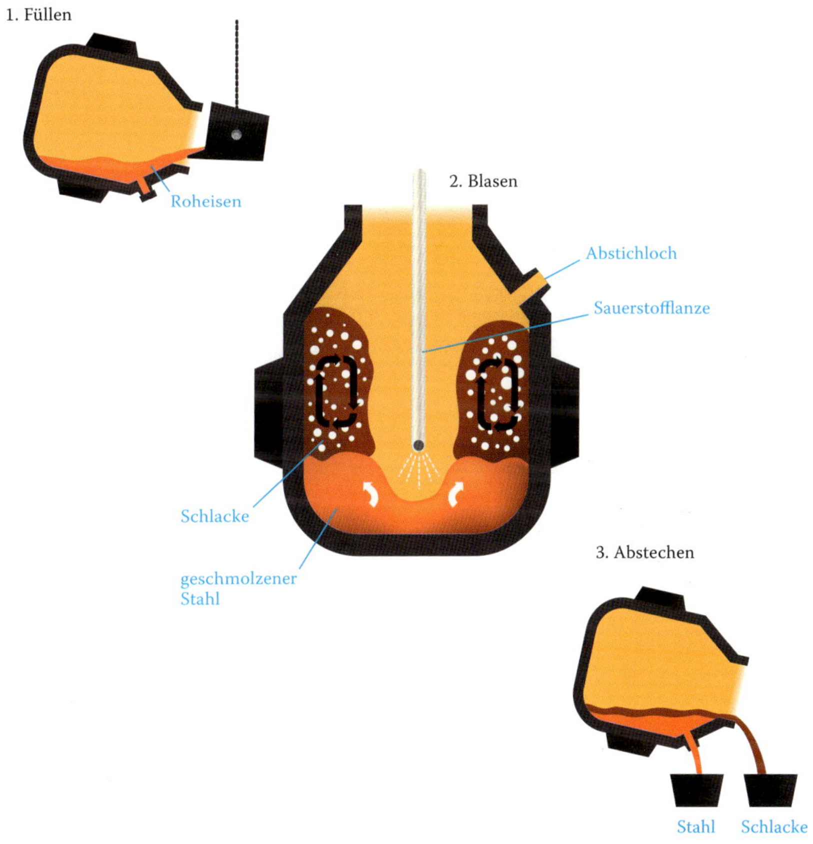

Abb. 26.11 Der Sauerstoff, der unter hohem Druck auf das Roheisen geblasen wird, oxidiert Kohlenstoff sowie Silicium, Phosphor, Mangan und Schwefel

$$SiO_2 + 2\,C \rightarrow Si + 2\,CO \qquad \Delta H = +690\ kJ$$

Als Reduktoren können auch Magnesium oder Aluminium verwendet werden. Das Produkt ist Silicium von etwa 98 % Reinheit. Hochreines Silicium, wie es zur Herstellung von Halbleitern benötigt wird (Abschnitt 22.4), erhält man durch die Überführung von Silicium in zunächst flüchtiges Siliciumtetrachlorid ($SiCl_4$) oder «Silicochloroform» ($SiHCl_3$). Dazu wird fein gemahlenes Rohsilicium von HCl-Gas durchwirbelt und das Produkt nach fraktionierter Destillation mit Wasserstoff reduziert. Eine weitere Möglichkeit ist die Pyrolyse von Silan, SiH_4, bei 500 °C. Das Silan ist durch Hydrierung von $SiCl_4$ mit LiH in einer LiCl/KCl-Schmelze bei 400 °C in einem kontinuierlichen Verfahren zugänglich.

$$SiCl_4 + 4\,LiH \rightarrow \underset{\text{Silan}}{SiH_4} + 4\,LiCl$$

$$SiH_4 \xrightarrow{\text{Pyrolyse}} Si + 2\,H_2$$

Aus diesem reinen Silicium erhält man schliesslich durch «Zonenschmelzen» Reinstsilicium mit Verunreinigungen von weniger als 10^{-9} %! Dabei wird in einem Stab des zu reinigenden Materials eine schmale Zone durch Induktionsheizung über den gesamten Querschnitt aufgeschmolzen. Die geschmolzene Zone lässt man nun langsam durch den festen Stab bis an das untere Ende wandern. Dabei «sammmelt» die den Stab durchlaufende Schmelzzone die noch vorhandenen Verunreinigungen, da diese in der Schmelze besser löslich sind als im Feststoff.

Für die Mikroelektronik benötigt man Silicium-Einkristalle. Zu diesem Zweck wird das (polykristalline) Reinstsilicium geschmolzen und der Einkristall durch «Tiegelziehen» oder «Zonenziehen» aus der Schmelze gewonnen. Im ersten Fall impft man die Schmelze mit einem kleinen Kristall und zieht ihn langsam und unter Rotation aus der Schmelze. Im zweiten Fall erzeugt man am unteren Ende eines Siliciumstabs einen Schmelztropfen und bringt ihn in Kontakt mit einem Impfkristall. Durch langsames Senken des Siliciumstabs wird die Schmelzzone über die gesamte Länge des Stabs verschoben.

26.5 Organische Primärchemikalien und Zwischenprodukte

In zahlreichen Grossfirmen, aber auch in sehr vielen kleineren Betrieben, werden ungezählte organische Verbindungen in Mengen von einigen tausend Tonnen pro Jahr hergestellt: Farbstoffe, Pflanzenschutz- und Schädlingsbekämpfungsmittel, Lösemittel, Kunststoffe, Klebstoffe, Vitamine, kosmetische Produkte, Pharmaka usw. Die Synthesen verlaufen dabei oft über eine Reihe von Zwischenprodukten.

Die für solche Synthesen benötigten Ausgangsstoffe werden aus relativ wenigen Primärchemikalien gewonnen. Hier sind die Umsätze grösser. Täglich werden Mengen von einigen hundert bis über tausend Tonnen hergestellt. Dies erfordert grossdimensionierte Anlagen, in denen die Reaktionen unter Druck und mithilfe von Katalysatoren ablaufen.

Als Rohstoffe für die organisch-chemische Grossindustrie dienen Erdöl, Erdgas und Steinkohlenteer, aus denen sich die Primärchemikalien herstellen lassen. Die daraus gebildeten «Zwischenprodukte» sind dann die eigentlichen Ausgangsstoffe für die Synthesen.

Primärchemikalien
Das Synthesegas wird aus Erdgas oder Erdölfraktionen gewonnen. Erdgas oder Naphtha (Rohbenzin mit einem Siedebereich von 40–150 °C) wird in Röhrenöfen unter Mitwirkung von Katalysatoren (Nickel- oder Kaliumoxid) bei Temperaturen von 700–830 °C mit Wasserdampf umgesetzt. Das abströmende Gas enthält noch viel Methan, das in Schachtöfen oder Sekundärreformern bei 1200 °C nachgespalten wird:

$$CH_4 + H_2O \xrightarrow{\text{Kat}} CO + 3\,H_2 \qquad \Delta H = +205\ kJ$$

Aus einer Mischung von Methan, Erdölfraktionen (Naphtha, schwerem Heizöl, Rückstandsöl oder sogar Rohöl) und Sauerstoff lässt sich ebenfalls Synthesegas gewinnen. Man arbeitet dann ohne Katalysator, jedoch unter Druck (30–80 bar) und bei höheren Temperaturen (1200–1500°C):

$$-CH_2-CH_2- + O_2 \rightarrow 2\,CO + 2\,H_2$$

Dabei verbrennt allerdings ein Teil der Ausgangsstoffe und ausserdem bildet sich Russ durch Zersetzung von Kohlenwasserstoffen. Der Vorzug dieses Verfahrens besteht jedoch darin, dass fast jede beliebige Erdölfraktion bei dieser Synthese umgesetzt werden kann. Die Reaktion erfolgt, im Gegensatz zur Umsetzung von Methan mit Wasser, exotherm.

Alkene (Ethen, Propen, 1,3-Butadien u.a.) erhält man durch «Cracken» von Naphtha. Das thermische Cracken wird bei 780 °C in von aussen beheizten Röhren von 10 cm Durchmesser und bis zu 200 m Länge durchgeführt, wobei die Röhren in einem Ofen aufgefaltet sind. Die maximale Ausbeute an Ethen beträgt dabei 24 %. Zur Steigerung der Ethenmenge und zur Verringerung der Kohlenstoff-Abscheidung wird das Naphtha beim «Steam-Cracken» mit Wasserdampf verdünnt. Die Verweilzeit im Cracker beträgt dabei nur etwa 0,1 s, und das anfallende Produkt wird anschliessend sofort abgekühlt («abgeschreckt»). Neben den etwa 35 % Ethen erhält man dabei auch Aromaten als wertvolle Nebenprodukte. Die Auftrennung der Substanzen erfolgt durch Destillation in 10–20 m hohen Kolonnen oder durch Extraktion mit geeigneten Lösemitteln. Ein moderner Steam-Cracker verarbeitet bis zu 150 t Naphtha in der Stunde.

Durch partielle Oxidation lässt sich **Acetylen** bei sehr hohen Temperaturen (bis 1500 °C) aus Methan gewinnen:

$$4\,CH_4 + 3\,O_2 \rightarrow 2\,C_2H_2 + 6\,H_2O$$

Sofortiges Abschrecken des Produkts auf 300 °C verhindert eine Weiterreaktion bzw. eine Zersetzung des Acetylens. Die hohen Energiekosten sowie spezielle Sicherheitsvorkehrungen machen die Gewinnung von Acetylen im Vergleich zu Ethen deutlich teurer. Trotzdem ist Acetylen auch heute noch eine wichtige Primärchemikalie, da sie als Ausgangsstoff für viele Folgeprodukte dient und sich direkt aus Methan herstellen lässt.

Das «Platformen» von Benzinfraktionen bei 500–600 °C und 50 bar über einem Platinkontakt dient zur Erzeugung von **Aromaten**. Dabei werden offenkettige Alkane dehydriert und anschliessend zyklisiert. Naphthalin, Anthracen und andere kondensierte Aromaten, die man u.a. zur Farbstoffherstellung benötigt, gewinnt man auch heute noch aus Steinkohlenteer.

Zwischenprodukte

Eines der wichtigsten Zwischenprodukte, das **Methanol**, gewinnt man in ähnlichen Reaktoren wie bei der Ammoniak-Synthese. Synthesegas wird an einem Zinkoxid/Chromoxid-Katalysator zu Methanol umgesetzt:

$$CO + 2\,H_2 \xrightarrow[\text{200 bar, 400 °C}]{ZnO/Cr_2O_3} CH_3OH$$

In einem einzigen Reaktor können im Tag bis zu 1000 t Methanol produziert werden. Der grösste Teil des Alkohols wird weiterverarbeitet zu Formaldehyd (Methanal, HCHO) zur Herstellung von Kunstharzen, Abschnitt 14.2, und Essigsäure. Methanol wird jedoch auch in grossen Mengen als billiges Lösemittel («organisches Wasser») verwendet.

Die als Zwischenprodukt ebenfalls sehr wichtige **Essigsäure** entsteht entweder durch Oxidation von Ethanal (Acetaldehyd) oder durch «Carbonylierung» von Methanol. Dabei reagiert der Alkohol unter Druck mit Kohlenstoffmonoxid an einem Katalysator (Cobalt-Verbindungen):

$$CH_3OH + CO \xrightarrow[\text{500 bar, 400 °C}]{\text{Kat}} H_3CCOOH$$

Neben Methanal sind noch andere Aldehyde wegen ihrer Reaktionsfähigkeit wichtige Zwischenprodukte. Acetaldehyd (Ethanal) entsteht bei der Oxidation von Ethen an einem Palladiumkontakt. Höhere Aldehyde erhält man durch die «Oxo-Synthese» aus einem Gemisch von Alkenen, Wasserstoff und Kohlenstoffmonoxid. Cobalt-Verbindungen wirken dabei wieder als Katalysatoren:

$$2\,H_2C{=}CH_2 + O_2 \xrightarrow{Pd} 2\,H_3CCHO$$

Acetaldehyd

$$R{-}CH{=}CH_2 + CO + H_2 \xrightarrow{\text{Kat}} R{-}CH_2CH_2CHO$$

Vinylchlorid (Chlorethen) und Styrol (Phenylethen) sind wichtige Ausgangsstoffe zur Kunststoffherstellung. Durch Addition von Chlor an Ethen und anschliessende Abspaltung von Hydrogenchlorid oder Addition von Hydrogenchlorid an Acetylen gewinnt man Vinylchlorid:

$$H_2C{=}CH_2 + Cl_2 \longrightarrow H_2CCl{-}CH_2Cl \xrightarrow{-HCl} H_2C{=}CH{-}Cl$$

$$HC{\equiv}CH + HCl \longrightarrow H_2C{=}CH{-}Cl$$

Vinylchlorid

Zur Herstellung von Styrol addiert man zuerst Ethen an Benzol. Das dabei entstehende Ethylbenzol wird anschliessend katalytisch zu Styrol dehydriert:

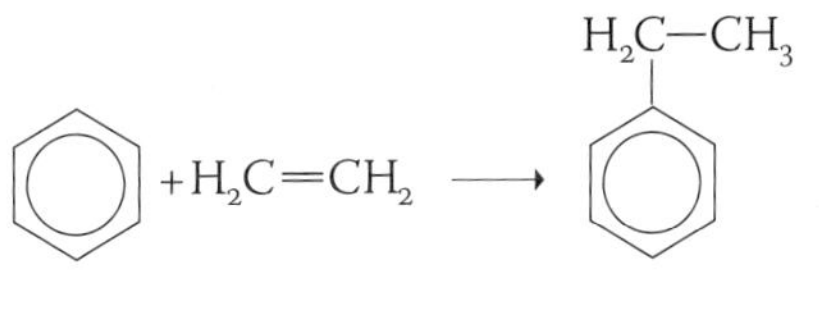

Ethylbenzol

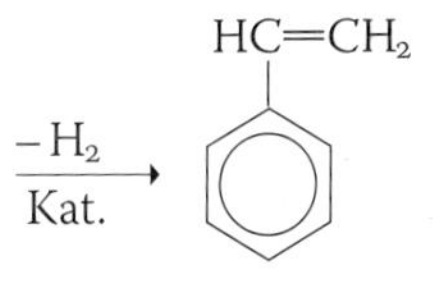

Styrol

Die Gewinnung von **Phenol** und **Aceton** sei hier als letztes Beispiel erwähnt. Bei dieser Reaktion sind «Umwege» nötig, um brauchbare Produkte zu erhalten. In einem ersten Schritt werden Benzol und Propen zu Cumol (Isopropylbenzol) umgesetzt, das man dann mit Sauerstoff zu Cumolhydroperoxid[2] oxidiert. Dieses zerfällt unter der Wirkung von Säuren in Phenol und Aceton:

[2] *Peroxide sind Verbindungen, die eine —O—O— Gruppe enthalten. Das einfachste Peroxid ist H_2O_2: Wasserstoffperoxid.*

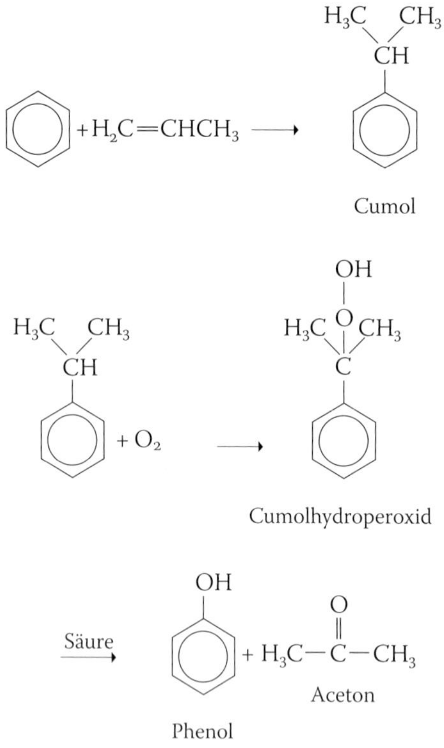

Die Bedeutung der **Kohle** als Rohstofflieferant für die organisch-chemische Industrie hat im Verlauf der letzten Jahrzehnte kontinuierlich abgenommen. In den dreissiger Jahren waren zwei Verfahren zur Gewinnung von Benzin aus Kohle entwickelt worden, die damals von grosser Wichtigkeit waren.

Beim Bergius-Verfahren wird fein vermahlene Kohle mit einem hochsiedenden Öl vermischt und dann unter Druck (300 bar) und bei 500 °C mit Wasserstoff an einem Eisenoxidkatalysator umgesetzt. Bei dieser «Kohleverflüssigung» erhält man eine Mischung aus niedrig siedenden Kohlenwasserstoffen, die sich als Treibstoff verwenden lässt.

Beim Verfahren von Fischer und Tropsch wird zuerst Kohle mit Luft und Wasserdampf zu Synthesegas umgesetzt:

$$C + H_2O \rightarrow CO + H_2 \qquad \Delta H = +130\ \text{kJ}$$

Mit geeigneten Katalysatoren lässt sich dann das Synthesegas ohne hohen Druck direkt in ein Kohlenwasserstoffgemisch überführen.

Während des Zweiten Weltkriegs wurden die beiden Verfahren in grossem Massstab durchgeführt («Leuna-Benzin»). Ihre Bedeutung könnte wegen der zukünftigen Verknappung der Erdölvorräte wieder zunehmen. In Südafrika werden schon heute mit dem Fischer-Tropsch-Verfahren bedeutende Mengen an Kohlenwasserstoffen gewonnen, um das Land von Erdöllieferungen unabhängig zu machen.

ÜBUNGEN ZUM KAPITEL 26

26.1 Welche grundsätzlichen Probleme stellen sich in der chemischen Grosstechnik?

26.2 Weshalb werden Elektrolysen in der Grosstechnik nur sehr selten verwendet?

26.3 Welche Bedeutung kam der Entwicklung eines Verfahrens für die Sodaherstellung im 18. Jahrhundert zu?

26.4 Welche Rolle spielen Stickstoff-Verbindungen für die Landwirtschaft?

26.5 Welche Anfangsprobleme stellten sich bei der Entwicklung des Haber-Bosch-Verfahrens und wie wurden sie gelöst?

26.6 Wie wird der für die Ammoniak-Synthese erforderliche Wasserstoff gewonnen?

26.7 Weshalb entsteht bei der Verbrennung von Schwefel nur wenig Schwefeltrioxid?

26.8 Durch welche drei Schritte wird heute Schwefelsäure hergestellt?

26.9 Wozu wird Schwefelsäure verwendet?

26.10 Was versteht man unter «Abfallschwefelsäure» und welche Probleme ergeben sich mit ihrer Beseitigung?

26.11 Nennen Sie einige Eisenerze. Wo befinden sich die wichtigsten Eisenerzvorkommen in Europa?

26.12 Formulieren Sie die wichtigsten Vorgänge im Hochofen mithilfe von Reaktionsgleichungen.

26.13 Was versteht man unter Roheisen? Wie wird daraus Stahl hergestellt?

26.14 Erklären Sie, weshalb Roheisen nicht schmiedbar ist.

26.15 Welche Verfahren gibt es, um Synthesegas herzustellen?

26.16 Nennen Sie einige grosstechnische Primärchemikalien.

26.17 Auf welche Weise lassen sich Alkene herstellen?

26.18 Welche technischen Zwischenprodukte haben eine grosse Bedeutung für die organische Chemie?

26.19 Begründen Sie, warum der Kohle in Zukunft wieder eine vermehrte Bedeutung als Rohstofflieferant zukommen wird.

Kunst- und Naturstoffe

27 SYNTHETISCHE MOLEKÜLE MIT UNGEWÖHNLICHEN DIMENSIONEN

Im Abschnitt 9.1 haben wir erfahren, dass sich Verbindungen mit C=C-Doppelbindungen polymerisieren lassen. Die dabei gebildeten Polymerisate sind hochmolekulare Stoffe, deren Moleküle aus Zehn- bis Hunderttausenden von Atomen aufgebaut sind und die sich in ihren Eigenschaften in mancher Hinsicht von den bisher besprochenen Verbindungen unterscheiden (siehe auch Abschnitt 2.3). Zu den hochmolekularen Stoffen zählt man Naturstoffe wie Nucleinsäuren, Kautschuk, Cellulose, Stärke, Proteine (Kap. 28), sowie synthetisch hergestellte Stoffe, die Kunststoffe, wie z.B. Polyethylen, Polyvinylchlorid, Polystyrol, Trevira, Nylon, Kunstharze usw.

Der grösste Teil der heute bekannten hochmolekularen[1] Stoffe sind Kohlenstoff-Verbindungen. Die Makromoleküle entstehen durch die Verknüpfung von Grundeinheiten, den Monomeren, zu Ketten oder dreidimensionalen Strukturen. Es gibt aber auch anorganische hochmolekulare Stoffe, wie z.B. Quarzglas oder fasriges Schwefeltrioxid. Letzteres entsteht durch die Zusammenlagerung von SO_3-Molekülen, die sich mit Atombindungen verknüpfen und dadurch lange Ketten bilden:

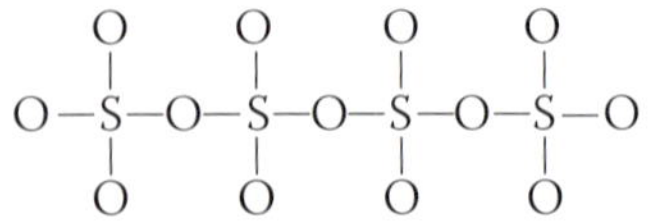

Die Herstellung von Kunststoffen erfolgt entweder auf der Basis von Erdölprodukten (vollsynthetisch) oder durch Umwandlung hochmolekularer Naturstoffe (Proteine, Cellulose). Die ersten Kunststoffe (Celluloid, Bakelit) wurden zu Beginn des 20. Jahrhunderts entwickelt. Sie hatten damals jedoch eher die Bedeutung von Ersatzstoffen.

Kurz vor dem Zweiten Weltkrieg wurde Nylon, die erste wirklich brauchbare vollsynthetische Faser produziert. Seither hat sich die Kunststoffchemie gewaltig entwickelt und zahlreiche Gegenstände, die früher aus Metallen oder Holz gefertigt worden waren, bestehen heute ganz oder zum Teil aus Kunststoffen: Haushaltgegenstände, Wandverkleidungen, Spannteppiche, Werkzeuge, Kleider, Autozubehör, Boote, Karosserieteile, Boden- und Tischbeläge, Reifen, Spielwaren usw. Ohne Kunststoffe wären weder die heutige Elektrotechnik (Isolationsmaterialien!) noch Nachrichten- und Computertechnik oder die Raumfahrt möglich gewesen.

[1] *Die Ausdrücke «hochmolekular» und «makromolekular» werden in der Praxis gleichbedeutend verwendet. Das Wort «hochpolymer» gebraucht man gewöhnlich nur für Stoffe, die aus fadenförmigen Makromolekülen bestehen.*

Zur Geschichte der hochmolekularen Stoffe
Der Gedanke, dass Stoffe aus Riesen- oder Makromolekülen aufgebaut sein könnten (makros gr. = gross), geht auf den deutschen Chemiker H. Staudinger zurück. Er entwickelte bereits in den zwanziger Jahren des 20. Jahrhunderts konkrete Vorstellungen über den Bau von Makromolekülen und postulierte aufgrund sorgfältiger Untersuchungen, dass die Atome in solchen Molekülen ebenso durch chemische Bindungen (Atombindungen) miteinander verbunden seien, wie in den bereits längst bekannten einfacheren Molekülen. Obschon Kunstharze, Kunstfasern und synthetische Kautschuke damals schon industriell hergestellt und vielfach verwendet wurden, stiess Staudinger mit seinen uns heute selbstverständlichen Vorstellungen bei den Zeitgenossen lange auf Ablehnung. Noch gegen Ende der dreissiger Jahre wurde Staudinger anlässlich eines Vortrags gefragt: «Glauben Sie denn wirklich an Makromoleküle?» Als dann aber während des Zweiten Weltkriegs vor allem in den USA die Chemie makromolekularer Stoffe einen grossen Aufschwung nahm, und als auch weitere Untersuchungsmethoden entwickelt wurden, fanden Staudingers Ansichten allgemeine Anerkennung. 1953 (!) wurde ihm der Nobelpreis verliehen.

Dank ihres relativ günstigen Preises und ihrer leichten Verarbeitung eignen sich Kunststoffe besonders auch zur Herstellung von billigen Massenartikeln.

27.1 Allgemeine Eigenschaften hochmolekularer Stoffe

Molekülgrösse und Molekülmasse
Im Gegensatz zu den niedermolekularen Stoffen ist bei den Makromolekülen die Grösse und damit auch die Masse nicht eindeutig festgelegt. Je nach den Herstellungsbedingungen kann die Molekülgrösse stark variieren. Hochmolekulare Stoffe sind daher stets Gemische vieler ähnlicher, voneinander aber nicht trennbarer Molekülarten, die bei einem bestimmten Stoff stets das gleiche Bauprinzip aufweisen. Massgebend für die «Einheitlichkeit» eines hochmolekularen Stoffs ist also nicht die Molekülmasse, sondern das gleichartige Bauprinzip seiner Makromoleküle.

Die Bestimmung der (durchschnittlichen) Molekülmasse ist oft schwierig, da hochmolekulare Stoffe nicht als einheitliche Stoffe verdampft werden können; sie zersetzen sich vielmehr meist bei stärkerem Erhitzen. Zur Molekülmassenbestimmung sind daher besondere

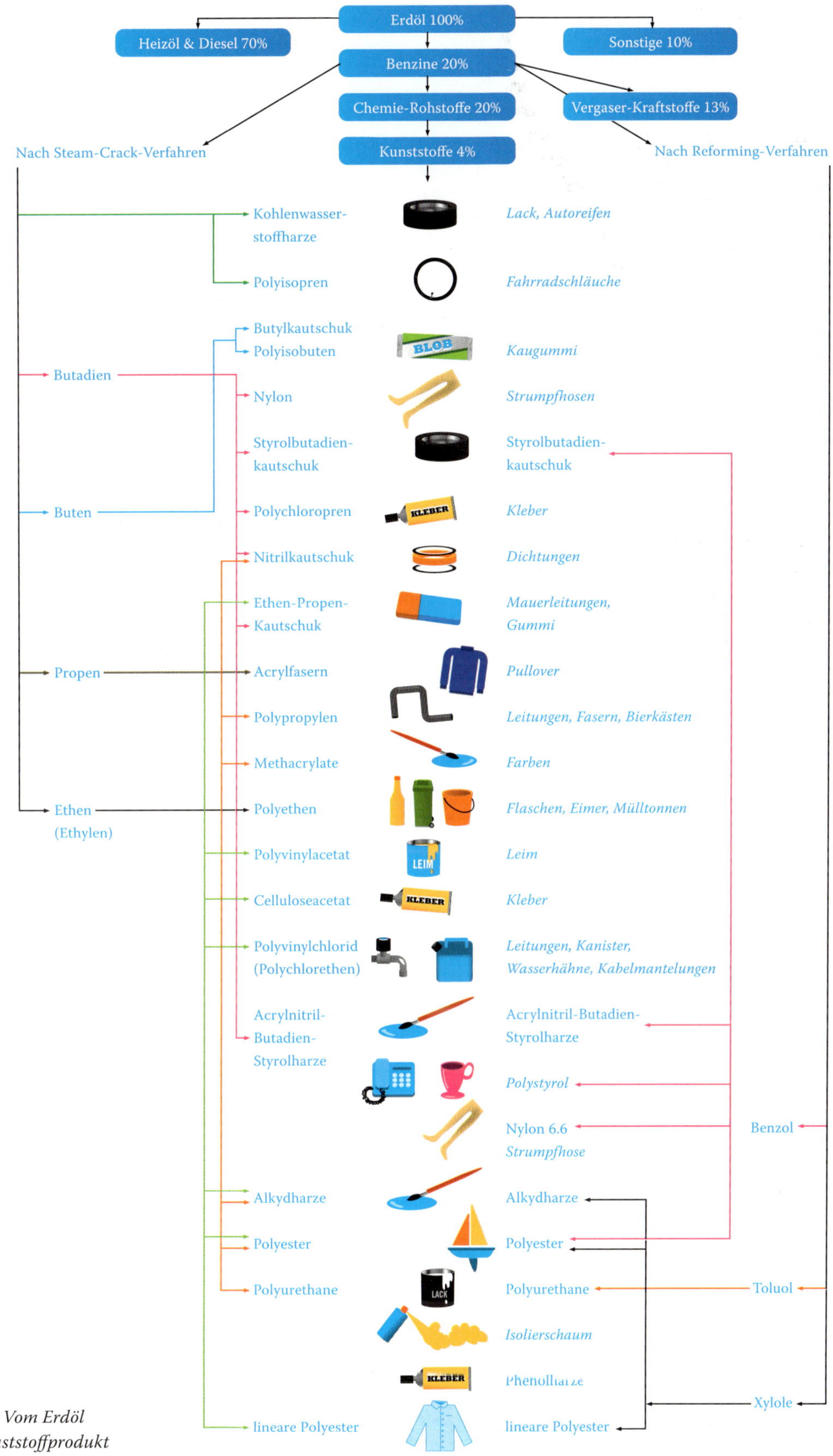

Abb. 27.1 Vom Erdöl zum Kunststoffprodukt

Methoden erforderlich. Dazu gehören vor allem Messungen des osmotischen Drucks oder der Sedimentationsgeschwindigkeit in Ultrazentrifugen. Diese sind besonders hochtourig und lassen Schwerefelder bis zu 10^6 g erreichen.

Die physikalischen und chemischen Eigenschaften der hochmolekularen Stoffe werden also nicht durch ihre Molekülmasse, sondern durch die Art der Monomere und ihrer Verknüpfung bestimmt. Eine damit zusammenhängende, entscheidende Rolle für ihr Verhalten spielt die Gestalt der Moleküle, die fadenförmig, schwach verzweigt, weniger oder stark vernetzt sein kann.

Die Ordnung der Makromoleküle

Grosse Moleküle lassen sich, besonders wenn sie verzweigt oder vernetzt sind, nur schwer in ein Kristallgitter einordnen. In kleinen Bereichen können sich aber vor allem Fadenmoleküle regelmässig anordnen. In solchen kristallinen oder geordneten Bereichen (Abb. 27.2; «Kristalliten») ist der Zusammenhalt der Moleküle besonders gross. Die einzelnen Moleküle sind aber viel länger als die geordneten Bereiche. Ein einzelnes Molekül kann viele kristalline Bereiche durchlaufen. Zwischen den kristallinen Bereichen ist keine Ordnung vorhanden (amorpher Bereich). In gewissen Fällen ordnen sich die Kristallite auch zu Lamellen.

Der Kristallisationsgrad (der Anteil der geordneten Bereiche am Gesamtaufbau) hängt von der Gestalt der Moleküle und der Grösse der zwischenmolekularen Kräfte ab. Er ist besonders bei fasrigen Stoffen gross, vor allem wenn diese aus unverzweigten Fadenmolekülen bestehen. Die Moleküle können sich dann eng zusammenlagern, sodass die zwischenmolekularen Kräfte besonders wirksam werden. Je unregelmässiger gebaut oder je stärker verzweigt die Moleküle dagegen sind, desto mehr nimmt der Kristallisationsgrad ab.

Abb. 27.2 Geordnete und ungeordnete Bereiche fadenförmiger Makromoleküle

Durch Kaltstrecken («Recken») von gewissen Kunstfasern (z.B. Nylon) kann der Kristallisationsgrad und damit die Zugfestigkeit des Stoffs beträchtlich erhöht werden.

Verhalten beim Erwärmen

Im Gegensatz zu «normalen» Reinstoffen zeigen hochmolekulare Substanzen (ähnlich wie die Gläser) keine scharfe Schmelztemperatur. Zuerst lockern sich die amorphen, später auch die kristallinen Bereiche. Hochmolekulare Stoffe erweichen deshalb beim Erwärmen innerhalb eines bestimmten Temperaturbereichs. Insbesondere Stoffe mit stark vernetzten Makromolekülen zersetzen sich jedoch bei stärkerem Erwärmen. Unterhalb der Glastemperatur werden hochmolekulare Stoffe glasartig hart und spröde.

Erweichungs- und Glastemperatur werden vor allem vom Aufbau und der Anordnung der Makromoleküle bestimmt, da davon die Grösse der zwischenmolekularen Kräfte und der Kristallisationsgrad abhängen. Fadenmoleküle bewegen sich unterhalb der Glastemperatur kaum. Sie sind entweder stark verknäuelt oder (in gewissen Fällen) sehr gut geordnet und können einem von aussen wirkenden Druck nicht ohne Bruch nachgeben. Beim Erreichen der Glastemperatur werden die zwischenmolekularen Kräfte so weit überwunden, dass sich ganze Kettenabschnitte bewegen können. Jetzt lassen sich die Makromoleküle durch Zug oder Druck in einem gewissen Mass auseinanderziehen oder verschieben, kehren aber anschliessend wieder in ihre alte Lage zurück. Während des Erweichens geht die Ordnung in den kristallinen Bereichen allmählich vollständig verloren. Der Stoff wird plastisch verformbar, wobei die neue Form beim Abkühlen erhalten bleibt. Stoffe mit einem solchen Verhalten nennt man **Thermoplaste** (Abb.27.3).

Im Gegensatz zu den Thermoplasten sind die **Duroplaste** (Abb. 27.3), deren Makromoleküle miteinander vernetzt sind, härter und spröder. Beim Erwärmen werden sie nicht thermoplastisch, sondern zersetzen sich, da Atombindungen getrennt werden. Solche Stoffe müssen in einer Form hergestellt oder mechanisch bearbeitet werden. Gewisse Thermoplaste lassen sich durch Erhitzen härten, wobei sich die Makromoleküle durch Atombindungen verbinden und vernetzen.

Sind die Fadenmoleküle nur in geringem Mass und sehr weitmaschig vernetzt (Abb. 27.3), so zeigt der betreffende Stoff eine hohe Elastizität. Einen solchen, dem Gummi vergleichbaren Stoff, nennt man **Elastomer.** Die Makromoleküle sind kaum geordnet und ineinander verknäuelt; die Glastemperatur ist niedrig.

Wird ein Elastomer einem Druck oder Zug ausgesetzt, so gleiten die Moleküle voneinander ab. Dabei strecken sie sich oder sie werden zusammengedrückt.

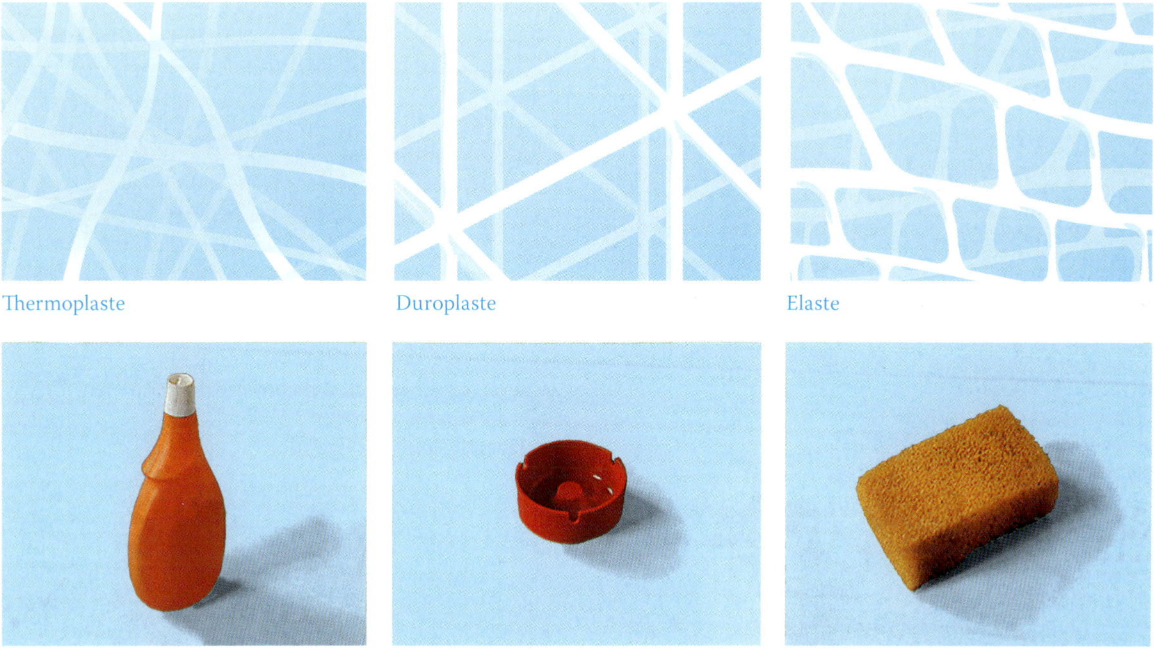

Abb. 27.3 Einteilung der Kunststoffe nach ihren Eigenschaften

Die Atombindungen zwischen den Ketten (die «Vernetzung») verhindert jedoch ein Aneinandervorbeifliessen. Beim Nachlassen des Zugs und Drucks gehen die Moleküle aufgrund der Wärmebewegung wieder in den ursprünglichen verknäuelten Zustand zurück, der weniger geordnet und damit entropiereicher ist (Abschnitt 17.1).

Löslichkeit und Quellung
Viele Thermoplaste lassen sich in organischen Lösemitteln lösen. Ist eine derartige Lösung stark verdünnt, so sind die Fadenmoleküle frei beweglich und damit voneinander unabhängig. Solche Lösungen unterscheiden sich von Lösungen niedermolekularer Stoffe nur dadurch, dass die gelösten Teilchen viel grösser sind als die Lösemittelteilchen. Da sie sich ähnlich wie Tischlerleim verhalten, nennt man sie kolloidale Lösungen (colla lat. = Leim). Kolloidale Lösungen lassen sich mit dem»Tyndall-Effekt» (J. Tyndall, 1820–1893) erkennen: Ein durch die Lösung fallender Lichtstrahl erzeugt eine leuchtende Spur, da das Licht an den grossen Molekülen gestreut wird (Abb. 27.4).

Bei höherer Konzentration durchdringen und verknäueln sich die Makromoleküle einer kolloidalen Lösung. Enthalten die Fadenmoleküle funktionelle Gruppen wie z.B. —COOH oder —OH, die Wasserstoffbrücken bilden können, so werden die Moleküle bei noch höherer Konzentration zu dreidimensionalen Netzwerken verknüpft. Die dabei entstehende, stark viskose Lösung nennt man Gel-Lösung. Es handelt sich dabei aber nicht um eine eigentliche Lösung, sondern um einen Zustand, bei dem viele Lösemittelteilchen zwischen die Makromoleküle eingelagert sind. Dies ist z.B. der Zustand des lebenden Zytoplasmas.

Die Aufnahme eines Lösemittels in den hochmolekularen Stoff, die Quellung, erleichtert das gegenseitige Vorbeigleiten der Makromoleküle, da die Substanz dadurch geschmeidiger und weicher wird. Erhöht man den Lösemittelzusatz, so erfolgt allmählich der Übergang zum gelösten Zustand. Spröden Kunststoffen werden deshalb sogenannte Weichmacher zugesetzt, um sie damit weicher und leichter verformbar zu machen.

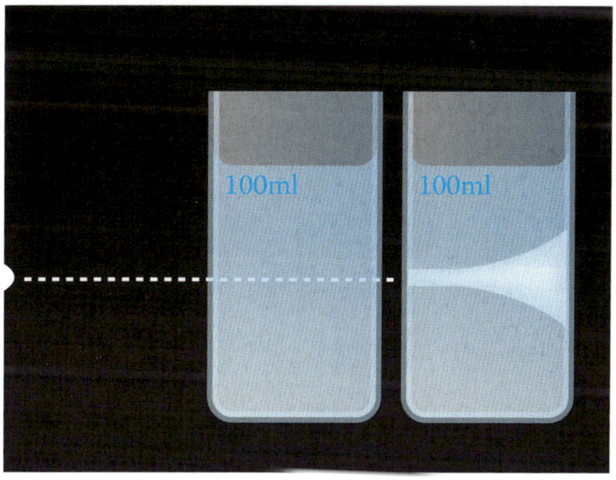

Abb. 27.4 Tyndalleffekt. Ein Lichtstrahl wird in einer kolloidalen Lösung gestreut und dadurch sichtbar

- Hochmolekulare Stoffe haben keine scharfe Schmelztemperatur; beim Erwärmen erweichen sie allmählich oder zersetzen sich. Unterhalb der Glastemperatur sind sie hart und spröde.
- Aus Fadenmolekülen aufgebaute hochmolekulare Stoffe sind Thermoplaste; sie werden beim Erwärmen plastisch verformbar.
- Duroplaste bestehen aus räumlich stark vernetzten Makromolekülen; sie sind relativ hart und zersetzen sich beim Erwärmen.
- Elastomere zeichnen sich durch besonders grosse Elastizität aus; sie bestehen aus wenig vernetzten Fadenmolekülen.

Einige Werkstoffeigenschaften

Die Kunststoffe gehören zu den leichtesten Werkstoffen überhaupt. Ihre Dichte beträgt maximal etwa 2,2 g · cm^{-3} und ist damit nur etwa halb so gross wie diejenige von Glas, Porzellan oder Leichtmetallen. Sie sind gute Isolatoren für Strom und Wärme und gegenüber den meisten anorganischen Chemikalien beständig (korrosionsfest). Kunststoffe lassen sich durch Zusatz von Farbstoffen in der Masse leicht einfärben.

Im Vergleich zu den herkömmlichen Werkstoffen zeigen sich bei den Kunststoffen jedoch einige Nachteile, die ihre Verwendung oft einschränken oder sogar unmöglich machen. So ist die grosse Mehrzahl der Kunststoffe nur wenig wärmebeständig. Beim Erwärmen erweichen oder zersetzen sie sich. Es gibt nur wenige Spezialkunststoffe, die Temperaturen über 500 °C ohne Veränderung widerstehen. Die meisten Kunststoffe verbrennen ausserdem beim Erreichen einer genügend hohen Temperatur. Viele organische Lösemittel, vor allem chlorierte Kohlenwasserstoffe, können Kunststoffe angreifen oder sogar auflösen. Für zahlreiche Verwendungszwecke wirkt sich auch die geringe Kratzfestigkeit und die Leichtigkeit, mit der Kunststoffe elektrisch aufgeladen werden, nachteilig aus. Weggeworfene Kunststoffabfälle tragen schliesslich in nicht geringem Mass zur allgemeinen Umweltverschmutzung bei, da viele Kunststoffe im Boden kaum verrotten.

Wie werden Thermoplaste verarbeitet?

Besonders häufig wird das «Warmpressen» verwendet. Dazu gibt man den gekörnten Kunststoff (Granulat) in eine Pressform, die aufgeheizt werden kann. Beim Spritzgussverfahren kommt der granulierte Kunststoff in einen sogenannten Extruder, eine Schneckenpresse. Das Material wird erwärmt und in eine Form gespritzt. Eine weitere Verarbeitungsmöglichkeit bietet das Walzen, wobei wiederum Kunststoffgranulat eingesetzt und zwischen die (heizbaren) Walzen gegeben wird. Beim Verspinnen presst man entweder den flüssigen Thermoplast oder seine Lösung durch Spinndüsen, wobei im zweiten Fall ein «Fällbad» verwendet werden muss, damit sich die Fäden darin ausscheiden.

Durch Tiefziehen lassen sich Hohlkörper von fast beliebigem Bau herstellen: Man erwärmt eine Kunststoffplatte bis zum Erweichen und zieht sie mittels eines Unterdrucks über die Form. Kunststoff-Folien werden häufig durch Blasen hergestellt (Abb. 27.6). Der Kunststoff wird durch eine ringförmige Düse gepresst, sodass ein Schlauch entsteht. Im warmen Zustand wird dieser durch Pressluft aufgeblasen und durch Aufschneiden entsteht die Folie.

Tabelle 27.1 Verhalten verschiedener hochmolekularer Stoffe

Duroplaste: stark vernetzte Makromoleküle	Gebrauchsbereich spröd					Zersetzung
Elaste: wenig vernetzte Makromoleküle	spröder Zustand	Glastemperatur	Gebrauchsbereich			Zersetzung
Thermoplaste: Fadenmoleküle, nicht vernetzt	spröder Zustand	Glastemperatur	Gebrauchsbereich	Erweichungstemperatur	Schmelze zähflüssig	Zersetzung

Temperatur →

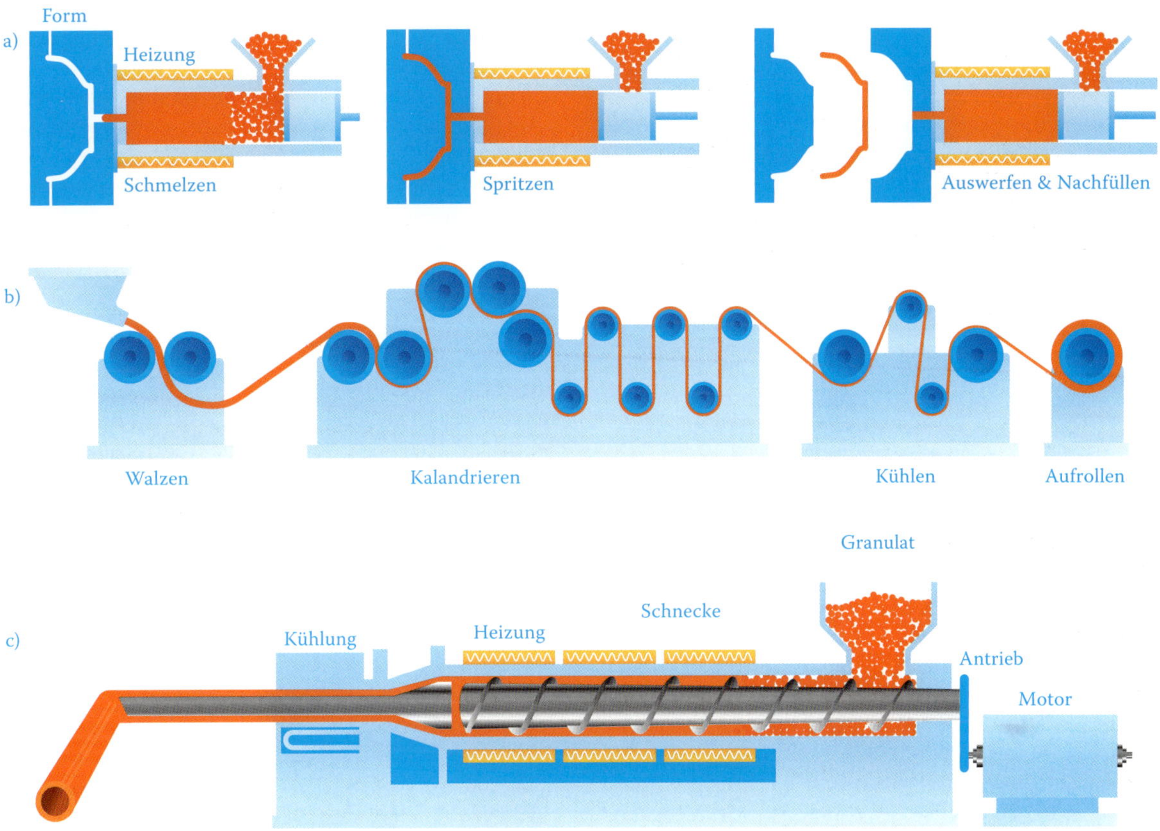

Abb. 27.5 Technische Verarbeitung von Thermoplasten. a) Spritzen: Der flüssige Kunststoff wird in die Form gepresst und der fertige Gegenstand nach dem Abkühlen ausgeworfen. b) Walzen und Kalandrieren: Herstellung von Folien. c) Herstellung von Rohren aus thermoplastischem Material

Abb. 27.6 Verarbeitung von Thermoplasten: Folien blasen

Abb. 27.7 Kunststoffgranulat für die Weiterverarbeitung

27.2 Polymerisate

Bei der Polymerisation (Abb. 27.8) werden ungesättigte Verbindungen als Ausgangsstoffe verwendet. Die Reaktion, die exotherm verläuft, muss durch einen Starter (z.B. einen Radikalbildner; Abschnitt 9.1) in Gang gesetzt werden. Da molekularer Sauerstoff ein Diradikal[2] ist, werden manche Polymerisationen auch durch Sauerstoff ausgelöst (Verharzung ungesättigter Verbindungen an der Luft; Trocknen von Lacken und Anstrichfarben). Bei der technischen Durchführung der Polymerisation ist es wichtig, dass die dabei entstehende Wärme abgeführt wird, da sonst Überhitzung oder Nebenreaktionen eintreten können. Man führt die Polymerisation deshalb oft in wässrigen Emulsionen durch.

Die Polymerisation ergibt **Fadenmoleküle,** die untereinander nicht durch Atombindungen verbunden sind. Wegen Unregelmässigkeiten während der Reaktion können jedoch auch Verzweigungen entstehen. Die Anzahl der Monomere im Makromolekül, der «Polymerisationsgrad», hängt vom Ausgangsstoff ab. Die Länge der entstehenden Fadenmoleküle kann in bestimmten Fällen jedoch auch gesteuert werden: Je höher die Temperatur, desto rascher verläuft die Polymerisation, desto niedriger ist der Polymerisationsgrad. Umgekehrt entstehen bei tieferen Temperaturen längere Makromoleküle. Auch die Menge des zugesetzten Starters kann die Kettenlänge beeinflussen. Enthält der Reaktor sehr viele Radikale, so beginnen gleichzeitig viele Ketten zu «wachsen», und die einzelnen Ketten werden dadurch kürzer. Oft setzt man Inhibitoren ein, die als Radikalfänger dienen und den Reaktionsverlauf verlangsamen. Um die Eigenschaften von Polymerisaten zu verbessern, werden oft Kombinationen verschiedener ungesättigter Moleküle zur Reaktion gebracht. Dieses Verfahren wird als «Copolymerisation» bezeichnet.

Polyethylen (Polyethen), das unter den Handelsbezeichnungen «Polythen», «Hostalen», «Lupolen» u.a. vertrieben wird, ist das mengenmässig wichtigste Polymerisat. Zur Herstellung des Stoffs wird Ethen radikalisch unter hohem Druck (1500–2000 bar) oder mithilfe spezifischer Katalysatoren (organische Titan-Verbindungen) bei Niederdruck polymerisiert. Hochdruckpolyethylen (durchschnittliche Molekülmasse etwa 30 000 u) besteht vorwiegend aus ziemlich stark verzweigten Fadenmolekülen. Es weist eine relativ niedrige Erweichungstemperatur auf und wird hauptsächlich zu Folien verarbeitet. Im Niederdruckpolyethylen (Molekülmasse unter 10 000 u) sind die Moleküle besser geordnet; dadurch ist es härter und erscheint opak. Ultrahochmolekulares Polyethylen (Molekülmassen um 1 000 000 u) hat eine hohe Festigkeit und gute Gleiteigenschaften.

[2] *Das Sauerstoff-Molekül hat die folgende, durch die in diesem Buch verwendete, einfache Elektronentheorie nicht erklärbare Elektronenstruktur: ·O—O·. Die beiden Atome besitzen je ein ungepaartes Elektron.*

Polyethylen-Fasern lassen sich durch Recken härter und zugfester machen. Erwärmt man Polyethylen-Folien kurzzeitig über die Erweichungstemperatur, so schrumpfen sie beträchtlich. Die verstärkte Wärmebewegung der Makromoleküle führt zu einer starken Abnahme des Kristallisationsgrads. Die auf diese Weise hergestellte «Schrumpffolie» wird als Verpackungsmaterial für Bücher, Lebensmittel usw. verwendet, da sie sich an das Verpackungsgut eng anlegt.

Ein Kunststoff mit ähnlichen Eigenschaften ist das **Polypropylen (Polypropen).** Auch hier unterscheidet man je nach der Herstellung zwischen Nieder- und Hochdruckpolypropylen, wobei ersteres wiederum relativ hart, durchsichtig und in organischen Lösemitteln kaum löslich ist.

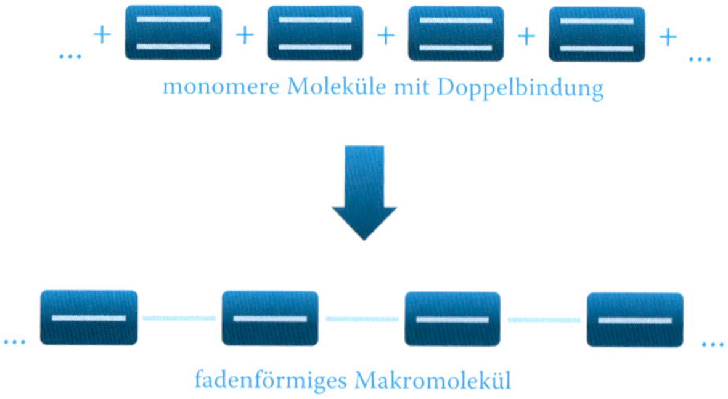

Abb. 27.8 Schema der Polymerisation

Abb. 27.9 Ausschnitt aus einer Polystyrolkette

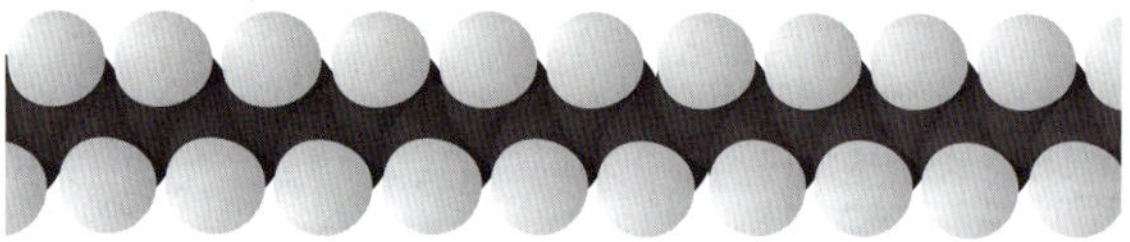

Abb. 27.10 Ausschnitt aus einer Polyethylenkette

Polyethylen und Polypropylen werden als umweltfreundliche Kunststoffe zur Produktion von Einkaufstaschen, Mülltonnen, Kesseln, Kanistern usw. verwendet. Beim Verbrennen werden «nur» Kohlenstoffdioxid und Wasser frei.

Seit 1920 stellt man durch Polymerisation von Vinylchlorid (Chlorethen, $H_2C{=}CH{-}Cl$) Polyvinylchlorid (PVC) her, das unter verschiedenen Bezeichnungen in den Handel gelangt und zu den meistverwendeten Kunststoffen gehört. Hart-PVC ist ziemlich hart und spröde und in reinem Zustand glasklar. Trotz des niedrigen Kristallisationsgrads ist die Erweichungstemperatur höher als beim Polyethylen, eine Folge der zwischen den negativ polarisierten Chlor- und den positiv polarisierten Kohlenstoff-Atomen verschiedener Moleküle wirkenden Dipolkräfte. Hart-PVC hat eine gute Chemikalienfestigkeit und wird z.B. zur Herstellung korrosionsfester Bauteile verwendet. Ein Zusatz von bis zu 50 % Weichmachern (Ester von 1,2-Benzoldicarbonsäure und längerkettigen Alkoholen) vermindert die zwischenmolekularen Kräfte und macht das Material biegsam und elastisch. Verwendung als Isoliermaterial, für Folien, Schläuche, Regenbekleidung, Bodenbeläge, Fensterrahmen usw. Da bei der Verbrennung (giftiges) Hydrogenchlorid entsteht (Abb. 27.11), müssen die Abgase von Müllverbrennungsanlagen besonders sorgfältig gereinigt werden.

PVC wird in extrem dicht verschlossenen Reaktoren hergestellt und aus dem Polymerisat entfernt man die geringsten Spuren des allenfalls noch vorhandenen Monomers, da Vinylchlorid schon in geringen Mengen krebserregend ist.

Abb. 27.11 Verbrennung von PVC. Das Indikatorpapier zeigt den sauren Charakter der Verbrennungsprodukte

Teflon (Polytetrafluorethen) ist ebenfalls ein halogenhaltiger Kunststoff. Das hochkristalline Material (Kristallisationsgrad bis 97 %) ist auch bei Temperaturen über 300 °C noch fest. Die negativ polarisierten Fluor-Atome schirmen die C—C-Bindungen in den Fadenmolekülen (die aus bis zu 20 000 Monomeren bestehen) fast vollständig ab. Da sich die Makromoleküle gegenseitig abstossen, ist Teflon ziemlich weich und hat einen extrem niedrigen Reibungskoeffizienten. Die polaren C—F-Bindungen sind sehr stabil und gleichzeitig reaktionsträge. Teflon ist deshalb gegenüber Chemikalien (z.B. starken Säuren und Laugen) aussergewöhnlich beständig und wird nur von flüssigen Alkalimetallen angegriffen.

Einer der ältesten Thermoplaste, **Polystyrol, (Polyphenylethen)**, wird vor allem in der Hochfrequenz- und Elektrotechnik verwendet. Der reine Kunststoff ist glasartig hart, da seine Glastemperatur über dem Gebrauchsbereich liegt. Aufgrund des geringen Kristallisationsgrads ist Polystyrol sehr lichtdurchlässig. Für Gebrauchsgegenstände wird es in Form von Mischpolymerisaten (z.B. mit Acrylnitril, $H_2C{=}CH{-}CN$) eingesetzt. Rührt man Luft in das flüssige Produkt oder verdampft man im Kunststoff gelöste flüchtige Stoffe (z.B. Pentan), so bildet sich ein Polystyrolschaumstoff («Styropor»).

Polyacrylnitril dient zur Herstellung von Kunstfasern, die im Handel als «Orlon», «Dralon», «Acrilan» usw. angeboten werden. Die Verarbeitung des Polymerisats muss in Lösung erfolgen, da die Zersetzungstemperatur nur wenig höher liegt als die Erweichungstemperatur. Polyacrylnitril lässt sich daher nicht als Schmelze verspinnen, wie das z.B. bei Nylon möglich ist.

In vieler Hinsicht hat **Kautschuk** ähnliche Eigenschaften wie die Kunststoffe. Es handelt sich um ein natürliches Polymerisat, das im Milchsaft vieler Pflanzen vorkommt.

Die Makromoleküle von Kautschuk sind ungesättigt und aus etwa 5000 Monomereinheiten, 2-Methyl-1,3-butadien («Isopren»), aufgebaut. Das Monomer enthält zwei Doppelbindungen im Molekül, von denen die eine durch die Polymerisation verschwindet:

$$n\,H_2C{=}\underset{}{\overset{\overset{\displaystyle CH_3}{|}}{C}}{-}CH{=}CH_2 \rightarrow ({-}CH_2{-}\overset{\overset{\displaystyle CH_3}{|}}{C}{=}CH{-}CH_2{-})_n$$

Durch das Ausfällen der in der wässrigen Flüssigkeit des Milchsaft («Latex») suspendierten Tröpfchen und anschliessendes Trocknen erhält man Rohkautschuk. Dieser ist gegenüber Wärme- und Chemikalieneinwirkung sehr unbeständig. Schon unterhalb von 30 °C erweicht er und wird klebrig. Die Fadenmoleküle lassen sich jedoch mit Schwefel oder Dischwefeldichlorid (S_2Cl_2) untereinander vernetzen, indem durch Addition an den Doppelbindungen Schwefelbrücken ausgebildet werden («Vulkanisierung»).

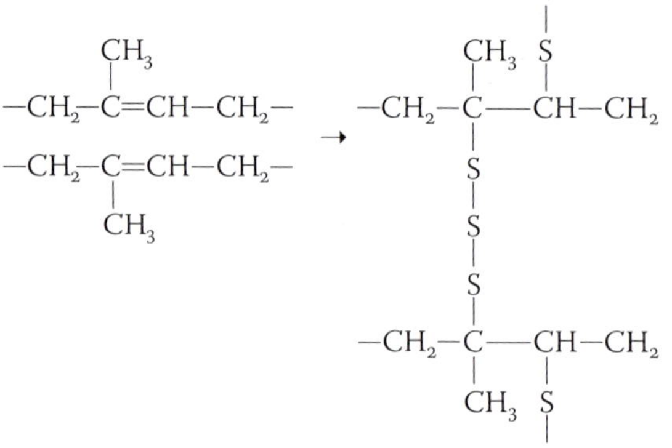

Das Produkt, Gummi, ist hochelastisch und viel wärmebeständiger als Kautschuk. 3–5 % Schwefel genügen, um die üblichen Weichgummisorten herzustellen. Verwendet man grössere Schwefelmengen, so entstehen wegen der stärkeren Vernetzung Duroplaste: Hartgummi.

Bei der Produktion von Autoreifen wird der Gummi mit Russ, Zinkoxid, Antioxidantien usw. vermischt, um die Abriebfestigkeit und die Alterungsbeständigkeit zu steigern.

Rezyklierung von Altreifen

Die jährlich anfallenden Altreifen bilden ein grosses Umweltproblem. Man könnte sie zwar durch Verbrennen beseitigen, doch fallen dabei Russ, Schwefeldioxid und andere Produkte an, die eine noch grössere Umweltbelastung darstellen. Aus diesem Grund sammelte man bisher die Altreifen in Deponien.

Da «Gummi» im Wesentlichen aus Kohlenwasserstoffketten besteht, ähnlich wie die im Erdöl enthaltenen Stoffe, sollte er sich durch eine Art Cracken in kleinere Bruchstücke spalten lassen (Abb. 27.12). In Versuchsanlagen zur Altreifen-Pyrolyse[3] liessen sich tatsächlich eine Reihe von Kohlenwasserstoffen als Zersetzungsprodukte gewinnen, die wieder nutzbare Verwendung finden können (Abb. 27.13). Heute sind in Deutschland eine Reihe von grösseren Pyrolyseanlagen in Betrieb, die jährlich einige tausend Tonnen Altreifen verarbeiten können.

Eine andere Möglichkeit zur Rezyklierung von Altreifen, die neuerdings verwendet wird, besteht darin, dass man die Reifen mit flüssigem Stickstoff auf –80°C abkühlt. Der Gummi wird bei dieser Temperatur spröde, sodass die Reifen zerkleinert und in ihre Bestandteile getrennt werden können. Das Gummigranulat lässt sich als Füllmaterial beim Strassenbau verwenden.

[3] *Pyrolyse: Zersetzung durch starkes Erhitzen, hier unter Luftabschluss.*

27.3 Polykondensate

Unter Kondensation versteht man Reaktionen, bei denen sich zwei Moleküle unter Abspaltung eines dritten (meist Wasser) miteinander verbinden, wie es z.B. bei der Veresterung (Abschnitt 16.1) der Fall ist (Abb. 27.14). Auch Makromoleküle können durch fortgesetzte Kondensation erhalten werden, wenn die Monomere mehrere reaktionsfähige Stellen besitzen. Durch Polykondensation von «bifunktionellen» Molekülen (mit je

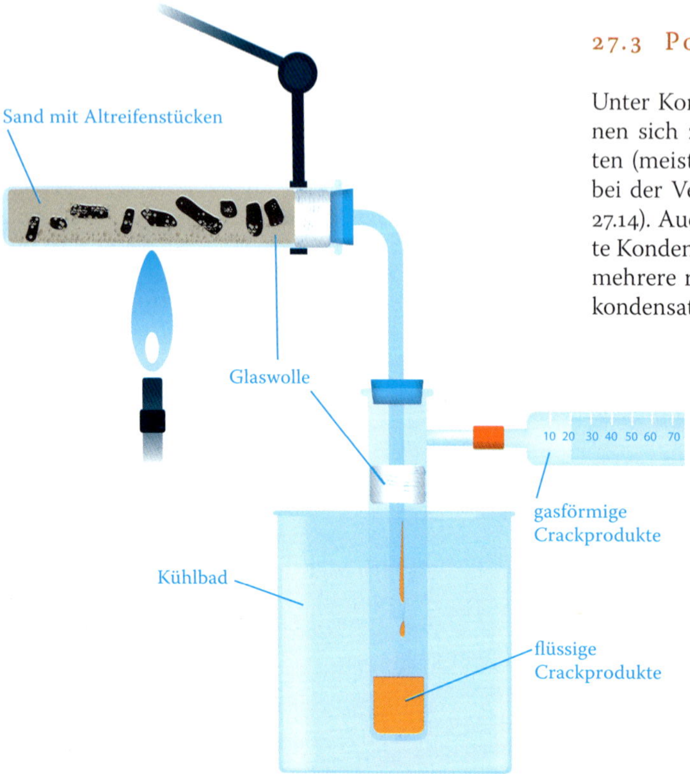

Abb. 27.12 Modellversuch zur Rezyklierung von Altreifen

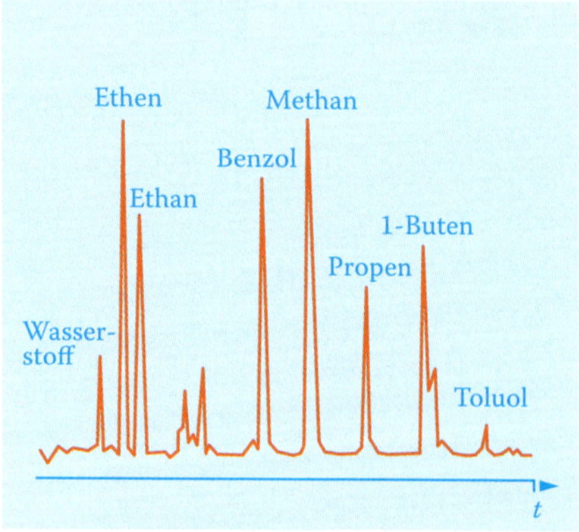

Abb. 27.13 Gaschromatogramm der Pyrolyseprodukte von Polyethen

zwei reaktionsfähigen Stellen) bilden sich Fadenmoleküle. Ist eines der Ausgangsmoleküle «trifunktionell» (besitzt es drei reaktionsfähige Stellen), so entstehen dreidimensional-netzartig verknüpfte Makromoleküle. Nur einige wenige Kondensationsreaktionen haben jedoch praktische Bedeutung zum Aufbau von Makromolekülen erlangt. Zu ihnen gehören die Veresterung (Polyesterfasern wie Terylene, Dacron und Trevira; Polyesterplatten), die Amidbildung (Polyamidfasern wie Nylon und Perlon) und die in Abschnitt 14.2 besprochene Kondensation von Aromaten oder Harnstoff mit Formaldehyd (Methanal; Bildung von Kunstharzen).

Die einzige Polyesterfaser von Bedeutung ist das Polyethylterephthalat (PET), das als **Terylene** (Diolen, Dacron, Trevira, Tergal) im Handel ist. Die Bildung dieser Faser erfolgt durch Kondensation von Terephthalsäure (1,4-Benzoldicarbonsäure) mit Glykol (1,2-Ethandiol). Da zwischen den Makromolekülen nur schwache anziehende Kräfte wirken (gegenseitige Abstossung zwischen gegenüberliegenden Carbonyl-Sauerstoff-Atomen), ist die Kristallisation erschwert. Um dennoch genügende Festigkeit zu erhalten, sind wesentlich höhere Kondensationsgrade nötig. Polyethylterephthalat dient auch zur Herstellung von Gegenständen wie Flaschen, Behältern u.a.

Durch Reaktion von bi- oder trifunktionellen Alkoholen (Glykol, Glycerin) mit Dicarbonsäuren entstehen dreidimensional vernetzte Polyester (Duroplaste). Verwendet man dabei ungesättigte Dicarbonsäuren, wie z.B. Maleinsäure (HOOC—CH═CH—COOH) und Glykol, so entstehen Produkte, die noch weitgehend thermoplastisch sind, sich aber durch Styrol (Phenylethen) nachträglich vernetzen und dadurch härten lassen (härtbare Polyester). Sie finden Verwendung als Konstruktionsteile mit grossen Oberflächen (Karosserien, Boote), wobei sie häufig durch eingelagerte Glasfasern verstärkt werden.

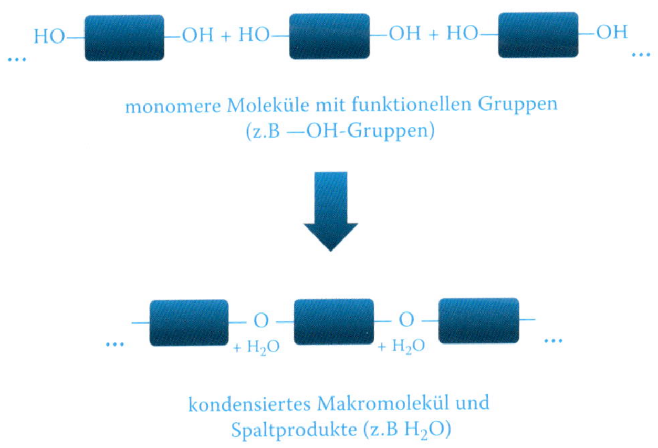

Abb.27.14 Schema der Polykondensation

Auch die Magnetbänder bestehen aus Polyester. Die magnetisierbare Substanz setzt sich zusammen aus sehr kleinen Kristallen aus Magnetit (Fe_3O_4) oder Chromdioxid (von etwa 0,001 mm Länge und 0,0001 mm Durchmesser), die mit einem Lackpulver und einem Lösemittel vermischt werden. Das Gemisch wird auf eine Polyesterfolie aufgebracht und die Beschichtung im flüssigen Zustand glatt gestrichen, wobei die Oxidkristalle durch ein starkes Magnetfeld ausgerichtet werden. Die Oxidschicht wird nach dem Trocknen zusammengepresst und die Folien werden je nach Verwendungszweck zurechtgeschnitten. Disketten bestehen ebenfalls aus beschichteten Polyesterfolien.

Zu den Polyestern zählen auch die aus Phosgen ($COCl_2$) und aromatischen Diolen gebildeten thermoplastischen **Polycarbonate.** Sie werden zur Herstellung von hochwertigen feinmechanischen oder medizinischen Geräten verwendet, z.B. auch für Compact Discs.

Das wichtigste Polyamid ist **Nylon 6,6**[4] [1932 von Carothers (USA) entdeckt; 1938 im Handel]. Zur Synthese kann man von Diaminen (z.B. 1,6-Diaminohexan) und Dicarbonsäuren [z.B. Adipinsäure (Hexandisäure)] ausgehen (Abb. 27.15), wobei die Säure zur Erhöhung der Reaktivität als Chlorid[5] eingesetzt wird. Unter Wasserabspaltung bilden sich Amid-Bindungen (vgl. Kapitel 28). Schema:

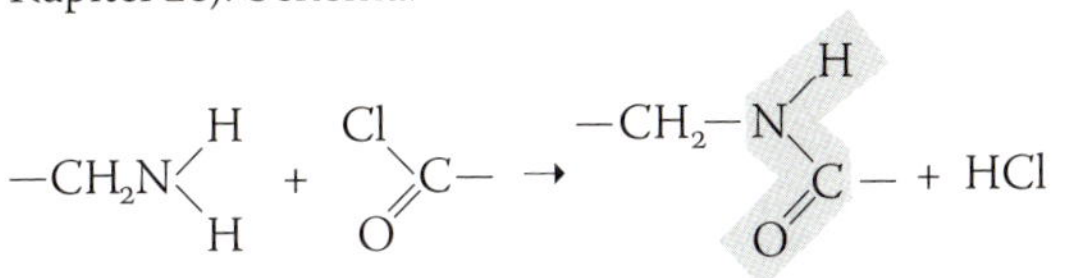

(Die «Amid-Gruppe» ist mit grau unterlegt.)

Das aus Dicarbonsäure und Diamin gebildete Salz («AH-Salz») dient heute als Ausgangsstoff zur Herstellung von Nylon. Es ist im Gegensatz zum 1,6-Diaminohexan gegenüber Luftsauerstoff beständiger:

$$HOOC(CH_2)_4COOH + H_2N(CH_2)_6NH_2 \rightarrow$$
$$^{+}H_3N(CH_2)_6NH^{3+} \ ^{-}OOC(CH_2)_4COO^{-}$$

AH-Salz

Bei der Herstellung wird eine wässrige 50–60 %-ige Lösung des AH-Salzes auf 280 °C erhitzt, wobei der Druck auf 16 bar ansteigt. Nach einiger Zeit vermindert man den Druck und presst die Schmelze des Polyamids mittels Stickstoff in ein Wasserbad, wo sie erstarrt.

[4] Die Zahlen geben die Zahl der C-Atome in den Molekülen der Stoffe an, aus denen Nylon hergestellt wird. Neben Nylon 6,6 gibt es auch Nylon 8,10.

[5] In den Säurechloriden ist die Hydroxylgruppe durch ein Chlor-Atom ersetzt; statt der —COOH Gruppe enthalten sie die Gruppe —COCl. Das mit der Carbonylgruppe verbundene Chlor-Atom ist stark negativ polarisiert und besonders reaktionsfähig.

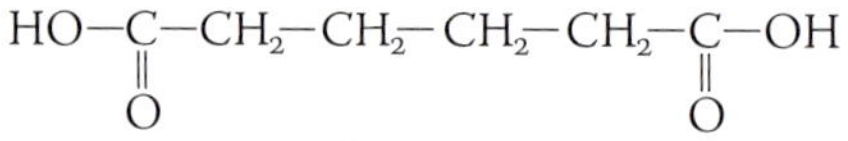

Adipinsäure

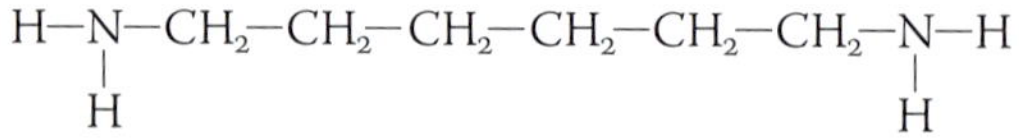

Diaminohexan

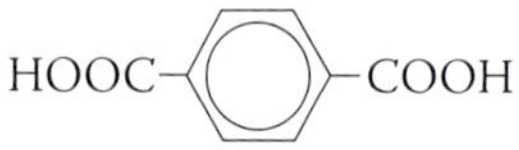

Terephthalsäure

Abb. 27.15 Adipinsäure und Diaminohexan sind die Ausgangssubstanzen zur Herstellung von Nylon. Trevira entsteht aus Terephthalsäure (1,4-Benzoldicarbonsäure) und Glykol (1,2-Ethandiol)

Bildung eines Carbonsäureamids:

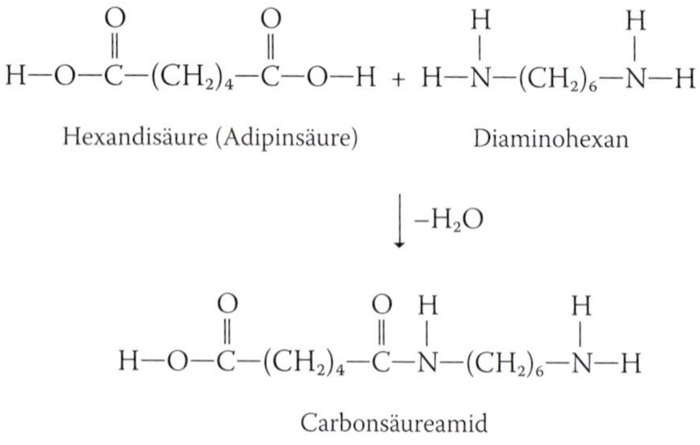

Bildung eines Polyamids:

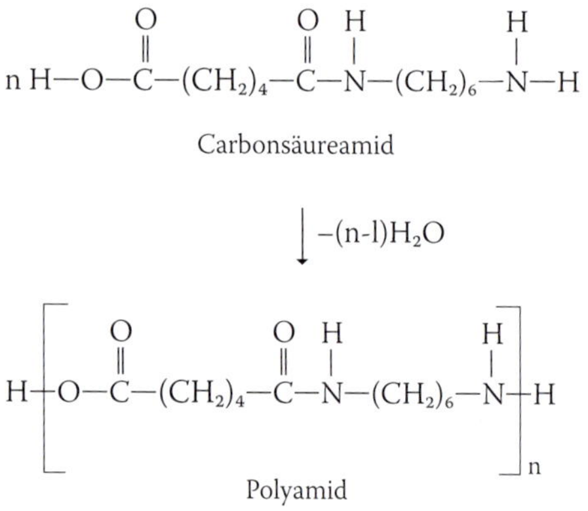

Die Nylonschmelze wird durch Düsen versponnen und anschliessend gereckt, wodurch sehr reissfeste Fasern entstehen. Nylon besitzt eine relativ hohe Erweichungstemperatur und eine gute mechanische Festigkeit. Verantwortlich dafür sind erstens der hohe Kristallisationsgrad und zweitens die starken anziehenden Kräfte (Wasserstoffbrücken; Abb. 27.18) zwischen den NH- und C=O-Gruppen verschiedener Moleküle. Nylon kann bis zu 3,4 % Wasser aufnehmen, das als Weichmacher wirkt. Dadurch nimmt die Beweglichkeit der Moleküle zu, wobei sich jedoch die Festigkeit leicht verringert. Die Luftfeuchtigkeit kann daher die Festigkeit von Nylonartikeln beeinflussen. Nylon ist gegenüber den meisten Chemikalien beständig, nur gewisse Bleichmittel und saure Lösungen schädigen die Faser (Hydrolyse der Amidbindungen).

Auch das in Deutschland um 1935 entwickelte **Perlon** ist ein Polyamid, das aber aus einem Ausgangsstoff mit ringförmigem Molekül hergestellt wird.

Die eigentlichen **Kunstharze** bestehen aus dreidimensional vernetzten Makromolekülen; es handelt sich also um Duroplaste. Aus Phenolen und Formaldehyd entstehen Phenolharze (siehe Abschnitt 14.2) und aus Harnstoff oder Melamin (einem Amin mit ringförmigem Molekül) mit Formaldehyd Aminoplaste.

Bei der Kondensation von Formaldehyd mit Phenolen erhält man zuerst Resole, d.h. kettenförmige Makromoleküle, die zahlreiche Hydroxylgruppen aufweisen. Die Resole sind thermoplastisch und lassen sich z.B. durch Warmpressen verformen. Stärkeres Erhitzen bewirkt eine Kondensation der Ketten zu einem dreidimensionalen Netzwerk («wärmehärtbare Harze»).

Abb. 27.15 Modellversuch zur Bildung von Nylon («Nylon-Seiltrick»). Die obere Lösung im Becherglas enthält in Hexan gelöstes Adipinsäurechlorid

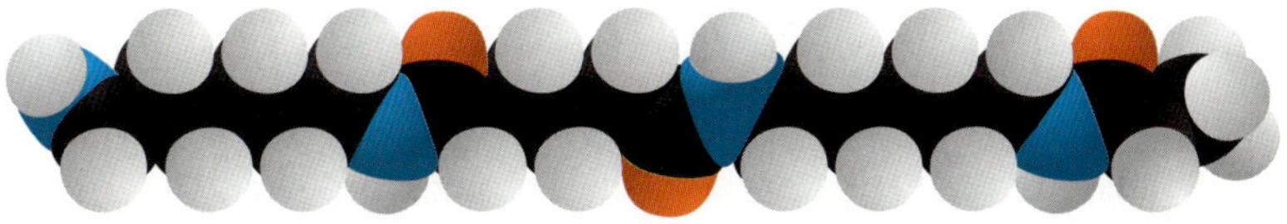

Abb. 27.16 Kalottenmodell eines Ausschnitts aus einem Nylon-Molekül

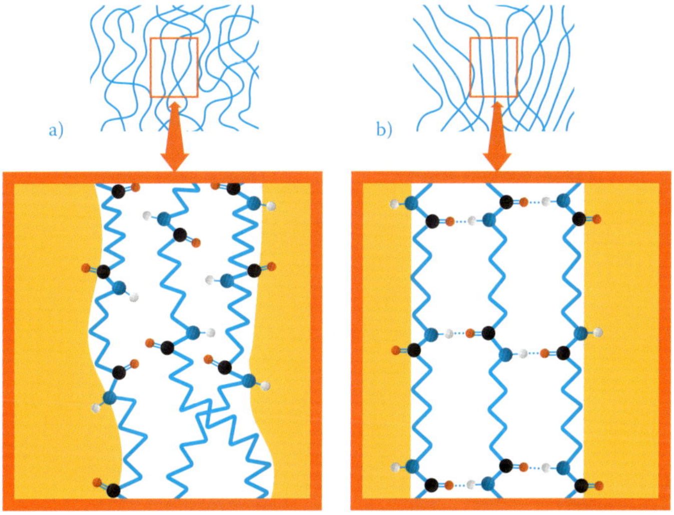

Abb. 27.17 Schema der Wirkung des Streckens auf Nylonfäden. Ausbildung von Wasserstoffbrücken

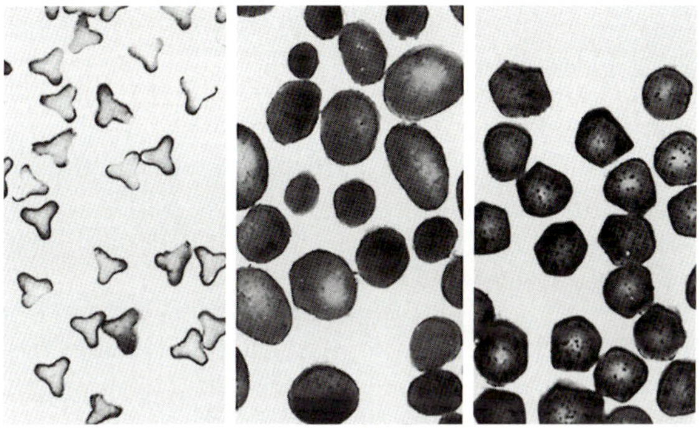

Abb. 27.18 Querschnitte durch verschiedene Fasern. Trevira (links), Wolle (mitte), Perlon (rechts)

Aus Kunstharzen kann man Pressmassen herstellen. Dabei werden den Harzen Füllstoffe wie Holzmehl, Textilfasern, Metallpulver, Farbstoffe, Härtebeschleuniger usw. beigemischt. Auf diese Weise lassen sich die Eigenschaften der Produkte dem Verwendungszweck anpassen. Eine erhöhte Härte und Temperaturbeständigkeit ist z.B. für die Herstellung von Schmirgelscheiben und Zahnrädern erforderlich. Die Eigenschaften der Produkte können auch durch die Wahl der Ausgangsstoffe gesteuert werden: Aminoplaste werden z.B. zur Herstellung von Gebrauchsgegenständen benützt, die geschmacksneutral sein müssen. (Phenolharze spalten stets geringe Mengen von Phenolen ab, die einen unangenehmen Geschmack aufweisen.) Phenole, die zusätzlich saure und basische Gruppen tragen, lassen sich mit Formaldehyd zu Ionenaustauschharzen kondensieren (Abschnitt 19.1).

Bei den **Siliconen** enthalten die Makromoleküle statt der Kohlenstoff-Atome Silicium- und Sauerstoff-Atome. Die Silicium-Atome binden ausser Sauerstoff-Atomen noch organische Gruppen. Silicone sind wegen ihrer polaren Si— O-Bindungen wesentlich wärmebeständiger als die rein organischen Kunststoffe. Die kettenförmigen Moleküle lassen sich ebenfalls vernetzen, wodurch Siliconharze, Siliconöle und Siliconkautschuk entstehen.

Eine besonders günstige Eigenschaft der Silicone ist ihr extrem hydrophobes Verhalten. Schon sehr dünne Schichten wirken wasserabstossend. Diese Eigenschaft macht man sich z.B. beim Imprägnieren von Papieren (Geldscheine; Landkarten), bei Polituren und Schuhpflegemitteln zunutze. Silicone verhindern ausserdem schon in geringen Mengen eine Schaumbildung im Wasser, sodass sie als Antischaum-Mittel eingesetzt werden können. Da klebrige Stoffe nicht auf Siliconflächen haften, werden Silicone als «Trennmittel» z.B. in Pressformen oder als Schutzpapiere für Heftpflaster verwendet. Silicone sind beständig gegenüber Sauerstoff, werden hingegen von Laugen oder organischen Lösemitteln angegriffen.

27.4 Polyaddukte

Polyaddukte entstehen durch fortgesetzte Addition an Doppelbindungen (meist C=O-Doppelbindungen). Im Gegensatz zur Polymerisation verwendet man bei der Polyaddition als Ausgangsstoffe nicht eine einzige, sondern zwei verschiedene, bifunktionelle oder trifunktionelle Molekülarten.

Durch Polyaddition werden u.a. die Polyurethane (z.B. Moltopren) hergestellt. Als Ausgangssubstanzen dienen «Desmophen» (ein bifunktioneller Alkohol) und «Desmodur» (Diisocyanat, ein Molekül mit zwei —N=C=O-Gruppen). Während der Reaktion öffnet sich die N=C-Doppelbindung der Isocyanat-Gruppe. Das Wasserstoff-Atom der Hydroxylgruppe wird anschliessend vom Stickstoff-Atom, der Rest vom Kohlenstoff-Atom gebunden:

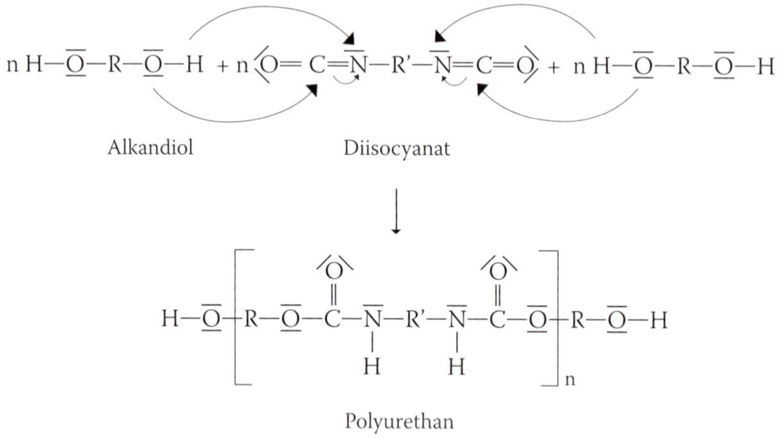

Da die beiden Ausgangsstoffe zwei funktionelle Gruppen enthalten, entstehen bei der Reaktion Thermoplaste. Man verarbeitet sie zu hochelastischen Fasern (Lycra) oder zu Lacken. Wird den Ausgangsstoffen Wasser beigemischt (indem man wasserhaltige Alkohole verwendet), so entwickelt sich Kohlenstoffdioxid:

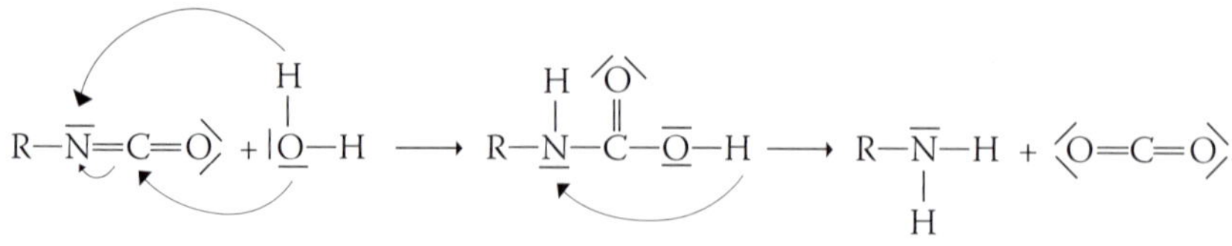

Das Kohlenstoffdioxid wirkt als Treibmittel, sodass beim Verrühren von wasserhaltigem Desmophen und Desmodur ein Kunstschaumstoff entsteht. Je nach der Zusammensetzung der Ausgangsstoffe lassen sich harte Schaumstoffe für Isolierzwecke oder Schaumgummi für Polster gewinnen.

Verwendet man trifunktionelle Ausgangsstoffe oder setzt man einen Überschuss von Isocyanat ein, so erhält man vernetzte Polyurethane. Durch Variation der Komponenten lassen sich Kunststoffe für viele Verwendungszwecke herstellen (Isoliermaterial für Kühlschränke, Schuhsohlen, Lacke usw.). Auch das Kunst-Wildleder Alcantara, das wie Stoff verarbeitet wird, ist ein Polyurethan.

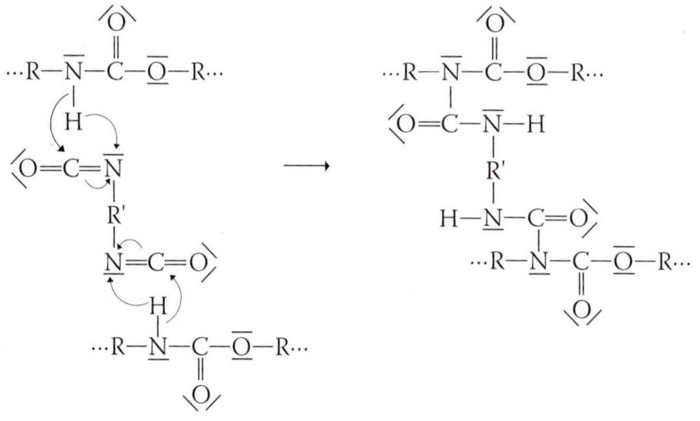

Abb. 27.19 Klebeverbindungen mit «Epoxidharzen» (Zweikomponentenkleber) sind so fest, dass sie mehrere Tonnen Zug aushalten

Die Zweikomponentenkleber (Araldit u.a.) beruhen ebenfalls auf dem Prinzip der Polyaddition. Werden die beiden Stoffe verrührt, so erfolgt mit der Polyaddition zu einem dreidimensionalen Netzwerk zugleich eine Härtung.

27.5 Beseitigung und Recycling von Kunststoffen

Wie bereits erwähnt, sind Kunststoffe fast unverwüstlich. Sie belasten deshalb Deponien unverhältnismässig stark. Früher wurde Kunststoffmüll vor allem durch Verbrennen beseitigt, wobei keine Rückstände entstanden und zudem nutzbare Wärmeenergie geliefert wurde. Im Fall von PVC entsteht allerdings giftiges Hydrogenchlorid. Heute sucht man nach Wiederverwendungsmöglichkeiten für die wertvollen Kunststoffe. Die Hauptschwierigkeit dabei besteht darin, dass im Hausmüll Kunststoffe verschiedenster Art und Zusammensetzung vorkommen, die zuerst sortiert werden müssen. Dies lässt sich wahrscheinlich am besten aufgrund der verschiedenen Dichten durchführen: Polyethylen z.B. hat eine Dichte um 0,93 $g \cdot cm^{-3}$, PVC dagegen um 1,3 $g \cdot cm^{-3}$. Zur Trennung nimmt man die unterschiedliche Sinkgeschwindigkeit der gemahlenen Kunststoffabfälle in einer Salzlösung zu Hilfe.

Fahrzeuge werden heute bereits so konstruiert, dass Kunststoffteile später leicht zu demontieren sind. Thermoplaste können umgeschmolzen und durch Beimischen zu neuem Material wiederverwendet werden. Polyester und Polyamide sollten sich durch Hydrolyse (Spaltung der Ester- bzw. der Amidbindungen durch verdünnte saure Lösungen) in die Monomere aufspalten lassen. Wegen der hohen Energiekosten (die Reaktionen sind endotherm!) ist das Verfahren vorläufig noch nicht rentabel. Eine weitere Möglichkeit bietet die bereits im Zusammenhang mit der Rezyklierung von Altreifen erwähnte Pyrolyse, die auch für Kunststoffe anwendbar ist. Die Kunststoffmasse wird dabei unter Ausschluss von Sauerstoff auf 600 °C erhitzt. Die Produkte (Methan, Ethan, Propen, Benzol, Toluol u.a.) werden zum Teil durch Destillation getrennt. Methan und Ethan leitet man in gewissen Mengen wieder in den Reaktor zurück, sodass sie beim Durchströmen die Kunststoffmasse erhitzen und kein weiteres Heizen mehr notwendig ist. Es scheint, dass die Pyrolyse heute das aussichtsreichste Verfahren zum Rezyklieren von Kunststoffen darstellt. Gemischte und stark verschmutzte Abfälle, wie sie im Hausmüll vorhanden sind, lassen sich allerdings auf diese Weise noch kaum verwerten.

Einige Ausblicke

Die Chemie der Kunststoffe ist heute ein noch keineswegs abgeschlossenes Gebiet, und es sind in Zukunft sicher Produkte mit neuen Eigenschaften zu erwarten.

Besonderes Interesse dürften hochtemperaturbeständige Kunststoffe finden. Bereits heute kennt man Fasern, die kaum schmelzbar sind und bei Flammeneinwirkung langsam verkohlen, ohne zu brennen («Aramid-» und «Kevlar»-Fasern). Solche Fasern können für Feuerschutzkleidung und ganz allgemein als Asbest-Ersatz (z.B. in Bremsbelägen) verwendet werden.

Im Rahmen des Raumforschungsprogramms wurden in den USA fluorhaltige Elastomere entwickelt, die sich im Vergleich zu Gummi durch eine viel höhere Wärmebeständigkeit und eine grössere Widerstandsfähigkeit gegenüber Chemikalien auszeichnen. Weil die Herstellung der Monomere relativ teuer ist, können Fluorelastomere für die üblichen Verwendungszwecke nicht mit Gummi konkurrieren.

Ein für die Zukunft vielversprechendes Gebiet eröffnet die Polymerisation von Acetylen, Acetylenderivaten, Benzol oder Pyrrol[6]. In den dabei entstehenden Makromolekülen wechseln Einfach- und Doppelbindungen miteinander ab. Setzt man dem Produkt kleine Mengen von Verbindungen zu, die als Elektronenspender oder -empfänger wirken, so werden die Doppelbindungselektronen ähnlich wie im Grafit beweglich und das Polymerisat wird elektrisch leitfähig. Dadurch besteht die Möglichkeit zur Herstellung organischer Leiter, d.h. von elektrisch leitfähigen Verbindungen aus organischen Stoffen. Auch Halbleiter können auf der Basis solcher Stoffe gewonnen werden. Leider besitzen die meisten bisher produzierten elektrisch leitenden Polymere nur eine geringe Wärmebeständigkeit. Als am stabilsten hat sich das Polypyrrol erwiesen, das als schwarzer Elektrodenüberzug bei der anodischen Polymerisation von Pyrrol entsteht. Als Elektrolyt dient eine Lösung von Tetraethylammoniumtetrafluoroborat $[(C_2H_5)_4N^+BF_4^-]$ in Acetonitril (CH_3CN). An der Platin-Anode scheidet sich dabei ein schwarz glänzendes, leitfähiges Material ab, das im Wesentlichen aus Polypyrrol mit eingelagerten Anionen besteht.

[6] Pyrrol ist eine stickstoffhaltige aromatische Verbindung. Formel: 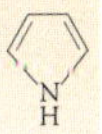

Tabelle 27.2 Beispiele von Kunststoffen

Name	Monomer	Handelsnamen	Wärme-beständigkeit	Festigkeit	Verwendung
Polyvinyl-chlorid (PVC) (Polychlor-ethen)	$H_2C{=}CHCl$	Vestolit Vinoflex Hostalit Vinnol Trovidur Rhovyl Mipolam	warm bis heiss	schwer zerbrechlich	Rohre, Platten, Folien, Borsten, Flaschen, Gehäuse- und Apparatebau. Tischdecken, Schläuche, Isolierungen, Kunstleder
Polyethylen (Polyethen)	$H_2C{=}CH_2$	Vestolen A Hostalen Lupolen Polythen	heiss	unzerbrechlich	Haushaltartikel, Kabelisolierungen, Folien, Spielzeug, Schutzhelme
Poly-propylen (Polypropen)	$H_3C{-}CH{=}CH_2$	Novolen Vestolen P Hostalen PP	bis 150 °C	unzerbrechlich	Haushaltartikel, Dichtungen, Folien, Verpackungen, Absätze
Polystyrol (Polyphenylethen)	$HC{=}CH_2$ mit C_6H_5 am HC	Polystyrol Vestyron Hostyren Luran	warm bis heiss	ohne Vergütung zerbrechlich	Haushaltartikel, Behälter, Verpackungen, Elektrotechnik
Polymethacrylat	$H_2C{=}C{-}CH_3$ mit $COOR$ am mittleren C	Acrylharz Plexiglas	heiss	unzerbrechlich	Hochwertige Haushaltartikel, Lichtkuppeln, Linsen, Uhrgläser, Brillen
Polyamid	$H_2N(CH_2)_6NH_2$ + $HOOC(CH_2)_4COOH$ oder $H_2N(CH_2)_5COOH$	Nylon Ultramid Perlon	bis 100 °C	unzerbrechlich	Folien, Bänder, Saiten, Schutzhelme, Zahnräder, Textilfasern
Polyacryl-nitril	$H_2C{=}CH{-}CN$	Dralon Orlon	bis ca. 180 °C	Dehnung ca. 30%	Textilfasern
Polyester	$C_6H_4(COOH)_2$ + $CH_2OH{-}CH_2OH$	Trevira Diolen Terylene Dacron	hohe Beständigkeit beim Bügeln	hochfest	Textilfasern, Folien
Phenoplaste	C_6H_5OH + $HCHO$	Bakelit	bis 100 °C	zerbrechlich	Elektrozubehör, Gehäuseteile, sanitäre Artikel
Aminoplaste	H_2NCONH_2 + $HCHO$	Harnstoffharze Carbamidharze	bis 100 °C	schwer zerbrechlich	Campinggeschirr, Gehäuse von Küchenmaschinen, Staubsaugerteile

ÜBUNGEN ZUM KAPITEL 27

27.1 Zählen Sie einige natürliche und synthetische hochmolekulare Stoffe auf.

27.2 Worin unterscheiden sich niedermolekulare von hochmolekularen Stoffen?

27.3 Wie verhalten sich hochmolekulare Stoffe beim Erwärmen?

27.4 In welchen Eigenschaften unterscheiden sich Thermoplaste, Duroplaste und Elastomere? Erklären Sie die Unterschiede mit dem Aufbau der entsprechenden Stoffe.

27.5 Erklären Sie die Ausdrücke «Kristallisationsgrad», «Glastemperatur» und «kolloidale Lösung».

27.6 Geben Sie Beispiele von Thermoplasten und erklären Sie ihre Herstellung.

27.7 Weshalb zählt man Kautschuk ebenfalls zu den Polymerisaten?

27.8 Was geschieht beim Vulkanisieren?

27.9 Was ist Styropor?

27.10 Auf welche Weise lässt sich das Problem der «Altreifen» lösen?

27.11 Welches Herstellungsverfahren liegt den Polykondensaten zugrunde?

27.12 Erklären Sie die hohe Zugfestigkeit von Nylon.

27.13 Weshalb gehören die Kunstharze ebenfalls zu den Polykondensaten? Schildern Sie die Bildung eines Phenolharzes aus Formaldehyd und Resorcin (1,3-Dihydroxybenzol).

27.14 Worin unterscheiden sich die Silicone von den «gewöhnlichen» Kunststoffen?

27.15 Woraus werden Polyaddukte hergestellt?

27.16 Kunststoffabfälle werden oft noch durch Verbrennung vernichtet. Welches Problem stellt sich in dieser Hinsicht bei den PVC-Gegenständen? Weshalb bezeichnet man Einkaufstaschen aus Polyethylen als «umweltfreundlich»?

27.17 Welche (umweltfreundlichen) Verfahren bieten sich zur Beseitigung von Thermoplasten bzw. Polyestern und Polyamiden an?

27.18 Wie lassen sich elektrisch leitfähige organische Stoffe herstellen?

28 BEISPIELE BIOLOGISCH WICHTIGER STOFFE

28.1 Grundlagen der Kohlenhydratchemie

Die **Kohlenhydrate** bilden eine Gruppe von Verbindungen, die neben Kohlenstoff noch die Elemente Wasserstoff und Sauerstoff enthalten und zwar im gleichen Atomzahlenverhältnis wie im Wasser-Molekül.

Im Abschnitt 14.3 wurden bereits die Kohlenhydrate Glucose, Fructose und Saccharose vorgestellt. Zusammen mit vielen weiteren einfacher oder komplizierter aufgebauten Kohlenhydraten sind sie die bedeutendste Energiequelle für die Organismen (Kap. 29). Cellulose, die wichtigste pflanzliche Gerüstsubstanz, gehört ebenfalls zu den Kohlenhydraten.

Durch die Fotosynthese entstehen die Kohlenhydrate in den pflanzlichen Zellen aus Kohlenstoffdioxid und Wasser unter Lichteinfluss und Mitwirkung von Chlorophyll. Die Fotosynthese ist die Grundlage der Synthese aller organischen Verbindungen in höher entwickelten Organismen. Kohlenhydrate werden nicht nur in zahlreiche Naturstoffe umgewandelt. Auch die zum Aufbau vieler anderer Stoffe erforderliche Energie wird durch den Abbau (Dissimilation) von Kohlenhydraten gewonnen. Mensch und Tier können Kohlenhydrate nicht aus anorganischen Verbindungen aufbauen und müssen sie mit pflanzlicher oder tierischer Nahrung aufnehmen.

Kohlenhydrate enthalten in ihren Molekülen stets mehrere bis viele Hydroxylgruppen; es handelt sich also um Polyalkohole. Hydroxylgruppen verschiedener Moleküle bilden untereinander Wasserstoffbrücken. Deshalb sind alle Kohlenhydrate bei Raumtemperatur fest, ihre Schmelztemperatur ist relativ hoch[1] und sie sind ausgesprochen hydrophil. In unpolaren, «organischen» Lösemitteln sind sie dagegen völlig unlöslich.

Viele Kohlenhydrate sind aus Molekülen einfacherer Kohlenhydrate aufgebaut und lassen sich wieder in diese zerlegen. Man unterscheidet Monosaccharide («Einfachzucker»), Disaccharide («Zweifachzucker») und Polysaccharide («Vielfachzucker»); letztere sind hochmolekulare Stoffe.

[1] *Die meisten Kohlenhydrate zersetzen sich allerdings schon bei mässigem Erwärmen (über 150–200 °C); sie sind also nicht unzersetzt schmelzbar. Die zwischen den Molekülen wirkenden Kräfte sind grösser als die Bindekräfte zwischen den Atomen im Molekül.*

28.2 Zwei Disaccharide: Saccharose und Maltose

Rohrzucker (Saccharose; Abb. 28.1) lässt sich mit verdünnter Säure in Glucose und Fructose zerlegen (Abschnitt 14.3), wobei die Oxonium-Ionen die Spaltung katalysieren. Industriell wird dieser Vorgang zur Herstellung von Kunsthonig verwendet, der aus einem Gemisch von Glucose und Fructose besteht. In den Pflanzen spielt Rohrzucker die Rolle des «Transport-Kohlenhydrats»: Die in den grünen Pflanzenteilen gebildete Glucose wandelt sich z.T. in Fructose um. Die Kondensation der beiden Monosaccharide ergibt Saccharose, die zu den Speichergeweben transportiert wird. Dort wird sie wieder gespalten, die Fructose in Glucose umgewandelt und die Glucose-Moleküle bilden anschliessend Stärke. Diese Vorgänge werden von spezifischen Enzymen in den Zellen katalysiert. Auch bei der alkoholischen Gärung einer Zuckerlösung findet zuerst eine Spaltung der Saccharose und dann die Umwandlung der Fructose in Glucose statt, bevor die eigentliche Gärung einsetzt.

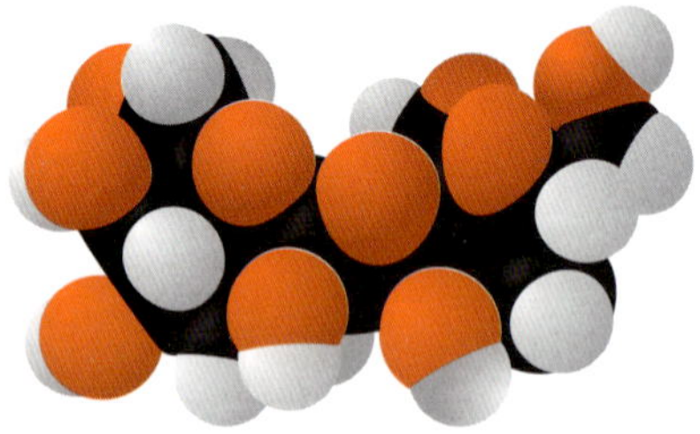

Abb. 28.1 Kalottenmodell eines Rohrzucker-Moleküls

Rohrzucker reagiert mit Fehling-Lösung nicht; der Zucker wirkt also nicht reduzierend. Dies zeigt, dass der ringförmige Glucose-Bestandteil sich nicht in die offenkettige Form (mit der Aldehydgruppe) umwandeln kann. Das Glucose-Molekül ist in der Tat mit seinem Kohlenstoff-Atom 1 an das Fructose-Molekül gebunden. Dieses ist ebenfalls so mit dem Glucose-Molekül verknüpft, dass es sich nicht in seine offenkettige Form umwandeln kann. Genauere Untersuchungen haben gezeigt, dass die α-Glucose über das Kohlenstoff-Atom 1 mit dem Kohlenstoff-Atom 2 der β-Fructose verbunden ist.

Rohrzucker kommt in vielen Pflanzensäften vor. Besonders hohe Konzentrationen erreicht er im Zuckerrohr und in der Zuckerrübe. Letztere wurde aus der Runkelrübe gezüchtet und hat einen Zuckergehalt von 17–20 % des Frischgewichts. Der Anbau von Zuckerrüben ist besonders in Europa wichtig. Zur Zeit der

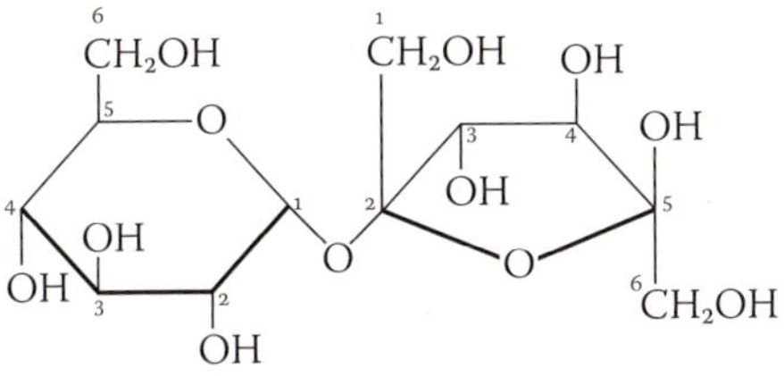

Lewis-Formel von Rohrzucker

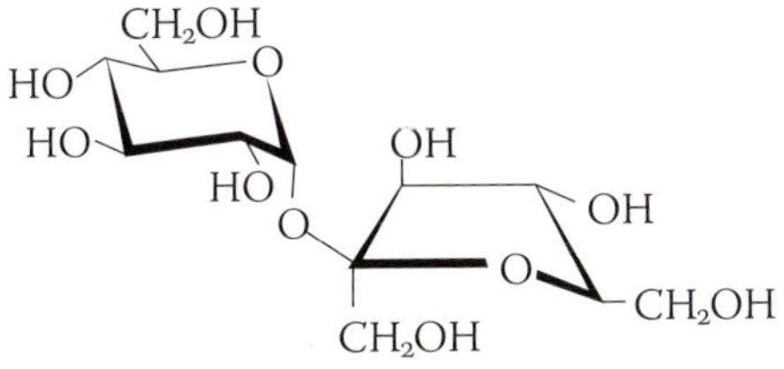

Struktur von Rohrzucker
(H-Atome an den Ringen nicht eingezeichnet)

Napoleonischen Kriege (Kontinentalsperre!) war die Einfuhr von Rohrzucker unterbunden, sodass systematisch Rübensorten mit höherem Zuckergehalt gezüchtet wurden.

Die Gewinnung von Zucker (Abb. 28.2) erfolgt durch Auspressen des Zuckerrohrs bzw. durch Extraktion der Rübenschnitzel mit Wasser. Die im «Dünnsaft» (dem Extrakt aus den Rübenschnitzeln) vorhandenen Begleitstoffe (Säuren und Eiweisse) werden mit einer Calciumhydroxid-Lösung [$Ca(OH)_2(aq)$] ausgefällt und die Zuckerlösung anschliessend im Vakuum eingedampft. Die Rückstände vergärt man zu Alkohol oder verwendet sie als Viehfutter (Melasse).

Ein weiteres wichtiges Disaccharid ist die **Maltose** (Malzzucker). Ihre Moleküle lassen sich mit verdünnter Säure ebenfalls spalten, wobei zwei Moleküle Glucose entstehen. Da Maltose mit Fehling-Lösung reagiert, muss mindestens einer der beiden Glucoseteile die offene Form bilden können, d.h. das entsprechende Kohlenstoff-Atom 1 kann nicht durch eine Bindung blockiert sein. Im Maltose-Molekül sind die zwei α-Glucose-Moleküle über ihre Kohlenstoff-Atome 1 und 4 miteinander verknüpft.

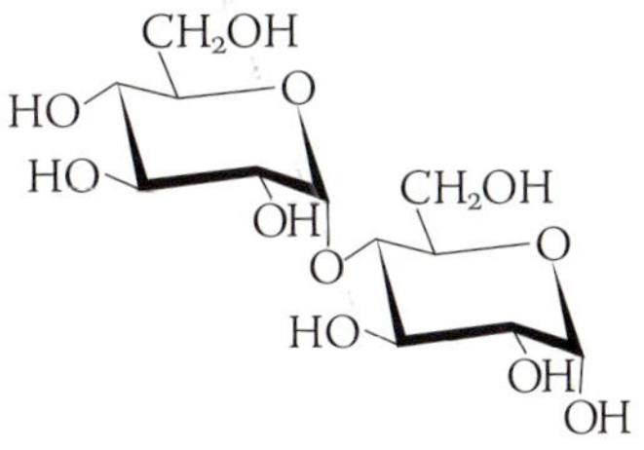

Struktur von Malzzucker
(aus zwei α-Glucose-Molekülen gebildet)

Maltose kommt in keimenden Samen vor. In keimender Gerste katalysiert das Enzym Diastase die Umwandlung der gespeicherten Stärke in Maltose. Die Gerstenkeimlinge, das «Malz», bilden einen Ausgangsstoff für die Herstellung von Bier.

- Disaccharide entstehen aus zwei Monosaccharid-Molekülen durch etherartige Kondensation unter Abspaltung eines Moleküls Wasser.
- Die Kondensation und ebenso ihre Umkehrung werden durch Säuren und durch spezifische Enzyme katalysiert.

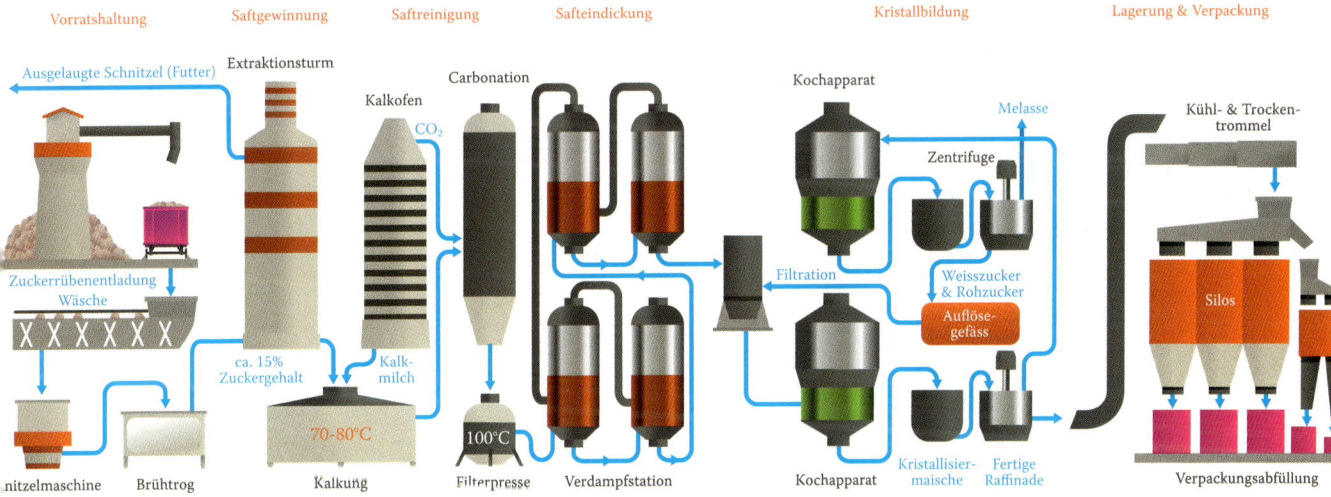

Abb. 28.2 Schema der Zuckergewinnung aus Rüben. Zahlreiche Stationen müssen durchlaufen werden, ehe der uns gewohnte Zucker entstanden ist. Aus 100 kg Rüben werden ungefähr 16 kg Rohrzucker und 2,5 kg Melasse gewonnen

28.3 Stärke und Cellulose, zwei Polysaccharide

Polysaccharide bestehen aus hochmolekularen Kettenmolekülen, die durch Zusammenlagerung von Monosacchariden (über 10 000 Einheiten) unter Wasserabspaltung entstanden sind. Im Gegensatz zu den niedermolekularen Kohlenhydraten sind sie aufgrund der starken zwischenmolekularen Kräfte im kalten Wasser unlöslich. Stärke und einige andere Polysaccharide lösen sich wegen der zahlreichen Hydroxylgruppen kolloidal (Abschnitt 28.1) in heissem Wasser. Gerüstkohlenhydrate wie z.B. Cellulose sind in heissem Wasser nur quellbar.

Unter der katalytischen Wirkung von Oxonium-Ionen können Polysaccharide in Monosaccharide gespalten werden, wobei für jede Monosaccharid-Einheit ein Wasser-Molekül aufgenommen wird. Polysaccharide, die aus C_6-Zuckern (Hexosen) aufgebaut sind, bestehen aus Molekülen der Formel $(C_6H_{10}O_5)_n$.

- Polysaccharide sind hochmolekulare Stoffe.
- Ihre kettenförmigen Makromoleküle entstehen durch Kondensation von über 10 000 Monosaccharid-Molekülen unter Wasserabspaltung.
- Sie besitzen zwar noch hydrophilen Charakter, sind jedoch in Wasser höchstens kolloidal löslich.
- Durch Erwärmen mit verdünnter Säure oder durch Enzyme werden sie in die Monosaccharide gespalten.

Der wichtigste pflanzliche Reservestoff ist die Stärke. Sie tritt in den Pflanzenzellen in charakteristisch geformten, für jede Pflanzenart typischen Körnern auf («Stärkekörner»; Abb. 28.3). Stärke besteht aus einer Mischung von Amylose und Amylopektin, die beide bei der Spaltung mit verdünnter Säure oder mit Diastase α-Glucose ergeben. In den Makromolekülen sind die α-Glucoseringe über die Kohlenstoff-Atome 1 und 4 miteinander verbunden. Stärke lässt sich mit einer Lösung von Iod in KI-Lösung nachweisen, die sich dabei blau bis schwarz färbt.

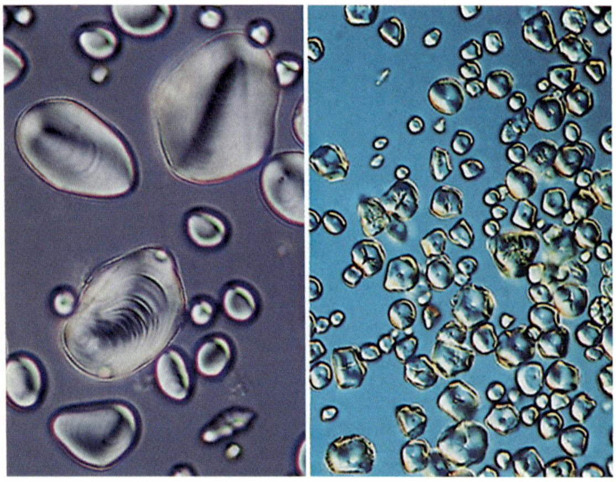

Abb. 28.3 Kartoffelstärke (links) und Maisstärke (rechts)

Abb. 28.4 Iod-Moleküle sind in der Amylose-Spirale eingelagert

Abb. 28.5 Stärkenachweis mit Iod-Lösung auf der Schnittfläche einer Kartoffel

Amylose-Moleküle sind aus etwa 200 Glucose-Einheiten aufgebaut, die ein spiralig aufgerolltes Makromolekül bilden. Die Iod-Moleküle werden bei der Iodstärkereaktion ins Innere dieser Spiralen eingelagert (Abb. 28.4). Die Moleküle des Amylopektins bestehen aus 600 bis 1000 Glucose-Einheiten und sind stark verzweigt. Sie sind in heissem Wasser unlöslich und ergeben mit Iod-Lösung keine Blaufärbung.

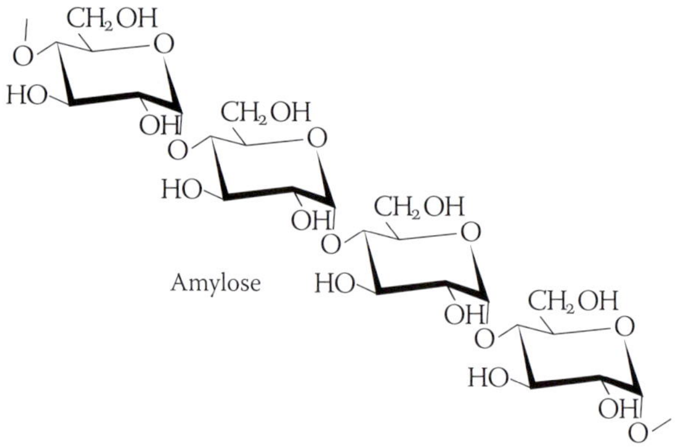

Amylose

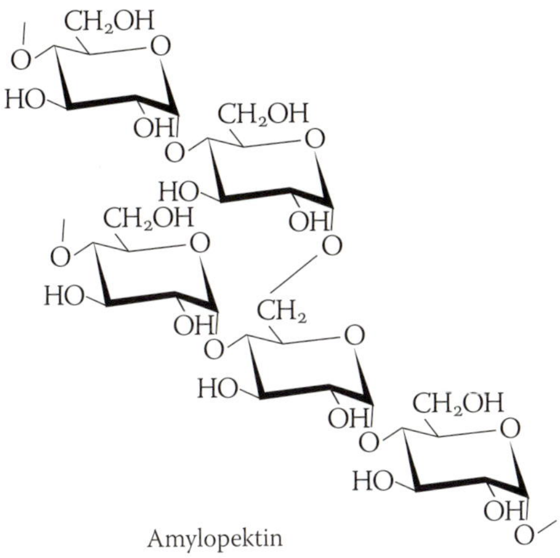

Amylopektin

Der Abbau von Stärke durch Kochen mit verdünnter Säure ergibt in einem ersten Schritt Dextrine, Polysaccharide von kürzerer Kettenlänge. Sie sind bereits wasserlöslich und bilden mit Iod-Lösung eine violette bis rote Farbe. Mit Fehling-Lösung reagieren sie nicht. Weiterer Abbau führt zu Maltose, die nicht mehr mit Iod-Lösung reagiert, jedoch reduzierend wirkt.

Dextrine entstehen auch beim vorsichtigen Erhitzen von trockener Stärke. Sie bilden mit wenig Wasser eine stark klebrig wirkende, dickflüssige Masse, die zur Herstellung von Klebstoffen verwendet wird. Mit Dextrinen «gestärkte» Wäsche erhält dadurch Glanz und charakteristische Steifheit.

Cellulose (Zellstoff) ist die mengenmässig wohl häufigste organische Verbindung auf der Erde. Cellulose kommt als Gerüststoff in pflanzlichen Zellen und in nahezu reiner Form in den Samenhaaren der Baumwollpflanzen vor. Technisch gewinnt man sie aus Holz durch Herauslösen von Lignin («Holzstoff»).

Cellulose ist in Wasser und anderen polaren Lösemitteln völlig unlöslich. Gewisse Cellulosederivate, wie z.B. Essigsäureester, lösen sich hingegen in Ether oder anderen lipophilen Lösemitteln. Auch eine wässrige

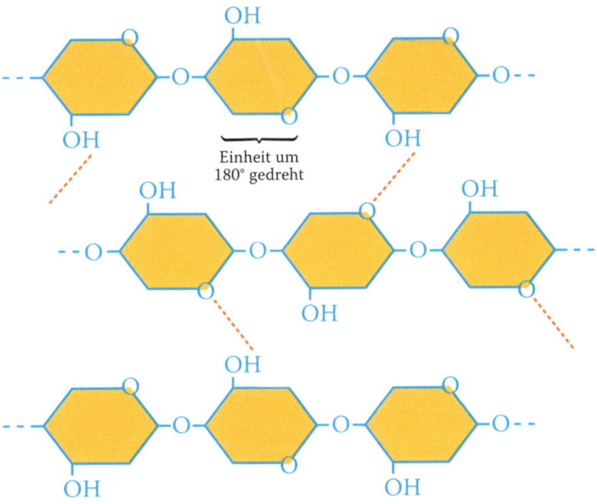

Abb. 28.6 Wenn sich die Makromoleküle der Cellulose parallel ordnen, können sich Wasserstoffbrücken ausbilden

Die Bierbrauerei

Zur Herstellung von Bier wird die Stärke in keimender Gerste durch Diastase zuerst in Maltose übergeführt («Mälzen»). Das «Grünmalz» wird bei 80 °C getrocknet («Darren») und anschliessend im Sudhaus in grossen Bottichen mit Wasser vermischt und gekocht. Die dadurch entstehende Lösung, die «Würze», enthält neben Eiweissstoffen Maltose als gärfähigen Zucker. Wasserunlösliche Begleitstoffe werden als «Treber» abgetrennt und zur Viehfütterung verwendet. Durch weiteres Kochen wird die Würze stärker konzentriert und Hopfen zugesetzt (etwa 100 g auf 100 L). Hopfen enthält Hopfenöle, Bitterstoffe und Gerbstoffe. Er bestimmt den Geschmack des entstehenden Biers und ist zur Konservierung erforderlich. Die Würze wird nach Abtrennung der Hopfenrückstände gekühlt, wobei sich Eiweiss- und Gerbstoffe abscheiden.

Nach Zusatz von Zuchthefe wird die Gärung während 8 bis 10 Tagen bei etwa 5 °C durchgeführt (Abb. 28.7). Das aus dieser «Hauptgärung» kommende «Jungbier» erfährt anschliessend eine 6 bis 8 Wochen dauernde Nachgärung (bei 2 °C), wobei es sich mit Kohlenstoffdioxid anreichert und völlig klar wird. Die Farbe des Biers – hell oder dunkel – hängt von der Art des verwendeten Malzes und vom Hopfen ab. Der Alkoholgehalt schwankt zwischen 1,5 % («Einfachbier») und 5 % («Starkbier»); gewöhnliches «Exportbier» enthält durchschnittlich 3,5–4 % Alkohol.

Abb. 28.7 Blick in den Gärkeller einer Brauerei

Lösung von Kupfertetramminsulfat, $[Cu(NH_3)_4]SO_4$, vermag Cellulose aufzulösen. Solche Lösungen dienen zur Herstellung von Kunstseide («Acetatseide» bzw. «Kupfer-» oder «Bembergseide»). Dabei wird die gelöste Cellulose durch Düsen in ein Fällbad gepresst und versponnen. Celluloseacetat dient auch zur Herstellung fotografischer Filme.

Durch Kochen mit konzentrierter Salzsäure oder 65-%iger Schwefelsäure wird Cellulose «verzuckert», d.h. in β-Glucose übergeführt. Die nicht verzweigten Makromoleküle bestehen aus mehr als 10 000 β-Glucose-Einheiten, die über die Kohlenstoff-Atome 1 und 4 miteinander verknüpft sind.

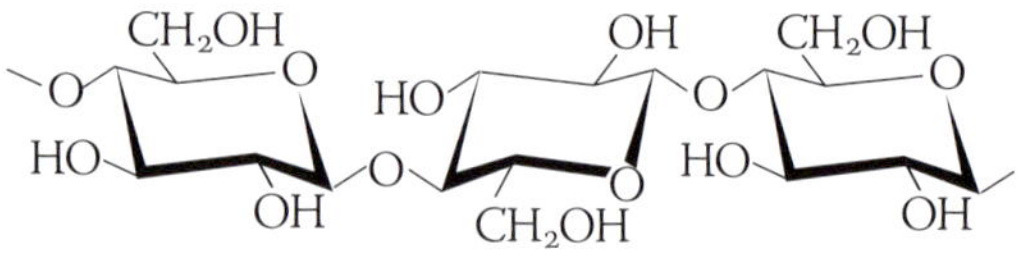

Cellulose

Cellulose-Moleküle lassen sich biochemisch nicht ohne Weiteres abbauen. Nur wenige Bakterien und Pilze sowie viele Schnecken- und Insektenarten besitzen Enzyme, die Cellulose in einfachere Verbindungen zerlegen oder zu anderen Stoffen (z.B. Methan) vergären können. Celluloseabbauende Bakterien spielen eine wichtige Rolle in der Natur, weil sie die grossen Mengen der jährlich von absterbenden Pflanzen bzw. Pflanzenteilen in den Boden gelangenden Cellulose vernichten. Pflanzenfresser, wie die Wiederkäuer, besitzen im Magen eine spezifische Bakterienflora, welche die Cellulose abzubauen vermag.

Abb. 28.8 Primärzellwand einer Pflanzenzelle (EM-Aufnahme). Erkennbar sind die Cellulosefibrillen

Die Makromoleküle lagern sich durch Wasserstoffbrücken zu Bündeln («Fibrillen») zusammen (Abb. 28.8). Der Kristallisationsgrad ist hoch. Die Dimensionen der geordneten Bereiche quer zur Fibrillenrichtung sind jedoch nur klein, und ein Fadenmolekül durchläuft wegen seiner Länge eine ganze Anzahl geordneter Bereiche. Im Elektronenmikroskop lässt sich erkennen, dass die Fibrillen in der Zellwand netzartig miteinander verflochten sind. In verholzten Zellen ist Holzstoff zwischen die Fibrillen eingelagert.

Was wird aus Cellulose gewonnen?

Neben den bereits erwähnten Kunstseiden werden Cellophan, Celluloid, Zellwolle, Nitrocellulose und nicht zuletzt das Papier aus Cellulose gewonnen. Die riesigen Mengen Papier, die unsere Zivilisation verbraucht, illustrieren die Bedeutung der Cellulose als Rohstoff am deutlichsten. Nicht umsonst hat man die heutige Zeit – in Analogie zur Bronze- oder Eisenzeit – die «Papierzeit» genannt.

Cellulosenitrat («Nitrocellulose») entsteht durch Behandeln von Cellulose mit einem Gemisch von konzentrierter Salpeter- und konzentrierter Schwefelsäure. Es ist ein Salpetersäureester und keine Nitroverbindung und dient z.B. zur Herstellung von rauchlosem Schiesspulver. An der Luft verbrennt es blitzartig ohne Explosion. In gepresster Form und nach Zündung mit einem Initialsprengstoff (der die Reaktion auslöst) explodiert es dagegen sehr heftig.

Unvollständig nitrierte Cellulose gibt mit Kampfer gemischt **Celluloid.** Es ist leicht entflammbar und wird daher für viele Zwecke (z.B. zur Herstellung von Filmen) heute nicht mehr verwendet.

Papier (Abb. 28.9) ist ein Filz aus feinen Cellulosefäserchen, die durch Füllstoffe verkittet sind. Als Rohstoff dienen vom Lignin befreites Holz, Lumpen, Stroh und Altpapier. Diese werden zuerst fein zerkleinert, gebleicht und ausgewaschen. Die dadurch entstehende Fasermasse wird mit pulverisiertem Gips ($CaSO_4$), Schwerspat ($BaSO_4$) oder anderen Füllmaterialien versehen, damit sich die Fasern gut verbinden. Man kann sie ausserdem einfärben und durch Zugabe von Harz und Alaun verleimen, sodass Tinte oder Farbe bei solchem Papier nicht zerfliesst und durchschlägt. Filterpapier und Löschblätter bleiben ungeleimt und sind frei von Füllstoffen.

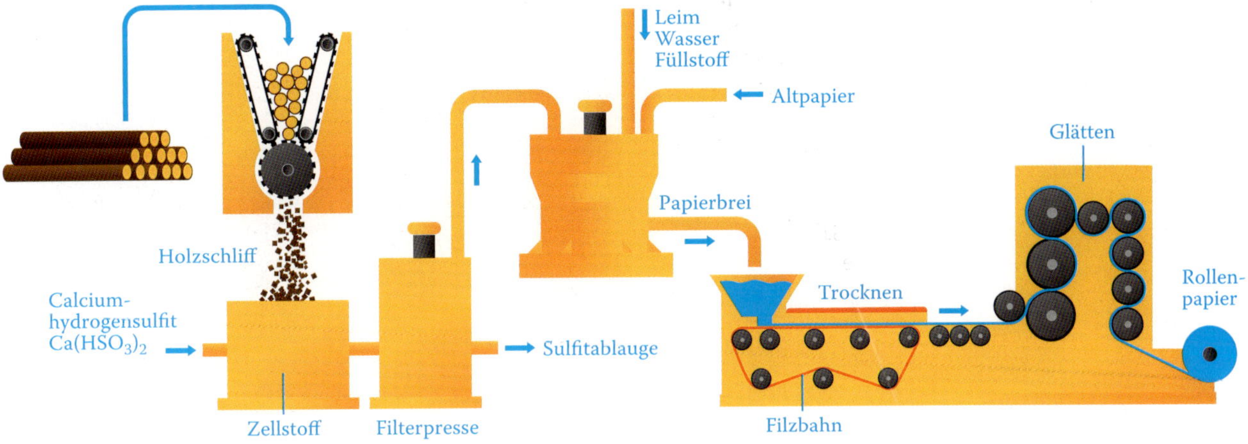

Abb. 28.9 Schema der Papierfabrikation. Cellulose wird mit Calciumhydrogensulfat aus Holzschliff gewonnen; dazu werden Leim, Wasser, Füll- und Farbstoffe sowie Altpapier gemischt

28.4 Grundlagen der Eiweiss- (Protein-)chemie

Eiweisse oder Proteine haben eine ausserordentliche Bedeutung für die Biochemie. Sie sind die wichtigsten Bau- und Gerüststoffe des menschlichen und tierischen Körpers (Muskeleiweiss, Hornsubstanzen u.a.). Der Zellinhalt aller Lebewesen besteht zum grössten Teil aus Eiweissen oder eiweisshaltigen Substanzen. Proteine bilden die Bausteine der Nucleoproteide und nehmen damit eine Schlüsselstellung bei der Vermehrung lebender Substanz und bei der Vererbung ein. In Form von Enzymen regeln sie den Stoffwechsel aller Lebewesen. «Leben» im physiologischen Sinn ist ohne Proteine nicht denkbar.

Skleroproteine und globuläre Proteine
Die Proteine werden in die beiden grossen Gruppen der Skleroproteine (Faserproteine) und globulären Proteine (Kugelproteine) eingeteilt. Skleroproteine treten hauptsächlich als Gerüsteiweissstoffe auf; sie sind in Wasser völlig unlöslich. Kollagen in Haut, Sehnen, Knorpel und in der eiweisshaltigen Grundsubstanz der Knochen, Keratin in den Haaren, Nägeln und Vogelfedern, Seidenfibroin in der Seide und Muskeleiweiss (Myosin) sind Beispiele von Skleroproteinen. Zu den globulären Proteinen gehören z.B. das Albumin (Hauptbestandteil vom Eiklar) oder das Fibrinogen im Blut.

Nur die Pflanzen sind in der Lage, Proteine aus einfachen anorganischen Verbindungen aufzubauen. Mensch und Tier müssen deshalb entweder die Eiweissstoffe oder ihre Bausteine mit der Nahrung aufnehmen. Der tägliche Eiweissbedarf eines Erwachsenen beträgt 50–70 g. Durch Stoffwechselvorgänge im Körper werden ständig Proteine abgebaut, wobei sich neben anderen Stoffen Harnstoff bildet, der vom Körper ausgeschieden wird (Abschnitt 29.8).

Typische Eigenschaften der Proteine
Globuläre Proteine können sich in Wasser und Salzwasser kolloidal lösen. Erhitzt man derartige Lösungen, so gerinnt das Eiweiss. Auch saure Lösungen, Alkohol oder Schwermetallsalze vermögen Eiweisslösungen zum Gerinnen zu bringen.

Beim Erhitzen von getrocknetem Eiweiss schlägt sich an der Reagenzglaswand Wasser nieder. Angefeuchtetes rotes Lackmuspapier wird durch die Dämpfe blau gefärbt, und Hydrogenchloridgas bildet mit ihnen einen weissen Rauch. Beide Reaktionen weisen auf Ammoniak hin. Bleiacetatpapier, in die Dämpfe gehalten, färbt sich schwarz, womit Dihydrogensulfid (H_2S) nachgewiesen wird: Die Blei-Ionen auf dem Papier bilden mit Sulfid-Ionen schwarzes schwerlösliches Bleisulfid (PbS). Noch stärkeres Erhitzen führt zu einer Verkohlung. In den Eiweissen sind demnach die Elemente Kohlenstoff, Wasserstoff, Sauerstoff, Stickstoff und Schwefel enthalten. Auch Phosphor und gewisse Metalle können in Proteinen enthalten sein. Stickstoff ist ein wichtiger Bestandteil der Eiweisse; er macht im Durchschnitt 18 % der Gesamtmasse aus.

Proteine werden von Bakterien abgebaut («Fäulnis»), wobei neben Ammoniak insbesondere wie faule Eier riechendes Dihydrogensulfid frei wird. Eiweisse lassen sich durch die Biuret-Reaktion nachweisen. Ein Gemisch einer Eiweisslösung mit Kupfersulfat und Natriumhydroxid ergibt eine charakteristische Violettfärbung. Konzentrierte Salpetersäure reagiert mit Eiweissen unter Bildung eines gelben Farbstoffs («Xanthoproteinreaktion»; xanthos gr. = gelb); Abb. 28.10.

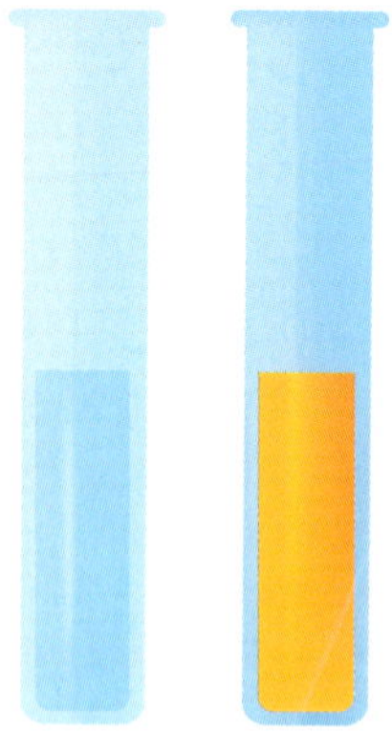

Abb.28.10 Xanthoproteinreaktion von Hühnereiweiss. Klare Eiweisslösung (links), Gelbfärbung und Ausfällung mit konzentrierter Salpetersäure (rechts)

28.5 Aminosäuren – Bausteine der Proteine

Alle Proteine sind hochmolekulare Stoffe, die sich beim Kochen mit verdünnter Salzsäure oder anderen verdünnten Säuren unter Wasseraufnahme in kleinere Einheiten aufspalten lassen. Man erhält dabei ein Gemisch von 2-Aminocarbonsäuren, kurz «Aminosäuren» genannt, mit der allgemeinen Formel

$$\mathrm{R{-}\underset{\displaystyle NH_2}{\underset{|}{CH}}{-}COOH}$$

Rund 20 verschiedene Aminosäuren, die sich durch den Rest R voneinander unterscheiden, bauen die natürlichen Proteine auf (Tabelle 28.1), im Gegensatz zu den hochmolekularen Kohlenhydraten, die sich jeweils aus nur einem Baustein zusammensetzen (α-Glucose in der Stärke, β-Glucose in der Cellulose). Acht von diesen 20 Aminosäuren gehören zu den essentiellen Aminosäuren, d.h. der menschliche Körper kann sie nicht selbst aufbauen; sie müssen mit der Nahrung aufgenommen werden. Saure Aminosäuren enthalten im Rest R saure Gruppen, basische Aminosäuren basische Gruppen.

Das Kohlenstoff-Atom, welches die Aminogruppe trägt, ist bei allen in der Natur vorkommenden Aminosäuren (mit Ausnahme von Glycin; R = H) asymmetrisch. Alle Aminosäuren ausser Glycin sind also chiral und damit optisch aktiv (Abschnitt 14.3). Untersuchungen haben ergeben, dass alle natürlichen Aminosäuren – mit ganz wenigen Ausnahmen – dieselbe räumliche Anordnung der Liganden am asymmetrischen Kohlenstoff-Atom besitzen. Sie wird durch die Bezeichnung «L-Aminosäuren» gekennzeichnet. Da alle Enzyme chiral gebaut sind, reagieren sie nur mit den natürlich vorkommenden L-Stereoisomeren. Ihre Spiegelbildisomere, die z.B. bei Synthesen entstehen, können sich deshalb nicht mit den Enzymen umsetzen und daher von Mensch und Tier nicht verdaut werden.

Alle Aminosäuren enthalten eine saure (—COOH) und eine basische ($—NH_2$) Gruppe. Dies führt zu einer Protonenübertragung zwischen den beiden Gruppen, sodass die freien Aminosäuren als «Zwitterionen» mit gleichzeitig einer positiven und einer negativen Ladung vorliegen.

$$\mathrm{R{-}\underset{\displaystyle NH_3^+}{\underset{|}{CH}}{-}COO^-}$$

Aminosäuren sind deshalb bei Raumtemperatur feste, gut wasserlösliche, salzartige Stoffe. Fügt man einer solchen Lösung eine Säure zu, so nimmt die COO^--Gruppe ein Proton auf und das Teilchen wird positiv geladen. Durch Zugabe einer Base wird der NH_3^+-Gruppe ein Proton entzogen, sodass ein negativ geladenes Teilchen entsteht. Die Zwitter-Ionen können also je nach Reaktionspartner als Base oder als Säure reagieren und sind Ampholyte, die als Puffer wirken können (Abschnitt 18.5).

- Durch Erhitzen von Proteinen mit verdünnten Säuren erhält man ein Gemisch von Aminosäuren.
- In reinem Zustand bilden sie salzartige Substanzen, die im Gitter und in wässrigen Lösungen als Zwitterionen auftreten.
- Ungefähr 20 Aminosäuren sind am Aufbau der verschiedenen Proteine beteiligt.

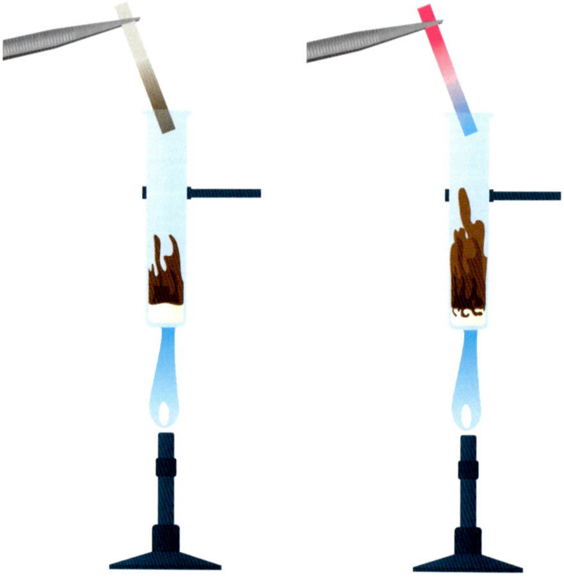

Abb. 28.11 Schwefelnachweis in Eiweiss. Beim Kochen mit Natronlauge entsteht Dihydrogensulfid, das Bleiacetatpapier braun oder schwarz färbt (links). Stickstoffnachweis in Eiweiss. Beim Kochen mit Natronlauge entsteht Ammoniak, der rotes Lackmuspapier blau färbt (rechts)

Tabelle 28.1 Wichtige, in Eiweissen vorkommende Aminosäuren

Allgemeine Formel der Aminosäuren $HOOC-CH(NH_2)-R$	R
Glycin (Aminoessigsäure)	$-H$
Alanin (Aminopropionsäure)	$-CH_3$
Valin (Aminoisovaleriansäure)	$-CH(CH_3)_2$
Leucin (Aminoisocapronsäure)	$-CH_2-CH(CH_3)_2$
Isoleucin	$-CH(CH_3)-CH_2-CH_3$
Serin (Hydroxyalanin)	$-CH_2OH$
Threonin	$-CH(OH)-CH_3$
Methionin	$-CH_2-CH_2-S-CH_3$
Phenylalanin	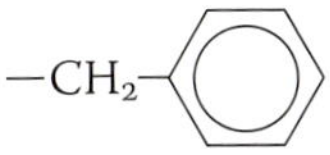
Tyrosin	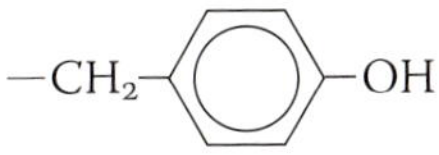
Cystein	$-CH_2-SH$
Asparaginsäure	$-CH_2-COOH$
Asparagin	$-CH_2-CONH_2$
Glutaminsäure	$-CH_2-CH_2-COOH$
Glutamin	$-CH_2-CH_2-CONH_2$
Arginin	$-CH_2-CH_2-CH_2-NH-C(=NH)-NH_2$
Lysin	$-CH_2-CH_2-CH_2-CH_2-NH_2$
Histidin	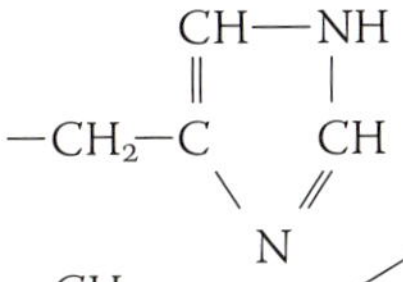
Tryptophan	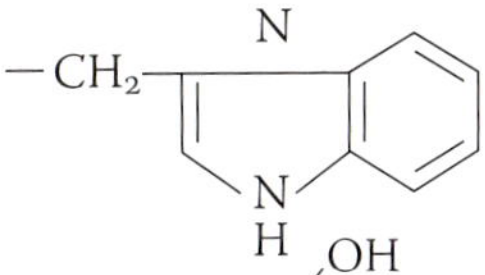
Prolin	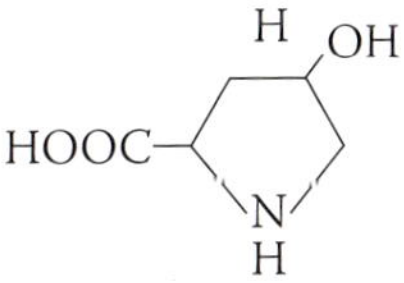

28.6 Die Verknüpfung von Aminosäuren zu Makromolekülen

Aminosäuren lassen sich durch Kondensationsreaktionen unter Wasserabspaltung miteinander verbinden, in ähnlicher Weise wie Polyamide aus Diaminen und Dicarbonsäuren entstehen (Abschnitt 27.3). Schema:

Verknüpfung zweier Aminosäuremoleküle

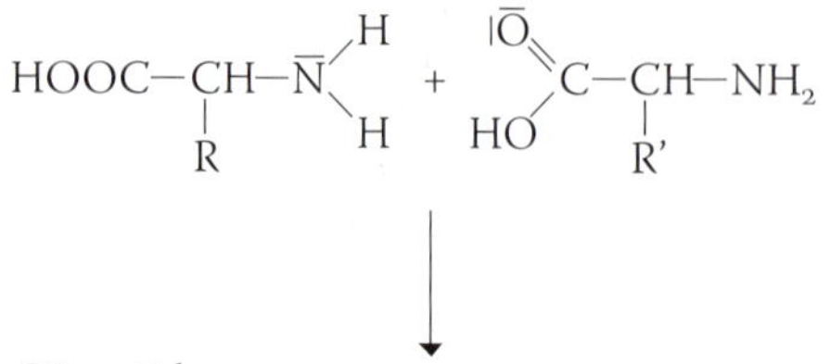

ergibt ein «Dipeptid»

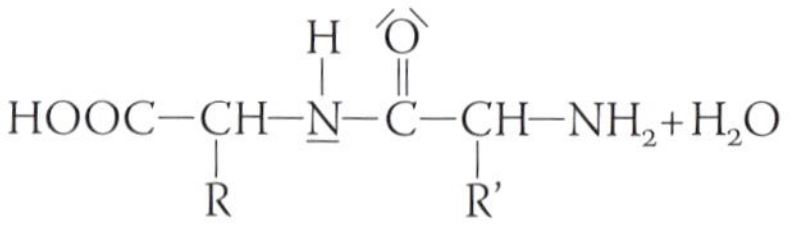

Ein auf diese Weise gebildetes Dipeptid ergibt durch fortgesetzte Kondensation schliesslich ein Polypeptid. Polypeptidketten sind die Grundbausteine der Eiweisse.

Die Zahl der Kombinationsmöglichkeiten für den Aufbau einer Polypeptidkette ist unvorstellbar gross, denn einerseits weist jede Aminosäure zwei reaktionsfähige Stellen zur Kondensation auf und anderseits können alle 20 natürlichen Aminosäuren am Aufbau der Makromoleküle beteiligt sein. Man hat z.B. berechnet, dass es für eine Polypeptidkette, die aus allen 20 Aminosäuren besteht, $2 \cdot 10^{18}$ Kombinationen gibt. Entsprechend gross ist die Vielfalt der möglichen Eiweissstoffe, ganz im Gegensatz zu den Polysacchariden, bei denen höchstens verschieden lange und verschieden verzweigte Ketten vorkommen.

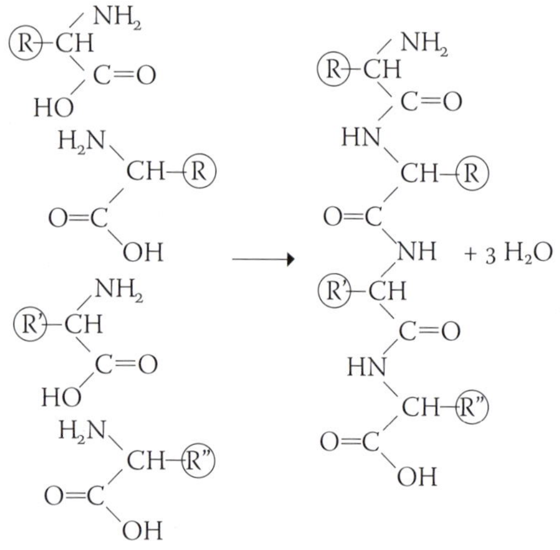

Die Reihenfolge («Sequenz») der Aminosäuren in einer Polypeptidkette bestimmt die physikalischen und chemischen Eigenschaften. Diese Reihenfolge wird durch die Reste R ausgedrückt, die am gleichförmig aufgebauten «Grundgerüst» der Kette nach aussen ragen.

Die Aminosäuresequenz in den Makromolekülen eines Proteins ist seine «Primärstruktur».

- Aminosäuren können unter Wasserabspaltung zu Polypeptiden kondensieren. Diese bilden die eigentliche Struktur der Proteine.
- Die rund 20 natürlichen Aminosäuren ergeben eine praktisch unbegrenzte Vielfalt von Polypeptiden.
- Die Reihenfolge der Aminosäuren in einem Makromolekül wird als Primärstruktur eines Proteins bezeichnet.

Die Ermittlung der Aminosäuresequenz war früher eine sehr langwierige Arbeit. Man spaltete dabei die Polypeptidkette zunächst nur partiell und identifizierte die entstandenen Bruchstücke. Ein Markstein in der Peptid- und Proteinchemie war die Sequenzbestimmung der Aminosäuren im Insulin, dem Hormon der Bauchspeicheldrüse, die 1952 nach zehnjähriger Arbeit dem englischen Chemiker F. Sanger und seiner Arbeitsgruppe gelang. Heute kann man diese Aufgabe mit zum Teil automatisierten Geräten lösen. So ist z.B. die Sequenz der 574 Aminosäuren im Hämoglobin bekannt.

Von Proteinen wird eigentlich nur dann gesprochen, wenn die Polypeptidketten (die Grundbausteine der Eiweisse) in bestimmter Weise geordnet sind. Die Ketten lagern sich dabei derart zusammen, dass sich möglichst viele Wasserstoffbrücken zwischen den >NH- und >C=O-Gruppen bilden. Die Art der räumlichen Anordnung von Polypeptidketten bezeichnet man als «Sekundärstruktur» der Proteine. Lagern sich zwei

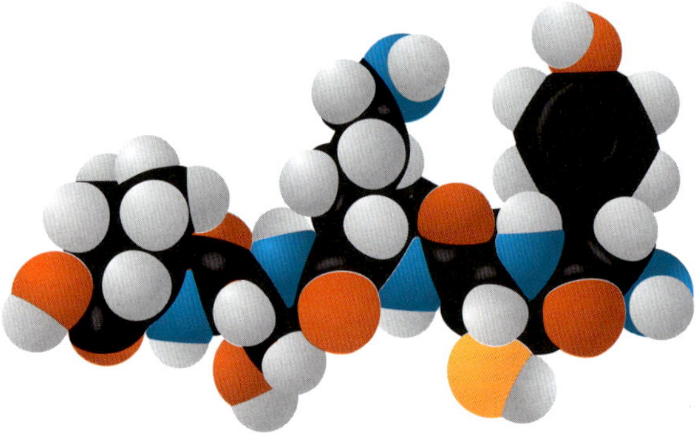

Abb. 28.12 Kalottenmodell eines Pentapeptids aus fünf verschiedenen Aminosäuren

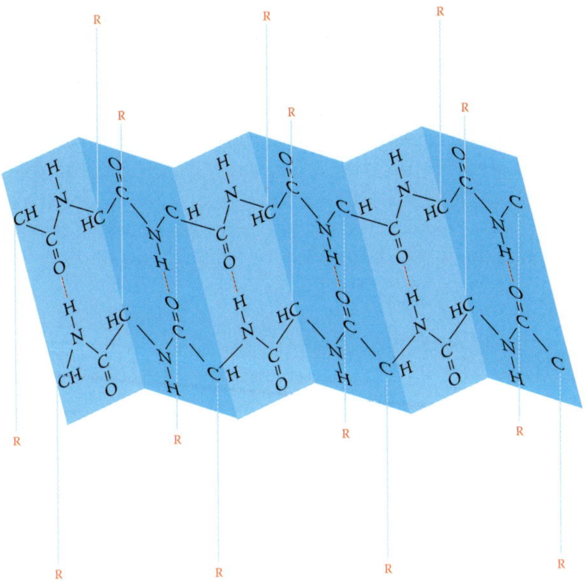

Abb. 28.13 Faltblattstruktur von β-Keratin

Ketten zusammen, so entsteht eine flache, «rostartige» Struktur, die «Faltblattstruktur» (Abb. 28.13). Die Reste R ragen dabei senkrecht nach oben und nach unten. Seidenfibroin weist z.B. diese Struktur auf. Bei einer zweiten, sehr verbreiteten Struktur bilden sich Wasserstoffbrücken zwischen ⟩NH- und ⟩C=O-Gruppen ein und derselben Polypeptidkette. Dabei entsteht eine Spirale («Spiralstruktur» oder «α-Helix»; Abb. 28.14), die man vor allem in globulären Proteinen findet.

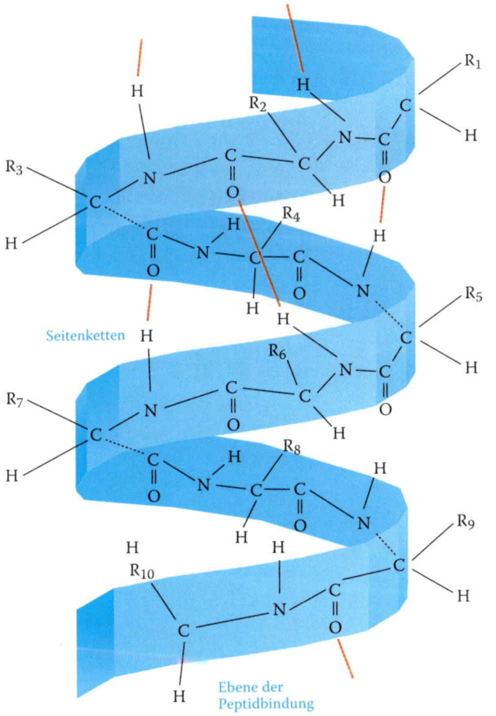

Abb. 28.14 Spiralstruktur einer Polypeptidkette

Insbesondere die Spiralen der α-Helix lagern sich in der Regel zu einem «Knäuel» zusammen, der eine ganz bestimmte räumliche Anordnung zeigt (die «Tertiärstruktur» der Proteine). Diese Spiralen werden durch Wasserstoffbrücken, «Disulfid-Brücken» (—S—S—) oder Ionenbindungen zwischen NH_3^+- und COO^--Gruppen an den Resten R verschiedener Polypeptidketten in ihrer Lage fixiert. Durch Erwärmen oder Einwirkung von Fällungsmitteln wie Alkohol wird die Tertiärstruktur auf irreversible Weise zerstört; das Eiweiss gerinnt (koaguliert). Damit verändert sich auch das biochemische Verhalten der Proteine, das weitgehend von der Tertiärstruktur bestimmt wird. Das Absterben der meisten Lebewesen bei Temperaturen von 60–80 °C beruht vermutlich auf solchen Vorgängen. Auch viele Schwermetalle können eine Gerinnung von Eiweissen hervorrufen.

28.7 Enzyme und Proteide

Zahlreiche eiweissartige Substanzen bestehen aus einem Proteinanteil und einer nichteiweissartigen, oft verhältnismässig einfach gebauten prosthetischen Gruppe. Solche zusammengesetzte Eiweisskörper heissen Proteide. Je nach der prosthetischen Gruppe unterscheidet man:

- Chromoproteide, in denen die prosthetische Gruppe Farbstoffcharakter hat (z.B. Hämoglobin, Atmungsenzyme),
- Glykoproteide, in denen das Protein mit einem Kohlenhydrat verbunden ist,
- Phosphoproteide, mit Phosphorsäure als prosthetischer Gruppe,
- Nucleoproteide, die (hochmolekulare) Nucleinsäuren als prosthetische Gruppe enthalten.

Enzyme

Enzyme sind Katalysatoren der lebenden Zelle. Die Umsetzungen in einem Organismus (sein Stoffwechsel) sind nur unter der Wirkung dieser Art von Katalysatoren möglich.

Enzyme vermögen ebenso wenig wie andere Katalysatoren ein Gleichgewicht zu verschieben. Sie vermindern jedoch die Aktivierungsenthalpie und ermöglichen dadurch den Ablauf vieler Vorgänge, die bei der Temperatur des lebenden Körpers nicht vor sich gehen würden. Die bisher bekannten Enzyme sind Proteine oder Proteide. Viele von ihnen sind kristallin hergestellt worden, als erstes Enzym die Urease, ein harnstoffspaltendes Enzym (1926). Von einer Reihe von Enzymen kennt man auch die Aminosäuresequenz. Das erste Enzym, das durch eine Totalsynthese aufgebaut wurde, ist die Ribonuclease (1969). Proteid-Enzyme bestehen aus Protein und prosthetischer Gruppe. In zahlreichen Fällen ist es gelungen, die prosthetische Gruppe solcher Enzyme reversibel abzuspalten. Das Protein wird dann als Apoenzym, die prosthetische Gruppe als Coenzym bezeichnet.

Enzyme vermögen gewöhnlich nur eine ganz bestimmte Reaktion zu katalysieren; sie haben also eine ausgesprochene Wirkungsspezifität. Ein Enzym hat demnach die Fähigkeit, aus verschiedenen thermodynamisch möglichen Umsetzungen einer bestimmten Substanz (des Substrats) eine einzige auszuwählen und die Aktivierungsenthalpie nur gerade dieser Reaktion herabzusetzen. Benannt werden die Enzyme nach dem umgesetzten Substrat oder nach der von ihnen katalysierten Reaktion: Esterasen vermögen Ester zu hydrolysieren, Carbohydrasen hydrolysieren Di- und Polysaccharide, Peptidasen hydrolysieren Peptidbindungen, Dehydrogenasen entziehen (und übertragen) Wasserstoff, Carboxylasen vermögen Carbonsäuren zu decarboxylieren, Katalasen spalten Wasserstoffperoxid in Wasser und Sauerstoff usw. Selbstverständlich werden jeweils auch die entsprechenden Rück-Reaktionen katalysiert. Unter der Wirkung der Maltase wird also nicht nur Maltose in zwei Moleküle α-Glucose gespalten. Es ist auch möglich, Maltose mittels des Enzyms aus α-Glucose aufzubauen. Oft kann man bei Enzymen auch eine ausgesprochene Substratspezifität feststellen: Amylase beispielsweise kann nur Stärke, nicht jedoch Cellulose abbauen. Fast stets reagiert auch nur das eine von zwei Enantiomeren mit einem Enzym (das als Protein oder Proteid selbst chiral ist). Die Arginase spaltet beispielsweise nur das natürlich vorkommende L-Arginin, nicht jedoch das D-Arginin.

Zu jeder umgesetzten Substanz passt nur ein ganz bestimmtes Enzym. Man spricht deshalb auch von einem «Schlüssel-Schloss-Verhältnis» der Enzyme (Abb. 28.16).

Über die genauen Beziehungen zwischen Substrat und Enzym weiss man im Einzelnen noch ziemlich wenig, hingegen kennt man die allgemeinen Prinzipien der Enzymwirkung recht gut. So bestimmt der Proteinanteil des Enzyms seine Substratspezifität, entscheidet also darüber, welche von den zahlreichen vorhandenen Substanzen als Substrat umgesetzt werden soll. Dabei bildet das Enzymprotein mit dem Substrat zuerst einen Enzym-Substratkomplex, der dann weiter reagiert. Offenbar hat das Enzymprotein ganz bestimmte aktive Zentren, an denen die Bindung des Substrats möglich ist. In erster Linie entscheidet wohl die Proteinoberfläche über die Auswahl des Substrats, wobei es denkbar ist, dass diese eine Art räumliches Negativ des Substratmoleküls bildet, vergleichbar einem Gipsabguss.

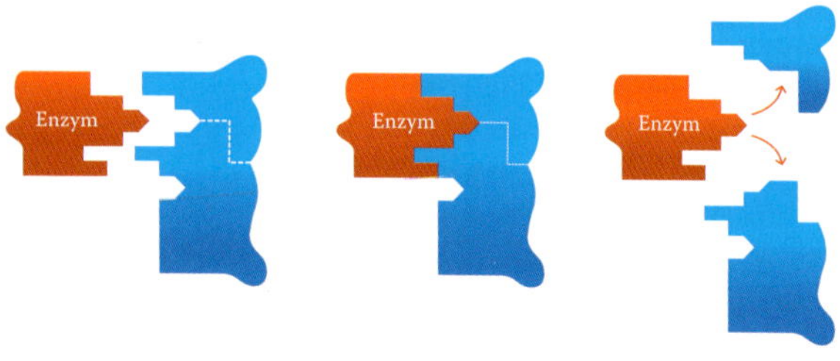

Abb. 28.15 Die Wirkungsweise eines Enzyms, das z.B. ein Dipeptid spaltet. Enzym und Substrat verhalten sich wie Schlüssel und Schloss

Diese Oberflächenstruktur hängt vor allem von der Tertiärstruktur des Enzymproteins ab, wobei möglicherweise die Seitenketten der Aminosäuren in den Polypeptiden die Bindung des Substrats durch Wasserstoffbrücken, van der Waals-Kräfte oder Anziehung zwischen elektrisch geladenen Gruppen bewerkstelligen. Da durch die Denaturierung die Tertiärstruktur irreversibel zerstört wird (während Primär- und wahrscheinlich auch Sekundärstruktur erhalten bleiben), verlieren die Enzyme beim Erwärmen auf Temperaturen > 60 °C ihre Wirkung. Die häufig beobachtete starke pH-Abhängigkeit der Enzymwirkung sowie der fördernde, manchmal auch hemmende Einfluss bestimmter Ionen dürfte wohl unter anderem darauf zurückzuführen sein, dass dabei nicht nur die Oberflächenstruktur des Proteins verändert, sondern auch die Natur der Kräfte zwischen Enzym und Substrat beeinflusst wird. In vielen Fällen bestimmt das Protein des Enzyms auch seine Wirkungsspezifität, denn man kennt zahlreiche Coenzyme, die je nach dem mit ihnen verbundenen Proteinanteil ganz verschiedene Reaktionen katalysieren können.

In jedem Fall ist die prosthetische Gruppe – bei reinen Protein-Enzymen das aktive Zentrum – an der durch das Enzym katalysierten Reaktion beteiligt. Sie reagiert dabei mit dem Substrat in stöchiometrischer Weise (d.h. mol pro mol, also nicht in katalytischen Mengen!) und wird dadurch chemisch verändert. Der ursprüngliche Zustand stellt sich anschliessend durch Reaktion mit einem weiteren Substrat-Molekül wieder ein. Dabei kann man zwei typische Fälle unterscheiden. Lässt sich die prosthetische Gruppe leicht vom Enzym-Protein abtrennen (man sollte eigentlich nur dann von Coenzym sprechen), so tritt die Folgereaktion an einem anderen Enzym-Protein ein. NAD^+ (Kap. 29), beispielsweise, die Wirkgruppe der Dehydrase, übernimmt vom Substrat ein Molekül Wasserstoff, löst sich vom Protein ab und wird von einem anderen Protein gebunden, worauf an ein zweites Substrat ein Molekül Wasserstoff abgegeben wird. NAD^+ ist also ein typisches Coenzym. Seine katalytische Wirkung kommt erst durch Kopplung mit zwei Enzymproteinen zu einem Enzymsystem zustande.

Im zweiten Fall findet die Folgereaktion am selben Protein statt. Die Wirkgruppe ist dann fest mit dem Protein verbunden, und das Enzym reagiert zunächst mit dem ersten und anschliessend sofort mit dem zweiten Substrat. Auch hier erfolgt eine stöchiometrische Um-

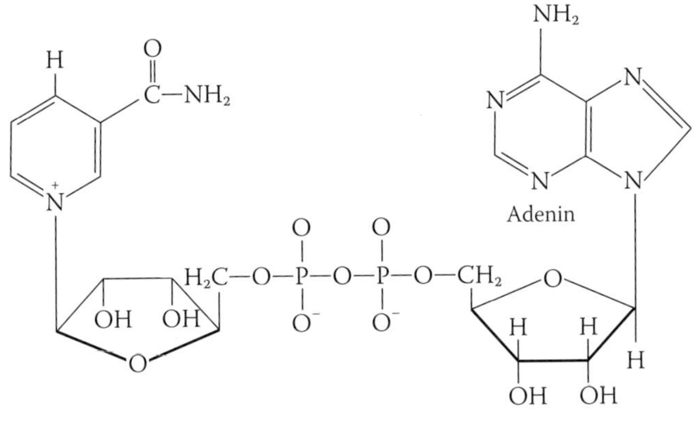

Nicotinamidadenindinucleotid (NAD⁺)[2]

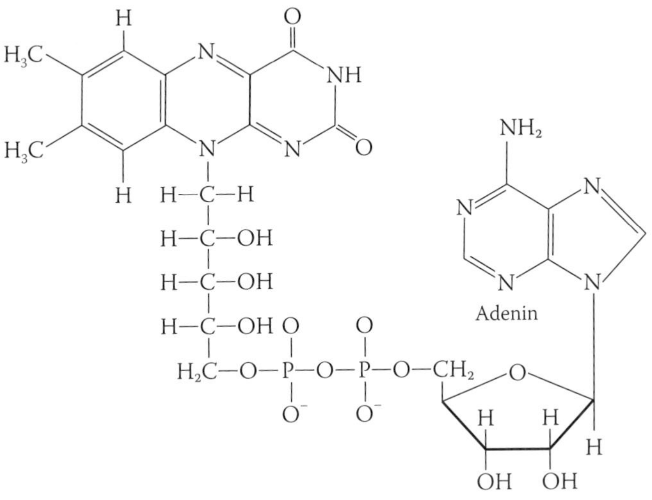

Flavinadenindinucleotid (FAD)

setzung der Wirkgruppe mit den Substraten. Während der Organismus grundsätzlich in der Lage ist, den Proteinanteil seiner Enzyme selbst aufzubauen, trifft dies merkwürdigerweise für die Wirkgruppen nicht immer zu. Der Organismus ist dann auf die Zufuhr solcher Substanzen oder von Verbindungen angewiesen, die im Körper in aktive Wirkgruppen umgewandelt werden können (Vitamine).

ATP und ADP

Im Zusammenhang mit der Diskussion der Enzymwirkung sei kurz noch auf das Problem der endergonen biochemischen Reaktionen und insbesondere der Energiegewinnung und -übertragung eingegangen (vgl. Abschnitt 29.3). Da Enzyme die Gleichgewichtslage nicht beeinflussen können, kann eine endergone Reaktion mit einer Gleichgewichtskonstanten < 1 nur dann eintreten, wenn sie mit einer zweiten Reaktion gekoppelt wird. Diese muss so stark exergon sein, dass die algebraische Summe der freien Enthalpien beider Reaktionen negativ ist. Eine häufige Form dieser Kopplung besteht darin, dass die Ausgangssubstanz einer endergonen Reaktion zuerst in eine energiereichere (besonders aktivierte) Form übergeführt wird, deren freie Enthalpie so hoch ist, dass die eigentlich endergone Reaktion exergon wird. Ein einfaches Beispiel einer solchen Kopplung bietet die Überführung der mit Aminen überhaupt nicht und mit Alkoholen nur schwach exergon reagierenden Carbonsäuren in die entsprechenden Säurehalogenide, die dann sowohl mit Aminen wie mit Alkoholen in stark exergoner Reaktion (in rechts liegendem Gleichgewicht) Amide bzw. Ester ergeben.

Bei der Energieübertragung in der Zelle ist ein Proteid, dessen Wirkgruppe das Adenosintriphosphat (ATP) ist, von entscheidender Bedeutung.

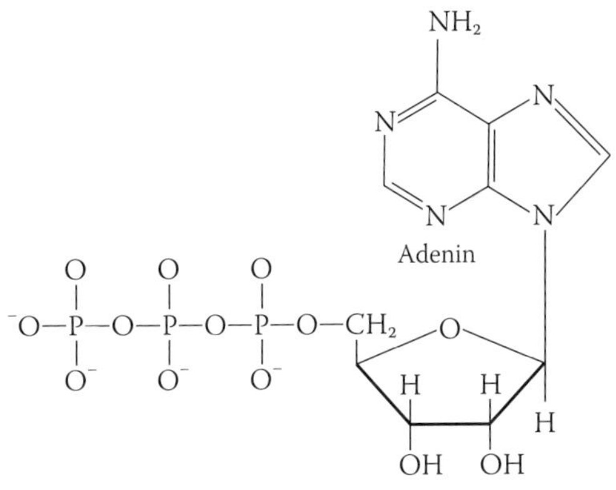

Adenosindiphosphat (ATP)

Die Hydrolyse von ATP zu ADP oder AMP (Adenosindi- bzw. monophosphat) ist ziemlich stark exergon (ΔG^o etwa 34 kJ pro mol und pro Bindung). Man sprach in der Biochemie deshalb früher von energiereichen Bindungen, wenn, wie bei der —P—O—P-Bindung des ATP, durch die Hydrolyse vergleichsweise viel Energie freigesetzt wird. Dass ATP ein relativ energiereiches Molekül ist, ist auf zwei Effekte zurückzuführen: Einerseits auf die elektrostatische Abstossung der (bei pH 7 vorhandenen) vier relativ nahe beieinanderliegenden negativen Ladungen, die bei der Hydrolyse verringert wird, anderseits auf die bei ADP oder AMP erhöhte Stabilisierung durch Delokalisierung von Elektronen.

Wie der Energieinhalt des ATP mit endergonen biochemischen Reaktionen gekoppelt wird, lässt sich am besten an einem Beispiel zeigen. Die Bildung von Glucose-6-phosphat, der stoffwechselaktiven Form der Glucose aus Glucose und Phosphorsäure, ist stark endergon, d.h. das betreffende Gleichgewicht liegt auf Seite der Ausgangsstoffe. Reagiert aber Glucose mit ATP

[2] Unter Nucleotid versteht man eine Einheit, die aus einer heterocyclischen Base, der Ribose (einem C-5-Kohlenhydrat) und Phosphorsäure zusammengesetzt ist. Statt Ribose kann auch Desoxyribose (bei welcher an einem C-Atom eine Hydroxylgruppe fehlt) vorhanden sein.

anstelle von freier Phosphorsäure, so wird die Reaktion exergon und kann unter der Wirkung eines Enzyms in der Zelle ablaufen. Durch diese Phosphorylierung können auch zahlreiche andere Verbindungen in einen energiereicheren Zustand versetzt werden. So ist z.B. die Bildung von Di- oder Polysacchariden aus Glucose ebenfalls endergon. Ist aber die Glucose phosphoryliert, so wird beispielsweise die Bildung von Saccharose exergon:

Glucose-1-phosphat + Fructose → Saccharose + Phosphat $\quad \Delta G^o < 0$

Natürlich muss das energiereiche ATP immer wieder aus ADP aufgebaut werden. Die benötigte Energie wird z.B. durch angekoppelte Prozesse des Kohlenhydratabbaus geliefert. Als Beispiel sei die Energiebilanz des unter Sauerstoffmangel verlaufenden Abbaus von Glucose zu Milchsäure im Muskel erwähnt:

Glucose → Milchsäure $\quad \Delta H = -150{,}7$ kJ

Glucose + 2 H_3PO_4 + 2 ADP → 2 ATP + 2 H_2O + Milchsäure $\quad \Delta H = -54{,}4$ kJ

Durch die gekoppelte Umsetzung von ADP in ATP werden also bei der Glykolyse anstelle der 150,7 kJ nur 54,4 kJ in Form von Wärme freigesetzt. 96,2 kJ (ca. 60 % der Energie) sind als chemische Energie im ATP gespeichert und stehen für Phosphorylierungen zur Verfügung. Die Bildung von ATP aus anorganischem Phosphat ist in der Zelle mit der Oxidation der Nährstoffe gekoppelt. So entsteht ATP im Verlauf des Kohlenhydratabbaus (der Atmungskette), wenn Cytochrom b Elektronen an Cytochrom c überträgt (Kap. 29).

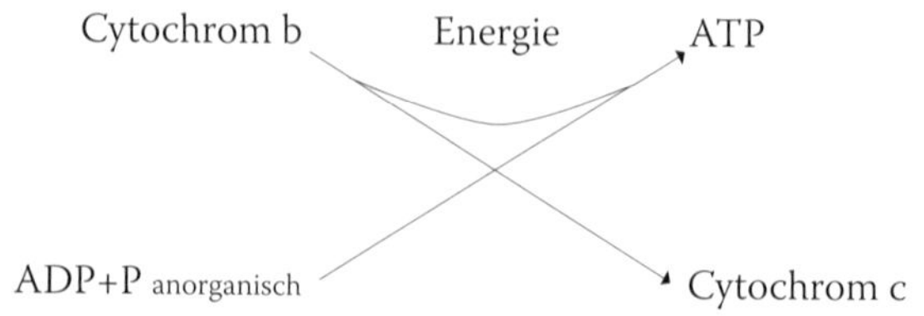

Auch bei der Fotosynthese entsteht ATP aus anorganischem Phosphat, wodurch die Lichtenergie teilweise als chemische Energie gespeichert wird.

Nucleoproteide

Jede lebende Zelle enthält Nucleoproteide, Substanzen, in denen ein Protein mit Nucleinsäuren verbunden ist. Nucleoproteide bilden die Hauptbestandteile der Zellkerne. Im Cytoplasma treten (gelöste) Nucleinsäuren auf. Besonders reich an Nucleinsäuren sind die Ribosomen, kleine, im Plasma vorhandene, nur mit dem Elektronenmikroskop sichtbare Körperchen. Die Nucleinsäuren sind Träger der Erbinformation; ihre biologische Bedeutung ist dementsprechend sehr gross.

Nucleinsäuren sind hochmolekulare Verbindungen, die aus einer grossen Zahl von Nucleotiden aufgebaut sind, d.h. aus Einheiten, die aus je einer heterocyclischen Base, einer D-Ribose oder D-2-Desoxyribose und Phosphorsäure bestehen:

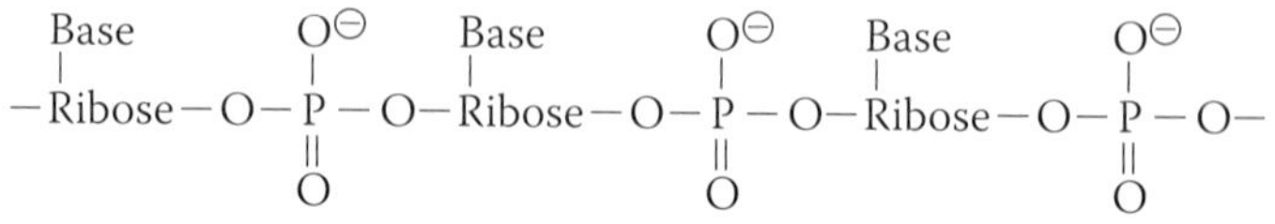

Die Nucleinsäuren der Zellkerne enthalten stets Desoxyribose, während die im Plasma und in den Ribosomen vorhandenen Nucleinsäuren Ribose enthalten. Man unterscheidet deshalb zwischen Desoxyribonucleinsäure (DNA) und Ribonucleinsäure (RNA). Die Zuckereinheiten treten als Fünfringe auf und sind durch die Hydroxylgruppen an den C-Atomen 3 und 5 mit Phosphorsäure verestert. Die Basen sind an das C-Atom 1 gebunden. Desoxyribonucleinsäure enthält vier Basen: Adenin und Guanin sowie Cytosin und Thymin. Wie von E. Chargaff (1950) festgestellt worden ist, treten Adenin und Thymin in gleicher Häufigkeit auf und ebenso Guanin und Cytosin. Bezüglich der Basenzusammensetzung hat DNA also nur einen Freiheitsgrad (eine variable Grösse): das Verhältnis von (Adenin + Thymin) zu (Guanin + Cytosin). Ribonucleinsäure enthält statt Thymin Uracil, daneben auch geringere Mengen 5-Methylcytosin u.a.

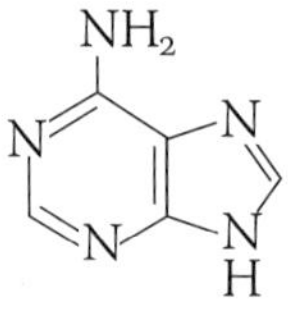

Adenin

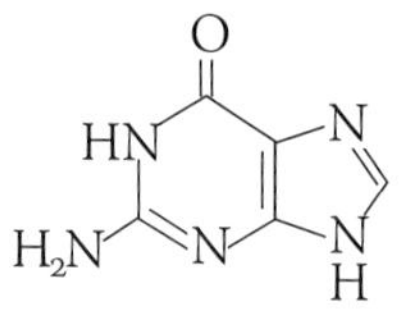

Guanin

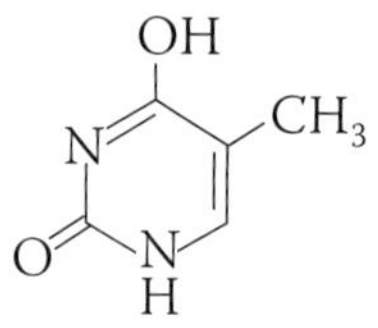

Thymin

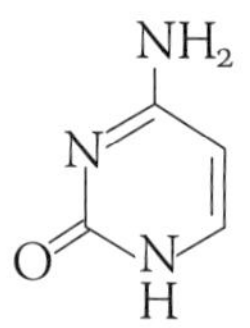

Cytosin

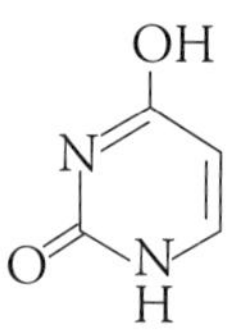

Uracil

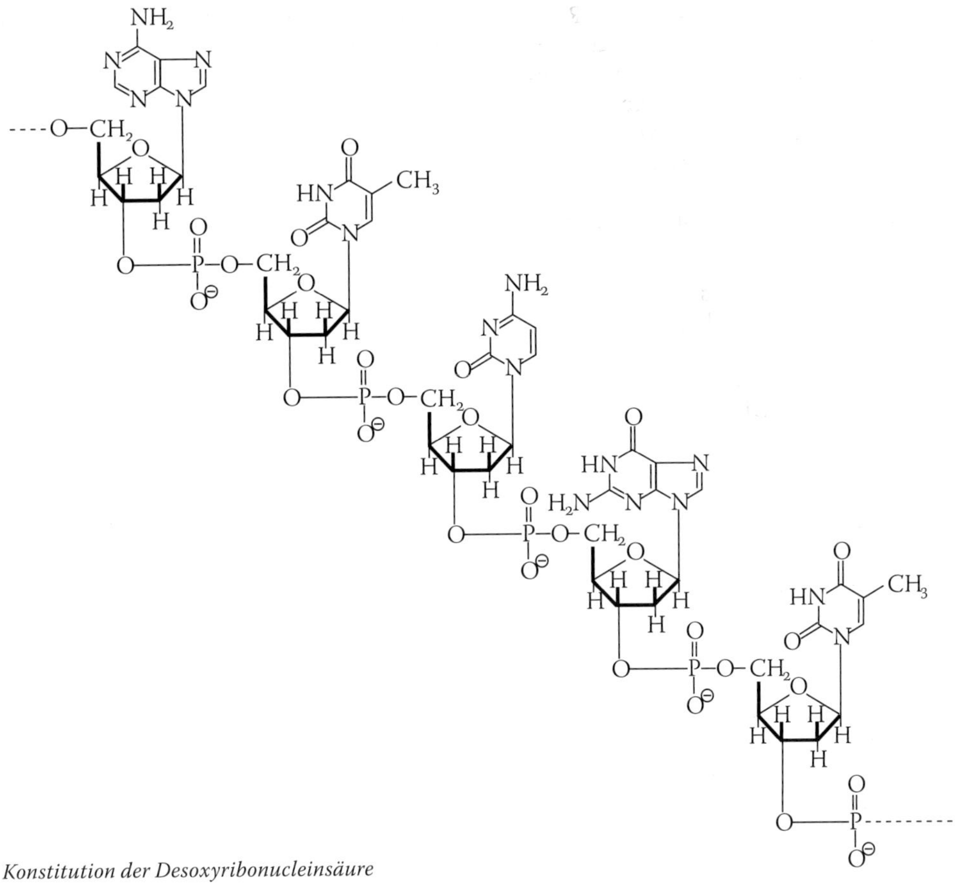

Abb. 28.16 Konstitution der Desoxyribonucleinsäure

Die Aufklärung der Primärstruktur (der Basensequenz) der Nucleinsäuren ist aus zwei Gründen ganz besonders schwierig. Einmal haben die Nucleinsäuren sehr hohe Molekülmassen (DNA bis 10^7 u!), und zweitens werden bei der partiellen Hydrolyse viele gleich oder ganz ähnlich gebaute Bruchstücke erhalten, da (in der DNA) im Gegensatz zu den über 20 Aminosäuren der Polypeptide nur vier verschiedene Basen auftreten. Die Reihenfolge dieser Bruchstücke ist daher schwierig zu bestimmen. Ribonucleinsäuren haben im Allgemeinen niedrigere Molekülmassen (lösliche RNA 20 000 bis 500 000 u; RNA aus Ribosomen bis $2 \cdot 10^6$ u). Hier ist deshalb die Sequenzermittlung etwas leichter, insbesondere auch deshalb, weil RNA nicht nur vier Basen enthält. Von einer Reihe von Ribonucleinsäuren ist heute die genaue Basensequenz bekannt.

Chemische Methoden (die Feulgensche Nuclealreaktion[3]) und die UV-Absorption zeigen, dass die DNA in den Chromosomen lokalisiert ist, welche die Erbfaktoren enthalten und sich bei der Zellteilung längs spalten. Jede Tochterzelle erhält somit alle Erbfaktoren, und kurz vor oder während der Kernteilung erfolgt eine Vermehrung der Erbsubstanz. Dabei reproduziert sich jedes Gen (Abschnitt der DNA, der die Information für den Bau eines Proteinmoleküls enthält) selbst, d.h. es verdoppelt sich in identischer Form. Die Substanz, die als Träger der genetischen Information wirkt, muss somit die Fähigkeit zur identischen Reduplikation besitzen. Dass tatsächlich die DNA die eigentliche Erbsubstanz darstellt (und nicht die Proteine, wie man vorher angenommen hatte), wurde erstmals und auf überzeugende Weise durch Versuche von O. Avery bewiesen (1944).

Für die DNA haben J. D. Watson und F. Crick, gestützt auf die röntgenanalytischen Untersuchungen von M. Wilkins und Rosalind Franklin, ein Modell der Sekundärstruktur entwickelt, das den Anforderungen entspricht, die an eine die genetische Information tragende Substanz gestellt werden müssen (1952). Je zwei DNA-Makromoleküle sind als Doppelfaden schraubig angeordnet (Doppel-Helix), wobei die Verbindung zweier Fadenmoleküle untereinander durch Wasserstoffbrücken zwischen den Basen des einen und den Basen des anderen Moleküls erfolgt. Eine solche Doppel-Helix gleicht damit einer Wendeltreppe: Die Basen,

[3] *Nach schwachem Erwärmen mit Salzsäure können Zellkerne mit fuchsinschwefliger Säure (die mit Aldehyden eine charakteristische Violettfärbung ergibt) angefärbt werden. Die Salzsäure hydrolysiert die DNA teilweise, sodass die Aldehydgruppen der Pentosen freigelegt werden. RNA ist gegenüber Hydrolyse weniger empfindlich und reagiert auf diese Weise nicht.*

die durch Wasserstoffbrücken verbunden sind, bilden die Treppenstufen.
Da nun die Basenmoleküle verschieden lang sind und beide DNA-Makromoleküle in der Doppel-Helix genau parallel verlaufen und zudem Wasserstoffbrücken nur zwischen Adenin und Thymin sowie zwischen Guanin und Cytosin (aber nicht zwischen Adenin und Cytosin oder Guanin und Thymin) möglich sind, können die Treppenstufen der Wendeltreppe nur aus dem einen oder dem anderen der erstgenannten Basenpaare zusammengesetzt sein (vergleiche die Ergebnisse von Chargaff!):

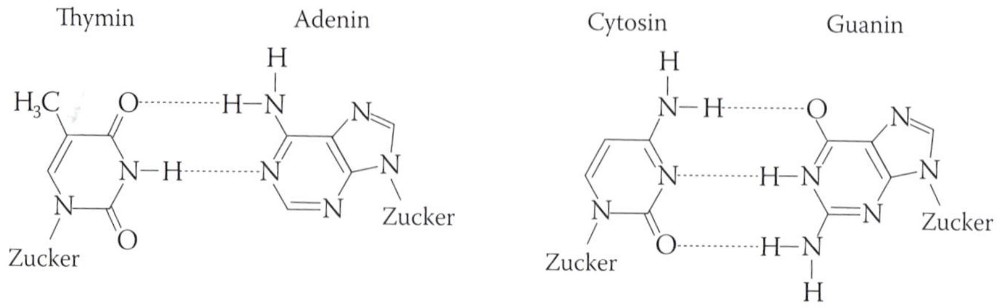

Die Reihenfolge der Basen in einem Makromolekül bestimmt damit eindeutig auch die Basensequenz im einzigen möglichen Molekül, das mit dem ersten eine Doppel-Helix bilden kann.

Wenn sich nun eine solche Doppel-Helix am einen Ende reissverschlussartig öffnet (Abb. 28.18), so können die zur Verfügung stehenden Nucleotide so ausgewählt und aneinandergefügt werden, dass zwei neue, mit den bereits vorhandenen Makromolekülen identische Nucleinsäuren entstehen: Die DNA hat sich auf diese Weise identisch redupliziert[4]. Tatsächlich zeigen Versuche von Kornberg (1955), dass es möglich ist, mittels des aus Bakterien isolierten Enzyms DNA-Polymerase aus Desoxyribonucleosid-Triphosphaten[5] (die energiereicher sind als die Nucleosid-Monophosphate, also die gewöhnlichen Nucleotide) DNA aufzubauen, wenn – und nur wenn! – man dem Reaktionsgemisch gleichzeitig eine kleine Menge fertiger DNA zusetzt. Die dabei entstandene neue DNA zeigt die gleichen Eigenschaften (Basenzusammensetzung und -sequenz) wie die eingesetzte Starter-DNA. Diese vorgelegte DNA wurde somit identisch redupliziert. Die Bedeutung der DNA als Trägerin der Erbfaktoren ist somit heute gesichert. Die eigentliche genetische Information muss also in der Basensequenz gespeichert sein.

[4] In Tat und Wahrheit verläuft die Nucleinsäure-Reduplikation komplizierter. Vgl. neuere Lehrbücher der Biochemie.
[5] Als Nucleosid bezeichnet man eine Verbindung einer Purin- oder Pyrimidinbase mit Ribose oder Desoxyribose.

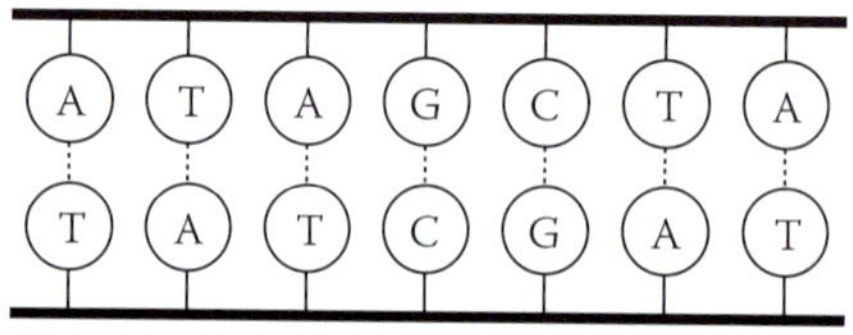

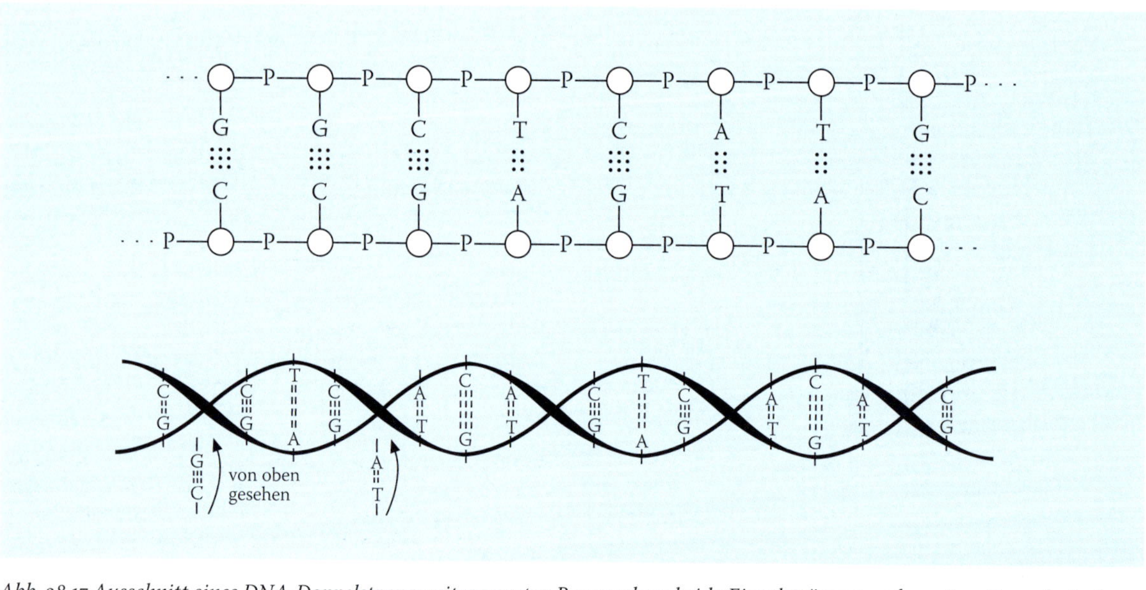

Abb. 28.17 Ausschnitt eines DNA-Doppelstrangs mit gepaarten Basen; oben: beide Einzelstränge gerade, unten: Doppelspirale

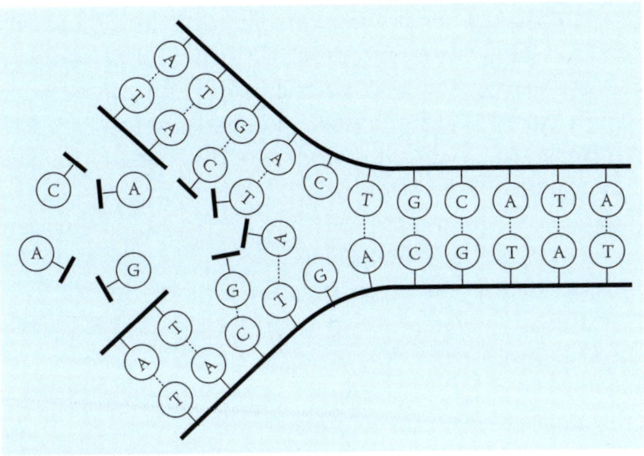

Abb. 28.18 Verdopplung der DNA

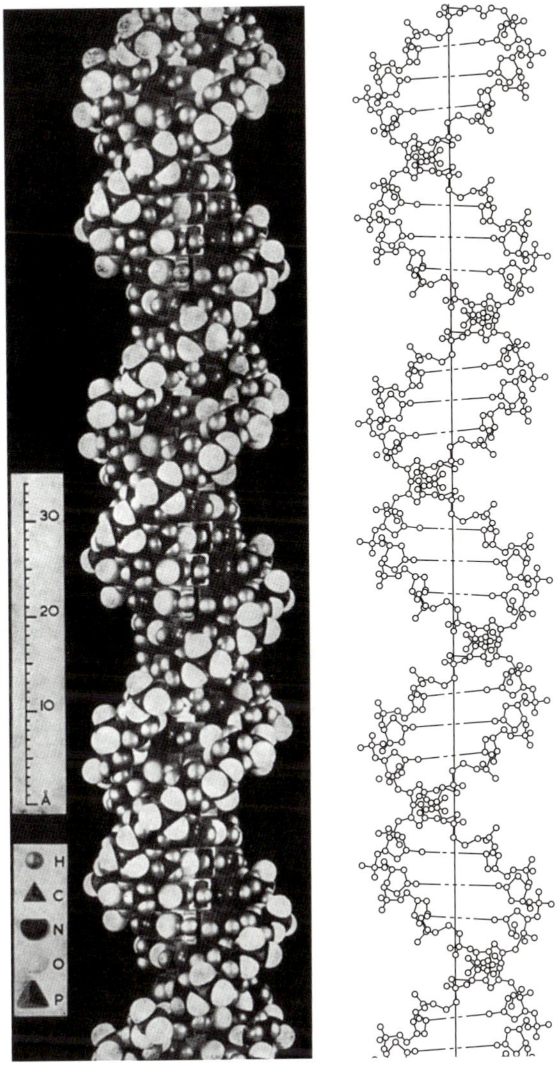

Abb. 28.19 Links: Kalottenmodell von Desoxyribonucleinsäure (DNA). Rechts: Schema des Molekülmodells. Die beiden durch Wasserstoffbrücken zwischen den Basen zusammengehaltenen Nucleinsäureketten sind deutlich zu erkennen (aus Angewandte Chemie 75 [1963] 10; mit Genehmigung von Professor M. H. F. Wilkins)

Die Sekundärstruktur der verschiedenen Arten von RNA ist schwieriger zu ermitteln. Man nimmt heute an, dass mindestens in einzelnen Fällen Schraubenstrukturen auftreten.

Die Erkenntnis, dass die DNA die genetische Information speichert, führt zur Frage, wie die Ausprägung eines bestimmten Merkmals erfolgt, d.h. auf welche

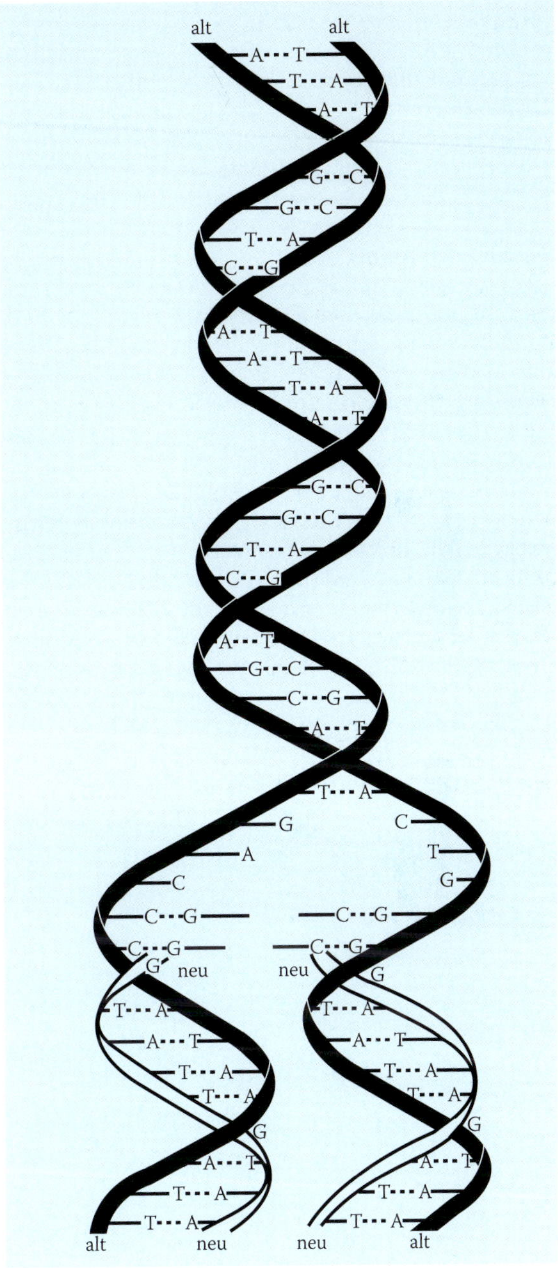

Abb. 28.20 Modell der Verdopplung der DNA. Die beiden Elternstränge der DNA werden voneinander getrennt, und an jedem der beiden Stränge erfolgt nach dem Prinzip der Basenpaarung die Synthese eines neuen, komplementären Strangs

Weise die Basensequenz der DNA die Ausbildung einer bestimmten Eigenschaft bewirkt. Wahrscheinlich kommt ein Merkmal durch eine Reihe von (unter Umständen sehr vielen) chemischen Reaktionen zustande, wobei spezifische Enzyme jeden einzelnen Reaktionsschritt steuern. Wird die Fähigkeit zur Ausbildung eines Merkmals vererbt, so muss auch die richtige Reihenfolge und der richtige Ablauf der entsprechenden Reaktionsketten und somit die Fähigkeit der Bildung der benötigten Enzyme vererbt werden. Die Abhängigkeit der Merkmale von den dazugehörigen Genen, d.h. der zu ihrer Ausbildung erforderlichen biochemischen Reaktionen, beruht also darauf, dass die Gene die Produktion spezifischer Enzyme veranlassen. Dies bedeutet aber nichts anderes, als dass durch die DNA die Synthese von Enzymproteinen gesteuert wird, wobei dann der Code der DNA-Basensequenz die Aminosäuresequenz bestimmt.

Man weiss jedoch, dass die Protein-Biosynthese nicht im Zellkern, sondern an den Ribosomen erfolgt. Die zum Aufbau der richtigen Aminosäuresequenz notwendige Information muss deshalb zunächst von der DNA zu den Ribosomen übertragen werden.

Nach den heutigen Vorstellungen bilden sich im Zellkern nach dem Muster der DNA komplementäre RNA-Moleküle, die in das Plasma wandern und an den Ribosomen adsorbiert werden. Weil sie die in der DNA enthaltene Information weiterleiten, bezeichnet man sie als messenger-RNA (Boten-RNA, m-RNA). Die DNA im Zellkern bildet damit gewissermassen die Matrize, die im Kern aufbewahrt und an die Tochterzellen und weitere Nachkommen weitergegeben wird und nach welcher RNA-Abdrücke entstehen. Je drei Basen bilden zusammen das Schlüsselwort für eine Aminosäure, das sogenannte Codon. Weil in der DNA vier verschiedene Basen vorkommen, sind $4^3 = 64$ solcher Gruppen möglich, sodass einige Dreiergruppen dieselben Aminosäuren bedeuten und anderen gar keine Aminosäure entspricht. Nun ist der Aufbau einer Polypeptidkette aus Aminosäuren eine endergone Reaktion, sodass die in der Zelle zur Verfügung stehenden Säuren zuerst in eine energiereichere Form übergeführt werden müssen. Zudem müssen sie mit Substanzen verbunden werden, die den Code lesen können. Beides wird dadurch erreicht, dass die freien Aminosäuren zuerst unter Elimination von Pyrophosphat ($P_2O_7^{4-}$) enzymatisch an ATP gebunden und anschliessend an eine lösliche RNA (Träger- oder transfer-RNA, t-RNA) übertragen werden.

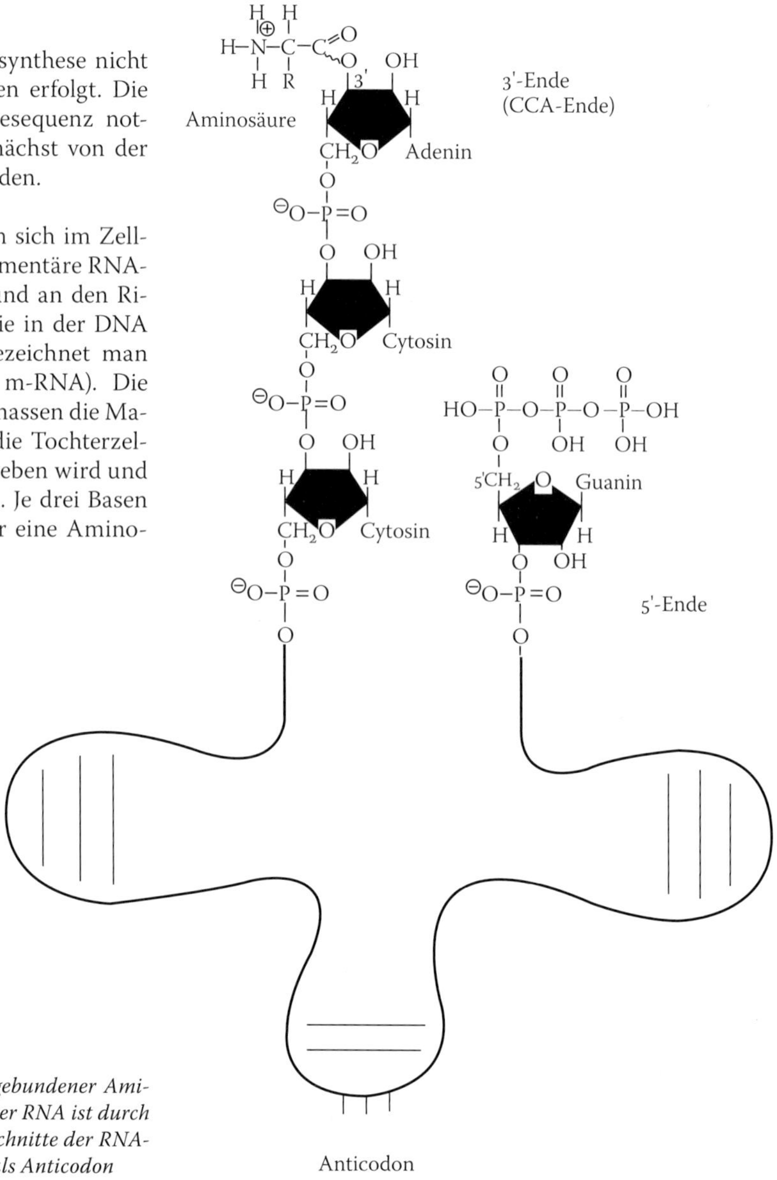

Abb. 28.21 Schema einer t-RNA mit daran gebundener Aminosäure. Die Kleeblatt-Form der Faltung dieser RNA ist durch komplementär gepaarte und ungepaarte Abschnitte der RNA-Kette bedingt. Drei spezifische Basen wirken als Anticodon

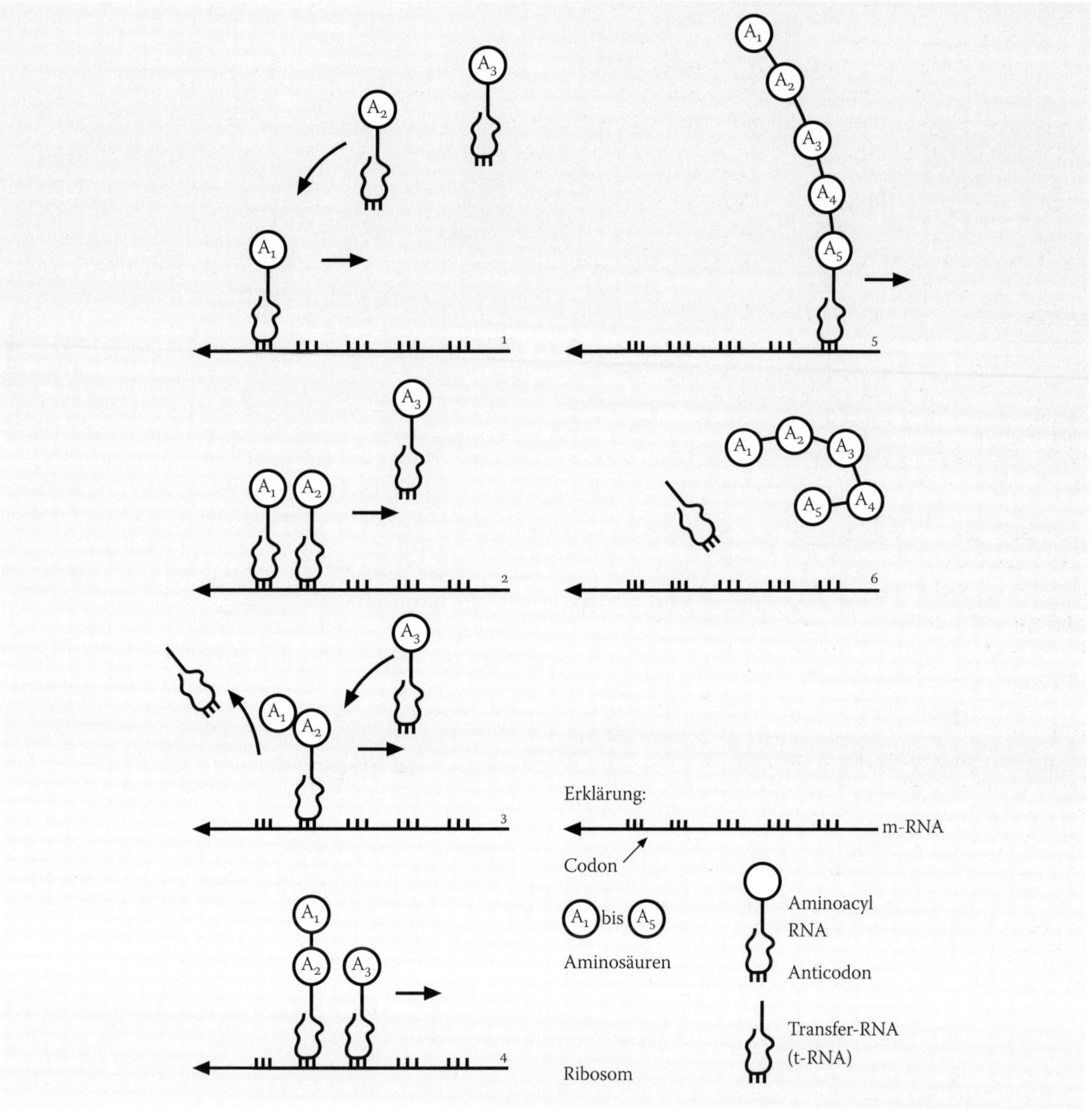

Abb. 28.22 Schema der biologischen Proteinsynthese. Die verschiedenen t-RNA-Moleküle werden (zusammen mit den an sie gebundenen Aminosäuren A_1–A_5) nacheinander durch Basenpaarung mit der m-RNA-Kette verbunden. Nachdem zwei Aminosäuren miteinander verknüpft sind (2), löst sich ein t-RNA-Molekül ab und ein neues t-RNA-Molekül tritt an die m-RNA heran

Die t-RNA hat eine relativ niedrige Molekülmasse (etwa 25 000 u) und besteht aus rund 80 Nucleotiden, die immer an einem Ende die Basensequenz Cytosin-Cytosin-Adenin trägt.

Die Verbindung der Aminosäure mit der t-RNA erfolgt am Ende des Makromoleküls, und zwar esterartig an das C-Atom 2 oder 3 der mit dem terminalen Adenin verbundenen Ribose. Für jede Aminosäure existiert eine charakteristische t-RNA, und jedem Codon der m-RNA ist ein Anticodon der t-RNA zugeordnet, das aus ebenfalls drei, den Basen des Codons komplementären (mit ihnen Wasserstoffbrücken bildenden) Basen besteht. Die Enzyme, welche die Aminosäuren auf die ihnen entsprechenden t-RNA-Moleküle übertragen, müssen zwei Erkennungsstellen aufweisen: eine für die Seitenkette der betreffenden Aminosäure und eine für die spezifische t-RNA. Die Zelle benötigt also nicht nur rund 20 verschiedene t-RNA-Moleküle, sondern auch eine ebenso grosse Zahl gleichfalls spezifischer, die Aminosäuren übertragender Enzyme. Dadurch, dass sich an den Ribosomen die t-RNA-Moleküle mitsamt den angehängten Aminosäuren an die m-RNA gemäss der in dieser durch die Basensequenz festgelegten Reihenfolge anlagern, werden auch die Aminosäuren in die richtige Sequenz gebracht und können anschliessend

– wiederum unter Mitwirkung von Enzymen – zur Polypeptidkette verknüpft werden. Ist die ganze Polypeptidkette aufgebaut, so wird sie auf eine noch nicht bekannte Weise vom Ribosom abgelöst, sodass das Ribosom von Neuem ein Proteinmolekül aufbauen kann (vgl. Abb. 28.22).

28.8 Zum Abschluss: «Das Molekül des Jahres 1992»

Wir haben die Bedeutung der Stickstoffoxide für die Ozonbildung im Sommersmog in Abschnitt 12.1 kennengelernt. Beide Moleküle, NO und NO_2, sind insofern besonders bemerkenswert, als sie eine ungerade Elektronenzahl besitzen. Ihre Konstitution ist mit den von uns benützten Bindungsmodellen nicht erklärbar, d.h. man kann für beide Moleküle keine Lewis-Formel aufstellen. Beide Stickstoffoxide sind giftig, und bis vor wenigen Jahren hätte niemand sich vorstellen können, dass eines von ihnen ein biologischer «Wirkstoff» sein könnte.

Es ist bekannt (und in den letzten Abschnitten wurde es auch angetönt), dass in biologischen Systemen gewisse grosse und hochspezialisierte Moleküle wie Enzyme, Nucleinsäuren u.a. bestimmte Effekte hervorrufen. Es bedeutete daher eine grosse Überraschung, als eine neue Klasse von biologisch aktiven Molekülen bekannt wurde, wobei die entsprechenden Substanzen im reinen Zustand gasförmig und zum Teil wenig stabil sind. Ein schon länger bekanntes Beispiel eines solchen «kleinen Botenstoffs» ist Ethen (C_2H_4), das «Reifehormon» bei Pflanzen[6]. Seit einigen Jahren weiss man aber, dass auch das «Umweltgift» **Stickstoffmonoxid** (NO) Bestandteil vieler Stoffwechselvorgänge ist und eine Vielfalt von Funktionen erfüllt. Es wurde aus diesem Grund von der Zeitschrift Science zum «Molekül des Jahres 1992» gewählt.

NO hat eine extrem kurze biologische Halbwertszeit und wirkt nur in unmittelbarer Nähe der Zelle, in der es gebildet wird. Es entsteht unter der Wirkung eines Enzyms, der NO-Synthase, als Nebenprodukt der Oxidation von L-Arginin zu L-Citrullin[7]. NO reagiert besonders leicht mit eisenhaltigen Proteiden, z.B. dem Häm und aktiviert auf diese Weise eine Reihe wichtiger Enzyme. Es reagiert auch sehr schnell mit Sauerstoff-Radikalen, die in grossen Mengen bei Entzündungen frei werden (Schutz der Gewebe!).

NO übt, wie man heute mit Bestimmtheit weiss, sehr vielfältige physiologische Wirkungen aus. So ist es an der normalen Funktion so verschiedener Organe beteiligt wie Gehirn, Herz, Arterien und Venen, Immunsystem, Leber, Pankreas und Geschlechtsorgane. Man vermutet auch, dass NO eine Rolle in der körpereigenen Abwehr spielt, z.B. gegenüber Tumorzellen oder Mikroorganismen. Im zentralen und peripheren Nervensystem wirkt NO als Neurotransmitter (Stoffe, die den Nervenreiz auf chemischem Weg von einer Nervenzelle zur nächsten weiterleiten). Eine Zellschicht auf der Innenseite der Blutgefässe produziert neben anderen Wirkstoffen NO, das eine Entspannung der darunter liegenden glatten Muskulatur bewirkt. Die kontinuierliche NO-Produktion spielt eine wichtige Rolle bei der Regelung des Blutdrucks. Arteriosklerose kann zu einer Verengung der Herzgefässe führen und damit die Energieversorgung des Herzens einschränken. Der dadurch entstehende Sauerstoffmangel führt zur Freisetzung von NO, das seinerseits wiederum eine Erweiterung der Gefässe bewirkt. Erst eine weitgehende Schädigung der NO-bildenden Schicht in den Gefässen führt zum Verlust dieses Schutzes und damit schliesslich zu Angina pectoris und Infarkt. Ein Zuviel von NO hat jedoch schädliche Auswirkungen, z.B. nicht kontrollierbare Blutdruckabfälle.

Eine Therapie mit NO? Zur Behandlung von Angina pectoris wird schon seit 1879 Nitroglycerin verwendet. 1977 erkannte man, dass im Organismus aus Nitroglycerin (und anderen Salpetersäureestern) NO entsteht. Gewisse Eisenkomplexe wie Natriumnitroprussiat, $Na_2[Fe(CN)_5NO]$, setzen spontan und rasch NO frei und werden z.B. zur Beherrschung von Hochdruckkrisen verwendet.Verschiedene andere stickstoff- und sauerstoffhaltige organische Verbindungen können ebenfalls NO abspalten und werden zur Therapie von Angina pectoris eingesetzt.

Mit Sicherheit sind die physiologischen Vorgänge, an denen NO beteiligt ist, heute erst zum kleinen Teil genau bekannt. «Das NO birgt noch viele Geheimnisse. Das bisher Erreichte stimmt zuversichtlich, dass am Ende neue therapeutische Konzepte stehen werden» [R. Henning in Nachr. Chem. Techn. Lab. 41 (1993), No. 4]. Uns sollen die wenigen Hinweise zeigen, wie altbekannte Moleküle, die früher unbesehen als «giftig» bezeichnet wurden, sich plötzlich als wichtige biologische Funktionsträger entpuppen. Die Chemie – und insbesondere die Biochemie – wird uns auch in Zukunft mit interessanten, ja aufregenden Ergebnissen überraschen.

[6] *Ethen beschleunigt das Wachstum von Pflanzen und insbesondere die Reifung von Früchten. In Gewächshäusern werden Pflanzen daher gelegentlich mit Ethen begast. Auch Bananen, die noch unreif zum Transport gelangen, werden durch Ethen zum Reifen gebracht.*

[7] *L-Arginin ist eine stickstoffreiche, basische Aminosäure. Bei der Aminosäure L-Citrullin ist die =NH-Gruppe von Arginin durch =O ersetzt.*

ÜBUNGEN ZUM KAPITEL 28

28.1 Was sind Kohlenhydrate und wie werden sie gebildet?

28.2 Welche verschiedenen Gruppen von Kohlenhydraten kennen Sie? Nennen Sie je zwei Beispiele.

28.3 Aus welchen Bausteinen besteht Saccharose?

28.4 Warum reagiert Saccharose nicht mit Fehling-Lösung?

28.5 Worin unterscheiden sich Saccharose und Maltose?

28.6 Aus welchen Bausteinen besteht die Stärke und wie lässt sie sich nachweisen?

28.7 Welches Produkt erhält man beim Kochen von Stärke mit verdünnter Salzsäure?

28.8 In welcher Form kommt Cellulose in der Natur vor?

28.9 Wie verändert sich Cellulose beim Kochen mit konzentrierter Salzsäure?

28.10 Was geschieht mit den jährlich anfallenden grossen Mengen an abgestorbenen Pflanzen und Pflanzenteilen?

28.11 Welche Produkte lassen sich aus der Cellulose gewinnen?

28.12 Was ist Papier und wie wird es hergestellt?

28.13 Worin besteht die grosse Bedeutung der Proteine?

28.14 Welche zwei grossen Gruppen von Proteinen lassen sich unterscheiden?

28.15 Welche Elemente sind in den Eiweissen enthalten und wie lassen sich diese nachweisen?

28.16 Zeichnen Sie die allgemeine Lewis-Formel einer Aminosäure. Worin unterscheiden sich die rund 20 natürlich vorkommenden Aminosäuren voneinander?

28.17 Weshalb sind alle Aminosäuren (mit Ausnahme von Glycin) optisch aktiv?

28.18 Aminosäuren sind bei Zimmertemperatur fest und ausserdem gut wasserlöslich. Begründung?

28.19 Zwei verschiedene Aminosäuren lassen sich zu zwei Dipeptiden verknüpfen. Zeichnen Sie die beiden Lewis-Formeln.

28.20 Worin unterscheiden sich Primär-, Sekundär- und Tertiärstruktur der Proteine voneinander?

28.21 Was sind Proteide? Nennen Sie zwei Beispiele.

28.22 Was sind Enzyme und welche Funktion haben sie in lebenden Körpern?

28.23 Weshalb verlieren Enzyme oberhalb von 60–80 °C oder durch Einwirkung von Schwermetall- und gewissen anderen Ionen ihre Wirkung?

28.24 Warum wird zur Behandlung von Angina pectoris Nitroglycerin verwendet?

29 DER ABBAU VON KOHLENHYDRATEN, FETTEN UND EIWEISSEN (PROTEINEN) IM MENSCHLICHEN ORGANISMUS

29.1 Grundlagen

Lebende Systeme benötigen Energie (freie Enthalpie), um ihre verschiedenen Funktionen ausüben zu können. Dazu gehören u.a. der Abbau (Katabolismus; kata gr. = hinab) und der Aufbau (Anabolismus; ana gr. = hinauf) von Stoffen sowie die Reaktion auf äussere Reize. Die Gesamtheit der dabei ablaufenden Reaktionen fasst man unter dem Begriff Stoffwechsel oder Metabolismus zusammen, die dabei beteiligten Stoffe heissen Metaboliten. Damit die Reaktionen im menschlichen Organismus ablaufen können (37 °C!), ist für jede einzelne von ihnen ein spezifisches Enzym (Katalysator) nötig. Bis heute sind etwa 2000 Biokatalysatoren bekannt.

Erstaunlich sind die Mengen, die ein erwachsener Mensch im Verlaufe von 40 Jahren bei gleich bleibendem Gewicht und gleicher chemischer Zusammensetzung umsetzt[1]:
– 6 Tonnen Nahrung (Trockengewicht)
– 30 000 bis 40 000 Liter Wasser

Beim Katabolismus handelt es sich insgesamt um einen exergonischen Vorgang ($\Delta G < 0$; Abschnitte 17.1 und 29.3), bei dem die zugeführten Nährstoffe über viele Teilreaktionen abgebaut und mit dem zugeführten Sauerstoff zu Kohlenstoffdioxid und Wasser umgewandelt werden.

Nährstoffe + $O_2 \rightarrow CO_2 + H_2O \quad \Delta G < 0$

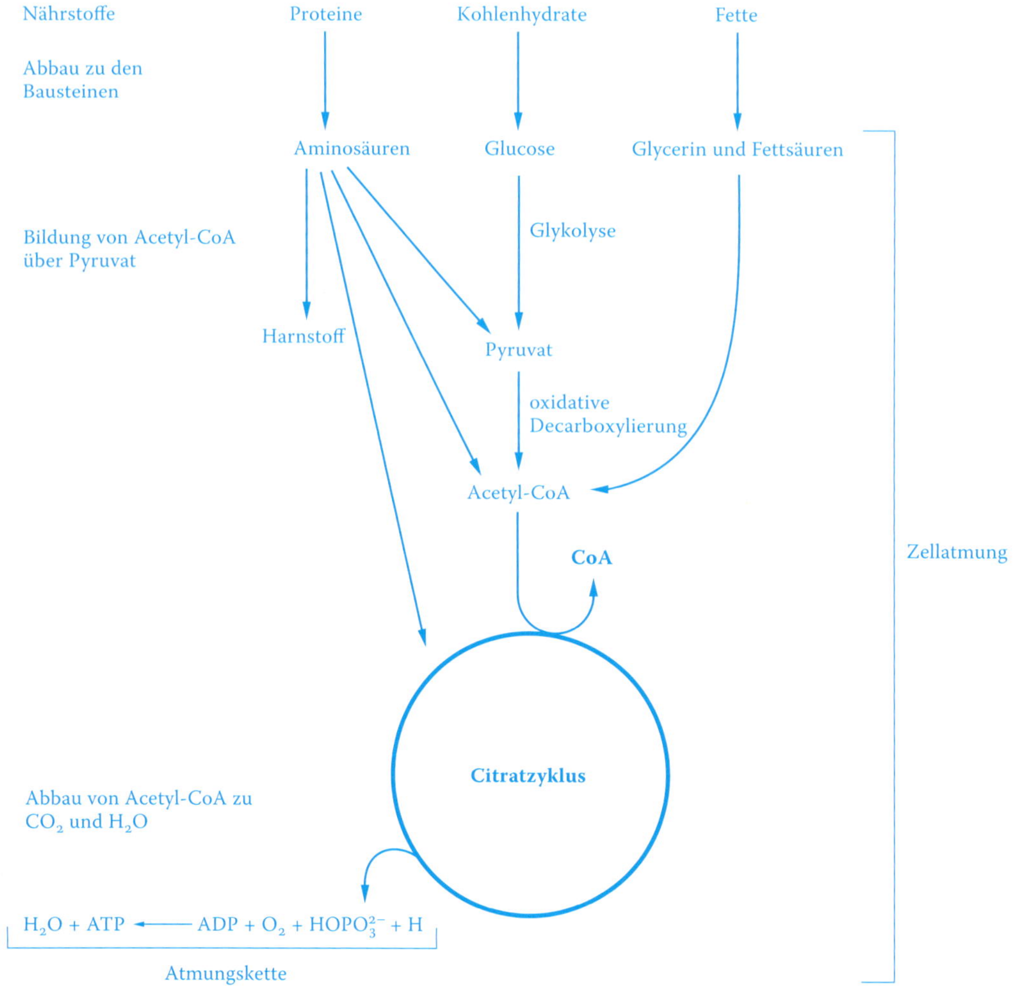

Abb. 29.1 Symbolische Darstellung des Abbaus von Proteinen, Kohlenhydraten und Fetten[2] im menschlichen Organismus

[1, 2] *Aus Christen, P; Jaussi, R.: Biochemie. Eine Einführung in 40 Lerneinheiten. Springer Verlag. Berlin, Heidelberg, New York. 2005*

Die dabei gewonnene Energie dient v.a. zur Synthese von energiereichem **A**denosin**t**ri**p**hosphat (ATP) aus **A**denosin**dip**hosphat (ADP) und einer Hydrogenphosphat-Gruppe (Phosphorylgruppe: $HOPO_3^{2-}$). ATP ist eine Verbindung, die in einem einfachen Reaktionsschritt die gespeicherte Energie leicht wieder abgeben kann, die dann u.a. zur Verrichtung von Muskelarbeit sowie zur Aufrechterhaltung der Körperwärme verwendet wird.

$$\mathrm{ADP} + \mathrm{HOPO_3^{2-}} \underset{\text{Anabolismus}}{\overset{\text{Katabolismus}}{\rightleftharpoons}} \mathrm{ATP} \quad \Delta G > 0$$

Durch Umkehrung der katabolischen Reaktionen können körpereigene Stoffe in endergonischen Vorgängen aufgebaut werden (Anabolismus). Die dazu benötigte Energie wird ebenfalls durch das bei den Abbauvorgängen gewonnene ATP geliefert.
Die vom menschlichen Organismus aufgenommenen Nährstoffe (Kohlenhydrate, Fette, Proteine) werden in einer ersten Stufe in ihre Bausteine zerlegt:

Kohlenhydrate (Polysaccharide) → Glucose
Fette → Glycerin + Fettsäuren
Proteine (Eiweisse) → 2-Aminocarbonsäuren («Aminosäuren»)

Anschliessend kommt es zu einer Umwandlung der Glucose, der Aminosäuren und der Fettsäuren zu kleineren Produkten, deren weiterer Abbau zu Kohlenstoffdioxid und Wasser über den Citratzyklus und die Zufuhr von Sauerstoff (Atmungskette) erfolgt. Den Gesamtvorgang bezeichnet man als Zellatmung. Diese umfasst die Glykolyse, die oxidative Decarboxylierung von Pyruvat, den Citratzyklus und die Atmungskette.
Die Glykolyse findet im Zellplasma, dem Cytosol statt, während die Reaktionen der oxidativen Decarboxylierung, des Citratzyklus und der Atmungskette in den Mitochondrien ablaufen.

In den nachfolgenden Abschnitten des Kapitels 28 wird nur der Katabolismus der drei Nährstoffe behandelt. Weitergehende Informationen sind in den zahlreichen Lehrbüchern zur Biochemie ausführlich beschrieben.

29.2 Die wichtigsten am Katabolismus beteiligten Stoffe

Die Natur verwendet zum Abbau energieliefernder Nährstoffe (Kohlenhydrate, Fette, Proteine) eine fast unübersehbare Zahl an verschiedenen Stoffen. Das genauere Studium der dabei ablaufenden Reaktionen zeigt jedoch, dass an diesen Vorgängen nur eine relativ kleine Gruppe von Substanzen beteiligt ist.
Die am Katabolismus teilnehmenden Stoffe sind im Folgenden in tabellarischer Form aufgeführt.

Phosphorsäure: H_3PO_4

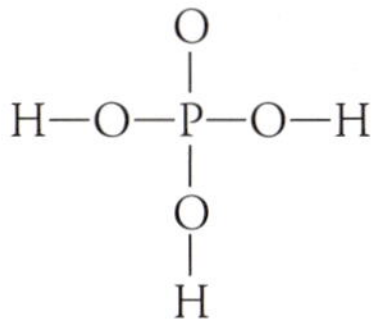

Hydrogenphosphat-Ion: HPO_4^{2-} ($HOPO_3^{2-}$)
In der Biochemie auch als Phosphorylgruppe bezeichnet. Phosphorylierung bedeutet in diesem Zusammenhang die Einführung einer solchen Gruppe in biochemische Substanzen durch Esterbildung.

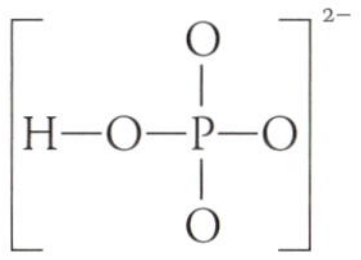

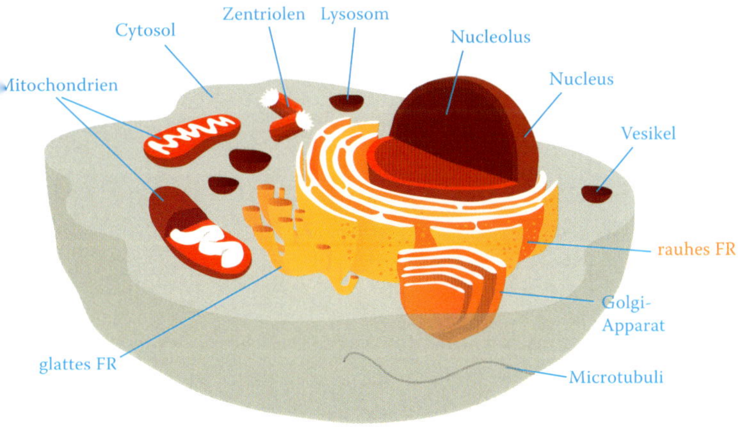

Abb. 29.2: Menschliche Zelle

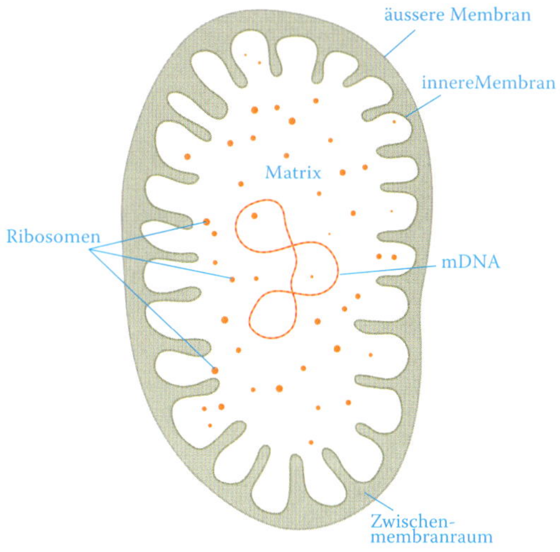

Abb. 29.3 Schematische Darstellung eines Mitochondriums

Säureanhydride der Phosphorsäure:
Anhydride sind Verbindungen, die aus anorganischen Sauerstoffsäuren formal durch Wasserabspaltung entstehen:

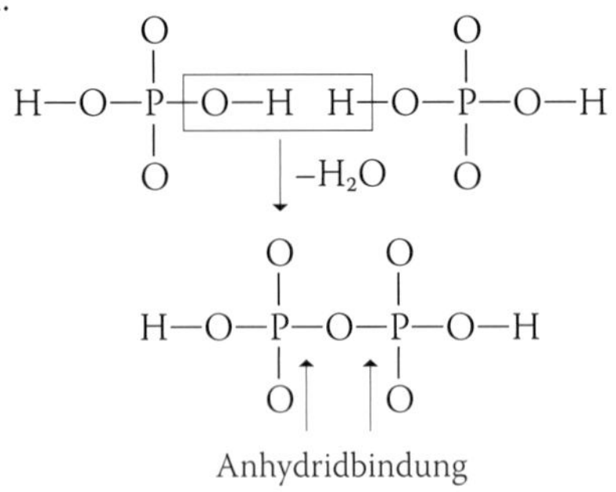

Ethansäure (Essigsäure): 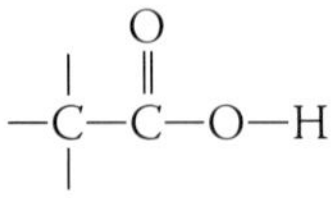

Acetat-Ion: CH_3COO^-

Acylgruppe: 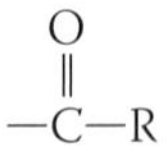 R = Alkylrest

Acetylgruppe: 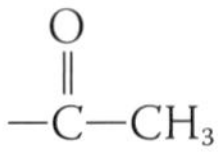

Propionylgruppe: 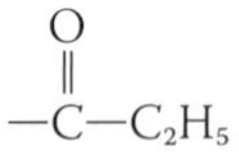

Ethandisäure (Oxalsäure): 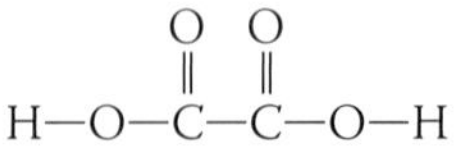

Oxalat-Ion («Oxalat»): 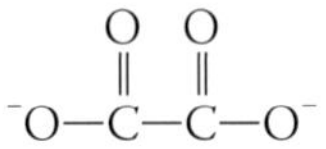

Oxalacetat:
Ersatz eines Hydroxyl-Sauerstoff-Atoms des Oxalat-Ions durch eine Acetatgruppe

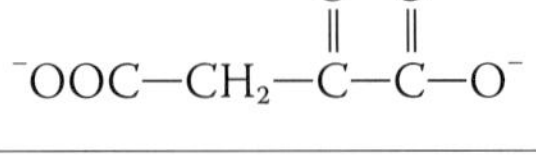

Butandisäure (Bernsteinsäure):
engl. succinic acid (succinum lat. = Bernstein)

$HOOC{-}CH_2{-}CH_2{-}COOH$

Succinat-Ion («Succinat»):

$^-OOC{-}CH_2{-}CH_2{-}COO^-$

cis- oder trans-Butendisäure (Fumarsäure):
Vorkommen im Erdrauch (Fumaria officinalis)

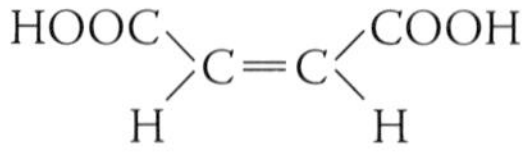

Fumarat-Ion («Fumarat»):
Fumarate entstehen im Citratzyklus aus Succinaten

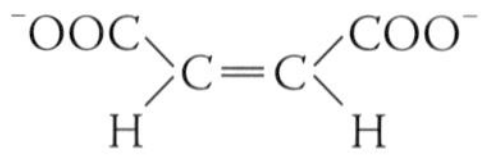

Hydroxybutandisäure (Hydroxybernsteinsäure; Apfelsäure):
engl. malic acid (malus lat. = Apfelbaum)

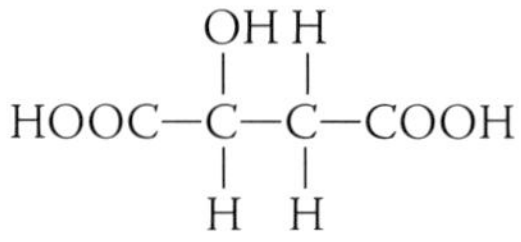

Malat-Ion («Malat»):
Malate entstehen im Citratzyklus aus Fumaraten

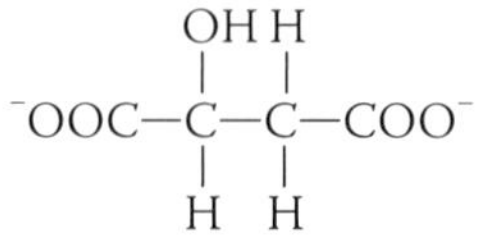

2,3-Dihydroxybutandisäure (Weinsäure, Traubensäure):

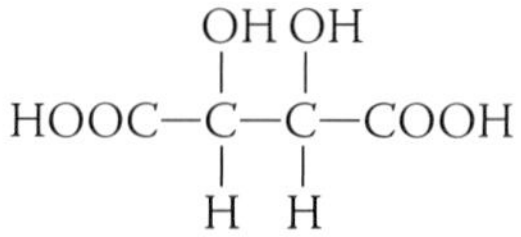

Pentandisäure (Glutarsäure):
engl. glutaric acid

$HOOC{-}CH_2{-}CH_2{-}CH_2{-}COOH$

Glutarat-Ion («Glutarat»):

$^-OOC{-}CH_2{-}CH_2{-}CH_2{-}COO^-$

2-Oxoglutarat (2-Ketoglutarat):
entsteht im Citratzyklus aus Isocytrat

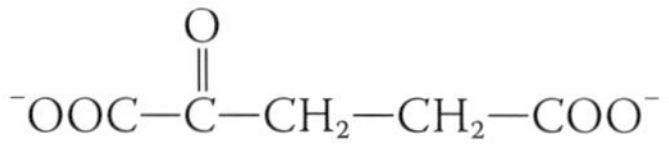

3-Carbonsäure-3-hydroxypentandisäure (Citronensäure):

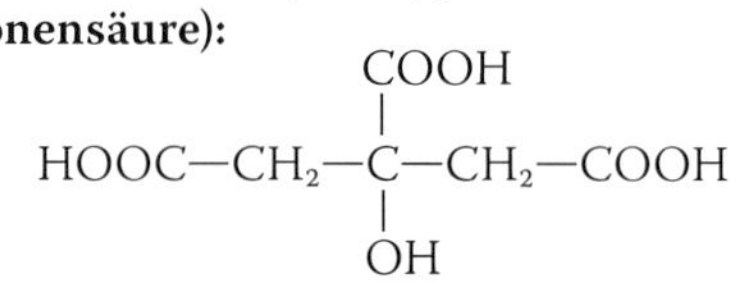

Citrat-Ion («Citrat»):

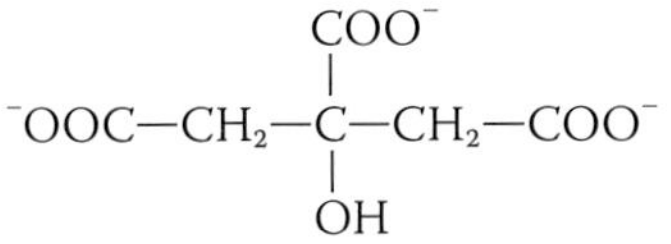

3-Carbonsäure-2-hydroxypentandisäure (Isocitronensäure):

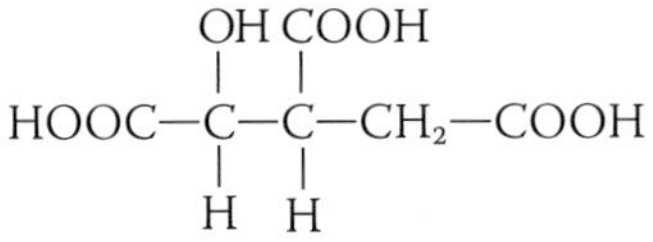

Isocitrat-Ion («Isocitrat»):
entsteht aus Citraten im Citratzyklus

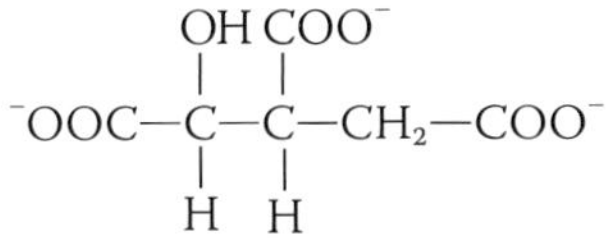

1,2,3-Propentricarbonsäure (Aconitsäure):
Sie kommt u.a. im Eisenhut vor (Aconitum napellus)

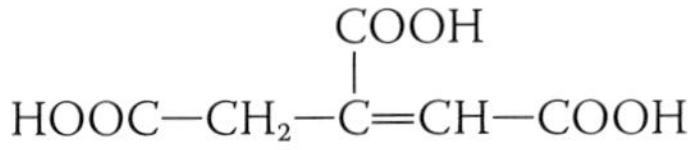

Aconitat-Ion («Aconitat»):
entsteht im Citratzyklus aus Citraten

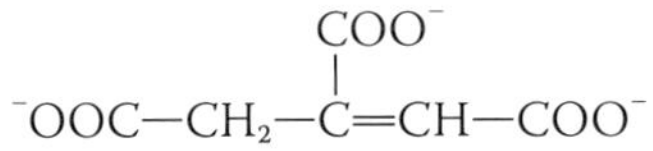

Propansäure (Propionsäure):

$$HOOC{-}CH_2{-}CH_3$$

2-Hydroxypropansäure (Milchsäure):

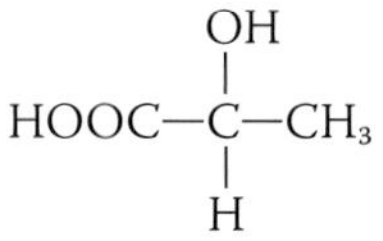

2-Oxopropansäure (2-Oxopropionsäure; Brenztraubensäure):
engl. pyruvic acid

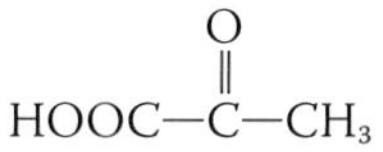

Der Name Brenztraubensäure rührt davon her, dass die Säure durch trockene Destillation («Brenzen») aus Traubensäure [= Weinsäure HOOC—CHOH—CHOH—COOH (2,3-Dihydroxybutandisäure)] gewonnen wurde. Traubensäure: acidum pyruvicum von pyr gr. = Feuer und uva lat. = Traube

Pyruvat-Ion («Pyruvat»):
konjugierte Base der Brenztraubensäure. Pyruvat ist das Endprodukt bei der Glykolyse.

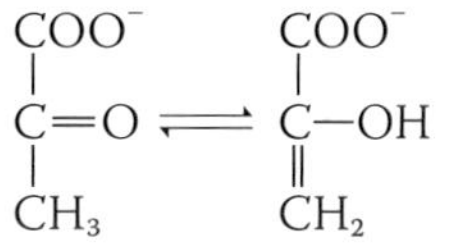

Ketoform Enolform

Die Reduktion der Brenztraubensäure ergibt Milchsäure, die Oxidation Essigsäure und Kohlenstoffdioxid.

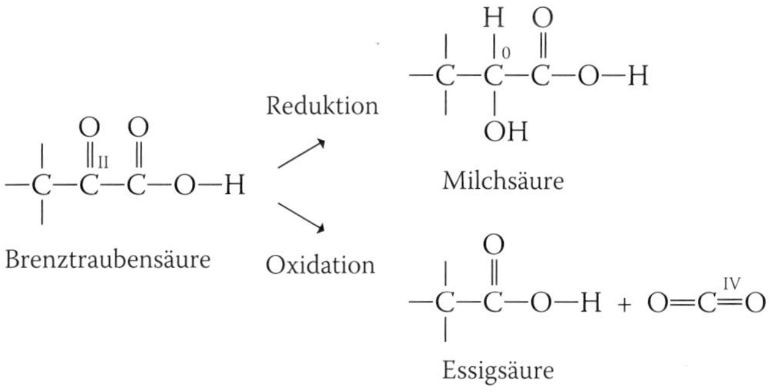

3-Pyridincarbonsäure (Nicotinsäure):

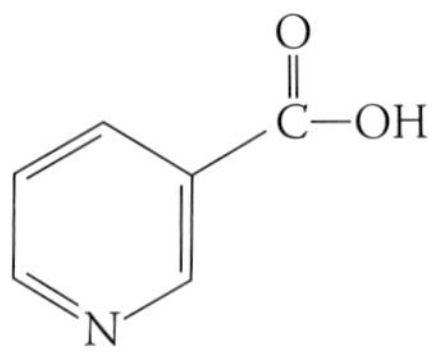

Nicotinsäureamid («Nicotinamid»):

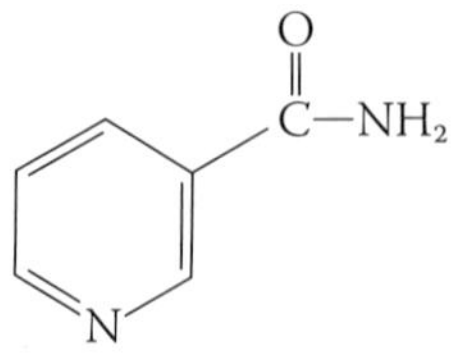

Nucleotid:
Nucleobase: z.B. Adenin + Pentose (z.B. Ribose) + Phosphorsäure

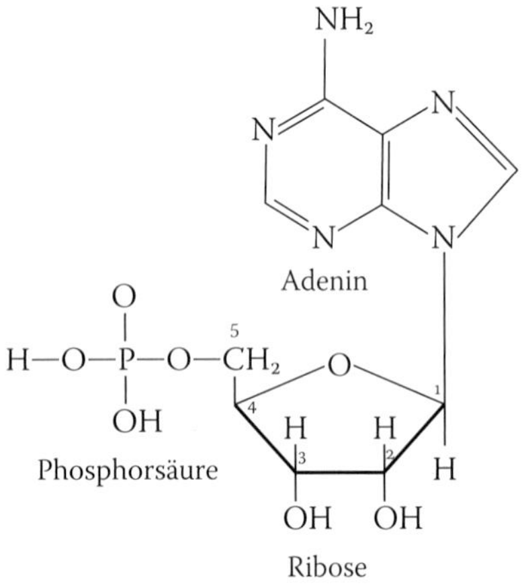

Adenosindiphosphat (ADP):
findet sich als Baustein im Adenosintriphosphat (ATP), im Nicotinamidadenindinucleotid (NAD^+), im Flavin-adenindinucleotid (FAD) sowie im Coenzym A

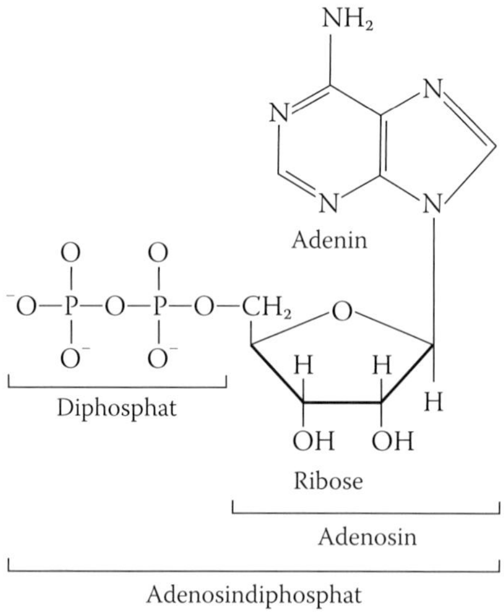

Adenosinmonophosphat (AMP):

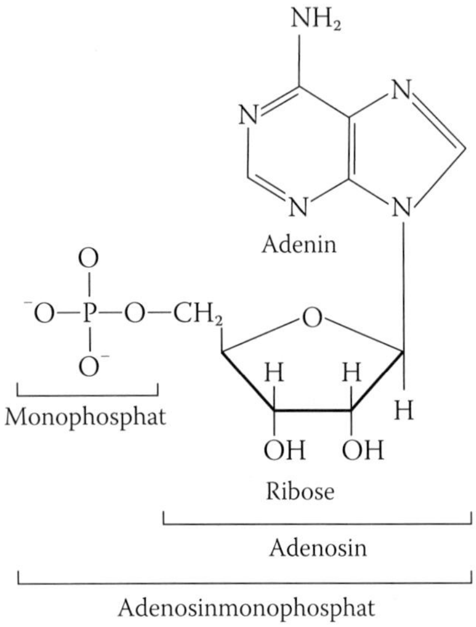

Adenosintriphosphat (ATP):

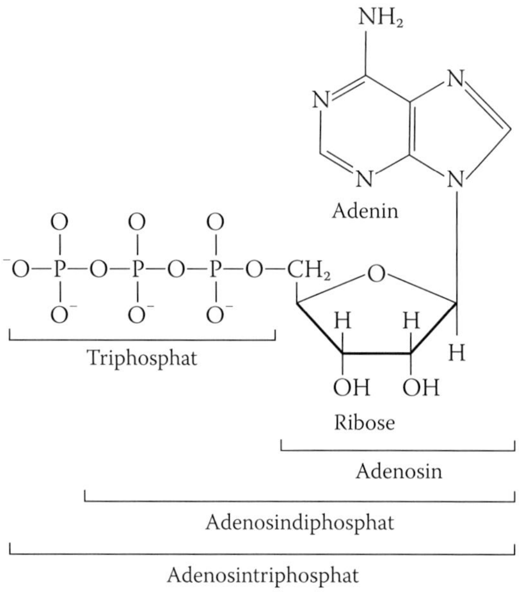

Nicotinamidadenindinucleotid (NAD^+):
NAD^+ wirkt als Oxidationsmittel, indem es Stoffe dehydriert und die dabei frei werdenden Elektronen in die Atmungskette transportiert (Carrier-Funktion). Dort kommt es zu einer Reduktion von Sauerstoff-Atomen (Abschnitt 29.9).

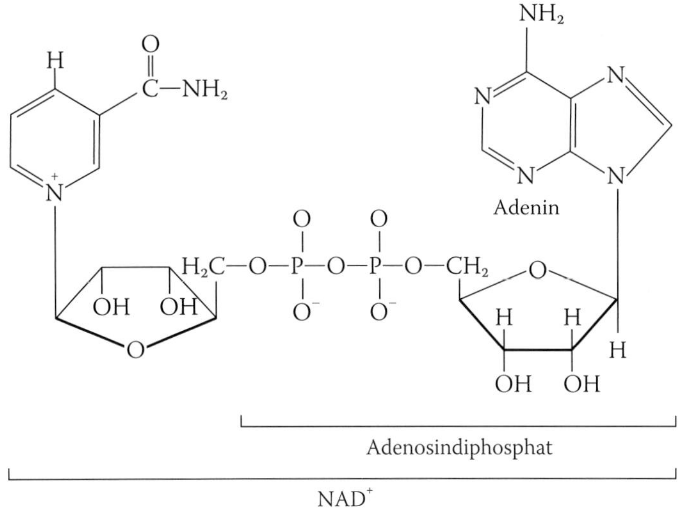

Flavinadenindinucleotid (FAD):
Bestandteile von Enzymen (Biokatalysatoren), die nur schwach mit ihnen verbunden sind und daher leicht abgespalten werden können, nennt man Coenzyme. Es handelt sich dabei nicht um Proteine. **F**lavin**aden**in**d**inucleotid (FAD) ist ein wichtiges Coenzym, das wie NAD^+ an Redoxvorgängen bei biochemischen Reaktionen durch Dehydrierung des Substrats beteiligt ist. Die dabei aufgenommenen Elektronen werden anschliessend ebenfalls auf Sauerstoff-Atome in der Atmungskette übertragen.

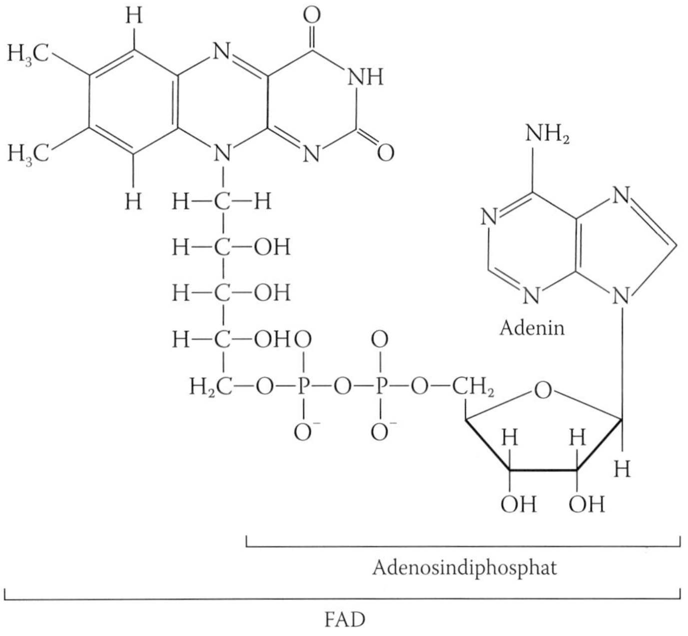

Coenzym A (HS-CoA):
Ein weiteres wichtiges Beispiel eines Coenzyms ist das Coenzym A, das als Überträger von Acetylgruppen grosse Bedeutung hat. Dabei geht das Coenzym eine vorübergehende Bindung mit dem Substrat ein und transportiert dieses an einen anderen Reaktionsort. Indem das Substrat eine neue Bindung eingeht, löst es sich vom «Transportmittel» (Carrier).

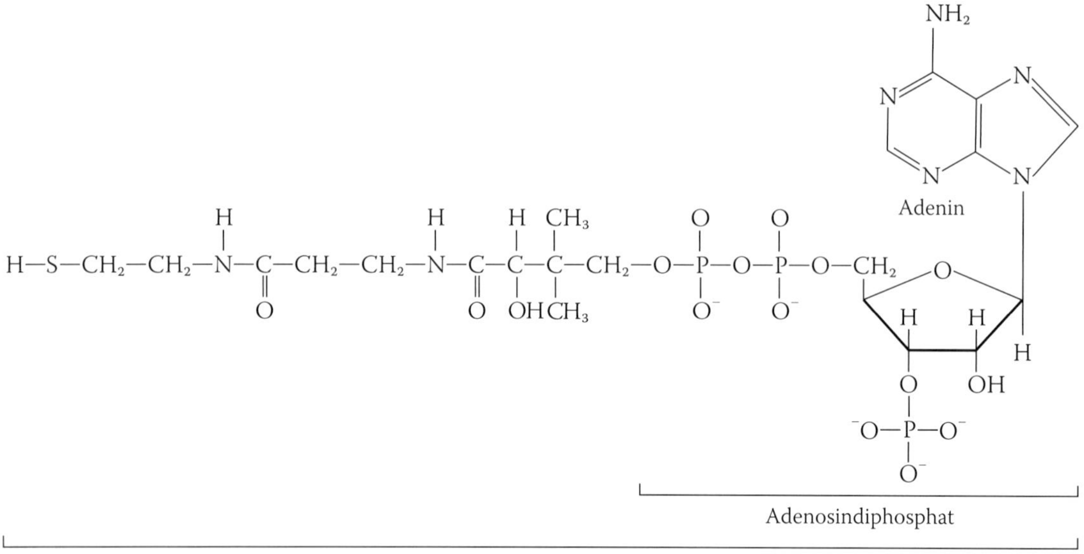

Coenzym A

Thiole:
Alkoholähnliche Verbindungen, bei denen das Sauerstoff-Atom der Hydroxylgruppe eines Alkohols durch ein Schwefel-Atom ersetzt ist, heissen Thiole. Deshalb spricht man auch von Thioalkoholen. Da solche Verbindungen eine grosse Affinität zu Quecksilber aufweisen, werden sie auch als Mercaptane bezeichnet.

H—S—R

Derartige Verbindungen lassen sich auch als Derivate von Dihydrogensulfid (H_2S) auffassen, wobei ein Wasserstoff-Atom durch eine Alkylgruppe ersetzt ist. Die Benennung erfolgt dann mit dem Suffix -thiol, z.B. Methanthiol $HSCH_3$.

Guanosindiphosphat (GDP):
GDP wird im Citratzyklus zum energiereicheren GTP phosphoryliert. Die endergone Reaktion ist mit der Spaltung eines Thioesters energetisch gekoppelt.

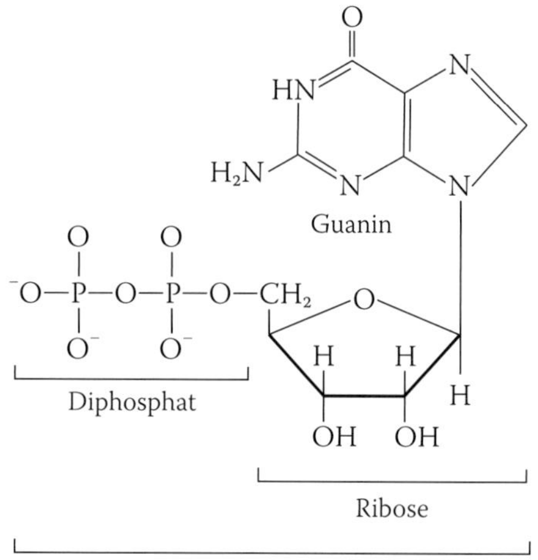

Guanosindiphosphat

Guanosintriphosphat (GTP):

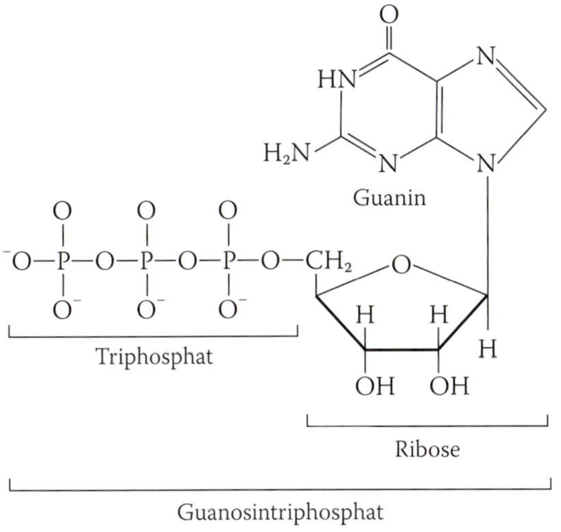

29.3 Energiebilanz biochemischer Reaktionen

Chemische Reaktionen laufen dann freiwillig (spontan) ab, wenn die Änderung der freien Enthalpie ΔG kleiner ist als null. Für derartige exergonische Reaktionen verwendet man auch den Begriff der «thermodynamischen Freiwilligkeit». Keine Aussage macht ΔG hingegen über die Geschwindigkeit, mit der die Reaktion abläuft. Diese wird durch die Aktivierungsenthalpie bestimmt. Der Betrag von ΔG ergibt sich aus der Änderung von Enthalpie und Entropie gemäss der Gleichung von Gibbs-Helmholtz: $\Delta G = \Delta H - T \cdot \Delta S$ (Abschnitt 17.1). Es sind jedoch auch endergonische Reaktionen möglich ($\Delta G > 0$), wenn sie mit exergonischen Vorgängen gekoppelt sind. Die Summe der Änderung der freien Enthalpie muss in einem solchen Fall kleiner sein als null. Derartige Verknüpfungen treten v.a. bei biochemischen, katalysierten Reaktionen sehr häufig auf. Normalerweise gibt man die freien Enthalpien für Standardbedingungen an (ΔG^o), d.h. bei einer Temperatur von 25 °C (298,15 K) und dem Normaldruck 1,013 bar. Dabei gehen die reinen Edukte im Standardzustand vollständig zu den reinen Produkten im Standardzustand über.

Die freien Standardenthalpien ΔG^o lassen sich aus den freien Standardbildungsenthalpien ΔG_f^o von Verbindungen berechnen, die man aus den Bildungsenthalpien ΔH_f^o (Synthese von einem Mol der Verbindung bei Standardbedingungen aus den Elementen; experimentell zugänglich) und den Standardentropien S° (für 1 Mol eines Stoffes; aus thermodynamischen Daten berechenbar) der an der Reaktion beteiligten Stoffe erhält.

$$\Delta G_f^o = \Delta H - T \cdot S^o$$

ΔG_f^o: freie Standardbildungsenthalpie; ΔH_f^o: Standardbildungsenthalpie; S^o: Standardentropie

$$\Delta G^o = \Sigma \Delta G_f^o(\text{Produkte}) - \Sigma \Delta G_f^o(\text{Edukte})$$

Für eine chemische Reaktion, die nicht unter Standardbedingungen stattfindet, berechnet sich die freie Enthalpie ΔG folgendermassen:

Für die allgemeine Reaktion $aA + bB \rightleftharpoons dD + eE$ gilt:

$$\Delta G = \Delta G^o + R \cdot T \cdot \ln \frac{c^d(D) \cdot c^e(E)}{c^a(A) \cdot c^b(B)}$$

c: Konzentration, R: universelle Gaskonstante, T: absolute Temperatur. ΔG ist im Gleichgewicht null. Daraus folgt:

$$0 = \Delta G^o + R \cdot T \cdot \ln \frac{c^d(D) \cdot c^e(E)}{c^a(A) \cdot c^b(B)}$$

$$\Delta G^o = -R \cdot T \cdot \ln \frac{c^d(D) \cdot c^e(E)}{c^a(A) \cdot c^b(B)}$$

Damit kann ΔG^o auch aus der Messung der Konzentrationen aller im Gleichgewicht vorhandenen Stoffe berechnet werden.

Da biochemische Reaktionen bei ca. Raumtemperatur, in wässrigen Lösungen und bei einem pH-Wert von ungefähr 7 ablaufen, gilt für die Biochemie ein anderer Standardzustand (so bezieht sich z.B. ΔG^o für Glucose auf 1 Mol des festen Stoffs, während in der Zelle der Zucker gelöst ist):

- 1 Mol einer Substanz gelöst in einem Liter Lösung
- pH des Lösemittels = 7
- 25 °C und 1,013 bar

Der neue (biochemische) Wert für die Änderung der freien Enthalpie wird mit $\Delta G^{o'}$ symbolisiert und dient zum Vergleich der in den Organismen auftretenden Reaktionen.

Die tatsächliche Änderung der freien Enthalpie berechnet sich aus $\Delta G^{o'}$ und den Konzentrationen der Reaktionsteilnehmer unter physiologischen Bedingungen.

Beispiel: Phosphorylierung von Glucose mit ATP (Abschnitt 29.5; Glykolyse, Reaktionsschritt 1):

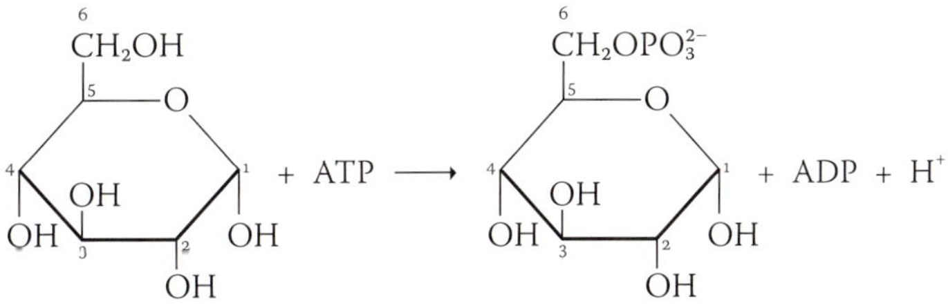

D-Glucose D-Glucose-6-phosphat

$\Delta G^{o'} = -16{,}7\ \text{kJ} \cdot \text{mol}^{-1}$ $\Delta G = -33{,}5\ \text{kJ} \cdot \text{mol}^{-1}$

Tabelle 29.1 Zusammenfassung der wichtigsten Zeichen für die freie Reaktionsenthalpie

Zeichen	Benennung	Definition
ΔG	Änderung der freien Enthalpie	Reaktionsteilnehmer bei beliebigen Bedingungen
ΔG^o	Änderung der freien Standardenthalpie	Reaktionsteilnehmer bei Standardbedingungen
ΔG_f^o	Änderung der freien Standardbildungsenthalpie	Bildung eines Stoffs aus den Elementen bei Standardbedingungen
ΔH_f^o	Standardbildungsenthalpie	Enthalpie bei der Bildung von einem Mol eines Stoffs aus den Elementen bei Standardbedingungen
ΔS^o	Standardentropie	Entropie von einem Mol eines Stoffs bei Standardbedingungen
$\Delta G^{o'}$	Änderung der freien Enthalpie für biochemische Reaktionen	Reaktionsteilnehmer bei 25 °C; 1,013 bar; 1 Mol Substanz pro Liter Lösung; pH des Lösemittels = 7

29.4 Übersicht über wichtige biochemische Reaktionen

Trotz der unglaublich grossen Fülle an chemischen Vorgängen, die in einer Zelle ablaufen, lässt sich immer wieder die gleiche, geringe Anzahl an Reaktionstypen erkennen. Für den Katabolismus unterscheidet man sechs verschiedene Reaktionsarten, die auch kombiniert auftreten können:

1. Übertragungsreaktionen:
   - Phosphorylgruppenübertragung (Phosphorylierung)
   - Elektronenübertragung (Dehydrierung; Oxidation)
   - Acetylgruppenübertragung (Acetylierung)
2. Decarboxylierung
3. Aldoladdition und Aldolspaltung
4. Isomerisierung
5. Dehydratisierung und Hydratisierung
6. Veresterung und Esterspaltung

→ 1. und 2. Übertragungsreaktionen; Decarboxylierung

Viele Stoffe binden im Verlaufe biochemischer Reaktionen Teilchen, die sie an anderen Orten auf andere Metaboliten übertragen. Solche Überträger oder Carrier, wie man sie auch nennt, haben eine grosse Bedeutung für die Energiebilanz chemischer Vorgänge. In Tabelle 29.2 sind die wichtigsten Carrier zusammengefasst.

Tabelle 29.2 Beispiele von Carriern und von ihnen übertragene Gruppen

Carrier	übertragene Gruppe	Formel
ATP	Phosphoryl	$HOPO_3^{2-}$
1,3-Biphosphoglycerat (Abschnitt 29.5)	Phosphoryl	$HOPO_3^{2-}$
Phosphoenolpyruvat (Abschnitt 29.5)	Phosphoryl	$HOPO_3^{2-}$
$NADH + H^+$	Elektronen	$H^- + H^+$ resp. $2\,e^- + 2\,H^+$
$FADH_2$	Elektronen	$H^- + H^+$ resp. $2\,e^- + 2\,H^+$
Coenzym A	Acetyl	$—CO—CH_3$

Phosphorylgruppenübertragung (Phosphorylierung)

Die Übertragung von Phosphorylgruppen spielt im Metabolismus – und damit auch im Katabolismus – eine herausragende Rolle. Allein schon bei der Glykolyse (Abbau von Kohlenhydraten; Abschnitt 29.5) sind 5 Reaktionen Phosphorylgruppenübertragungen, die aber auch im Citratzyklus und beim Abbau der freien Fettsäuren vorkommen.

Ein Beispiel für eine Phosphorylierungsreaktion ist die Übertragung einer Phosphorylgruppe von ATP als Carrier auf ein Glucose-Molekül. Die Reaktion lässt sich in zwei Teilreaktionen zerlegen, von denen eine endergonisch und die andere exergonisch ist, wobei der Energiebetrag der letzteren überwiegt (Abschnitt 29.5; Glykolyse, Reaktionsschritt 1).

Teilreaktionen:

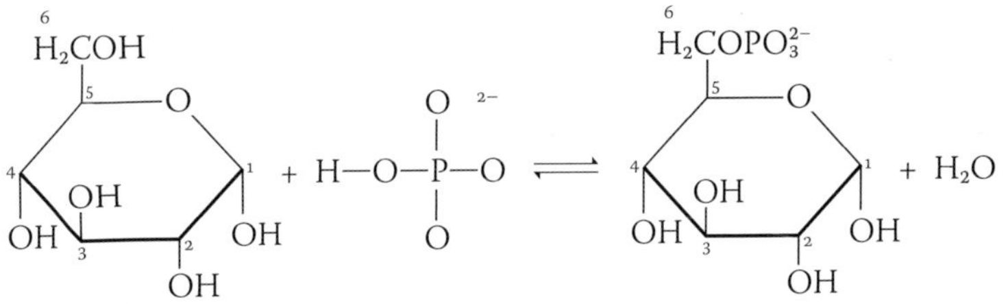

$\Delta G^{o'} = +13{,}8\ kJ \cdot mol^{-1}$

$$ATP + H_2O \rightarrow ADP + HOPO_3^{2-} \qquad \Delta G^{o'} = -30{,}5\ kJ \cdot mol^{-1}$$

Gesamtreaktion:

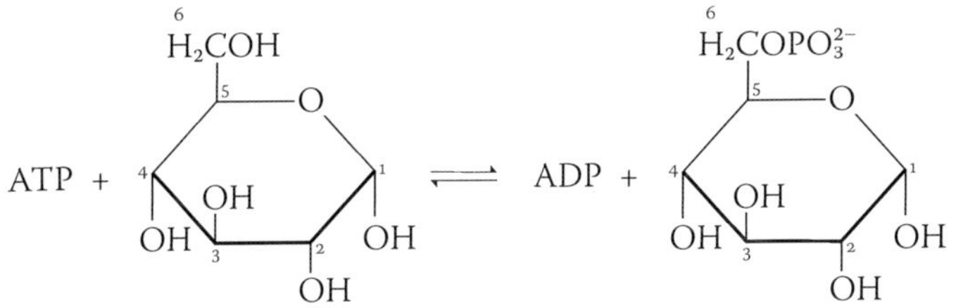

$\Delta G^{o'} = -16{,}7\ kJ \cdot mol^{-1}$

α-D-Glucose α-D-Glucose-6-phosphat

Ein weiteres Beispiel ist die Phosphorylierung von ADP durch Phosphoenolpyruvat (Abschnitt 29.5; Glykolyse, Reaktionsschritt 10):

Teilreaktionen:

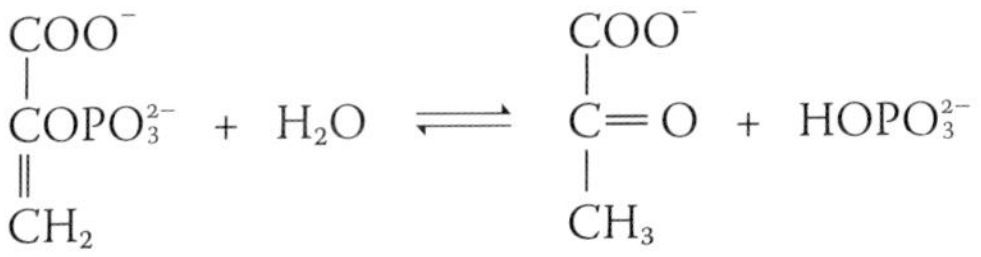

$\Delta G^{o'} = -61{,}9\ kJ \cdot mol^{-1}$

Phosphoenolpyruvat Pyruvat-Ion

$$ADP + HOPO_3^{2-} \rightleftharpoons ATP + H_2O \qquad \Delta G^{o'} = +30{,}5\ kJ \cdot mol^{-1}$$

Gesamtreaktion:

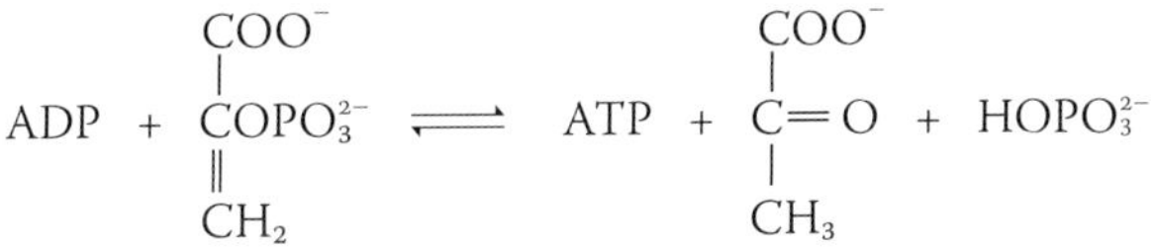

$\Delta G^{o'} = -31{,}4\ kJ \cdot mol^{-1}$

Phosphoenolpyruvat Pyruvat

Beide Reaktionen zeigen, dass eine Phosphorylierung (Glucose + $HOPO_3^{2-}$; ADP + $HOPO_3^{2-}$) zu einem energiereicheren Stoff führt (Energieaufwand), während die Abspaltung einer Phosphorylgruppe aus ATP bzw. aus Phosphoenolpyruvat mit einem Energiegewinn verbunden ist. Für den exergonischen Übergang von ATP zu ADP sind drei Faktoren verantwortlich:

a) Bei der Hydrolyse (Spaltung einer Atombindung unter Aufnahme eines Wasser-Moleküls) bildet sich ein Hydrogenphosphat-Ion, das je nach dem pH-Wert der Lösung noch ein Proton abgeben kann. Das dabei gebildete Phosphat-Ion (PO_4^{3-}) zeigt eine ausgeprägte Delokalisierung von 8 Elektronen, die das Ion stabilisieren, d.h. den Energiegehalt herabsetzen. Eine derartige Stabilisierung ist im ATP bzw. im Glucose-6-phosphat selber nicht möglich. Die freien Elektronenpaare der Sauerstoff-Atome in der Anhydridbindung werden jeweils von 2 benachbarten Sauerstoff-Atomen angezogen, sodass sich keine Delokalisierung ausbilden kann.

Säureanhydridbindung im ATP:

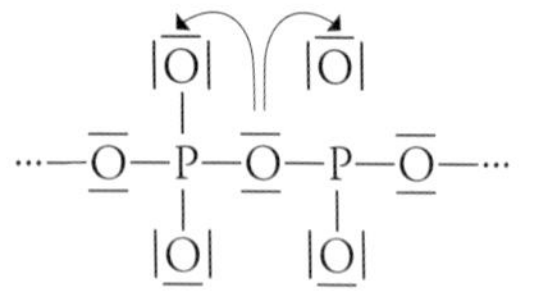

Grenzformeln des Phosphat-Ions PO_4^{3-}:

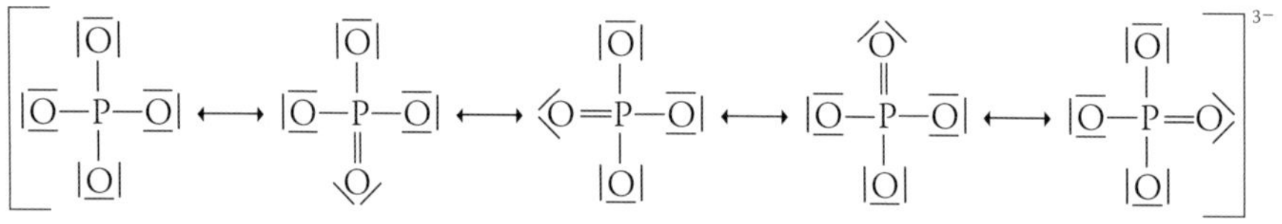

Phosphat-Ion mit 8 delokalisierten Elektronen:

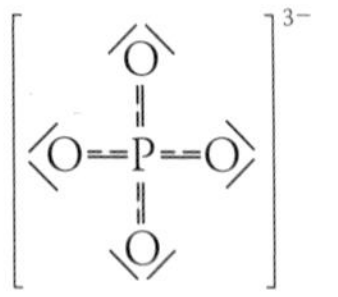

– – delokalisierte Elektronen

«wahrer Zustand»

Im menschlichen Organismus ist die Änderung der freien Reaktionsenthalpie bei der Phosphorylierung von ADP bzw. bei der Abgabe einer Phosphorylgruppe von ATP im Vergleich zum Standardwert $\Delta G^{o'}$ deutlich grösser (ΔG = ±51,8 kJ · mol^{-1}), da die Konzentrationen der beteiligten Stoffe [ATP, ADP und freie Hydrogenphosphat-Ionen ($HOPO_3^{2-}$)] wesentlich geringer sind als unter Standardbedingungen (c = 1 mol · L^{-1}).

b) Je nach dem pH-Wert der Lösung besitzt das ATP bis zu vier nahe beieinanderliegende negative Ladungen, die eine starke elektrostatische Abstossung bewirken und damit den Energiegehalt von ATP deutlich erhöhen.

c) Die Hydrationsenthalpie von ATP ist geringer als die der Phosphat-Ionen. Bei der Hydrolyse von ATP wird also, neben der Mesomerieenergie, noch eine beträchtliche Hydrationsenthalpie frei.

Das energiereiche ATP ist bei den Bedingungen im menschlichen Organismus trotzdem reaktionsträge, da für die ATP-Hydrolyse eine hohe Aktivierungsenthalpie nötig ist. Diese wird durch geeignete Biokatalysatoren (Enzyme) herabgesetzt.

Die Hydrolyse von **Phosphoenolpyruvat** liefert deutlich mehr freie Reaktionsenthalpie als die Hydrolyse von ATP (–61,9 bzw. –30,5 kJ · mol^{-1}). Phosphoenolpyruvat besitzt damit ein höheres «Phosphorylübertragungspotential» als ATP! Wie beim ATP nimmt das Ausmass der Delokalisierung von Elektronen sowie die Hydrationsenthalpie zu. Ausserdem wandelt sich bei der Hydrolyse die entstehende Enolform (En... für eine Doppelbindung und ...ol für eine Hydroxylgruppe) sofort in die wesentlich stabilere (energieärmere) Ketoform mit der Carbonylgruppe – C=O um (stark exergonisch). Aus der unpolaren C=C-Bindung bildet sich eine neue, stark polare – C=O-Bindung sowie eine schwach polare C—H-Bindung. Dies führt zu einem energieärmeren Zustand.

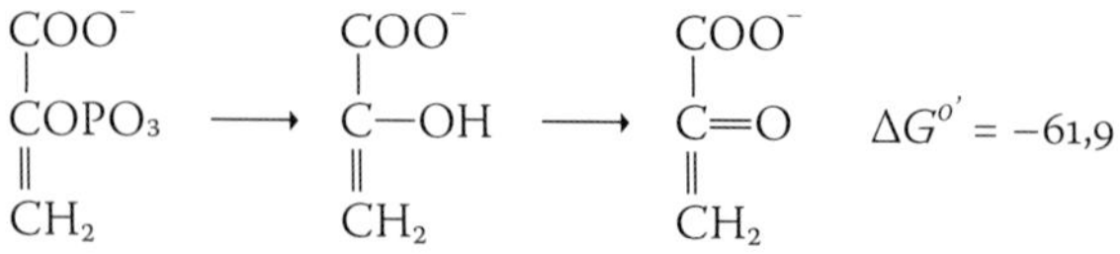

Phosphoenol-pyruvat | Pyruvat (Enolform) | Pyruvat (Ketoform)

Andere phosphorylierte Moleküle, wie z.B. **α-D-Glucose-6-phosphat,** unterscheiden sich in der Delokalisierung von Elektronen kaum von ihren Hydrolyseprodukten. Die freien Reaktionsenthalpien bei der Hydrolyse weisen geringere Werte auf.

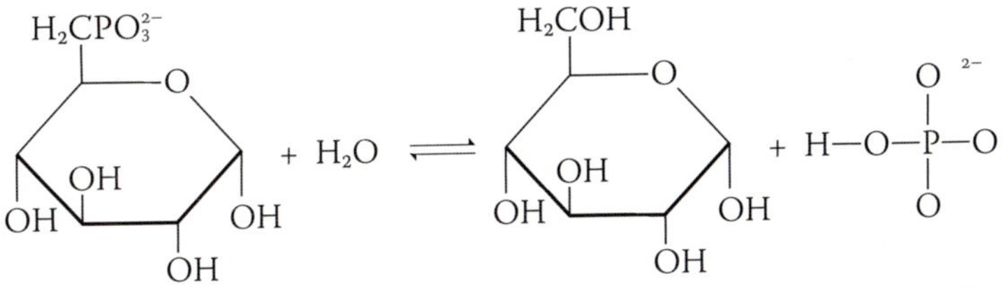

$\Delta G^{o'} = -13{,}8\ \text{kJ} \cdot \text{mol}^{-1}$

α-D-Glucose-6-phosphat — α-D-Glucose — Hydrogenphosphat-Ion

Es ist auffällig, dass das Phosphorylübertragungspotential von ATP zwischen phosphorylierten Teilchen mit höheren und niedrigeren Potentialen steht. ADP wird von Stoffen mit grösserem Potential phosphoryliert, während ATP wiederum eine Phosphorylgruppe auf Teilchen mit schwächerem Potential übertragen kann. Dies ist einer der Gründe dafür, weshalb das ATP bei zahlreichen biochemischen Reaktionen in lebenden Organismen eine aussergewöhnlich wichtige Rolle spielt. Zum Vergleich der Übertragungspotentiale verwendet man die freie Reaktionsenthalpie $\Delta G^{o'}$ (nach biochemischer Definition; Abschnitt 29.3) für die Abspaltung einer Phosphorylgruppe durch Hydrolyse.

Tabelle 29.3: Freie Reaktionsenthalpien $\Delta G^{o'}$ für die Hydrolyse verschiedener Stoffe in $\text{kJ} \cdot \text{mol}^{-1}$

Stoff	$\Delta G^{o'}$
Phosphoenolpyruvat	−61,9
1,3-Biphosphoglycerat (Abschnitt 29.5)	−49,4
Adenosintriphosphat (ATP)	−30,5
Fructose-1,6-diphosphat (Abschnitt 29.5)	−16,7
Glucose-6-phosphat	−13,8

Guanosindiphosphat. Das GDP kann, ähnlich wie das ATP, im Zusammenspiel mit einer stark exergonischen Reaktion zu GTP (Guanosintriphosphat) umgewandelt werden. Hinsichtlich der Energiebilanz gelten die gleichen Überlegungen wie beim ADP bzw. ATP. In einem exergonischen Vorgang überträgt das GTP mit einem höheren Übertragungspotential als ATP eine Phosphorylgruppe auf ein ADP-Teilchen, das schliesslich wiederum für eine Phosphorylierungsreaktion zur Verfügung steht.

$$\text{GDP} + \text{HOPO}_3^{2-} \rightarrow \text{GTP} \qquad \Delta G^{o'} > 0$$

$$\text{GTP} + \text{ADP} \rightarrow \text{GDP} + \text{ATP} \qquad \Delta G^{o'} < 0$$

Elektronenübertragungsreaktionen (Dehydrierung; Oxidation)
Elektronen werden nicht direkt auf den vom Organismus aufgenommenen Sauerstoff übertragen. In einer langen Reihe von Abbaureaktionen gelangen die beim Katabolismus frei werdenden Elektronen über die Carrier NAD^+/NADH und FAD/FADH_2 in die Atmungskette. Dort wird der Sauerstoff reduziert, die beiden Carrier werden oxidiert und es entsteht Wasser. Die Reduktion des Sauerstoffs verläuft dabei über mehrere Stufen, wobei es zum Aufbau eines Protonengefälles kommt. Der dadurch in Gang gesetzte Protonenfluss ermöglicht die Bildung von ATP aus ADP und freien Phosphorylgruppen (Abschnitt 29.9).

$$\text{NADH} + \text{H}^+ + 1/2\text{O}_2^0 \rightarrow \text{NAD}^+ + \text{H}_2\text{O}^{-\text{II}} \qquad \Delta G^{o'} = -219\ \text{kJ} \cdot \text{mol}^{-1}$$

$$\text{FADH}_2 + 1/2\text{O}_2^0 \rightarrow \text{FAD} + \text{H}_2\text{O} \qquad \Delta G^{o'} < 0$$

NAD^+ und FAD nehmen jeweils 2 Elektronen auf ganz unterschiedliche Weise auf und oxidieren damit das Substrat. In beiden Fällen handelt es sich um eine Dehydrierung.

Nicotinamidadenindinucleotid (NAD^+) als Oxidationsmittel (Elektronenakzeptor). Hauptoxidationsmittel für biochemische Vorgänge ist das Nicotinamidadenindinucleotid. Diese Verbindung oxidiert Stoffe, indem sie vom Substrat direkt ein Hydrid-Ion (H^-: $2e^-$ und $1p^+$) aufnimmt. Ein H^+-Ion geht ausserdem

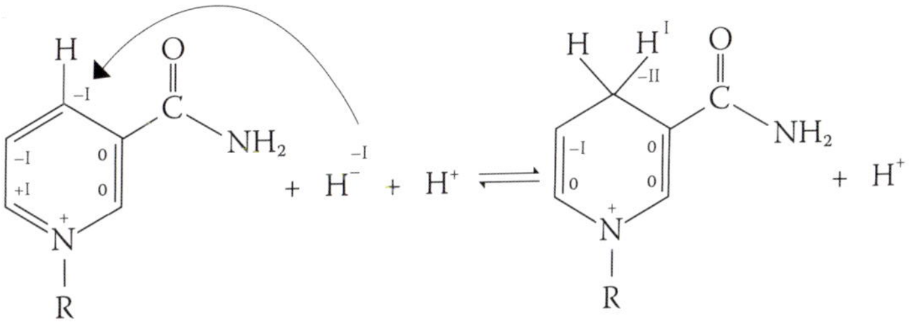

$\Delta G^{o'} > 0$

$$\text{NAD}^+ + \text{H}^- + \text{H}^+ \rightleftharpoons \text{NADH} + \text{H}^+ \qquad \Delta G^{o'} > 0$$

in Lösung. Der reaktive Teil von NAD^+ ist das Nicotinsäureamid-Ringsystem, ein Pyridinderivat, das bei der Reaktion reduziert wird.
Der Vorgang ist endergonisch, da bei der Reduktion von NAD^+ zu $NADH/H^+$ das aromatische System des Pyridin-Rings verloren geht. Im Verlaufe der Reaktion muss also zusätzlich Mesomerieenergie aufgewendet werden. Das NADH besitzt ein hohes Übertragungspotential für zwei Elektronen (vgl. Atmungskette; Abschnitt 29.9), da es ein sehr niedriges Redoxpotential aufweist ($E^{o'}$ = –0,32 V).

Beispiel: Oxidation von L-Malat zu Oxalacetat (Abschnitt 29.6; Citratzyklus, Reaktionsschritt 8):

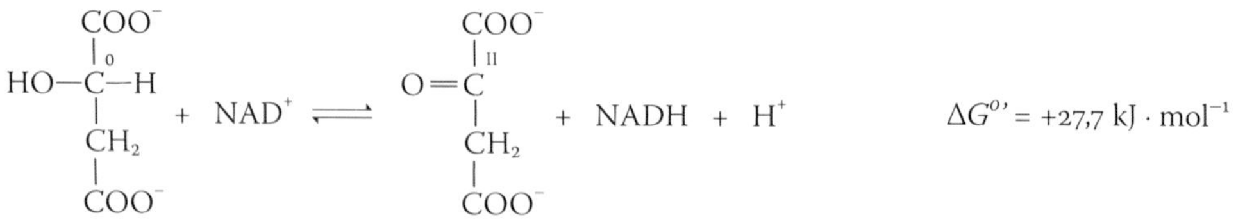

L-Malat Oxalacetat

Flavinadenindinucleotid FAD als Oxidationsmittel (Elektronenakzeptor). Ein weiteres wichtiges Oxidationsmittel (Carrier für Elektronen) ist das Flavinadenindinucleotid FAD. Die beiden in der unten stehenden Lewis-Formel gekennzeichneten N-Atome nehmen bei der Reaktion mit einem Substrat ein Proton und ein Hydrid-Ion auf (Dehydrierung des Substrats). Dadurch wird $FADH_2$ gebildet, das seinerseits, wie das $NADH/H^+$, ein hohes Übertragungspotential für zwei Elektronen besitzt (Abschnitt 29.9). Die beiden H-Atome sind relativ locker gebunden und können auf ein stärkeres Oxidationsmittel übertragen werden. Auf diese Weise entsteht wiederum FAD, das ein stärkeres Oxidationsmittel ist als NAD^+ und damit ein schwächeres Reduktionsmittel als $NADH/H^+$ [$E^{o'}$(FAD) = –0,22 V; $E^{o'}$(NAD^+) = –0,32 V].

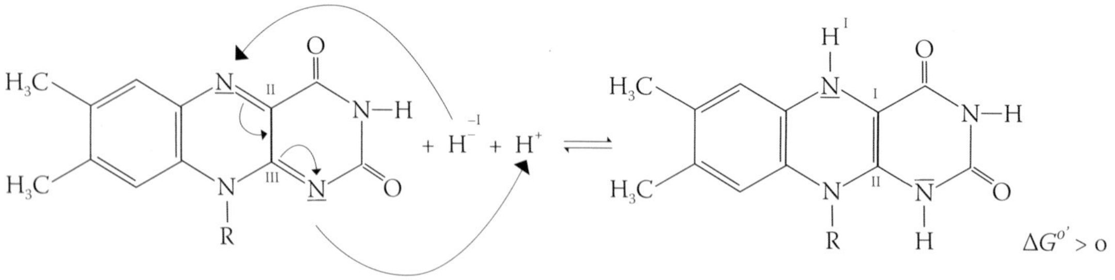

$$FAD + H^- \; H^+ \rightleftharpoons FADH_2 \qquad \Delta G^{o'} > 0$$

Ein Beispiel einer Reaktion mit FAD ist die Oxidation von Succinat zu Fumarat (Abschnitt 29.6; Citratzyklus, Reaktionsschritt 6):

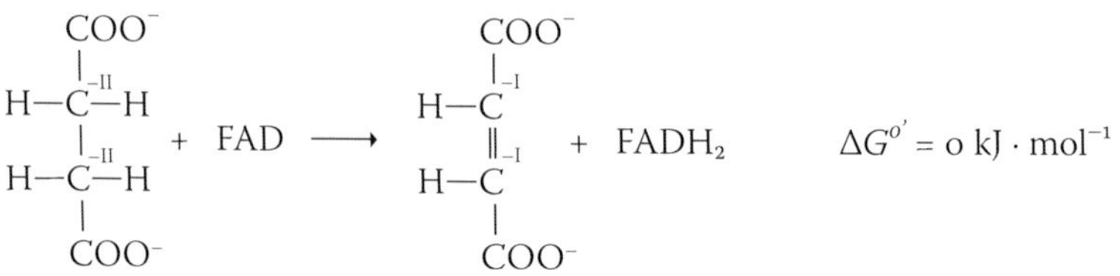

Succinat Fumarat

In manchen Fällen ist die Dehydrierung (Oxidation) eines Substrats mit einer **Decarboxylierung (oxidative Decarboxylierung)** oder mit einer Phosphorylierung **(oxidative Phosphorylierung)** verbunden. Dabei kommt es zur Abspaltung eines Kohlenstoffdioxid-Moleküls aus dem Kohlenstoffgerüst des Substrats (konjugierte Base einer Ketocarbonsäure oder Tricarbonsäure) bzw. zu einer Phosphorylgruppenübertragung. Beispiele dafür sind die oxidative Decarboxylierung von Isocitrat zu α-Ketoglutarat (Abschnitt 29.6; Citratzyklus, Reaktionsschritt 3) oder die oxidative Phosphorylierung von Glycerinaldehyd-3-phosphat (Abschnitt 29.5; Glykolyse, Reaktionsschritt 6). Bei der Decarboxylierung bilden sich aus einem Teilchen zwei neue. Die dadurch stark zunehmende Entropie ist dafür verantwortlich, dass derartige Reaktionen stark exergonisch ablaufen.

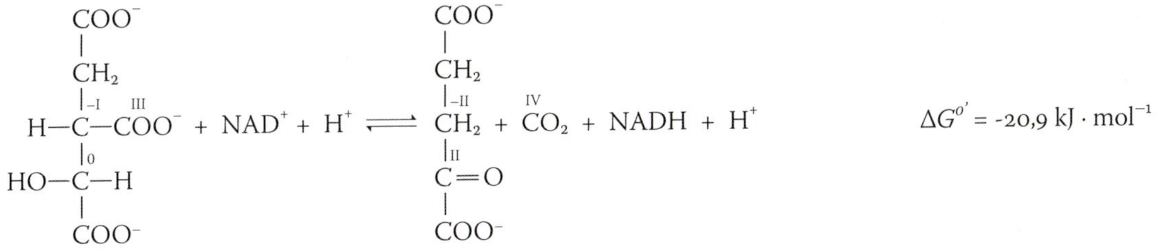

Isocitrat   2 Oxoglutarat (α-Ketoglutarat)

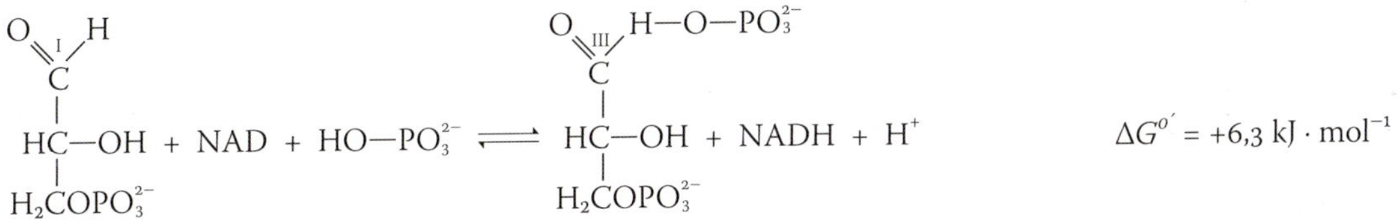

Glycerinaldehyd-3-phosphat   1,3-Biphosphoglycerat

Acetylierungsreaktionen; Übertragung einer Acetylgruppe —CO—CH_3

Das Coenzym A besitzt eine endständige, reaktionsfähige Hydrogensulfidgruppe (H—S—). So entsteht z.B. durch Dehydratisierung (Abspaltung von einem Molekül Wasser) mit einer Carbonsäure ein Thioester (Veresterung; Atomgruppe —C—S—C—). Dabei handelt es sich um eine energiereiche Verbindung mit einem hohen Acetylübertragungspotential, da die Bindung C—S praktisch unpolar ist und die Carbonylgruppe keinen nennenswerten Einfluss auf die C—S- Bindung ausübt. Ausserdem geht die Delokalisierung von vier Elektronen der Carboxylatgruppe verloren ($H_3CCOOH \rightleftharpoons H_3COO^- + H^+$). Die Bildung des Thioesters ist deshalb stark endergonisch.

Bildung von Acetyl-CoA aus Essigsäure und HS—CoA:

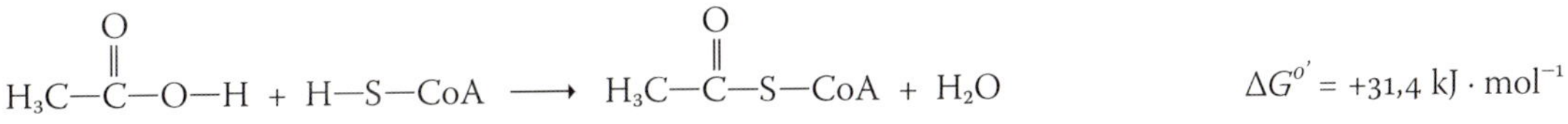

Essigsäure   Coenzym A   Acetyl-CoA

Wird nun die Acetylgruppe auf einen anderen Stoff übertragen und dabei die C—S- Bindung hydrolytisch gespalten, so bildet sich die energiearme Carboxylatgruppe —COO^- (Delokalisierung von 4 Elektronen; Abschnitt 29.6; Citratzyklus, Reaktionsschritt 1):

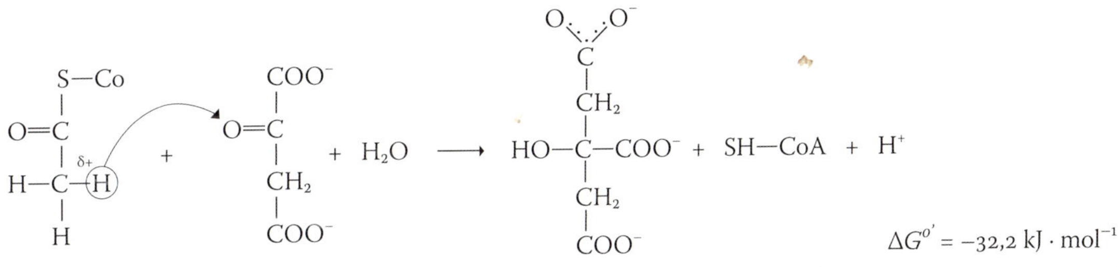

Acetyl-CoA   Oxalacetat   Citrat

→ 3. Aldoladdition und Aldolspaltung

Bei einer **Aldoladdition** reagiert eine Carbonyl-Verbindung, die eine aktivierte Methylengruppe (CH_2; R—CO—CH_2—R') besitzt, mit einer zweiten Carbonyl-Verbindung. Dabei kommt es zu einer Verlängerung der Kohlenstoffkette. Beispiel dafür ist die bereits erwähnte Addition von Acetyl-CoA, das als Überträger einer Acetylgruppe wirkt, an Oxalacetat (Abschnitt 29.6; Citratzyklus; Reaktionsschritt 1).

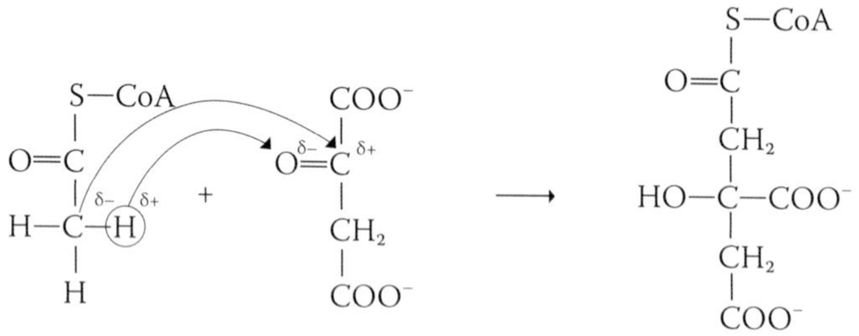

$\Delta G^{o'} = +31{,}4\ \text{kJ} \cdot \text{mol}^{-1}$

Acetyl-CoA Oxalacetat

Die drei Wasserstoff-Atome von Acetyl-CoA sind durch die Carbonylgruppe des Thioesters aktiviert, d.h. sie tragen eine positive Partialladung (negativer induktiver Effekt der Carbonylgruppe). Die Methylengruppe besitzt in diesem Fall ein drittes H-Atom als Rest R'. Der Carbonylsauerstoff von Oxalacetat bindet das Proton eines aktivierten Wasserstoff-Atoms und das Carbonyl-C-Atom damit gleichzeitig das Kohlenstoff-Atom der Methylengruppe.

Bei der **Aldolspaltung** schliesslich kommt es zur Bildung von zwei Carbonyl-Verbindungen. Dies ist der Fall, wenn Fructose-1,6-biphosphat in Dihydroxyacetonphosphat und Glycerinaldehyd-3-phosphat aufgespalten wird (Abschnitt 29.5; Glykolyse, Reaktionsschritt 4).

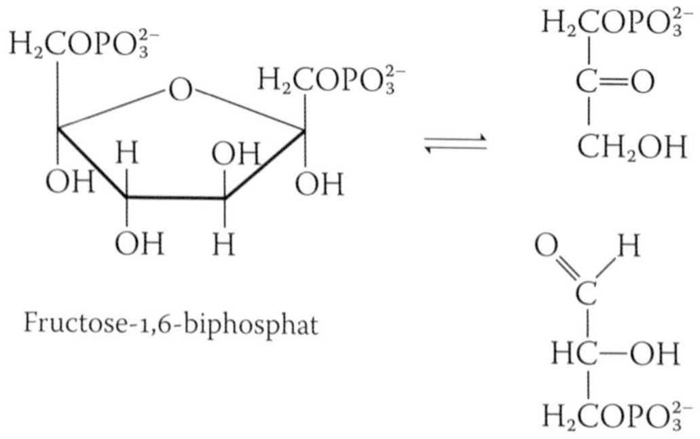

Fructose-1,6-biphosphat

Dihydroxyaceton-phosphat

Glycerinaldehyd-3-phosphat

$\Delta G^{o'} = +31{,}4\ \text{kJ} \cdot \text{mol}^{-1}$

→ 4. und 5. Isomerisierung, Dehydratisierung und Hydratisierung

Kommt es zu einer Änderung der Verknüpfung (Konstitution) der Atome in einem Molekül oder Molekül-Ion (Umordnung der Atome), so spricht man von einer Isomerisierung. Diese ist im Verlaufe des Katabolismus manchmal nötig, damit die nachfolgenden Reaktionsschritte ablaufen können. Isomerisierung findet häufig so statt, dass durch Abspaltung eines Wasser-Moleküls (Dehydratisierung) eine Doppelbindung gebildet wird, an die sich anschliessend das Wasser-Molekül wieder anlagert (Hydratisierung). Dabei kommt es zu einer veränderten Anordnung der Atome. Ein Beispiel dafür ist die Umwandlung von Citrat in Isocitrat (Abschnitt 29.6; Citratzyklus, Reaktionsschritt 2):

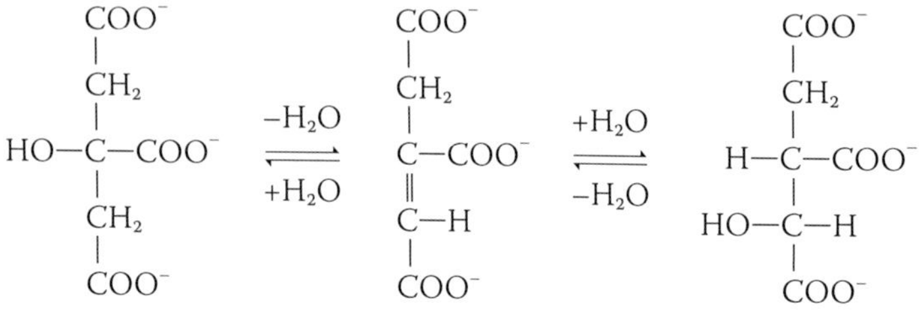

$\Delta G^{o'} = -32{,}2\ \text{kJ} \cdot \text{mol}^{-1}$

Citrat Isocitrat

⟶ **6. Veresterung und Esterspaltung**

Thioester entstehen bei der Reaktion zwischen einer Carbonsäure und Thioalkoholen, wie z.B. bei der Bildung von Acetyl-CoA aus Essigsäure und Coenzym A. Das Coenzym lässt sich dabei als Thioalkohol auffassen (H—S—R), bei dem der Rest R aus einer komplexen Atomgruppierung besteht (Abschnitt 29.2). Durch die Veresterung verschwindet die Carboxylatgruppe ($H_3COOH \rightleftharpoons H_3COO^- + H^+$) und damit auch die Delokalisierung von vier Elektronen. Ausserdem ist die neu entstandene C—S- Bindung unpolar ($\Delta EN = 0$). Die beiden Faktoren sind dafür verantwortlich, dass dieser Vorgang stark endergonisch verläuft.

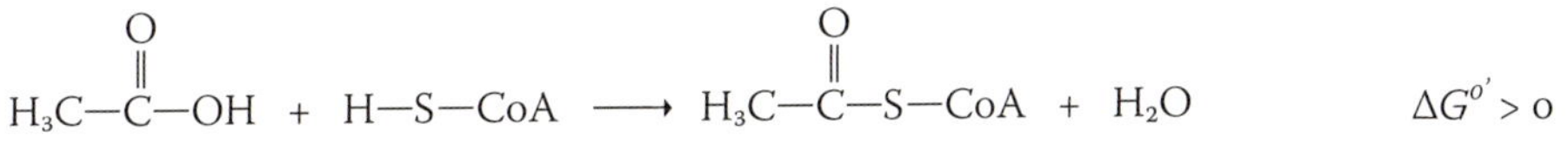

Essigsäure (Ethansäure) Acetyl-CoA

Umgekehrt verläuft die Spaltung eines Thioesters stark exergonisch (Delokalisierung von vier Elektronen; Bildung der stark polaren Bindung C—O).

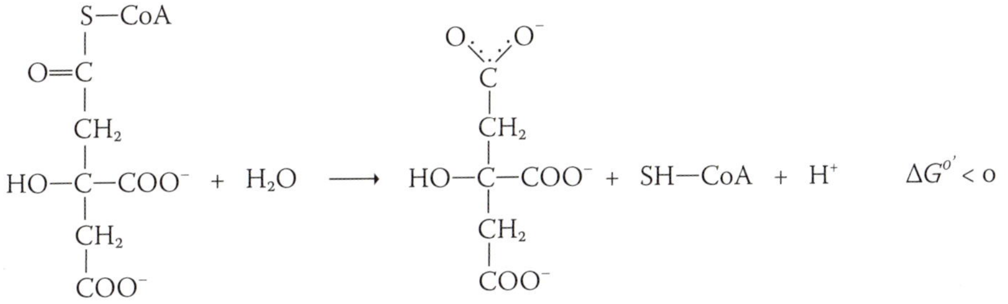

Citrat

29.5 Der Abbau von Kohlenhydraten zu Acetyl-CoA; die Glykolyse

Den grössten Anteil der Nahrungsmittel, die der Mensch zu sich nimmt, stellen die Kohlenhydrate (etwa 60 bis 70 %). In Form von Glucose liefern sie, neben den Fettsäuren, die meiste vom Organismus benötigte Energie. Die Glucose wird dabei zu Kohlenstoffdioxid und Wasser oxidiert, wobei energiereiches ATP entsteht (siehe Abbildung 29.1).

Glucose	
↓	Glykolyse (im Zellplasma, dem Cytosol)
Pyruvat	
↓	Oxidative Decarboxylierung (in der Matrix der Mitochondrien)
Acetyl-CoA + CO_2	
↓	Citratzyklus (in der Matrix der Mitochondrien)
CO_2	
↓	Atmungskette (in der inneren Mitochondrienmembran)
H_2O	

Die Verdauung der Kohlenhydrate beginnt beim Menschen im Mund und setzt sich im Magen (saure Hydrolyse) fort. Dabei kommt es zur Spaltung der Stärke und der Saccharose (Rüben- und Rohrzucker) zu Glucose und Fructose. Die Monosaccharide gelangen anschliessend über die Darmzellen in die Blutbahn und lassen sich dann zu den Zellen der verschiedenen Gewebe transportieren.

Die Glykolyse

Die Glykolyse findet praktisch in allen Zellen statt (im Cytosol) und läuft in 10 Schritten ab, wobei sich drei Abschnitte unterscheiden lassen.

Abschnitt 1: Glucose (ein C_6-Molekül) wird zu Fructose-1,6-biphosphat umgewandelt. Dabei kommt es zum Verbrauch von 2 ATP, die sowohl die Energie als auch die benötigten Phosphorylgruppen für die beiden Phosphorylgruppenübertragungen liefern.

Abschnitt 2: Bildung von zwei C_3-Molekülen aus Fructose-1,6-biphosphat.

Abschnitt 3: Oxidation der C_3-Verbindungen zu Pyruvat unter Gewinnung von 4 ATP und 2 NADH/H^+.

→ Abschnitt 1

Reaktionsschritt 1: Phosphorylierung von Glucose
Die α-D-Glucose wird durch ATP zu Glucose-6-phosphat umgewandelt. Die Abspaltung einer Phosphorylgruppe aus ATP setzt genügend Energie frei (exergonisch), um die energiereiche Verbindung Glucose-6-phosphat herzustellen (endergonisch; Abschnitt 29.3).

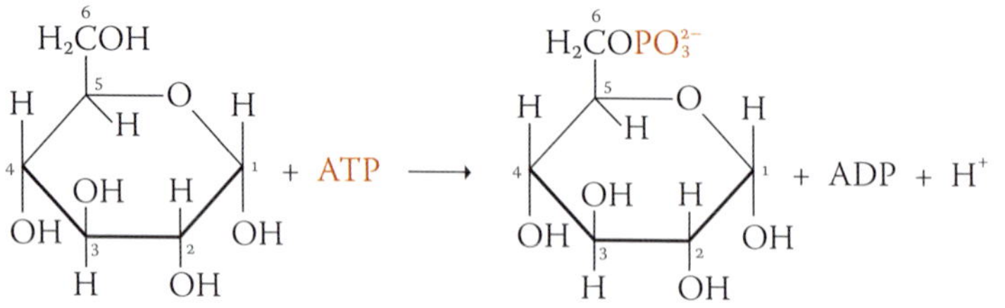

$\Delta G^{o'} = -16{,}7\ kJ \cdot mol^{-1}$

α-D-Glucose α-D-Glucose-6-phosphat

Reaktionsschritt 2: Isomerisierung
Die Hexoaldose Glucose-6-phosphat wird in die Hexoketose Fructose-6-phosphat übergeführt. Der Sinn dieser Reaktion erklärt sich mit dem Reaktionsschritt 4, bei dem es zur Spaltung der Fructose in zwei Triosen kommt. Dies ist nur dann möglich, wenn die Carbonylgruppe (C=O) an das Kohlenstoff-Atom 2 gebunden ist. Die Isomerisierung (Änderung der Verknüpfung der Atome) läuft über die offenkettige Form von Glucose-6-phosphat ab.

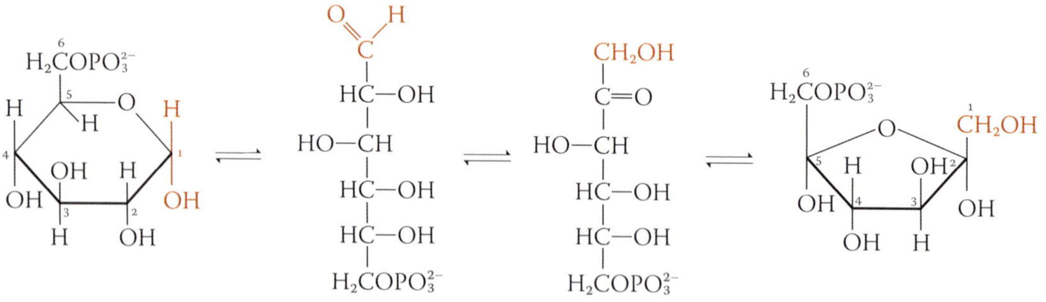

Ringform offenkettige Form offenkettige Form Ringform

Glucose-6-phosphat Fructose-6-phosphat

$\Delta G^{o'} = +1{,}7\ kJ \cdot mol^{-1}$

Reaktionsschritt 3: Phosphorylierung von Fructose-6-phosphat
Wiederum kommt es, entsprechend Reaktionsschritt 1, zur Übertragung einer Phosphorylgruppe durch ein ATP-Teilchen, wobei Fructose-1,6-biphosphat entsteht. (Biphosphat bedeutet zwei unabhängige Phosphorylgruppen, im Gegensatz zu Diphosphat, bei dem 2 Phosphorylgruppen durch eine Säureanhydridbindung miteinander verknüpft sind.) Auch hier liefert der Übergang von ATP zu ADP die insgesamt nötige Energie zur Bildung der Verbindung Fructose-1,6-biphosphat.

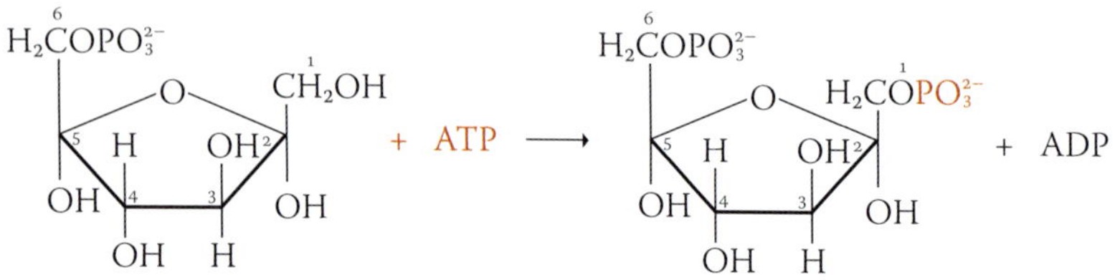

$\Delta G^{o'} = -14{,}2\ kJ \cdot mol^{-1}$

Fructose-6-phosphat Fructose-1,6-biphosphat

→ Abschnitt 2

Reaktionsschritt 4: Aldolspaltung
Aus dem Fructose-1,6-biphosphat entstehen durch Spaltung die beiden Triosen Glycerinaldehyd-3-phosphat und Dihydroxyacetonphosphat. Beide Stoffe sind ineinander umwandelbar, sodass nur ein weiterer Weg im Verlaufe der Glykolyse zur Energiegewinnung nötig ist. Auch bei dieser Reaktion muss die Ringform des Fructose-1,6-biphosphats zuerst in die offenkettige Form übergehen.

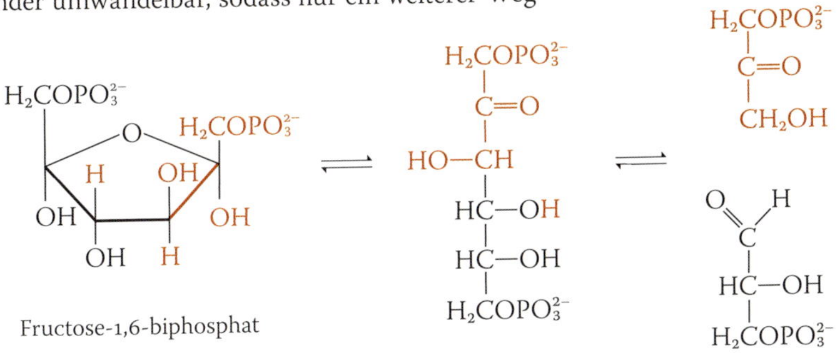

Fructose-1,6-biphosphat

Dihydroxyaceton-phosphat

Glycerinaldehyd-3-phosphat

$\Delta G^{o'} = +23{,}8\ \text{kJ} \cdot \text{mol}^{-1}$

Reaktionsschritt 5: Isomerisierung (Einstellung des Gleichgewichts zwischen Dihydroxyacetonphosphat und Glycerinaldehyd-3-phosphat)
Das Gleichgewicht zwischen den beiden Produkten des Reaktionsschritts 4 stellt sich sehr rasch ein und liegt zu rund 96 % beim Dihydroxyacetonphosphat. Die letztendlich vollständige Umwandlung zu Glycerinaldehyd-3-phosphat geschieht aufgrund des Reaktionsschritts 6, bei dem Glycerinaldehyd-3-phosphat verbraucht wird.

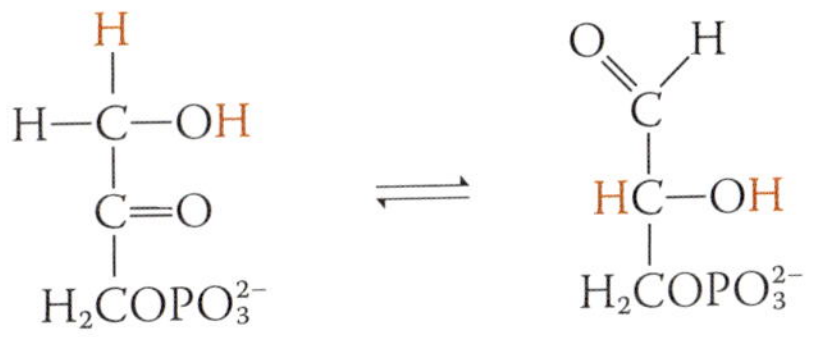

$\Delta G^{o'} = +7{,}5\ \text{kJ} \cdot \text{mol}^{-1}$

Dihydroxyaceton-phosphat

Glycerinaldehyd-3-phosphat

→ Abschnitt 3

In den Reaktionsschritten 1 bis 5 ist die Energiebilanz in etwa ausgeglichen, wobei jedoch zwei energiereiche ATP-Teilchen verbraucht werden. Dabei entstehen aber zwei Moleküle Glycerinaldehyd-3-phosphat mit grossem Energiegehalt. Im Abschnitt 3 findet eine Abfolge von Reaktionen statt, bei der die Energie der beiden Glycerinaldehyd-3-phosphat-Moleküle in energiereiches ATP übergeführt wird (die Gleichungen dieses Abschnitts müssen deshalb mit 2 multipliziert werden).

Reaktionsschritt 6: Oxidative Phosphorylierung
Die einzige Redoxreaktion der Glykolyse findet im Reaktionsschritt 6 statt. Dabei kommt es zur exergonischen Oxidation eines Aldehyds zu einer Carbonsäure (Delokalisierung der Elektronen im Carboxylat-Ion!) bei gleichzeitiger Reduktion des Elektronenakzeptors NAD^+ zu $NADH + H^+$. Anschliessend reagiert die Carbonsäure mit einem freien Hydrogenphosphat-Ion zu einem gemischten Säureanhydrid (Wasserabspaltung zwischen zwei verschiedenen Säuren). Die zweite, endergonische Teilreaktion ist mit der exergonischen Oxidation des Aldehyds energetisch gekoppelt. Dadurch bildet sich 1,3-Biphosphoglycerat (das Anion der Glycerinsäure), das ein höheres Phosphorylierungspotential als ATP aufweist (Abschnitt 29.3).
Teilreaktion 1:

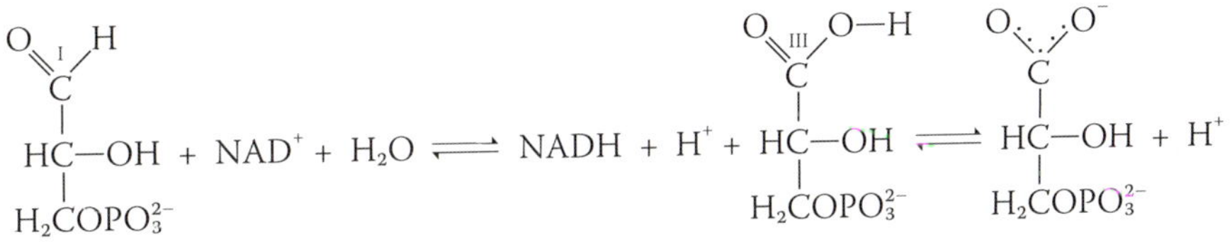

Glycerinaldehyd-3-phosphat

$\Delta G^{o'} = -50\ \text{kJ} \cdot \text{mol}^{-1}$

Teilreaktion 2:

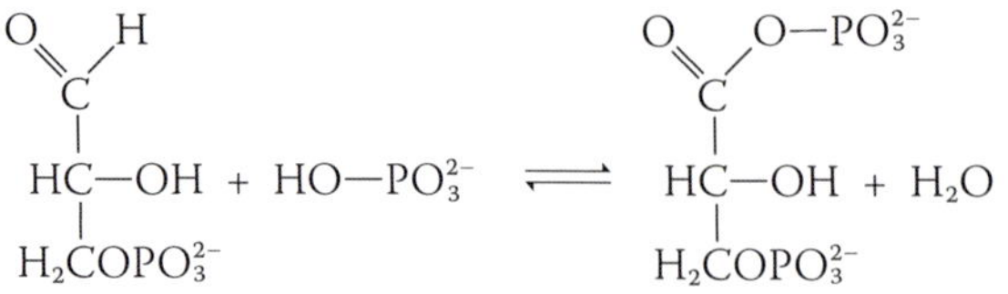

$\Delta G^{o'} = +56{,}3\ kJ \cdot mol^{-1}$

1,3-Biphosphoglycerat

Gesamtreaktion:

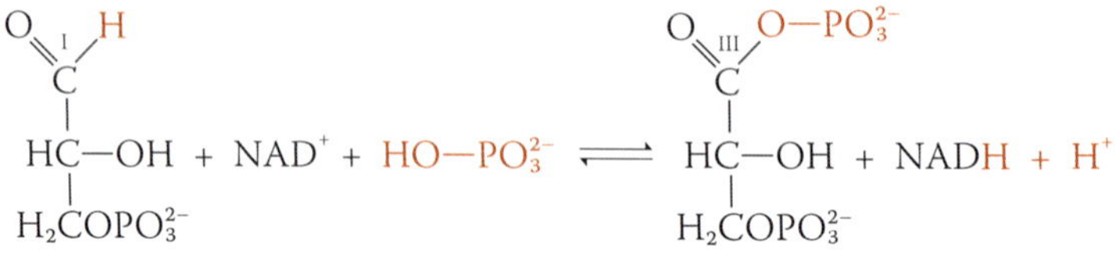

$\Delta G^{o'} = +6{,}3\ kJ \cdot mol^{-1}$

Glycerinaldehyd-3-phosphat   1,3-Biphosphoglycerat

Reaktionsschritt 7: Phosphorylierung
Zum ersten Mal im bisherigen Verlauf der Glykolyse kommt es zur Bildung von ATP, indem das 1,3-Biphosphoglycerat mit dem höheren Phosphorylierungspotential als ATP eine Phosphorylgruppe auf ADP überträgt. Dabei bildet sich ein (energiearmes) System delokalisierter Elektronen im Carboxylat-Ion aus.

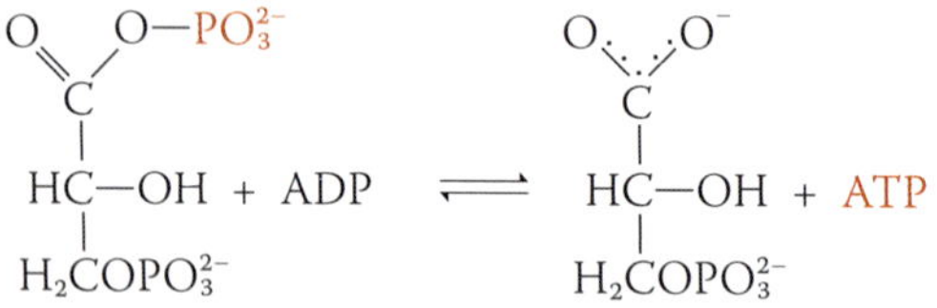

$\Delta G^{o'} = -18{,}8\ kJ \cdot mol^{-1}$

1,3-Biphosphoglycerat   3-Phosphoglycerat

Reaktionsschritt 8: Isomerisierung
Im Schritt 8 kommt es zu einer Änderung der Konstitution (der Verknüpfung) der Atome. Die Phosphorylgruppe wechselt vom C-Atom-2 zum C-Atom-3 (intramolekulare Umlagerung). Da dadurch die negativen Ladungen näher zusammenkommen, ist dieser Vorgang schwach endergonisch.

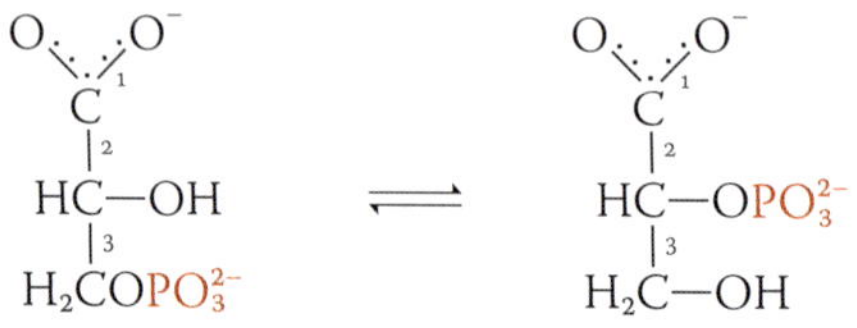

$\Delta G^{o'} = +4{,}6\ kJ \cdot mol^{-1}$

3-Phosphoglycerat   2-Phosphoglycerat

Reaktionsschritt 9: Dehydratisierung
Die Abspaltung eines Wasser-Moleküls führt zu einem Produkt (2-Phosphoenolpyruvat), das ein wesentlich höheres Phosphorylgruppenübertragungspotential besitzt als 2-Phosphoglycerat. So werden bei der Hydrolyse von 2-Phosphoenolpyruvat $-61{,}9\ kJ \cdot mol^{-1}$ und bei der Hydrolyse von 2-Phosphoglycerat nur $-12{,}6\ kJ \cdot mol^{-1}$ frei. Der Grund für dieses hohe Übertragungspotential des 2-Phosphoenolpyruvats liegt darin, dass daraus im Reaktionsschritt 10 Enolpyruvat entsteht. Die anschliessende Umwandlung zu Pyruvat liefert viel freie Reaktionsenthalpie ($-42\ kJ \cdot mol^{-1}$).
Diese Reaktion ist schwach endergonisch, da die Bindungsenthalpie der entstandenen Doppelbindung schwächer ist als die Summe der dabei gelösten zwei Einfachbindungen.

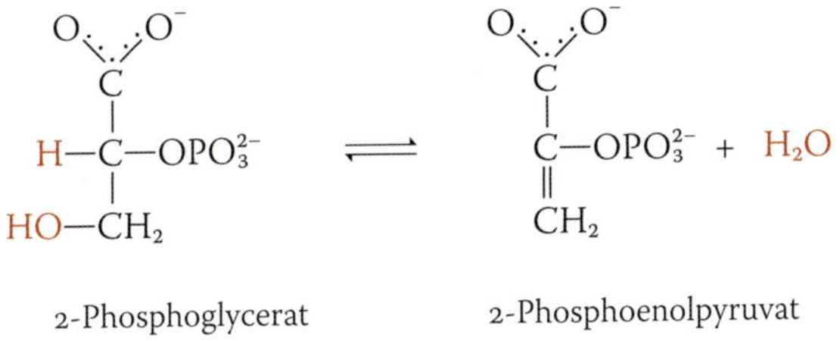

$\Delta G^{o'} = +1{,}7\ \text{kJ} \cdot \text{mol}^{-1}$

Reaktionsschritt 10: Phosphorylierung von ADP
Die stark endergonische Phosphorylgruppenübertragung auf ADP ist energetisch mit der exergonischen Bildung von Pyruvat aus Enolpyruvat gekoppelt. (Aus der unpolaren Bindung C=C entsteht die stark polare Bindung C=O). Damit ist die Gesamtreaktion stark exergonisch.

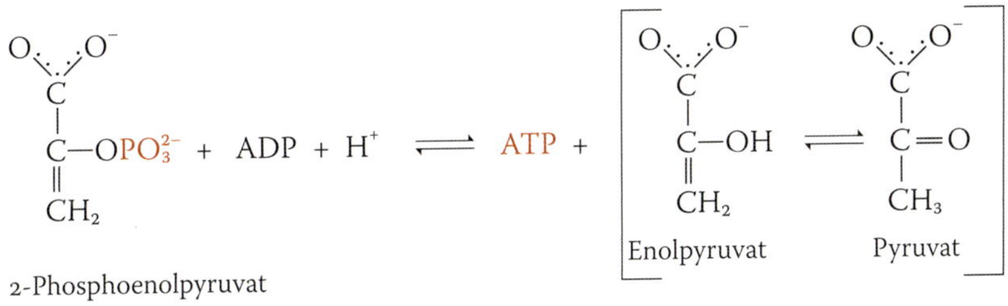

$\Delta G^{o'} = -31{,}4\ \text{kJ} \cdot \text{mol}^{-1}$

Gesamtübersicht zur Glykolyse

Gesamtreaktion:

$$\text{Glucose} + 2\ HOPO_3^{2-} + 2\ \text{ADP} + 2\ NAD^+ \rightarrow 2\ \text{Pyruvat} + 2\ \text{ATP} + 2\ \text{NADH} + 2\ H^+ + 2\ H_2O$$

Dabei werden insgesamt vier Elektronen von 2 NAD^+ Molekül-Ionen aufgenommen.

Die Regulation der Glykolyse erfolgt z.B. durch ATP verbrauchende Muskelkontraktionen in den Skelettmuskeln.

Tabelle 29.4 ATP-Bilanz der Glykolyse

Reaktion	ATP-Bilanz pro Molekül Glucose
Glucose → Glucose-6-phosphat	-1
Fructose-6-phosphat → Fructose-1,6-biphosphat	-1
2 · 1,3-Biphosphoglycerat → 2 · 3-Phosphoglycerat	+2
2 · Phosphoenolpyruvat → 2 · Pyruvat	+2
Total	+2

Im Reaktionsschritt 6 (Tabelle 29.5) findet die Reduktion von NAD^+ zu NADH statt. Dieses muss regeneriert werden. da sonst die Glykolyse zum Stillstand kommt. In der menschlichen Zelle ist wenig NAD^+ vorhanden. Dieses wird ausschliesslich mit der Nahrung aufgenommen. Es ist deshalb nötig, dass sich durch den Abbau von Pyruvat wiederum NAD^+ bildet. Drei verschiedene Wege sind dabei möglich:

Tabelle 29.5 Reaktionen und Energiebilanz zur Glykolyse[3]

Reaktions-schritt	Reaktion	Reaktions-typ	$\Delta G^{o'}$ kJ · mol⁻¹	ΔG kJ · mol⁻¹
1	Glucose + ATP → Glucose-6-phosphat + ADP + H^+	a	-16,7	−33,5
2	Glucose-6-phosphat ⇌ Fructose-6-phosphat	b	+1,7	− 2,5
3	Fructose-6-phosphat + ATP → Fructose-1,6-biphosphat + ADP + H^+	a	−14,2	−22,2
4	Fructose-1,6-biphosphat ⇌ Dihydroxyacetonphosphat + Glycerinaldehyd-3-phosphat	d	+23,8	− 1,3
5	Dihydroxyacetonphosphat ⇌ Glycerinaldehyd-3-phosphat	b	+7,5	+ 2,5
6	Glycerinaldehyd-3-phosphat + $HOPO_3^{2-}$ + NAD^+ ⇌ 1,3-Biphosphoglycerat + NADH + H^+	e	+6,3	−1,7
7	1,3-Biphosphoglycerat + ADP ⇌ 3-Phosphoglycerat + ATP	a	−18,8	+ 1,3
8	3-Phosphoglycerat ⇌ 2-Phosphoglycerat	b	+4,6	+ 0,8
9	2-Phosphoglycerat ⇌ 2-Phosphoenolpyruvat + H_2O	c	+1,7	− 3,3
10	2-Phosphoenolpyruvat + ADP + H^+ → Pyruvat + ATP	a	−31,4	−16,7

$\Delta G^{o'}$: Standardbedingungen ΔG: Berechnet aus den Konzentrationen der Reaktionsteilnehmer unter physiologischen Bedingungen und $\Delta G^{o'}$ a) Phosphorylierung b) Isomerisierung c) Dehydratisierung d) Aldolspaltung e) Oxidative Phosphorylierung

Abbau von Pyruvat

1. zu Ethanol (alkoholische Gärung); in der Hefe und in Mikroorganismen,

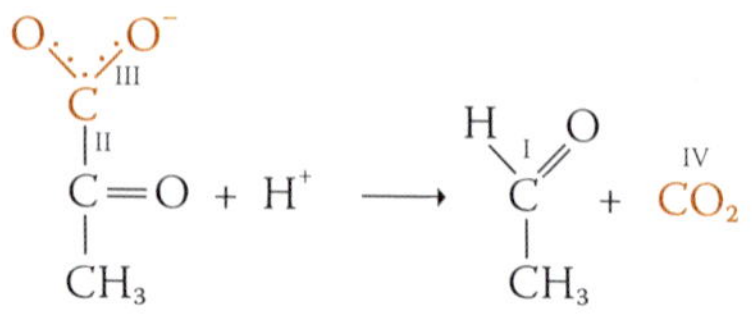

Pyruvat Acetaldehyd

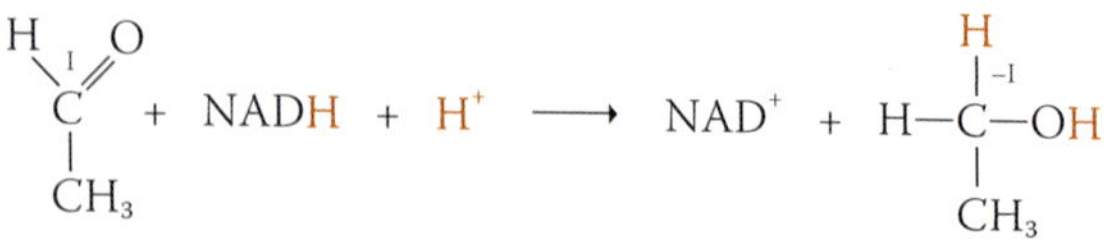

Ethanol

2. zu Milchsäure (Lactat; Milchsäuregärung); in verschiedenen Mikroorganismen, aber auch in höheren Organismen bei Sauerstoffmangel, wie z.B. in einem stark beanspruchten Muskel,

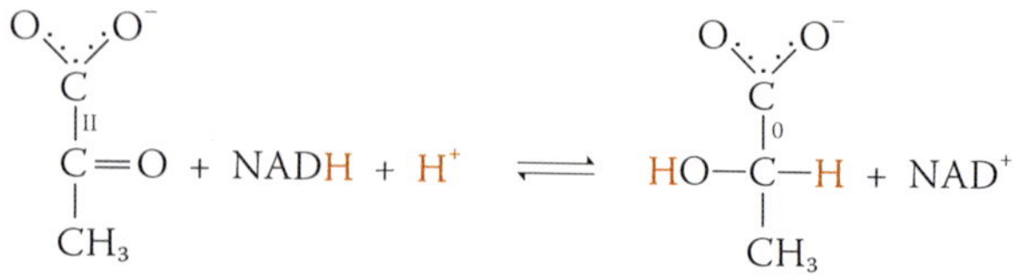

Pyruvat Lactat

3. bei Anwesenheit von Sauerstoff über Acetyl-CoA, den Citratzyklus (Abschnitt 29.6) und die Atmungskette (Abschnitt 29.9) zu Kohlenstoffdioxid und Wasser.

Der Gärungsprozess (Reaktionen 1 und 2) liefert beim Abbau der Glucose deutlich weniger Energie als der Citratzyklus mit anschliessender Atmungskette.

[3] Nach Stryer, L. Biochemie. Spektrum Verlag. München. 6. Auflage 2007

Bildung von Acetyl-CoA: Oxidative Decarboxylierung
Das Schlüsselmolekül – und zugleich die Verbindung zwischen Glykolyse und Citratzyklus – ist das Molekül Acetyl-CoA. Dieses bildet sich aus dem Pyruvat in den Mitochondrien (in der Matrix), in denen auch der Citratzyklus stattfindet. Die komplizierte Abfolge lässt sich anhand von drei vereinfachten Gleichungen prinzipiell darstellen.

1. Decarboxylierung der Brenztraubensäure, die aus dem Pyruvat durch Protonenaufnahme entsteht:

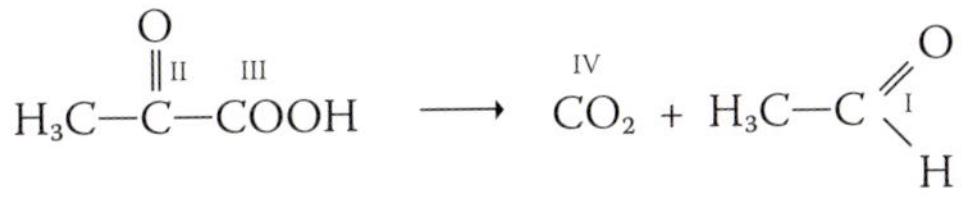

Brenztraubensäure (2-Oxopropansäure) — Acetaldehyd (Ethanal)

2. Oxidation des Aldehyds zur Carbonsäure mit NAD^+:

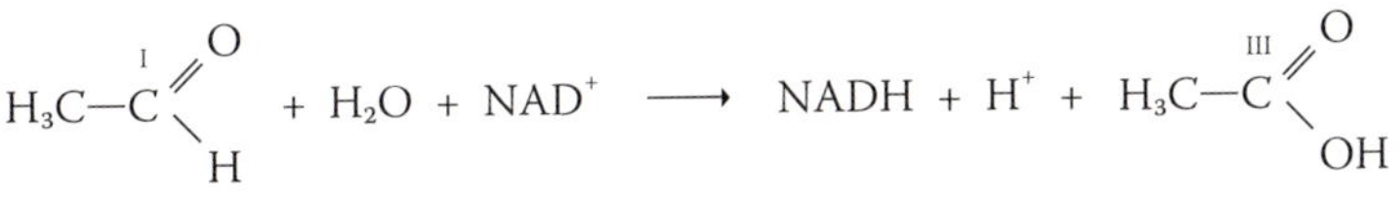

Acetaldehyd — Essigsäure (Ethansäure)

3. Bildung des Thioesters Acetyl-CoA («aktivierte Essigsäure»):

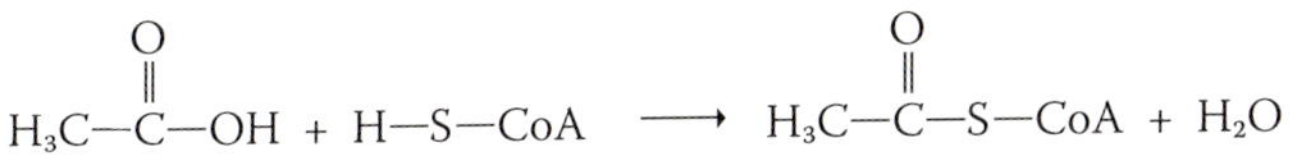

Essigsäure (Ethansäure) — Acetyl-CoA

Gesamtreaktion (oxidative Decarboxylierung):

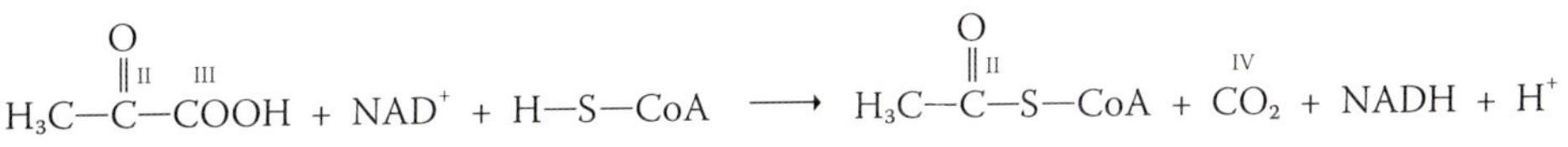

Brenztraubensäure (2-Oxopropansäure) — Acetyl-CoA

$\Delta G^{o'} = -33{,}4 \text{ kJ} \cdot \text{mol}^{-1}$

Die Umwandlung von Pyruvat ist ein irreversibler Vorgang (starke Zunahme der Entropie durch Bildung von CO_2), bei dem der energiereiche Thioester Acetyl-CoA entsteht. Diese Verbindung besitzt ein hohes Acetylgruppenübertragungspotential und ist Ausgangsstoff für weitere Reaktionen. Dazu gehören u.a. die Vorgänge im Citratzyklus (Abschnitt 29.6) oder die Synthese von Fettsäuren.

29.6 Der Citratzyklus

Zentraler Teil des Stoffwechsels in der menschlichen Zelle ist der Citratzyklus (Citronensäurezyklus, Tricarbonsäurezyklus), der in der Matrix der Mitochondrien abläuft. Durch Elektronenentzug (Oxidation)und unter anaeroben Bedingungen werden im Verlaufe der stattfindenden Reaktionen kohlenstoffhaltige Teilchen («Brennstoffmoleküle») wie Acetyl-CoA, Fumarat, Succinyl-CoA usw. unter Bildung von CO_2 oxidiert. Alle im Citratzyklus umgesetzten Stoffe stammen aus dem Abbau von Kohlenhydraten, Fetten und Proteinen (Abschnitte 29.5, 29.7 und 29.8). Insgesamt verlassen 2 CO_2-Moleküle bei einem Umlauf den Zyklus, während dabei 8 Elektronen über $NADH/H^+$ und $FADH_2$ zur Atmungskette transportiert werden und dort Sauerstoff reduzieren (Bildung von Wasser), bei gleichzeitiger Synthese von ATP (Abschnitt 29.9).
In einem ersten Schritt des Citratzyklus verbindet sich eine Acetylgruppe, eine C_2-Einheit des Acetyl-CoA, mit Oxalacetat zum Anion einer C_6-Tricarbonsäure, einem Citrat-Ion (Name des Zyklus!). Durch zweimalige oxidative Decarboxylierung wird die C_6-Verbindung zur konjugierten Base einer C_4-Dicarbonsäure (Succinat) abgebaut. Dabei nehmen 2 NAD^+-Molekül-Ionen – unter Abspaltung von 2 CO_2-Molekülen – insgesamt 4 Elektronen auf. Aus der C_4-Einheit entsteht schliesslich, nach Dehydrierung, Hydratisierung und nochmaliger Dehydrierung wiederum das zu Beginn des Zyklus eingesetzte Oxalacetat, das katalytisch wirkt und sich deshalb viele Male zur Oxidation von Acetylgruppen ($H_3C—CO—$) einsetzen lässt. Die letzten drei Reak-

tionen liefern insgesamt 4 Elektronen, die von einem NAD^+ (H-) und einem FAD (H^- und H^+) aufgenommen werden.

Gesamtbilanz des Citratzyklus (ein Umlauf):
- Bildung von 2 CO_2-Molekülen
- Abgabe von 8 Elektronen
  $3\,H^- + 3\,H^+ + 3\,NAD^+ \rightarrow 3\,NADH + 3\,H^+$
  $H^- + H^+ + FAD \rightarrow FADH_2$
- Phosphorylierung von GDP
  $GDP + HOPO_3^{2-} \rightarrow GTP$

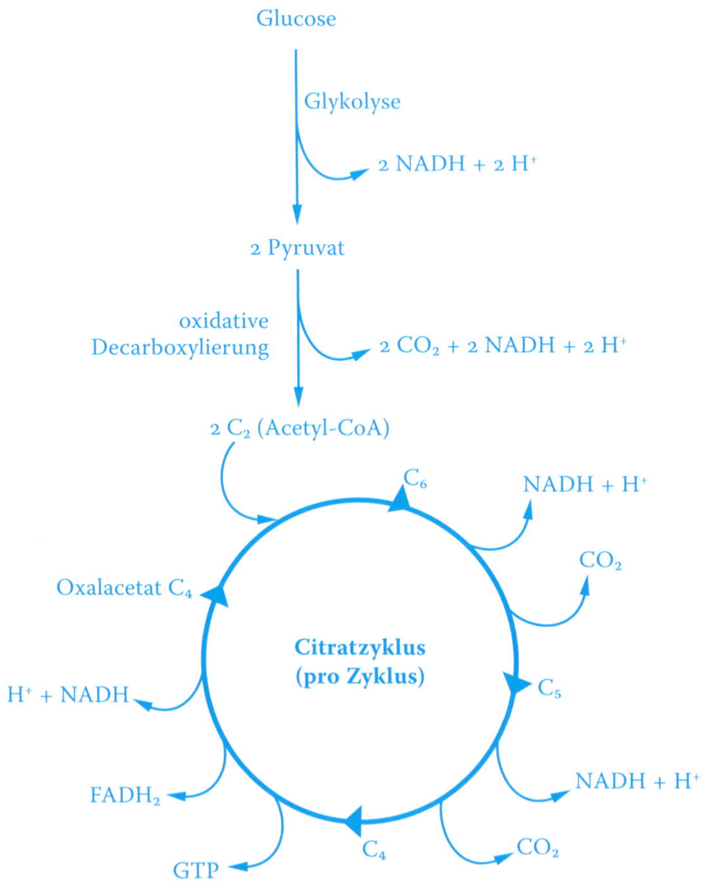

Abb. 29.4 Schematische Darstellung des Citratzyklus

Ein Zyklus umfasst insgesamt acht Reaktionsschritte:

Reaktionsschritt 1: Aldoladdition
Acetyl-CoA überträgt die Acetylgruppe auf das Oxalacetat. Dabei handelt es sich um eine Aldoladdition. Anschliessend kommt es zu einer Hydrolyse (Esterspaltung) des Thioesters, wobei diese Reaktion die Addition antreibt (exergonische Hydrolyse des Esters; Abschnitt 29.3).

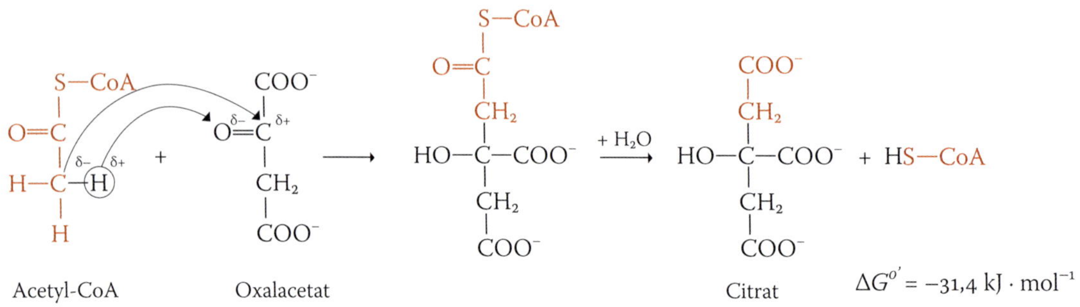

Reaktionsschritt 2: Isomerisierung durch Dehydratisierung und Hydratisierung
Damit sich im Reaktionsschritt 3 ein Hydroxyl-Kohlenstoff-Atom oxidieren lässt, muss die OH-Gruppe vom C-3 zum C-4 verschoben werden. Da das C-3 eine tertiäre Alkoholgruppe aufweist (C-3 ist an drei andere Kohlenstoff-Atome gebunden), lässt es sich nicht mehr weiter oxidieren. Im Verlaufe der beiden Reaktionen findet also eine Änderung der Verknüpfung der Atome (eine Isomerisierung) statt.

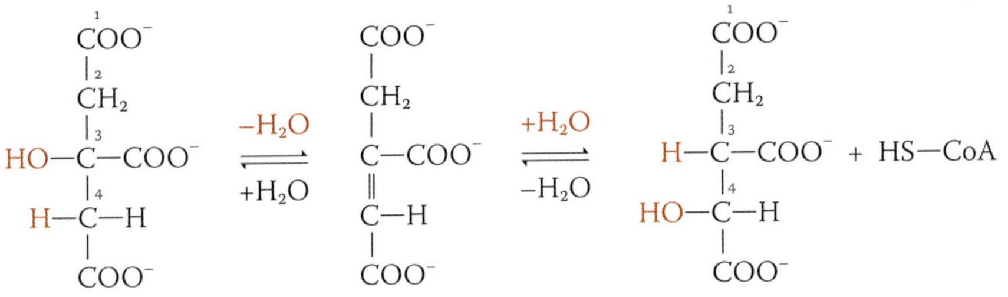

$\Delta G^{0'} = -32{,}2\ \mathrm{kJ \cdot mol^{-1}}$

Citrat — cis-Aconit — Isocitrat

Alkoholgruppe an einem tertiären C-Atom; kann nicht weiter oxidiert werden

Alkoholgruppe an einem sekundären C-Atom; lässt sich zu einer Carbonylgruppe oxidieren

Reaktionsschritt 3: Oxidative Decarboxylierung und Dehydrierung
Bei diesem Reaktionsschritt kommt es zum ersten Mal zur Bildung von NADH/H^+, einem Elektronen-Carrier mit hohem Übertragungspotential. Der Reaktionsablauf erfolgt über das Anion einer instabilen Oxosäure («Oxalsuccinat»). Dabei wird das Hydroxyl-C-Atom oxidiert. Da die Entropie zunimmt (Bildung von CO_2), ist die Gesamtreaktion exergonisch.

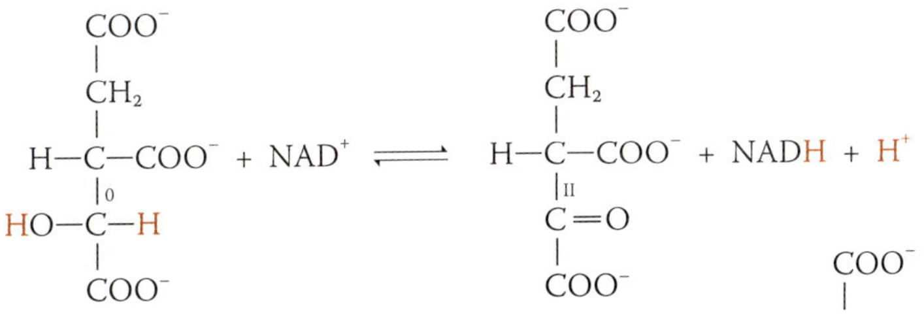

Isocitrat — Oxalsuccinat

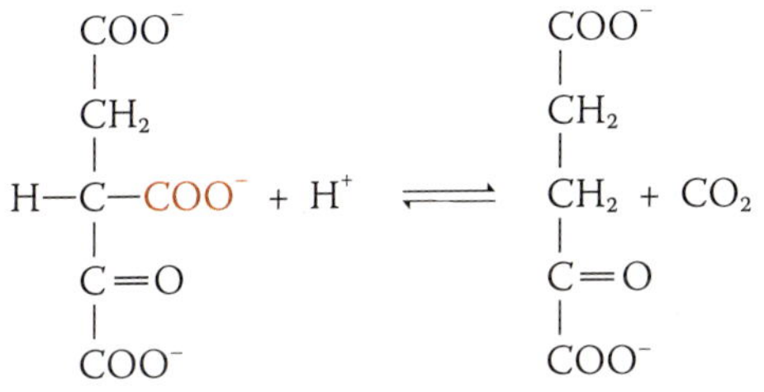

Oxalsuccinat — 2-Oxoglutarat (α-Ketoglutarat)

Gesamtreaktion:

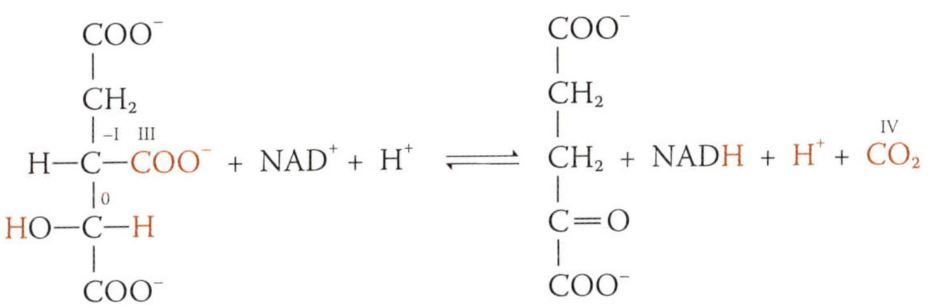

$\Delta G^{0'} = -8{,}4\ \mathrm{kJ \cdot mol^{-1}}$

Isocitrat — 2-Oxoglutarat (α-Ketoglutarat)

Reaktionsschritt 4: Oxidative Decarboxylierung
Die Reaktion verläuft prinzipiell gleich wie die oxidative Decarboxylierung mit anschliessender Thioesterbildung der Brenztraubensäure (Abschnitt 29.5), wobei deren CH_3-Gruppe durch die Atomgruppierung —OOC—CH_2—CH_2— ersetzt ist. Angetrieben wird die Bildung des energiereichen Esters durch die starke Zunahme der Entropie (Bildung von CO_2).

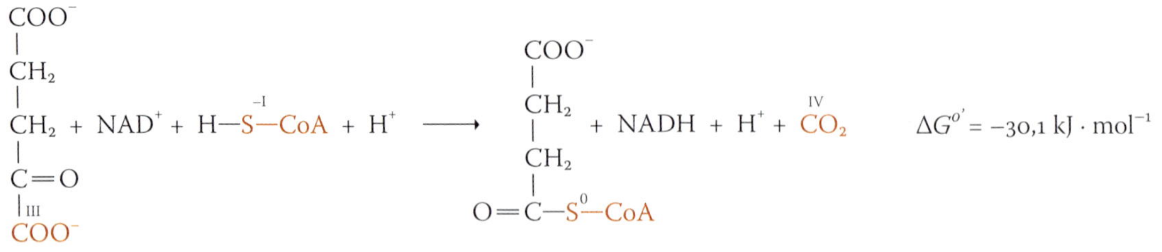

2-Oxoglutarat (α-Ketoglutarat) — Succinyl-CoA

Reaktionsschritt 5: Phosphorylierung
Bei diesem Reaktionsschritt wird zuerst ein Zwischenprodukt aus dem Succinyl-CoA und einer freien Phosphorylgruppe gebildet, wobei gleichzeitig H—CoA entsteht. Das Zwischenprodukt reagiert dann mit GDP zu GTP und dieses wiederum mit ADP zu ATP.

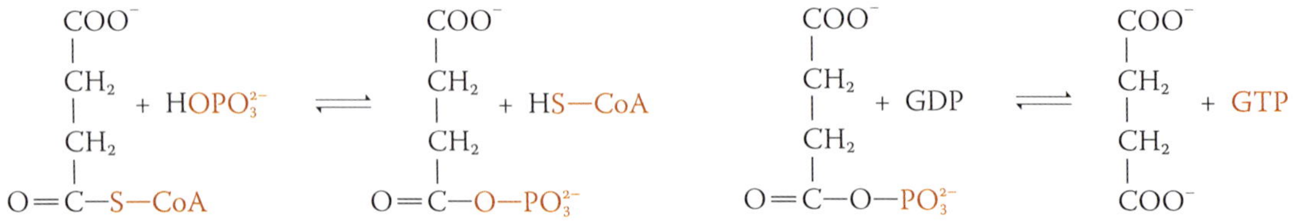

Succinyl-CoA — Succinat

Gesamtreaktion:

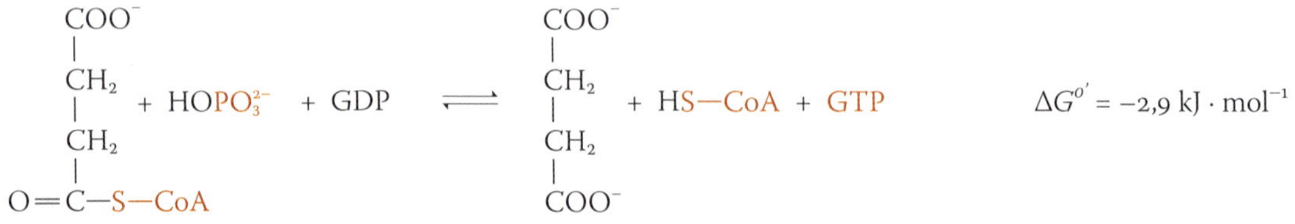

Succinyl-CoA — Succinat

GTP + ADP → GDP + ATP

Die Position der beiden Kohlenstoff-Atome der Acetylgruppe lässt sich im Succinat nicht mehr eindeutig bestimmen, da dieses Ion symmetrisch aufgebaut ist.

In den letzten drei Schritten des Zyklus erfolgt eine Regenerierung von Oxalacetat durch Dehydrierung (Oxidation) von Succinat, anschliessender Hydratisierung (Wasseranlagerung) und nochmaliger Dehydrierung. Dabei wird eine Methylengruppe (CH_2) in eine Carbonylgruppe (C═O) umgewandelt. Diese Reaktionsabfolge ist auch beim Abbau von Fettsäuren (β-Oxidation) zu beobachten (Abschnitt 29.7).

Reaktionsschritt 6: Dehydrierung (Oxidation)
Zur Umwandlung von Succinat in Fumarat findet das im Vergleich zu NAD^+ stärkere Oxidationsmittel FAD Verwendung.

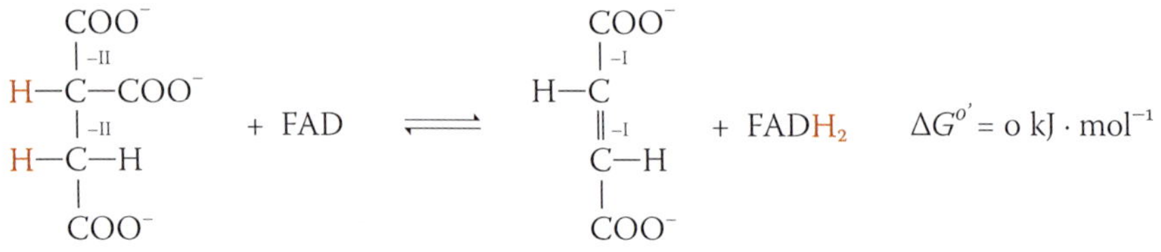

Succinat — Fumarat

Reaktionsschritt 7: Hydratisierung
Die Wasseranlagerung an Fumarat erzeugt aus einer Doppelbindung die stark polaren Bindungen C—O und O—H (exergonischer Vorgang).

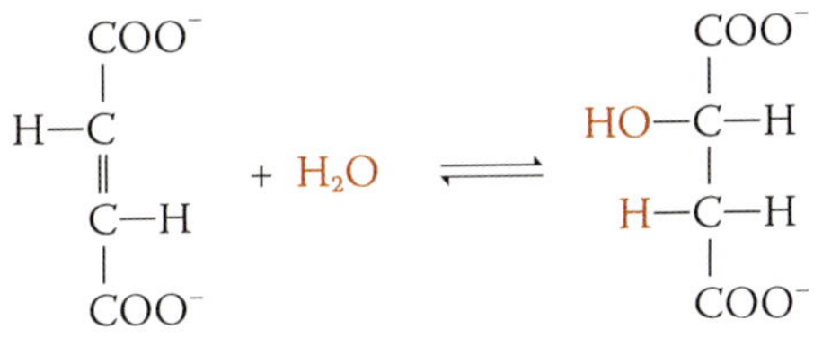

$\Delta G^{o'} = -3{,}8\ \text{kJ} \cdot \text{mol}^{-1}$

Fumarat L-Malat

Reaktionsschritt 8: Dehydrierung (Oxidation)
Diese Reaktion erfordert einen relativ grossen Energieaufwand, da die Delokalisierung des Pyridinrings im NAD^+ verloren geht. Das Produkt, Oxalacetat, verbindet sich jedoch in einer stark exergonischen Reaktion mit Acetyl-CoA (Reaktionsschritt 1), wodurch Reaktion 8 angetrieben wird (energetische Kopplung!).

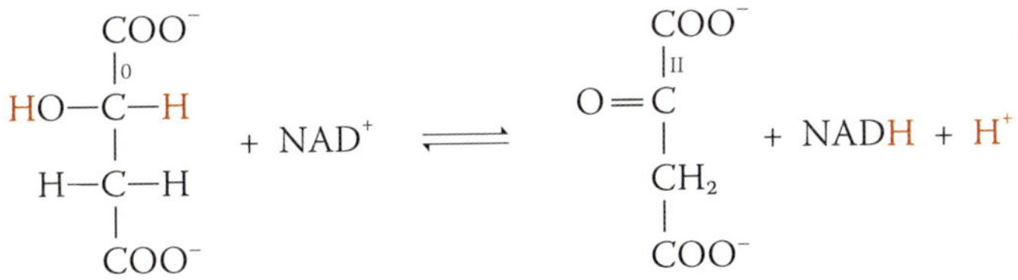

$\Delta G^{o'} = +29{,}7\ \text{kJ} \cdot \text{mol}^{-1}$

L-Malat Oxalacetat

Gesamtreaktion des Citratzyklus:

Acetyl-CoA + 3 NAD^+ + FAD + GDP + $HOPO_3^{2-}$ + 2 H_2O → 2 CO_2 + 3 NADH + $FADH_2$ + 3 H^+ + HS—CoA + GTP

Die Reduktionsmittel NADH und FADH2 gelangen in die Atmungskette und erzeugen dort ATP (Abschnitt 29.9) und zwar je drei pro NADH und je zwei aus $FADH_2$. Damit liefert eine Runde des Citratzyklus 12 ATP (3 · 3 aus 3 NADH, 2 aus $FADH_2$ und 1 aus GTP). Interessant ist, dass nicht die beiden Kohlenstoff-Atome des Acetyl-CoA im ersten Umgang zu Kohlenstoffdioxid oxidiert werden, sondern 2 C-Atome des Oxalacetats (experimenteller Beweis durch Isotopenmarkierung). Erst in einer späteren Runde verlassen die zwei Kohlenstoff-Atome des Acetyl-CoA, deren Position im symmetrischen Succinat-Ion nicht mehr eindeutig festgelegt werden kann, als CO_2-Moleküle den Zyklus.

Tabelle 29.6 Reaktionen und Energiebilanz des Citratzyklus[4]

Reaktions-schritt	Reaktion	Reaktions-typ	$\Delta G^{o'}$ $\text{kJ} \cdot \text{mol}^{-1}$
1	Acetyl-CoA + Oxalacetat → Citrat + CoA + H^+	a	−31,4
2a	Citrat ⇌ cis-Aconit + H_2O	b	+ 8,4
2b	cis-Aconit + H_2O ⇌ Isocitrat	c	− 2,1
3	Isocitrat + NAD^+ ⇌ α-Ketoglutarat + CO_2 + NADH + H^+	d + e	− 8,4
4	α-Ketoglutarat + NAD^+ + HS—CoA ⇌ CO_2 + Succinyl-CoA + NADH + H^+	d	−30,1
5	Succinyl-CoA + $HOPO_3^{2-}$ + GDP ⇌ Succinat + GTP + HS—CoA	f	− 3,3
6	Succinat + FAD ⇌ Fumarat + $FADH_2$	e	0
7	Fumarat + H_2O ⇌ L-Malat	c	− 3,8
8	L-Malat + NAD^+ ⇌ Oxalacetat + NADH + H^+	e	+29,7

a) Aldoladdition b) Dehydratisierung c) Hydratisierung d) Decarboxylierung e) Dehydrierung f) Phosphorylierung

[4] Nach Stryer, L. Biochemie. Spektrum Verlag. München. 6. Auflage 2007

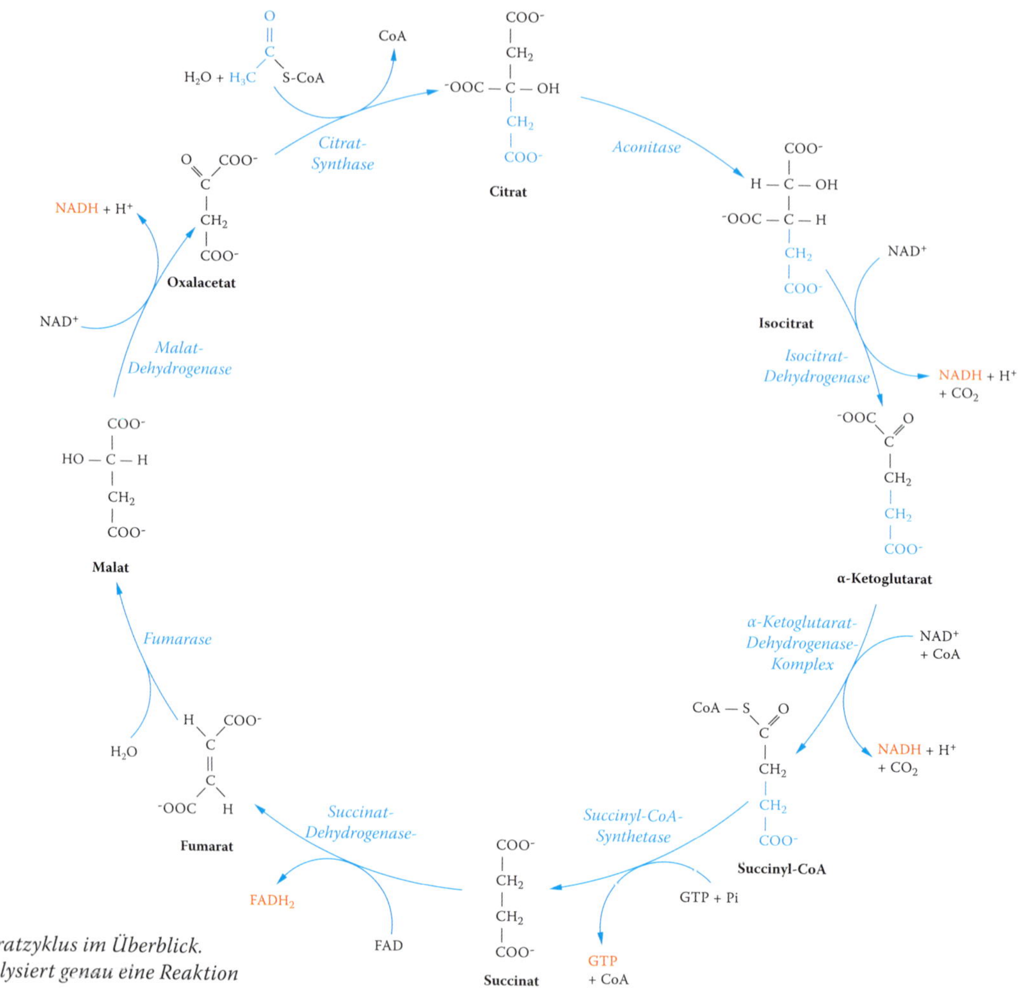

Abb. 29.5 Der Citratzyklus im Überblick. Jedes Enzym katalysiert genau eine Reaktion

Gesamtbilanz für den Abbau von einem Glucose-Molekül

$$\text{Glucose } (C_6H_{12}O_6) \xrightarrow{\text{Glykolyse}} 2 \text{ Pyruvat} \xrightarrow[\text{Citratzyklus}]{\text{oxidative Decarboxylierung}} 6\,CO_2 \xrightarrow{\text{Atmungskette}} 12\,H_2O$$

Die 24 Elektronen werden über die Carrier $NADH/H^+$ und $FADH_2$ in die Atmungskette transportiert und dort zur Reduktion von 12 Sauerstoff-Atomen verwendet. Mit den 12 H^-- und 12 H^+- Ionen bilden sich 12 Wasser-Moleküle.

Tabelle 29.7 Gesamtbilanz für den Abbau von einem Molekül Glucose

	Bildung von		Anzahl abgegebener Elektronen	Anzahl abgegebener Wasserstoff-Ionen H^-	H^+	Bildung von H_2O-Molekülen in der Atmungskette	Anzahl ATP in der Atmungskette
Glykolyse	2 $NADH/H^+$		$2 \cdot 2 = 4$	2	2		$2 \cdot 3 = 6$ + 2 Glykolyse
oxidative Decarboxylierung von Pyruvat	2 $NADH/H^+$	$2 \cdot 1\ CO_2$	$2 \cdot 2 = 4$	2	2		$2 \cdot 3 = 6$
Citratzyklus	$2 \cdot 3$ $NADH/H^+$ $2 \cdot 1$ $FADH_2$	$2 \cdot 2\ CO_2$	$2 \cdot 6 = 12$ $2 \cdot 2 = 4$	6 2	6 2		$2 \cdot 6 = 12$ $2 \cdot 2 = 4$
Total	10 $NADH/H^+$ 2 $FADH_2$	6 CO_2	24 e^-	12 H^-	12 H^+	12 H_2O-Moleküle	30 ATP

29.7 Der Abbau von Fetten zu Pyruvat und Acetyl-CoA

Die natürlich vorkommenden festen oder halbfesten Fette sowie die flüssigen fetten Öle sind Gemische verschiedener Triglyceride (Triacylglycerine: Glycerinester von Carbonsäuren mit hauptsächlich 12 bis 20 C-Atomen; Abschnitt 16.2). Nach der Nahrungsaufnahme kommt es im Dünndarm zu einer teilweisen Hydrolysierung der Triglyceride in Fettsäuren und Monoglyceride, damit sie sich in die Zellen der Dünndarmschleimhaut transportieren lassen. Hier findet eine erneute Bildung von Triglyceriden statt, die anschliessend – wiederum durch Hydrolyse im Fettgewebe – zu Glycerin und Fettsäuren abgebaut werden. Das Glycerin wird in den Leberzellen anschliessend durch ATP phosphoryliert und dann mit NAD^+ oxidiert. Das dabei entstehende Dihydroxyacetonphosphat isomerisiert zu Glycerinaldehyd-3-phosphat.

Hydrolyse von Triglycerid in Glycerin und freie Fettsäuren

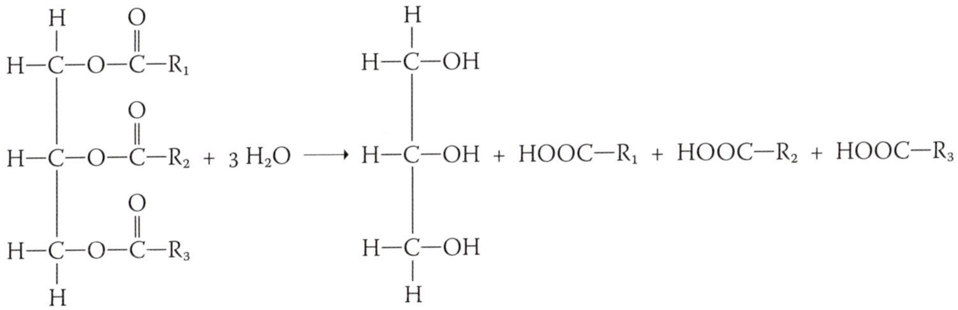

Triglycerid　　Glycerin　　Fettsäuren

Umwandlung von Glycerin in Glycerinaldehyd-3-phosphat

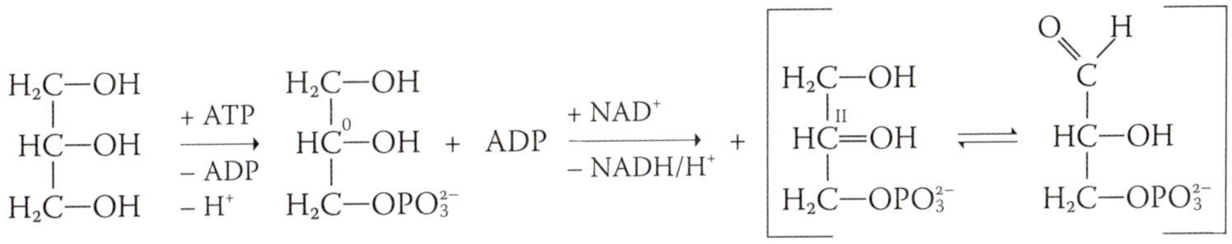

Dihydroxyaceton-phosphat　　Glycerinaldehyd-3-phosphat

Das Glycerinaldehyd-3-phosphat wird im 2. Teil der Glykolyse zu Pyruvat umgewandelt, das dann über Acetyl–CoA in den Citratzyklus gelangt.

Abbau der freien Fettsäuren zu Acetyl-CoA

a) **Bildung von aktivierten Fettsäuren**
Die Fettsäuren bzw. ihre konjugierten Basen müssen zum weiteren Abbau aktiviert werden. Dies geschieht, wie bei der Essigsäure, durch Reaktion mit HS—CoA zu Acyl-CoA über zwei Teilreaktionen:

1. $$R{-}COO^- + ATP + H_2O \rightleftharpoons R{-}\overset{\overset{\displaystyle O}{\|}}{C}{-}AMP + P_2O_7^{4-} + 2\,H^+$$

2. $$R{-}\overset{\overset{\displaystyle O}{\|}}{C}{-}AMP + HS{-}CoA \rightleftharpoons R{-}\overset{\overset{\displaystyle O}{\|}}{C}{-}S{-}CoA + AMP$$

Acyl-CoA

Gesamtreaktion:

$$\mathrm{R{-}COO^- + ATP + H_2O + HS{-}CoA \rightleftharpoons R{-}\overset{\overset{\displaystyle O}{\|}}{C}{-}S{-}CoA + AMP + P_2O_7^{4-} + 2\,H^+}$$

Bei dieser Reaktion kommt es zur Spaltung der Bindung im ATP zwischen AMP und «Pyrophosphat» (Diphosphat-Ion) $P_2O_7^{4-}$ (exergonisch) und zur Bildung eines Thioesters C—S—CoA (endergonisch). Das Pyrophosphat-Ion wird hydrolytisch in zwei Hydrogenphosphat-Ionen zerlegt. Die dabei frei werdende Hydrationsenthalpie und Mesomerieenergie treibt den Vorgang an, der damit vollständig nach rechts verläuft.

$$P_2O_7^{4-} + H_2O \rightarrow 2\,HOPO_3^{2-} \qquad \Delta G^{o'} < 0$$

Das entstandene Acyl-CoA (ein Thioester) ist eine energiereiche Verbindung, die ein hohes Acylgruppenübertragungspotential aufweist.

b) Oxidation der Acyl-CoA-Verbindung zu Acetyl-CoA (β-Oxidation der Fettsäuren)

Bei den ganzzahligen Fettsäuren erfolgt der Abbau durch vier Reaktionen, die sich so lange wiederholen, bis die gesamte Kohlenstoffkette als Acetyl-CoA vorliegt.

1. Die Oxidation (Dehydrierung) der aktivierten Fettsäure durch FAD führt zur Bildung einer Doppelbindung zwischen den Kohlenstoff-Atomen C_α und C_β (C-2 und C-3).
2. Anlagerung eines Wasser-Moleküls (Hydratisierung) an die Doppelbindung, wobei die Hydroxylgruppe an das Kohlenstoff-Atom C_β (C-3) gebunden wird.
3. NAD^+ oxidiert am C_β die Alkohol- (Hydroxyl-) zu einer Ketogruppe (R—CO—R). Man spricht deshalb auch von der β-Oxidation der Fettsäure. Bei den Reaktionen 1 bis 3 wird eine Methylengruppe (CH_2) in eine Carbonylgruppe umgewandelt (Oxidation des C-3-Atoms), entsprechend den Reaktionsschritten 6 bis 8 im Citratzyklus (Abschnitt 29.5).
4. Die Bindung zwischen den Kohlenstoff-Atomen 2 und 3 wird durch HS—CoA gespalten, sodass Acetyl-CoA und Acyl-CoA entstehen, wobei letzeres für die nächste Abbaurunde bereit steht.

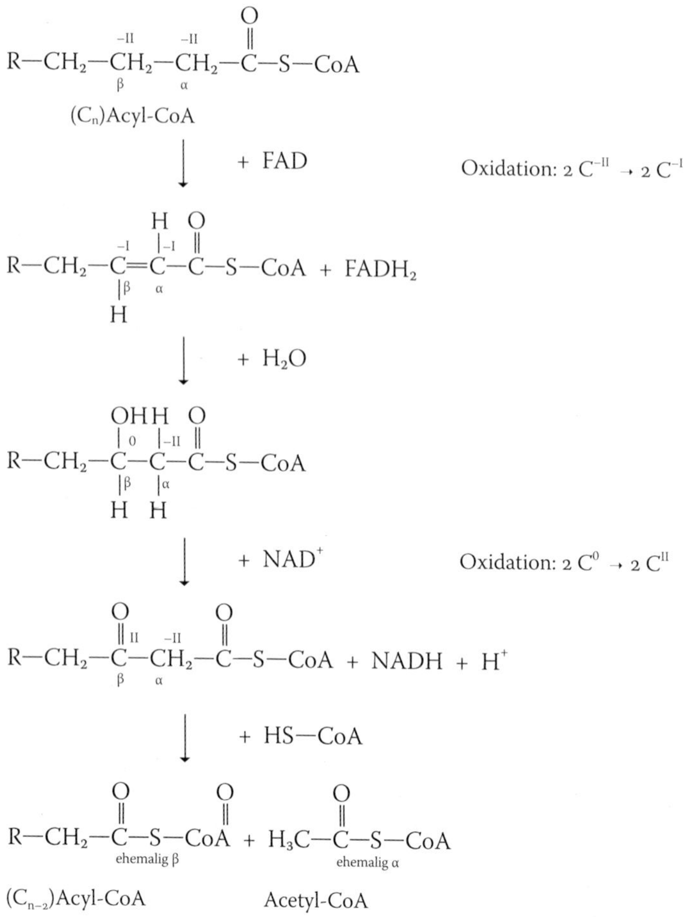

Gesamtreaktion:

$$(C_n)\text{Acyl-CoA} + \text{FAD} + \text{NAD}^+ + H_2O + \text{CoA}$$
$$\downarrow$$
$$(C_{n-2})\text{Acyl-CoA} + \text{FADH}_2 + \text{NADH} + H^+ + \text{Acetyl-CoA}$$

In der letzten Abbaurunde wird ein C_4–Acyl–CoA zu zwei Molekülen Acetyl–CoA gespalten. Die Oxidation zu Kohlenstoffdioxid und Wasser geschieht über den Citratzyklus und die Atmungskette, verknüpft mit der Bildung von ATP (Abschnitte 29.8 und 29.9).

Beispiel:
Vollständiger Abbau der Palmitinsäure ($C_{15}H_{32}COOH$)

Beim Abbau der Palmitinsäure kommt es, einschliesslich der Reaktion zur aktivierten Fettsäure, zu insgesamt sieben Zyklen.

$$C_{15}H_{32}COOH + \text{ATP} + 8\,\text{CoA} + 7\,\text{FAD} + 7\,\text{NAD}^+ + 7\,H_2O$$
$$\downarrow$$
$$8\,\text{Acetyl-CoA} + 7\,\text{FADH}_2 + 7\,\text{NADH} + 7\,H^+$$

ATP-Bilanz:
Bei der β-Oxidation der Palmitinsäure entstehen 7 Mol $FADH_2$ und 7 Mol NADH, die in der Atmungskette insgesamt (Abschnitt 29.9) 35 Mol ATP liefern:

7 mol NADH	$7 \cdot 3$ mol	21 mol ATP
7 mol FAD	$7 \cdot 2$ mol	14 mol ATP
Total		35 mol ATP

8 Mol Acetyl–CoA erzeugen im Citratzyklus $8 \cdot 3$ Mol NADH, $8 \cdot 1$ Mol $FADH_2$ und $8 \cdot 1$ Mol GTP:

Pro Zyklus		
3 mol NADH	$3 \cdot 3$ mol ATP	9 mol ATP
1 mol $FADH_2$	$1 \cdot 2$	2 mol ATP
1 mol GTP		1 mol ATP
Total		12 mol ATP
Gesamttotal $8 \cdot 12$ mol		96 mol ATP

Bei der Aktivierung der Palmitinsäure werden 2 energiereiche Phosphatbindungen gespalten. Dies bedeutet den Verbrauch von einem ATP.

$$\text{ATP} + H_2O \rightarrow \text{AMP} + P_2O_7^{4-} + 2\,H^+$$

$$P_2O_7^{4-} + 2\,H^+ \rightarrow 2\,HOPO_3^{2-}$$

Damit liefert der Abbau von einem Mol Palmitinsäure $96 + 35 - 1 = \underline{130 \text{ mol ATP}}$.

Bei den ungesättigten Fettsäuren werden die Doppelbindungen zuerst in die Position zwischen den Kohlenstoff-Atomen α und β (2 und 3) verschoben. Damit ist der erste Schritt, die Oxidation der aktivierten Fettsäure durch FAD, nicht mehr nötig. Der Abbau beginnt mit der Wasseranlagerung (Hydratisierung).

29.8 Der Abbau von Proteinen

Die Zellen des menschlichen Organismus erhalten kontinuierlich 2-Aminocarbonsäuren (α-Aminocarbonsäuren, «Aminosäuren») zugeführt. Diese stammen einerseits aus den Proteinen der zugeführten Nahrung und andererseits aus dem Abbau von Eiweissen in den Zellen. Die Aminosäuren sind die Grundlage zur Synthese körpereigener Proteine und anderer Stickstoff-Verbindungen, wie z.B. Nucleotidbasen. Die nicht verwertbaren Aminosäuren können, im Gegensatz zu Fettsäuren und Glucose, nicht im Körper gespeichert werden und finden deshalb als Brennstoffe für den Organismus Verwendung.
Die Proteinverdauung beginnt im Magen, wobei das saure Milieu die Tertiärstruktur zerstört. Diese Denaturierung ist irreversibel, das Protein geht von einem geordneten in einen weniger geordneten Zustand über. Der eigentliche Abbau erfolgt im Dünndarm zu einzelnen Aminosäuren sowie Di- und Tripeptiden. Die Abbauprodukte gelangen in die Dünndarmzellen und von dort aus in den Blutstrom. Damit ist der Transport zu anderen Geweben möglich, in deren Zellen dann eine weitere Zerlegung bzw. die erneute Synthese von Proteinen, Glucose und Glycogen stattfindet.

Der Stickstoff der nicht benötigten Aminosäuren verlässt in Form von Harnstoff [$(NH_2)_2CO$] den Körper, während aus dem Kohlenstoffgerüst Produkte entstehen, die sich zum Teil zu Fettsäuren umwandeln lassen oder im Citratzyklus zu CO_2 oxidiert werden. In der Atmungskette kommt es schliesslich zur Bildung von Wasser und ATP.

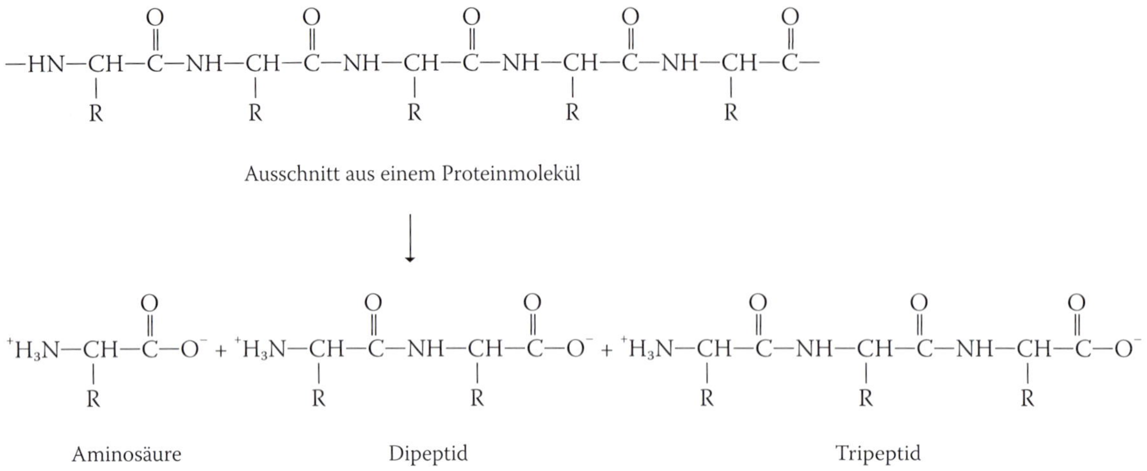

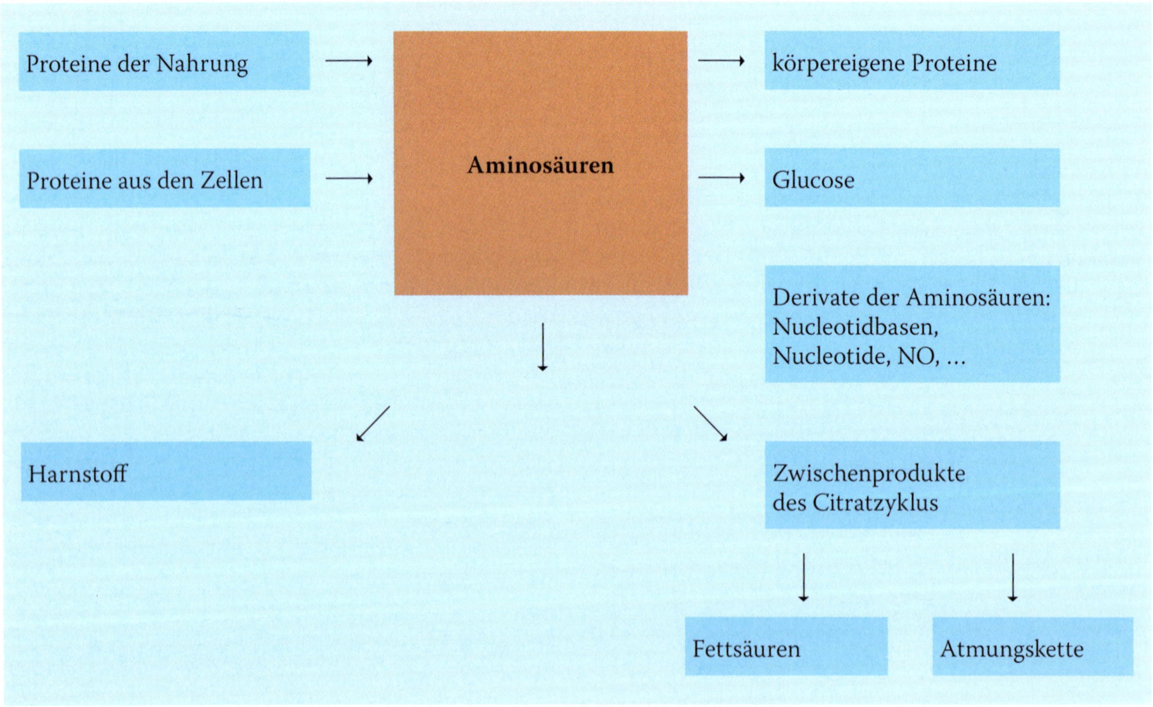

Der Abbau der Aminosäuren findet hauptsächlich in der Leber statt, ist aber auch in den Zellen anderer Gewebe möglich.

Die Bildung von Harnstoff

Viele Aminosäuren übertragen ihre Aminogruppe des C-2-Atoms (α-C-Atom) in einer Redoxreaktion auf α-Ketoglutarat, wobei Glutamat entsteht (Transaminierung).

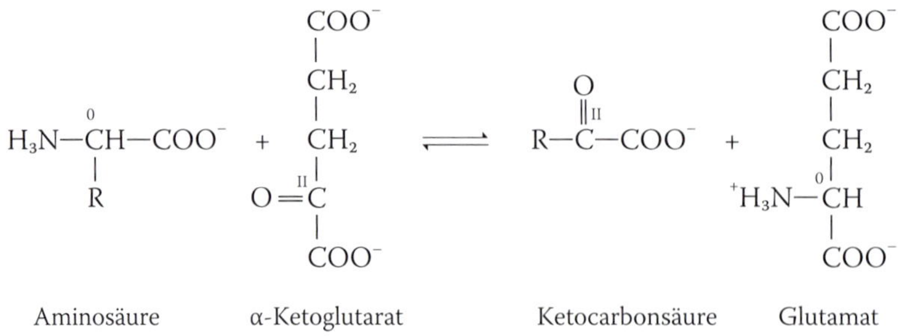

Beispiele:

a) Aspartat + α-Ketoglutarat

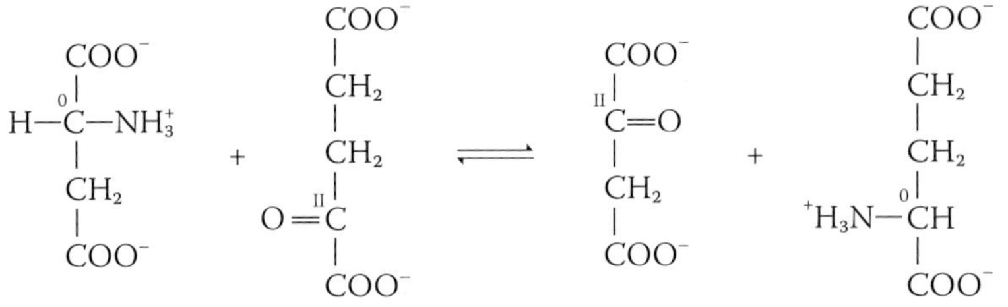

Aspartat α-Ketoglutarat Oxalacetat Glutamat

b) Alanin + α-Ketoglutarat

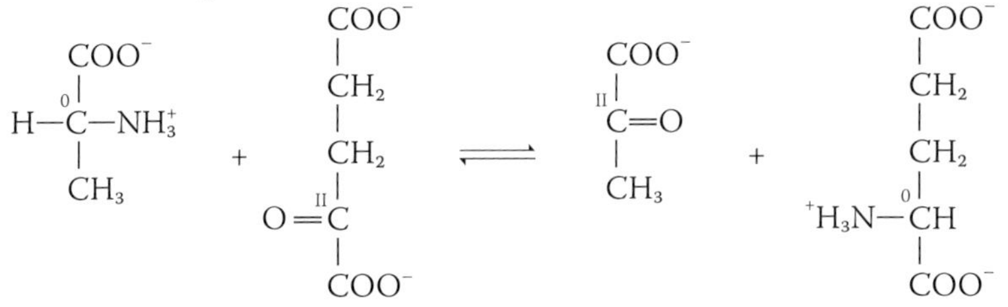

Alanin α-Ketoglutarat Pyruvat Glutamat

Das Glutamat reagiert mit dem Coenzym NAD^+, wodurch der Stickstoff in Form von Ammonium-Ionen (NH_4^+) abgespalten wird. Das C-Atom-2 verändert seine Oxidationszahl von 0 auf II (oxidative Desaminierung). Bei dieser Reaktion entsteht wiederum α-Ketoglutarat, das damit für eine neuerliche Reaktion mit einer Aminosäure zur Verfügung steht. Das α-Ketoglutarat wirkt also katalytisch.

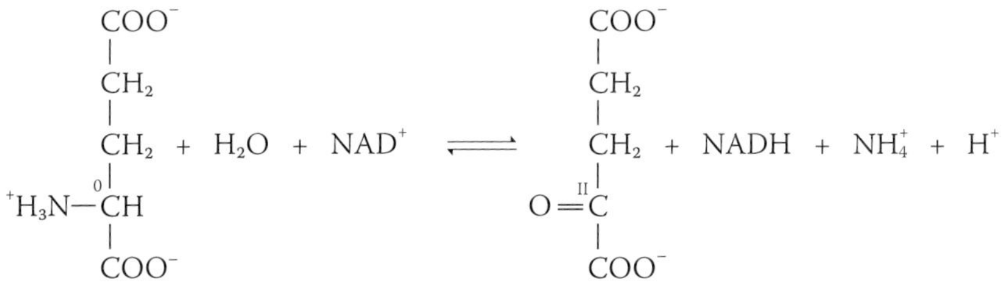

Glutamat α-Ketoglutarat

Gesamtreaktion:

$$\alpha\text{-Aminocarbonsäure} + NAD^+ + H_2O \rightleftharpoons \alpha\text{-Ketosäure} + NH_4^+ + NADH + H^+$$

Die Lage des Gleichgewichts wird von den Konzentrationen der beteiligten Stoffe bestimmt. Der Antrieb der Reaktion erfolgt normalerweise durch die Entfernung der Ammonium-Ionen, die mit Hydrogencarbonat-Ionen (HCO_3^-) Harnstoff bilden.

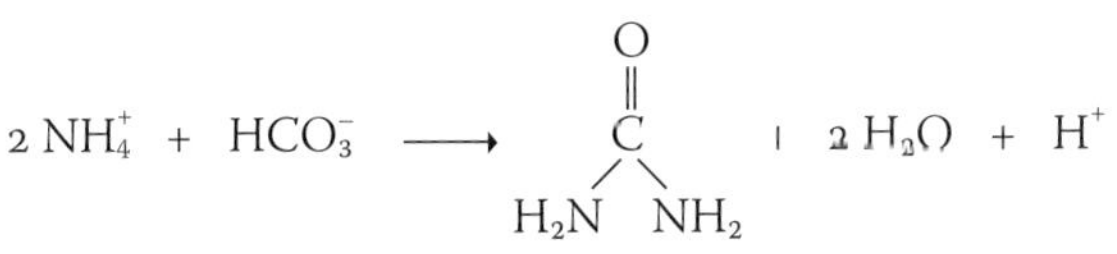

Harnstoff

Oxidation des Kohlenwasserstoff-Grundgerüsts zu CO_2 und H_2O

Wie bereits erwähnt, erscheinen die Kohlenstoff-Atome der Aminosäuren in Zwischenprodukten des Citratzyklus und werden entweder zur Synthese von Glucose oder Fettsäuren verwendet bzw. oxidativ zu Kohlenstoffdioxid und Wasser umgewandelt und tragen damit zur Gewinnung von ATP bei.

Die Umwandlung der 20 Aminosäuren ergibt insgesamt sieben verschiedene Stoffe:

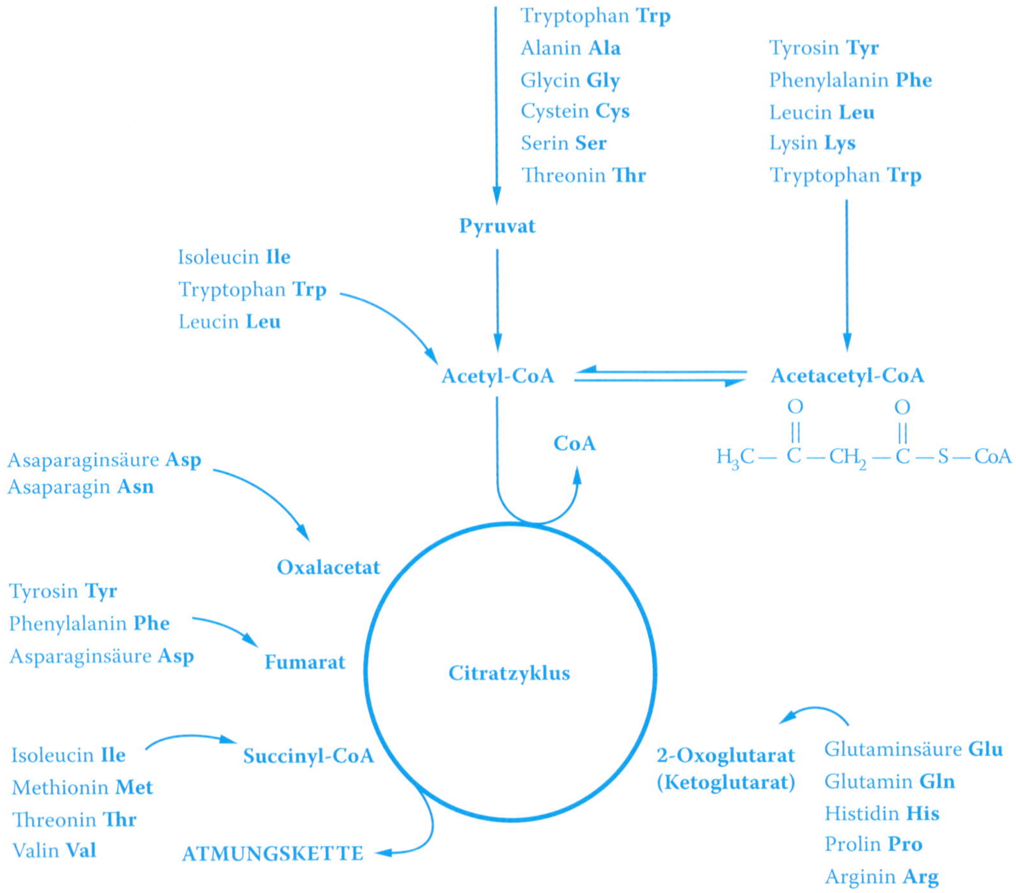

29.9 Die Atmungskette

Im Verlaufe des Katabolismus der Nährstoffe bilden sich $NADH/H^+$ und $FADH_2$, die beide ein hohes Elektronenübertragungspotential aufweisen (vgl. Abschnitte 29.5, 29.7 und 29.8). Dieses Übertragungspotential ist die treibende Kraft zur Reduktion des vom Menschen aufgenommenen Sauerstoffs, wobei in einer stark exergonischen Reaktion Wasser entsteht.

$$NADH + H^+ + \tfrac{1}{2} O_2 \rightarrow NAD^+ + H_2O \quad \Delta G^{o'} < 0$$

$$FADH_2 + \tfrac{1}{2} O2 \rightarrow FAD + H_2O \quad \Delta G^{o'} < 0$$

Ein grosser Teil der dabei gewonnenen Energie wird vom Organismus zur Synthese von ATP aus ADP verwendet, der Rest zur Aufrechterhaltung der Körpertemperatur. Die nötige Menge an ADP und Hydrogenphosphat-Ionen stammt aus dem Verbrauch von ATP, wie z.B. durch Muskeltätigkeit. Der gesamte, komplexe Vorgang, den man als Atmungskette bezeichnet, findet in der inneren Mitochondrienmembran statt und verläuft in mehreren Stufen. Die Steuerung der Atmungskette und damit des gesamten Katabolismus (Bereitstellung von NAD^+ und FAD für die Glykolyse, oxidative Decarboxylierung von Pyruvat und Citratzyklus) erfolgt ausschliesslich durch den Verbrauch an ATP in den Zellen. So führt ein Überangebot an Nahrung nicht zu einem erhöhten Katabolismus, sondern zur Bildung von Reserven im Körper (Glykogen, Reservefett). Umgekehrt erhöht körperliche Aktivität den Umsatz an ATP und damit den Abbau der Nahrungsstoffe in der Zellatmung. Da der Vorrat an ATP einer Zelle in etwa einer Minute verbraucht wird und die Gesamtmenge im menschlichen Körper maximal 100 g beträgt, ist ein enormer Stoffumsatz der erforderlichen Quantität an ATP nötig. Ein ruhender Mensch verbraucht im Verlaufe von 24 Stunden ca. 40 kg ATP, während ein Lauf über 2 Stunden 60 kg ATP benötigt[5]. Mangel an Nahrung bewirkt den Abbau der Reservestoffe und anschliessend der körpereigenen Proteine.

Die bei der Oxidation von $NADH/H^+$ bzw. $FADH_2$ und der damit verbundenen Reduktion von Sauerstoff frei werdende Energie wird zur Verschiebung von Protonen aus der Matrix durch die innere Mitochondrienmembran in den Intermembranraum verwendet:

[5] *Nach Stryer et al.: Biochemie. Spektrum Verlag. München. 6. Auflage 2007*

$$NADH + H^+ + \frac{1}{2} O_2 \rightarrow NAD^+ + H_2O \qquad \Delta G^{o'} < 0$$

$$10\ H^+_{Matrix} \rightarrow 10\ H^+_{Intermembranraum} \qquad \Delta G^{o'} > 0$$

Damit bildet sich ein chemisches Gefälle, ein Protonengradient (Abb. 29.6). Der pH-Wert in der Matrix steigt, während er im Intermembranraum sinkt. Diese protonenmotorische Kraft treibt die Protonen zurück in die Matrix und ermöglicht dadurch in der inneren Mitochondrienmembran die Synthese von ATP:

$$10\ H^+_{Intermembranraum} \rightarrow 10\ H^+_{Matrix} \qquad \Delta G^{o'} < 0$$

$$3\ ADP + 3\ HOPO_3^{2-} + 3\ H^+ \rightarrow 3\ ATP + 3\ H_2O \qquad \Delta G^{o'} > 0$$

Gesamtreaktion:

$$NADH + 4\ H^+ + \frac{1}{2} O_2 + 3\ ADP + 3\ HPO_4^{2-} \rightarrow NAD^+ + 4\ H_2O + 3\ ATP$$

$FADH_2$ kann weniger Protonen durch die Membran verschieben, da es ein schwächeres Reduktionsmittel ist als NADH. Die Ausbeute an ATP ist entsprechend geringer.

Elektronenübertragungspotential von NADH und $FADH_2$:

Redoxpaare:			
NADH	$\rightarrow$	$NAD^+ + H^+ + 2\ e^-$	$E_o' = -0{,}32$ V
$\frac{1}{2} O_2 + 2\ H^+ + 2\ e^-$	$\rightarrow$	H_2O	$E_o' = +0{,}82$ V
Redoxreaktion:			
$NADH + \frac{1}{2} O_2 + H^+$	$\rightarrow$	$NAD^+ + H_2O$	$\Delta E_o' = +1{,}14$ V

Redoxpaare:			
$FADH_2$	$\rightarrow$	$FAD + H^- + H^+$	$E_o' = -0{,}22$ V
$\frac{1}{2} O_2 + 2\ H^+ + 2\ e^-$	$\rightarrow$	H_2O	$E_o' = +0{,}82$ V
Redoxreaktion:			
$FADH_2 + \frac{1}{2} O_2$	$\rightarrow$	$FAD + H_2O$	$\Delta E_o' = +1{,}04$ V

(E_o' = : Normalpotential bei biochemischen Standardbedingungen)

Da die Phosphorylierung von ADP mit der Oxidation von NADH und $FADH_2$ verknüpft ist, handelt es sich um eine oxidative Phosphorylierung.
Pro Mol NADH (eingeschleust in die Atmungskette) entstehen 3 Mol ATP, pro Mol $FADH_2$ 2 Mol ATP. Ein Molekül Glucose, das vollständig zu CO_2 und H_2O oxidiert wird, erzeugt rund 30, 1 Molekül Palmitinsäure hingegen 130 ATP. Der grösste Teil des von den Zellen benötigten ATP wird also in der inneren Membran der Mitochondrien gebildet.

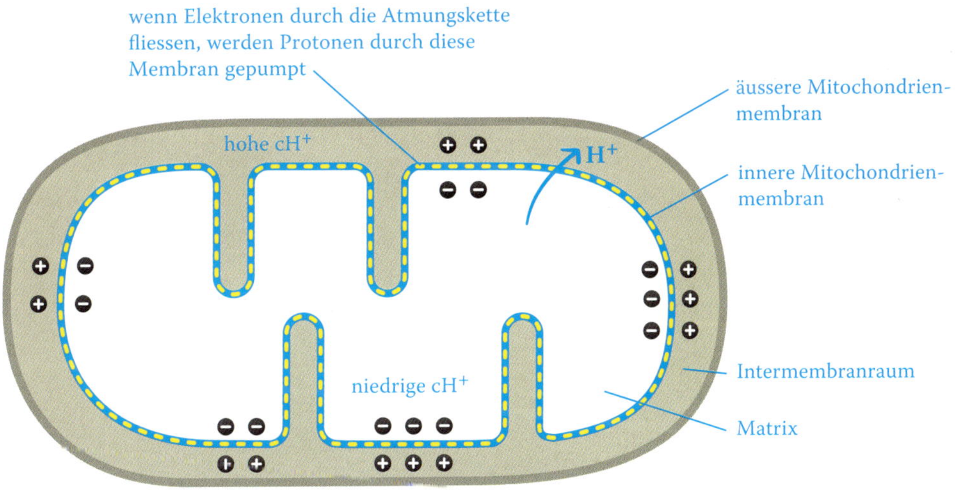

Abb. 29.6 Bildung eines Konzentrationsgefälles in den Mitochondrien[6]

[6]*Nach Stryer et al.: Biochemie. Spektrum Verlag München. 6. Auflage 2007*

ÜBUNGEN ZUM KAPITEL 29

29.1 Definieren Sie die Begriffe
- Metabolismus
- Anabolismus
- Katabolismus

29.2 Worin unterscheidet sich ΔG^o von $\Delta G^{o'}$?

29.3 Wie lässt sich der Ablauf einer endergonischen Reaktion erzwingen?

29.4 Wie lautet der Name für ATP?

29.5 Wie lautet der Name für NAD^+?

29.6 Nennen Sie je ein Beispiel eines Carriers, der
a) eine Phosphorylgruppe und
b) Elektronen überträgt.

29.7 Begründen Sie, weshalb die Hydrolyse von ATP ein stark exergonischer Vorgang ist.

29.8 Worin unterscheiden sich NAD^+ und FAD als Oxidationsmittel?

29.9 Weshalb spricht man bei Carbonyl-Verbindungen von aktivierten Methylengruppen?

29.10 Vergleichen Sie die Atomabfolge von Carbonsäure- und Thioestern.

29.11 Was versteht man unter einer Aldolspaltung? Beispiel?

29.12 Bei welchen Reaktionsschritten der Glykolyse findet
a) eine Isomerisierung,
b) eine Dehydratisierung,
c) eine Redoxreaktion statt?

29.13 Zeichnen Sie das Reaktionsprodukt, das bei der Phosphorylierung der α-D-Glucose am C-6 entsteht.

29.14 In welcher Form liegt die Kohlenstoffkette der Glucose am Ende der Glykolyse vor?

29.15 Auf welche Art wird die Energie gespeichert, die bei der oxidativen Decarboxylierung von Brenztraubensäure frei wird?

29.16 Erklären Sie den Unterschied zwischen Atmung und Gärung.

29.17 Bei welchen Reaktionsschritten des Citratzyklus findet
a) die Bildung von CO_2 (Decarboxylierung),
b) eine Aldoladdition,
c) eine Dehydrierung statt?

29.18 Welche Aufgabe erfüllt der Citratzyklus?

29.19 Fette werden im Fettgewebe zu Glycerin und Fettsäuren gespalten. In welcher Form gelangt das Glycerin in den Citratzyklus?

29.20 Zeichnen Sie die Lewis-Formel der aktivierten Essigsäure bzw. einer aktivierten Fettsäure.

29.21 Welche grundlegende Reaktion steuert den gesamten Katabolismus?

29.22 Weshalb führt ein Überangebot an Nahrung nicht zu einem erhöhten Katabolismus?

29.23 Welcher Reaktionstyp tritt in der Atmungskette auf?

29.24 Welche Kraft treibt die Synthese von ATP in der inneren Mitochondrienmembran an?

Von der Vergangenheit in die Zukunft

30 ATOME OHNE GRENZEN

31 FARBIGE STOFFE UND FARBSTOFFE

32 INSTRUMENTELLE ANALYTIK

30 ATOME OHNE GRENZEN

Eine Wellenfunktion zur Beschreibung des Wasserstoff-Elektrons im Grundzustand
Wie wir in Abschnitt 4.4 erfahren haben, besitzen Elektronen auch Welleneigenschaften; in Atomen und Molekülen sind dies stehende Wellen. Es liegt deshalb nahe, ihr Verhalten in ähnlicher Weise mathematisch zu beschreiben, wie es bei anderen Wellen erfolgt. Man benötigt dazu eine Funktion, die Wellenfunktion, die im einfachsten Fall – dem Wasserstoff-Elektron – vom Abstand des Elektrons zum Atomkern abhängt.

Mit ziemlich grossem mathematischem Aufwand gelingt es, solche Funktionen sowohl für den Grundzustand als auch für angeregte Zustände des Wasserstoff-Atoms zu finden. Dabei muss die Anziehungskraft zwischen Proton und Elektron sowie die Tatsache, dass das System «Wasserstoff-Atom» einem Zustand minimaler Energie entspricht, berücksichtigt werden. Das Ergebnis dieser Überlegungen ist eine abklingende Exponentialfunktion[1]. Solche Exponentialfunktionen verwendet man z.B. auch zur Beschreibung des Bevölkerungswachstums oder der Darstellung der Abnahme der Radioaktivität (Abschnitt 4.2).

Die für den Grundzustand des Wasserstoff-Atoms gefundene Wellenfunktion hat die Form

$$\psi = \frac{1}{\sqrt{\pi \cdot a_0^3}} \cdot e^{-\frac{r}{a_0}}$$

Wellenfunktion des Elektrons im Wasserstoff-Atom (Grundzustand)

a_0 = 0,53 · 10^{-10} m (Bohrscher Radius)
e: Eulersche Zahl = 2,718...
r: Abstand des Elektrons vom Atomkern
ψ: Amplitude der angenommenen Materiewelle

Mittels solcher Wellenfunktionen lassen sich z.B. Energien von Atomen und Molekülen, Ionisierungsenergien, Bindungsenthalpien u.a. berechnen. Dies ist das Aufgabenfeld der «Quantenchemie» (so genannt, weil sie auf der Quantentheorie gründet). Abb. 30.1 gibt die grafische Darstellung der oben vorgestellten Funktion.

Die Amplitude der stehenden Elektronenwelle ist in der Nähe des Atomkerns gross und wird mit zunehmendem Abstand vom Kern kleiner. Im Unendlichen geht sie gegen null.

Obwohl man sich bemühte, die berechneten Werte von ψ experimentell zu bestätigen, liessen sie sich nicht

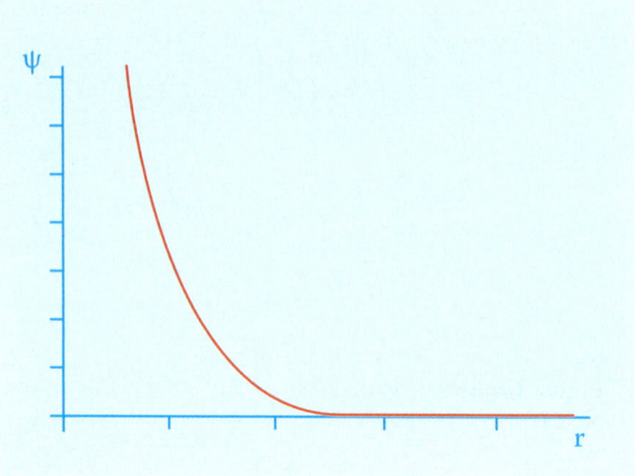

Abb. 30.1 Grafische Darstellung der Wellenfunktion ψ für den Grundzustand des H-Atoms

messen. Man schloss daraus, dass sie keine anschauliche Bedeutung besitzen können und nicht beobachtbar (observabel) sind. M. Born erkannte aber, dass das Quadrat der Amplitude (also ψ^2) ein Mass für die Wahrscheinlichkeit ist, das Elektron an einer bestimmten Stelle zu finden. Tatsächlich liess sich durch Messungen bestätigen, dass das Amplitudenquadrat der Aufenthaltswahrscheinlichkeit des Elektrons in einem Volumenelement dV entspricht. Durch Quadrieren der Wellenfunktion gelangen wir deshalb zu Aussagen darüber, wo und mit welcher Wahrscheinlichkeit das Elektron zu finden ist. Da sich diese Wahrscheinlichkeit auf ein Volumenelement dV bezieht, gibt ψ^2 die Elektronendichte an (auch Wahrscheinlichkeitsdichte[2], Ladungsdichte oder Aufenthaltswahrscheinlichkeit pro Volumeneinheit genannt).

- Elektronendichte (Wahrscheinlichkeitsdichte; Ladungsdichte): Aufenthaltswahrscheinlichkeit des Elektrons in Bezug zum Volumenelement dV.
- Quadrat der Wellenfunktion ψ: $\psi^2 = \frac{1}{\pi \cdot a_0^3} \cdot e^{-\frac{2r}{a_0}}$
- Elektronendichte: $\frac{dW}{dV} = \psi^2$

  dW: Wahrscheinlichkeit, dV: Volumenelement
- Aufenthaltswahrscheinlichkeit: Wahrscheinlichkeit, das Elektron in einem Volumenelement dV im Abstand r vom Atomkern anzutreffen.
- Aufenthaltswahrscheinlichkeit

$$dW = \psi^2 \cdot dV = \frac{1}{\pi \cdot a_0^3} \cdot e^{-\frac{2r}{a_0}} \cdot dV$$

[1] *In einer Exponentialfunktion steht die unabhängige Variable x im Exponenten einer Potenz: $y = a^x$. «Abklingend» bedeutet, dass x ein negatives Vorzeichen erhält.*

[2] *In Analogie zur Dichte eines Stoffs: Masse pro Volumeneinheit.*

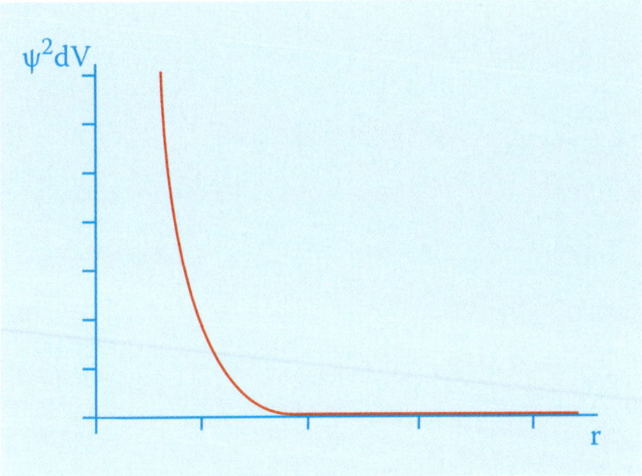

Abb. 30.2 Grafische Darstellung der Aufenthaltswahrscheinlichkeit $\psi^2 \cdot dV$ im Grundzustand des Wasserstoff-Atoms

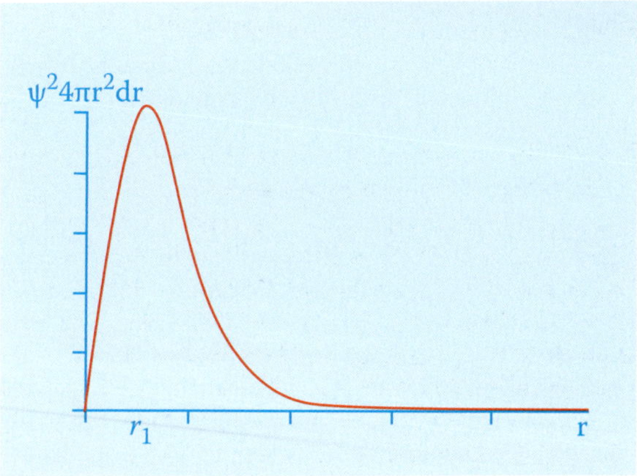

Abb. 30.4 Grafische Darstellung der radialen Aufenthaltswahrscheinlichkeit $\psi^2 \cdot 4\pi\, r^2\, dr$ im Grundzustand des Wasserstoff-Atoms

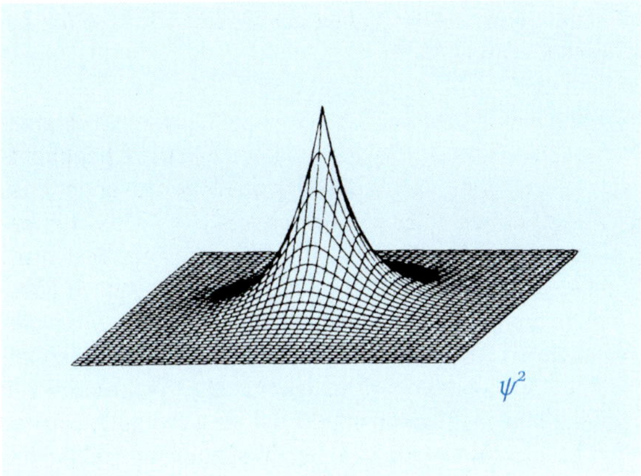

Abb. 30.3 Elektronendichtekarte für die Wellenfunktion ψ2 im Grundzustand des Wasserstoff-Atoms. Die «Höhe» des Gebirges gibt ein Mass für die Aufenthaltswahrscheinlichkeit pro Volumeneinheit

Um den Graf von ψ^2 zeichnen zu können, muss man die Aufenthaltswahrscheinlichkeit

$$dW = \psi^2 \cdot dV = \frac{1}{\pi \cdot a_0^3} \cdot e^{-\frac{2r}{a_0}} \cdot dV$$

für verschiedene Abstände r berechnen und die so erhaltenen Punkte miteinander verbinden. Die Abb. 30.2 zeigt, dass die Wahrscheinlichkeit, das Elektron in einem Raumelement dV in der Nähe des Kerns anzutreffen, sehr gross ist. Mit zunehmendem Kernabstand werden die Werte rasch kleiner und gehen im Unendlichen gegen null.

Ein überraschendes Ergebnis

Wenn bisher von Atomen die Rede war, haben wir uns kleinste «Kügelchen», also in sich abgeschlossene Teilchen, vorgestellt. Die Aufenthaltswahrscheinlichkeit des Wasserstoff-Elektrons geht jedoch erst im Unendlichen gegen null. Natürlich vermindert sich die Aufenthaltswahrscheinlichkeit mit zunehmendem Kernabstand stark (im Abstand von 0,182 pm ist sie bereits auf 1/1000 abgesunken). Die Tatsache bleibt jedoch bestehen, dass die Wahrscheinlichkeit, das Elektron an irgendeinem Ort anzutreffen, einen endlichen, wenn auch u. U. ganz extrem kleinen Wert aufweist. Mit anderen Worten, das Wasserstoff-Atom (und natürlich auch die anderen Atome) hat nach aussen keine scharfe Umgrenzung. Wie lassen sich dann die bisher benützten «Elektronenschalen» verstehen?

Die Elektronenschalen aus der Sicht der Quantenchemie

Für einen bestimmten Abstand r vom Kern des Wasserstoff-Atoms ist die Wahrscheinlichkeit, das Elektron in einem Volumenelement dV anzutreffen (Aufenthaltswahrscheinlichkeit dW), in jeder Raumrichtung gleich gross. Wenn wir die Volumenelemente dV im gleichen Abstand r vom Kern addieren, ergeben sie eine Kugelschale. Man erhält somit als Ergebnis die Wahrscheinlichkeit, das Elektron in dieser Kugelschale anzutreffen. Man spricht dann von der radialen Elektronendichte oder der radialen Wahrscheinlichkeitsdichte. «Dichte» bedeutet hier die Aufenthaltswahrscheinlichkeit pro Kugelschalenvolumen.

- Radiale Elektronendichte (radiale Wahrscheinlichkeitsdichte): Aufenthaltswahrscheinlichkeit des Elektrons in Bezug zu einer Kugelschale mit dem Durchmesser dr und dem Volumen $V = 4\pi \cdot r^2 \cdot dr$.
- Radiale Elektronendichte:

$$\frac{dW}{4\pi \cdot r^2 \cdot dr} = \psi^2 = \frac{1}{\pi \cdot a_0^3} \cdot e^{-\frac{2r}{a_0}}$$

r: Abstand Kern-Kugelschale; dr: Durchmesser Kugelschale; $4\pi \cdot r^2 \cdot dr$: Volumen einer Kugelschale mit dem Durchmesser dr.

– Radiale Aufenthaltswahrscheinlichkeit: Wahrscheinlichkeit, das Elektron in einer Kugelschale mit dem Durchmesser d*r* im Abstand *r* vom Atomkern anzutreffen.
– Radiale Aufenthaltswahrscheinlichkeit:

$$dW = \frac{1}{\pi \cdot a_0^3} \cdot e^{-\frac{2r}{a_0}} \cdot 4\pi \cdot r^2 \cdot dr$$

Die radiale Aufenthaltswahrscheinlichkeit lässt sich als Graf zeichnen, wenn man die Wahrscheinlichkeit d*W* für verschiedene Kugelschalen berechnet und die so erhaltenen Werte miteinander verbindet (Abb. 30.4).

Die Wahrscheinlichkeit, das Elektron in Kugelschalen mit der Dicke dr in unterschiedlichen Abständen vom Kern anzutreffen, ist im Kern gleich null ($r = 0$). Im Abstand r_1 hat *W* ein Maximum und geht im Unendlichen gegen null.

Die K-Schale des Wasserstoff-Atoms entspricht einer Kugelschale mit der Dicke d*r* im Abstand r_1 vom Kern, in der sich das Elektron mit grösster Wahrscheinlichkeit aufhält.

Eine Elektronenschale ist eine Kugelschale, in der die radiale Aufenthaltswahrscheinlichkeit ein Maximum erreicht.

Die Energien des Wasserstoff-Atoms im Grundzustand
Mithilfe der Wellenfunktion ψ lassen sich auch die verschiedenen Energien des Elektrons im Grundzustand des Wasserstoff-Atoms berechnen. [In der Quantentheorie ist das Zeichen für die kinetische Energie *T* und für die potentielle Energie *V*. Da das Elektron dauernd in Bewegung ist (Teilchenmodell!), handelt es sich dabei um die mittlere kinetische bzw. potentielle Energie ($\overline{T}$; $\overline{V}$)]:

Wellenfunktion für den Grundzustand: $$\psi = \frac{1}{\sqrt{\pi \cdot a_0^3}} \cdot e^{-\frac{r}{a_0}}$$

Gesamtenergie des H-Atoms: $$E = -\frac{1}{4\pi \cdot \varepsilon_0} \cdot \frac{e_0^2}{2a_0}$$

Kinetische Energie des Elektrons: $$\overline{T} = -\frac{1}{4\pi \cdot \varepsilon_0} \cdot \frac{e_0^2}{2a_0}$$

Potentielle Energie des Elektrons: $$\overline{V} = -\frac{1}{4\pi \cdot \varepsilon_0} \cdot \frac{e_0^2}{a_0}$$

Für

$$a_0 = 4\pi \cdot \varepsilon_0 \cdot \frac{h^2}{4\pi^2 \cdot m \cdot e_0^2} = 0{,}53 \cdot 10^{-10}\ \text{m}\ [0{,}53\ \text{Å}]$$

$m_e = 9{,}11 \cdot 10^{-31}$ kg (Elektronenmasse)

$h = 6{,}626 \cdot 10^{-34}$ Js (Plancksches Wirkungsquantum)

$\varepsilon_0 = 8{,}854 \cdot 10^{-12}\ C^2\ J^{-1}\ m^{-1}$(Dielektrizitätskonstante)

$e = 1{,}602 \cdot 10^{-19}$ C $= 1{,}602 \cdot 10^{-19}$ As (Elektronenladung)

erhält man:

– Gesamtenergie:
$$E = \frac{1}{4\pi \cdot \varepsilon_0} \cdot \frac{e_0^2}{2a_0} = -21{,}79 \cdot 10^{-19}\ \text{J}\ [-13{,}586\ \text{eV}]$$
– Mittlere kinetische Energie:
$$\overline{T} = \frac{1}{4\pi \cdot \varepsilon_0} \cdot \frac{e_0^2}{2a_0} = 21{,}79 \cdot 10^{-19}\ \text{J}\ [+13{,}586\ \text{eV}]$$
– Mittlere potentielle Energie:
$$\overline{V} = \frac{1}{4\pi \cdot \varepsilon_0} \cdot \frac{e_0^2}{a_0} = -2 \cdot 21{,}79 \cdot 10^{-19}\ \text{J}\ [-27{,}172\ \text{eV}]$$
– Mittlere Geschwindigkeit des Elektrons (berechnet aus der kinetischen Energie des Elektrons):
$$\overline{v} = \sqrt{\frac{2 \cdot \overline{T}}{m}} = 2{,}22 \cdot 10^6\ \text{m} \cdot \text{s}^{-1}$$

Die auf diese Weise berechnete Gesamtenergie (–13,586 eV) entspricht der Ionisierungsenergie des Elektrons, wenn dieses vom Atom abgespalten wird (vgl. Tabelle mit den Ionisierungsenergien, Abschnitt 4.4). Um Proton und Elektron eines Wasserstoff-Atoms voneinander zu trennen, ist also ein Energieaufwand von $21{,}79 \cdot 10^{-19}$ J nötig, die umgekehrt frei werden, wenn sich die beiden Teilchen (Teilchenmodell!) zu einem Wasserstoff-Atom verbinden. Dabei geht man von der Energie gleich null aus, wenn Proton und Elektron einen unendlich grossen Abstand voneinander aufweisen und in Ruhe sind. Je näher sie sich kommen, desto grösser wird die kinetische Energie des Elektrons (Teilchenmodell; geringerer mittlerer Abstand des Elektrons zum Atomkern und damit stärkere anziehende Kräfte, die das Elektron durch eine erhöhte kinetische Energie «kompensieren» muss) und umso geringer die potentielle Energie. Die Zunahme der kinetischen Energie ist dabei geringer als die Abnahme der potentiellen Energie (vgl. auch Abschnitt 6.1).

Interessant ist die Tatsache, dass die mittlere potentielle Energie $\overline{V}$ betragsmässig der Summe von kinetischer und Gesamtenergie entspricht. oder anders formuliert, die kinetische Energie (wiederum betragsmässig) gleich der Gesamtenergie ist. Dieser Zusammenhang wird als Virialtheorem bezeichnet (Abb. 30.5; das Virialtheorem ist auch für die Bildung von Molekülen gültig, wenn diese eine minimale Energie aufweisen):

Virialtheorem: $E = -\overline{T}$

$\overline{V} = 2 \cdot \overline{T} = T + E$

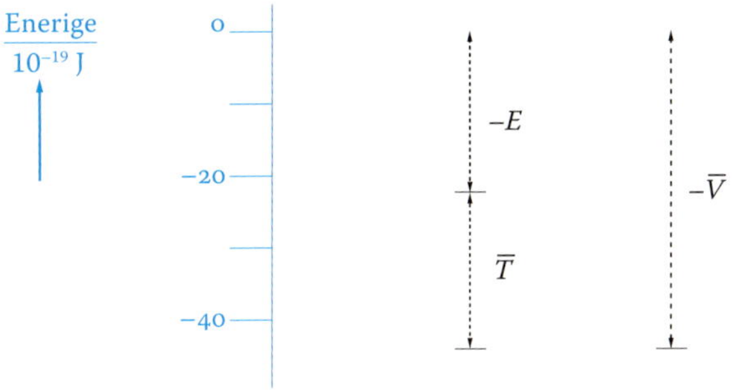

Abb. 30.5 Gesamtenergie E, potentielle Energie und kinetische Energie für das Wasserstoff-Atom im Grundzustand

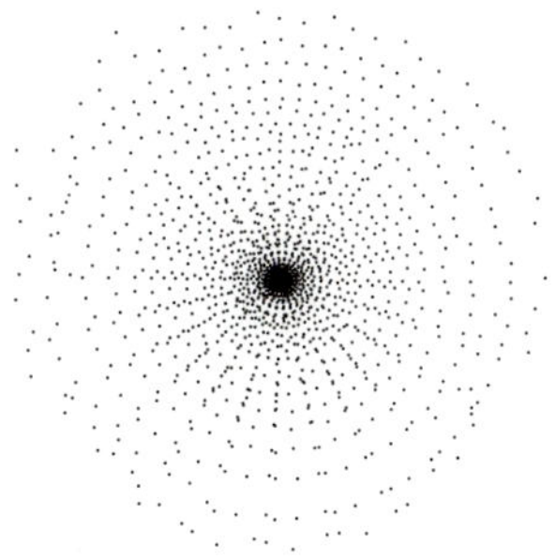

Abb. 30.6 H-Atom: Kern und «Wolkendarstellung» der Elektronendichte

Man mag sich fragen, wie die Aussage über die radiale Wahrscheinlichkeitsdichte mit der vorher geäusserten Feststellung vereinbar ist, die Wahrscheinlichkeit, das Elektron im Volumenelement d*V* zu finden, sei in der Nähe des Kerns am grössten.
Man muss sich dabei aber bewusst sein, dass das Volumen einer nahe beim Kern liegenden Kugelschale sehr viel kleiner ist als das Volumen einer solchen Schale mit grösserem Kernabstand. Die Wahrscheinlichkeit, das Elektron in der Kugelschale mit grösserem Abstand anzutreffen, ist deshalb höher (Abb. 30.6).

Legt man konzentrische Kreise um den Kern (die Dicke der Linie entspricht dV; Kugelschalen!) und zählt die Punkte, die darauf liegen, so erhält man folgendes Resultat: Nahe beim Kern sind es wenige Punkte (der Umfang des Kreises ist klein!), weit vom Kern entfernt sind es auch wenige (die Aufenthaltswahrscheinlichkeit ist klein!); bei einem bestimmten Kernabstand muss ein Maximum auftreten![3]

[3] Die Funktion für die radiale Aufenthaltswahrscheinlichkeit lässt dies sehr schön erkennen:
$dW = \frac{1}{\pi \cdot a_0^3} \cdot e^{-\frac{2r}{a_0}} \cdot 4\pi \cdot r^2 \cdot dr$. *Bei kleinen Werten von r nehmen die Werte r^2 rascher zu als die Werte $e^{-\frac{2r}{a_0}}$ abnehmen. Bei grossen Kernabständen fällt der Ausdruck $e^{-\frac{2r}{a_0}}$ stärker ins Gewicht*

ÜBUNGEN ZUM KAPITEL 30

30.1 Für den ersten angeregten Zustand des Wasserstoff-Atoms findet man vier Wellenfunktionen, von denen eine in Abb. 30.7 dargestellt ist. Interpretieren Sie den Verlauf der Kurve.

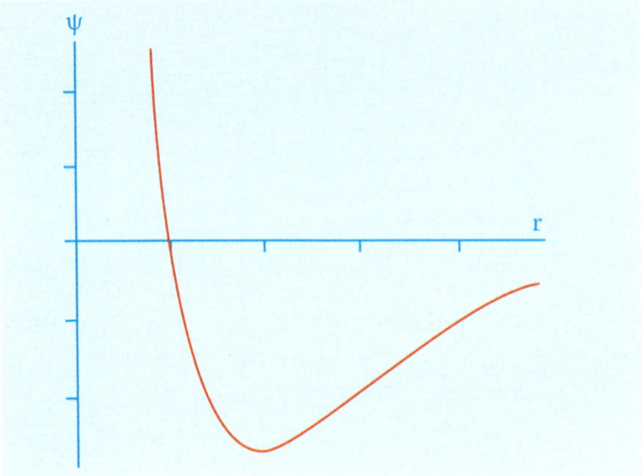

Abb. 30.7 Grafische Darstellung der Wellenfunktion ψ für den ersten angeregten Zustand des Wasserstoff-Atoms

30.2 Welche Aussagen lassen sich aus den von der Funktion in Übung 30.1 abgeleiteten Grafen der Aufenthaltswahrscheinlichkeit (Abb. 30.8) und der radialen Aufenthaltswahrscheinlichkeit (Abb. 30.9) machen?

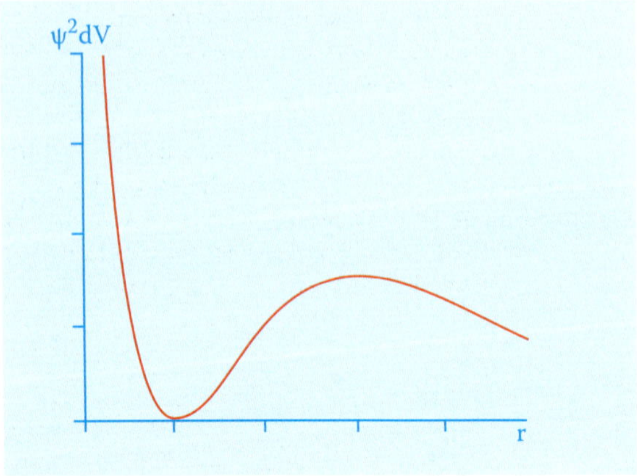

Abb. 30.8 Grafische Darstellung der Aufenthaltswahrscheinlichkeit für den ersten angeregten Zustand des Wasserstoff-Atoms

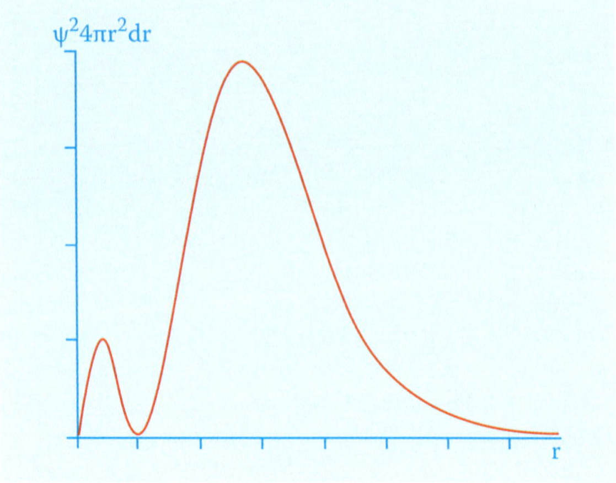

Abb. 30.9 Grafische Darstellung der radialen Aufenthaltswahrscheinlichkeit für den ersten angeregten Zustand des Wasserstoff-Atoms

30.3 Was versteht man unter einer Elektronenschale aus der Sicht der Quantenchemie?

31 FARBIGE STOFFE UND FARBSTOFFE

31.1 Wie entsteht Licht?

Licht wird beim Durchgang durch ein Prisma oder ein Gitter in verschiedene Spektralfarben zerlegt. Blendet man aus dem weissen Licht der Sonne oder einer Glühlampe einen Strahl aus und schickt ihn durch ein Prisma, so erhält man ein kontinuierliches Spektrum, das alle Farben von Rot über Gelb, Grün, Blau bis Violett enthält (Abb. 31.1). Da jeder Farbe eine bestimmte Wellenlänge entspricht, muss das Sonnenlicht bzw. das Licht einer Glühlampe alle sichtbaren Wellenlängen enthalten.

Anders verhält sich das Licht von Metalldämpfen (z.B. Quecksilber) oder von Gasen wie Wasserstoff oder Helium. Führt man diesen Stoffen durch Erhitzen oder durch elektrische Funken genügend Energie zu, so senden sie ebenfalls Licht aus. Bei der Zerlegung des Lichts durch ein Prisma erhält man jedoch kein kontinuierliches Spektrum, sondern nur eine bestimmte Anzahl von Spektralfarben. Wenn man das Licht vor der spektralen Zerlegung durch einen Spalt schickt, entsteht ein Linienspektrum (Abb. 31.2). Solche Stoffe senden also nur Licht ganz bestimmter Wellenlängen aus.

Nach der Quantentheorie (M. Planck) kann die Energie eines Systems nicht in beliebigen Mengen, sondern nur als ganzzahliges Vielfaches von Energiequanten («Energiepaketen») auftreten. Die Grösse dieser Energiequanten (d.h. ihr Energiebetrag) hängt zusammen mit der Frequenz der die Energie «transportierenden» Strahlung und wird durch die Formel von Planck gegeben:

$E = h \cdot \nu$ (h = Plancksche Konstante; ν = Frequenz = Anzahl Schwingungen pro Sekunde)

Als Folge der Quantentheorie müssen jeder Frequenz (jeder Wellenlänge) des Lichts Quanten («Photonen») ganz bestimmter Energie zugeordnet werden. Die Quanten des violetten Lichts (kurze Wellen, d.h. hohe Frequenz) sind am energiereichsten, die des roten Lichts (lange Wellen, tiefe Frequenz) am energieärmsten. Der glühende Draht einer Glühbirne sendet also offensichtlich Quanten aller möglichen Energiebeträge aus, während Metalldämpfe oder Wasserstoff nur ganz bestimmte Energiequanten aussenden können.

Die Erklärung dieser Beobachtungen bot lange Zeit grosse Schwierigkeiten. Sie gelang erst N. Bohr (1913) durch die folgenden, im Wesentlichen noch heute akzeptierten Vorstellungen: Beim Erhitzen oder bei der Einwirkung elektrischer Funken nehmen die Atome Energie auf und gehen in einen «angeregten» Zustand über. Ein Elektron oder auch mehrere Elektronen werden dabei durch Energieaufnahme in einen höheren Energiezustand (ein höheres Energieniveau) gehoben. Der angeregte Zustand ist aber nicht stabil. Die Atome gehen sofort wieder in einen energieärmeren Zustand über, indem die Elektronen auf ein niedrigeres Energieniveau «zurückspringen». Die dabei frei werdende Energie wird als Licht ausgesandt.

Dieses Licht ist mehr oder weniger energiereich, je nach der Energiedifferenz zwischen beiden Niveaus. Die Tatsache, dass Metalldämpfe oder Wasserstoff nur Licht ganz bestimmter Wellenlängen (Farben) aussenden, zeigt, dass nur bestimmte «Elektronensprünge» möglich sind. Die Elektronen können also in den Atomen nur ganz bestimmte Energiezustände einnehmen. Eine Spektrallinie (eine bestimmte Farbe eines Atomspektrums) entspricht der Differenz zwischen zwei Energiezuständen eines Elektrons.

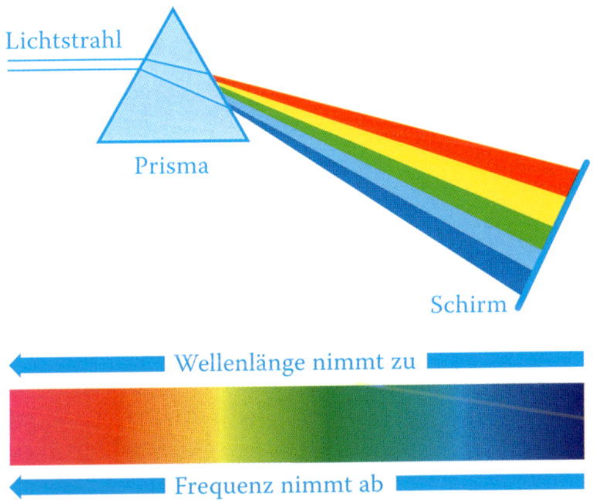

Abb. 31.1 Kontinuierliches Spektrum

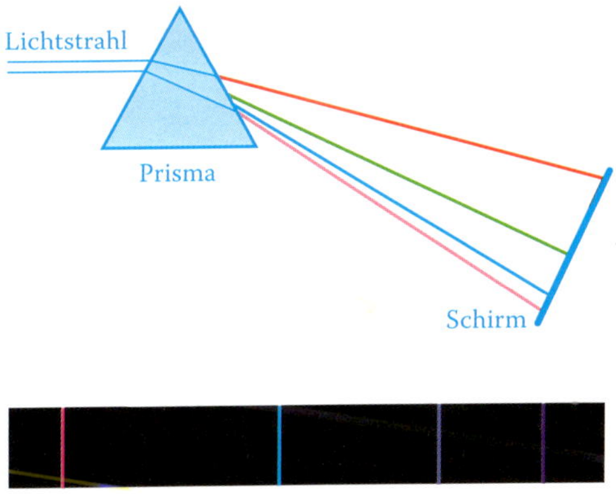

Abb. 31.2 Linienspektrum des Wasserstofflichts

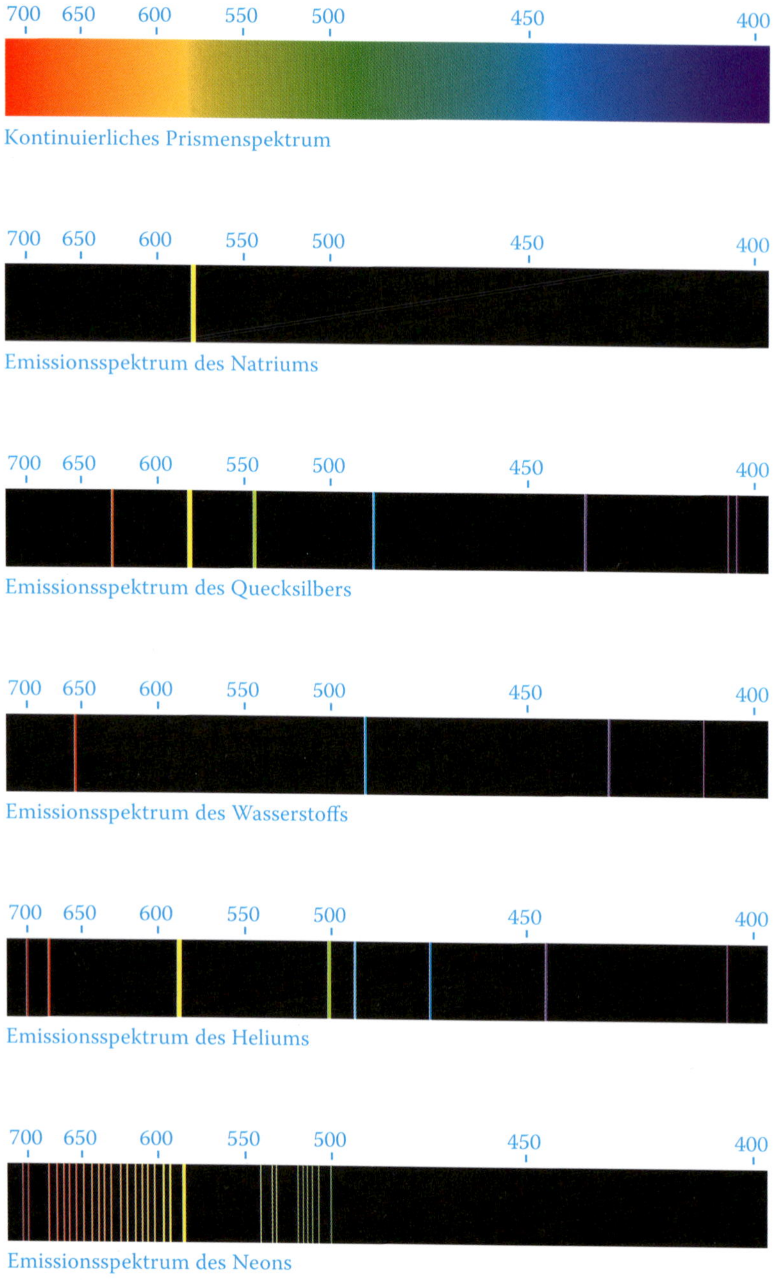

Abb. 31.3 Spektren (Zahlenangaben in nm)

Noch nicht erklärt ist bisher, weshalb die Elektronen in einem Atom oder Molekül nur bestimmte Energiezustände einnehmen können. Es wäre doch auch denkbar, dass sie bei der «Anregung» durch Energiezufuhr, z.B. bei der Lichtabsorption, in jeden beliebigen Energiezustand übergehen könnten. Die Antwort auf diese Frage liefert die Wellenmechanik (Abschnitt 4.4): Elektronen in Atomen haben den Charakter stehender Wellen.

Zur Veranschaulichung betrachten wir die Schwingungen einer an beiden Enden eingespannten Saite (Abb. 31.4). Stehende Wellen sind hier nur möglich, wenn die Wellenlänge λ ein ganzzahliger Bruchteil der doppelten Saitenlänge L ist: $\lambda = 2\ L/n$ (n: Nummer des Schwingungszustands). Die Anzahl der Knoten zwischen den beiden Befestigungspunkten entspricht dann n–1. So wie hier nicht beliebige, sondern nur bestimm-

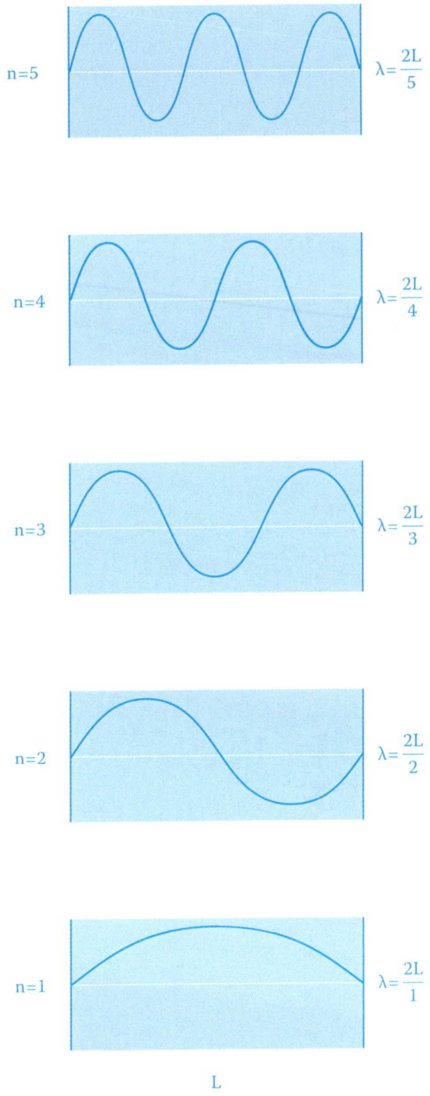

Abb. 31.4 Mögliche Schwingungszustände einer Saite

te stehende Wellen auftreten können, lassen sich auch die Elektronen in einem Atom oder Molekül nur durch eine bestimmte, begrenzte Anzahl stehender Wellen (und damit Wellenfunktionen) beschreiben.

Wellenfunktionen werden durch Lösen der «Schrödinger-Gleichung» (E. Schrödinger, 1887–1961), einer «Wellengleichung», gefunden. Diese Gleichung hat unendlich viele Lösungen, aber nur ganz bestimmte von ihnen sind sinnvolle Wellenfunktionen. So muss z.B. ψ eine stetige Funktion sein und darf an einem Punkt nur einen einzigen, endlichen Wert haben. Das Ergebnis, dass nur ausgewählte Wellenfunktionen physikalisch sinnvoll sind (stehenden Wellen entsprechen), stimmt mit den experimentell beobachteten diskreten Energiezuständen überein.

31.2 Warum sind Stoffe farbig?

Trifft sichtbares Licht mit Quanten aller möglichen Energien auf die Moleküle eines farbigen Stoffs, so kann das energiereichste Elektron ein Photon absorbieren und in einen höheren («angeregten») Energiezustand übergehen, vorausgesetzt, die Energiedifferenz zwischen Grund- und angeregtem Zustand (die Anregungsenergie) entspricht gerade der Energie dieses Photons. Die Mischung der von der Substanz nicht absorbierten Quanten (d.h. Wellenlängen) nehmen wir als Substanzfarbe wahr, die als Komplementärfarbe des absorbierten Lichts bezeichnet wird. Komplementärfarben sind z.B. blau und orange, grün und rot oder gelb und violett. Tabelle 31.1 stellt die Wellenlängen und Farben des absorbierten Lichts und die jeweiligen Komplementärfarben (d.h. die beobachteten Eigenfarben) einander gegenüber.

Tabelle 31.1 Eigenfarbe von farbigen Stoffen in Abhängigkeit von der Wellenlänge λ und der Farbe des absorbierten Lichts

Absorbiertes Licht Farbe	Wellenlänge (nm)	Photonenenergie (10^{-22} kJ)	Beobachtete Farbe
violett	400–435	4,97–4,57	gelbgrün
blau	435–480	4,57–4,14	gelb
grünblau	480–490	4,14–4,05	orange
blaugrün	490–500	4,05–3,97	rot
grün	500–560	3,97–3,55	purpur
gelbgrün	560–580	3,55–3,42	violett
gelb	580–595	3,42–3,34	blau
orange	595–605	3,34–3,28	grünblau
rot	605–750	3,28–2,65	blaugrün

Da ein farbiger Stoff eine ganz bestimmte Farbe zeigt, treffen obige Überlegungen nur dann zu, wenn auch die Elektronen in Molekülen nur diskrete Energiezustände einnehmen können. Dies lässt sich mit dem «Wellenmodell» der Elektronen relativ leicht verstehen.

Es zeigt sich, dass in den Molekülen vieler farbiger Stoffe einfache und Doppelbindungen abwechseln, d.h «konjugierte» Doppelbindungen vorhanden sind. Ein Beispiel eines solchen Polyens ist das β-Carotin, der Farbstoff der Karotten.
Dem β-Carotin kommt eine grosse Bedeutung zu, weil es im Körper des Menschen durch ein Enzym in zwei Moleküle Retinal gespalten wird, die anschliessend zu Retinol (Vitamin A) reduziert werden. Vitamin A kann vom menschlichen Organismus nicht produziert werden, sodass er auf die Zufuhr von β-Carotin angewiesen ist.

Retinal ist einer der wichtigsten und wertvollsten Naturfarbstoffe. In den Rezeptoren (Stäbchen und Zapfen) der Netzhaut von Säugetieren bildet er den lichtempfindlichen Bestandteil. Retinal absorbiert violettes Licht und ist deshalb schwach gelb gefärbt.

Einen ähnlichen Molekülaufbau wie das Retinal weisen die experimentell leicht zugänglichen Phenylpolyenale auf (im Folgenden vereinfacht als «Polyenale» bezeichnet).

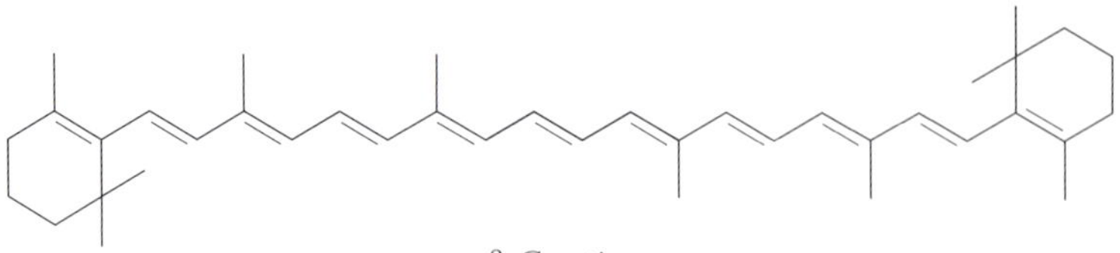

β-Carotin

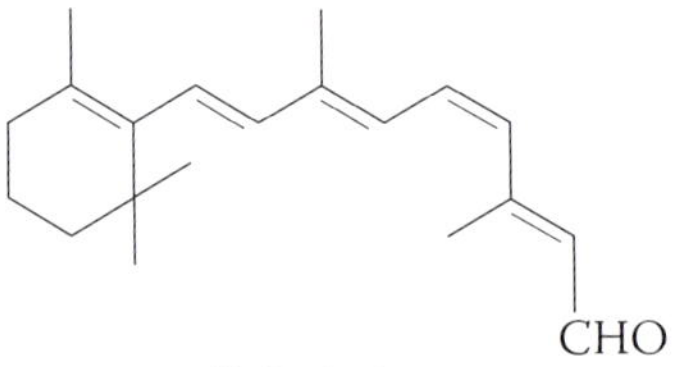

Z-Retinal

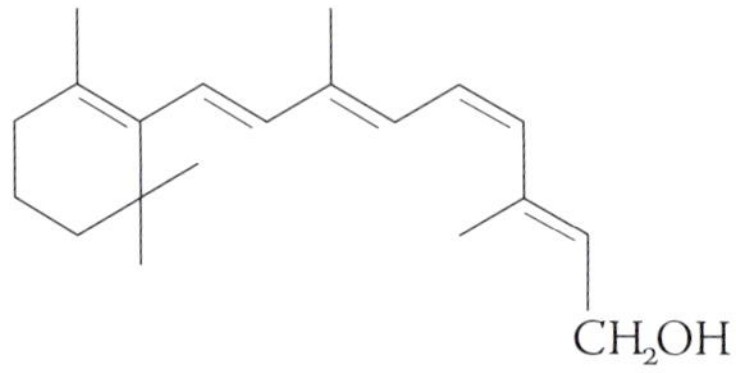

Z-Retinol

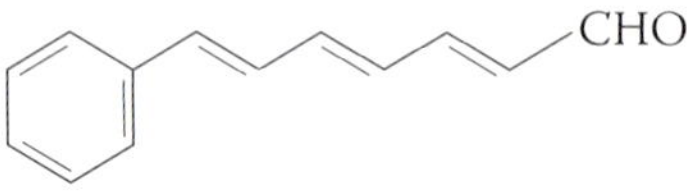

Trienal

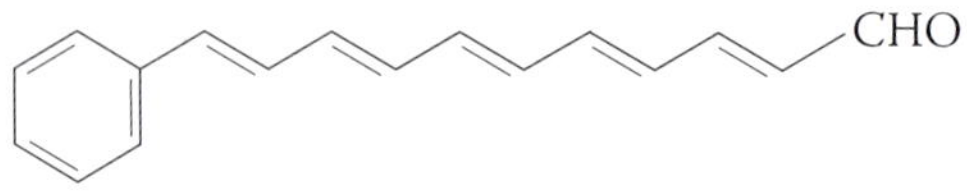

Pentaenal

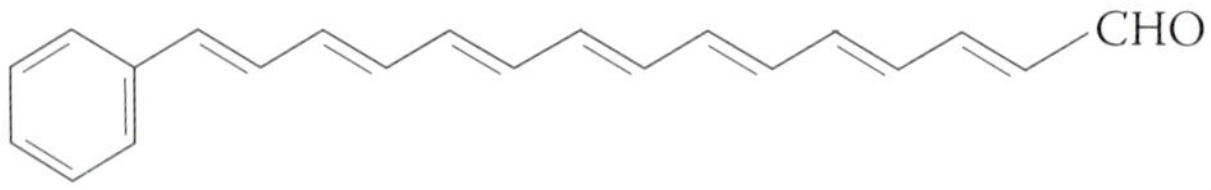

Heptaenal[1]

Tabelle 31.2 Anzahl Doppelbindungen, Anregungsenergien, absorbierte Wellenlänge, beobachtete Farbe von β-Carotin, Trienal, Pentaenal, Heptaenal und Retinal

Farbstoff	Anzahl konjug. Doppelbindungen	Anregungsenergie; Photonenenergie (10^{-22} kJ)	absorbierte Wellenlänge (nm)	beobachtete Farbe (Lösemittel: Dichlormethan)
β-Carotin	11	4,39	452	gelb
Trienal	3	5,63	353	hellgelb
Pentaenal	5	4,88	407	gelbgrün
Heptaenal	7	4,51	440	gelb
Retinal	5	5,21	381	gelbgrün

[1] *Die Phenylpolyenale werden oft vereinfacht nach der Anzahl konjugierter Doppelbindungen benannt. So bedeutet «Trienal» ein Phenylpolyenal mit drei konjugierten Doppelbindungen im Molekül.*

Ein Molekül mit delokalisierten Elektronen ist stabiler als eines von vergleichbarer Konstitution mit nur lokalisierten Elektronen (Kapitel 10). Es ist deshalb anzunehmen, dass auch hier jeweils zwei Elektronen der «Doppelbindungen» wie im Benzolmolekül (Kapitel 10) delokalisiert, also über die ganze Kohlenstoffkette verteilt sind. Experimentell zeigt sich dies z.B. in einer Verkürzung der Bindungslänge der zwischen zwei «Doppelbindungen» liegenden «Einfachbindung» bei den höheren Polyenen.

Weil man den Elektronen auch Wellencharakter zuschreiben muss, kann man sich ein Molekül mit einem solchen konjugierten System als einen linearen Kasten vorstellen, in dem die delokalisierten Elektronen «eingesperrt» sind («Kastenmodell»). Das «Wellenbild» des Elektrons führt dann dazu, dass in diesem Kasten stehende Wellen auftreten, deren Wellenlänge λ ein ganzzahliger Bruchteil der doppelten Kastenlänge L ist; $\lambda = 2L/n$ (vgl. Abb. 31.4).

Jede stehende Welle (die wiederum durch eine Wellenfunktion beschrieben wird) entspricht einem bestimmten Energiezustand. Es sind nur ausgewählte Energiezustände möglich, deren Energie mit der Anzahl der Knoten ansteigt. Die Anzahl möglicher Energiezustände ist umso grösser, je länger der «Kasten», d.h. je weiter ausgedehnt das System delokalisierter Elektronen, ist. Jeder Wellenfunktion lassen sich maximal zwei Elektronen zuordnen (Pauli-Prinzip; Abschnitt 4.4), d.h. die Elektronen werden paarweise auf die verschiedenen Energieniveaus verteilt. «Anregung» bedeutet dann, dass ein Elektron aus dem höchsten besetzten in das nächsthöhere, unbesetzte Energieniveau übergeht. Man kann zeigen, dass die Energieunterschiede zwischen den Niveaus umso kleiner werden, je ausgedehnter das delokalisierte System ist, sodass die Anregung leichter (durch energieärmere Quanten) erfolgen kann: Die Lichtabsorption verschiebt sich beim Längerwerden des konjugierten Systems vom blauen in den roten Bereich des Spektrums, die beobachtete Farbe also von gelb nach blaugrün.

Man kann ein solcherart ausgedehntes System konjugierter Doppelbindungen, wie z.B. beim β-Carotin, gewissermassen als «eindimensionales Elektronengas» auffassen: Die delokalisierten Elektronen bewegen sich in einem «eindimensionalen Kasten», stehen aber in Wechselwirkung mit den Atomrümpfen. Im Grafit bilden die Schichten aus Kohlenstoff-Atomen ein «zweidimensionales Elektronengas»: Innerhalb einer Schicht ist pro Atom ein Aussenelektron der Kohlenstoff-Atome frei beweglich und bedingt die elektrische Leitfähigkeit. Ein Metall schliesslich stellt ein «dreidimensionales Elektronengas» dar.

Moleküle, die, wie z.B. β-Carotin, in ihren Lewis-Formeln ausschliesslich C═C-Doppel- und C—C-Einfachbindungen enthalten, können nur relativ energiereiche Quanten absorbieren; die entsprechenden Stoffe sind gelb bis rot. Fügt man dem System jedoch geeignete funktionelle Gruppen als endständige Substituenten (Endgruppen) hinzu, so wird die Anregungsenergie erniedrigt. Es können auch energieärmere Quanten absorbiert werden und die Farbe wird violett oder blau. Ein Beispiel dafür bildet die Umsetzung der Phenylpolyenale mit aromatischen Aminen, wie z.B. Diphenylamin, ($H_5C_6NHC_6H_5$) zu Immoniumsalzen:

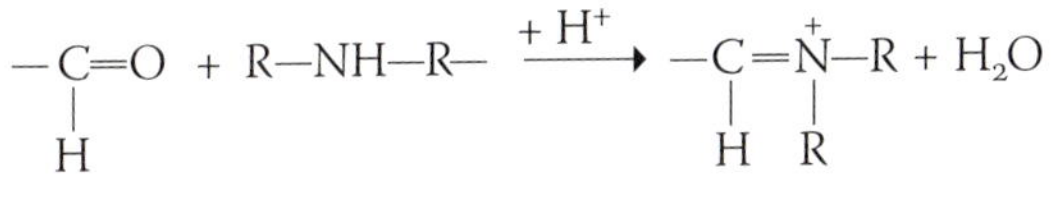

Das Retinal ist in den Rezeptoren der Netzhaut des Auges ebenfalls über eine Immoniumbindung an das Opsin, ein Protein, gebunden. Dadurch wird die Absorption in den längerwelligen Bereich verschoben. In der Netzhaut gibt es zwei Typen von Sinneszellen: die Stäbchen und die Zapfen. Die Stäbchen nehmen ausschliesslich Helligkeitsunterschiede wahr und sind vor allen Dingen dann von Bedeutung, wenn nur sehr wenig Beleuchtung vorhanden ist («Dämmerungssehen»). Farbunterschiede sind mit den Stäbchen nicht zu erkennen. Die Zapfen sind auf helles Licht angewiesen und können unterschiedliche Farben (Wellenlängen des sichtbaren Bereichs) wahrnehmen. Man unterscheidet drei verschiedene Arten von Zapfen, die rotes, grünes bzw. blaues Licht besonders stark absorbieren und entsprechende Signale zum Gehirn senden. In den Zapfen ist Retinal ebenfalls an Opsin-Moleküle gebunden, wobei sich in den drei Zapfenarten die Opsin-Moleküle geringfügig unterscheiden. Dieser Unterschied bewirkt die verschiedene Wellenlängenempfindlichkeit.

Lichtreize lösen eine E/Z-Isomerisierung des Polyen-Grundgerüstes aus, wobei die empfindliche Immoniumbindung gespalten wird. Eine nachfolgende Änderung des Trägerproteins leitet anschliessend den Lichtreiz an das Nervensystem weiter.

Tabelle 31.3 Anregungsenergien und beobachtete Farbe bei den Immoniumsalzen der Polyenale und des Retinals (verwendetes Amin: Diphenylamin)

Farbstoff	Anzahl konjug. Doppelbindungen	Anregungsenergie; Photonenenergie (10^{-22} kJ)	absorbierte Wellenlänge (nm)	beobachtete Farbe (Lösemittel: Dichlormethan)
Trienal	3	4,04	492	rot
Pentaenal	5	3,38	587	blau
Heptaenal	7	3,15	630	blaugrün
Retinal	5	3,96	502	purpur

Die Anregungsenergie eines Elektronensystems wird von der Anzahl konjugierter Doppelbindungen sowie von der Art der Endgruppe des Systems bestimmt.

Wie lässt sich der Einfluss der Endgruppen verstehen? Wir haben in Kapitel 10 gesehen, dass Systeme konjugierter Doppelbindungen durch sogenannte Grenzformeln beschrieben werden können, fiktive Lewis-Formeln, die kein reales Molekül wiedergeben, hingegen als Kombination zur Darstellung solcher Systeme brauchbar sind. Für das Benzol-Molekül führten wir die beiden folgenden Grenzformeln ein:

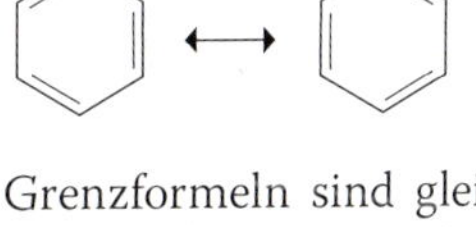

Beide Grenzformeln sind gleichwertig, was bedeutet, dass die 6 Elektronen im Benzol völlig gleichmässig über den ganzen Ring delokalisiert sind.

Wendet man das Verfahren der Grenzformeln auf Systeme konjugierter Doppelbindungen an (wobei wir der Einfachheit halber 1,3-Butadien, das einfachste Molekül dieser Art, betrachten), so ergibt sich Folgendes:

$$\underset{(1)}{CH_2{=}CH{-}CH{=}CH_2} \longleftrightarrow \underset{(2)}{{}^{-}|CH_2{-}CH{=}CH{-}CH_2^{+}}$$

Die Grenzformel (2) weist eine «Ladungstrennung» auf, d.h. es ist je ein positiv und ein negativ geladenes C-Atom vorhanden. Die beiden Grenzformeln sind deshalb nicht gleichwertig, denn Grenzformel (2) entspräche einem energiereicheren Zustand: Um Ladungen zu trennen, wäre Energie nötig. Der wirkliche Zustand des Moleküls gleicht daher der Grenzformel (1) mehr als der anderen. Dies bedeutet, dass die Delokalisierung nicht vollkommen ist. Tatsächlich zeigt sich experimentell, dass die Elektronendichte im Molekül von 1,3-Butadien zwischen den C-Atomen 1 und 2 bzw. 3 und 4 grösser ist als zwischen den Atomen 2 und 3. Dasselbe gilt sinngemäss für das β-Carotin und die Polyenale.

Die Immoniumsalze der Phenylpolyenale lassen sich aber durch gleichwertige Grenzformeln beschreiben, die beide eine positive Ladung enthalten:

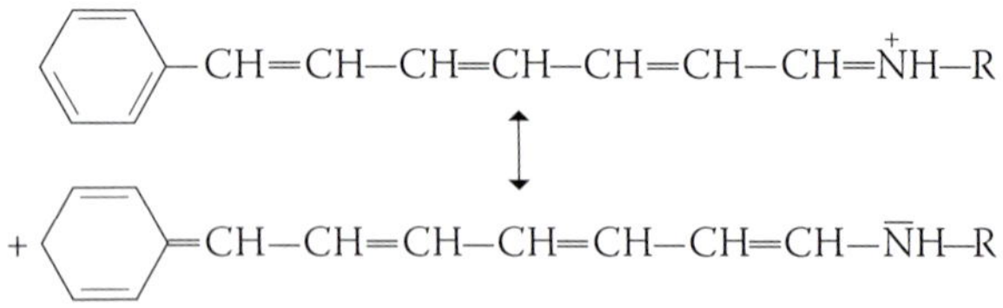

Dies bedeutet, dass die Delokalisierung jetzt vollkommener ist. Je zwei Elektronen der «Doppelbindungen» sind gleichmässig über das ganze Molekül verteilt. Dadurch wird die Anregungsenergie erniedrigt und auch energieärmere Quanten können absorbiert werden.

Ganz allgemein gilt, dass dann, wenn Endgruppen zu einer gleichmässigeren Delokalisierung führen, die Anregungsenergie kleiner wird und sich die Absorption in das längerwellige Gebiet verschiebt.
Man mag sich fragen, was mit der von den Molekülen aufgenommenen Energie geschieht. Wird sie – wie es bei Metalldämpfen oder Edelgasen (freie Atome!) der Fall ist – als Licht ausgestrahlt?

Dies ist normalerweise nicht der Fall. Beim Übergang in den Grundzustand geben die Moleküle bei einem Zusammenstoss vielmehr meist Energie in Form kinetischer Energie an andere Moleküle ab. Eine länger dauernde Bestrahlung der Substanz führt dann zu einer gewissen Erwärmung des Stoffs. Die abgegebene Energie kann aber auch chemische Reaktionen auslösen. So erklärt sich z.B. das Ausbleichen vieler Farbstoffe am Licht.

31.3 Farbige Stoffe und Farbstoffe

Um einen farbigen Stoff als Farbstoff verwenden zu können, muss er verschiedene Bedingungen erfüllen. Er soll sich aus einer «Farbflotte» (meist einer wässrigen Lösung oder einer Suspension) fest an ein bestimmtes Material binden (Textilien, Leder, Kunststoffe usw.; Abb. 31.5). Er soll möglichst lichtecht und waschecht sein und das Material nicht schädigen.

Beispiele von Farbstoffen
Für farbige Stoffe bzw. Farbstoffe mit einem ringförmigen System konjugierter Doppelbindungen lassen sich nicht mehr ohne Weiteres einfache Regeln über die Grösse der Anregungsenergie aufstellen. Neben theoretischen Überlegungen ist immer noch das Experiment nötig, um einen Zusammenhang zwischen dem Elektronensystem, dem räumlichen Bau der Moleküle und der Anregungsenergie (und damit auch der Farbe) herzustellen.

Azofarbstoffe
Die wichtigste Gruppe von Farbstoffen hat die allgemeine Formel

$$Ar_1{-}N{=}N{-}Ar_2$$

(azote franz. = Stickstoff). Die einfachste solche Verbindung ist das schwach gelbe Azobenzol,

$$H_5C_6{-}N{=}N{-}C_6H_5.$$

Die aromatischen Reste Ar_1 und Ar_2 können in den Farbstoffmolekülen identisch oder verschieden sein. Die Vielzahl der Azofarbstoffe ist auf die verschiedenen möglichen aromatischen Ringe und auf die Einführung von HO-, HOOC-, HSO_3-, O_2N-, Alkyl- und Arylgruppen, Halogenen und anderen Substituenten in die aromatischen Ringe zurückzuführen. Diese können nicht nur Benzol-, sondern auch Naphthalin- und Anthracen-Derivate sein (Kap. 10). Es gibt auch Azofarbstoffe mit heterozyklischen Ringen (Ringe, die N-, O- oder S-Atome als Ringglieder enthalten).

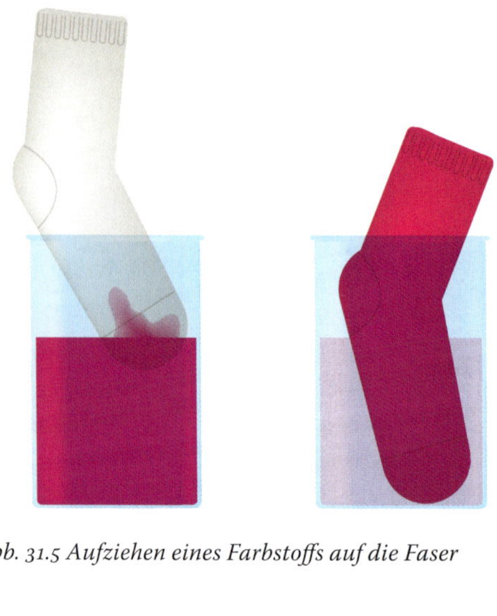

Abb. 31.5 Aufziehen eines Farbstoffs auf die Faser

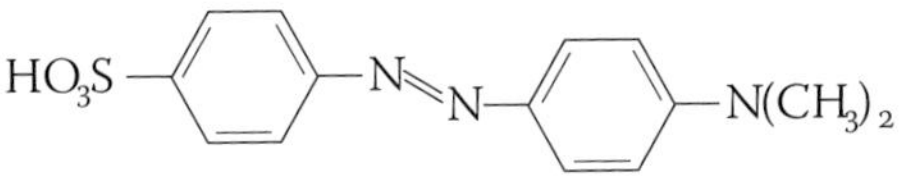

Methylorange

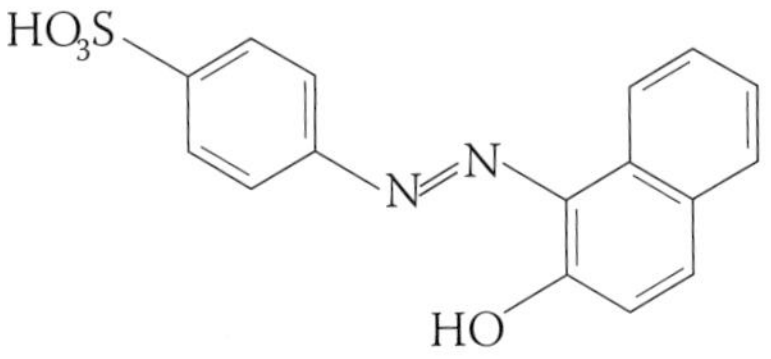

β-Naphtholorange (Orange II)

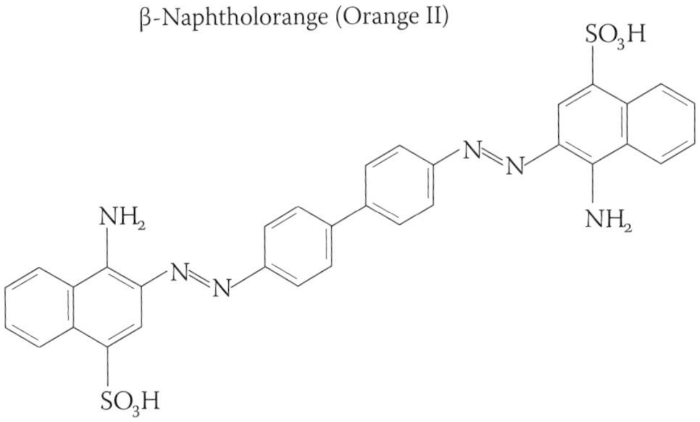

Kongorot (schlägt bei pH 3 bis 4 von Rot nach Blau um)

Die Herstellung der meisten Azofarbstoffe erfolgt in zwei Stufen (vgl. Abschnitt 10.1). Zuerst wird ein aromatisches Amin mit salpetriger Säure (HNO_2) bzw. Natriumnitrit ($NaNO_2$) und Salzsäure «diazotiert», wobei ein Diazoniumsalz entsteht. Dieses wird im zweiten Schritt mit einem reaktionsfähigen Aromaten (Phenol- oder Amin-Derivat) «gekuppelt». Schema:

Diazotierung:

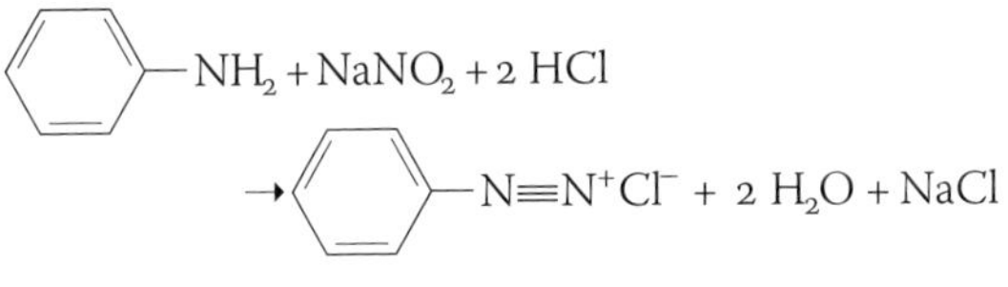

Diazoniumsalz

Kupplung:

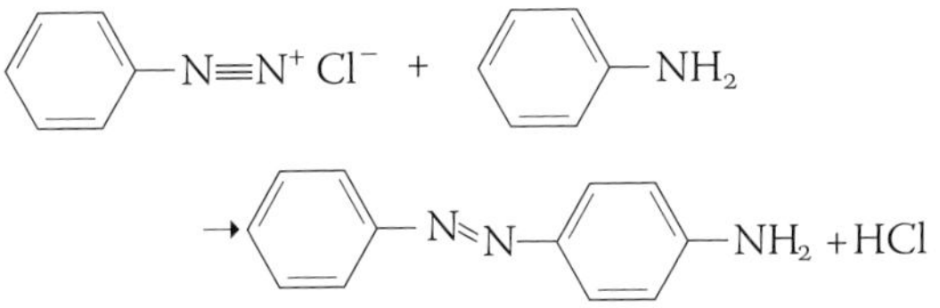

4-Aminoazobenzol (gelb)

Unsubstituierte Azobenzole sind wegen ihres lipophilen Charakters in Wasser kaum löslich und haften zudem nicht auf der Faser, sie «ziehen nicht auf». Substituenten wie z.B. HSO_3- oder HO-Gruppen, die in Wasser protolysieren, machen den Farbstoff wasserlöslich (die entstehenden Anionen aquatisieren sich) und können durch chemische Reaktionen auch bewirken, dass der Farbstoff auf der Faser (z.B. Wolle) aufzieht und sie dauerhaft färbt. Die Kupplungsreaktion wurde 1858 von P. Griess in England entdeckt. Sie leitete eine stürmische Entwicklung der Azofarbstoffe ein. «Anilingelb» (4-Aminoazobenzol) wurde in England von Griess 1863 vertrieben. Bismarckbraun G war der erste in grossem Massstab hergestellte Azofarbstoff (1866); er wird heute noch zur Lederfärbung verwendet.

Weitere Azofarbstoffe:

1876: Orange II, mit dem sich Wolle direkt färben lässt, von Roussin.
1880: Biebricher Scharlach von Nietzki. Dieses reine Rot verdrängte den natürlichen Scharlach Cochenille (aus Schildläusen hergestellt).
1883: Kongorot (Böttiger); erster substantiver Farbstoff (d.h. Farbstoff, der aus wässrigen Lösungen direkt auf Baumwolle aufzieht).
1887: Alizarin GG von Nietzki; verdrängte die natürlichen Gelbfärbemittel Gelbholz und Kreuzbeere.
1957: Erster Reaktivfarbstoff; wird durch eine chemische Reaktion von Cellulose gebunden.

Während Wolle (als Protein mit zahlreichen sauren bzw. basischen Gruppen) relativ leicht zu färben ist, bietet das Färben von Baumwolle (Cellulose) grössere Schwierigkeiten. 1883 wurde das Kongorot entdeckt, das aus der Farbflotte direkt auf Baumwolle aufzieht. Kongorot wird, wie auch andere **«Direktfarbstoffe»**, in submikroskopische Hohlräume zwischen die Cellulose-Makromoleküle eingelagert. Beim Färben mit **Entwicklungsfarbstoffen** tränkt man die Baumwolle mit der alkalischen Lösung eines Phenols oder einer anderen, zur Kupplung geeigneten Substanz und behandelt sie nachher mit der Lösung eines Diazoniumsalzes. Der Farbstoff bildet sich auf der Faser und haftet durch Adsorption. Die jüngste Entwicklung auf dem Gebiet der Farbenchemie, die **Reaktivfarbstoffe**, bilden mit der Cellulose Atombindungen und haften daher sehr fest auf der Faser.

Indigoide Farbstoffe

Diese Farbstoffe besitzen im Molekül ein gekreuzt konjugiertes Doppelbindungssystem, an das Liganden (X, Y) gebunden sind. Typischer Vertreter dieses Farbstofftyps ist der Indigo.

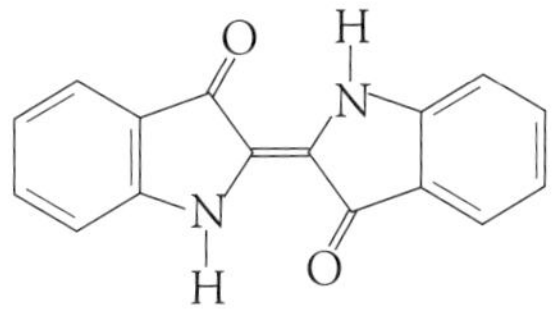

Indigo

Indigo kommt in der Natur nicht vor. Hingegen enthält der Zellsaft vieler Pflanzen (Indigofera-Arten; Färberwaid) das Glucosid Indican, das durch saure Lösungen oder Enzyme in Indoxyl und Glucose gespalten wird. Zwei Moleküle Indoxyl liefern bei der Luftoxidation den blauen, wasserunlöslichen Farbstoff:

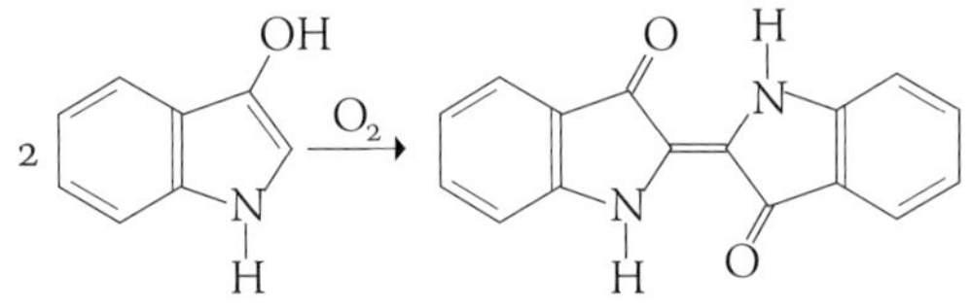

Indoxyl (gelb) Indigo [(E)-Konfiguration]

In fast allen Erdteilen machte der frühhistorische Mensch die Entdeckung, dass durch Vergärenlassen von Pflanzenteilen und anschliessende Belüftung der Gärmasse ein blauer, wasserunlöslicher Farbstoff entstand. So sind z.B. ägyptische Mumientücher (über 4000 Jahre alt) mit Indigo gefärbt! In Europa gewann man Indigo aus dem Färberwaid (Isatis tinctoria). Waid (Abb. 31.6) wurde bereits im Papyrus Graecus Holmiensis, einer Sammlung ägyptischer Färbevorschriften aus dem 3. Jh. n. Chr., erwähnt und in Europa seit dem 13. Jh. kultiviert. Im 16. Jh. verdrängte ihn der in Indien und China seit Jahrtausenden verwendete Indigo aus Indigofera tinctoria, deren Gehalt an Indican grösser ist als beim Färberwaid. Indigo ist die typische Farbe von Jeans, Uniformen, Matrosenanzügen und den Kitteln der chinesischen Bauern.

Von Baeyer gelangen um 1883 die Strukturaufklärung des Farbstoffs und die ersten zwei (teuren!) Indigosynthesen. Die ersten technisch durchführbaren Synthesen wurden von Heumann bzw. Pfleger entwickelt (BASF, 1890, bzw. Farbwerke Hoechst, 1901). Der synthetische Indigofarbstoff, der viel reiner ist als der natürliche Indigo, verdrängte diesen in kürzester Zeit fast vollständig vom Markt. 1914 wurden in Deutschland allein 10 000 t Indigo synthetisiert. Nach dem Ersten Weltkrieg nahmen auch andere Länder die Indigoproduktion auf. Dies bewirkte einen Preiszerfall des Indigos. So wurde die Indigo-Produktion zum grossen Teil zugunsten anderer Blaufarbstoffe aufgegeben (heutige Indigoproduktion ca. 16 000 t pro Jahr).

Da Indigo (eine tiefblaue, bronzeschimmernde Substanz) in Wasser unlöslich ist, muss er vor dem Färben wasserlöslich gemacht werden. Dies erfolgt durch Reduktion zu einer hellgelben Dihydroxyverbindung, dem «Indigoweiss», die als Anion in alkalischen Lösungen löslich ist und aus diesen auf die Faser aufzieht. An der Luft tritt dann auf der Faser die Rückoxidation zum blauen Indigo ein. Die Reduktion wurde früher in grossen, offenen, als Küpen bezeichneten Gefässen durchgeführt (daher nennt man solche Farbstoffe «Küpenfarbstoffe»). Zu diesen gehören auch die in der BASF entwickelten, sehr lichtechten Indanthrenfarbstoffe.

Abb. 31.6 Waid und Indigo

Abb. 31.7 Blatt des Papyrus Graecus Holmiensis, des berühmten «Färber»-Papyrus aus dem 3. Jh. n. Chr., gefunden 1828 in der Nähe von Theben

Farbenchemie und chemische Industrie

Die Entdeckung der Azokupplung (1858) leitete eine stürmische Entwicklung der Farbstoffindustrie ein. Schon 1868 gelang es, einen der damals wichtigsten Naturfarbstoffe, das Alizarin («Krapplack» oder «Türkischrot») synthetisch zu produzieren. Die BASF erhielt das Patent auf die Synthese einen Tag früher als Perkin in London und besass damit das Recht zur Produktion dieses Farbstoffs. Wie beim Indigo wurde der Naturfarbstoff durch das synthetische Produkt in wenigen Jahren vom Markt verdrängt (mit entsprechenden Folgen für den Krapp-Anbau in Frankreich!).

Diese Entdeckungen, zusammen mit der ungefähr gleichzeitig aufgestellten Strukturtheorie von Kekulé (Abschnitt 10.1) lösten eine beispiellose Entwicklung aus. Allenthalben wurden Farbenfabriken gegründet. Während zunächst vor allem versucht wurde, natürliche Produkte synthetisch (billiger und in grösserer Reinheit) zu gewinnen, konzentrierte sich das Interesse der Farbenchemiker sehr bald auf die Entwicklung neuer Farbstoffe. Die geringeren Herstellungskosten, die grössere Leuchtkraft und die besseren Echtheitseigenschaften dieser «Teerfarbstoffe» (so genannt, weil damals der Steinkohlenteer der wichtigste Rohstoff zur Gewinnung von Aromaten war) verhalfen ihnen bald zu einer dominierenden Stellung und liessen die Naturfarbstoffe immer mehr in den Hintergrund treten. Bis um etwa 1920 hatte die Farbenfabrikation die Schlüsselstellung in der chemischen Industrie inne. So mussten z.B. die deutschen Farbstoffhersteller im Frieden von Versailles ihre Patente an die Alliierten ausliefern. Die meisten grösseren europäischen Chemiefirmen sind ursprünglich als Farbenfabriken entstanden. Die Ballung der chemischen Industrie in Basel beruht auf der dort seit langem ansässigen Seidenfärberei und ist auch eine Folge der Tatsache, dass die Schweiz in der zweiten Hälfte des 19. Jh. noch keine Patentgesetzgebung kannte. Die systematische Bearbeitung der Farbstoffchemie erbrachte eine Fülle neuer, theoretischer und praktischer Erkenntnisse, und es mussten zur Herstellung neuer Farbstoffe auch in vielen anderen Gebieten der chemischen Technik neue Verfahren entwickelt werden, damit die Ausgangsstoffe in genügenden Mengen und billig zur Verfügung standen. Die Farbenindustrie hat damit weite Gebiete der Chemie gefördert: Elektrolyse, Katalyse, Lösemittel- und Netzmittelherstellung, Kunstharzindustrie, die Entwicklung pharmazeutischer Spezialitäten u.a.

Trotz der gründlichen Durchforschung ist die Farbenchemie auch heute noch ein aktuelles Arbeitsgebiet. Der Schwerpunkt verlagerte sich auf die Entwicklung neuer Farbstoffe für Kunststoffe (Pigmente) und auch die Erforschung der Vorgänge beim Färben gewinnt immer mehr an Bedeutung. Dass aber auch auf dem Gebiet der Farbenchemie neuartige Erkenntnisse gewonnen werden können, zeigt die Entwicklung der Reaktivfarbstoffe, die seit ihrer Entdeckung (1955/56) bereits einen Anteil von über 35 % am Gesamtsortiment der Baumwollfarbstoffe haben.

Purpur

Der berühmte antike Purpur ist das 6,6'-Dibromderivat des Indigos. Der Farbstoff wurde aus den Farbdrüsen der Purpurschnecke (Murex brandaris; Abb. 31.9) gewonnen. Mit einem komplizierten Verfahren lässt sich damit Baumwolle färben. (Aus 12 000 Purpurschnecken wurde ca. 1,4 g Farbstoff gewonnen!)

Der Purpurfarbstoff war infolge der komplizierten Gewinnung und Aufbereitung äusserst kostbar und wurde für königlichen Schmuck und religiöse Embleme verwendet. Im Altertum trugen die römischen Senatoren die mit einem Purpurstreifen verzierte Toga als Zeichen ihrer Würde.

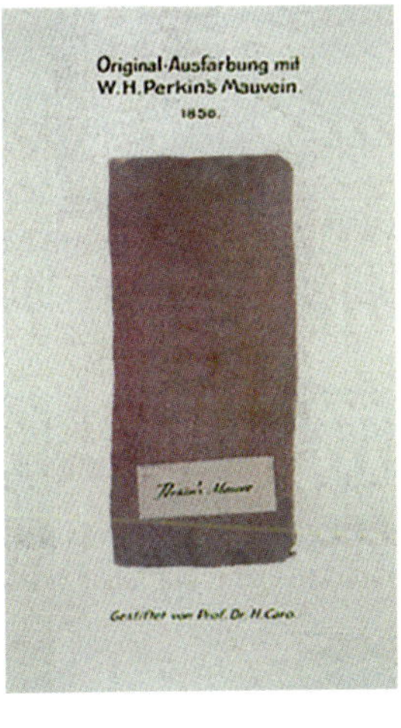

Abb. 31.8 Färbung mit dem ersten synthetischen Farbstoff Mauvein

Abb. 31.9 Purpurschnecke

ÜBUNGEN ZUM KAPITEL 31

31.1 Worin unterscheidet sich das Licht von Metalldämpfen oder Gasen wie Wasserstoff vom Licht einer Glühlampe?

31.2 Warum nehmen Elektronen in Atomen oder Molekülen nur ganz bestimmte Energiezustände ein?

31.3 Erklären Sie kurz das Zustandekommen der Farbe eines Stoffs.

31.4 Von welchen Faktoren ist die Anregungsenergie der Moleküle eines farbigen Stoffs abhängig?

31.5 Wie lässt sich die Wirkungsweise der Endgruppen eines Farbstoffmoleküls anschaulich «erklären»?

31.6 Wann kann ein farbiger Stoff als Farbstoff verwendet werden?

31.7 Was sind Azofarbstoffe und wie werden sie hergestellt?

31.8 Warum ist Baumwolle schwieriger zu färben als Wolle?

31.9 Welche Gemeinsamkeit besitzen die Moleküle von Indigo und Purpur und worin unterscheiden sie sich?

32 INSTRUMENTELLE ANALYTIK

In den letzten Jahrzehnten haben physikalische Analysenmethoden immer mehr an Bedeutung gewonnen. Gegenüber früheren Verfahren (die auf chemischen Reaktionen basieren) haben sie den Vorteil, mit kleinen Substanzmengen auszukommen und zudem relativ wenig Zeit zu beanspruchen. Ohne solche Methoden wären die gewaltigen Fortschritte insbesondere der Naturstoffchemie, aber auch der Umweltanalytik, unmöglich gewesen. Es ist im Rahmen dieses Buches nicht möglich, auch nur die wichtigsten Analysenmethoden ausführlich zu beschreiben. Wir müssen uns vielmehr auf einen «Ausblick» beschränken.

32.1 Grundlagen spektroskopischer Methoden

Im Prinzip absorbieren alle Moleküle elektromagnetische Strahlung, wobei sie in einen energiereicheren Zustand übergehen. Elektronen können durch Anregung in höhere, im Grundzustand unbesetzte Energieniveaus übergehen. Da aber ein Molekül meist mehrere anregbare Elektronen besitzt, die zudem auch mehrere, sich nur wenig unterscheidende Energiezustände einnehmen können, und da zudem bei der Absorption auch Dämpfungseffekte von Schwingungen auftreten, zeigen die Absorptionsspektren keine Spektrallinien (wie Einzelatome), sondern Absorptionsbanden: Die Moleküle absorbieren stets in einem bestimmten Spektralbereich.

Durch die aufgenommene Energie können auch Schwingungen oder Rotationen des Moleküls angeregt werden, wobei im ersten Fall Atome gegeneinander schwingen, während im zweiten Fall das Molekül als Ganzes um bestimmte Achsen rotiert.

Für alle drei Arten der (inneren) Energie eines Moleküls (Energie der Elektronen, Schwingungs- und Rotationsenergie) gilt, dass nur ganz bestimmte Energiezustände möglich sind. Die Energien sind «gequantelt», wie wir bereits in den Kapiteln 30 und 31 erfahren haben. Weil nur bestimmte (diskrete) Energieniveaus existieren, können nur ausgewählte Wellenlängen und damit Frequenzen[1] der elektromagnetischen Strahlung absorbiert werden. Genauer gesagt, die Absorptionsbanden überstreichen nur einen bestimmten Wellenlängenbereich des elektromagnetischen Spektrums.

Bei der Anregung zu einem höheren Energieniveau absorbiert ein Molekül ein Energiequant (Photon), dessen Energie gerade der Energiedifferenz zwischen Grund- und angeregtem Zustand entspricht. Daraus ergibt sich das Grundprinzip spektroskopischer Messungen: Eine Verbindung oder deren Lösung wird mit elektromagnetischen Wellen durchstrahlt, wobei man die Wellenlängen (und damit auch die Frequenz und die Energie; $E = h \cdot \nu$) kontinuierlich ändert. Die hinter der Materialprobe gemessene Intensität der Strahlung sinkt immer dann ab, wenn die Energie der Lichtquanten gerade einem möglichen Energieübergang des Moleküls entspricht: Eine Absorption findet statt. Wenn man die Intensität der Absorption in Abhängigkeit von der Wellenlänge misst, erhält man ein Absorptionsspektrum.

32.2 Infrarot-(IR-)Spektroskopie

Infrarotlicht (Wellenlängen zwischen 1 µm und 1 mm) vermag Schwingungen von Molekülen anzuregen. Die Atomabstände («Bindungslängen») sind nämlich kei-

[1] Zusammenhang zwischen Wellenlänge und Frequenz der elektromagnetischen Strahlung: $\lambda = c/\nu$ (c: Lichtgeschwindigkeit).

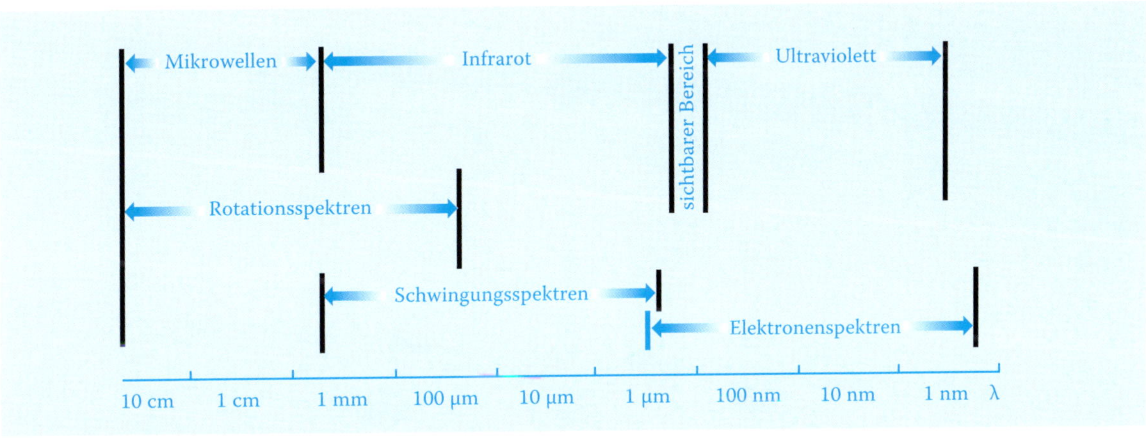

Abb. 32.1 Ausschnitt aus dem elektromagnetischen Spektrum (logarithmische Skala)

neswegs starr fixiert. Sie stellen vielmehr Gleichgewichtslagen dar, die in einem gewissen Mass Schwingungen erlauben. Dabei werden die einzelnen Bindungen um geringe Beträge gestreckt oder verbogen (Abb. 32.4). Je nach der Art der betreffenden Atome besitzen diese Schwingungen ganz bestimmte Eigenfrequenzen, die von den Nachbaratomen nur wenig beeinflusst werden. Das schwingende elektrische Feld des Lichts vermag nun die Schwingungen der Atome zu verstärken, wobei die Verstärkung dann am grössten ist, wenn die Frequenz des Lichts gerade der Eigenfrequenz einer Atomschwingung entspricht. Aus der Messung der Wellenlängen (Frequenzen), die von einem bestimmten Molekül absorbiert werden, können deshalb Schlüsse auf die darin vorhandenen Bindungen gezogen werden.

Die Infrarotspektroskopie ist damit zu einem wichtigen Hilfsmittel für die Strukturaufklärung geworden, denn viele Absorptionsbanden der IR-Spektren lassen sich ganz bestimmten Bindungen zuordnen. Das IR-Spektrum einer Substanz bildet aber auch einen eindeutigen «Fingerabdruck» ihrer Moleküle, weil sich bereits die Änderung einer einzigen Bindung oder einer einzigen geometrischen Anordnung im Spektrum ausdrückt. IR-Spektren werden deshalb sehr häufig auch zur eindeutigen Charakterisierung einer Substanz benützt.

32.3 Ultraviolett-(UV-)Spektroskopie

UV-Spektralfotometer messen die Absorption im sichtbaren (400–750 nm) und im nahen ultravioletten Bereich (200–400 nm). Die relativ energiereichen Photonen bewirken die Anregung einzelner Elektronen. Um Elektronen von Einfachbindungen (z.B. C—H, C—C, H—H) anzuregen, sind Quanten aus dem kurzwelligen ultravioletten Bereich der elektromagnetischen Strahlung nötig (Wellenlängen zwischen 120 und 150 nm), weil die Elektronen hier fest gebunden sind und daher nur durch relativ energiereiches UV-Licht angeregt werden können. Die entsprechenden Messungen sind schwierig durchzuführen und haben für die Laborpraxis eine geringe Bedeutung. Leichter ist die An-

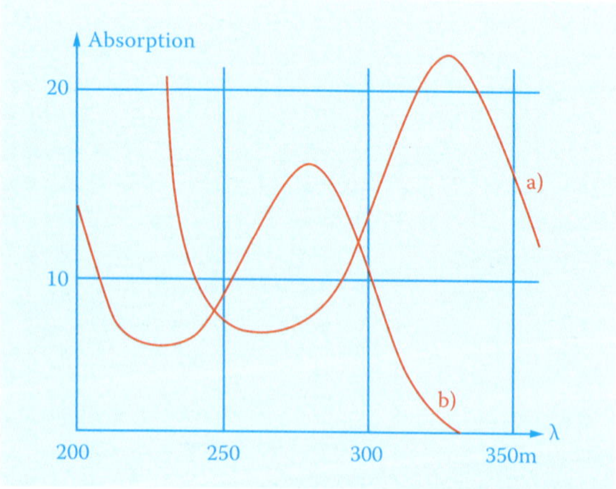

Abb. 32.2 UV-Spektren von a) Butanon (Methylethylketon): $CH_3COCH_2CH_3$ und b) Butenon, (Methylvinylketon): $CH_3COCH{=}CH_2$

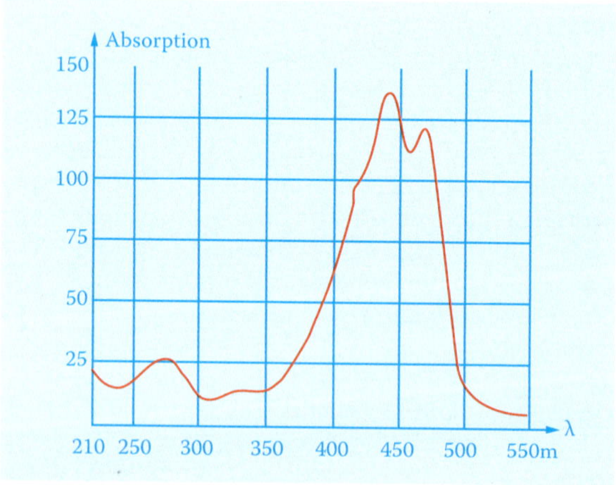

Abb. 32.3 Absorptionsspektrum von β-Carotin

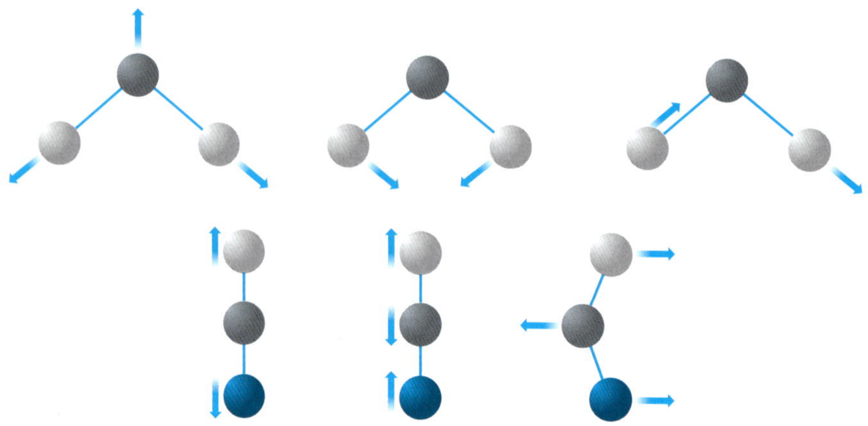

Abb. 32.4 Schwingungsmöglichkeiten dreiatomiger Moleküle; oben: gewinkeltes Molekül (H_2O), unten: lineares Molekül (HCN)

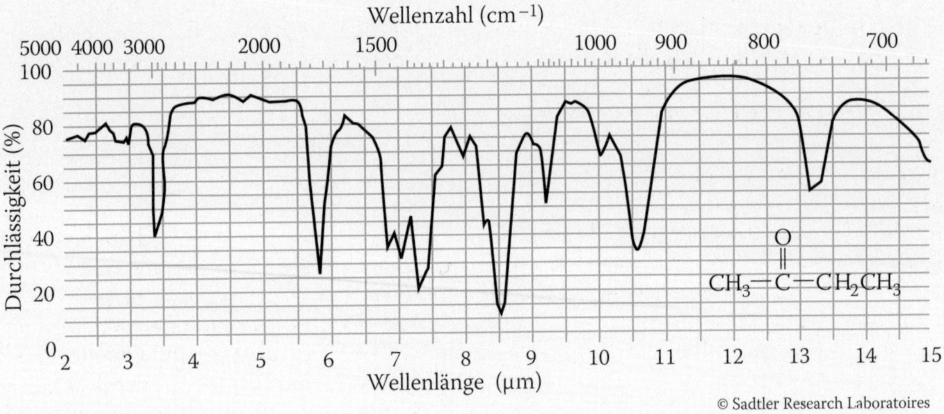

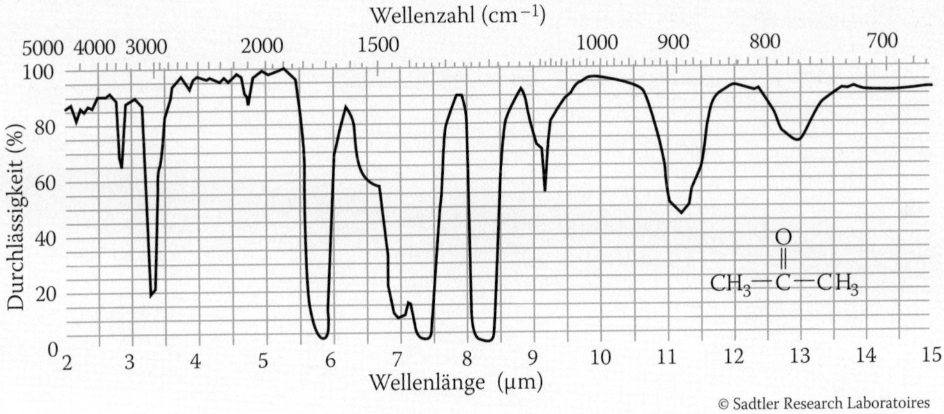

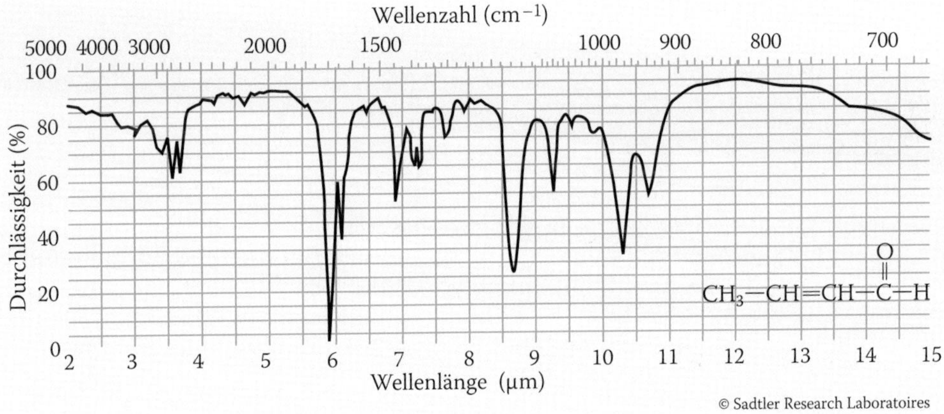

Abb. 32.5 Infrarotspektren von Aceton (Mitte), Butanon (oben) und 2-Butenal («Crotonaldehyd») (unten). Im Spektrum wird die Absorption bzw. Durchlässigkeit als Funktion der Wellenlänge aufgetragen. Absorptionspeaks bedeuten, dass IR-Licht von bestimmten Wellenlängen von einer schwingungsfähigen Atomgruppe absorbiert wird. Man vergleiche die drei Spektren! Alle drei zeigen eine intensive Absorption bei einer Wellenlänge von etwa 5,8 µm, die auf die den drei Substanzen gemeinsame Gruppe $>C=O$ *zurückzuführen ist. Als Skala verwendet man bei IR-Spektren neben der Wellenlänge (in µm) häufig ihren reziproken Wert, die Wellenzahl (in* cm^{-1}*)*

a)

b)

c)

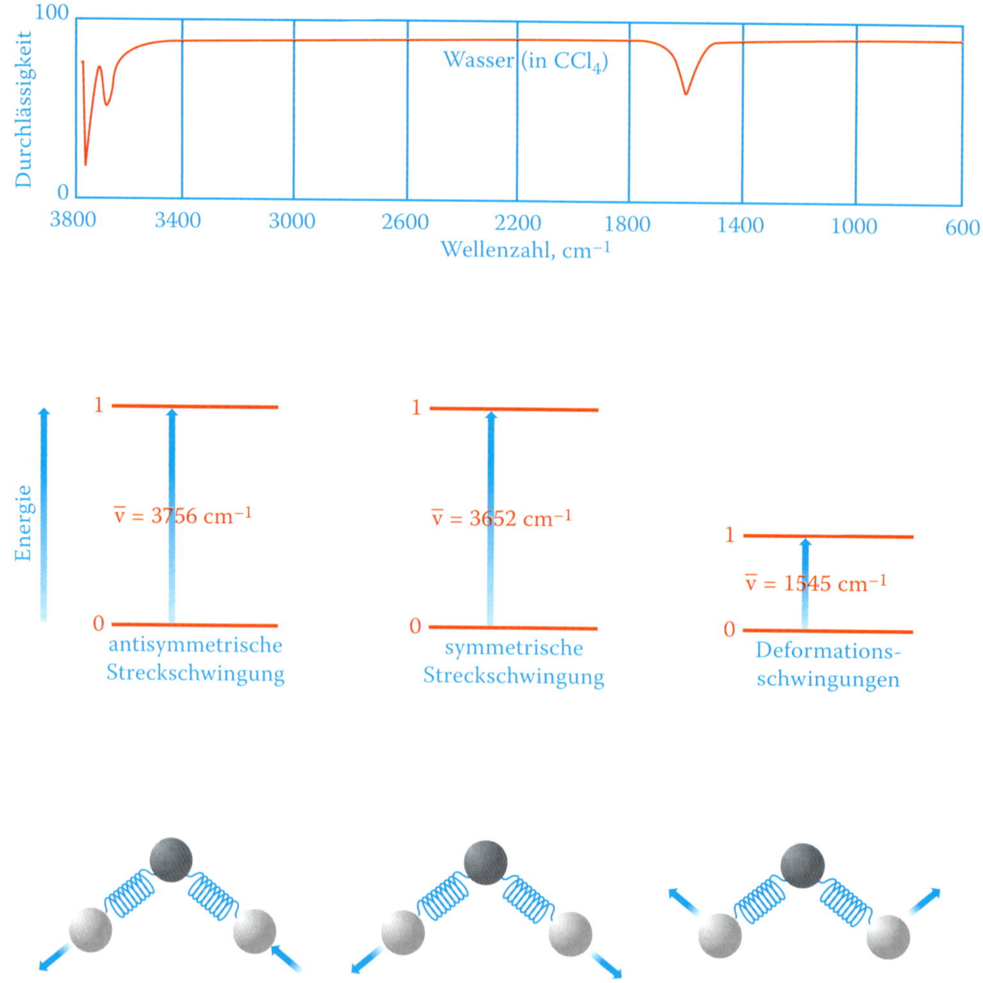

Abb. 32.6 IR-Spektrum und Molekülschwingungen von Wasser: a) IR-Spektrum; b) Energieniveaus der drei möglichen Schwingungen; c) Darstellung der entsprechenden Schwingungen

regung von Elektronen in Mehrfachbindungen, in freien Elektronenpaaren (z.B. am Sauerstoff-Atom einer C=O-Gruppe) oder von delokalisierten Elektronen; die entsprechenden Anregungsenergien sind deutlich niedriger. Solche Elektronensysteme lassen sich deshalb besonders gut mit der UV-Spektroskopie erfassen; mit anderen Worten, die UV-Spektroskopie liefert Hinweise auf das Vorhandensein ungesättigter Gruppen, konjugierter Systeme oder aromatischer Ringe in den Molekülen der untersuchten Substanz.

Farbige Stoffe absorbieren im sichtbaren Bereich, da ihre Moleküle ausgedehnte delokalisierte Elektronensysteme aufweisen (Kap. 31). Mithilfe eines Spektralfotometers lässt sich die zur Anregung nötige Energie messen. Man erzeugt dabei mit einem Prisma monochromatische Strahlung verschiedener Wellenlängen. Eine Fotozelle misst die Intensität der durch die Probe fallenden Strahlung. Das Maximum der Absorption entspricht der Energiedifferenz zwischen Grund- und angeregtem Zustand eines delokalisierten Elektrons.

Die Messung der Absorption im UV oder sichtbaren Licht (UV- oder VIS-Fotometrie) wird heute auch zur quantitativen Bestimmung vieler Stoffe eingesetzt, z.B. zur Messung des NO_2-Gehalts der Luft, der Konzentration von Ammonium- oder Phosphat-Ionen im Wasser usw. Auch Konzentrationsänderungen lassen sich fotometrisch verfolgen, z.B. bei der Untersuchung von Reaktionsgeschwindigkeiten.

32.4 Kernresonanzspektroskopie (NMR-Spektroskopie[2])

Die Kernbausteine (Nucleonen) besitzen, ähnlich wie die Elektronen, einen Spin (Abschnitt 4.4), d.h. sie verhalten sich so, als ob sie um eine Achse rotieren würden. Wie alle bewegten Ladungen erzeugen sie dadurch ein Magnetfeld. Protonen und Neutronen können daher als winzige «Elementarmagnete» aufgefasst werden, die im Raum beliebig orientiert sind. Atomkerne mit gerader Protonen- und Neutronenzahl haben insgesamt keinen Spin, da sich die Spins aller Nucleonen gegenseitig aufheben. Atome, deren Kerne eine ungerade Zahl Protonen oder Neutronen enthalten, verhalten sich hingegen wie kleine Stabmagnete. Von den in organischen Verbindungen am häufigsten vorkommenden Atomen ^{12}C, ^{1}H und ^{16}O besitzt nur das ^{1}H-Atom einen Kernspin. Deshalb ist dieses Element das bevorzugte Untersuchungsobjekt der NMR-Spektroskopie.

Bringt man eine Substanzprobe in ein starkes, homogenes Magnetfeld, so können sich die Protonen der Wasserstoff-Atome entweder parallel oder antiparallel zum äusseren Magnetfeld einstellen, wobei die parallele Einstellung dem energieärmeren Zustand entspricht.

Durch Aufnahme elektromagnetischer Strahlung lassen sich die Protonen vom tieferen in das höhere Niveau überführen. Die Magnete richten sich dann antiparallel zum äusseren angelegten Magnetfeld aus. Da die Differenz zwischen den beiden Energiezuständen äusserst klein ist, genügen Quanten des langwelligen Bereichs der elektromagnetischen Strahlung (Radiowellen) zur Anregung.

Die für die Spinumkehr erforderliche Energie, die «Resonanzenergie», hängt von der chemischen Umgebung der Wasserstoff-Atome ab. Die Elektronen, die sich um ein Proton herum bewegen, schirmen dieses in gewissem Masse vor dem angelegten Magnetfeld ab, sodass man für jedes chemisch verschiedene Proton ein eigenes Absorptionssignal erhält.

[2] «NMR» aus dem Englischen: Nuclear Magnetic Resonance

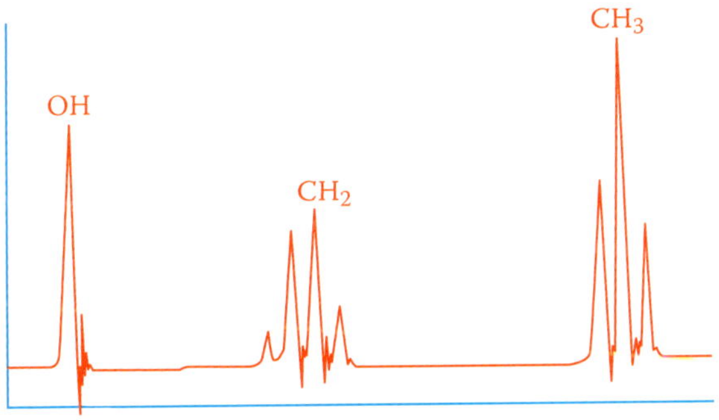

Abb. 32.7 NMR-Spektrum von Ethanol

Zur Aufnahme eines Kernresonanzspektrums bestrahlt man die zu untersuchende Probe mit Radiowellen variabler Frequenz[3]. Die Strahlungsintensität wird mit einem Empfänger hinter der Probe gemessen. Entsprechend ihrer Umgebung absorbieren die Protonen dann unterschiedliche Frequenzen.
Chemisch äquivalente Wasserstoff-Atome erscheinen an derselben Stelle im Spektrum. Je grösser ihre Anzahl, desto grösser ist die Intensität bzw. die Fläche des Signals. Durch Ausmessen der Flächen (heute durch elektronische Integration) lässt sich die Anzahl äquivalenter Protonen direkt bestimmen.

Wie die Abb. 32.7 zeigt, erhält man aber auch für chemisch äquivalente Protonen (z.B. die drei Protonen einer CH3-Gruppe) eine ganze Gruppe von Signalen. Dies rührt davon her, dass die Anregungsenergie auch von der Orientierung der Spinrichtung benachbarter Wasserstoff-Atome abhängt. Durch diese Spin-Spin-Kopplung, auf die hier nicht näher eingegangen werden kann, lässt sich die Zahl der einem bestimmten Proton benachbarten (stereochemisch äquivalenten) Wasserstoff-Atome bestimmen.

Neben der ^{1}H-(Protonenresonanz-)Spektroskopie ist auch die ^{13}C-, ^{19}F-, ^{31}P-Spektroskopie sehr wichtig geworden. Auch zwei- und dreidimensionale NMR-Spektren, die vor allem zur Strukturaufklärung biochemischer Moleküle Bedeutung erlangt haben, lassen sich aufnehmen. Auf diesem Gebiet hat sich R. Ernst (ETH Zürich; Nobelpreis 1991) mit seiner Forschung besondere Verdienste erworben.

Die Kernspin-Tomografie, die in der Medizin verwendet wird, beruht auf dem Prinzip der NMR-Spektroskopie. Dabei werden Schichtaufnahmen einzelner Organe oder des ganzen Körpers angefertigt. Die NMR-Signale der in Wasser-Molekülen vorhandenen Protonen (der Mensch besteht zu 75% aus Wasser!) werden durch Computer ausgewertet und in Bilder umgesetzt. Dadurch können unterschiedliche Wasserkonzentrationen im Gewebe festgestellt und Rückschlüsse auf krankhafte Veränderungen gezogen werden.

[3] In der Praxis wird meist bei konstanter Frequenz der Strahlung die Stärke des äusseren Magnetfeldes variiert.

32.5 Massenspektroskopie

Das Prinzip der Massenspektroskopie (die eigentlich kein spektroskopisches Verfahren ist!) wurde bereits in Abschnitt 3.2 erklärt: Eine Substanz wird im Hochvakuum verdampft und anschliessend durch Beschuss mit energiereichen Elektronen ionisiert. Ein Teil der Moleküle zerfällt in Bruchstücke (sie werden «fragmentiert»), die meist positiv geladen sind. Daneben entstehen auch (ungeladene) Radikale und kleine neutrale Moleküle. Die Ionen werden gebündelt, in einem elektrischen Feld beschleunigt und von einem Magnetfeld nach ihrem Masse/Ladungsverhältnis (*m/e*) unterschiedlich stark abgelenkt. Da die Ladung der meisten Ionen +1 ist, entspricht das Verhältnis *m/e* im Allgemeinen der Masse der Ionen. Die Ionen werden nach ihrer Masse sortiert, in einem Detektor aufgefangen und registriert.

Die Fragmentierung folgt gewissen Regeln, die sich auf die Bindungsverhältnisse im Molekül beziehen. In einem Massenspektrum treten daher ganz charakteristische Ionen auf, wobei die Intensität jedes Signals die relative Häufigkeit der einzelnen Ionen widerspiegelt.

So beobachtet man bei Aromaten häufig Ionen mit der Masse 77 u, die dem ionisierten Phenylrest ($C_6H_5^+$) entsprechen. Im Massenspektrum von Methan muss man dem Signal mit der grössten Intensität das Molekülion CH_4^+ zuordnen. Die weiteren Signale stammen von den Fragmenten CH_3^+, CH_2^+, CH^+ und C^+. Die ebenfalls registrierte Masse von ca. 17 u deutet darauf hin, dass einige wenige Methan-Moleküle existieren, die ^{13}C-Nuclide enthalten.

Beim Ethanol schliesslich lässt sich am häufigsten ein Fragment-Ion der Masse 31 u beobachten ($H_2C{=}OH^+$). Es entsteht dadurch, dass ein Elektron eines nichtbindenden Elektronenpaars am Sauerstoff-Atom herausgeschlagen wird und sich anschliessend ein Methyl-Radikal abspaltet:

$$H_3C{-}CH_2{-}O{-}H \rightarrow [H_3C{-}CH_2{-}O{-}H]^+ \rightarrow CH_3 + H_2C{=}O{-}H^+$$

Am zweithäufigsten erscheint ein Ion mit der Masse von 45 u, das dem Molekül-Ion entspricht, dem ein Wasserstoff-Atom abgespalten wurde. Daneben erhält man einen Peak mit einer Masse von 47 u. Dies deutet wiederum auf ^{13}C-Nuclide in den entsprechenden Molekül-Ionen hin. Daneben erscheinen noch Peaks mit den Massen 15 u und 29 u, die sich den Alkyl-Kationen CH_3^+ und $C_2H_5^+$ zuordnen lassen. Die grössere Intensität des zweiten Peaks deutet an, dass das $C_2H_5^+$-Ion stabiler ist.

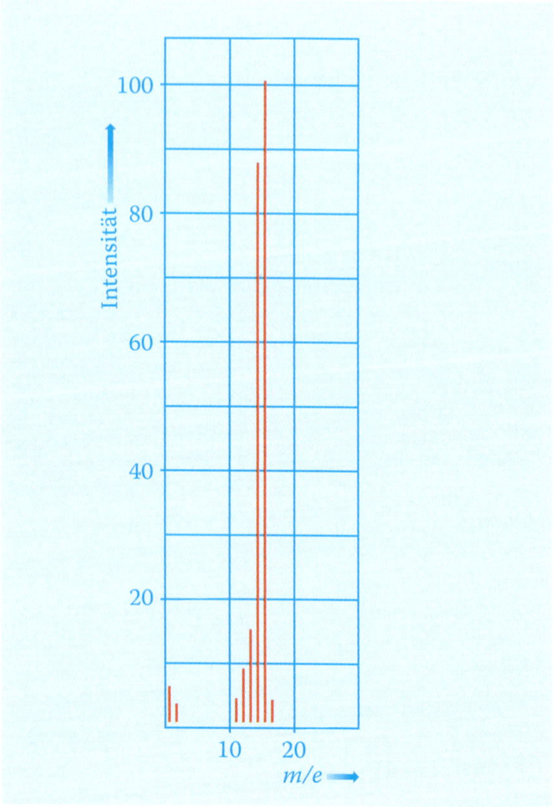

Abb. 32.8 Massenspektrum von Methan

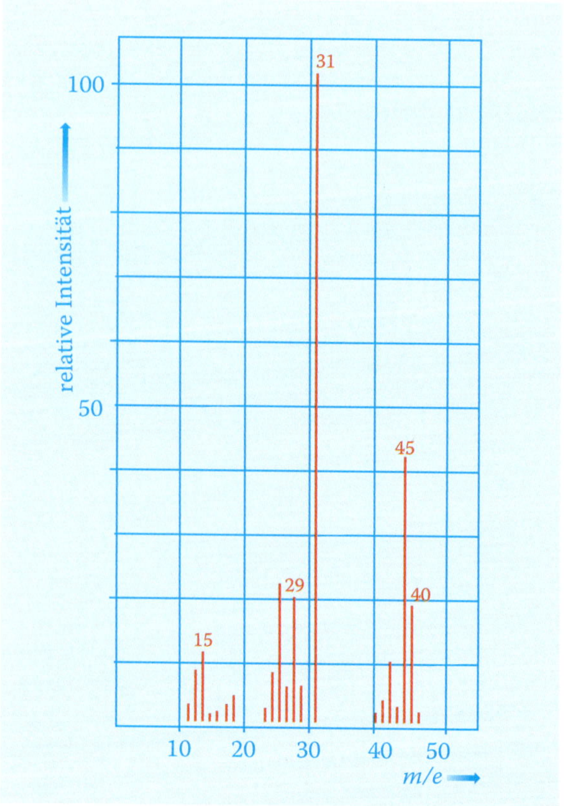

Abb. 32.9 Massenspektrum von Ethanol

ÜBUNGEN ZUM KAPITEL 32

32.1 Zu welchen Veränderungen in Molekülen kann die Absorption elektromagnetischer Strahlung führen?

32.2 Wie erhält man ein Absorptionsspektrum?

32.3 Welcher Wellenlängenbereich der elektromagnetischen Strahlung ist nötig, um den elektronischen Zustand eines Moleküls zu verändern?

32.4 Welche Aussagen lassen sich mit Hilfe der Infrarotspektroskopie über die zu untersuchenden Moleküle machen?

32.5 Weshalb eignet sich das Wasserstoff-Atom besonders gut als Untersuchungsobjekt der Kernresonanzspektroskopie?

32.6 Erläutern Sie kurz das Prinzip der Kernresonanzspektroskopie.

32.7 Erklären Sie die Wirkungsweise eines Massenspektrometers.

Lösungen der Übungsaufgaben

JOHN DALTON
1766–1844

FRIEDRICH WÖHLER
1800–1882

MARIE CURIE
1867–1934

FRITZ HABER
1868–1934

LISE MEITNER
1878–1968

AMADEO AVOGADRO
1776–1856

AUGUST KEKULÉ
1829–1896

D. I. MENDELEJEW
1834–1907

ERNEST RUTHERFORD
1871–1937

33 LÖSUNGEN DER ÜBUNGSAUFGABEN

33 LÖSUNGEN DER ÜBUNGSAUFGABEN

KAPITEL 1

1.1 Stoffumwandlung und Energieumsatz
1.2 a) Verbrennen von Holz oder Erdgas
b) Assimilation der grünen Pflanze
c) Atmung
d) Braten von Fleisch
1.3 exotherm: a), c); endotherm: b), d).
1.4 Kohlenstoffdioxid + Wasser + Sonnenlicht → Glucose + Sauerstoff.
1.5 Erzeugung eines Beugungsbilds durch Röntgenstrahlen. Ausmessen der Beugungsfigur.
1.6 Tabakrauch unter dem Mikroskop «zeigt» z.B die Bewegung der Luftteilchen (Brownsche Bewegung).
1.7 Die durchschnittliche kinetische Energie der Gasteilchen wächst. Dadurch prallen sie mit grösserer Wucht auf den Schlauch.
1.8 Auch in einer Flüssigkeit bewegen sich die Teilchen ständig und regellos, sodass sich die gelösten Teilchen von Kaliumpermanganat gleichmässig im Wasser verteilen, ähnlich wie Bromdampf in der Luft.
1.9 An den kalten Brillengläsern kühlt sich die wasserdampfhaltige, warme Zimmerluft ab. Wasserdampf kondensiert.
1.10 Komprimiert man ein Gas, so kommen die Gasteilchen schliesslich einander so nahe, dass die Anziehungskräfte zwischen ihnen zu wirken beginnen.
1.11 Verdunsten einer Flüssigkeit; «Brownsche» Bewegung von Zigarettenrauch.
1.12 Grafit: grosser Abstand zwischen den einzelnen Schichten des Grafitgitters; dadurch geringe anziehende Kräfte. Diamant: Im gesamten Gitter kleine Abstände zwischen den Kohlenstoff-Atomen; entsprechend gross sind die anziehenden Kräfte.
1.13 Grosse Abstände und damit schwache anziehende Kräfte zwischen den Schichten. Diese lassen sich deshalb leicht ablösen.

KAPITEL 2

2.1 Destillieren beider Flüssigkeiten; beim Gemisch führt dies zu einer Trennung der Stoffe.
2.2 Mischungen: Wein (Wasser, Farbstoff, Alkohol etc.); Beton (Zement, Kies); Granit (Feldspäte, Quarz, Glimmer).
2.3 Papierchromatografie oder Dünnschichtchromatografie trennt die eventuell vorhandene Mischung.
2.4 Alkohol/Wasser: Destillation; Zuckerwasser: Wasser verdunsten lassen; Eisen/Schwefelpulver: Eisen mit einem Magneten herausziehen.
2.5 Petroleum ist ein Gemisch, kein reiner Stoff. Reine Stoffe haben eine bestimmte und konstante Siedetemperatur.
2.6 Die Teilchen von Kochsalz sind so klein, dass sie durch die Poren auch der feinsten Filter hindurchlaufen.
2.7 Aluminium: Metall; Kalkstein: Salz; Benzin: flüchtig; Erdgas: flüchtig; Gummi: hochmolekular, Soda: Salz.
2.8 Leitfähigkeit von Zuckerwasser prüfen.
2.9 Leitungswasser enthält gelöste Salze.
2.10 Wasserstoff: brennbar (Knallgasprobe); Sauerstoff unterhält die Verbrennung (Glimmspanprobe).

KAPITEL 3

3.1 siehe Abschnitt 3.1.
3.2 Rotes Kupferoxid: auf 10 g Sauerstoff kommen 79,3 g Kupfer; schwarzes Kupferoxid: auf 10 g Sauerstoff kommen 39,8 g Kupfer.
3.3 $6{,}02 \cdot 10^{17}$ Sekunden = $1{,}00 \cdot 10^{16}$ Minuten = $1{,}67 \cdot 10^{14}$ Stunden = $6{,}97 \cdot 10^{12}$ Tage = $1{,}91 \cdot 10^{10}$ Jahre.
3.4 20,179 u; $20{,}179/6{,}02 \cdot 10^{23}$ g.
3.5 0,013 g
3.6 $6{,}02 \cdot 10^{23}$; $2 \cdot 6{,}02 \cdot 10^{23}$; $5 \cdot 6{,}02 \cdot 10^{23}$; $9{,}47 \cdot 10^{23}$
3.7 Da in gleichen Volumina verschiedener Gase bei gleichen Bedingungen gleich viele Teilchen vorhanden sind (Satz von Avogadro), müssen die Elemente Wasserstoff und Stickstoff aus zweiatomigen Molekülen bestehen.
3.8 4 g Helium enthalten gleich viele Teilchen wie 2 g Wasserstoff und 32 g Sauerstoff ($6 \cdot 10^{23}$); da ein He-Atom die Masse 4 u hat, sind die kleinsten Teilchen von Helium Atome, nicht Moleküle.

3.9 39,25 Liter

3.10 Al_2O_3

3.11 1 Molekül Stickstoff, entstanden aus 2 Stickstoff-Atomen.

3.12 1 Molekül Ammoniak, gebildet aus 3 Wasserstoff-Atomen und 1 Stickstoff-Atom. Die Molekülmasse beträgt 17,031 u.

3.13 79,364 g

3.14 70 Liter

3.15 $Mg_3N_2 + 6\,H_2O \rightarrow 3\,Mg(OH)_2 + 2\,NH_3$

3.16 $1{,}98 \cdot 10^6\ m^3$

3.17 1170 Liter

3.18 4546,3 kg Eisen, $1{,}82 \cdot 10^7$ Liter

KAPITEL 4

4.1 viermal kleiner; viermal grösser; halb so gross.

4.2 $Q = I \cdot t$; 10 800 As.

4.3 62,5 s

4.4

Symbol	Massenzahl	Ordnungszahl	Neutronenzahl
Ce	140	58	82
F	19	9	10
Cu	63	29	34
Al	27	13	14

4.5 «Gewogenes Mittel» $= \frac{98{,}89 \cdot 12\,u}{100} + \frac{1{,}11 \cdot 13u}{100} = 12{,}01\,u$

4.6 Protonenzahl −2; Massenzahl −4; ${}^{226}_{88}Ra$.

4.7 Ein elektrisches Feld spaltet die ionisierende (radioaktive) Strahlung auf: Ein Teil der Strahlung wird stark zum positiven Pol hin gelenkt (Elektronen), ein anderer Teil weniger stark zum negativen Pol (α-Teilchen). Schliesslich existiert eine dritte Strahlung, deren Weg durch das elektrische Feld nicht beeinflusst wird (γ-Strahlen; kurzwelliges Röntgenlicht).

4.8 α-Strahlen sind Heliumkerne, die sich mit den Elektronen der β-Strahlen zu Helium-Atomen verbinden: ${}^{4}_{2}He^{+} + e^{-} \rightarrow {}^{4}_{2}He$

4.9 $\frac{m_t}{m_o} = 2^{T_{1/2}}$; $T_{1/2}({}^{226}Ra) = 1600\,a$; $m_o = 0{,}1\,g$; $t = 106\,a$

$m_t = m_o \cdot 2^{\frac{-t}{T_{1/2}}} = 0{,}1\,g \cdot 2^{\frac{-106a}{1600a}} = 0{,}1\,g \cdot 0{,}955 = 0{,}095\,g$

4.10 $\frac{N_t}{N_o} = 2^{T_{1/2}}$; $T_{1/2}({}^{14}C) = 5730\,a$; $N_o = 15{,}3$ Zerfälle pro Minute; $N_t = 8$ Zerfälle pro Minute

$\frac{8}{15{,}3} = 2^{\frac{-t}{5730}} /\cdot \log$; $\log \frac{8}{15{,}3} = \frac{-t}{5730} \cdot \log 2$;

$-0{,}282 = \frac{-t}{5730\,a} \cdot 0{,}301$; $t = 5368{,}306\,a$

4.11 Zu grosser Abstand der α-Teilchen vom positiv geladenen Atomkern, deshalb praktisch keine Abstossungskräfte.

4.12 Kleine Ionisierungsenergien bei den Metallen, grosse bei den Nichtmetallen; Metalle: schwache Anziehungskraft auf Elektronen; Nichtmetalle: starke Anziehungskraft auf Elektronen.

4.13 Alle drei Atome haben nur ein Aussenelektron, das sich leicht abspalten lässt.

4.14

Atom	K-	L-	M-	N-	O-Schale
Si	2	8	4		
Ca	2	8	8	2	
Zn	2	8	18	2	
Br	2	8	18	7	
Sr	2	8	18	8	2
Fe	2	8	14	2	
Sn	2	8	18	18	4

4.15 Mit der Unschärfebeziehung: Für Elektronen kann man keine Bahnen angeben.

4.16 Beugung von Elektronenstrahlen an einem Gitter.

KAPITEL 5

5.1 Hauptgruppe: Gleiche Anzahl Aussenelektronen. Periode: Gleiche Anzahl Elektronenschalen.

5.2 Atom ohne die äusserste Elektronenschale; da negativ geladene Elektronen entfernt werden, ist der Atomrumpf positiv geladen.

5.3 Die Hauptgruppennummer entspricht der Rumpfladung.

5.4 3. Periode: Von links nach rechts nimmt der Rumpfdurchmesser ab, da bei gleicher Elektronenzahl die Anzahl der Protonen im Kern zunimmt. IV. Hauptgruppe: Von oben nach unten nimmt der Rumpfdurchmesser zu, da mit jeder Periode eine neue Elektronenschale hinzukommt.

5.5 Metalle: Sr, Ga, Mo, Li, Ba; Halbmetalle: Si, As; Nichtmetalle: F, N.

5.6 Chloride der Alkalimetalle: MCl, der Erdalkalimetalle: MCl_2. Alkalimetalle haben ein Valenzelektron, Erdalkalimetalle zwei. Erdmetallchloride: MCl_3.

5.7 z.B. Hydroxide: MOH bzw. $M(OH)_2$.

5.8 $Mg + Cl_2 \rightarrow MgCl_2$; $4\,Al + 3\,O_2 \rightarrow 2\,Al_2O_3$
$2\,Ca + O_2 \rightarrow 2\,CaO$; $2\,Na + H_2 \rightarrow 2\,NaH$
$3\,Be + N_2 \rightarrow Be_3N_2$

5.9 $N_2 + 3\,H_2 \rightarrow 2\,NH_3$; $N_2 + 3\,Cl_2 \rightarrow 2\,NCl_3$
$S + H_2 \rightarrow H_2S$; $S + Br_2 \rightarrow SBr_2$
$C + 2\,H_2 \rightarrow CH_4$

5.10 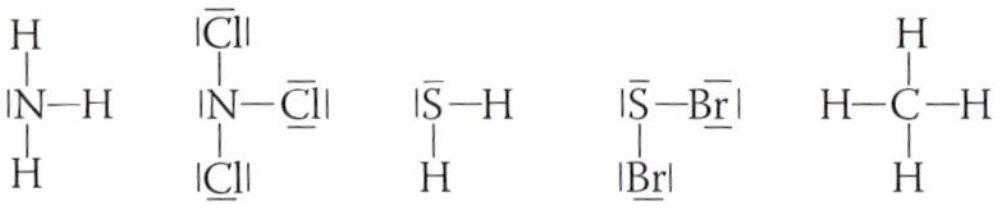

5.11 Reaktion mit Silbernitrat-Lösung erzeugt einen weissen Niederschlag.

5.12 $H_2 + F_2 \rightarrow 2\,HF$; $H_2 + Cl_2 \rightarrow 2\,HCl$
$H_2 + Br_2 \rightarrow 2\,HBr$; $H_2 + I_2 \rightarrow 2\,HI$

5.13 Die Atome werden in der Reihenfolge Fluor, Chlor, Brom und Iod immer grösser. Dadurch nimmt die anziehende Kraft auf Elektronen immer mehr ab.

5.14 $MgO(s) + 2\,HCl(aq) \rightarrow MgCl_2(aq) + H_2O(l)$

5.15 $Fe(s) + 2\,HCl(aq) \rightarrow H_2(g) + FeCl_2(aq)$

5.16 Mg, Zn, Pb.

5.17 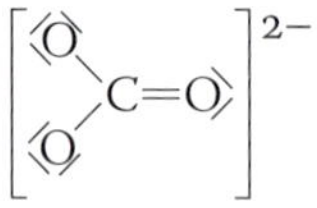

KAPITEL 6

6.1 a) Stimmt nicht. Oft haben die kleinsten Teilchen von Stoffen bei Raumtemperatur nicht die nötige Aktivierungsenthalpie, um miteinander reagieren zu können.
b) Stimmt. Beim Übergang vom flüssigen in den festen Zustand nehmen die Abstände zwischen den kleinsten Stoffteilchen ab und damit die anziehenden Kräfte zu.
c) Stimmt nicht. Ein Reinstoff kann sowohl eine Verbindung als auch ein elementarer Stoff sein. Nur die Verbindungen lassen sich weiter in Elemente zerlegen.
d) Stimmt. Da die an einer Atombindung beteiligten Nichtmetallatome Elektronen stark anziehen, gehört das gemeinsame Elektronenpaar (die gemeinsamen Elektronenpaare einer Doppel- oder Dreifachbindung) beiden Atomen (= Atombindung).

6.2 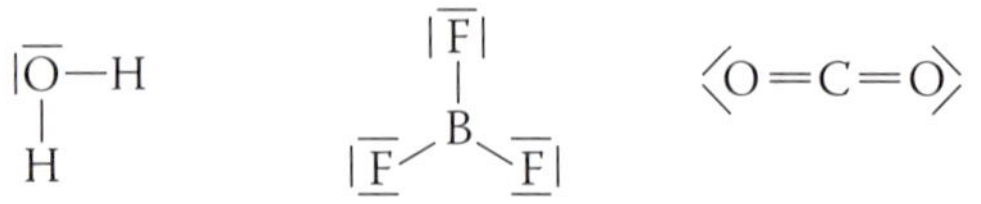

gewinkelt Trigonal, planar linear

6.3 Reaktionsgleichung:
$2\,C_2H_6 + 7\,O_2 \rightarrow 4\,CO_2 + 6\,H_2O$
Energieaufwand E_1 zur Spaltung von 2 Mol C_2H_6 (2 mol Bindungen C—C und 12 mol Bindungen C—H) sowie 7 Mol O_2 (7 mol Bindungen O═O):
$E_1 = 2 \cdot 348\text{ kJ} + 12 \cdot 413\text{ kJ} + 7 \cdot 498\text{ kJ} = +9138\text{ kJ}$
Energiegewinn E_2 bei der Bildung von 6 Mol Wasser (12 mol Bindungen O—H) und 4 Mol Kohlenstoffdioxid (8 mol Bindungen C═O):
$E_2 = 12 \cdot (-463\text{ kJ}) + 8 \cdot (-820\text{ kJ}) = -12116\text{ kJ}$
Reaktionsenthalpie ΔH:
$\Delta H = E_2 + E_1 = -12116\text{ kJ} + 9138\text{ kJ} = -2978\text{ kJ}$
(pro Mol Wasser: $\Delta H = -496{,}33\text{ kJ} \cdot \text{mol}^{-1}$)

6.4 In der Reihe Fluor, Chlor, Brom und Iod wird das Elektronensystem der Moleküle F_2, Cl_2, Br_2 und I_2 immer grösser, da jeweils eine neue Elektronenschale hinzukommt. Die dadurch stärker werdenden v.d.W.-Kräfte erhöhen die Schmelz- und Siedetemperaturen.

6.5 a) Hauptgruppe VIIA: Zunahme der Siedetemperaturen von oben nach unten mit der Zunahme der Grösse des Elektronensystems.
Hauptgruppe VIIIA: Zunahme der Siedetemperaturen von oben nach unten mit der Zunahme der Grösse des Elektronensystems.
b) Die Edelgase sind, wie der Name schon ausdrückt, im Gegensatz zu den Halogenen bei Raumtemperatur alle gasförmig. Dies rührt davon her, dass die Elemente der Hauptgruppe VIIA zweiatomige Moleküle bilden (die Edelgase existieren als Atome). Die Schmelz- und Siedetemperaturen der Halogene sind deshalb innerhalb einer Periode immer höher als die der Edelgase (grösseres Elektronensystem der Halogen-Moleküle).

6.6 NF_3, CCl_4, PH_3

6.7 $SiCl_4$

6.8 Für ein Mol Wasserstoff (= 2 g) werden 436 kJ benötigt. Für 1 g entsprechend die Hälfte: 218 kJ

6.9 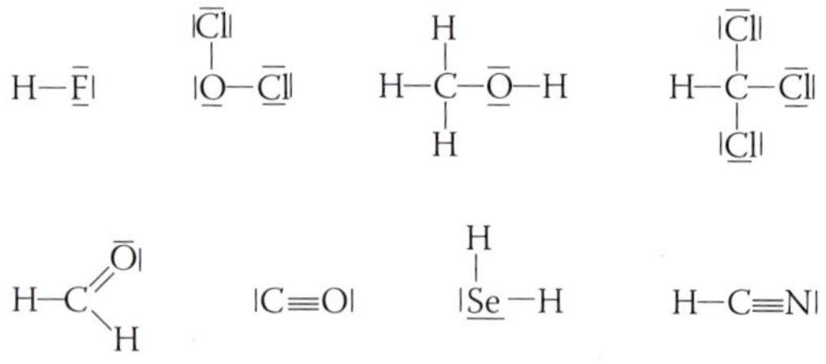

6.10 H_2S: gewinkelt; PF_3: pyramidal, mit dem P-Atomrumpf an der Spitze der Pyramide; Cl_2O: gewinkelt; $SiCl_4$: tetraedrisch; C_2H_2: linear.

6.11 Die Oberfläche des zweiten Moleküls ist kleiner; daher tiefere Siedetemperatur.

KAPITEL 7

7.1 Ein Gaschromatogramm zeigt verschiedene Peaks.

7.2 $CH_4 + 3\ Cl_2 \rightarrow CHCl_3 + 3\ HCl$

7.3 C—H N—H O—H F—H

7.4 Vom Sauerstoff über Schwefel, Selen und Tellur nimmt die Grösse der Atomrümpfe zu. Damit nehmen die anziehenden Kräfte dieser Atomrümpfe auf das gemeinsame Elektronenpaar ab.

7.5 Je grösser die Elektronendichte zwischen den Atomrümpfen der C-Atome, desto grösser ist die anziehende Kraft zwischen Atomrümpfen und gemeinsamen Elektronenpaaren.

7.6 $C_8H_{18} + 12{,}5\ O_2 \rightarrow 8\ CO_2 + 9\ H_2O$
Aus schwach bzw. unpolaren Bindungen werden stark polare Bindungen.

7.7 Wasserstoff + Stickstoff: Im Ammoniak-Molekül sind die gemeinsamen Elektronenpaare näher beim Stickstoff-Atom; Stickstoff wurde reduziert, der Wasserstoff oxidiert.
Aluminium + Sauerstoff: Im Aluminiumoxid (Al_2O_3) sind die Aluminium-Ionen positiv und die Sauerstoff-Ionen negativ geladen; Aluminium wurde oxidiert und der Sauerstoff reduziert.

7.8 $Ca^{II}\mathbf{C}^{IV}O_3^{-II}$, $K^{I}\mathbf{Cl}^{V}O_3^{-II}$, $H_3^{I}\mathbf{P}^{V}O_4^{-II}$, $Na^{I}\mathbf{Mn}^{VII}O_4^{-II}$, $K_2^{I}\mathbf{Cr_2}^{VI}O_7^{-II}$, $Li^{I}\mathbf{H}^{-I}$, $K_2^{I}\mathbf{Pt}^{IV}Cl_6^{-I}$, $\mathbf{C_2}^{-III}H_6^{I}$, $\mathbf{C}^{II}O^{-II}$

7.9 a) $Cu^{II}O^{-II} + H_2^{0} \rightarrow Cu^{0} + H_2^{I}O^{-II}$
1 Cu-Atom wird reduziert, 2 H-Atome werden von 0 auf I oxidiert.
b) $N_2^{0} + 3\ H_2^{0} \rightarrow 2\ N^{-III}H_3^{I}$
2 N-Atome werden reduziert, 6 H-Atome oxidiert.
c) $4\ H^{I}N^{V}O_3^{-II} + Cu^{0} \rightarrow Cu^{II}(N^{V}O_3^{-II})_2 + 2\ N^{IV}O_2^{-II} + 2\ H_2^{I}O^{-II}$
2 N-Atome werden reduziert, 1 Cu-Atom wird oxidiert.

7.10 Bestimmte Gase in der Atmosphäre lassen das sichtbare kurzwellige Sonnenlicht zur Erde dringen, absorbieren aber die von der Erde abgegebene Wärmestrahlung.

7.11 CO_2; CH_4.

7.12 Siehe Abschnitt 7.5.

7.13 Die CO_2-Steuer soll dazu beitragen, dass weniger fossile Brennstoffe (Benzin, Heizöl) verwendet werden. Nachteil: Verteuerung der Strassentransporte und damit vieler Dinge des täglichen Gebrauchs.

KAPITEL 8

8.1 Kohlenstoff-Atome verbinden sich unbeschränkt miteinander.

8.2 Siehe Abschnitt 8.1.

8.3 Silicium-Atome sind im Gegensatz zu den Kohlenstoff-Atomen positiv polarisiert, weshalb sie sich stärker abstossen. Dadurch wird die Bindung Si—Si geschwächt. Ausserdem sind die Atomrümpfe der Silicium-Atome grösser als die der Kohlenstoff-Atome; die gemeinsame Elektronenwolke wird dadurch weniger gut abgeschirmt.

8.4 —O—H Hydroxylgruppe

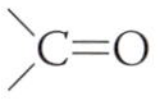
Carbonylgruppe

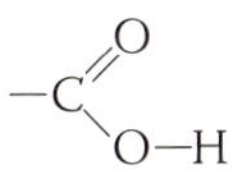
Carboxylgruppe

8.5 Siehe Abschnitt 8.2.

8.6 Molekülformel: $C_2H_4O_2$; mögliche Lewis-Formel:

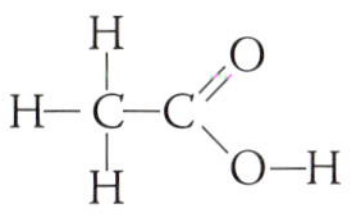

8.7 Molekülformel: C_3H_6O; mögliche Lewis-Formeln:

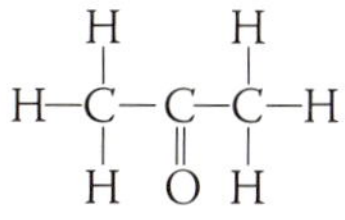
und
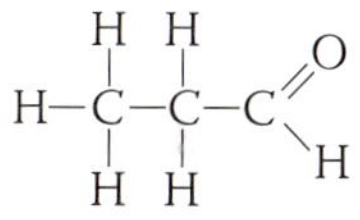

8.8

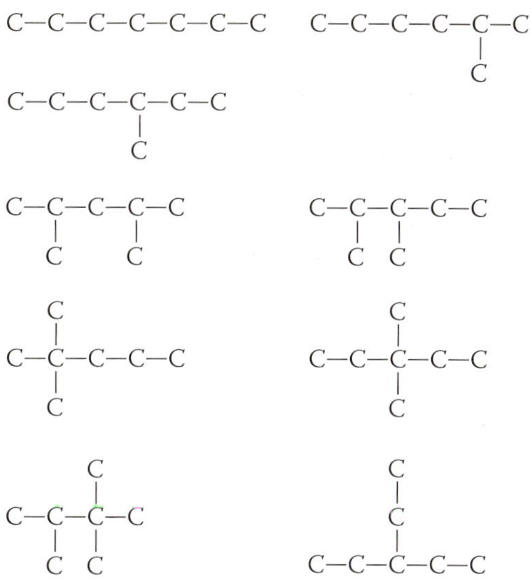

8.9 Heptan; 2-Methylhexan; 3-Methylhexan; 2,4-Dimethylpentan; 2,3-Dimethylpentan; 2,2-Dimethylpentan; 3,3-Dimethylpentan; 2,2,3-Trimethylbutan; 3-Ethylpentan.

8.10

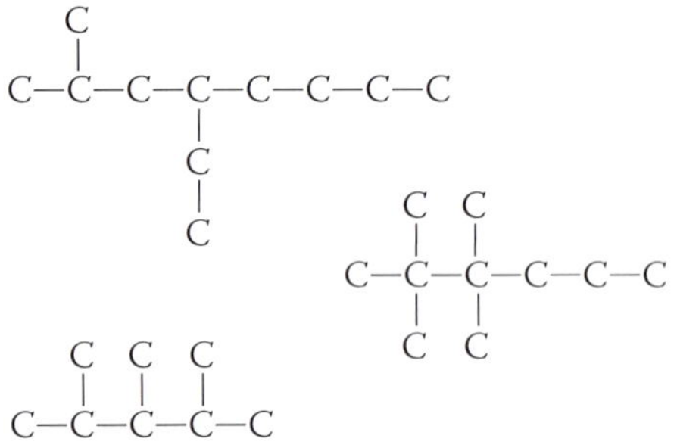

8.11 Die Siedetemperatur von Butan ist höher, weil die Moleküloberfläche grösser ist; 2-Methylpropan ist beinahe kugelig und damit weniger leicht polarisierbar.

8.12 Drei: 1-Bromhexan; 2-Bromhexan; 3-Bromhexan.

8.13 Siehe Abschnitt 8.4.

8.14

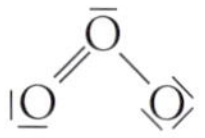

8.15 Sie sind thermisch stabil, fast geruchlos, unbrennbar und sehr wenig giftig.

8.16 Siehe Abschnitt 8.4.

8.17 Kohlenstoffdioxid; Butan; Stickstoff und teilhalogenierte Kohlenwasserstoffe.

8.18 Siehe Abschnitt 8.4.

KAPITEL 9

9.1 C=C—C=C—C C=C—C—C=C

C=C—C=C—C=C

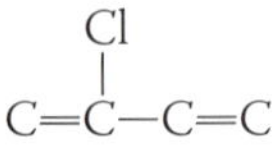

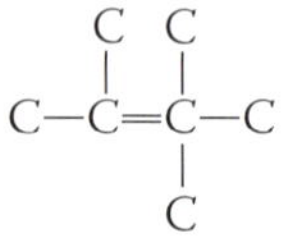

9.2 a) 1-Penten
b) 2-Penten
c) 2-Methyl-1-buten
d) 1-Chlor-1-propen.

9.3 Siehe Abschnitt 9.1.

9.4 Addition von Brom in einer Natriumchlorid-Lösung.

9.5 Ein Teilchen mit einer Elektronenlücke, das sich an zwei andere Elektronen anlagern kann.

9.6

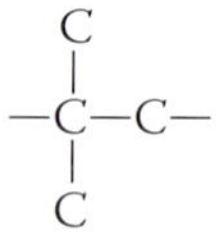

Polymethylpropen

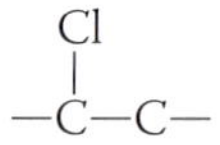

Polychlorethen (Polyvinylchlorid: PVC)

9.7

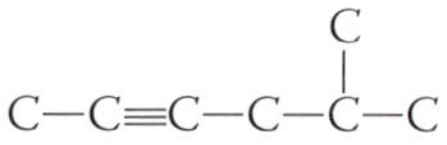

C—C≡C—C≡C—C

9.8 $HC{\equiv}CH + HCl \longrightarrow H_2C{=}CHCl$

KAPITEL 10

10.1 Siehe Kapitel 10.

10.2 Keine Reaktion mit Bromwasser bzw. flüssigem Brom.

10.3 Bei Verwendung von wasserfreiem Aluminiumchlorid entfärbt sich ein Gemisch von Benzol und Brom sehr rasch. Ausserdem lässt sich Hydrogenbromid nachweisen.

10.4 Sechs Elektronen sind über alle Kohlenstoff-Atome delokalisiert.

10.5 Sie beschreiben keine realen Teilchen, sondern sind nur Hilfsmittel zur Darstellung einer Elektronenstruktur, die mit Lewis-Formeln nicht darstellbar ist.

10.6

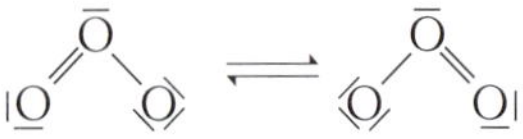

10.7 Gemeinsamkeit: Im ersten Schritt wird ein Elektrophil addiert.
Unterschiede: Bei der Substitution am Benzolring wird ein Katalysator zur heterolytischen Trennung des Br_2-Moleküls benötigt. Im zweiten Schritt wird nicht ein Br^--Ion addiert, sondern ein Proton abgespalten.

10.8

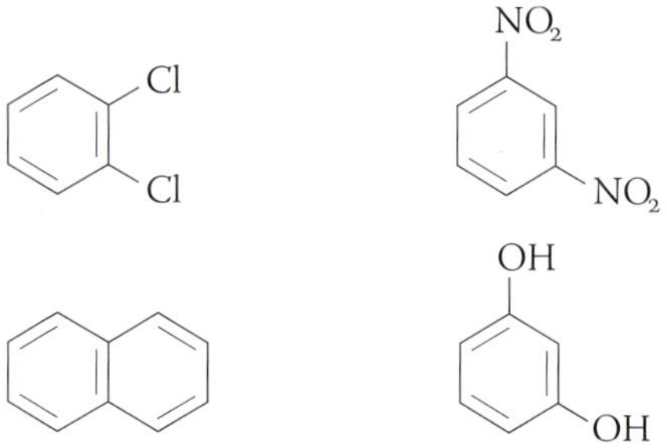

10.9 Es reichert sich im Fettgewebe von Tieren an und gelangt dadurch über die Nahrungskette in den Menschen.

10.10 Dioxine: 2,3,7,8-Tetrachlorodibenzodioxin Lewis-Formel siehe Kapitel 10.

10.11 Bei Temperaturen von etwa 400 °C können unter der katalytischen Wirkung von Schwermetallen aus Aromaten und Chlor-Verbindungen Dioxine entstehen.

KAPITEL 11

11.1 Siehe Abschnitt 11.1.

11.2 Siehe Abschnitt 11.1.

11.3 Ethen, Propen, 1,3-Butadien, Benzol, Acetylen.

11.4 Erhitzen von Holz oder Kohle unter Luftabschluss. Herstellung von Holzkohle bzw. Koks.

11.5 Der Rohölpreis ist gesunken; Erdöl liefert mehr petrochemische Rohstoffe und ist leichter zu transportieren; seine Aufarbeitung ist «sauberer».

11.6 Benzin: C_5- bis C_9-Kohlenwasserstoffe. Dieselöl: C_{12}- bis C_{16}-Kohlenwasserstoffe.

11.7 Siehe Abschnitt 11.2.

11.8 «Klopfbremsen» sind Treibstoffzusätze, die das Klopfen eines Motors verringern.

11.9 $2\,NO + 2\,CO \rightarrow N_2 + 2\,CO_2$
$C_8H_{18} + 12{,}5\,O_2 \rightarrow 8\,CO_2 + 9\,H_2O$

11.10 Sie steuert die Einspritzung und regelt dadurch die Zusammensetzung des Treibstoff-Luftgemischs.

KAPITEL 12

12.1 *Smog:* Gebildet aus dem Englischen smoke (Rauch) und fog (Nebel). *Emissionen:* Abgabe von Schadstoffen an die Luft. *Immissionen:* Die auf den Menschen einwirkenden Schadstoffe. *MIK-Wert:* Maximale Immissions-Konzentration. *MAK-Wert:* Maximale Arbeitsplatz-Konzentration.

12.2 Los Angeles-Smog oder Fotosmog enthält vor allem Stickstoffoxide und Ozon. Londoner Smog enthält Schwefeldioxid.

12.3 Siehe Abschnitt 12.1. Vom Verkehr stammen die Stickstoffoxide und die Kohlenwasserstoffe, indirekt auch Ozon. Ölfeuerungen und Industrie liefern Schwefeldioxid.

12.4 Siehe Abschnitt 12.1.

12.5 In der Stratosphäre wirkt Ozon als «Schutzstoff», in Erdnähe als Schadstoff.

12.6 Ozon entsteht unter dem Einfluss von Sonnenlicht aus NO und Kohlenwasserstoffen. Im Sommer ist die Sonneneinstrahlung stärker, sodass die Ozonbildung begünstigt wird.

12.7 Regen mit gelöster Schwefel- und Salpetersäure.

12.8 Siehe Abschnitt 12.2.

12.9 Keinesfalls, denn die Luftschadstoffe wirken sich nicht nur für den Wald nachteilig aus. Zudem ist nur der Begriff des Waldsterbens «gestorben». Man spricht heute von «neuartigen Waldschäden». Ihre Ursache ist komplexer, als ursprünglich angenommen. Der Prozess verläuft (zum Glück) auch langsamer, als befürchtet, geht aber weiter.

12.10 Sie führen zu einer Übersäuerung des Bodens. Ausserdem werden sie von Baumwurzeln im Austausch gegen Kalium-Verbindungen aufgenommen. Dies führt zu einem Kaliummangel in den Pflanzen.

12.11 Siehe Abschnitt 12.3.

KAPITEL 13

13.1

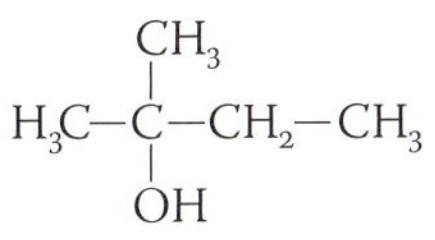

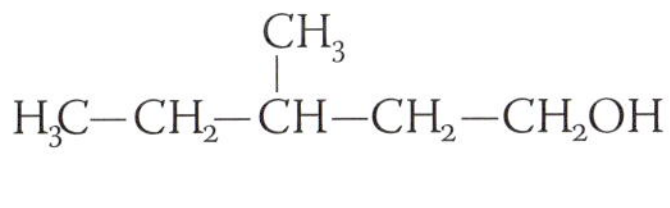

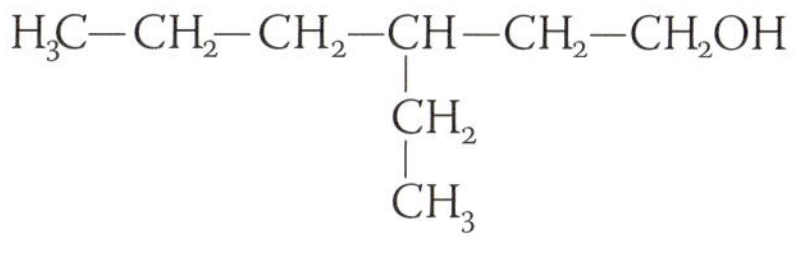

$H_3C-CH{=}CH-CH_2OH$

13.2 $H_3C—CH_2—CH_2OH + Na \rightarrow$
$1/2\ H_2 + H_3C—CH_2—CH_2O^-Na^+$

13.3 Permanente Dipole: HCl, H_2S, HBr, HCN.

13.4 Cl_2: kein permanenter Dipol; SCl_2 und PCl_3: permanente Dipole; $SiCl_4$: kein permanenter Dipol.

13.5 H-Brücken: a), e) und f).

13.6 NH_3 (Bildung von Wasserstoffbrücken!).

13.7 Das Molekül von Aceton ist ein permanenter Dipol, das CF_4-Molekül hingegen nicht.

13.8

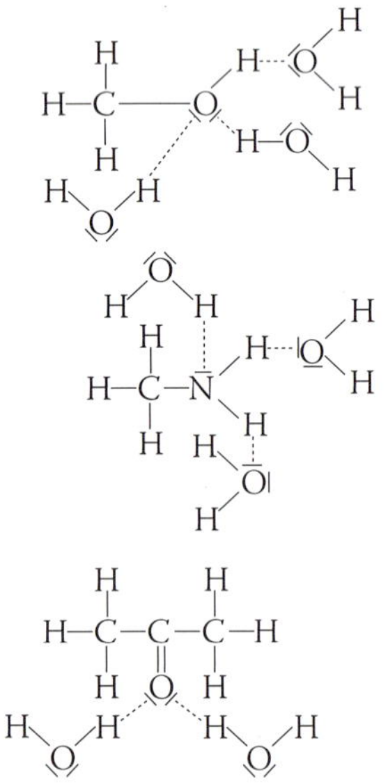

13.9 Aceton- und Wasser-Moleküle bilden miteinander Wasserstoffbrücken.

13.10 a) Ethanol-Moleküle bilden Wasserstoffbrücken untereinander.

b) Ethanol-Moleküle bilden mit Wasser Wasserstoffbrücken; Ethanol-Moleküle bilden mit Hexan-Molekülen zwar keine Wasserstoffbrücken, jedoch relativ starke van der Waals-Kräfte (die C_2H_5-Gruppe ist genügend lipophil).

c) Hexan-Moleküle (mit van der Waals-Kräften untereinander) bilden mit Wasser-Molekülen keine Wasserstoffbrücken. Ausserdem sind die van der Waals-Kräfte zwischen Hexan- und Wasser-Molekülen gering (das Wasser-Molekül ist ein kleines Molekül!).

13.11 a)

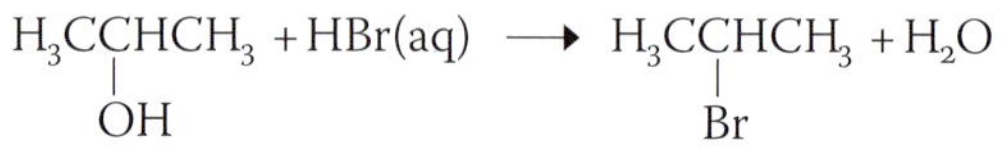

b)

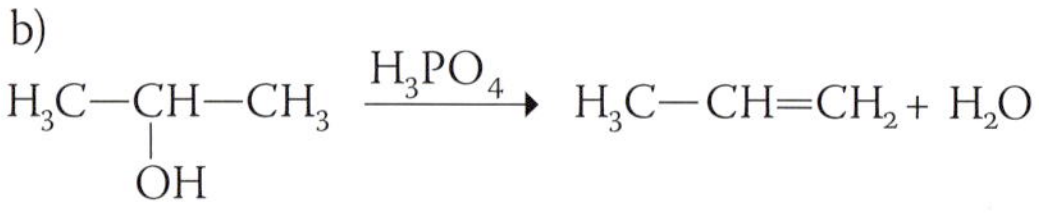

c)

$$H_3C—CH_2—CH_2OH + HOCH_2—CH_2—CH_3 \xrightarrow{H_2SO_4} H_3C—CH_2—CH_2—O—CH_2—CH_2—CH_3 + H_2O$$

13.12 *E*- und *Z*-2-Buten, 1-Buten.

13.13 Siehe Abschnitt 13.4.

13.14 Benzol: keine Reaktion; Phenol: Entfärbung (Aktivierung des Elektronensystems durch die OH-Gruppe).

13.15 Phenole werden an der Luft oxidiert.

13.16 Grösste Dichte bei + 4 °C, relativ sehr hohe Siedetemperatur. Auswirkungen siehe Abschnitt 13.2.

KAPITEL 14

14.1

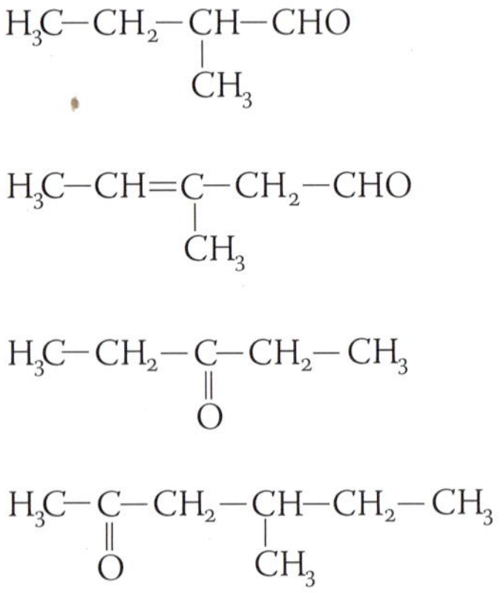

14.2 Durch die Doppelbindung der Carbonylgruppe wird negative Ladung vom Hydroxyl-C-Atom weggezogen.

14.3 Der Alkohol wird unter Mitwirkung von Essigsäurebakterien durch den Luftsauerstoff zu Essigsäure oxidiert.

14.4 Durch die Fehling-Reaktion.

14.5 Durch sein Verhalten bei der Oxidation: primärer Alkohol ist zweimal nacheinander oxidierbar (die zweite Oxidation mit Fehling!); sekundärer Alkohol lässt sich mit $K_2Cr_2O_7$ oxidieren, das Produkt reagiert aber nicht mit Fehling. Tertiärer Alkohol ist nicht oxidierbar.

14.6 2-Butanol aus Propanal und Methylmagnesiumbromid, 2-Methyl-2-butanol aus 2-Butanon und Methylmagnesiumbromid, 1-Hexanol aus Methanal und Pentylmagnesiumbromid.

14.7

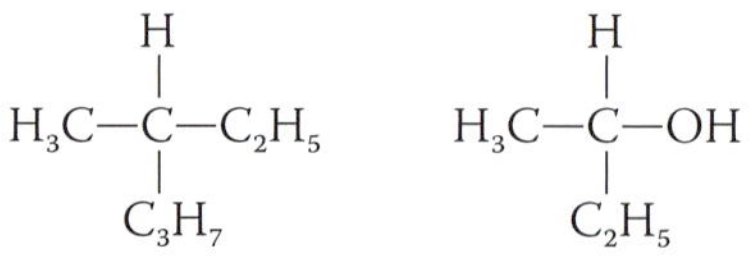

14.8 Die beiden Isomere reagieren mit chiralen Stoffen (und die allermeisten Naturstoffe sind chiral!) verschieden.

14.9 Stärke: α-Glucose; Cellulose: β-Glucose.

14.10 Bildung von Wasserstoffbrücken.
14.11 Die Ringform steht mit der offenen Form im Gleichgewicht.
14.12 Gluconsäure, eine Carbonsäure (die CHO-Gruppe wird zur COOH-Gruppe).

KAPITEL 15

15.1 Stearinsäure ist löslich in CCl_4 (weil unpolar), Hexan (weil unpolar) und Aceton (mässig löslich, da Aceton ein schwacher permanenter Dipol ist). In Wasser (polar, schwache v. d. W.-Kräfte) ist Stearinsäure (sehr starke v. d. W.-Kräfte) nicht löslich (vgl. Abschnitt 13.3).
15.2 Säure: Protonenspender; saure Lösung: Lösung, die viele H_3O^+-Ionen enthält.
15.3 Magnesium reagiert nur mit H_3O^+-Ionen, die in wasserfreier Essigsäure nicht vorkommen.
15.4 Trichloressigsäure: Hier wirken die drei Cl-Atome zusätzlich elektronenanziehend.
15.5 Die Metallatome werden zu Metallionen oxidiert; H_3O^+-Ionen werden zu H_2 reduziert, wobei die H-Atome negative Ladung erhalten (H—O-Bindung stark polar, wobei das O-Atom negativ polarisiert ist; H—H-Bindung unpolar).
15.6 $H_3CCH_2COOH(aq) + NaOH(aq) \rightarrow H_3CCH_2COO^-Na^+(s) + H_2O(l)$
15.7 In geringem Ausmass entsteht durch Reaktion des Kohlenstoffdioxids aus der Luft mit dem Wasser Kohlensäure, die anschliessend eine saure Lösung bildet.
15.8 a) $H_2SO_4 + H_2O \rightarrow HSO_4^- + H_3O^+$
b) $H_2SO_4 + 2\,NH_3 \rightarrow SO_4^{2-} + 2\,NH_4^+$
c) $H_2SO_4 + 2\,NaCl \rightarrow 2\,HCl + Na_2SO_4$
$H_2SO_4 + 2\,Cl^- \rightarrow 2\,HCl + SO_4^{2-}$
15.9 a) H_2SO_4: Säure; H_2O: Base
b) H_2SO_4: Säure; NH_3: Base
c) H_2SO_4: Säure; Cl^-: Base
15.10 Durch die Verfärbung eines Indikators.
15.11 $Al + 3\,HCl \rightarrow AlCl_3 + 3/2\,H_2$
15.12 Die Blaufärbung von Lackmus deutet auf eine alkalische Lösung hin. Es müssen also OH^--Ionen entstanden sein. Als Base wirken in diesem Fall die O^{2-}-Ionen des Metalloxids, während das Wasser die Säure ist:
$CaO + H_2O \rightarrow Ca^{2+} + 2\,OH^-$
15.13 $CaCO_3(s) + 2\,HCl(aq) \rightarrow H_2CO_3 + CaCl_2(aq)$
$H_2CO_3 \rightarrow CO_2(g) + H_2O(l)$
15.14 Es handelt sich um eine Säure/Base-Reaktion; Säure: HCl; Base: S^{2-}
$FeS(s) + 2\,HCl(aq) \rightarrow H_2S(g) + FeCl_2(aq)$
15.15 Wasser als Säure: $H_2O + NH_3 \rightarrow OH^- + NH_4^+$
Wasser als Base: $H_2O + HCl \rightarrow H_3O^+ + Cl^-$
15.16 Stoffmengenkonzentration der Natronlauge: $c = 1{,}25\ mol \cdot L^{-1}$; sie enthält 50 g NaOH im Liter und ist somit 5%ig.
15.17 39,9 %
15.18 Abgabe und Aufnahme von Protonen sind Funktionen, «Tätigkeiten». Wasser verhält sich je nach dem Reaktionspartner als Base oder Säure, ebenso andere Ampholyte wie z.B. das HSO_4^--Ion.
15.19 a) $H_2SO_4(aq) + 2\,NaOH(aq) \rightarrow Na_2SO_4(aq) + 2\,H_2O(l)$
b) $H_2CO_3 + 2\,KOH(aq) \rightarrow K_2CO_3(aq) + 2\,H_2O(l)$
15.20 $[H_3^{I}C^{-III}C^{III}O^{-II}O^{-II}]^- + [H_3^{I}O^{-II}]^+ + [Na^{I}]^+ + [O^{-II}H^{I}]^- \rightarrow [H_3^{I}C^{-III}C^{III}O^{-II}O^{-II}]^- + [Na^{I}]^+ + H_2^{I}O^{-II} + H_2^{I}O^{-II}$
Die Oxidationszahlen der an der Reaktion beteiligten Atome ändern sich nicht.
15.21 $2\,[H_3^{I}C^{-III}C^{III}O^{-II}O^{-II}]^- + 2\,[H_3^{I}O^{-II}]^+ + Mg^{0} \rightarrow H_2^{0} + 2\,[H_3^{I}C^{-III}C^{III}O^{-II}O^{-II}]^- + [Mg^{II}]^{2+} + 2\,H_2^{I}O^{-II}$
2 H-Atome werden reduziert, ein Mg-Atom wird oxidiert.

KAPITEL 16

16.1 $H_3CCH_2C(=O){-}OH + HOCH_2CH_2CH_3 \rightarrow H_3CCH_2C(=O)OCH_2CH_2CH_3 + H_2O$

Propansäurepropylester

16.2 Siehe Abschnitt 16.1.
16.3 Estermoleküle bilden untereinander keine Wasserstoffbrücken, im Gegensatz zu den Alkoholen. Die Siedetemperaturen der Ester liegen folglich tiefer als diejenigen von Alkoholen.
16.4 Spaltung einer Verbindung unter Mitwirkung von Wasser.
16.5 Fette: feste Fette; fette und trocknende Öle: flüssige Fette.
16.6 $$\begin{array}{lll} H_2COH & HOOCC_{17}H_{33} & H_2COOCC_{17}H_{33} \\ HCOH + & HOOCC_{17}H_{33} \rightarrow & HCOOCC_{17}H_{33} + 3\,H_2O \\ H_2COH & HOOCC_{17}H_{33} & H_2COOCC_{17}H_{33} \end{array}$$
Es entsteht ein Glycerid der Ölsäure.
16.7 Es sind stets Gemische verschiedener Glyceride.
16.8 Siehe Abschnitt 16.2.
16.9 Die Brom-Lösung wird entfärbt, weil Ölsäure-Moleküle eine C=C-Doppelbindung enthalten.

KAPITEL 17

17.1 Die Geschwindigkeit der durch Mikroorganismen verursachten Abbauvorgänge wird bei tieferer Temperatur kleiner.
17.2 Die freiwerdende Wärme beschleunigt die Reaktion.
17.3 Grössere Oberfläche der Holzwolle.
17.4 Der Zusammenstoss muss in der richtigen gegenseitigen Orientierung der Teilchen erfolgen und die Teilchen müssen eine bestimmte Mindestenergie aufweisen.
17.5 Die Reaktionsgeschwindigkeit ist bei höheren Konzentrationen grösser.
17.6 Weil bei höherer Temperatur mehr Teilchen die erforderliche Mindestenergie besitzen.
17.7 Siehe Abschnitt 17.3.
17.8 In einem offenen System können ständig Stoffe entweichen oder weitere Stoffe hinzukommen.
17.9 $K = \frac{c^2(SO_3)}{c^2(SO_2) \cdot c(O_2)}$ $K = \frac{c^2(NO)}{c(N_2) \cdot c(O_2)}$
17.10 Im neuen Gleichgewicht sind grössere Mengen von C und D und weniger B vorhanden.
17.11 Verschiebung des Gleichgewichts nach links, nach rechts, nach links.
17.12 Man setzt A in einem grossen Überschuss ein.
17.13 In einem offenen Gefäss, damit D entweicht: Das Gleichgewicht wird derart gestört, dass mehr Produkte gebildet werden.
17.14 Nein; der Katalysator beschleunigt beide Richtungen der umkehrbaren Reaktion.
17.15 Sie lässt sich durch Druckveränderung beeinflussen, da die Volumina der Ausgangs- und Endstoffe verschieden sind.
17.16 Zunahme der Entropie.

KAPITEL 18

18.1 HSO_4^-, Cl^-, HCO_3^-, H_2O, NO_3^-, OH^-.
H_2O, NH_4^+, H_3O^+, HSO_4^-, HCO_3^-.
18.2 Mit zunehmender Temperatur verschiebt sich das Gleichgewicht (in der hier benützten Schreibweise) nach rechts. K_W wird also grösser.
18.3 In einem Liter Wasser sind 10^{-7} mol H_3O^+-Ionen und damit in 10^7 Liter Wasser 1 mol H_3O^+-Ionen.
18.4 pH = 0,69 bzw. 12.
18.5 In einem Liter der Lösung sind 10^{-2} mol H_3O^+- bzw. 10^{-12} mol OH^--Ionen.
18.6 In der stark verdünnten Salzsäure ist die Konzentration der H_3O^+-Ionen (wegen der starken Verdünnung) kleiner.
18.7 Der Säuregrad wird durch den pH-Wert angegeben und misst den effektiven Zustand einer Lösung. Die Säurestärke wird durch den pK_S-Wert ausgedrückt. Er zeigt, wie leicht die Säure Protonen abgeben kann.
18.8 Hydrogenfluorid ist die stärkere Säure und protolysiert in Wasser in höherem Masse. Die konjugierte Base von Propansäure ist stärker als die von Hydrogenfluorid.
18.9 a) rechts, b) rechts, c) links, d) rechts, e) links, f) rechts, g) rechts, h) links.
18.10 Die Lösung von HCl in Hexan enthält HCl-Moleküle, die wässrige Lösung H_3O^+-Ionen. Das HCl-Molekül ist aber die stärkere Säure als das H_3O^+-Ion.
18.11 Die Lösung von Ammoniak in Essigsäure leitet besser, weil Ammoniak hier stärker protolysiert wird (Essigsäure ist die stärkere Säure als Wasser).
18.12 HCl entweicht aus dem Gleichgewicht als Gas.
18.13 0,7; 3; 13,7; 12,3.
18.14 Durch die Bildung von schwerlöslichem $BaSO_4$ werden die SO_4^{2-}-Ionen dem Säure/Base-Gleichgewicht entzogen und dadurch «nachgeliefert».
18.15 10^{-7}
18.16 a) gelb, b) grün, c) blau, d) blau.
18.17 Um pH = 4,5–5.

KAPITEL 19

19.1 Weil die zwischenmolekularen Kräfte (Wasserstoffbrücken!) sehr gross sind.
19.2 Das Glycerin lässt sich leichter abtrennen, und man erhält ein reineres Produkt.
19.3 Siehe Abschnitt 19.1.
19.4 Nachteile: Die Seifenanionen sind schwache Basen und reagieren deshalb mit Wasser unter Bildung von Hydroxid-Ionen. Ausserdem sind die Calciumsalze der Fettsäuren schwerlöslich, sodass Seifen in hartem Wasser «Kalkseife» bilden. Synthetische Waschmittel sind konjugierte Basen starker Säuren; mit Ca^{2+}-Ionen entstehen keine schwerlöslichen Salze.
19.5 Waschwirkung: lipophile Kette mit geladener (hydrophiler) Gruppe am Ende. Sowohl in saurem wie neutralem wie hartem Wasser kann mit ihnen gewaschen werden.
19.6 Carbonathärte: Gehalt an HCO_3^--Ionen; be-

stimmt durch Titration mit Salzsäure. Sie entsteht durch Reaktion von CO_2-haltigem Wasser mit Kalk.

19.7 Kalk ist schwer löslich und scheidet sich z.B. beim Erhitzen aus hartem Wasser ab. Wasser enthält Calciumhydrogencarbonat [$Ca(HCO_3)_2$] gelöst.

19.8 Das Gleichgewicht $CaCO_3 + H_2O + CO_2 \rightleftharpoons Ca(HCO_3)_2$ verschiebt sich nach links, weil CO_2 entweicht.

19.9 Siehe Abschnitt 19.1.

19.10 Siehe Abschnitt 19.3.

19.11 Siehe Abschnitt 19.3. Der See ist «umgekippt» heisst: Der See ist vom oligotrophen in den eutrophen Zustand übergegangen.

19.12 Siehe Abschnitt 19.3.

19.13 Phosphat ist in vielen stehenden Gewässern der Minimumstoff. Eine ständige Zufuhr von Phosphat allein bewirkt eine übermässige Entwicklung des Pflanzenplanktons.

19.14 Durch Messung des Sauerstoffgehalts in tieferen Zonen des Gewässers.

19.15 Siehe Abschnitt 19.4.

19.16 Am sichersten durch Verbrennen.

KAPITEL 20

20.1 Die Gitterenthalpie, die bei der Reaktion Metalle + Nichtmetalle frei wird, ist grösser als die Summe aller bei diesem Vorgang aufzuwendenden Energie.

20.2 Die Schmelze eines Salzes leitet den elektrischen Strom.

20.3 a) $AlCl_3$: Al^{3+}, Cl^-; Fe_2O_3: Fe^{3+}, O^{2-}; $FeCl_3$: Fe^{3+}, Cl^-; Cu_2O: Cu^+, O^{2-}; CuO: Cu^{2+}, O^{2-}

b) Na_2O: Na^+, O^{2-}; UF_6: U^{6+}, F^-; UF_4: U^{4+}, F^-; UH_3: U^{3+}, H^-; AgF: Ag^+, F^-

c) AgF_2: Ag^{2+}, F^-; PtF_2: Pt^{2+}, F^-; PtF_6: Pt^{6+}, F^-; PtI_4: Pt^{4+}, I^-; PtO: Pt^{2+}, O^{2-}

d) PtO_2: Pt^{4+}, O^{2-}; $AuBr_3$: Au^{3+}, Br^-; AuCl: Au^+, Cl^-; Au_2O_3: Au^{3+}, O^{2-}; Au_2S: Au^+, S^{2-}

20.4 Das Caesium-Ion hat einen grösseren Radius als das Natrium-Ion. Damit können die Caesium-Ionen mehr Cl^--Ionen um sich binden.

20.5 Die Abnahme der Gitterenthalpie und damit der Schmelztemperaturen in der genannten Reihenfolge hängt damit zusammen, dass die Metallionen immer grösser werden. Dies bedingt immer kleinere Anziehungskräfte zwischen den Ionen.

20.6 Da die Nichtmetallionen immer grösser werden, nimmt die Gitterenthalpie in dieser Reihe ab.

20.7 Im Natriumchlorid liegen einfach geladene (Na^+, Cl^-), im Magnesiumoxid hingegen doppelt geladene Ionen vor (Mg^{2+}, O^{2-}). Damit sind die anziehenden Kräfte (Gitterenthalpie) im MgO grösser und folglich ist die Siedetemperatur höher. Wegen der höheren Gitterenthalpie löst sich Magnesiumoxid schlechter in Wasser als das Natriumchlorid.

20.8 Abnahme der Gitterenthalpie, weil die Metallionen immer grösser werden. Dadurch nehmen die anziehenden Kräfte zwischen den Ionen ab.

20.9 Calciumchlorid mit Kristallwasser enthält schon hydratisierte Ionen. Beim Auflösen des Salzes wird folglich keine Hydrationsenthalpie mehr frei.

20.10 Durch die Zunahme des Radius der Nichtmetallionen wird die Gitterenthalpie immer kleiner. Damit ist beim Lösevorgang weniger Energieaufwand nötig.

20.11 Die Atomradien der Metalle Li, Na, K, Rb und Cs werden in dieser Reihenfolge grösser. Somit ist das Valenzelektron immer weiter vom Kern entfernt (immer schwächer gebunden).

20.12 Die Atome in den mehratomigen Ionen (Komplexionen; SO_4^{2-}, OH^- und ClO_3^-) sind durch Atombindungen miteinander verknüpft, die bei erhöhten Temperaturen gespalten werden.

20.13 Die Grösse der Ionen nimmt zu und damit die Anziehungskraft auf die Wasser-Dipole ab.

20.14 Die Chlor-Atome sind kleiner als die Iod-Atome. Somit ist die Anziehungskraft der Chlor-Atome auf Elektronen grösser.

20.15 Anode (positiv): $2\,H^- \rightarrow H_2 + 2\,e^-$
Kathode (negativ): $2\,Li^+ + 2\,e^- \rightarrow 2\,Li$

20.16 KOH: Kaliumhydroxid; Na_2SO_4: Natriumsulfat; $CaCO_3$: Calciumcarbonat; FePO4: Eisen(III)-phosphat; $Ba(NO_3)_2$: Bariumnitrat

20.17 Ionengitter können Störstellen aufweisen (unbesetzte Gitterplätze; Ionen zwischen den geordneten Teilchen; Ionen mit anderen Ladungen usw.). Dies erklärt die in gewissen Grenzen schwankende Zusammensetzung.

20.18 Belichten von weisslichem Silberbromid führt zur Bildung von elementarem Silber.

20.19 Es ist nur ein «latentes» Bild vorhanden, da durch das Belichten noch zu wenig elementares Silber gebildet wurde.

20.20 Entwickler reduzieren Ag^+ zu Ag. Fixierbad: löst unbelichtete Ag^+-Ionen au dem Film.

20.21 Das grössere P-Atom kann vier O-Atome binden, das kleinere N-Atom nur drei. Kohlenstoff und Silicium zeigen das gleiche Verhalten.

20.22 Siehe Abschnitt 20.5

20.23 Siehe Abschnitt 20.5

KAPITEL 21

21.1

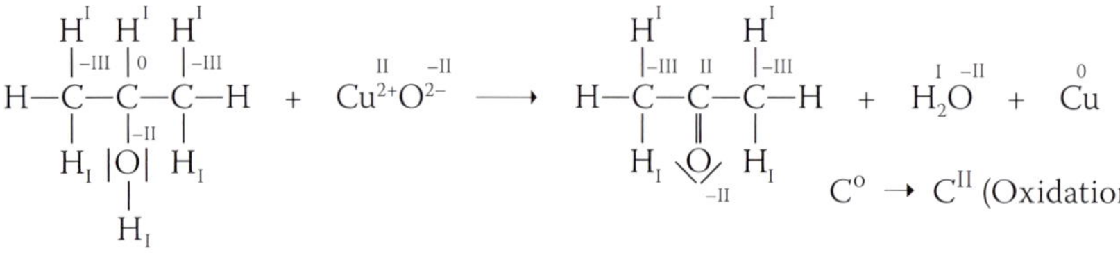

Reduktor   Oxidator

$C^0 \rightarrow C^{II}$ (Oxidation); $Cu^{II} \rightarrow Cu^0$ (Reduktion)

21.2 $K_2{}^ICr_2{}^{VI}O_7{}^{-II}$; $Na^IN^{III}O_2{}^{-II}$; $Li^I\,H^{-I}$; $Ca^{II}Pt^{IV}Cl_6{}^{-I}$; $Al^{III}(N^VO_3{}^{-II})_3$; $K^ICl^VO_3{}^{-II}$; $Na_3{}^IP^VO_4{}^{-II}$; $(N^{-III}H_4{}^I)_2S^{VI}O_4{}^{-II}$

21.3 Die Metallatome ziehen ihre Aussenelektronen schwach an, da die grossen Atomrümpfe klein geladen sind (kleine EN). Bei chemischen Reaktionen geben die Metallatome Elektronen ab und wirken somit als Reduktoren.

21.4 $4\,Al + 3\,O_2 \rightarrow 2\,Al_2O_3$; $Al \rightarrow Al^{3+}$ (Oxidation); $O \rightarrow O^{2-}$ (Reduktion)
$3\,Ca + N_2 \rightarrow Ca_3N_2$; $Ca \rightarrow Ca^{2+}$ (Oxidation); $N \rightarrow N^{3-}$ (Reduktion)
$N_2 + 3\,I_2 \rightarrow 2\,NI_3$; $N^0 \rightarrow N^{-III}$ (Reduktion); $I^0 \rightarrow I^I$ (Oxidation)
$H_2 + Cl_2 \rightarrow 2\,HCl$; $H^0 \rightarrow H^I$ (Oxidation); $Cl^0 \rightarrow Cl^{-I}$ (Reduktion)

21.5 a) $C_2H_6 + 3{,}5\,O_2 \rightarrow 2\,CO_2 + 3\,H_2O$
b) Die C-Atome haben im Ethan-Molekül die Oxidationszahl –III, die Wasserstoff-Atome I. Im Kohlenstoffdioxid-Molekül ist die Oxidationszahl des C-Atoms IV. Der Sauerstoff verändert seine Oxidationszahl von 0 (O_2) auf –II im H_2O-Molekül: $2\,C^{-III} \rightarrow 2\,C^{IV}$ (Oxidation); $7\,O^0 \rightarrow 7\,O^{-II}$ (Reduktion)
c) Sauerstoff ist der Oxidator, Ethan der Reduktor.

21.6 a) $Cu(s) + 2\,Ag^+(aq) + 2\,NO_3^-(aq) \rightarrow Cu^{2+}(aq) + 2\,Ag(s) + 2\,NO_3^-(aq)$
b) $Cu \rightarrow Cu^{2+} + 2\,e^-$ (Oxidation); $2\,Ag^+ + 2\,e^- \rightarrow 2\,Ag$ (Reduktion)
Kupfer ist der Reduktor, das Silber-Ion der Oxidator.

21.7

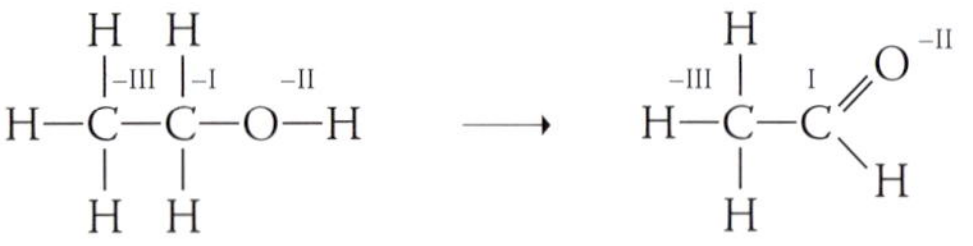

$C^{-I} \rightarrow C^I$ (Oxidation)

21.8

$C^I \rightarrow C^{III}$ (Oxidation)

21.9 a) $FeS(s) + 2\,H_3O^+(aq) + 2\,Cl^-(aq) \rightarrow H_2S(g) + Fe^{2+}(aq) + 2\,Cl^-(aq) + 2\,H_2O(l)$
Es handelt sich um eine Säure/Base-Reaktion: $S = H_3O^+$; $B = S^{2-}$
b) $2\,Fe^{3+}(aq) + 6\,Cl^-(aq) + 2\,K^+(aq) + 2\,I^-(aq) \rightarrow I_2(aq) + 2\,Fe^{2+}(aq) + 6\,Cl^-(aq) + 2\,K^+(aq)$
Redoxreaktion: $2\,I^- \rightarrow I_2 + 2\,e^-$ (Oxidation); $2\,Fe^{3+} + 2\,e^- \rightarrow 2\,Fe^{2+}$ (Reduktion)
c) $3\,Mg + N_2 \rightarrow Mg_3N_2$
Redoxreaktion: $3\,Mg \rightarrow 3\,Mg^{2+} + 6\,e^-$ (Oxidation); $2\,N + 6\,e^- \rightarrow 2\,N^{3-}$ (Reduktion)

21.10 a) $2\,K(s) + 2\,H_2O(l) \rightarrow H_2(g) + 2\,K^+(aq) + 2\,OH^-(aq)$
b) $Fe(s) + 2\,H_3O^+(aq) + 2\,Cl^-(aq) \rightarrow Fe^{2+}(aq) + 2\,Cl^-(aq) + 2\,H_2O(l) + H_2(g)$
c) $2\,K^+(aq) + 2\,Br^-(aq) + Cl_2(aq) \rightarrow Br_2(aq) + 2\,K^+(aq) + 2\,Cl^-(aq)$
d)

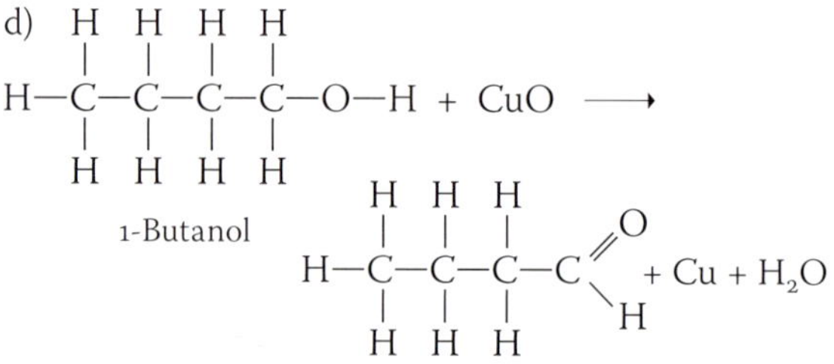

1-Butanol   Butanal

21.11 Man stellt das Eisenblech in eine Kupfersulfat-Lösung: $Fe(s) + Cu^{2+}(aq) + SO_4^{2-}(aq) \rightarrow Cu(s) + Fe^{2+}(aq) + SO_4^{2-}(aq)$

21.12 a) $Ca + 2\,H_2SO_4 \rightarrow CaSO_4 + 2\,H_2O + SO_2$
Redoxreaktion: $Ca \rightarrow Ca^{2+} + 2\,e^-$ (Oxidation); $S^{VI} + 2\,e^- \rightarrow S^{IV}$ (Reduktion)
b) $CaCO_3 + 2\,HCl \rightarrow CaCl_2 + H_2O + CO_2$
Säure/Base-Reaktion: $S = HCl$, $B = CO_3^{2-}$
c) $Zn + 2\,HCl \rightarrow ZnCl_2 + H_2$
Redoxreaktion: $Zn \rightarrow Zn^{2+} + 2\,e^-$ (Oxidation); $2\,H^I + 2\,e^- \rightarrow H_2{}^0$ (Reduktion)
d) $CH_3OH + CuO \rightarrow CH_2O + Cu + H_2O$
Redoxreaktion: $C^{-II} \rightarrow C^0$ (Oxidation); $Cu^{2+} + 2\,e^- \rightarrow Cu$ (Reduktion)
e) $2\,NH_3 + 2{,}5\,O_2 \rightarrow 2\,NO + 3\,H_2O$
Redoxreaktion: $2\,N^{-III} \rightarrow 2\,N^{II}$ (Oxidation); $5\,O^0 \rightarrow 5\,O^{-II}$ (Reduktion)
f) $2\,NaCl + H_2SO_4 \rightarrow Na_2SO_4 + 2\,HCL$
Säure/Base-Reaktion: $S = H_2SO_4$; $B = Cl^-$
g) $KOH + Cl_2 \rightarrow KClO + KCl + H_2O$
Redoxreaktion: $Cl^0 \rightarrow Cl^I$ (Oxidation); $Cl^0 \rightarrow Cl^{-I}$ (Reduktion)

21.13 a) $3\,Zn + 2\,AuCl_3 \rightarrow 3\,ZnCl_2 + 2\,Au$
Redoxreaktion: $3\,Zn \rightarrow 3\,Zn^{2+} + 6\,e^-$ (Oxidation); $2\,Au^{3+} + 6\,e^- \rightarrow 2\,Au$ (Reduktion)

b) Keine Reaktion zwischen Ag und Na^+.
c) Keine Reaktion zwischen Pb und Mg^{2+}
d) $Mg + 2\,AgNO_3 \rightarrow Mg(NO_3)_2 + 2\,Ag$
Redoxreaktion: $Mg \rightarrow Mg^{2+} + 2\,e^-$ (Oxidation);
$2\,Ag^+ + 2\,e^- \rightarrow 2\,Ag$ (Reduktion)

21.14 $2\,Br^- + Cl_2 \rightarrow Br_2 + 2\,Cl^-$
$Zn + Cl_2 \rightarrow Zn^{2+} + 2\,Cl^-$
$Zn + 2\,Ag^+ \rightarrow Zn^{2+} + 2\,Ag$

21.15 a) Cu^{2+} zu Cu: mit Reduktoren mit $E < +0{,}35$ V (z.B. Fe)
S zu S^{2-}: mit Reduktoren mit $E < -0{,}51$ (z.B. Zn)
Fe^{3+} zu Fe^{2+}: mit Reduktoren mit $E < +0{,}75$ (z.B. I^-)
b) S^{2-} zu S: mit Oxidatoren mit $E > -0{,}51$ (z.B. O_2)
c) Cl^- zu Cl_2: mit Oxidatoren mit $E > 1{,}36$ (z.B. MnO_4^-)

KAPITEL 22

22.1 Die Metalle bilden ein Gitter aus positiv geladenen Atomrümpfen. Der Zusammenhalt geschieht durch die frei beweglichen Aussenelektronen (Elektronengas). Legt man eine Spannung an, so bewegen sich die Elektronen auf die Anode zu (elektrische Leitfähigkeit).

22.2 In Metallgittern ist nur eine einzige Art Teilchen vorhanden. Die Zahl der um ein bestimmtes Atom angeordneten anderen Atome (die Koordinationszahl, KZ) wird weder durch die Elektroneutralitätsbedingung wie bei den Salzen, noch durch bestimmte Bindungsrichtungen (wie in Atomgittern, z.B. Grafit oder Diamant) beschränkt. Ein Metallatom kann sich deshalb mit so vielen anderen Atomen umgeben, wie es aus geometrischen Gründen überhaupt möglich ist, d.h. die Koordinationszahlen sind relativ hoch.

22.3 Die wichtigsten Gittertypen der Metalle:
- Dichtest gepackte Kugelebenen (Bauelemente der kubisch und hexagonal dichtesten Kugelpackungen): Koordinationszahl = 6.
- Kubisch dichteste Kugelpackung: Die jeweils vierte Kugelschicht hat die gleiche Lage wie die erste (Kupferstruktur). Koordinationszahl = 12. Die dichtest gepackten Kugelebenen stehen senkrecht zu den Diagonalen eines Würfels (kubisch flächenzentriertes Gitter).
- Hexagonal dichteste Kugelpackung: Die Lage der dritten Kugelschicht ist identisch mit der ersten (Magnesiumstruktur). Koordinationszahl = 12.
- Kubisch innenzentriertes Gitter: Die kleinste Einheit ist ein Würfel mit acht Atomen an den Ecken und einem Atom im Zentrum (Wolframstruktur). Koordinationszahl = 8.

22.4 Chrom, Wolfram und die Platinmetalle haben ziemlich viele Aussenelektronen und kristallisieren in der Magnesium- oder Wolframstruktur. Die Alkalimetalle (Goldstruktur) besitzen nur ein einziges Aussenelektron. Der Zusammenhalt des Metallgitters ist daher geringer.

22.5 In erster Linie wirken dichtest besetzte Ebenen als Gleitebenen, weil in ihnen der Zusammenhalt besonders gross ist. Ausserdem kommen beim Übereinandergleiten derartiger Ebenen, im Gegensatz zu den Salzen, keine gleichartig geladenen Teilchen (Ionen) übereinander zu liegen, die ein Auseinanderbrechen des Gitters verursachen würden.

22.6 In der kubisch dichtesten Kugelpackung, in der die Metalle Kupfer, Blei und Silber auskristallisieren, sind vier Scharen dichtest gepackter Kugelebenen vorhanden (senkrecht zu jeder Würfeldiagonalen). In den Gittern polykristalliner Metalle mit Kupferstruktur ist daher bei der Verformung die Wahrscheinlichkeit grösser, dass Gleitebenen in eine günstige Lage zur Angriffskraft zu liegen kommen als bei Metallen mit der Magnesiumstruktur. Metalle, die in der Kupferstruktur kristallisieren, sind aus diesem Grund leichter verformbar.

22.7 Eisen wandelt sich bei 906 °C von der Wolfram- in die Kupferstruktur um. Es kann deshalb durch Wärmebehandlung die Eigenschaften der Kupferstruktur annehmen und weich sowie gut schmiedbar werden oder die grössere Härte der Wolframstruktur zeigen.

22.8 a) Mischkristallbildung: Einlagerung fremder kleiner Atome in Lücken zwischen die Atome des Gitters (geregelt bzw. ungeregelt).
b) Mischkristallbildung: Ersatz von Atomen im Gitter durch ähnlich grosse andere Atome (geregelt bzw. ungeregelt).

22.9 Gold-Atome besitzen eine Elektronenschale mehr als Silber-Atome. Die dichtest gepackten Kugelebenen sind also mit unterschiedlich grossen Atomen besetzt. Dies erschwert ein Übereinandergleiten der Ebenen.

22.10 Beide Metalle kristallisieren in der Diamantstruktur, in der jedes Atom durch Atombindungen mit vier anderen Atomen verbunden ist. Weil aber die Atomrümpfe dieser beiden Atomsorten relativ gross sind, sind die Elektronen der gemeinsamen Elektronenpaare bei ihnen nicht sehr stark gebunden. Aufgrund der thermischen Bewegung können einzelne Elektronen das Atom verlassen und sich dann einigermassen frei im Gitter bewegen. Positiv geladene Ionen bleiben im Gitter zurück, und es entstehen Störstellen im Kristall, die eine geringe Leitfähigkeit ermöglichen. Die Aussenelektronen der Metalle sind von den Atomrümpfen so schwach gebunden, dass sie sich praktisch frei im Metallgitter bewegen können (Elektronengas).

22.11 Einkristalle zeigen gewöhnlich eine besonders hohe Leitfähigkeit für Elektrizität und Wärme, weil die Verschiebung von Elektronen nur innerhalb eines einzigen Kristalls erfolgt und nicht durch Korngrenzen (die Grenzen der Kriställchen) behindert wird.

22.12 Die elektrische Leitfähigkeit von Halbleitern beruht auf der Wanderung von Störstellen im Gitter, d.h. von Stellen mit Elektronenüberschuss oder Elektronenleerstellen. Sie wächst mit zunehmender Temperatur. Erfolgt die Stromleitung vor allem durch Elektronen (im Überschuss), so spricht man von einem «Elektronenüberschussleiter» (n-Leiter). Sind jedoch Elektronenleerstellen vorhanden, so bewirken diese die elektrische Leitfähigkeit. Solche Halbleiter sind «Elektronenmangelleiter» (p-Leiter).

22.13 Die Zahl der freien Elektronen und der Elektronenleerstellen in einem Halbleiter ist bei Raumtemperatur gering. Man kann sie aber stark erhöhen, wenn man dem Silicium- oder Germaniumkristall kleine Mengen von Fremdstoffen zusetzt, d.h. wenn der Halbleiter dotiert wird.

22.14 Siehe Kapitel 22

22.15 Siehe Kapitel 22

KAPITEL 23

23.1 Eine galvanische Zelle besteht aus zwei Halbzellen, wobei jede dieser Halbzellen im einfachsten Fall ein Metall und die Lösung eines seiner Salze enthält. Eine poröse Wand verhindert eine rasche Vermischung der beiden Lösungen und dient gleichzeitig zum Ionenausgleich. Verbindet man die beiden Metalle, so kann ein Strom fliessen.

23.2 2 Halbzellen: $Fe(s)/FeSO_4(aq)$ und $Cu(s)/CuSO_4(aq)$, getrennt durch eine poröse Wand. Elektronen fliessen von der Eisen- zur Kupferelektrode, Fe^{2+}-Ionen wandern in die Cu^{2+}-Lösung.

Minuspol (Oxidation; Anode):	$Fe(s)$	$\rightarrow$	$Fe^{2+}(aq) + 2\,e^-$
Pluspol (Reduktion; Kathode):	$Cu^{2+}(aq) + 2\,e^-$	$\rightarrow$	$Cu(s)$
Gesamtgleichung (Redoxreaktion):	$Fe(s) + Cu^{2+}(aq)$	$\rightarrow$	$Fe^{2+}(aq) + Cu(s)$

23.3 Eisen ist unedler als Silber. Deshalb überzieht sich das Eisenblech mit Silber, während Eisen-Ionen in Lösung gehen.

Minuspol (Oxidation; Anode):	$Fe(s)$	$\rightarrow$	$Fe^{2+}(aq) + 2\,e^-$
Pluspol (Reduktion; Kathode):	$2\,Ag^+(aq) + 2\,e^-$	$\rightarrow$	$2\,Ag(s)$
Gesamtgleichung (Redoxreaktion):	$Fe(s) + 2\,Ag^+(aq)$	$\rightarrow$	$Fe^{2+}(aq) + 2\,Ag(s)$

23.4 In der Halbzelle mit dem unedleren Metall nimmt die Konzentration der Metallionen zu, in der Halbzelle mit dem edleren Metall ab. Dadurch wird es für die bei der Stromentnahme gebildeten Ionen des unedleren Metalls immer schwieriger, in Lösung zu gehen (starke abstossende Kräfte aufgrund der hohen Ionenkonzentration).
In der Halbzelle des edleren Metalls nimmt dagegen die Anzahl der Ionen, die auf die Elektrode treffen, ab.

23.5 Unedleres Metall: Die Metallatome geben Elektronen ab und werden dadurch oxidiert. Die dabei entstehenden Metallionen gehen in Lösung. Am edleren Metall kommt es zu einer Reduktion der in der Lösung vorhandenen Metallionen. Die dabei gebildeten Atome lagern sich an der Elektrode ab.

23.6

Minuspol (Oxidation; Anode):	$Zn(s)$	$\rightarrow$	$Zn^{2+}(aq) + 2\,e^-$
Pluspol (Reduktion; Kathode):	$2\,MnO_2(s) + 2\,H_2O(l) + 2\,e^-$	$\rightarrow$	$2\,MnOOH(s) + 2\,OH^-(aq)$
Gesamtgleichung (Redoxreaktion):	$Zn(s) + 2\,MnO_2(s) + 2\,H_2O(l)$	$\rightarrow$	$Zn^{2+}(aq) + 2\,MnOOH(s) + 2\,OH^-(aq)$

23.7 Lithium ist ein sehr starkes Reduktionsmittel. Deshalb lassen sich hohe Spannungen erreichen. Da das Metall eine sehr grosse Reaktionsfähigkeit aufweist, muss man es vor Feuchtigkeit sowie vor Sauerstoff und Stickstoff schützen. Ausserdem reagiert es auch mit manchen Elektrolyten.

23.8 Wenn der Akku nicht vollständig entladen ist und in diesem Zustand aufgeladen wird, kommt es zur Bildung von Cadmiumkristallen auf der Oberfläche der Cadmiumelektrode. An diese dadurch reduzierte Kapazität (kleinere Oberfläche) «erinnert» sich der Akku beim darauffolgenden Entladevorgang (Memory-Effekt).

23.9 Leclanché-Zelle: Ein Zinkbecher bildet das äussere Gehäuse, das durch einen mikroporösen Kunststoff von einer feuchten Paste aus gepulvertem Braunstein, Ammoniumchlorid, Kleister oder Sägemehl und Russ (Trockenbatterie) getrennt ist.
Alkali-Mangan-Zelle: Der Minuspol, ultrareines und eisenfreies Zinkpulver, befindet sich im Innern der Zelle. Grafit und Braunstein (MnO_2) von hoher Reinheit liegen als Zylinder dem Stahlmantel, der das äussere Gehäuse bildet, innen an. Beide Elektroden sowie der Separator aus Papier sind mit Kalilauge [KOH(aq)], dem Elektrolyt, getränkt. Höhere Stromdichte als in der Alkali-Mangan-Zelle.

23.10

Batterie	Reduktor	Oxidator
Leclanché-Zelle	Zink (Zn)	Mangan(IV)-oxid (MnO_2)
Alkali-Mangan	Zink (Zn)	Mangan(IV)-oxid (MnO_2)
Lithium	Lithium (Li)	Mangan(IV)-oxid (MnO_2)
Zink-Luft	Zink (Zn)	Sauerstoff (O_2)

23.11 Bei Akkumulatoren können, im Gegensatz zu den Batterien, die bei der Stromentnahme ablaufenden Vorgänge durch Umkehrung der Stromrichtung wieder rückgängig gemacht werden («Aufladen» der Akkus).

23.12 Akkumulatoren müssen nach einer gewissen Zeit der Stromentnahme wieder aufgeladen werden. Die kontinuierliche Zufuhr der «Brennstoffe» einer Brennstoff-Zelle ermöglichen hingegen einen dauerhaften Betrieb der Zelle.

23.13 An der negativen Elektrode kann Blei rekristallisieren (grössere Kristalle bilden), wodurch die aktive Oberfläche verringert wird, während an der positiven Elektrode das Blei(IV)-oxid nicht mehr gut am Gitter haftet und abfällt. Zudem bildet das Bleisulfat manchmal grössere Kristalle, die dann beim Laden nicht mehr völlig aufgelöst werden.

23.14 Ist der Blei-Akku geladen und man führt weiter Strom zu, entstehen an den Elektroden die beiden Gase Wasserstoff und Sauerstoff.

23.15 Die Wasserstoff-Atome liefern bei der Stromentnahme die Elektronen. Gespeichert wird der Wasserstoff in Metalllegierungen wie z.B. Ni/La oder Ti/Zr.
Der Minuspol enthält eine Legierung, wie z.B. Ni/La oder Ti/Zr, die bei Raumtemperatur reversibel elementaren Wasserstoff speichern kann (abgekürzt mit MH).

23.16 Die Lithium-Ionen (Li^+) dienen als Ladungsausgleich sowohl im Grafit, das beim Laden Elektronen erhält, als auch im Mangan- bzw. Cobaltoxid, wenn die Mn^{4+}- bzw. Co^{4+}-Ionen zu Mn^{3+}- bzw. Co^{3+}-Ionen reduziert werden.

23.17 Vorteile: Hoher Wirkungsgrad (etwa 80 %); permanenter Betrieb durch dauernde Zufuhr der «Brennstoffe» möglich; keine schädlichen Abgase.
Nachteil: Grosser Energieaufwand zur Gewinnung von Wasserstoff nötig.

23.18 Eisen/Zink: Da Zink unedler ist als Eisen, korrodiert der Zinküberzug, während das Eisen nicht verändert wird.
Eisen/Zinn: Da Eisen unedler ist als Zinn, korrodiert das Eisen.

23.19 Cl^--Ionen katalysieren die Oxidation von Eisen und verringern auch die Konzentration der Fe^{3+}-Ionen durch die Bildung von löslichen Chlorokomplexen wie z.B. $[Fe(Cl)_6]^{3-}$(aq).

23.20 Schutzelektroden bestehen aus einem unedleren Metall (z.B. Magnesium) als die zu schützende Anlage (z.B. Eisen) und sind mit dieser elektrisch leitend verbunden. Bodenfeuchtigkeit führt zu einer Oxidation der Schutzelektrode, die dabei frei werdenden Elektronen werden über das edlere Metall abgeleitet.

23.21 Sauerstoffkorrosion: neutrale bis alkalische Lösung; Luftzutritt
Säurekorrosion: saure Umgebung

23.22 Weissblech enthält Zinn als Überzugsmetall von Eisen. Im Gegensatz zu Zn^{2+}- sind die Sn^{2+}-Ionen nicht giftig. Da Zinn edler ist als Eisen, kommt es bei einer Verletzung des Überzugsmetalls jedoch zu einer Korrosion des Eisens.

KAPITEL 24

24.1 Endotherme chemische Vorgänge, unter der Wirkung von elektrischer Energie.

24.2

	Kathode:	Anode:
a)	$2e^- + 2\,H_2O \rightarrow 2\,OH^- + H_2$	$6\,H_2O \rightarrow 4\,H_3O^+ + O_2 + 4e^-$
b)	Reaktion wie a)	Reaktion wie a)
c)	$2e^- + 2\,H_3O^+ \rightarrow 2\,H_2O + H_2$	$2\,Br^- \rightarrow Br_2 + 2\,e^-$
d)	Reaktion wie a)	Reaktion wie a)
e)	Reaktion wie a)	$2\,I^- \rightarrow I_2 + 2\,e^-$
f)	$Pb^{2+} + 2\,e^- \rightarrow Pb$	$Pb \rightarrow Pb^{2+} + 2\,e^-$
g)	$2\,Na^+ + 2\,e^- \rightarrow 2\,Na$	$2\,Cl^- \rightarrow Cl_2 + 2\,e^-$

24.3 Der im Wasser-Molekül negativ polarisierte Sauerstoff geht in elementaren Sauerstoff über («Entzug» von Elektronen).

24.4 Mit ihrer Hilfe können die Reaktionen an den Elektroden oft vorausgesagt werden.

24.5 Schmelzelektrolyse von $MgCl_2$.

24.6 Die Abgase sind fluorhaltig.

24.7 Chlor, Natronlauge und Wasserstoff.

24.8 Elektrolyt: Silbersalz-Lösung; Eisen: als Kathode.

24.9 Wenn es möglich wird, Wasser unter der Wirkung von Sonnenlicht in grosstechnischem Massstab in Wasserstoff und Sauerstoff zu spalten, wird die Wasserstofftechnologie sicher von grosser Bedeutung werden.

KAPITEL 25

25.1 Kohlenstoffdioxid: bei Raumtemperatur gasförmiger, molekularer Stoff. Siliciumdioxid: harter, hochschmelzender Feststoff; die Silicium- und Sauerstoff-Atome bilden ein Atomgitter.

25.2 Carbonate: Gitterbausteine sind Carbonat (CO_3^{2-}) und Metallionen. Silicate: Gitterbausteine sind entweder SiO_4^{4-}- oder grössere Siliciumsauerstoff- sowie Metallionen.

25.3 Im Gegensatz zu den Kohlenstoff-Atomen sind Silicium-Atome wesentlich grösser; sie können deshalb keine Doppelbindungen eingehen. Ausserdem sind die Si—Si-Bindungen im Vergleich zu den C—C-Bindungen bei Raumtemperatur nicht stabil.

25.4 Wasser, Luftsauerstoff, Kohlenstoffdioxid und grössere Temperatursprünge zerstören mit der Zeit die Gesteine.

25.5 Atome von ähnlicher Grösse (z.B. Si- und Al-Atome) können sich in den Gittern in weitem Mass ersetzen.

25.6 Glimmer enthält Gerüstanionen von netzartiger Gestalt. Innerhalb dieser Anionen wirken die starken Atombindungen. Die Gerüstanionen unter sich werden durch eingelagerte positive Ionen verbunden (geringere Anziehung als zwischen den Atomen innerhalb der Gerüstanionen).

25.7 Siehe Abschnitt 25.2.

25.8 Verwitterung von Kalkgestein (kohlenstoffdioxidhaltiges Wasser) löst allmählich den Kalkstein auf.

25.9 Siehe Abschnitt 25.3.

25.10 Siehe Abschnitt 25.3.

25.11 Silicate mit relativ grossen Hohlräumen im Kristallgitter. Wasserenthärtung, Ionenaustausch.

KAPITEL 26

26.1 Grosse Wärmemengen müssen abgeführt werden; Rohstoffbeschaffung; Energieversorgung; Entsorgung der Nebenprodukte und Abfallstoffe.

26.2 Elektrische Energie ist teuer.

26.3 Herstellung billiger Soda; Seife und Glas wurden dadurch jedermann zugänglich.

26.4 Einsatz als Düngemittel.

26.5 Siehe Abschnitt 26.2.

26.6 Aus Erdgas oder Erdölprodukten durch Oxidation zu Synthesegas.

26.7 Mit wachsender Temperatur verschiebt sich das SO_2/SO_3-Gleichgewicht auf die Seite von SO_2.

26.8 1. Verbrennen von Schwefel; 2. Katalytische Oxidation von Schwefeldioxid; 3. Reaktion von Schwefeltrioxid mit Wasser.

26.9 Verarbeitung zu Düngemitteln; Herstellung von reinen Metallen, Farbstoffen, Waschmitteln, Kunstseide, Zellwolle, Kunststoffen, Sprengstoffen, Medikamenten usw.

26.10 Siehe Abschnitt 26.3.

26.11 Magneteisenstein (Magnetit, Fe_3O_4), Roteisenstein (Hämatit, Fe_2O_3), Brauneisenstein (Limonit, wasserhaltiges Fe_2O_3), Eisenspat($FeCO_3$) und Pyrit (FeS_2). Vorkommen siehe Abschnitt 26.4.

26.12 Siehe Abschnitt 26.4.

26.13 Roheisen enthält etwa 3–7 % Fremdstoffe, vor allem Kohlenstoff, ferner Silicium, Mangan, Phosphor, Schwefel u.a. Stahlgewinnung: Die im Roheisen enthaltenen Fremdstoffe werden entfernt und der Kohlenstoffgehalt auf 1,7 % vermindert.

26.14 Zu hoher Kohlenstoffgehalt.

26.15 Aus Erdgas oder Erdölfraktionen unter Mitwirkung von Katalysatoren bei hohen Temperaturen mit Wasserdampf. Aus einer Mischung von Methan, Erdölfraktionen und Sauerstoff.

26.16 Alkene, Acetylen, Aromaten.

26.17 Cracken von Naphtha.

26.18 Methanol, Vinylchlorid, Styrol.

26.19 Zunehmende Verknappung der Erdölvorräte.

KAPITEL 27

27.1 Natürliche hochmolekulare Stoffe: Cellulose, Stärke, Kautschuk, Nucleinsäuren. Künstliche hochmolekulare Stoffe: Polyethylen, Polyvinylchlorid, Polystyrol, Trevira, Nylon.

27.2 Bei den hochmolekularen Stoffen ist die Grösse und damit auch die Masse der Makromoleküle nicht eindeutig festgelegt. Hochmolekulare Stoffe sind Gemische ähnlicher, voneinander aber nicht trennbarer Molekülarten; hochmolekulare Substanzen haben deshalb keine scharfe Schmelztemperatur.

27.3 Hochmolekulare Stoffe erweichen oder zersetzen sich beim Erwärmen innerhalb eines bestimmten Temperaturbereichs.

27.4 Thermoplaste: Beim Erwärmen werden sie plastisch verformbar. Sie bestehen aus Fadenmolekülen, die nicht durch Atombindungen miteinander verknüpft (vernetzt) sind.
Duroplaste: Sie sind härter und spröder als die Thermoplaste und werden beim Erwärmen nicht plastisch verformbar, sondern zersetzen sich. Die Makromoleküle sind miteinander vernetzt.
Elastomere: Es handelt sich um hochelastische Stoffe, die sich beim Erwärmen ebenfalls zersetzen. Im Gegensatz zu den Duroplasten sind die Makromoleküle nur in geringem Masse und sehr weitmaschig vernetzt.

27.5 Siehe Abschnitt 27.1.

27.6 Polyethylen, Polypropylen, Polyvinylchlorid, Teflon, Polystyrol, Polyacrylnitril. Herstellung: Addition von ungesättigten Verbindungen mithilfe eines Starters.

27.7 Kautschuk hat ähnliche Eigenschaften wie Kunststoffe und entsteht durch Addition (Polymerisation) von 2-Methyl-1,3-butadien.

27.8 Vernetzung der Fadenmoleküle mit Schwefel oder Dischwefeldichlorid an den Doppelbindungen.

27.9 Polystyrolschaumstoff: Luft oder flüchtige Stoffe wie Pentan sind im Monomer «gelöst» und verdampfen beim Polymerisieren; Bildung des Schaums.

27.10 z.B. durch Pyrolyse.

27.11 Verbindung von Molekülen unter Abspaltung kleinerer Moleküle (meist Wasser).

27.12 Die Nylon-Makromoleküle bilden untereinander Wasserstoffbrücken, sodass sie gegenseitig stark aneinander haften.

27.13 Kunstharze bestehen aus dreidimensional vernetzten Makromolekülen, die durch Kondensation von Formaldehyd mit Phenolen gebildet werden.

27.14 Die Makromoleküle der Silicone enthalten statt der Kohlenstoff-Atome Silicium- und Sauerstoff-Atome.

27.15 Aus zwei verschiedenen, bifunktionellen oder trifunktionellen Molekülarten.

27.16 PVC liefert bei der Verbrennung Hydrogenchlorid. Polyethylen verbrennt vollständig zu CO_2 (Treibhausgas!) und Wasser.

27.17 Pyrolyse der Kunststoffe.

27.18 Siehe Abschnitt 27.5.

KAPITEL 28

28.1 Verbindungen aus Kohlenstoff, Wasserstoff und Sauerstoff im Atomzahlenverhältnis wie im Wasser-Molekül.

28.2 Monosaccharide: Glucose, Fructose; Disaccharide: Saccharose, Maltose; Polysaccharide: Stärke, Cellulose.

28.3 Glucose und Fructose.

28.4 Der ringförmige Glucosebaustein kann sich nicht in die offenkettige Form umwandeln.

28.5 Bausteine der Saccharose: Glucose und Fructose; Bausteine der Maltose: zwei Moleküle Glucose.

28.6 α-Glucose; Nachweis der Stärke mit Iod-Lösung (Blaufärbung).

28.7 Zuerst entstehen Polysaccharide von kürzerer Kettenlänge, dann Maltose und schliesslich α-Glucose.

28.8 Als Gerüststoff in pflanzlichen Zellen und in nahezu reiner Form in den Samenhaaren der Baumwollpflanze.

28.9 Die Cellulose wird in β-Glucose übergeführt.

28.10 Sie werden durch die Enzyme von Bakterien und Pilzen in einfachere Verbindungen zerlegt oder vergoren.

28.11 Kunstseide, Cellophan, Celluloid, Zellwolle, Nitrocellulose, Papier.

28.12 Siehe Abschnitt 28.3.

28.13 Bau- und Gerüststoffe des menschlichen und tierischen Körpers; Bausteine der Nucleoproteide; als Enzyme regeln sie den Stoffwechsel der Lebewesen.

28.14 Skleroproteine (Faserproteine) und globuläre Proteine (Kugelproteine).

28.15 Kohlenstoff, Wasserstoff, Sauerstoff, Stickstoff und Schwefel; daneben Phosphor und gewisse Metalle. Nachweis durch Erhitzen von getrocknetem Eiweiss: Ammoniak (Nachweis durch rotes Lackmuspapier), Dihydrogensulfid (Nachweis durch Bleiacetatpapier), Verkohlung (Nachweis von Kohlenstoff), Wasser (Nachweis von Wasserstoff und Sauerstoff).

28.16 R—CH—COOH (mit NH_2 am CH)

Unterschiede im Rest R.

28.17 Das C-Atom 2 ist asymmetrisch.

28.18 Die freien Aminosäuren liegen als Zwitter-Ionen vor und sind deshalb bei Zimmertemperatur fest. Starke Anziehungskräfte zwischen den positiven und negativen Teilen der Aminosäuren mit den Wasser-Dipolen.

28.19

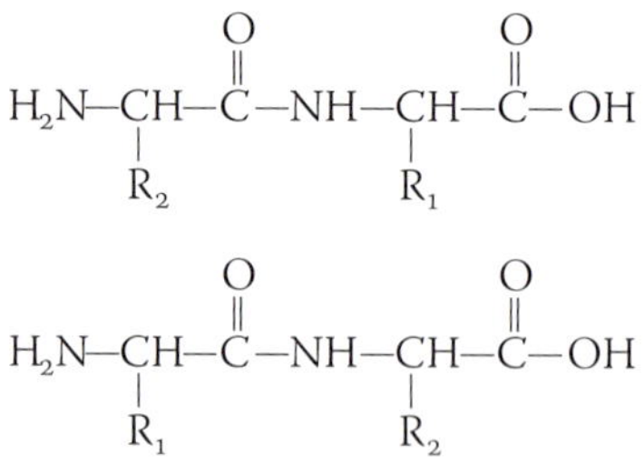

28.20 Primärstruktur: Reihenfolge der Aminosäuren in einem Polypeptid; Sekundärstruktur: Art der räumlichen Anordnung von Polypeptidketten; Tertiärstruktur: Räumliche Anordnung zweier oder mehrerer Polypeptidketten zueinander.

28.21 Sie bestehen aus einem Proteinanteil und einer nicht eiweissartigen, meist verhältnismässig einfach gebauten Gruppe. Hämoglobin; Nucleoproteide.

28.22 Organische Katalysatoren. Sie setzen im lebenden Organismus die Reaktionen in Gang, indem sie die erforderliche Aktivierungsenthalpie herabsetzen.

28.23 Zerstörung der Tertiärstruktur.

28.24 Aus Nitroglycerin entsteht im Organismus NO, das eine wichtige Rolle bei der Regelung des Blutdrucks spielt und für eine Erweiterung der Gefässe sorgt.

LÖSUNGEN ZUM KAPITEL 29

29.1
- Metabolismus: Stoffwechsel
- Anabolismus: Aufbau von Stoffen im Stoffwechsel
- Katabolismus: Abbau von Stoffen im Stoffwechsel

29.2 Im Unterschied zu ΔG^o geht man bei $\Delta G^{o'}$ von Lösungen mit pH = 7 aus, die 1 Mol des betreffenden Stoffs enthalten.

29.3 Die endergonische Reaktion muss an eine exergonische gekoppelt werden.

29.4 Adenosintriphosphat

29.5 Nicotinamidadenindinucleotid

29.6 a) ATP
b) $NADH/H^+$

29.7 a) Frei werdende Hydrationsenthalpie beim Lösen der Phosphorylgruppe.
b) Ausgeprägtes delokalisiertes Elektronensystem in der gelösten Phosphorylgruppe.
c) Verschwinden der nahe beieinanderliegenden negativen Ladungen im ATP.

29.8 NAD^+ reagiert mit H^-, FAD mit H^- und H^+.

29.9 Die Carbonylgruppe übt einen negativen induktiven Effekt auf benachbarte Methylengruppen aus (die H-Atome der Methylengruppen werden positiviert).

29.10 Carbonsäureester: —C(=O)—O—C

Thioester: —C(=O)—S—C

29.11 Spaltung einer Verbindung in zwei Carbonyl-Verbindungen, z.B. Fructose-1,6-biphosphat in Dihydroxyaceton und Glycerinaldehyd-3-phosphat (Glykolyse: Reaktionsschritt 4).

29.12 a) Glucose-6-phosphat zu Fructose-6-phosphat
Dihydroxyacetonphosphat zu Glycerinaldehyd-3-phosphat
3-Phosphoglycerat zu 2-Phosphoglycerat
b) 2-Phosphoglycerat zu 2-Phosphoenolpyruvat
c) Oxidative Phosphorylierung von Glycerinaldehyd-3-phosphat zu 1,3-Biphosphoglycerat

29.13

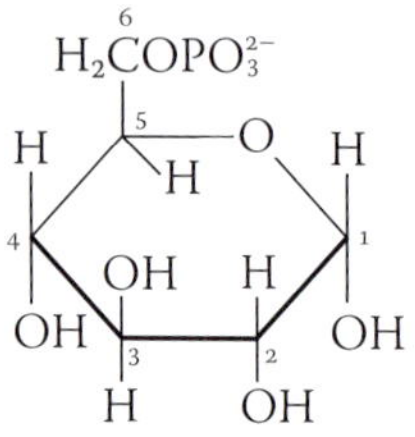

29.14 In Form von zwei C_3-Verbindungen (Pyruvat).

29.15 Als energiereicher Thioester (Acetyl-CoA).

29.16 Atmung: Abbau energiereicher Stoffe mit Sauerstoff zu CO_2 und H_2O.
Gärung: findet ohne Anwesenheit von Sauerstoff statt; liefert deutlich weniger Energie als die Atmung.

29.17 a) Isocytrat zu α-Ketoglutarat
α-Ketoglutarat zu Succinyl-CoA
b) Acetyl-CoA + Oxalacetat zu Citrat
c) Isocitrat zu 2-Oxoglutarat
Succinat zu Fumarat
L-Malat zu Oxalacetat

29.18 Zerlegung der Acetylgruppe in Kohlenstoffdioxid und Wasserstoff ($NADH/H^+$; $FADH_2$).

29.19 Glycerin wird zu Glycerinaldehyd-3-phosphat, dieses im 2. Teil der Glykolyse zu Pyruvat, das dann über Acetyl-CoA in den Citratzyklus gelangt.

29.20 Aktivierte Essigsäure: $H_3C-C(=O)-S-CoA$

Aktivierte Fettsäure: $R-C(=O)-S-CoA$

29.21 Verbrauch an ATP v.a. in der Atmungskette, wobei NAD^+ und FAD gebildet werden, die die Glykolyse und den Citratzyklus antreiben.

29.22 Der Katabolismus wird durch den ATP-Verbrauch gesteuert (Bereitstellung von NAD^+ und FAD). Überangebot an Nahrung führt zur Bildung von Reserven im Körper.

29.23 Redoxreaktion: Reduktionsmittel sind NADH und FAD_2, Oxidationsmittel ist Sauerstoff.

29.24 Das Protonengefälle, hervorgerufen durch die Reduktion von Sauerstoff.

KAPITEL 30

30.1 In der Nähe des Atomkerns besitzt die Amplitude einen hohen positiven Wert, um dann gegen null abzusinken. Anschliessend werden die Funktionswerte negativ, erreichen ein Minimum, um dann langsam anzusteigen. Im Unendlichen gehen die Werte gegen null.

30.2 Die Aufenthaltswahrscheinlichkeit ist in Kernnähe gross. Mit zunehmendem Radius nimmt die Aufenthaltswahrscheinlichkeit rasch ab und erreicht den Wert null. Anschliessend steigen die Werte wieder an und gehen nach einem kleinen Maximum im Unendlichen gegen null.
Der Wert für W ist im Atomkern null, steigt dann auf ein kleines Maximum an, um schliesslich wiederum den Wert null zu erreichen. Anschliessend wird W maximal und geht dann im Unendlichen gegen null.

30.3 In einer Elektronenschale hat die radiale Aufenthaltswahrscheinlichkeit, ein (mehrere) Elektron(en) anzutreffen, ein Maximum.

KAPITEL 31

31.1 Licht von Metalldämpfen und Gasen wie Wasserstoff: Enthält nur ganz bestimmte Wellenlängen (Farben) aus dem sichtbaren Bereich der elektromagnetischen Strahlung.
Licht einer Glühlampe: Enthält alle Wellenlängen des sichtbaren Bereichs der elektromagnetischen Strahlung.

31.2 Die Elektronen verhalten sich wie stehende «Materiewellen»; diese können nur ganz bestimmte Energiezustände einnehmen.

31.3 Ein Elektron eines Farbstoffmoleküls absorbiert ganz bestimmte Wellenlängen aus dem sichtbaren Spektrum. Die Mischung der restlichen Wellenlängen nehmen wir als Substanzfarbe wahr.

31.4 Von der Länge des System konjugierter Doppelbindungen und der Art der Endgruppen.

31.5 Die Endgruppen verstärken die Delokalisierung.

31.6 Er muss sich aus einer Farbflotte fest an ein Material binden; er soll möglichst lichtecht und waschecht sein und das Material nicht schädigen.

31.7 Azofarbstoffe enthalten die Gruppe $-N{=}N-$. Sie werden durch «Kuppeln» eines reaktionsfähigen Aromaten mit einem Diazoniumsalz ($R-N{\equiv}N^+$) hergestellt.

31.8 Wolle, ein Protein, besitzt zahlreiche saure und basische Gruppen, die Farbstoffmoleküle binden können. Cellulose hat nur —OH Gruppen, die einzig mit den 1955 entdeckten Reaktivfarbstoffen chemische Bindungen eingehen können. Andere Farbstoffe werden z.B. durch Adsorption gebunden.

31.9 Beide Farbstoffe besitzen dasselbe Grundgerüst; Purpur ist das 6,6'-Dibromderivat von Indigo.

KAPITEL 32

32.1 Die Moleküle gehen in einen energiereicheren Zustand über: Elektronen können ein höheres Energieniveau einnehmen; Molekülschwingungen und Molekülrotationen können verändert werden.

32.2 Siehe Abschnitt 32.1.

32.3 Sichtbarer (400–750 nm) und naher ultravioletter Bereich (200–400 nm).

32.4 Es lassen sich Aussagen über Bindungen und schwingende Massen des untersuchten Moleküls machen.

32.5 Im Vergleich zu den in organischen Verbindungen vorkommenden Nucliden ^{12}C und ^{16}O besitzt das ^{1}H-Nuclid einen Kernspin.

32.6 Siehe Abschnitt 32.4.

32.7 Siehe Abschnitt 32.5.

Anhang und Sachregister

34 ANHANG

Atommassen nach: Handbook of Chemistry and Physics 2007–2008

Element	Symbol	Ordnungszahl	Atommasse	Element	Symbol	Ordnungszahl	Atommasse
Actinium	**Ac**	89	[227,0277]	Iridium	**Ir**	77	192,217
Aluminium	**Al**	13	26,9815	Kalium	**K**	19	39,0983
Americium	**Am**	95	[243,0614]	Kohlenstoff	**C**	6	12,0107
Antimon	**Sb**	51	121,760	Krypton	**Kr**	36	83,798
Argon	**Ar**	18	39,948	Kupfer	**Cu**	29	63,546
Arsen	**As**	33	74,9216	Lanthan	**La**	57	138,9055
Astat	**At**	85	[209,9871]	Lawrencium	**Lr**	103	[262,1097]
Barium	**Ba**	56	137,327	Lithium	**Li**	3	6,941
Berkelium	**Bk**	97	[247,0703]	Lutetium	**Lu**	71	174,967
Beryllium	**Be**	4	9,01218	Magnesium	**Mg**	12	24,3050
Bismut	**Bi**	83	208,9804	Mangan	**Mn**	25	54,9380
Blei	**Pb**	82	207,2	Meitnerium	**Mt**	109	[268,1388]
Bohrium	**Bh**	107	[264,12]	Mendelevium	**Md**	101	[258,0984]
Bor	**B**	5	10,811	Molybdän	**Mo**	42	95,94
Brom	**Br**	35	79,904	Natrium	**Na**	11	22,9898
Cadmium	**Cd**	48	112,411	Neodym	**Nd**	60	144,242
Caesium	**Cs**	55	132,9054	Neon	**Ne**	10	20,1797
Calcium	**Ca**	20	40,078	Neptunium	**Np**	93	[237,0482]
Californium	**Cf**	98	[251,0796]	Nickel	**Ni**	28	58,6934
Cer	**Ce**	58	140,116	Niob	**Nb**	41	92,9064
Chlor	**Cl**	17	35,453	Nobelium	**No**	102	[259,1010]
Chrom	**Cr**	24	51,9961	Osmium	**Os**	76	190,23
Cobalt	**Co**	27	58,9332	Palladium	**Pd**	46	106,42
Curium	**Cm**	96	[247,0704]	Phosphor	**P**	15	30,9738
Darmstadtium	**Ds**	110	[271]	Platin	**Pt**	78	195,084
Dubnium	**Db**	105	[262,1141]	Plutonium	**Pu**	94	[244,0642]
Dysprosium	**Dy**	66	162,500	Polonium	**Po**	84	[208,9824]
Einsteinium	**Es**	99	[252,0830]	Praseodym	**Pr**	59	140,9077
Eisen	**Fe**	26	55,845	Promethium	**Pm**	61	[144,9127]
Erbium	**Er**	68	167,259	Protactinium	**Pa**	91	231,0359
Europium	**Eu**	63	151,964	Quecksilber	**Hg**	80	200,59
Fermium	**Fm**	100	[257,0951]	Radium	**Ra**	88	[226,0254]
Fluor	**F**	9	18,9984	Radon	**Rn**	86	[222,0176]
Francium	**Fr**	87	[223,0197]	Rhenium	**Re**	75	186,207
Gadolinium	**Gd**	64	157,25	Rhodium	**Rh**	45	102,9055
Gallium	**Ga**	31	69,723	Roentgenium	**Rg**	111	[272,1535]
Germanium	**Ge**	32	72,64	Rubidium	**Rb**	37	85,4678
Gold	**Au**	79	196,9666	Ruthenium	**Ru**	44	101,07
Hafnium	**Hf**	72	178,49	Rutherfordium	**Rf**	104	[261,1088]
Hassium	**Hs**	108	[277]	Samarium	**Sm**	62	150,36
Helium	**He**	2	4,00260	Sauerstoff	**O**	8	15,9994
Holmium	**Ho**	67	164,9303	Scandium	**Sc**	21	44,9559
Indium	**In**	49	114,818	Schwefel	**S**	16	32,065
Iod	**I**	53	126,9045	Seaborgium	**Sg**	106	[266,1219]

Element	Symbol	Ordnungs-zahl	Atommasse	Element	Symbol	Ordnungs-zahl	Atommasse
Selen	**Se**	34	78,96	Ununoctium	**Uuo**	118	[294]
Silber	**Ag**	47	107,8682	Ununpentium	**Uup**	115	[288]
Silicium	**Si**	14	28,0855	Ununquadium	**Uuq**	114	[289]
Stickstoff	**N**	7	14,0067	Ununtrium	**Uut**	113	[284]
Strontium	**Sr**	38	87,62	Uran	U	92	238,0289
Tantal	**Ta**	73	180,9479	Vanadium	V	23	50,9415
Technetium	**Tc**	43	[97,9072]	Wasserstoff	H	1	1,00797
Tellur	**Te**	52	127,60	Wolfram	**W**	74	183,84
Terbium	**Tb**	65	158,9254	Xenon	**Xe**	54	131,293
Thallium	**Tl**	81	204,3833	Ytterbium	**Yb**	70	173,04
Thorium	**Th**	90	232,0381	Yttrium	Y	39	88,9059
Thulium	**Tm**	69	168,9342	Zink	**Zn**	30	65,409
Titan	**Ti**	22	47,867	Zinn	**Sn**	50	118,710
Ununbium	**Uub**	112	[285]	Zirkonium	**Zr**	40	91,224
Ununhexium	**Uuh**	116	[289]				

[ ]: Von den Elementen, deren Atommassen in eckigen Klammern stehen, existieren keine stabilen Nuclide. Die Atommasse ist für das Nuclid mit der längsten Halbwertszeit angegeben.

Säurekonstanten

Säure	Konjugierte Base	pK_s	Säure	Konjugierte Base	pK_s
$[Al(H_2O)_6]^{3+}$	$[Al(H_2O)_5OH]^{2+}$	4,9	NH_4^+	NH_3	9,21
			NH_3	NH_2^-	23
H_3AsO_3	$H_2AsO_3^-$	9,22	HNO_2	NO_2^-	3,35
H_3AsO_4	$H_2AsO_4^-$	2,32	HNO_3	NO_3^-	−1,32
$H_2AsO_4^-$	$HAsO_4^{2-}$	7			
$HAsO_4^{2-}$	AsO_4^{3-}	13	H_3O^+	H_2O	−1,74
			H_2O	OH^-	15,74
HBr	Br^-	−6	OH^-	O^{2-}	24
$HBrO_3$	BrO_3^-	0	H_2O_2	HO_2^-	11,62
CH_4	CH_3^-	34	PH_4^+	PH_3	0
(H_2CO_3)	HCO_3^-	6,46	H_3PO_2	$H_2PO_2^-$	2,0
HCO_3^-	CO_3^{2-}	10,40	H_3PO_3	$H_2PO_3^-$	1,8
CH_3COOH	CH_3COO^-	4,76	H_3PO_4	$H_2PO_4^-$	1,96
HCN	CN^-	9,4	$H_2PO_4^-$	HPO_4^{2-}	7,21
$HSCN$	SCN^-	4	HPO_4^{2-}	PO_4^{3-}	12,32
HCl	Cl^-	−6	H_2S	HS^-	7,06
$HClO$	ClO^-	7,25	HS^-	S^{2-}	12,9
$HClO_2$	ClO_2^-	2	H_2SO_3	HSO_3^-	1,96
$HClO_3$	ClO_3^-	0	HSO_3^-	SO_3^{2-}	7,2
$HClO_4$	ClO_4^-	−9	H_2SO_4	HSO_4^-	−3
			HSO_4^-	SO_4^{2-}	1,92
H_2F^+	HF	−6			
HF	F^-	3,14	H_2Se	HSe^-	3,77
			HSe^-	Se^{2-}	10,0
$[Fe(H_2O)_6]^{3+}$	$[Fe(H_2O)_5OH]^{2+}$	2,22	H_2SeO_3	$HSeO_3^-$	2,54
			H_2SeO_4	$HSeO_4^-$	−3
H_2	H^-	etwa 40			
			H_2Te	HTe^-	2,64
HI	I^-	−8	HTe^-	Te^{2-}	5,0
HIO	IO^-	10,8	H_6TeO_6	$H_5TeO_6^-$	7,68
HIO_3	IO_3^-	0			
H_5IO_6	$H_4IO_6^-$	1,64	$[Zn(H_2O)_4]^{2+}$	$[Zn(H_2O)_3OH]^+$	9,66

$pKs = -\log Ks$

35 SACHREGISTER

Abbildungsnachweis

Abb. 3.4	nach Zitt, J., Freiburg/Breisgau
Abb. 4.10	RCA, Laboratories. Princeton, N.J.
Abb. 8.9	Tausch, M.: Stoff-Formel-Umwelt. C.C. Buchner. Bamberg. 1993
Abb.18.15	Essig, M., Bern
Abb. 19.3	Elemente Chemie I. Ernst Klett Verlag. Stuttgart München Düsseldorf Leipzig. 1996
Abb.20.17	Kali AG
Abb. 23.9, 23.10, 23.11a	Insertion Electrode Materials for Rechargeable Lithium Batteries. Adv. Mater. 1998, 19, No. 10, S. 725 bis 763. Wiley-VCH Verlag GmbH. Weilheim
Abb. 27.6	BASF. Ludwigshafen
Abb. 28.19	Angewandte Chemie 75 (1963)
Abb. 29.5, 29.6	Nach Stryer, L. et al.: Biochemie. Spektrum Verlag. München. 6. Auflage 2007
Abb. 31. 6	Paul Haupt Verlag. Bern
Tabelle 13.4	Eidgenössische Alkoholverwaltung. Bern
Seite 167	Elemente Chemie I. Ernst Klett Verlag. Stuttgart München Düsseldorf Leipzig. 1996